⌣⌣ ZB IX	⋮⋮ ZB VII	☐ 1; 2	
⊠ ZB VIII	⋮⋮ ZB VIIa	≡ 3	
▯ ZB VI	⋮⋮ VII rIII	■ OB	

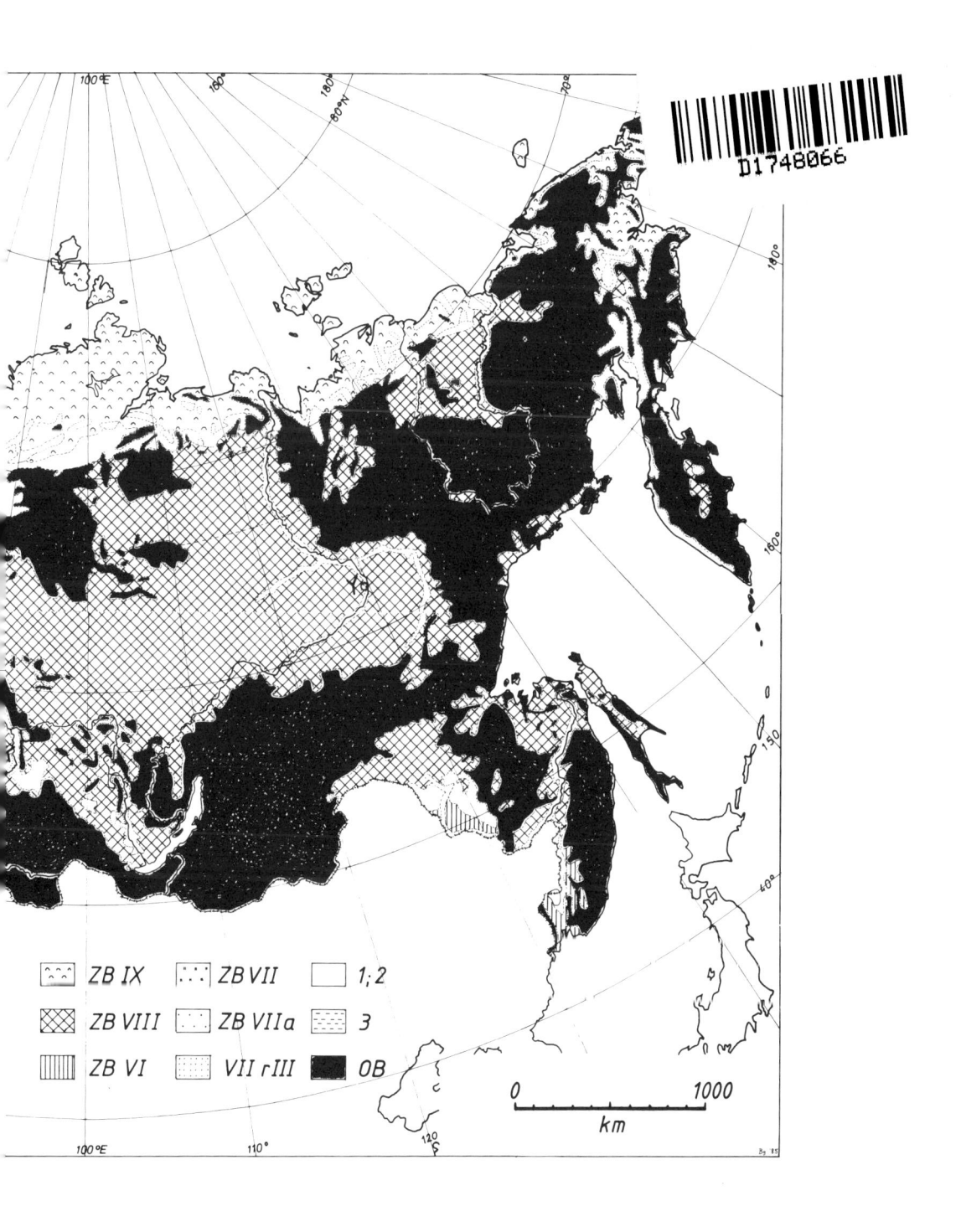

1 = Zono-Ökotone
2 = Arktische Wüsten
3 = Große Moorgebiete in Westsibirien

ZB = Zonobiome
OB = Orobiome (Gebirge)
Maßstab 1 : 32 Millionen

UTB FÜR WISSENSCHAFT

Eine Arbeitsgemeinschaft der Verlage

Wilhelm Fink Verlag München
Gustav Fischer Verlag Stuttgart
Francke Verlag Tübingen
Paul Haupt Verlag Bern und Stuttgart
Dr. Alfred Hüthig Verlag Heidelberg
Leske Verlag + Budrich GmbH Opladen
J. C. B. Mohr (Paul Siebeck) Tübingen
R. v. Decker & C. F. Müller Verlagsgesellschaft m. b. H. Heidelberg
Quelle & Meyer Heidelberg · Wiesbaden
Ernst Reinhardt Verlag München und Basel
F. K. Schattauer Verlag Stuttgart · New York
Ferdinand Schöningh Verlag Paderborn · München · Wien · Zürich
Eugen Ulmer Verlag Stuttgart
Vandenhoeck & Ruprecht in Göttingen und Zürich

Ökologie der Erde

Geo-Biosphäre

Heinrich Walter · Siegmar-W. Breckle

Band 1: Ökologische Grundlagen in globaler Sicht

Band 2: Spezielle Ökologie der Tropischen und Subtropischen Zonen

Band 3: Spezielle Ökologie der Gemäßigten und Arktischen Zonen Euro-Nordasiens

Band 4: Spezielle Ökologie der Gemäßigten und Arktischen Zonen außerhalb Euro-Nordasiens

Spezielle Ökologie der Gemäßigten und Arktischen Zonen außerhalb Euro-Nordasiens

Zonobiom IV–IX

Heinrich Walter · Siegmar-W. Breckle

Unter Mitarbeit von J. Hager, K. Loris und G. Miehe

401 Abbildungen und 125 Tabellen

Gustav Fischer Verlag · Stuttgart

Anschriften der Verfasser und Mitarbeiter

Prof. Dr. Heinrich Walter †

Prof. Dr. Siegmar-W. Breckle
Universität Bielefeld, Postfach 8640, D-4800 Bielefeld 1

Dr. Johannes Hager
Nietzschestr. 4, D-5000 Köln 90

Akad. Rat Dr. K. Loris
Institut für Botanik, Garbenstr. 30, D-700 Stuttgart 70

PD Dr. Georg Miehe
Geographisches Institut, Goldschmiedstr. 5, D-3400 Göttingen

CIP-Titelaufnahme der Deutschen Bibliothek

Ökologie der Erde : Geo-Biosphäre / Heinrich Walter ; Siegmar-W. Breckle. – Stuttgart : Fischer.
  (UTB für Wissenschaft : Grosse Reihe)
NE: Walter, Heinrich [Mitverf.]
Bd. 4. Spezielle Ökologie der gemässigten und arktischen Zonen ausserhalb Euro-Nordasiens. – 1991
Spezielle Ökologie der gemässigten und arktischen Zonen ausserhalb Euro-Nordasiens : Zonobiom IV–IX / Heinrich Walter ; Siegmar-W. Breckle. – Stuttgart : Fischer, 1991
  (Ökologie der Erde ; Bd. 4)
  (UTB für Wissenschaft : Grosse Reihe)
  ISBN 3-437-20371-1
NE: Walter, Heinrich [Mitverf.]; Breckle, Siegmar-Walter [Mitverf.]

© Gustav Fischer Verlag Stuttgart 1991
Wollgrasweg 49, 7000 Stuttgart 70 (Hohenheim)
Das Werk einschließlich aller seiner Teile ist urheberrechtlich geschützt. Jede Verwertung außerhalb der engen Grenzen des Urheberrechtsgesetzes ist ohne Zustimmung des Verlags unzulässig und strafbar. Das gilt insbesondere für Vervielfältigungen, Übersetzungen, Mikroverfilmungen und die Einspeicherung und Verarbeitung in elektronischen Systemen.
Einbandgestaltung: Alfred Krugmann, Stuttgart
Druck + Einband: Friedrich Pustet, Graphischer Großbetrieb, Regensburg
Satz: Filmsatz Jovanović, Ruhstorf/Rott
Printed in Germany

Vorwort

Im Gegensatz zu Band 3 stößt die Zusammenfassung der übrigen Teile der gemäßigten und arktischen Zonen im Band 4 auf große Schwierigkeiten. Die Zonobiome sind auf alle Kontinente verteilt, die einzelnen Teile gehören ganz verschiedenen Florenreichen an, d.h. jedes Zonobiom besteht aus verschiedenen floristischen Biomgruppen, was den ökologischen Vergleich erschwert. Auch politisch und kulturell haben wir es einerseits mit hochindustrialisierten und dichtbesiedelten Staaten zu tun, in denen kaum noch natürliche Gebiete übrig geblieben sind und andererseits mit armen Entwicklungsländern, in denen die ökologische Erforschung erst beginnt, bei denen aber die Umwelt ebenfalls schon unter erheblichen Schäden leidet und die Landschaft somit auch kaum mehr unberührte, natürliche Vegetation aufweist.

Die politische Zersplitterung führt dazu, daß jeder Staat sich vor allem mit seinen lokalen ökologischen Problemen befaßt und die angewandten Methoden in den einzelnen Staaten nicht übereinstimmen. Selbst in den Bundesstaaten werden bei ökologischen Untersuchungen die oft willkürlichen, nach Längen- und Breitengraden gezogenen Grenzen der Einzelstaaten nicht überschritten und die Ergebnisse in lokalen schwer zugänglichen Zeitschriften veröffentlicht. Eine immer stärkere Zersplitterung greift Platz. Nichts erschwert die ökologische Überschau mehr als enges Spezialistentum und Provinzialismus der Forschung.

Es liegt zwar eine Unzahl von kurzen Veröffentlichungen über einzelne von den Autoren willkürlich ausgewählte oder gar auseinandergerissene Problemfelder vor, aber es fehlt an größeren übersichtlichen Monographien mit übergreifenden Problemstellungen. Deswegen müssen wir uns vielfach auf die eigenen Erfahrungen stützen, um die bei Forschungsreisen gewonnenen Einblicke in die ökologischen Probleme, die noch vor einem halben Jahrhundert maßgebend waren und die Veränderungen der natürlichen und naturnahen Ökosysteme, festzuhalten, ohne die heutigen großen ökologischen Probleme zu vergessen.

Die heute vorherrschende zunehmend mathematische und physiologisch-chemische Betrachtungsweise der Lebensvorgänge erfaßt nur den Teil der biologischen Erscheinungen, die physikalisch-chemischer Natur sind, nicht aber die für die Erkenntnis der synthetischen Ökologie maßgebenden spezifischen Lebensvorgänge auf einer höheren Stufe, wie z.B. die Entwicklung der einzelnen Organismen, ihre Anpassung an die stets wechselnde Umwelt, den Wettbewerb innerhalb der Gemeinschaften, die ständige Wandelbarkeit und die Verhaltensforschung, die nicht nur die Tierwelt, sondern auch in etwas anderer Art für das Pflanzenreich von Bedeutung ist.

Das Bestreben der Biologen mit komplizierten Apparaten möglichst genaue Messungen von Einzelvorgängen zu erreichen, wie sie für physikalisch-chemische Vorgänge notwendig sind, übersieht, daß es bei biologischen Vorgängen in der freien Natur praktisch nicht möglich ist streng reproduzierbare Ergebnisse zu erhalten. Jede Messung gilt strenggenommen nur für den betreffenden Einzelfall. Die Begleitparameter sind nie konstant oder gleich zu halten. Denn die Umweltbedingungen ändern sich ständig und das gilt nicht nur für den Organismus als Ganzem, sondern auch für die einzelnen Teile der Pflanzen, die sich ständig entwickeln, wachsen, altern. Es ist deshalb oft viel wichtiger mit einfacheren, im Gelände weniger anfälligen und empfindlichen Apparaturen möglichst viele Messungen durchzuführen, um Mittelwerte (Tagesgänge, Jahresgänge, Extremwerte) zu erhalten, die für das Verständnis der Zusammenhänge oft von größerer Bedeutung sind. Dazu sind natürlich auch registrierende Geräte von Vorteil. Vielfach kommt es sogar mehr auf qualitative Vorgänge an, die sich exakt gar nicht erfassen lassen. Sie wurden bisher oft nicht beachtet, obgleich sie für das Verständnis der gesamten Lebewelt von besonderer Bedeutung sind. Auch die Aufstellung von der Technik nachgeahmten, am Schreibtisch ausgeklügelten Methoden, bevor man die komplizierten Zusammenhänge erforscht hat, ist unzweckmäßig. Man muß stets unvoreingenommen ver-

Prof. Dr. Dr. h.c. Heinrich Walter † 15.10.1989

suchen durch genaue Beobachtungen sich in das so mannigfache Wirkungsgefüge einzufühlen, um erst dann einen Arbeitsplan zu entwerfen. Dazu ist ein gutes «Kennen» der Situation Voraussetzung. Dies beginnt bereits mit dem Erarbeiten der vorhandenen Artengarnituren. Die Diversität ist rein descriptiv durch umfangreiche Beobachtungen festzuhalten. Das Erfassen der Strukturen und der Prozesse in Ökosystemen erfordern viel Zeit und Ruhe; einwöchige Forschungsreisen eignen sich nicht dazu.

Es ist nicht Aufgabe der Ökologen neue Wege zu finden, um aus der Natur möglichst hohe, meist nur kurzfristige Gewinne und Profite zu erzielen, sondern die Grundlagen zu erarbeiten, um die Natur in ihrer ganzen Harmonie und mit ihren dynamischen Gleichgewichten dauernd zu erhalten, womit auch das Überleben der Menschheit gewährleistet wird. Dies gilt auf lokaler und regionaler Ebene, wie auch in zunehmendem Maße global. Einen Beitrag dazu zu liefern und ein größeres Verständnis hierfür zu wecken, war das Ziel dieses Werkes, das mit dem Band 4 seinen Abschluß findet.

Sehr dankbar sind wir für die Mithilfe von Dr. K. Loris, der im Sommer 1984 in der borealen Zone in Kanada forschend tätig war und die kanadischen Forschungsergebnisse an Ort und Stelle genauer kennenlernte. Er faßte seine Erfahrungen innerhalb des Kapitels über das Zonobiom VIII zusammen. Ebenfalls sehr dankbar sind wir Herrn Dr. G. Miehe, der seine langjährige Beschäftigung mit dem Hochgebirge des Himalaya, insbesondere Nepals, zu einer Zusammenfassung der ökologischen Verhältnisse genutzt hat, die im Anschluß an die Besprechung des Zonobioms IV als eigenes Kapitel gegeben wird. Dem Himalaya als einem multizonalen Gebirge, wird damit die ihm gebührende Behandlung als das größte Gebirgssystem der Erde gewährt. Herrn Dr. J. Hager danken wir für die Zusammenfassung seiner Forschungsergebnisse aus Patagonien, so daß auch das Kapitel zum Zonobiom VII auf der Südhemisphäre eine Ergänzung erfahren hat.

Ein ursprünglich vorgesehenes ausführliches Schlußkapitel, in dem auf die inzwischen weltweit bedrohliche Zerstörung natürlicher Ökosysteme hingewiesen wird, die sich in den einzelnen Zonobiomen sehr unterschiedlich und regional spezifisch abspielt, erwies sich als uferlos, so daß wir davon abgesehen haben und uns auf kurze Bemerkungen beschränkt haben.

Die Zusammenstellung des letzten Bandes hat länger gedauert als ursprünglich vorgesehen. Die Auswertung und die Erfassung zahlreicher neuerer Sonderdrucke der Sammlung des Zweitautors hat neben den laufenden Semesterverpflichtungen viel Zeit erfordert.

Mehrere Abschnitte wurden von Frau Ruschhaupt in Bielefeld auf Diskette oder Schreibmaschine geschrieben, andere Abschnitte von Frau Uta Breckle. Studentische Hilfskräfte halfen bei der Erstellung des Sachwortverzeichnisses und bei der Erstellung der Literaturlisten. Ihnen allen sei sehr herzlich gedankt.

September 1989

Prof. Dr. H. Walter   Prof. Dr. S.-W. Breckle
Hohenheim   Bielefeld

Im Jahr
des 70. Doktorjubiläums
Promotion an der Universität
Jena am 13.12.1919

Inhalt

Vorwort	V
Physikalische Größen, Einheiten und Umrechnungsfaktoren	XIV
Abkürzungen und vorkommende Symbole	XV
Erläuterungen zu den Karten mit der ökologischen Gliederung der Kontinente	XVI

Teil 1: Zonobiom IV: Mediterranes Zonobiom mit Winterregen und arider Sommerzeit (arido-humides ZB) ... 1
1 Vegetationsgeschichte und Klima ... 1
1.1 Entstehung der mediterranen Vegetation ... 1
1.2 Das Klima ... 6
2 Die Böden ... 12
3 Allgemeines zur Vegetation ... 15
3.1 Übersicht ... 15
3.2 Die Bedeutung des Faktors Feuer ... 18
4 Die Konsumenten ... 23
5 Die Destruenten ... 28
6 Ökosysteme ... 31
7 Gliederung des Zonobioms IV ... 31

Teil 2: Mediterran-Vorderasiatische Biomgruppe ... 32
1 Das Klima ... 32
2 Die Böden ... 32
3 Die Produzenten ... 32
3.1 Allgemeines ... 32
3.2 Rekonstruktion der Vegetation im Mittelmeergebiet ... 33
3.3 Die Vegetationsverhältnisse in Nordafrika ... 40
3.4 Die Vegetation in Südeuropa ... 42
4 Konsumenten und 5 Destruenten ... 43
6 Ökologische Untersuchungen und Ökosystemforschung ... 44
6.1 Untersuchungen in Südfrankreich ... 44
6.2 Untersuchungen zum Wasserhaushalt ... 45
6.3 Untersuchungen zum Wärmefaktor ... 51

6.4 Untersuchungen zum Kohlenstoffhaushalt ... 55
7 Gliederung ... 58
8 Orobiome des Mittelmeergebietes ... 58
8.1 Humide Höhenstufenfolgen im Mittelmeerraum ... 60
8.2 Aride mediterrane Höhenstufenfolgen ... 65
8.3 Jordangraben ... 73
8.4 Die Kanarischen Inseln ... 74
9 Pedobiome des Zonobioms IV ... 82
10 Zono-Ökotone ... 85
10.1 Zono-Ökoton IV/III im Mittelmeerraum (Südostspanien, Nordafrika, Orient) ... 85
10.2 Zono-Ökoton IV/V im Mittelmeergebiet (westliches Mittelmeergebiet) ... 86
10.3 Zono-Ökoton IV/VI im nördlichen Mittelmeerraum (Submediterrangebiet) ... 87
10.4 Zono-Ökoton IV/VII ... 94
10.4.1 Ebrobecken ... 94
10.4.2 Pannonien und Südosteuropa ... 94
10.4.3 Anatolien ... 97
10.4.4 Transkaukasien ... 102
10.4.5 Iran und Afghanistan ... 108

Teil 3: Die übrigen Biomgruppen des Zonobioms IV ... 120
A Californisches Gebiet (Nordamerikanische Biomgruppe) ... 120
1 Das Klima ... 120
2 Die Böden ... 121
3 Die Produzenten (Die Vegetation des californischen Hartlaubgebiets) ... 121
4 Konsumenten und 5 Destruenten ... 128
6 Ökologische Untersuchungen in Californien ... 129
7 Gliederung ... 132
8 Orobiom IV in Californien ... 133
9 Pedibiome in Californien ... 135
10 Zono-Ökotone in Californien ... 136

B.	Mittelchilenisches Gebiet	137		**Teil 4: Der Himalaya, eine multizonale**		
1	Klima	138		**Gebirgsregion (MIEHE)**		181
2	Die Böden	138		1	Einleitung	181
3	Die Produzenten (Die Vegetation in Mittel-Chile)	138		1.1	Gebirgsgliederung	181
				1.2	Literatur und Karten	181
4	Konsumenten und 5 Destruenten	142		2	Klima und Witterung	183
6	Ökologische Untersuchungen in Mittelchile	142		3	Die Produzenten	187
				3.1	Flora	187
7	Gliederung	143		3.2	Vegetationsgliederung	196
8	Orobiome IV in Mittelchile	143		3.2.1	Himalaya-Südabdachung	196
9	Pedobiome	145		3.2.2	Innerer Himalaya: Biotopwechsel borealer Koniferenwälder	212
10	Zono-Ökotone in Chile	146				
				3.2.3	Der Tibetische Himalaya	219
C.	Kapensisches Gebiet	146		4	Konsumenten und 5 Destruenten	226
1	Klima	146		6	Einfluß des Menschen	226
2	Böden	147				
3	Produzenten (Flora und Vegetation des Kaplandes)	147				
				Teil 5: Zonobiom V: Zonobiom des warm-		
3.1	Die Flora	147		**temperierten Klimas**		231
3.2	Die Kap-Vegetation	150		1	Das Klima	231
4	Konsumenten und 5 Destruenten	155		1.1	Subzonobiom mit Niederschlagsmaximum im Winter V(w)	231
6	Ökologische Untersuchungen und Ökosystemforschung im Kapgebiet	155				
				1.2	Subzonobiom mit Niederschlagsmaximum im Sommer V(s)	231
7	Gliederung	163				
8	Orobiome im Kapland	163		2	Die Böden	231
9	Pedobiome im Kapland	163		3	Die Produzenten	235
10	Zono-Ökotone des Kaplandes	164		3.1	Subzonobiom mit Niederschlagsmaximum im Winter V(w)	235
10.1	Der Renosterbos (Zono-Ökoton IV/III)	164				
				3.1.1	Oregon und Washington	235
10.2	Zono-Ökoton IV/V und der Wald von Knysna	164		3.1.2	Das Subzonobiom V(w) in Westeuropa	238
				3.1.3	Das Subzonobiom V(w) in Südwest-Asien	238
D.	Zonobiom IV in Australien (Südwest- und Süd-Australien)	167				
1	Klima	167		3.1.4	Das Subzonobiom V(w) in Chile	243
2	Böden	167		3.1.5	Das Subzonobiom V(w) in Südafrika	249
3	Produzenten (Die Vegetation in SW- und S-Australien)	168		3.1.6	Das Subzonobiom V(w) in Australien	248
3.1	Die Eucalypten	168		3.2	Subzonobiom V(s) mit Regenmaximum im Sommer	253
3.2	Der Jarrah-Wald	171				
3.3	Süd-Australien	172		3.2.1	Das Subzonobiom V(s) im südöstlichen Nordamerika	254
4	Konsumenten und 5 Destruenten	172				
6	Ökologische Untersuchungen im Zonobiom IV Australiens	173		3.2.2	Das Subzonobiom V(s) in Brasilien	259
				3.2.3	Das Subzonobiom V(s) im östlichen Australien	263
7	Gliederung	177				
8	Orobiome im Zonobiom IV Australiens	177		3.2.4	Das Subzonobiom V(s) in Neuseeland	266
				3.2.5	Das Subzonobiom V(s) in Süd- und Ostafrika	274
9	Pedobiome im Zonobiom IV Australiens	177				
10	Zono-Ökotone in Australien	178		3.2.6	Das Subzonobiom V(s) in Ostasien	275
10.1	Der Karri-Wald in SW-Australien	178		4	Die Konsumenten und 5 Die Destruenten	291
10.2	Süd-Australien	180				
				6	Ökologische Untersuchungen und Ökosystemforschung	291

7	Gliederung des Zonobioms V in Biome	291	4.1	Die *Pinus koraiensis*-Mischwälder mit ostasiatischen Laubholzarten	326
8	Orobiome des Zonobioms V	291	4.2	Das Ökosystem der Wiesen im Küstengebiet	328
9	Pedobiome des Zonobioms V	291	4.3	Ökologie der Höchststaudenfluren im ozeanischen Gebiet des Fernen Ostens	329
10	Zono-Ökotone	292	4.4	Konsumenten (nach FILATOVA)	339
			4.4.1	Wirbellose des Fernöstlichen Gebiets des USSR	339
			4.4.2	Wirbeltiere	342

Teil 6: Zonobiom VI: Temperiertes, nemorales Zonobiom (insbesondere in Nordamerika und Ostasien) 293
Einleitung 293

A.	Biomgruppe Nordamerika	293
	Allgemeines	293
1	Das Klima	294
2	Die Böden	294
3	Die Produzenten	294
4	Konsumenten und 5 Destruenten	299
6	Ökologische Untersuchungen	300
7	Gliederung des Zonobioms VI	300
8	Orobiom VI (Die Appalachen)	300
8.1	Klima	300
8.2	Vegetation und Höhenstufen	301
9	Pedobiome	304
9.1	Amphibiome der Auenwälder	304
9.2	Bachauenwälder und montane Niedermoore	305
9.3	Kiefernwälder auf armen und trockenen Böden	305
9.4	Halobiome	306
10	Zono-Ökotone	307
10.1	Zono-Ökoton VI/VII	307
10.2	Zono-Ökoton VI/VIII	308
B.	Biomgruppe Ostasien	315
	Allgemeines	315
1	Zonobiom VI in Japan	315
1.1	Klima	315
1.2	Vegetation des ZB VI in Japan	315
1.3	Untersuchungen zur Frostresistenz	317
2	Zonobiom VI in Korea	318
2.1	Klima	318
2.2	Vegetaion des ZB VI in Korea	318
3	Zonobiom VI in China	319
3.1	Klima	319
3.2	Vegetation des ZB VI in China	320
3.2.1	Allgemeines	320
3.2.2	Floristische Verhältnisse	320
3.2.3	Wälder und Orobiome V und VI in China	321
4	Zonobiom VI im Fernen Osten der USSR (nach MOROZOV & BELAYA)	326
4.0	Allgemeines	326

Teil 7: Zonobiom VII (semiarid-temperiertes), VIIa (arides) und VII(rIII) (extrem arides, kontinentales) Zonobiom mit kalten Wintern – Steppen und Prärien, Halbwüsten und Wüsten in Amerika (und Neuseeland) ... 345
Einleitung und Gliederung 345

A.	Subzonobiom VII (Prärien Nordamerikas)	345
	Allgemeines	345
1	Das Klima	349
2	Die Böden	349
3	Die Produzenten	351
3.1	Die Präriepflanzen	351
3.2	Dürrewirkungen in der Prärie	353
4	Konsumenten und 5 Destruenten der Prärien	354
6	Ökologische Untersuchungen und Ökosystemforschung	354
7	Gliederung	357
8	Orobiom VII in Nordamerika	358
9	Pedobiome	358
10	Zono-Ökoton VII/VIII in Nordamerika	360
10.1	Klimageschichte	360
10.2	Erste Komponente: Die Prärieflächen	361
10.3	Zweite Komponente: Die Waldgesellschaften	362
10.4	Die Konsumenten des ZÖ VII/VIII	363
10.4.1	Präriefauna	363
10.4.2	Waldfauna	363
10.4.3	Die Wasserbecken	363
10.5	Die Besiedlung durch den Menschen	363
B.	Subzonobiom VIIa in Nordamerika (Halbwüsten Nordamerikas)	364
	Allgemeines, Geomorphologie und Klimageschichte	364
1	Das Klima	367
2	Die Böden	367

XII   Inhalt

3	Die Produzenten	368
3.1	Die Wermut-Halbwüste	368
3.2	Biom der Blackbrush-Halbwüste auf dem Colorado-Plateau	370
4	Die Konsumenten	372
5	Die Destruenten	372
6	Ökophysiologische Untersuchungen	372
7	Gliederung	378
8	Orobiome in der Halbwüste	378
9	Pedobiome	381
10	Zono-Ökotone	382
C.	Subzonobiom VII (rIII) in Nordamerika (Wüsten mit kalten Wintern)	382
1	Die Mohave-Wüste	382
2	Death Valley	383
D.	Das Subzonobiom VII in Südamerika	385
	Die ostargentinische Pampa – Das Pampaproblem	385
1	Das Klima der Pampa	386
2	Die Böden der Pampa	389
2.1	Hydrographie und Geomorphologie	289
2.2	Die Bodentypen	391
3	Die Produzenten (Die ursprüngliche Pampa-Vegetation)	394
3.1	Semiaride Pampa	395
3.2	Aride Pampa	396
4	Die Konsumenten (Die natürliche Fauna der Pampa)	397
5	Die Destruenten	398
6	Ökosystemforschung	398
7	Gliederung in Biome	398
8	Orobiome der Pampa	398
9	Pedobiome der Pampa	398
10	Zono-Ökotone	399
10.1	Der Übergang von der Graspampa zur Wüste	399
10.2	Die Gliederung der Vegetation im Vorland und am Osthang der Anden in Argentinien	401
10.3	Aride Bereiche des Andenhanges	402
10.4	Vegetation am Anden-Ostrand und im östlichen Vorland vom 41°S bis nach Feuerland	402
E.	Das Subzonobiom VIIa in Südamerika – Die Halbwüste in Patagonien (HAGER)	405
	Der Übergang von der Graspampa zur Halbwüste	405
1	Das Klima	406

1.1	Das Makroklima	406
1.2	Das Mikroklima	408
2	Das Muttergestein und die Böden	409
2.1	Geomorphologie und Geologie	409
2.2	Die Böden	410
2.3	Erosionserscheinungen	410
3	Die Produzenten	411
3.1	Aufbau und Gliederung der Vegetation	411
3.2	Die Polsterpflanzen	413
4	Die Konsumenten	415
4.1	Wildtiere	415
4.2	Vegetationsveränderungen durch Beweidung	416
5	Die Destruenten	417
6	Ökophysiologische Untersuchungen	417
7	Gliederung	419
8	Orobiome	420
9	Pedobiome	420
10	Zono-Ökotone	420
F.	Das Subzonobiom VIIa in Südamerika – Halbwüsten Nordargentiniens Die Vegetation der intrakontinentalen, ariden Gebiete	420 420
G.	Das Subzonobiom VII in Neuseeland	422

Teil 8: Zonobiom VIII: Kalttemperiertes, boreales ZB in Amerika 425

A.	Biomgruppe Nordamerika (LORIS)	425
	Allgemeines	425
1	Das Klima	429
2	Die Bodenverhältnisse	435
2.1	Bodenbildung und Bodentypen	435
2.2	Permafrost	440
3	Die Produzenten	442
3.1	Allgemeines	442
3.1.1	Die wichtigsten Baumarten der borealen Wälder Nordamerikas	443
3.1.2	Der Unterwuchs der borealen Wäder Nordamerikas	448
3.2	Die Vegetation der einzelnen Biomgruppen der geschlossenen Wälder	450
3.2.1	Biomgruppe Neufundland	450
3.2.2	Östliches Canada	451
3.2.3	Die Vegetation des zentralen borealen Canada	456
3.2.4	Die Vegetation des westlichen borealen Canada	458
3.2.5	Die Vegetation des Yukon-Distrikts in Canada und Alaska	459

3.3	Das Subzonobiom der Nördlichen Taiga	465		3	Produzenten	491
3.3.1	Allgemeines	465		4	Konsumenten und 5 Destruenten	491
3.3.2	Die Nördliche Taiga im Osten Canadas (Labrador, Ungava)	468		6	Ökosysteme	491
				6.1	Ökologische Untersuchungen im Gebiet von Barrow, Alaska	491
3.3.3	Die Nördliche Taiga im Westen Canadas (Northwestern Transition)	470		6.2	Canadische Versuchsfläche Truelove Lowland	493
4	Die Konsumenten	471		7	Gliederung der nordamerikanischen Arktis	497
5	Die Destruenten	472				
6	Ökologische Untersuchungen und Ökosystemforschung	473		8	Orobiome VIII und IX im Permafrostgebiet	497
6.1	*Picea*-Wälder	473		8.1	Gebirgstundra	497
6.2	Ökologie der Flechtenwälder	474		8.2	Orobiome in der nordamerikanischen Arktis	498
7	Gliederung der nordamerikanischen borealen Zone	480				
8	Orobiome	480		B.	Antarktisches Zonobiom IX	498
8.1	Die Übergänge zur montanen und subalpinen Stufe der Rocky Mountains	480		1	Allgemeines	498
				2	Subzonobiom der subantarktischen Inseln	502
9	Pedobiome	481		3	Subzonobiom der kalten Nördlichen Antarktischen Wüste	506
10	Zono-Ökotone	482				
10.1	Zono-Ökoton VIII/IX in Nordamerika	482		4	Subzonobiom der kalten Südlichen Antarktischen Wüste	509
10.2	Die polare Baumgrenze	482				
B.	Biomgruppe Südamerika	482		**Teil 10: Schlußbetrachtung**		511
1	Hochmoore in Feuerland	483		1	Landnutzung und Umweltprobleme	511
				2	Anthropogene Veränderungen und Umweltzerstörungen in den einzelnen Zonobiomen	514
Teil 9: Zonobiom IX des arktisch-antarktischen kalten Klimas der Tundra und der polaren Wüsten		485				
	Einführung	485		3	Lokale, regionale und globale Umweltprobleme	517
A.	Arktisches Zonobiom	488		Nachwort		520
	Allgemeines	488		Literaturverzeichnis		521
1	Klima	489				
2	Böden	490		Sachregister		551

Physikalische Größen, Einheiten, Umrechnungsfaktoren

Basis-Einheiten (SI-Einheiten)

Länge	Meter	(m)
Masse	Kilogramm	(kg)
Zeit	Sekunde	(s)
Temperatur	Kelvin	(K)
Lichtstärke	Candela	(cd)
Stoffmenge	Mol	(mol)

Weitere physikalische Einheiten und Umrechnungsfaktoren

Kraft Newton (N)
$1\,N = 1\,kg \cdot m \cdot s^{-2} = 0{,}102\,kp$

Druck Pascal (Pa)
$1\,Pa = 1\,N \cdot m^{-2} = 10^{-5}\,bar$
$1\,bar = 10^5\,Pa = 0{,}9869\,at = 750\,Torr$
$= 750\,mm\,Hg$

Energie Joule (J)
$1\,J = 1\,N \cdot M = 10^7\,erg$

Wärmemenge
$1\,kcal = 4{,}187\,kJ = 1{,}163\,Wh$
$1\,J = 0{,}102\,kp \cdot m = 2{,}29 \cdot 10^{-4}\,kcal$
$= 2{,}78 \cdot 10^{-7}\,kWh$

Leistung, Energiestrom, Wärmestrom
Watt (W)
$1\,W = 1\,J \cdot s^{-1} = 1\,N \cdot m \cdot s^{-1}$
$1\,W = 0{,}102\,kp \cdot m \cdot s^{-1} = 0{,}236\,cal \cdot s^{-1}$
$= 0{,}86\,kcal \cdot h^{-1}$

Strahlung
Beleuchtungsstärke Lux (lx)
$1\,lx = 1\,lm \cdot m^{-2} = $ ca $10^{-2}\,W \cdot m^{-2}$
Lichtstrom Lumen (lm)
Lichtstärke $cd \cdot m^{-2}$
$1\,lx$ (Rotlicht) $\cong 4 \cdot 10^{-3}\,W \cdot m^{-2}$
$\cong$ ca $6\,kcal \cdot m^{-2} \cdot min^{-1}$
$1\,lx$ (Blaulicht, $\triangleq$ Weißlicht, Tageslicht)
$\cong 10^{-2}\,W \cdot ^{-2} \cong$ ca $13\,kcal \cdot m^{-2} \cdot min^{-1}$
$1\,W \cdot m^{-2}$ (PhAR)
$\cong$ ca $3-5\,\mu$-Einstein $\cdot m^{-2} \cdot s^{-1}$
1 Einstein = 1 mol Photonen
$\cong 40\,kcal$ (rot); $75\,kcal$ (blau);
$\cong 1{,}6 \cdot 10^5\,J$ (rot); $3 \cdot 10^5\,J$ (blau)

Sonstige Umrechnungen
$1\,g\,TG \cdot m^{-2} = 10^{-2}\,t \cdot ha^{-1}$
$1\,g$ organ. Masse $\triangleq$ ca $0{,}45\,g\,C \triangleq$ ca $1{,}5\,g\,CO_2$
$1\,g\,CO_2$-Umsatz (bei RQ = 1)
$\triangleq 0{,}73\,O_2$-Umsatz

International festgelegte Vorsilben für Einheiten und zugehörige Faktoren:

	x = 1	x = 2	x = 3	x = 6	x = 9	x = 12	x = 15
10^{-x}	Dezi d	Zenti c	Milli m	Mikro µ	Nano n	Piko p	Femto f
10^{+x}	Deka da	Hekto h	Kilo k	Mega M	Giga G	Tera T	Peta P

Abkürzungen und vorkommende Symbole

a	Jahr	M	Stoffproduktion (Masse)
BFI	s. LAI	mg	Milligramm
°C	Grad Celsius	min	Minute
cal	Kalorie	ml	Milliliter
CAM	Crassulacean Acid Metabolism (Diurnaler Säurestoffwechsel bei der Photosynthese = DAM)	mm	Millimeter
		mNN	Meter über Normalnull (Meereshöhe)
		mol	Mol
CEC	Kationen-Austauschkapazität (cation exchange capacity)	µm	Mikrometer
		N	Newton
d	Tag (24 h)	N	Nord
DAM	s. CAM	NAR	Netto-Assimilationsrate
DBH	Durchmesser von Baumstämmen in Brusthöhe in cm	NN	Normalnull
		P	Niederschlag
E	Einstein (Lichtquantenmenge)	Pa	Pascal (1 Pa = 10^{-5} bar)
E	Evaporation (Verdunstung von nichtpflanzlichen Oberflächen)	pH	negativer Logarithmus der Wasserstoffionenkonzentration (Säurestärke)
E	Ost	Ph	Photosynthese
E_a	aktuelle Evaporation	PhAR	photosynthetisch aktive Strahlung
E_p	potentielle Evaporation	ppb	Teile pro Milliarde (= parts per billion)
ET	Evapotranspiration (Gesamtverdunstung)	ppm	Teile pro Million (= parts per million)
		π^*	potentieller osmotischer Druck
FG	Frischgewicht	R	Atmung (Respiration)
g	Gramm	RF	Relative Feuchte
h	Stunde	RQ	Respirationsquotient (für KH = 1, Fette ca. = 0,7)
ha	Hektar ($10^4 m^2$)		
IR	Infrarot	s	Sekunde
J	Joule	S	Süd
K	Kelvin (meist als Temperaturdifferenz gebraucht $\triangleq \Delta$ °C)	sZB	Subzonobiom
		t	Zeit
kg	Kilogramm	t	Tonne (10^3 kg)
KH	Kohlenhydrate	T	Transpiration
klx	Kilolux	TG	Trockengewicht
kW	Kilowatt	Torr	Druckmaß (veraltet: 1 bar = 750 Torr)
l	Liter	UV	Ultraviolett
LAI	leaf area index, Blattflächenindex (BFI)	W	West
LF	Luftfeuchte	WG	Wassergehalt
LG	Lichtgenuß	WSD	Wassersättigungsdefizit
lx	Lux	ZB	Zonobiom
m	Meter	ZÖ	Zono-Ökoton

Erläuterungen zu den Karten mit der ökologischen Gliederung der Kontinente

I = Zonobiom, äquatoriales mit Tageszeitenklima
II = Zonobiom, tropisches mit Sommerregen (humido-arides)
III = Zonobiom, subtropisches arides (Wüstenklima)
IV = Zonobiom, mediterranes mit Winterregen (arido-humides)
V = Zonobiom, warmtemperiertes (humides)
VI = Zonobiom, typisch temperiertes (nemorales)
VII = Zonobiom, arid-temperiertes (kontinentales)
VIII = Zonobiom, kalt-temperiertes (boreales)
IX = Zonobiom, arktisches, bzw. antarktisches (Tundra)
Zono-Ökotone – zwischen den einzelnen Zonobiomen

Es bedeuten außerdem ergänzend:

a — für den betreffenden Typus relativ «arid»
h — für den betreffenden Typus relativ «humid»; (hh – extrem humid)
oc — im außertropischen Gebiet «oceanisch» (= maritim) getönt
co — entsprechend ein «continental» getöntes Gebiet
fr — im tropischen Gebiet kommen «Fröste» vor
wr — für den Typus anomale «Winterregen» vorherrschend
sr — entsprechend «Sommerregen» vorherrschend
swr — entsprechend zwei Regenzeiten
ep — «episodische» Regen in extremen Wüsten
nm — «nichtmeßbare» Niederschläge (Nebel oder Tau)
(r III) — «Regen so gering wie bei III» (Wüsten), z. B. I (r III) = äquatoriale Wüste oder VII (r III) Wüsten mit kaltem Winter
(t I) — «Temperaturkurve» wie bei I, d. h. Tageszeitenklima

Teil 1: Zonobiom IV: Mediterranes Zonobiom mit Winterregen und arider Sommerzeit (arido-humides ZB)

1 Vegetationsgeschichte und Klima

1.1 Entstehung der mediterranen Vegetation

Die mediterrane Vegetation, die dem arido-humiden Klima des Zonobioms IV entspricht, galt als besonders eigenartig und der Hartlaub-Charakter der Holzpflanzen als durch die Sommerdürre geprägt. Aber nach neueren Erkenntnissen ist der mediterrane Klimatypus sehr jung, erst während des Pleistozäns durch die Ausbildung der polaren Eiskappe entstanden, während die sklerophyllen Arten bereits aus dem Tertiär bekannt sind. Sie waren somit mit ihren anatomisch-morphologischen Eigenschaften bereits zu einer Zeit dagewesen, als es ein Klima mit mediterranem Charakter überhaupt nicht gab; sie waren also präadaptiert.

Zu Beginn und in der Mitte der Tertiärzeit sah die Nordhalbkugel noch anders aus: Nordamerika hing über Grönland mit Europa zusammen und besaß bis in die heutigen Polargebiete ein warmes Klima, das im südlichen Mitteleuropa noch dem von Zonobiom II entsprach, zum mindesten warmtemperiert mit Sommerregen war. Demzufolge war im gesamten Gebiet eine subtropische Flora vorhanden. Die Aufwölbung der alpiden Gebirge begann bereits in Nordamerika mit Nord-Süd verlaufenden Rücken, in Europa dagegen von den Pyrenäen über die Alpen und den Balkan sowie Anatolien in West-Ost Richtung. Sie setzte sich im Pleistozän fort und ist auch heute noch nicht beendet. Der Nordpol war anfangs noch weit entfernt, rückte jedoch im Tertiär immer näher, bis er zu Beginn des Pleistozäns etwa die heutige Lage erreichte, wodurch das Klima immer kühler wurde und gegen Ende des Tertiärs dem heutigen entsprach. Gleichzeitig nahmen die Sommerniederschläge im Westen von Nordamerika und im Süden von Europa ständig ab.

Der Florenwandel, der als Folge der Klimaänderung eintrat, läßt sich an den sehr reichen fossilen Floren bis zur Gegenwart in Nordamerika besonders gut verfolgen (AXELROD 1973, 1977), für Afrika geben AXELROD & RAVEN (1978) Hinweise.

Zu Beginn der Tertiärzeit war die Flora von Nordamerika noch nicht gegliedert. Sie war durch Gattungen vertreten, die auf ein feuchtes subtropisches oder warm-temperiertes Klima schließen lassen. Die hohen Gebirgsrücken, die heute den Austausch von Florenelementen verhindern und das Klima beeinflussen, waren noch nicht vorhanden. Im mittleren Tertiär dagegen muß man aus den Fossilfunden schon auf eine gewisse Florengliederung schließen: Es wird eine mehr nördliche arkto-tertiäre Flora, die mit der damaligen europäischen übereinstimmt, und eine südwestliche madro-tertiäre Flora unterschieden, die besonders in Mexico vertreten war. Sie ist nach einem dortigen Gebirge mit reichen Fossilresten benannt. Sie bestand aus mehr xeromorphen Arten. In der Übergangszone war wohl eine Mischflora aus beiden mosaikartig verzahnt.

Zu der arktotertiären Flora gehörten Arten, die man heute in der pazifischen amerikanischen Provinz findet, wie Arten der Gattungen *Abies, Acer, Alnus, Amelanchier, Betula, Castanopsis, Cornus, Gaultheria, Lithocarpus, Mahonia, Picea, Pinus, Populus, Pseudotsuga, Quercus, Ribes, Rosa, Sequoia, Thuja, Tsuga* u.a., aber auch solche, die zum atlantischen amerikanischen Florenelement gehören, wie *Carya, Castanea, Fagus, Juglans, Liquidambar, Nyssa, Picea, Taxodium, Ulmus* u.a. Dazu kam jedoch ein weiteres ostasiatisches Element, wie *Ailanthus, Ginkgo, Glyptostrobus, Keteleeria, Metasequoia, Pseudolarix, Pterocarya, Zelkowa* u.a. Diese Gattungen entsprechen alle einem feuchten Klima mit gut verteilten oder vorwiegend Sommerregen von 900–1250 mm im Jahr.

Zu der madrotertiären Flora gehören Arten der Gattungen *Arbutus, Arctostaphylos, Bumelia, Ceanothus, Cercocarpus, Clethra, Garrya, Ilex, Juglans, Juniperus, Laurocerasus, Persea, Pinus, Pistacia, Platanus, Populus, Prunus, Quercus, Robinia, Sapindus, Schmalzia (Rhus), Xanthophyllum* u.a., die heute ein Bestandteil des Chaparral, also der Hartlaubformation sind oder innerhalb derselben an Bächen, in Tälern wachsen. Außer diesen waren jedoch Gattungen vertreten, wie *Acacia, Bursera, Dodonaea, Eysenhardtia, Ficus, Jatropha, Pithecelobium, Randia, Sabal*, die heute auf die warmen und frostfreien Gebiete von Mexico beschränkt sind.

Sehr reiche fossile Mischfloren wurden in Oregon und Californien festgestellt. Sie bestanden im Oligozän und Miozän vorwiegend aus Arten, die mit den heute lebenden identisch sind oder ihnen sehr nahe stehen, wobei es sich vorwiegend um Holzarten handelt, weil krautige Arten nur selten fossil erhalten bleiben. Auffallend ist der Mischcharakter aus verschiedenen ökologischen Gruppen: Es überwiegen Vertreter des feuchten subtropischen Waldes mit Sommerregen, daneben findet man jedoch sklerophylle Arten (*Quercus, Lithocarpus, Arbutus* u.a.), die den heutigen Hartlaubhölzern entsprechen und wohl damals trockene warme Hänge besiedelten; aber auch Holzarten mit Fallaub waren vertreten (*Fagus, Carpinus, Ostrya, Acer saccharinum, A. rubrum, Pterocarya, Ptelea, Alnus, Betula, Populus, Salix* u.a.), die man heute im gemäßigten Klima mit über das Jahr gut verteilten Niederschlägen oder in Auen findet; sie besiedelten damals wohl das feuchte Flachland und tiefere Täler mit z.T. grundwassernahen Böden. Fossilreste eines gemischten Nadelwaldes (*Picea, Abies, Pseudotsuga, Sequoia, Thuja* u.a.) stammten wahrscheinlich aus benachbarten Gebirgen.

Mit der Klimaänderung gegen Ende der Tertiärzeit geht eine stete Verarmung der Flora Hand in Hand. Es fand eine klimatisch bedingte Selektion statt. Es breiteten sich die Arten aus, die an trockenen Standorten wuchsen und für ein Klima mit wenigen Sommerniederschlägen präadaptiert waren, also die sklerophyllen Arten. Es konnten sich außerdem die laubabwerfenden Gehölze halten, die an Grundwasser gebunden sind (*Salix, Populus, Ulmus* u.a.). In der Miozänflora Californiens lassen sich Vertreter der sklerophyllen Strauchvegetation, des Chaparrals, ebenfalls nachweisen, allerdings zusammen mit laubabwerfenden Sträuchern. Letztere verschwinden gegen Ende des Tertiärs, während die Arten des Chaparrals mit der Ausbildung des Winterregenklimas sich immer mehr ausbreiteten.

Es ist bezeichnend für die sklerophyllen Arten des westlichen Nordamerikas, daß sie durchaus nicht an ein Winterregengebiet gebunden sind. Sie kommen heute auch in der unteren montanen Stufe der Gebirge in Arizona mit Winter- und Sommerregen vor (Band 2, S. 252–254) und weiter südlich in Mexico selbst in Sommerregengebieten, in denen jedoch infolge von Trockenheit anspruchsvollere Arten nicht mehr wettbewerbsfähig sind. In Winterregengebieten mußten sich diese Arten funktionell anpassen, indem sie die Keimungszeit und das Wachstum in die günstigere Frühjahrs- und Herbstperiode verlegten und die trockene Sommerzeit im weniger aktiven Zustand überdauerten ebenso wie die kühlen Winter.

Wie diese Umstrukturierung der artenreichen Miozänflora in die mehr spezialisierte und artenärmere in Californien sich im einzelnen vollzog und wie sich die neuen Pflanzengemeinschaften herausbildeten, indem der Wettbewerb zu neuen Kombinationen der Arten führte, bespricht AXELROD (1977) im einzelnen sehr ausführlich. Aus dem ursprünglichen miozänen, über den ganzen Kontinent ausgedehnten Zonobiom, das nach Biotopen stark differenziert war, entstanden bis zur Gegenwart eine Reihe von klimatisch unterschiedlichen Zonobiomen: Zonobiom IV im Westen, Zonobiom V im Südosten, nördlicher das Zonobiom VI, während die extremsten ökologischen Typen sogar in die nach dem Tertiär entstandenen ariden Zonobiome III und nördlicher ins Zonobiom VII vordrangen, sich am Aufbau der Halbwüsten- und Wüstenvegetation einerseits und der kalt-borealen andererseits beteiligend.

Wir sehen daran auch, wie irreführend die durch die Klimaxtheorie vertretene Ansicht sein kann, nach der die Klimaxgesellschaften als Endglied einer Primärserie entstehen. In Wirklichkeit sind die Klimaxgesellschaften zonale Vegetationstypen, in denen sich ständig den Klimaänderungen entsprechend Umgruppierungen der Pflanzenarten vollziehen; die einen breiten sich aus, die anderen ziehen sich ganz zurück oder bleiben als seltene Relikte noch erhalten. Die jeweiligen Phytozönosen sind vorübergehende Erscheinungen und im steten Wechsel begriffen, sobald das Klima sich ändert, wobei die einzelnen Pflanzenarten nach dem Gesetz des Biotopwechsels (Band 1, Seite 190) dort Anschluß finden, wo sie sich im Wettbewerb durchsetzen. Es ist deshalb wenig aussichtsreich, eine starre, streng hierarchische, pflanzensoziologische Gliederung und Klassifikation der Phytozönosen allein nach floristischen Gesichtspunkten aufzustellen.

Bei anthropogen bedingten Phytozönosen ändern sich die Artenkombinationen, sobald eine neue Bewirtschaftungsmethode eingeführt wird, also oft in ganz kurzen Zeitspannen (z.B. Ackerunkrautgesellschaften, Herbizid-Einwirkung).

Die Vorgeschichte des mediterranen Zonobioms IV läßt sich in Europa und Vorderasien nicht so lückenlos zurückverfolgen wie in Californien. Die Entwicklung der Floren im Tertiär verlief genau so wie im westlichen Nordamerika; auch in Europa kennt man die fossilen Reste der heutigen sklerophyllen mediterranen Arten. Aber im Pleistozän wirkten sich die Eiszeiten noch fast bis zur Mittelmeerküste aus, alle anspruchsvollen Holzarten ausmerzend. In Nordafrika drang die Wüste von Süden immer mehr gegen das Mittelmeer vor. Die immergrüne wärmebedürftige und feuchtigkeitsliebende tertiäre Flora starb deshalb in Europa völlig aus. Nur auf den Kanarischen Inseln und auf Madeira blieb ein Rest erhalten, als Lorbeerwald an Nordhängen, bei denen im Sommer häufige Nebel die Dürre mindern. Ganz wenige Relikte sind sonst verblieben, wie die einzige europäische Palme *Chamaerops humilis*, die einzigen Caesalpiniaceen *Ceratonia* und *Cercis*, die krautigen Gesneriaceen *Ramonda* und *Haberlea*. Das größte Refugium der tertiären Flora ist die Kolchis im westlichen Kaukasien (WALTER 1974, S. 376–381) und der kaspische Tieflandswald im nördlichen Iran am Südrand des Kaspischen Meeres. Aber auch dort findet man nichtsklerophylle, immergrüne Arten nur im Unterwuchs, wie *Laurocerasus*, *Rhododendron ponticum*, *Ilex*, *Hedera*. In der Baumschicht blieben nur laubabwerfende Arten erhalten (*Pterocarya*, *Zelkowa*, *Diospyros lotus*). Die tertiäre, wärmeliebende, immergrüne Flora findet man nur noch in Ostasien (Japan und China), wo die Eiszeiten sich kaum auswirkten.

Fossilreste aus dem frühen Pleistozän in Nord-Tunesien ergaben Hinweise auf das Vorhandensein von heute noch vorkommenden sklerophyllen Arten (*Ceratonia*, *Olea*, immergrüne *Quercus*-Arten, *Rhus* u. a.), aber auch subtropische Arten (*Cassia*, *Pittosporum*, *Sapindus*), die während des Pleistozäns ausstarben, ebenso wie die nicht dürreresistenten *Fagus*, *Pterocarya*, *Juglans* u. a..

Pollenanalytische Untersuchungen aus den saharischen Gebirgen Hoggar und Tibesti zeigten, daß während mancher Pluvialzeiten des Pleistozäns noch Gebirgswälder aus sklerophyllen und laub-abwerfenden Arten vorhanden waren, doch mit zunehmender Trockenheit wurden diese bis auf die kümmerlichen Relikte reduziert, die wir auf Seite 368 (Band 2) erwähnten.

Von den Lorbeerblattwäldern der Tertiärzeit findet man heute nur noch den Lorbeerbaum (*Laurus*) im Mittelmeergebiet, aber stets an feuchten Nordhängen, so in Nordspanien, an den regenreichsten Stellen an der Adria, vereinzelt in Südanatolien und verbreitet in Nordanatolien, wo die Sommerdürrezeit fast fehlt. Als Relikte der

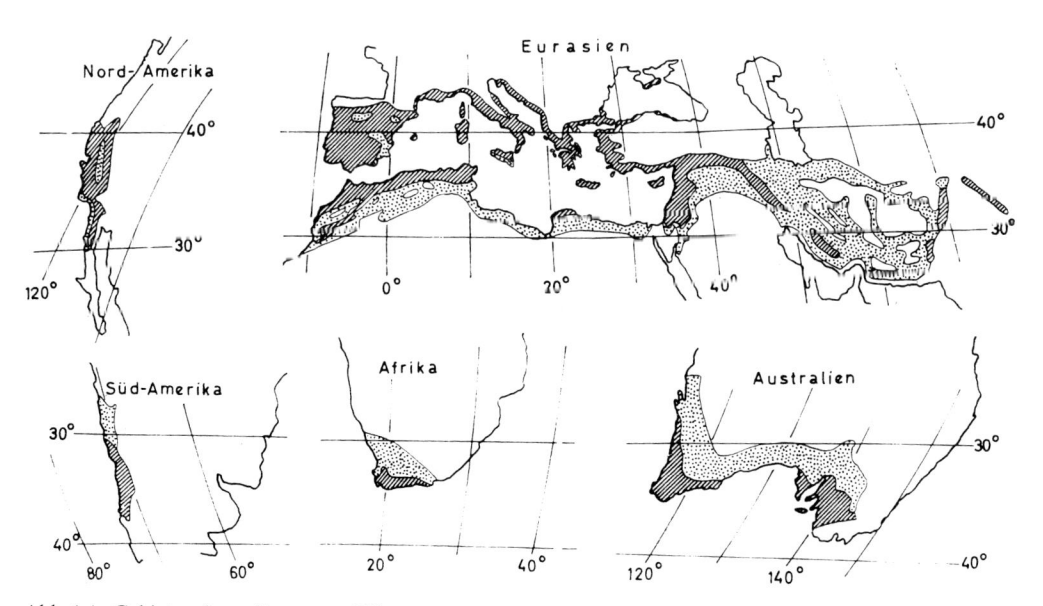

Abb. 1.1: Gebiete mit mediterranem Klima, angeordnet auf vergleichbarer Breitenlage. Sie liegen bevorzugt an der Westflanke der Kontinente, schraffiert: mediterraner Klimatypus mit mediterranem Zonobiom IV; punktiert: aride Gebiete mit vorwiegend Winterregen, verschiedene Zonoökotone von ZB IV, insbes. ZÖ III/IV, ZÖ III/VII (aus WALTER 1968).

tertiären Nadelwälder sind in den Gebirgen *Cedrus* und *Cupressus*, sowie verschiedene *Abies*-Arten und *Picea omorica* zu nennen.

Wenn die Hartlaubvegetation aus einer lorbeerblättrigen in geologisch junger Zeit entstanden ist, so sollten sich noch lorbeerblättrige Reliktarten im Mittelmeergebiet finden lassen. Weiter ist es wahrscheinlich, daß das Ausmaß der Sklerophyllie bei den einzelnen Vertretern verschieden sein wird. Tatsächlich finden sich solche Reliktarten und der Übergang zwischen Lauriphyllie und Sklerophyllie ist fließend, worauf z. B. MEUSEL (1965, 1978) und WALTER (1984) hingewiesen haben.

Lorbeerblättrig wie die meisten übrigen Lauraceen ist *Laurus nobilis*, der vorwiegend in den niederschlagreicheren Teilen und an geschützten Standorten wächst. Die euxinischen lauriphyllen Arten *Prunus laurocerasus* und *Rhododendron ponticum* haben mit *Prunus lusitanica* ssp. *lusitanica* auf der Iberischen Halbinsel und in SW-Frankreich und mit *Rhododendron ponticum* ssp. *baeticum* in S-Spanien und im südlichen Portugal nahe Verwandte in der Westmediterraneis (HÜBL 1987, 1988). Eher lorbeerblättrig als hartblättrig sind die beiden mediterranen *Arbutus*-Arten (*A. unedo* im gesamten und *A. andrachne* im östlichen Mittelmeergebiet). Der bezüglich des Blattyps schwer einzuordnende, jedenfalls nicht typisch sklerophylle *Buxus sempervirens* ist mediterran-submediterran-atlantisch verbreitet. Noch stärker atlantisch und weiter nach Norden reichend ist der lauriphylle *Ilex aquifolium*. Am weitesten geht *Hedera helix* unter den Immergrünen nach Norden und Osten. Unter den immergrünen Kleinsträuchern ist *Daphne laureola* selbst noch in wintermilden Lagen Mitteleuropas zu finden.

Das Zonobiom IV finden wir auch auf der Südhemisphäre als schmalen Streifen in Chile, an der äußersten Spitze von Südafrika und mehr Raum einnehmend in Südwest- und Südaustralien (vgl. Abb. 1.1). Diese Gebiete gehören floristisch ganz verschiedenen Florenreichen an: der Neotropis, der Capensis und der Australis. Die geschichtliche Entwicklung seit dem Tertiär ist im einzelnen nicht genauer bekannt, doch dürfte sie ähnlich verlaufen sein, wie in der Holarktis. Am Kap in Südafrika verzahnt sich auch heute noch die sklerophylle Vegetation mit der immergrünen warmtemperierten, in Australien findet man die sklerophylle Vegetation auch an der Ostküste im Sommerregengebiet auf sehr flachgründigen trockenen Felsböden, und zwar durch dieselben Gattungen *Banksia*, *Hakea*, sowie *Grevillea* u. a. vertreten.

In allen diesen Gebieten dürften ebenfalls die sklerophyllen Arten älter sein als das Klima mit Winterregen und Sommerdürre. Auch dort ist eine klimatische Auslese präadaptierter Arten anzunehmen. Als Relikt der Tertiärflora findet man in Chile den artenreichen Valdivianischen Regenwald (SCHMITHÜSEN 1964) (vgl. S. 243 ff.) und weiter nördlich eine Palmenart, die *Jubaea chilensis*. Am Kap und in Australien ist die Ausbildung von einer Unzahl an Arten bei bestimmten Gattungen auffallend, Beispiele hierzu sind in Tab. 4 aufgeführt.

In Australien kommen von insgesamt etwa 500 Arten von *Eucalyptus* eine größere Zahl auch in der Baumschicht des Zonobioms IV vor, sie bilden etliche unterschiedlich strukturierte Wälder (vgl. BEADLE 1981, z. B. Abb. 15/1, S. 368). Von den Gattungen *Hakea*, *Banksia* und anderen typischen australischen Gattungen sind es ebenfalls eine große Zahl (vgl. Tab. 1.1).

Man gewinnt den Eindruck, daß durch die Klimaänderung in vorhistorischer Zeit, die zur Ausbildung des Winterregenklimas führte, ein floristisches Vakuum entstand, in das besonders gut präadaptierte Gattungen vorstießen, wobei es infolge eines geringeren Wettbewerbs zur Ent-

Tab. 1.1: Gattungen der australischen Flora mit über 70 Arten (nach BEADLE 1981) (end!: endemisch in Australien)

Gattung	(Familie)	Arten in Australien	Arten insgesamt (global)
Acacia	(Mimosaceae)	ca. 750	ca. 1000
Eucalyptus	(Myrtaceae)	ca. 500	ca. 500
Grevillea	(Proteaceae)	250	260
Hakea (end!)	(Proteaceae)	140	
Leucopogon	(Epacridaceae)	140	150
Melaleuca	(Myrtaceae)	140	141
Goodenia	(Goodeniaceae)	120	121
Stylidium	(Stylidiaceae)	110	114
Eremophila (end!)	(Myoporaceae)	110	
Hibbertia	(Dilleniaceae)	100	103
Helichrysum	(Compositae)	100	500
Ptilothus	(Amaranthaceae)	100	101
Pultenaea (end!)	(Fabaceae)	100	
Prasophyllum	(Orchidaceae)	85	85
Cyperus	(Cyperaceae)	82	550
Fimbristylis	(Cyperaceae)	80	300
Olearia	(Compositae)	80	100
Pimelea	(Thymelaeaceae)	80	85
Schoenus	(Cyperaceae)	80	100
Solanum	(Solanaceae)	80	1700

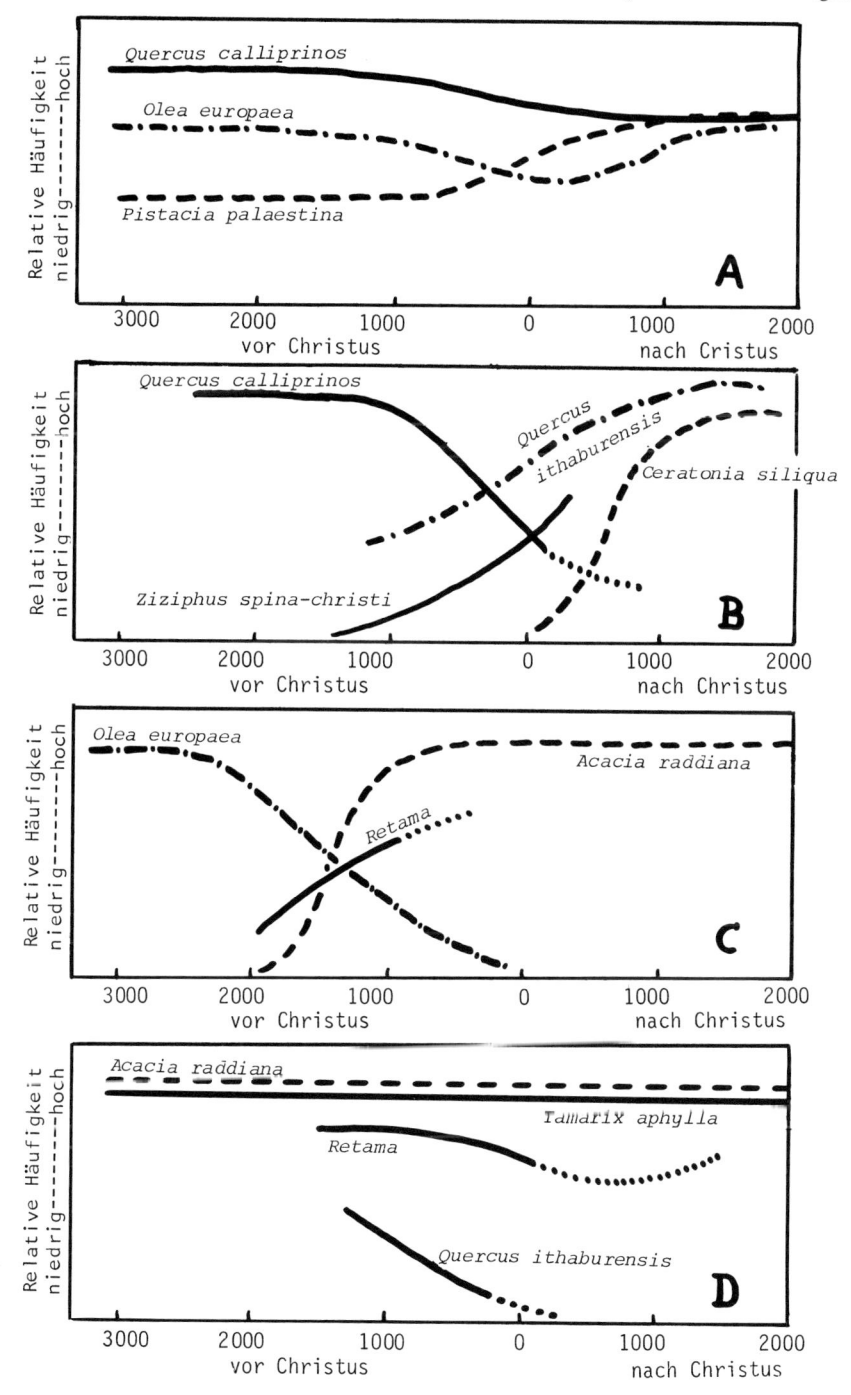

Abb. 1.2: Schematische Übersicht über die Veränderungen der relativen Häufigkeit verschiedener dominanter Baumarten in Israel in historischer Zeit (seit etwa 3000 v. Chr). Unter (A) sind eumediterrane Standorte (ZB IV), unter (B) submediterrane (ZÖ IV/VI), unter (C) Übergangsgebiete zur Wüste (ZÖ IV/III) und unter (D) Negev-Wüstenregionen (ZB III) angegeben (nach Waisel 1986).

Tab. 1.2: Zeitskala des Einflusses des Menschen auf mediterrane Ökosysteme. Die angegebene Einheit sind Jahre vor heute (nach GROVES et al. 1983).

	Mediterraneis	Australien	Südafrika	Chile	Californien
Erstes Auftreten des Menschen Jäger/Sammler, Feuergebrauch	400.000	40.000	500.000	11.000	14.000
Erstes Auftreten von Haustieren	10.000–6000	150	20.000	400	400
Erstes Auftreten von Landwirtschaft	10.000–6000	150	300	1000?	150
Intensiv-Ackerbau	2000–1000	50	300–200	400	50

stehung von zahlreichen neuen Arten kam, weil auch weniger erfolgreiche Mutationen erhalten blieben und so viele freie ökologische Nischen ausgefüllt wurden von nah verwandten Arten. Es handelt sich um ein Phänomen, das DARWIN auf den Galapagos-Inseln beobachtet hatte und ihn zur Aufstellung der Theorie von der Entwicklung der Arten führte. Auch dort war es eine Art, eine Finkenart, die vom Festland die vulkanischen Inseln erreichte, ein Vakuum vorfand und, neue Arten bildend, die verschiedenen Nischen ausfüllte, was sonst durch ganz unterschiedliche Vogelgattungen erfolgt.

Im Spät- und Postglazial haben sich in verhältnismäßig kurzer Zeit offenbar sehr rasch erhebliche klimatische Veränderungen abgespielt, die zu starken Veränderungen in der Vegetationsbedeckung geführt haben. Ein starkes Wandern der Arten, parallellaufende Evolutionsvorgänge, rasche Veränderungen der Biosphäre, Geosphäre und Atmosphäre aufgrund des sich ändernden saisonalen Klimageschehens lassen sich heute anhand von Modellen und Verifikation durch zahlreiche paläoökologische Untersuchungen (Pollendiagramme, Isotopenanalysen etc.) genauer ablesen (COHMAP m. 1988).

Für einige der wichtigsten Baumarten hat WAISEL (1986) das zeitliche Auftreten in historischer Zeit im Ostmediterangebiet dargestellt (vgl. Abb. 1.2). Danach zeigt sich, daß in den letzten 5000 Jahren sich offenbar erhebliche Veränderungen abgespielt haben. In den heutigen Wüstengebieten (Negev) und in der Übergangszone sind *Quercus ithaburensis* und *Olea* verschwunden. *Ceratonia siliqua* ist in den feuchteren Übergangsgebieten erst seit 2000 Jahren nachweisbar. In diesem uralten Kulturraum ist aber der Einfluß des Menschen schon seit sehr langer Zeit ganz erheblich.

In Tabelle 1.2 ist vergleichend der zeitlich zunehmende **Einfluß des Menschen** innerhalb der 5 Mediterrangebiete dargestellt. Zwar sind in Südafrika im ZBIV die Spuren des Vormenschen schon sehr alt, inwieweit aber bereits größere Einflüsse auf die ursprüngliche Vegetationsbedeckung gegeben waren, läßt sich nicht abschätzen. Sicher ist, daß erst durch das Seßhaftwerden und durch Ackerbau und durch dessen Intensivierung, dieses hat aber nun im Mittelmeergebiet am frühesten begonnen, die Umgestaltung größerer Flächen eingesetzt hat.

1.2 Das Klima

Das Zonobiom IV ist von allen Zonobiomen flächenmäßig das kleinste. Es liegt an den Westflanken der Kontinente jeweils um den 35. Breitengrad. Etwa die Hälfte der Gesamtfläche des Zonobioms entfällt auf den Teil, der um das Mittelmeer in Europa, Vorderasien und Nordafrika gelegen ist und sich von Portugal bis in den Irak über 4000 km von West nach Ost erstreckt. Im Gegensatz dazu bildet das Zonobiom in Californien und in Chile einen schmalen Streifen in Nord-Süd-Richtung. Räumlich sehr klein ist das Kap in Südafrika, größer dagegen in SW-Australien und davon getrennt nochmals in Südaustralien (vgl. Abb. 1.1). Ungeachtet der weit verstreuten geographischen Lage der einzelnen Teilgebiete sind diese durch ein einheitliches Klima sehr gut charakterisiert. Das zeigen die typischen Klimadiagramme aus den Teilgebieten (Abb. 1.3–1.7).

Die Frage, ob es sich noch um ein subtropisches Klima handelt oder schon um ein gemäßigtes, läßt sich nicht eindeutig beantworten: Im Sommer liegen die Gebiete im Bereich des subtropischen Hochdruckgürtels, so daß die Sommer heiß und

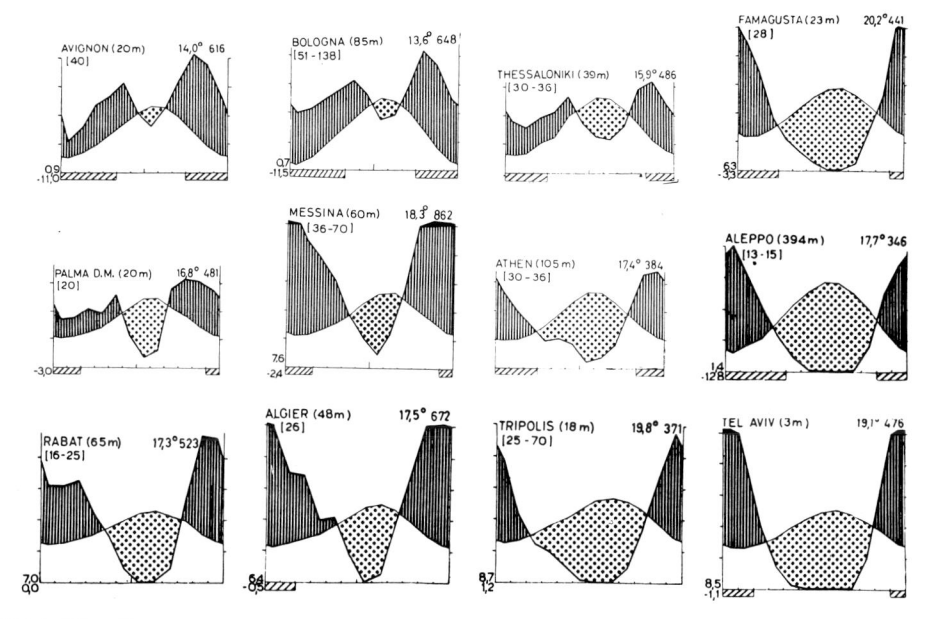

Abb. 1.3: Klimadiagramme von Küstenstationen des Mittelmeergebietes. Avignon im Nordwesten (relativ humid), Bologna in Italien (relativ humid), Thessaloniki in Nordgriechenland (etwas kontinental), Famagusto in Cypern (eumediterran), Palma de Mallorca im westlichen Mittelmeergebiet (eumediterran), Messina in Sizilien (eumediterran), Athen in Griechenland (eumediterran), Aleppo in Nordsyrien (ostmediterran), Rabat im Südwesten des Mittelrangebiets (relativ humid), Algier in Nordafrika (eumediterran), Tripolis in Nordafrika (xeromediterran), Tel Aviv im Osten (ostmediterran).

trocken sind, im Winter dagegen greifen die Störungen der gemäßigten Zone mit ihren Luftfronten im Süden auf dieses Zonobiom über und verursachen Regenfälle bei kühlen Temperaturen. Auch Fröste treten auf, sowie gelegentliche Schneefälle, in extremen Jahren sogar kurze Kälteperioden. Es handelt sich somit um ein **typisches arido-humides Klima**, das den Übergang von den ariden subtropischen ZB III zu den bewaldeten Zonobiomen des gemäßigten Klimas bildet. Hydrologisch ist die potentielle Evaporation im Jahresmittel höher als das Jahresmittel der Niederschläge, doch fehlen abflußlose Becken mit versalzten Böden, weil bei den relativ hohen Winterregenfällen ein Abflußsystem ausgebildet ist; aber die meisten Flüsse, wenn sie nicht wie die Rhône in humiden Gebirgen entspringen, trocknen im Sommer fast oder ganz aus.

Auf Abb. 1.8 ist das Winterregengebiet in Südafrika und in Australien im Vergleich dargestellt. Auch hier greifen die winterlichen Zyklonen der Südhemisphäre im Südwinter auf das Land über, in Australien in der äußersten Südwestecke aufgrund der etwas südlicheren Breitenlage noch stärker als in Südafrika. Für Australien sind auch die epitropischen Zugbahnen eingetragen. Auf beiden Kontinenten sind vor allem die West- und Südwestküsten, in Südaustralien aufgrund des Küstenverlaufs auch die Südküste von vorwiegenden Winterregen betroffen. Da der größte Teil des Zonobioms IV im Mittelmeer liegt, spricht man allgemein von dem mediterranen Klima, auch in Californien oder am Kap, in Chile oder in SW-Australien.

Die Jahresmittel der Niederschläge liegen bei dem typischen mediterranen Klima bei 300 bis 1000 mm; doch besagen die Mittelwerte hier besonders wenig, da sie sehr stark von Jahr zu Jahr schwanken. In Athen z.B. liegt das Mittel bei 384 mm, aber der minimale Jahresniederschlag betrug 125 mm, der maximale dagegen 830 mm. In Santiago de Chile fielen 1924 nur 66 mm, 1900 waren es dagegen 820 mm, allein im Juli 353 mm. Die Zahl der Regentage ist im allgemeinen gering, die einzelnen Regenfälle dagegen sind starke Güsse, was zu Überschwemmungen führen kann, wenn sich diese an mehreren Tagen wiederholen oder andauern. So fielen in Santa Christina (Italien) einmal in 3 Tagen 1495 mm Regen, in den Ost-Pyrenäen in 90 min. 313 mm (PASKOFF 1973).

8   Teil 1. Vegetationsgeschichte und Klima

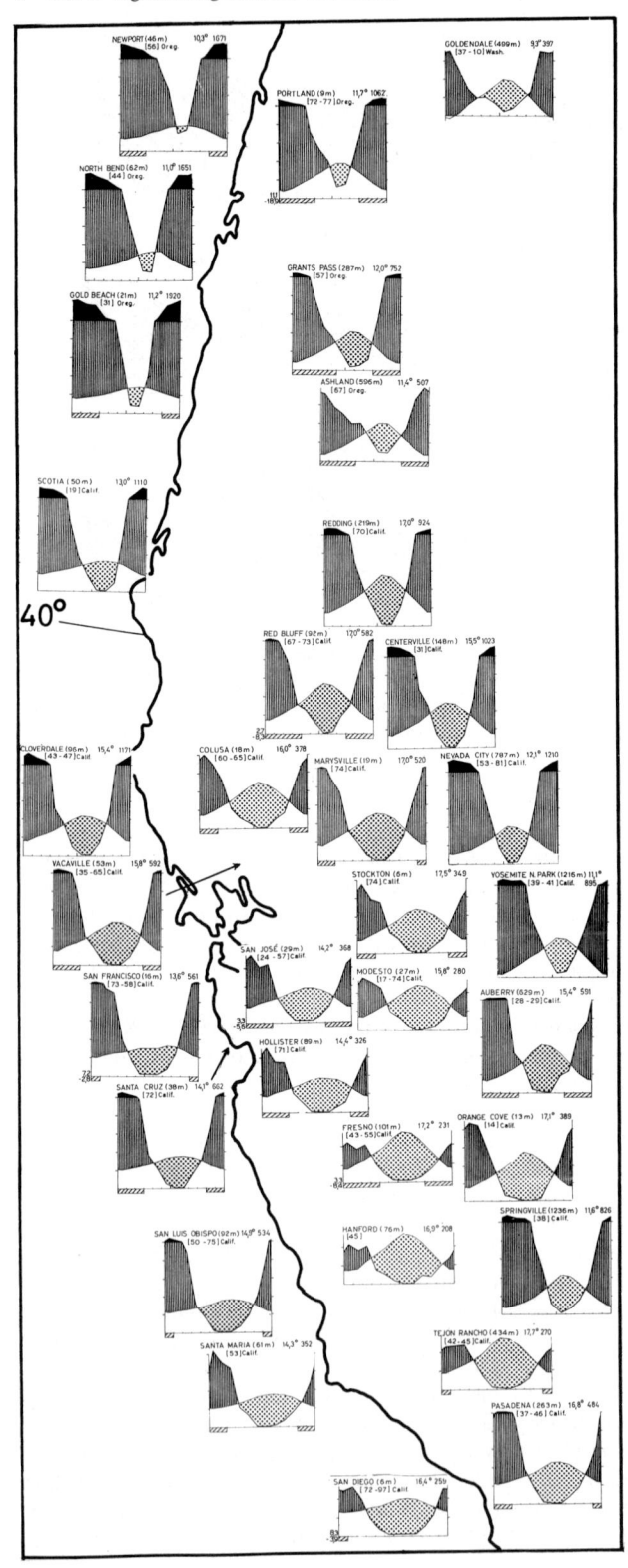

Abb. 1.4: Klimadiagramme aus Californien

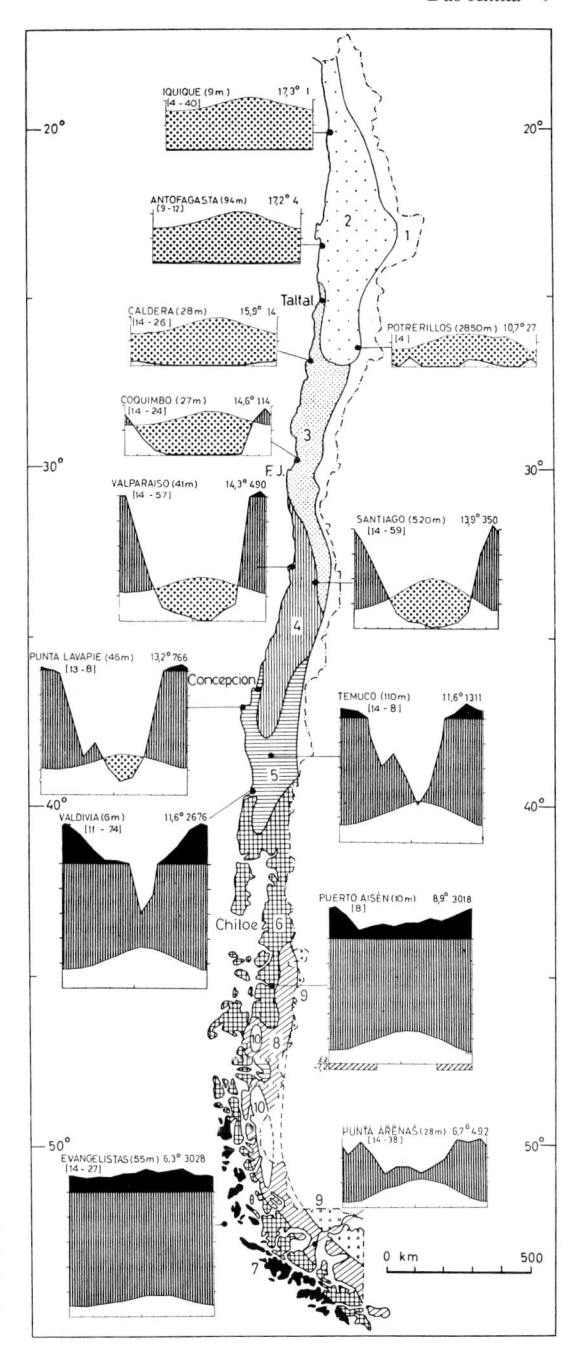

Abb. 1.5: Klimadiagramme und Vegetationsgebiete von Chile (aus WALTER 1968, nach SCHMITHÜSEN). – Nordchile: 1: nördliche Hochanden (Orobiom III und IV), 2: Wüstengürtel (Atacama, ZB III), 3. Zwergstrauchgebiet und xerophytische Strauchvegetation (ZÖ III/IV). Mittelchile: 4: Hartlaubgebiet (ZB IV), 5: Gebiet des sommergrünen Waldes (ZB V). – Südchile: 6: Immergrüne Regenwälder der gemäßigten Zone (ZÖ V/VIII), 7: tundrenähnliche Vegetation der kalten Zone (ZÖ VIII/IX), 8: subantarktischer Sommerwald (ZB VIII), 9: patagonische Steppe (ZB VII), 10: südliche Anden (Orobiom VIII).

Die Wintertemperaturen sind mild (7°–13 °C), die Sommer heiß (Mittel des heißesten Monats bis über 25 °C). Die Tagesschwankungen der Temperatur sind bei Meeresküstenstationen gering, weiter landeinwärts dagegen namentlich im Winter bis 20 °C.

Eine Kälteperiode im Winter fehlt im ZB IV, doch sind nur wenige Stationen frostfrei (absol. Minima der wärmsten Stationen: Gibraltar: −1,1 °C, Algier +0,2 °C, Syrakus: 0,0 °C, Gaza −1,1 °C).

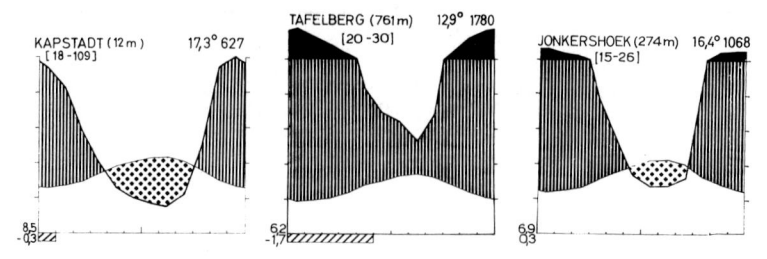

Abb. 1.6: Klimadiagramme aus dem Hartlaubgebiet des Kaplandes. Kapstadt, Tafelberg oberhalb von Kapstadt und Jonkershoek in den Hottentots Holland Mountains bei Stellenbosch.

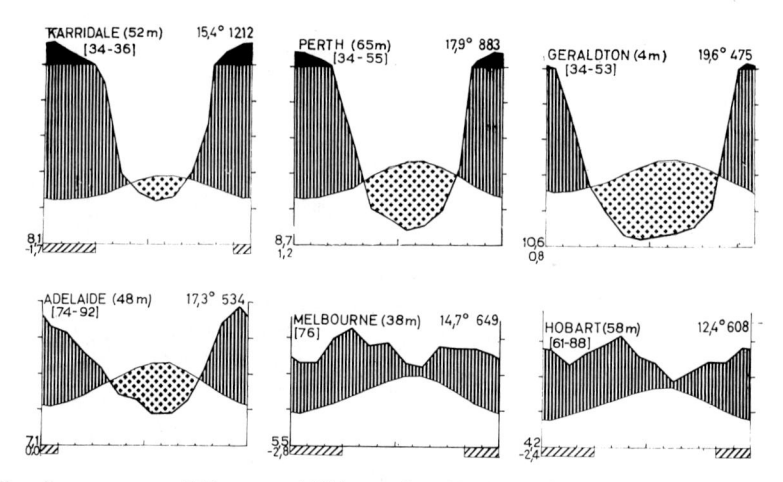

Abb. 1.7: Klimadiagramme von Südwest- und Südaustralien. Karridale (feuchtes Karri-Waldgebiet, ZÖ IV/V), Perth (Jarrah-Wald, mediterran), Geraldton (nördlicher an der Grenze der Eucalyptuswälder, ZÖ IV/III), Adelaide (Süd-Australien, gemäßigt mediterran), Melbourne (warm-temperiert, ZB V), und Hobart (E-Tasmanien, temperiert, ZB V).

Extrem kalte europäische Winter können noch bis in den nördlichen Mittelmeerraum ausstrahlen und teilweise Schneefall bringen, wie z. B. 1928/29, 1956, 1962/63, 1985. Die natürliche Vegetation hält diese Extreme aus, aber die Kulturen (Ölbaum, *Citrus*, Pinien, Palmen, Bananen) können beträchtliche Frostschäden erleiden und sind daher nicht risikofrei.

Der Einfluß des Winterregenklimas macht sich nach NE noch in Nord-Anatolien, im Nordwesten des Kaukasus, abgeschwächt auf der Südkrim und in Vorderasien bis in die nordwestlichen Randgebirge der Indus-Tiefebene und in Afghanistan bemerkbar (vgl. Abb. 2.73). Dementsprechend reichen eine ganze Reihe von mediterranen Florenelementen mit verschiedenen Vikarianten, teilweise mit Verbreitungslücken, bis nach NW-Pakistan hinein.

Im allgemeinen treten im mediterranen Klima die Eigenschaften der Aridität stärker in Erscheinung, insbesondere auch im Landschaftscharakter.

Je nach Höhe der Winterniederschläge und namentlich der Dauer und Intensität der Sommerdürrezeit, könnte man das Zonobiom in drei Subzonobiome aufgliedern und neben dem eu-mediterranen sZB noch ein xero-mediterranes und ein hygro-mediterranes unterscheiden. Diese Unterteilung tritt besonders deutlich hervor, wenn man die Stationen von Californien oder Chile nach ihrer Breitenanlage anordnet, wobei dann die eu-mediterranen Stationen in der Mitte liegen (Abb. 1.4 von Californien, Abb. 1.5 von Chile).

Doch machen sich auch floristische Unterschiede stärker bemerkbar. Beim genaueren Vergleich der Klimate Californiens und Chiles zeigt es sich, daß das Zonobiom IV in Californien eine

1.8: Klima in Südafrika (A) und Australien (B). Die südwestlichen Teile der Kontinente sind jeweils beeinflußt durch winterliche Frontregen (breit schraffiert), die äußerste Südwestspitze in Australien erhält zusätzliche Winterstürme (enge Schraffur). Unterbrochene Pfeile geben die Hauptzugrichtung zyklonaler und epitropischer Stürme an, die vor allem im Nordwesten des Kontinents entstehen. Die Inlandsgebiete beider Kontinente weisen einen zusätzlichen Niederschlagstyp auf, nämlich lokale konvektive Schauer mit kurzen Sommergewittern (nicht dargestellt). Die gestrichelte Linie gibt die Grenze zum Sommerregengebiet an (nach MILEWSKI 1981).

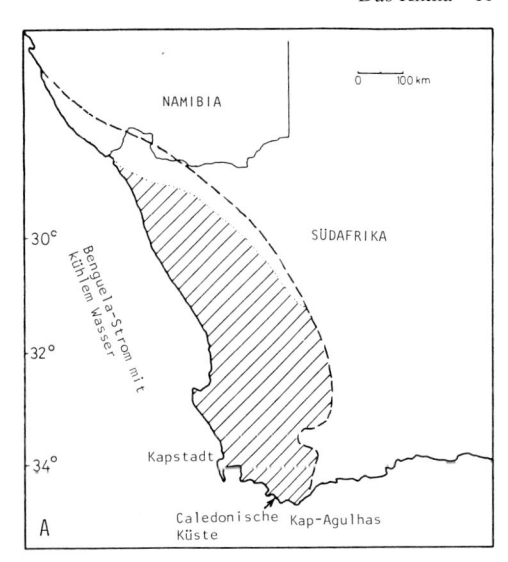

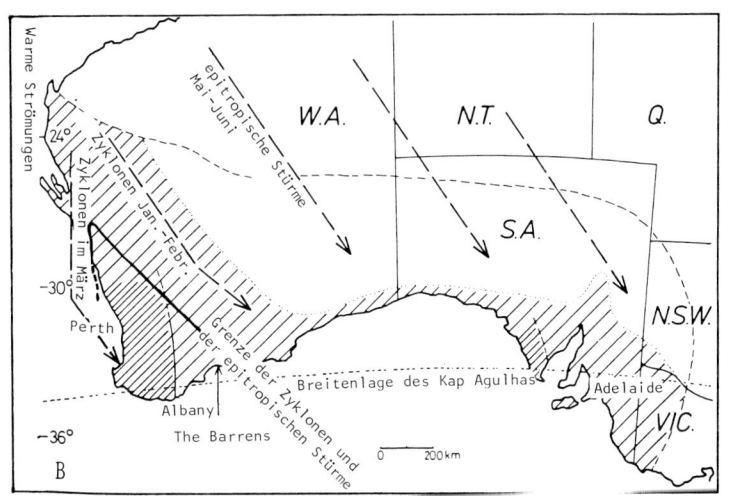

weitere Erstreckung in N-S-Richtung aufweist, daß es jedoch in Chile um einen Breitengrad näher zum Äquator hin beginnt und daß die Dürrezeit jahreszeitlich um einen Monat früher eintritt als in Californien (di CASTRI 1973a).

Ein besonders wichtiger klimatischer Faktor in diesem Zonobiom ist das durch Blitzschlag entfachte Feuer. Die Vegetationsdecke ist dicht, auch die Streuschicht am Boden, die während der Sommerdürre sehr trocken und daher leicht entzündbar ist, wenn bei vereinzelten Gewittern der Blitz einschlägt. Das periodische Abbrennen der Vegetationsdecke gehört auch unter natürlichen Bedingungen zu den Folgen des Klimas (vgl. S. 18). Heute werden die Brände meist durch den Menschen verschuldet oder mit Absicht gelegt, dadurch sind die Abstände zwischen 2 Bränden verkürzt.

Die beiden Gebiete zeichnen sich außerdem noch durch das häufige Auftreten von Nebel an der Meeresküste aus, durch die die Sommerdürre stark abgemildert sein kann. Die Temperatur ist deshalb namentlich in Chile niedriger, während in Californien sich die Küstennebel erst nördlich von Santa Barbara bemerkbar machen; in San Francisco ist die Julitemperatur infolgedessen nur wenig höher als die Januartemperatur.

12 Teil 1. Die Böden

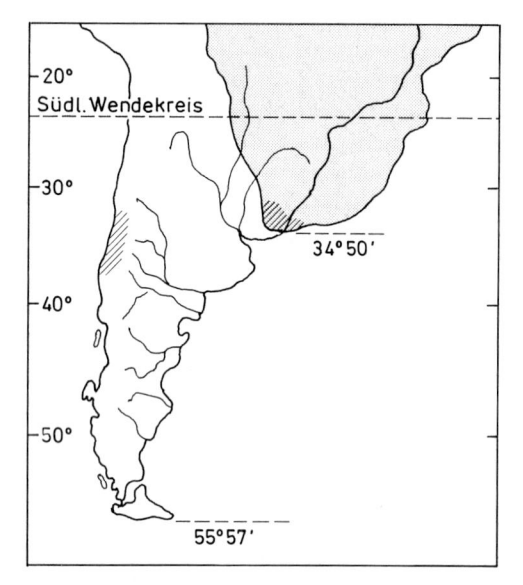

Abb. 1.9: Vergleich der Breitenlage des südlichen Südamerika mit dem südlichen Afrika (dunkel gerastert); Bereiche des ZB IV schräg schraffiert (nach Hueck 1966).

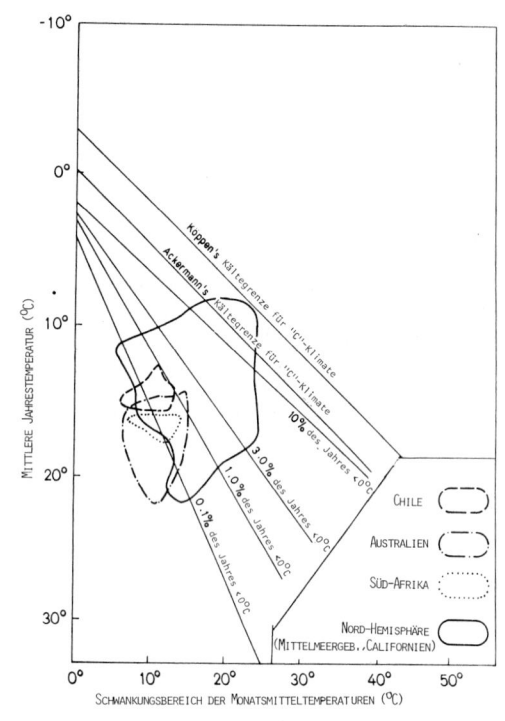

Abb. 1.10: Die thermische Charakterisierung mediterraner Regionen als Vergleich zwischen Jahresmitteltemperatur in °C (Ordinate) und Monatsschwankung der Temperatur (Abszisse), im Vergleich mit der Nullgrad-Häufigkeit (nach Aschmann 1973).

Vergleicht man die Breitenlage Chiles mit der in Südafrika (Abb. 1.9), so erkennt man, daß sich der südamerikanische Kontinent wesentlich weiter nach Süden erstreckt. Während Südafrika gerade in die Winterregenzone hineinreicht, sind in Südamerika auch noch kühlere, gemäßigte Zonobiome ausgebildet. Die mediterrane Zone Chiles liegt in der Mitte einer gut erkennbaren klimatischen Abfolge von Nord nach Süd (vgl. Abb. 1.5). Auch läßt sich hier wieder der Nebelreichtum der nördlich anschließenden Zonoökotone und Zonobiome vergleichbar herausstellen, verursacht durch kalte Meeresströmungen aus der Antarktis (Humboldtstrom, bzw. Benguelastrom, vgl. Band 2, S. 255 und S. 266).

Vergleicht man alle 5 mediterranen Gebiete miteinander, so zeigt sich, daß zwar das Klima sehr ähnlich ist und dementsprechend die Klimadiagramme homoklimatisch sind, daß aber doch feinere Unterschiede erkennbar werden. Dies kommt in der Abb. 1.10 zum Ausdruck. Daraus geht hervor, daß die Temperaturschwankungen der nordhemisphärischen Gebiete wesentlich größer sind als die der mediterranen Gebiete der Südhemisphäre, bei denen Temperaturen unter 0 °C wesentlich seltener vorkommen, das zeigt ja jeweils auch schon die Temperaturkurve der Klimadiagramme.

2 Die Böden

Wir hatten betont, daß es sich beim Zonobiom IV um einen Klimatyp handelt, der sich erst im Laufe des Pleistozäns ausbildete, als durch die Entstehung der Eiskappen eine Änderung der globalen Luftzirkulation eintrat. Die Klimaverhältnisse änderten sich rasch, aber die Böden, die im Tertiär unter anderen Klimabedingungen zur Ausbildung gekommen waren, blieben, soweit sie nicht durch Erosion entfernt wurden, erhalten. Nur auf den neu entstandenen Ablagerungen von Verwitterungsprodukten und auf Alluvionen bildeten sich junge Böden, die dem Klima mit Winterregen entsprachen. Deshalb ist es für dieses Zonobiom besonders bezeichnend, daß **fossile Böden und rezente nebeneinander vorkommen.**

Im Mittelmeergebiet fallen namentlich auf anstehendem Kalkgestein leuchtend rote Böden auf, die man als «Terra rossa» bezeichnet und für die zonalen Böden hielt. Es stellte sich heraus, daß es Paläosole, d.h. fossile Böden aus der Tertiärzeit mit einem warmen Sommerregenklima wie etwa im tropischen Savannengebiet, sind. In ebenen Lagen blieben sie bis heute erhalten, aber auch an Hängen, wo die oberen Horizonte durch Erosion entfernt wurden, findet man die Terra rossa z.B. tiefer in den Karrenspalten des Kalkgesteins. Ein typisches Profil mit Terra rossa (Tr) beschreibt BRAUN-BLANQUET (1936) unter einem Quercetum ilicis (Steineichenwald).

A 1–2 (5) cm   Streu aus wenig zersetzten
                   Blättern, im unteren Teil mit
                   Pilzmycelien.
A 5–15 (25) cm   feinkörnig, gut durchlüftet,
                   humusreich (6–10 %, bis 20 %),
                   braun bis schwärzlich, mit
                   feinen Wurzeln und reicher
                   Fauna, ausgelaugt, pH um 7,1.
B (Tr) 30–150 cm   feinkrümelig, dichter als A,
                   zerfällt in eckige Stücke,
                   braun-rot, humusarm (1–4 %),
                   stark durchwurzelt von Sträu-
                   chern, viele Regenwürmer,
                   pH = 7,2–8,2.
B (Tr), meist über 50 cm mächtig, tonig, sehr
                   plastisch, kompakt, humusfrei,
                   an der Luft mit Trockenrissen,
                   braunrot bis gelblich, mit
                   schwarzen Flecken (Mangan-
                   oxide), wenige Wurzeln der
                   Bäume und großen Sträucher,
                   pH = 7,4–8,3.
                   Muttergestein wechselnd
                   (Kalk, Dolomit, Mergel).

Die Feinerde besteht zu 90 % aus Feinsand und Schluff, der Tongehalt ist gering, steigt aber im B Horizont an.

Unter Kalk ist die Färbung des Bodens oft besonders intensiv ziegelrot. Nach Entfernung der oberen Horizonte durch Bodenerosion tritt diese bezeichnende rote Färbung der fossilen Böden auch an der Oberfläche in Erscheinung, oder der rote Boden wird abgeschwemmt und in Senken abgelagert. Solchen umgelagerten Roterden sieht man ihren fossilen Charakter nicht mehr an (vgl. Abb. 1.11).

Der stark verdichtete B-Horizont hält Wasser zurück, so daß der Wassergehalt des Bodens kaum unter 16 % sinkt, dadurch ist bei dem geringen Tongehalt immer ausnutzbares Wasser für die Pflanzen vorhanden.

Unter dem heutigen Klima bildet sich im Mediterrangebiet keine Terra rossa, vielmehr findet man zonale Böden dort, wo noch Reste des zonalen Hartlaubwaldes erhalten blieben. Es ist ein Bodenprofil, das KUBIENA (1970) als mediterrane trockene Braunerde über Silikatgestein bezeichnet. Sie unterscheidet sich von der mitteleuropäischen Braunerde durch einen humusärmeren A-Horizont und eine hellere braune Färbung.

Die Böden im Zonobiom IV von Californien entsprechen weitgehend denen des Mittelmeergebietes (ZINKE 1973). Dementsprechend läßt sich ein allgemeines Schema der Catenen entlang des Höhengradienten an Berghängen aufstellen, wie es in Abb. 1.11 im Schnitt und in Abb. 1.12 in Aufsicht wiedergegeben ist. Die Terra rossa ist in den Tälern und Mulden angeschwemmt und abgelagert. Die Hänge sind in aller Regel nur von flachgründigen Böden bedeckt. Dieses Schema ist nur in Australien und am Kap nicht anwendbar. Im Kapgebiet in Südafrika mit einem sehr armen Muttergestein aus quarzitischem Sandstein und mit einer weniger extremen Sommerdürre bilden sich sogar unter einer *Erica*-Vegetation Eisen-Humus-Podsole als zonale Böden aus.

In SW-Australien sind die Böden bei sehr ausgeglichenem Relief zum größten Teil Paläosole, und zwar handelt es sich um Laterite mit erbsenförmigen Konkretionen nahe der Oberfläche (sog. Pisolithe), deren Entstehung ein tropisches Klima mit Sommerregen und einer ausgesprochenen Dürrezeit voraussetzt.

Nicht nur die Böden sondern auch die Reliefgestaltung lassen sehr oft fossile Charakterzüge im Bereich des Zonobioms IV erkennen. Das gleiche gilt für die Verwitterungsformen der anstehenden Gesteine.

Wo innerhalb des Zonobioms IV die Landschaft wie im Mittelmeergebiet und in Californien, sowie in Chile gebirgig ist, macht sich eine starke Bodenerosion bemerkbar, so daß gut ausgebildete Bodenprofile fehlen und man es meist mit Rohböden (Lithosolen) zu tun hat. Schon die natürlichen Klimaverhältnisse, wie die lange Sommerdürrezeit und die starken Regengüsse, begünstigen die Erosion. Die Hänge sind steil, die Täler tief eingeschnitten und nur am Ausgang mit Geröll ausgefüllt. Dazu kommt aber noch die Einwirkung des Menschen in allen besiedelten Gebieten vor allem im Mittelmeerraum selbst, der ja ein sehr alter Kulturraum ist.

Die klimatischen Verhältnisse im Zonobiom IV sagten dem Menschen besonders zu. Die Winter sind so milde, daß die Beheizung der Behausungen

14 Teil 1. Die Böden

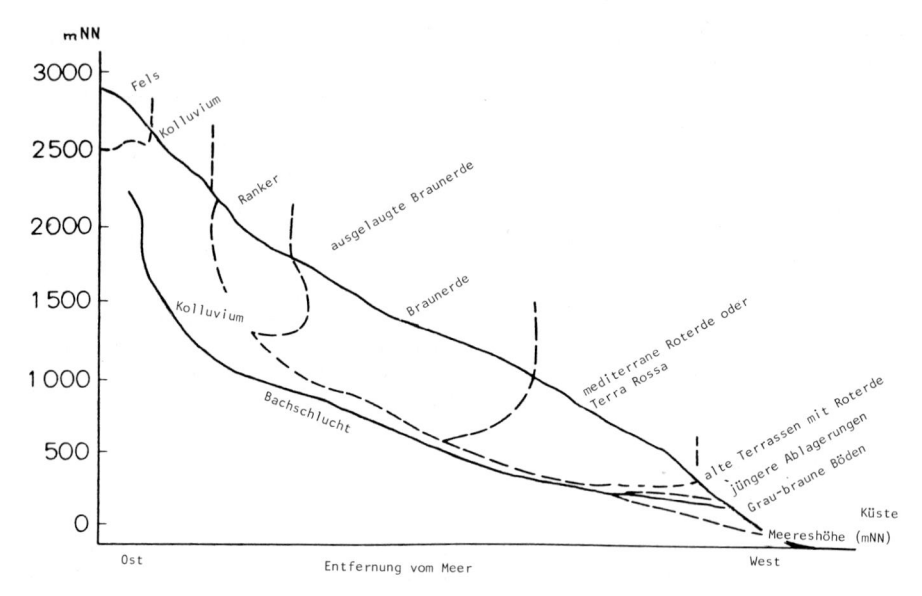

Abb. 1.11: Eine schematisierte Sequenz von Bodentypen (Catena) entlang eines Höhengradienten in Italien, Griechenland oder Californien (nach ZINKE, 1973).

nicht notwendig ist. Die Wintermonate sind zugleich feucht, was das Wachstum der Ackerfrüchte begünstigt. Eine Bewässerung ist in diesem Falle nicht notwendig, weil mit beginnender Dürrezeit bereits die Reife der annuellen Kulturpflanzen einsetzt, was für die Ernte sehr vorteilhaft ist. Infolge der starken Winterregen gibt es für die Siedlungen eine genügende Zahl von nicht versiegenden Quellen und die Wasserreserven im Boden sind so groß, daß auch Dauerkulturen möglich sind, wie Wein, Obstsorten, Ölbaumkulturen, die im heißen Sommer reichlich Früchte tragen. Wo genügend Wasser vorhanden ist, sind im Sommer auch Bewässerungskulturen möglich.

Das Mittelmeergebiet war deshalb schon im frühen Altertum dicht besiedelt, und auch in Übersee können wir ebenfalls eine Bevorzugung des Zonobioms IV beobachten. Die Folge davon ist, daß die natürliche Vegetationsdecke im Mittelmeergebiet praktisch völlig vernichtet ist und auch in Übersee die Einwirkungen des Menschen sich rasch zunehmend bemerkbar machen. Die Wälder auf tiefgründigen Böden wurden gerodet und in Kulturland umgewandelt (vgl. Tabelle 1.2, S. 6); die Hanglagen erfahren durch die Beweidung eine tiefgreifende Veränderung namentlich durch die im Mittelmeergebiet heimische Ziege. Dies hat die Bodenerosion zusätzlich verstärkt, so daß im Mittelmeergebiet eine Verkarstung einsetzte und weite Gebiete heute nacktes Gestein mit einem nur spärlichen Bewuchs aufweisen.

In den außereuropäischen Gebieten, die später besiedelt wurden, sind die ungünstigen Folgen noch nicht so ausgeprägt, doch sind Erosionsschäden in Hanglagen ebenfalls schon weit verbreitet.

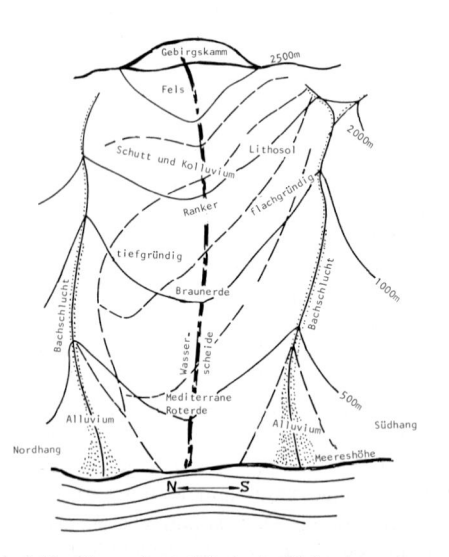

Abb. 1.12: Eine schematisierte Aufsicht der geomorphologischen Höhenstufung zwischen zwei Rinnen und einem Hangrücken (vgl. auch Abb. 1.11, verändert nach ZINKE 1973). Punktiert: Hangrinnen; dick strichpunktiert: Höhenrücken, Gratlinie; durchgezogene Linie: Höhenlinien.

3 Allgemeines zur Vegetation

3.1 Übersicht

Die Pflanzendecke des Zonobioms IV mit seinen Teilgebieten auf 5 verschiedenen Kontinenten wird in der Literatur als physiognomisch sehr einheitlich beschrieben. Aber das gilt nur für eine sehr oberflächliche Betrachtung des allgemeinen Landschaftsbildes, wobei man meist an die Verhältnisse im sonnigen, trockenen Sommer denkt, an die gebirgigen Meeresküsten und die durch den Menschen veränderten kultivierten Flächen mit Wein-, Obst- oder Oliven-Anbau, den angepflanzten Eukalypten und einzelnen pyramidenförmigen Zypressen, bzw. schirmförmigen Pinien.

Von der natürlichen Vegetation sind in den besiedelten Gebieten nur wenige Reste mit niedrigen Gehölzen verblieben.

GIGON (1978) hebt die Konvergenzen besonders hervor. Er faßt allerdings den Konvergenzbegriff nicht nur im üblichen Sinne einer frappierenden physiognomischen und morphologischen Ähnlichkeit auf, sondern rechnet auch funktionelle Ähnlichkeiten (z. B. C_4-Photosynthese) bei phylogenetisch nicht verwandten Formen oder konvergente Lebensgemeinschaften dazu.

So vergleicht er die tropischen Regenwälder in der Neotropis und Paläotropis (auch der Australis, Regenwälder in Australien sind paläotropisch) usw. Er betrachtet auch *Erica arborea* als konvergent mit der Composite *Baccharis linearis* oder der Labiate *Satureja gilliesii* und der Rosacee *Adenostoma fasciculatum*, obgleich kein Laie diese als gleich ansehen dürfte.

Eine solche Ausweitung des Begriffs »Konvergenz« ist nicht sehr zweckmäßig. Hier sollte man eher bei dem Begriff ökologische Äquivalenz bleiben.

Bei den Sklerophyllen des ZBIV ist zu berücksichtigen, daß sie gar nicht so sehr an das sommerdürre Klima angepaßt sind, sondern dieses nur mehr oder weniger ertragen können, denn sie waren ja an trockene Standorte der tertiären subtropischen Sommerregengebiete angepaßt und kommen auch heute noch in solchen vor.

Wer alle 5 Teilgebiete des ZB IV aus eigener Erfahrung kennt, der wird neben den Gemeinsamkeiten eher die Unterschiede betonen, z. B. zwischen einem *Quercus*-Hartlaubwald, einem SW-Australischen *Eucalyptus*-Wald, dem kapländischen Proteaceen-Gehölz oder dem wenig sklerophyllen chilenischen Gebüsch.

In anderen Beispielen ist die Morphologie bis in manche Einzelheiten erstaunlich konvergent z. B. *Heteromeles arbutifolia* (in Californien, vgl. den Artnamen!) und *Arbutus unedo* (im Mittelmeergebiet) sowie *Kagenackia oblongifolia* (in Chile).

Die Überlegungen zur Konvergenz bei GIGON (1978) sind nicht nur auf die Morphologie einzelner Arten, sondern auf die Ökosystemebene gerichtet, und er führt hierzu aus: «Die verschiedenen Teile eines mediterranen Ökosystems bilden ein Ganzes, aus dem nicht beliebige Teile entfernt werden können, ohne das Ganze zu beeinträchtigen». Dies gilt eigentlich für alle Ökosysteme. Die Entwicklung kann dabei nur koevolutiv erfolgt sein. Dies könnte letztlich bedeuten, daß unter ähnlichen Umweltbedingungen im Laufe der evolutiven Anpassung ähnliche Strukturen und Funktionen entstehen werden, selbst wenn die Ausgangspunkte dieser Evolution weit voneinander entfernt sind.

Unter extremen Umweltbedingungen gibt es wohl von vornherein nur wenige Anpassungsmöglichkeiten und damit eine besonders ausgeprägte Konvergenz.

Das Mittelmeergebiet ist fast völlig degradiert, und man kann es sich kaum als ein Waldgebiet mit niedrigen, aber sehr schattigen *Quercus-ilex*-Wäldern vorstellen. Viele Arten, die man heute nur als niedrige Sträucher kennt, können mächtige Bäume bilden mit fast meterdicken Stämmen, nicht nur *Quercus ilex*, sondern auch *Quercus coccifera*, *Pistacia lentiscus*, *P. terebinthus*, *Phillyrea media*, *Ph. angustifolia*, *Laurus nobilis*, *Arbutus unedo*, *A. andrachne* usw., ja sogar *Erica arborea*; aber nur in sehr alten Anlagen oder um Klöster findet man sie vereinzelt so hochgewachsen.

Auch in Mittel-Chile findet man kaum noch größere ursprüngliche Gehölze, während die Säulenkakteen und großen *Puya*-Pflanzen auf felsigen Böden ganz fremdartig wirken.

In Californien ist die ursprüngliche Vegetation viel mannigfaltiger als am Mittelmeer.

Am Kap wirken die mattgrünen *Protea*-Gebüsche mit den großen dicken Blättern einerseits und die bunten *Erica*-Heiden andererseits, ganz andersartig.

Besonders abweichend sind jedoch die Verhältnisse in SW-Australien, einem flachen Land mit olivgrünen, hochwüchsigen, meist 15–20 m (bis 40 m) hohen, aber lichten *Eucalyptus*-Wäldern mit einem Unterwuchs von *Banksia* spp. und Grasbäumen *(Xanthorrhoea, Kingia)*, mit vielen Leguminosen und vielen *Drosera*-Arten am Boden.

Diese Unterschiede sind verständlich, gehören doch die Teilgebiete **vier verschiedenen Florenreichen an und sind somit aus ganz verschiedenen und**

systematisch nicht verwandten Sippen aufgebaut.
Es handelt sich auch nicht um eine Vegetation von Arten, die sich an ein bestimmtes Klima angepaßt haben, sondern um Arten der alten tertiären Floren, die durch klimatische Selektion nach Ausbildung des heutigen Klimas übrig blieben. Die tertiären Floren der Holarktis, der Neotropis, der Capensis und der Australis waren, wie man annehmen muß, zu Beginn des Pleistozäns bereits grundlegend verschieden. Für diese Selektion waren nicht nur die morphologisch-anatomischen Eigenschaften der Blätter maßgebend, sondern die gesamte Struktur der Pflanze, auch die Ausbildung ihres Wurzelsystems und die verschiedenen physiologischen Eigenschaften. Die für das Klima geeigneten Typen können durch ganz verschiedene Kombinationen dieser Eigenschaften zustande kommen. GIGON (1979) diskutiert am Beispiel in Californien kultivierter Hartlaubarten aus verschiedenen Gebieten das ökophysiologisch ähnliche Verhalten. Interessant ist die Feststellung, daß auf Kreta als Reliktarten ein immergrüner Ahorn *(Acer sempervirens)*, zusammen mit *Zelkova arcuata* im Gebirge vorkommt, auch eine *Aristolochia sempervirens*; am Meeresufer aber ein schöner Bestand von der Wildform der Dattelpalme, die *Phoenix theophrasti*, mit kleinen ungenießbaren Früchten, die im Tertiär auf den Ägäischen Inseln verbreitet war (vgl. WALTER 1973, S. 697–699). Auch holzige Arten, die dazuhin oft noch dornig sind, kommen im Mittelmeergebiet oft vor in Gattungen, die sonst krautig sind, z.B. auf Kreta *Verbascum spinosum*, *Cichorium spinosum* oder *Salvia pomifera*, im Ebrobecken *Herniaria fruticosa*, um nur einige seltenere zu nennen. Auch diese dürften alte Formen sein.

Weit verbreitet ist im östlichen Mittelmeergebiet der dornige Zwergstrauch *Sarcopoterium (Poterium) spinosum*. Die Arten passen sich funktionell an die jeweilige Wasserversorgung an, sie bilden z.B. im Sommer sehr kleine Blätter aus. Über die physiologische Verschiedenartigkeit der Blätter von *Olea* berichtet ABD-EL-RAHMAN et al. (1973).

Zum Teil ist es in der Holarktis aber auch zur Ausbildung von neuen Arten gekommen. Im Mittelmeergebiet ist die Gattung *Cistus* durch 16 Arten, die Gattungen *Halimium* und *Tuberaria* mit etwa 20 Arten vertreten, noch zahlreicher sind die *Helianthemum*- und *Fumana*-Arten. Sehr artenreich sind auch die vielen verschiedenen krautigen Gattungen und die Einjährigen (z.B. die Gattung *Silene*).

In Californien wird die strauchige Gattung *Ceanothus* durch 44 Arten vertreten, und von strauchigen *Arctostaphylos*-Arten kommen sogar 50 vor. Die Gattung *Lupinus* mit insgesamt 200 Arten ist sowohl im Mittelmeer als auch in Californien sehr stark vertreten.

In Tab. 1.3, 1.4, 3.6, 3.7 und 3.8 werden einige der floristischen Besonderheiten der verschiedenen mediterranen Gebiete angegeben.

Die zehn größten Gattungen der Kapflora umfassen 1751 Arten, dies sind etwa 20% der Gesamtflora (Tab. 1.3).

Tab. 1.3: Der regionale Vergleich verschiedener Gattungs- und Artenzahlen (nach TAYLOR 1979).

Gattungen	Fläche in 10^3 km^2	Zahl an Gattungen	Artenzahl
Kapregion	89	957	8550
Kaphalbinsel	0,67	533	2256
SW-Australien	320	287	3600
Californien	324	795	4452

Tab. 1.4: Der Endemismus in mediterranen Regionen (nach GOLDBLATT 1978, vgl. auch BOND & GOLDBLATT 1984).

	Fläche in 10^3 m^2	Prozentzahl endem. Gattungen	Prozentzahl endem. Arten
Kapregion	89	21	73
zum Vergleich:			
Afrika (ohne Kap)	2573	21	50
SW-Australien	320	25	68
Californien	324	6,3	48

Es ist durchaus nicht leicht, die Produzenten des Zonobioms IV allgemein zu charakterisieren. Die sklerophyllen Holzarten unterscheiden sich nur graduell von den immergrünen Arten der warmen Sommerregengebiete, deren Blätter ledrig sind, was überhaupt für fast alle immergrünen Blätter gilt, deren Epidermisaußenwand stark verdickt ist, wobei die Cuticula dick oder dünn sein kann, man denke an *Ilex*, *Laurocerasus* oder *Hedera* der feuchten Gebiete. Die Blätter der **Sklerophyllen** sind oft klein, für *Laurus*, *Arbutus* oder *Eucalyptus*, sowie *Protea* trifft dies jedoch nicht zu, und diese Blätter sind mehr ledrig als hart. Eine Aussteifung durch Sklereiden wie bei *Olea* oder *Hakea* kommt vor, fehlt aber meist. In Gruben eingesenkte Spaltöffnungen findet man bei *Nerium* im Mittelmeergebiet, einigen *Ceanothus*-Arten in Californien und bei *Banksia* in Australien, aber solche Gruben sind auch für nordische Arten wie *Empetrum* und *Calluna* typisch. Die Blätter vieler Arten haben sehr kleine Interzellularen, bei anderen ist das Mesophyll sehr locker gebaut. Die Stomata liegen oft nur auf der Unterseite, aber auch auf beiden Seiten. Ihre Dichte schwankt sehr stark zwischen 150 und über 700 pro mm^2.

Eine große Dichte der Spalten beim sklerophyllen Blatt gibt den Pflanzen die Möglichkeit in der günstigen Jahreszeit bei guter Wasserversorgung bei offenen Stomata zu intensivem Gaswechsel und Photosynthese, während in der Dürrezeit die Pflanze bei geschlossenen Spalten vor Wasserverlusten geschützt wird. Die Mannigfaltigkeit der Sklerophyllen ist somit im Zonobiom IV sehr groß (KUMMEROW 1973); sie sind jedoch nur ein Typus in diesen Gebieten. Sehr zahlreich sind auch die Malakophyllen. Im Mittelmeergebiet gehören viele *Cistus*-Arten, *Salvia*, *Rosmarinus*, *Thymus* und verschiedene Compositen dazu. Die Sukkulenten sind nur durch kleine Formen an felsigen Standorten vertreten, zusammen mit einigen poikilohydren Arten *(Ceterach, Notolaena, Selaginella, Ramonda, Haberlea)*. Dagegen sind die Ephemeren und Ephemeroiden im Frühjahr, aber auch im Herbst und Winter überaus zahlreich, was an die Verhältnisse im ZB III nach einem guten Regen erinnert. Das ist auch bei der langen Sommerdürre verständlich. Die Sklerophyllen und Malakophyllen spielen im ZB IV eine größere Rolle. Die Wasserverhältnisse sind insgesamt günstig infolge der hohen Niederschläge im Winter. Deshalb ist die Pflanzendecke entsprechend dichter. Denn der Boden wird tief durchfeuchtet, so daß die tiefwurzelnden Arten auch im Sommer noch eine gewisse Wassermenge aus dem Boden aufnehmen können. Die flachwurzelnden malakophyllen Arten dagegen bekommen die Dürre zu spüren und müssen entsprechend angepaßt sein (Bd. 1, S. 101, Abb. 54).

Über die Besonderheiten der Vegetation des Zonobioms IV und das ökologische Verhalten der Arten findet man eine zusammenfassende Besprechung bei WALTER (1968, S. 44–284). Seitdem sind folgende größere, einschlägige Werke erschienen: Eine erschöpfende Behandlung der Vegetation von Californien, herausgegeben von BARBOUR and MAJOR (1977), eine mehrbändige Übersicht über die Flora von Palästina (ZOHARY, 1966, 1972, 1978, 1986), eine Übersicht über die Vegetation und Flora von Griechenland (DAFIS und LANDOLDT, Hrsg. 1975/76), eine Dendroflora von Italien mit sehr zahlreichen Verbreitungskarten (FENAROLI e GAMBI 1976), während die Flora der Türkei mit den ostägäischen Inseln von DAVIS (ab 1965) mit dem Band X (Ergänzungsband) abgeschlossen ist. Das ZB IV wird teilweise auch in der «Vegetation Südosteuropas» von HORVAT et al. (1974) mit erfaßt.

Einen Überblick über die durch die unterschiedliche Phänologie bedingten ontogenetischen Formänderungen der Vertreter der verschiedenen ZB IV-Regionen gibt ORSHAN (1988). Er vergleicht die Abfolge der Lebenszyklen einzelner Arten und unterscheidet dabei als Phasen bzw. wichtige Prozesse: vegetatives Wachstum – Bildung der Blütenknospen – Fruchten – Verbreitung der Diasporen – Blattabwurf. Beispiele aus Südfrankreich, Israel, Südafrika und Chile werden miteinander verglichen.

Die Vegetation Australiens ist ausführlich von BEADLE (1981) bearbeitet worden. Sie ist auch kurz in der Vegetationskarte von CARNAHAN (1976) erläutert. Diese gibt eine Übersicht, verwendet aber eine auf Australien zugeschnittene Klassifikation.

So wird zum ersten der Bedeckungsgrad der Vegetation ($>70\%$; 30–70%; 10–30%; $<10\%$), sowie die Bestandeshöhe (hier fast ausschließlich Eukalypten- und Akazien-Arten) (hohe Bäume >30 m; mittlere Bäume 10–30 m; niedrige Bäume <10 m; große Büsche >2 m; niedrige Büsche <2 m; Horstgräser; Graminoide; Krautvegetation etc.) zugrundegelegt.

Zum zweiten wird dann die Lebensform der niedrigeren Vegetationsschichten berücksichtigt, sofern etwa eine Strauchschicht in einem Wald mehr als 10% bedeckt. Schließlich dann erst werden auch die dominanten Gattungen der einzelnen Schichten berücksichtigt.

Diese Gliederung läßt sich nicht ohne weiteres auf andere Florengebiete übertragen.

Nach den floristischen Verhältnissen muß man im ZB IV 5 Biome unterscheiden:
1. das Mediterrane im Mittelmeergebiet,
2. das Californische im Westen Nordamerikas,
3. das Chilenische in Mittelchile,
4. das Kapensische an der SW-Spitze Südafrikas und
5. das Australische in SW- und in S-Australien.

Die Vegetation dieser Gebiete und deren ökologische Verhältnisse sollen getrennt besprochen werden. Da es sich um gebirgige Gebiete handelt und die zonale Vegetation durch Kulturen ersetzt wurde, findet man die mehr oder weniger natürliche zonale Vegetation nur an den steilen Hängen

18 Teil 1. Allgemeines zur Vegetation

der kollinen Stufe. Es ist deshalb in diesem Falle zweckmäßiger jeweils die Orobiome miteinzubeziehen, weil sich diese auch floristisch ebenso stark unterscheiden.

3.2 Die Bedeutung des Faktors Feuer

Die große Resistenz der australischen Vegetation gegen Brand geht durch die eingehenden Studien von BAIRD (1977) auf Brandflächen im King's Park, einem 250 ha großen Schutzgebiet bei Perth (West Australien), hervor. Von den etwa 200 holzigen und krautigen Arten in diesem Gebiet, regenerieren nur 8 nach Feuer nicht sofort, sondern erst durch auskeimende Samen. Die anderen treiben Stockausschläge aus «Lignotubern» oder von unten aus Pfahlwurzeln aus, die Monokotylen aus den unterirdischen Speicherorganen, wie Zwiebeln, Knollen und Rhizomen. Die Grasbäume *(Xanthorrhoea)* bilden sofort nach dem Brande neue Blätter aus geschützten apikalen Meristemen, und selbst die verbrannten Blätter am Stamm setzen ihr basales Wachstum fort.

Xanthorrhoea und *Haemodorum* blühen sehr üppig nach einem Brand, aber sehr selten in nicht abgebrannten Beständen. Auch die Blüte von vielen anderen Arten wird oft durch einen Brand angeregt.

Die Blütenreihenfolge der krautigen Arten wird durch einen Brand nicht gestört: Zu Beginn der Winterregenzeit erscheint *Drosera erythrorrhiza*, nach den ersten Regen *Lomandra*-Arten, die Orchideen von Mai bis November und im Frühjahr und Sommer die anderen Arten ebenso wie die Annuellen.

Gerade für die australische Heide ist Feuer ein fast notwendiger Faktor. Die dichte Struktur der Vegetation, die Vielzahl von Pflanzen mit ätherischen Ölen und/oder Harzen in sklerophyllen, oft relativ wasserarmen Blättern prädestiniert sie für Brand, und entsprechend gut sind die Arten an Feuer adaptiert (SPECHT 1980, GROVES 1981). Eine Reihe von Arten (z. B. aus den Gattungen *Banksia, Hakea, Grevillea, Callistemon, Leptospermum*) entläßt die Samen aus den am Boden liegenden, holzigen Früchten erst, wenn diese durch die Hitze eines Feuers aufspringen (Pyrophyten). Eine vielfältige Zahl an Keimlingen und Neuaustrieben vermag auf diese Weise die Schäden eines Brandes rasch zu überwachsen.

Es gibt eine Reihe von Anpassungen verschiedener Art an Feuer; auch im europäischen Mediterrangebiet sind viele Arten bekannt, die durch Feuer deutlich begünstigt werden (BARBERO et al. 1987), allerdings ist in den anderen ZB IV-Gebieten die Zahl der Arten, die ganz eng an häufige Brände angepaßt sind, deutlich größer.

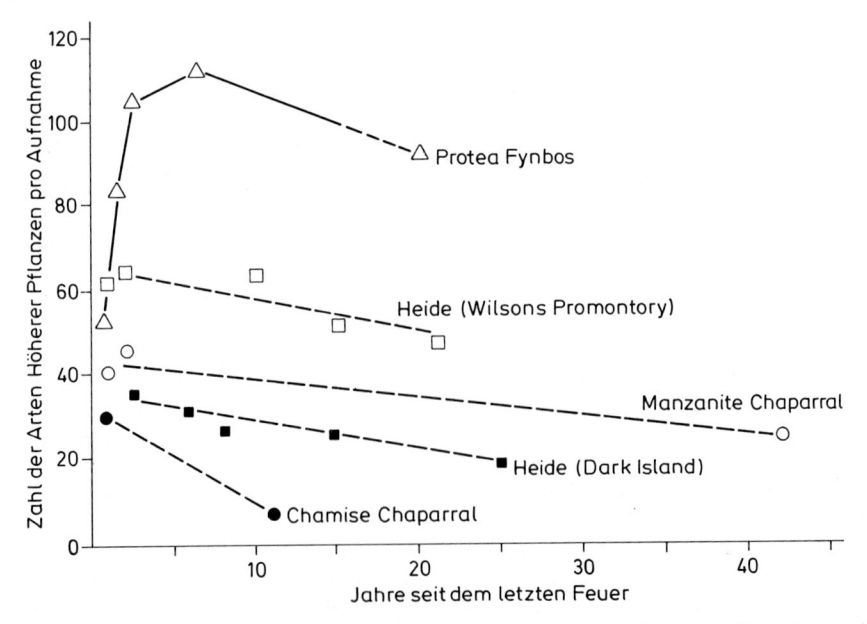

Abb. 1.13: Die Veränderung der Artenzahlen Höherer Pflanzen nach Einwirkung von Feuer in verschiedenen californischen Vegetationseinheiten im Vergleich zu einem *Protea*-Fynbos (aus KRUGER 1983).

Die Zahl der Arten im Laufe der Sukzession nach einem Brand ist in den ersten Jahren leicht erhöht und fällt dann langsam ab. Dies gilt in ähnlicher Weise für die verschiedenen Biome des ZB IV, wie Abb. 1.13 zeigt. Eine längerfristige Erhöhung der Artenvielfalt über das 5. Jahr nach einem Brande hinaus zeigt lediglich der von vornherein artenreiche *Protea*-Fynbos am Kap (KRUGER 1983). Gegen die in Australien häufigen Brände sind auch die *Eucalyptus*-Arten gut geschützt: Im meristematischen Bereich der Blattachsel bilden sich noch «epicormische» schlafende Knospen, die mit dem Kambiumwachstum Schritt halten, jedoch erst austreiben, wenn große Teile der Krone zerstört werden. Die meisten *Eucalyptus* spp. besitzen außerdem einen «Lignotuber», d. h. eine schon beim Keimling angelegte verholzende Anschwellung an der Sproßbasis mit schlafenden Knospen, die austreiben, wenn der oberirdische Sproßteil mehr oder weniger durch Feuer zerstört wird, so daß gleich ein Ersatz durch Stockausschläge möglich ist.[1] Allerdings kommt es sehr auf die Art des Feuers und die herrschenden Witterungsbedingungen an. Nach längeren brandfreien Perioden kann es zu besonders verheerenden Feuern kommen, die sich durch ihre eigene Luftzirkulation mehr und mehr verstärken und als verheerende Feuerwalzen über das Land fegen können, wie etwa an Aschermittwoch 1983 in S-Australien.

MOONEY and PARSONS (1973) haben die Sukzession nach Brand im San Dimas Exp. Forest in Californien untersucht (vgl. S. 126, 129). In Abb. 1.14 ist das Gebiet unmittelbar nach einem Herbstfeuer gezeigt. Abb. 1.15 gibt das Aussehen des gleichen Gebietes im darauffolgenden Frühjahr wieder, wenn die Hänge übersät sind mit blühenden Annuellen. Schließlich gibt Abb. 1.16 einen Eindruck des gleichen Gebietes 4 Jahre später wieder; es zeigt sich auch hier, wie die Strauchvegetation in kurzer Zeit wieder sehr dicht geworden ist.

Im Fynbos Südafrikas hat WILGEN (1982) die Biomasse 4 Jahre nach einem Brand bestimmt. Sie betrug $670 \text{ g} \cdot \text{m}^{-2}$ (davon als brennbar definiert wurden alle unter 6 mm dicken Sproße: 670 g, davon 43 g Streu). 21 Jahre nach einem Brand betragen diese Werte: $5100 \text{ g} \cdot \text{m}^{-2}$ (davon brennbar: 2700 g, insges. davon Streu: $1250 \text{ g} \cdot \text{m}^{-2}$). 37 Jahre nach einem Brand hat die Biomasse $7600 \text{ g} \cdot \text{m}^{-2}$ erreicht (davon brennbar: 4300 g, insges. davon Streu: $3500 \text{ g} \cdot \text{m}^{-2}$).

Durch Brände, die verhältnismäßig regelmäßig auftreten, bleibt die Biomasse klein. Längere Zeiträume als 30 Jahre zwischen 2 Bränden führen aber bereits auch wieder zu einer Abnahme der lebenden Biomasse und zu einer immer stärkeren Anhäufung an Streu, so daß in solchen älteren Beständen ein Feuer viel schwerwiegendere Schäden verursacht.

ARIANOUTSOU and MARGARIS (1982) haben die Wirkung eines Brandes auf die Zersetzerkette in einer Phrygana in Griechenland untersucht. Die Nitrifikations-Kapazität war bis 2 Jahre nach dem Brand deutlich erhöht, die Bodenatmung im ersten Jahr kaum, im 2. Jahr deutlich erhöht, die mikrobiellen Zersetzer wiesen allerdings schon 3–4 Monate nach dem Brand wieder etwa die gleiche Aktivität auf wie bei der Kontrollfläche, so daß für ein solch offenes Ökosystem, wie die Phrygana ein Feuer keine Katastrophe, sondern eine eher übliche Störung darstellt.

Für Italien hat CESTI (1986, 1988) eine Übersicht über die Feuer der letzten Jahrzehnte zusammengestellt. Daraus geht hervor, daß jährlich in den einzelnen Verwaltungsbezirken Italiens etwa 0,5 bis über 4 % der Waldfläche abbrennen und die Häufigkeit der Waldbrände, z. B. in Sardinien, 20 Feuer pro 100 km² jährlich übersteigt. Als Ursachen werden von CESTI (1988) angegeben: natürlich: 0,4 %; illegale Aktion: 30,8 %; Unfälle: 1,5 %; Brandstiftung: 42,4 %; ungeklärte Ursachen: 24,9 %.

Verhältnismäßig wenig quantitative Angaben sind über die Mengen an Nährstoffen bekannt, die durch ein Feuer freigesetzt werden und am Boden in leicht löslicher Form in der Asche vorliegen. GRAY and SCHLESINGER (1981) geben einige Angaben, die in Tab. 1.5 aufgeführt sind.

Natürlich beeinflußt die Intensität eines Feuers sehr stark die Menge an organischem Material, das verloren geht und umgekehrt. Für Californien hat sich gezeigt, daß bei stärkeren Feuern, bei denen z. B. mehr als $4000 \text{ kg} \cdot \text{ha}^{-1}$ an stehender Biomasse verbrennen, daß dann auch Phosphor- und Stickstoffverluste in zunehmendem Maße auftreten. Die Kationen-Nährstoffe reichern sich in den oberen Bodenschichten durch den Aschenanfall an (vgl. Tab. 1.5). Obwohl zunächst die Stickstoffmengen vermindert sind, so zeigte es sich, daß die noch verbliebenen Stickstoffreserven eine Zeitlang nach dem Feuer besser für die Pflanzen verfügbar waren. Auch wurden die Minerali-

---

[1] Auch bei *Banksia* und anderen Gattungen gibt es die Bildung von Lignotubern (Holzknollen) als Anpassung an Feuer (ZAMMIT 1988).

20   Teil 1. Allgemeines zur Vegetation

Abb. 1.14: Die Sukzession nach Brand auf einer Hartlaubfläche in Californien, im Fern Canyon des San Dimas Experimental Forest. Das Bild zeigt einen Hang unmittelbar nach einem Herbstfeuer (aus MOONEY & PARSONS 1973).

Abb. 1.15: Wie Abb. 1.14, jedoch im darauffolgenden Frühjahr.

Abb. 1.16: Wie Abb. 1.14 und 1.15, jedoch vier Jahre nach dem Brand.

Tab. 1.5: Änderungen der Streu-Mengen und deren Nährstoffgehalte (in kg · ha^{-1}) und Änderungen der Bodengehalte. Angegeben ist ferner die prozentuale Änderung der Nährstoffmengen durch das Feuer (GRAY and SCHLESINGER 1981).

	Organische Biomasse	N	P	K	Ca	Mg
Streu	−4350	− 8	+9	+44	+136	+62
Boden 0−1 cm	− 120	−22	−6	0	− 23	0
Boden 1−2 cm	− 53	−15	−5	− 3	− 3	+ 5
Summe	−4523	−45	−2	+41	+112	+66
D%	− 42%	−10%	−2%	+17%	+ 6%	+30%

sierungsprozesse durch die Mikro-Organismen wesentlich begünstigt, wohl wegen der pH-Erhöhung durch die Asche und den größeren Anfall an zersetzlichem Material, vielleicht auch durch Zerstörung wuchshemmender Substanzen in der Streu. Die Stickstoffverluste werden durch atmosphärischen Eintrag, insbesondere aber durch erhöhte Stickstoff-Fixierung aufgefüllt, bevor Stickstoff zum Mangelelement wird. So spielt das Feuer auch in diesem Beispiel eine effektive Rolle als beschleunigendes Moment für den Nährstoffkreislauf im Ökosystem.

Eine genaue Untersuchung der Sukzession nach einem Brand wurde von HORTON und KRAEBEL (1955) am Südhang der San Bernardino-Berge in einer *Adenostoma-Ceanothus crassifolius*-Gesellschaft durchgeführt.

Von den Sträuchern schlagen *Adenostoma* (Chamise), *Arctostaphylos glandulosa*, *Ceanothus leucodermis* und *Quercus dumosa* nach einem Feuer stark aus. Dagegen werden *Ceanothus crassifolius* und *Arctostaphylos glauca* abgetötet; doch keimen gleich im ersten Jahr viele Samen dieser Arten, so daß ihr Anteil im Bestand erhalten bleibt.

Eine genauere Untersuchung des Samenvorrats im Boden in Abhängigkeit von vorhergegangenen Feuern haben ZAMMIT & ZEDLER (1988) durchgeführt. Dabei zeigte sich im Chaparral mit *Adenostoma fasciculatum* und *Ceanothus greggii*, daß zwar der Samenvorrat von 8000 auf 25.000 Samen pro m² vom neunten bis zum 85. Jahr nach einem Feuer zunimmt, daß dies aber in erster Linie der allmählichen Akkumulation keimfähiger Samen von *Adenostoma* zuzuschreiben ist, während die Samenzahl von *Ceanothus* unabhängig vom Feuerregime stark um den Wert 2000 pro m² variiert. Bei Keimversuchen keimten 31 Arten, davon konnten 17 statistisch ausgewertet werden. Drei krautige Arten verhielten sich bezüglich ihres Bodenvorrats an keimfähigen Samen überraschend unabhängig von Herkunft, Feuer oder Strauchschicht. Neun Arten hingegen zeigten einen deutlichen Einfluß des Feuers, fünf Arten zeigten Zunahme, vier Arten zeigten Abnahme ihres Bodensamenvorrats im Laufe der Jahre nach einem Feuerereignis.

Insgesamt muß man die Schlußfolgerungen ziehen, daß vor allem *Adenostoma* durch Feuer noch 85 Jahre nach einem Feuer den Samenvorrat im Boden erhöht, und daß viele Einjährige auch noch viele Jahre nach einem Feuer im Samenvorrat präsent sind. Darüberhinaus zeigt sich, daß durch Feuerereignisse die Konkurrenzverhältnisse zwischen den Arten stark verschoben werden (RIGGAN et al. 1988).

Da die Pflanzendecke in den ersten Jahren nach dem Brande sehr offen ist, setzt an Hanglagen häufig eine starke Bodenerosion ein. Diese wird durch die bald auftretenden annuellen und perennen krautigen Arten aufgehalten. Die annuelle *Phacelia brachyloba* kann schon in dem auf den Brand folgenden Jahr die ganze Fläche bedecken. Die eingeschleppte *Brassica nigra* erreicht die größte Deckung im zweiten Jahr, sie hat hier in der Sukzession eine dominante Nische gefunden; *Bromus rubens* und *B. tectorum* dominieren im dritten Jahr. Nach fünf Jahren sind die Annuellen meistens verschwunden. Die krautigen Perennen halten sich etwas länger.

Bei *Adenostoma* ließ sich zeigen, daß die Photosynthese der Blätter aufgrund der besseren Nährstoff- und Wasserversorgung auf Brandflächen im Vergleich zu Kontrollflächen oder auch zu mechanisch freigeschlagenen bis zum 5-fachen ansteigt (Abb. 1.17).

Interessant ist das Verhalten der Zwiebelpflanzen, die im Gegensatz zu Südafrika in Californien nur eine untergeordnete Rolle spielen. Sie blühen

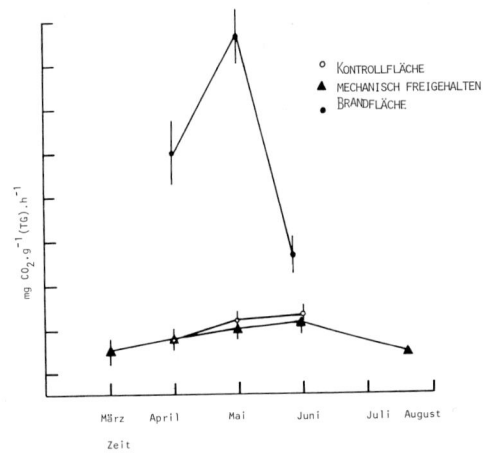

Abb. 1.17: Die Photosyntheserate (in mg $CO_2 \cdot g^{-1}$ $TG \cdot h^{-1}$) bei *Adenostoma fasciculatum* auf einem Standort nach Brand und einem von Hand freigehauenen Standort im Vergleich zu einem unveränderten Kontrollstandort (aus READ 1983).

im ersten Jahr nach dem Brand und erzeugen viele Sämlinge. In den nächsten Jahren blühen sie nicht. Die Sämlinge wachsen langsam heran, indem sie bei *Brodiaea* und *Calochortus* jeweils nur ein Blatt bilden. Auch in Südafrika und Australien wurde beobachtet, daß viele Zwiebelpflanzen oft erst nach einem Feuer zum Blühen kommen.

Brände, die sich im Mittel etwa alle 12 Jahre wiederholen, verändern die Zusammensetzung der Chaparral-Formation nicht. Bleibt diese sehr lange vom Feuer verschont, dann treten Arten des Hartlaubwaldes, wie *Prunus ilicifolia* und *Rhamnus crocea* auf. Folgt auf einen Brand nach bereits zwei Jahren ein neuer Brand, dann werden alle Sämlinge der Straucharten abgetötet und damit die Holzpflanzen zurückgedrängt. Die Halbsträucher wie *Artemisia* und *Salvia* vermehren sich nach Brand immer wieder durch Sämlinge und halten häufige Brände besser aus als die Chaparral-Vegetation. Die Frequenz der Feuer bestimmt in großem Maße die Vegetationszusammensetzung.

Die meisten Brände werden wohl absichtlich gelegt, um bessere Weideflächen zu gewinnen, oder einfach aus Nachlässigkeit, doch spielt auch Blitzschlag eine Rolle als Feuer-Ursache. Systematisch durchgeführte Versuche ergaben, daß sich zu häufiges Abbrennen ungünstig auswirkt, indem der oberflächliche Abfluß von Wasser nach einem Regen erhöht wird und zugleich starke Bodenerosion einsetzt, die irreversible Veränderungen des Bodens bedingt (SAMPSON 1944). Wassergehaltsbestimmungen im Boden zeigten, daß auf den Brandflächen der Wassergehalt am Ende der Sommerzeit in den oberen 50 cm geringer ist, in größerer Tiefe dagegen höher als auf nicht abgebrannten Flächen. Das ist verständlich, weil Annuelle sehr flach wurzeln, Holzpflanzen auf den Kontrollflächen das Wasser den tieferen Bodenschichten entnehmen.

Für die Korkeichen- und Pinienwälder in Katalonien hat BRECKLE (1966) die Folgen von Waldbränden beschrieben. Auch dort führen die meist durch menschliche Unachtsamkeit (brennende Zigarettenstummel, Brennglaswirkung von Glasscherben; Selbstentzündung ist sicher recht selten, Blitzschlag tritt jedoch auf) entstehenden Waldbrände zu größeren Veränderungen in der Vegetationszusammensetzung. Sehr leicht brennbar ist die Pinie *(Pinus pinea)*, mit der heute viele Hänge aufgeforstet sind und die sich selbst gut weitervermehrt. Dadurch ist die Waldbrandgefahr im Sommer sehr viel größer geworden, wie die ausgedehnten Brände der letzten Jahre in verschiedenen Gebieten der katalanischen Küstenkordillere zeigen. Außerdem werden die ursprünglich armen Böden durch die Nadelstreu noch weiter versauert, während die Eichen *(Quercus ilex, Qu. suber)* den Basenvorrat durch ihre Laubstreu ergänzen würden.

Die Pinie wird durch Feuer stark geschädigt, die Kork- und die Steineiche überstehen die Brände wesentlich besser. In dichteren Pinienbeständen treten in aller Regel verheerende Kronenbrände auf. Bei Laubbäumen ist dies nicht so ausgeprägt, hier überwiegen je nach Dichte der Kraut- und Strauchschicht die Bodenfeuer, die seltener auch die Kronen ganz erfassen. Zwar büßen die Laubbäume wegen der Hitzewirkung trotzdem meist ihr ganzes Laubwerk ein, ebenso viele jüngere Zweige, aber ruhende Knospen an dickeren Ästen und an den Stämmen treiben sehr bald neu aus. Bei der Steineiche ist oft auch der Stamm durch Hitzeeinwirkung geschädigt. Solche Bäume gehen aber nicht ganz ein, sie regenerieren sich durch Austriebe vom Stamm und insbesondere durch sehr kräftige Stockausschläge von der Basis her, die im Jahr bis über 1,2 m erreichen können und an die Verhältnisse der Mallee-Arten mit den ausschlagenden Lignotubers in Australien erinnern. Bei *Quercus suber* kann die Regeneration aus allen stärker verkorkten und damit besonders gut hitzeisolierten Zweigen und vor allem aus dem Stamm erfolgen. Die Bäume sind dann bereits nach einem Jahr wieder voll belaubt. Die Triebkraft ist dabei enorm groß. Allerdings ist die Korkschicht stark verkohlt und wertlos.

Bei Untersuchungen im Hinterland von Lloret de Mar waren die Neu-Austriebe von im Mai brandgeschädigten Korkeichen bis Anfang August bereits wieder mehr als 1 m lang und reich verzweigt mit recht kleinen, aber zahlreichen Blättchen; die neuen Zweige hatten an der Basis bereits einen Durchmesser von 1,2 cm.

Die anderen Arten erholen sich mehr oder weniger schnell von einem Feuer. Die meisten Sträucher treiben starke Stockausschläge, insbesondere *Erica arborea*, *Daphne gnidium*, *Phillyrea angustifolia*, *Rosmarinus officinalis*, *Arbutus unedo*, *Spartium junceum* und *Calycotome spinosa*. Weniger stark treiben nach einem Feuer *Myrtus communis*, *Inula viscosa*, *Bonjeanea hirsuta*, *Lonicera implexa*, *Smilax aspera* und *Rubia peregrina*. Die letzten beiden Arten treiben aber im Folgejahr ebenfalls kräftig nach.

An den sehr mineralstoffreichen Brandstellen mit Ascheresten keimen insbesondere *Cistus salvifolius*, *Lavandula stoechas*, *Calluna vulgaris* sehr reichlich, weniger häufig *Cistus monspeliensis*, *Phillyrea angustifolia* und *Daphne gnidium*, selten *Ulex parviflora*. Durch Brand wird damit vor allem *Ulex* gehemmt. Die *Cistus*-Arten werden stark gefördert durch reichlichen Jungwuchs, die Geophyten durch das Offenwerden der Standorte.

4 Die Konsumenten

Die frühzeitige Besiedlung des Mittelmeerraumes durch den Menschen hat sich auch auf die Tierwelt sehr ungünstig ausgewirkt.

Der Mittelmeerraum ist die Wiege der europäischen Kultur. Die etwa 9000 Jahre alten Funde von Yarmuk bei Jericho beweisen, daß schon damals dort Getreide angebaut wurde. Der Mittelmeerraum als Übergang von der Wüste mit der Hitze und Dürre zur gemäßigten Zone mit der

Tab. 1.6: Die Zahl der Haustiere (in Tausend) in Mittelmeerländern im Jahre 1976 (HOUEROU 1981). Bei Ländern mit [1] sind nur mediterrane Landesteile einbezogen

Land	Pferde	Maulesel	Esel	Rinder	Kamele	Schafe	Ziegen
Algerien	140	180	443	1 300	135	9 540	2 220
Ägypten	21	2	1 574	2 148	101	1 938	1 393
Libyen	15	3	45	152	60	3 000	1 250
Marokko	312	365	1 200	3 650	210	14 400	4 940
Tunesien	108	67	198	890	190	3 600	950
Cypern	8	4	42	35	–	490	395
Iran	350	121	1 800	6 650	60	35 441	14 375
Irak	65	28	450	2 550	228	11 400	3 600
Israel	4	2	5	335	11	21	142
Jordanien	3	9	50	36	19	820	490
Libanon	4	4	26	84	1	237	330
Syrien	54	47	241	584	7	6 817	985
Türkei [1]	256	97	439	4 230	17	13 245	5 552
Albanien [1]	8	5	10	94	–	232	134
Frankreich [1]	56	4	4	3 584	–	1 637	151
Griechenland [1]	89	81	168	696	–	4 881	2 714
Italien [1]	142	61	88	3 863	–	4 560	511
Portugal [1]	12	44	90	570	–	1 828	350
Spanien [1]	154	159	145	2 700	–	9 354	1 338
Jugoslawien [1]	81	4	9	564	–	748	15
Summe	1 866	1 539	7 027	34 715	1 039	124 089	41 835
Umrechn. Faktor sog. Schaf-Einheiten (Schaf-Äquivalente)	5,0	5,0	2,5	5,0	7,0	1,0	0,8
	9 330	7 695	17 567	173 575	7 273	124 089	33 468

Summe an Schaf-Äquivalenten: 372 997 000

24   Teil 1. Die Konsumenten

Winterkälte war für die Entwicklung der menschlichen Kultur besonders günstig, weil die nicht zu extremen Sommer und die milden Winter eine Aktivität das ganze Jahr hindurch zuließen und die Umwelt die Anwendung der geistigen Fähigkeiten förderte.

Der Mensch fand unter den Therophyten annuelle Gräser, die sich für den Getreideanbau eigneten, und zwar in der feuchten Winterzeit. Unter den Sklerophyllen lieferte der Ölbaum im Sommer das kalorienreiche Olivenöl mit gesättigten Fettsäuren, das lange aufbewahrt werden konnte; an feuchteren Standorten wuchsen Feigen mit zuckerreichen Früchten und die Weinrebe, aus deren Beeren Wein bereitet wurde, um die wasserarme Zeit im Sommer zu überbrücken. Nur wenig höher im Gebirge hatten Kastanie und Walnuß nährstoffreiche Früchte, und von anderen Arten erhielt man Obst.

Durch Speicherung der Winterregen in Zisternen und durch Zuleitung von Quellwasser aus den Gebirgen mit Aquaedukten wurde die Wasserversorgung der größeren Siedlungen gewährleistet. Die Meeresnähe erleichterte den Verkehr selbst auf große Entfernungen über das Wasser. Das Römische Reich vereinigte den ganzen Raum vollends zu einer großen politischen Einheit.

Auf diese Weise entstand eine Kulturlandschaft, in der für Großwild kein Platz vorhanden war, wohl aber für domestizierte Haustiere. Die im mediterranen Gebiet heimische Ziege war besonders wertvoll, weil sie sich in dem grasarmen Land vom Laub der Holzpflanzen ernährte. Aber auch Schafe als Wolllieferanten und Rinder als Arbeitstiere wurden domestiziert. Heute ist ihre Zahl so hoch, daß es Probleme bereitet, ausreichend Weideflächen und Futter zu finden, dementsprechend sind unberührte Flächen nicht mehr vorhanden, und nur noch Reservate können als Beispiele für einigermaßen naturnahe Vegetation angesehen werden. Die Zahl der domestizierten Tiere in Ländern um das Mittelmeer (im weitesten Sinne) ist in Tabelle 1.6 gezeigt.

Die Produktivität der Weiden ist für eine solche immense Zahl an Weidetieren im Mittelmeerraum (vgl. Tab. 1.6) in aller Regel zu niedrig. Überweidung ist allerorten zu sehen. In den letzten Jahrzehnten hat man versucht, durch geeignete Maßnahmen die Produktivität zu steigern, dies ist zum Teil auch gelungen durch geplante Umtriebsweide, aber auch durch gezielten Umbau und Neu-Ansaaten mit rasch wachsenden Gräsern (HOUEROU 1981).

Als mittlere Größe der Produktivität der Macchie und Garrigue-Flächen im Mittelmeergebiet gibt HOUEROU (1981) die in Abb. 1.18 gezeigte Abhängigkeit vom Niederschlag an. Natürlich ist die Variationsbreite am speziellen Standort groß, aber generell läßt sich ablesen, daß etwa die Hälfte der oberirdischen jährlichen Bestandesproduktion als Futtermenge auf den Weiden verfügbar ist.

Im allgemeinen war die Tätigkeit des Menschen im Mittelmeerraum für die natürlichen Ökosysteme destruktiv bis katastrophal. Dies muß, wie HOUEROU (1981) zeigt, nicht unbedingt so sein. Es gibt Beispiele, wie das «deheza»-Ökosystem im westlichen Spanien oder das «montado» in Portugal. Dies sind Park-Landschaften mit *Quercus suber* und/oder *Quercus ilex* mit etwa zehn bis fünfzig Bäumen pro Hektar. Dazwischen sind Getreideflächen angelegt, die alle paar Jahre genutzt werden, die sich in der Zwischenzeit begrünen und eine produktive Weide für Schafe darstellen, die Eicheln dienen der Schweinemast. Ein ähnlich ausbalanciertes System ist auch aus wenigen Teilen Californiens bekannt. Eine Reihe ähnlicher offener Wald- oder Parkgebiete mit gemischter Nutzung ist aus Marokko (Sous-Gebiet mit *Argania sideroxylon*) beschrieben, wo Ziegenweide, Getreide und Argania-Öl-Gewinnung erfolgt, aber auch von Sardinien, Zypern, Algerien,

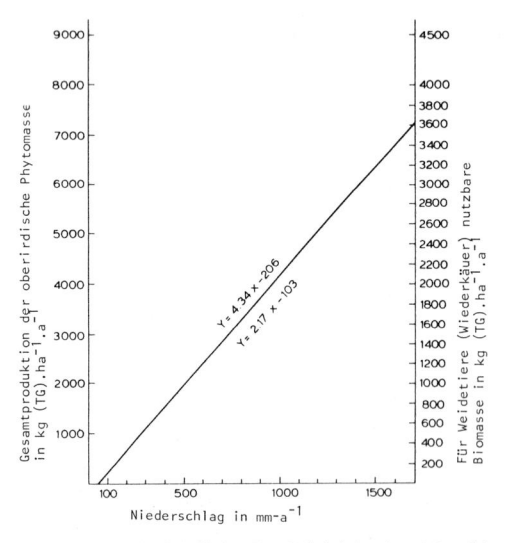

Abb. 1.18: Die jährliche Produktivität der Macchie und ihrer ungefähren Abhängigkeit vom Jahres-Niederschlag im Mittelmeergebiet. Die linke Ordinate gibt die ungefähre oberirdische Gesamtproduktion, die rechte Ordinate die von Weidetieren verwertbare Biomasse an (nach LE HOUEROU 1981).

Türkei sind solche Nutzungsformen, wenn auch leider von nur sehr kleinen Gebieten, bekannt.

Soweit Menschen aus dem mediterranen Kulturkreis später außereuropäische Gebiete des ZB IV besiedelten, schufen sie dort mit ihren Gärten, Kulturpflanzen und Haustieren eine ähnliche Landschaft, so in Chile und anfangs durch die Missionen in Californien. Infolge der Einführung der europäischen Haustiere in diesen Gebieten wurden dort die eingeschleppten europäischen Weidepflanzen und -unkräuter begünstigt. Denn diese waren durch die jahrtausendelange Selektion verbiß- und trittresistent geworden, während diese Eigenschaften den einheimischen Arten fehlten. Dadurch nahmen die weiten beweideten Flächen ebenfalls ein europäisches Gepräge an. Die Lamas und Alpacas in Chile sind mehr auf das Hochland beschränkt.

In dem durch die Holländer besiedelten Kapland und von Engländern bewohnten Australien ist der Mittelmeercharakter der Küsten-Landschaft weniger ausgeprägt; die Böden sind dort besonders arm; der Weinbau wurde erst sehr spät durch die Hugenotten im Kapland und durch deutsche Einwanderer in Süd-Australien eingeführt. Aus Australien stammen jedoch die Eukalypten, die man heute im ganzen ZB IV, aber namentlich in Californien antrifft. Von dort wiederum hat man die *Pinus radiata* für Aufforstungen in Chile und in Australien verwendet, wodurch landschaftsfremde Nadelwälder entstanden. So hat in den letzten Jahrhunderten ein starker Austausch von Faunen- und Florenelementen zwischen den einzelnen Gebieten des ZB IV stattgefunden. Die ursprüngliche Tierwelt ist dadurch weitgehend verschwunden oder zumindest stark verändert worden.

Während somit von der Großtierwelt in den einzelnen Teilen des ZB IV wenig übrig geblieben ist, wurde die Kleintierwelt weniger betroffen. Zahlreiche Reptilien (Eidechsen, Schlangen, in S-Spanien, in Kreta das Chamäleon) und Arthropoden (Skorpione, Taranteln, Insekten), die mehr im Sommer aktiv sind, haben vieles mit denen der benachbarten Wüstengebiete gemeinsam. Sie zeichnen sich durch ein Nachtleben aus und haben ihre Zufluchtsorte unter der Erdoberfläche, wo die Temperatur weniger extrem ist. Andererseits haben die Schnecken und viele Insekten eine Sommerruhezeit. Am besten erhalten blieb die Bodenfauna, zu der bei fossilen Böden viele endemische Tertiärrelikte gehören.

Zusammenfassende ökologisch orientierte Übersichten der Tierwelt von den einzelnen Gebieten gibt es kaum. TISCHLER (1984) widmet der Tierwelt des ZB IV weniger als eine Seite, wobei er auf den Artenreichtum der Pseudoskorpione hinweist und für den Chaparral Californiens folgende Säugetiere und Vögel nennt:

den Hirsch *(Odocoileus hemionus)*, Lynx, Mustela, Glaucomys, Sciurus, Eutamias, die Wühlmaus *(Pteromyscus)*, die Finken *(Spizella, Junco)*; Laubwürger *(Vireo)*, Häher *(Cyanocitta, Aphelocoma)* und Waldhühner *(Bonasa)*.

Ein Vergleich der Ernährungsgrundlagen der Kleinsäuger verschiedener mediterraner Gebiete ist in Abb. 1.19 dargestellt. CODY et al. (1983) stellen hierbei heraus, daß die Säugerfauna in dem kleinsten Gebiet (89.000 km^2), nämlich am Kap mit 106 Arten am vielfältigsten ist, in SW-Australien (293.000 km^2) hingegen sehr klein (37 Arten). Californien nimmt mit 324.000 km^2 und 50 Arten eine Mittelstellung ein. Ein Zusammenhang mit der unterschiedlichen Nährstoffversorgung der Böden kann offenbar nicht abgeleitet werden.

Auf die *Pseudoscorpionida (Arachnoida)* geht VITALI-DICASTRI ein. Sie bevorzugen besonders das ZB IV: In Europa z. B. kommen von den 441 Arten im Mittelmeerraum 269 Arten vor, wobei von diesen über 80% endemisch sind (meist Höhlenbewohner). Es gibt hygrophile, aber auch xerophile Formen auf verschiedensten Biotopen (Baumrinden; Streu, Humus, Vogelnester, auf Fliegen, zwischen Tierhaaren, auf Moosen und

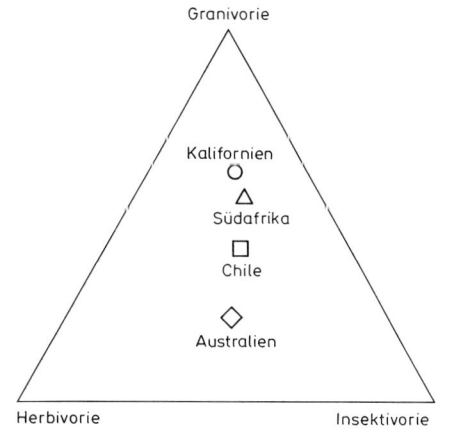

Abb. 1.19: Die trophische Struktur von Kleinsäugern in verschiedenen, aber vergleichbaren Standorten aus mediterranen Regionen. Innerhalb jeder Tiergemeinschaft wurde jede Art einer bestimmten trophischen Kategorie zugeordnet entsprechend des Anteils an Blatt-, Samen- oder Insektenmaterial bei der Nahrungsaufnahme (aus CODY et al. 1983).

Flechten, in Höhlen usw.). Verwandschaftliche Beziehungen ergeben sich zwischen Mittelmeerraum und Californien und zwischen den Subzonobiomen der Südhemisphäre. Es sind präadaptierte alte Formen, die infolge der Klimaänderungen dort Zuflucht fanden, wo das Mikroklima relativ konstant blieb (z. B. in Höhlen), dabei isoliert wurden und eine Reihe neuer endemischer Arten bildeten.

Eine ähnliche Erscheinung läßt sich nach SAIZ (1973) auch bei Käfern in diesem Zonobiom nachweisen. Je trockener das mediterrane Klima wurde, desto mehr paßten sich die Käfer an eine unterirdische Lebensweise an, in Höhlen oder in Bodenspalten, oft um die im Boden liegenden Steine. Im Zusammenhang damit trat eine Veränderung der Körperform ein, die ein solches Leben erleichterte.

So lassen sich bei im Boden lebenden Staphyliniden folgende Merkmale feststellen:
1. Reduktion der Körpergröße auf 0,7–1 mm Länge;
2. schmal-längliche Körperform;
3. starke Einschnürung zwischen Prothorax und Mesothorax, wodurch der Körper gelenkiger wird;
4. Pigmentlosigkeit, Erblindung und Verlust der Flügel;
5. besonders starke Ausbildung und Chitinisierung des Kopfes bei gleichzeitiger Verkürzung der Antennen und Verstärkung der Mandibeln, wodurch ein Graben mit dem Kopfe und nicht mit Grabbeinen ermöglicht wird;
6. Reduktion der sekundären männlichen Geschlechtsmerkmale bei den erdbewohnenden Arten des trockenen mediterranen Klimas, nicht dagegen bei den an der Oberfläche lebenden Arten der feuchten Gebiete.

Mit den Konvergenzen und Adaptationsmerkmalen bei den Eidechsen in Californien und Chile befaßt sich SAGE (1973). In Californien waren die Arten präadaptiert und kamen ins Gebiet von außen, während sie in Chile von autochthonen Formen abstammen, die sich an Ort und Stelle im Laufe der Zeit durch Selektion anpaßten.

Solche über lange Zeiträume verlaufende Anpassungen an verschiedene in Chile vorhandene Nischen studierten HURTUBIA und DI CASTRI (1973) bei der Eidechsengattung *Liolaemus*. Interessant ist bei dieser der Übergang zu einer teilweisen Herbivorie vorwiegend bei Mangel an tierischer Kost und vor allem bei Arten, die in höheren Gebirgslagen vorkommen.

Die parallele Evolution bei Vögeln in Hinblick auf die verschiedenen ihnen zur Verfügung stehenden Nischen in Californien und Chile bespricht CODY (1973) ausführlich. Im Chaparral von Californien sind Nagetiere sehr zahlreich, auch kommen einige Hirscharten vor, doch werden in BARBOUR and MAJOR (1977, S. 433) keine genaueren Angaben gemacht.

SIEGFRIED and CROWE (1983) vergleichen die Artenzahlen der Vögel mit denen der Pflanzen im Fynbos am Cap. Sie finden im Flachland deutlich weniger Vogelarten als im Bergland (vgl. Abb. 1.20). Bei den Pflanzenarten ist es eher umgekehrt.

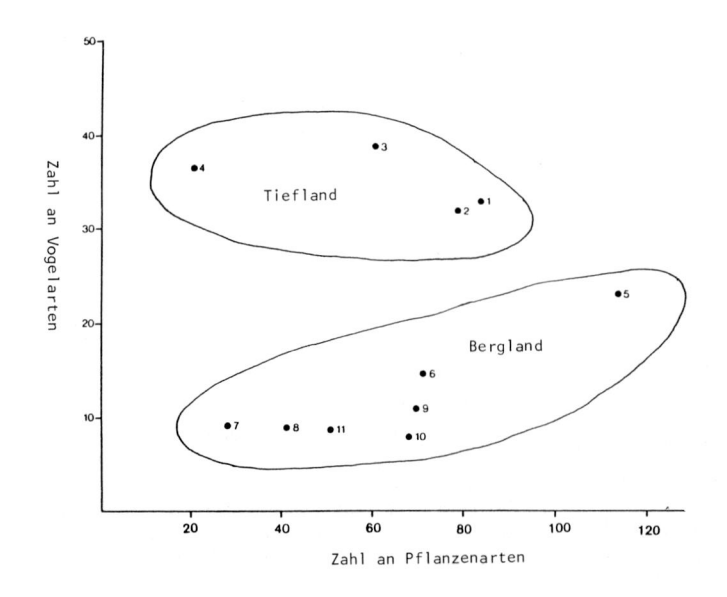

Abb. 1.20: Vogelartenzahl und Zahl Höherer Pflanzenarten verschiedener Fynbos-Standorte im Tiefland und im montanen Bereich (aus SIEGFRIED & CROWE 1983).

MILEWSKI (1981 b) bringt die reiche Eidechsen-Fauna Australiens in Verbindung mit dem extrem nährstoffarmen Substrat aufgrund der geologischen Vergangenheit. Die kümmerliche und unregelmäßige Nahrungsproduktion, die die Ökosysteme dort auszeichnet, ist für poikilotherme Tiere, wie Eidechsen und Invertebraten, aber offenbar eher ausreichend als für Homoiotherme. Diese wiederum überwiegen auf klimatisch und pedologisch durchaus gleichartigen Biotopen in Südafrika. MILEWSKI nimmt daher an, daß die Eidechsen weniger wegen der phylogenetisch eigenen Entwicklung der australischen Fauna als vielmehr wegen der erstaunlich, ja fast einmaligen Unfruchtbarkeit mancher Böden in Australien so reichlich vorkommen.

In West-Australien sind samensammelnde Ameisen häufig; sie sammeln kleine Samen, die von zahlreichen, verschiedenen Pflanzenarten produziert werden. Es scheint, daß, wie auch in Südafrika, auf nährstoffarmen Standorten vor allem trockene, harte Kapselfrüchte mit kleinen Samen, die nur noch für Ameisen attraktiv sind, überwiegen (MILEWSKI 1982). Pflanzen mit größeren, saftreichen Früchten oder Samen wachsen eher auf Böden mit einigermaßen ausreichender K-, Ca- und P-Versorgung. Dies führt dazu, daß über weite Teile West-Australiens hinweg Pflanzenarten überwiegen, deren Samen von Ameisen verbreitet werden, während in Südafrika eher Pflanzen mit größeren, fleischigen Früchten, die nicht selten von Vögeln verbreitet werden, vorkommen.

MILEWSKI nimmt an, daß diese Unterschiede vor allem auf die unterschiedlichen edaphischen Bedingungen zurückführbar sind und weniger auf die isolierte historische Entwicklung von Flora und Fauna.

Wie für die Produzenten (vgl. S. 18) ist auch für die Konsumenten der Faktor Feuer von schwerwiegendem Einfluß. Nach einem Brand schwanken dementsprechend die Arten- und Individuenzahlen (vgl. Abb. 1.21) erheblich und pendeln sich erst nach mehr als 7 Jahren wieder einigermaßen auf ein mittleres Gleichgewicht ein (NEWSOME and CATLING 1983).

Den Einfluß der Herbivorie durch Insekten auf *Trevoa trinervis* (sommerkahl) und auf *Lithraea caustica* (immergrün) haben FUENTES et al. (1981) in Chile untersucht (vgl. Abb. 1.22).

Hierbei zeigte sich folgendes:
1. Das Wachstum und der Austrieb des sommerkahlen Strauches beginnt wesentlich früher als das des immergrünen, ist aber auch langsamer.
2. Blattaustrieb erfolgt bei beiden zu Beginn der warmen Jahreszeit und ist im Dez./Jan. beendet, genau dann, wenn das Maximum des Insektenfraßes einsetzt.
3. Beim sommerkahlen *Trevoa* ist der Insektenfraß geringer, es fallen ihm aber doch etwa 50% des Neutriebs zum Opfer. Im Februar kommt der Insektenfraß rasch zum Stillstand, einerseits vertrocknen manche Blätter, andererseits durch chemische Veränderungen in den Blättern.

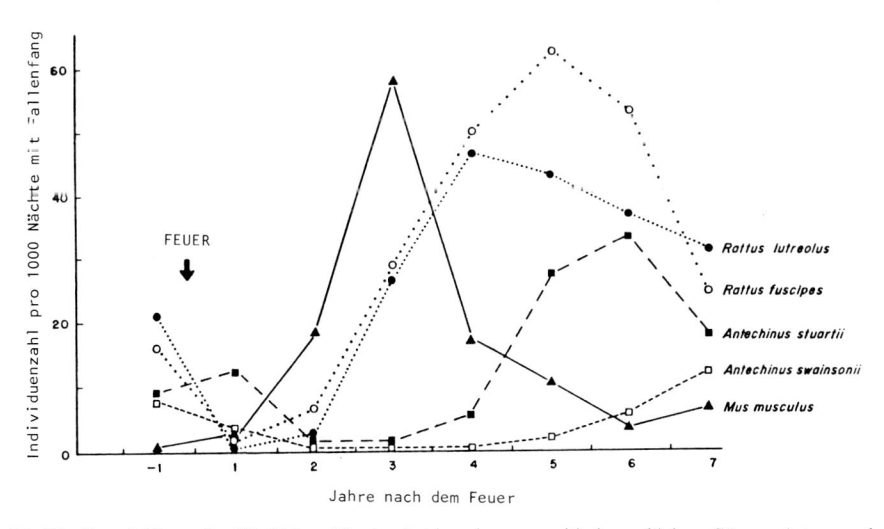

Abb. 1.21: Die Entwicklung der jährlichen Maximal-Abundanz verschiedener kleiner Säuger-Arten nach einem starken Brand in einem Heide- und Waldgebiet im Nadgee Nature Reserve in Südost-Australien in den Folgejahren (aus NEWSOME & CATLING 1983).

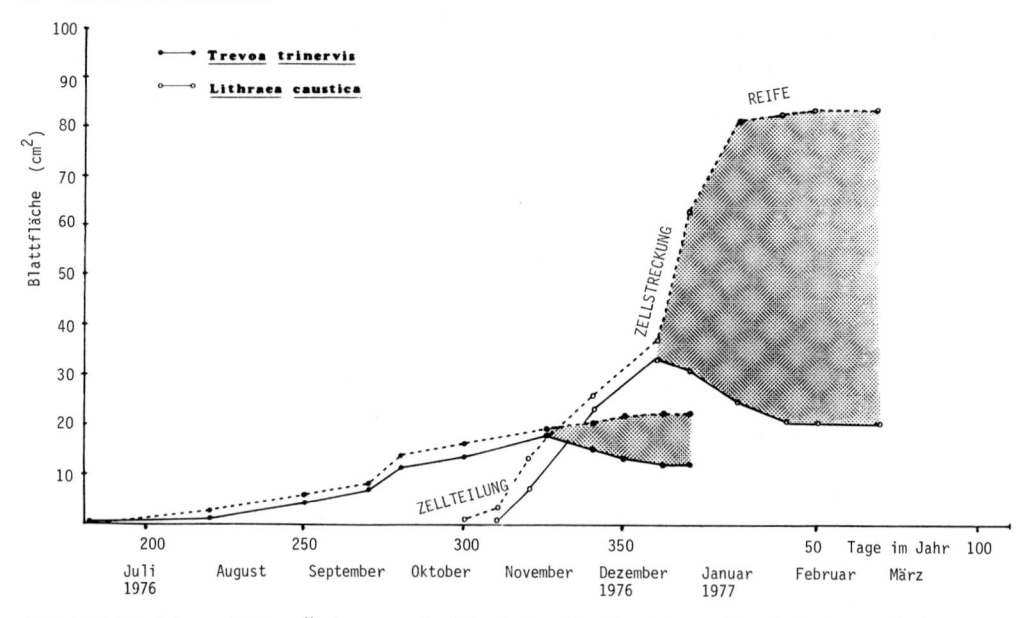

Abb. 1.22: Die jahreszeitlichen Änderungen des Blattfraßes. Der Zuwachs an Blattfläche im Laufe der Vegetationsperiode (Südsommer) für markierte Äste von *Trevoa trinervis* und *Lithraea caustica* verläuft sehr unterschiedlich. Der trockenresistente *T. trinervis* beginnt und beendet das vegetative Wachstum vor dem immergrünen *L. caustica*. Andererseits beginnt der Blattfraß ziemlich zur gleichen Zeit unter feucht-warmen Witterungsbedingungen. Die gerasterte Fläche gibt die durch Insektenfraß verlorengegangene Blattfläche wieder. Die durchgezogene Linie gibt dementsprechend die reale vorhandene Blattfläche wieder, die punktierte die potentielle, also maximal mögliche Blattfläche ohne Insektenfraß (aus FUENTES et al. 1981).

4. Bei der immergrünen *Lithraea* werden 70–80 % des Austriebs durch Insekten gefressen; der Insektenfraß endet sehr plötzlich, sobald die Blätter ausgewachsen und voll sklerifiziert sind.

5. Die Destruenten

In seiner Übersicht über die Tätigkeit der Mikroorganismen in den Böden des ZB IV betont SCHAEFER (1973) das Fehlen von genaueren Angaben in der Literatur und beschränkt sich auf allgemeine Ausführungen über die Aktivität der Mikroorganismen in Gebieten mit Sommerdürre, die im latenten Lebenszustand (cryptobiotic state) überdauert wird.

Im Gegensatz dazu bringt die Arbeit von DI CASTRI (1973b) eine genauere Übersicht der an der Streuzersetzung und Humusbildung beteiligten saprophagen Kleintierwelt in den Böden des ZB IV, speziell in Chile, einem Land mit einem Übergang von extrem ariden Klimaverhältnissen im Norden über ein mediterranes Klima zu den sehr humiden Verhältnissen im Süden. Ähnliche Gradienten findet man auch zwischen extrem heißen und trockenen Nordhängen, den weniger extremen schattigen Südhängen und der humiden Talsohle auf kleinem Raume im Gebiet des zentralen Chile. Die dominierenden Tiergruppen in den Böden des xero-, eu- und hygromediterranen Gebiets werden aufgezählt. Bezeichnend ist die starke vertikale Schichtung der Tiergruppen in den Böden: Die tiefen Bodenschichten, die sich durch thermische und hygrische Konstanz auszeichnen, werden von hygrophilen Arthropoden besiedelt, die Humusschicht im Boden weist eine große Mannigfaltigkeit der Tiergruppen auf, während die periodisch trockene Streuschicht xerophile und auf das harte Laub spezialisierte Arten der *Procoptera*, *Thysanura*, einige *Isopoda* und verschiedene Insektenlarven beherbergt.

Die Organismen der einzelnen Schichten bewegen sich während der Dürrezeit abwärts in tiefere Schichten, in der humiden Jahreszeit dagegen aufwärts. Die Lage der Schichten ist in der Richtung zu den humiden Klimagebieten im Süden zunehmend höher, wobei die tieferen Bodenteile infolge zu großer Feuchtigkeit an tierischen Organismen immer mehr verarmen, während die Organismen der Streuschicht nach oben unter die Baumrinde oder in Moos- sowie Flechtenpolster rücken. Die maximale Dichte der Organismen wird in ariden Gebieten im Winter erreicht, sonst im Frühjahr und Herbst. Bei Bakterien dagegen tritt das Dichtemaximum einen Monat nach dem ersten Regen am Ende der Dürrezeit auf.

Die wichtigsten ökologischen Faktoren für die Tierwelt des Bodens sind neben den klimatischen die häufigen Brände, die starke Verwitterung des Muttergesteins, die orographische Vielfalt der Landschaft, die tiefe Durchwurzelung des Bodens mit der dazugehörenden Rhizosphäre, die für die Bodenorganismen so bedeutsam ist, und die ungünstige Beschaffenheit der harten Streu, die sich schwer zersetzt und damit die Humusbildung hemmt.

Die Zusammensetzung und Struktur der Bodentiergemeinschaften ist in viel höherem Ausmaße als die der Pflanzengemeinschaften im Bereich des ZB IV historisch bedingt. Was die Abstammung der Bodentierwelt anbelangt, so ist sie sehr unterschiedlich. Es lassen sich eine Reihe von phylogenetischen alten Linien unterscheiden, so daß man in vielen Fällen von «**lebenden Fossilien**» reden kann (vgl. dazu auch COVARRUBIAS et al. 1984, SPECHT 1988).

Die Streubildung und die Streuakkumulation, die ja die grundlegenden Vorgänge bei der Aktivität der Destruenten am und im Boden sind, haben READ and MITCHELL (1983) aus verschiedenen Zonobiomen zusammengestellt. Die mediterranen Gebiete (ZB IV) liegen, wie aus der Abb. 1.23 hervorgeht, in der Mitte des Koordinatennetzes. Dies heißt, ein im Vergleich zum ZB I oder ZB II oder auch ZB VI geringerer Streufall führt zu einer höheren Streu-Akkumulation im ZB IV gegenüber der in jenen Gebieten. In der Tundra (ZB IX) ist dies ganz anders (vgl. S. 493). Dementsprechend sind die mittleren Umsatzraten (1/k) in der *Quercus-ilex*-Macchie bei etwa 2–3 Jahren, in *Arctostaphylos glauca*-Beständen dagegen mehr als 10 Jahre.

Aus den umfangreichen Untersuchungen von RAPP and LOSSAINT (1981) geht hervor, welche Streumengen von Jahr zu Jahr anfallen und wie unterschiedlich dies auch von Ort zu Ort sein kann (vgl. auch Abb. 2.11–2.13). Starke Stürme können hier als zusätzliche episodische Ereignisse die Rhythmik erheblich verändern, wie aus Abb. 1.24 und 1.25 zu entnehmen ist. Die jährlichen Streumengen unterscheiden sich aber trotzdem in der Summe nicht allzusehr, wie die Tab. 1.7 zeigt.

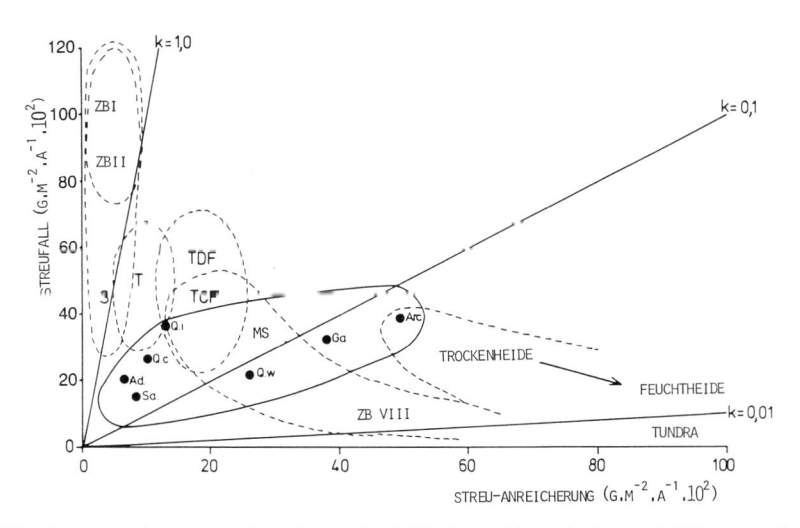

Abb. 1.23: Die Zusammenhänge zwischen Bestandesabfall, Streuakkumulation und Abbaurate (k^{-1} = Umsatzrate in Jahren) in verschiedenen Ökosystemen. In dieser Darstellung soll vor allem die Lage der verschiedenen mediterranen Ökosysteme herausgehoben werden (MS), gekennzeichnet durch eine durchgezogene Linie, im Vergleich zu anderen Regionen, die je durch eine unterbrochene Linie umgrenzt sind (S = Trockensavanne, T = gemäß. Grasländer, TDF = gemäß. Fallaubwälder, TCF = gemäß. Coniferenwälder) (nach READ & MITCHELL 1983). Q.i.: *Quercus ilex*, Q.c.: *Qu. coccifera*, Q.w.: *Qu. wislizenii*, Ad: *Adenostoma fasciculata*, Sa: *Salvia mellifera*, Ga: *Garrya veatchii*, Arc: *Arctostaphylos glauca*.

30   Teil 1. Die Destruenten

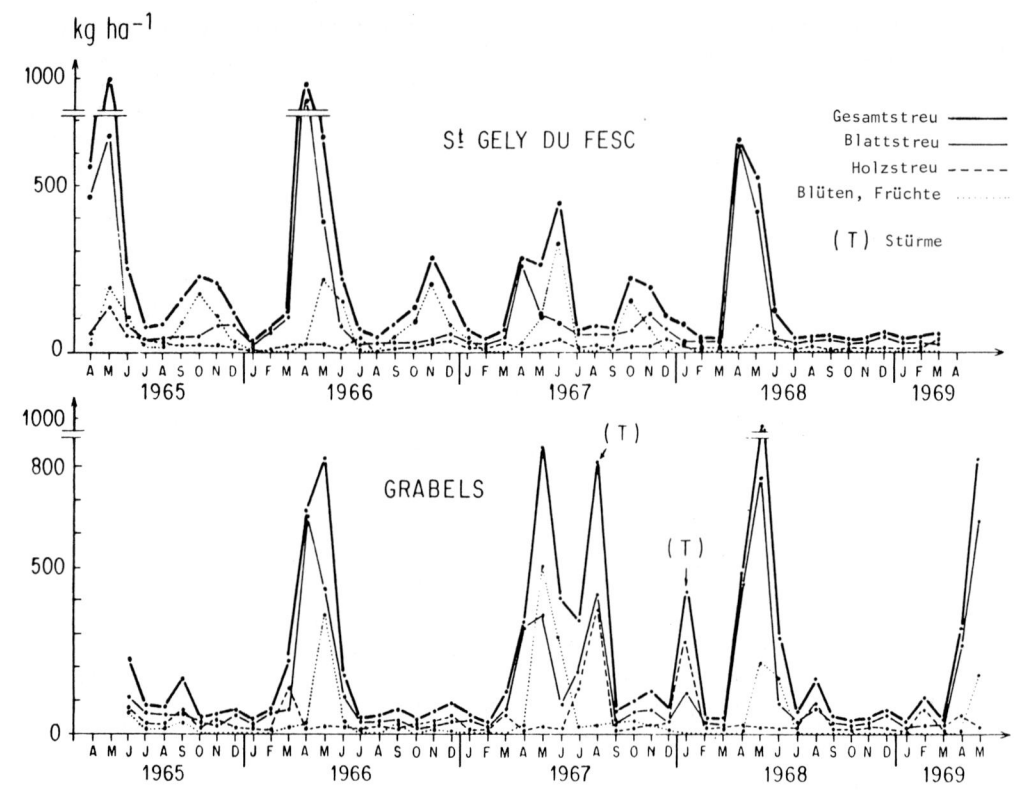

Abb. 1.24: Der Verlauf des Streufalls an zwei Stellen im südfranzösischen Mediterrangebiet über 4 Beobachtungsjahre hinweg (nach RAPP & LOSSAINT 1981).

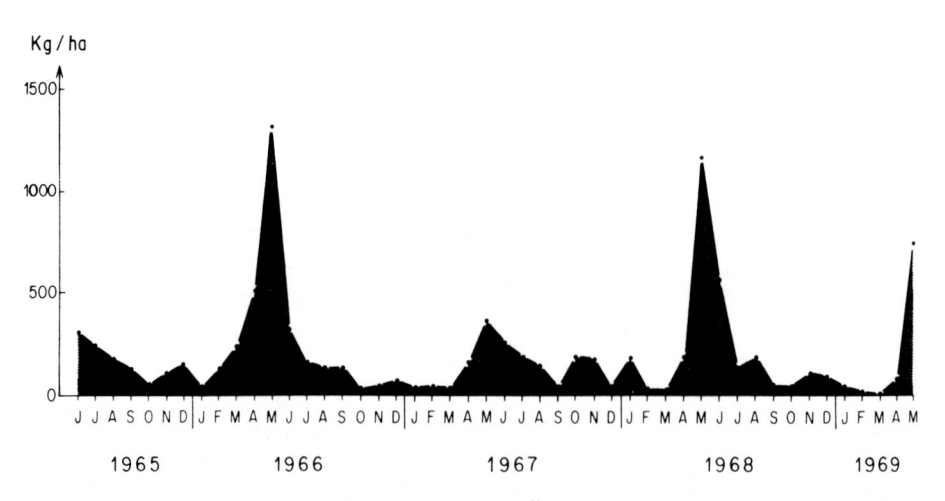

Abb. 1.25: Der monatliche Blattfall (Streufall) im *Quercus ilex*-Ökosystem von Le Rouquet zeigt von Jahr zu Jahr erhebliche Schwankungen (aus LOSSAINT 1973).

Tab. 1.7: Streumengen in kg·ha^{-1}·a^{-1} an den beiden Standorten in Südfrankreich (aus RAPP & LOSSAINT 1981).

	Blätter	Achsen-material	Blüten/Früchte	ge-samt
Saint Gely du Fesc				
April 65–März 66	1691	426	779	2896
April 66–März 67	1649	253	874	2776
April 67–März 68	951	175	709	1853
April 68–März 69	1343	120	141	1603
Jahresmittel	1405	243	626	2278
Grabels				
Juni 65–Mai 66	1621	429	540	2590
Juni 66–Mai 67	1132	295	601	2028
Juni 67–Mai 68	2284	956	649	3888
Juni 68–Mai 69	1300	285	345	1929
Jahresmittel	1584	491	534	2608

6 Ökosysteme

Wie bereits erwähnt, gehören die einzelnen Teile des Zonobioms IV zu ganz verschiedenen Florenreichen. Da aber die Flora die Bausteine für die Produzenten, bestehend aus einer Fülle verschiedenster, ständig wechselnder Populationen, als wichtige Komponenten für die Ökosysteme liefert, gleichzeitig die speziellen Orobiome, Pedobiome und Zono-Ökotone prägt, so ist es zweckmäßig, alle diese Untergliederungen für die einzelnen floristischen Biomgruppen getrennt zu behandeln.

Es ergibt sich demzufolge die im nächsten Abschnitt angegebene Gliederung.

7 Gliederung des Zonobioms IV

Das Zonobiom IV ist das kleinste der 9 Zonobiome. Es ließe sich nach der Höhe der Winterniederschläge und der Dauer der Sommerdürre in mehrere Subzonobiome gliedern, aber diese wären kleinräumig und oft als Höhenstufen oder als Expositionsunterschiede ausgebildet. Wir gliedern deshalb das Zonobiom gleich nach der Zugehörigkeit der Teilgebiete zu den verschiedenen Florenreichen (vgl. Abb. 1.1) in 5 floristisch unterschiedene Biome und diese aufgrund der Klima- und Vegetationsunterschiede, soweit es notwendig erscheint, in mehrere Subbiome. Damit ergibt sich folgende Übersicht:

Zonobiom IV mit Winterregen und Sommerdürre

1. Paläarktische Biomgruppe
   des Mittelmeerraumes
   a) Westmediterranes Biom (maritim getönt) – Macchie, Garrigue
   b) Ostmediterranes Biom (kontinental getönt) – Macchie, Phrygana, Batha
2. Nearktische Biomgruppe in Californien
   a) Typisches Biom – der Chaparral
   b) Hygrisches Biom – Oak Woodland
   c) Xerisches Biom – Coastal Shrub
3. Neotropische Biomgruppe in Chile
   a) Biom der Hartlaubvegetation in Mittelchile – Matorral
4. Capensische Biomgruppe in Südafrika
   a) Biom der Fynbos – Vegetation im Kapland
5. Biomgruppe der Australis
   a) Biom der Hartlaubvegetation
      in Südwest-Australien
   b) Biom der Hartlaubvegetation
      in Süd-Australien

Bei fast jedem dieser Biome treten die entsprechenden Orobiome und Pedobiome als zugehörige ergänzende Biome auf.

Teil 2: Mediterran-Vorderasiatische Biomgruppe

Im Vergleich mit den anderen Teilgebieten des Zonobioms IV ist das Mittelmeergebiet bei weitem das flächenmäßig größte. Die Zono-Ökotone, die in die Nachbarräume überleiten, sind ebenfalls besonders ausgedehnt, einerseits in Nordafrika in die Wüstengebiete des ZB III, andererseits in Europa im Bereich des Submediterrangebiets, aber auch im westlichen Asien, in Vorderasien, wo ein Mosaik verschiedener Biome zusammenkommt. Der Einfluß der Winterregen reicht weit nach Asien hinein. Selbst in den Afghanischen Gebirgen ist noch ein deutlicher, wenn auch stark kontinental geprägter Jahresgang der Niederschläge erkennbar, der dem des Mittelmeergebiets entspricht (vgl. S.108).

1 Das Klima

Die Grundzüge des Klimas und der Bodenverhältnisse sind bereits im allgemeinen Teil abgehandelt worden (vgl. S. 6 und S. 12).

Aufgrund der Größe des Mittelmeergebiets sind die klimatischen Varianten hier besonders groß. Auch die starke Gliederung des Gebietes mit Inseln, Halbinseln unterschiedlicher Größe und Form, mit Gebirgen und Ebenen ergibt ein kleingegliedertes Mosaik, auf das nur in wenigen Beispielen eingegangen werden kann.

2 Die Böden

Die Bodenverhältnisse hängen stark vom geologisch vorgegebenen Muttergestein ab. Jedoch sind viele der ursprünglichen Böden im Zuge der Degradierung der Vegetation in historischer Zeit völlig verschwunden, so daß heute vielfach das nackte Gestein ansteht und eine kümmerliche Felsenheide einen eigentlich falschen Eindruck von dem gibt, was im Laufe von Jahrtausenden nach Bildung ausreichender Bodenprofile an Vegetationsdichte und -mannigfaltigkeit möglich wäre. Die Rekonstruktion der ursprünglichen Vegetation ist, wie im folgenden noch kurz dargelegt werden wird, aufgrund verschiedener Indizien recht gut möglich (vgl. S. 33).

Die besten Böden sind heute zu Kulturland geworden, aber auch die weniger oder nicht genutzten Flächen erfuhren durch Holznutzung, Brand und Beweidung eine weitgehende Umgestaltung oder sogar Zerstörung.

3 Die Produzenten

3.1 Allgemeines

Kaum eine Vegetationszone ist vom Menschen so stark zerstört worden wie das Mittelmeergebiet. Das Mittelmeergebiet ist seit Jahrtausenden besiedelt, die ältesten Stadtkulturen mit dichter Besiedlung begannen hier. Das Mittelmeergebiet ist daher auch ein eindringliches Zeugnis für die Veränderungen, die die Natur durch menschliche Eingriffe erfahren kann. Leider spielen sich ähnliche Vorgänge der Zerstörung inzwischen auch in anderen Zonobiomen und teilweise mit noch schnellerem Tempo ab, ohne daß derzeit absehbar wäre, wie dem Abhilfe geboten werden könnte.

Das mediterrane Klima ist für die Besiedlung durch den Menschen besonders günstig. Die Winter sind noch so milde, daß Vorkehrungen gegen Kälte kaum oder gar nicht erforderlich sind. Zugleich sind sie so feucht, daß Getreide und andere einjährige Kulturpflanzen den Winter über wachsen und schon zeitig im Frühjahr reifen und dann in der trockenen Jahreszeit eine Ernte leicht möglich ist. Die Sommertrockenheit andererseits verhindert nicht den Anbau von Ölbäumen, Feigen, Mandeln, Wein und anderen Kulturbäumen, die reichlich Frucht tragen. Anspruchslose Haustiere, wie Ziege oder Esel, finden selbst im trockenen Sommer noch genügend Nahrung. Das ganze Jahr hindurch nicht versiegende Quellen sind in den Berggebieten ebenfalls in genügender Zahl vorhanden, so daß selten akuter Wassermangel auftritt. Außerdem hat man früh gelernt, mit Zisternen Wasservorratswirtschaft zu treiben. In den trockneren Randgebieten ging man schon frühzeitig zu Bewässerungskulturen über. Es ist daher verständlich, daß sich gerade in dieser Klimazone die Hochkulturen des klassischen Altertums entwickelten.

Die für die ursprüngliche Waldvegetation günstigen Standorte sind heute restlos von Kulturland eingenommen. Waldreste und vor allem zu Gebüschformationen degradierte Bestände sind auf für die Kultur unbrauchbare Standorte mit flachgründigen Böden zurückgedrängt. Die ursprüngliche Vegetation immergrüner Eichenwälder ist nur noch an wenigen Stellen in einigermaßen ungestörter Ausbildung vorhanden. Restbestände finden sich noch im Mittleren Atlas als Gebirgswaldstufe.

3.2 Rekonstruktion der Vegetation im Mittelmeergebiet

Es ist nicht leicht Aussagen über die ursprüngliche Vegetation des Mittelmeerraumes zu machen. Alle tiefgründigeren Böden in ebener Lage sind heute Kulturland. Die für Ackerbau ungeeigneten flachgründigen Böden und steinigen Hänge sind zum Teil noch von Gehölzen bewachsen, aber meist ebenfalls durch Holzentnahme, Beweidung und häufiges Abbrennen degradiert. Es kann allerdings keinem Zweifel unterliegen, daß das Mittelmeergebiet ursprünglich von einem dichten Wald bedeckt war, so unglaubwürdig dies heute erscheinen mag, wenn man die nackten Felsen weithin sieht. Pollenanalytische Untersuchungen, die einen Begriff von dem Anteil bestimmter Holzarten am Aufbau der Pflanzendecke vor den Eingriffen des Menschen geben können, sind zwar nur von wenigen Stellen bekannt: Padul in Südspanien (ca. 750 m NN), Lago di Monteresi, 50 km südlich von Rom (236 m NN), von der Adriaküste bei Palu 10 km südlich von Rovinj und von der Insel Mlet sowie der Neretva-Niederung (fast Meeresniveau) und schließlich bei Drama im südlichen Mazedonien (67 m NN); diese Pollendiagramme geben aber doch eine Vorstellung der früheren Vegetation. Sie wurden von BEUG (1967, 1975) zusammenfassend besprochen (vgl. auch BEUG 1977, BRANDE 1973).

Weitere Pollendiagramme, die bis in die Zeit vor der Besiedlung zurückreichen, liegen vor: Für NW-Syrien (NIKLEWSKI and VAN ZEIST 1970), die Türkei (VAN ZEIST et al. 1975) und Griechenland (BOTTEMA 1974), aber meist aus höheren Gebirgslagen. Die Pollendiagramme von Meeresküstennähe können uns Auskunft geben über die Vegetationsverhältnisse am Ende der letzten Eiszeit. Die Annahme, daß die immergrüne Hartlaubvegetation als schmale Vegetationszone am Mittelmeer die Eiszeit überdauerte, kann pollenanalytisch nicht eindeutig bestätigt oder widerlegt werden. Es herrschte am Mittelmeer ein Halbwüstenklima mit viel *Artemisia* und Chenopodiaceen. Nur in Südspanien war außerdem der Anteil von *Pinus*-Pollen relativ groß, bei den anderen dagegen gering. Da jedoch die Mittelmeerküste sehr gebirgig ist mit vielen kleinräumigen, feuchteren und wärmeren Nischen, so ist es wahrscheinlich, daß an solchen Stellen wärmeliebende Holzarten und immergrüne Sklerophyllen überdauern konnten, aber pollenanalytisch nicht erfaßt wurden. Aus solchen Refugien war eine Ausbreitung in der Postglazialzeit möglich. Nur aus Süddalmatien konnte bisher eine Massenausbreitung von *Phillyrea* und *Juniperus* zu Beginn der mittleren Wärmezeit pollenanalytisch festgestellt werden. Um diese Zeit wanderte auch *Quercus ilex* ein. Die Aleppokiefer ist dort nicht einheimisch und tritt erst zur Zeit der griechischen Kolonisation auf. Die mediterrane Vegetation oder wahrscheinlich nur ein Grundstock davon, beschränkte sich auf einen ganz schmalen Küstenstreifen. Erst nach der Besiedlung breitet sich die immergrüne Macchie auf Kosten von sommergrünen Laubwäldern aus, die gefällt und wohl auch beweidet wurden. Auch *Paliurus* tritt erst als Weideunkraut auf, und die heute verbreitete *Fraxinus ornus* dürfte ihren Platz auch erst durch das Fällen der sommergrünen Eichen erobert haben.

Auf die vielen isolierten Refugien, in denen auch die Kiefer die Glazialzeiten überdauerte, ist es wohl zurückzuführen, daß *Pinus nigra* s.l. heute im Mittelmeerraum durch 15 Subspecies mit bestimmter regionaler Verbreitung vertreten ist. Ähnliches gilt auch für die verschiedenen *Abies*-Arten (MAYER 1984).

Eine jeweils recht eigenständige Entwicklung der Waldvegetation auf den verschiedenen mediterranen Inseln leitet QUEZEL (1988) von vergleichenden Untersuchungen ab. Jede Insel (Balearen, Korsika, Sardinien, Sizilien, Kreta, Zypern) hat ihre eigene Vegetationsgeschichte und unterschiedliche historische Bindungen zum Festland. Dementsprechend sind die Unterschiede bei der Vielfalt der vorkommenden Vegetations-

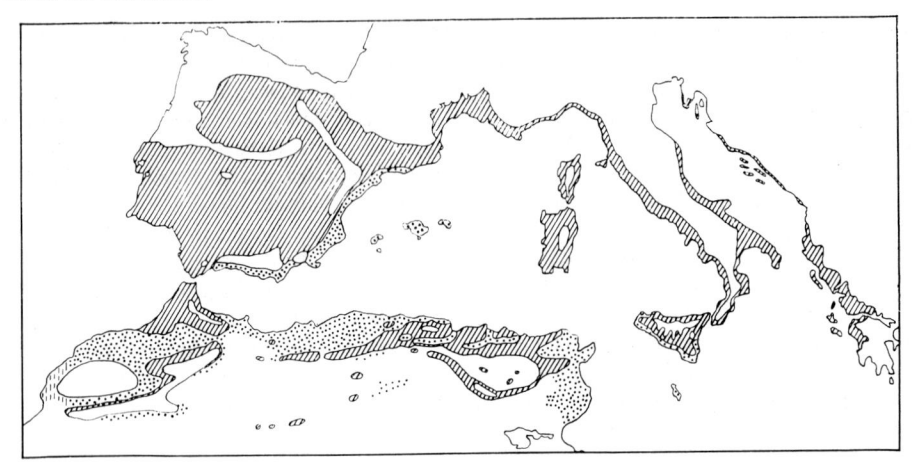

Abb. 2.1: Natürliches Verbreitungsgebiet der *Quercus ilex*-Wälder (schräg schraffiert), des Oleo-Ceratonion-Gebietes (punktiert) und der *Argania*-Gehölze (vertikal gestrichelt) im westlichen Mittelmeergebiet (nach BRAUN BLANQUET, aus WALTER 1968).

typen recht deutlich. Endemische Baumarten sind besonders für Sizilien *(Abies nebrodensis, Betula aetnensis*, mit *Genista aetnensis)* und für Zypern *(Cedrus brevifolia, Quercus alnifolia)* hervorzuheben, aber auch Kreta besitzt mit *Zelkova abelicea (= Abelicea crenata)*, die zusammen mit *Acer sempervirens* und *Berberis cretica* auftritt, einen bemerkenswerten, wahrscheinlich alten Reliktendemiten.

Der Einfluß des Menschen hat sich in den fünf Mediterrangebieten in den letzten Jahrzehnten intensiviert. Er ist aber in unterschiedlicher Weise schon seit Jahrtausenden nachweisbar, einige Angaben hierzu macht Tab. 1.2 (S. 6).

Die ursprüngliche Vegetationsbedeckung ist nur noch schwer zu rekonstruieren. Für das östliche Mittelmeergebiet haben QUEZEL & BARBERO (1985) eine Karte erstellt, auf der mit 67 Signaturen die verschiedenen Vegetationstypen dargestellt sind, jeweils gegliedert nach den wichtigsten Höhenstufen. Auch wird die Verbreitung der wichtigsten Baumarten wiedergegeben.

Die Ausbreitung der immergrünen sklerophyllen Holzarten scheint im nördlichen Mittelmeerraum mit der frühen Besiedlung dieses Raumes durch den Menschen zusammenzufallen, war somit von vornherein durch die menschlichen Eingriffe gestört. Es fragt sich deshalb, ob ausgedehnte ungestörte *Quercus ilex*-Wälder nördlich des Mittelmeeres auf den heute kultivierten Flächen jemals überhaupt vorhanden gewesen waren. Heute ist *Quercus ilex* weiträumig verbreitet, vgl. Abb. 2.1. Wenn man sich die Klimadiagramm-Karte des Mittelmeerraumes (WALTER und LIETH 1960–1967) ansieht, so erkennt man, daß in diesem Gebiet nördlich des Mittelmeeres kaum ein typisches, mediterranes Klima herrscht, vielmehr treten zwei Regenmaxima, nämlich im Frühjahr und im Herbst auf, wodurch die Sommerdürre auf 1–2 Monate reduziert wird. Es handelt sich somit um ein stärker humides, hygro-mediterranes Randgebiet. Erst in Sizilien und Griechenland und in Südspanien sind typische Klimadiagramme vorhanden, aber auch diese Gebiete sind an der Meeresküste schon sehr früh besiedelt worden. Wenn trotzdem die italienische Riviera einen mediterranen Eindruck macht, so muß man bedenken, daß es sich oft um steile Südhänge handelt, also um extrazonale Verhältnisse[1] oder um trockene Kalkgesteinsböden.

Es ist zudem eine extreme Kulturlandschaft mit Ölbäumen, schlanken Zypressen und schirmförmigen Pinien, mit steinigen, beweideten oder von niedrigem Gehölz bedeckten Hängen. Jede durch den Menschen im nicht humiden Gebiet degradierte Vegetation täuscht ein anderes Klima vor als tatsächlich der Fall ist. Sie besteht meist aus Dornsträuchern und wird als Garrigue bezeichnet.

---

[1] Wie stark sich die Expositionsunterschiede auf einem Nord- und Südhang bei 30° Neigung um den 45° N klimatisch und damit auch auf die Vegetation in Istrien auswirken, hat ILIJANIČ (1970) gezeigt.

Die sklerophyllen immergrünen Arten sind weidefester, denn das Vieh kann nur die jüngsten Triebe abfressen. Deswegen breitet sich bei Beweidung die immergrüne Macchie als Weideunkrautvegetation aus. Das gilt besonders für *Quercus coccifera* mit den stachligen Blättern an den Kurztrieben. Bei intensiver Beweidung und durch Feuer wird dann die Macchie durch die offene Garrigue verdrängt.

Der immergrüne Wald ist für den Menschen fast wertlos. Das Holz der Eichen ist zu hart und zu schwer, um technisch verwendbar zu sein; geeignet ist es für die Holzkohle-Bereitung. Dafür sind jedoch armdicke Stämme besser als schwer zu zerkleinernde dicke Baumstämme. Deshalb setzte sich die Macchie als eine Art Niederwaldwirtschaft mit etwa 25jähriger Umtriebszeit mit Stockausschlägen im Mittelmeergebiet allgemein durch. Alte Bestände findet man nur ganz vereinzelt dort, wo der Mensch sie besonders schützt (in Parkanlagen, bei Klöstern). In den Gebieten, wo noch keine Frostgefahr besteht, wachsen laubabwerfende Holzarten, wenn sie nicht durch zu große Sommerdürre beeinträchtigt werden, infolge ihres günstigeren Assimilathaushalts (zum Aufbau einer bestimmten Blattfläche ist bei ihnen nur ein Bruchteil an Assimilaten erforderlich) rascher heran als die immergrünen Arten (WALTER 1956; WALTER 1968, S. 102–109), z.B. in Nordanatolien mit Regenmaximum im Winter, aber ohne Sommerdürre, wo die Sklerophyllen sich nur an trockenen Standorten im Regenschatten oder bei starker Beweidung behaupten können.[2]

Vielleicht läßt sich auf diese Weise das Nebeneinander von immergrünen und laubabwerfenden Holzarten im Tertiärwald erklären, wobei dann nach Kälterwerden des Klimas die präadaptierten laubwerfenden Arten die Gebiete mit einer Winterkältezeit besiedelten. Die halbimmergrünen

---

[2] FREITAG (1975) meldet Bedenken gegen diese Ansicht an. Es ist jedoch schwer verständlich, wie er aufgrund von Exkursionsbeobachtungen aus der heutigen Verbreitung der Baumarten in einem Waldbestand an einem Berg in Südfrankreich ohne Rückfragen bei der Forstverwaltung oder ohne Archivstudien zur Feststellung der Bestandesgeschichte Rückschlüsse auf die Wettbewerbsfähigkeit der einzelnen Baumarten ziehen will, wobei Aleppokiefer und Kastanie sicher gepflanzt waren und die Korkeiche, vielleicht auch zur Korkgewinnung genutzt, also begünstigt wurde.

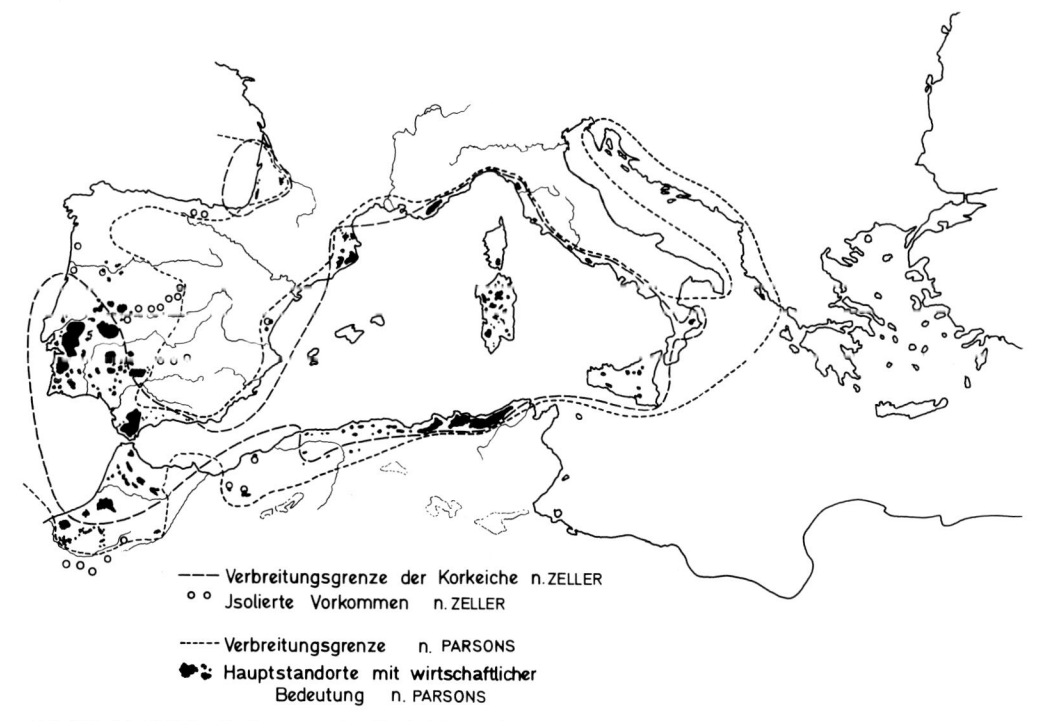

Abb. 2.2: Natürliche Vorkommen der Korkeiche und Regionen mit wirtschaftlicher Bedeutung der Korkeiche (*Quercus suber*) im westlichen Mittelmeerraum (aus BRECKLE 1966, nach ZELLER 1958 und PARSONS 1962).

Arten, z. B. *Quercus aegilops* oder *Acer sempervirens* sind Übergangsformen. Nördlich vom Mittelmeer sind die wichtigsten Holzarten im Bereich der Hartlaubvegetation die immergrünen Eichen, und zwar im Westen bis zur Ägäis *Quercus ilex* und im atlantischen Gebiet außerdem noch die kalkfeindliche *Quercus suber* (BRECKLE, 1966), die zur Korkgewinnung oft in reinen Beständen kultiviert wird (Korkeiche) (vgl. Abb. 2.2 und 2.3). Am Westufer der Ägäis kommt *Quercus ilex* auf Euböa und an einigen anderen Stellen vor, außerdem sporadisch in Anatolien an Stellen, die mehr Regen erhalten. Sonst herrscht im nördlichen, ostmediterranen Raum *Quercus coccifera* oder die var. *calliprinos* vor, immer nur als niedrige Verbißform. Große Bäume findet man nur geschützt um Klöster. *Qu. calliprinos* wird manchmal auch als eigene Art aufgefaßt, da sie eher die Tendenz hat, baumförmig zu werden. Im Coccifero-Carpinetum reicht *Qu. coccifera* noch bis Thessaloniki nach Norden, sobald jedoch die Beweidung aufhört, wird sie von *Carpinus orientalis* und anderen laubwerfenden Arten überwachsen.

In Südanatolien findet man die immergrüne Macchie oft unter einem lichten Bestand von *Pinus brutia* (die *P. halepensis* nahe steht). Solche Bestände kommen nur nach Brand zustande, da sich die Kiefer in der dichten Macchie sonst nicht verjüngen kann; die Kiefern sind deshalb gleichaltrig.

Heute lassen sich im Mittelmeergebiet zwei grundlegende Formationstypen unterscheiden, einmal die Macchie auf besseren, relativ feuchteren Standorten und zum zweiten die Garrigue auf der trockeneren Seite des Gradienten. Während in der **Macchie** (mehr oder weniger synonym sind: in Spanien: Monte Bajo; in Israel: Choresh; ähnliche Hartlaubformationen in Californien: Chaparral; in Chile: Matorral; in S-Afrika: Fynbos; in Australien: Mallee), wie schon er-

Abb. 2.3: Blockbild der Struktur eines Korkeichenwalds mit dichter Krautschicht, aber fast fehlender Strauchschicht. Die Wälder werden, um die Korkgewinnung zu erleichtern, alle paar Jahre ausgelichtet (aus FOLCH I GUILLEN 1981).

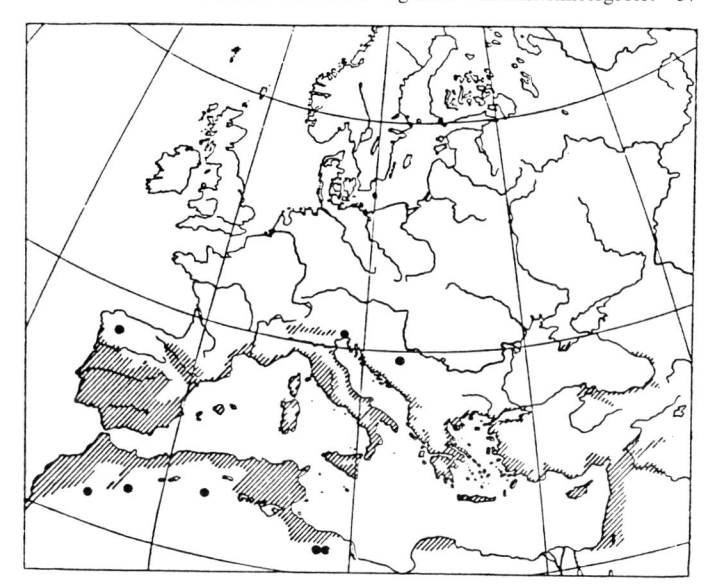

Abb. 2.4: Areal des kultivierten Ölbaums (*Olea europaea* ssp. *sativa*), das im wesentlichen der Ausdehnung des Mediterrangebietes (ZB IV) entspricht (aus WALTER & STRAKA 1970).

wähnt, sklerophylle Arten überwiegen, sind es in der stärker degradierten **Garrigue** (Garigue; mehr oder weniger synonym sind: in Italien: Gariga; in Portugal: Barocal; in Spanien: Tomillares; in Griechenland: Phrygana; in Israel: Batha; vergleichbare Formationen in Californien: Coastal Sage; in S-Afrika: Renosterbos) offene Gesellschaften, die teilweise sehr artenreich sind und nicht selten bestimmte Degradationsstadien darstellen.

Häufig zeigen die Arten der Garrigue Saison-Dimorphismus, produzieren also z.B. im Winter hygromorphe, im Sommer xeromorphe Blättchen, um die Wasserverluste im Sommer zu minimieren (z.B. *Sarcopoterium spinosum*).

Die eigentliche eu-mediterrane Vegetation ist von *Olea* und *Pistacia lentiscus* (Oleo Lentiscetum) beherrscht, wobei es sich um die dornige Wildform *Olea oleaster* handelt. Andere Charakterarten, die vorkommen können, sind *Myrtus communis*, *Chamaerops humilis* und *Ceratonia siliqua*, der Johannisbrotbaum (die beiden letzteren in einer deutlich wärmeren Zone [Oleo-Ceratonion]); häufig wird die Aleppo-Kiefer *(Pinus halepensis)* in diesem Gebiet bei Aufforstungen verwendet. Der Anbau des Ölbaums ging über das Gebiet nach Norden hinaus, wird jedoch heute stark eingeschränkt und auf die optimalen Bereiche beschränkt (Abb. 2.4). Das heutige Areal des Ölbaums wird oft zur Charakterisierung der Ausdehnung des typischen Mediterrangebietes gewählt. Es ist jedoch unsicher, ob der Ölbaum vor Jahrtausenden durch den Menschen im Mittelmeergebiet verbreitet wurde und vielleicht ursprünglich gar nicht typisch mediterran ist, sondern aus dem ostafrikanischen Raum stammt. Auch von diesen Vegetationseinheiten sind keinerlei natürliche Bestände vorhanden, sondern nur degradierte Reste oder Degradationsgesellschaften oder kultivierte Flächen.

Solche Degradationsstadien sind oft recht stabil und gehen nur langsam in hochwüchsigere Stadien über (Regradation). In Abb. 2.5 und 2.6 sind 2 Beispiele für typische Degradationsstadien gezeigt, einmal auf kompaktem Jurakalk und zum anderen auf pleistozänen, kalkarmen, kieselreichen Böden.

Azidophil sind in Südfrankreich zahlreiche Ericaceen, wie *Arbutus unedo*, *Erica arborea*, *E. scoparia*, außerdem *Cistus salvifolius*, *Lavandula stoechas*, *Myrtus communis* (an der Adria auch auf Kalk) u.a. Mehr oder weniger an Kalk gebunden sind: *Cistus albidus*, *Erica multiflora*, *Rosmarinus officinalis*, *Lavandula latifolia*, *Thymus vulgaris*, *Asphodelus cerasifer* etc.

Je nach Beweidungsintensität oder der Regelmäßigkeit des Abbrennens ergeben sich verschiedene, meist recht artenreiche Stadien, die im Schema (vgl. Abb. 2.7) zusammengestellt sind. BRAUN-BLANQUET (1936) hat durch sorgfältige Auswertung von 34 kleinen Restbeständen den Aufbau eines natürlichen Waldes, von ihm als *Quercetum ilicis galloprovincialis* bezeichnet, für Südfrankreich rekonstruiert. Er macht folgende Angaben (Zahlen nach den Pflanzennamen sind Mengenangaben):

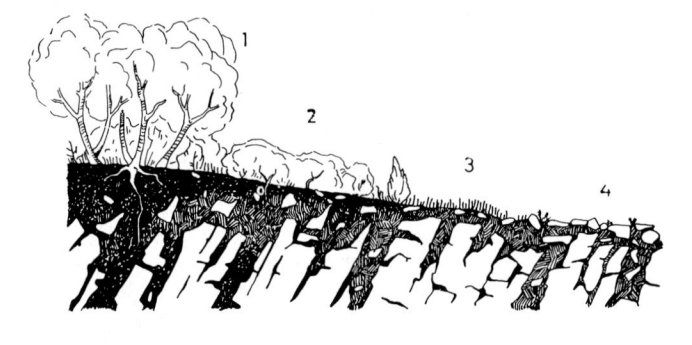

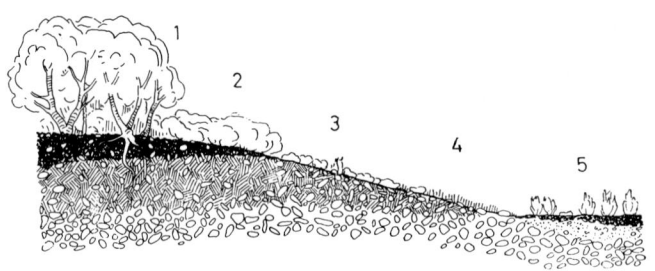

Abb. 2.5: Degradationsstadien auf Jura-Kalk (aus WALTER 1968, nach BRAUN-BLANQUET). 1: *Quercus ilex*- Wald, 2: *Qu. coccifera*-Stadium, 3: *Brachypodium ramosum*-Gesellschaft, 4: *Euphorbia characias*-Stadium.

Abb. 2.6: Degradationsstadien auf pleistozänen silikatischen Böden (aus WALTER 1968, nach BRAUN-BLANQUET). 1 und 2: wie in Abb. 2.5, 3: Stadium mit *Lavandula stoechas*, 4: *Corynephorus articulatum* – *Tuberaria guttatum*-Gesellschaft, 5: Stadium mit *Erica scoparia* in einer Mulde mit Schwemmboden.

Baumschicht
  15–18 m hoch, geschlossen: durch *Quercus ilex* (5) allein gebildet.

Strauchschicht
  3–5 m (bis 12 m) hoch: *Buxus sempervirens* (2), *Viburnum tinus* (1), *Phillyrea media* (1); dazu vereinzelt (+) *Phillyrea angustifolia, Pistacia lentiscus, P. terebinthus, Arbutus unedo, Rhamnus alaternus* und *Rosa sempervirens*.

Lianen:
  Smilax aspera (2), *Lonicera implexa* (1), *Clematis flammula* (1), *Hedera helix* (1), *Lonicera etrusca* (+).

Krautschicht
  höchstens 30% deckend: *Ruscus aculeatus* (2), *Rubia peregrina* (1), *Asparagus aculeatus* (1), *Carex distachya* (1); dazu vereinzelt (+): *Viola scotophylla, Asplenium adiantum-nigrum, Stachys officinalis, Teucrium chamaedrys* und *Euphorbia characias*. Dazu kommen eine Reihe seltenerer Arten und Begleiter.

Moosschicht
  schwach ausgebildet: *Drepanium cupressiforme* (1), *Eurynchium circinnatum* (1), *Scleropodium purum* (1), *Brachythecium rutabulum* (+) und einige andere.

Für alte Bestände sind *Viburnum tinus, Ruscus aculeatus, Carex distachya* und *Asplenium adiantum-nigrum* sowie *Hedera helix* besonders typisch.

In diesen Wäldern findet man auch an Ästen und Zweigen Moose (Fabronietum mit 6 Arten) und Flechten (Parmelietum trichocerae mit 7 meist auch bei uns häufigen *Parmelia*-Arten sowie *Anaptychia ciliaris, Ramalina* spec. u. a.).

Die Lichtintensität am Boden eines solchen Bestandes ist sehr gering, das Mikroklima viel ausgeglichener und das Temperaturmaximum etwa 10 °C niedriger als außerhalb des Waldes, die Luftfeuchtigkeit höher und die Windwirkung selbst bei Mistral kaum bemerkbar.

Von den erschienenen Spezialarbeiten seien genannt: In Südfrankreich die Vegetationskarte mit Erläuterungen von der zum Nationalpark erklärten Insel Port-Cross (LAVAGNE 1972) mit dem Quercetum ilicis melicetosum, dem Oleo-Lentiscetosum und der Macchie aus *Arbutus unedo* und *Erica arborea*; eine 3–4 m hohe Macchie aus *Arbutus andrachne, Pistacia terebinthus, P. lentiscus, Quercus coccifera* var. *calliprinos, Qu. ilex, Phillyrea media* u.a. schildert LAVRENTIADES (1976) von Patras auf dem Peloponnes. Über die Vegetation der Inseln im Ägäischen Meer (Sporaden) berichten PHITOS (1967) und ECONOMIDOU (1975), sowie von Kreta GREUTER (1975), HAGER (1985), während DAFIS (1975) und DAFIS und JAHN (1975) hauptsächlich die Sommergrünen Wälder Nord-Griechenlands behandeln.

Sehr ausführlich hat sich RAUS mit der Vegetation Thessaliens befaßt und die floristischen, pflanzensoziologischen und ökologischen Gegebenheiten zusammengestellt (RAUS, 1977, 1979a, b; 1980, 1981). Dieses Gebiet leitet zur submediterranen Vegetation über.

In der Reihe «Biologie et Écologie Mediterraneenne» (Ann. de l'Univ. de Provence) gehen

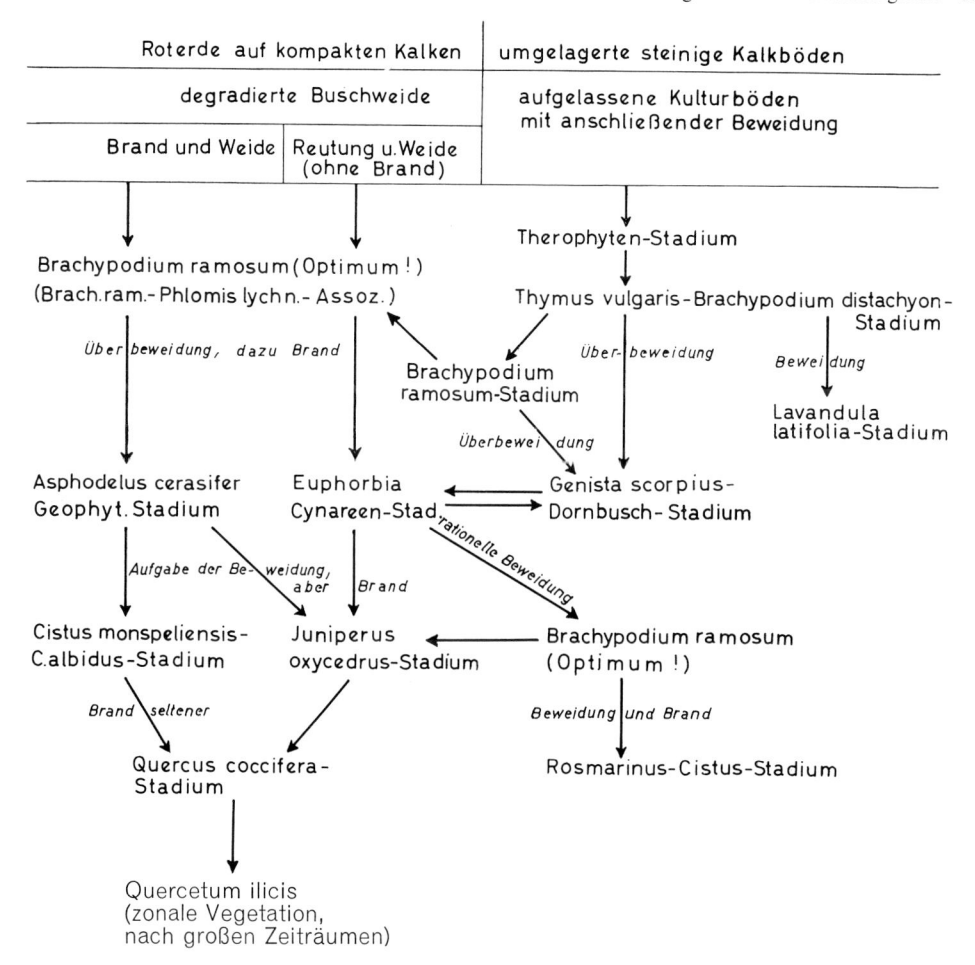

```
┌─────────────────────────────────────┬──────────────────────────────────┐
│   Roterde auf kompakten Kalken      │   umgelagerte steinige Kalkböden │
├─────────────────────────────────────┼──────────────────────────────────┤
│       degradierte Buschweide        │   aufgelassene Kulturböden       │
│                                     │   mit anschließender Beweidung   │
├──────────────────┬──────────────────┤                                  │
│  Brand und Weide │ Reutung u.Weide  │                                  │
│                  │  (ohne Brand)    │                                  │
└──────────────────┴──────────────────┴──────────────────────────────────┘
```

Schema (Pfeile):

- → Brachypodium ramosum (Optimum!) (Brach.ram.-Phlomis lychn.-Assoz.)
- → Therophyten-Stadium → Thymus vulgaris-Brachypodium distachyon-Stadium
- Brachypodium ramosum-Stadium
- Überbeweidung, dazu Brand / Über-beweidung / Beweidung → Lavandula latifolia-Stadium
- Asphodelus cerasifer Geophyt. Stadium
- Euphorbia Cynareen-Stad. ↔ Genista scorpius-Dornbusch-Stadium
- Aufgabe der Beweidung, aber Brand / rationelle Beweidung
- Cistus monspeliensis- C.albidus-Stadium
- Juniperus oxycedrus-Stadium ← Brachypodium ramosum (Optimum!)
- Brand seltener / Beweidung und Brand
- Quercus coccifera-Stadium
- Rosmarinus-Cistus-Stadium
- ↓ Quercetum ilicis (zonale Vegetation, nach großen Zeiträumen)

Abb. 2.7: Schema der Degradations- und Regradationsstadien im Languedoc (Südfrankreich) auf zwei verschiedenen Kalkböden in Abhängigkeit von der Art und Intensität der Nutzung (aus WALTER 1968, nach BRAUN-BLANQUET).

LAVAGNE und ZERAIA (1976) besonders auf die Wirkung der Brände in den Maures Occidentales (Südfrankreich) ein.

Zahlreiche Arbeiten über die Struktur der sklerophyllen Waldtypen im Mittelmeerraum sind von QUEZEL und BARBERO erschienen. BARBERO et al. (1989) zeigen auf, daß sich in den letzten Jahrzehnten eine deutliche Veränderung in der Zusammensetzung vieler Steineichenwaldgebiete und anderer sklerophyller Formationen abgespielt hat, die sie teilweise mit der schon länger andauernden Landflucht und dem Brachliegen der Landwirtschaft und Viehzucht in Verbindung bringen. So wiesen sie z.B. darauf hin, daß die von BRAUN-BLANQUET (1936) als Quercetum ilicis galloprovinciale bezeichnete Vegetation eher heute als eine Vorwaldstufe in der Sukzession aufgefaßt werden muß. Sie geben auch Hinweise auf die unterschiedliche Häufigkeit der einzelnen Lebensformen und zeigen, daß im viel lichteren *Quercus suber*-Wald Therophyten und Chamaephyten auch noch in älteren, hochwüchsigen Wäldern im Gegensatz zu den dann viel dichteren *Quercus ilex*-Formationen erhalten sind.

Der Einfluß des Menschen ist gerade im Mittelmeergebiet, wie wir mehrfach gesehen haben, seit Tausenden von Jahren sehr groß. Dies hat zu einer Umgestaltung der Landschaft geführt, die allein in floristischer Hinsicht die Änderungen, die durch die Eiszeiten bedingt waren, bei weitem in den Schatten stellt, wie dies ZOHARY einmal formuliert hat. Aber auch die gesamten Ökosysteme sind völlig verändert, die Böden vielfach völlig verschwunden, Degradationsstadien verschiedenster Ausprägung beherrschen das Landschaftsbild, und Neophyten sind allgegenwärtig. Gerade in den letzten ein bis zwei Jahrzehnten sind neue Einwirkungen hinzugekommen, die unter dem Stichwort Umweltbelastungen zusammengefaßt werden können. Die sehr reiche Mediterranflora ist an vielen Stellen zunehmend gefährdet. GOMEZ-CAMPO (1985) hat in einem umfangreichen Versuch die Problematik des Naturschutzes und des Artenschutzes an Beispielen der iberischen und italienischen Halbinsel, der Gebirge der griechischen Halbinsel, der östlichen und südöstlichen Teile des Mittelmeergebiets, der Maghrebländer, sowie der mediterranen Inseln (je in einzelnen Kapiteln) dargelegt. Als Schlußfolgerung fordert er in dem dritten Teil des Buches mit dem Titel «Aktionen und Lösungen» ein umfassendes Informationssystem gefährdeter Pflanzenarten, Maßnahmen des Schutzes natürlicher oder naturnaher Biotope, Erhaltungskulturen in Botanischen Gärten und den Aufbau einer umfassenden Samenbank.

Die Notwendigkeit einer Ursachenforschung des Artenrückgangs, aber auch der vielfältigen Biotopschäden wird von GOMEZ-CAMPO nicht erhoben, obwohl eindeutig zu schließen ist, daß wir in den allermeisten Fällen keine Vorstellung von der Populationsstruktur der Arten, von ihrer Populationsdynamik, von den Faktoren, die ihre Reproduktion beeinflussen, ja selbst von ihren autökologischen Standortsansprüche, und dem Auftreten in typischen Pflanzengemeinschaften haben. Dabei liegen viele Ursachen offen auf der Hand. Die starke, oft ungezügelte Ausdehnung des Tourismus, die unkontrollierte Ausdehnung der Industrialisierung und damit Versiegelung vieler wertvoller Lebensräume, die wachsende Verstädterung usw. können nur durch erhebliche Anstrengungen auf vielen verschiedenen Ebenen in ihrer verheerenden Wirkung abgeschwächt werden.

In Ergänzung zu den bereits genannten Arbeiten sollen im folgenden noch kurz speziellere Hinweise auf die Vegetationsverhältnisse einzelner Teilgebiete des Zonobioms IV gegeben werden, die allerdings keinen Anspruch auf Vollständigkeit erheben können.

3.3 Die Vegetationsverhältnisse in Nordafrika

Die mediterranen Teile erstrecken sich in einem im Westen breiteren, sonst schmalen Gürtel von Marokko bis ins westliche Libyen. Es ist ein eumediterranes Gebiet mit langer, arider Sommerzeit. Der Übergang zum Zonobiom III, der Sahara, ist an vielen Stellen als ausgeprägtes Zono-Ökoton, z.B. mit Halfagrassteppen zu erkennen (vgl. Abb. 2.8; vgl. auch Band 2, S. 382ff.). Dies gilt für Teile Mittel-Tunesiens und Algeriens; an Arten ärmere Zono-Ökotone IV/III finden sich in der Cyrenaica und im nördlichen Ägypten.

Über die floristischen Beziehungen schreibt QUEZEL (1983), daß die mediterrane Flora heute mehr und mehr als eine sehr heterogen entstandene aufgefaßt werden muß, wobei im Laufe des Tertiärs mehrere Verbindungen und Austauschwege zu verschiedenen Teilen Gondwanas bestanden haben müssen. Die tropischen Elemente sind zahlreich vertreten, z.B. *Tetraclinis* und *Warionia* (Asterac.), doch gibt es Pflanzenfamilien, die vornehmlich eine Brücke kennzeichnen zwischen Californien und dem nordafrikanischen, mediterranen Element und im Gegensatz dazu viele paläotropische Elemente. Unter diesen finden sich thermophile, sklerophylle Arten, die mit afrikanischen tropischen Regenwaldarten verwandt sind, alte xerophile Vertreter mit Verbindungen nach Südafrika, endemische Arten der Gebirge mit Verbindungen zu den ostafrikanischen Gebirgsarten oder offenbar jüngere Arten, die entweder erst nacheiszeitlich eingewandert sind oder sahelische Arten, die sich vielleicht in einem der letzten Pluviale ausgebreitet haben.

Extratropische Arten sind entweder autochthon oder mediterran-tertiär oder nördlich. Das mediterran-tertiäre Element dürfte sich um die Tethys herum herausdifferenziert haben, wobei bei der Differenzierung einzelne Landmassen (z.B. Iberische Platte) ihre besondere Rolle gespielt haben müssen.

Von der ursprünglichen Hartlaubvegetation mit *Quercus ilex* und zahlreicheren weiteren, strauchigen Hartlaubarten, wie sie auch auf der europäischen Seite des Mittelmeergebietes auftreten, sind im nordafrikanischen Raum nurmehr kleinere Restbestände erhalten, überwiegend als Bergwaldgebiete in verschiedenen, nördlichen Teilen des Atlas und seiner Ausläufer nach Osten bis Tunesien. Auch hier reicht der Einfluß des Menschen mehrere Jahrtausende zurück. Auf vielen

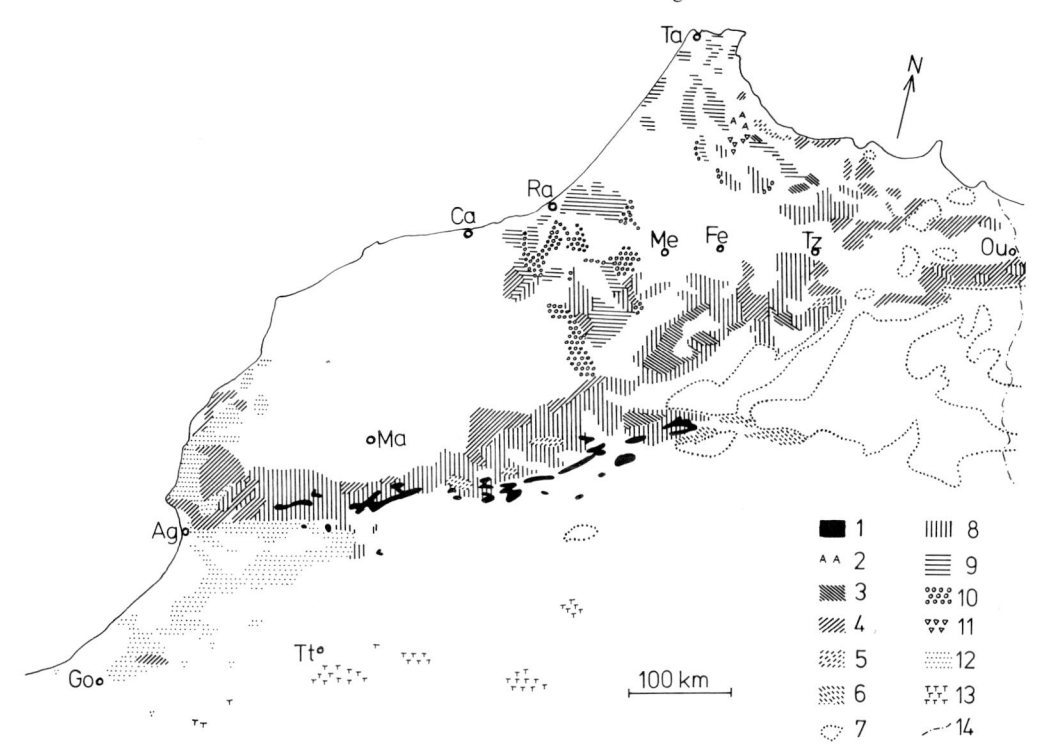

Abb. 2.8: Gebüsch- und Waldvegetation Marokkos (nach Atlas de Maroc, Feuille No. 19a, umgezeichnet und generalisiert). 1: Gebiete oberhalb 3000 m NN; 2–6: Nadelwälder und -gehölze. 2: *Abies pinsapo*, 3: *Cedrus atlantica (C. libanotica)*, 4: *Tetraclinis articulata*, 5: *Pinus halepensis*, 6: *Juniperus thurifera;* 7: Halbwüste: größere Flächen mit Halfagras-Steppe *(Stipa tenacissima)*; 8–10: Immergrüne Hartlaubwälder; 8: Korkeichenwälder *(Quercus suber)*, 9: Steineichenwälder *(Quercus ilex, Qu. rotundifolia)*, 10: Sekundärgebüsch, Macchie *(Olea oleaster, Pistacia lentiscus, Phillyrea)*, 11: Sommergrüne Gebüsche und Wälder: *Quercus faginea* und *Qu. pyrenaica*, 12: Trockenwald mit *Argania spinosa;* 13: Schirmakazien in der Halbwüste *(Acacia raddiana* und *A. seyal)*, 14: Landesgrenze Marokkos; Städte und Siedlungen: AG: Agadir; Ca: Casablanca; Fe: Fes; Go: Goulimime; Ma: Marrakesch; Me: Meknes; Ou: Oujda; Ra: Rabat; Ta: Tanger; Tt: Tata; Tz: Taza.

Flächen des Zonobioms IV, aber auch im Zono-Ökoton III/IV hat der Anbau von Ölbäumen *(Olea europaea)* eine große Bedeutung. Von größtem Einfluß aber ist die Schaf- und Ziegenhaltung (vgl. Tab. 1.6). Ihre Ausweitung in den letzten Jahrzehnten hat die Destruktion der Vegetation in großem Ausmaß beschleunigt.

Die immergrünen Steineichenwälder mit der vorherrschenden *Quercus ilex* nehmen im Atlas eine mittlere Höhenstufe zwischen 800 und 2000 m NN ein. Die Niederschläge liegen bei 500 bis 1000 mm · a^{-1}. Ihr ursprüngliches Areal ist stark zurückgedrängt, weil oder obwohl es in Nordafrika meist die bitterstofffreie Varietät *Quercus ilex* ssp. *rotundifolia* syn. *Qu. ballota* ist. Da dieser Raum auch noch größere Höhenzüge und Gebirge aufweist (vgl. Atlasgebirge, S. 67), kommt ein buntes Mosaik verschiedener Vegetationseinheiten zustande. Die Waldvegetationseinheiten werden von QUEZEL et al. (1987) beschrieben.

Quercus ilex kann bis zu 20 m hohe Bäume bilden. Solche großen, weit ausladenden Bäume kommen auch in Südspanien vor. Sie beschatten die Strauch- und Krautschicht sehr stark. An Sträuchern kommen vor: *Viburnum tinus, Crataegus, Cytisus triflorus, Lonicera arborea,* dazu ist *Ruscus aculeatus* häufig. Reichlich sind Lianen vertreten, z. B. *Hedera helix, Lonicera etrusca, Aristolochia altissima, Clematis cirrhosa*. In höheren Gebirgslagen kommt häufig *Buxus sempervirens* als Unterwuchs vor (KNAPP 1973).

In Marokko einerseits, als auch im östlichen Algerien und Nordwest-Tunesien andererseits, tritt die Korkeiche *(Quercus suber)* als waldbildender Baum, vornehmlich auf kristallinem Untergrund auf. In beiden Teilgebieten sind die klimatischen Bedingungen an der Gebirgsnordabdachung relativ humid. Da diese Bestände seit längerem meist auch zur Korkgewinnung genutzt werden, sind sie hochstämmig und licht, der Unterwuchs wird alle paar Jahre herausgeschlagen und verbrannt. Entsprechend der meist mäßig sauren Böden kommen als Begleiter vor: *Erica arborea*, *Arbutus unedo*, *Phillyrea media*, *Ph. latifolia*, *Crataegus monogyna*, *Cytisus triflorus*, *Rubus ulmifolius*, *Teucrium scorodonia* u.a. Sie erinnern damit in ihrem Aufbau sehr an entsprechende Wälder in Katalonien.

In den trockeneren Bereichen sind die immergrünen, hochwüchsigeren Eichen meist entweder durch die strauchig gehaltene *Quercus coccifera* oder durch ein Oleo-Lentiscetum (mit *Olea oleaster* und *Pistacia lentiscus*) ersetzt; am häufigsten allerdings durch meist lichte Wälder mit *Pinus halepensis*, die dann schon zum Zono-Ökoton IV/III überleiten (vgl. Abb. 2.10).

3.4 Die Vegetation in Südeuropa

Iberien kann fast als ein kleiner Kontinent für sich aufgefaßt werden. LAUTENSACH (1964) hat in seiner Länderkunde die geographischen Verhältnisse ausführlich dargelegt. In der Zwischenzeit sind zahlreiche Arbeiten erschienen, die einerseits die Kenntnisse der Flora sehr erweitert haben, aber auch detaillierte Vegetationsbeschreibungen enthalten. Eine Vegetationskarte Spaniens ist auf Abb. 2.9 wiedergegeben. (Weitere Hinweise siehe auch BELLOT 1978, CEBALLOS et al. 1980.)

Ganz anders als in Iberien sind große Teile der **italienischen Halbinsel** verhältnismäßig regenreich, dadurch ist der eumediterrane Bereich nur kleinräumig in den niedrigen, küstennahen Bereichen vertreten. Das Klima ist wesentlich ozeanischer als in Iberien, wenn man einmal von der portugiesischen Seite und dem Nordwesten absieht. Italien ist zudem geprägt durch den sich der Länge nach durch die ganze Halbinsel erstreckenden Apennin.

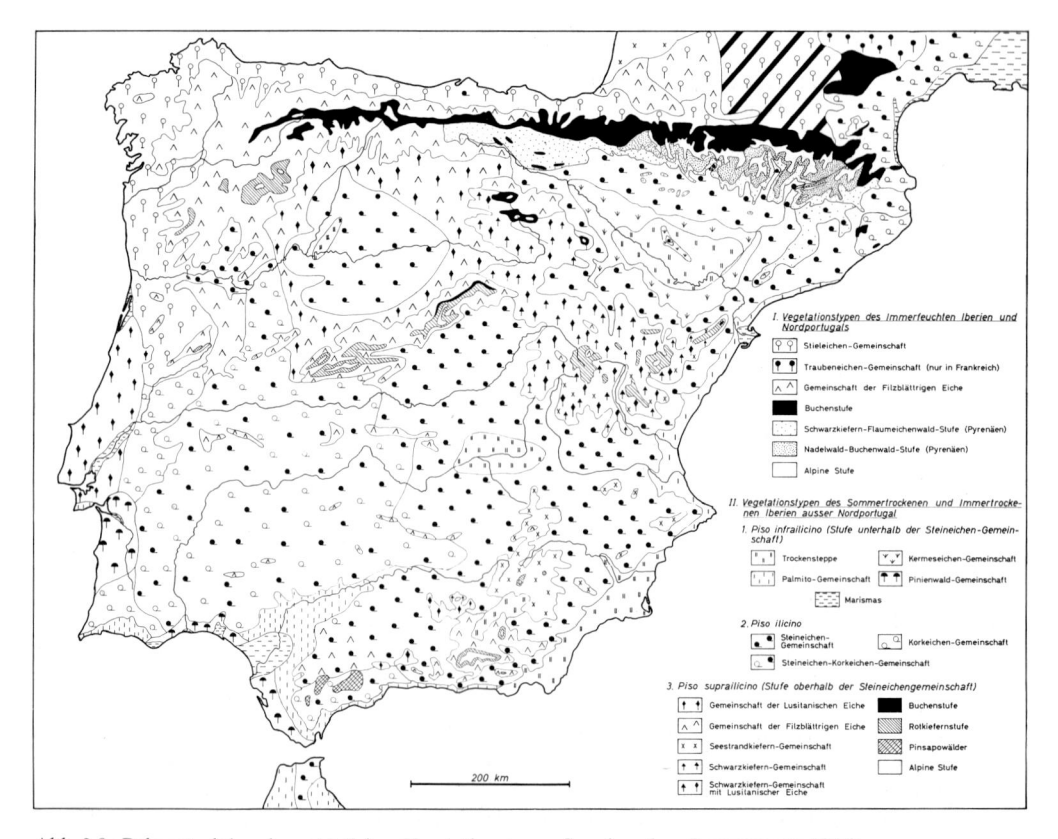

Abb. 2.9: Rekonstruktion der natürlichen Vegetationstypen Spaniens (aus LAUTENSACH 1964).

Abb. 2.10: Offenwald an den Berghängen des Dschebel Chambi in Mittel-Tunesien in 1200 m NN, mit *Pinus halepensis*, auf den weicheren Hangteilen zwischen den Gesteinsrippen breitet sich die Halfagrassteppe aus - ein Beispiel für die Verzahnung des Zonobioms IV an seinem Südrand mit Zono-Ökoton IV/III (phot. S.-W. BRECKLE 1985).

Die **griechische Halbinsel** mit dem Inselreich der Ägäis ist sehr gebirgig. Eine Übersicht der klimatischen Verhältnisse gibt Abb. 2.25, S. 59. Dieses Gebiet ist erdgeschichtlich teilweise noch sehr jung. Florengeschichtlich ist dieses Gebiet einerseits durch eine junge, noch in vollem Gange befindliche Artenfaltung in einer Reihe von Gattungen gekennzeichnet. Dies hängt andererseits aber wohl auch mit der typischen Übergangslage zwischen West- und Ost-Mediterraneis zusammen. Hier treffen sich die beiden Florengruppen und überlappen sich. Die isolierte Lage vieler Inseln hat zu einer Reihe von Lokal-Endemiten geführt. Dementsprechend ist die Artenzahl dieses Raumes besonders groß, und es werden auch noch dauernd neue Arten entdeckt.

4 Konsumenten und
5 Destruenten

Über die ursprüngliche Fauna des Gebietes gibt es Hinweise aus der Antike. Man muß davon ausgehen, daß die Tierwelt sehr reichhaltig war. Allerdings ist sie in diesem teilweise seit Jahrtausenden besiedelten Kulturraum schon früh zurückgedrängt und großenteils vernichtet worden. Noch im Altertum hat es offenbar Löwen gegeben.

Weitere allgemeine Hinweise haben wir bereits im allgemeinen Teil, vgl. S. 23 ff. gegeben.

Über die Samenverbreitung durch Weidetiere in offener Macchie in Israel berichten SHMIDA & ELLNER (1983). Andererseits versuchte HERRERA (1987) die Verbreitung fleischiger Früchte von 111 Arten (etwa 58 % aller fleischige Früchte tragender Arten) in Iberien auf den Einfluß der entsprechenden Tiere zurückzuführen. Dabei zeigte sich, daß sowohl bezüglich der Evolution des Fruchtbaues, der Größe und Struktur der Früchte und der Infrukteszenz, der Samenzahl, der chemischen Zusammensetzung und der Farbe usw. keinerlei Zusammenhänge gefunden werden konnten zur geographischen Verbreitung, als auch zur Art der Tiere, die als verbreitendes Agens infrage kommen. Vielmehr sind die phylogenetisch offenbar fixierten Bauprinzipien der Früchte mit ihrem typischen Aufteilungsmuster der Energie- und Speicherstoffreserven sehr starr und als ökologisches Anpassungssyndrom von geringer Bedeutung.

Eine Zusammenstellung mit Angaben zum Artenreichtum, z. B. der Wirbeltiere und der Bodenfauna, vergleichend für die verschiedenen Mediterrangebiete, hat SPECHT (1988) herausgegeben.

Zur Ergänzung sollen hier einige wenige neuere Arbeiten zur Bodenfauna im europäischen Mittelmeergebiet erwähnt werden. Hervorzuheben ist die wichtige Rolle der Collembolen beim Abbau der Streu, sowohl im *Quercus ilex*-Wald als auch in Coniferenwäldern (z. B. mit *Pinus pinea*). Die diurnale und saisonale Wanderung der Collembolen in den Bodenschichten beschreiben POINSOT-BALAGUER & SADAKA (1986), vorkommende Arten und das Nahrungsspektrum zeigen CANCELA DA FONSECA & POINSOT-BALAGUER (1983) auf, Abbaustadien von *Quercus ilex* und ihr Einfluß auf die trophischen Verhältnisse untersuchten SADAKA

& POINSOT-BALAGUER (1987), bei *Pinus pinea* POINSOT-BALAGUER (1982). Dort finden sich auch weiterführende Hinweise zur Ökologie der Destruenten.

6 Ökologische Untersuchungen und Ökosystemforschung

6.1 Untersuchungen in Südfrankreich

Die Untersuchung der Ökosysteme stößt im Mittelmeerraum auf Schwierigkeiten, weil die Vegetation so gestört ist, daß es keine Bestände gibt, die mit der Umwelt in einem ökologischen Gleichgewicht stehen. Vielmehr handelt es sich stets um irgendwelche Degradations- oder Regradationsstadien (vgl. Abb. 2.5–2.10). Im Raum von Montpellier, also im Bereich des hygromediterranen Klimas, wurden ein Quercetum ilicis-Bestand in 180 m NN und ein Cocciferetum, d.h. ein Garrigue-Stadium mit Quercus coccifera in 130 m NN untersucht (LOSSAINT 1973).

Die klimatischen Verhältnisse gehen aus dem Klimadiagramm hervor (Avignon, vgl. Abb. 1.3). Während der 5 Untersuchungsjahre schwankte die Jahresmenge des Niederschlags zwischen 315 und 1628 mm. Die Gesamtstrahlung betrug 129,21 kcal. $cm^{-2} \cdot a^{-1}$. Der Boden unter dem Quercetum ilicis ist ein zerklüftetes Kalkgestein der Tertiärzeit mit einem fersiallitischen lehmigen Ton (Terra rossa), pH = 7,5–8,8, und einem Humusgehalt der Humusschicht von 8–9%.

Quercetum ilicis

Baumschicht etwa 150 Jahre alt, mittlere Höhe 11 m, Kronenschluß 75%, aus Stockausschlägen hervorgegangen, 1440 Stämme $\cdot ha^{-1}$, ihre Basalfläche 38,8 $m^2 \cdot ha^{-1}$, Blattflächenindex 4–5, Unterwuchs fast fehlend.

Produktionsanalyse: Oberirdische Phytomasse 269 t $\cdot ha^{-1}$ (Holz mit 0 > 7 cm = 235 t $\cdot ha^{-1}$, Äste und Zweige = 27 t, Blätter = 7 t, davon 4,5 t letzt- und vorletztjährige). Unterirdische Phytomasse etwa 45–50 t $\cdot ha^{-1}$. Primärproduktion 6,5–7 t $\cdot ha^{-1} \cdot a^{-1}$ (Holzzuwachs = 1,7–2,2 und Streufall = 3,9 t). 50% der Streu fallen während des Frühjahrsaustriebs (April–Juni), wobei sich Jahre mit starkem Streufall mit Jahren mit schwachem abwechseln, ohne daß die Ursachen bekannt sind.

Die organische Masse der Streuschicht beträgt 11,4 t $\cdot ha^{-1}$, bei einem Jahresabbau von etwa 26%. Die gesamte tote und lebende organische Masse des Ökosystems wird auf 518 t $\cdot ha^{-1}$ geschätzt.

Zum Wasserhaushalt werden folgende Angaben gemacht: Interzeption der Baumschicht 30–33% (26,2–41,4%). Die Infiltration in den Boden ist gut. Die oberen Bodenschichten enthalten im Mittel an 78 Tagen im Jahr kein aufnehmbares Wasser, doch dürfen wir annehmen, daß der Boden in den tieferen Felsklüften immer feucht bleibt, so daß die Bäume im Sommer nur eine gewisse Aktivitätsherabsetzung erfahren, jedoch eine Sommerruhe fehlt. Der Wassergehalt des Felsgesteins ist mit 0,2% allerdings sehr gering.

Die Bodenatmung als Maßstab der Aktivität im Boden ist im Winter mit 50 mg $CO_2 \cdot m^{-2} \cdot h^{-1}$ gering, im Sommer mit 350 mg CO_2 recht hoch. Es besteht eine enge Korrelation zwischen Bodenatmung und Bodentemperatur, doch macht sich im Sommer bei Wassermangel ein Minimum bemerkbar. Einen ähnlichen Verlauf zeigt die Kurve der Nitrat-Nachlieferung im Boden.

Die Wasserbilanz des gesamten Ökosystems dürfte im Mittel mehrerer Jahre ausgeglichen sein, d.h. nur in regenreicheren Jahren findet eine Versickerung ins Grundwasser statt.

Quercus coccifera Garrigue

Bestand vor 17 Jahren abgebrannt, 1 m hoch, Kronenschluß 100%. Boden sehr steinig, Feinerde ist ein brauner, 2% $CaCO_3$ enthaltender lehmiger Ton; pH = 7,9, Gehalt an organischen Stoffen 5,6%. Oberirdische Phytomasse 23,5 t $\cdot ha^{-1}$ (Holz 19,5 t, Blätter 4 t).

Primärproduktion (oberirdische) 3–4 t $\cdot ha^{-1}$, davon entfallen auf den Streufall 2,3 t $\cdot ha^{-1} \cdot a^{-1}$. Tote organische Masse im Boden bis zu einer Tiefe von 30 cm etwa 82–114 t ha^{-1} (vgl. Abb. 2.11).

Der Mineralkreislauf ist auf Abb. 2.12 dargestellt. Es zeigt sich, daß Ca^{2+} der Mineralstoff ist, von dem am meisten im Ökosystem zirkuliert, während Na^+, das im Niederschlag überwiegt, im Ökosystem selbst bedeutungslos ist (Abb. 2.13).

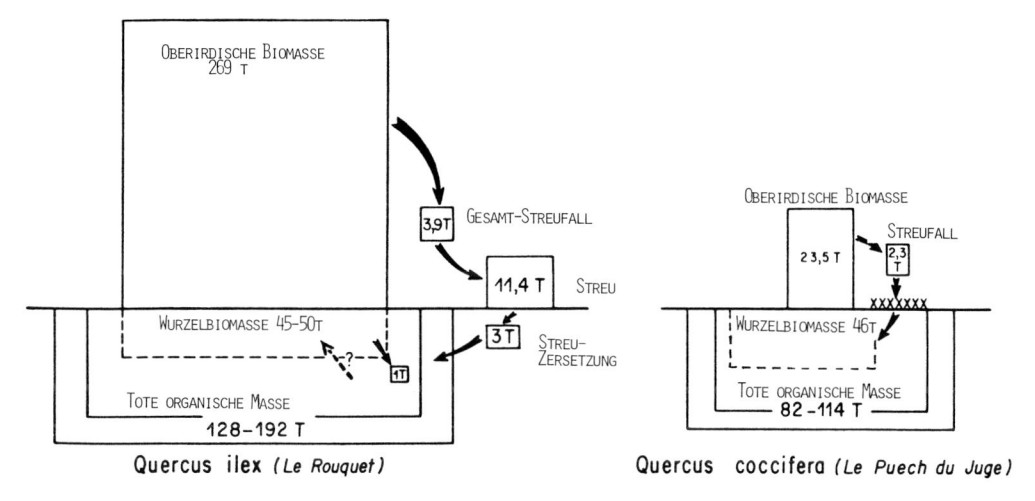

Abb. 2.11: Biomassenverteilung und Stoffflüsse in der *Quercus ilex*-Macchie von Le Rouquet und in der *Quercus coccifera*-Garrigue von Le Puech de Juge (aus LOSSAINT 1973).

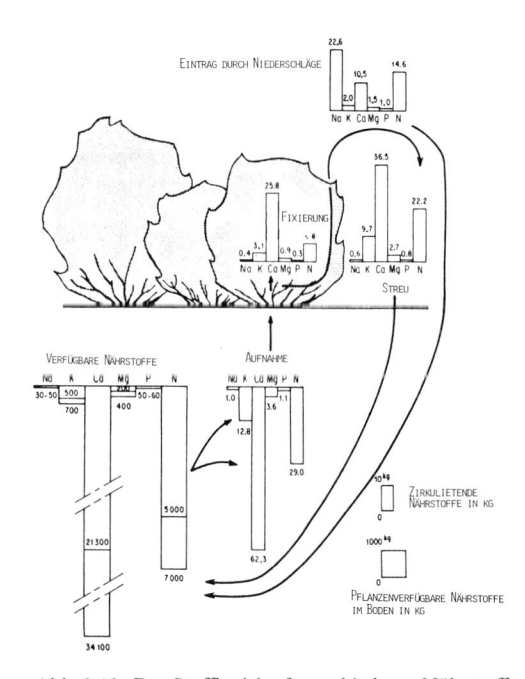

Abb. 2.12: Der Stoffkreislauf verschiedener Nährstoffelemente in einem *Quercus coccifera*-Ökosystem bei St. Gely du Fesc in Südfrankreich. Maßeinheiten: Vorratsmengen in kg·ha^{-1}, Stoffflüsse in kg·ha^{-1}·a^{-1} (aus RAPP & LOSSAINT 1981).

6.2 Untersuchungen zum Wasserhaushalt

Eine große Zahl an Untersuchungen widmeten sich in den letzten Jahrzehnten dem Wasserhaushalt der verschiedenen Pflanzentypen im Mittelmeergebiet. Wie in ariden Gebieten zeigte sich, daß stets eine Anpassung der Wasserabgabe an die mögliche Wasserversorgung erfolgt. Die Wasserversorgung der Pflanzen hängt dementsprechend von der Tiefgründigkeit des Bodens, der Tiefe des Wurzelsystems, der Größe der transpirierenden Oberfläche (Blattflächenindex) und der Transpirationsintensität ab.

Die Wasserreserven im Boden der Täler und auf ebenen Flächen ermöglichen Dauerkulturen (Wein, Mandel, Feigen, Oliven usw.), die ohne Bewässerung die Sommerdürre überstehen. Die Bauern verstehen es, die Pflanzdichte den im Boden zur Verfügung stehenden Wasserreserven anzupassen.

Die Hartlaubvegetation ist heute auf die flachgründigen Standorte zurückgedrängt. Handelt es sich um zerklüfteten Fels, so können beträchtliche Wassermengen in größerer Tiefe gespeichert werden. Je nach Boden und Wurzeltiefe kann die Wasserversorgung von 2 nebeneinander stehenden Bäumen sehr verschieden sein und dementsprechend auch ihre Entwicklung. Wo ein großer Baum steht, kann man sicher sein, daß genügend Wasser im Boden vorhanden ist; wo dieselbe Art küm-

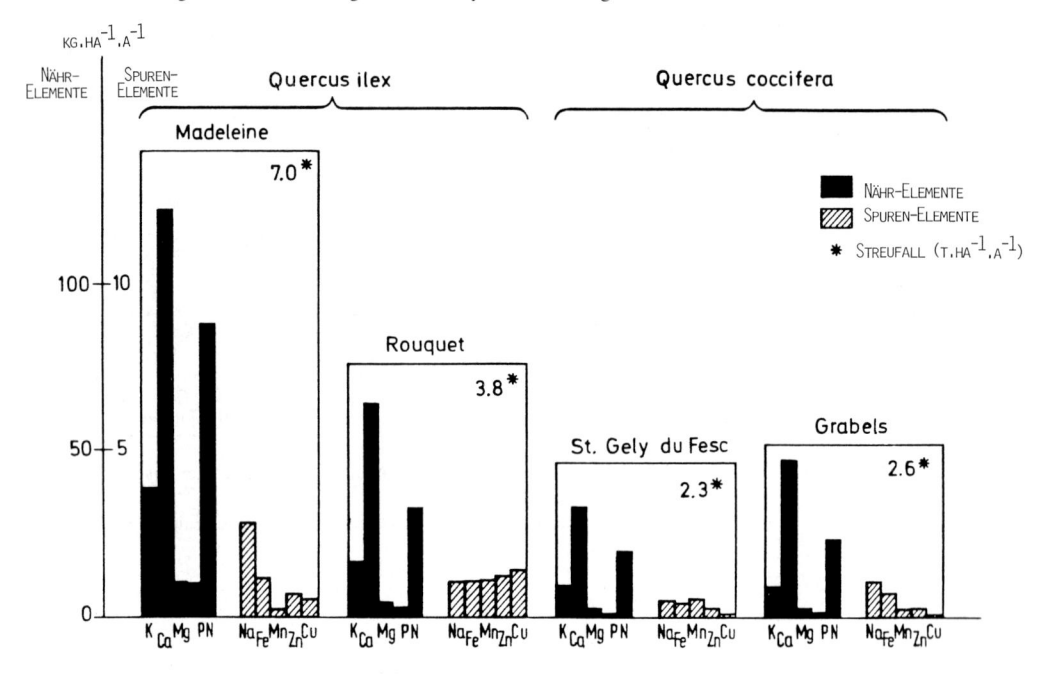

Abb. 2.13: Der Eintrag verschiedener Nährstoffelemente in den Boden aufgrund des Streufalls in vier Eichen-Ökosystemen Südfrankreichs (nach LOSSAINT 1973).

mert, sind die Wasservorräte gering. BRECKLE (1966) beobachtete Wurzeln von *Quercus ilex* und insbesondere von *Quercus suber* am Rande eines Steinbruchs in Spalten der Granitfelsen noch in 10–12 m Tiefe (vgl. Abb. 2.14).

Auch die Zahl der Blattjahrgänge ist bei den Hartlaubarten verschieden, teilweise artspezifisch, andererseits aber auch je nach den Standortsbedingungen unterschiedlich. Bei *Quercus ilex* sind die 2jährigen Blätter meist noch vollständig vorhanden, seltener 3jährige, 4jährige findet man nur ausnahmsweise an kräftigen Langtrieben. Bei schlechtwüchsigen Bäumen treiben die Schattentriebe oft nicht aus, oder die Blätter fallen bereits mit dem Neuaustrieb ab, so daß nur eine Blattgeneration vorhanden ist. Dasselbe gilt entsprechend für *Arbutus unedo, Viburnum tinus* und *Phillyrea angustifolia*. Weniger alt sind die Blätter von *Pistacia lentiscus* und *Erica multiflora*. Viel älter hingegen werden die Blätter von *Buxus sempervirens, Ilex aquifolium, Smilax aspera* und die Phyllokladien von *Ruscus*.

Untersuchungen des Jahrganges des osmotischen Potentials des Zellsafts in verschiedenen Arten der Macchie bei Montpellier (BRAUN-BLANQUET und WALTER 1931) haben gezeigt, daß

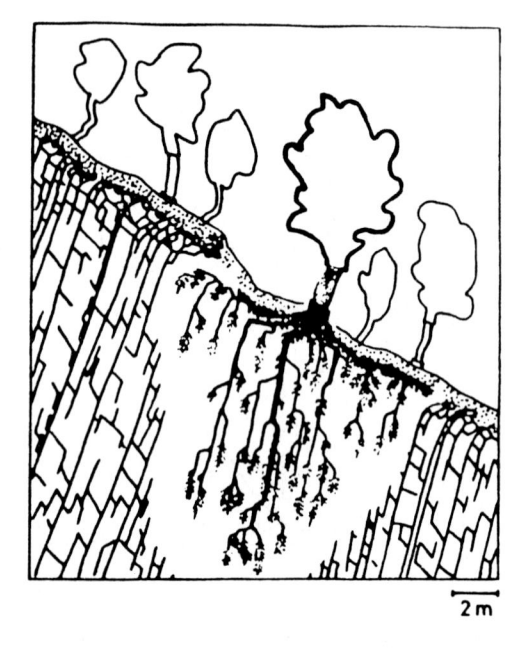

Abb. 2.14: Bewurzelung einer älteren Korkeiche (*Quercus suber*) auf Granit mit fast senkrechten Klüften an einem frischen Steinbruch oberhalb von Tossa del Mar (Katalonien) (aus BRECKLE 1966).

die Sklerophyllen auf die Anspannung des Wasserhaushalts im Sommer meist mit einer feinregulierten Verminderung der Wasserabgabe reagieren (Spaltenschluß) und damit einigermaßen hydrostabil sind, also kaum Schwankungen des osmotischen Potentials aufweisen (vgl. Abb. 2.15). Die weichlaubigen Arten hingegen (Malakophylle) weisen eine Verschlechterung ihrer Hydraturverhältnisse auf, angezeigt durch ein ausgeprägtes Sommermaximum des osmotischen Potentials (vgl. Abb. 2.15).

Unter den Standortsbedingungen bei Montpellier in Südfrankreich sind somit die Sklerophyllen hydrostabil, die Malakophyllen dagegen hydrolabil. Arten wie *Arbutus unedo*, *Lonicera implexa* und *Juniperus oxycedrus* nehmen eine Zwischenstellung ein, während Schattenarten wie *Ruscus aculeatus*, *Rubia peregrina* und *Smilax aspera* stets Werte unter 2 MPa besaßen und sich sehr hydrostabil verhielten.

Diese Feststellungen gelten zunächst nur für den untersuchten Standort und das Jahr 1929. Um

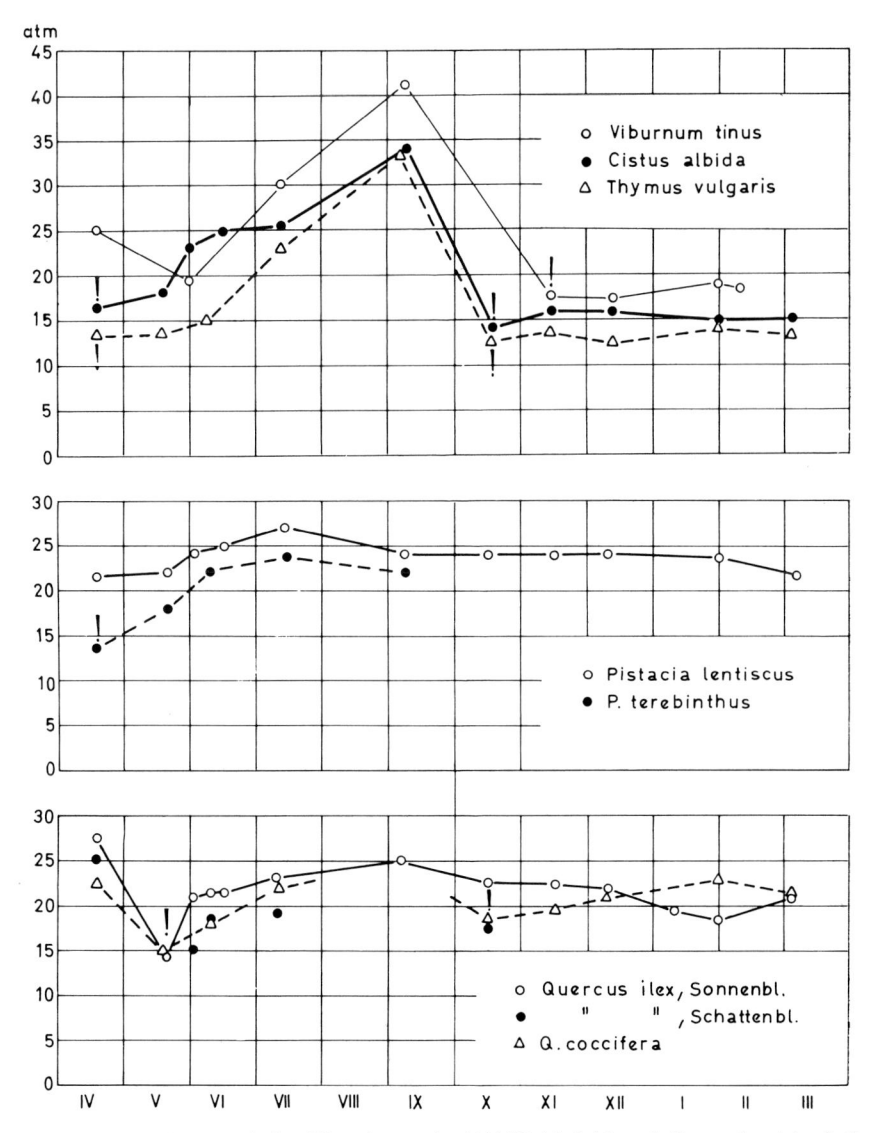

Abb. 2.15: Jahreskurven der osmotischen Werte in atm (= 1000 hPa) bei sklerophyllen und malakophyllen Arten von April bis März (Abszisse), ! = Zeit des Austreibens (aus WALTER 1968).

einen Überblick über die möglichen Schwankungen zu erhalten, wurden von uns nach einer Dürre von 4 Monaten im August 1962 um Montpellier herum ergänzend 180 Proben entnommen, und zwar von sehr verschiedenen Standorten.

An normalen Standorten waren die Werte der Hartlaubgewächse niedrig, und die Pflanzen sahen trotz der Dürre frisch aus. Daneben wurden aber auch besonders trockene Wuchsorte untersucht, z. B. die obere Kante eines Steinbruchs, bei dem der Boden nicht nur von oben, sondern auch von der Seite austrocknete oder Quarzgeröll-Hügel bei Bessan-Vias mit einem sehr wenig Feinerde enthaltenden Boden. In solchen Fällen sah man den Pflanzen den Wassermangel schon äußerlich an; zugleich waren die osmotischen Werte deutlich erhöht.

In folgender Tabelle stellen wir einige Beispiele zusammen:

Tab. 2.2: Osmotische Werte der Sklerophyllen an günstigen und trockenen Standorten (in atm = 0,1 MPa)

Pflanzenart	relativ günstig	trockene Standorte
Quercus ilex	21–23	31,5–39,4
Pistacia lentiscus	22–25	31,9
Phillyrea media/angustifolia	29,7	56,1
Olea europaea	22,2–23,5	46,9
Arbutus unedo	21,3–25,3	42,3
Rhamnus alaternus	–	45,7

Die Arten mit malakophyllen Blättern sahen viel schlechter aus. Nur an günstigen Standorten und im Schatten hatten sie Blätter. An sonnigen Stellen dagegen fruchteten sie oft stark, aber nur die Triebspitzen mit kleinen, nicht ausgewachsenen Blättchen waren frisch. Bei *Viburnum tinus* zeigten die Blätter selbst im Schatten oft Welkeerscheinungen. Einige Werte seien angeführt:

Tab. 2.3: Osmotische Werte der Malakophyllen an günstigen und trockenen Standorten (in atm = 0,1 MPa)

Pflanzenart	relativ günstig	trockene Standorte
Viburnum tinus	30,6	47,0
Cistus albidus	26,7–27,8	36,8–38,3
Cistus-Arten	21,0–25,0	36,6
Phlomis lychnitis	21,0	–
Lavandula latifolia	21,6	32,5
Rosmarinus officinalis	29,5	35,2

Aus diesen Bestimmungen folgt:

Die typischen Sklerophyllen zeigen an günstigen Standorten selbst gegen Ende der Dürrezeit keine Erhöhung des osmotischen Wertes (bzw. Erniedrigung des osmotischen Potentials). Er liegt stets zwischen 2,1 und 2,5 MPa, nur *Phillyrea* verhält sich abweichend. An sehr trockenen Standorten kann aber eine starke Erhöhung eintreten, was sich am Zustand der Pflanzen deutlich widerspiegelt. Die malakophyllen Arten, bei denen normalerweise die Werte im Frühjahr bei 1,5 MPa liegen, weisen im August selbst an günstigen Standorten eine deutliche Erhöhung auf. Zugleich reduzieren sie ihre Blattfläche erheblich. Sie reagieren auf Dürre sehr viel schärfer.

Eine größere Zahl von Jahreskurven, z.T. von mehreren Standorten, bringt BRECKLE (1966). Sie umfassen die ganze Vegetationsperiode bis in den Winter hinein, nur von September bis November unterbrochen. Untersucht wurden:

1. folgende Hartlaubarten s. l. (relativ hydrostabil): *Quercus ilex*, *Qu. suber*, *Qu. coccifera*, *Arbutus unedo*, *Phillyrea angustifolia*, *Myrtus communis*, *Pistacia lentiscus*, *Daphne gnidium* (Blätter vergilben);
2. Weichlaubige: *Quercus pyrenaica (pubescens)*, *Qu. aegilops* (Botan. Garten), *Coriaria myrtifolia*;
3. *Pinus pinea*;
4. Arten mit deutlichem Sommermaximum: *Rosmarinus officinalis*, *Erica scoparia*, *E. arborea*, *Ulex parviflorus*, *Sarothamnus scoparius*, *Calycotome spinosa*, *Spartium junceum*, *Cistus salvifolius* (bis 5,0 MPa), *C. monspeliensis* (bis über 8,0 MPa), *Lavandula stoechas* (bis 6,5 MPa), *Helichrysum stoechas* (bis 5,0 MPa), *Lonicera implexa*, *Psoralea bituminosa*, *Rubia peregrina*.

Interessant ist, daß der auf *Cistus* parasitierende *Cytinus hypocistis* nur Werte von 0,8–1,0 MPa aufweist; die sichtbaren Teile des Parasiten sterben rasch ab, wenn die Werte der *Cistus*-Wirtspflanze 2,0 MPa übersteigen, was schon im Mai geschieht. Einen noch engeren Bereich von 0,8–1,0 MPa hat die saprophytische Orchidee *Limodorum abortivum;* schon bei 1,2 MPa ist sie halb vertrocknet. Beide Arten transpirieren kaum; ein intensiver Gaswechsel ist bei heterotrophen Arten nicht notwendig. Bei der annuellen *Vicia dumetorum* liegen die Werte bei 1,0–1,5 MPa; wenn der osmotische Wert im Mai rasch ansteigt, sterben die Pflanzen ab.

Zu klären wäre noch, auf welche Weise es den Sklerophyllen gelingt, die Wasserbilanz in der Dürrezeit auf einem günstigen Niveau zu halten.

Daß sie bei guter Wasserversorgung stark transpirieren können, beweisen schon die alten Versuche von BERGEN (1904a, b) mit abgeschnittenen und in Wasser gestellten Zweigen. GUTTENBERG (1927) benutzte dieselbe Methode und stellte fest, daß die Transpiration im Sommer stark ansteigt, insbesondere bei den *Cistus*-Arten. Es fragt sich, wie sich die einzelnen Arten am natürlichen Standort verhalten. Eine Beantwortung dieser Frage ist nur durch ausgedehnte Transpirationsmessungen möglich.

Eine große Zahl an Transpirationsmessungen (vgl. WALTER 1968) hat gezeigt, daß bei erschwerter Wasseraufnahme im Sommer eine entsprechende Drosselung der Transpiration stattfindet, wobei meist zweigipflige Transpirationskurven im Tagesgang beobachtet werden können, oder bei stärkerer Anspannung ein Gipfel am Morgen und früher Spaltenschluß.

Auch feinere Unterschiede zwischen ähnlichen Arten lassen sich aufzeigen. So hat BRECKLE (1966) zahlreiche Transpirationsmessungen mit *Quercus ilex* und *Qu. suber* in der Umgegend von Blanes durchgeführt. Die jungen, neugetriebenen Blätter transpirieren im Mai/Juni bedeutend schwächer als die letztjährigen, gleichen sich aber diesen bis August an. Allerdings schränkt *Qu. ilex* die Wasserabgabe im Sommer viel stärker ein; schon nach 8 Uhr morgens sinkt die Tageskurve der Transpiration ab und bleibt bis zum Abend niedrig. Bei *Qu. suber* lassen sich dagegen meist 2 Maxima beobachten. Die Korkeiche hat dementsprechend eine weniger ausgeglichene Wasserbilanz, sie ist weniger hydrostabil und zeigt ein ausgeprägteres Maximum des osmotischen Potentials im Sommer, auch wenn ihr Wurzelsystem umfangreicher ausgebildet ist als das der Steineiche. Es ist deshalb auch verständlich, daß sie das ozeanische Gebiet im west-mediterranen Raum besiedelt. Hier ist sie aber, namentlich auf kalkarmem Gestein, der Steineiche überlegen, weil sie durch eine stärkere Produktion ein rascheres Wachstum aufweist und damit konkurrenzkräftiger ist.

Ökophysiologische Messungen an *Quercus suber* sind von TENHUNEN et al. (1984) in Portugal durchgeführt worden. Die Photosynthesekapazität, die Carboxylierungs-Effizienz und der CO_2-Kompensationspunkt wurden durch im Freiland hergestellte «Standard»-Bedingungen gemessen. Hierbei bestätigte sich, daß *Quercus suber* unter verschiedenen Bedingungen eine oft sehr ausgeprägte Mittagsdepression von Photosynthese und Transpiration aufweist. Auch zeigte sich eine recht schnelle und empfindliche Reaktion des Photosynthese-Apparats. Allerdings sind daraus zunächst noch keine Hinweise auf die Konkurrenzkraft gegenüber *Quercus ilex* ablesbar.

Messungen in der Nähe von Barcelona (im Montseny-Gebiet) haben für *Quercus ilex* gezeigt, daß der Jahresgang der Transpiration erheblich ist (COMIN et al. 1987). Die Transpiration erreichte die höchsten (berechneten) Werte im Juli mit etwa 130 mm, während sie im Winter um höchstens 25 mm schwankten. In der Dreijahres-Meßperiode (1982–1984) sind 89,6 % des Wassers durch Evapotranspiration und nur 10,4 % durch Oberflächenabfluß und Versickerung umgesetzt worden. Der Wasserüberschuß ist also recht gering. Die Messungen zum Wasserhaushalt wurden in einem gut erhaltenen *Quercus ilex*-Wald mit beigemischter *Arbutus unedo*, *Phillyrea media* u. a. durchgeführt. Von den Niederschlägen (621 mm pro Jahr) entfallen auf die Interzeption 18,2 %, den Stammabfluß 13,1 %, 68,7 % fallen durch das Kronendach. Die Wasserversorgung der Kronenteile ist relativ gut. Das tiefste gemessene Wasserpotential erreichte im oberen Teil der Krone $-2,23$ MPa.

Für einen solchen Wald (bei La Castanya) wurden auch die Gesamtphytomasse mit $201\,t \cdot ha^{-1}$ (oberirdisch $165\,t \cdot ha^{-1}$) bestimmt, wobei auf die Blätter 6,1 t, auf die Jahrestriebe nur 0,8 t, auf das Holz 127,0 t und auf die Borke $27,0\,t \cdot ha^{-1}$ entfielen (ESCARRE et al. 1987). Die Nettoproduktion wird mit $11,2\,t \cdot ha^{-1} \cdot a^{-1}$ angegeben (davon 3,1 t an Blättern, 2,36 t an Zweigen, 3,4 t Stammholz und 0,58 t an Früchten). Diese Werte sind erstaunlich hoch, verglichen mit Werten von LOSSAINT & RAPP (1971) an *Quercus ilex* in Südfrankreich).

Beim Vergleich der Holzmengen zeigt sich ebenfalls, daß *Quercus ilex* in Abhängigkeit vom üblicherweise angegebenen Durchmesser der Stämme in Brusthöhe (DBH in cm) eine erhebliche Biomasse ansammeln kann, auch im Vergleich mit anderen Eichenarten, z.B. in Nordamerika (vgl. CANADELL et al. 1988), wie dies Tab. 2.4 zeigt.

Inwieweit die Anpassung der Hartlaubsträucher an Dürre am Standort durch Anpassungsmechanismen verschiedener Art erfolgen kann, war eines der Untersuchungsziele von RAMBAL & LETERME (1987) in einer *Quercus coccifera*-Garrigue im Languedoc in Südfrankreich. Hierbei zeigte es sich, daß der Blattflächenindex sehr flexibel reagiert, stärker als etwa Änderungen der Durchwurzelung oder Änderung physiologischer Parameter des Blattes. Der Strauch reagiert als ganzes Individuum, er versucht die Produktivität auf einem eventuell niedrigeren Niveau aufrecht zu erhalten, bei optimaler Struktur des Ast- und

Tab. 2.4: Oberirdische Biomasse (in kg) einzelner Bäume von Eichen in Abhängigkeit vom Stammdurchmesser in Brusthöhe (DBH in cm)

	DBH in cm					
	5	10	15	20	25	30
Qu. ilex (Katalonien)	8	36	89	169	277	415
Qu. ilex (Italien, Sardinien)	9	44	111	213	353	535
Qu. ilex (Italien, Ätna)	6	24	56	102	161	235
Qu. alba (laubwerfend) (New York)	7	30	71	133	261	321
Qu. hypoleucoides (Arizona)	8	28	58	96	143	198

Zweigsystems und der Beblätterung mit einem variablen anpassungsfähigen Blattflächenindex, bei Ausbildung eines ausgedehnten, ebenfalls anpassungsfähigen Wurzelsystems und Durchwurzelungsgrads. Gasaustausch und Assimilatinvestition müssen daher in Wechselwirkung mit dem jeweiligen Dürrestreß gesehen werden (TENHUNEN et al. 1985). Nur dann sind Dürreschäden minimiert.

Eine der auffälligsten Erscheinungen ist im ZB IV das Auftreten von Hartlaubarten. Die Epidermisaußenwand ist bei diesen außerordentlich dick, Sklerenchymfasern oder Sklereiden versteifen das Blatt und vermindern Schrumpfung bei Wassermangel, die Interzellularen sind reduziert. Über die ökologische Bedeutung dieser Strukturen hat KREEB (1961) versucht, Hinweise zu erhalten. Er konnte im Labor bei *Buxus* negative Turgorwerte nachweisen, im Gelände ergaben Nachprüfungen aber keine stichhaltige Beweise für das Auftreten negativer Turgorwerte, dies gilt auch für Untersuchungen von GRIEVE (1961) an australischen Sklerophyllen, so daß man annehmen muß, daß negative Turgorwerte im Gelände kaum eine ökologische Bedeutung haben.

Die Sklerophyllie ist oft mit einer Einsenkung der Spaltöffnungen verknüpft. Zuweilen münden diese nicht direkt nach außen, sondern in enge Kanäle oder in vertiefte Räume. Durch diese Baueigentümlichkeit wird offenbar bei Wind die Transpiration stärker herabgesetzt als die CO_2-Aufnahme: dies bedeutet eine produktivere Verwertung des Wassers. So konnte LARCHER (1960, 1963) nachweisen, daß das Verhältnis A/W (wobei A die bei der Photosynthese assimilierte CO_2-Menge und W die gleichzeitig vom selben Blatt transpirierte Wassermenge bedeutet) bei sklerophyllen Blättern bei einem teilweisen Spaltenschluß nicht konstant bleibt. Es tritt vielmehr ein Maximum auf, bei dem also eine optimale Wasserausnutzung stattfindet. Es ist mit dem URAS (Ultrarotabsorptionsschreiber) oder mit entsprechenden Diffusionsporometern heute möglich, gleichzeitig die CO_2-Aufnahme und die H_2O-Abgabe zu messen und damit dieses Verhältnis genau zu bestimmen.

Der größte Diffusionswiderstand, den die Wasserdampfmoleküle aus den Interzellularen nach außen zu überwinden haben, wird durch die Stomata bedingt; dies braucht dagegen für die zu den Chloroplasten diffundierenden CO_2-Moleküle nicht zu gelten. Für diese kann der Widerstand beim Durchtritt durch das Plasmalemma oder bei der Diffusion durch die schmalen Interzellularen zwischen den Palisadenzellen größer sein. Trifft dies zu, dann beeinflußt ein teilweiser Spaltenschluß die H_2O-Diffusion stärker als die CO_2-Diffusion, d.h. das Verhältnis A/W ändert sich. LARCHER (1960, 1963) fand, daß bei abgeschnittenen *Quercus*-Blättern dieses Verhältnis mit beginnendem Spaltenschluß bis zu einem Optimum ansteigt und erst bei sehr geringen Öffnungswerten wieder abfällt. Bei *Qu. ilex* war der Anstieg noch deutlicher als bei *Qu. pubescens*. Bei eingetopften *Olea europaea*-Pflanzen trat beim Austrocknen des Bodens in den ersten 3 Tagen ein Absinken ein, worauf ein Ansteigen erfolgte, so daß erst am 4. Versuchstag das Optimum erreicht wurde. Es ist anzunehmen, daß das A/W-Verhältnis bei teilweisem Stomataschluß während der sommerlichen Trockenzeit in der Nähe des Optimums liegt.

Olea besitzt zwar keine eingesenkten Spaltöffnungen, sie befinden sich aber unter einer dichten Schicht von Schildhaaren, was eine ähnliche Bedeutung haben muß.

Einen teilweisen Spaltenschluß über die Mittagszeit fanden auch TENHUNEN et al. (1980) bei *Arbutus unedo* im Gelände in Portugal. In Vergleichsmessungen in der Klimakammer ergab sich, daß das Hartlaub von *Arbutus* weniger durch interne Anspannung des Wasserhaushalts der Pflanze, als durch hohe Blatt-Temperaturen bei hohen Saugspannungen der Atmosphäre eine solche Mittagsdepression aufweist. Unter natürlichen Bedingungen kann allerdings schwerlich zwischen dem ständig fluktuierenden Einfluß von Temperatur, Feuchtigkeit und Licht in Bezug auf die Gleichgewichtseinstellung des Stoma-Widerstandes unterschieden werden.

Die poikilohydren Gefäßpflanzen spielen im Mittelmeergebiet keine große Rolle. Der Gegensatz im Jahreslauf zwischen einer dauernd feuchten Zeit im Winter und einer Dürrezeit im Sommer ist für sie nicht günstig. Sie sind dort besser wettbewerbsfähig, wo während einer Jahreszeit kurze, feuchte Perioden mit trockeneren häufig abwechseln. Im mediterranen Klima ist das nur an flachgründigen Felsstandorten der Fall, die in der Regenzeit zwischen den einzelnen Regen immer wieder austrocknen. Wir finden deshalb *Ceterach officinarum* oder *Notholaena marantae* nur in den Ritzen von Felsen und Mauern. Eine Zusammenfassung der Ökologie von *Ceterach officinarum* haben OPPENHEIMER & HALEVY (1962) gegeben und dabei auch erwähnt, daß die Prothallien dieser Art ebenfalls völlig austrocknen können, ohne abzusterben.

Auch die einzigen europäischen Gesneriaceen *Ramonda* und *Haberlea* sind poikilohydre Blütenpflanzen des mediterranen Randgebietes. *Ramonda pyrenaica* wächst z. B. in einem üppigen Bestand auf Felsflächen bei der Seilbahn zum Montserrat in NE-Spanien, aber auch sonst an vielen anderen schattigen Felsstandorten in Katalonien und den Süd-Pyrenäen.

An feuchteren Nordhängen und in dichter Macchie findet man in vielen Teilen des humiden Mediterrangebietes nicht selten die kleine *Selaginella denticulata*.

Für im Winter mit Wasser gefüllte, aber rasch austrocknende Felswannen sind kleine *Isoetes*-Arten bezeichnend, in deren Begleitung auch *Marsilia* und *Pilularia* auftreten.

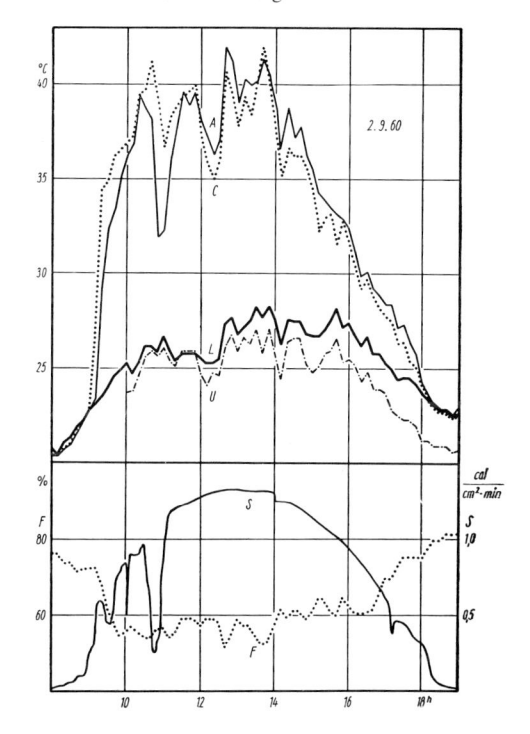

Abb. 2.16: Tagesgang der Temperatur (°C) eines normalen Blattes (A) und eines mit einem Vaseline-Überzug versehenen Blattes (C) von *Quercus ilex* am 2.9. 1960 in Blanes (Katalonien). L: Lufttemperatur in Blattnähe, U: Temperatur einer feuchten Evaporimeterscheibe, F: Relative Luftfeuchte (%) in Blattnähe, S: Strahlungsintensität (cal·cm^{-2}·min^{-1}) (nach LANGE & LANGE 1963, aus WALTER 1968).

6.3 Untersuchungen zum Wärmefaktor

Die Sonneneinstrahlung führt im Sommer zu Übertemperaturen der Blätter im Vergleich zu der Lufttemperatur. Diese Überhitzung kann nur durch die kühlende Wirkung der Transpiration verhindert werden. Da jedoch bei den Sklerophyllen die Transpiration gerade im Sommer stark eingeschränkt wird, fragt es sich, welche Höhe die Blattemperaturen erreichen und ob durch diese evtl. Hitzeschäden bedingt werden können.

Die Kurven auf Abb. 2.16 zeigen den Tagesgang der Lufttemperatur und der Temperatur eines transpirierenden Blattes von *Quercus ilex*, eines nicht transpirierenden (mit Vaseline verschmiert oder abgeschnitten) und eines feuchten, verdunstenden Filtrierpapiers, dazu die Kurven der Luftfeuchtigkeit in Blattnähe und der Strahlungsintensität. Die Messungen wurden von LANGE zwischen dem 11. August und 3. September in NE-Spanien durchgeführt, also zu einer Zeit, in der die Transpiration der mediterranen Arten stark eingeschränkt ist. Sie betrug maximal bei *Quercus suber* 10 mg/dm^2·min, bei *Rhamnus* 5 mg/dm^2·min, meist aber viel weniger. Bei dieser geringen Transpiration war eine abkühlende Wirkung nicht nachzuweisen. Die höchsten Blattemperaturen lagen jedoch wesentlich unter der Resistenzgrenze, d. h. unter der Temperatur, die bei einer Einwirkungsdauer von 30 Minuten eine 50 %ige Schädigung der Blätter hervorruft (vgl. Abb. 2.5 und Tab. 2.5).

Mit Hitzeschäden braucht man, wie Tab. 2.4 erkennen läßt, bei mediterranen Arten kaum zu rechnen. Durch hohe Blattemperaturen wird allerdings die Photosynthese um die Mittagszeit un-

Tab. 2.5: Blattemperaturen und Resistenzgrenzen bei Sklerophyllen im Sommer (nach LANGE & LANGE 1962, 1963).

Pflanzenart	Übertemperatur in °C	Höchste Blatttemperatur in °C	Resistenzgrenze in °C
Quercus ilex	15,6	43,6	54
Quercus suber	12,2	43,9	53
Rhamnus alaternus	15,0	41,6	52
Pistacia lentiscus	10,1	36,9	
Myrtus communis	17,6	44,6	52
Lonicera implexa	18,4	47,7	52
Cistus albidus	10,6	43,9	47
Cistus salviaefolius	10,5	42,3	49,5
Rosmarinus officinalis	–	–	48
Lavandula stoechas	–	–	47
Smilax aspera	17,5	45,6	54
Ruscus aculeatus	–	–	55,5

günstig beeinflußt, dies haben schon GUTTENBERG & BUHR (1935) vermutet. LARCHER (1960) fand, daß bei *Quercus ilex* der Lichtkompensationspunkt normalerweise bei 10.000 Lux liegt. Aus anderen Quellen ergeben sich viel niedrigere Werte. Bei überhitzten Blättern ist die Belichtung ebenfalls sehr hoch, doch ist der Kompensationspunkt nicht konstant. Bei Verwendung klimatisierter Kammern wurde bisher eine CO_2-Ausscheidung am Tage nicht festgestellt.

Den Lichtkompensationspunkt im Verlaufe einer Vegetationsperiode hat BRECKLE (1966) bei *Quercus suber* bestimmt (vgl. Abb. 2.17). Die letztjährige Blattgeneration hat bis zum Laubfall im Laufe des Sommers immer höhere Werte. Nach Ausdifferenzierung der neuen Blätter, etwa im Laufe des Juni, erreichen diese einen Optimalwert von etwa 700 Lux. Erst im Winter liegen die Lichtkompensationspunkte noch niedriger. Der Einfluß der jeweiligen Temperatur ist erheblich.

Hitzeschäden unter natürlichen, d.h. vom Menschen unbeeinflußten Bedingungen sind bisher mit Sicherheit nicht nachgewiesen worden. Viel häufiger sind jedoch, namentlich im Mittelmeergebiet, Schäden durch zu tiefe Temperaturen, allerdings auch meist nur an Kulturen und Zierpflanzungen oder Aufforstungen. Dies führt uns zur Frage der Frostresistenz.

Untersuchungen über die Frosthärte der Sklerophyllen führte LARCHER (1970, 1981) an der Nordgrenze ihrer Verbreitung durch. Abgeschnittene Zweige wurden in Kühltruhen langsam abgekühlt, drei Stunden bei der tiefsten Temperatur gehalten und langsam wieder aufgetaut. Das Ergebnis ist aus Abb. 2.18 und 2.19 zu ersehen. Eine Winterruhe ist bei Sklerophyllen nicht festzustellen. Die Frostschäden der Blätter treten durch Eisbildung ein. Die Frostresistenz ist im Winter erhöht, weil die Eisbildung erst bei tieferen Temperaturen beginnt. Das dürfte eine Folge der höheren Zuckerkonzentrationen des Zellsafts sein. Es ist bekannt, daß mit Einsetzen der Fröste die Stärke in den

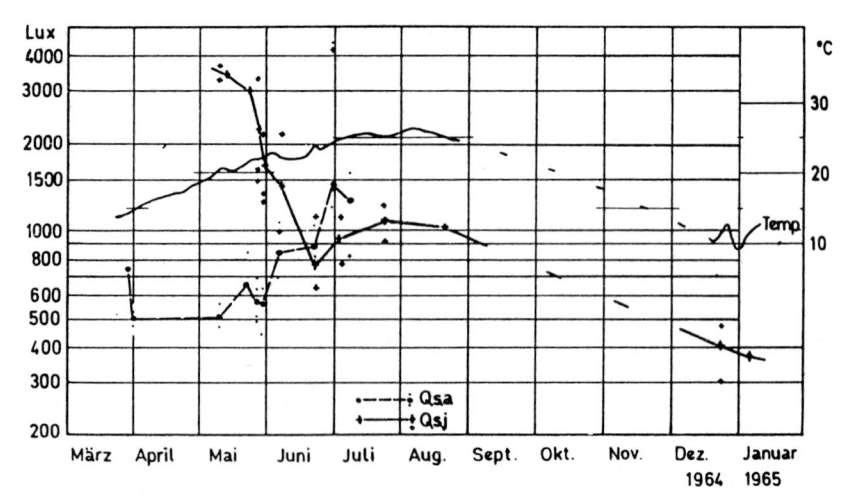

Abb. 2.17: Der Verlauf des Lichtkompensationspunktes (in Lux, Hg-Dampf-Licht) diesjähriger (Q.s.j., Kreuze, durchgezogene Kurve) und letztjähriger (Q.s.a., Punkte, gestrichelte Kurven) Blätter von *Quercus suber* in Blanes (Katalonien), sowie Lufttemperatur (rechte Ordinate) in °C (aus BRECKLE 1966).

Abb. 2.18: Frosthärte ausgereifter Blätter von im Mittelmeergebiet wachsenden Arten (in °C) zu verschiedenen Jahreszeiten. Das linke Ende der Linien zeigt die Temperatur an, bei der Frostschäden beginnen, das rechte, bei der die Blätter völlig absterben; der vertikale Strich dazwischen entspricht Schäden von etwa 15% (nach LARCHER 1963b). Bei einigen Arten wie *Myrtus* und *Cupressus* erfrieren zunächst die Adern (aus WALTER 1968).

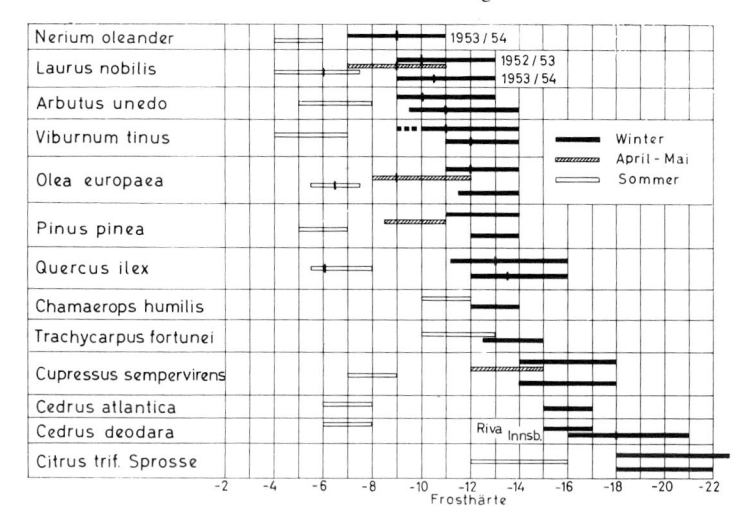

Zellen verschwindet und das osmotische Potential absinkt. Nach einer Frostperiode ist die Photosynthese herabgesetzt, doch genügen bei *Olea* zwei frostfreie Tage, um die Assimilationsfähigkeit wiederherzustellen. Bei fortschreitender Eisbildung tritt rasch der Frosttod auf. Wir sehen somit, daß die immergrünen Sklerophyllen ziemlich tiefe Temperaturen ertragen; *Ceratonia* ist am empfindlichsten, *Quercus ilex* und *Qu. coccifera* am resistentesten. Die Nordgrenze der natürlichen Verbreitung der Hartlaubwälder wird deshalb durch den Wettbewerb der sommergrünen Laubbäume bedingt. Andererseits sind die Keimlinge und Keimwurzeln der Eicheln frostempfindlich; sie ertragen nur bis etwa −4 °C.

Die Winter sind in Mitteleuropa selten so kalt, daß man manche Sklerophyllen im Garten nicht kultivieren könnte. Alte Bäume von *Quercus ilex* stehen in vielen Botanischen Gärten in Deutschland. Eine 1966 in Kornwestheim bei Stuttgart gepflanzte *Quercus suber* war 1985 über 6 m hoch und hatte über 20 cm Stammdurchmesser mit 2–3 cm dicker Korkborke. *Quercus ilex* und *Quercus coccifera* frieren in harten Wintern (z. B. 1984/85 bei Stuttgart) weniger zurück als *Quercus suber*. Der Neuaustrieb erfolgt nach strengen Wintern aus den besser geschützten, mehrjährigen Ästen und aus dem Stamm. Junge zehnjährige Bäumchen von *Quercus suber* hielten den strengen Winter 1984/85 und 1985/86 in Bielefeld unter einer 50 cm dicken Schneeschutzdecke allerdings besser durch als gleichalte *Quercus ilex* unter diesen Bedingungen.

Cistus albidus hält in Heidelberg noch aus, wenn er im Winter gut verpackt wird. *Cistus laurifolius* ist noch widerstandsfähiger; er kommt noch im Randgebiet von Zentral-Anatolien vor; ein alter Strauch stand viele Winter ungeschützt in Stuttgart-Hohenheim, bis er Bauarbeiten zum Opfer fiel. Zweijährige Jungpflanzen von *C. salvifolius*, *C. monspeliensis* und *C. laurifolius* haben unter gutem Schneeschutz den Winter 1985/86 in Bielefeld überlebt. *Ruscus aculeatus* wuchs im Botanischen Garten in Heidelberg viele Jahre ohne Schutz, erfror jedoch im kalten Winter 1928/29, wobei das osmotische Potential bis auf −2,5 bis 3,5 MPa abfiel. Eine Frosthärtung, wie bei unseren Nadelhölzern, oder den alpinen Rhododendren, tritt bei Sklerophyllen kaum ein.

Unter Wettbewerbsbedingungen am natürlichen Standort muß man allerdings die Frostwirkung als wichtigen Faktor annehmen, zumal alle 10 oder gar 20–30 Jahre einmal ein strenger, episodischer Frost ausreicht, um Verbreitungsgrenzen erheblich zu verändern und die floristische Zusammensetzung wesentlich zu beeinflussen (LARCHER 1981).

Die Frostresistenz ist zudem auch als Komplexfaktor zu sehen, einzelne Organe einer Pflanze sind sehr unterschiedlich resistent, für Überleben sind vor allem die Resistenzgrenzen des Kambiums bzw. von Knospen wichtig. In Tab. 2.6 sind für eine Reihe von Arten diese Grenzen (definiert als 50%-Schaden) aufgeführt.

Aus Tabelle 2.6 geht hervor, daß die einzelnen, im Mittelmeergebiet häufigen Holzarten ziemlich unterschiedliche Frostresistenz aufweisen. Entsprechend der Resistenz ist auch in etwa die geographische Verteilung der Arten im Mittelmeergebiet, obwohl die Frostresistenz erwachsener

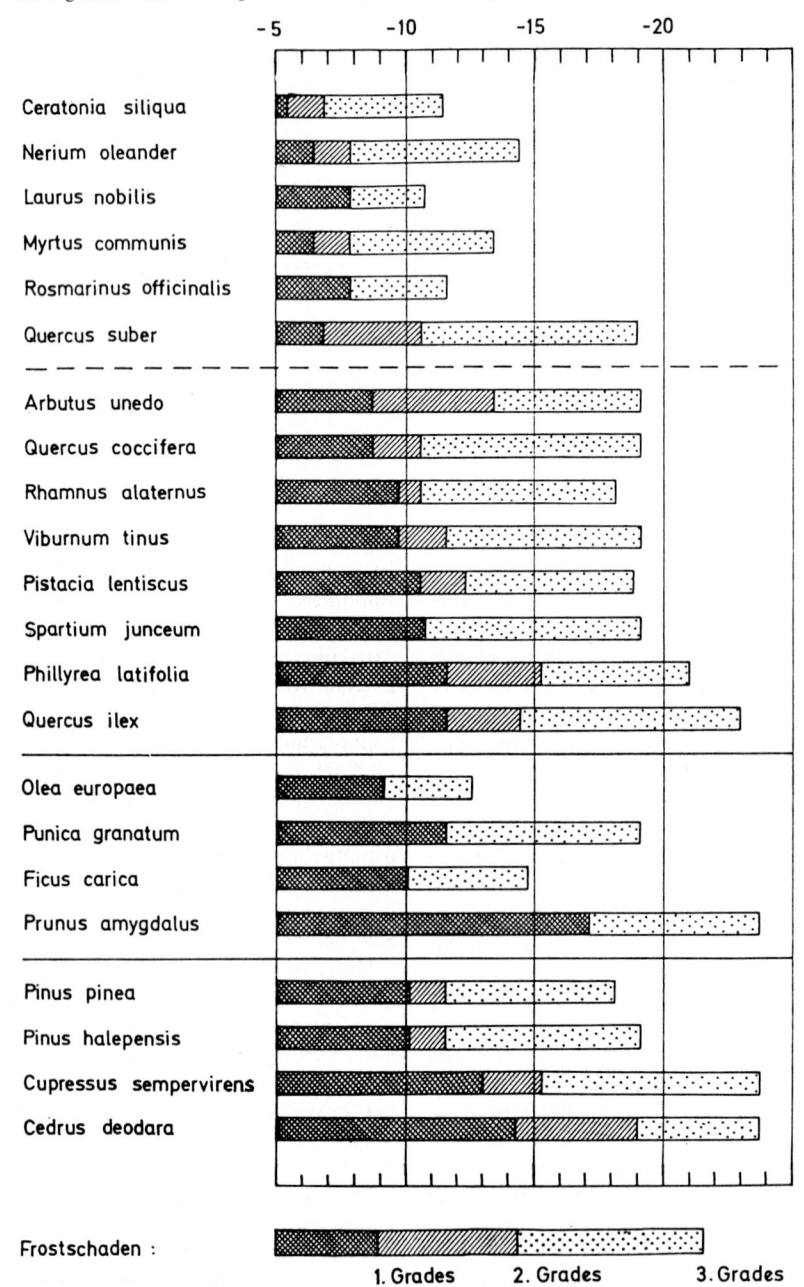

Abb. 2.19: Frostresistenz verschiedener Holzarten des mediterranen und submediterranen Bereichs (nach LARCHER 1970). Die oberen 5 Arten werden schon zwischen −5 und −6 °C leicht und bei −7 bis −8 °C stärker geschädigt. Bei Temperaturen zwischen −11 und −15 °C sterben sie ab. Ähnlich verhält sich *Olea*. Im Vergleich zu Abb. 2.18, wo die zeitlich unterschiedliche Frosthärte gezeigt wird, ist hier auch zwischen verschiedenen Schädigungsstufen unterschieden. Frostschäden ersten Grades beschränken sich auf das Laub; bei Schäden zweiten Grades gehen die Knospen zugrunde, so daß der Austrieb vermindert ist; Schäden 3. Grades betreffen auch die Sproßachse und führen meist zum Tode. Die rechte Blockgrenze gibt die Temperatur an, die gerade noch ertragen wird (aus HORVAT et al. 1974).

Tab. 2.6: Die Frostresistenz vegetativer und generativer Organe ausgewachsener sklerophyller und anderer Mediterranpflanzen im Dezember/Januar. Die Temperaturwerte sind Angaben, bei denen 50% Schäden verursacht werden (aus LARCHER 1981).

Art	Blätter	Knospen Blatt	Kambium Sproß	Xylem Sproß	Kambium Wurzel	Xylem Wurzel	Samen/ Früchte	Blüten/ Knospen
Ceratonia siliqua	− 6	− 8	− 9	−11	−	−	−	−
Nerium oleander	− 8	−12	−14	−15	−	−	−	−
Laurus nobilis	−12	−10	−14	−16	−6	−7	−7	− 7
Olea europaea	−12	−13	−20	−18	−	−	−	−
Quercus coccifera	−12	−13	−21	−22	−	−	−	−12
Quercus suber	−11	−16	−26	−22	−	−	−	−14
Arbutus unedo	−12	−17	−18	−16	−	−	−	−
Rhamnus alaternus	−12	−18	−17	−16	−	−	−	− 8
Viburnum tinus	−13	−15	−20	−17	−	−	−8	−10
Quercus ilex	−15	−17	−28	−26	−7	−8	−	−15
Phillyrea latifolia	−16	−20	−23	−22	−	−	−	−
Pinus pinea	−13	−16	−19	−17	−	−	−	−
Cupressus sempervir.	−16	−	−29	−22	−	−	−	−

Individuen nicht unbedingt die Überlebensmöglichkeiten einer Art anzeigen muß, denn die Frostresistenz einzelner Entwicklungsstadien in der Ontogenese entscheidet eher über den Gefährdungsgrad einer Art, wie schon oben erwähnt.

Nicht eindeutig überschaubar ist bisher der Effekt, den tiefe Temperaturen auf die Wettbewerbsfähigkeit einer Art haben, da indirekt über die Wirkung auf die Stoffwechselvorgänge, wie Photosynthese und Atmung, Mineralstoffaufnahme, Wachstum und Entwicklung das Gleichgewicht ganz unterschiedlich verschoben sein kann.

6.4 Untersuchungen zum Kohlenstoffhaushalt

Allgemeine Angaben zu Biomasse und Produktivität wurden schon in Abb. 2.11 und 2.12 gegeben. Beispiele für spezifische Untersuchungen der Photosynthese und ihrer Beeinflussung sollen hier ergänzt werden.

Die Photosynthese unter mediterranen Klimabedingungen ist gekennzeichnet durch Einbußen aufgrund sommerlichen Wassermangels. Dazu kommt Hitzestreß und im Winter Kältestreß. LARCHER (1961) hat dieses «Dilemma» der mediterranen Pflanzen beschrieben. Je nach Dauer der Trockenperiode und je nach erreichbaren Wasservorräten im Boden müssen die Pflanzen im Sommer durch Spaltenschluß Wasser mehr oder weniger stark einsparen. Dies bedeutet stets auch eine Reduktion der Photosynthese.

Arbeitsgruppen aus Würzburg haben an der Biologischen Station in Portugal südlich von Lissabon das photosynthetische Verhalten verschiedener Hartlaubarten der dortigen Sekundär-Macchie während der sommertrockenen Bedingungen untersucht und Bestandesstruktur, Lichtverhältnisse und Mikroklima, Wasserhaushalt und CO_2-Gaswechsel in langen Meßreihen festgehalten (BEYSCHLAG et al. 1986, CALDWELL et al. 1986, HARLEY et al. 1986, TENHUNEN et al. 1987). Hierbei zeigt sich für Sonnenblätter von *Quercus coccifera* und für *Arbutus unedo* eine relativ gleichartige Abhängigkeit der Photosynthesekapazität von der Temperatur mit einem breiten Temperaturmaximum zwischen 20 und 30 °C sowohl im Frühjahr als auch im Sommer (vgl. Abb. 2.20). Oberhalb 30 °C nahm die Photosynthese stark ab. *Quercus suber* reagierte bei diesen Untersuchungen ebenfalls meist empfindlicher auf Änderungen der Wasserversorgung als *Quercus coccifera*, wie dies aus Katalonien schon bekannt war. Der ungefähre Jahresgang der maximalen Nettophotosyntheserate und der maximalen stomatären Leitfähigkeit für *Quercus suber* ist in Abb. 2.21 gezeigt. Unter mäßigem Wasserstreß im Sommer assimilierten *Quercus coccifera*-Blätter etwa 0,2 mol $CO_2 \cdot m^{-2} \cdot d^{-1}$, gegenüber 0,12 bei *Quercus suber* und 0,1 bei *Arbutus unedo*. Die Transpirationsverluste betrugen dabei etwa 70 mol $H_2O \cdot m^{-2} \cdot d^{-1}$ bei *Quercus coccifera*, 30 mol gleichermaßen bei *Quercus suber* und *Arbutus unedo*. Unter starkem Wasserstreß

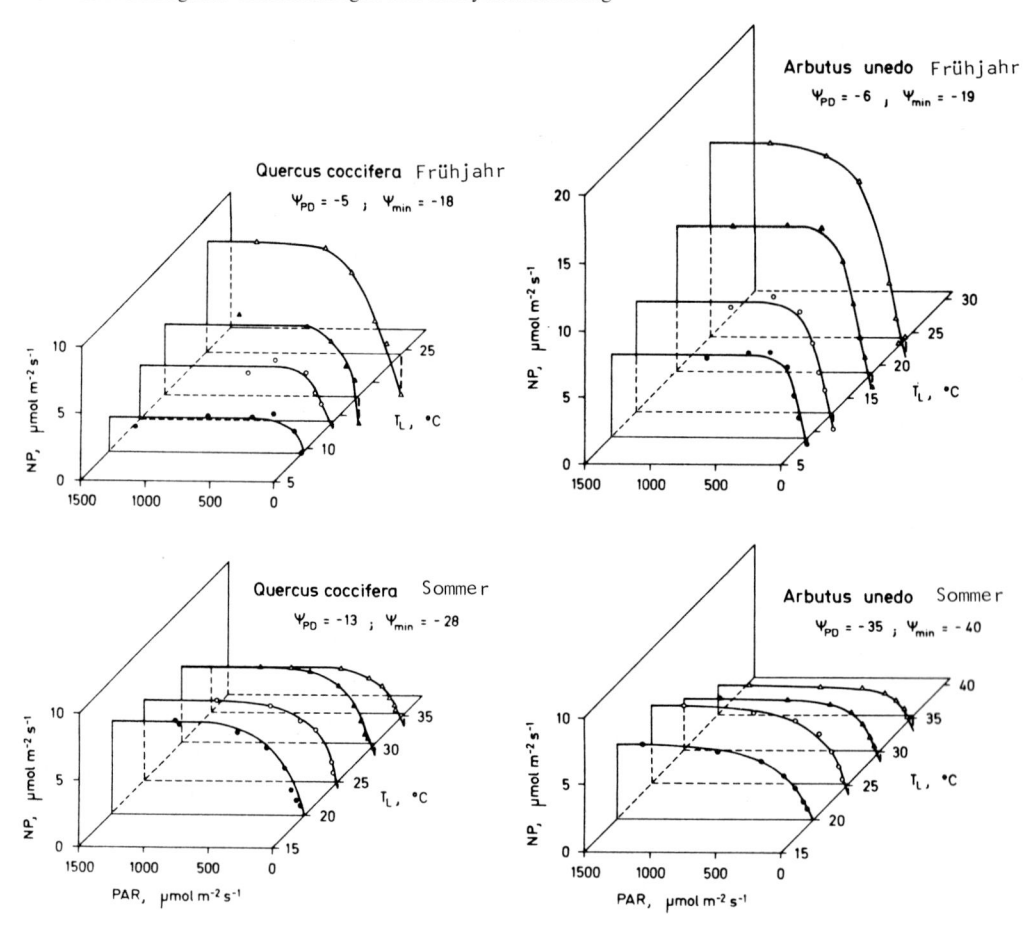

Abb. 2.20: Die Abhängigkeit der Nettophotosyntheserate (NP) von der photosynthetisch aktiven Strahlung (PAR) bei einer Reihe von Blattemperaturen (T_L, °C) im Frühjahr (ohne Wasserstreß) und im Sommer (nach etwa 6 Wochen Dürreperiode) bei *Quercus coccifera* und *Arbutus unedo*. Angegeben ist ferner das morgendliche Xylem-Potential der Blätter (w_{PD}) und das niedrigste beobachtete Xylem-Potential (w_{min}). Taupunkt der Luft lag bei 10 °C, der CO_2-Partialdruck 0,35 mbar, der O_2-Partialdruck 210 mbar (aus TENHUNEN et al. 1987).

transpirierte *Quercus coccifera* 50% mehr Wasser als *Quercus suber* und über doppelt so viel wie *Arbutus unedo*. Die tägliche Assimilationsrate war das 1,6fache von *Quercus suber* und das 3fache von *Arbutus unedo*.

Die Abhängigkeit der Photosyntheserate von der Temperatur, vom Wasserstreß (ausgedrückt als morgendliche Saugspannung) und dem CO_2-Partialdruck, morgens und nachmittags bei *Quercus suber*, zeigt Abb. 2.22. Daraus geht einerseits hervor, daß das CO_2, wie bekannt, ein stark limitierender Faktor der Photosynthese ist, daß aber bei Wasserstreß der Einfluß des CO_2-Partialdrucks stark ansteigt. Daraus ergibt sich ferner eine deutliche Änderung der Temperaturoptima.

Wieviel die zusätzliche Versorgung mit CO_2 ausmacht, konnte TENHUNEN et al. (1987) bei *Quercus suber* auch dadurch zeigen, daß vergleichende Messungen im Jahreslauf bei unterschiedlichem Wasserstreß durchgeführt wurden (vgl. Abb. 2.23). Im Sommer treten insbesondere bei der stomatären Leitfähigkeit die typischen zweigipfligen Kurven auf, der Unterschied der Tagesgänge zwischen Juni und Juli ist hier besonders kraß. Die Korkeiche geht offenbar zunächst ziemlich verschwenderisch mit dem Wasser um, bis dann die «leicht erreichbaren» Wasservorräte im Boden erschöpft sind und dann im Hochsommer auf «Sparschaltung» umgestellt werden muß. Die Beeinträchtigung der Photosyntheserate durch zu hohe Tem-

Untersuchungen zum Kohlenstoffhaushalt 57

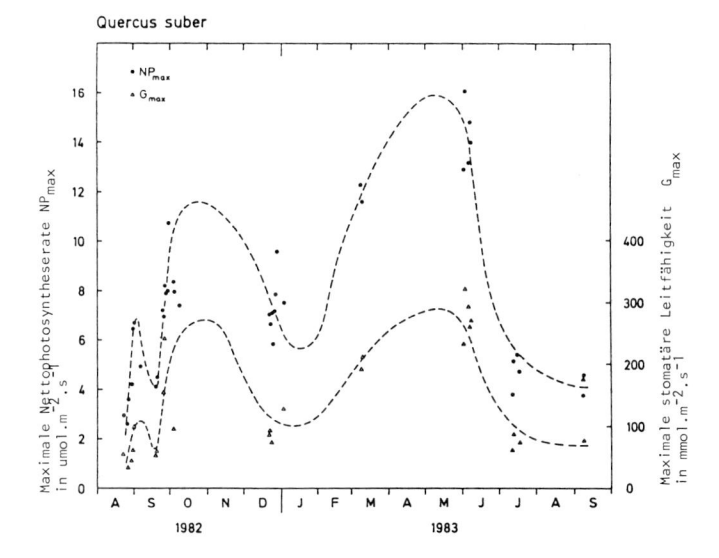

Abb. 2.21: Die maximale Nettophotosyntheserate (NP_{max}; Kreise) und die maximale stomatäre Leitfähigkeit (G_{max}; Dreiecke) im Laufe des Jahres, abgeleitet aus gemessenen Tagesgängen des Gasaustausches bei *Quercus suber* in Portugal (aus TENHUNEN et al. 1987).

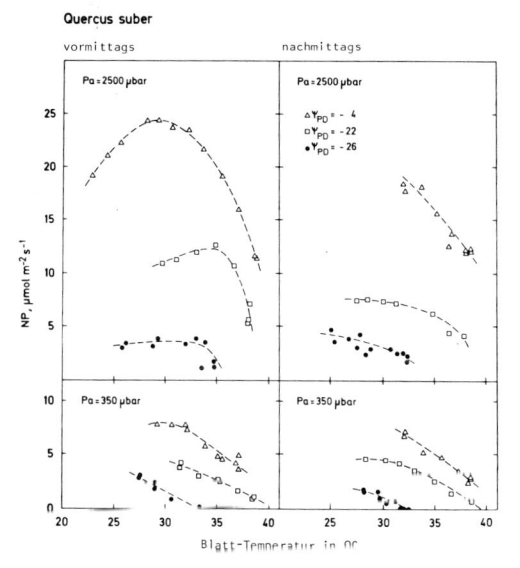

Abb. 2.22: Die Nettophotosyntheserate (NP) von *Quercus suber* in Abhängigkeit von der Blattemperatur, vormittags und nachmittags, bei normalem CO_2-Partialdruck von 0,35 mbar und bei erhöhtem CO_2-Angebot von 2,5 mbar, jeweils für drei verschiedene morgens gemessene Saugspannungswerte (w_{PD}). Die Lichtintensität war zur Lichtsättigung der Photosynthese ausreichend (nach TENHUNEN et al. 1987).

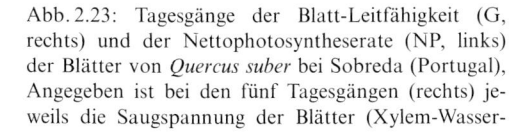

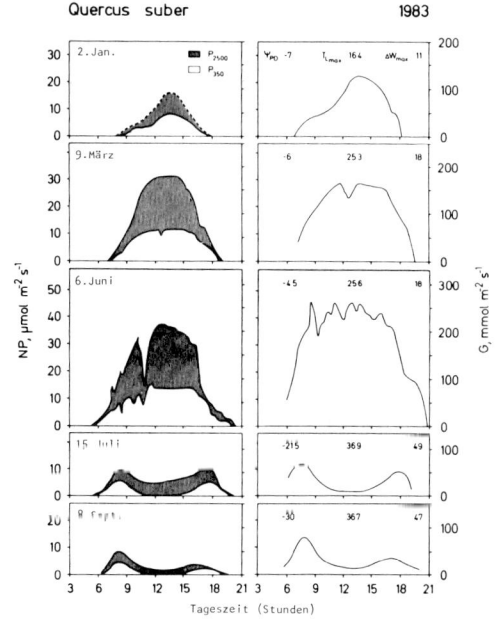

Abb. 2.23: Tagesgänge der Blatt-Leitfähigkeit (G, rechts) und der Nettophotosyntheserate (NP, links) der Blätter von *Quercus suber* bei Sobreda (Portugal). Angegeben ist bei den fünf Tagesgängen (rechts) jeweils die Saugspannung der Blätter (Xylem-Wasser-Potential) vor Sonnenaufgang (w_{PD}) in bar, die maximale Blattemperatur ($T_{L_{max}}$) in °C und die maximale Differenz zwischen der Luftfeuchtigkeit im Blatt und der Außenluft (W_{max}) in mbar·bar^{-1}. Bei den Tagesgängen der Nettophotosyntheserate (links) ist der Unterschied gemessen bei Außenluft-CO_2 (0,35 mbar)-Bedingungen und andererseits bei angereichertem CO_2 (2,5 mbar) als schraffierte Fläche wiedergegeben. Die übrigen Parameter sind den angegebenen vergleichbar. (Die obere Kurve für den 2. Jan. ist rekonstruiert) (nach TENHUNEN et al. 1987).

peraturen kann auch schon unter den noch nicht extremen mediterranen Bedingungen in Portugal auftreten, wie BILGER et al. (1987) zeigen konnten. Über das tatsächliche Ausmaß am Standort wird allerdings nichts ausgesagt, von größerer Bedeutung ist hingegen die Differenzierung in Sonnen- und Schattenblätter im Bestand (MEISTER et al. 1987). Messungen in einem Bestand mit einem Blattflächenindex (LAI) von 8,2 (vgl. Tab. 2.7: Strauch 1) ergaben ausgesprochene Unterschiede gegenüber solchen in einem Bestand mit einem LAI von nur 2,1 (Tab. 2.7: Strauch 2).

Tab. 2.7: Unterschiede zwischen Sonnen- und Schattenblättern in einem Bestand von *Quercus coccifera*. Angegeben sind Werte für die Schattenblätter, ausgedrückt in % der Sonnenblätter. Strauch 1 mit LAI: 8,2, Strauch 2 mit LAI: 2,1 (nach MEISTER et al. 1987)

	Strauch 1	Strauch 2
Lichtkompensationspunkt	15 %	69 %
Dunkelatmung bei 20 °C	33	58
Blattflächengewicht	71	79

Der größte Unterschied drückt sich im Lichtkompensationspunkt aus. Ähnliche Unterschiede zeigten Dunkelatmung und stomatäre Leitfähigkeit, während morphologische Parameter und Photosynthesekapazität geringere Unterschiede aufwiesen.

Die Variationsbreite und die flexible Anpassung an die wechselnden Umweltbedingungen erschweren das Verständnis der typischen Anpassungsmechanismen mediterraner Hartlaubarten. Der Vergleich der Konkurrenzkraft in den gemäßigteren Zono-Ökotonen (ZÖ IV/VI, vgl. S. 88 ff.) hilft hier auch nicht weiter, da sämtliche Phasen des Reproduktionszyklus einer Art deren Konkurrenzkraft bestimmen können.

7 Gliederung

Siehe Allgemeinen Teil, S. 31

8 Orobiome des Mittelmeergebietes

Das Klima des mediterranen Raumes bildet thermisch den Übergang vom tropischen zum außertropischen Bereich, in dem im Winter zwar eine kalte Jahreszeit fehlt, aber Fröste bereits vorkommen, auch einige kurze Kälteperioden. Gleichzeitig bildet dieses Klima auch den Übergang vom ariden subtropischen Klima zu dem humiden der gemäßigten Zone.

Da mit zunehmender Höhenlage die mittlere Jahrestemperatur um etwa 0,5 bis 0,6 °C pro 100 m Höhenanstieg abnimmt und der Jahresgang der Temperatur in diesen Breiten schon sehr ausgeprägt ist, muß mit zunehmender Höhe eine immer längere kalte Jahreszeit auftreten. Zugleich steigt mit der Höhe auch die Niederschlagsmenge an, und die Sommerdürre verschwindet, wodurch das Gebirgsklima humid wird, also den Charakter des Klimas der gemäßigten Zone annimmt. Allerdings ist die Zunahme der Niederschlagshöhe abhängig vom Wassergehalt der Luft in Meereshöhe. Dieser ist im ozeanisch getönten westlichen Teil des Mittelmeerraumes hoch, im ostmediterranen dagegen geringer, so daß dort die Sommerdürre sich bis in die alpine Stufe bemerkbar macht (vgl. Abb. 2.24 und 2.25). Wir müssen deshalb beim Orobiom IV zwei Typen von Höhenstufenfolgen unterscheiden, einmal eine humide und zum anderen eine aride, die durch gewisse Übergänge miteinander verbunden sind (WALTER, 1975).

QUEZEL und BARBERO (1989) haben vergleichend die Höhenstufen und ihre Vegetation in Marokko,

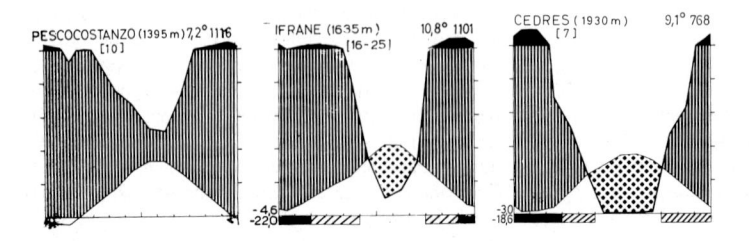

Abb. 2.24: Klimadiagramme mediterraner Gebirgsstationen: Pescocostanzo im Apennin hat humides Klima mit Buchenstufe; Ifrane im Mittleren Atlas, trockener mit schmalem Gürtel der sommergrünen Laubwaldstufe; Cedres im Libanon, noch arider im Sommer (früher ausgedehntes Zedernwaldgebiet).

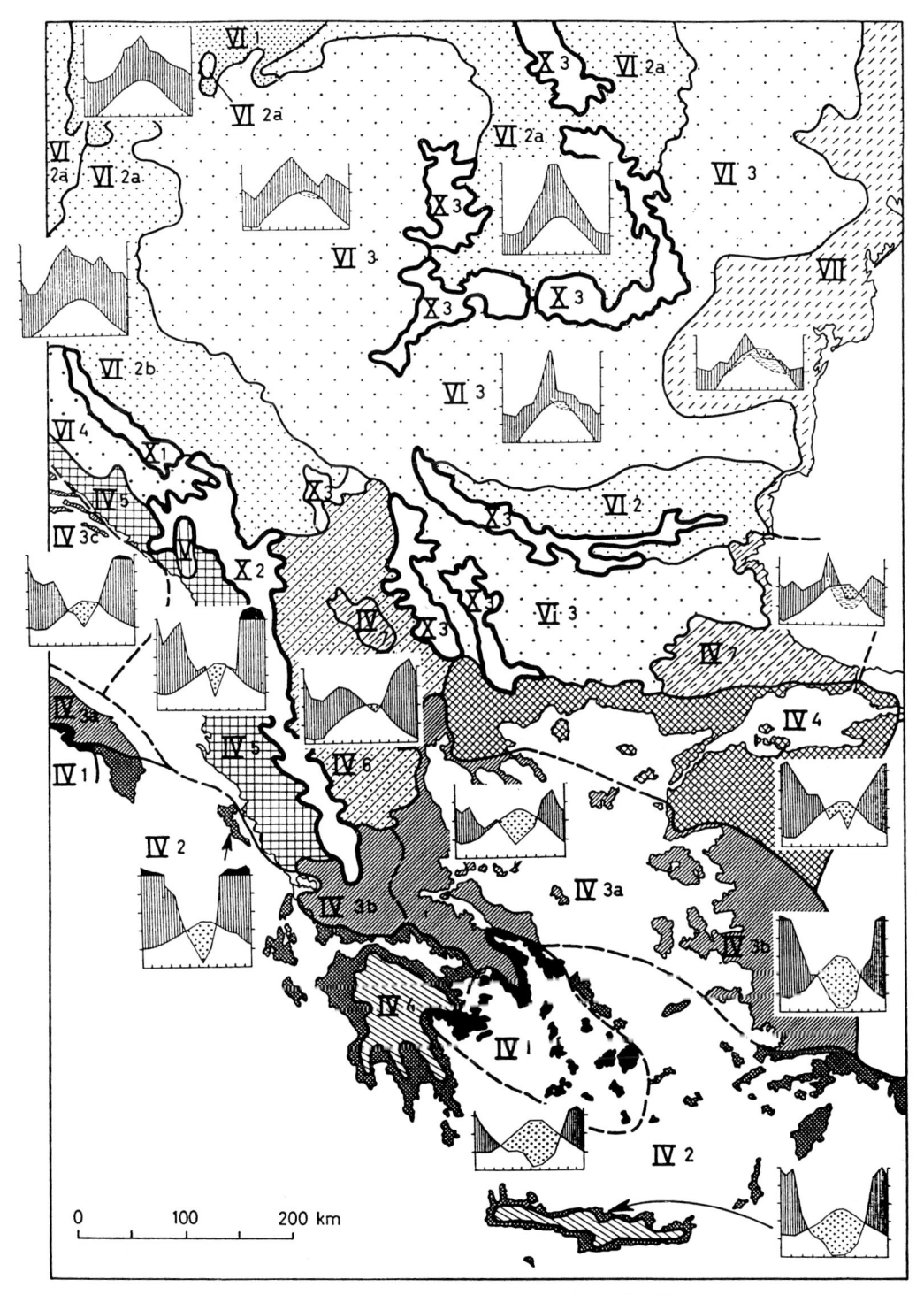

Abb. 2.25: Klimatypen Südosteuropas (mit Klimadiagrammen aus dem Klimadiagramm-Atlas von WALTER & LIETH 1963ff.). Diese Karte zeigt das komplizierte Mosaik und die Übergänge zwischen Zonobiom IV in Griechenland und dem Zonobiom VI im Norden der Balkanhalbinsel. Die dazwischen liegenden Zono-Ökotone sind hier nicht gesondert ausgewiesen. Je dichter die Schraffur ist, desto wärmer ist das Klima der berücksichtigten Stationen (die hier jeweils aus Tälern, bzw. Ebenen herangezogen wurden). Die Orobiome sind hier mit X bezeichnet. Die weiteren Bezeichnungen sind im Text erläutert (nach HORVAT et al. 1974).

Griechenland und in Californien untersucht. Sie unterscheiden eine thermo-mediterrane, eine meso-mediterrane, eine supra-mediterrane (der obermediterranen Stufe), eine montan-mediterrane und eine oro-mediterrane Höhenstufe einerseits, dazu aber dann auch 5 Stufen unterschiedlicher Humidität (perhumid, humid, subhumid, semiarid und arid). In entsprechenden Ökogrammen geben sie die Verteilung der wichtigsten dominanten Arten wieder.

Auf der **humiden** Seite ergibt sich als stark vereinfachte **Abfolge** der Höhenstufen in Marokko:
Juniperus thurifera
Cedrus atlantica
Abies maroccana
Quercus canariensis (z.T. mit *Quercus ilex* ssp. *rotundifolia*)
Quercus suber

Die **aride Höhenstufenfolge** ist danach stark vereinfacht:
Juniperus thurifera
Juniperus phoenicea
Tetraclinis articulata
Argania spinosa

In Griechenland ist die aride Stufenfolge nur in den unteren Stufen durch das Vorkommen von *Pinus halepensis* angedeutet; die humide Höhenstufenfolge wird angegeben mit:
evtl. *Pinus heldreichii*
Fagus sylvatica
sommergrüne Eichen
Quercus calliprinos/coccifera und *Qu. ilex*.
Näheres s. S. 72.

Zum Vergleich soll hier gleich auch die Höhenstufenfolge in Californien angeführt werden (vgl. S. 136):

humide Abfolge
Pinus balfouriana
Abies magnifica
Pinus ponderosa und *P. jeffreyi*
Quercus kellogii
Sklerophylle Eichen
 (*Q. chrysolepis, Q. wislizenii, Q. agrifolia*)
Sequioa sempervirens

aride Abfolge
Pinus balfouriana
Abies magnifica
pinyon-Kiefern
 (*Pinus monophylla, P. quadrifolia*)
thermocalif.
 Kiefern und Zypressen
Quercus douglasii

In allen Fällen ist erkennbar, daß sich die Unterschiede in den obersten Höhenstufen verwischen. Hier machen sich meist andere Faktoren bemerkbar.

8.1 Humide Höhenstufenfolgen im Mittelmeerraum

Sie zeichnet sich durch eine rasche Zunahme der Niederschläge mit der Höhe und gleichzeitig durch eine Verkürzung der Sommerdürrezeit aus,

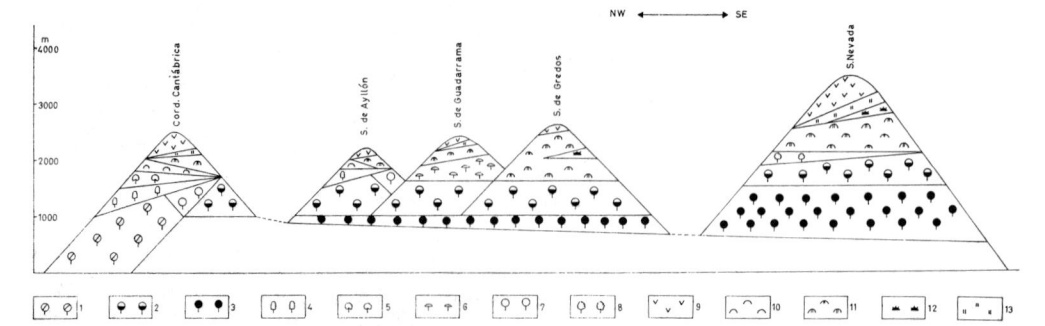

Abb. 2.26: Höhenstufenfolgen der kristallinen Gebirge der Iberischen Halbinsel auf einem NW-SE-Profil (nach ERN 1966). 1: Fallaub-Eichenwald *(Quercus robur, Qu. petraea)*; 2: Filzeichenwald *(Qu. pyrenaica)*; 3: Steineichenwald *(Qu. ilex)*; 4: Buchenwald *(Fagus sylvatica)*; 5: Birkenwald *(Betula alba)*; 6: Kiefernwald *(Pinus sylvestris)*; 7: Eichen-Linden-Ahorn-Laubmischwald *(Quercus, Tilia, Acer)*; 8: Höhenwald der Sierra Nevada *(Sorbus, Prunus* usw.); 9: Hochalpine Gras- und Kräuterflur; 10: Ericaceen-Wacholder-Zwergstrauchheide mit *Vaccinium, Calluna, Juniperus*; 11: *Genista*-Wacholder-Zwergstrauchheide mit *Cytisus, Genista, Erica*; 12: Mediterrane Dornpolster-Zwergstrauchhöhenstufe; 13: *Festuca*-Trockenrasen.

bis diese in der Wolken- oder Nebelstufe ganz verschwindet. Das gibt den mitteleuropäischen bzw. in größerer Höhe sogar den borealen und alpinen Elementen die Möglichkeit, zur Vorherrschaft zu kommen. Mediterran ist nur die unterste Stufe. Wie in vielen anderen Orobiomen ist die Höhenschichtung auch mit einer typischen pflanzengeographischen Stufung verbunden (vgl. Abb. 2.26).

Wir finden die humide Höhenstufenfolge besonders typisch ausgeprägt in den Apenninen z. B. im zentralen Teil. Über einem schmalen Streifen an der Meeresküste mit einer immergrünen Vegetation, für die *Quercus ilex* besonders typisch ist, treten mit abgeschwächter Sommerdürre und kühleren Wintern laubabwerfende Wälder aus *Quercus pubescens* oder bei kalkarmem Gestein aus *Castanea* auf und darüber in der oberen montanen Stufe mit bereits ausgesprochen kalter Jahreszeit und einer Schneedecke im Winter *Fagus sylvatica*-Wälder mit einer Bodenflora, die durchaus der von mitteleuropäischen Buchenwäldern entspricht.

Wie PEDROTTI (1963, 1965) für einen *Fagus-sylvatica*-Wald im Umbrischen Apennin oberhalb von Camerino in 1070 m NN zeigen konnte, entspricht die Wasserversorgung dieses Buchenwaldes im Sommer durchaus der von entsprechenden Wäldern in Mitteleuropa, was durch die hohen osmotischen Potentiale sowohl von den Bäumen und Sträuchern als auch von denen der Bodenpflanzen angezeigt wird (Tab. 2.8).

Die Sommerdürre wirkt sich hier und in den südlich anschließenden Abruzzen in der montanen *Fagus-Abies*-Stufe nicht mehr aus, weil diese im Sommer häufig von Wolken eingehüllt ist und oft schwere Gewitter auftreten. Diese Verhältnisse wurden von FURRER (1931, 1934, 1961) anschaulich geschildert. Die Jahresniederschläge liegen bei 700–1300 mm; das Sommerminimum tritt zwar deutlich hervor, doch fallen in den einzelnen Sommermonaten noch 40–50 mm Regen, meist mit Gewittern verbunden. Es kommen aber auch Sommermonate ohne meßbaren Niederschlag vor,

Tab. 2.8: Osmotische Werte (in bar) der Blätter von Arten der Buchenwald-Stufe im Umbrischen Apennin (43° nördl. Br.). Halbfettgedruckte Zahlen entsprechen dem optimalen osmotischen Wert, eingeklammerte Zahlen bei deutlich vergilbten Blättern (nach PEDROTTI)

1963	29. V.	2. VII.	27. VII.	22. VIII.	27. IX.	17. X.	24. X.
Fagus sylvatica, I. Standort	11,5–12,2	**19,4–20,0**	20,2	22,6	22,1	20,7	22,8
Fagus sylvatica, II. Standort	12,8	20,6					18,8–19,8
Fagus sylvatica, III. Standort	11,6	21,7–22,2	24,3				
Fagus sylvatica, Schattenzweige	10,1–11,7	15,0–16,0	19,8	22,4	16,6–23,5	17,0	
Acer platanoides	11,2	**13,7**	18,2	17,4	16,4	(11,0)	(11,9)
Pirus (Sorbus) aria	15,3–18,2	24,5–27,4	23,6	26,3	28,7–29,2	28,6	25,9–27,1
Rhamnus alpina (sonnig)	15,7	24,1–25,8	22,1	20,9	24,8	21,9	26,4
Anemone ranunculoides	12,6						
Anemone ranunculoides, sonnig	14,2						
Corydalis cava	**8,7**–9,2	6,4–10,0	9,7				
Dentaria enneaphyllos	**9,0**–9,2	8,3–9,1	(7,3)				
Dentaria bulbifera	**8,6**	8,5	8,1	9,0			
Dentaria bulbifera, sonnig	10,2	12,3					
Actaea spicata, schattig		12,4	12,7		12,8		
Scrophularia nodosa	9,4	**12,7**	13,2	16,2	15,9		
Polygonatum multiflorum	10,5	**12,3**	13,9	14,2	12,5	(8,7)	
Asperula odorata	**7,3–7,4**	7,3–8,5	9,4	12,5	10,7–11,8	14,2	14,8
Asperula odorata, sonnig		12,2–13,1		15,1			
Sanicula europaea	8,4–9,6	**11,4**–12,5	11,3	14,1	14,5	18,5	19,0
Atropa belladonna	**8,2**	8,6	8,3	11,4	9,0	11,3	12,6
Dryopteris aculeata	7,6	**9,6**	11,6	15,0	15,9	16,5	18,8
Dryopteris aculeata, vorjährige Blätter	15,2	16,5–17,5					
Adenostyles australis	**6,7–7,5**	**6,6–7,5**	7,0	9,6	10,2	8,7–9,6	10,2
Saxifraga rotundifolia	5,1 (Sonne 8,0)	**6,1–6,3**	7,9	9,5	10,1	12,5	13,9
Gentiana lutea (Wiese)	12,5	17,4	16,5	17,3	15,5		

doch wird die Dürre auch dann durch Wolkenbildung gemildert. Die Buchenwaldstufe ist hier eine Nebelwaldstufe. Auf der Halbinsel Chalkidike in Nordgriechenland reicht der feuchte Buchenwald mit *Taxus* und *Ilex* im lokalen Nebelgebiet teilweise bis 300 mm NN hinunter. Man muß stets berücksichtigen, daß im Gebirge das Kleinklima nach Lage und Exposition an den verschiedenen Hängen und in einzelnen Tälern sehr große Unterschiede aufweist, wobei die Buchenwälder nur auf den für sie günstigen Ökotypen wachsen. Auch die Buchenwaldschlaggesellschaft, das Atropetum belladonnae, ist in den griechischen Gebirgen verbreitet und reicht nach Süden bis zum Parnass, also noch etwas südlicher als *Fagus* (DROSSOS 1977); vgl. auch S. 72 (Olymp).

Die Monatsniederschläge (Mittel aus 15 Jahren) betragen im Gran Sasso-Gebiet am Albergo Campo Imperator in 2130 m NN in mm: (I–XII: Monate im Jahr)

I	II	III	IV	V	VI	VII
103	98	74	112	117	93	53

VIII	IX	X	XI	XII	Jahr
66	112	115	99	105	1147

In Nordspanien sind in den an die Pyrenäen südlich anschließenden Gebirgen, die das Ebrobecken teilweise umrahmen, ausgedehnte Buchenwaldstufen von verschiedenen Stellen bekannt. Namentlich im Montseny-Gebirge sind diese auch genauer untersucht worden. Die Buche bildet hier im klimatisch fast ganzjährig humiden Bereich, wie im Apenin, die Baum- und Waldgrenze (vgl. Abb. 2.28). Oft treten in enger Verzahnung in der montanen Stufe dann aber auch noch andere Laubwaldgesellschaften, so z.B. Haselnußwälder auf, die sehr artenreich sein können. Ein Blockdiagramm dieser Haselnußwälder, das den typischen Niederwaldcharakter zeigt, ist in Abb. 2.27 angegeben. Flora und Vegetation sind heute recht gut untersucht (BRAUN-BLANQUET 1948, BELLOT 1978, CEBALLOS 1980, POLUNIN & SMYTHIES 1972, VIGO I BONADA 1976, 1983, FOLCH I GUILLEN 1981, BRECKLE et al. 1987, VALDES et al. 1987).

Auf Versuchsflächen bei Santa Fe im Montseny-Gebirge wurde Biomasse und Produktivität der Buchenwälder bestimmt. Eine Zusammenfassung dieser Ergebnisse ist in Abb. 2.29 und 2.30 gegeben. Die Bestandesstrukturen und die Produktivitätsverhältnisse (TERRADAS 1984) unterscheiden sich nicht wesentlich von den entsprechenden

Abb. 2.27: Blockbild des montanen Haselwaldes (Hepatico-Coryletum) im Winteraspekt (links) und im Sommer (rechts). Im Unterwuchs dichte Krautschicht mit *Astrantia, Daphne, Rubia* etc. (aus FOLCH I GUILLEN 1981).

Humide Höhenstufenfolgen im Mittelmeerraum 63

Abb. 2.28: Niedrigwüchsiges Buchengestrüpp *(Fagus sylvatica)* im Bereich der Waldgrenze am Puig de l'Home bei etwa 1600–1700 m NN (Montseny-Gebirge, Katalonien). Die kleinen Bäume gehen nach oben zu allmählich in eine breite Stufe von Buchen-Krummholz über (phot. S.-W. BRECKLE 1965).

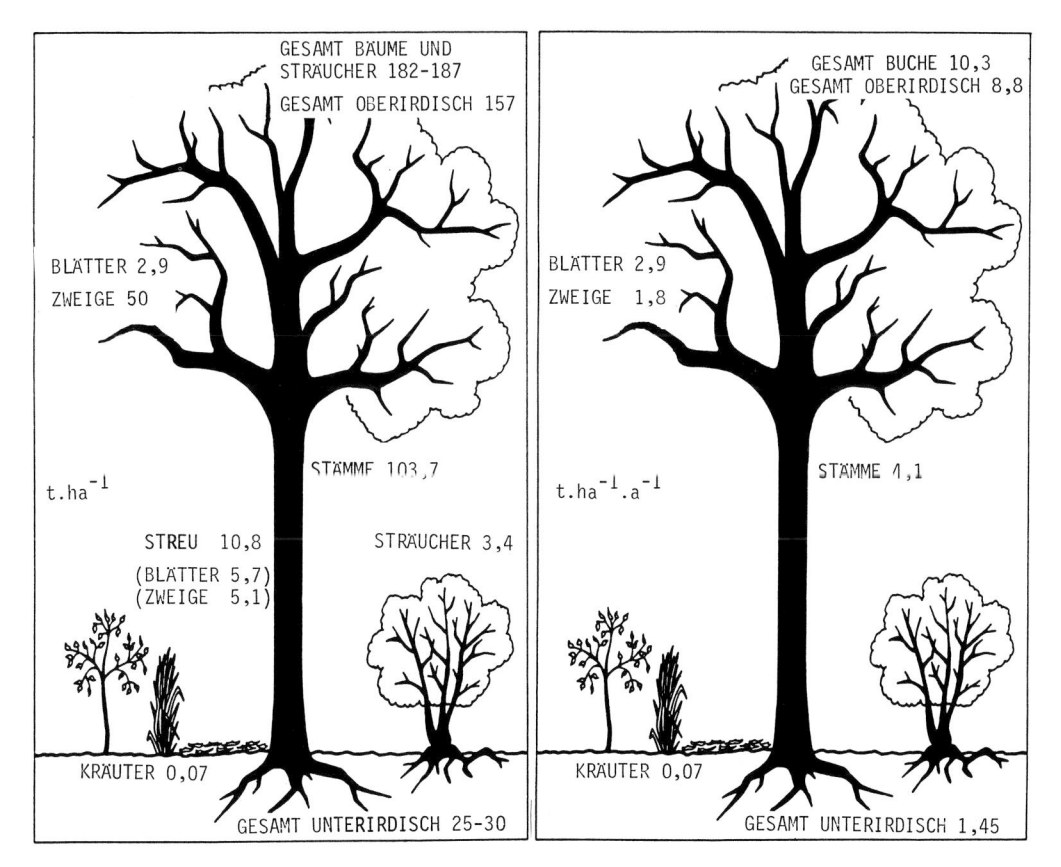

Abb. 2.29: Biomasse in t·ha^{-1} im montanen Buchenwald des Montseny bei Santa Fe (1170 m NN) in Katalonien (aus TERRADAS et al. 1984).

GESAMT BÄUME UND STRÄUCHER 182–187
GESAMT OBERIRDISCH 157
BLÄTTER 2,9
ZWEIGE 50
t·ha^{-1}
STÄMME 103,7
STREU 10,8
(BLÄTTER 5,7)
(ZWEIGE 5,1)
STRÄUCHER 3,4
KRÄUTER 0,07
GESAMT UNTERIRDISCH 25–30

Abb. 2.30: Die Produktivität in t·ha^{-1}·a^{-1} im montanen Buchenwald des Montseny bei Santa Fe (1170 m NN) in Katalonien (aus TERRADAS et al. 1984).

GESAMT BUCHE 10,3
GESAMT OBERIRDISCH 8,8
BLÄTTER 2,9
ZWEIGE 1,8
t·ha^{-1}·a^{-1}
STÄMME 4,1
KRÄUTER 0,07
GESAMT UNTERIRDISCH 1,45

Werten der Buchenwälder in Mitteleuropa, z. B. aus dem Solling (ELLENBERG et al. 1986).

Die Gegenüberstellung von Blatt-Biomasse und jährlicher Produktion für Coniferenbestände und für Laubgehölze (vgl. Abb. 2.31) belegt die bekannte Tatsache der effektiveren Produktion durch Laubgehölze. Die gleiche Produktivität wird durch wesentlich geringeren Einsatz an Biomasse erreicht. Die entsprechenden Werte des Laubfalls gehen aus Abb. 2.32 hervor.

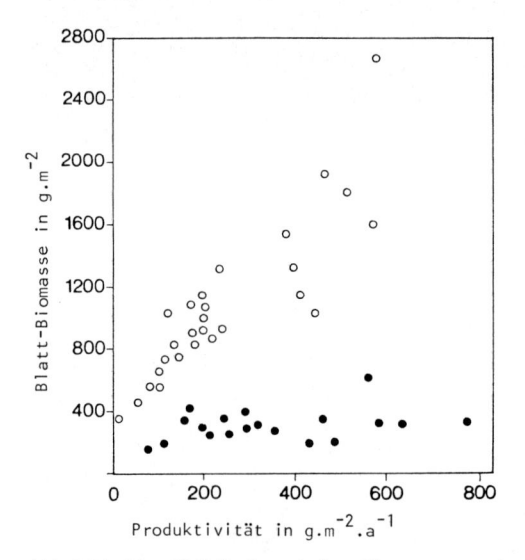

Abb. 2.31: Das Verhältnis zwischen Blattmasse und Produktivität bei Coniferenwäldern und bei Breitlaubwäldern (nach O'NEILL & DE ANGELIS 1981, aus TERRADAS et al. 1984). Blattmasse in $g \cdot m^{-2}$, Produktivität in $g \cdot m^{-2} \cdot a^{-1}$. Breitlaub = volle Kreise; Coniferen = offene Kreise.

In der oberhalb der Waldgrenze liegenden alpinen Rasenstufe, etwa an der Südabdachung der Pyrenäen haben sich krautreiche Rasen und Matten entwickelt, die die nur noch abgeschwächt auftretende Sommerdürre gut durchhalten. *Festuca eskia* bildet mit ihren teilweise verholzenden Blättern stachlige Horst-Rasen, die, heute gering beweidet, noch immer in Treppenstufen angeordnet sind (vgl. Abb. 2.33). Die alten Viehtreppen unterliegen hier einer deutlichen Solifluktion.

Nach Süden reicht die Buche in den mediterranen Gebirgen sehr verschieden weit: Auf der **Iberischen Halbinsel** bis zum Gebirge am Südrand des Ebro-Beckens (Bergland von Teruel), in Italien dagegen bis nach Sizilien, wo der Buchenwald noch 16.700 ha einnimmt (13.000 ha davon entfallen allein auf die Buche). Die Buchenstufe liegt dort in 1500–2000 m NN (als Busch tritt die Buche noch in 2100 m auf) und ist oft von Wolken eingehüllt. Das höchste Vorkommen ist am WNW-Hang des Ätna in 2250 m NN (HOFMANN 1960).

Auf der **Balkan-Halbinsel** wird *Fagus sylvatica* im Osten durch *Fagus orientalis* abgelöst, wobei im mittleren Griechenland Übergangsformen vorkommen, die als *Fagus moesiaca* bezeichnet werden. Der südlichste Fundort von *Fagus* ist im Oxya-Gebirge bei Lamia im mittleren Griechenland.

In **Anatolien** ist *Fagus orientalis* auf die nördlichen Gebirge beschränkt bis auf ein ganz isoliertes Reliktvorkommen in der Wolkenstufe des Amani- (Osmania-) Gebirges am Golf von Iskenderon an der syrischen Grenze. Der Windstau bedingt hier eine ausgeprägte Wolkenwaldhöhenstufe, während in den Tieflagen die Sommer mit nur 40–100 mm Regen sehr heiß sind. Der bis

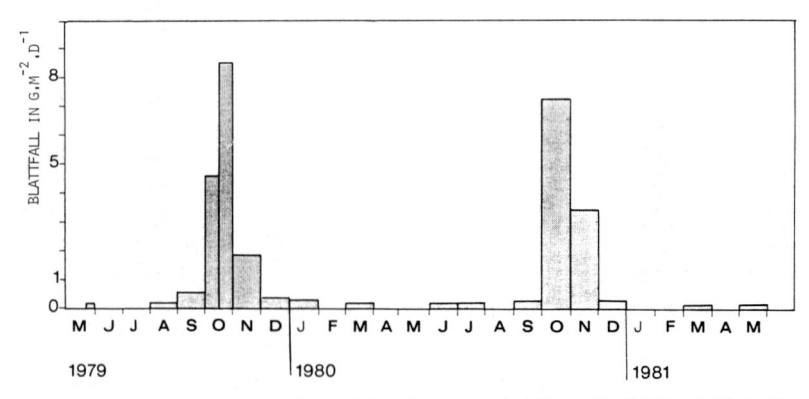

Abb. 2.32: Der Laubfall im montanen Buchenwald im Montseny bei Santa Fe (1170 m NN) in Katalonien. Angaben in $g \cdot m^{-2} \cdot a^{-1}$ (aus TERRADAS et al. 1984).

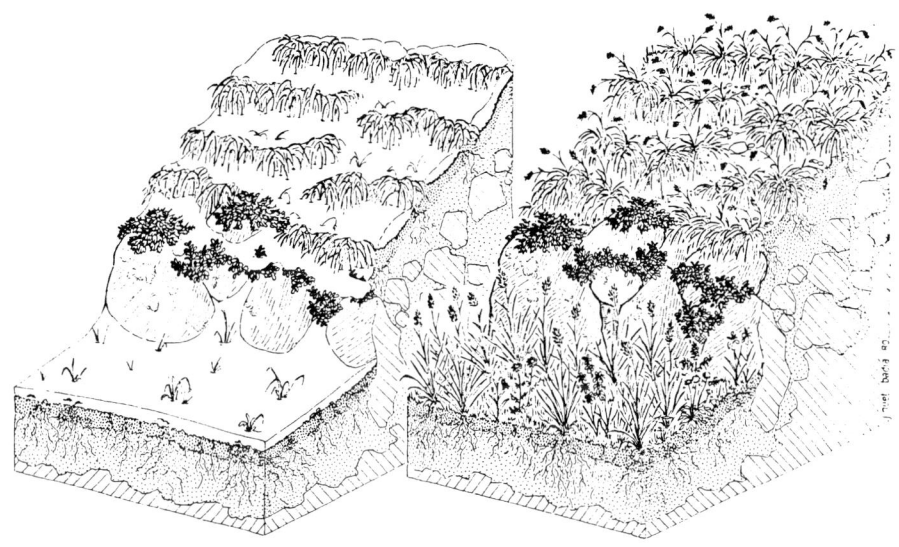

Abb. 2.33: Blockbild des alpinen Dornschmielenrasens (Festucetum eskiae) und der Gebirgswiesen (Hieracio-Festucetum paniculatae) in den Pyrenäen im Sommeraspekt (rechts) und im Winteraspekt (links). Die geringe Schneebedeckung auf Süd-Exposition kommt deutlich zum Ausdruck (aus FOLCH I GUILLEN 1981).

25–30 m hohe Buchenbestand besiedelt auf Waldbraunerde großflächig etwa 1200 ha in 1100–1900 m NN. An schattigen Hängen besteht die typische Krautschicht aus *Sanicula europaea, Asperula odorata, Ranunculus ficaria, Circaea lutetiana, Moehringia trinervia, Salvia glutinosa, Primula vulgaris, Galium rotundifolium, Cephalanthera alba, Hedera helix* und anderen mitteleuropäischen Elementen. In tieferen Lagen sind die Begleiter noch submediterrane Elemente, wie *Sorbus torminalis, Fraxinus ornus* ssp., *Staphylea pinnata, Ruscus hypoglossus, Ilex colchica.* Während der kühleren Postglazialzeit bestand wohl eine Verbindung zu den nordanatolischen Vorkommen über die höher gelegenen Gebirgsschwellen (MAYER & AKSOY 1986).

Betrachtet man die Verbreitung von *Fagus sylvatica* in Europa von Südskandinavien bis nach Sizilien, so erkennt man, daß die obere Buchenwaldgrenze sich fast linear mit den Breitengraden vom Meeresniveau im Norden bis 2000 m NN im Süden anhebt. Die zunehmende Wärme des Klimas nach Süden wird durch die größere Höhenlage kompensiert.

Innerhalb des mediterranen Gebiets hebt sich auch entsprechend die *Quercus ilex*-Stufe, die in Südfrankreich noch collin/planar ist, in Nordafrika dagegen montan, wobei die unterste Stufe vom Oleo-Ceratonion eingenommen wird. Das veranlaßte OZENDA (1975, 1975a), innerhalb des mediterranen Gebietes sechs Höhenstufen zu unterscheiden, die er entsprechend benannte, von denen die zwei unteren auf das mediterrane Gebiet beschränkt sind, während die vier höheren in Mitteleuropa der collinen, montanen, subalpinen und alpinen entsprechen sollen. Für die humide Abfolge läßt sich eine solche Parallelität erkennen, wenn man ein ganz grobes Schema zuläßt und von vielen Abweichungen absieht. Bei der ariden Höhenstufenfolge des mediterranen Gebietes dagegen ist dies nicht möglich.

8.2 Aride mediterrane Höhenstufenfolgen

Die laubwerfende Stufe über der immergrünen fällt hier aus. Sie wird durch eine Reihe von Stufen mit den verschiedensten Nadelhölzern (darunter viele tertiäre Reliktarten) ersetzt. Die untere Nadelholzstufe kann aus *Pinus halepensis* oder in Südanatolien aus *Pinus brutia* gebildet werden, in Nordafrika z.T. auch durch *Tetraclinis articulata,* oder auf Kreta, Cypern und in der Cyrenaica durch *Cupressus sempervirens,* wie wir noch sehen werden. Darüber treten meist lokale reliktische Arten oder Unterarten auf, die man zu *Pinus nigra* s.l.[3]

---

[3] Über die montanen *Pinus nigra* var. *pallasiana*-Wälder in Anatolien berichtet SCHIECHTL (1967).

stellt, oder verschiedene reliktische *Abies*-Arten, die alle jeweils die montane Stufe bilden.

In typischer Ausprägung findet man die aride Höhenstufenfolge im ostmediterranen Bereich, z.B. in Süd-Anatolien (vgl. WALTER 1956). Mit zunehmender Höhe (a–f) ergibt sich für die Höhenstufenfolge am Südabfall des Taurus-Gebirges:

f) alpine Stufe, im unteren Teil mit Dornpolsterfluren
e) an der Baumgrenze: *Juniperus excelsa* und *J. foetidissima*
d) subalpine Stufe mit *Cedrus libani* und *Abies cilicica* (feuchter) oder *Juniperus*-Arten (trokkener).
c) montane Stufe mit *Pinus nigra* ssp. *pallasiana* (schwach ausgebildet)
b) obere mediterrane Stufe mit *Pinus brutia*
a) eigentliche Mediterran-Stufe in tiefen, warmen Lagen mit Hartlaub, an der Meeresküste mit *Ceratonia*.

In der subalpinen Stufe von Südanatolien (mit einem kleinen Reliktareal in Nordanatolien) findet man, wie die Übersicht zeigt, *Cedrus libanotica*, ebenso im Libanon, während von Marokko bis Ost-Algerien diese Art durch *Cedrus atlantica* ersetzt wird. Dazu kommen überall verschiedene baumförmige *Juniperus*-Arten hinzu, die meist die Waldgrenze bilden.

Im Süden wird die Steppe durch das Taurusgebirge begrenzt, an dessen Nordhang nur geringe Winterniederschläge fallen. Deswegen fehlen die unteren mediterranen Stufen, wie z.B. am Kilikischen Ala Dag (SCHIECHTL und STERN 1963). Dieses Hochgebirge erhebt sich über die fast bis 1500 m NN reichende Steppe und hat eine Höhe von 4000 m. In der degradierten Steppenvegetation herrschen vor: *Artemisia caucasica*, *A. fragrans*, *Achillea santolina* u.a. Die nächste Stufe wurde durch einen Trockenwald gebildet, der völlig zerstört ist. Vereinzelt finden sich noch *Juniperus excelsa*, *J. drupacea*, *J. foetidissima* zusammen mit Eichen *(Quercus libani)* und Zitterpappeln. Darüber folgt eine Tannenstufe mit *Abies cilicica*, deren untere Grenze bei 1600–1700 m liegen kann, während die obere bei 2400 m durch einzelne Baumgruppen (nicht Einzelbäume) angedeutet wird. Aber auch diese Stufe ist zum größten Teil durch Igelpolster-Bestände ersetzt, die zur subalpinen Stufe gehören, sich jedoch oft an Stelle des Waldes bis tief herab ausbreiten (Abb. 2.34). Das gilt auch für andere Gebirge, z.B. den Atlas.

Über der Igelpolsterstufe beginnt dann oberhalb von 2700 m die eigentliche alpine Hochgebirgsstufe, das Seslerietum anatolicae, das sich durch einen großen Blütenreichtum auszeichnet (Arten der Gattungen *Draba*, *Aethionema*, *Lamium*, *Androsace*, *Taraxacum*, *Crepis*, *Ranunculus*, *Veronica*, *Corydalis* und das relativ seltene, große *Cirsium ellenbergii*). Die obere Grenze der Igelpolsterstufe wird durch die Kälte bedingt. Dominant sind in dieser *Onobrychis cornuta* und *Astragalus angustifolius*, während *Acantholimon*-Arten nur beschränkt und in höher gelegenen Regionen vorkommen, wo der Schnee abgeblasen wird und eine größere Frosthärte gefordert wird.

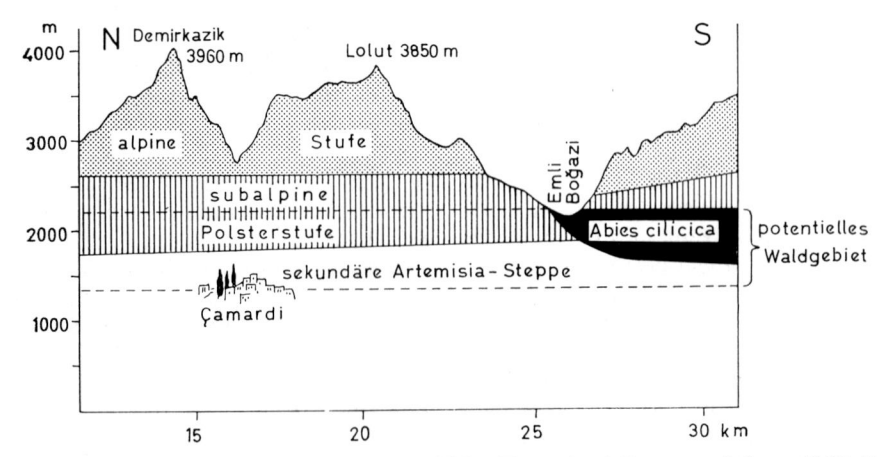

Abb. 2.34: Höhenstufen im Kilikischen Ala Dag im nördlichen Taurus (nach SCHIECHTL & STERN 1963). Zwischen den gestrichelten Linien = potentielles Waldgebiet, infolge der Waldzerstörung und Beweidung heute durch *Artemisia*-Steppe in den tieferen Stufen und durch Igelpolsterbestände in den oberen Stufen ersetzt.

Ähnlich wie am Südhang des Taurus sind auch die Höhenstufen im Troodos-Gebirge auf Cypern, nur schiebt sich hier oberhalb der *Pinus brutia*-Stufe eine solche mit der halbimmergrünen *Quercus alnifolia* und *Quercus infectoria* ein: in der subalpinen Stufe tritt *Cedrus libanotica* ssp. *brevifolia* auf. Am Nordabfall der Insel ist über der schmalen Hartlaubstufe eine bis 1000 m reichende Stufe mit *Cupressus sempervirens* ausgebildet. Diese Art, in ihrer natürlichen Ausbildung stets mit horizontalen Ästen, kommt auch an verschiedenen Stellen in Südanatolien vor, ebenso auch auf Kreta (ZOHARY und ORSHAN, 1966) und in der Cyrenaica (HOUEROU 1964).

Eine *Cedrus libanotica*-Stufe findet man, heute nur noch in kleinen Resten, im Libanon-Gebirge (BEALS 1965). Einschließlich der degradierten Vegetation nimmt die Zeder 3000 ha in etwa 1400–1800 m NN, hauptsächlich an Nord- und Westhängen, ein. Auf feuchteren Standorten kommt auch *Abies cilicica* vor. Die Niederschläge betragen 800–1500 mm. Sie fallen im Winter; manche Nachmittage im Sommer sind die Berge in Wolken gehüllt, so daß auch die sommerliche Trockenheit mäßig bleibt. Begleitpflanzen in der Zedernstufe sind: *Berberis cretica*, *Cotoneaster nummularia*, *Juniperus oxycedrus*, *Quercus calliprinos*, *Qu. infectoria*, *Rosa glutinosa* und die Kräuter *Rubia aucheri*, *Geranium libanoticum*. Es sind alles Arten offener Stellen und Weideunkräuter.

Sehr kompliziert sind die Höhenstufenfolgen im Atlas-Gebirge, dessen einzelne Teile klimatisch starke Unterschiede aufweisen. Die typisch mediterrane Hartlaubstufe mit *Quercus ilex* gehört im Mittleren Atlas schon der montanen Stufe an, die über der *Tetraclinis articulata* (= *Callitris quadrivalvis*)[4]*-Juniperus phoenicea*-Stufe liegt. Im niederschlagsreichen mittleren Atlas folgt am Nordhang auf die *Quercus ilex*-Stufe eine solche mit der sommergrünen *Quercus lusitanica* ssp. *faginea*, der auch *Acer monspessulanum*, mit an den Stämmen hoch hinaufkletterndem Efeu *(Hedera helix)* beigemischt ist. Erst über dieser Stufe beginnen die *Cedrus atlantica*-Wälder (vgl. Abb. 2.35), in denen *Ilex aquifolium* häufig vorkommt (WILDE 1961). Darüber beginnt die *Juniperus thurifera*-Stufe, die auch die Waldgrenze bildet. In dem sehr viel trockeneren Hohen Atlas schließt sich diese *Juniperus*-Stufe direkt an die mediterrane *Quercus*

---

[4] Diese Art kommt in Europa nur im trockenen SE-Spanien bei Cartagena vor.

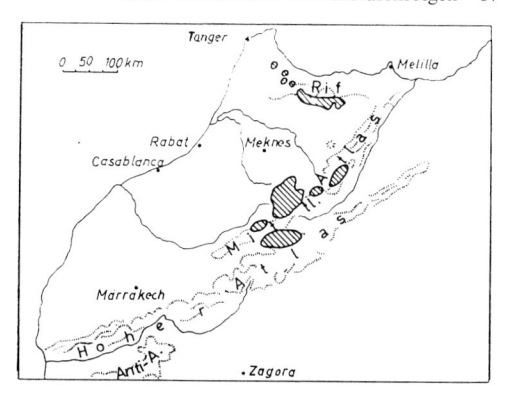

Abb. 2.35: Verbreitung von *Cedrus atlantica* in Marokko (schraffiert) (nach DE WILDE, aus WALTER 1968). Das Areal reicht östlich bis zur Ostgrenze von Algerien.

ilex-Stufe an. Alle Waldstufen sind stark degradiert. Einige schematische Vegetationsprofile sollen die Verhältnisse veranschaulichen (Abb. 2.36).

Ähnliche Verhältnisse finden wir auch in Algerien und Tunesien, nur wird das Klima nach Osten zunehmend trockener. Auch hier ist die Nordseite der Gebirge stets feuchter. An der Küste ist noch die eumediterrane Vegetation als Oleo-Ceratonion mit *Pistacia lentiscus* ausgebildet. Stellenweise tritt *Quercus coccifera* in einer hochstämmigen Form auf. *Quercus suber* nimmt in den regenreichsten Teilen nur eine kleine Fläche ein. Auf ärmeren Böden findet man *Pinus halepensis*-Wälder; doch sind diese meist zu einer *Rosmarinus-Erica*-Garigue degradiert. Etwas höher im Gebirge tritt als Unterwuchs in diesen Kiefernwäldern *Quercus ilex* auf, der mit zunehmender Höhe immer mehr überwiegt.

Wird das Klima heißer, dann beginnt die Zone von *Tetraclinis articulata* («Thuya») und *Juniperus phoenicea*. Auch in dieser Zone findet man hauptsächlich Degradationsstadien der Garigue. Südlicher, bei stark abnehmenden Niederschlägen, verschwinden schließlich die Holzpflanzen, und an ihre Stelle tritt die mediterrane Halbwüstenzone, das Zono-Ökoton IV/III, mit *Stipa tenacissima*, *Lygeum spartum* und *Artemisia herba-alba*, die mit zunehmender Trockenheit weiter in die Wüste, zum Zonobiom III (vgl. Band 2, S. 382) übergeht.

Die einzelnen Gebirge im Mittelmeerraum (oft sogar die entgegengesetzten Hänge der einzelnen Gebirge) zeigen in der Höhenstufenfolge Eigenheiten, die sich nicht in ein allgemeines Schema pressen lassen. Deshalb erscheint es uns zweckmäßiger, jede besondere Stufenfolge als ein

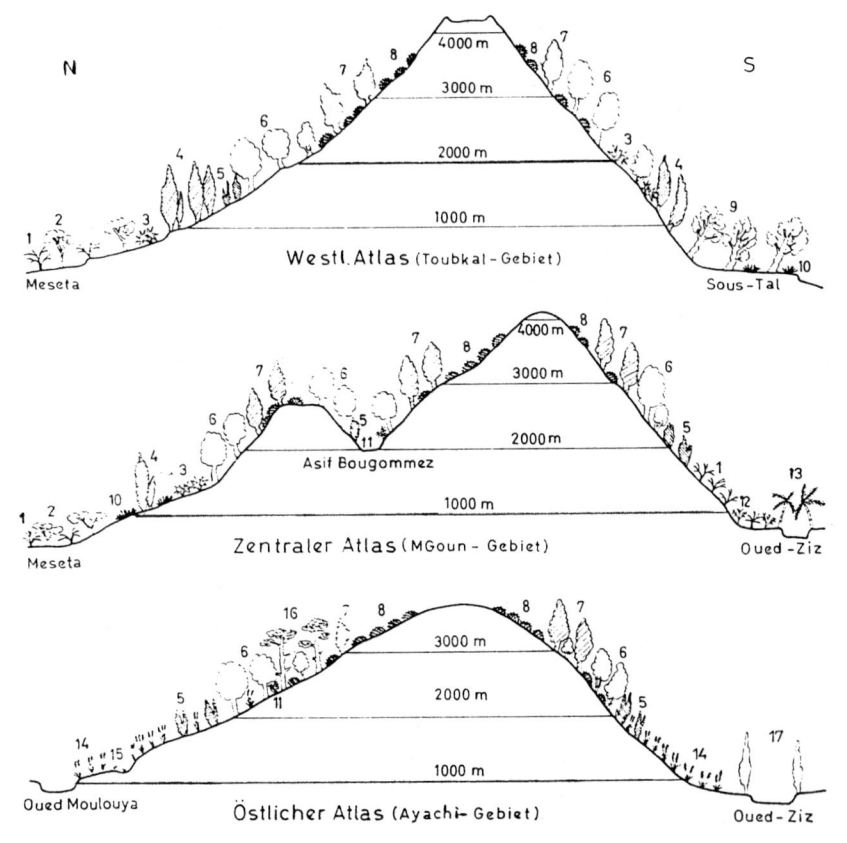

Abb. 2.36: Höhenstufengliederung im Hohen Atlas (nach RAUH 1952, aus WALTER 1968). 1: *Zizyphus lotus*; 2: *Acacia gummifera*; 3: *Chamaerops humilis*; 4: *Tetraclinis (Callitris) articulata*; 5: *Juniperus phoenicea*; 6: *Quercus ilex*; 7: *Juniperus thurifera*; 8: Dornkugelpolster; 9: *Argania spinosa*; 10: sukkulente Euphorbien; 11: *Buxus sempervirens*; 12: *Launea (Zollikoferia) spinosa*; 13: *Phoenix dactylifera*; 14: *Stipa tenacissima*; 15: *Artemisia herba-alba*; 16: *Cedrus atlantica*; 17: *Populus*.

Biom des Orobioms IV zu behandeln und die Bezeichnungen collin, montan, (oreal), subalpin, alpin, sowie nival für alle Gebirge als **relative Höhenlagen** zu verwenden. Sie sind in jedem Einzelfall durch die entsprechende Vegetation zu charakterisieren. Auch die Zahl der Höhenstufen läßt sich nicht allgemein festlegen. Ist sie größer als fünf, so kann man die obengenannten allgemeinen Höhenstufenbezeichnungen unterteilen, indem man eine untere, mittlere und obere montane (oder diese als oreale Stufe aussondert) oder eine untere, mittlere und obere alpine Stufe unterscheidet usw. Die subalpine Stufe sollte dabei stets den Übergang von den bewaldeten Stufen zu den baumlosen bedeuten; sie festzulegen ist nur dann schwierig, wenn es bei den ariden Gebirgen keine bewaldeten Höhenstufen gibt, sondern die Gebirgssteppen oder -halbwüsten ganz allmählich in alpine Grasmatten übergehen. In diesem Falle müssen die floristischen Verhältnisse besonders berücksichtigt werden – die subalpine Stufe wäre die Stufe, in der sich Steppen- und alpine Elemente mischen. Bei dieser Behandlung der Höhenstufen, ganz unabhängig von den Vegetationszonen, kommt man den tatsächlichen Verhältnissen am nächsten. Auf gewisse Parallelitäten zwischen Stufen und Vegetationszone kann man hinweisen, ohne sie gewaltsam gleichzusetzen. Beispiele für die verschiedenen Höhenstufenfolgen in den mediterranen Gebirgen findet man bei WALTER (1968, S. 109–129), OZENDA (1975a), sowie DAFIS (1975), DAFIS und JAHN (1975) und ERN (1966). Zahlreiche Vegetationsprofile aus verschiedenen Regionen der Iberischen Halbinsel bringen RIVAS-MARTINEZ et al. (1984, 1987). Sie unterscheiden zahlreiche typische Pflanzengemeinschaften. Ferner machen Sie Angaben zu einer detaillierten chorologischen Untergliederung der Iberischen Halbinsel.

Auf weitere neuere Arbeiten sei noch hingewiesen: Die Höhenstufen der Pyrenäen, die ein intermontanes Orobiom IV/V darstellen, beschreibt HÖLLERMANN (1972). Am Südhang der westlichen Zentralpyrenäen ist die Höhenstufenfolge über den Ölbaumkulturen eine *Quercus-ilex-*Stufe, darüber *Pinus laricio* (*nigra* s.l.) und dann *Pinus sylvestris* bis zur Baumgrenze, während am Nordhang die mediterrane Stufe fehlt, sondern auf eine colline Stufe aus laubwerfenden Eichen eine montane Buchen-Tannen-Stufe folgt, über der statt der in den Pyrenäen fehlenden Fichte die Hakenkiefer (*Pinus mugo* ssp. *uncinata*) die Waldgrenze bildet.

Die Vegetation des östlichsten Montnegre-Massivs in Katalonien schildert LAPRAZ (1971). Mit den Böden des portugiesisch-kastilischen Scheidegebirges beschäftigt sich RIEDEL (1973).

Die Höhenstufen der zum Mittelmeer abfallenden Südalpen werden auf verschiedenen Karten behandelt, die von OZENDA im Rahmen der Doc. Cart. Veget. Alpes in Grenoble herausgegeben werden, wobei auch auf das Bull. Carte Veg. Provence et Alpes du Sud (1974, I, Marseille) hingewiesen sei. Die Stufenfolge der Alpen in der Haute Provence schildern LEJOLY et al. (1974). Höhenstufen anderer mediterraner Gebirge behandelt OZENDA (1975). In der Toskana werden die drei Waldstufen von MÜLLER-HOHENSTEIN (1969) beschrieben, während GREUTER (1975) über die Gebirgsvegetation auf Kreta berichtet.

Etwas ausführlicher eingegangen werden soll noch auf die **Dornpolster**. Sie bilden eine eigene Höhenstufe, die untere alpine Stufe, bzw. die obere Subalpinstufe. Doch ist ihr Verbreitungsgebiet durch Beweidung, durch Abholzung der hochmontanen Wälder stark verändert, so daß sie weit in die untere Subalpin- und Montanstufe vorgedrungen ist. Die Dornpolsterstufe, wegen ihrer zahlreichen dornigen, meist halbkugeligen Büsche auch als **Igelpolster** bezeichnet (bzw. wegen vieler *Astragalus*-Arten als Tragacanth-Stufe nach GAMS 1956), wird nach oben hin durch die Kälte begrenzt und macht daher alpinen offenen Grasmatten oder Steinfluren Platz. Ihr Hauptverbreitungsgebiet hat die Dornpolstervegetation allerdings in den noch stärker kontinentalen Gebirgen des Vorderen Orients, vor allem in Anatolien, Iran, Afghanistan bis hin zum West-Himalaya, sowie im Hoch-Atlas in Nord-Afrika. Zahlreiche *Astragalus-*, *Acantholimon-*, *Onobrychis-*, *Acanthophyllum*-Arten und andere Gattungen treten in konvergenter Ausprägung auf. Auch andere Gattungen aus den verschiedensten Familien sind vertreten; sie lassen sich in sterilem Zustand oft schwer unterscheiden. Sie zeigen mit ihrer frappierenden, morphologischen Konver-

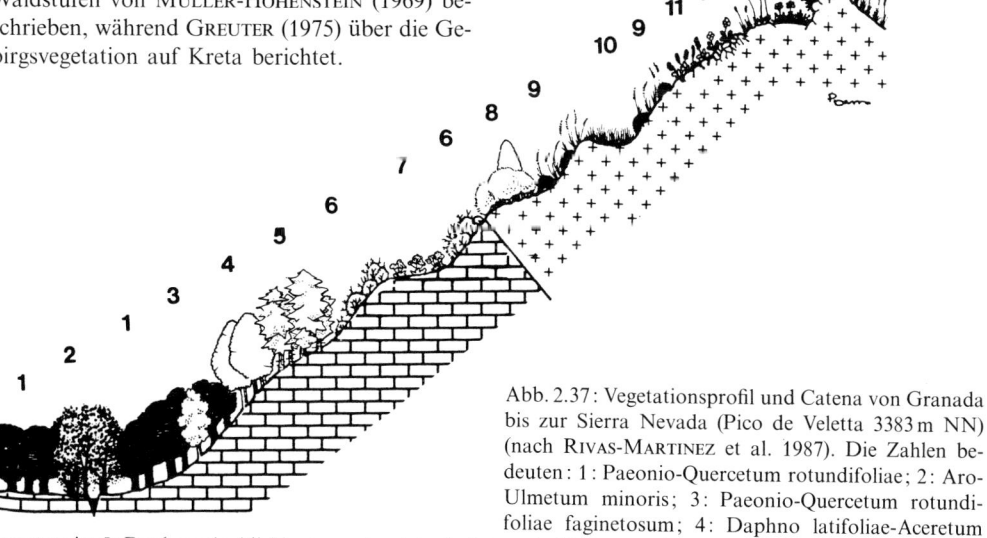

Abb. 2.37: Vegetationsprofil und Catena von Granada bis zur Sierra Nevada (Pico de Veletta 3383 m NN) (nach RIVAS-MARTINEZ et al. 1987). Die Zahlen bedeuten: 1: Paeonio-Quercetum rotundifoliae; 2: Aro-Ulmetum minoris; 3: Paeonio-Quercetum rotundifoliae faginetosum; 4: Daphno latifoliae-Aceretum granatensis; 5: Daphno oleoidi-Pinetum sylvestris; 6: Astragalo-Velletum spinosae; 7: Convolvulo-Andryaletum agardhii; 8: Genisto beticae-Juniperetum hemisphaericae; 9: Thymo-Festucetum indigestae; 10: Nardo-Festucetum violaceae; 11: Sideritido-Arenarietum pungentis; 12: Linario-Violetum nevadensis; 13: Erigeronto-Festucetum clementei; 14: Vaccinio uliginosi-Ranunculetum acetosellifolii; 15: Saxifragetum nevadensis.

Abb. 2.38: Dornpolsterstufe in der südspanischen Sierra Nevada (in ca. 2300 m NN) mit *Erinacia pungens*, *Vella spinosa*, *Astragalus nevadensis* und anderen, meist sehr kleinwüchsigen Arten (phot. S.-W. BRECKLE 1965).

genz, daß diese Wuchsform von besonderem ökologischem Vorteil ist. Für den Atlas werden genannt: *Alyssum spinosum* (Brassicac.), *Arenaria pungens* (Caryophyllac.), *Erinacea pungens* (Fabac.), *Cytisus balansae* (Fabac.), *Bupleurum spinosum* (Apiac.), *Bufonia murbeckii* (Caryophyllac.). Einen typischen Dornpolstergürtel weist auch die südspanische Sierra Nevada auf. Im Vegetationsprofil (Abb. 2.37) ist als Pflanzengemeinschaft das Astragalo-Velletum spinosae angeführt (RIVAS-MARTINEZ et al. 1987) mit dem dornigen Cruciferen-Zwergstrauch *Vella spinosa*, mit *Astragalus sempervirens* ssp. *nevadensis* und dem weiter in Iberien verbreiteten Dornstrauch *Erinacea pungens* (vgl. Abb. 2.38). Dazwischen kommen dornige Ginster *(Cytisus purgans)* oder sparrige, hartblättrige Gräser (*Festuca indigesta*, *F. pseudo-eskia* etc.) vor. Ein typisches Profil im Bereich des Pico de Veleta ist in Abb. 2.37 gegeben. Es gibt die wichtigsten Pflanzengemeinschaften in der arid-mediterranen Höhenstufenfolge wieder (RIVAS-MARTINEZ et al. 1987; vgl. auch ERN 1966 und Abb. 2.26).

QUEZEL (1967) äußert die Ansicht, daß bei der hohen Strahlungsintensität in den arid-mediterranen Gebirgen mit ihrem typischen wolkenlosen Himmel im Sommer, kombiniert mit der großen Dürre, die Sättigungsdefizite der Luft am Tage sehr hoch sind. Schon GAMS (1956) war bei seiner Studie über die Tragacanth-Igelheiden, wie er sie nannte (Xero-Acantheten nach CUATRECASAS, 1929), zu dem Schluß gekommen, daß es vor allem klimatische Faktoren sein müßten und weniger eine Anpassung zum Schutz vor Tierfraß, die in den verschiedenen Familien und Gattungen zur Acanthokladie (Stachelsproßigkeit) und/oder zur Acanthophyllie (Stachelblättrigkeit) geführt haben müssen.

Nach TROLL (1959) stellen die Igelsträucher eine für die sommertrockenen, strahlungsreichen Gebirgsklima der subtropischen Zone typische Wuchsform dar, wobei die extremen Strahlungsbedingungen der bodennahen Luftschicht und die Wasserökonomie des polsterförmigen Wuchses, vielleicht auch die starken tageszeitlichen Temperaturschwankungen, eine wichtige Rolle spielen dürften.

Der dichte Aufbau der Kugelpolster soll nach QUEZEL (1967) die Luftfeuchtigkeit im Innern derselben sehr erheblich erhöhen; doch liegen Messungen von ihm nicht vor. Durch solche «Feuchtigkeitspolster» könnte die Transpiration der Blätter und der stark verholzenden Sproße herabgesetzt werden. Triebe, die über die Polsteroberfläche hinauswachsen, vertrocknen.

HAGER (1985) hat ausgedehnte mikroklimatische und Wasserhaushaltsmessungen an den Dornpolstern in Kreta durchgeführt (vgl. Abb. 2.39). Er konnte die Vermutungen QUEZELs teilweise bestätigen, aber insbesondere spielt der Windschutz durch die Polsterform in den sehr stürmischen Höhenlagen eine erhebliche Rolle; die starke Windabschwächung ist am Windgeschwindigkeitsgradienten oberhalb der Polster an zwei Beispielen (vgl. Abb. 2.40) ablesbar. Ein zweiter bedeutsamer Faktor ist die Art der Ausaperung im

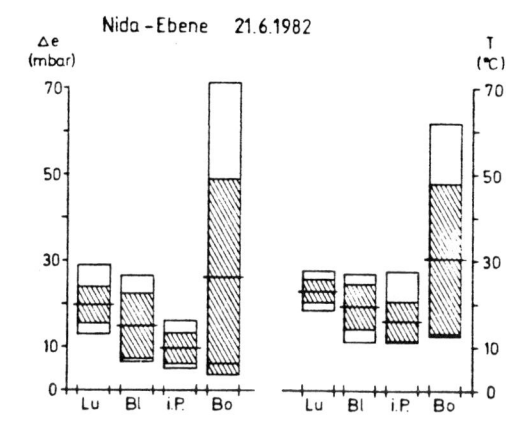

Abb. 2.39: Mikroklima in Dornpolstern der Nida-Ebene (Kreta): Dampfdruckdefizit (links) und Temperatur (rechts) der Luft (Lu), der Blattschicht (Bl), des Polsterinnenraums (i.P.) und der bodennahen Luftschicht (Bo). Angegeben sind der Mittelwert (dicke Linie), die Standardabweichung (schraffierter Bereich) und die Extremwerte (unschraffiert) (nach HAGER & BRECKLE 1985).

Spätfrühjahr. In den stärker kontinentalen Bereichen der Höhenlagen des Zono-Ökotons IV/III, also in den iranischen und afghanischen Gebirgen, dürfte dieser Faktor noch bedeutender sein, da dort die Frosttrocknisschäden oft erheblich sind und bei den Polstern nicht selten hexenringartige Wuchsformen hervorbringen. SHMIDA (1977) für den Hermon und KÜRSCHNER (1986) für den Antilibanon und Hermon betonen ebenfalls die Windresistenz dieser Vegetationsformation.

In der **Sierra Nevada** in Südspanien erreichen die Igelpolster nach Beobachtungen von ERN (1966) folgende Höhen: *Arenaria pungens* (3000 m), *Alyssum spinosum* (= *Vella spinosa*, 3200 m), *Astragalus nevadensis* und *Erinacea pungens* (etwa 2500 m). Im Hohen Atlas kommen *Arenaria pun-* gens bis 3788 m, *Vella spinosa* bis 3850 m und *Erinacea pungens* bis 3600 m hinauf vor (EMBERGER 1939). Auf der Nordabdachung der südspanischen Sierra Nevada dehnen sich etwa von 2500 m an aufwärts weite Grobschutthalden mit einer stark spezialisierten, eher mesophilen Vegetation aus, so daß hier die Dornpolsterformation und die hochmediterranen Hartgräser weitgehend fehlen, bzw. nur an südexponierten Hängen zu finden sind. Die Sierra Nevada reicht hinauf bis in die hochalpine Vegetationsstufe mit niederliegenden, offenen Gras- und Kräuterfluren. In den Gipfelregionen oberhalb 3000 m sind Steinstreifen und Frostschutthalden sehr häufig, dichtere Vegetation ist auf Schmelzwässerabflüsse beschränkt. An den trockeneren Stellen wachsen:

Luzula spicata, Arenaria triquetra var. *granatensis, Cerastium alpinum, Ptilotrichum purpureum, Galium pyrenaicum, Gentiana alpina, Jasione sessiliflorus, Erigeron alpinus, Erigeron frigidus.*

An feuchteren Stellen:

Ranunculus parnassifolius, Brassica cheiranthus, Reseda complicata, Viola nevadensis, Saxifraga oppositifolius, Eryngium glaciale, Linaria glacialis, Linaria glareosa, Carduus carlinoides.

Eine Zwischenstellung weist die Höhenstufenfolge am **Olymp**-Massiv in Griechenland auf. An der Grenze zwischen Thessalien und Mazedonien gelegen, kaum 20 km von der ägäischen Küste entfernt, sind in der Flora Einflüsse von mehreren Seiten erkennbar. Die Küstenebene bis 300 m NN ist typisch mediterranes Kulturland ohne ursprüngliche Vegetationsreste. Die Kulturflächen tragen Tabak-, Baumwoll- und Weizenkulturen, daneben Ölbaum und Weinreben. Auf degradiertem Ödland dominieren Affodillfluren (*Asphodelus aestivus* und *Verbasum undulatum*) oder offene Felsenheide (Phrygana) mit *Coridothymus capitatus, Sarcopoterium spinosum* und dem Gras *Hay-*

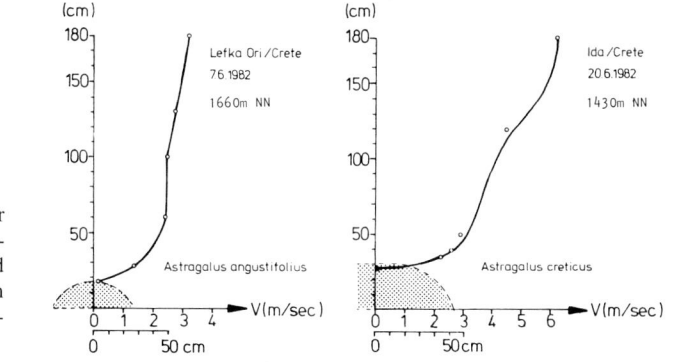

Abb. 2.40: Windabschwächung über Dornpolstern von *Astragalus angustifolius* (links) in den Lefka Ori und über *Astragalus creticus* (rechts) in den Ida-Bergen auf Kreta (nach HAGER & BRECKLE 1985).

naldia villosa. Sie sind im Sommer öde gelbbraun verbrannt, nur vereinzelt sieht man die gelben Blüten der klebrigen *Inula viscosa*, einem herbstblühenden Halbstrauch oder auch Geophyten, wie *Scilla autumnalis* und *Colchicum bivonae*. Im Frühjahr hingegen blüht eine reiche Annuellenflora, z.B. mit *Silene graeca, Nigella damascena, N. arvensis, Ononis reclinata, O. pusilla, Trifolium stellatum, Tuberaria guttata, Tordylium apulum, Campanula erinus, Crepis neglecta* und vielen anderen, auch viele Geophyten blühen dann.

Oberhalb 300 m NN sind größere Flächen mit Kermeseichen-Macchie bedeckt *(Quercus coccifera)*, dazu kommen Qu. *ilex, Erica arborea, Arbutus andrachne*, aber auch *A. unedo, Phillyrea latifolia, Juniperus oxycedrus*, oft mit der kleinen Mistel *Arceuthobium oxycedri* befallen. An schattigen und tiefgründigeren Stellen des Kalkgebiets wächst *Laurus nobilis* und z.T. der halbimmergrüne *Pyracantha coccinea*, und es kommen zu den immergrünen Macchien-Arten mehr auch sommergrüne Straucharten hinzu, meist Vertreter des osteuropäischen Schibljak aus dem Zono-Ökoton IV/VI Bulgariens und Jugoslawiens, so vor allem *Ostrya carpinifolia, Carpinus orientalis, Cercis siliquastrum, Cotinus coggygria, Pistacia terebinthus, Fraxinus ornus, Acer monspessulanum*, seltener *Pyrus spinosa*. Eine solche gemischte Vegetationsform mit immergrünen Arten der **Macchie** und sommergrünen Arten des **Schibljak** bezeichnen wir als **Pseudomacchie**.

Nach STRID (1980) und eigenen Beobachtungen sieht die Höhenstufenfolge am Olymp folgendermaßen aus:

	2917 m NN	Mitikas (höchster Gipfel)
	> 2800 m NN	Kalkfelsspalten-Gipfelzone
alpin	> 2400 m NN	Matten mit *Carex kitaibeliana* auf Solifluktionsböden, Fels und Geröllhalden, Schneetälchen und Dolinen
sub-alpin	2200–2500 m NN	*Pinus heldreichii*-Krummholz (mit *Juniperus nana*)
oreal	1400–2300 m NN	*Pinus heldreichii*-Wald (Panzerföhren-Waldstufe)
montan	800–1700 m NN	vereinzelte Buchenhaine
	700–1500 m NN	gemischte Nadelholzbestände *(Pinus nigra pallasiana* und *Abies borisii-regis)*
	600–1000 m NN	Pseudomacchie und sommergrüne Laubwaldfluren
collin	300– 800 m NN	mediterrane Macchie *(Quercus coccifera, Qu. ilex)*
planar	0– 300 m NN	Küstenebene (Kulturland mit *Olea* u.a.)

Neben Laubwaldresten dominieren die Nadelhölzer in den montanen Höhenstufen; das Vegetationsmosaik ist sehr ausgeprägt. Über die Häufigkeit von Waldbränden ist wenig bekannt, doch muß man auch annehmen, daß das Kalkmassiv durch Verkarstung edaphisch trockener ist als die Klimadaten angeben, was die Nadelhölzer begünstigt. Eine sommergrüne Laubwaldstufe ist nur lückenhaft entwickelt, auch die Buche kommt kleinflächig an vielen Stellen vor, vor allem in Nord-Exposition und auf tiefgründigeren Böden. Immergrüne Hartlaubarten treten andererseits als Unterholz bis in die Nadelwälder hinein auf, z.B. *Quercus coccifera* bis 1300 m NN. Die sommergrünen, submediterranen Arten *(Ostrya, Qu. pubescens, Acer)* gehen als Unterholz im Kiefernwald bis in die Panzerföhrenstufe hoch.

In schattigen Schluchten tritt azonal *Platanus orientalis, Salix elaeagnos, Juglans regia, Ficus carica* und vereinzelt *Taxus baccata* auf.

Die Kiefernbestände sind meist ziemlich locker mit reichlich Unterwuchs und guter Verjüngung. Die Coniferen selbst sind in den unteren Lagen gelegentlich von *Viscum album* befallen, besonders stark die Tanne. In der Orealstufe sind Blitzspuren häufig.

Die Baumgrenze ist unscharf, da die Panzerföhre mit zunehmender Höhe allmählich kleiner, krüppeliger und niederliegend wird; sie wächst auch auf Lawinenbahnen als gekrümmter Strauch. Besonders bemerkenswert sind jedoch in etwa 2100 m NN mächtige Altbäume mit bis zu über 1,80 m Stammdurchmesser, deren Alter aufgrund von Jahrringmessungen zwischen 700 und bis über 1000 Jahren liegen muß. Dies bestätigt frühere Angaben von GAMS.

Eine Dornpolsterstufe fehlt oder ist nur rudimentär und kleinflächig durch die beiden Dornzwergsträucher *Drypis spinosa* (Caryophyllac.) und *Ptilostemon aferum* (Asterac.), z.B. am Rande von Geröllhalden, vertreten. Dagegen ist die niederliegende *Juniperus nana* häufig, und auch *Buxus sempervirens* kommt als Krummholz vor. Dazwischen wächst halbkugelig die nichtdornige *Daphne oleoides* oder spalierartig *Cotoneaster intergerrima* und *Rosa pendulina*, seltener ist *Arctostaphylos uva-ursi* (in N-Expos.), während *Astragalus angustifolius* an trockenen Felshängen auftritt, aber auch keine eigene Stufe bildet. An einer tiefgründigen schattigen Stelle kommt sogar *Vaccinium myrtillus* vor.

Darüber in der alpinen Stufe sind geschlossene Matten auf Verebnungen teilweise großflächig vertreten, an Kalkhängen überwiegen Solifluktionsböden mit Girlanden von *Carex kitaibeliana* und *Sesleria korabensis*. Ausgedehnt sind kahle Felsflächen und Geröllfluren, die aber dennoch eine reiche Flora aufweisen, z.T. mit einer Reihe von Lokalendemiten, wie z.B. der sehr auffälligen *Campanula oreadum* oder *Viola delphinantha*, dazu kommen *Saxifraga spruneri, S. exarata, Arabis bryoides, Edraianthus graminifolius* (Campanulac.), *Alyssum handelii, Achillea ambrosiaca, Rhynchosinapsis nivalis, Potentilla deorum, Viola striisnotata, Cerastium theophrasti, Festuca olympica* u.a. Die Schneetälchen sind scharf begrenzte Stellen (oft kleine Dolinen), in denen der Schnee bis in den Juli hinein liegen bleibt. Dort dominiert *Alopecurus gerardii* mit dicken wurmmähnlichen kriechenden Sprossen und aufgeblasenen Blattscheiden. Seltener sind *Phleum alpinum* und *Anthoxanthum odoratum, Nardus stricta*, sowie *Luzula spicata pindica*. Am Schneerand blühen *Crocus veluchensis* und *Scilla subnivalis*. In den Schneetälchen selbst wachsen niederliegende krautige Arten, wie *Trifolium pallescens, Sagina saginoides, Herniaria parnassica, Gnaphalium supinum, Gn. hoppeanum, Hieracium hoppeanum* u.a. Besonders bemerkenswert sind am Rand der *Alopecurus*-Rasen die beiden Pfahlwurzler *Trinia glauca* und die endemische *Beta nana*. Oberhalb 2400 m sind 150 Arten nachgewiesen, oberhalb 2800 m NN sind es 55 Arten (STRID 1989).

8.3 Jordangraben

Extrem trocken sind die Gebirgshänge des Jordangrabens (Abb. 2.41). Die Höhenstufung reicht hier bis unter −400 m NN. Es ist sozusagen ein «Negatives Orobiom». Nur die Westhänge erhalten soviel Niederschlag, daß die mediterranen Höhenstufen erkennbar sind; die Osthänge tragen Wüstencharakter.

Abb. 2.42 und 2.43 geben einen Überblick über verschiedene Profile der Vegetationsabfolge im Jordangraben und bis zum Roten Meer sowie eine Übersicht über die Niederschlagsverteilung wieder.

Eine neuere Karte der in Palästina vertretenen Florenregionen hat ZOHARY (1982) veröffentlicht (vgl. Abb. 2.44). Die enge Verzahnung der verschiedenen Regionen zwischen Jerusalem und dem Toten Meer und der dadurch sehr steile Gradient sind besonders deutlich zu erkennen.

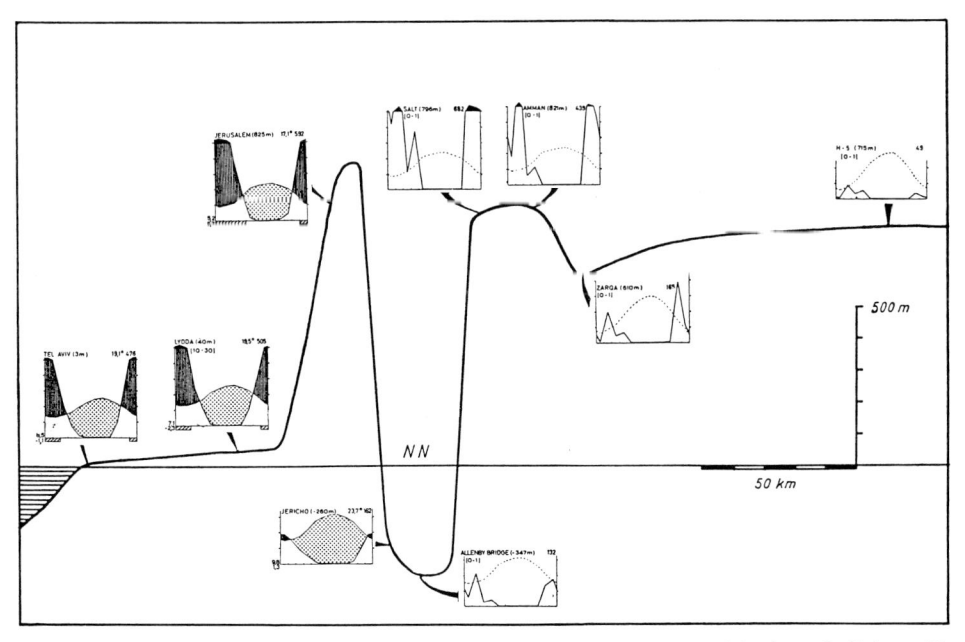

Abb. 2.41: Klimadiagrammprofil von Tel Aviv (Küstenebene) über Jerusalem (Hochland von Judäa) zum Toten Meer und bis ins Hochland von Jordanien bei Amman.

74 Teil 2. Orobiome des Mittelmeergebietes

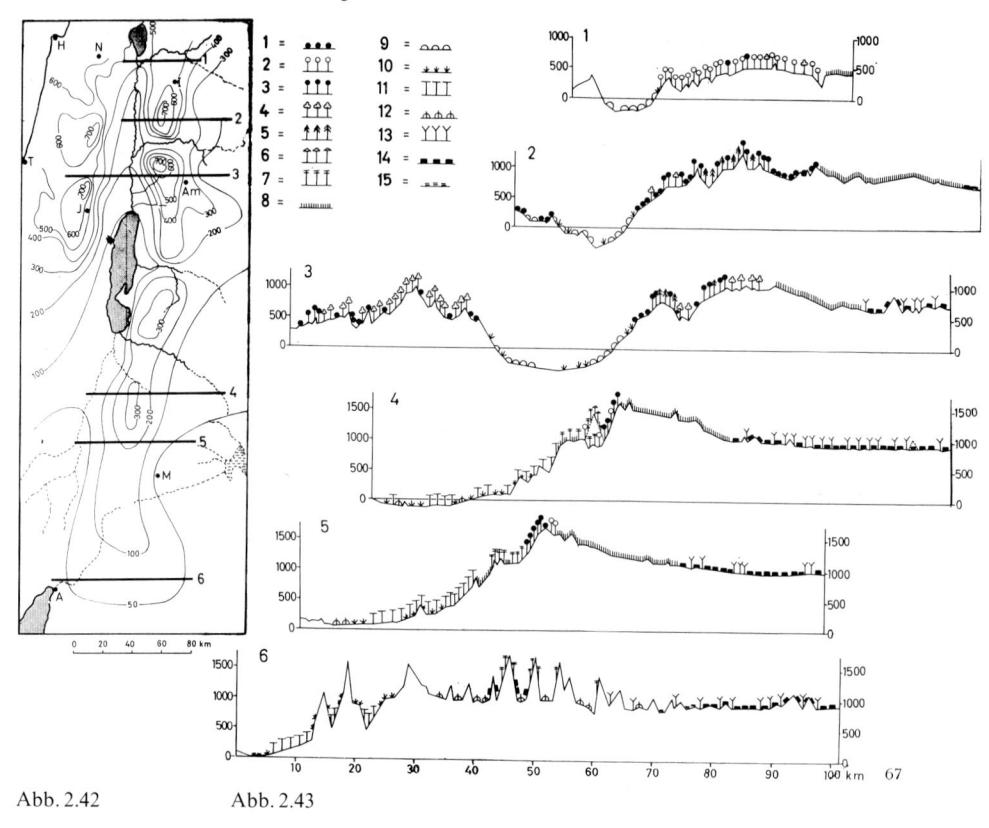

Abb. 2.42   Abb. 2.43

Abb. 2.42: Karte des Jordangrabens und des Toten Meeres mit Isohyeten in mm. (mit 1–6 ist die Lage der Profile von Abb. 2.43 angegeben) (aus WALTER 1968).

Abb. 2.43: Höhenstufen an den Gebirgshängen des Jordan-Grabens und südlich des Toten Meeres (vgl. Abb. 2.42) (nach KASPAPLIGIL 1956). 1: Macchie; 2: *Quercus* und *Pistacia;* 3: *Ceratonia;* 4: Obstkulturen; 5: *Pinus halepensis;* 6: *Cupressus;* 7: *Juniperus;* 8: Steppe; 9: *Zizyphus;* 10: *Retama*-Halbwüste; 11: *Acacia;* 12: *Haloxylan*-Halbwüste; 13: Desert galleries; 14: Steinwüste; 15: Senken mit Schwemmboden.

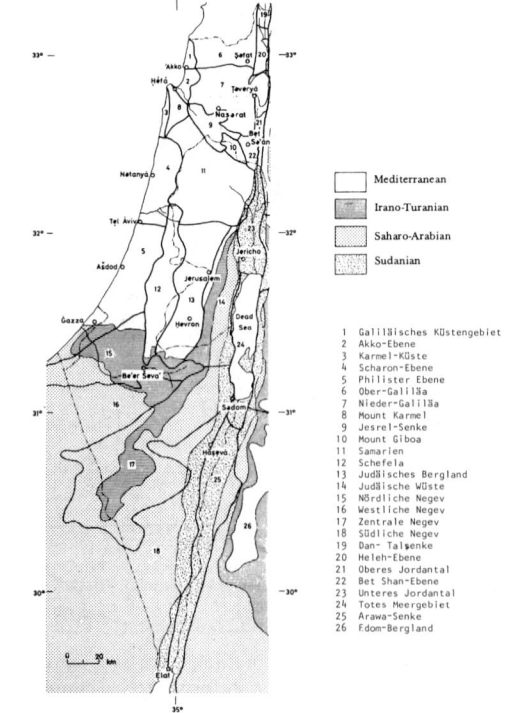

Abb. 2.44: Übersichtskarte über die phytogeographischen Bezirke und Regionen in Palästina (aus ZOHARY 1981). Das sudanisch bezeichnete Gebiet ist auch noch weitgehend saharo-arabisch, aber mit sudanischen Florenelementen durchsetzt.

8.4 Die Kanarischen Inseln

Ein besonders eigenartiges Orobiom, das wir auch noch zum Zonobiom IV rechnen können, stellen die vulkanischen Berge der Kanarischen Inseln dar (Makaronesien). Sie haben Tendenzen zum Zonobiom V.

Fast alle makaronesischen Inseln sind vulkanischen Ursprungs. Die **Geologie** ist kompliziert. Die Entstehung der Kanaren steht offenbar mit der Auffaltung des Atlasgebirges in Zusammenhang. Etwa im Miozän (vor über 20 Mill. Jahren, teilweise wohl schon vor 35 Mill. Jahren) begannen die ersten vulkanischen Aktivitäten. Lanzarote entstand vor etwa 19 Mill. Jahren, Fuerteventura vor etwa 17 Mill. Jahren, Gran Canaria ist etwa 16 Mill. Jahre alt, ebenso die beiden ersten Vulkanbildungen im Teno und Anaga auf Teneriffa. Gomera (12 Mill. J.), La Palma (1,6 Mill. J.) und Hierro (750.000 J.) gelten als die jungen Inseln. Vor einigen Millionen Jahren begann wahrscheinlich auch das Zusammenwachsen von Teno und Anaga durch gewaltige, alte Vulkane, deren Caldera die heutigen Cañadas mit etwa 20 km Durchmesser bilden. In dieser Caldera bildeten sich u. a. die neueren Vulkankegel des Teide und des eigentlich ganz jungen Pico de Viejo (ARANO & CARRACEDO 1978).

Betrachtet man die **Klimadiagramme** aus verschiedenen Höhenlagen (Abb. 2.45), so sieht man, daß das Klima mediterran-arid ist, insbesondere in den tiefen und hohen Lagen; in den letzteren sind jedoch nur die Monate Mai bis September frostfrei. Eine Besonderheit dieser Inseln, die im Bereich der nördlichen Passatwinde liegen, ist, daß es durch die an der Nordabdachung aufsteigenden Luftmassen ständig zur Ausbildung einer im Laufe des Tages immer dicker werdenden Wolkenbank kommt, die meistens in 600–1600 m NN liegt und dadurch eine stabile Inversionswetterlage entsteht. Die Vegetation in diesen Höhenlagen ist deshalb dauernd einem nässenden Nebel ausgesetzt, der sich an den Bäumen niederschlägt (nicht meßbarer Niederschlag) und eine gewisse Bodenfeuchtigkeit auch in den regenarmen Sommermonaten gewährleistet (vgl. Band 1, S. 205; Band 2, S. 268). Infolgedessen kommt es hier am Nordhang zur Ausbildung eines feuchten Lorbeerwaldes, in dem auch Vertreter des subtropischen Regenwaldes vorkommen. Auch auf der Südseite bilden sich gelegentlich solche Wolken, einzelne tiefere Barrancos (Arafo, Ladera) auf der Südseite weisen daher auch Relikte des Lorbeerwaldes auf. In die höhere Stufe des Kanarenkiefernwaldes reicht die Wolke seltener, doch kommt es vor, daß die Passatwolke über den Esperanzawald (1600–2000 m NN) von Nord nach Süd hinwegdriftet.

Eine umfangreiche Vegetationsmonographie der Insel Gran Canaria liegt von SUNDING (1972) vor. In dieser Arbeit wird auch auf den hohen Nebelniederschlag im Lorbeerwald hingewiesen. Während der Regenmesser auf einer offenen Stelle einen Jahresniederschlag von 956 mm ergab, wurden unter den Lorbeerbäumen im Walde selbst im gleichen Zeitraum 3038 mm gemessen. Mit dem Nebelniederschlag auf Teneriffa beschäftigt sich eingehend auch KÄMMER (1974); er schätzt seine Bedeutung für den Lorbeerwald geringer ein, als es die vorstehenden Vergleichszahlen erwarten lassen.

Die **Böden** der einzelnen Inseln variieren auf kurze Distanz sehr stark. Sie sind aus recht unterschiedlichem, oft auch aus sehr unterschiedlich altem Material aufgebaut. Schwer verwitternde Basalte und Lavamassen, aber auch leichter verwitterbare Aschen sind das Ausgangsmaterial. Je nach Klima und damit Vegetation kommt es zu einer mehr oder weniger raschen Bodenbildung, wobei in der Regel sehr lockere und durchlässige Böden überwiegen, was die Wasserversorgung bei späteren Kulturflächen sehr erschwert. Besonders tiefgründige, humose Böden sind in den Lorbeerwäldern entstanden.

Ein Sammelband über «Biography and Ecology in the Canary Islands» (KUNKEL, ed., 1976) enthält verschiedene Arbeiten über die Vorgeschichte, Geologie, Klima, Flora und Fauna dieser Inseln.

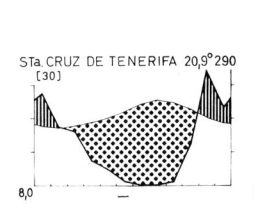

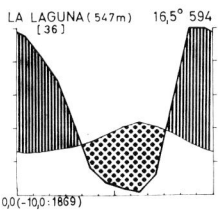

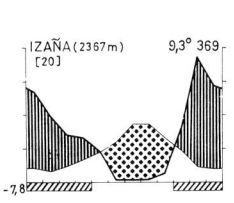

Abb. 2.45: Klimadiagramme der Insel Teneriffa. Sta. Cruz in Meereshöhe mit sehr aridem Klima an der trockenen Ost- und Südostseite; La Laguna an der unteren Grenze der Wolkenstufe; Izaña an der oberen Waldgrenze (aus WALTER 1968).

Tab. 2.8: Übersicht über Größe, Artenzahlen und Endemitenreichtum Makaronesiens (nach HENRIQUEZ et al. 1986).

	Azoren	Madeira	Salvajen	Kanaren	Kapverden	gesamt
Gesamtfläche (km²)	2344	810	4	7542	4033	14.400
maximale Meereshöhe (n NN)	2351	1862	154	3717	2829	–
Artenzahl (Spermatophyten)	843	1141	87	1860	650	3200
Endemiten (jeweilige Region) in %	5,2	8,2	2,2	25,5	15,0	40,4

Eine neuere Ausgabe (KUNKEL 1987) gibt einen guten Überblick sowohl über die Pflanzenwelt der Kanarischen Inseln allgemein als auch im Vergleich der Inseln des Archipels untereinander. HENRIQUEZ et al. (1986) haben eine reich bebilderte Übersicht über **Flora und Vegetation** der Kanarischen Inseln zusammengestellt und behandeln ausführlich die einzelnen Höhenstufen der Inseln mit höheren Bergen. Wir kommen darauf noch zu sprechen. Die Kanarischen Inseln sind inzwischen sehr gut erforscht, doch findet man immer wieder auch heute noch neue lokale Rassen einzelner Arten. Eine neue Flora hat LUDWIG (1984) zusammengestellt. Makaronesien besteht (vgl. Tab. 2.8) aus mehreren Inselgruppen. Biogeographisch werden auch noch Teile von West-Marokko dazugerechnet; diese sind vor allem durch das Auftreten von Sukkulentengebüsch gekennzeichnet (mit *Euphorbia mauretanica* usw.).

Man hat früher die Flora und Vegetation der Kanaren mit einem Museum verglichen, in dem einzelne Elemente der seit der späten Kreidezeit wechselnden Pflanzenwelt des benachbarten afrikanischen Kontinents zu finden sind. Es sind Reste der heute in Südafrika befindlichen Flora, aber auch tropische Elemente, Relikte der subtropischen und der nordhemisphärischen Waldflora sowie Elemente der mediterranen *Quercus ilex*-Zone oder der Genisteen-Ericoideen-Heiden (MEUSEL, 1965). Schließlich fehlen auch Vertreter der saharischen und andererseits der alpinen Vegetation nicht ganz.

Alle diese Elemente sind zu verschiedenen Zeiten von Afrika herübergekommen und blieben dann hier an geeigneten Standorten erhalten, während sie auf dem Kontinent in den der Inselgruppe benachbarten Teilen von den nachfolgenden Vegetationswellen völlig verdrängt wurden. Erst mit der dichteren Besiedlung durch den Menschen wurde dieses komplizierte Vegetationsmosaik auf den Kanaren stark gestört. Große Teile wurden terrassiert und in Kulturflächen umgewandelt oder ruderal beeinflußt, wobei das mediterrane Element zur Vorherrschaft gelangte. Aus Tab. 2.8 geht hervor, daß auf den Kanaren etwa $^1/_5$ der Arten endemisch ist. 33 % sind mit mediterranen Arten nahe verwandt.

Neben den **Endemiten** für ganz Makaronesien gibt es typische Kanaren-Endemiten, aber auch solche, die nur auf wenigen der Inseln vorkommen. Dazu gibt es eine ganze Reihe von Lokalendemiten, die nur auf einer oder zwei der Inseln vertreten sind und sich gegenseitig vikariant vertreten. Gran Canaria und Teneriffa beherbergen je über 100 endemische Arten, 21 sind beiden Inseln gemeinsam (Abb. 2.46).

Die floristisch-chorologische Situation aller makaronesischen Inseln hat KÄMMER (1982) zusammengestellt. Danach sind etwa ein Viertel der 4800 Arten an Gefäßpflanzen in Makaronesien endemisch. In einigen Formenkreisen hat sich wohl aufgrund der zeitlich stabilen (ozeanisches Klima), aber räumlich sehr variablen Standortsbedingungen (große Nischenzahl) aufgrund adaptiver Radiation eine starke Artenaufspaltung ergeben, so z.B. bei *Echium, Argyranthemum, Sonchus, Aeonium, Sideritis, Micromeria, Polycarpaea* usw. Viele Gattungen, die sonst fast nur krautige

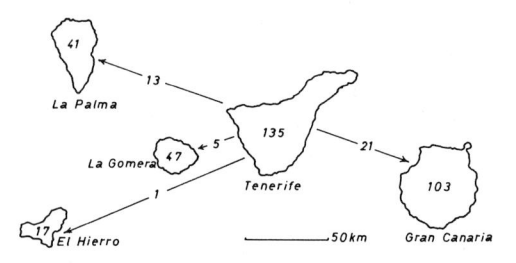

Abb. 2.46: Teneriffa als Zentrum der Endemitenentwicklung der Kanarischen Inseln. Die Zahlen auf den Inseln beziehen sich auf die bisher bekannten Lokalendemiten der jeweiligen Insel, die Zahlen zwischen den Inseln geben die Zahl jeweils gemeinsamer Endemiten an (Unterarten sind nicht berücksichtigt) (nach KUNKEL 1980).

Vertreter aufweisen, sind auf den Kanaren durch verholzte, strauchige Arten gekennzeichnet (*Echium, Rumex lunaria, Sonchus, Senecio (Kleinia), Teucrium, Plantago, Hypericum, Aeonium* usw.).

Es ist verständlich, daß die Kanarische Inselwelt schon seit langem die Botaniker interessierte (CHRIST 1885, BURCHARD 1929, MÄGDEFRAU 1944, SCHMID 1954, DAVY DE VIRVILLE 1961, OBERDORFER 1965, VOGGENREITER 1974, KUNKEL 1976, 1987, LUDWIG 1984, LÖSCH 1988). Eine ausführliche Zusammenfassung bringt KNAPP (1973, S. 555–588). Wir wollen uns hier allerdings auf die Höhenstufen beschränken, die auf der vulkanischen Insel Teneriffa vom Meeresspiegel bis zum Pico de Teide (3717 m NN) reichen.

Im Vegetationsprofil ist in Abb. 2.49 zunächst eine schematische Übersicht der einzelnen Vegetationseinheiten gegeben, die zu verschiedenen Höhenstufen zusammengefaßt werden können. Im folgenden werden die Höhenstufen im einzelnen besprochen.

Die natürliche Pflanzendecke der dicht besiedelten Inseln, die heute auch einen erschreckenden Tourismus-Boom aufweisen, ist nur in Resten erhalten geblieben. Aber es läßt sich doch noch in

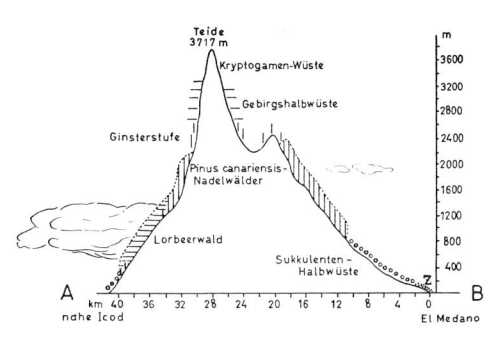

Abb. 2.48: NNW-SSE-Profil durch die Insel Teneriffa (Lage des Profils vgl. Abb. 2.47) mit Angabe der Höhenstufen (aus WALTER 1968). Z = *Zygophyllum-Launea (Zollikoferia)*-Wüste.

groben Zügen die natürliche Vegetationsverteilung und eine Übersicht der Höhenstufenfolge am Beispiel der Insel Teneriffa zusammenstellen (Abb. 2.47–2.49).

a) die **Wüstenzone** in den untersten Lagen an der im Windschatten liegenden Südspitze der Insel (El Medano, Punto Rojo; kleinere Flächen am Punto de Teno). Flächenweise herrscht hier *Launea (Zollikoferia) spinosa* vor; daneben findet man auf Lavaschutt *Zygophyllum fontanesii, Lycium intricatum, Gymnocarpos decander, Frankenia laevis, Neochamaelea (Cneorum) pulverulentum, Fagonia sp., Euphorbia balsamifera, Eu. aphylla, Schizogyne sericea* und *Ceropegia fusca*; auf Sanddünen kommen auch noch *Suaeda vermiculata* und *Traganum moquinii* vor. Letztere sind auch auf den trockeneren östlichen Inseln weiter verbreitet. Die meisten dieser Arten sind saharoarabische Elemente (vgl. Band 2, S. 357 ff.).

b) Die **Sukkulenten-Halbwüste** ist in den unteren Lagen viel weiter verbreitet. Sie umgibt die Insel als Ring auf den feuchten nördlichen Hängen nur bis etwa 400 m NN, auf den trockenen Südhängen bis etwa 800 m NN. Auf trockenem jungem Lavaboden dominiert die weißgraue kandelaberbildende, stammsukkulente, kakteenähnliche *Euphorbia canariensis*, auf feinerdereicherem Material die schopfartig beblätterte *Euphorbia regis-jubae*, zusammen mit *Kleinia (Senecio) neriifolia*, selten kommt *Eu. atro-purpurea* dazu. Vor allem auf der Südseite fällt in dieser Stufe die «kleine Trauerweide», *Plocama pendula* auf, eine Rubiacee mit weißen Beerenfrüchten.

Felsböden in höheren, schon etwas feuchteren Lagen oder schattige Stellen der Tieflagen tragen ebenfalls eine reiche Sukkulentenvegetation mit zahlreichen Vertretern der Gattung *Aeonium*

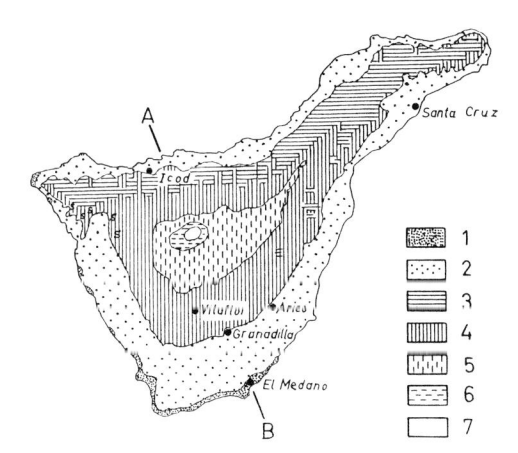

Abb. 2.47: Vegetationskarte von Teneriffa (nach CEBALLOS & ORTUNO, verändert nach OBERDORFER 1965). 1: *Zygophyllum-Launea*-Halbwüste; 2: *Kleinia-Euphorbia*-Sukkulentenbestände und Ersatzgesellschaften- 3: Lorbeerwälder und *Erica*-Heiden mit Ersatzgesellschaften; 4: *Pinus canariensis*-Wälder, sowie *Cistus-Cytisus*-Gebüsch mit Ersatzgesellschaften; 5: temperierte *Spartocytisus*-Gebirgshalbwüste; 6: *Viola cheiranthifolia*-Steinschuttfluren; 7: kalte Gebirgswüste mit Kryptogamen; s. = Wacholderfluren mit *Juniperus cedrus* und *Juniperus phoenicea*. A—B: Verlauf des Profils auf Abb. 2.48.

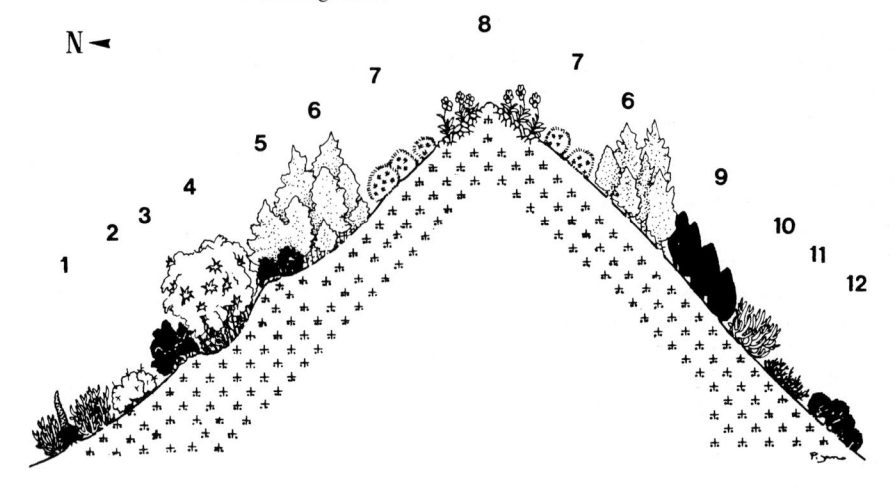

Abb. 2.49: Vegetationsprofil der oberen Höhenstufen von Anaga über den Teide bis el Medano (nach RIVAS-MARTINEZ 1987). Die Zahlen geben folgende Pflanzengemeinschaften an: 1: Echio leucophael-Euphorbietum canariensis; 2: Rhamnion crenulatae; 3: Fayo-Ericetum arboreae; 4: Lauro-Perseetum indicae: 5: Sideritido-Pinetum canariensis myricetosum; 6: Sideritido-Pineteum canariensis; 7: Spartocytisetum nubigeni; 8: Violetum cheiranthifoliae; 9: Juniperetum phoeniceae; 10: Euphorbietum canariensis; 11: Ceropegio fuscae-Euphorbietum balsamiferae; 12: Launeetum arborescentis.

(*Sempervivum*-Verwandtschaft, mit den Gattungen *Aichryson, Greenovia* und *Monanthes*). LÖSCH (1988) hat sich intensiv mit den funktionellen Voraussetzungen der adaptiven Nischenbesetzung der Semperviven der Kanaren befaßt. Er hat am Standort zahlreiche Messungen der Temperaturresistenzwerte, der Trockenresistenz und zur Produktionsphysiologie (Photosynthesemessungen, C3 bzw. CAM) durchgeführt und Vergleiche angestellt. Seine Untersuchungen zeigen, daß bei der funktionellen Anpassung an mannigfaltige Nischen auf diesen vulkanischen Inseln die interspezifische Konkurrenz weniger wichtig ist, vielmehr ist die Anpassung an die gegebenen abiotischen Faktoren an den Spezialstandorten entscheidend, wobei bald die C3-, bald die CAM-Photosynthese überwiegt. Die Aeonien stellen durch geographische Isolation ein besonders instruktives Beispiel der Artbildung dar (sie sind sozusagen DARWINS Galapagos-Finken aus botanischer Sicht). Zum ersten Mal wurde an einem so reichhaltigen Material gezeigt, daß für die Phylogenie die Veränderung der ökologischen Eigenschaften der einzelnen Arten (über Mutation und Selektion in kleinen Populationsgrößen) primär die phylogenetische Entwicklung in verschiedenen Richtungen bestimmt, die dann auch zur Ausbildung bestimmter morphologischer Merkmale, die zur Artunterscheidung verwendet werden können, führt.

KULL (1982) hat ein vereinfachtes Schema der Einnischung der *Aeonium*-Arten Teneriffas gegeben (vgl. Abb. 2.50). Dabei ist die Radiation in die einzelnen Höhengürtel gezeigt.

Zu den verschiedenen Aeonien kommen in dieser Stufe einige *Sonchus*-Arten (*Dendrosonchus*) u.a. und vor allem eine Reihe der interessanten endemischen Arten (Caryophyllaceae, Boraginaceae, Lamiaceen, Rubiaceen, Asteraceen) hinzu. Nicht einheimisch sind dagegen *Opuntia ficus-indica, O. dillenii* und andere Opuntien, die Agaven, die Aloen und wohl auch *Cryophytum (Mesembryanthemum) cristallinum*. Die Opuntien sind gerade in dieser Stufe zu einer Pest geworden. Sie haben sich aggressiv ausgebreitet und manche einheimischen Arten verdrängt. Sie wurden früher einmal wegen der Cochenille-Läuse (für rote Farbstoffgewinnung, z. B. für Lippenstifte) eingeführt.

In dieser Stufe ist auch der Drachenbaum[5] (*Dracaena draco*) heimisch, der häufig gepflanzt

---

[5] Die Drachenbäume wurden noch von A. v. HUMBOLDT im letzten Jahrhundert für mehrere Tausend Jahre alt gehalten. Neuere Untersuchungen dieser Monokotylen mit sekundärem Dickenwachstum, aber ohne Jahresringe, haben ergeben, daß der derzeit älteste Drachenbaum, der von Icod, wohl nicht älter als etwa 370 Jahre alt sein dürfte (MÄGDEFRAU 1975). Dies wird aus den Blührhythmen, die die Verzweigung bestimmen und den längerfristig beobachteten vergleichenden Dickenzuwachsraten erschlossen.

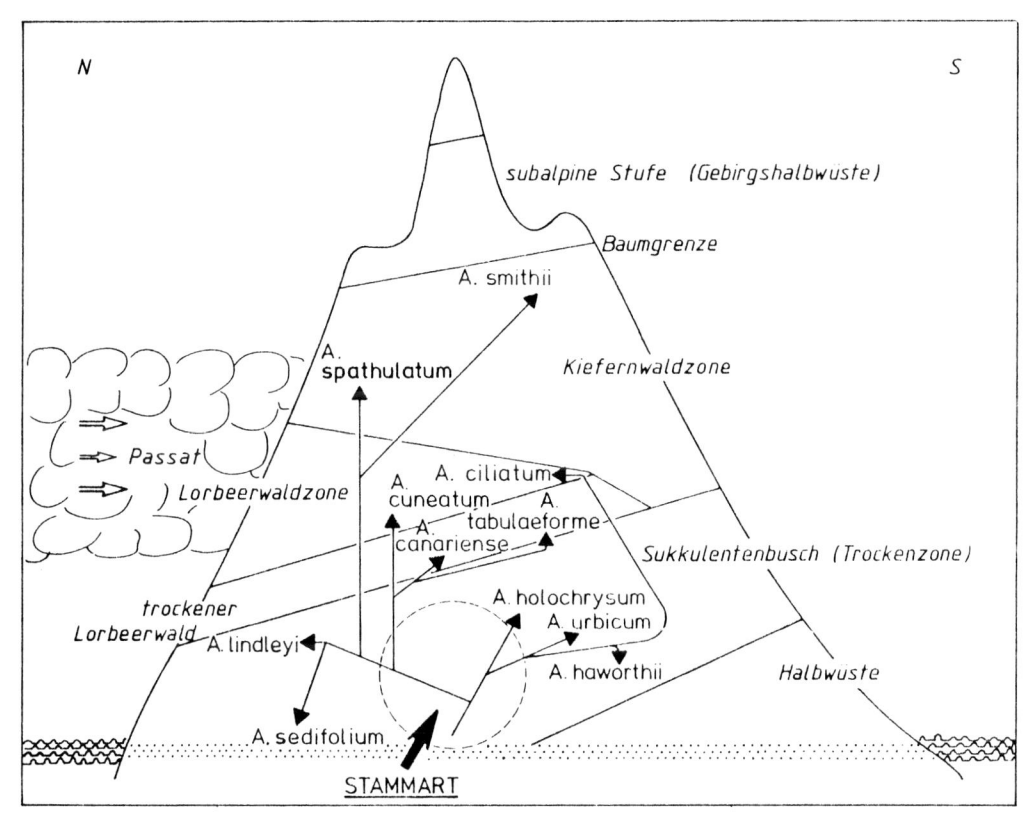

Abb. 2.50: Die Einnischung der *Aeonium*-Arten Teneriffas in den verschiedenen Höhenzonen der Vegetation dieser Insel (aus KULL 1982).

wird und sich neuerdings wieder mehr ausbreitet. Spontanvorkommen sind aber auf steile Felsabstürze in Höhen zwischen 100 und 600 m NN beschränkt.

Ebenfalls heimisch in dieser Stufe ist die kanarische Dattelpalme *(Phoenix canariensis)*, deren Früchte nicht eßbar sind; sie wird jedoch häufig als Zierbaum im Mittelmeergebiet gepflanzt. Ihr natürlicher Standort dürften die wasserzügigen Talrinnen (Barrancos) sein, aber vielleicht auch eine mittlere Höhenstufe unterhalb des Lorbeerwalds («palmeal»). Die Sukkulenten-Halbwüste zeigt ebenfalls afrikanische Züge und erinnert an die atlantischen Trockengebiete Marokkos bzw. sogar an die Sukkulenten-Halbwüste der Karroo in Südafrika.

Wie immer hat gerade diese Vegetationsform durch den Menschen eine starke Ausweitung auf Kosten der Wälder erfahren. Alles abfließende Wasser wird auf den Kanarischen Inseln sorgfältig erfaßt (z.B. durch Tausende von Quellfassungen und Höhlenanzapfungen sowie durch ein ausgeklügeltes System von Wasserleitungen und Kanälen) und zur Bewässerung der ausgedehnten Bananenkulturen in diesen unteren, frostfreien Lagen verwendet. Ananas, Zuckerrohr, Baumwolle, Papayas, Mangos und Avocados können hier ebenfalls angebaut werden. In Zukunft sollen Litschis *(Litchi chinens)* und Carambolas *(Averrhoa carambola)* die Vielfalt vergrößern und die Marktrisiken verringern. Es wurden auch prächtige Gärten mit tropischen Zierpflanzen aus aller Welt angelegt. Die nicht bewässerten Teile erhielten infolgedessen weniger Wasser und sind trockener geworden.

Der Übergangsbereich zum Lorbeerwald ist ursprünglich vielleicht ein offener, thermophiler Wald mit der kanarischen Dattelpalme und mit Drachenbaum gewesen, dazu *Sonchus*-Arten, *Pistacia atlantica, Erica arborea, Visnea mocanera* und vor allem der bis 5 m hoch werdenden *Hypericum canariense*. Hier sind die größten Verbindungen zur Mediterranflora und deren Macchienvertrefern gegeben. Dieser Vegetationstyp ist fast völlig verschwunden bzw. degradiert worden. Reste sind am Vorkommen von *Arbutus canariensis* erkennbar, deren Früchte von den Guanchen, den Ureinwohnern, besonders geschätzt wurden. Sie sind noch im Tenogebirge zu finden, zusammen mit *Viburnum tinus* ssp. *rigidum, Visnea, Erica arborea, Globularia salicifolia, Cistus symphytifolius, C. monspeliensis* (darauf *Cytinus* parasitierend) und anderen.

c) Die **Lorbeerwaldstufe** nimmt die nebelreichsten, warmgemäßigten Lagen über 500 m NN auf der Nordseite ein. Sie reicht stellenweise bis 1200 m hoch hinauf. Durch das Auskämmen des Nebels erzeugen die Bäume eine triefende Nässe, und der braunerdige Boden bleibt ständig durchfeuchtet. Größere ursprüngliche Lorbeerwaldbestände sind kaum noch erhalten. Teilweise wachsen aber heute jüngere Bestände wieder nach. Die verbliebenen Reste zeigen, daß außer dem Lorbeer *(Laurus canariensis = L. azorica)*, der der mediterranen Art *Laurus nobilis* sehr nahe steht, eine Reihe weiterer immergrüner Holzarten am Aufbau des Waldes beteiligt sind, die auf tropische oder subtropisch-temperierte, immergrüne Regenwälder namentlich Südafrikas hinweisen, wie z.B. die Lauraceen *Ocotea foetens, Apollonias canariensis* (= *A. barbujana)* und *Persea indica*, die schon erwähnte Theacee *Visnea mocanera* oder *Ilex perado* ssp. *platyphylla* und *I. canariensis*. Ihre Blätter sind alle sehr untypisch oval im Umriß (vgl. Abb. 2.51) und in anatomischer Hinsicht lauriphyll. Dazu kommen gelegentlich die ebenfalls lauriphyllen Myrsinaceen *Heberdenia excelsa* und *Pleiomeris canariensis* sowie die Oleacee *Picconia excelsa*. Seltener ist *Sideroxylon marmulano* (Sapotaceae). Durch *Prunus lusitanica, Smilax canariensis* und *S. aspera* sind Beziehungen zu den südlichen atlantisch-mediterranen Gebieten gegeben. Der Unterwuchs ist sehr artenreich, auch hier kommen viele Endemiten vor. Mehrere große Farne *(Woodwardia radicans, Dryopteris*-Arten und die Baumfarn-Verwandte *Culcita)* treten auf, epiphytisch oft *Davallia canariensis* und *Polypodium macaronesicum*, an sehr schattigen Stellen *Asplenium hemionitis, Adiantum reniforme, Anagramme leptophylla, Vandenboschia* und *Cystopteris diaphana*.

Endemisch sind auch die ziegelroten Fingerhüte *Isoplexis canariensis* (auf Teneriffa, Gomera und La Palma), *Isoplexis chalcantha* und *isabelliana* (auf Gran Canaria), oder *Canarina canariensis*, die große ziegelrote Glockenblume. Sie erinnern ganz an Blüten, die durch Vögel bestäubt werden, ebenso wie die roten, fast radiären Blüten von *Campylanthus salsoloides* (Scrophulariac.) der tieferen Lagen oder *Salvia canariensis* und *Teucrium heterophyllum* sowie *Lotus berthelotii*, der, ursprünglich in der Kiefernwaldstufe vorkommend, heute wohl ausgestorben ist und nur aus Kulturen bekannt ist. Es ist wohl noch unklar, ob die Bestäuber dieser Arten ursprünglich Vögel waren und heute ausgestorben sind.

Als Ganzes scheinen diese Wälder den tertiären Wäldern Europas nahezustehen und stellen ein gewisses Relikt dar. Sie entsprechen sehr gut dem Typ der gemäßigt humiden immergrünen Wälder des Zonobioms V.

Sobald der Wald jedoch zerstört wird und der Nebel nicht mehr in dem Maße feuchtigkeitserhöhend wirken kann, setzt sich das mediterrane Klima mit der Sommerdürre durch, und es entwickelt sich eine niedrige Baumheide mit *Erica arborea* und/oder *E. scoparia* und *Myrica faya*, die im Lorbeerwald selbst nur subdominant vertreten

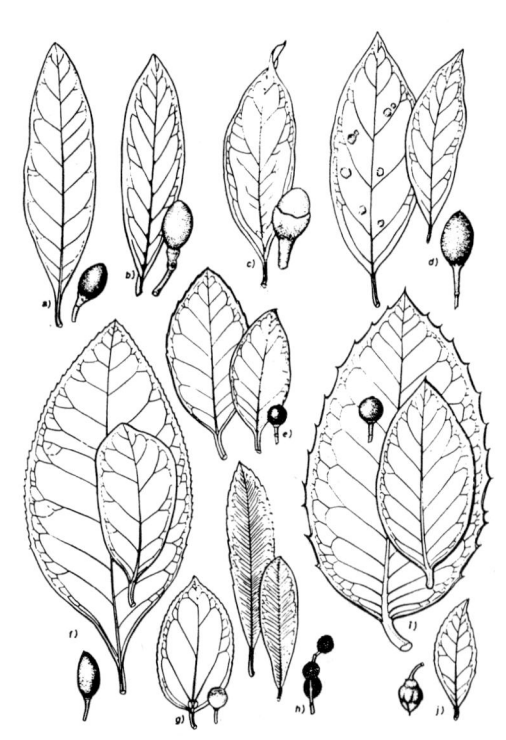

Abb. 2.51: Blattformen und Früchte einiger Baumarten des Lorbeerwaldes. a) *Persea indica;* b) *Laurus azorica (= L. canariensis);* d) *Apollonias barbujana (= A. canariensis);* e) *Ilex canariensis,* f) *Picconia excelsa;* g) *Rhamnus glandulosa;* h) *Myrica faya;* i) *Ilex platyphylla;* j) *Visnea mocanera*. Die größeren dargestellten Blätter einer Art stellen im allgemeinen Jugendstadien dar (aus KUNKEL 1987).

sind, zusammen mit vielen mediterranen Elementen, oder es treten Degradationsstadien auf (OBERDORFER 1965). Die Kulturen in dieser Höhenlage tragen nicht mehr tropischen, sondern mediterranen Charakter: Citrus, Feigen, Reben, seltener Ölbaum, Edelkastanien und Nußbäume, Stein- und Kernobst, dazu Wollmispeln (*Eriobotrya japonica*). In den Gärten findet man Camellien, Araucarien, Zypressen, *Jacaranda, Spathodea, Melia, Schinus*, Eucalypten, Casuarinen, Korkeichen, aber auch *Spartium junceum* und *Arundo donax* usw.

Nach oben zu verarmt der Lorbeerwald, mediterrane Elemente nehmen wieder zu. Insbesondere kann der «fayal-brezal» (mit *Myrica faya, Erica arborea* und *E. scoparia*) auch als natürliche Übergangsstufe zum Kiefernwald angesehen werden. Inwieweit dies natürlich war, ist umstritten. *Myrica faya* kommt aber auch an der Untergrenze des Lorbeerwalds vor (vgl. Abb. 2.49).

d) Die **Kiefernwaldstufe** geht allmählich aus der Lorbeerwaldstufe über, eine Trennung ist nicht leicht. Die dreinadelige *Pinus canariensis* tritt in letzterer an allen trockenen Standorten auf, wie auf Felsköpfen, Südhängen usw.; erst in Höhen von 1200 m bis etwa 2000 m NN, wo die Nebelhäufigkeit langsam absinkt, bildet sie eine richtige Stufe. Die nächste Verwandte dieser Kiefer ist *Pinus longifolia (= P. roxbourgii)* im Himalaya; nahestehende Formen sind aus dem Tertiär Europas und aus der Tertiär-Quartär-Wende aus dem Halbwüstengebiet östlich Kabuls (BRECKLE 1967) bekannt. Als typische Vertreter des sehr viel artenärmeren Unterwuchses der Kiefernwälder kommen *Cistus*-, *Cytisus (Chamaecytisus, Spartocytisus)* und *Adenocarpus*-Arten vor.

Über die Vogelfauna der *Pinus canariensis*-Stufe im Vergleich mit Aufforstungsflächen mit *Pinus radiata* berichtet CARRASCAL (1987). Aufgrund der größeren Biotopvielfalt ist die Dichte und der Vogelarten-Reichtum in den Aufforstungen größer als im ursprünglichen Wald. CARRASCAL gibt eine umfangreiche Literaturübersicht, weitere Angaben zu den Konsumenten der einzelnen Höhenstufen müssen hier aber entfallen.

Als Kulturen seien für die Kiefernstufe Reben, Walnuß und Mandel genannt. Die Kartoffelfelder müssen wegen der größeren Trockenheit sorgfältig mit Bimsstein-Grus abgedeckt werden, um eine Verdunstung von der Bodenoberfläche zu verhindern.

An der Obergrenze, an den Cañadas-Rändern tritt teilweise eine Zwischenstufe mit kümmerlichen Kiefern und dichtem Unterwuchs von *Chamaecytisus proliferus* auf, dem «escobon», diese Übergangsstufe wird dementsprechend auch als «escobonal» bezeichnet. Sie leitet zur subalpinen Gebirgshalbwüste über, ist aber nur stellenweise, vor allem auf der Südabdachung, vertreten. Im Westen, an feuchteren Stellen der oberen Lagen, kommt noch eine zweite Abwandlung der Kiefernwälder vor, die «sabinares», in denen ein hoher Anteil an *Juniperus cedrus* auftritt. Auch in La Palma ist diese Stufe vertreten. Begleiter sind *Juniperus phoenicea, Sorbus aria, Phillyrea angustifolia* und andere europäische Arten.

e) Die **Gebirgshalbwüste** oder **subalpine Ginsterstufe** setzt sich sehr scharf von der darunter liegenden Waldstufe ab und beginnt dort, wo in etwa 2000 m NN (auf der Nordseite) die obere Grenze der Passatwolken erreicht wird. Auf der Südseite stehen Kiefern teilweise noch bis 2300 m NN. Die obere Waldgrenze ist hier eine Trockengrenze. Eine typische Pflanzenart in diesen Höhen ist der weißblühende Ginster («Retama») *Spartocytisus supranubium;* erwähnenswert sind außerdem die Endemiten, die dornenlosen, lockeren Kugelsträucher *Descurainia (Sisymbrium) bourgeanum* mit gelben, *Cheiranthus scoparius* (Teide-Lack) mit lila bis blauvioletten Blüten sowie *Nepeta teydea* mit fahlblauen Blüten und minzenduftendem Laub. Besonders auffällig und merkwürdig sind die in feuchteren Mulden wachsenden *Echium*-Arten. Die bis über zwei Meter hoch werdenden roten Blütenkerzen von *Echium wildpretii* und die etwas kleineren blauen von *Echium auberianum* erinnern sehr an die «Wollkerzen»-Pflanzen der tropischen Hochgebirge (vgl. Band 2, S. 88 ff. S. 95). Dazu kommen noch fast ein Dutzend weiterer verholzender *Echium*-Arten, teils auch schon in den tieferen Höhenstufen auftretend.

f) Die **alpinen Steinschuttfluren** beginnen in Höhen zwischen 2300 m und 2700 m. Sie sind stark verzahnt mit den Ginsterbeständen. Die niedrige Temperatur und vor allem die große Trockenheit erlauben es hier nur einzelnen Pflanzen, und zwar ausdauernden Schuttkriechern mit silbrigen Blättern, durchzuhalten. Es sind dies im wesentlichen die endemischen *Viola cheiranthifolia* (Teide-Veilchen) und *Silene nocteolens*. Auch in dieser Hinsicht haben wir es mit ähnlichen Verhältnissen zu tun wie in tropischen Hochgebirgen. Über 3100 m bis 3200 m findet man nach SCHENCK (1907) fast keine Blütenpflanzen mehr. Er erwähnt nur einige Blaualgen (*Scytonema*), die Moose *Weissia verticillata* und *Frullania nervosa* sowie verschiedene *Cladonia*-Arten unter den Flechten. Im April 1989 kam *Viola cheiranthifolia* in einzelnen

Exemplaren auf der Ostseite des Teide noch in 3300 m vor, häufiger auf 2700 m NN im lockeren Lavageröll der Montaña Blanca; *Descurainia bourgeana* und *Nepeta teydea* hatten ihre Obergrenze bei 3260 m NN. Ein dichter Bestand auf feinerdereicherem Hangmaterial von *Spartocytisus supranubius* reichte bis 3000 m NN. Kleinflächig kommen in dieser Höhenlage auch Krustenflechten vor.

«Teneriffa ist größer, höher, regenreicher, bewaldeter und – auf den ersten Blick – weniger zerstört als die meisten anderen Inseln der Kanaren» schreibt KUNKEL (1987). Doch sind viele Flächen ihrer ursprünglichen Vegetation beraubt oder degradiert worden. Trotzdem ist gerade Teneriffa noch immer beispielhaft in der Ausprägung der Höhenstufen und im Reichtum der Arten. Die anderen Kanaren-Inseln sind kleiner, weniger hoch, jede hat zwar ihre Besonderheiten, aber Teneriffa kann exemplarisch für andere gelten. Die Azoren und die Inselgruppe Madeiras sind weniger typisch, feuchter und dadurch waldreicher, aber artenärmer. Die Kapverden sind wesentlich trockener, sie liegen bereits im Bereich der Sommerregen (vgl. Band 2, S. 198).

Die Kanarischen Inseln sind wissenschaftlich in mehrfacher Hinsicht intensiv erforscht worden, allerdings fehlen Angaben über die ökosystemaren Größen wie Bestandesmasse, Produktivität, Nahrungsnetze oder ökologische Bedeutung der Konsumenten oder Aktivität der Destruenten weitgehend. Angaben hierzu müssen hier entfallen.

9 Pedobiome des Zonobioms IV

Im Bereich des Zonobioms IV gibt es, wie in anderen Zonobiomen ebenfalls, kleinere oder größere Flächen oder Regionen, in denen das Substrat die ausschlaggebende Rolle für die Vegetationsbedeckung und damit für den Charakter der Ökosysteme spielt. Dies ist zwar längst nicht so ausgeprägt, wie im Zonobiom III in den Wüsten, wo im Grunde genommen ein Mosaik von Pedobiomen bestimmend ist, doch sind auch im Zonobiom IV Lithobiome (Kalkfels, Vulkanböden etc.), Psammobiome (Sandflächen), Helobiome (Auwälder, Sümpfe), Gypsobiome (Gipsflächen), Halobiome (Marschen, Küstenvegetation) oder Hydrobiome (Wasservegetation) eingeschaltet. Diese werden jedoch jeweils bei der regionalen Besprechung behandelt, da sie floristisch doch der jeweiligen Biomgruppe eng zugeordnet werden können.

Dort, wo im Bereich des Zonobioms IV die zonale Vegetation zerstört wurde, blieb auch die der verschiedenen Pedobiome nicht verschont. Die wichtigsten Pedobiome wurden bei WALTER (1968) behandelt. Hier kann nur kurz darauf eingegangen werden und sollen vor allem Beispiele neuerer Bearbeitungen genannt werden.

Als Beispiel einer sehr eingehenden ökologischen Untersuchung eines großen Pedobioms (Lithobioms) in pedogenetischer und botanisch-zoologischer Hinsicht kann die Arbeit von WÜRMLI (1976) über die Besiedlung der rezenten Laven (aus den Jahren 1886, 1892 und 1910) des **Ätna** oberhalb von Nicolai dienen (Abb. 2.52). Die Probeflächen lagen in der Quercion pubescentis-Höhenstufe (700 m NN, Jahresmitteltemperatur 14,5 °C, Jahresniederschlag 1100 mm) und im Astragaletum siculi (Halbkugelposter-Stufe in etwa 1800–2300 m NN, Jahrestemperatur 6,4 °C und Niederschlag um 1300 mm) sowie in der Hochgebirgsstufe in 3000 m NN (Rumici-Anthemidetum-Stufe); darüber fehlen Höhere Pflanzen. Die Sommertrockenzeit ist deutlich ausgeprägt, und die Temperaturschwankungen auf den Lavaböden sind extrem (Erwärmung bis über 60 °C). Die Lavaoberfläche besteht aus Haufen von unregel-

Abb. 2.52: Vulkanologische Karte des Ätna (aus WÜRMLI 1976). Punktierte Flächen: Lavagebiet mit noch erkennbaren Stromgrenzen, meist datierbar; weiß: Lavaterrain mit verwischten Stromgrenzen; schraffiert: nichtvulkanisches Sediment; Kreis mit Radien: Vulkankegel.

mäßigen Bruchstücken (Aa-Lava) oder aus tafelförmigen Schollen (Pahoehoe-Lava), dazu kommen Ablagerungen von zerriebenem Lava-Sand (durch Wind mit Sandgebläse) oder von vulkanischer Asche. Den Bodenunterschieden entsprechen verschiedene Biogeozöne, die eine mosaikartige Verteilung aufweisen. Dem extremen Mikroklima entsprechend erinnert die Organismenwelt mehr an die der heißen Wüsten. Die Fauna besteht, von einigen Weichtieren und 3 Reptilienarten abgesehen, fast nur aus Arthropoden, die entweder die Strauch- und Krautschicht besiedeln oder sich an der Bodenoberfläche aufhalten oder dem Edaphon angehören. Das einfachste Biogeozön findet man auf den Lavafelsen: Die Produzenten sind Flechten (*Stereocaulon vesuvianum* und *Rhizocarpon* sp.), die nach Regen einen Tag feucht bleiben, sowie vereinzelt Moose *(Rhacomitrium)*; von den Flechten ernähren sich *Luffia*-Raupen, während die Spinnen *(Holocnemus pluchei)*, die 1–4 Netze·m^{-2} herstellen, hereingewehte Insekten (z. B. Blattläuse) erbeuten, so daß es sich um ein allochthones Biogeozön handelt. Viel artenreicher sind die Biogeozöne auf Proto-Rankerböden mit *Genista aetnensis* und *Spartium junceum* in den unteren Lagen und *Astragalus siculum* sowie *Rumex scutatus aetnensis* u.a. in den oberen Stufen. Hier lassen sich verschiedene Nahrungsketten unterscheiden, wie die Beispiele (Abb. 2.53 und 2.54) zeigen. Die Rolle der Tiere in der Pedogenese besteht in dem Abbau der anfallenden organischen Substanz und in der Anhäufung von Feinmaterial (Ameisen).

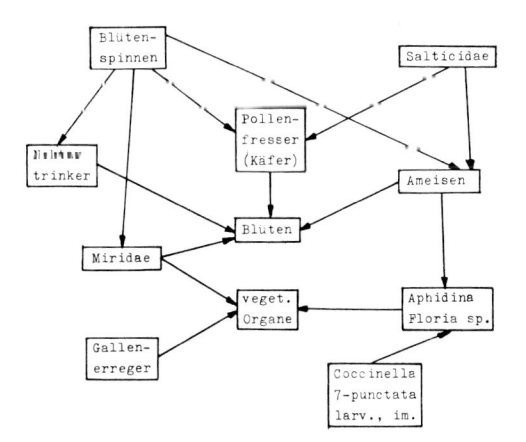

Abb. 2.53: Die wichtigsten Glieder der Nahrungskette im Atmobios (oberirdischen Bestand) von *Spartium junceum* im Pedobiom der Lavahänge des Ätna (aus WÜRMLI 1975).

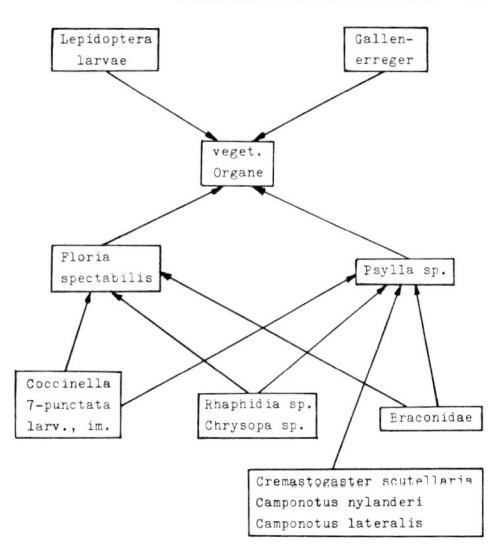

Abb. 2.54: Die wichtigsten Glieder der Nahrungskette im Atmobios von *Genista aetnensis* im Pedobiom der Lavahänge des Ätna. Nicht aufgeführt sind die Spinnen, die sich weitgehend von vagilen, allochthonen Insekten ernähren (WÜRMLI 1975).

Ebenfalls viele interessante Einzelheiten sind dem zweiten Beispiel eines Pedobioms des ZB IV, das wir hier anführen wollen, zu entnehmen. Es handelt sich um temporäre Süßwasserflachseen auf der Hochebene «Giara di Gesturi» in Sardinien, die MARGRAF (1981) sehr eingehend untersucht hat. Im montanen Mittelmeerklima bilden sich auf tonigen, wasserstauenden Basaltböden durch die Winterregen flache Seen, die oligotroph sind. Dies hat die Ursache darin, daß im Winter Nährstoffauswaschungen erfolgen und im Sommer ein erheblicher Austrag organischer Substanz durch Insekten.

Die Phytozonose des «Pauli Pedosu»-Sees entspricht der nordafrikanischen *Isoetum*-Assoziation mit *Isoetum velata*, *Eryngium corniculatum* und *Eleocharis acicularis* als amphibische Ausprägung, mit *Baldellia ranunculoides* und *Ranunculus ololeucos* als Naßgesellschaft und mit *Eryngium barrelieri* und *Myosotis sicula* als trockene Variante. Diese Varianten unterscheiden sich in ihrem zeitlichen sowie lokalen Optimum. Auch die Zoozönosen sind artenarm, aber individuenreich mit seltenen Arten, wie *Systylis hoffi* (koloniebildende Ciliaten), *Sinantherina socialis* (koloniebildende Rotatorie), *Chirocephalus diaphanus*, *Lepidurus apus* (beides Kleinkrebse) und als Oligotrophie-Zeiger *Agabus bipustulatus* und *Colymbetes fuscus* (beides Insekten). Die Populationsdichten der Plankton-Organismen nehmen bis zum

Austrocknen des Sees stark zu, und es findet ein ständiger Wechsel dominanter Arten statt. Die zeitliche Abfolge der Prozesse zeigt schematisch Abb. 2.55. Auf dem trockengefallenen Seeboden und in den Trockenrissen stellt sich während des Sommers eine vom Ufer her zuwandernde Lebensgemeinschaft mit Ameisen, Heuschrecken, Carabiden etc. ein. Diese lebt von organischen Resten. Um die Besonderheit des Sees – seinen Mechanismus zur Erhaltung des oligotrophen und salzarmen Zustands – hervorzuheben, sind in Abb. 2.55 durch Pfeile die Stoff-Flüsse angedeutet. Stärke und Richtung der Pfeile sind aufgrund von Schätzwerten eingetragen (MARGRAF 1981). Die für die temporären Seen wichtige Abfolge der drei Ökophasen ist untereinander dargestellt.

Einige weitere Beispiele von Arbeiten zu Pedobiomen seien kurz ergänzt. Die Auenwälder in Süd-Katalonien (Spanien) schildert FOLCH i GUILLEN (1977).

Im Rahmen der Berichte über die 15. Internat. Pflanzengeogr. Exk. (I.P.E.) werden auch die Pedobiome berücksichtigt: GAMS, H. (1975) bespricht die Ophiolith- (Serpentin)-Flora, ECONOMIDOU (1976) die Pedobiome der Sithonia-Halbinsel (Chalkidike), LAVRENTIADES (1976) das Psammobiom bei Patras (SW-Griechenland). GREUTER (1975) verschiedene Pedobiome auf der Insel Kreta.

EGLI (1988, 1989) hat die zahlreichen Dolinen in den Kalkmassiven der Hochgebirge Kretas untersucht. Er unterscheidet bezüglich der einge-

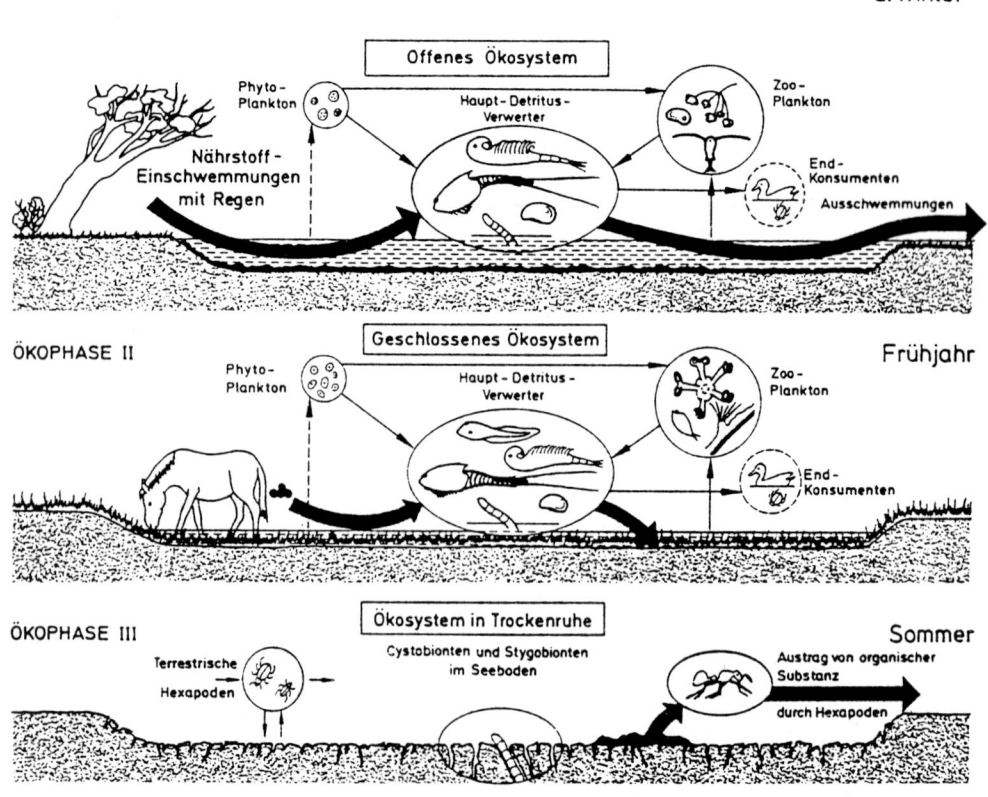

Abb. 2.55: Die drei Ökophasen der temporären Süßwasserflachseen auf der «Giara di Gesturi» in Sardinien (aus MARGRAF 1981). Dicke Pfeile zeigen Richtung und Bedeutung des Haupt-Stoff-Flusses im Ökosystem. Dünne Pfeile bezeichnen weitere Wechselbeziehungen in der Nahrungskette; der gestrichelte Pfeil verweist auf die nur mittelbare Abhängigkeit des Phytoplanktons vom Stoff-Fluß. Haupt-Detritus-Verwerter (Organismen im Oval): *Lepidurus apus, Chirocephalus diaphanus, Criodrilus lacuum, Hyla arborea sarda* und diverse Ostracoden. In den Phytoplankton- und Zooplankton-Kreisen sind nur stellvertretend einige Organismen, einschließlich Aufwuchs, eingezeichnet. Die Endkonsumenten (gestrichelter Kreis) sind nahezu bedeutungslos.

schwemmten Bodentypen im wesentlichen zwei Gruppen: Dolinen mit einem ziemlich undurchlässigen, wenig durchlüfteten, im Winterhalbjahr staunassen Boden und solche, bei denen der Boden gut durchlüftet und wasserdurchlässiger ist. In diesen Dolinen kommen einige spezielle Lebensformen vor, die an die im Winter dicke Schneedecke und Staunässe und die im Sommer ausgeprägte Bodentrockenheit angepaßt sind. Polsterpflanzen überwiegen. Viele haben eine tiefreichende Pfahlwurzel. Besonders bemerkenswert ist die Umbellifere *Horstrissea dolinicola* (= *Dolinia cretica*), die aus einer verdickten Pfahlwurzel zuerst Blätter, die dem Boden anliegen und danach, ebenfalls dicht am Boden, einen kompakten Doldenblütenstand entwickelt. (Diese Wuchsform zeigen andeutungsweise auch *Beta nana* und *Trinia glauca* auf den Schneeböden am Olymp, vgl. S. 73). Man könnte diese Arten als Wurzelsukkulente bezeichnen, die wie die chilenischen Kakteen (vgl. Band 2, S. 260) längere Trockenzeiten überdauern können.

Die Dolinen sind Reliktstandorte, in denen sich möglicherweise einige Arten aus einer Zeit gehalten und weiterentwickelt haben als Kreta noch Verbindung zum Festland hatte. Dem entspricht auch das reliktische Vorkommen von *Phoenix theophrastii*, einerseits auf Kreta, andererseits an zwei Stellen in der Südtürkei.

10 Zono-Ökotone

10.1 Zono-Ökoton IV/III im Mittelmeerraum (Südostspanien, Nordafrika, Orient)

Das Zono-Ökoton III/IV zwischen den subtropischen Wüsten und der Hartlaubvegetation hatten wir bereits besprochen (Band 2, S. 382).

Im Mittelmeerraum liegt dieses Ökoton in Nordafrika nördlich der Sahara (DJELLOULI & DAGET 1987). Nur in Südost-Spanien zwischen Almeria und Cartagena greift es auf europäischen Boden über. Hier sind die Jahresniederschläge um 200 mm oder sogar noch niedriger, doch soll der Wert von Cabo de Gata mit 122 mm nach GEIGER (1970) infolge von Windwirkung zu niedrig sein. Dementsprechend dürfte die natürliche Vegetation lichte Baumfluren (*Pinus halepensis*, *Jniperus phoenicea*) und Trockenbusch gewesen sein (vgl. Band 2, S. 382ff.). Kennzeichnend ist einerseits zwar noch eine relativ hohe Luftfeuchtigkeit, andererseits aber sehr geringe Jahresniederschläge und das fast völlige Fehlen von Frost (FREITAG 1971). Die Niederschläge sind auf den Herbst konzentriert, der Winter ist ebenfalls relativ arid. Allerdings ist das Gebiet nicht nur durch eine klimatische, sondern zusätzlich noch durch eine edaphische Aridität gekennzeichnet, da in weiten Teilen der Region leicht erodierbare Mergel anstehen, so daß die heute ausgedehnten «badlands» wohl nicht ausschließlich durch den Menschen verursacht sind.

Eine Übersichtskarte (vgl. Abb. 2.56) mit den wichtigsten Vegetationseinheiten dieser Halbwüste auf europäischem Boden in Südostspanien bringt FREITAG (1971). Im küstennahen Bereich reicht das Trockengebiet um Almeria nach Nordosten fast bis Cartagena. Alle höheren Gebiete, also etwa oberhalb 600 m werden vom Hartlaubwald eingenommen (*Quercus ilex* ssp. *rotundifolia*), die dazwischen liegende Zone zwischen etwa 250 bis 600 m trägt einen niedrigen Hartlaub-Buschwald, der Offenwald mit *Rhamnus lycioides*, *Pistacia lentiscus*, *Quercus coccifera* und *Chamaerops*. Die tiefsten Teile sind durch den südmediterranen Trockenbusch gekennzeichnet, einer Halbwüste mit *Gymnosporia senegalensis*, *Periploca laevigata*, *Ephedra fragilis*, *Stipa tenacissima*, *Lygeum spartum*, *Euzomodendron bourgeanum*, *Launaea* (*Zollikoferia*) *acanthoclada* und *L. arborescens* sowie *Ziziphus lotus* u.a. subsaharische Arten; auf Gips mit *Salsola papillosa* und *Anabasis mucronata*. Weiter westlich wächst in Felsspalten die sukkulente *Caralluma europaea*, die einzige europäische «Aasblume», und dokumentiert damit ebenfalls die engen Bindungen an Afrika.

Das Zono-Ökoton IV/III im Orient und in Palästina ist besonders stark gegliedert. Aufgrund der Gebirge (vgl. S. 97, 108) sind die Übergänge oft kleinräumig verzahnt. Neuere Angaben zur Vegetation im Orient, insbes. des Iraq, mit zahlreichen Literaturangaben, macht WEINERT (1989) unter Einbeziehung von Verbreitungskarten der wichtigsten Arten. Im nördlichen Iraq sind mediterran beeinflußt vor allem die montane Pistazien- und sommergrüne Eichenwaldzone sowie als Übergangsgebiet die colline und submontane Waldsteppe. Auch hier sind, wie in anderen Gebirgen im Zagros und im Kurdischen Hochland, Dornposterfluren weit verbreitet.

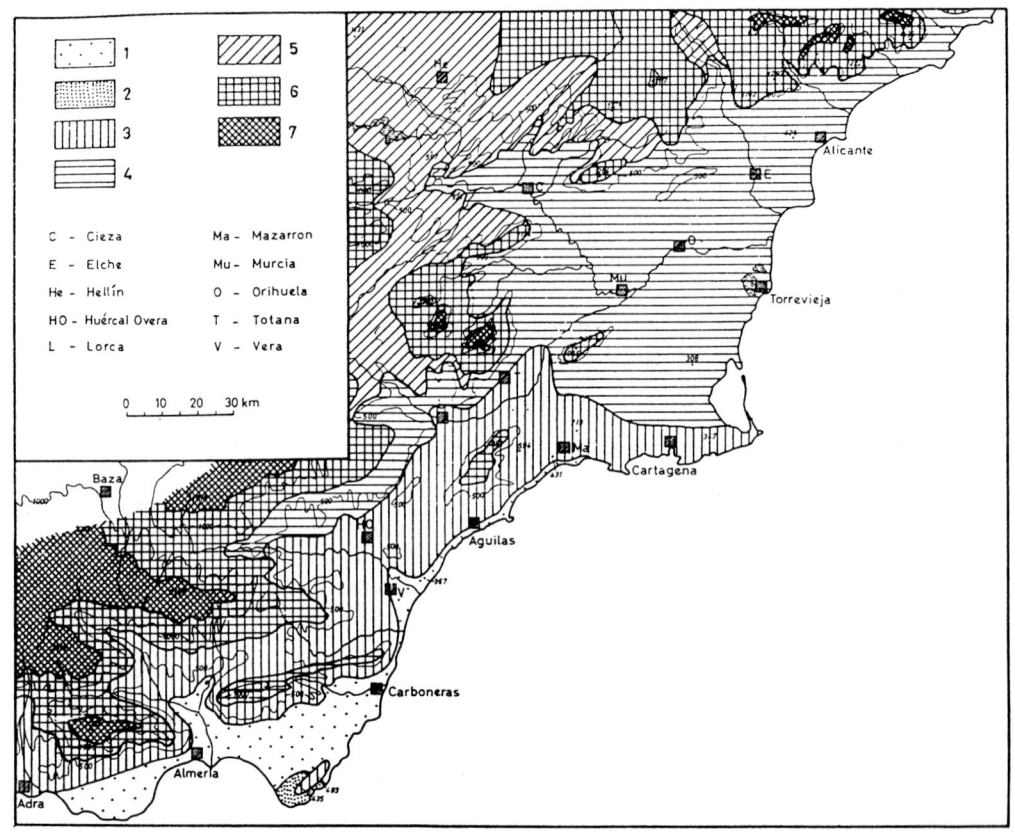

Abb. 2.56: Verbreitung der zonalen Vegetationseinheiten im südöstlichen Trockengebiet Spaniens (nach FREITAG 1971). Angabe der wichtigsten Pflanzengemeinschaften: 1: südmediterraner Trockenbusch: Gymnosporio-Periplocetum; 2–5: Hartlaubbuschwald und Offenwald, 2: Chamaeropido-Ulicetum; 3: Asparago-Rhamnetum; 4: Querco-Lentiscetum; 5: Rhamno-Cocciferetum; 6: Hartlaubwald: Quercetum rotundifoliae; 7: Sommergrüner Wald mit Quercetum valentinae (im Norden) und Quercetum tozae (hypoth.), dazu mediterrane Hochgebirgsgesellschaften, z.B. Erinacetalia-Gesellschaften.

10.2 Zono-Ökoton IV/V im Mittelmeergebiet
(Westliches Mittelmeergebiet)

Das Zono-Ökoton IV/V zwischen der Hartlaubvegetation und dem lorbeerblättrigen Wald der warm-temperierten Klimazone beginnt dort, wo die Winterregen so stark zunehmen, daß die Sommerdürre auf den Klimadiagrammen kaum angedeutet ist oder schon ganz verschwindet, wobei das Klima fast frostfrei bleibt.

In Europa ist dieses Zonobiom V zwar klimatisch in Nord-Portugal und Nord-Spanien sowie Südwest-Frankreich vorhanden, aber die entsprechende Vegetation fehlt, weil fast alle immergrünen Laubholzarten während der Glazialzeiten des Pleistozäns aussterben (vgl. S. 2f.), so daß auch das Zono-Ökoton IV/V nicht zur Ausbildung kommt. Angedeutet wird es durch das Auftreten von *Laurus*, des Lorbeers, der in einzelnen warmen Nischen die Glazialzeiten überdauerte. Solche natürliche Vorkommen findet man in Katalonien, besonders aber in Anatolien an Nordhängen im mediterranen Bereich an der Südküste, sehr verbreitet auch in Nordanatolien an der Schwarzmeerküste. Weitere Vorkommen sind die regenreichsten Stellen an der Adria bei Opatja (Südistrien) und dem Steilabfall zur Bucht von Kotor (Catarro) in der unteren Stufe bis 500 m NN (vgl. Abb. 2.25). Durch Steigungswinde erhöht sich der Jahresniederschlag hier in 1100 m NN auf 4600 mm im Mittel; maximal im Jahre 1927 sogar 6880 mm! (vgl. GREBENSCHIKOV 1960a). Auch in tiefen Schluchten am Südabfall der nordspanischen Gebirge findet man den Lorbeer: Die besten Reliktwälder finden sich dagegen auf den Kanarischen Inseln, dort, wo es durch die Passatwinde zur Nebelbildung kommt (vgl. S. 75) und damit die Sommerdürre aufgehoben wird. Außer *Laurus* kommen eine Anzahl anderer immergrüner Holzarten dort als Relikte vor (vgl. S. 80).

Mesophytische, immergrüne Laubwälder, in denen *Quercus ilex* neben *Phillyrea latifolia* und *Ilex aquifolium* bestandsbildend ist und bei denen das Blattwerk der Steineiche eher lauriphyll gebaut ist, sind von FREITAG (1975) aus dem Massiv des Maures aus Südfrankreich beschrieben, ähnlich aber auch vom Rifgebirge und vom Mittleren Atlas bekannt. Sie ähneln sehr dem kantabrischen Steineichenwald, den BRAUN-BLANQUET (1966) untersucht hat. Man muß wohl davon ausgehen, daß der Übergang zu den xerophytischen Steineichenwäldern des ZB IV sehr fließend ist. Im Hinblick auf das Konkurrenzverhalten von *Quercus ilex* gegenüber *Quercus pubescens* (s. u.) zeigt sich in diesen Wäldern, daß unter den humiden Bedingungen *Quercus ilex* überlegen ist, wenn die Winter ausreichend mild sind. Hier spielt vor allem der Temperaturfaktor eine Rolle, da *Quercus ilex* weniger kälteresistent ist und vor allem der Jungwuchs durch Frost stark geschädigt wird. *Quercus ilex* reicht in Südfrankreich bis zu den Cevennen und bildet unter den dortigen kühl submediterranen, teilweise sehr humiden Bedingungen zusammen mit *Quercus pubescens* und *Buxus sempervirens* einen dichten lianenreichen Buschwald (QUEZEL und BARBERO 1986). In den noch humideren Bereichen des eigentlichen ZB V mag dann auch noch die zunehmende Staunässe und Sauerstoffarmut im Boden die Steineiche weiter zurückzudrängen (FREITAG 1975).

10.3 Zono-Ökoton IV/VI im nördlichen Mittelmeerraum
(Submediterrangebiet)

Eine besonders wichtige Rolle spielt in Europa das Zono-Ökoton IV/VI, das sich als Submediterrane Zone durch Frankreich, die Po-Ebene und den ganzen nördlichen Balkan bis zum Schwarzen Meer erstreckt. In diesem Ökoton ist die Sommerdürre in abgeschwächter Form noch erhalten (vgl. Abb. 2.25 und 2.57), aber die Fröste im Winter werden immer häufiger und die Temperaturen sinken bei Einbrüchen von kalten kontinentalen Luftmassen immer tiefer. Dadurch werden die frostempfindlichen immergrünen Holzarten ausgeschaltet, und an ihre Stelle treten relativ trockenresistente laubabwerfende Baumarten.

Die mediterrane Hartlaubzone des Zonobioms IV geht nach Norden mit abnehmender Sommerdürre und zunehmender Winterkälte in die sommergrüne Laubwaldzone über, die zunächst als Zono-Ökoton IV/VI schließlich zum Zonobiom VI der mitteleuropäischen Buchenwälder überleitet. Aber auch in der Hartlaubzone kommen einige Holzarten vor, die im Winter ihr Laub verlieren. Besonders verbreitet ist *Pistacia terebinthus* (im Osten *P. palaestina*), als Liane *Clematis flammula*, im östlichen Mittelmeergebiet *Styrax officinalis*.

Nördlich von Montpellier in Südfrankreich treten in der Macchie zunehmend auch submediterrane Elemente auf, von denen *Buxus sempervirens* und *Ilex aquifolium* immergrün sind, während *Quercus pubescens* (mit einem typischen submediterranen Areal, vgl. Abb. 2.58), *Sorbus domestica*, *S. torminalis* und *Acer monspessulanum* die Blätter im Herbst abwerfen. Diese sommergrünen Arten können ihre Transpiration weniger drosseln, sie transpirieren am gleichen Standort stärker als die Sklerophyllen. An abgeschnittenen

Abb. 2.57: Klimadiagramme von Stationen der submediterranen Zone (Zono-Ökoton IV/VI). Valence an der Rhone, ohne Dürrezeit, nur mit Trockenzeit (gestrichelt); Mostar (Herzegowina) mit kurzer Dürrezeit und langen Regenperioden; Usak in Anatolien (ZÖ IV/VII) mit längerer Sommerdürre und kaltem Winter (*Pinus pallasiana*-Gebiet).

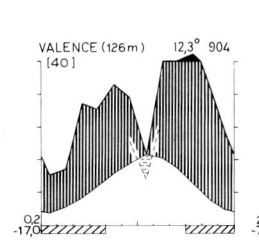

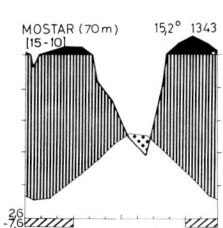

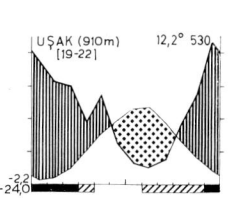

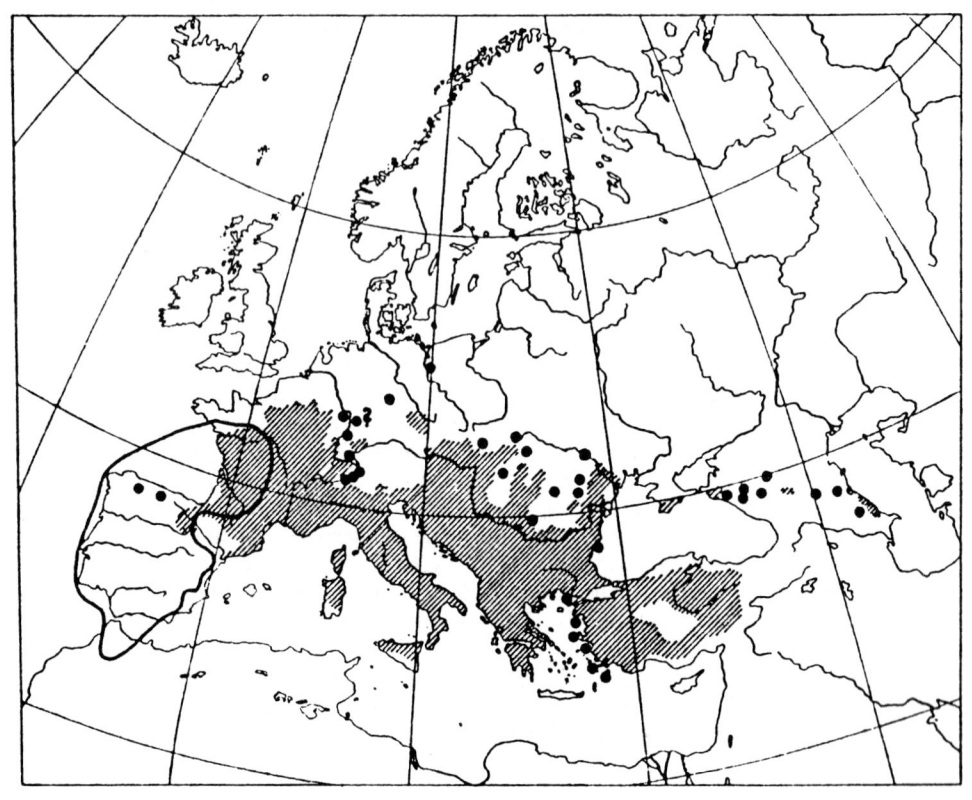

Abb. 2.58: Areal der Flaumeiche (*Quercus pubescens*, schraffiert und Punkte) und der sie in Iberien vertretenden Pyrenäeneiche (*Qu. pyrenaica*, Umrißlinie) (aus WALTER & STRAKA 1970).

Zweigen vertrocknen die Blätter in der Sonne sehr viel rascher. Die osmotischen Werte liegen bei etwa 1,8–2,2 MPa, bei den Immergrünen um etwa 0,3–0,5 MPa höher. Es ist anzunehmen, daß unter den extremeren Bedingungen des ZB IV die Bilanz der Weichlaubigen ungünstiger wird und diese sommergrünen Bäume daher nicht mehr konkurrenzfähig sind. In der Kampfzone nördlich von Montpellier kann man deutlich beobachten, daß sich in allen Depressionen mit tiefgründigen Böden *Quercus pubescens* durchsetzt und *Quercus ilex* überlegen ist. Die Flaumeiche *(Quercus pubescens)* wächst viel rascher in die Höhe, sofern sie nicht durch dauerndes Abweiden niedrig gehalten wird. Auf flachgründigen Böden tritt sie jedoch zurück, hier herrschen *Quercus ilex* und *Qu. coccifera* vor. *Qu. ilex* seinerseits geht auf besonders trockenen Standorten (steile Südhänge, Kalksteinrücken) noch weit nach Norden, da an solchen Standorten trotz der größeren Regenmenge doch eine lange Dürre im Sommer herrscht. Nach dem Gesetz der Relativen Standortskonstanz (vgl. Band 1, S. 190) wird hier die zunehmende Regenmenge durch den größeren Abfluß und die geringere Wasserkapazität des Bodens kompensiert. Noch weiter nach Norden (bis an den Rhein bei Basel) reicht *Buxus sempervirens*.

Im Wettbewerb mit den immergrünen Arten haben die Sommergrünen unter gleichen günstigen Bedingungen eine größere Stoffproduktion, die ihnen auch ein rascheres Höhenwachstum ermöglicht (WALTER 1956). Dies erscheint zunächst merkwürdig, weil die immergrünen Arten eine viel längere Zeit mit den gleichen Blattflächen photosynthetisch tätig sein können und die Blätter über zwei Vegetationsperioden oder noch länger behalten. Aber für die Stoffproduktion sind andere Faktoren ebenso wichtig. Die Stoffproduktion ist umso größer:

1. ein je größerer Anteil der Assimilate für die Vergrößerung der Blattfläche verwendet wird («carbon allocation»),
2. je größer das Verhältnis Blattfläche : Blatttrockengewicht ist, d. h. je größer die Blattfläche ist, die eine Baumart mit einer bestimmten Menge Trockensubstanz zu bilden vermag,

3. je höher die Intensität der CO_2-Assimilation pro Blattflächeneinheit ist,
4. je länger die Photosynthese im Laufe des Jahres andauert.

Genaue Zahlenangaben zu diesen vier Punkten sind schwer zu erbringen. Bei den sklerophyllen Immergrünen ist im allgemeinen der Anteil an Stamm-, Ast- und Wurzelholz an der gesamten Trockensubstanz größer gegenüber dem der Sommergrünen. Zum Verhältnis Fläche : Trockensubstanz gibt Tabelle 2.9 Auskunft. Sie zeigt, daß Sommergrüne bis oder über doppelt so viel Blattfläche aufbauen mit der gleichen Menge Trockensubstanz gegenüber *Qu. ilex* (*Qu. suber* ist etwas weichlaubiger). Deshalb ist die CO_2-Assimilation, wenn man sie pro g Blattrockengewicht ausdrückt, bei sommergrünen Arten viel größer als bei Hartlaubarten (vgl. Tab. 2.10).

Tab. 2.9: Der Hartlaubcharakter der Blätter, ausgedrückt als Dimensionsquotient F/TG (Fläche : Trockengewicht in $cm^2 \cdot g^{-1}$)
(berechnet nach Angaben verschiedener Autoren)

Art	F/TG	Autor
Quercus ilex		
(jüngste Blätter)	76	BRECKLE 1966
dto. (zweijährige Bl.)	62	dto.
dto. (dreijährige Bl.)	71	dto.
Qu. ilex (jung)	71–100	WEINMANN 1965
dto. (alt)	71	dto.
Qu. ilex	59	LARCHER 1960
Qu. suber (jüngste Blätter)	114	BRECKLE 1966
dto. (zweijährige Bl.)	90	dto.
Qu. coccifera	59	WEINMANN 1965
Qu. pubescens	125	dto.
dto	143	LARCHER 1960

Tab. 2.10: Netto-Assimilation der sommergrünen *Quercus robur* und der immergrünen *Qu. ilex* in mg $CO_2 \cdot g^{-1}$ (TG) $\cdot h^{-1}$ (aus PISEK und CARTELLIERI 1932)

	Quercus robur	*Quercus ilex*
Mittleres Tagesmaximum	11,0	3,0
Tages-Durchschnittswert	5,8	1,7

Zum Punkt 3 liegen vergleichende Messungen von LARCHER (1961) vor (vgl. Abb. 2.59). Man erkennt, daß im Sommer das Assimilationsvermögen pro TG berechnet, für *Qu. pubescens* etwa 2,5mal größer ist als bei Blättern von *Quercus ilex*, während sich die Unterschiede bei einer Berechnung pro Blattfläche verwischen.

Was Punkt 4 anbelangt, so sind hier die Sklerophyllen im Vorteil. Das Assimilationsvermögen der Blätter von *Qu. ilex* ist zwar im Winter geringer als im Sommer, namentlich nach Frostzeiten, aber es fällt doch als Beitrag zur Gesamtbilanz ins Gewicht (vgl. Abb. 2.60).

Insgesamt zeigt sich also, daß bei guter Wasserversorgung in den Sommermonaten die sommergrünen Laubbäume im Wettbewerb mit Sklerophyllen konkurrenzkräftiger sind. Im typisch mediterranen Klima mit langer Sommerdürre verdrängen die sommergrünen Arten die immergrünen ebenfalls an allen Standorten mit dauernd guter Wasserversorgung, z. B. in den Flußauen (Pedobiome mit Galeriewäldern). Wir finden dort Laubbäume, wie *Populus*-Arten, *Ulmus campestris* oder *Alnus*-Arten, teilweise auch *Platanus orientalis*, in Anatolien die tertiäre Reliktart *Liquidambar orientalis*.

Neben der Wasserversorgung spielt im Wettbewerb der sommergrünen Baumarten mit den Immergrünen, wie schon erwähnt, auch die Frosthärte eine Rolle. Mit der Frostresistenz der immergrünen mediterranen Holzarten (vgl. auch S. 53 ff.) hat sich LARCHER (1970) experimentell beschäftigt, indem er Zweige dieser Arten im Winter 4–6 Stunden verschieden starken Frosttemperaturen aussetzte und nach einer Woche die Schäden feststellte. Unterschieden werden Schäden ersten Grades (nur Blätter geschädigt), zweiten Grades (auch die Knospen geschädigt) und dritten Grades (ganze Sprosse abgetötet). Die Knospen erfrieren bei *Ceratonia* bei $-7\,°C$, bei *Nerium* bei $-8\,°C$, bei *Olea* bei $-9\,°C$, bei *Arbutus* bei $-14\,°C$ und bei *Quercus ilex* bei $-15\,°C$ (vgl. auch Tab. 2.6, S. 55). Die letzte Art geht zugleich am weitesten nach Norden, doch liegt die nördliche natürliche Verbreitungsgrenze nicht dort, wo die Holzart vom Frost abgetötet wird, vielmehr schon früher, wo durch häufige, leichtere Frostschäden die Art im Wettbewerb den frostresistenteren Arten unterliegt. Schäden treten im Winter aber nicht nur durch Frostwirkung auf, sondern auch durch Schneedruck oder durch Frosttrocknis.

Die größere Frostresistenz der submediterranen Holzarten beruht darauf, daß sie im Spätherbst einen Abhärtungsvorgang durchmachen, der mit einer Inaktivierung der Lebensvorgänge einhergeht und im Frühjahr durch einen Enthärtungsvorgang aufgehoben wird, wobei sich eine gewisse Aktivierung bemerkbar macht. Zu einer solchen

90 Teil 2. Zono-Ökotone

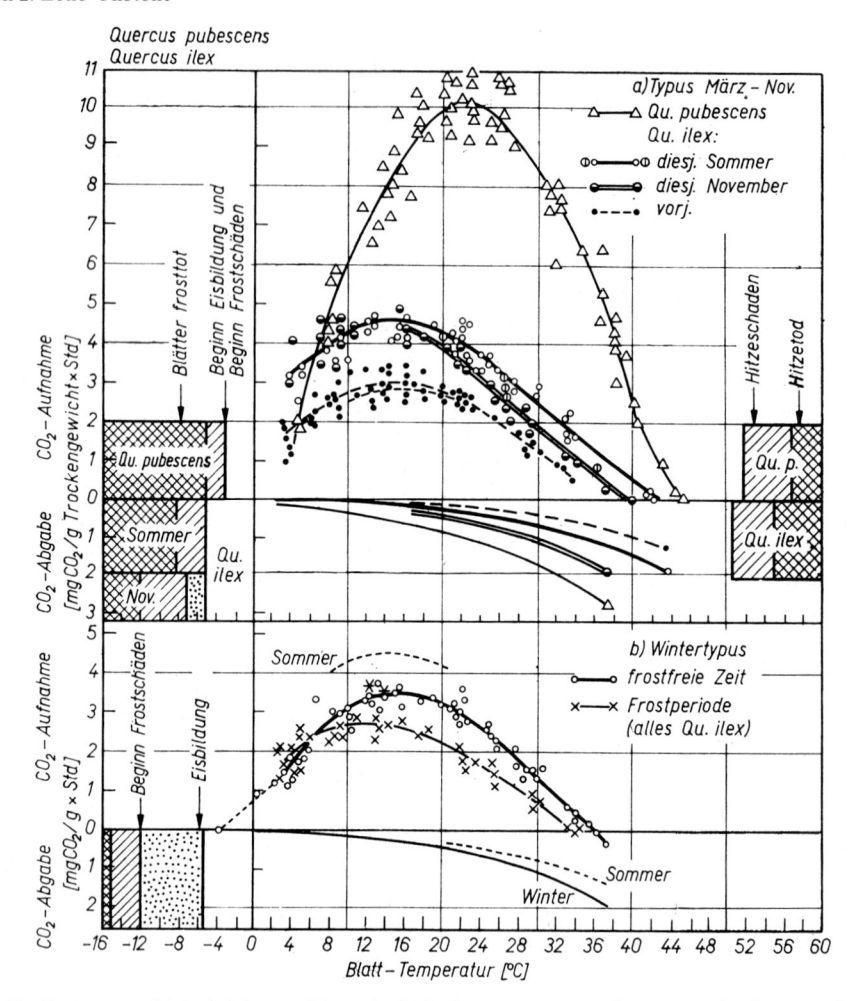

Abb. 2.59: Temperaturabhängigkeit von Netto-Assimilationsvermögen und Atmung der Sprosse, Beginn der Eisbildung in den Blättern, Kälte- und Hitzeresistenz bei sommergrünen *(Quercus pubescens)* und immergrünen *(Qu. ilex)* Eichen (nach LARCHER 1961a, b).
a) Versuchstermine März bis November. *Quercus pubescens:* Dreiecke. *Quercus ilex*, und zwar diesjähriger Zuwachs im Sommer: Offene Kreise; Ende September 1958 nach kurzer Trockenperiode: Kreise mit Längsmarke; November 1959: Doppellinie, Kreise mit dunkler unterer Hälfte. Vorjähriger Zuwachs: Punkte. Kräftige unterbrochene Linie: Juli bis September; dünne unterbrochene Linie: März.
b) Winterversuchstermine. Alles diesjähriger Zuwachs von *Quercus ilex*. Kreise: Frostfreie Termine Dezember 1958 und Januar 1960. Liegende Kreuze: Frostperiode Januar 1959. Sterne: Enthärtungsversuche. Die Punktkurven geben den Sommerzustand wieder. Versuchsbedingungen: Beleuchtung: 10 klx, CO_2-Angebot: 0,035 bis 0,035 Vol.-%, Wasserzustand optimal: bei *Quercus pubescens* 4–7% Defizit, bei *Quercus ilex* 4–9% Defizit vom Sättigungsgewicht.

Abhärtung sind die Arten der gemäßigten Klimazonen mit kalten Wintern allgemein befähigt, die immergrünen Hartlaubarten sowie alle tropischen Arten dagegen nicht. Insofern kann man das submediterrane Ökoton IV/VI schon zur gemäßigten Zone rechnen. Der Jahresgang der Frostresistenz wurde bei den Holzarten *Quercus pubescens*, *Ostrya carpinifolia* und *Fraxinus ornus* genauer experimentell untersucht (LARCHER and MAIR 1968). Während im Frühsommer die Sprosse dieser Arten, die am Gardasee, bei Bozen und bei Innsbruck wuchsen, schon abgehärtet wurden, wenn man sie in Kühltruhen einer Temperatur um −5 °C aussetzte, wurden sie im Januar selbst bei

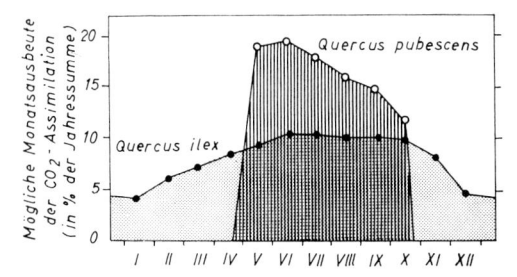

Abb. 2.60: Die prozentuale Verteilung der Produktion auf die einzelnen Monate im Jahr, bei immergrünen und sommergrünen Eichen (nach LARCHER, aus WALTER 1968). Über die Absolutwerte ist hier nichts ausgesagt, die Gesamtproduktion ist stets bei guter Wasserversorgung bei *Quercus pubescens* höher, bei Sommerdürre kleiner als bei *Quercus ilex*.

$-40\,°C$ noch nicht geschädigt. Im Herbst macht sich eine gewisse Abhärtungsbereitschaft bemerkbar, die vielleicht mit der abnehmenden Tageslänge im Zusammenhang steht, aber die eigentliche Abhärtung, d.h., die rasche Zunahme der Frostresistenz, findet erst statt, wenn die Temperaturen am Standort im November bis fast auf $0\,°C$ sinken und vor allem, wenn einzelne leichte Fröste auftreten. Dann wird bei allen Arten die maximale Frostresistenz erreicht, obgleich am Gardasee, die tiefsten Temperaturen noch über $-10\,°C$ lagen, während in Innsbruck $-20\,°C$ unterschritten wurden.

Da in den Gebirgen sowohl die Niederschläge im Sommer als auch die Frostereignisse mit der Höhe zunehmen, wird auch dort die immergrüne Hartlaubvegetation rasch durch sommergrüne Laubbäume verdrängt. Dadurch kommt es wieder zu der schon erwähnten typischen Höhenstufung pflanzengeographisch unterschiedlich verbreiteter Vegetationseinheiten.

Abgelöst werden die Hartlaubarten durch folgende submediterrane, laubabwerfende Baumarten: die Flaumeiche *(Quercus pubescens)*, im Osten auch *Quercus cerris*, in Nordspanien *Quercus pyrenaica* (= *toza*) u.a.. Dazu kommen im Westen *Acer monspessulanum*, *A. opalus*, *Sorbus domestica*, *S. torminalis*, *Prunus mahaleb*, *Cornus mas*, *Amelanchier ovalis* u.a., im adriatischen Raum die Mannaesche *(Fraxinus ornus)*, *Carpinus orientalis*, *Ostrya carpinifolia*, *Acer obtusanum*, der Judasbaum *(Cercis siliquastrum)* u.a.. Auch Birnensorten mit schmalen, weiß behaarten Blättern, im Westen *Pyrus amygdaliformis*, im Osten *P. elaeagnifolia*, dazu *Staphylea pinnata*, *Rhus cotinus* u.a.m.. Höhere Wärmeansprüche stellt *Celtis australis* (HUBER 1962).

Die meisten immergrünen Arten verschwinden. Nur *Buxus sempervirens* reicht weiter nach Norden, und *Rubia peregrina* findet man bis Nordfrankreich. Einige krautige Arten und Geophyten der mediterranen Region reichen in die submediterrane Zone *(Dorycnium suffruticosum, Ophrys*-Arten), aber im allgemeinen werden auch sie durch andere Arten allmählich ersetzt.

Im nordbalkanischen Raum kommt die Reliktart *Syringa vulgaris* vor (Verbreitungskarte bei GREBENSHCHIKOV 1963), die noch bei Odessa sehr leicht an feuchten Hängen verwildert (vgl. auch vom selben Autor die bioklimatische Vegetationskarte der Balkanhalbinsel 1973).

Die submediterranen Laubwälder sind wie die immergrünen mediterranen Wälder durch Holznutzung, Brandrodung und Waldweide, namentlich auf dem Balkan, oft zu einem sommergrünen Gebüsch degradiert, das als **Schibljak** bezeichnet wird, ein Niederwald analog zu der immergrünen Macchie (HORVAT et al. 1974). Durch intensive Beweidung mit Ziegen wird die Vegetation sehr stark zerstört, oft bleibt nur nacktes Gestein übrig, wie z.B. früher im dalmatinischen Karst oder in Montenegro. Es genügte jedoch, die Beweidung durch Ziegen zu unterbinden, um ein Ergrünen der ganzen Landschaft durch das Heranwachsen von Buschwerk, zunächst in Felsspalten, dann auf der sich bildenden, schütteren Bodenstreu in wenigen Jahrzehnten, oder gar Jahren zu erzielen.

Das submediterrane Gebiet leitet im ozeanischen Klima zu den westeuropäischen Wald- und Heidegebieten über, in Mitteleuropa zu den Buchenwäldern und auf der Balkanhalbinsel zu trockeneren Laubwaldtypen der Waldsteppe (vgl. Bd. 3, S. 145ff.). Mediterrane Elemente lassen sich noch in Thrazien und an der Westküste des Schwarzen Meeres bis etwa Warna verfolgen. Es ist ein gradueller Übergang. Als Übergangsform findet man die Pseudomacchie (vgl. S. 72).

Im Bereich der südwestlichen Alpen ist die Verzahnung besonders kompliziert, da hier natürlich auch noch die entsprechenden Höhenstufen, also die zugehörigen Orobiome auftreten. In Abb. 2.61 ist als Beispiel aus dem Gebiet der Haute Provence diese Verzahnung gezeigt. OZENDA (1988) hat in einer schematischen Übersicht auch die einzelnen «mediterranen Serien», wie er es nennt, also den Übergang vom typisch eumediterranen Zonobiom IV mit den zugehörigen Orobiomen zum Zono-Ökoton IV/VI, charakterisiert. In seinem Schema gibt er einerseits die edaphische Abhängigkeit wieder, andererseits zeigt er die dominierende Stellung von *Quercus ilex* (vgl. Abb. 2.62).

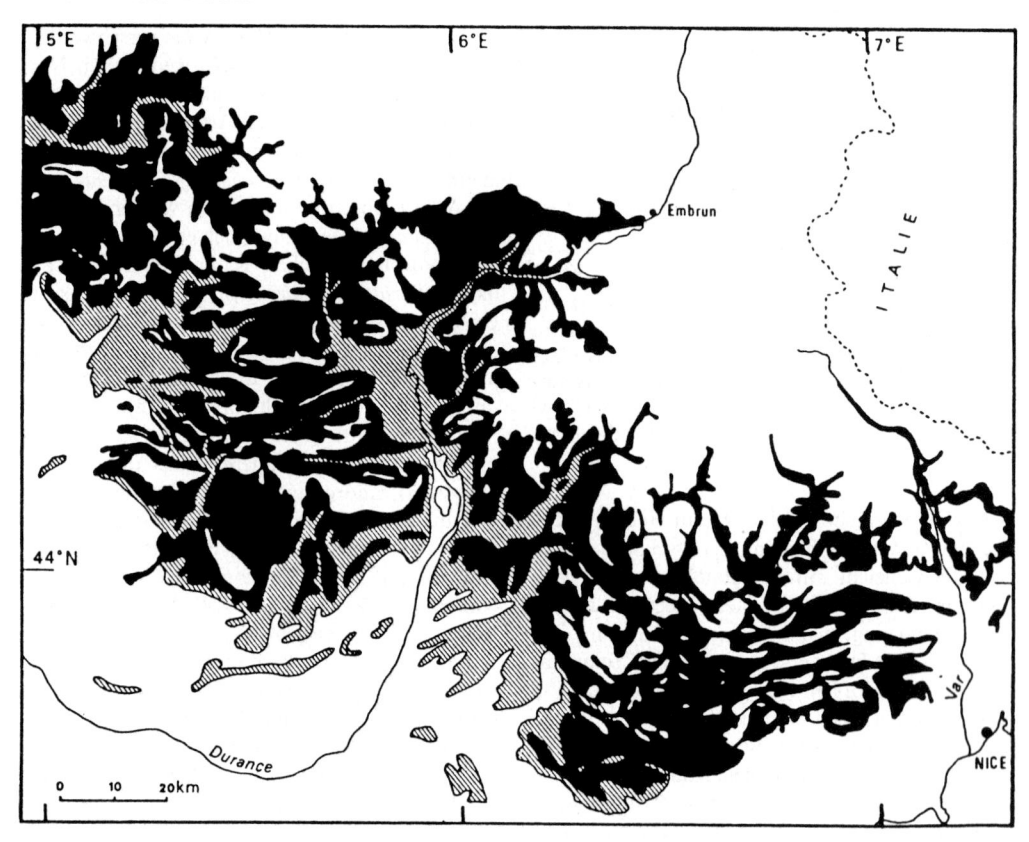

Abb. 2.61: Verbreitung der submediterranen Flaumeichen-Serie in den Alpen der Haute-Provence in Südfrankreich. Schwarz: Haupttyp der Serie; schraffiert: die tiefere Unterserie im Übergang zum mesomediterranen Gebiet, bereits durchdrungen von mediterranen Arten, wie *Quercus ilex*, *Juniperus oxycedrus*, *Cotinus coggygria*, *Lavandula latifolia*, *Spartium junceum* (aus OZENDA 1988).

Im Bereich der Seealpen reicht die Höhenstufung von der Zwergpalme (*Chamaerops humilis;* die im vorigen Jahrhundert noch bei Nizza vorkam) bis in die alpine Stufe.

An geschützten Stellen der tiefeingeschnittenen Täler der Südalpen, im insubrischen Bereich, so auch im Tessin, treten thermophile, an lauriphyllen Pflanzenarten reiche Waldgesellschaften auf. Sie erinnern bereits an das ZB V. Nach GIANONI et al. (1988) besteht in Insubrien eine floristisch-ökologische Lücke, die seit dem Glazial nicht abgesättigt ist, die aber heute weitgehend durch Exoten ausgefüllt ist. Nach OBERDORFER (1964) läßt sich die **insubrische Vegetation** gegen die submediterrane Vegetation in Oberitalien und in der Südschweiz floristisch abtrennen.

GIANONI et al. (1988) führen als wärmeliebende, mehr oder weniger lauriphylle Arten, die aber alle synanthrop verbreitet sind, folgende an: *Laurus nobilis* (med.), *Elaeagnus pungens* (Jap.), *Prunus laurocerasus* (pont.), *Trachycarpus fortunei* (China, Jap.), *Lonicera japonica* (China, Jap.), *Arundinaria japonica* (China, Jap.), sie werden begleitet von *Ficus carica* (E-med.), *Juglans regia* (E-med.), *Vitis vinifera* (E-med.), *Camellia* sp. (China, Jap.), *Rhododendron* sp. (E-Asien), *Cotoneaster horizontalis* (China), *Phytolacca americana* (S-Amerika), *Ligustrum lucidum* (China, Jap.), *Cinnamomum camphora* (E-Asien), *Pueraria hirsuta* (China, Jap.), *Parthenocissus inserta* (N-Amerika).

Eine besonders interessante mediterran-submediterrane Exklave findet sich ganz isoliert am Südufer der **Krim,** das durch das über 1500 m hohe Jaila-Gebirge nach Norden abgeschirmt ist (Abb. 2.63). Auf einer Strecke von 50 km (vom Kap Foros bis Aluschta) ist das Klima deutlich mediterran geprägt: über 30% der Niederschläge fallen im Winter (mittlere Temperatur fast +5 °C). Da jedoch das mittlere Jahresminimum bei −8 °C bis −11 °C liegt (absolutes Minimum bei −16 °C), trägt die Vegetation doch mehr nur einen sub-

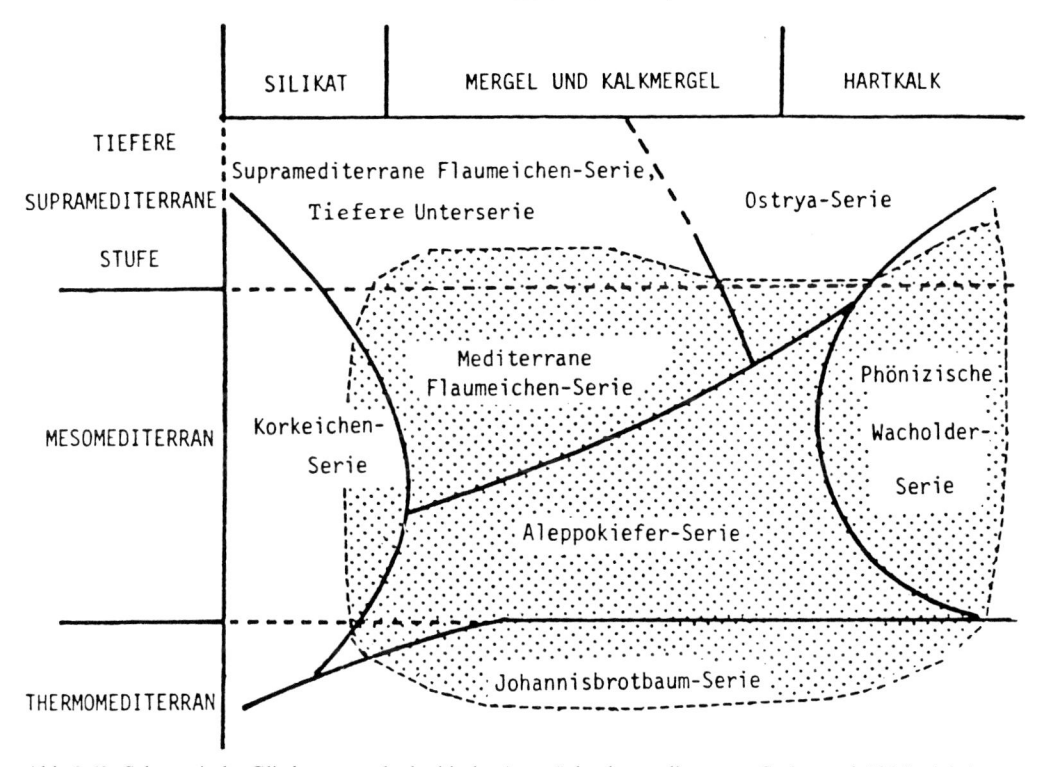

Abb. 2.62: Schematische Gliederung und edaphische Ansprüche der mediterranen Serien und Abhängigkeit von der Höhenstufung in den Seealpen. Der ökologische Bereich von *Quercus ilex* ist grau dargestellt (aus OZENDA 1988).

mediterranen Charakter. Es sind vorwiegend *Quercus pubescens-Juniperus excelsa*-Gehölze; doch findet man an günstigen Stellen eine Reihe ostmediterraner Elemente wie *Arbutus andrachne*, *Juniperus oxycedrus*, *Pistacia mutica*, *Rhamnus alaternus*, *Rhus coriaria*, *Jasminum fruticans*, *Vitex agnus-castus*, *Pinus pithyusa* var. *stankevici* (aff. *P. halepensis*), *Cistus tauricus*, *Ruscus pontica*, *Euphorbia biglandulosa*, *Psoralea bituminosa*, *Lasiagrostis bromoides* u.a. (WALTER 1943, STANKOV 1926) (vgl. Band 3, S. 527).

Die montane Stufe besteht aus einem *Pinus-pallasiana*-Wald, in dem 32,6% der Arten dem mediterranen Element im weiteren Sinne angehören und 29,6% dem borealen. Die Vegetation weist eine deutliche Winterruhe auf mit einer Hauptvegetationszeit im Sommer. Demgegenüber läßt sich bei der unteren *Juniperus-Quercus*-Stufe

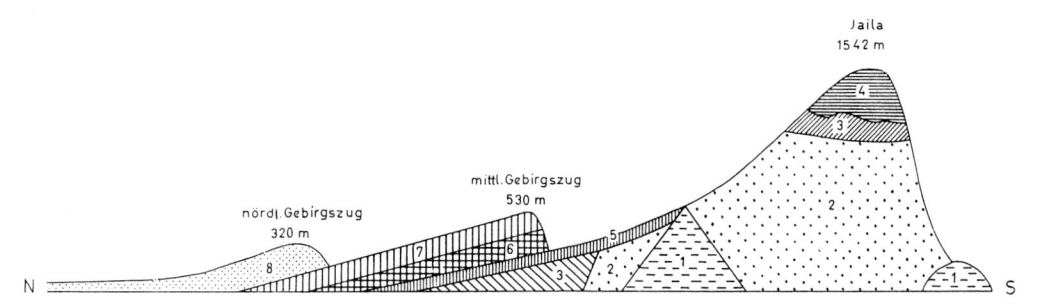

Abb. 2.63: Schematisches Profil durch die Krim (nach SLUDSKI, aus WALTER 1968). 1: Magmatische Massen (am Südufer als Lakkolithe); 2: Obere Trias und Unterer Jura; 3: Mittlerer Jura; 4: Oberer Jura; 5: Untere Kreide; 6: Obere Kreide; 7: Unteres Tertiär; 8: Oberes Tertiär.

eine Entwicklung mit 2 Höhepunkten im Frühjahr sowie Herbst und mit einer Abschwächung im Sommer unterscheiden, wobei der Winter keine absolute Ruhezeit ist. In dieser Stufe sind 45% der Arten mediterran und nur 11,2% boreal. Diese mediterrane Vegetation der Krim setzt sich nach einer gewissen Unterbrechung an der kaukasischen Küste zwischen Noworossisk und Tuapse fort; weiter südlich wird das Klima schon so feucht, daß die Vegetation kolchischen Charakter annimmt (vgl. Band 3, S. 537).

10.4 Zono-Ökoton IV/VII

Entlang der nördlichen Begrenzung des ZB IV gibt es an mehreren Stellen stärker kontinental getönte Zono-Ökotone, die wir als ZÖ IV/VII anzusehen haben. Im nördlichen Zentralspanien ist es das Ebrobecken als steppenhaftes Übergangsgebiet, in Südosteuropa Pannonien. Ein größeres Übergangsgebiet ist aber dann im Nordosten und Osten, in Anatolien einerseits und nach Osten überleitend bis zum Himalaya im Iran und in Afghanistan andererseits, soweit es nicht auch Zono-Ökotone zu ZB III sind.

10.4.1 Ebrobecken

Zum Zono-Ökoton IV/VII müssen wir das Trockengebiet im Nordosten der Iberischen Halbinsel – das Ebro-Becken – mit einem Jahresniederschlag von 300–400 mm, aber einem relativ kaltem Klima, einbeziehen. Zwar fehlt noch eine andauernde, kalte Jahreszeit, aber nur 5 Monate im Jahr sind frostfrei, weil das Becken oft ein Kaltluftsee ist (abs. Minimum in Zaragoza –15,2 °C). Außerdem sind die Böden als Ablagerungen eines früheren Sees gipshaltig, so daß die Flora endemische Gypsophyten enthält und das gypsophile *Lygeum spartum* sehr verbreitet ist.

Das stark kontinentale Klima wird auch durch das Vorhandensein von abflußlosen Salzseen bestätigt.

Als zonale Vegetation darf man nicht die steppenartige auf Gipsböden ansehen, die ein Pedobiom darstellt, sondern die sehr lichten Bestände von kleinen *Pinus halepensis*, *Juniperus phoenicea* oder *J. thurifera* mit *Rosmarinus*, wobei alle frostempfindlichen mediterranen Arten fehlen (WALTER 1973a). Die Vegetation erinnert an die «Pigmy Conifers» des Zono-Ökotons IV/VII im Westen Nordamerikas (vgl. S. 137).

Die flachen Salzseen enthalten neben NaCl auch andere Ionen in nennenswerten Mengen, z. B. Mg^{2+} und SO_4^{2-}, einige werden daher auch als Bittersalzseen bezeichnet. Die vorkommende Halophytenflora ist floristisch etwas verarmt (vgl. BRECKLE 1975, WALTER 1973, BRECKLE et al. 1987), doch kommen an einigen Stellen auch Arten vor, die dann erst wieder im Wiener Becken, in Pannonien oder gar erst in der Ukraine wieder auftreten, z. B. *Ceratoides latens* oder *Camphorosma* u. a. Es muß also einmal im Laufe der Glazialzeiten eine floristische Verbindung, wahrscheinlich ein periglazialer Steppengürtel, quer bis zum irano-turanischen Raum bestanden haben.

10.4.2 Pannonien und Südosteuropa

Im pannonischen Raum Ungarns steht die submediterrane Zone mit Flaumeichenwäldern (DEBRECZY 1968) in Kontakt, einerseits mit dem mitteleuropäischen Laubwald und andererseits mit den östlichen Steppen des ZB VII. Es ergibt sich damit ein Dreiecks-Zono-Ökoton VI/IV/VII, das am Schwarzen Meer in das Ökoton IV/VII übergeht, also in Steppen mit submediterranen Elementen (vgl. Abb. 2.25). Das komplizierte Mosaik kommt aber auch durch die verschiedenen Gebirge zustande. Gerade in Rumänien treten dadurch viele, sehr kleinräumig gegliederte Vegetationseinheiten auf, die zudem floristisch sehr reich sind. Dort spielt der Gebirgskamm der Karpaten für die Gliederung eine wichtige Rolle (DONITA et al. 1985). Das erwähnte Dreiecks-Ökoton ist mosaikartig gegliedert, es geht nach Süden, je mit unterschiedlichen Höhenstufungen, immer mehr in mediterrane (ZB IV), nach Osten in stärker kontinental getönte Gebiete über, die auf Abb. 2.25 detailliert wiedergegeben sind. Danach werden (nach HORVAT et al. 1974) unterschieden:

Gebiete mit gemäßigtem, sommerfeuchtem Klima

Besonders im Nordwesten und Norden der Balkanhalbinsel gehören die Becken- und Hügellandschaften zum Klimatyp VI, d. h. zur temperierten humiden Zone mit ausgeprägter, aber nicht sehr lange dauernder kalter Jahreszeit. Untergliederung:

VI 1   *Papa*, mitteleuropäisches Klima des nordungarischen Hügellandes (reicht gerade noch nach Südosteuropa herein).

VI 2a *Cluj (Klausenburg)*, subkontinental-mitteleuropäisch, mit hohen Sommer-Niederschlägen und mäßig kalten Wintern (im Regenschatten der Alpen, im Karpatenbogen und nördlich des Balkangebirges).

VI 2b *Zvornik*, mitteleuropäisch mit Anklängen an das Submediterranklima, d.h. mit erkennbarer Sommerdepression der Niederschläge.

VI 3 *Beograd*, subkontinental; mit relativ niederschlagsarmen und kalten Wintern und in manchen Jahren trockenen Spätsommern, d.h. mit deutlichen Anklängen an den Klimatyp VII.

VI 4 *Livno*, montan-humid, an VI 2b erinnernd, aber wesentlich niederschlagsreicher.

Gebiete mit mediterraner Sommertrockenheit

Winterregengebiete, die nicht ganz frostfrei sind, aber keine ausgesprochen kalte Jahreszeit haben. Nach den Diagrammen von Talstationen lassen sich in Südosteuropa mehrere Untertypen ausscheiden, die hier nach charakteristischen Orten benannt sind.

IV 1 *Athen*, mediterran. Die aride Sommerzeit ist hier besonders lang und warm.

IV 2 *Korfu*, mediterran mit reichlichen Winterregen, aber 1–2 fast niederschlagsfreien Monaten; im Südwesten Griechenlands und auf den vorgelagerten Inseln.

IV 3a *Volos*, ähnlich IV 1, aber mit weniger ausgeprägter Dürre und mit Regenmaxima im Mai und November.

IV 3b *Trikala*, ähnlich IV 2, aber mit größerer Winterkälte, d.h. teilweise submediterran.

IV 3c *Split*, mit nur kurzer und wenig ausgeprägter Sommerdürre, also zum submediterranen Klima überleitend.

IV 4 *Istanbul*, ähnlich IV 3c, aber mit etwas größerer Winterkälte, d.h. submediterran.

IV 5 *Durazzo*, submediterran; mit hohen Winterniederschlägen ähnlich IV 2, aber viel kürzerer Dürrezeit; überleitend zu Typ V (warmtemperierte, immerfeuchte Zone mit deutlichem jahreszeitlichen Temperaturgang, aber nur gelegentlichen Frösten).

IV 6 *Bitola*, kontinental-submediterran; mit nur mäßiger Sommerdürre und Anklängen an den Klimatyp VI.

IV 7 *Skopje*, submediterran-kontinental; mit ausgeprägter Sommerdürre und scharfer Winterkälte, d.h. mit Übergang zu Klimatyp VII.

V *Cetinje*, submediterran perhumid, ähnlich dem Untertyp IV 5, aber mit noch höheren Niederschlägen und höchstens 2 trockenen Monaten (zum Gebirgsklima überleitend).

Gebiete mit kontinentaler Sommertrockenheit

Nur ein kleiner Bezirk im Nordosten der Balkanhalbinsel gehört zur temperierten ariden Zone mit heißen Sommern und kalten Wintern. Diese ist in Abb. 2.25 bezeichnet mit:

VII *Brăila*, kontinental; mit Niederschlagsmaximum im Frühsommer, ausgesprochen trockenem Spätsommer und schneearmem Frostwinter.

Gebirgsklimate

Da stets nur relativ wenige meteorologische Stationen in Gebirgen liegen, reichen sie zur Gliederung der montanen bis alpinen Klimate nicht aus. WALTER und LIETH faßten sie deshalb zum Typ X zusammen (Gebirgsklimate inmitten der Zonen I–IX). HORVAT et al. (1974) haben den Typ X auf Abb. 2.25 in drei Untereinheiten gegliedert:

X 1 *Bjelašnica*, mitteleuropäisches Gebirgsklima; mit gleichmäßig hohen Niederschlägen in allen Monaten.

X 2 *Crkvice*, mediterran getöntes Gebirgsklima; mit sehr hohen Winterniederschlägen, aber deutlicher Sommerdepression.

X 3 *Petrohan*, kontinental getöntes Gebirgsklima; mit größten Niederschlagsmengen im Frühsommer.

Die flächenmäßig für die ganze Balkanhalbinsel bedeutendste Vegetation gehört zur Gruppe der sommergrünen Eichenwälder mit *Quercus cerris* und *Qu. frainetto*. Deren Klima ist ein subkontinentales, relativ winterkaltes und sommertrockenes. Die ursprünglichen Eichenwälder wurden großenteils vom Menschen und seinen Viehherden vernichtet. Heute bestimmen steppenähnliche Rasen und auf tiefgründigen Böden weite Ackerflächen das Landschaftsbild. Selbst auf den trockensten Flächen der pannonischen Ebene dürften früher lockere Eichenmischwälder gestanden haben, in denen allerdings die typischen lichtliebenden Steppenelemente eingemischt waren. Gelegentlich wird dieser Wald als Steppenwald bzw. Waldsteppe bezeichnet (vgl. Band 3, S. 145ff.). Neben verschiedenen Eichen tritt vor allem auch *Acer tataricum* auf. Eine sehr umfangreiche, detaillierte Vegetationsbeschreibung der ganzen Balkanhalbinsel, einschließlich der mediterranen Teile in Griechenland, liegt von HORVAT et al. (1974) vor.

In den küstennäheren Teilen der Balkanhalbinsel ist das Klima milder, die Winter nicht so kalt, die Sommer eher noch trockener (Abb. 2.25); hier sind wieder mehr submediterrane Einflüsse, teilweise sogar auch mediterrane Florenelemente zu finden. Aufgrund des gebirgigen Charakters der Balkanhalbinsel ist die klimatische (wie in Abb. 2.25 gezeigt wurde) und damit auch vegetationskundliche Gliederung Südosteuropas ein enges, oft schwer überschaubares Kleinmosaik.

An die subkontinentalen Eichenwälder schließen sich winterkahle, submediterrane Hopfenbuchen-Hainbuchenwälder an (mit *Ostrya carpinifolia* und *Carpinus orientalis*). Auch diese Wälder sind großenteils zu Gebüschen und Trockenrasen degradiert.

Für das Donautiefland, dem eigentlichen **Pannonien,** dort, wo heute die Pußta und Ackerflächen das Landschaftsbild bestimmen, ist bis heute nicht endgültig geklärt, welche zonale Vegetation anzunehmen ist. Die früher sehr gegensätzlichen Meinungen (Wald contra Steppe) haben sich allerdings heute angenähert. Die Donauebene Südungarns, Nordostjugoslawiens, Südrumäniens und Nordbulgariens wird heute als Steppenwaldgebiet aufgefaßt, also als eine von Natur aus großenteils von lichten Wäldern bestockte Landschaft, wie dies Soo (1926) erstmals deutete. Über die Waldsteppe Osteuropas als Zono-Ökoton VI/VII in der Ukraine und anderen Teilen Eurasiens ist bereits in Band 3, S. 146ff. berichtet worden.

Problematisch ist heute nur noch die Frage der zonalen Vegetation auf tiefgründigen Lößböden mit Schwarzerde-Profilen, die heute weder Wald noch Steppe tragen, sondern seit längerem als Ackerland genutzt werden. Nach WALTER (1960) sind kolloidreiche Böden in trockenen Klimaten besonders trocken und echte Schwarzerden (Chernozeme) bilden sich wohl nur unter Grasvegetation, also in echten Steppen, so daß man sich fragen muß, wann diese Chernozeme entstanden

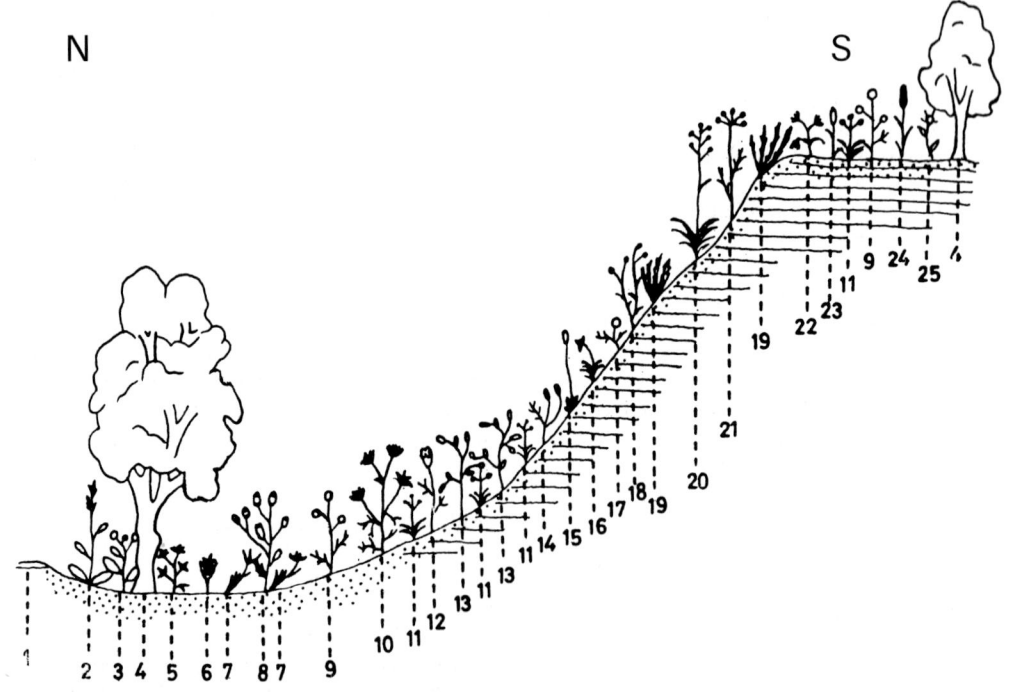

Abb. 2.64: Vegetationsprofil durch das Steppenreservat Fîntînitza in der Dobrudscha (nach HORVAT et al. 1974). Die Zahlen bedeuten: 1: Landstraße, 2: *Verbascum phlomoides*, 3: *Arctium lappa*, 4: Gehölze, 5: *Torilis arvensis*, 6: *Crocus pallasii*, 7: *Cynodon dactylon*, 8: *Carduus acanthoides*, 9: *Echinops ruthenicus*, 10: *Seseli campestre*, 11: *Festuca valesiaca*, 12: *Centaurea orientalis*, 13: *Prunus tenella*, 14: *Scutellaria orientalis*, 15: *Koeleria brevis*, 16: *Carex halleriana*, 17: *Paeonia tenuifolia*, 18: *Linum borzeanum*, 19: *Satureja caerulea*, 20: *Chrysopogon gryllus*, 21: *Ferulago sylvatica*, 22: *Seseli tortuosum*, 23: *Agropyron pectinatum*, 24: *Agropyron intermedium*, 25: *Inula oculus-christi*.

Abb. 2.65: Mosaikstruktur der Waldsteppe in der Dobrudscha mit zusammenhängend offenen Flächen, die sehr artenreich sind, und Baumgruppen aus Eichen (*Qu. pubescens*, *Qu. cerris* u.a.) und Straucharten (phot. S.-W. BRECKLE 1979).

sind. Soó (1959) hält die Waldsteppe in den peripheren Teilen des Alfölds, die Wiesensteppe in den zentralen Teilen für die ursprüngliche Vegetation. Steppenwaldreste sind aus dem Alföld bekannt (ZÓLYOMI 1957). Sie wachsen sowohl auf degradierten Chernozemen als auch grauen Waldböden, aber auch auf echten Chernozemen. Diese sind offenbar nicht unbedingt ein Beweis, daß das heutige Klima an diesen Stellen waldfeindlich wäre. Man kann sich vorstellen, daß die Lößböden in der Nacheiszeit Steppenvegetation trugen und sich Chernozeme bildeten, sich die Flächen dann aber allmählich bewaldeten, als das Klima feuchter wurde. Als nun der Mensch schon früh diese Wälder durch Weide und Brand lichtete und ein steppenähnliches Weideland an ihrer Stelle entstehen ließ, wurden die vom Wald mehr oder weniger degradierten Chernozeme wieder regeneriert. Möglicherweise hat die Besiedlung der Lößrücken in der Donautiefebene sogar schon so früh eingesetzt, daß sie deren natürliche Wiederbewaldung im Subatlantikum verhinderte. Ein ungefähres Bild der sehr artenreichen Steppen vermitteln die in der Dobrudscha heute in Naturschutzgebieten geschützten Reste auf allerdings meist flachgründigen Böden. Ein Querprofil ist in Abb. 2.64 wiedergegeben, während Abb. 2.65 die offene Waldsteppe zeigt.

Eine weitere Besonderheit des pannonischen Tieflands sind die heute sehr ausgedehnten kontinentalen Salzböden. Diese Pedobiome sind aber wohl großenteils erst durch Flußregulierungen und Grundwasserveränderungen in der heutigen Ausdehnung als Halobiome entstanden. Die Alkalisteppe oder «Szikpußta» weist heute eine Fläche von etwa 10^6 ha auf. Der Alkaliboden («szik») ist durch eine (für kontinentale Binnensalzstellen) typische Sulfat- oder Carbonatverbrackung gekennzeichnet. Der pH-Wert liegt oft stark im Alkalischen und kann 9,5 bis 10 sein. Die zugehörige Halophytenvegetation hat WENDELBERGER (1950) untersucht, sie ist reich an südrussischen und irano-turanischen Arten, ähnliches gilt auch für die Halophytenvegetation der viel lokaleren Salzstandorte Siebenbürgens (BRECKLE 1985), die allerdings weitgehend edaphisch bedingt sind.

10.4.3 Anatolien

Eine mediterrane Steppe ist die Zentralanatoliens, an deren Rande Ankara liegt. Aus dem Klimadiagramm von Ankara (Abb. 2.66) ist zu erkennen, daß es sich um ein trockenes, mediterranes Klima handelt, aber mit einer Kälteperiode im Winter (Dezember–März) und Frösten bis -25 °C. Dies liegt daran, daß Anatolien eine Hochebene ist, die auf drei Seiten von hohen Gebirgen eingeschlossen wird (Abb. 2.67). Auf der Westseite fehlt ein Ge-

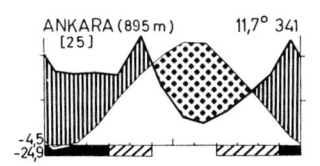

Abb. 2.66: Klimadiagramm von Ankara, einer an der Nordgrenze der Zentral-Anatolischen Steppe gelegenen Station (aus WALTER 1968).

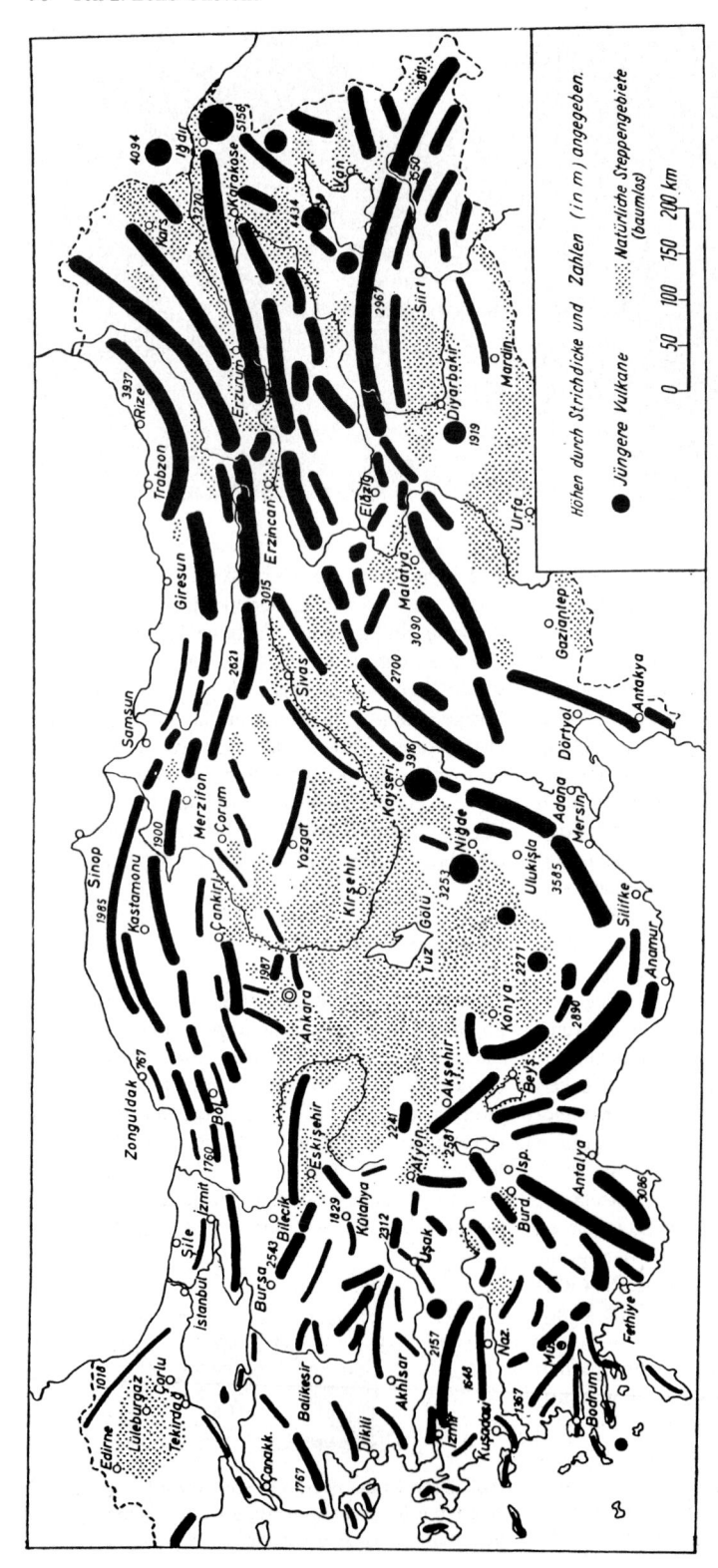

Abb. 2.67: Übersichtskarte von Anatolien mit dem zentralasiatischen Steppengebiet (aus WALTER 1956b).

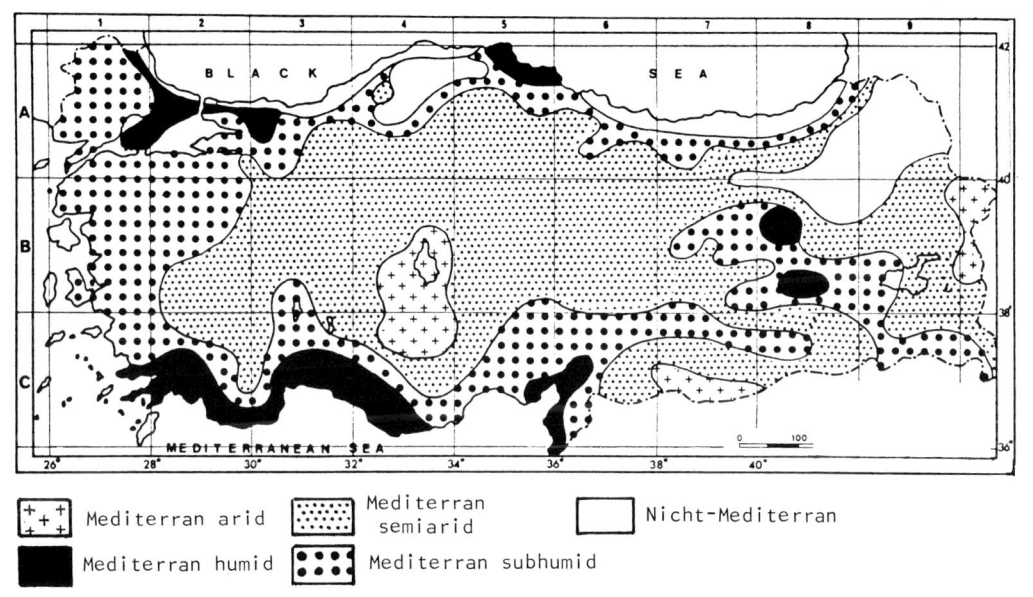

Abb. 2.68: Karte der verschiedenen mediterranen Klimazonen in der Türkei (aus AKMAN & KETENOGLU 1986).

birgsriegel, aber auch hier versperren einzelne Gebirgsstöcke den feuchten Luftmassen den Zugang. So liegen die ariden und semiariden Gebiete (also ZÖ IV/VII) zentral und sind umrahmt von subhumiden oder humiden (ZB IV) Gebieten (vgl. Abb. 2.68), die semiariden Gebiete zeigen dabei recht unterschiedliche Temperaturregime. Daraus ergibt sich ein sehr komplexes Mosaik der Klimabedingungen.

Die Kontakt-Holzarten sind nicht nur laubabwerfende *Quercus* spp., sondern, dem kontinentalen Klima entsprechend, auch *Pinus nigra* ssp. *pallasiana*. Der *Stipa-Bromus tomentellus*-Steppe mit mediterranen Elementen steht eine günstige Vegetationszeit mit guter Wasserversorgung von 4 Monaten (Mitte März–Mitte Juli) zur Verfügung; die übrigen Monate sind zu kalt oder zu trocken (WALTER 1968). Im Norden der Türkei, entland der Südküste des Schwarzen Meeres erstreckt sich ein Übergangsgebiet, das weniger kontinental ist, das teilweise als Zono-Ökoton IV/VI aufzufassen ist, in dem auch die Buche vorkommt (*Fagus orientalis*), dies zeigt die Verbreitungskarte (vgl. Abb. 2.69), in der auch Hinweise auf eine nacheiszeitliche, größere Ausdehnung des Areals (Pollenhäufigkeiten) angegeben sind.

An bestimmten Stellen erhalten gebliebene kleine Waldreste oder abgeweidetes Eichengebüsch, und einzelne Bäume deuten darauf hin, daß Waldinseln auf Erhebungen oder in Schluchten früher weiter verbreitet waren. Zwischen der sub-

mediterranen Waldzone und der Steppenzone treten als Übergang Gebüsche auf mit *Juniperus oxycedrus*, *Cistus laurifolius*, *Quercus pubescens*, *Colutea cilicica*, *Pyrus elaeagnifolia*, *Crataegus*- und *Amygdalus*-Arten. Als iranische Arten kommen *Juniperus excelsa* und *J. foetidissima* hinzu (QUEZEL 1986).

Die untere Grenze der Gebirgswälder gegen die Steppe liegt nach LOUIS (1939) im Norden bei 1100 m, im Süden des Steppengebiets am Fuße des Taurus bei 1400 m. Die Steppe selbst ist heute zum großen Teil Ackerland im Trockenfeldbau mit eingeschalteten Brachen oder dient als Weide. Auch hier ist die Zusammensetzung der Pflanzendecke durch Überweidung – vor allen Dingen durch Ziegen – stark verändert. Im Extremfall sind alle ausdauernden Arten, mit Ausnahme der dornigen oder giftigen, verschwunden und nur einjährige Unkräuter verblieben. Diese erzeugen im Frühjahr einen bunten Blütenteppich von nur kurzer Dauer. In der Dürrezeit ist der Boden kahl. In Trockenjahren treten hohe Viehverluste ein.

Entlegenere Gebiete werden von Schafherden beweidet. Auf diesen Flächen wächst *Artemisia fragrans* mit *Poa bulbosa* und vielen Therophyten (BIRAND 1960). Dazu kommen dornige *Astragalus*- und *Noaea*-Arten sowie *Eryngium*. Auf steinigen Böden im Gebirge findet man nur dornige Arten, die selbst von den Ziegen gemieden werden. Es entsteht dann als Degradationsstadium eine Igel-Dornpolstergesellschaft aus *Astragalus (Traga-*

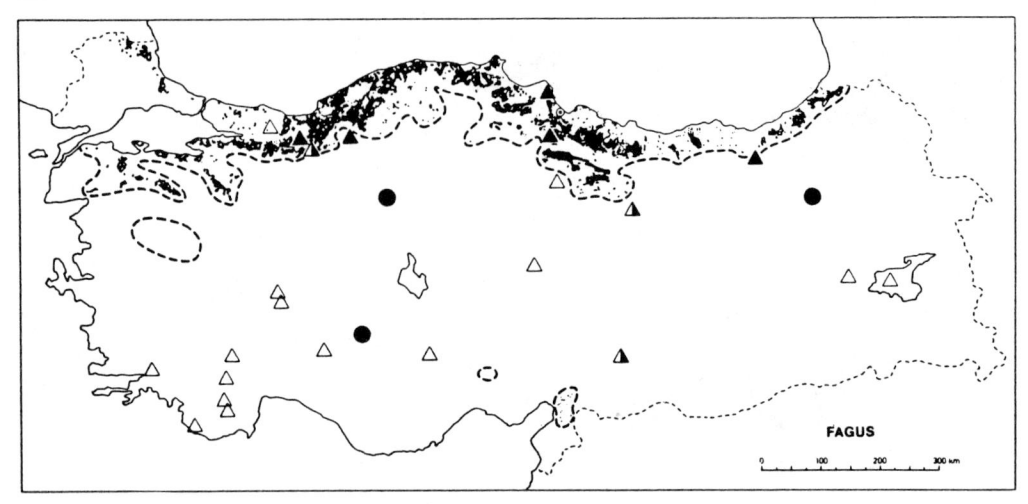

Abb. 2.69: Heutige Verbreitung der Buche *(Fagus orientalis)* in der Türkei. Für die südlich anschließenden Gebiete sind relative Häufigkeiten der Pollenvorkommen der Buche für ca. 4000 v. Chr. angegeben (leere Dreiecke: keine Pollen; halb gefüllte Dreiecke: geringe, aber deutliche Pollenvorkommen; schwarze Dreiecke: häufig; schwarze Kreise: Lage der Städte Ankara, Konya und Erzurum) (nach BOTTEMA 1986).

cantha)- und *Acantholimon* (Plumbag.)-Arten, die eigentlich für die Hochländer des iranischen Gebietes charakteristisch ist. Auch *Artemisia fragrans*, die im Gebiet um den Salzsee auf nur sehr wenig verbrackten Böden zusammen mit *Camphorosma* vorkommt, hat sich als Folge der Beweidung sehr stark ausgebreitet. Es ist ein Halbstrauch mit verholzten unteren Sproßteilen, der dem Viehverbiß widersteht, weil die Schafe nur die oberen krautigen Teile abfressen. Auch *Poa bulbosa* ist weidefest und kann sich durch die zahlreichen Bulbillen immer wieder vermehren. Aber die natürliche Steppenvegetation ist das nicht. Einen Begriff davon, wie diese aussah, gab uns das eingezäunte und vor Beweidung völlig geschützte Einzugsgebiet des Stausees, der Ankara mit Wasser versorgt (WALTER 1956).

Hier sieht die Vegetation völlig anders aus. Auf tiefgründigen Flächen entwickelt sich eine krautreiche Grassteppe. Die Vegetationsentwicklung beginnt bereits im Februar bis März mit der Blüte von Geophyten wie *Crocus*-, *Muscari*-, *Gagea*- und *Colchicum*-Arten u.a. (später auch *Ornithogalum*). Der größte Blütenreichtum wird im Mai erreicht. Die Pflanzendecke sieht dann geschlossen aus, doch ist zwischen den basalen Teilen der Pflanzen noch freier Raum vorhanden. Von den Gräsern dominieren die Federgräser *(Stipa pulcherrima, S. lagascae)* und *Bromus tomentellus* sowie *Festuca ovina* var. *vallesiaca*, dazu kommen *Phleum*- und *Melica*-Arten. Sehr zahlreich sind die ausdauernden Kräuter, die zu den Gattungen *Potentilla, Sanguisorba, Melilotus, Hypericum, Eryngium, Thymus, Galium, Scabiosa, Phlomis, Onosma, Centaurea* u.a. gehören. *Astragalus atropurpureus* ist eine nicht dornige Art und *Vinca herbacea* ist sommergrün. Die meist zweijährigen *Verbascum*-Arten haben hier ein Entwicklungszentrum und sind besonders artenreich.

Wie wir sehen, erinnert diese Steppe schon an die Grassteppen Osteuropas, nur sind hier die für das Mittelmeergebiet charakteristischen Arten stärker vertreten. Nördlich vom Schwarzen Meer ist die Sommerdürre lange nicht so ausgeprägt, dafür jedoch der Winter sehr viel kälter und länger. In beiden Fällen stehen den Pflanzen 4 günstige Wachstumsmonate zur Verfügung: In Zentralanatolien die Monate März bis Juni, in Osteuropa April bis Juli. In den Steppen des nördlichen Mesopotamien mit kürzeren Wintern, aber besonders langer Dürrezeit, sind es die Monate Februar bis Mai. Die Ansicht, daß die Zentralanatolische Steppe unter natürlichen Verhältnissen eine krautreiche Grassteppe wäre, wird durch viele kleine Steppenreste bestätigt. Diese finden sich vor allen Dingen in den beackerten Gebieten, die nicht vom Vieh betreten werden, und zwar auf den Streifen zwischen den Feldern und entlang der Wege.

Für eine ursprüngliche Grassteppe spricht auch das Bodenprofil, das völlig dem der gewöhnlichen Schwarzerde entspricht, nur daß die oberen Horizonte nicht so humusreich sind und mehr braun als schwarz erscheinen. Der Boden braust mit HCl schon an der Oberfläche auf (pH = 7,2–9,1). Es treten in 70 cm Tiefe Kalkausscheidungen als Schimmelkarbonate (Pseudomycelien, vgl. Band 3, S. 156) auf und tiefer (bis 150 cm) auch Kalkaugen. Das Speichervermögen des Bodens bis zu einer Tiefe von 1,5 m entspricht etwa dem Jahresniederschlag. Reste von früheren Gängen der Steppennagetiere (Krotovinen) konnten ebenfalls beobachtet werden.

Die ökologischen Verhältnisse der heute in der Steppe vorkommenden Arten, also der degradierten Pflanzendecke, hat BIRAND (1938, 1952) eingehend studiert. Das Untersuchungsjahr 1936 wies ziemlich normale klimatische Verhältnisse auf. Die maximale Evaporation erreicht in den heißen Monaten mittags 2–3 ml/h (Piche, grünes Papier). Der Bodenfrost dringt selten über 5 cm tief ein (im Dezember 1936 bis 30 cm). Die Bodenfeuchtigkeit war im Untersuchungsjahr noch im Mai bis in die obersten Schichten hoch, im Juni trockneten die oberen 20 cm aus, im Juli die oberen 80 cm, während der Wassergehalt in 120 cm Tiefe selbst im August nur eine unbedeutende Abnahme aufwies.

In Übereinstimmung damit betragen die osmotischen Werte der Geophyten, deren Entwicklung auf das Frühjahr beschränkt ist, 0,6–0,9 MPa, obgleich sie nur in den obersten 4–8 cm des Bodens wurzeln.

Auch die Frühlingsephemeren, die bereits im Juni verschwinden, haben trotz geringer Wurzeltiefe von etwa 20 cm nur niedrige osmotische Werte von 1,0–1,5 MPa, bei absterbenden Pflanzen bis 2,0 MPa. Zum Teil sind es Arten, die bei uns als Unkräuter vorkommen wie *Adonis flammeus, Lepidium draba, Reseda lutea, Amaranthus retroflexus, Senecio vernalis,* aber auch *Hypecoum-, Glaucium-, Cerinthe-, Micromeria*-Arten usw. Anders verhalten sich die Sommerpflanzen, die bis zum Juli oder August oder den ganzen Sommer und Herbst durchhalten. Je geringer die Wurzeltiefe ist, desto früher ziehen sie ein oder sterben ganz ab. Unter günstigen Verhältnissen sind die osmotischen Werte kaum höher als bei den Frühlingspflanzen, aber bei Wassermangel steigen sie bis 3,0 MPa an. Diese Arten besitzen meist stark behaarte malakophylle Blätter, die bei Wassermangel von unten nach oben abtrocknen, so daß die Transpirationsfläche ständig reduziert wird. Anfangs ist die Transpiration sehr intensiv, und die Tagesschwankungen des osmotischen Wertes sind sehr ausgeprägt; mit zunehmenden Wasserdefiziten, die schon morgens erhöhte osmotische Werte bedingen, wird dagegen die Transpiration eingeschränkt, und die Tagesschwankungen des osmotischen Wertes werden geringer, bis der maximale osmotische Wert erreicht ist und die oberirdischen Teile vertrocknen. Im Juni tritt das bei folgenden Arten ein: *Achillea santolina, Delphinium orientale, Ranunculus illyricus, Ajuga chia, Anchusa italica, Linaria corifolia, Moltkia*-Arten, aber auch bei den Steppengräsern *Stipa pulcherrima* und *Festuca sulcata.* Im Juli folgen *Coronilla varia, Linum-, Teucrium-* und *Salvia*-Arten, *Phlomis herba-venti, Onosma aucheriana* sowie die sehr bezeichnende *Artemisia fragrans* und die bekannte Harmelstaude, *Peganum harmala,* die in der Nähe von menschlichen Siedlungen und Karawanen-Rastplätzen auftritt, weil sie selbst von Kamelen nicht gefressen wird.

Frische Blätter von *Artemisia* besitzen osmotische Werte von 1,2–1,5 MPa, vertrocknende die doppelte Höhe. Bei *Peganum* liegen die Werte frischer Pflanzen bei 1,6–1,9 MPa und steigen beim Vertrocknen auf 2,8 MPa. Bei beiden Arten gehen einzelne Wurzeln über 1,2 m tief in den Boden. Sie können die kaum transpirierenden, am Leben bleibenden Blattknospen dieser Pflanzen auch während der Dürre mit Wasser versorgen. Die Blätter von *Peganum* und sicher auch von *Artemisia* weisen im frischen Zustand eine sehr lebhafte Transpiration auf. Die Wasserverluste werden durch die Wasseraufnahme der Wurzeln anfangs gedeckt, solange der Boden auch in den oberen Schichten noch feucht ist. In günstigen Jahren oder an feuchteren Stellen bleiben alle die genannten Arten länger am Leben. Sie können sogar nach einem kräftigen Herbstregen neue Saugwurzeln bilden und nochmals austreiben.

Alle Arten, die sich spät entwickeln und während der Hauptdürre blühen, besitzen eine sehr tiefgehende Pfahlwurzel, die sich erst in größerer Tiefe, in immer feuchten Bodenschichten verzweigt. Ihre Wasserversorgung ist damit gewährleistet, und die osmotischen Werte liegen während der Dürre meist unter 1,5 MPa, obgleich die Transpiration sehr intensiv sein kann. Zu dieser Gruppe gehören *Eryngium campestre, Scolymus hispanicus, Euphorbia tinctoria, E. aleppica, E. myrsinites,* 2 *Echinophora*-Arten und auch die Igelpolsterpflanzen *(Acantholimon-* und viele *Astragalus*-Arten).

Eine besondere Stellung nimmt der Kameldorn, eine dornige Leguminose *(Alhagi camelorum),* ein. Ihre strangförmigen, sich verzweigenden und Wurzelschößlinge bildenden Pfahlwurzeln gehen viele Meter in den Boden und erreichen das Grundwasser. Die Wurzeltiefe kann bei einer 17 Monate alten Pflanze schon 4,5 m betragen, bei einer 30 Monate alten 7,65 m. Diese Art transpiriert stark, hat allerdings nur eine geringe Gesamtoberfläche; denn im Sommer entwickelt sie mehr grüne Dornen als Blätter. Sie tritt in kleinen Beständen auf (Wurzelschößlinge) und fällt im Hochsommer durch die grüne Farbe auf.

Die gute Wasserversorgung der zuletzt genannten Arten wird auch dadurch angezeigt, daß die Tagesschwankungen des osmotischen Wertes selbst bei stark transpirierenden Pflanzen gering sind oder ganz fehlen.

BIRAND hat außerdem die Wasserökologie der Holzpflanzen in der Steppengrenzzone untersucht, die ebenfalls ein starkes, tiefgehendes Wurzelsystem besitzen; trotzdem läßt sich bei ihnen eine gewisse Anspannung der Wasserversorgung während der Dürre nachweisen: Die Transpiration wird eingeschränkt, die osmotischen Werte steigen von 1,6–1,9 MPa im Frühjahr auf 2,9–3,8 MPa im August und September an, und die Tagesschwankungen werden geringer. In Dürrejahren fangen die Blätter schon im Spätsommer an zu vertrocknen, und in Extremjahren sterben ganze Äste ab. Diese Erscheinung kennen wir aus allen Trockengebieten (vgl. Bd. 2, S. 218).

Die Randzonen der mediterranen Steppengebiete gehören zu den besonders früh durch den Menschen besiedelten Gebieten; denn sie sind besonders günstig für die Kultur der Getreidearten. Die ältesten Spuren eines Getreidebaus hat man im Gebiet des bereits erwähnten «Fruchtbaren Halbmonds» (Jericho, Beidha, Jarmo) gefunden. Auch in Anatolien war das Zentrum des Hettiterreichs an der nördlichen Randzone zwischen Wald und Steppe gelegen. Die Steppe dient dem Ackerbau, der Wald lieferte Holz und bot Gelegenheit zur Jagd. Aber die Steppe war auch für die Viehhaltung günstig. In ihrer ursprünglichen Zusammensetzung ist die kräuterreiche Grassteppe eine ausgezeichnete Weide. Die Viehzahl war damals so gering, daß eine Degradation der Pflanzendecke nicht erfolgte. Die Steppe bot somit dem Menschen, der nur über primitive Werkzeuge verfügte, die besten Existenzbedingungen, viel bessere als der Wald. Es ist deshalb verständlich, daß gerade hier die ersten größeren Siedlungen entstanden, die die Voraussetzung für die weitere Kulturentwicklung waren.

Das hatte aber auch zur Folge, daß die Pflanzendecke gerade in diesen Gebieten frühzeitig und sehr nachhaltig durch den Menschen verändert wurde. Holznutzung und Weide drängten mit der Zeit vor allen Dingen den Wald zurück und erweiterten das Steppenareal. Diese Erscheinung ist in allen Steppengebieten der Erde zu beobachten. Sie sind heute überall größer, als es den klimatischen Verhältnissen entspricht. Durch zu starke Nutzung erfolgte weiterhin noch eine Degradation in der Richtung zur Halbwüste und in den trockensten Teilen zur durch den Menschen bedingten, also anthropogenen Wüste.

Das ist in ganz Vorderasien zu beobachten, insbesondere dort, wo für die Bodenerosion anfällige, weiche tertiäre Schichten anstehen. Es kommt zur Ausbildung der «bad lands», denen oft jeder Pflanzenwuchs fehlt.

10.4.4 Transkaukasien

Das aride Subzonobiom der zentralanatolischen Steppe, das wir mit ZBIV (VII) bezeichnen, setzt sich über Ost-Anatolien in Transkaukasien fort. Abb. 2.70 zeigt die verschiedenen Großlandschaften des sehr komplizierten Aufbaus von ganz Kaukasien. Der Nordkaukasus (siehe 1, 2, 3 und 4 [nördliche Teile hatten wir bereits in Band 3, S. 535 behandelt]). Die Kolchis (6) und das Lenkorangebiet (14) gehören zum warmtemperierten Zonobiom V (vgl. S. 239ff.), weil sie im Sommer Steigungsregen durch die feuchten Luftmassen des Schwarzen Meeres bzw. des Kaspischen Meeres erhalten. Die Landschaften (7, 8 und 10) tragen Übergangscharakter. Das Winterregengebiet mit Sommerdürre (5), das seine Fortsetzung in der Südkrim findet, hatten wir bereits auf S. 92ff. besprochen. Die Gebiete Transkaukasien (4, südlich von Derbent), (9, 11, 12 und 134) mit ausgesprochenem Winter und einem Regenmaximum im Frühjahr (vgl. Abb. 2.73, Klimadiagramm Tiflis, Eriwan, Nachstschowaz), als die große Kura-Niederung mit der Brax-Niederung und Hocharmenien, sind die Fortsetzung des Zentral- und Ostanatolischen Gebietes und leiten ihrerseits nach Süden zum Iranischen Gebiet über.

Dabei zeigt die Klimadiagramm-Reihe von Tiflis (Tbilisi) am oberen Ende der Kura-Niederung über den von Kjurdamir und Gandscha bei Baku, wie rasch die Niederschläge von West nach Ost abnehmen, so daß Baku schon fast ein wüstenhaftes Klima besitzt.

Transkaukasien ist ein sehr altes Kulturland mit sehr verschiedenen Völkerstämmen und einer sehr bewegten Geschichte. Deswegen gibt es kaum noch Reste der natürlichen Vegetation. Denn alle Böden, die sich als Kulturland eignen, wurden be-

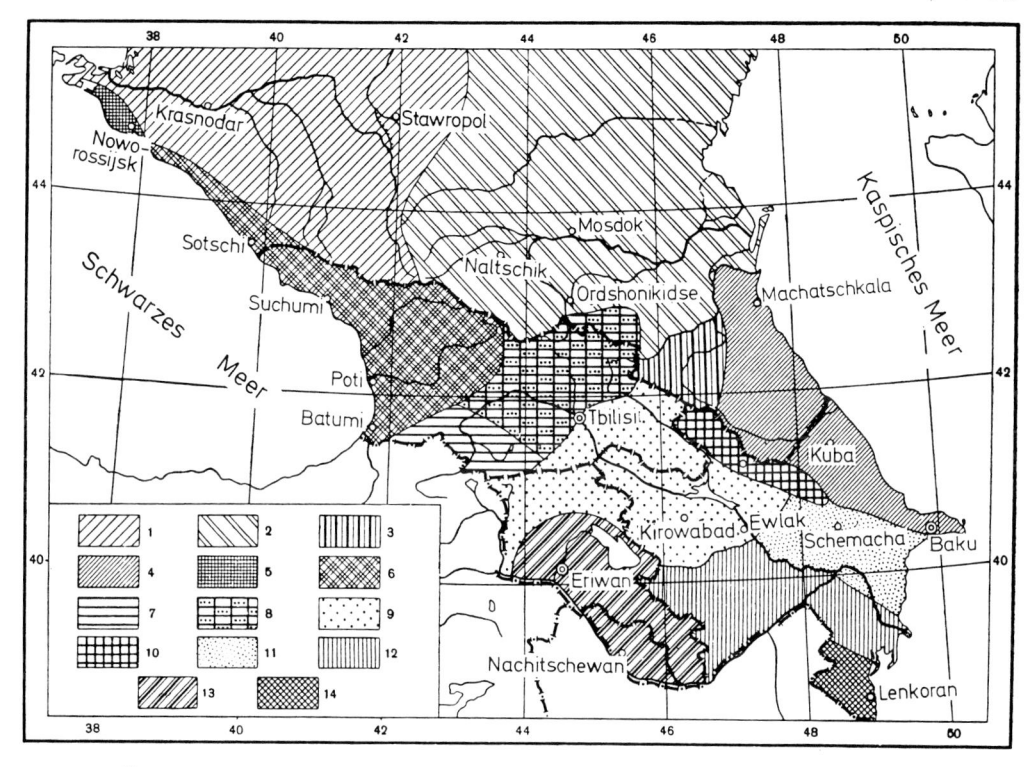

Abb. 2.70: Übersicht über die Großlandschaften Kaukasiens (nach GULISSASCHVILI, aus WALTER 1974). 1: Westlicher Nordkaukasus; 2: Zentraler Nordkaukasus; 3: Dagestan; 4: Östlicher Nordkaukasus; 5: Mediterran getöntes Gebiet von Noworossijsk; 6: Kolchisches Gebiet; 7: Meschet-Dshawachetien; 8: Ober-Kartalinien; 9: Zentral-Transkaukasien; 10: Alasan-Gebiet; 11: Schirwan-Gebiet; 12: Sangesur-Karabasch-Gebiet; 13: südliches Transkaukasien; 14: Talysch-Lenkoran-Gebiet.

baut. Die Vegetationsverhältnisse wurden bei WALTER (1974) auf S. 393–399 und 403–407 kurz beschrieben. Zum größten Teil handelt es sich um eine degradierte Vegetation mit mediterranem Charakter. Um Tiflis herum mit noch 500 mm Regen trägt sie Schibljak-Charakter. Bei starker Überweidung dominiert der Christusdorn (*Paliuris spina-christi*, Rhamnac.). Ursprünglich waren es wohl in tiefen Lagen offene Bestände von *Pistacia mutica*, *Juniperus* sp., *Celtis*, *Acer ibericum*, *Pyrus salicifolius*, u.a. Angebaut werden die mediterranen Kulturarten, wie Wein, Mandeln, Granatapfel, Feigen, Maulbeeren u.a. In höheren Lagen findet man mediterrane Steppen aus *Andropogon ischaemum* mit *Artemisia*. Nach Osten nehmen die Niederschläge in der Kura-Niederung rasch ab. Das Gebiet nördlich des Kura-Unterlaufs wird als Schirwan-Steppe bezeichnet, der Teil südlich der Kura bis zum Unterlauf als Milsche Steppe und zwischen Arak-Unterlauf als Mugan-Steppe. Es sind jedoch eher Halbwüsten (vgl. Klimadiagramm auf Abb. 2.71). Heute ist die Kura oberhalb dieser Steppen aufgestaut und der größte Teil bewässert. Die Intensivkulturen dienen der Versorgung der Großstadt Tiflis mit Frischgemüse. Ohne Bewässerung lassen sich noch Weizen, Gerste und Sonnenblumen anbauen.

Noch zu Beginn unserer Zeitrechnung war diese Niederung bei einem höheren Stand des Kaspischen Meeresspiegels ein Meerbusen, der durch

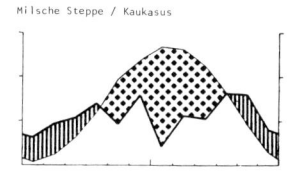

Abb. 2.71: Klimadiagramm (unvollständig) von einer Versuchsstation in der Milschen Steppe, im Östlichen Kaukasus (nach Daten von BEYDEMAN, aus WALTER 1974).

das Absinken der Kaspi-See trocken fiel. Die Böden des Schwemmfächers werden nach Norden hin immer feinkörniger. Das Gebiet war im 5. bis 8. Jahrhundert dicht besiedelt, da vom Arax Wasser für die Bewässerung der Ackerkulturen abgeleitet werden konnte. Die Bevölkerung wurde von Dshingis Khan im 13. Jahrhundert fast ausgerottet, ähnlich wie die der blühenden Oasen in Südwest-Afghanistan. Erst Tamerlan ließ den Zuleitungskanal im 15. Jahrhundert wiederherstellen, so daß eine teilweise Wiederbesiedlung möglich war. Diese historischen Verhältnisse gaben Anlaß zu der eingehenden ökologischen Untersuchung von BEYDEMAN et al. (1962).

Der Arax führt im April bis 25 g · l^{-1} Schwebstoffe, im September 12 g · l^{-1}. Das Wasser enthält 0,5 g · l^{-1} gelöste Salze (NaCl) und ist alkalisch. Das Grundwasser, das hauptsächlich vom Arax gespeist wird, steht im tieferen Teil des Schwemmfächers ziemlich hoch und enthält Chloride. Das Klima ist stark arid (Klimadiagramm Abb. 2.71). Die Monate Juli bis August sind trokken, das Regenmaximum ist im Oktober bis November. Der Jahresniederschlag beträgt 227 bis 369 mm.

Die Transpiration der Vegetation, die an Grundwasser gebunden ist, kann 1500 mm erreichen (*Phragmites*-Röhricht). Der Bodentyp ist Serosem. Salzböden sind verbreitet. Die zonale Vegetation ist eine *Artemisia*-Halbwüste; doch trifft man bei dem hohen Grundwasserstand Auenwälder mit *Populus hybrida, Morus alba* und *Salix australior* an sowie Sümpfe *(Phragmites, Bolboschoenus, Arundo)* oder Wiesen *(Cynodon, Glycyrrhiza)*, außerdem noch Halophyten-Gesellschaften auf feuchten Böden *(Halocnemum, Halostachys, Kalidium)* und auf trockeneren Böden *(Artemisia meyeriana, Salsola dendroides)* sowie Psammophyten-Gesellschaften. In der Halbwüste findet man neben *Artemisia meyeriana* noch *Poa bulbosa* var. *vivipara* und *Capparis spinosa* sowie viele ephemere und niedere Pflanzen *(Nostoc, Collema)*. Interessant ist das Vorkommen der Lotosblume *(Nelumbium caspicum)* und der *Pistacia mutica*. Eine besonders große Bedeutung kommt *Salsola dendroides* zu. Im einzelnen können wir nicht auf die Gesellschaften und ihre Abhängigkeit vom Grundwasser und dem Salzgehalt der Böden eingehen.

Die Biologie und Phänologie von *Salsola dendroides* wurde genau untersucht, ebenso die Wurzelsysteme dieser Art und auch einiger anderer, die immer das Grundwasser erreichen, wie z. B. außer *Salsola dendroides* auch die Halophyten *Halocnemum strobilaceum, Halostachys caspica* und *Tamarix ramosissima* sowie *Glycyrrhiza glabra* und *Lagonychium farctum*, die nur wenig Salz vertragen. *Limonium scoparium, Cynodon dactylon, Camphorosma lessingii* und *Suaeda microphylla* sind nicht unbedingt an Grundwasser gebunden.

Nach der Art der Wasserversorgung werden 4 Typen unterschieden:
1. Hydrophyten, die, wie z. B. *Phragmites*, an Standorte mit sehr hohem Grundwasser gebunden sind, das sogar über die Bodenoberfläche treten kann.
2. Phreatophyten, die bei etwas tieferem Grundwasserstand vorkommen, z. B. *Alhagi, Capparis, Nitraria, Kalidium*, und die oben bereits genannten Arten.
3. Trichohydrophyten, die das Grundwasser nicht erreichen, wohl aber den Kapillarsaum.[6]
4. Ombrophyten, die nur das im Boden gespeicherte Regenwasser aufnehmen, z. B. *Artemisia meyeriana*.

Die maximale Transpiration pro Gramm Frischgewicht und Stunde beträgt im Hochsommer um die Mittagszeit bei den Phreatophyten:

Phragmites	0,9
Glycyrrhiza	1,8
Lagonychium	1,9
Alhagi	1,06
Capparis	1,15

Bei Halophyten, die auch das Grundwasser erreichen, wurden folgende Werte gemessen:

Tamarix	1,3
Halocnemum	0,6
Kalidium	0,7
Halostachys	0,7
Nitraria	0,5

Von anderen Arten werden ebenfalls Transpirationswerte angegeben:

Cynodon	1,7
Lycium	0,9
Aeluropus	1,3
Limonium	0,9
Suaeda microphylla	0,7
Atriplex tatarica	0,7
Camphorosma	0,6
Salsola dendroides	0,5
Salsola crassa	0,3
Petrosimonia brachiata	0,3
Salicornia europaea	0,3
Suaeda confusa	0,3

---

[6] Es scheint uns fraglich zu sein, ob man 2. und 3. wirklich unterscheiden kann.

Von Ombrophyten wurde nur *Artemisia meyeriana* untersucht. Ihre maximale Transpiration erreicht $0,9\,\text{g} \cdot \text{g}^{-1} \cdot \text{h}^{-1}$, ist aber meist, wenn die Wasserversorgung schlechter wird, nur $0,3\,\text{g} \cdot \text{g}^{-1} \cdot \text{h}^{-1}$. Ein Vergleich der Werte mit denen anderer *Artemisia*-Arten ergab, daß die Transpiration bei allen sehr ähnlich ist:

Tab. 2.11: Vergleichende Transpirationsmessungen an *Artemisia*-Arten in den Monaten April bis September

Mittlere Tagestranspiration in $\text{g} \cdot \text{g}^{-1} \cdot \text{h}^{-1}$	IV	V	VI	VII	VIII	IX
A. meyeriana, Mugansteppe	0,62	0,46	0,61	0,30	0,17	0,20
A. pauciflora, Zentralkasachstan	0,72	0,67	0,32	0,18	0,12	–
A. pauciflora, Westkasachstan	–	0,48	0,27	0,24	0,24	–
A. semiarida, Zentralkasachstan	0,60	0,58	0,31	0,17	0,11	–

Bei diesen *Artemisia*-Arten nimmt, wie wir sehen, die Transpiration im Sommer und Herbst stark ab, weil der Boden austrocknet, in der Mugansteppe mit Juni-Regen erst im Juli, in Kasachstan mit Frühlingsregen schon früher. Nach GRIGORJEV (1955) steigen dabei die osmotischen Werte bei *A. semiarida* von 2,5 MPa auf über 4,0 MPa an.

Besonders interessant ist die Berechnung des gesamten Wasserverbrauchs der Pflanzendecke pro Jahr in Millimeter. Es wurde zu diesem Zweck die Frischmasse der transpirierenden Teile pro Hektar bestimmt und diese mit den entsprechenden mittleren Tageswerten und der Zahl der Tage multipliziert.

Wir bringen die Werte in Millimeter für einige Bestände bei einer Deckung von 40–70% der Fläche:

Tab. 2.12: Wasserverbrauch der Pflanzendecke (in Millimeter) in den Sommermonaten

Nicht-Halophyten	V	VI	VII	VIII	IX	Insgesamt
Phragmites communis	484	348	251	345	81	1509 mm
Glycyrrhiza glabra	25	203	257	223	29	737 mm
Cynodon dactylon	7	61	78	69	4	219 mm
Alhagi pseudoalhagi	7	14	12	14	5	51 mm
Artemisia meyeriana	22	35	17	12	16	102 mm
Baumwolle (bewässert)	1	119	180	316	134	777 mm
Halophyten						
Tamarix ramosissima	54	238	201	193	167	853 mm
Salsola dendroides[7]	32	47	63	49	20	211 mm
Halocnemum strobilaceum	16	88	136	116	52	408 mm
Suaeda microphylla	39	57	39	26	19	180 mm
Aeluropus repens	41	39	59	49	2	190 mm
Salicornia europaea	10	43	64	21	16	155 mm

[7] Für die Monate März bis Dezember wird ein Wasserverbrauch von 330 mm angegeben.

Diese Werte wurden verwendet, um für die Mugansteppe eine Karte des Wasserverbrauchs der Pflanzendecke unter Zugrundelegung der einzelnen Gesellschaften zu entwerfen. Man darf die Genauigkeit dieser Angaben nicht überschätzen. Sie geben uns aber doch einen Anhaltspunkt dafür, wieviel von dem Grundwasser durch die Pflanzen verbraucht wird. Ein Vergleich dieser Karte mit der Grundwasserkarte zeigt deutlich, daß ein hoher Wasserverbrauch nur dort möglich ist, wo die Pflanzenwurzeln nichtsalziges Grundwasser erreichen. Über salzigem Grundwasser wachsen nur extreme Halophyten, und diese verbrauchen relativ wenig Wasser. Die stark transpirierende

Tamarix verträgt nur ganz schwach salziges Wasser. Wo das Grundwasser für die Wurzeln der Pflanzen nicht erreichbar ist, muß der Wasserverbrauch durch die Transpiration der Pflanzendecke stets kleiner sein als die Höhe des Jahresniederschlags.

Das Gebiet der Muganschen Steppe wird heute zu einem großen Teil für Bewässerungskulturen verwendet, wobei der Überschuß des Wassers durch ein Drainagesystem abgeführt wird. Durch die Bewässerung ist der Gehalt der kultivierten Böden an Salzen zurückgegangen, auf den nicht kultivierten Flächen dagegen gestiegen. Zwar nehmen die Pflanzen mit dem Transpirationsstrom nur wenig an Salzen auf, aber diese Salze verbleiben in den transpirierenden Teilen der Pflanze und gelangen nach deren Absterben wieder in den Boden. Verbraucht die natürliche Pflanzendecke mehr Wasser, als den Niederschlägen entspricht, so findet ein Zufluß von Grundwasser und damit auch von Salzen statt. Diese Salze werden nicht entfernt, sondern führen dazu, daß der Salzgehalt des Bodens langsam ansteigt. Tatsächlich ließ sich feststellen, daß im Laufe von 20 Jahren die Vegetation auf allen nichtbewässerten Flächen eine gewisse zunehmende Versalzung anzeigt, indem immer extremere Halophyten auftreten. Da die Ursache für diese Verbrackung die Transpiration der Pflanzen ist, spricht BEYDEMAN von einer «biologischen» Salzanreicherung.

Einen anderen Charakter weisen die Hochsteppen Armeniens auf (vgl. Abb. 2.70). Es handelt sich um ein vulkanisches Hochplateau mit vielen Gebirgszügen sowie Vulkankegeln und dazwischen große Beckenlandschaften wie die von Leninakan, vom Sewan (Goktscha)-See (1932 m NN), der des mittleren Arax-Grabens mit dem Ararat-Becken und dem Nachitschewan-Becken. Das Klimadiagramm von Eriwan (Abb. 2.73) ist mit dem von Ankara in Zentralanatolien fast identisch (Abb. 2.66). Es hat ebenfalls ein Regenmaximum im Mai und eine Sommerdürrezeit von Juni bis Oktober. Ankara liegt 100 m tiefer und die Jahrestemperatur ist um 0,5° höher; auch die Niederschlagsmenge ist um 40 mm im Jahr größer.

Man kann somit das Armenische Hochland mit dem Ararat (5156 mm NN) durchaus mit der Zentralanatolischen Hochebene vergleichen, aus der sich ebenfalls der 3916 m NN hohe Vulkankegel Erciasdag bei Kaiseri erhebt. Allerdings erhält Armenien durch den Rasdan (Sangan)-Fluß mehr Wasser. Dieser ist der Abfluß des großen Sewan-See. Es wird geplant, letzteren bis auf 1896 m NN abzusenken, um mehr bewässertes Kulturland zu erhalten. Außerdem wird Armenien durch den oberen Arax in etwa 800 m NN durchflossen.

Die natürliche Vegetation Armeniens ist ebenfalls wie in Anatolien eine Grassteppe bzw. meist eine sekundäre *Artemisia fragrans*-Halbwüste (vgl. WALTER 1956).

Die Steppe reicht bei Niederschlägen von 250–300 mm in Hocharmenien bis auf 1200–1300 m NN, in Südexposition sogar bis 1500–1600 m hinauf. Die Temperaturmaxima betragen 41°, die Minima −33 °C. Es handelt sich um *Artemisia-Salsola*-Gesellschaften, meist sind es jedoch kaum bewachsene Felsfluren. Am Arax bestehen die Auenwälder aus der verschiedenblättrigen *Populus transcaucasica*, *P. alba* sowie *Elaeagnus*- und *Salix*-Arten. Die Bewässerungsanlagen sind in den Beckenlandschaften gut organisiert mit Kulturen der Weinrebe, die im Winter gegen Erfrieren gedeckt werden muß, und verschiedenen Obstarten (Pfirsich, Aprikose, Feige, Mandel, Walnuß usw.); auch Baumwolle und Pflanzen mit ätherischen Ölen sowie andere Kulturen werden auf den bewässerten Flächen angebaut (Abb. 2.72).

Die bis 1700 m NN reichende Baumflurstufe ist meistens zu dornigem Gebüsch degradiert oder ohne jeden Holzpflanzenwuchs. Die Niederschläge sind etwas höher (400 mm), die Kulturen wie oben.

Darüber an Südhängen bis 2390 m NN folgt die Stufe mit baumförmigen *Juniperus*-Beständen bei einem Jahresniederschlag von 400–500 mm, doch sind auch von diesen nur kleine Restbestände verblieben, während die *Festuca-Agropyrum*-Steppe verbreitet ist. In dieser Höhenlage kann man schon Getreide und Kartoffeln ohne Bewässerung anbauen. Auch Obstgärten mit Pflaumen, Aprikosen und Walnuß (am Sewan-See bis 2100 m NN) sind vorhanden.

Die Stufe mit *Quercus macranthera* (bis 2500 m NN) zeichnet sich bei einem Jahresniederschlag von 600 mm durch viel Schnee aus. Die Temperaturmittel des Januar sind −7 bis −8 °C, die des Juli 11–13 °C; frostfrei sind nur 2–3 Monate. In den noch erhaltenen Waldresten sind *Carpinus*, *Fraxinus*, *Acer ibericum*, *Ulmus suberosa* beigemischt, im Unterwuchs wächst *Viburnum orientale* und als Liane *Rosa sosnovskyana*. Sonst handelt es sich um sekundäre Steppen. Angebaut werden Weizen, Gerste, Roggen, Kartoffel und Futtergräser.

Obgleich in der kalten subalpinen Stufe (bis 2700–2800 m NN) die Mitteltemperatur im Sommer nur 8° beträgt, können dank der starken Einstrahlung und der Kontinentalität des Klimas noch

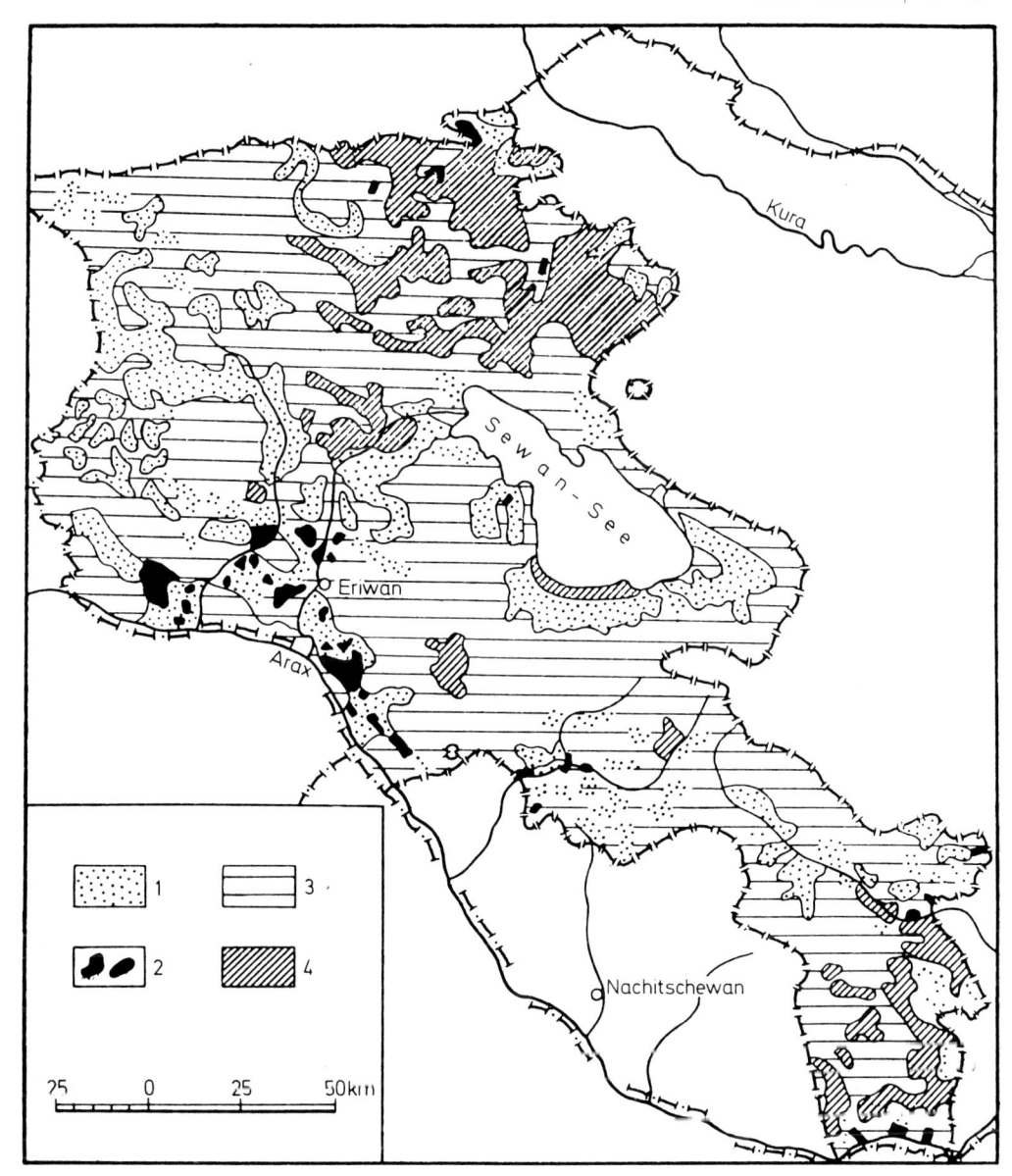

Abb. 2.72: Landnutzung in der Armenischen SSR (nach GERASSIMOV, aus WALTER 1974): 1: Ackerland; 2: Obstkulturen und Weinbau; 3: Weideland und Wiesen; 4: Wälder und Gebüsche.

Baumarten wachsen, vorwiegend *Quercus macranthera* inmitten der *Festuca varia*-Wiesen mit Cyperaceen, Leguminosen und verschiedenen anderen Kräutern.

In der alpinen Stufe erhöhen sich die Niederschläge auf 700 (800) mm; der Schnee bleibt nach den Niederschlägen im Mai (120 mm) bis Anfang Juni liegen. Die Julitemperatur erreicht 8 °C nicht mehr, aber die Maxima liegen bei 20–25 °C. Die alpinen Matten bestehen an Nordhängen aus *Festuca varia*- oder *Nardus*-Rasen, sonst aus Cyperaceen; krautreiche Gemeinschaften sind an feuchte Senken gebunden. Die Sommerweide ist von Bedeutung.

Auf die sehr verschiedenartigen Orobiome in diesem Gebiet, die bei WALTER (1974) kurz behandelt werden, können wir nicht eingehen.

10.4.5 Iran und Afghanistan

Eine submediterrane Schibljak-Vegetation oder mediterrane Steppen und Halbwüsten (Klimadiagramm von Eriwan, Taschkent, Kabul, vgl. Abb. 2.73) leiten im östlichen Transkaukasien, im Iran bis nach Afghanistan hinein zu den mittelasiatischen Wüsten im Irano-Turanischem Raum über, die auch noch fast ausschließlich Winterregen, aber auch die kalten Winter des extrem ariden ZB VII aufweisen (WALTER 1974).

Die westlichen Ausläufer des Himalaya und Karakorum in den Trockengebieten West-Pakistans und in Ost-Afghanistan sind der Übergangsraum von den sehr trockenen Gebirgen Zentralafghanistans und der Gebirgsumrahmung der großen Hochbecken Irans zu den humideren, unter zunehmendem Monsuneinfluß stehenden Hochgebirgen des östlichen Hindukusch und des Westhimalaya und den Ebenen West-Pakistans.

Die Hochbecken Irans selbst tragen bereits wüstenhafte Züge (ZB VII, rIII und ZB III). Die

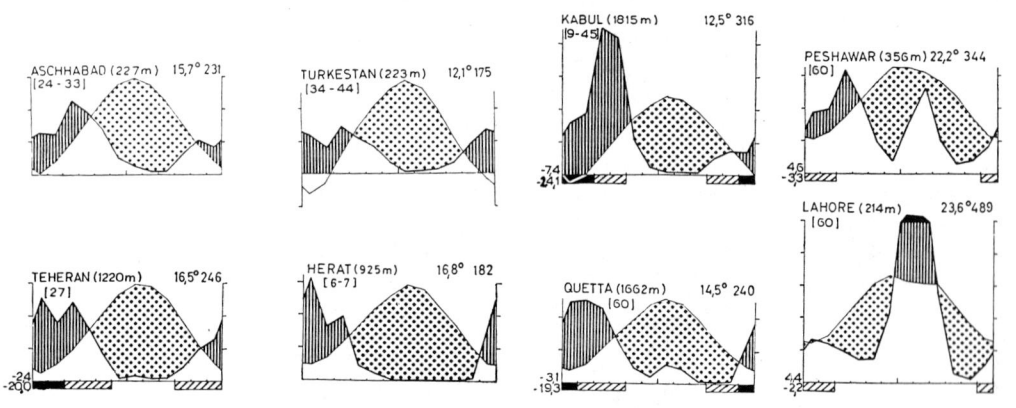

Abb. 2.73: Klimadiagramme aus dem irano-turanischen Raum, einschließlich Afghanistan und dem Übergang zum monsunbeeinflußten Ost-Afghanistan und West-Pakistan.

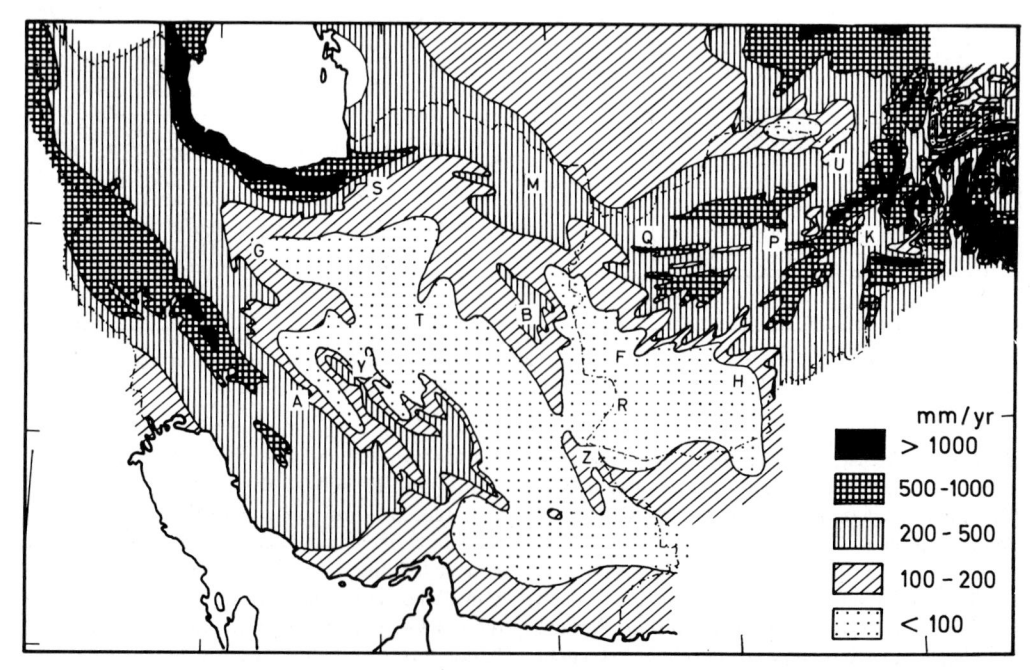

Abb. 2.74: Niederschlagskarte von Iran und Afghanistan (aus BRECKLE 1983).

Niederschlagskarte des iranischen Großraums (vgl. Abb. 2.74) zeigt den Gegensatz in der geographischen Ausgestaltung der beiden Länder sehr deutlich. In Zentralafghanistan liegen Gebirgsketten, umrahmt von Ebenen; in Zentraliran liegen Beckenlandschaften, umrahmt von Gebirgsketten. Dies bedingt die Höhe der Niederschläge, die ausschließlich im Winter fallen.

In Ost-Afghanistan erst gibt es zusätzliche Niederschläge durch den Monsuneinfluß, hier gibt es wieder immergrüne Baumarten, die westlich davon bis in die Türkei hinein bzw. bis zum Zagrosgebirge im westlichen Iran fehlen. Die geographischen Beziehungen der Immergrünen sind für Hinweise auf ehemalige Verbreitungsgebiete wichtig. Die immergrünen Eichen Ost-Afghanistans sind vorwiegend mit ostasiatischen, z.T. auch mit nordamerikanischen näher verwandt. Bereits in den noch recht trockenen Gebirgen im östlichen Afghanistan tritt *Qu. balooI* auf, die *Qu. ilex* nahe steht. Aber selbst die ostasiatische, an trockenen Standorten wachsende *Qu. phillyraeoides* steht der *Qu. ilex* so nahe, daß sie ähnlich wie *Qu. ilex* ssp. *baloot* ebenfalls schon als *Qu. ilex* var. *phillyraeoides* angesehen wurde. Hier muß man ehemals enge Verbindungen der tertiären Flora annehmen.

Quercus baloot kommt in Ost-Afghanistan und West-Pakistan in einem Areal vor, das in klimatischer Hinsicht nach Westen hin über die Region mit erheblichem sommerlichem Monsunregen-Einfluß hinausgeht (vgl. Abb. 2.75). Die Klima-

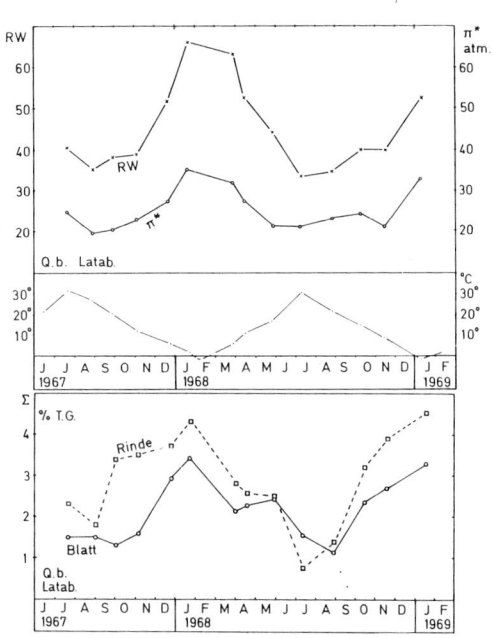

Abb. 2.76: Der potentielle osmotische Druck (π^*), der Refraktometerwert (RW: tausendfache Differenz des Brechungsindex des Zellsafts gegen Wasser), mittägliche Lufttemperatur (in der Mitte) und der Gesamt-Gehalt an Kohlehydraten in Blättern und Rinde von *Quercus baloot* am Lathaband-Paß in Ost-Afghanistan im Jahreslauf (aus BRECKLE & KULL 1971).

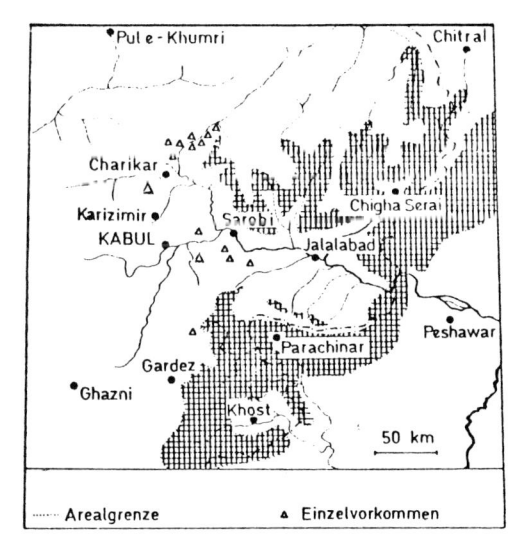

Abb. 2.75: Das Verbreitungsgebiet von *Quercus baloot* in Ost-Afghanistan und West-Pakistan (aus BRECKLE 1971).

diagramme (vgl. Abb. 2.73) zeigen den raschen Übergang von einem extrem kontinentalen Klima in Zentraliran und Zentral-Afghanistan mit langer sommerlicher Dürrezeit und typischen Winterregen zu einem Gebiet mit zwei Regenzeiten und gemäßigteren Temperaturen im afghanisch-pakistanischen Grenzraum.

Die ökologischen Verhältnisse und die Speicherstoffphysiologie solcher Gehölze des ostafghanischen Raums haben BRECKLE & KULL (1971) und KULL & BRECKLE (1973) untersucht. Hierbei zeigte sich, daß *Quercus baloot* im Jahreslauf ein ausgeprägtes Maximum des potentiellen osmotischen Drucks im Winter aufweist. Auch die Speicherkohlenhydrate in Holz und Rinde zeigen eine entsprechende ausgeprägte Jahresperiodik. Im Bereich der Arealwestgrenze von *Quercus baloot*, etwa im Raum Kabul, ist in erster Linie die zunehmend strenge Winterkälte von Bedeutung, erst in zweiter Linie die gleichermaßen zunehmende Sommerdürre. Bei *Cercis griffithii* (einer vikarianten sommergrünen Art zu der mediterranen *Cercis siliquastrum*), die im Raum Kabul in früheren Jahrhunderten sehr weit verbreitet gewesen ist, die

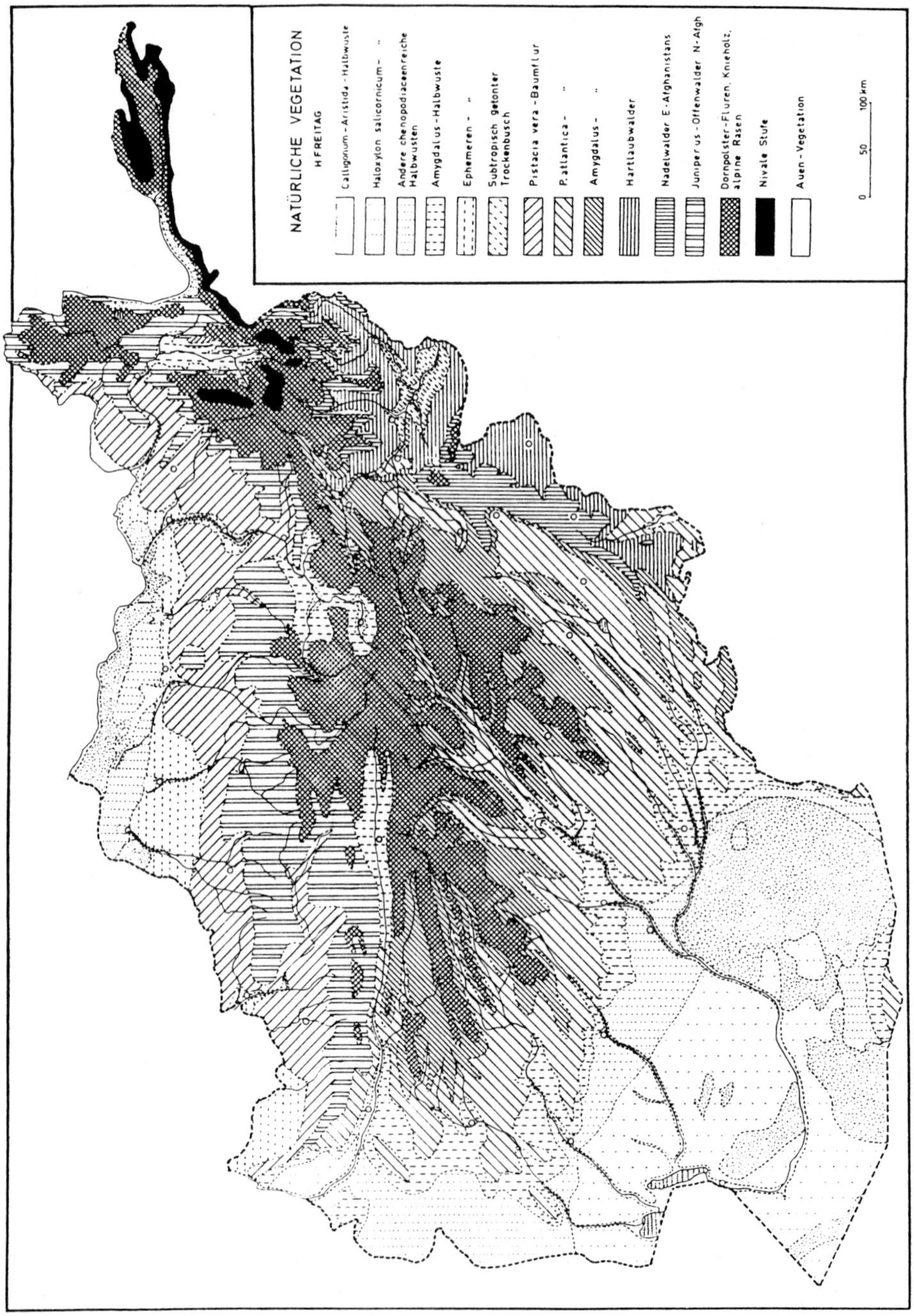

Abb. 2.77: Übersichtskarte über die wichtigsten Vegetationseinheiten Afghanistans (aus FREITAG 1971b).

auch in West-Afghanistan (Herat) vorkommt, ihre Hauptverbreitung aber nördlich des Hindukusch hat, muß man davon ausgehen, daß diese Art meist auf grundwassernahen Standorten vorkommt. Osmotische Verhältnisse und Speicherkohlenhydrate sind daher weniger stark schwankend. Bei *Pistacia atlantica* ssp. *cabulica*, die in ganz Afghanistan in Bergregionen vereinzelt noch reliktisch (Ziarat-Vegetation um Heiligengräber) vorkommt, wird deutlich, daß vor allem die ausgeprägte sommerliche Dürreperiode und weniger die winterliche Kälte den Kohlenhydrathaushalt beeinflußt (vgl. Abb. 2.76).

Große Teile Afghanistans sind sehr gebirgig. Die Gebirge reichen in den zentralen Gebieten auf 4000 m, in den östlichen Landesteilen über 6000 m (Hindukusch) hoch, mit Gipfeln bis über 7000 m. Dementsprechend vielfältig ist die ökologische Gliederung. FREITAG (1971) hat einen umfangreichen Abriß der Vegetationsverhältnisse gegeben. Danach lassen sich folgende großen Einheiten unterscheiden, die auch in einer Karte wiedergegeben sind (vgl. Abb. 2.77):

1. Halbwüsten mit verschiedenen Ausprägungen. Die *Calligonum-Aristida*-Halbwüste z.B. ist wüstenhaft offen, sie gehört schon fast ganz zum ZB III, sie weist auch verhältnismäßig viele saharo-arabische Arten auf, winterliche Fröste sind selten und nicht extrem.

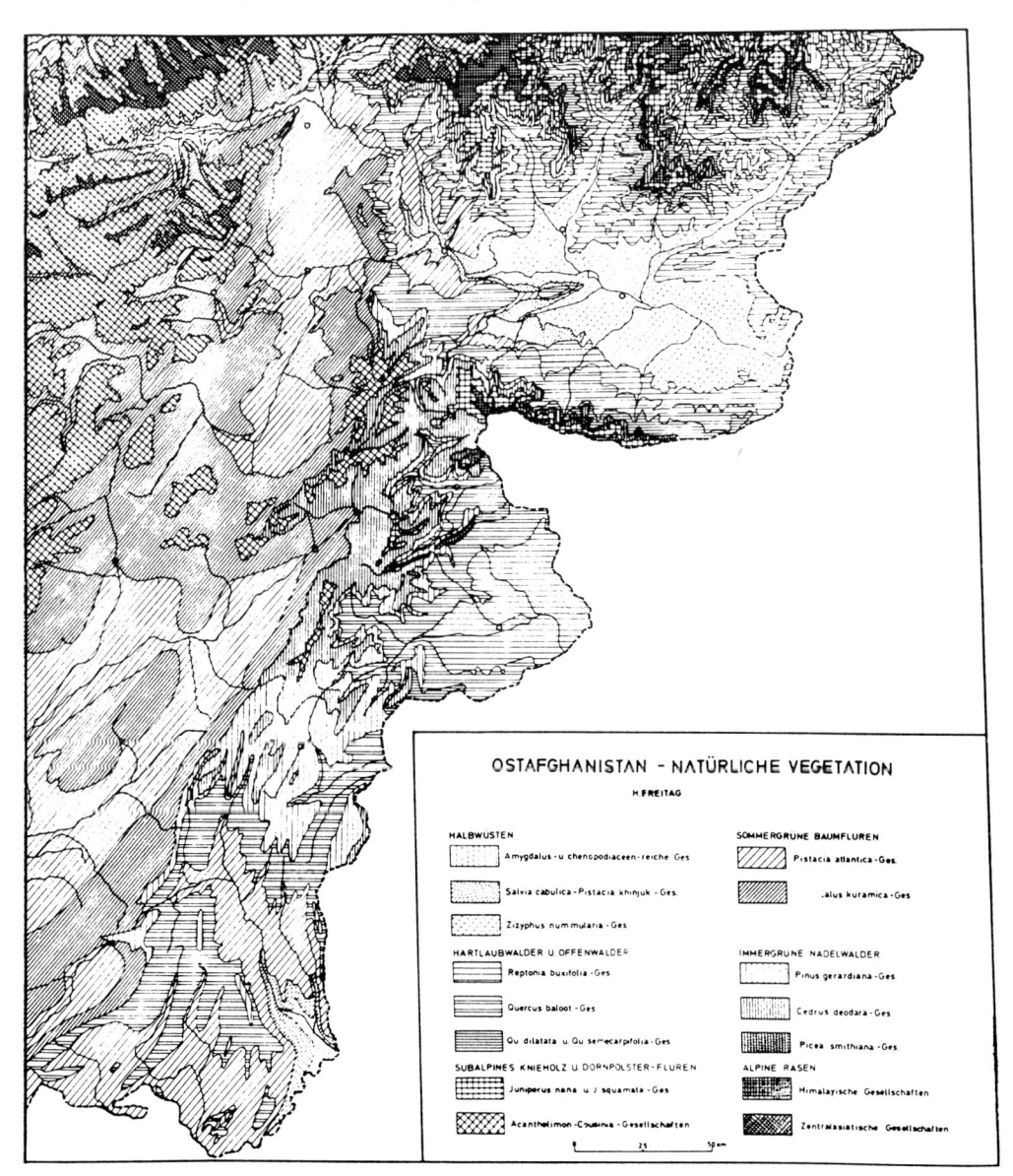

Abb. 2.78: Übersichtskarte über die wichtigsten Vegetationseinheiten im Übergangsbereich der Trockengebiete Afghanistans in die Waldregionen der monsunbeeinflußten Gebiete in Ost-Afghanistan (aus FREITAG 1971b).

2. Offene Baumfluren, mit Zwergsträuchern oder weitständig stehenden, kleinen Bäumen (Wildmandeln, Pistazien). Hier ist die *Pistacia vera*-Baumflur besonders zu erwähnen, in der die eßbare Pistazie ihre Heimat hat. Sie ist auf die gesamte Nordabdachung des Gebirgslandes beschränkt, hinein bis nach Khorassan, im Iran. Regenfeldbau (Lalmi) ist möglich.
3. Wacholder-Baumfluren in höheren Lagen Nord-Afghanistans ebenfalls bis Ost-Iran bzw. bis zum Elburz-Gebirge.
4. Hartlaubwälder und
5. Nadelwälder in Ost-Afghanistan (s. u. und Abb. 2.78).
6. subtropischer Dornbusch im tiefgelegenen Bekken von Jalalabad, z. B. mit *Ziziphus nummularia*, mit Beziehungen zum Becken von Peshawar und zum Indus-Tiefland (trockenes ZB II).
7. subalpine Dornpolster in den arideren Teilen, Knieholz und Krummholz in den monsunbeeinflußten Gebirgs-Hochlagen sowie alpine Halbwüste bzw. alpine Rasen und Matten.

In Ostafghanistan wird aus der Karte (Abb. 2.78) von FREITAG (1971) der Übergang von Halbwüsten und Steppen im Bereich des zunehmenden Monsuneinflusses und die Verzahnung hin zu verschiedenen Waldtypen deutlich. In Ostafghanistan und Westpakistan, im Bereich der Südostabdachung des Hindukusch vollzieht sich der Übergang vom ZÖ IV/VII zum ZÖ IV/II. Die Höhenstufung entspricht einer ausgeprägten pflanzengeographischen Schichtung (BRECKLE, 1975b). Aus dem Profil (Abb. 2.79) und den Höhenstufendiagrammen (Abb. 2.80) geht hervor, wie ausgeprägt der Gegensatz in der Stufenfolge zwischen der Nordwest- und der Südostabdachung des Hindukusch-Massivs ist. Auf der monsunbeeinflußten Südostseite liegt von unten nach oben folgende idealisierte Höhenstufung vor (Tab. 2.13, Abb. 2.81).

Die Waldgebiete Ostafghanistans, beginnend in der Suleiman Range in SE-Afghanistan, erstrecken sich als mehrfach unterbrochenes Band entlang der Südostabdachung der Gebirge durch Nordpakistan bis nach Nordindien zum West-Himalaya. Sie tragen (oder besser trugen früher) weitgehend immergrüne Offenwälder. Der allmähliche Übergang sklerophyller Trockenwälder zu mehr mesophytischen lauriphyllen Wäldern des Himalaya ist von verschiedenen Autoren betont worden (SCHWEINFURTH 1957, MEUSEL & SCHUBERT 1971, FREITAG 1982). Zwar erinnern die Baumfluren und Offenwälder Ost-Afghanistans in ihrem Erschei-

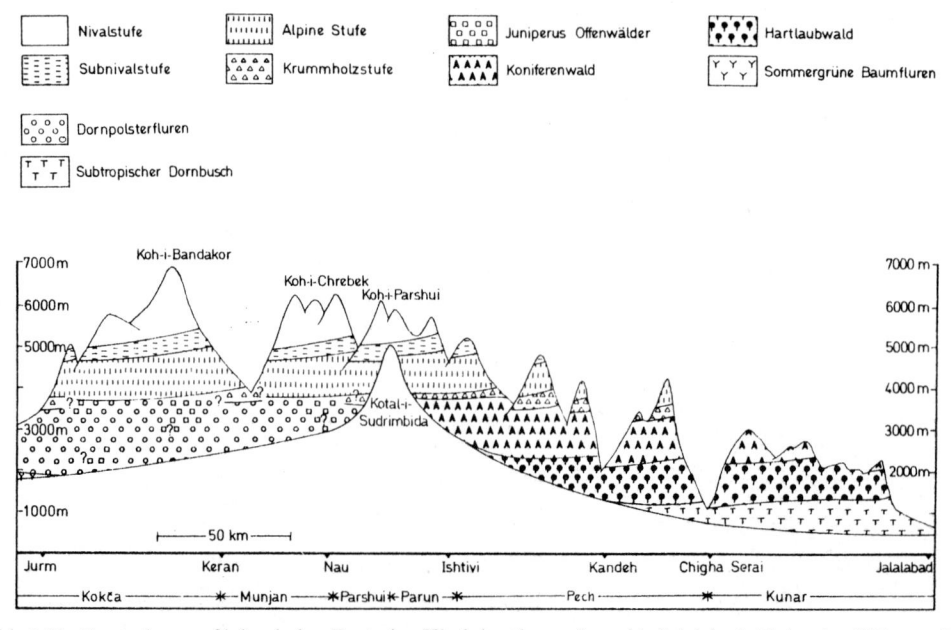

Abb. 2.79: Vegetationsprofil durch den Zentralen Hindukusch von Jurm bis Jalalabad. Einige der Höhenstufengrenzen sind fließende Übergänge und stellenweise daher hypothetisch. Das in Südexposition besonders ausgeprägte Hochgehen der Höhengrenzen ist wiedergegeben (nach BRECKLE & FREY 1974).

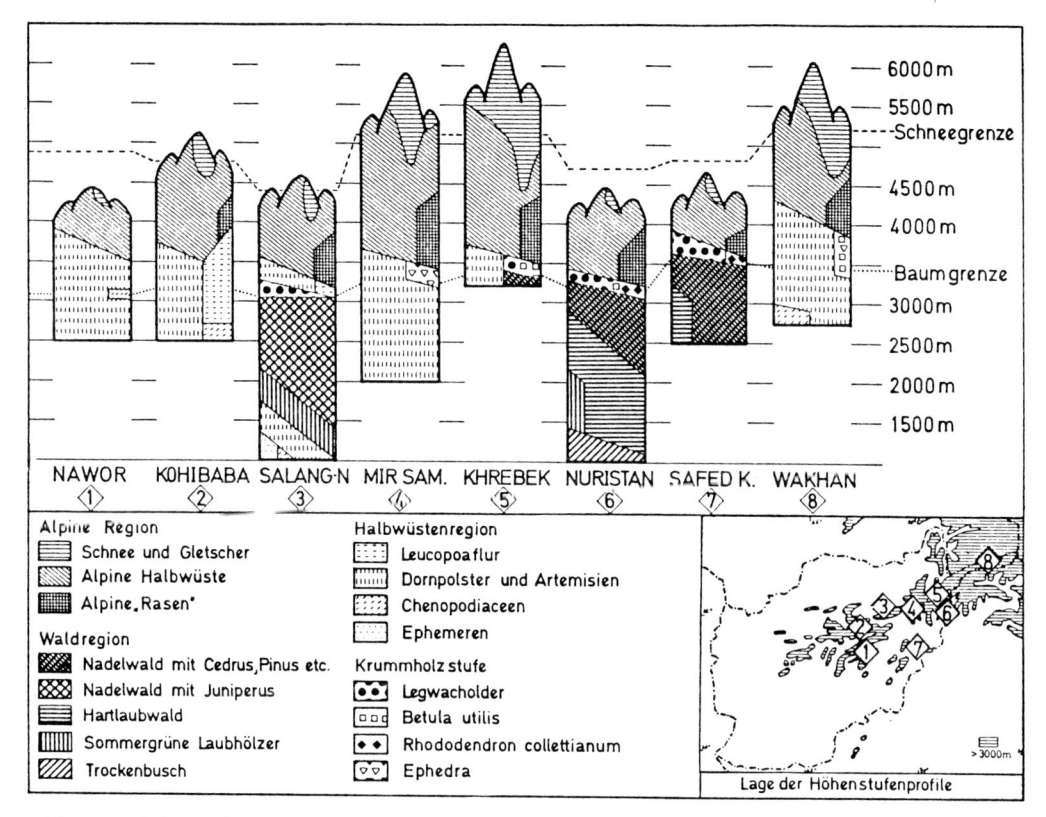

Abb. 2.80: Höhenstufen verschiedener Gebirgsregionen Afghanistans (schematisiert, aus BRECKLE 1973). Die Lage der acht Höhenstufenprofile ist in der Karte angegeben, die dort schraffiert gezeichneten Bereiche liegen über 3000 m hoch.

Tab. 2.13: Idealisierte Höhenstufung der Südostabdachung des Hindukusch

> 4800 m	nival	Einzelpflanzen, Kryptog.	boreal, arktisch
> 4000 m	alpin	offene Kräutermatten	zentralasiatisch
3700–4000 m	subalpin	Dornpolsterstufe	iranisch
3200–3700 m	subalpin	Krummholzstufe	himalayisch
2400–3200 m	oreal	Nadelwälder	westhimalayisch
1300–2400 m	montan	immergrüne Eichenwälder	himalayisch
800–1300 m	collin	*Olea-Reptonia*-Flur	E.-med./arab.
< 800 m	planar	Dornsavanne	sahato-sindisch

nungsbild stark an mediterrane Offenwälder, doch gibt es einige bedeutsame Unterschiede, wie FREITAG (1982) betont. So sind die floristischen Beziehungen nur gering, sie sind viel größer zum Himalayisch-Chinesisch-Japanischen Raum. Umfangreiche Untersuchungen der floristisch-pflanzengeographischen Beziehungen des West-Himalaya von MEUSEL & SCHUBERT (1971) haben dies nachweisen können. Sie bringen u.a. aber auch eine Bestandsaufnahme von einem *Olea ferruginea-Quercus baloot* Hartlaubgehölz mit *Pistacia intergerrima, Ficus palmata, Cotinus coggygria, Punica granatum* aus 700–1100 m NN, wo auch unter den krautigen Arten mediterrane Elemente wie *Bothriochloa ischaemon, Ceterach officinarum* u.a. auftreten. Wie weit hier mediterrane Florenelemente reichen, ist noch nicht eindeutig geklärt, vgl. auch FREITAG (1971). Die Bestandesstruktur

Abb. 2.81: Krummholzfluren aus *Juniperus nana, J. squamata* und *Rhododendron collettianum* an der Südflanke des Sikaram (Safed Koh) in Ost-Afghanistan in 3200–2500 mm NN. Gipfel des Sikaram 4770 m NN (phot. S.-W. BRECKLE 1969).

Hindukusch-Ostabdachung bekannt, die FREITAG (1982) zusammengestellt hat. Die bekanntesten Beispiele davon sind in Tabelle 2.14 aufgeführt.

Tab. 2.14: Beispiele für vikariierende Arten der Ostmediterraneis (im weitesten Sinne) und des westhimalayischen Raumes (einschließlich des östlichen Hindukusch), zusammengestellt nach FREITAG (1982)

Quercus ilex	*Qu. baloot*
Olea europaea	*O. ferruginea*
Rhamnus oleoides	*Rh. pentapomica*
Lonicera implexa	*L. griffithii*
Cercis siliquastrum	*C. griffithii*
Rubia peregrina	*R. cordata*
Cedrus atlantica	*C. deodara*
Pinus nigra	*P. gerardiana*
Acer monspessulanum	*A. pentapomicum*
Daphne gnidium	*D. mucronata*
Rosa sempervirens	*R. brunonii*
Jasminum fruticans	*J. revolutum*
Withania frutescens	*W. coagulans*
Stipa bromoides	*S. brandisii*
Salvia glutinosa	*S. nubicola*
Argania spinosa	*Reptonia buxifolia*
Chamaerops humilis	*Nanorrhops ritchieana*
Asphodelus div. sp.	*Eremurus* div. sp.
etc.	

ist jedoch durch einen hohen Anteil an subtropischen panicoiden und eragrostoiden ausdauernden Gräsern gekennzeichnet, Lianen fehlen fast ganz.

Es sind eine Reihe vikariierender Arten zwischen der Ostmediterraneis und der West-Himalaya/

Die oberen Höhenstufen im Hindukusch hat BRECKLE (1971, 1973, 1974, 1975b, 1988), BRECKLE & FREY (1974) und DIETERLE (1973) untersucht. Die klimatischen Bedingungen in den Hochlagen sind sehr unterschiedlich, je nachdem, wie im jeweiligen Gebirgsteil im Sommer der Monsuneinfluß zur Wirkung kommt. Bei den kontinental beeinflußten Gebirgsmassiven des Westlichen und Mittleren Hindukusch sowie bei den Gebirgen

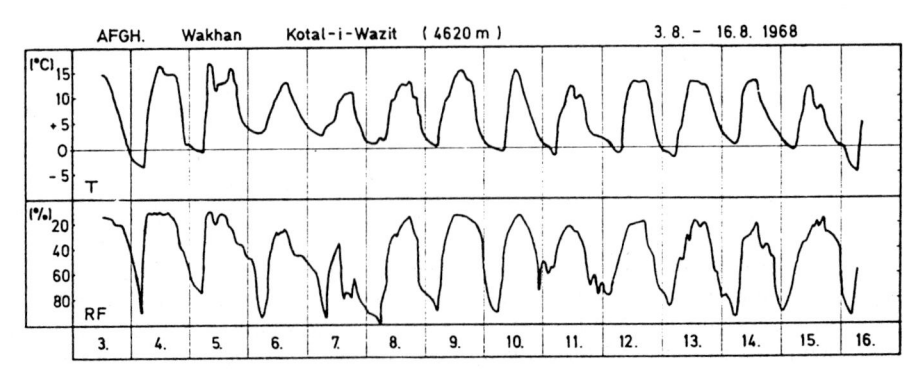

Abb. 2.82: Lufttemperaturen und Relative Feuchte (gemessen mit dem Aspirations-Psychrometer) in 4620 m NN auf dem Wazit-Paß im Wakhan vom 3. 8. bis 16. 8. 1968 (aus BRECKLE 1973).

des Darwaz und Wakhans im Nordosten Afghanistans sind die Sommer sehr strahlungsreich, die Tagesamplituden der Temperatur sehr groß (Abb. 2.82). Auch im Sommer tritt fast täglich Frost auf, Kammeis und ausgedehnte Solifluktionserscheinungen sind häufig, Gletscherlehmflächen, Polygon- und Streifenböden herrschen vor. Der Formenschatz der in der Arktis (ZB IX) großräumig auftretenden Frostmusterböden (S. 485 ff.) ist in den weit in die alpin-nivale Stufe reichenden Hochgebirgen in ähnlicher Weise, wenn auch kleinräumiger vertreten.

Die Luftfeuchtigkeit geht gelegentlich mittags auf unter 5% herunter und nähert sich Exsiccator-Bedingungen. Trotzdem sind z.B. die Tagesschwankungen des osmotischen Drucks des Zellsafts (Abb. 2.83) nicht allzu groß, da die meisten Individuen in geschützen und edaphisch bevorzugten Nischen, teils mit Schmelzwasserzufluß wachsen.

Bei den Lebensformen überwiegen in der hochalpinen und nivalen Hindukuschflora bei weitem die Hemikryptophyten (BRECKLE 1988), erst in der alpinen Stufe zwischen 4000 und 4500 m kommen auch andere Lebensformen in nennenswertem Umfang dazu (vgl. Tab. 2.15).

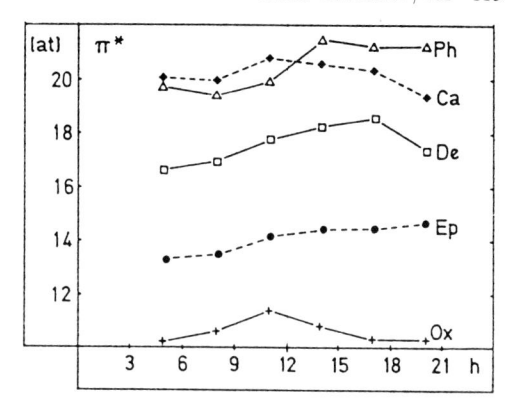

Abb. 2.83: Tagesgänge des potentiellen osmotischen Werts einiger hochalpiner Arten im Hindukusch unter kontinentalen Standortsbedingungen am 31.8.1969. Die Pflanzen standen im oberen Suyengaltal zwischen Moränenmaterial, Toteislöchern und Schmelzwässern in 4350 m NN östlich des Kohe-Khrebek. Ca: *Carex griffithii*; De: *Delphinium brunonianum*; Ep: *Epilobium latifolium*; Ox: *Oxyria digyna*; Ph: *Phleum alpinum* (aus BRECKLE 1973).

Tab. 2.15: Lebensformenspektrum der Hindukuschpflanzen (Anteile in %)

	P	NP	Ch	H	B	A	G	S	Y
oberhalb 5400 m	–	–	10	70	10	–	10	–	–
5200–5400 m	–	–	16	74	5	–	5	–	–
5000–5200 m	–	–	12	71	8	6	4	–	–
4800–5000 m	–	–	12	72	6	5	4	–	–
4500–4800 m	–	1,6	11,7	69,2	4,0	6,5	6,5	–	0,4
4000–4500 m	0,1	2,8	17,1	61,2	2,3	9,1	7,2	0,1	0,1

P : Phanerophyten (Bäume)
NP: Nano-Phanerophyten (Sträucher)
Ch : Chamaephyten (Zwergsträucher, Dornpolster)
H : Hemikryptophyten (ausdauernde Kräuter, Stauden)
B : Bienne (zweijährige Pflanzen, Rosettenpflanzen)
A : Annuelle (einjährige Pflanzen, Therophyten)
G : Geophyten (Knollen-, Zwiebel-, Rhizom-Geophyten)
S : Parasiten (Schmarotzerpflanzen)
Y : Wasserpflanzen

Die floristisch-chorologischen Gruppen der Hochregionen im Hindukusch zeigen besonders weite Verbreitung der Pflanzen der Nivalstufe, wie dies in der Tab. 2.16 zum Ausdruck kommt. Erst in der alpinen Stufe kommen auch endemische Arten hinzu, die dann im Krummholz- bzw. Dornpolstergürtel der Subalpinstufe (unterhalb 3500 m) sogar überwiegen.

In subtropischen Hochgebirgen reichen Höhere Pflanzen sehr weit hinauf. Im Himalaya kommen Angiospermen sogar noch oberhalb 6000 m vor (PODHARSKY 1939, REISSIGL & KELLER 1987). Die

Tab. 2.16: Übersicht über die Anteile (in %, vorläufige, ungefähre Angaben) verschiedener chorologischer Gruppen aus den oberen Höhenstufen des Hindukusch

	GL	NH	ZA+HY	ZA	HY	END
oberhalb 5400 m	–	10	40	20	30	–
5200–5400 m	5	15	45	15	20	–
5000–5200 m	6	16	38	14	24	2
4800–5000 m	4	14	36	14	28	4
4500–4800 m	3	10	32	14	28	13
4000–4500 m	2	10	28	11	27	22

GL : Gebirgs-Kosmopoliten
NH : in fast allen Gebirgen der Nordhemisphäre und in der Arktis
ZA : Zentralasiatische Gebirge
HY : Himalaya
END: endemisch (nur im Hindukusch, Wakhan, Chitral oder Teile davon)

Artenzahlen im Höhengradienten sind in Abb. 2.84 gezeigt. Entsprechend der geographischen Breite liegt diese Höhenverteilungskurve unterschiedlich, doch ist die Steigung nicht in allen Gebirgen gleich. Da die Kenntnisse über die Flora und Vegetation der einzelnen Gebirge auch heute noch sehr unterschiedlich detailliert sind, können diese Angaben nur Anhaltspunkte sein.

In den vorderasiatischen Übergangsgebieten (ZÖ IV/VII) im Iran und in Afghanistan treten ebenso, wie in den südlichen Halbwüsten und Wüsten des ZÖ IV/III, ZÖ III/VII im Südiran und in Arabien (ZB III, z.B. in der Rub al Khali, MANDAVILLE 1986) Sandböden und **Sanddünengebiete** großflächig auf. Es sind Pedobiome: **Psammobiome**. Teilweise kommen sogar ausgedehnte sog. Sandmeere vor, weitflächige Sanddünengebiete über Hunderte von Quadratkilometern. Die Psammophytenvegetation des irano-afghanischen Raumes hat FREITAG (1986) untersucht. Die Ausdehnung dieser Flächen und ihre klimatischen Rahmenbedingungen sind auf Abb. 2.85 angegeben. Die Sandgebiete sind in diesen überwiegend bis extrem ariden Gebieten, wie schon bei der Besprechung von ZB III, z.B. der Karakumwüste (Bd. 3, S. 239–274) betont, von ihrem Wasserhaushalt her gesehen, relativ günstige Standorte. Die Zahl der Psammophyten ist überraschend hoch, von den auftretenden Arten sind etwa die Hälfte bis ein Drittel strikte Psammophyten, die überwiegend irano-turanische Verbreitung aufweisen (vgl. Tab. 2.17) und bei denen Annuelle überwiegen.

In der gesamten nördlichen, westlichen und südlichen Umrahmung der zentral-afghanischen Gebirgsketten kommen große Flächen mit Kies- und Felshalbwüsten und Wüsten vor, aber auch Senken und Becken mit ausgedehnten Tonflächen, die in aller Regel mehr oder weniger verbrackt sind. Solche **Halobiome** sind auch aus den Gebirgen selbst bekannt, z.B. Dasht-e-Nawor in 3100 m Höhe in Zentral-Afghanistan. Im Iran liegen, wie erwähnt, die großen Beckenlandschaften im Zentrum, umrahmt von Gebirgen. Diese ausgedehnten inneriranischen Becken, die Kawire, sind extrem wüstenhaft; sie sind in Südiran Teile des ZB III (vgl. Band 2, S. 211, 385), in Zentraliran sind es Zono-Ökotone ZÖ III/VII oder ZÖ III/IV. Das Klima ist sehr kontinental, das absolute Tempera-

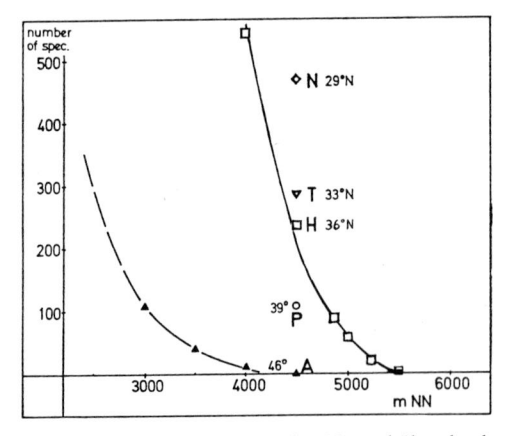

Abb. 2.84: Die mit zunehmender Meereshöhe abnehmende Zahl an Pflanzenarten. A: Ost-Alpen (REISSIGL & PITSCHMANN 1958); H: Hindukusch (BRECKLE 1988); P: Pamir (IKONNIKOV 1964); T: Tibet; N: Nepal (Himalaya). Bei der Meereshöhe von 4500 m läßt sich die mit abnehmender Breitenlage zunehmende Zahl der Pflanzenarten erkennen.

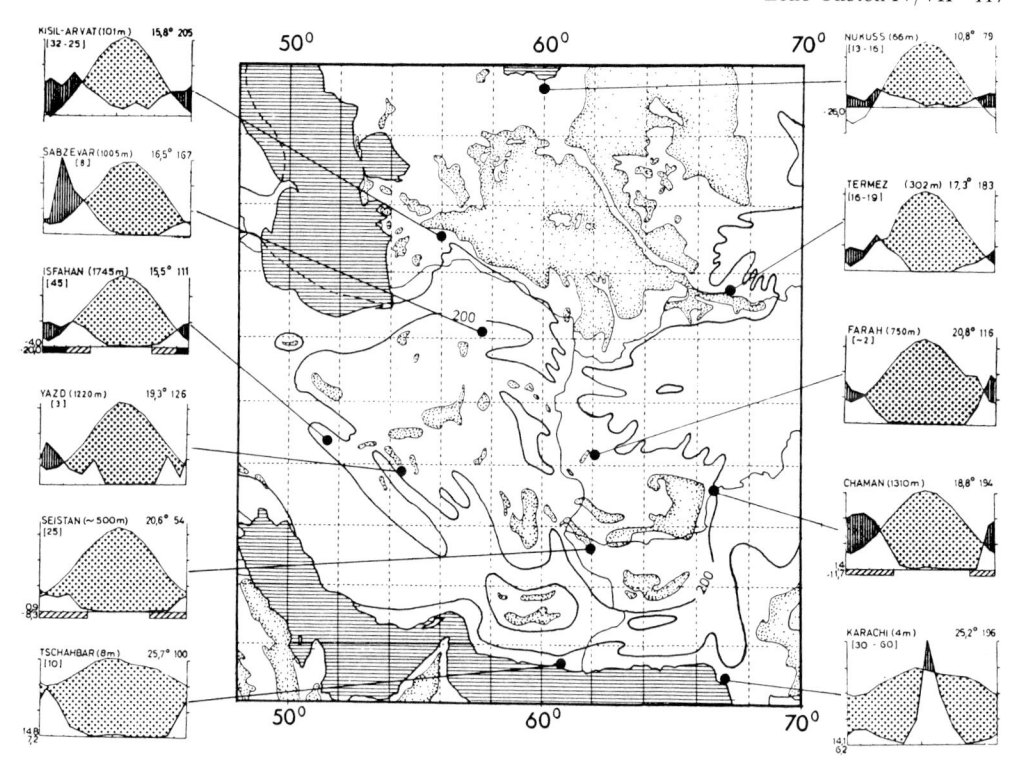

Abb. 2.85: Die Verbreitung der Sandgebiete (Wüsten und Halbwüsten) in Iran und Afghanistan und Angabe der 200-mm-Isohyete, sowie einiger Klimadiagramme (aus FREITAG 1986).

Tab. 2.17: Verbreitung und Lebensform der Psammophyten Irans und Afghanistans (nach FREITAG 1986)

	Sträucher/ Zwergstr.	andere Ausdauernde	Geophyten (u. Zweij.)	Einjährige	Summe	in Prozent %
Irano-Turan.	18	14	6	28	66	62
Iran. Tur. & Saharo-Arab.	1	1		5	7	7
Saharo-Arab.	1	2	–	7	10	9
endemisch	9	7	–	7	23	22
Summe	29	24	6	47	106	100
in Prozent (%)	27	23	6	44	100	

turmaximum im Sommer übersteigt 50 °C. Im Winter fällt gelegentlich Schnee, doch sind die Fröste nicht regelmäßig und nie streng, so daß die Dattelpalme in den vereinzelten Oasen noch nördlich bis Torud auftritt, aber kaum mehr Frucht gibt (vgl. Band 2, S. 211).

Einen Überblick über die temperierten iranischen und afghanischen Halbwüsten und Wüsten hat BRECKLE (1983) gegeben.

Die zentral-iranischen Kawirflächen haben ein riesiges Ausmaß, sie sind teilweise extrem versalzt und daher absolut vegetationslos. In deren Randbereichen entwickelt sich eine typische Haloserie, eine Zonierung verschiedenster Halophytengesellschaften, die in der Regel sehr reich an Chenopodiaceen ist (BRECKLE 1986). Es bestehen enge floristische Beziehungen zu den turanischen Tiefebenen, also den ausgedehnten Halbwüsten Turk-

Tab. 2.18: Prozentualer Anteil (Mittelwerte) der Dominanz der fünf Halophytentypen (Abkürzungen sind im Text erläutert), angeordnet im Salzgradienten (% NaCl im Boden); berechnet aus 8 Halo-Catenen aus dem Ost-Iran und aus Afghanistan (aus BRECKLE 1986)

Salzgehalt	15	10	5	3	2	1	0,5	0,2	0,1	0,05	0,02	0,01
S	71	63	51	18	3	12	7	4	11	10	.	.
L	29	32	30	72	30	56	51	18	35	18	10	.
X	.	5	19	.	60	27	28	41	4	9	.	2
P	.	.	.	5	7	5	15	23	24	45	68	10
N	.	.	.	.	.	.	.	14	26	24	22	88

menistans, Kasachstans, Uzbekistans und Tadschikistans (vgl. Band 3, S. 232ff.).

Die einzelnen Lebensformen und Halophytentypen sind entlang des Salzgradienten oft in typischer Weise angeordnet. Darauf haben wir bereits in Band 1, S. 106 kurz hingewiesen. Im Ökogramm folgen entlang dem Salzgradienten vom salzreichen Beckenrand nach außen: stammsukkulente Euhalophyten («S»; annuelle – perenne) – blattsukkulente Euhalophyten («L») – Rekretohalophyten («X»; mit Salzdrüsen oder Blasenhaaren) – Pseudohalophyten («P»; fakultative Halophyten) – Nichthalophyten («N»; Halophobe). Für acht Haloserien aus Iran und Afghanistan ist dies von BRECKLE (1986) zusammengefaßt worden, wobei sich die in Tabelle 2.18 gezeigte Abfolge des prozentualen Anteils der fünf erwähnten Halophytentypen ergab.

Als besonders salzresistent im gesamten Raum ist *Halocnemum strobilaceum* hervorzuheben. Es ist die Art, die gewöhnlich auf die salzreichsten Standorte vorstößt. Gelegentlich gesellt sich *Nitraria retusa* und/oder *Halostachys caspica* hinzu, doch scheint es in den einzelnen Bereichen teilweise floristisch recht unterschiedliche Zonierungen zu geben.

Die **Fauna** der iranisch-afghanischen Halbwüsten ist noch recht unvollständig bekannt. Die größeren Wirbeltiere sind seit längerem der Zurückdrängung durch den Menschen und seiner extensiven Weidemethoden anheimgefallen. Ursprünglich war die Tierwelt sehr artenreich. In einzelnen Reservaten im Iran konnte sie sich teilweise erholen. So sind im Touran Biosphere Reserve, einem Schutzgebiet mit der erstaunlichen Fläche von etwa 20.000 km², wieder größere Bestände von Onagern *(Equus hemionus)*, von Gazellen *(Gazella subgutturosa, G. dorcas)*, von Raubtieren *(Canis lupus, C. aureus, Vulpes vulpes, Acinonyx jubatus* u.a.) entwickelt. Daneben sind etwa zwei Dutzend Nagetierarten nachgewiesen

(FIROUZ & HARRINGTON 1976, HARRINGTON 1977), dazu kommen 158 Vogelarten, sowie verschiedene Reptilien *(Varanus, Phrynocephalus, Acanthodactylus, Eremias, Urodactylus* und *Agama*-Arten) darunter auch Schlangen und Schildkröten *(Testudo horsfieldii)*.

Die häufigsten Nager sind *Calomyscus bailwardii* und *Meriones persicus*, aber auch *Cricetulus migratorius* ist nicht selten. Im Touran Biosphere Reserve wurden Untersuchungen zur Nager-Dichte durchgeführt. Für die einzelnen, dort unterschiedenen Vegetationseinheiten ergibt sich ein sehr differenziertes Bild. Der höchste Energie-Umsatz erfolgt bei einer mittleren Bestandsdichte in der *Zygophyllum eurypterum*-Halbwüste, die höchste Populationsdichte liegt auf Sanddünen mit *Calligonum* und *Haloxylon* vor, der Energie-Umsatz ist aber etwas geringer, vgl. Tab. 2.19.

Tab. 2.19: Schätzwerte der Nager-Dichte, -Biomasse und ihres Energie-Umsatzes im Touran Biosphere Reserve in Ost-Iran (nach BROWN 1976 und SPOONER 1977). Nagerzahl: Mittlere Zahl an Nagern pro km^{-2}; Zoomasse: Mittlere Zoomasse der Nager in kg · km^{-2}; Umsatz: Energie-Umsatz der Nager in 10^3 kJ · km^{-2} · a^{-1}.

Vegetation	Nagerzahl	Zoomasse	Umsatz
Artemisia/Amygdalus/ Ephedra-Baumfluren der Hügelzonen	52	0,9	1386
Artemisia-Halbwüste	175	8,1	12.600
Zygophyllum-Halbwüste	450	28,8	44.100
Haloxylon-Halbwüste	400	22,8	26.860
Halocnemum/Phragmites-Salzflächen	455	14,4	22.260
Calligonum/Stipa/ Haloxylon-Fluren auf Sanddünen	832	26,0	39.900

In dem erwähnten Schutzgebiet gibt es kleinere Dörfer, die mit Schafen und Ziegen einzelne Flächen, vor allem in den Hügel- und Berggebieten, beweiden. Ein Vergleich der Beweidungsdichte durch Gazellen einerseits (dies entspricht etwa der natürlichen Beweidung) und durch die Haustiere andererseits (die dort nicht in extrem großen Dichten gehalten werden), zeigt die um Größenordnungen unterschiedliche Wirkung der Konsumenten in diesen Halbwüstengebieten (vgl. Tab. 2.20).

Tab. 2.20: Schätzwerte der Zoomasse und des Energie-Umsatzes von Huftieren im Touran Biosphere Reserve in Ost-Iran (nach SPOONER 1977). Mittelwerte aus 3 (Schafe/Ziegen), bzw. 6 (Gazellen) Beobachtungsflächen.
Zoomasse: in $kg \cdot km^{-2}$; Umsatz: Energieumsatz durch Futteraufnahme in $10^3 kJ \cdot km^{-2} \cdot a^{-1}$; Sek.-Prod.: Sekundärproduktion der Tiere in $10^3 kJ \cdot km^{-2} \cdot a^{-1}$.

Art	Zoomasse	Umsatz	Sek. Prod.
Gazella	2,25	352,8	46,2
Schafe und Ziegen	1300	201.000	26.800

Eine gewisse Rolle in ihrem Einfluß auf die Vegetationsverteilung spielen in einzelnen Halbwüstengebieten neben den Nagern, vor allem die Ameisen *(Cataglyphis bicolor)*, aber auch *Hemilepistus aphganicus*, die teilweise, regelmäßig verteilt, in großer Dichte vorkommen und durch ihre Bauten, bzw. durch Eintrag organischen Materials (Samen) und durch Fraß Veränderungen in der Artenzusammensetzung bewirken können (SCHNEIDER 1971 a, b; BRECKLE 1971 b).

Über die Rolle der Insekten als Bestäuber ist wenig bekannt. In den Trockengebieten überwiegen bei weitem anemogame Sippen, in den höheren Gebirgen jedoch nimmt der Anteil entomogamer Arten stark zu, dort kann man auch die Bedeutung verschiedener Hymenopteren an ihrer Häufigkeit abschätzen. Sie erreicht ein Maximum zwischen 2500 und 4000 m Meereshöhe. In den Hochgebirgen selbst kommen Hummeln noch in über 5000 m Höhe vor und bestäuben beispielsweise *Saussurea gnaphalodes* oder *Hedysarum cephalotes* u. a. hochalpine Arten (MADEL 1968, BRECKLE 1971).

Teil 3: Die übrigen Biomgruppen des Zonobioms IV

A. Californisches Gebiet (Nordamerikanische Biomgruppe)

Dieses Zonobiom mit milden, regenreichen Wintern und heißen, dürren Sommern nimmt in Nordamerika einen schmalen von Nord nach Süd verlaufenden Streifen im Staat Californien ein und erstreckt sich im Süden noch etwas in Nieder-Californien nach Mexico hinein. Es gehört floristisch zwar auch zur Holarktis, aber unterscheidet sich der Flora nach doch stark von der mediterranen und ist vor allem sehr artenreich. Es erinnert teilweise an die tertiäre Flora (vgl. S. 1 f.).

Über die Vegetation des Staates Californien liegt ein über tausend Seiten umfassendes Werk vor, an dessen Abfassung über 20 Autoren teilnahmen und das von M.G. BARBOUR und J. MAJOR (1977) herausgegeben wurde. Da es sich an die Staatsgrenzen von Californien hielt, ragt es über das Gebiet des ZB IV hinaus. Letzteres umfaßt nur das Küstengebirge südlich von San Francisco, das californische Längstal und den Westhang der Sierra Nevada. Dessen Kamm bildet eine scharfe Klimascheide zu den extrem ariden Gebieten östlich derselben. Die höheren Lagen der Gebirge gehören zum Orobiom IV. Die Vegetation dieses Gebietes wird von BARBOUR and MAJOR (1977) sehr ausführlich behandelt, und zwar die Vegetation des eu-mediterranen Klimas – der Chaparral (S. 417–489), die des xeromediterranen Klimas – der Coastal Shrub (S. 471–489), während das Valley Grasland im californischen Längstal schon als Ökoton zur Halbwüste des ZB VII zu betrachten ist (mit niederschlagsarmem Klima und zugleich tieferen Minima der Wintertemperaturen). Dem hygro-mediterranen Klima entspricht in Californien das Oak Woodland (S. 383–415). Das oben genannte Werk enthält eine Fülle von Informationen über das ZB IV. Es kann deshalb unsere Aufgabe nur sein, eine kurze zusammenfassende Übersicht zu geben, und zwar über die früheren, noch nicht durch die rasante Urbanisation hervorgerufene Umweltzerstörung, vor allem im Süden im Bereich von Los Angeles und im Norden von San Francisco.

Die Indianer hatten die natürlichen Verhältnisse kaum verändert, die Spanier gründeten nach der Eroberung einzelne Missionen und führten die Weidewirtschaft ein. Nach der Besiedlung durch Einwanderer aus dem Osten der USA wurde das ebene Land mit dem tiefgründigen zonalen Boden kultiviert und die einzelnen Siedlungen, wie Los Angeles inmitten von Citruskulturen sowie um die Bucht von San Francisco, vergrößerten sich.

Aber als der Erstverfasser 1930 Californien kennenlernte, war es noch ein paradiesisches Land, das es heute nicht mehr ist. Die Bezeichnung «smog» und «fog», dem Küstennebel, wurde zuerst in Los Angeles geprägt. Die durch die fortschreitende, beschleunigte Industrialisierung bedingte Umweltzerstörung greift rasch um sich, verstärkt noch durch den Massentourismus, der selbst die Wüstengebiete gefährdet. Vom früheren Paradies verbleibt kaum etwas. Um so wichtiger ist es, die früheren Verhältnisse zu kennen.

1 Das Klima

Eine Vorstellung des Klimas geben die Klimadiagramme (Abb. 1.4) von Vancouver, San Franzisko, Pasadena (bei Los Angeles), San Diego und Fresno im südlichen Längstal. Am typischsten für das ZB IV ist das Klimadiagramm von Pasadena mit einer ausgesprochenen Winterregenzeit und gelegentlichen Frösten sowie einer regenlosen Sommerdürrezeit.

Auch das Klimadiagramm von San Francisco scheint typisch zu sein, aber dort sind an der Küste im Sommer – als Folge der kalten californischen Meeresströmung – nässende Nebel so häufig, daß die Sommerdürre stark abgeschwächt wird und die Temperatur relativ niedrig ist (vgl. Jahrestemperatur: nur 13,6 °C gegenüber 16,8 °C in Pasadena). Sehr viel trockener ist San Diego im Süden, es liegt schon im Ökoton IV/III.

Fresno im südlichen Längstal, im Regenschatten des Küstengebirges, hat ein ebenfalls zu trockenes Klima gegenüber dem typischen Zonobiom IV.

Nördlich von San Francisco sowie in den Staaten Oregon und Washington, nehmen die Winterniederschläge immer mehr zu, und die Sommer-

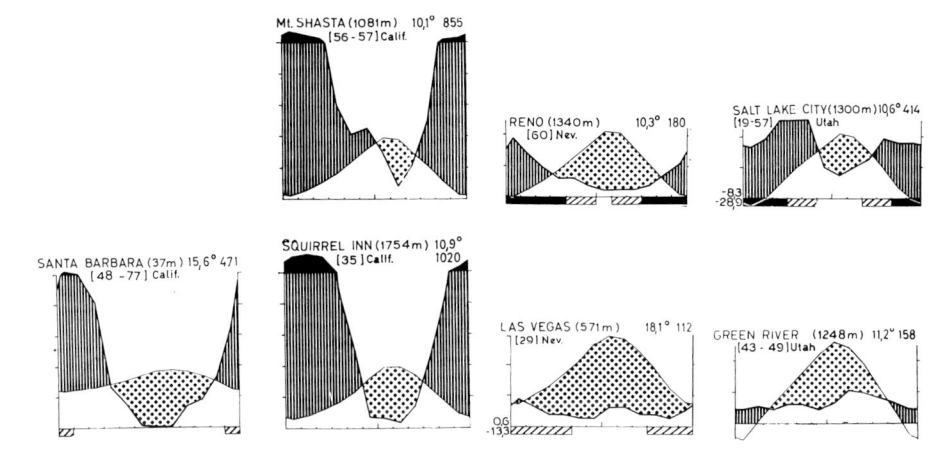

Abb. 3.1: Klimadiagrammprofil von Californien bis Utah.

dürrezeit nimmt ab. An der canadischen Grenze in Vancouver ist sie fast verschwunden. Es handelt sich hier um ein ZB V mit Winterregen (vgl. S. 235 f.).

Ein Niederschlagsprofil von der pazifischen Küste bis zu den Rocky Mountains (Salt Lake City) zeigt die Abnahme der Jahresniederschläge von der Küste bis ins Längstal, den enormen Anstieg am Westhang der Sierra Nevada und den Abfall im Great Basin. Das Klimadiagrammprofil (Abb. 3.1: von San Francisco bis Salt Lake City) läßt zugleich die kalten Winter östlich der Sierra Nevada erkennen. Es handelt sich im Great Basin um ein Halbwüstenklima ZB VIIa (vgl. S. 364 ff.).

Die starken Winterregen im Bereich des ZB IV führen zu einer tiefen Durchfeuchtung der Böden, so daß tieferwurzelnde Holzpflanzen selbst während der Sommerdürre nicht vertrocknen, sondern sie in einem etwas eingeschränkten Zustand überstehen. Eine besondere Rolle als zusätzlicher Klimafaktor spielt das Feuer (vgl. S. 18 ff.).

2 Die Böden

Alle tiefgründigen zonalen Böden sind heute Kulturland (Obst- und Gemüseplantagen). Der ursprünglichen zonalen Vegetation entspricht am ehesten die heutige hyposonale Vegetation der unteren steilen Gebirgshänge. Die Böden sind allerdings meist steinig und oft flachgründig. Der in ihnen nach den Winterregen gespeicherte Wasservorrat genügt nur für die Erhaltung einer Strauchvegetation, die als Chaparral bezeichnet wird (s. u.).

Ein Beispiel einer Bodencatena haben wir bereits erwähnt (vgl. S. 14, Abb. 1.11 und 1.12). Auf die verschiedenen Böden kommen wir bei der Vegetationsbeschreibung noch kurz zurück.

3 Die Produzenten (Die Vegetation des californischen Hartlaubgebiets)

Im Klimabereich des ZB IV Californien hat sich die Eiszeit nur wenig ausgewirkt. Während des Spättertiärs und Pleistozäns haben sich die Gebirge aufgewölbt, die kalte Meeresströmung an der Küste stellte sich ein, und das typische mediterrane Klima mit der Sommerdürre entwickelte sich. Das hatte zur Folge, daß die madro-tertiären Geoelemente, die eine Trockenheit vertragen und im Pliozän nur schwach vertreten waren, sich nun ausbreiteten, wobei es innerhalb der einzelnen Taxa zu starker Artenbildung kam. Die heutige Flora ist deshalb sehr reich an Endemiten. Es sind einerseits sklerophylle Arten, andererseits annuelle, die sich als Winter- oder Frühlingsephemeren nur während der günstigen Jahreszeit entwickeln und die Dürrezeit als Samen überdauern. Zu diesen gehören viele Arten der Gattungen *Clarkia* (Onagraceae), *Cryptantha* (Boraginaceae), *Hesperolinum* (Linaceae), *Lasthenia* (Compositae), *Lupinus*, *Mimulus*, *Phacelia* u. a..

Von den Sklerophyllen sind zu nennen die Gattungen *Ceanothus* (Rhamnaceae) mit 40 Arten, deren Wurzelsymbionten Stickstoff binden, *Arctostaphylos* mit 45 Arten sowie *Quercus* und

Arbutus mit zahlreichen Arten. Die eigentlichen arktotertiären Elemente findet man an feuchteren Standorten oder in höheren Gebirgslagen. Sie waren nach der Aufwölbung der Gebirgskette schon im Pleistozän von der Flora des östlichen Teiles Nordamerikas isoliert, was zur Folge hatte, daß die dem Westen und Osten gemeinsamen Laubholzgattungen durch verschiedene Arten vertreten sind. Das gilt auch für die Nadelhölzer, zu denen z. B. die im Tertiär so verbreiteten *Sequoia sempervirens* und *Sequoiadendron giganteum* gehören, die nur noch in Kalifornien erhalten blieben.

Die Vegetationsverhältnisse in Californien sind sehr komplex, denn es handelt sich um ein gebirgiges Land, wobei sich an der Küste der kalte California-Strom bemerkbar macht mit starken Nebeln, die sich in den Flußtälern immer wieder landeinwärts vorschieben. Die Talvegetation ist deshalb infolge der niederen Temperatur im Sommer und der großen Feuchtigkeit viel hygromorpher.

Tab. 3.1: Vergleichbare Artenpaare aus der Macchie Israels bzw. dem Chaparral Californiens aus systematisch verwandten Sippen und mit ähnlichen ökologischen Ansprüchen (nach SHMIDA 1981) (M = Morphologie)

Familie/Vegetation	Californien	Israel	Bemerkungen
Macchie/Chaparral			
Cupressaceae	*Cupressus* spp.	*C. sempervirens*	M ähnlich, Felsstandorte
	Juniperus californica	*J. phoenicea*	M ähnlich
		J. excelsa	arid-mediterran
Ericaceae	*Arbutus californica*	*A. andrachne*	M ähnlich Habitat verschieden
Fagaceae	*Quercus dumosa* aggr.	*Q. calliprinos*	M ähnlich
Lauraceae	*Umbellularia californica*	*Laurus nobilis*	M und Standort ähnlich
Leguminosae	*Cercis californica*	*C. siliquastrum*	M ähnlich
	Pickeringia montana	*Calycotome villosum*	M ähnlich unterschiedl. häufig
Pinaceae	*Pinus attenuata* aggr.	*P. halepensis*	Trend zu geschlossenen Zapfen
Platanaceae	*Platanus californica*	*P. orientalis*	M ähnlich, feuchte Standorte
Rhamnaceae	*Rhamnus californica*	*R. alaternus*	–
Rosaceae	*Prunus fremontii*	*Amygdalus com.*	–
Styracaceae	*Styrax officinale* var. *californica*	*St. officinale* var. *typica*	M ähnlich, Standort und Häufigkeit verschieden
Phrygana/offener Chaparral			
Anacardiaceae	*Rhus integrifolia*	*Pistacia lentiscus*	M und Standort teilweise ähnlich
Cistaceae	*Helianthemum scoparium*	*Fumana arabica*	–
Asteraceae	*Artemisia californica*	*A. monosperma*	M ähnlich, Standort verschieden
	Brickellia californica	*Varthemia montana*	konvergente M Felsstandorte
Lamiaceae	*Salvia leucophylla*	*S. frutescens*	–
Fabaceae	*Lotus scoparius*	*L. judaicus*	–
Scrophulariaceae	*Scrophularia californica*	*S. xanthoglossa*	–

Die als **Chaparral** (von chaparro, span. = immergrüner Eichenbusch, bzw. aus dem Baskischen: chapparru = strauchförmige Eiche in den Pyrenäen) bezeichnete Vegetation entspricht physiognomisch der Macchie auf flachgründigen Felshängen im Mittelmeerraum. Auch der Chaparral besteht aus immergrünen Sträuchern mit xeromorphen Blättern, er ist also eine Hartlaubvegetation. Die dominierenden Arten sind *Adenostoma*, *Arctostaphylos*, *Ceanothus*, *Heteromeles* und *Rhus*. Viele Gattungen sind auch im Mittelmeergebiet vertreten. SHMIDA (1981) hat eine Gegenüberstellung von vikariierenden Arten gemacht, die in Tab. 3.1 zusammengestellt ist.

Die Verbreitung des Chaparral reicht von 250 km südlich der Grenze zu Mexico auf der californischen Halbinsel bis in das südliche Oregon hinein und von der Meeresküste bis zu den Wüsten im Landinneren (vgl. Abb. 3.2). Die Gesamtfläche beträgt etwa 3,5 Millionen Hektar, wobei dieser Vegetationstyp sich auf die für ihn günstigen Ökotope beschränkt und auf solchen im Gebirge bis zu 3000 m NN hinauf reichen kann. Im nördlichen Californien ist der Chaparral auf den Randhängen des californischen Längstales zu finden und wird bei zunehmenden Niederschlägen nach Norden durch Coniferen verdrängt. Man unterscheidet nach der floristischen Zusammensetzung verschiedene Typen des Chaparrals:

Adenostoma fasciculatum-Typus (Chamise), in dem diese Rosacee mit linealen Blättchen vorherrscht, vorwiegend an warmen und trockenen Standorten (vgl. Verbreitungskarte Abb. 3.3 und als Vegetationsprofil, vgl. Abb. 3.4).

Ceanothus-Typus, eine durch viele Gattungen vertretene Rhamnacee.

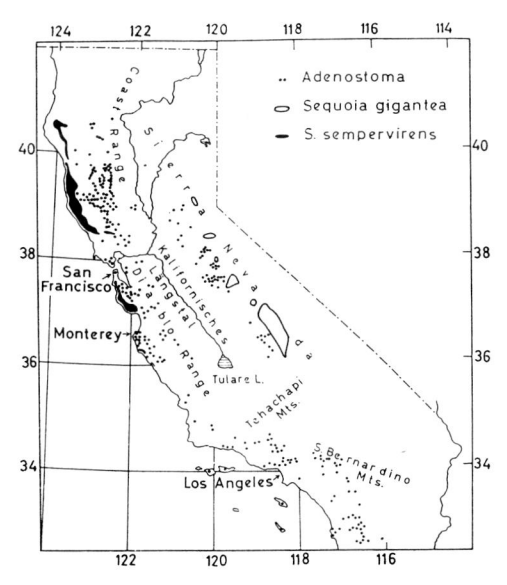

Abb. 3.3: Die Verbreitung von *Adenostoma fasciculatum*, *Sequioadendron* (= *Sequioa*) *gigantea* und *Sequioa sempervirens* in Californien (aus WALTER 1968).

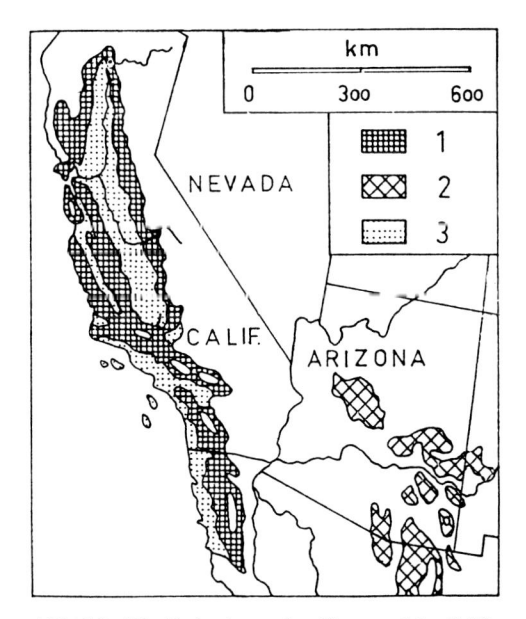

Abb. 3.2: Die Verbreitung des Chaparral in Californien (1), des Encinal in Arizona (2) und des ursprünglichen Graslandes und der Zwergstrauchheiden im californischen Längstal (aus KNAPP 1965).

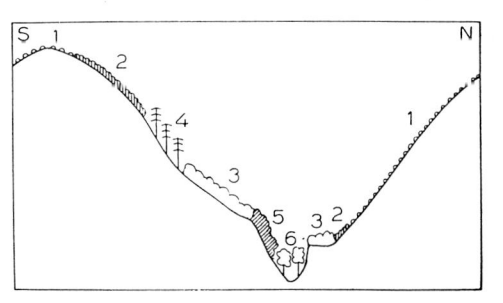

Abb. 3.4: Vegetationsprofil aus tieferen Lagen der San Gabriel Mts. in S-Californien (aus KNAPP 1965).
1: *Salvia mellifera-Eriogonum fasciculatum-Artemisia californica*-Heide; 2: Chaparral mit *Adenostoma*, *Ceanothus crassifolius*, *Quercus dumosa* u.a.; 3: *Quercus chrysolepis*-Wald; 4: *Pseudotsuga macrocarpa*-Bestand; 5: Californischer Lorbeer (*Umbellularia californica*); 6: sommergrüner Wald mit *Acer macrophyllum*.

Quercus-Typus aus immergrünen strauchförmigen Eichen *(Qu. dumosa)*.

Arctostaphylos-Typus (Manzanita) auf tiefergründigen Böden.

Dazu kommen einige weitere Typen im Gebirge mit *Castanopsis (Chrysolepis) sempervirens* (Fagacee) u.a.m..

Im allgemeinen sind alle Bestände in der Strauchschicht artenreich. Über die Sukzessionen nach Feuer und die ökologischen Verhältnisse haben wir bereits kurz berichtet (vgl. S. 18f.). Einige der sonst noch vorkommenden Arten sollen noch erwähnt werden: buschförmige Eichen (*Quercus dumosa* u.a.); *Dendromecon rigidum* (strauchige Papaveracee), die Rosaceen

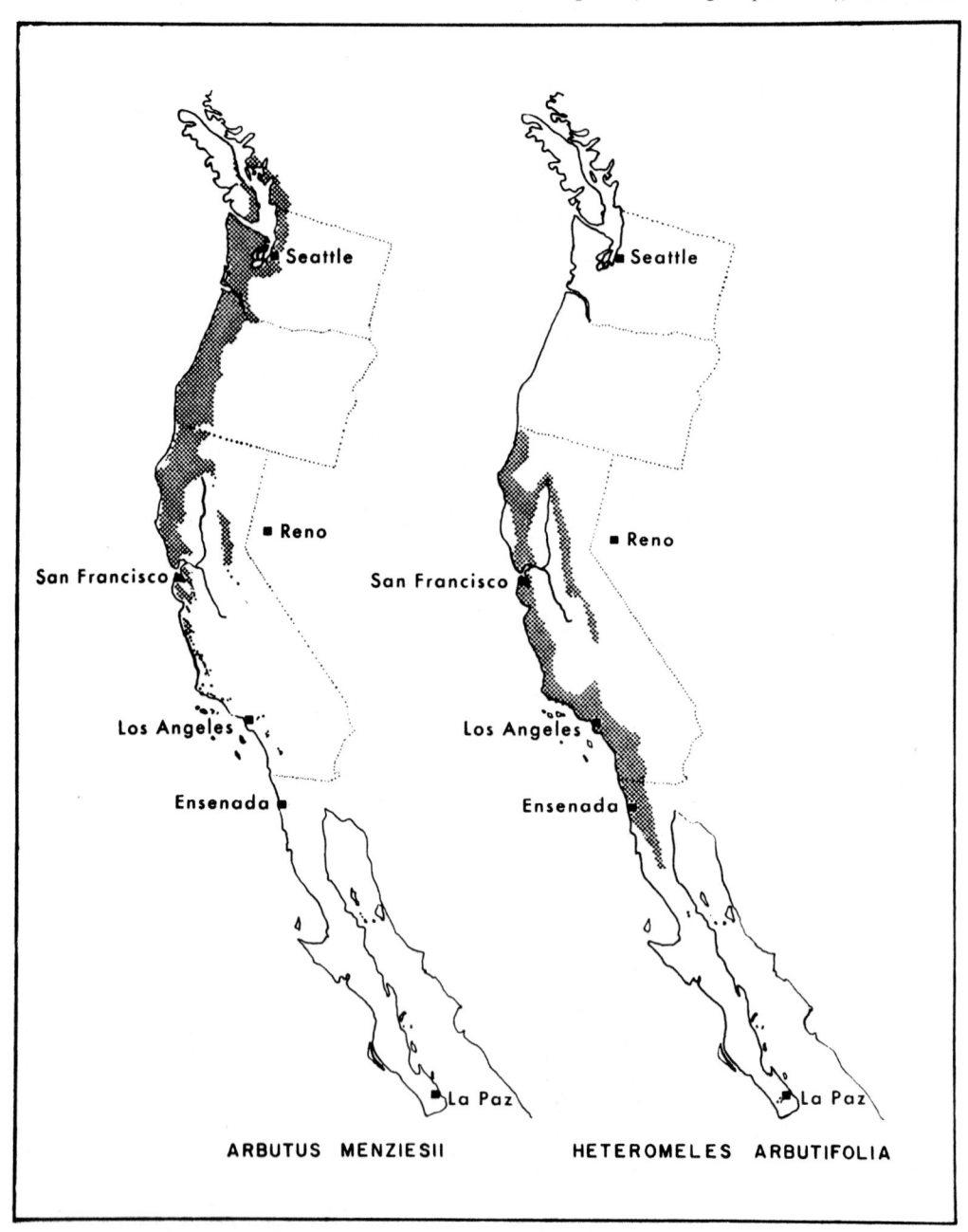

Abb. 3.5: Die Verbreitung der beiden Arten *Arbutus menziesii* (Ericac.) und *Heteromeles arbutifolia* (Rosac.) überlappt bei San Francisco sehr, das übrige Areal ist aber deutlich verschieden (nach MORROW & MOONEY 1974).

Heteromeles arbutifolia (vgl. Abb. 3.5), *Cercocarpus betulaefolius* und *Prunus ilicifolia*, verschiedene zu den Anacardiaceen gehörende *Rhus*-Arten, *Rhamnus crocea* (mit Blättern, die kaum von *Prunus ilicifolia* zu unterscheiden sind) und *Ceanothus*-Arten (Rhamnaceae), von denen *C. cuneatus* und *C. velutinus* oft stark dominieren, namentlich auf vormaligen Brandflächen. Eine Anzahl von Arten dieser Gattung sind laubabwerfend. Ein charakteristischer, aber nur selten bestandbildender Strauch ist *Garrya elliptica* (Garryaceae, nahe Cornaceae). Besonders stark ist die Familie der Ericaceen vertreten, vor allen Dingen durch strauchförmige *Arctostaphylos*-Arten, von denen *A. tomentosa* die wichtigste ist; *A. manzanita* und *A. glauca* sind vikariierende Arten, wobei die erste nördlich und die zweite südlich von San Francisco vorkommt. Auch *Arbutus*-Arten treten auf, die aber wie *A. menziesii* weit nach Norden reichen (vgl. Abb. 3.5) und damit auch im ZÖ IV/V auftreten, während *Heteromeles arbitifolia* auch noch bis Niedercalifornien vorkommt. Die endemischen Arten haben z.T. nur sehr eng begrenzte Areale. *Dendromecon*, ebenso wie *Diplacus glutinosus* (Scrophul.), erinnern an die mediterranen *Cistus*-Arten, während die Composite *Ericameria arborescens* den *Cytisus*-Arten ähnlich ist.

Das Fehlen der Bäume im Chaparral ist kein Degradationsmerkmal, sondern muß auf die geringere Höhe der Niederschläge (im Mittel 500 mm) zurückgeführt werden. Es handelt sich um eine sehr stabile Vegetation, die im Hauptverbreitungsgebiet unabhängig von der Exposition auf allen Hängen dominant bleibt. Es liegen keine Angaben vor, daß die ursprüngliche Vegetation einen anderen Charakter trug. Anatomisch und morphologisch scheinen die Arten an das spezifische, trokkene Winterregenklima sehr gut angepaßt zu sein.

Baumarten waren in Californien wohl früher auf den heutigen, ebenen, tiefgründigen Böden verbreitet oder in Schluchten an Nordhängen (Abb. 3.6), bzw. traten erst weiter im Norden auf, wo das Klima regenreicher und etwas kühler ist, also schon mehr im Übergangsgebiet zum submediterranen Klima, im Zono-Ökoton IV/V (vgl. S. 137).

Die vom Chaparral bedeckten flachgründigen und steinigen sowie nährstoffarmen Böden eignen sich nicht für Kulturen, aber sie sind von Bedeutung, weil sie die Hänge vor Bodenerosion und zu raschem Abfluß des Wassers nach Regen schützen. Ein Beispiel eines Vegetationsprofils ist in Abb. 3.6 wiedergegeben. Auch an den Hängen setzt sich die typische Chaparral-Vegetation aus vielen verschiedenen Straucharten zusammen. Besonders typisch ist *Adenostoma fasciculatum* («Chamise»). Sie ist im gesamten Chaparralbereich verbreitet, während sich die zahlreichen *Ceanothus*-Arten z.T. mehr auf den nördlichen Teil beschränken, wogegen im südlichen Teil die Strauch-Eiche *Quercus dumosa* verbreitet ist. Auf etwas tiefgründigen Böden findet man auch hier *Arctostaphylos*-Arten. Der Chaparral besteht somit aus einem dichten, kaum durchquerbaren Strauchdickicht.

Die floristische Zusammensetzung sei an einem Beispiel gezeigt (KNAPP 1965):

Dominante Arten: *Adenostoma fasciculatum, Arctostaphylos glauca, Ceanothus crassifolia, C. divaricatus, Cercocarpus betuloides* (Rosaceae), *Quercus dumosa.*

Weitere **charakteristische Arten** sind: *Adenostoma sparsiflorum, Arctostaphylos parryana, A. drupacea,*

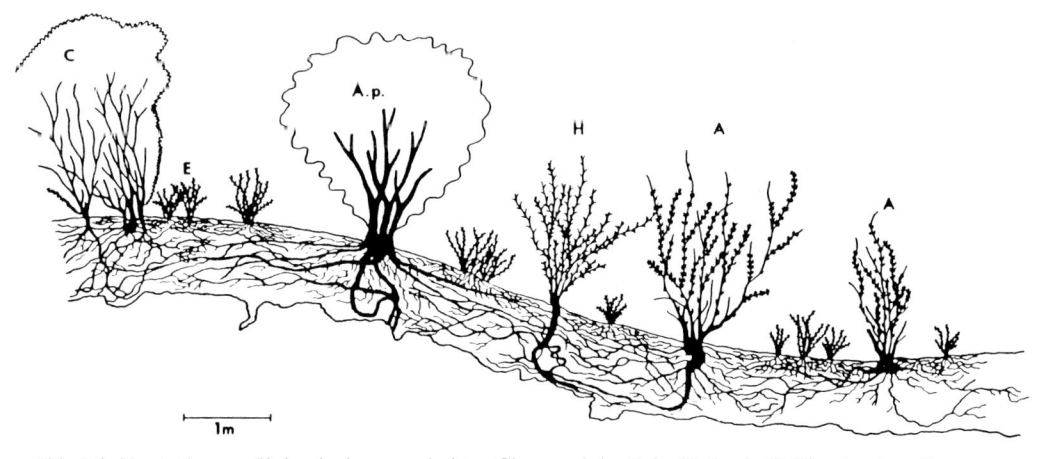

Abb. 3.6: Vegetationsprofil durch einen gemischten Chaparral, im Echo Valley in Californien (aus KUMMEROW 1983). A: *Adenostoma fasciculatum*, A.p.: *Arctostaphylos pungens*; C: *Ceanothus greggii*; H: *Haplopappus pinifolius*, E: *Eriogonum fasciculatum*.

A. canescens, A. glandulosa, A. pungens, Ceanothus oliganthus, C. spinosus, C. tomentosus, C. verrucosus, C. macrocarpus, Cercocarpus minutiflorus, Cneoridium dumosum (Rutaceae), *Diplocus longiflorus* (Scrophulariaceae), *D. paniceus, Garrya veatchii, G. flavescens, G. fremontii, Trichostoma lanatum* (Labiatae), *Photinia arbutifolia* (Rosaceae), *Pickeringia montana* (Leguminos.), *Prunus ilicifolia*.

Bei dem Artenreichtum dieser Bestände ist nur eine Gliederung nach den dominanten Arten möglich.

Mit der wichtigste, den Chaparral bestimmende Faktor ist das Feuer (vgl. S. 18 ff.). Die Brände entstehen auf natürliche Weise durch Blitzschlag, wenn gegen Ende der Dürrezeit die ersten Gewitter auftreten und viel leicht entzündbares, totes organisches Material vorhanden ist.

Brände waren schon von Bedeutung bevor der Mensch in Nordamerika erschien (vgl. Bd. 1, S. 80). Die Brände wiederholen sich meist alle 10 bis 40 Jahre. Die Arten des Chaparrals sind an das häufige Abbrennen angepaßt. Eine Regeneration findet entweder aus Samen oder durch Stockausschläge bzw. Wurzelschößlinge statt. Das Feuer hat sogar eine günstige Wirkung auf die Entwicklung der Vegetation. Denn durch die Veraschung der toten organischen Masse werden die in dieser enthaltenen Nährstoffelemente mineralisiert und stehen den austreibenden Pflanzen zur Verfügung. *Adenostoma* entwickelt sich am besten, wenn die Bestände etwa alle 15 Jahre abbrennen (vgl. S. 22).

Auf den zonalen Böden in ebener Lage mit größeren Wasservorräten in tieferen Schichten waren ursprünglich wohl immergrüne Eichenwälder verbreitet, von denen man nur noch kleinere zerstreute Bestände vorfindet, die meist beweidet werden.

Die Eichen wurzeln sehr tief. Es steht ihnen deshalb während des Sommers mehr Wasser zur Verfügung als dem Chaparral. Als Beweis dient die Tatsache, daß das Wasserpotential vor Sonnenaufgang bei *Quercus lobata* und *Quercus agrifolia* während der Sommerdürre nur von $-0,2$ MPa auf $-0,5$ MPa fiel, während es bei *Q. douglasii* auf einer Erhebung auf $-2,5$ MPa sank, wobei einzelne Exemplare ihr Laub im August, September abwarfen, sobald das Wasserpotential unter $-3,5$ MPa sank. Die Dichte des Bestandes ist von Bedeutung. Während in lichten Beständen dieser Eiche das Wasserpotential unter $-0,9$ MPa betrug, erreichte es in dichten Beständen $-2,4$ MPa (Angaben nach GRIFFIN aus: BARBOUR & MAJOR 1977).

Die heutigen Restbestände findet man in der Ebene häufig in Flußnähe, wo Grundwasser in der Tiefe vorhanden ist. Noch an Gebirgshängen mit höheren Niederschlägen wachsen häufig immergrüne Eichen, während an trockeneren Hängen *Pinus sabiniana* vorherrscht. Die heutigen Wälder, die beweidet werden, sind lichte Bestände mit einem Grasunterwuchs, der im Sommer vertrocknet. Die Bestände werden oft abgebrannt, wodurch das Aufkommen eines Strauchunterwuchses verhindert wird. Viel natürlicher sind diese immergrünen Wälder mit dichtem Chaparral-Unterwuchs, als «Encinal» bezeichnet, noch in der unteren montanen Stufe der Gebirge in Süd-Arizona erhalten (vgl. Bd. 2, S. 252).

Aus der Gegend um den 30° N wird an der Steilküste eine sehr reiche Flechtenvegetation geschildert (RUNDEL et al. 1972), denn hier sind bei nur geringen Winterniederschlägen nässende Nebel eine sehr häufige Erscheinung, die in 80 m von der Hangbasis besonders dicht sind, so daß der Flechtenbewuchs bis zu 70% deckt. Es handelt sich hauptsächlich um *Desmazieria* spp., aber auch *Roccella* spp., *Ramalina* u. a. kommen vor.

Bei besserer Wasserversorgung, bei höheren Niederschlägen oder auf besseren Böden tritt an Stelle des Chaparral das Oak Woodland, offene Bestände mit älteren Bäumen und meist einem Grasunterwuchs, so daß auch von «woodland savanna» gesprochen wird. Die immergrünen Eichenarten sind *Quercus douglasii, Qu. lobata* oder auch *Qu. agrifolia* sowie *Qu. wislizenii*, oft mit *Pinus*-Arten, insbesondere *P. sabiniana*. Es handelt sich um keine natürlichen Bestände. Durch Beweidung wurde seit der Besiedlung des Landes eine Verjüngung der Baumschicht verhindert. Über die ursprüngliche Vegetation kann man keine Aussagen machen. Vielleicht waren die Bestände dichter, oder eine immergrüne Strauchschicht bedeckte den Boden. Es handelt sich auch heute noch oft um ein Mosaik mit Chaparral. In den Niederungen können die Wurzeln der Eichen das Grundwasser erreichen und entwickeln sich dann besonders gut.

Man hat die immergrünen Eichen für typische Vertreter der Winterregengebiete des ZB IV auf der Nordhemisphäre angesehen, aber das Vorkommen des Encinal in Arizona und der mit der mediterranen *Quercus ilex* nahe verwandten Art *Quercus baloot* in Ost-Afghanistan (BRECKLE und KULL 1971; KULL und BRECKLE 1973) mit zusätzlichen Sommermonsunregen zeigt, daß es nur auf die Regenmenge im noch ariden Gebiet ankommt und weniger auf ihre Verteilung. Es sind arkto-tertiäre Arten mit xeromorphen Blättern, die Dürreperioden zu überdauern fähig sind.

Überall dort, wo die Sommerdürre weniger ausgeprägt ist, mischen sich zu den immergrünen Eichen oft Coniferen hinzu. Solche Mischwälder sind besonders in Küstennähe verbreitet, wo sich im Sommer die über dem kalten Meeresstrom entstandenen Nebel landeinwärts bewegen, die Sonnenstrahlung mindern und zugleich nässend wirken. Die Nebeltropfen werden von den Baumkronen ausgekämmt, wenn sie, durch den Seewind getrieben, sich an den belaubten Ästen kondensieren, abtropfen und den Boden befeuchten. In den Flußtälern ziehen diese Nebel weit landeinwärts.

Auch in der montanen Stufe mit stärkerer Bewölkung spielen Mischwälder eine große Rolle. Es sind sklerophylle Arten wie *Arbutus menziesii* (vgl. Abb. 3.5), *Lithocarpus densiflora* (Fagaceae) und *Umbellularia californica* (Lauraceae) mit verschiedenen Coniferen: *Sequoia sempervirens*, *Pseudotsuga menziesii*, *Pinus coulteri* u.a. Von den immergrünen Eichen ist *Quercus agrifolia* die häufigste. In montanen Lagen wird sie durch *Q. chrysolepis* ersetzt.

Nördlich von San Francisco ist die Sommerdürrezeit schon so stark reduziert, daß Nadelwälder immer stärker vorherrschen. Es handelt sich hier um das Zono-Ökoton IV/V. Im südlichen Californiens dagegen nehmen die Winterniederschläge ab. Bei San Diego sind es kaum über 250 mm im Jahr. Diese Regenmenge genügt nicht, um das Wachstum einer Strauchvegetation (Chaparral) zu ermöglichen. Das Regenwasser dringt weniger tief in den Boden ein. Infolgedessen findet man im Küstengebiet Süd-Californiens, den als **Coastal Sagebrush** bezeichneten Vegetationstypus, der eine Höhe von kaum 1,5 m erreicht.

Er wächst in tieferen Lagen an der Küste und kann mit der Garrigue im Mittelmeerraum verglichen werden.

Dominant sind *Artemisia californica* (sagebrush), *Eriogonum fasciculatum* (buckwheat, Polygonaceae) sowie *Salvia apiana* (white sage) und *S. mellifera* (black sage). Dazu kommen als Begleiter viele Compositen: *Baccharis*, *Encelia*, *Eriophyllum*, *Haplopappus*-Arten und auch Sukkulenten (*Mesembryanthemum*, *Opuntia*, *Yucca*), deren Anteil insbesondere in Baja California zunimmt.

Auch beim Coastal Shrub unterscheidet man 3 Typen: einen nördlichen mit verschiedenen krautigen Arten, südlicher einen mit *Artemisia californica*, *Salvia* spp., *Eriogonum* spp., *Encelia californica* u.a. sowie noch südlicher einen sukkulentenreichen (*Agave*, Cactaceae).

Von *Salvia* wurde angenommen, daß von ihr ausgeschiedene flüchtige Terpene den Graswuchs verhindern, so daß sich um die *Salvia*-Pflanzen eine vegetationslose Zone bildet (MULLER 1965, MULLER et al. 1969), doch haben Beobachtungen auf eingezäunten Flächen ergeben, daß es sich wahrscheinlich um die Wirkung von Herbivoren handelt, die Gräser fressen, die ungenießbaren Pflanzen mit Terpenen aber verschmähen (MOONEY 1977). Auf der Halbinsel Baja California treten diese Vegetationstypen in der Sierra San Pedro Martir (31° N) als Höhenstufen auf:

In 800 m NN Chaparral aus immergrünen Sträuchern, in 400 m NN Shrub mit *Artemisia*, *Encelia* und *Salvia* und in 100 m NN Sukkulenten-Busch mit Agaven und Kakteen. Das Gebiet zeichnet sich außerdem durch zahlreiche Endemiten aus (MOONEY and HARRISON 1972). Diese Höhengliederung hängt mit den in höheren Lagen zunehmenden Niederschlägen zusammen. In der unteren Lage mit Sukkulenten fallen nur 160 mm, vorwiegend im Winter. Es handelt sich schon um das Ökoton IV/III zu der Sonora-Kakteenwüste. In der oberen Chaparral-Höhenstufe werden die immergrünen Sträucher mit zunehmender Höhenlage immer größer. In 1830 m NN dominieren *Arctostaphylos* mit *Quercus agrifolia*, *Garrya*, *Ceanothus* u.a. (MOONEY et al. 1974).

In der Grasschicht findet man heute fast nur annuelle adventive Grasarten wie in dem Grasland des californischen Längstales, doch nimmt man an, daß dort ursprünglich ausdauernde Gräser dominierten, vor allem *Stipa pulchra*, aber auch *Aristida hamulosa*, *Elymus* spp., *Festuca idahoensis*, *Koeleria cristata*, *Melica* spp. und *Poa scabrella* ähnlich wie heute in der Palouse Prärie im östlichen Washington und Oregon, wo allerdings die Winter viel kälter sind.

Die Sagebrush-Vegetation gehört nicht mehr zum eigentlichen Zonobiom IV, sondern sie bildet das Zono-Ökoton IV/III, d.h. den Übergang zu der Sukkulentenwüste Nieder-Californiens.

Man darf nicht erwarten, daß alle hier beschriebenen Vegetationstypen streng getrennt vorkommen. In den gebirgigen Landschaften Californiens kommen durch die Exposition der Hänge und ihre Neigung viele kleinklimatische, mosaikartig verteilte Biotope vor. Gerade im Bereich der Breitengrade um 35–40° N erhalten die Steilhänge in Süd- und Nordexposition eine extrem verschiedene Einstrahlungsenergie – die Südhänge erwärmen sich sehr stark und sind deshalb trocken, die Nordhänge bleiben kühl und feucht. Auch die Böden sind an verschiedenen Hängen sehr unterschiedlich. Deshalb kann man die verschiedenen Vegetationstypen auf relativ kleinem Raum mosaikartig angeordnet finden. Es treten dabei auch nicht zum Zonobiom IV gehörende Vegetationstypen auf, wie z. B. laubabwerfende Gehölze.

Ein solches Beispiel zeigt Abb. 3.4 von einem Tal aus den San Gabriel Mts. in Süd-Californien: Auf dem Südhang findet man untereinander californischen Sagebrush, Chaparral, einen *Pseudotsuga*-Bestand und ein immergrünes *Quercus chrysolepis*-Gehölz; unten in der Schlucht den californischen Lorbeerwald und sogar einen sommergrünen Bestand aus *Acer microphyllus*. Am Nordhang in Südexposition dagegen wächst nur californischer Sagebrush und tiefer Chaparral sowie immergrüner Eichenwald. Nicht zum Zonobiom IV gehört auch der südliche Teil des californischen Längstales, das durch den San Joaquin-River entwässert wird. Der Jahresniederschlag von Fresno beträgt 230 mm. Das Klima ist arid. Noch zu Beginn des Jahrhunderts wurde das Gebiet als ein vorzügliches Weideland geschildert. Bäume treten nur auf, wo der Boden durch Zufluß zusätzliches Wasser erhält, also in kleinen Schluchten oder am Fuße der Gebirgshänge. Der Grasbestand entsprach vorher weitgehend dem des Pelouse-Graslandes in den Staaten Oregon und Washington; nur sind dort die Winter sehr kalt. Dominant waren die ausdauernden Horstgräser *Stipa cernua* und *Stipa pulchra*. Dazu kamen einige *Elymus*-, *Festuca*-, *Poa*- und *Aristida*-Arten. Besonders artenreich war die Frühlingsephemeren-Flora mit einjährigen Arten der Gattungen *Eschscholtzia* (Papaveraceae), *Gilia* (Polemoniaceae), *Lupinus*, *Trifolium* u.a.. Ein Frühlingsgeophyt (Ephemeroid) ist *Sisyrinchium hallum* (Iridaceae).

Diese ursprüngliche Vegetation ist zum größten Teil verschwunden. Die besten Weidepflanzen waren die ausdauernden Grasarten, die auch während der Sommerdürre noch abgeweidet werden konnten. Aber durch die ständige starke Beweidung hatten sie keine Möglichkeiten sich von dem Verbiß zu erholen; sie starben ab, und an ihrer Stelle breiteten sich eingeschleppte einjährige Gräser aus, wie *Avena barbata*, *A. fatua*, *Bromus mollis*, *B. rigidus*, *B. rubens*, *Festuca dertonensis* u.a. Im Frühjahr, solange diese Gräser frisch sind, haben sie einen guten Futterwert, nicht aber nach dem Absterben zu Beginn der Dürrezeit, nachdem sie sich aussamten. Die Qualität der Weide erfährt damit eine erhebliche Verschlechterung. Die Hauptgefahr besteht jedoch darin, daß (durch den Schutz vor Beweidung) die ausdauernden Gräser sich nicht wieder regenerieren, auch nicht durch deren Aussaat. Denn in den Winterregengebieten sind die Sämlinge der ausdauernden Gräser den einjährigen gegenüber nicht konkurrenzfähig. Warum das so ist, wird im Abschnitt über die Wermut-Halbwüste (Zonobiom VIIa, vgl. S. 369) erklärt werden. Diese degradierten Weideflächen wurden vielfach durch bewässerte Kulturen ersetzt. Aber auch das blieb meist nicht ohne schlimme Folgen. Sobald in einem sehr ebenen Gelände durch die Bewässerung der Grundwasserspiegel so stark ansteigt, daß durch kapillaren Aufstieg die Bodenoberfläche immer feucht bleibt, setzt eine starke Verdunstung von der Bodenoberfläche ein. Die im Wasser, wenn auch nur in Spuren vorhandenen Salze, vor allem NaCl, reichern sich immer mehr an der Bodenoberfläche an, bis sich schließlich eine Salzkruste bildet und der Boden wertlos wird; eine Entsalzung des Bodens ist schwierig und kostspielig. Die Fläche solcher sekundär verbrackter Böden mit einer Halophytenvegetation wird immer größer.

Dem erwähnten von BARBOUR and MAJOR herausgegebenen Werk sind im Anhang für jeden Vegetationstyp Florenlisten von den Hauptarten mit Angabe der Lokalität angefügt. Auch eine große, farbige, von A.W. KÜCHLER gezeichnete Karte im Maßstab 1:1 Million «Natural Vegetation of California» wurde beigelegt. Diese Karte zeigt somit genauer die Verbreitung der verschiedenen hier nur kurz besprochenen Vegetationstypen. Man erkennt, daß sich das Zonobiom IV nördlich von San Francisco im wesentlichen nur auf das niederschlagsärmere Längstal (Sacramento-Tal) und sein Randgebiet mit dem Osthang des Küstengebirges beschränkt.

4 Konsumenten und
5 Destruenten

Einige Beispiele wurden bereits auf S. 23 ff. im allgemeinen Teil angeführt. Weitere, meist eng auf ein bestimmtes Gebiet oder auf eine bestimmte Tiergruppe begrenzte Arbeiten sind im folgenden als Beispiele aufgeführt.

Die Pseudoskorpione (DI CASTRI 1973c, DI CASTRI & DI CASTRI 1981), die Vögel (CODY 1973, BLONDEL 1981), die Reptilien (SAGE 1973, FUENTES 1981), die Käfer (SAIZ 1973), die Insekten als

Herbivore (FUENTES et al. 1981) sollen angeführt werden. Abbauvorgänge werden von GRAY & SCHLESINGER (1981) behandelt.

6 Ökologische Untersuchungen in Californien

Aus diesem Gebiet liegt eine sehr eingehende Untersuchung des Chaparrals im San Dimos Experimental Forest vor (MOONEY and PARSONS 1973). Die Lage des Gebiets im Gebirge mit steilem Relief ist etwa 30 km ENE von Los Angeles. Auf dieser Karte ist die Ausdehnung des Woodlands und des Chaparral in Californien erkennbar.

Die Klimadaten dieses Gebietes (vgl. auch Abb. 1.4 und 3.1) in 850 m NN sind folgende: Mittlere Jahrestemperatur 14,7 °C, absol. Maximum 42 °C, absol. Minimum −7,8 °C, gelegentliche Fröste können in den Monaten Oktober bis Mai vorkommen, die mittlere Bodentemperatur in 1,7 m Tiefe ist 15,3 °C. Der mittlere Jahresniederschlag ist 670 mm, bei einer mittleren Evaporationsrate von 1625 mm. Im Winterhalbjahr November–April fallen 92% der Regenmengen, die meisten als starke Gewittergüsse mit über 20 mm. Im Zeitraum von 25 Jahren gab es 10 Güsse mit über 127 mm in 24 Stunden, zwei davon mit über 254 mm.

Ein sehr wichtiger Faktor ist, wie schon ausgeführt (vgl. S. 18 ff.), das Feuer. Der letzte am 20. Juli 1960 durch Blitzschlag entstandene Brand vernichtete innerhalb einer Woche die Vegetation auf der gesamten 6885 ha großen Versuchsfläche.

Die Fauna besteht aus 201 Wirbeltierarten, davon gehören 34 zu den Säugetieren (darunter 7 große Raubtierarten), 143 zu den Vögeln und 23 zu den Amphibien und Reptilien, darunter *Crotalus*, die Klapperschlange (rattle snake). Von besonderer Bedeutung ist die Hirschart *Odocoileus hemionus* und die große Ratte *Neotoma fuscipes*, die Nester aus Zweigen baut und darin Vorräte speichert, z. B. auch Eicheln (oak acorns).

Die Hauptblütezeit sind die Monate April bis Juni. Der Chaparral bedeckt den größten Teil aller Hänge, wobei auf den trockenen Südhängen *Adenostoma fasciculatum* (chamise) dominiert, sonst ist eine Gemeinschaft aus *Ceanothus* ssp., *Arctostaphylos* spp., *Quercus dumosa* und *Cercocarpus betuloides* häufig. In den feuchten Tälern wächst ein Wald aus immergrünen Eichen und *Umbellularia*, aber auch laubwerfende Arten, wie *Alnus rhombifolia*, *Acer macrocarpum* und *Platanus racemosa* sind eingemengt.

Im *Adenostoma*-Chaparral wiederholen sich die Brände periodisch; so brannte die Versuchsfläche im Monroe-Canyon 1896, 1919 und 1960 ab. Nach jedem Feuer setzt eine bestimmte Sukzession ein (HANES 1971). Die an aromatischen Stoffen reiche Streu der Chaparral-Arten bilden eine lipophile Verkrustung an der Bodenoberfläche, die das Aufkommen von Kräutern hemmt. Durch den Brand wird diese Schicht zerstört, und es setzt an Hängen eine starke Bodenerosion ein. Auf einer Versuchsfläche betrug die Erosionsrate vor dem Brand etwa $8\,t \cdot ha^{-1} \cdot a^{-1}$ an abgetragener Bodenmasse, die nächsten drei Jahre nach dem Brand dagegen 230 t, 53 t, und 27 t. Die rasche Abnahme der Erosion hängt mit der Begrünung der Brandfläche zusammen. Der stärkere Abfluß läßt sich dagegen noch 20 Jahre nach einem Brand nachweisen.

Die Sukzession verläuft folgendermaßen: Schon 10 Tage nach einem Brand im Sommer beginnen viele Sträucher von unten wieder auszutreiben. Etwa 50% der Arten besitzen diese Fähigkeit. In 30 Tagen können die Triebe 30 cm Länge erreichen, ein Zeichen, daß die Wurzeln selbst im Sommer dem Boden Wasser entnehmen.

Die Winterregen begünstigen dann das Auskeimen von Samen, so daß im nächsten Frühjahr der Boden mit Annuellen bedeckt ist, wobei Arten darunter sind, die man vorher kaum fand. Auch die Keimlinge vieler Sträucher, die nicht austreiben, sind vorhanden (z. B. *Salvia*, *Eriogonum*, *Arctostaphylos*, *Ceanothus* spp. u. a.). Nach einigen Jahren verschwinden die Annuellen, etwas später auch die Halbsträucher. In 20 Jahren sieht der Chaparral wieder wie normal aus. *Adenostoma* erreicht die größte Deckung nach 20–40 Jahren. *Ceanothus* spp. werden oft nur 50 Jahre alt. Ein 60-jähriger Bestand des Chaparrals stagniert, sein Jahreszuwachs ist nur noch sehr gering. Aber so alte Bestände sind selten, weil die Brände sich häufiger wiederholen. Unter diesen ständig wechselnden Verhältnissen ist es schwer, genaue Produktionszahlen zu erhalten.

Ein für die Produktivität der Bestände ebenfalls entscheidender Faktor ist die Verteilung, die Investition der Assimilate. Für *Arctostaphylos glauca*, der hier als Beispiel eines Chaparral-Strauchs angeführt werden soll (vgl. Abb. 3.7), sind diese Angaben in % wiedergegeben. Die 36% an Zuwachs verteilen sich zu je einem Drittel auf Wurzel, Sproß und Blattmasse (OECHEL and LAWRENCE 1981). Untersuchungen der Photosynthese

KOHLENSTOFFVERLAGERUNG IN %
DES GESAMTEN KOHLENSTOFFS

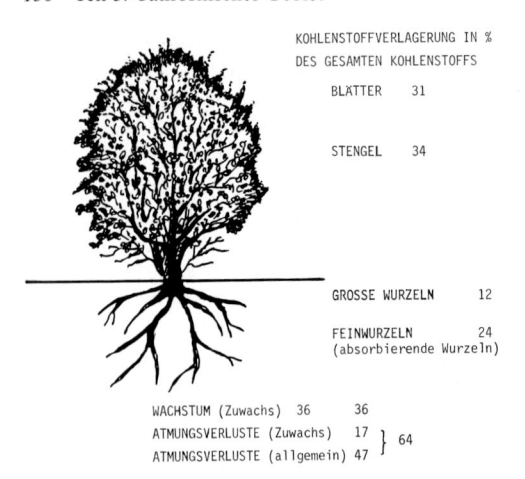

BLÄTTER 31

STENGEL 34

GROSSE WURZELN 12

FEINWURZELN 24
(absorbierende Wurzeln)

WACHSTUM (Zuwachs) 36   36
ATMUNGSVERLUSTE (Zuwachs) 17 ⎫
ATMUNGSVERLUSTE (allgemein) 47 ⎬ 64

Abb. 3.7: Modellartige Darstellung der Kohlenstoffinvestition und -Verlagerung für Wachstum und Respiration verschiedener Organe bei *Arctostaphylos glauca*. Die Werte wurden errechnet von Felderhebungen, Geländemessungen und Laborexperimenten (nach Mooney et al. 1977, vgl. auch Oechel & Lawrence 1981).

der Chaparral-Sträucher ergaben nach Lossaint (1973), daß diese das ganze Jahr hindurch CO_2 assimilieren und zwar in den 6 Winter- und Frühjahrsmonaten 6,4 g CO_2 pro g Trockengewicht der Blätter, in den 6 Sommer- und Herbstmonaten in trockenen Jahren 5,3 g $CO_2 \cdot g^{-1}$ TG, in feuchten dagegen 7,8 g $CO_2 \cdot g^{-1}$ TG.

Über die Produktion eines 37jährigen *Adenostoma*-Bestandes machte Specht (1969) genauere Angaben: Die Phytomasse (oberirdisch) betrug 272,5 t·ha^{-1} (*Adenostoma* 120,8; *Ceanothus* 92,4 und *Salvia* 59,3 t·ha^{-1}); dazu kommen 218,4 t·ha^{-1} an stehenden toten Exemplaren. Der Kalorienwert betrug 4,742 kcal·g^{-1} TG. Der Zuwachs der Sproßspitzen erreichte 10 t·ha^{-1}·a^{-1}.

Für den Mineralgehalt der Sproßspitzen werden folgende Zahlen in kg·ha^{-1} genannt: N = 145; K = 105; Ca = 85; Na = 45; Mg = 35; P = 10. Aus den oben genannten Photosynthese-Werten läßt sich unter Berücksichtigung eines Blattflächenindex von 4,1 und des Blatt-Trockengewichtes von 36 t·ha^{-1} eine Netto-Photosynthese von etwa 30 t·ha^{-1}·a^{-1} errechnen. Zieht man von diesem Wert die Respiration der Wurzeln und der nicht assimilierenden Sproße sowie den Zuwachs der Wurzeln ab, was etwa $^2/_3$ der Netto-Photosynthese betragen dürfte, so ist die Übereinstimmung mit dem oben genannten Zuwachs der Sproßspitzen sehr gut.

Der Assimilathaushalt einer laubabwerfenden Art (*Aesculus californica*) wurde mit der der immergrünen *Quercus agrifolia* verglichen (Mooney and Hays 1973). *Aesculus* ist von März bis Juli belaubt und speichert die in dieser Zeit gebildeten Assimilate auf, während die immergrüne Eichenart sie gleich den von März bis Dezember langsam reifenden Eicheln zuführt.

Bei zwei immergrünen Arten haben Morrow and Mooney (1974) den Wasserhaushalt untersucht: Es sind dies *Arbutus menziesii* mit sehr wei-

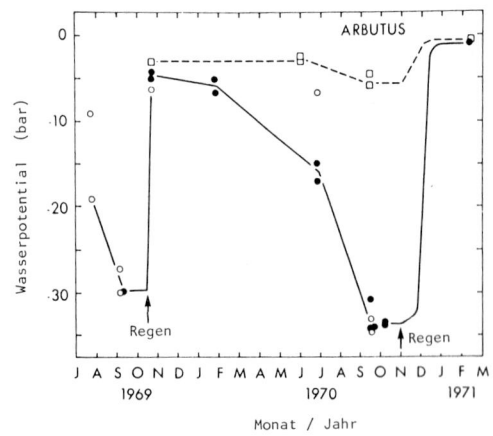

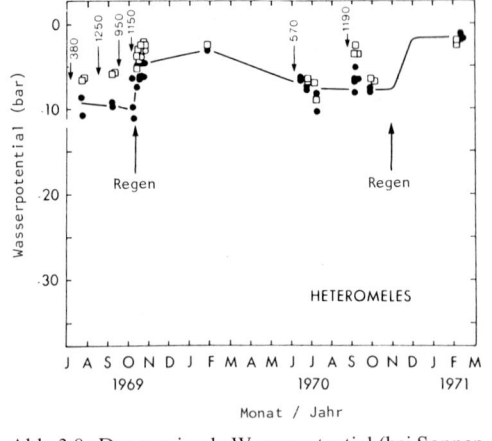

Abb. 3.8: Das maximale Wasserpotential (bei Sonnenaufgang) von Juni 1969 bis Februar 1971 bei *Arbutus menziesii* (A, oben). Vierecke = künstlich gewässerte Bäume; volle Kreise = Bäume am natürlichen Standort am Hang; offene Kreise = Bäume am natürlichen Standort, Wiese; und bei *Heteromeles arbutifolia* (B, unten). Vierecke = künstlich gewässerte Bäume; Kreise = Bäume am natürlichen Standort; Datum und Menge an Bewässerungswasser sind in der Graphik bei *Heteromeles* am oberen Rand angegeben. Mit dem Pfeil (N) sind die im Herbst ersten ausgiebigen Regen angegeben, die die Trockenperiode beendet haben (nach Morrow & Mooney 1974).

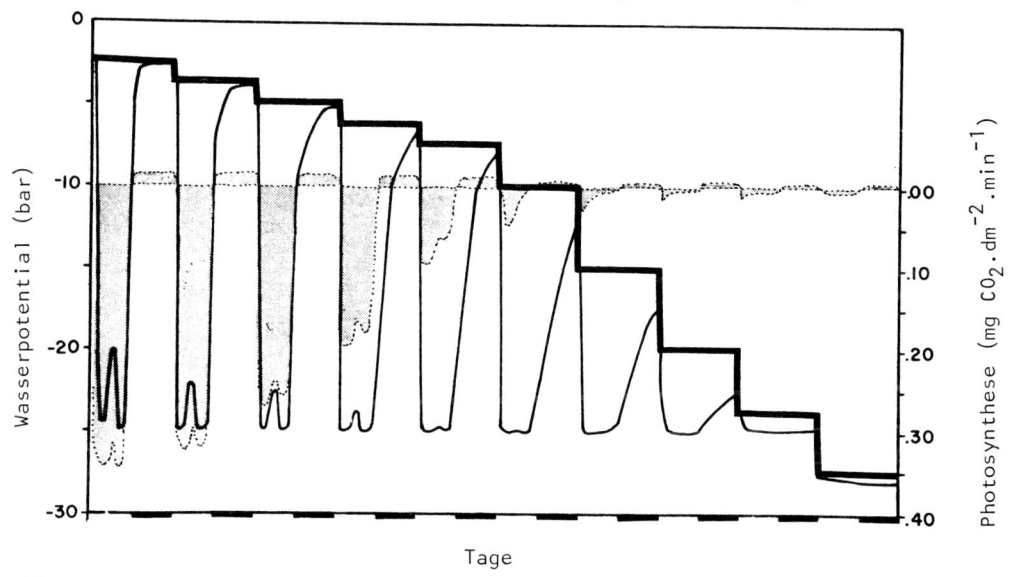

Abb. 3.9: Ein Modell des Wasserpotentials und der Gaswechselverhältnisse mediterraner Immergrüner als Funktion der Andauer der Dürre. Dicke Linie = Bodensaugspannung; dünne Linie = Saugspannung der Pflanze; punktierte Flächen = Kohlenstoffgewinn, bzw. -verlust; dunkle Balken an der Abszisse = Dunkelperiode. Die Abszisse kann flexibel gelesen werden, d.h. jeder Tageszyklus kann auf 2, 3 oder mehr Tage vervielfacht werden, je nachdem, wie lange die regenlose Periode andauert, je nachdem, wieviel Niederschlag der Dürre vorausging und je nach der Rate, mit der die Pflanze den Bodenwasservorrat ausschöpft (nach MORROW & MOONEY 1974).

ter Verbreitung von der kanadischen Grenze bis südlich von San Francisco und die Rosacee *Heteromeles arbutifolia*, die nur südlicher in Californien vorkommt. Die Proben wurden von einem Standort 16 km südlich von San Francisco entnommen, der für *Arbutus* trockener war als für die tiefwurzelnde *Heteromeles*. Das Wasserpotential fiel im Sommer bis auf $-4,0$ bis $-5,0$ MPa, was für Hartlaubpflanzen ungewöhnlich ist, doch wurde die Zuverlässigkeit der Messung nicht durch die Bestimmung des osmotischen Potentials geprüft. Beziehungen zwischen dem Wasserpotential einerseits und dem Stomatazustand sowie der Photosynthese andererseits konnten nicht festgestellt werden, wohl aber zur Wasserversorgung, also dem Wasserpotential des Bodens.

Da *Heteromeles* leichter Wasser aufnehmen konnte, blieben bei dieser Art die Stomata geöffnet und die Photosynthese war ungehemmt (Abb. 3.8 und 3.9).

Als Beispiel für den unterschiedlichen Mineralstoffhaushalt im Chaparral und im Coastal Sage bringen wir ein vergleichendes Schema der beiden jeweils dominanten Arten *Ceanothus megacarpus* und *Salvia leucophylla*, wie es GRAY (1983) und GRAY and SCHLESINGER (1983) in ausgedehnten Untersuchungen zusammengestellt haben (vgl.

Abb. 3.10). Für die Hauptnährstoffe N, P, K, Ca, Mg, ergibt sich hier ein deutlicher Unterschied im Nährstoffhaushalt. Der Chaparral ist weniger stark von wechselnden Nährstoffverhältnissen

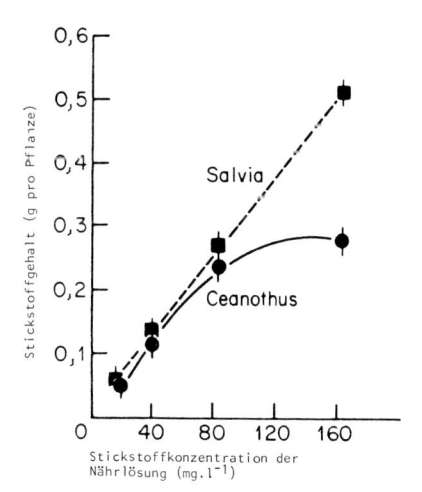

Abb. 3.10: Der Gesamtgehalt an Stickstoff bei *Ceanothus megacarpus* (–●–, volle Kreise) und *Salvia leucophylla* (Vierecke) bei der letzten Ernte nach 50 Tagen, aufgezogen unter 4 verschiedenen Stickstoff-Angeboten in der Nährlösung (aus GRAY & SCHLESINGER 1983).

abhängig und nutzt die Nährstoffe effizienter. Sowohl die Nährstoffauslaugung durch Regen (leaching) als auch die Nährstoffverluste durch Streufall sind im Coastal Sage erheblich höher (Abb. 3.11).

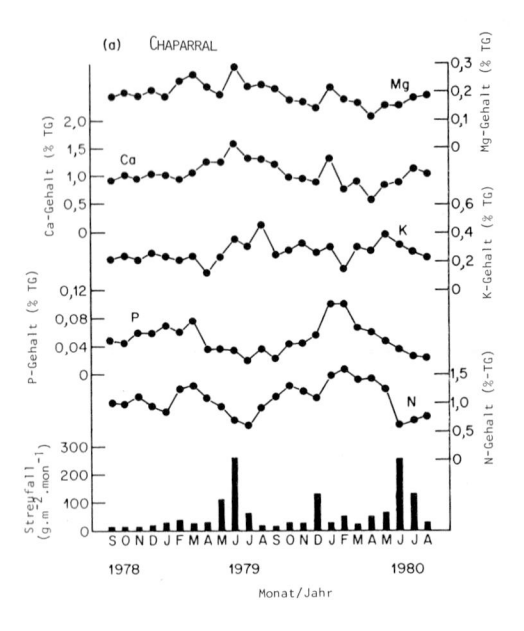

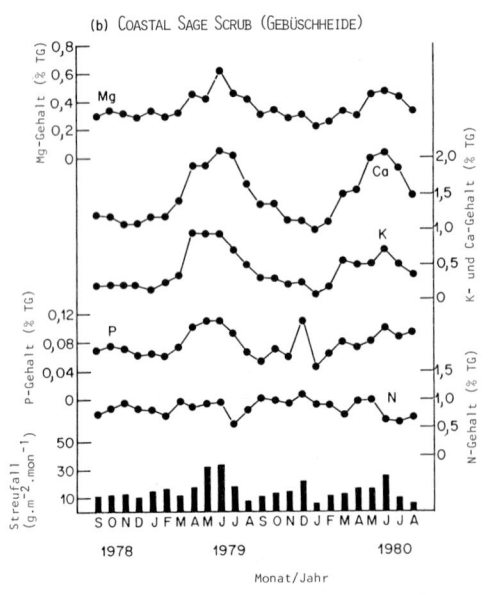

Abb. 3.11: Der monatliche Streufall (in $g \cdot m^{-1}$) a) im Chaparral und b) im «Coastal sage» in Süd-Californien, unter Angabe der Nährstoffkonzentrationen (% TG). Im Dez. 1979 hat ein Hagelsturm Schäden verursacht. Blühen erfolgte nur im Jahre 1980 (nach GRAY 1983).

MAHALL & SCHLESINGER (1982) haben durch Versuche mit jungen *Ceanothus megacarpus* gezeigt, daß die Lichtansprüche über ihren Einfluß auf den Wasserhaushalt die Bestandesstruktur des Chaparral entscheidend beeinflussen.

Die Halbsträucher sind malakophyll, d.h. sie haben weiche Blätter, die bei zunehmender Trockenheit immer kleiner werden und schließlich ganz abgeworfen werden; die Dürre überleben nur die Blattanlagen, d.h. die Transpiration wird auf ein Minimum reduziert, wobei das osmotische Potential stark ansteigt (vgl. *Encelia* in Bd. 2, S. 237ff.).

Die Sagebrush-Arten wurzeln weniger tief, weil nur die oberen Bodenschichten befeuchtet werden, die Pflanzendecke ist weniger dicht, d.h. der Blattflächenindex wird entsprechend den geringeren Niederschlägen reduziert, so daß der Wasserverbrauch pro Bodenflächeneinheit bedeutend geringer ist. Die Wachstumszeit ist im wesentlichen auf die Regenzeit beschränkt.

Das geht aus dem Vergleich der Photosynthese im Laufe eines Jahres bei dem sklerophyllen Chaparralstrauch *Heteromeles arbutifolia* (Rosaceae) und dem malakophyllen Halbstrauch *Salvia mellifera* hervor (s. Tab. 3.2).

Man erkennt, daß die sklerophylle Art einen relativ ausgeglichenen Wasserhaushalt hat (geringer Abfall des Wasserpotentials im August während der Dürrezeit), was ihnen die Aufrechterhaltung der Photosynthese das ganze Jahr über erlaubt; während die malakophylle *Salvia* nur während der Regenzeit (Januar/Februar) sehr intensiv CO_2 assimiliert, dann aber während der Dürrezeit im August die Blätter abwirft und durch die Atmung CO_2 ausscheidet.

Neben den größeren Holzpflanzen spielen namentlich in den offenen Formationen die niederwüchsigen Lebensformen die Hauptrolle. Ihr Artenreichtum ist groß, wie ein Vergleich mit entsprechenden Formationen in Israel zeigt (vgl. Tab. 3.3). Die Artenzahlen sind aber in der Ost-Mediterraneis noch größer. Die prozentuale Verteilung der Lebensformen ist in beiden Gebieten sehr ähnlich, doch zeigt sich im Vergleich mit Israel, daß die Lebensformen der Sukkulenten und höhere Sträucher fast nur in Californien vertreten sind. In beiden Regionen sind die meisten Arten Annuelle.

7 Gliederung

Siehe Teil 1: Zonobiom IV, 7. Gliederung, S. 31.

Tab. 3.2: Vergleich des Wasserhaushaltes (Wasserpotential-Angaben in bar) und der CO_2-Assimilation (Maximalnettophotosynthese, angegeben in mg $CO_2 \cdot dm^{-1} \cdot h^{-1}$) des sklerophyllen Strauches *Heteromeles* und des malakophyllen Halbstrauches *Salvia*, die beide im Gebiet von San Diego vorkommen

Versuchstag im Jahr 1970	*Heteromeles arbutifolia*		*Salvia mellifera*	
	Wasserpotential mittags	Max. Nettophotosynthese	Wasserpotential mittags	Max. Nettophotosynthese
Anfang Februar	−29	7,8	−19	19,7
Anfang Juni	−23	8,4	−34	4,0
Anfang August	−34	7,8	−64 (blattlos!)	−0,2
Ende Januar	−22	13,4	−32	23,0

Tab. 3.3: Vergleich des Auftretens verschiedener Lebensformen auf 0,1 ha Aufnahmeflächen in Israel und Californien (nach SHMIDA, 1981). Zahlenangaben in %

Lebensform	Macchie Israel 201 Arten (6 Flächen)	Chaparral Californien 112 Arten (6 Flächen)	Batha Israel 356 Arten (12 Flächen)	offener Chaparral Californien 190 Arten (12 Flächen)
Annuelle, gesamt	48,1	33,6	60,5	48,9
−, eingeführte	−	6,2	−	15,8
Zweijährige und Mehrjährige	1,5	0,9	4,8	1,6
Geophyten	7,4	3,7	8,0	3,2
Hemikryptophyten	24,5	19,3	10,1	17,3
Chamaephyten	11,5	9,1	15,3	16,3
Kleinsträucher	1,5	6,0	0,5	5,3
Halbsträucher	8,0	1,0	12,1	6,8
Zwergsträucher	2,0	2,1	2,6	4,2
Sträucher (0,5–2 m)	−	20,3	−	6,8
Bäume	4,5	11,0	0,3	3,7
2–4 m	2,5	9,2	0,3	2,6
4–8 m	2,0	0,9	−	−
über 8 m	−	0,9	−	1,1
Lianen, Kletterpflanzen	2,0	2,7	0,3	1,6
Parasitische Pflanzen	0,5	−	0,7	0,5
Gesamt	100%	100%	100%	100%
Sukkulente	−	4,2	0,5	6,2
Holzige	18,5	56,6	16,6	28,4
Krautige	81,5	43,1	83,4	72,6

8 Orobiom IV in Californien

Das Küstengebirge südlich von San Francisco ist nicht so hoch, daß eine deutliche Höhenstufengliederung festzustellen ist. Es gehört meist noch zur collinen Stufe, die der zonalen Vegetation weitgehend entspricht. Nördlich von San Francisco, insbesondere der Westhang, der den Nebeln ausgesetzt wird, gehört schon zur gemäßigten Nadelwaldzone mit vorherrschender *Sequoia sempervirens* und nördlicher mit *Pseudotsuga menziesii*, der Douglastanne. Auch südlich von San Francisco mischen sich zu den immergrünen Eichen in Nebellagen und auf den Höhen Nadelhölzer bei.

Sehr ausgesprochen ist dagegen das Orobiom IV am Westhang der Sierra Nevada und den die Fortsetzung bildenden Transverse und Peninsular Ranges mit den Gebirgsmassiven San Gabriel Mts., San Bernardino Mts., San Jacinto Mts.. Die Höhenstufe dieses Orobioms IV gehört zum ariden Typus (vgl. S. 60), d. h. die Jahresniederschläge nehmen zwar mit der Höhe zu, aber das Wintermaximum und das Sommerminimum bleibt erhalten. Eine Nebelstufe im Sommer fehlt und damit eine sommergrüne Laubwaldstufe.

Der Chaparral und die immergrünen Eichen, vor allem *Quercus kellogii*, reichen in Südexposition bis zur montanen Stufe hinauf, aber es mischen sich *Pinus*-Arten bei, besonders an trockenen Hängen. Die untere montane Stufe wird ganz von *Pinus*-Arten beherrscht, während für die obere montane Stufe *Abies*-Arten bezeichnend sind. Darüber folgt dann die subalpine Stufe mit der oberen Waldgrenze, die auch durch Coniferen gebildet wird. Diese Stufen wurden auf der Vegetationskarte eingetragen. Aber das ist eine sehr starke Vereinfachung. Californien zeichnet sich durch einen besonders großen Artenreichtum der Coniferen-Gattungen aus. Es gibt 10 verschiedene *Cupressus*-Arten, die vor allem innerhalb des Zonobioms IV an der Küste zu finden sind. *Cupressus macrocarpus* wächst an der felsigen Meeresküste und ist dem Salzspray der Brandung ausgesetzt.

Die Gattung *Pinus* ist durch besonders viele Arten vertreten (Kurztriebe mit 2,3 oder mehr Nadeln), dazu kommen mehrere *Abies*-Arten, viele *Juniperus*-Arten, *Pseudotsuga*-, *Tsuga*-, *Calocedrus*- (*Libocedrus*)-, *Chamaecyparis*- und *Thuja*-Arten, auch die Tertiärrelikte *Sequoia sempervirens* und *Sequoiadendron giganteum*.

Oft sind die Arten einer Gattung so nahe verwandt, daß sie Hybriden bilden; z.T. dürfte es sich um Ökotypen handeln, die aber von den Taxonomen als Arten angesehen werden. Es ergibt sich deshalb eine Vielzahl floristisch unterschiedlicher Waldgemeinschaften, die noch nicht alle erfaßt wurden. In der unteren montanen Stufe spielt in der nördlichen Sierra Nevada *Pinus ponderosa* die Hauptrolle, im Süden wird sie mehr durch die nahe verwandte *Pinus jeffreyi* ersetzt. Darüber mischt sich in der nördlichen Sierra *Pseudotsuga* bei, in der südlichen dagegen *Abies concolor*.

Für die obere montane Stufe ist *Abies amabilis* und *Pinus lambertiana* charakteristisch, aber es kommt auch *Calocedrus decurrens*, auf trockenen Biotopen *Pinus jeffreyi*, vor. In der subalpinen Stufe mit einer Höhenlage in der nördlichen Sierra von 2400–3050 m NN, in der südlichen von 2900–3660 m NN ist *Tsuga mertensiana* mit *Pinus contorta* ssp. *murrayana* und *Pinus monticola* verbreitet, in den südlichen Gebirgsmassiven spielt *Pinus flexilis* eine größere Rolle. *Pinus contorta* bildet in den San Jacinto Mts. das Krummholz.

Von großer Bedeutung für die Höhenstufenfolge sind auch die jeweiligen Feuchtigkeitsverhältnisse. Für die südliche Sierra Nevada um 37°N wird folgende Höhenstufenfolge angegeben:

1. Xerischer Hang von 1500 m NN bis etwa 1800 m *Pinus ponderosa*, darüber bis 2500 m *Pinus jeffreyi*.
2. Weniger xerischer Hang von 1500 m NN bis über 2000 m NN eine *Abies magnifica*-Waldstufe mit anderen Coniferen.
3. Mesophytischer Hang von 1500 m NN bis fast 2500 m NN *Sequoiadendron giganteum*-Bestände mit anderen Coniferen.
4. Über dieser Höhenstufe in der subalpinen Stufe *Pinus contorta* ssp. *murrayana*.

In der *Sequoiadendron*-Stufe betragen die Niederschläge in 2000 m NN etwa 1100 mm mit mächtigen Schneemassen im Winter. Das entspricht etwa den Verhältnissen, wie man sie für die fossilen Vorkommen im Tertiär annimmt. Heute kommt *Sequoiadendron* in 75 einzelnen kleineren Teilgebieten der Sierra Nevada vor. Das einst einheitliche Areal wurde voraussichtlich während der Glazialzeiten durch einzelne Gletschervorstöße zerteilt. Im «Sequoia National Park» kommt *Sequoiadendron* sowohl auf Süd- als auch auf Nordhängen vor. Das heutige Verbreitungsareal dehnt sich weder aus, noch verkleinert es sich. In den Beständen ist der Jungwuchs sehr spärlich. *Sequoiadendron* vermehrt sich nach Bodenbränden, durch welche die Strauchschicht entfernt wird, was die Keimlinge begünstigt. Diese Brände werden im Nationalpark verhindert.

Im allgemeinen ist die obere Waldgrenze nicht scharf ausgebildet, sondern Baumgruppen auf leichten Erhebungen wechseln mit alpinen Matten in den Senken, die spät ausapern, ab.

Genaue Angaben über die Struktur der verschiedenen Waldtypen und die floristische Zusammensetzung findet man bei BARBOUR and MAJOR (1977). Besonders interessant ist auch die Verbreitung vom Tertiärrelikt *Sequoia semper-*

virens (Redwood), der mit 112 m zu den höchsten Bäumen der Erde gehört, sich durch einen maximalen Holzzuwachs von 42 m³ · ha⁻¹ · a⁻¹ auszeichnet und damit die größte Holzmassenanreicherung pro Hektar erreicht.

Das Verbreitungsgebiet der *Sequoia*wälder dehnt sich von 36° N über den 41° N aus, beschränkt sich aber nur auf die nebelreiche Küstenzone, meist bis zu 20 km landeinwärts, seltener bis fast 40 km. Die *Sequoia*wälder gehören nicht zum ZB IV, sondern bilden den Übergang zu den nördlichen, pazifischen Coniferenwäldern des ZB V (vgl. S. 235ff.). Die *Sequoia*wälder bedeckten noch vor 150 Jahren 800.000 ha. Sie lieferten ein vorzügliches Schnittholz und wurden rücksichtslos ausgebeutet. Heute sind kaum noch 5% der ursprünglichen Fläche vorhanden, davon steht etwa die Hälfte unter Naturschutz.

Bei dem enormen Holzzuwachs der *Sequoia*-Wälder und der vorzüglichen Qualität des Schnittholzes fragt es sich, weshalb man nicht diese Baumart für Forstkulturen verwendet. Im pazifischen Nadelholzgebiet Nordamerikas gibt es noch so viele Waldreserven, daß es profitabler ist, größere Flächen der National Forests an Lumber Companies zur Ausbringung des Holzes zu verkaufen. Diese holen alles Nutzholz auf kostensparende Weise mit Maschinen aus dem Wald heraus und streuen vom Flugzeug Coniferensamen über die verwüsteten Flächen, worauf eine Sukzession einsetzt. Eine forstliche Verwendung der *Sequoia* in anderen Ländern scheint auf rein technische Schwierigkeiten zu stoßen. *Sequoia*sämlinge kommen nur auf nacktem, mineralisierten Boden auf, also auf Brandflächen oder in Tälern auf Flußsedimenten nach starken Überschwemmungen. Zudem scheint *Sequoia* an die speziellen klimatischen Verhältnisse der nebelreichen pazifischen Küste gebunden zu sein. Versuche in Neuseeland ergaben, daß dort das Höhen- und Dickenwachstum noch stärker war als in Californien, aber das Holz war so weich, daß man es nicht verwenden konnte.

Im Gegensatz zur *Sequoia* erwies sich *Pinus radiata* – ein Tertiärrelikt mit einem sehr kleinen Areal an der Monterey Bucht an der Küste Mittel-Californiens – von so großem Wert, daß man großflächige Plantagen von dieser «Monterey Pine», in Chile, Peru, Australien, Neuseeland und auch in Südafrika mit warmtemperiertem Klima antrifft.

Die floristische Zusammensetzung der *Sequoia*-Wälder ändert sich von Süden nach Norden. Im Süden sind Elemente des Chaparral und der immergrünen Eichenwälder beigemischt, im Norden aber *Picea sitchensis*, deren Hauptverbreitungsgebiet an den Küsten Südalaskas liegt. Von einem Waldtypus der *Sequoia*-Wälder, der von Monterey bis Oregon sehr verbreitet ist, wird bei BARBOUR and MAJOR die genauere Zusammensetzung angegeben:

Lokalität: Westseite des Küstengebirges. Hoher und dichter immergrüner Wald mit spärlichem Unterwuchs. Dominant sind: *Pseudotsuga menziesii* (Douglas-Tanne) und *Sequoia sempervirens*.

Andere wichtige Baumarten im südlichen Teil: *Arbutus menziesii*, *Lithocarpus densiflora*, *Quercus garryana*, *Umbellularia californica*; im nördlichen Teil: *Alnus rubra*, *Chamaecyparis lawsoniana*, *Thuja plicata*, *Tsuga heterophylla*, dazu *Cornus nutallii*, *Myrica californica*, *Rhododendron californica*, *R. occidentalis*, *Rhus diversifolia*.

In der Krautschicht: *Gaultheria shallon*, *Oxalis oregona*, *Polystichum munitum*, *Pteridium aquilinum* var. *pubescens*, *Vaccinium ovatum*, *V. parvifolium*, die Berberidaceae: *Vancouveria planipetala* u.a.

Insgesamt werden 14 verschiedene Waldtypen unterschieden.

Die Abfolge der Höhenstufen in südcalifornischen Gebirgen im Vergleich mit der der Ostmediterraneis hat SHMIDA (1981) gezeigt. In Abb. 3.12 ist dieser schematische Vergleich gegenübergestellt. SHMIDA verwendet hierbei allerdings den Begriff «matorral» sowohl für die mediterrane Macchie, als auch für den californischen Chaparral. Uns erscheint es sinnvoller, den Begriff Matorral auf die entsprechende chilenische Vegetationsform zu beschränken. Aus der Abb. 3.12 geht auch hervor, daß sich die West- und Ostseiten in vergleichbarer Weise entsprechend der Luv-Lee-Lage erheblich unterscheiden.

9 Pedobiome in Californien

Für die Pedobiome des Californischen Bioms sei vor allem auf die bereits erwähnte Zusammenfassung von BARBOUR and MAJOR (1977) verwiesen. Dort findet man eine Besprechung der Pedobiome in folgenden Abschnitten: Beach and dune (S. 223ff.), Coastal salt marsh (S. 263ff.), The closedcone pines and Cypress, meist Reliktarten, die auf armen Gesteinen in Küstennähe «arboreal

136 Teil 3. Californisches Gebiet

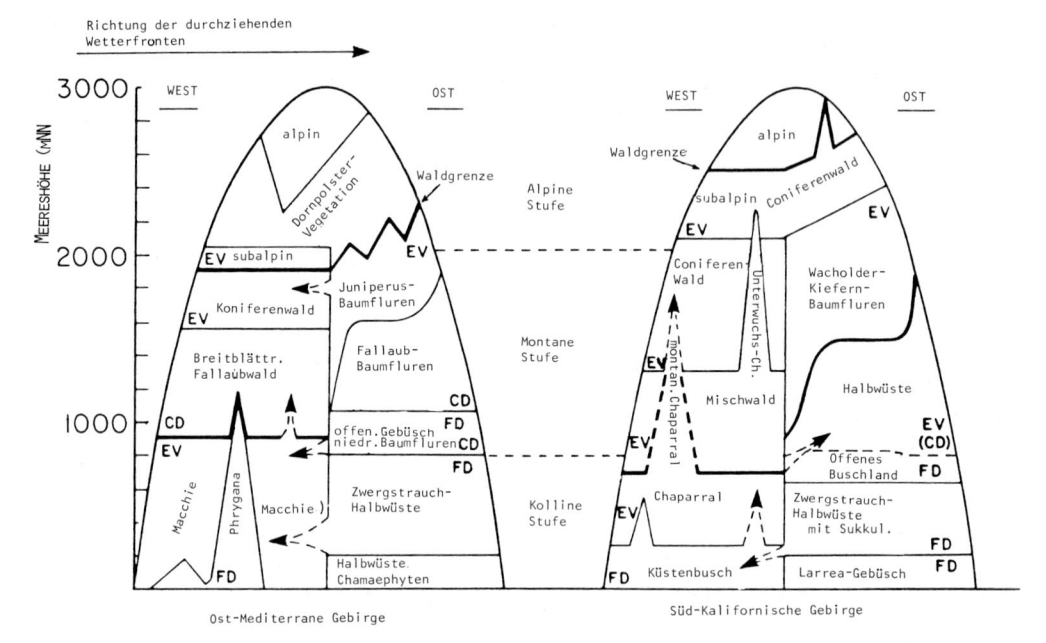

Abb. 3.12: Ein Vergleich der Höhenstufen an typischen eumediterranen californischen und ostmediterranen Gebirgshängen auf etwa 33 °N. Gestrichelte Pfeile zeigen Eindringen in ungestörte Habitate, durchgezogene Pfeile Eindringen in gestörte. Die Immergrünen (EV) und die Winterkahlen (CD) Gehölze sind teilweise vermischt, dazu kommen fakultativ dürre-kahle Gehölze (FD), oft mit Sommer/Winter-Blattdimorphismus (veränd. nach SHMIDA 1981).

islands» bilden (S. 295ff.) und die Vernal pools (S. 505). Es handelt sich um Psammobiome, Halobiome, Lithobiome und Amphibiome. Auch hier herrscht eine große Vielfalt, auf die wir hier nur sehr kurz an wenigen Beispielen eingehen können.

Für die Gliederung der den Gezeiten ausgesetzten Salzmarschen bei Palo Alto gibt HINDE (1954) folgende Werte an (MLLW = Mean lower low water [= 0,0]):

Zone I – Spartinetum *(Spartina leiantha)*
5,4′ – 8,4′ über MLLW

Zone II – Salicornietum *(Salicornia ambigua)*
6,4′ – 10,3′ über MLLW

Zone III – Distichletum *(Distichlis spicata)*
7,15′–110,3′ über MLLW

Außer den genannten Arten kommen vor: *Frankenia grandiflora, Triglochin concinna, Limonium californicum, Jaumea carnosa* (Comp.). Auf der verholzenden *Salicornia* parasitiert *Cuscuta salina*.

Sehr interessant ist am Meeresufer die Sukzession auf den Sanddünen, bei der Dünengräser keine Rolle spielen. Sie beginnt mit sukkulenten *Abronia*-Arten (Nyctaginac.) und *Mesembryanthemum chilense*, zu denen sich *Convolvulus soldanella* und *Ambrosia chamissonis* = *Franseria bipinnatifida* gesellen. Auf die genannten Arten folgen die Halbsträucher *Eriogonum parvifolium* (Polygonac.), *Lupinus chamissonis* sowie die Compositen *Ericameria ericoides* und *Eriophyllum stoechadifolium*. Weiter landeinwärts beginnt dann der Chaparral mit *Adenostoma* und *Arctostaphylos*, worauf ein Wald aus *Quercus agrifolia* folgen kann.

10 Zono-Ökotone in Californien

Nicht so kompliziert wie im Mittelmeergebiet sind die Zono-Ökotone in Californien. Die Übergänge sind auf engerem Raum und schärfer ausgeprägt.

Das Zono-Ökoton III/IV ist der «Coastal Sage succulent shrub» (vgl. auch S. 127). An dominanten Arten sind *Salvia apiana, S. mellifera* und *Eriogonum fasciculatum* zu nennen, dazu kommen *Artemisia californica, Encelia californica, Eriophyllum confertiflorum, Haplopappus squarrosus, H. venetus, Hokelia cuneata, Rhus integrifolia, Salvia leucophylla* und viele andere sowie alle

Übergänge zu offenen Pflanzenformationen mit vielen Sukkulenten, insbes. Kakteen. Im südöstlichen Californien und im südwestlichen Arizona tritt dann typischerweise der *Cercidium*-Busch auf mit *Cercidium microphyllum* und zahlreichen Opuntien-Arten als bestandsbildende Arten dieses offenen Dornbusches, der schon zur Sonora überleitet (vgl. Band 2, S. 220ff.). An weiteren Arten treten hier auf: *Acacia constricta, A. greggii, Calliandra eriophylla, Celtis pellida, Cercidium floridum, Cereus giganteus, Condalia lycioides, C. spathulata, Echinocereus engelmannii, Encelia farinosa, Ephedra trifurca, Ferocactus wislizenii, Fouquiera splendens, Franseria deltoides, F. dumosa, Janusia gracilis, Jatropha cardiophylla, Larrea divaricata, Lycium*-Arten, *Olneya tesota, Opuntia engelmannii, O. fulgida, O. spinosior, O. versicolor, Prosopis juliflora* var. *velutina, Simmondsia chinensis* etc.

Die Mohave Desert mit Death Valley ist durch Gebirge vom ZB IV getrennt, so daß Übergänge zum dortigen Zonobiom VII fehlen.

Das Zonobiom V ist in Nordcalifornien, in Westoregon bis nach West-Washington hinein gut ausgebildet. Es handelt sich um Nadelholzwälder. Das Zono-Ökoton IV/V bilden die als «Mixed Evergreen Forest» bei BARBOUR and MAJOR (1977, S. 359–378) beschriebenen Bestände, in denen sich immergrüne Hartlaubhölzer (*Quercus*-Arten, z. B. *Q. kelloggii, Q. vaccinifolia* u.a. im Bereich des montanen Chaparral, *Quercus chrysolepis, Q. wislizenii* u.a. im Bereich des Mischwalds, *Lithocarpus densiflorus* u.a., *Arbutus menziesii, Arctostaphylos* u.a.) mit Nadelhölzern (*Pseudotsuga menziesii, Sequita sempervirens, Abies concolor, Pinus ponderosa, P. lambertiana* u.a., *Libocedrus decurrens* u.a.) mischen. Aber auch in Oregon kommen noch eichenreiche Wälder, z. B. mit *Quercus garryana*, vor. *Sequoia sempervirens*-Wälder sind an der ganzen Küste von der Monterey-Bay bis nach Oregon verbreitet, dort, wo durch den Küstennebel die Sommerdürre nicht zur Auswirkung kommt. Diese «Redwood»-Wälder enthalten auch mächtige *Pseudotsuga menziesii*-Bäume. Begleitarten sind nach KÜCHLER (1964): *Abies grandis, Tsuga heterophylla*, im Unterwuchs: *Gaultheria shallon, Lithocarpus densiflorus, Myrica californica, Oxalis oregana, Polystichum munitum, Rhododendron macrophyllum, Vaccinium ovatum, Vancouveria parviflora, Whiplea modesta*. Sie leiten schon weitgehend zum ZB V über. Durch den Gebirgscharakter ist die Grenzziehung zwischen dem Zono-Ökoton und dem ZB V sehr erschwert. Die pazifischen Nadelwälder in Oregon und Washington sind gemäßigt humid mit einem ozeanischen Klima, sie gehören bereits zum Zonobiom V. Mit gewisser Entfernung von der Küste nimmt allerdings der kontinentale Charakter stark zu, und Zono-Ökotone V/VIII, also Übergänge zu den borealen, kontinentalen Wäldern, treten auf. Aber auch hier ist die Grenzziehung wegen der hohen Reliefenergie schwierig.

Ein Zono-Ökoton IV/VI gibt es in Californien nicht, wie erwähnt, eigentlich auch kein Zono-Ökoton IV/VII, da das ZB VII im Great Basin vom ZB IV durch das Hochgebirge der Sierra Nevada getrennt wird. Vielleicht ist das stark degradierte «Valley Grassland» (BARBOUR and MAJOR 1977, S. 491–514), soweit es baumlos ist, zum ZB VII zu rechnen. Die savannenartigen Flächen mit immergrünen Eichen wären dann ein Zono-Ökoton IV/VII. Als Zono-Ökoton IV/III ist der Encinal in Arizona aufzufassen, auf den wir bereits in Band 2, S. 25ff. hingewiesen haben. Es ist der Übergang nach Südosten hin, wo das trocken-mediterrane Gebiet Südcaliforniens mit weiter abnehmenden Niederschlägen in die Halbwüste und Wüste (ZB III: Sonora, und ZB VII: Mohave Desert) übergeht. In den Bergmassiven Arizonas treten Vegetationsstufen auf, in denen vor allem die erwähnten immergrünen Eichen (*Quercus oblongifolia, Qu. arizonica*, die *Qu. ilex* ähnlich ist, in höheren Lagen *Qu. emoryi*, die an *Qu. coccifera* erinnert, *Qu. reticulata, Qu. hypoleuca*) und *Juniperus, Arctostaphylos*, aber auch Sukkulente (*Agave, Nolina, Yucca*) auftreten. Man unterscheidet eine Untere und eine Obere Encinalstufe, je nach den dominanten Eichen. In Nordarizona tritt an die Stelle der Encinalstufe häufig eine Pinyon-Juniper-Stufe mit niedriger *Pinus monophylla* (einnadelig, mit runden, harten Nadeln) und der nahe verwandten *Pinus edulis* (mit eßbaren Samen) sowie verschiedenen baumförmigen *Juniperus*-Arten. Diese sehr offenen, niedrigen Wälder werden auch als «Pigmy-Forest» bezeichnet und nehmen auf dem Colorado-Plateau zusammen mit hohen *Pinus ponderosa*-Wäldern große Flächen ein.

B. Mittelchilenisches Gebiet

Dem californischen Hartlaubgebiet der Nordhemisphäre steht auf der Südhalbkugel fast in derselben Breitenlage ein gleiches in Mittelchile gegenüber. Es beginnt im Norden an der Küste beim 31°S und in den Tälern der Hauptkordillere am 33°S und erstreckt sich nach Süden an der Küste bis zum 37°S und im inneren Längstal bis 38°S.

1 Klima

Auch in Mittelchile handelt es sich um ein ausgesprochenes Winterregengebiet (vgl. S. 9), wobei die Gesamt-Jahresniederschläge von Norden nach Süden deutlich zunehmen (Abb. 1.5). Noch stärker als in Californien durch die Sierra Nevada ist Mittelchile durch die hohe Andenkette mit Ausnahme des südlichen Teiles von den Gebieten im Osten ganz abgeschnitten.

Nördlich vom 31°S sinken die Niederschläge unter 200 mm im Jahr, und wir haben es mit einer Dornbusch-Sukkulenten-Wüste (Zono-Ökoton III/IV) zu tun, die bei Antofagasta in eine regenlose Extremwüste übergeht. Diese setzt sich bis Mittelperu fort (vgl. Band 2, S. 255). Südlich vom 38°S dagegen nehmen die Niederschläge rasch zu, und eine Sommerdürrezeit ist nicht mehr vorhanden. An Stelle des Hartlaubwaldes tritt zunächst ein sommergrüner Wald mit *Nothofagus obliqua* (ZÖ IV/V und VI), der weiter südlich in den temperierten immergrünen Regenwald (ZB V) übergeht. Dieser weist ganzjährig Niederschläge auf, die auf weit über 2000 mm im Jahr steigen.

2 Die Böden

Über Besonderheiten der Böden ist uns nichts bekannt, so daß hier auf die zusammenfassenden, allgemeinen Hinweise zu den Böden des ZB IV verwiesen werden kann (vgl. S. 12 ff.).

3 Die Produzenten (Die Vegetation in Mittel-Chile)

Die von Nord nach Süd typische Abfolge der Zonobiome und die zugehörigen Klimadiagramme sind aus Abb. 1.5 zu entnehmen. Es ergibt sich für Chile die auf Abb. 1.5 wiedergegebene Gliederung. Chile ist in gewisser Hinsicht ein Spiegelbild von Californien, die Flora ist allerdings eine ganz andere.

Während Nordamerika ganz dem Holarktischen Florenreich angehört und nur in den südlichen ariden Gebieten Einstrahlungen der Neotropis aufweist, gehört Chile der Neotropis an mit einem starken Anteil von antarktischen Elementen im südlichen Teil.

Rein neotropisch ist die Flora der Wüstengebiete von Nord-Chile. Sie weist deshalb gewisse Gemeinsamkeiten mit derjenigen der Wüsten im Südwesten Nordamerikas auf. Die übrigen neotropischen Elemente Chiles gehören der feuchttropischen Flora Südamerikas an. Da sie jedoch seit der Aufwölbung der Anden im Tertiär völlig von den feuchten Tropen dieses Kontinents isoliert sind und das Klima sich stark änderte, hat sich ein sehr ausgeprägter Endemismus in Chile ausgebildet. Wir haben deshalb die merkwürdige Erscheinung, daß Vertreter sonst tropischer Familien, wie Gesneriaceae, Bignoniaceae, Elaeocarpaceae, Sapotaceae, Monimiaceae, Lauraceae, Loganiaceae, Myrtaceae, Flacourtiaceae, Icacinaceae, Bambusceae usw. in Chile sich an eine mediterranes und im Süden sogar an ein temperiertes Klima angepaßt haben. Daneben sind jedoch in einer geologischen Epoche, als noch eine Landverbindung über die Antarktis nach Australien und Neuseeland bestand, nach Südamerika von Süden her antarktische Elemente eingewandert, die aber in Mittel-Chile kaum noch anzutreffen sind. Es ist deshalb nicht erstaunlich, daß Süd-Chile sehr enge floristische Beziehungen gerade zu Neuseeland aufweist:

Die Zahl der gemeinsamen Gattungen beträgt z.B. 421. Von diesen kommen 28 gleichzeitig auch in Australien vor und 3 außerdem auch noch in Afrika. Dagegen hat Südamerika nur 8 Gattungen mit Australien gemeinsam, die in Neuseeland nicht vertreten sind, und nur 1, die sowohl in Afrika und Australien, aber nicht in Neuseeland vorkommt. Die Ähnlichkeit mit der Flora von Neuseeland nimmt nach Süden ständig zu und ist besonders auffällig bei den antarktischen Polster-Mooren (GODLEY 1960).

Diese floristischen Unterschiede machen verständlich, warum in Californien der Chaparral bei zunehmenden Niederschlägen in einen Nadelwald übergeht, während in Chile der Matorral durch einen immergrünen oder laubwerfenden Mischwald abgelöst wird, in dem neben tropischen Elementen vor allen Dingen die antarktische Gattung *Nothofagus* eine dominante Rolle spielt.

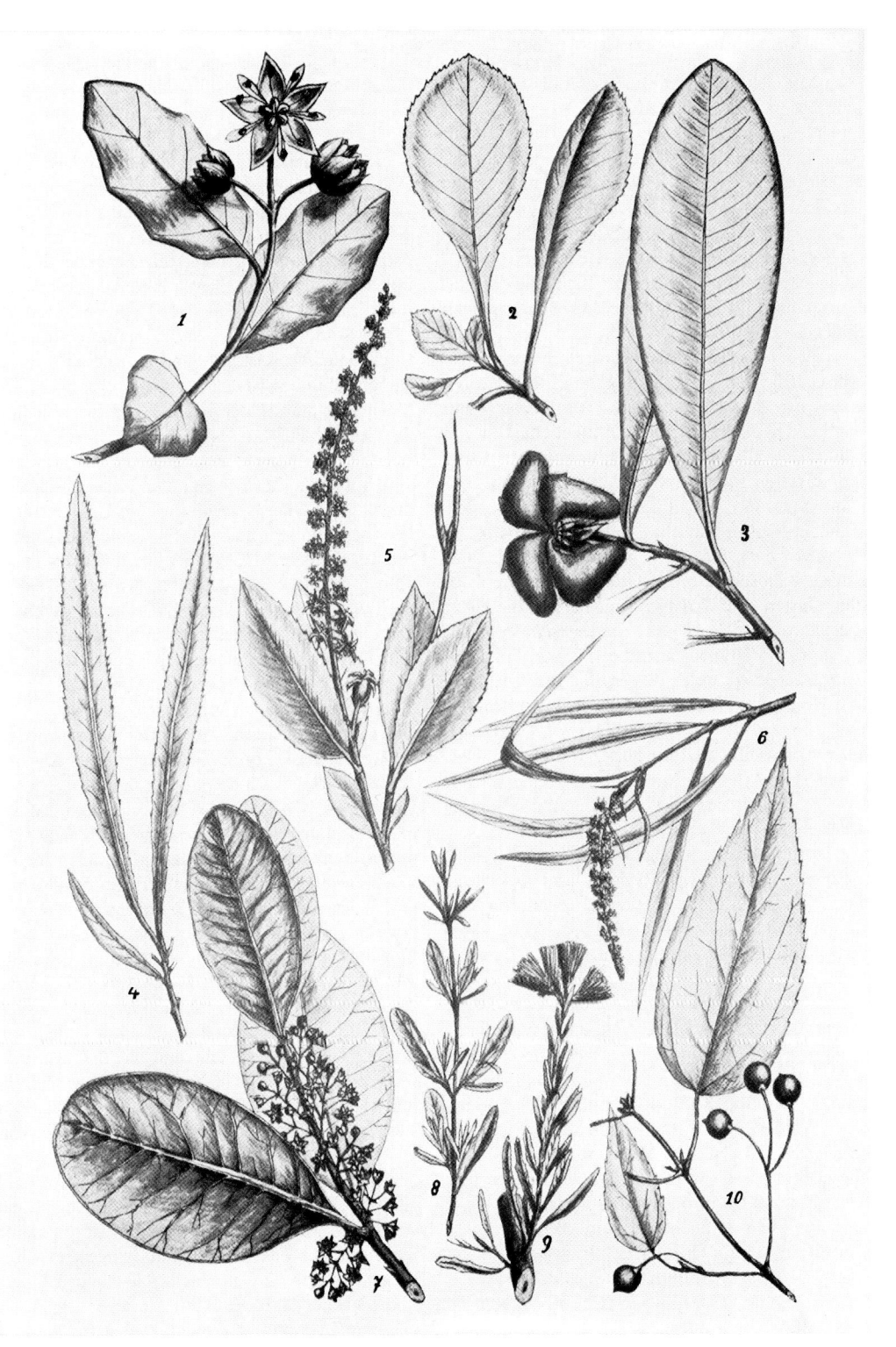

Abb. 3.13: Einige Arten der chilenischen Hartlaubvegetation: 1: *Quillaja saponaria;* 2: *Escallonia arguta;* 3: *Kagenackia oblonga;* 4: *K. angustifolia;* 5: *Colliguaja odorifera;* 6: *C. intergerrima;* 7: *Lithraea caustica;* 8: *Satureja virgata;* 9: *Baccharis rosmarinifolia;* 10: *Aristotelia maqui* (Elaeocarpac.); (gezeichnet von R. ANHEISSER, aus WALTER 1968).

In Mittelchile werden die Verhältnisse dadurch kompliziert, daß südlich vom Aconcagua-Tal (etwa 33.° südl. Br.) das Gelände in der W-E-Richtung eine Gliederung erfährt: 1. das Küstengebirge, 2. das chilenische Längstal und 3. den westlichen Andenhang. Das entspricht wiederum den Verhältnissen in Mittelcalifornien. Das Längstal liegt im Regenschatten des Küstengebirges und ist trockener. Deshalb zeigen auch alle Vegetationsgrenzen im Längstal eine Ausbuchtung nach Süden.

In diesem Teil von Chile mit einem mediterranen Klima ließen sich die spanischen Kolonisatoren zuerst nieder. Es ist somit der am längsten und auch der heute am dichtesten besiedelte Teil von Chile. Deshalb ist die natürliche Vegetation hier am stärksten zerstört, wenn auch nicht so vollständig wie im Mittelmeergebiet. Die neu entstandene Kulturlandschaft trägt durchaus mediterranen Charakter, um so mehr, als die Siedlungen an spanische Dörfer und Städte erinnern. In den Gärten und Anlagen finden wir dieselben Zierpflanzen, z.B. *Phoenix canariensis*, *Magnolia grandiflora*, Platanen, Maulbeerbäume und *Eriobothria japonica*, unter den Sträuchern Oleander und Hortensien, *Ligustrum japonicum* und *Evonymus japonica*, an den Häusern *Wistaria* und *Bougainvillea*. Auch die Kulturpflanzen sind dieselben, z.B. *Citrus*-Arten, Oliven, Nüsse, Wein, Weizen usw., ebenso auch die Unkräuter und Ruderalpflanzen.

Ursprünglich war das ganze Gebiet von einem niedrigen Hartlaubwald bedeckt und nicht von einer Chaparral-ähnlichen Strauchvegetation. Die Böden sind Rot- oder Gelberden. Man kann xerophytische Wälder mit «Litre», der *Lithraea caustica* (Anacard.), «Quillai», *Quillaja saponaria* (Rosac.) sowie dem «Boldo», *Peumus boldus* (Monimiac.), unterscheiden und einen feuchteren Wald mit dem «Peumo», der *Cryptocarya rubra*, und «Belloto», der *Beilschmiedia miersii* (beides Lauraceae) (Abb. 3.13). Rein äußerlich erinnern diese Wälder, die 10–15 m hoch werden, an die *Quercus ilex*-Wälder des Mittelmeergebietes. Das gilt insbesondere für *Peumus boldus* hinsichtlich der Form und Farbe des Laubes und der Kronenbildung. Mehr strauchartig sind die Arten der Gattungen *Azara* (Flacourt.), *Escallonia* (Saxifrag.), *Collignaja* (Euphorb.), *Kageneckia* (Ros.), *Schinus* (Anaeard.), *Maytenus* (Celast.), *Muehlenbeckia* (Polygon.) oder die für das Vieh giftige Solanaceae *Cestrum parqui*. Dornige Sträucher sind *Trevoa trinerva* (Rhamn.) und *Proustia pyrifolia* (Comp.). *Lucuma valparadisea* (Sapot.) hat eßbare Früchte; in der Nähe von Wasser wachsen *Myrceugenia*-Arten (Myrt.) und *Fuchsia*. Eine merkwürdige Erscheinung ist die einzige Palme Chiles, *Jubaea chilensis*. Sie ist wohl eine Reliktart aus einer früheren, feuchten Klimaperiode; sie kommt in einem engbegrenzten Gebiet des Küstengebirges, vor allen Dingen im Tal von Ocoa nordöstlich von Valparaiso vor. Ihre Begleiter sind die üblichen Hartlaubarten. Wir hatten den Eindruck, daß diese Art, wie die meisten Palmen, an wasserzügige Standorte in Tälern oder an scheinbar sehr trocken aussehende, mit Schutt ausgefüllte Hangrinnen gebunden ist.

Die Hartlaubwälder in Chile sind im nördlichen Teil des Gebietes nur als kleine Reste in Schluchten oder an Nordhängen erhalten geblieben, während man auf den weiten beweideten Flächen im Längstal vor allen Dingen lichte, etwa 3m hohe Bestände der dornigen, schirmförmigen *Acacia cavén* findet, die durchaus an die Strauchsavannen des tropischen Sommerregengebietes erinnern (Bd. 2, S. 137). Aber eine richtige Savanne ist es nicht; denn ihr fehlt die geschlossene, perenne Grasschicht; man findet nur aus Europa eingeschleppte, annuelle Gräser und andere Therophyten.

In der Breitenlage von Santiago, das, im trockenen Längstal gelegen, nur 359 mm Jahresniederschlag aufweist, ergibt sich folgende Gliederung der Vegetation nach den Standorten: Auf ebenen Flächen ein *Acacia*-Gebüsch; an steinigen, trockenen Nordhängen eine *Trichocereus-Puya*-Sukkulenten-Gemeinschaft (extrazonal) mit *Porlieria*, *Trevoa*, *Colletia* u.a.; an feuchteren Südhängen und in Schluchten eine Hartlaubvegetation (extrazonal). Es ist anzunehmen, daß der Acacien-Dornbusch sich durch die Beweidung und das Abbrennen über seine früheren Grenzen hinaus stark ausgebreitet hat. Fährt man das Längstal nach Süden, d.h. in der Richtung der zunehmenden Niederschläge, so sieht man, daß die Hartlaubvegetation immer mehr die Nordhänge bedeckt und sich weiter ausbreitet. Die *Acacia*-Bestände werden dichter (man kann fast von einer Verbuschung sprechen), und schließlich werden sie bei einem Niederschlag von über 700 mm auch auf den ebenen Flächen von der Hartlaubvegetation verdrängt, was heute allerdings nur durch kleine Baumgruppen oder Einzelbäume angezeigt wird. Es ist also durchaus möglich, daß die den Übergang von der Halbwüste zur Hartlaubvegetation bildende Dornbuschzone sich in den trockensten Teilen des Längstales ziemlich weit nach Süden reicht. Im Küstengebiet herrscht häufig Nebel. Die Stämme und Äste von angepflanzten Kiefern hinter den Küstendünen waren mit dicken, roten Polstern der Luftalge *Trentepohlia* bedeckt.

ARMESTO and MARTINEZ (1978) untersuchten die Zusammensetzung der Holzbestände nach Lebensformen in Abhängigkeit von der Exposition 140 km nördlich von Santiago an der Küste mit Nebeleinwirkung (Tab. 3.4).

Tab. 3.4: Verteilung verschiedener Lebensformen in Mittelchile (nach ARMESTO & MARTINEZ 1978)

Zahl der Arten	Hang-seite:	Nord-	West-	Ost-	Süd-
Immergrüne		7	10	12	14
Sommerkahle		5	3	2	1
Andere		3	–	1	–
Insgesamt		15	13	15	15
Deckung		98%	100%	100%	100%

Die Zusammensetzung auf dem West- und Osthang ist für das Gebiet typisch, auf dem heißen Nordhang kommen xeromorphe Arten des Nordens hinzu. Auf dem feuchteren Südhang ist die Vegetation üppiger, und es treten hygrophile Arten des Südens auf.

Xeromorphe Arten, die das Laub während der Sommerdürre abwerfen, sind: vor allem *Trevoa*, *Cassia* und *Podanthus* (die immergrünen decken hier nur 20%, an anderen Hängen über 95%). Hygrophile Arten am Südhang sind: *Beilschmiedia*, *Dasyphyllum*, *Myrceugenia* und *Ribes* sowie *Chusquea* (Bambus). Ähnlich wie in Californien ist auch in Chile durch die Anden und durch die Küstengebirge eine sehr komplexe Verzahnung verschiedener Vegetationsbereiche zustandegekommen. Im W-E-Profil ergibt sich schematisch die in Abb. 3.14 wiedergegebene Abfolge einzelner Vegetationseinheiten.

An der Küste enthält der **Matorral** überwiegend malakophylle Sträucher (wie z.B. *Florencia thurifera*, *Podanthus mitiqui*, *Peumus boldus* u.a.), die in erhöhten Lagen ganz allmählich von immergrünen Arten (z.B. *Lithraea caustica*, *Quillaja saponaria*, *Colliguaya odorifera*, *Cryptocarya alba*, *Escallonia pulverulenta*, *Kageneckia oblonga*, *Schimus polygamus* u.a.) verdrängt werden. An trokkenen Hängen ist der Matorral licht, und neben weitständigen malakophyllen und sklerophyllen Sträuchern stehen 2–4 m hohe *Trichocereus chilensis* – Säulenkakteen und *Puya berteroniana*, die Bromeliacee mit langen Blütenständen. Auf Fels ist diese ersetzt durch die graublaue *Puya coerulea* (RUNDEL 1981).

Der montane Matorral, der ein xeromorphes Aussehen hat, wird dominiert von *Valenzuelia trinervis*, *Kageneckia myrtifolia*, *Colliguaya intergerrima* u.a.. Dazwischen breiten sich eine Reihe niedrigwüchsiger Dornpolster aus, die teilweise sogar fast einen eigenen Höhengürtel bilden und damit an die in den Gebirgen des östlichen und südlichen Mittelmeerraumes typische Dornpolsterstufe (Igelpolster, vgl. S. 69ff.) erinnern. Sie enthalten insbesondere *Chuquiragua oppositifolia*, *Mulinum spinosum*, *Ribes nubigenum*, *Tetraglochin alatum* und *Berberis*-Arten.

Der **Espinal** im Längstal erinnert durch den schirmförmigen Charakterbaum *Acacia caven* an Savannen. Vereinzelt wächst *Prosopis chilensis* dazwischen. Eine relativ dichte Grasdecke enthält

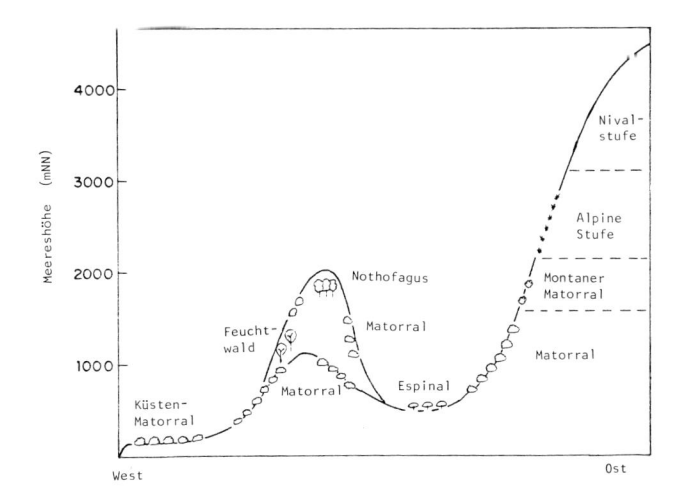

Abb. 3.14: Transekt von West nach Ost durch Mittelchile mit den wichtigsten Vegetationseinheiten (aus RUNDEL 1981).

zahlreiche eurasiatische krautige Neubürger, die sich mehr und mehr ausbreiten. Da der Espinal in dem durch die Besiedlung am meisten beeinflußten Gebiet liegt, wird vielfach angenommen, daß er durch Beweidung und Holzentnahme begünstigt wurde und ursprünglich der Matorral größere Flächen einnahm. Das Wurzelsystem verschiedener chilenischer Sträucher (Abb. 3.15) haben GILIBERTO und ESTAY (1978) untersucht. Teilweise ist das Wurzelsystem ganz flach und dicht, bei anderen Arten mit weit horizontal streichenden Wurzeln, wieder bei anderen geht es vor allem oder zusätzlich weit in die Tiefe. Doch scheint die Bewurzelungstiefe vor allem von den Bodenverhältnissen und den Muttergesteinsschichten abzuhängen (vgl. Abb. 3.15). Andererseits wurden *Quillaja*-Wurzeln noch in 7–8 m Tiefe nachgewiesen.

Für das ganze Hartlaubgebiet in Chile ist es sehr bezeichnend, daß auf allen beweideten oder auf andere Weise durch den Menschen gestörten Flächen die einheimische, krautige Vegetation fast völlig durch europäisch-mediterrane Weide- und Ruderalpflanzen verdrängt worden ist. Da das Gebiet früher bewaldet war, hatten sich keine gegen anthropogene Eingriffe resistenten Arten herausgebildet. Im Gegensatz dazu wurden in Europa speziell im Mittelmeergebiet durch die jahrtausendealte Kultur aus verschiedenen natürlichen Gemeinschaften solche Kulturbegleiter ausgelesen, die sich zu neuen Gemeinschaften auf anthropogen gestörten Standorten zusammenfanden und heute auf der ganzen Welt in den entsprechenden Klimagebieten den einheimischen Arten im Wettbewerb überlegen sind.

4 Konsumenten und 5 Destruenten

Siehe Teil 1: Zonobiom IV. 4. Konsumenten und 5. Destruenten. S. 23 ff., 28 ff.

6 Ökologische Untersuchungen in Mittelchile

Die chilenische Hartlaubvegetation wurde ökophysiologisch erst in neuerer Zeit genauer untersucht (KRUGER et al. 1983). Anatomisch-morphologische Betrachtungen über die Trockenschutzeinrichtungen hat MEIGEN bereits 1894 angestellt. Er weist auch auf den Staub im Sommer hin, der sich bei Pflanzen mit glatten Blättern weniger ungünstig auswirken soll. Auch REICHE (1907) geht ausführlich auf die Anpassungen an Wassermangel ein, wie z. B. das häufige Vorkommen von Wassergeweben in Form großzelliger Epidermiszellen u. a.. Aber erst KUBITZKI (1964) hat sich näher mit dem Wasserhaushalt beschäftigt, indem er osmotische Werte bestimmte, auch bei den Holzgewächsen Südchiles. Bei den Hartlaubgewächsen (*Peumus boldus*, *Cryptocarya*, *Sophora tetraptera*) lagen die Werte zwischen 1,5–2,2 MPa, bei den immergrünen Arten mit lorbeerartigen Blättern, die schon zur gemäßigten Zone überleiten, bei 1,0–1,6 MPa, seltener bei 2,0 MPa. Sehr gering sind die Schwankungen bei *Nothofagus dombeyi*, *N. nitida*, *N. betuloides*, die im Gebirge noch in Höhen von über 1000 m wachsen; die Werte liegen bei 1,3–1,5 MPa. Wie immer sind die osmotischen Werte der Schattenblätter aller Baumarten niedriger als bei den entsprechenden Sonnenblättern.

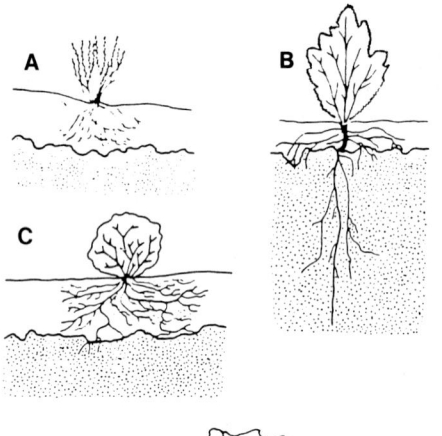

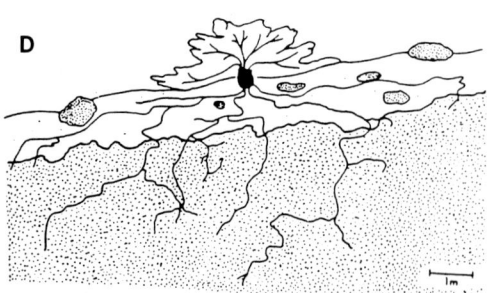

Abb. 3.15: Charakteristische Wurzelsysteme einiger chilenischer Matorral-Pflanzen (aus KUMMEROW 1981). A: *Satureja gilliesii* (flaches Faserwurzelsystem); B: *Quillaja saponaria* (tiefwurzelndes Pfahlwurzelsystem); C: *Colliguaya odorifera* (flaches, aber weitreichendes Wurzelsystem); D: *Lithraea caustica* (tief- und weitreichende Wurzeln).

Deutliche Beziehungen zwischen dem osmotischen Wert und der Höhenlage ließen sich nicht finden.

Da die Proben auch an trockenen Standorten und nach einer längeren Trockenperiode entnommen wurden, muß man annehmen, daß die Wasserbilanz im allgemeinen ziemlich ausgeglichen ist. An klaren Tagen waren Tagesschwankungen nachzuweisen, aber nachts dürfte die Wassersättigung fast immer erreicht werden.

Ökophysiologische Untersuchungen der wichtigsten Arten hat DUNN (1970) begonnen. LAWRENCE (in TENHUNEN et al. 1987) faßt die wichtigsten Ergebnisse zusammen und gibt für *Satureja gilliesii*, *Lithraea caustica*, *Colliguaya odorifera* und *Trevoa trinervis* die dreidimensionalen Flächenkurven der Netto-CO_2-Aufnahme in Abhängigkeit von Temperatur und Lichtintensität an. Für zahlreiche weitere Arten werden typische Kennwerte zusammengestellt. Für die erwähnten vier Arten haben OECHEL & LAWRENCE (1981) auch die jährliche Kohlenstoffbilanz durchgerechnet. Danach ergeben sich die in Abb. 3.16 angegebenen Werte. Es zeigt sich, daß *Colliguaya odorifera* den höchsten Zuwachs pro Jahr und die größte Biomasse aufweist, gefolgt von *Lithraea caustica*. Besonders auffällig ist allerdings der große Unterschied im Sproß/Wurzel-Verhältnis der beiden Arten. Wie die Autoren betonen, sind die Angaben bisher fragmentarisch und hypothetisch; Langzeitmessungen fehlen.

7 Gliederung

Siehe Teil 1: Zonobiom IV, 7 Gliederung. S. 31.

8 Orobiome IV in Mittelchile

Die Höhenstufenfolge im Gebirge entspricht im nördlichen Teil der Hartlaubzone bis zum 34.–35.° südl. Br. dem ariden mediterranen Typus (vgl. S. 60, 65ff.). Die Hartlaubvegetation steigt bis 1400 m hinauf und geht dann in eine xerophytische Strauchformation mit *Valenzuellia trinervia* (Sapindac.) und *Berberis*-Arten über, die in 2000 m zu den alpinen Gesellschaften überleitet. Bei der großen Steilheit des Anden-Westabfalles sind in der alpinen Stufe vor allen Dingen die Schuttstauer flächenhaft verbreitet: gelbe *Tropaeolum*- und violette *Schizanthus* (Solan.)-Arten sowie Amaryllidaceen (*Alstroemeria* und *Hippeastrum uniflorum* u.a.). Auf ebenen Flächen treten einige patagonische Elemente auf (*Mulinum spinosum*, *Chuquiraga* u.a.). Farbenprächtig sind die roten Blüten von *Calandrinia* (Portulac.), die orangefarbenen von *Quinchamalium* (Santal.), rosafarbenen *Oxalis*-Arten, gelben und schwarzvioletten *Calceolaria* (Scrophul.), die leuchtenden Polster von *Viviania rosea* (Geran.) u.a.; weniger auffallend sind die gelben und weißen Erdorchideen, die weißlichen Liliaceen und die blauen und gelben Iridaceen; als Anden-Edelweiß wird die Composite *Perezia diversifolia* bezeichnet. In der oberen Stufe treffen wir auf die charakteristischen Flachpolster von *Azorella*, *Pozoa*, *Laretia* (alles Umbell.) und *Anarthrophyllum* (Legum.).

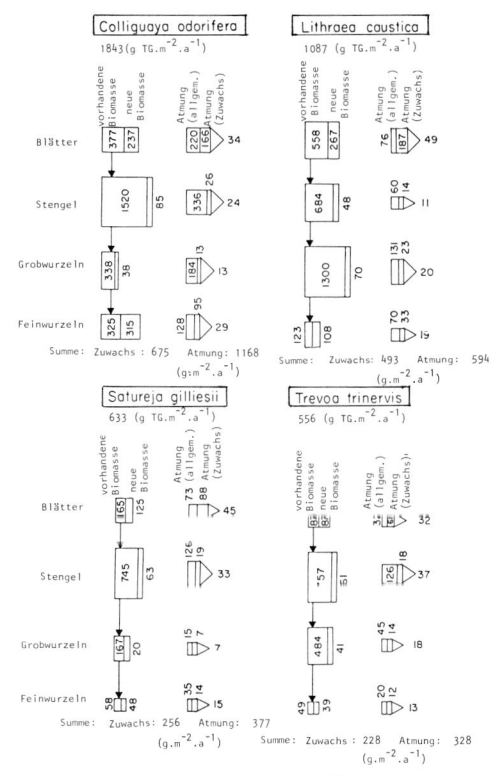

Abb. 3.16: Die Jahres-Kohlenstoff-Bilanz von vier dominanten Matorral-Sträuchern Chiles. Die Angaben erfolgen für Biomasse in $g(TG) \cdot m^{-2}$, für die Umsatzraten in $g(TG) \cdot m^{-2} \cdot a^{-1}$. Aus der Abbildung sind die Biomassen für Blätter, Sproßachsen und Wurzeln ablesbar, sowie die Umsatzraten bzw. Verteilungsmuster dieser Organe (Wachstum, Veratmung) im Vergleich zum jährlichen C-Gewinn (nach OECHEL & LAWRENCE 1981, aus LAWRENCE 1987).

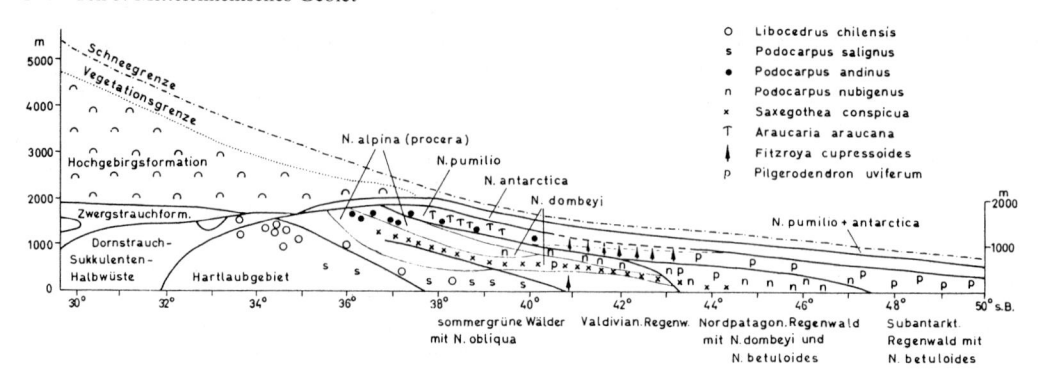

Abb. 3.17: Meridionales Höhenprofil der Vegetation am Westabhang der Anden in Chile; N: *Nothofagus* (nach SCHMITHÜSEN 1956).

Beim Refugio Aleman in 2000 m wuchsen noch Silberpappeln, Eichen, Linden, Ulmen, Sauerkirschen, Äpfel, *Syringa*, und es wurden Mais sowie Luzerne kultiviert. Auf der Nordseite des Maipu-Tales sieht man in etwa 1700 m Höhe noch Reste einer Nadelholzstufe, und zwar von *Austrocedrus (Libocedrus) chilensis*. Im südlichen Teil des Hartlaubgebietes dagegen schiebt sich der humiden Stufenfolge entsprechend zwischen die Hartlaubstufe und die alpine Region eine Stufe des temperierten Regenwaldes Südchiles (Abb. 3.17).

Besonders interessante Verhältnisse schafft in der Küstenzone der kalte Humboldtstrom, der zur Nebelbildung führt. Die Zahl der ganz nebelfreien Tage ist in allen Monaten des Jahres relativ gering. Die Nebeldecke liegt in einer bestimmten Höhe und schwächt nicht nur die Strahlung sehr erheblich ab, sondern bedingt überall dort, wo sie in Meeresnähe auf steil ansteigende Höhenzüge stößt, eine starke Wasserkondensation, wie sie für Peru von uns bereits beschrieben wurde (Bd. 2, S. 255). Dadurch werden dem Boden über die Niederschläge hinaus erhebliche Wassermengen zugeführt, was sich in einer üppigeren Entwicklung der Vegetation in dieser Nebelstufe äußert.

Je nach dem Allgemeinklima der betreffenden Lokalität sind die Auswirkungen dieses Nebelwassers sehr verschieden (Abb. 3.18). In der extremen Wüste, auf dem 18.° südl. Br., kommt es nur zur Ausbildung von direkt vom Nebelwasser lebenden *Tillandsia*-Beständen. Etwas südlicher, auf dem 22.° südl. Br., finden wir in der Nebelstufe eine Stammsukkulenten-Gesellschaft, die das Nebelwasser durch die Wurzeln aufnimmt. Im Gebiet der Halbwüste entwickelt sich ähnlich wie in Peru eine Loma-Vegetation; überall treten viele Flechten auf, und schon fast an der Grenze zur Hartlaubzone wächst der berühmte Nebelwald von Fray Jorge bei 30°40' südlicher Breite, über den viel geschrieben wurde (SCHMITHÜSEN 1956). Aufsehen erregte dieser Wald, weil er in einem Klima mit im Mittel nur etwa 150 mm Niederschlag eine Zusammensetzung aufweist, wie wir sie sonst erst im feuchten Südchile bei Valdivia finden, in einem Klima mit 1000 bis 2500 mm Regen.

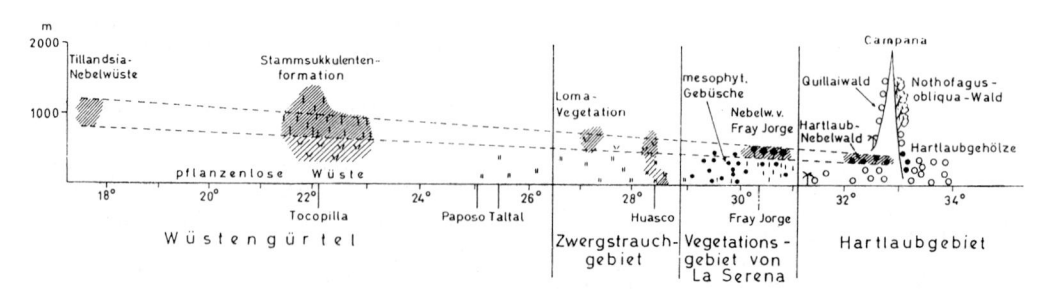

Abb. 3.18: Meridionales Höhenprofil der nordchilenischen Küste mit Angaben der mittleren Höhenlage der Küstennebel (zwischen den gestrichelten Linien) und der Nebelvegetation (schräg schraffiert). An der Campaña liegt der nördlichste *Nothofagus*-Wald. Südlich des 30°S beginnt das Hartlaubgebiet, das Zonobiom IV (nach SCHMITHÜSEN 1956).

KUMMEROV et al. (1961) und KUMMEROV (1962) haben die Höhe der Nebelkondensation mehrfach gemessen und Jahresbeträge des von den Baumkronen tropfenden Wassers von bis zu 2800 mm · a^{-1} errechnet. In Tab. 3.5 sind von einer längeren Meßreihe mit freistehenden Nebelfängern die Jahressummen, nach Regen- und Nebelniederschlag getrennt, angegeben.

Tab. 3.5: Jährliche durch Regen und Nebelkondensation bedingte Niederschläge bei Fray Jorge

mm	1962	1963	1964	1965*
Regen	79	272	59	326
Nebel	598	535	860	651
Summe	677	807	919	977

* nur Januar–September

Der Nebelniederschlag genügt durchaus, um eine Waldvegetation zu ermöglichen. Im Bereich der Nebeloase Fray Jorge fällt das Küstengebirge steil zum Meer ab, so daß es auf dem dem Meere zugewandten Hang zu starken, nässenden Nebeln kommt, die von der Vegetation ausgekämmt werden, so daß dem Boden große Wassermengen zugeführt werden und eine Waldvegetation ermöglicht wird. Diese Nebel greifen in abgeschwächter Form über den Kamm auf die Leeseite des Gebirges über, erhöhen dort die Luftfeuchtigkeit, aber es kommt nicht mehr zu einer merklichen Kondensation. Da am Fuße des Osthanges der Jahresniederschlag nur wenig über 100 mm · a^{-1} beträgt, herrscht hier eine Vegetation aus Säulenkakteen vor. Diese sind jedoch an ihren Dornen wegen der hohen Luftfeuchtigkeit mit Flechten behangen – scheinbar paradoxe Verhältnisse.

Die einzelnen Vegetationsglieder von der sehr feuchten Westseite bis über den Kamm zur trockenen Ostseite werden von LANGE & REDON (1983) ausführlich besprochen. Es wird vor allen Dingen auf die Gliederung der epiphytischen Flechtenbehänge hingewiesen. Im Gebiet kommen 54 epiphytische Flechten vor. Mit einer Torsionswaage wurden durch Wassergehaltsbestimmungen der Flechten kleinklimatische Unterschiede erfaßt. Im Bereich der Kakteenvegetation werden die Flechten nicht mehr vom Nebel benetzt, aber die erhöhte Luftfeuchtigkeit gibt ihnen die Möglichkeit, Wasser aus der Luft aufzunehmen. Simulationsversuche im Labor mit den entsprechenden Flechtenarten ergaben, daß bei den am Standort gemessenen Wassergehalten die CO_2-Photosynthese es den Flechten erlaubt, die notwendige Menge an Assimilaten zu bilden, um ein langsames Wachstum zu gewährleisten. Bereits bei einem Wassergehalt von ca. 28% (des Trockengewichts) kann die Nettophotosynthese positiv sein.

Die Vegetationsverhältnisse von Fray Jorge sollen kurz angegeben werden:

Die wichtigsten Bäume des Waldes sind: *Aextoxicum punctatum* (cf. Euphorb.), *Myrceugenia correifolia* (Myrtac.), *Drimys winteri* (Magnol. bzw. Winter.), *Griselinia scandens* (Corn.) – ein Würgebaum auf *Myrceugenia*, *Fuchsia lycioides* und *Raphithamnus spinosus* (Verben.). Dazu kommen weitere 10 Arten, die ebenfalls für den über 1000 km entfernten valdivianischen Regenwald charakteristisch sind. Im Nebelwald findet man auch Epiphyten: 2 *Peperomia*-Arten, *Sarmienta repens* (Gesner.) und 2 Farne *(Hymenophyllum* und *Asplenium)*. Der älteste Bestand von *Aextoxicum* ist sehr dicht, etwa 25 m hoch, ein alter Stamm hat einen Durchmesser von etwa 1 m. Alle Äste sind dicht mit Moosen und *Usnea* behangen.

Der Wald beginnt auf dem Westhang in 400 m Höhe und etwa 3 km vom Meer entfernt, der Kamm erreicht eine Höhe von 500 m (bis 680 m). Am Osthang reicht der Nebel nur wenig hinab. Während die Lufttemperatur am 2. Januar 1966 im Nebel 12 °C betrug, war sie auf der sonnigen Ostseite 25 °C. Auf dieser beginnt sofort die Halbwüste mit hohen Säulenkakteen.

Als wichtigste Pflanzenarten wären zu nennen: *Trichocereus chilensis* und *Flourencia thurifera* (Comp.), dazu *Adesmia bedwellii* (endem.), *Cassia coquimbensis*, *Proustia pungens*, *Porliera hygrometrica* und das ebenfalls strauchförmige *Heliotropium stenophyllum*. Die *Adesmia* ist durch den diözischen Parasiten *Pilostyles berterii* (Rafflesiac.) befallen, dessen Zellfäden die Zweige durchsetzen und auf einer Pflanze nur Blütenstande eines Geschlechts ausbilden (wahrscheinlich erfolgt die Infektion im Keimlingsstadium). Auf *Trichocereus* parasitiert die im ganzen Gebiet häufige Loranthacee *Phrygilanthus aphyllus* mit roten oder gelben Beeren. Daß die Nebel die Luftfeuchtigkeit auch am Osthang erhöhen, erkennt man an den vielen Flechten, die hier an den Dornen der Kandelaberkakteen hängen.

9 Pedobiome

Spezielle Angaben über Pedobiome des chilenischen ZB IV-Gebiets sind uns nicht bekannt.

10 Zono-Ökotone in Chile

Das **Zono-Ökoton III/IV** wird durch einen lichten Baumbestand aus einer 3 m hohen dornigen *Acacia caven* gebildet mit einer nur im Frühjahr grünen Grasdecke am Boden, die jedoch aus annuellen weitgehend europäischen Grasarten besteht. Da diese Flächen beweidet und im Sommer, wenn das Gras trocken ist, auch abgebrannt werden, so ist es möglich, daß es sich um ein Degradationsstadium handelt (MOONEY et al. 1970): In der Richtung zur Wüste geht diese savannenartige Vegetation in eine Busch-Halbwüste mit Kakteen über (vgl. auch Fray Jorge, S. 144f.).

Das **Zono-Ökoton IV/V** mit einem milden Winter, aber noch einer gewissen Sommer-Trockenzeit bildet ein laubabwerfender Wald aus *Nothofagus obliqua* (dem Roble-Wald), die noch einen Reliktstandort im nördlichen, trockenen ZB IV an den Hängen der bis 2222 m NN hohen Gipfel des Campana und Roble hat. Südlicher sowie höher im Gebirge schließt sich die «Rauli»-Stufe an mit *Nothofagus procera (= nervosa)*. Dieses Zono-Ökoton IV/V erinnert an die submediterrane Zone in Europa, insbes. insubrischer Ausprägung, bei der jedoch die immergrünen Arten durch Frost ausgeschaltet werden, der in Chile keine Rolle spielt; denn südlicher, also im kühleren, aber sehr feuchten Klima des ZB V besteht der Wald wieder aus immergrünen Laubhölzern wie *Nothofagus dombeyi* mit relativ kleinen, derben Blättern u.a. sowie immergrünen Nadelholzarten wie *Saxegothea conspicua* u.a. (s. ZB V, S. 248). Nur Wachstumsversuche mit diesen Baumarten könnten klären, warum im relativ trockeneren Gebiet die sommergrüne und im feuchten die immergrüne Art überlegen ist.

Die Südgrenze des Hartlaubgebietes liegt im Längstal bei etwa 38° südl. Br., dagegen im Küstengebirge bei 37° südl. Br., meistens wird jedoch der Rio Maule als Grenze angesehen (35$^1/_2$° südl. Br.). Für den Westhang der Anden wird der 36° angegeben. Entsprechend verläuft die Südgrenze des sommergrünen Waldes nach BERNINGER im Längstal bei 41$^1/_2$°, im Küstengebirge bei 40° und am Andenwesthang bei 39° südl. Br.. Doch hat *Nothofagus obliqua* einen weit nach Norden vorgeschobenen Vorposten im Küstengebirge, und zwar auf den zwei hohen Gipfeln, Campana und Robles (2222 m).

Diese Gipfel ragen schon hoch über die Nebeldecke hinaus (Abb. 3.18), so daß eine Nebelkondensation nicht in Frage kommt. Sie dürften höhere Niederschläge erhalten; doch liegen keine Messungen vor. Für höhere Niederschläge spricht auch die Tatsache, daß sich gerade am Fuße dieser Berge das Tal mit den Palmen *(Jubaea)* befindet.

Die Roble-Wälder erinnern ganz an unsere bestwüchsigen Eichenwälder und werden 34–40 m hoch. Sie greifen zwischen dem 39. und 40.° südl. Br. auf die argentinische Seite über. Die Rauli-Wälder erreichen die gleiche Höhe und bilden mächtige Stämme; wir sahen einen alten Baum mit einem Stamm, den nur 13 Männer umfassen konnten. Sie gleichen aber habituell mehr den europäischen Buchenwäldern.

In der unteren Baumschicht dieser Wälder treten immergrüne Arten auf, wie *Persea lingua* (Laurac.), *Eucryphia cordifolia* (Saxifrag.), *Aextoxicum punctatum*, den wir im Nebelwald von Fray Jorge kennenlernten, und *Laurelia aromatica* (Monimiac.).

C. Kapensisches Gebiet

Das Winterregengebiet mit mediterranem Charakter nimmt in Afrika nur die äußerste Südwestspitze des Kontinents ein (Abb. 1.1). Es geht nach Norden in die Halbwüste der Karoo über; nach Osten erstreckt sich an der Küste entlang eine warmtemperierte, feuchte Klimazone mit immergrünen Wäldern, die sich in der Hauptsache aus tropischen Florenelementen zusammensetzt. Von der ökologischen Struktur her ist dieses Gebiet als Zonobiom V zu betrachten. In die eigentliche temperierte Zone ragt der afrikanische Kontinent im Gegensatz zu Südamerika fast nicht hinein. Die temperierten Vegetationszonen fehlen fast völlig (ACOCKS 1988).

1 Klima

Über die klimatischen Verhältnisse geben die Klimadiagramme auf Abb. 1.6 (vgl. S. 10) Auskunft. Hervorzuheben sind insbesondere die auf engem Raum sehr stark wechselnden Klimaverhältnisse. Dies wird in erster Linie durch die gebirgige Landschaftsstruktur des südlichen Südafrika und die dadurch bedingten stark wechselnden Luv- und Leelagen verursacht. Hingewiesen werden soll auch auf die speziellen Verhältnisse am Tafelberg bei Kapstadt, die in ähnlicher Weise auch noch im Bereich der Holland Hottentots Mountains weiter östlich zutreffen, teilweise sogar noch in der Tsitsikama-Kette.

Klimatisch liegt der Tafelberg an der Grenze der warmen, feuchten Luft, die die Südostwinde vom Indischen Ozean über den Agulhas-Strom heranführen, und der kühlen Luft, die über den kalten Benguela-Strom von Westen kommt. Der Osthang erhält daher mit bis zu 1600 mm Jahresniederschlag etwa doppelt so viel wie der nur wenige Kilometer entfernte Westhang mit etwa 800 mm. Besonders stark wirkt sich die Wolkenbildung auf der etwa 1000 m hohen Hochfläche aus. Die feuchte Luft kühlt sich beim adiabatischen Aufstieg am Osthang ab. In etwa 600 m Höhe wird oft der Taupunkt erreicht, und es kommt zur dichten Wolkenbildung. Beim weiteren Aufstieg auf die Hochfläche regnet ein Teil ab. Beim Abstieg auf der Westseite löst sich der Nebel rasch auf. Die Wolkendecke hüllt daher nur die obere Region des Berges ein und bildet das berühmte «Tafeltuch», das, wie erwähnt, für alle Gebirge im Kapland so bezeichnend ist. Dabei spielt für die Vegetation auf den Hochflächen auch ein erhebliches Auskämmen der Wolkentröpfchen eine Rolle, so daß die Wasserversorgung der Pflanzen in den höheren Lagen größer ist, als die in Niederschlagssammlern gemessenen Werte vermuten lassen.

2 Böden

Die Böden im eigentlichen Kapgebiet sind aufgrund der starken Gliederung in einzelne Gebirgsteile sehr vielfältig. Den meisten gemeinsam ist allerdings ihre Nährstoffarmut. Alte Gondwanaflächen bilden auch hier das Rückgrat. So kommt es, daß viele Vegetationseinheiten durch «Peinomorphosen» gekennzeichnet sind, es sind häufig Anpassungen an nährstoffarme, oft auch saure Böden. Vermoorung tritt häufig auf. Weitere Angaben finden sich bei der Besprechung der Vegetation (S. 150 ff.).

3 Produzenten
(Flora und Vegetation des Kaplandes)

3.1 Die Flora

Obgleich die Hartlaubvegetation nur eine sehr geringe Fläche einnimmt, zeichnet sie sich doch durch einen ungewöhnlich großen Artenreichtum aus. Sie ist floristisch so isoliert, daß man die Kapflora sogar zu einem eigenen Florenreich – der **Capensis** – zusammenfaßt.

Tab. 3.6: Die 15 größten Familien der Kapflora mit Zahl an Gattungen und Arten sowie Endemitenanteil (nach BOND & GOLDBLATT 1984)

	Gattungen	Endemiten		Arten	Endemiten
1. Asteraceae	107	30	Asteraceae	986	608
2. Mesembryanthemac.	61	16	Ericaceae	672	650
3. Poaceae	61	4	Mesembryanthemac.	660	507
4. Iridaceae	39	8	Fabaceae	644	525
5. Fabaceae	38	8	Iridaceae	612	485
6. Scrophulariaceae	35	5	Proteaceae	320	306
7. Asclepiadaceae	29	1	Restionaceae	310	290
8. Orchidaceae	28	4	Scrophulariaceae	310	160
9. Cyperaceae	26	5	Rutaceae	259	242
10. Apiaceae	24	3	Campanulaceae	222	157
11. Ericaceae	22	17	Orchidaceae	206	124
12. Hyacinthaceae	20	1	Cyperaceae	203	124
13. Restionaceae	19	12	Poaceae	181	76
14. Amaryllidaceae	15	3	Asphodelaceae	172	111
15. Proteaceae	14	9	Hyacinthaceae	154	83
			TOTAL	5911	(= 68,9%)

Auf der kleinen Kap-Halbinsel mit dem Tafelberg südlich von Kapstadt, also auf einer Fläche, die etwas über 50 km lang und im Mittel kaum 10 km breit ist, findet man über 2000 Arten, d. h. fast ebensoviele, wie in ganz Mitteleuropa. Im Junkershoek-Reservat östlich von Stellenbosch wurden sogar auf nur 2000 ha ebenfalls fast 2000 Arten festgestellt.

Zum besseren Verständnis der Vegetationsverhältnisse geben wir zunächst eine kurze floristische Einführung (LEVYNS 1964, BOND & GOLDBLATT 1984).

Obwohl die auffälligsten Vertreter in der Kapflora die zahlreichen Proteaceen und Ericaceen sind und die Restionaceen die ökologische Nische der Gräser teilweise ausfüllen, ist doch die der Artenzahl nach größte Familie in der Kapflora die der Asteraceae. Über 10 % der Kapflora sind Asteraceae. Dies gilt auch in bezug auf die Zahl endemischer Gattungen. Bei der Zahl endemischer Arten allerdings sind die Ericaceen auf die erste Stelle zu setzen (vgl. Tab. 3.6).

Die zwanzig größten Gattungen der Kapflora sind in Tab. 3.7 zusammengestellt. Die zehn größten Gattungen umfassen über 1700 Arten und machen etwa $1/5$ der Gesamtflora aus.

Einige Vergleichszahlen zur Flora der Kapregion mit anderen Regionen sind in Tab. 3.8 gegeben. Danach ist der Anteil der Asteraceae fast weltweit, auch in sehr unterschiedlichen Regionen, in einer sehr ähnlichen Größenordnung, der Anteil an Monocotylen variiert stärker, ebenso wie die mittlere Zahl an Arten pro Gattung. Natürlich wechselt der Anteil der Annuellen an der Gesamtflora, je nach ökologischen Bedingungen, besonders stark.

Tab. 3.7: Die zwanzig größten Gattungen der Kapflora (aus BOND & GOLDBLATT 1984) mit Artenzahl

Erica	526	*Crassula*	92
Aspalathus	245	*Gladiolus*	88
Ruschia	138	*Restio*	85
Phylica	133	*Leucadendron*	80
Agathosma	130	*Thesium*	80
Oxalis	129	*Helichrysum*	77
Pelargonium	125	*Geissorhiza*	75
Senecio	113	*Protea*	69
Cliffortia	106	*Lachenalia*	60
Muraltia	106	*Indigofera*	58
TOTAL	1751 (= 20,4 %)		

Diese verwirrende Fülle von Arten innerhalb einzelner Gattungen läßt sich nur durch die Florengeschichte erklären. Es läßt sich nachweisen, daß im frühen Tertiär das Klima feuchter war und Südafrika von einer Waldflora mit immergrünen lorbeerartigen Blättern besiedelt war, die sich aus genetisch verschiedenen Elementen zusammensetzte:

1. alte Elemente, wie die Coniferen *Podocarpus* und *Widdringtonia*,
2. südliche, antarktische Waldelemente, wie *Cunonia*, *Brabejum*, *Metrosideros*,
3. nördliche Elemente, wie *Olea*, *Celtis*, *Ilex*, *Pittosporum*, *Apodytes*, usw.

Tab. 3.8: Einige ausgewählte Daten zur Flora der Kapflora im Vergleich mit anderen Regionen. Die Zahlen geben Prozentsätze an der Gesamtflora an (nach BOND & GOLDBLATT 1984)

Region	Artenzahl pro Gattung	Arten innerhalb der 10 größten Gattungen	Monocotyle	Asteraceae	Einjährige
Kap-Region	5,9	20,4	24,4	11,5	6,4
Südafrika	7,7	15,1	23,0	11,0	7,0
Kap-Halbinsel	4,2	17,5	34,6	11,5	9,6
Natal	3,9	17,0	27,1	11,4	6–7
Östliches Nordamerika	5,2	21,8	28,2	12,7	8,7
Europa	7,8	14,0	18,0	12,0	?
Californien	5,6	15,2	19,2	13,6	27,4
Sonora-Wüste	3,3	12,8	12,1	15,0	21,4
Texas	3,9	10,2	24,4	13,4	20,4
Hawaii	7,5	42,1	8,5	11,4	0,04
Neu-Seeland	7,4	26,3	27,3	12,5	6,0

Als dann das Klima plötzlich arider wurde, starb diese Flora im Kapland aus; nur einige Relikte blieben erhalten. An ihre Stelle wanderte die sklerophylle Kapflora ein, die dürre Sommer erträgt, wobei es in einigen Gattungen zu einer explosionsartigen Artenbildung kam. Die Aridität nahm weiterhin zu, und in den Gebirgsregionen der Kleinen Karoo mußte auch die Kapflora die trockensten Standorte in den Becken und Tälern räumen und sich auf die feuchteren Gipfel und Kämme zurückziehen. Die freigewordenen Standorte nahm jetzt die dürreresistente Karooflora ein. Diese Karooflora ist ebenfalls äußerst artenreich. Sie charakterisiert heute das Zonoökoton IV/III (vgl. auch Band 2, S. 306–320).

Die Eigenart der Kapflora im weiteren Sinne wird u.a. auch noch durch die folgende Übersicht hervorgehoben, bei der auf die endemischen Familien bzw. den Anteil endemischer Arten abgehoben ist. Folgende Familien und Gattungen kommen entweder nur im Kapland vor oder haben in diesem einen ausgesprochenen Schwerpunkt der Verbreitung (in Klammer: sp. = Artenzahl und Prozentsatz an Endemiten: %).

Familien: Proteaceae (320 sp. – 96%); Restionaceae (310 sp. – 94%); Penaeaceae (21 sp. – 100%); Bruniaceae (75 sp. – 98%); Geissolomaceae (1 sp. – 100%); Stilbaceae (13 sp. – 100%); Retziaceae (1 sp. – 100%); Grubbiaceae (3 sp. – 100%); Iridaceae (612 sp. – 79%); Polygalaceae (139 sp. – 84%); Rutaceae (259 sp. – 93%); Oxalidaceae (129 sp. – 70%); Aizoaceae (109 sp. – 33%); Mesembryanthemaceae (660 sp. – 85%, vgl. ZÖ IV/III, S. 164f.).

Gattungen: *Erica* (über 600 Arten); *Cliffortia* (Rosac., 106 Arten); *Muraltia* (Polygalac. 106 Arten); *Metalasia* (50 sp.); *Stoebe* (34 sp.); *Osmitopsis* (6 sp., letztere alles Asterac.).

Alle Proteaceae gehören außer der Art *Brabejum stellatifolium* der Unterfamilie der Proteoideae an. Die Familie ist auch in Australien stark vertreten, aber durch andere Gattungen der Unterfamilie Grevillioideae. In Afrika ist die primitivste Gattung *Faurea* weit verbreitet. Von den etwa 140 *Protea*-Arten kommen nur wenige außerhalb des Kapgebiets vor.

Von den Restionaceen ist allein die Gattung *Restio* s.l. mit 117 Arten in Südafrika vertreten (im Kapgebiet sind es allein 85 Arten, 1 auf Madagascar, 27 andere in Australien; diese werden heute meist in mehrere andere Gattungen aufgespalten. Man ist heute der Meinung, daß es bei den Restionaceen keine gemeinsamen Gattungen zwischen Südafrika und Australien gibt).

Die Ericaceen fehlten im Kapland im Frühtertiär, während die Restionaceen schon verbreitet waren. Die Familie ist holarktisch, aber *Erica arborea* ist vom Mittelmeergebiet bis zu den tropischen afrikanischen Hochgebirgen verbreitet. In Südafrika sind nicht nur die vielen *Erica*-Arten entstanden, sondern als eine Reduktionsreihe auch die Gattungen *Eremia, Acrostemon, Syndesmanthus, Sympieza, Salaxis* mit vielen Arten.

Die Gattung *Erica* spielt in Südafrika eine besondere Rolle. Auf der ganzen Nordhemisphäre kommen nur 14 Arten dieser Gattung vor, während es im südlichen Teil von Afrika 623 Arten sind (je nach Quelle variiert die Zahl etwas), von denen 590 Arten in ihrer Verbreitung sich auf das Kapland beschränken. Nirgends auf der Welt findet man eine solche Konzentration von Arten einer Gattung auf einem so kleinen Raum. Eine Reihe von diesen Arten wächst nur auf einem Berggipfel oder auf einem Berghang. Die Arten unterscheiden sich vegetativ wenig, aber um so mehr hinsichtlich der Form, der Größe und der Färbung der Blüte. Die meisten Arten gedeihen

Abb. 3.19: *Erica plukenetii*, ein Pionier-Zwergstrauch mit großen, weißen, engen Röhrenblüten bei Junkershoek (phot. S.-W. BRECKLE 1986).

am besten auf sauren humosen Böden mit einem pH = 4–5,5, an denen das Kapland so reich ist, doch findet man einige auch auf marinen Kalksedimenten, wobei jedoch nicht erwähnt wird, ob der pH-Wert im Wurzelbereich wirklich alkalische Reaktion anzeigt. Alle *Erica*-Arten sind mykotroph; schon die Samen sind mit dem Pilz infiziert. Die Mykorrhiza kann Luftstickstoff binden (OLIVER 1972). Als Beispiel einer großblütigen Zwergstrauch-Erica soll *E. plukenetii* (vgl. Abb. 3.19) erwähnt werden, die bei Junkershoek als Pionier-Art Hanganschnitte, aber auch frische Brandflächen rasch besiedelt.

3.2 Die Kap-Vegetation

Die Vegetation des Kaplandes besteht heute aus drei Komponenten, die sich nicht miteinander mischen, sondern mosaikartig durchdringen; es sind dies:
1. Die Kapvegetation, also die eigentliche Hartlaubvegetation; sie besiedelt die meeresnahen Gebiete im Südwesten und die regenreicheren dem Meere zugewandten Südhänge der Gebirge sowie in der Kleinen Karoo alle Bergkuppen über 1250 m, an denen die Wolken hängenbleiben.
2. Die immergrüne Waldvegetation, die man als Relikte in den feuchtesten Schluchten der Gebirge findet.
3. Die Karoo-Vegetation, die nur die Becken oder die Gebirgshänge im Windschatten mit einem Niederschlag unter 250 mm einnimmt.

Das Gebiet der Hartlaubvegetation zeichnet sich durch sehr arme Böden aus. Die wichtigsten Gesteinsschichten, aus denen die Gebirgszüge des Kaplandes aufgebaut sind, gehören geologisch der Kap-Formation an, die vom Dwyka-Konglomerat, den Moränenablagerungen der permo-karbonischen Eiszeit, überdeckt wird. Mit dem Dwyka-Konglomerat beginnt die Karoo-Formation. Die darunterliegende Kap-Formation wird vor allen Dingen durch den Tafelbergsandstein gebildet, ein sehr hartes, oft quarzitisches Gestein, das eine Mächtigkeit bis zu 1500 m erreichen kann und fast senkrecht abfallende Hänge bildet. Die Böden auf den Hochflächen sind arm und sauer, grobkörnig und sehr flachgründig, ihr Humusgehalt im oberen Horizont ist 6–9,5%. In leichten Mulden kann sich mehr Humus ansammeln. Die Wurzeln der Holzpflanzen reichen in Klüften 3–4,5 m tief hinab.

Betrachten wir zunächst die besonders interessanten Vegetationsverhältnisse am Tafelberg (ADAMSON 1927, 1938), der eine Hochfläche in etwa 1000 m über dem Meere bildet und nach Süden langsam abfallend sich in dem Gebirgszug der Kap-Halbinsel fortsetzt. Nach Norden fällt er steil ab und ist von den nördlichen und östlichen Höhenzügen durch eine weite Sandfläche, die Cape Flats, getrennt, die erst in geologisch jüngster Zeit vom Meer aufgeworfen wurde.

Da es zur Wolkenbildung auch im Sommer kommt, wird die Sommerdürre auf den Berggipfeln stark gemildert. Es kann sogar zu einem erheblichen, meteorologisch nicht meßbaren Niederschlag kommen. MARLOTH erwähnt z. B. den Südoststurm, der im Februar 1905 sechs Tage raste. In Kapstadt (NW-Seite) fiel kein Tropfen Regen; der gewöhnliche Regenmesser auf dem Tafelberg zeigte nur 4 mm Niederschlag an, ein anderer dagegen, aus dem hineingesteckte Zweige herausragten, an denen das sich kondensierende Wasser herablief, hatte 152 mm Regen angesammelt. Die Hochfläche zeigte nach dem Sturm mitten im Sommer einen Zustand wie sonst nur im Winter: Auf flachen Felsen standen Wasserlachen, die Rinnen waren bis über den Rand mit Wasser gefüllt, die Restionaceenflächen waren nasse Sümpfe. Diese besonderen Verhältnisse bedingen es, daß bei allen nicht zu weit von der Küste entfernten Gebirgsrücken die Exposition der Hänge für die Vegetation eine größere Rolle spielt als die Höhenlage; die Südhänge sind feucht, die Nordhänge niederschlagsarm.

Als zonale Vegetation haben wir im Kapland ein Macchien-ähnliches Gebüsch zu betrachten, das als «**Fynbos**» bezeichnet wird. Die einzige Baumart ist *Leucadendron argenteum* (Proteac.), der Silberbaum, der 15 m hoch wird. Sein natürliches Verbreitungsgebiet an den feuchten Hängen des Tafelberges unter 500 m ist sehr klein. MARLOTH, der das Kapland noch so gesehen hat, wie es vor fast 100 Jahren aussah, mit z. T. noch ursprünglichen Beständen, nennt außerdem als einzelne mächtige Baumarten *Olea verrucosa* und *Gymnosporia laurina* (Celastr.), von denen er annimmt, daß sie früher weiter verbreitet waren; doch dürften sie Elemente des immergrünen Waldes sein, die besonders weit in das Kapland vordringen.

Relativ hohe Hartlaubgewächse sind außerdem die Proteaceen *Protea grandiflora*, ein Baumstrauch von 5–8 m (bis 12 m) Höhe, ebenso *P. arborea* und *P. mellifera* (= *repens*), *Leucospermum conocarpum* und verschiedene *Mimetes*-Arten.

In Jonkershoek bei Stellenbosch sind sehr unterschiedlich alte, dichte Bestände von 4,5 m hoher *Protea nerifolia* mit zahlreichen noch höher werdenden *Widdringtonia cupressoides*-Bäumchen vorhanden (vgl. Abb. 3.20). Nach Ansicht von WIGHT (mündl.) würde sich allmählich ein Wald mit *Gymnosporia (= Maytenus)*, *Olea*, *Olinia* und *Cunonia* in diesem Gebiet einstellen. Doch wird diese Entwicklung auf sich selbst überlassenen Flächen durch die periodisch sich wiederholenden Brände verhindert.

Im allgemeinen ist das Hartlaubgebüsch 1–4 m hoch. In der oberen Schicht besteht es aus Proteaceen, darunter wachsen *Rhus*-, *Passerina*- und *Cliffortia*-Arten, insbesondere die stachelblättrige *C. ruscifolia*, die dornigen Leguminosen *Aspalathus*- und *Borbonia*-Arten sowie die stärker be wehrte *Gymnospora buxifolia* und *Asparagus capensis;* dazu kommen noch viele *Erica*-Arten oder ericoide Formen anderer Gattungen. In der untersten, dichten Schicht findet man Halbsträucher wie *Pelargonium*, *Stoebe*, *Felicia*, *Aristea*, *Fagelia* u.a., wogegen Gräser und Cyperaceen keine Rolle spielen; ganz am Boden wachsen *Haemanthus coccineus*, *Oxalis*-Arten, verschiedene Geophyten und einige Farne wie *Cheilanthes multifida* und *Blechnum australe*. Therophyten fehlen meist ganz. Während der Sommerdürre sind alle krautigen Pflanzenteile trocken.

Am regenarmen Westhang des Tafelberges ist das Gebüsch weniger dicht und die floristische Zusammensetzung etwas anders. Als Parasit ist *Cassytha capensis* (Laurac.) häufig.

Unveränderte Hartlaubbestände findet man heute nicht. Der wichtigste ökologische Faktor ist das Feuer. Deshalb hat man es stets mit verschiedenen Sukzessionsstadien nach Bränden zu tun.

Protea grandiflora übersteht das Abbrennen und treibt wieder aus. Dasselbe gilt für *Leucadendron*. Die meisten anderen Büsche sterben jedoch ab und müssen sich durch Aussaat regenerieren (JORDAN 1965).

Die Sukzession nach einem Brande sieht in groben Zügen folgendermaßen aus:

a) Im ersten Jahr überwiegen Geophyten, wie *Gladiolus*-Arten, *Watsonia rosea* u.a. Sie entsprechen dem Stadium mit *Asphodelus* im Mittelmeerraum. Viele blühen nur nach einem Feuer und wachsen sonst nur vegetativ. Annuelle treten auf, doch spielen sie bei der Armut der Böden nicht die Rolle wie im Mittelmeergebiet.

b) Es folgen darauf krautige Pflanzen, z.T. Gräser, wie *Danthonia macrantha* und *Andropogon hirtus*.

c) Als weiteres Stadium treten Restionaceen und ericoide Arten auf zusammen mit Kleinbüschen (*Rhus*, *Pelargonium*, *Anthospermum* usw.).

d) Erst nach etwa 7 Jahren wachsen wieder die Holzpflanzen, vor allen Dingen Proteaceen, heran. Sie können ein hohes Alter erreichen, doch werden sie dann holzig und blühen sehr schwach. Will man Blütenstände für den Verkauf ernten, so ist starkes Zurückschneiden sehr günstig. Periodisches Abbrennen gehört sichtlich zu den Faktoren, die die heutige Vegetation prägen. Da jedoch die Begrünung nur sehr langsam vor sich geht und der Boden mehrere Jahre ungeschützt den Regengüssen ausgesetzt ist, macht die Bodenerosion rasche Fortschritte.

Die Vegetationsverhältnisse auf der Hochfläche des Tafelberges sind wesentlich von den oben be-

Abb. 3.20: Dichtes Hartlaubgestrüpp (Fynbos) mit ericoid-proteoidem Charakter im Kapgebiet Südafrikas bei Jonkershoek (Hottentot Holland Mountains) mit *Berzelia* (Bruniac.), verschiedenen *Erica*-Arten, mit Proteaceen und *Widdringtonia* (phot. S.-W. BRECKLE 1986).

schriebenen verschieden. Sie hängen sehr stark von der Tiefgründigkeit des Bodens ab. Proteaceen treten ebenfalls auf, doch spielen sie eine geringere Rolle. Restionaceen und Ericaceen herrschen vor. Es handelt sich aber auch hier vorwiegend um verschiedene Sukzessionsstadien nach Bränden.

Auf den Felsflächen findet man nur Flechten (*Pertusaria lactea, Parmelia conspersa, Umbilicaria rubiginosa* u. a.), an schattigen Stellen auch *Trentepohlia occulta;* in Ritzen kommen Moose vor und auf feuchten Moosmatten *Utricularia capensis* und *Drosera cuneata.* Dort, wo sich eine Sandschicht anreichert, gelangen die Restionaceen zur Vorherrschaft. Auf tieferen Böden werden sie von Ericaceen abgelöst mit *Helichrysum* und *Helipterum*-Arten sowie *Cliffortia, Penaea, Brachysiphon* und einzelnen Proteaceen. Die Restionaceen- und Ericaceen-Heide überwiegt an trockenen Stellen. Der eigenartige Farn *Schizaea pectinata* ist ein guter Feueranzeiger, ebenso wie die Geophyten. In leichten Senken bilden sich anmoorige Stellen mit *Restio* und Moosdecken *(Campylopus),* auf denen *Drosera trinervia* häufig ist. In größeren Senken wachsen übermannshohe Bestände der Restionacee *Elegia* und in feuchten Rinnen oder an feuchten Hängen *Berzelia* oder die Composite *Osmitopsis* und die Osmundacee *Todea barbara.* An ständig überrieselten Felsen findet man *Sphagnum* und in den Moospolstern die schönste Orchidee des Kaplandes, *Disa uniflora.*

An ganz trockenen Stellen zwischen Felsblöcken fehlen Sukkulenten nicht, wie die Crassulacee *Rochea coccinea,* die Composite *Othonna dentata* und verschiedene Mesembryanthemen.

Physiognomisch ähnliche Verhältnisse herrschen überall im Gebiet der Kapvegetation, nur ergibt sich bei dem Reichtum der Flora eine so große Artenmannigfaltigkeit, daß es kaum möglich ist, bestimmte Pflanzengesellschaften genauer floristisch zu erfassen. Neben den Macchia-ähnlichen Beständen kommen überall an den Hängen auch Garigue-ähnliche vor, die MARLOTH als «Hügelheide» bezeichnet. Sie werden von vielen Zwergsträuchern (Ericaceen, Thymelaeaceen, Rutaceen, niedrigen Proteaceen, Compositen, Leguminosen usw.), Stauden und Geophyten gebildet. An schön blühenden Arten der letzteren ist das Kapland besonders reich: Es sind Hunderte an Arten, die zu den Orchidaceen, Haemodoraceen, Iridaceen, Amaryllidaceen und Liliaceen gehören. Gräser treten dagegen völlig zurück. Zu nennen wären die Gattungen *Ehrharta* und *Pentaschistis.* Von ersterer hat sich eine Art, *E. villosa,* in SW-Australien ausgebreitet.

Eine sehr auffallende Pflanzengemeinschaft ist diejenige der Bachufer. Zu ihr gehören eine Reihe von Sträuchern, die meist xeromorph aussehen: *Phylica buxifolia, Psoralea pinnata, Indigofera cytisoides, Podalyria calyptrata, Polygala myrtifolia, Athanasia parviflora, Pelargonium cucullatum* und die zur endemischen Familie der Bruniaceen gehörende *Berzelia lanuginosa* mit weißen, kugelförmigen Blütenständen. An der feuchteren Ostseite des Tafelberges bildet das bereits erwähnte *Brabejum stellatifolium* 5 m hohe Bestände. VAN RYBECK hatte aus dieser Art eine dichte Hecke um die erste Kolonie am Kap angepflanzt, um das Vieh vor Diebstählen zu schützen.

Die «Cape Flats» waren früher ein weites Dünenfeld, das den Verkehr stark behinderte. Diese Dünen wurden befestigt, und zwar durch Aussaat der australischen Akazien mit Phyllodien, *Acacia cyanophylla* (anfangs als *A. saligna* bezeichnet) und *A. cylopis* (ROUX 1961). Diese stickstoffbindenden Sträucher erwiesen sich auf dem armen Sandboden als so konkurrenzfähig, daß sie die ursprüngliche Vegetation völlig verdrängten. Zur Blütezeit sieht heute beim Anflug nach Kapstadt die ganze Sandfläche von vielen Häusern und Hütten bedeckt aus. Vor 30 Jahren war sie ganz gelb während der Blütezeit. Die beiden Akazien verbreiteten sich sehr stark weiter und sind bereits überall an den Hängen des Tafelbergs und auch auf der Kaphalbinsel anzutreffen. Teilweise haben sie die einheimische Vegetation bereits völlig verdrängt, und man sucht heute nach Mitteln, die weitere Ausbreitung einzudämmen, z.B. chemische Acaciacide, die spezifisch wirken sollen.

Eine weitere Pest sind die stacheligen australischen *Hakea pectinata* und *H. acicularis;* dagegen breiten sich die häufig angepflanzten Eucalypten *(Eu. cladocalyx, Eu. camaldulensis, Eu. diversicolor)* nicht wesentlich aus. Gefährlicher sind die Kiefernarten, die zu Aufforstungen als Nutzholzlieferanten verwendet werden. Anfangs waren es *Pinus pinea* und *P. maritima* (= *pinaster),* heute ist es vor allen Dingen *Pinus radiata,* in trockeneren Gegenden evtl. auch *P. halepensis.* Am Tafelberg findet man bis zur Hochfläche hinauf einzelne Kiefern, die aus angeflogenen Samen hervorgewachsen sind. In dem zum Naturschutzgebiet erklärten Gebiet will man sie jetzt heraushauen. Die Kiefernaufforstungen sind im Sommer durch Waldbrände sehr gefährdet.

In der Kapflora fehlen Laubhölzer mit meso- bis hygromorphen Blättern ganz. Um so mehr fallen die um die Häuser angepflanzten, alten Eichen *(Quercus robur)* auf; auch Edelkastanien,

Korkeichen, Steineichen und Platanen gedeihen gut, ebenso wie *Albizzia lophanta*. Längs der Bachläufe wachsen Bestände von *Populus canescens*, eine Baumart, die bereits eingebürgert ist.

Eine besondere, trockene Ausbildungsform der Kapvegetation ist der «**Renosterbusch**». Er vermittelt den Übergang zur Karoo-Vegetation (Band 2, S. 306–320) und ist für die etwas niederschlagsärmeren Teile des Winterregengebietes bezeichnend. Es ist eine Zwergstrauchgesellschaft, in der die graugrüne, einen Meter hohe Composite *Elytropappus rhinocerotis* absolut vorherrscht. Sie kann riesige Flächen gleichmäßig bedecken, z.B. in der Robertson Karoo oder in der westlichen Kleinen Karoo, ist jedoch meist kein natürlicher, sondern ein sekundärer Vegetationstypus. Auf aufgelassenen Getreideäckern oder auf Brandflächen stellt sich diese Art sehr bald ein; denn ihre Früchte werden überallhin verweht. Die harzigen Zweige frißt das Vieh nicht; eine selektive Beweidung führt somit ebenfalls sehr rasch zum Überhandnehmen des Renosterbusches.

Wie bei allen sekundären Gesellschaften sind die Begleitpflanzen je nach der Entstehungsgeschichte sehr verschieden. Neben anderen Compositen-Zwergsträuchern kommen viele Zwiebel- und Knollenpflanzen vor, die auch durch Feuer begünstigt werden. Sehr häufige Brände führen allerdings zur Verdrängung des Renosterbusches durch die Iridacee *Bobartia spathacea* mit ihren langen, binsenförmigen Blättern. Ericaceen kommen im Renosterbusch noch vor, aber Proteaceen fehlen

Im Gebiet der eigentlichen Hartlaubvegetation stellen sich mit der Zeit im sekundären Renosterbusch wieder Sträucher ein, zunächst *Cliffortia ruscifolia* oder *Dodonaea* und *Metalasia*, bis dann nach und nach die anderen folgen. In der Kleinen Karoo dagegen mischen sich große Sukkulenten bei, wie *Cotyledon paniculata* und *Euphorbia mauretanica* oder der für die Karoo bezeichnende Busch *Euclea undulata*.

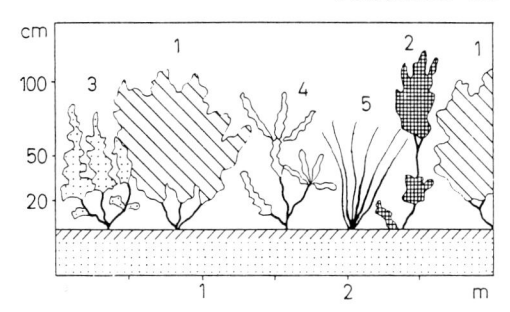

Abb. 3.21: Profil durch ein Heidegebüsch auf einem trockenen Hang im Bergland im Bereich des Oberlaufes des Riviersonderend, im südwestl. Kapland. 1: *Cliffortia ruscifolia* (Rosac.); 2: *Barosma crenulata* (Rutac.); 3: *Muraltia heisterias* (Polygalac.); 4: *Brunia nodiflora* (Bruniac.); 5: Restionac.; (aus KNAPP 1973).

Beispiele für die Bestandesstruktur verschiedener Fynbos-Bestände geben die Profildiagramme aus der Umgebung von Kapstadt (nach KNAPP 1973), vgl. Abb. 3.21–3.24. Aus ihnen geht wiederum hervor, daß die Bestandeshöhe sehr niedrig bleibt. Die sehr kleinräumigen Vorkommen, die starke Intensivierung der Nutzung der Landschaft mit Intensivkulturen, bewußtes und unbeabsichtigtes Einbringen neuer Pflanzenarten aus anderen Kontinenten und viele andere Maßnahmen haben dazu geführt, daß die Kapflora in einem erschreckenden Ausmaße gefährdet ist. Dies soll hier nur kurz anhand einiger Beispiele erwähnt werden, vgl. Tab. 3.9 und 3.10. Es geht insbesondere daraus hervor, daß die Gefährdung in den einzelnen Gebieten sehr unterschiedlich ist, dies ist z.B. bei Tab. 3.10 an der Zahl Z erkennbar.

Die floristische und strukturelle Zusammensetzung der verschiedenen Pflanzengemeinschaften des Rooiberges im östlichen Kapgebiet, in Höhenlagen zwischen 800 und 1400 m NN, haben TAYLOR & VAN DER MEULEN (1981) untersucht. Ihre Angaben sollen als Beispiel für die Vielfältigkeit der Vegetationseinheiten dienen. Das Mosaik der

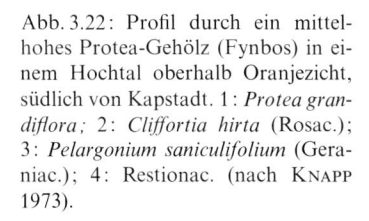

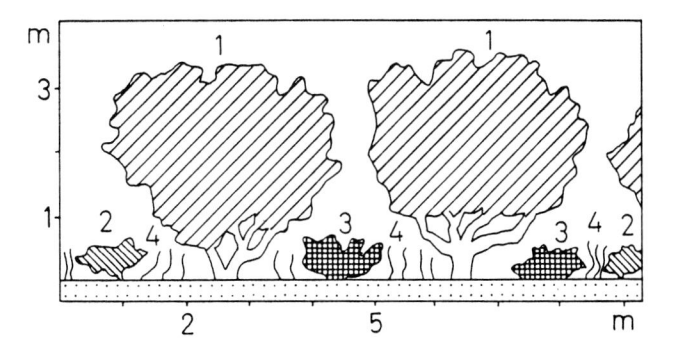

Abb. 3.22: Profil durch ein mittelhohes Protea-Gehölz (Fynbos) in einem Hochtal oberhalb Oranjezicht, südlich von Kapstadt. 1: *Protea grandiflora*; 2: *Cliffortia hirta* (Rosac.); 3: *Pelargonium saniculifolium* (Geraniac.); 4: Restionac. (nach KNAPP 1973).

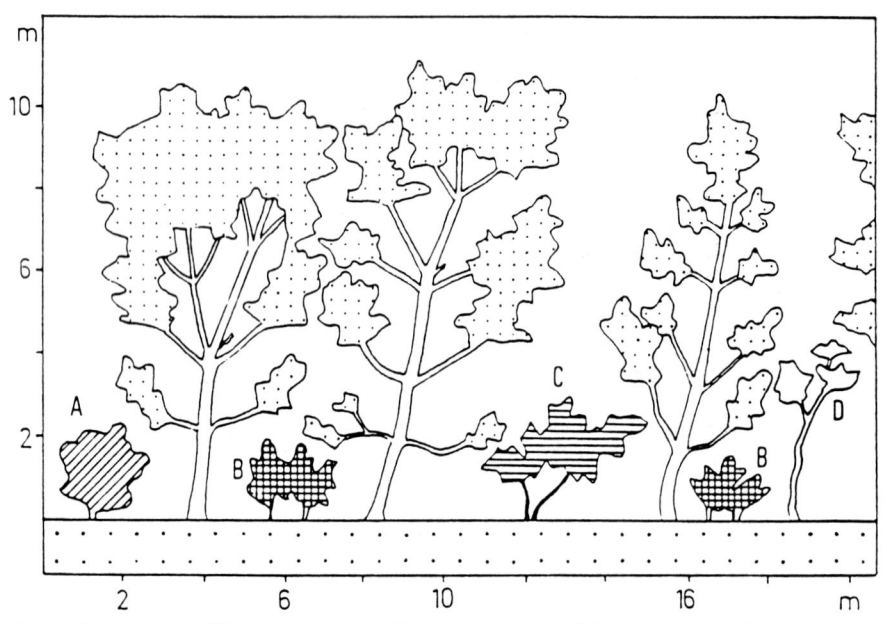

Abb. 3.23: Profil durch einen Silberbaumwald nördlich Camp's Bay auf der Kap-Halbinsel (nach KNAPP 1973). Punktiert: *Leucadendron argenteum* (Proteac.; Silberbaum); A: *Rhus angustifolia;* B: *Erica,* diverse Species; C: *Passerina vulgaris* (Thymelaeac.); D: *Mimetes hartogii* (Proteac.).

verschiedenen Vegetationseinheiten ist stark ineinander verzahnt, die Assoziationen auch hier außerordentlich artenreich. Für die verschiedenen Standorte (Nord-, Süd-Exposition, Bergrücken, Steilhänge, Felsen, Hochflächen) werden die dominanten Arten und die Standortscharakteristika angegeben. In der Tab. 3.11 geben wir eine gekürzte Übersicht der wichtigsten Einheiten.

Diese Untersuchungen aus einem noch recht ursprünglichen Gebiet belegen die ausgeglichene Anpassung an die Standortsfaktoren unter ungestörten Bedingungen, und ihre Kenntnis ist eine wichtige Voraussetzung für zukünftige Schutzmaßnahmen der einzigartigen Vegetation und Flora des Kap-Florenreiches.

Abb. 3.24: Auf dem Plateau des Tafelbergs bei Kapstadt ist das Relief sehr unruhig, zahlreiche Senken und Mulden sind versumpft, es sammelt sich Wasser; niedrige *Erica*-Arten (ericoider Fynbos) umgeben die feuchteren Stellen mit restionidem Fynbos (phot. S.-W. BRECKLE 1986).

Tab. 3.9: Die Zahl gefährdeter Pflanzenarten aus den Karoo- und Fynbos-Biomen im Vergleich zu Südafrika insgesamt. Über ³/₄ der gefährdeten Pflanzenarten sind Fynbos- oder Karoo-Arten. Die Gefährdungskategorien sind nicht immer scharf abgrenzbar.

Kategorie		Fynbos/Karoo	Südafrika
in den letzten Jahren ausgestorben	(X)	29	39
stark gefährdet	(E)	118	110
gefährdet, Vorkommen abnehmend	(V)	183	223
kritisch selten geworden	(R)	495	700
Gefährdungsgrad unbestimmt	(I)	281	393
Gefährdungsgrad unsicher	(U)	702	908
Summe		1808	2373

Tab. 3.10: Regionale Unterschiede der Gefährdung der Kapflora. Die Abkürzungen für die Gefährdungskategorien vgl. Tab. 3.9. In der Spalte Z ist die Zahl gefährdeter Arten pro 1000 km² als Vergleichszahl aufgeführt.

	U	I	R	V	E	X	Summe	Fläche (km²)	Z
Kapprovinz (26° E; südl. Oranje-Fluß)	702	281	495	183	118	29	1808	437.143	84
Fynbos	472	184	389	152	103	26	1326	77.393	17
Karoo	261	104	115	36	20	3	539	359.750	1
W-Küste, Tiefland	91	77	83	69	58	8	385	14.700	26
Westliche Bergregion	262	80	202	53	36	11	644	17.223	37
Südliche Bergregion	178	56	142	45	16	5	442	31.230	14
S-Küste, Tiefland	118	43	91	57	30	5	344	14.240	24

4 Konsumenten und 5 Destruenten

Zahlreiche spezielle Untersuchungen sind bekannt zu diesen Bereichen, größere Zusammenfassungen und Hinweise auf die ökosystemare Bedeutung sind jedoch spärlich (vgl. auch S. 25 ff.). Vereinzelte Angaben zur Mineralisierung, insbesondere durch Feuer, vgl. auch S. 18 ff.

6 Ökologische Untersuchungen und Ökosystemforschung im Kapgebiet

Ökophysiologische Untersuchungen sind erst in den letzten Jahren im Kapgebiet in größerem Umfange angelaufen. Bis in die Sechziger Jahre gab es kaum derartige Forschungen. Bei dem großen Artenreichtum des Gebietes waren die Anstrengungen der Botaniker zunächst auf die Bearbeitung der Flora gerichtet. Dies ist bis heute noch nicht abgeschlossen. KNOBLAUCH (1896) hat sich mit der Anatomie der Assimilationsorgane südafrikanischer Hartlaubarten beschäftigt und die ökologischen Anpassungen gedeutet. Seine angekündigte, ausführliche Schrift mit Abbildungen ist jedoch nicht erschienen. Er unterscheidet:

1. Das ericoide Blatt mit einer Furche auf der Unterseite, in der zwischen Haaren emporgehobene Spalten sitzen, wie bei *Erica, Stilbe* (Verben.), *Anthospermum* (Rubiac.) u.a.;
2. Das pinoide Blatt, das ebenfalls bei ganz verschiedenen Familien zur Ausbildung kommt: *Cliffortia falcata* (Ros.), *Psoralea pinnata, Aspalathus* (Legum.), *Diosma* (Rut.), *Lachnaea* (Thymel.), *Leucospermum caniculatum, Aulax pinifolia, Nivenia* (Prot.) u.a.;

Tab. 3.11: Vegetationseinheiten und dominante Arten im Gebiet der Rooiberge im Kapland (nach TAYLOR & VAN DER MEULEN, 1981)

Biotop	Vegetationstyp	dominante Arten
Hochflächen und Rücken, flache Nordhänge	Restioides Buschland (1 m) mit Proteoiden (2 m) in mittleren Höhenlagen und graminoider Dominanz auf den hohen Lagen	*Restio fruticosus, R. cuspidatus, Thamnochortus argenteus, Hypodiscus purpureus, Tetraria ustulata, Centella virgata, Lightfootia, Aspalathus, Pentaschistis, Ehrhartia*
steile Nordhänge	offenes Buschgrasland (1,5 m), mit Sukkulenten	*Passerina vulgaris, Elytropappus glandulosus, Muraltia* spp., *Restio* spp.
steile und flache Nordhänge und Hangfußflächen	offenes bis geschlossenes Buschland (1 m) mit Gräsern, Sukkulenten und karroiden Elementen	*Felicia filifolia, Anthospermum aethiop., Passerina, Elytropappus, Euryops erectus, Relhania squarrosa, Phylica, Restio, Hypodiscus, Merxmuellera, Crassula* spp., diverse «Mesems»
Felsrücken	offenes Buschwerk mit schmalblättr. Arten, hohen Restioiden und Gräsern, sowie Sukkulenten	*Metalasia pallida, Restio, Phylica purpurea, Cullumia bisulca, Diospyros dichrophylla, Crassula, Merxmuellera arund.*
steile Südhänge	dichtes proteoides Buschland (2 m) mit niedrigen Restioiden und schmalblättrigen Sträuchern	*Protea punctata, Leucadendron comosum, L. eucalyptifolium, Erica hispidula, E. calycina, Elegia juncea, Tetraria ustulata; Berzelia, Psoralea, Cannamois* etc.
Flache Südhänge und Fußflächen	dichtes gemischtes Buschland (1,5 m) mit hoher *Protea nitida* (2,5 m), verzahnt mit offenem karroidem Buschwerk (2 m)	*Protea nitida, P. repens, P. neriifolia, Leucadendron salignum, Anthospermum ciliare, Sutera stenophylla, Elytropappus, Lightfootia rigida, Aspalathus sceptrum-aureum, Eroedia imbricata, Restio cuspidatus, Ficinia deusta, Pentaschistis, Themeda triandra, Cymbopogon marg.*

3. Das Rollblatt bei *Rovena rugosa* (Eben.), *Rhus dissecta* (Anac.), *Phylica buxifolia* (Rhamn.), *Cliffortia* spec. (Ros.) u. a.;
4. Das flache, aber harte, meist isolaterale Blatt, das vertikal aufgerichtet sein kann, wie bei vielen *Protea*-Arten, *Royena lucida*, *Leucadendron*- und *Penaea*-Arten;
5. Die Rutensprosse mit reduzierten Blättern, wie z.B. bei *Psoralea aphylla* (Legum.).

Wir sehen somit häufige Konvergenzerscheinungen und das Auftreten von gleichen Typen wie in anderen Hartlaubgebieten. Das gilt auch für die anatomischen Merkmale, wie z.B. sehr dicke Epidermisaußenwände mit stark ausgebildeter Cuticula, kleine Interzellularen im Mesophyll, mehrschichtiges Palisadenparenchym, häufiges Auftreten von Zellen, die mit braunen Gerbstoffen ausgefüllt sind, eingesenkte Spalten, Sklereiden im Mesophyll usw., also alles Merkmale, die auch bei mediterranen Arten auftreten (vgl. S. 16f.).

Bei letzteren hatten wir gesehen, daß der osmotische Wert der Sklerophyllen während der Dürrezeit nur einen sehr geringen Anstieg aufweist. Diese Frage sollte auch für südafrikanische Arten untersucht werden. Zu diesem Zweck wurden im Laufe eines Jahres jeden Monat Proben in der Umgebung von Kapstadt durch VAN STADEN entnommen und das Frisch- und Trockengewicht der Blätter festgestellt. Die getrockneten Proben kamen dann nach Stuttgart-Hohenheim, wo der osmotische Wert bestimmt wurde (WALTER & VAN STADEN 1965).

Von den verschiedenen, untersuchten Arten greifen wir 3 typische Beispiele heraus. Alle Proben stammen von einem nach NW exponierten

Hang mit 25° Neigung am Fuße der Hottentots Holland Mts. in 80–120 m Höhe über dem Meere. Der Boden ist durchlässiger, sandiger Lehm (mit Steinen) über Tafelbergsandstein. Der Bestand ist 2 m hoch mit 60% Deckung. Es handelt sich um eine typische Proteaceen-Macchie mit dominierender *Protea neriifolia* zusammen mit *Protea arborea*, *Protea repens (= mellifera)* und *Leucospermum conocarpum*. Unter der Strauchschicht befindet sich eine 80 cm hohe Schicht mit Restionaceen, von denen *Elegia stipularis* untersucht wurde. 1963–1964 erfuhr die Dürrezeit von September bis Ende April durch einzelne stärkere Regenfälle im November, Dezember und Februar eine Milderung. Die Regenzeit setzte im Mai mit sehr starken Regenfällen ein.

Abb. 3.25 zeigt die Jahreskurven des osmotischen Wertes von jungen und alten Blättern der *Protea arborea* sowie die Kurven von deren Wassergehalt. Wir erkennen, daß die Kurven des osmotischen Wertes mehr oder weniger spiegelbildlich zu denen des Wassergehalts verlaufen. Die osmotischen Werte der jungen Blätter von *Protea* sind bis Januar niedriger als die der alten, danach liegen die Differenzen innerhalb der Fehlergrenzen. Erst nach dem Austreiben bei steigenden Temperaturen Anfang August sinken die Werte der jungen Blätter bis auf 0,7 MPa ab. Im Gegensatz dazu ist der Wassergehalt der jungen Blätter stets höher als der der alten und steigt besonders stark nach dem Austreiben an. Diese Diskrepanz ist auf eine Anreicherung von unlöslichen Aschenbestandteilen in den alten Blättern zurückzuführen (evtl. Verkieselung), wodurch sich das Trockengewicht erhöht, was eine scheinbare Verringerung des auf das Trockengewicht bezogenen Wassergehalts bedingt. Gerade darin besteht der Nachteil der Wassergehaltsbestimmungen. Beim osmotischen Wert braucht man keine Bezugseinheit.

Die Erhöhung des osmotischen Wertes während der Dürrezeit ist ein Zeichen einer gewissen Anspannung der Wasserbilanz. Nach Einsetzen der Winterregen sinkt die Kurve ab.

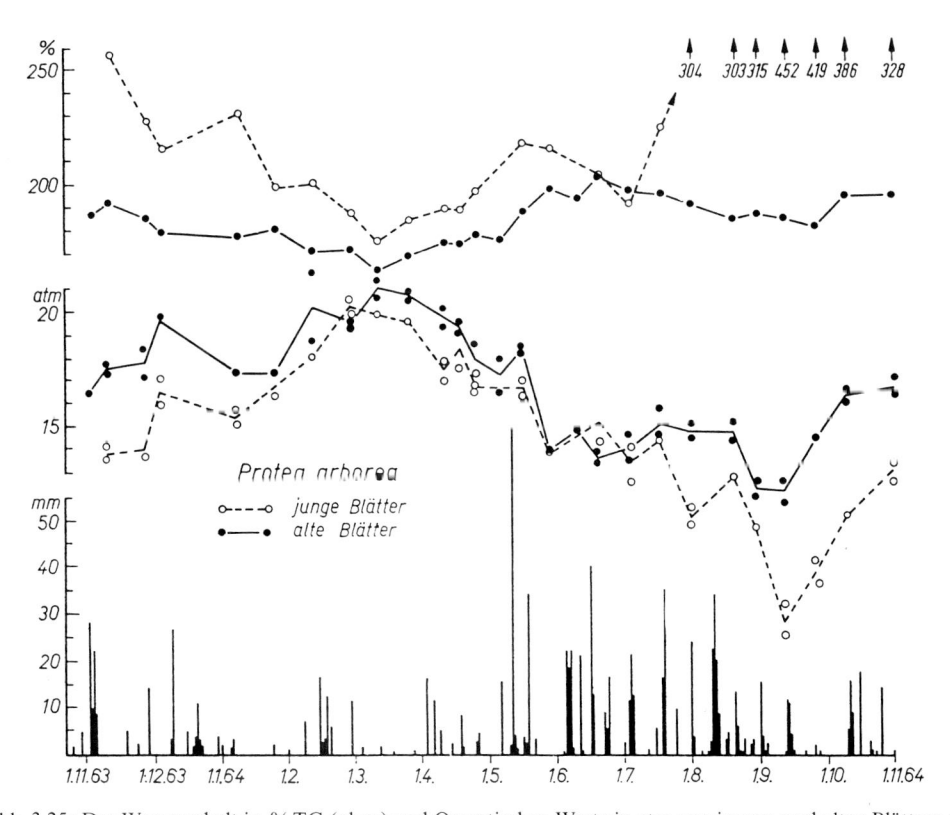

Abb. 3.25: Der Wassergehalt in % TG (oben) und Osmotischen Werte in atm von jungen und alten Blättern der *Protea arborea*. Ganz unten Niederschläge in der Nähe des untersuchten Standorts während der Untersuchungszeit; Mittelwerte aus 2 Parallelproben (nach WALTER & V. STADEN 1965).

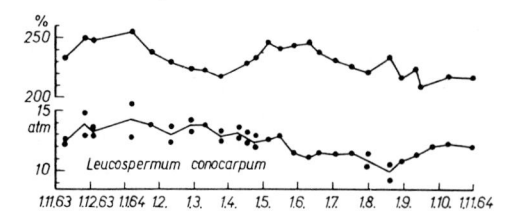

Abb. 3.26: Wassergehalt (oben) und osmotische Werte (unten) von *Leucospermum conocarpum* (nach WALTER & V. STADEN 1965).

Im Gegensatz zu *Protea* zeigt *Leucospermum* eine außerordentlich ausgeglichene Wasserbilanz (Abb. 3.26). Alle Werte liegen zwischen 1,0 und 1,5 MPa. Auch der Wassergehalt schwankt nur zwischen 220 und 255%. Vermutlich hat *Leucospermum* ein tiefergehendes Wurzelsystem oder eine kleinere Gesamtblattfläche.

In scharfem Gegensatz zu *Leucospermum* steht die Restionacee *Elegia*. Die Jahresschwankungen des osmotischen Wertes und des Wassergehaltes sind sehr ausgeprägt, und sie verlaufen spiegelbildlich (Abb. 3.27). Dem kleinsten Wassergehalt von 100% entspricht der höchste osmotische Wert von 2,67 MPa und dem größten Wassergehalt der tiefste osmotische Wert mit 1,33 MPa. Das Produkt von beiden 2,67 · 100 = 276 und 1,33 · 220 = 293 ist fast gleich, ein Zeichen, daß die Änderungen des osmotischen Wertes hauptsächlich durch Unterschiede der Wassersättigung bedingt werden. Die starken durch die Witterung hervorgerufenen Schwankungen, ungeachtet der geringen transpirierenden Oberfläche dieser Rutengewächse, sind auf das flache Wurzelsystem und die Austrocknung der oberen Bodenschichten zurückzuführen.

Die drei Beispiele repräsentieren 3 Typen: den hydrolabilen *(Elegia)*, den hydrostabilen *(Leucospermum)* und einen zwischen beiden liegenden *(Protea)*. Im allgemeinen darf man jedoch sagen, daß die Hydraturschwankungen auch der kapländischen Hartlaubgewächse gering sind. Allerdings war der Sommer 1963/64 nicht extrem trocken. In Dürrejahren könnten die Schwankungen etwas größer sein.

Neuere Untersuchungen sind in den letzten Jahren in größerer Zahl angelaufen, einerseits innerhalb eines Ökosystemforschungs-Projekts «Fynbos-Biome» (MOLL et al. 1984), andererseits auch von angewandter Seite, um Wasserhaushaltsfragen und Feuerökologie besser zu verstehen, aber auch, um der großen Gefährdung der eigenständigen Flora und Vegetation zu begegnen. Ein ähnliches großes Projekt, in dem viele Arbeitsgruppen zusammenarbeiten, ist das Karoo Biome Project, wo im Übergangsbereich zu den Halbwüsten und Wüsten Fragen der Erosion und des Bodenschutzes, aber auch des Naturschutzes bearbeitet werden (COWLING et al. 1986).

Hier können wir nur kurz einige wenige Beispiele anführen.

Die Stickstoff- und Phosphatgehalte im Boden und in Pflanzen des Fynbos liegen in der Regel sehr niedrig. Die einzelnen Arten sind an solche niedrigen Nährstoffangebote angepaßt und gehen auch sehr sparsam durch Umlagerungen innerhalb des Pflanzenkörpers damit um. Dabei wurden auch Mechanismen beobachtet, die eine Nährstoffaufnahme verbessern, den Nährstoffbedarf reduzieren und Nährstoffverluste minimieren. READ (1978, 1983) hat bei *Erica bauera* gezeigt, daß die mycorrhizierte Pflanze durch den Pilz eine verbesserte Nährstoffaufnahme hat, der Pilz Stickstoffverbindungen speichern kann und bei Streß diese an die Pflanze abgeben kann. Neben der Vergrößerung der Absorptionsfläche in einem größeren Bodenvolumen durch den Pilz gibt es noch Anpassungen der Wurzeln selbst. So werden teilweise sehr fein aufgeteilte Wurzelsysteme beobachtet mit dichtem Wurzelhaarbesatz zur Vergrößerung der Absorptionsflächen (LAMONT 1983), etwa bei Proteaceen (proteoide Wurzeln), bei Restionaceen (Kapillar-Wurzeln) oder bei Cyperaceen (dauciforme Wurzeln).

STOCK et al. (1987) haben gezeigt, daß *Thamnochortus punctatus* (Restionac.) asynchron wächst. Die Wurzel vergrößert sich in den feuchten Wintermonaten, Sproßsysteme und Inflorescenzen im

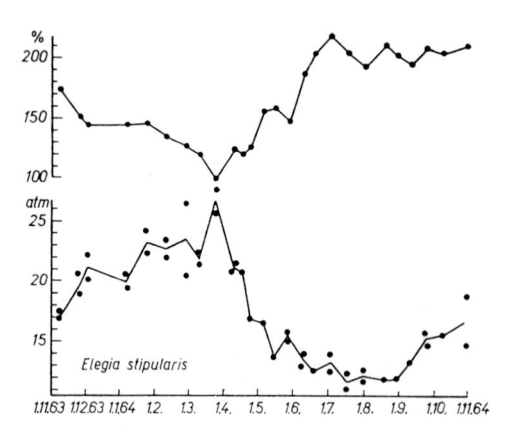

Abb. 3.27: Wassergehalt (oben) und osmotische Werte (unten) der Restionacee *Elegia stipularis* (nach WALTER & V. STADEN 1965).

Tab. 3.12: Streumenge und Mineralstoffgehalte in Fynbos-Ökosystemen (nach Low 1983, Stock & Lewis 1986, Mitchell et al. 1987). Angaben in kg · ha^{-1}

	Alter	Streumenge	N-gesamt	P-gesamt
Küsten-Fynbos, Cape Flats	11	2730	13	0,8
Küsten-Fynbos, Pella	20	7920	–	–
dto.	8	4503	–	–
Berg-Fynbos, Jonkershoek	21	14.259	93	2,9
Berg-Fynbos, Zachariashoek	12	1815	9	0,3
Berg-Fynbos, Bakkerskloof	12	554	3	0,1

Sommer und Herbst. Aufnahme von Stickstoff erfolgt im Winter und Frühjahr, Transport in den Sproß vor allem im Frühjahr, wird zuerst in älteren, immergrünen Teilen gespeichert, dann in neue junge Sproßteile verlagert. Im Jahreszyklus gesehen sind etwa 58% des in der ganzen Pflanze enthaltenen Stickstoffs im selben Jahr aus dem Boden aufgenommen worden. Eine wirksame Translokation vor der Seneszens im Herbst erfaßt etwa 35–70% des gesamten Stickstoffgehalts der Pflanze, dies entspricht etwa 14% des gesamten jährlichen Stickstoffumsatzes.

Die Böden unter der typischen Proteaceen-Vegetation mit anderen immergrünen Fynbos-Sträuchern waren auf Versuchsflächen, die Stock & Lewis (1986) 62 km nördlich von Kapstadt untersucht haben, 2 m tiefe Sande mit sehr geringem Phosphat-Gehalt. Auch der Stickstoffgehalt nahm linear mit dem Gehalt an organischer Substanz, bis auf die obersten 10 cm, nach unten rasch ab. Die Konzentration an austauschbarem NH_4-Stickstoff betrug 0,5–3,5 µg N · g^{-1} und für NO_3-Stickstoff nur 0,2–1,2 µg N · g^{-1}. Nach einem Brand wurde im folgenden Jahr eine Erhöhung der N-Konzentration beobachtet, namentlich für den NO_3-Stickstoff, und zwar innerhalb des gesamten Bodenprofils für eine Dauer von 9 Monaten. Diese bessere N-Zufuhr dürfte wohl einer der maßgeblichen Faktoren sein für die Erscheinung, daß die Geophyten nur nach einem Feuer besonders reichlich blühen.

Streu und die Ansammlung toter organischer Masse sowohl im Küsten-Fynbos, als auch im Berg-Fynbos steigt mit zunehmendem Alter des Bestandes an (vgl. Tab. 3.12). Entsprechendes gilt für die Ansammlung der mineralischen Nährstoffe N und P, etc.).

Der Streuanfall wurde in einem Fynbos-Bestand bei Pella auch genauer auf die einzelnen Komponenten des Bestands aufgeschlüsselt (vgl. Tab. 3.13), danach sind die ericoiden Arten (*Philica stipularis*, *Anthospermum aethiopicum*) die wichtigsten Streu-Produzenten. Im Jahresgang fällt im Spätsommer die meiste Streu an. Je nach der Zusammensetzung der Streu erfolgt die Zersetzung mehr oder weniger langsam. Streu von *Leucospermum parile* und *Thamnochortus punctatus* hat sehr lange Umsatzraten von etwa 11–15 Jahren. Wie in vielen anderen Ökosystemen wird auch im Fynbos durch häufige Feuer eine wiederholte Freisetzung der gebundenen Mineralstoffe erreicht. Auch dies ist quantitativ untersucht worden (vgl. Tab. 3.14).

Wie Mitchell et al. (1986) betonen, ist die Zersetzung der Streu proteoider Blätter und restioider

Tab. 3.13: Jährlicher Streuanfall und Mineralstoffgehalte der Streu, aufgeteilt nach den verschiedenen Wuchstypen der Fynbos-Arten für zwei Vegetationsperioden (nach Mitchell et al. 1986). Streuproduktion in kg · ha^{-1} · a^{-1}; Gehalte in % des Trockengewichts.

	Streuproduktion		Nährstoffgehalte	
	1981/1982	1982/1983	N	P
Proteoide	101	181	nur Blätter: 0,57	0,03
Ericoide	496	360	nur Blätter: 0,59	0,03
Restioide	203	141	nur Halme: 0,43	0,01
übrige	40	33		
gesamt	840	715		

Tab. 3.14: Biomassen verschiedener Kompartimente im Fynbos nach unterschiedlicher Sukzessionszeit nach einem Feuer (nach van Wilgen 1982).

	Gesamt-Biomasse (g·m^{-2})				Brennbares Material (g·m^{-2})*	
Biotop	1	2	3	4	3	4
Jahre seit dem letzten Feuer	4	4	21	37	21	37
Große Sträucher:						
Protea neriifolia	< 1	< 1	930	0†	270	0†
P. repens	< 1	< 1	2310	0†	810	0†
Widdringtonia nodiflora	< 1	< 1	< 1	1650	< 1	440
Andere Sträucher	92	52	94	556	71	310
Kleinsträucher	< 1	1	21	< 1	< 1	< 1
Restioide Arten	180	170	63	26	63	26
Graminoide Pflanzen	310	290	49	16	49	16
Andere krautige Arten	85	83	182	35	180	35
± gesamte lebende Biomasse	660	590	3650	2300	1450	820
Streu	53	33	1430	5300	1250	3500
± Gesamtmenge	710	620	5100	7600	2700	4300

* Stücke mit weniger als 6 mm Durchmesser
† zusammen mit der Spalte «Andere Sträucher»
± gerundete Werte

Sproße vernachlässigbar langsam, etwa im Vergleich mit den Zersetzungsraten des californischen Chaparrals oder in australischen Heiden. In allen drei Beständen spielt das Feuer eine wichtige Rolle (vgl. S. 18 ff.). Bei *Leucospermum parile* ist die Freisetzung von Stickstoff und Phosphat aus der Streu in den ersten 18 Monaten kaum nachweisbar, und auch Ca, Fe, Mg und K reichern sich in der Streuschicht an. Die Zersetzungsrate ist also sehr niedrig, so daß gelegentliche Feuer wichtiger sind als der Streuabbau zur Freisetzung mineralischer Nährstoffe.

Untersuchungen von van Wilgen (1982) haben gezeigt, daß die Feuer-Ökologie von grundlegender Bedeutung für die Regeneration des Fynbos ist. Die mittleren Zeitabstände zwischen den Feuerereignissen haben großen Einfluß auf die Struktur. In Tab. 3.14 sind einige Werte der Biomasse-Bestimmungen angegeben, die zeigen, daß die stehende Biomasse 21 Jahre nach einem Feuer vor allem von *Protea*-Arten gebildet wird, nach 37 Jahren ohne Feuer jedoch kaum mehr *Protea*-Büsche (nur Jungwuchs, der auch ohne Feuer bis zu einem gewissen Grade auskeimen kann, dann aber viel größerer Konkurrenz unterliegt) vorhanden sind, sondern sehr viel mehr *Widdringtonia* (Cupressaceae) auftritt. Umgekehrt steigt die Mengen an totem, organischem Material ständig an. Ein dann folgendes Feuer hat sehr viel größere zerstörende Wirkungen auf die Vegetation. Allerdings ist auch sehr wichtig, zu welcher Jahreszeit ein solches Feuer entsteht. Sommerfeuer, wenn alles trocken ist, sind viel verheerender als Winterfeuer.

Im allgemeinen rechnet man mit etwa 15–25 Jahren zwischen nachfolgenden Feuerereignissen. Auf Flächen, die über 40 Jahre vor Feuer geschützt wurden, konnte man, allerdings nur auf besonders feuchten und tiefgründigen Stellen, das Einwandern größerer Baumarten, wie *Kiggelaria africana*, *Rapanea melanophloeos* oder *Olea africana*, beobachten. Allerdings ist es sehr zweifelhaft, ob auf den flachgründigen Böden und bei der bestehenden Sommerdürre sich ein dichter Wald entwickeln würde. Der Fynbos wäre dann nur eine bestimmte Sukzessionsfolge, die durch Feuer immer wieder erneut ablaufen würde. Umfangreiche Untersuchungen zur Feuer-Ökologie und zum Landschaftswasserhaushalt sind über viele Jahre hinweg in verschiedenen Gebieten Südafrikas gemacht worden, besonders in Junkershoek (van Wilgen 1981, 1982, van Wilgen & le Maitre 1981, van Wilgen & Richardson 1985). Hierbei wurden auch immer Biomasse und Mineralstoffe bestimmt (vgl. auch Kruger 1977). In Tabelle 3.15 sind einige Werte im Vergleich mit

Tab. 3.15: Nährstoffgehalte in oberirdischer, lebender Biomasse (LB), in Streu (STR) und Nährstoffmenge, die durch ein Feuer freigesetzt wird (FEU). Angaben in kg·ha^{-1}. Alter: Bestandesalter. Nach Angaben von VAN WILGEN & LE MAITRE (1981). Lokalitäten: Jonk: Jonkershoek bei Stellenbosch; Zachariashoek bei Paarl; Kog: Kogelberg bei Somerset West; Austral: Dark Island Heath (nach SPECHT et al. 1958); Calif: (nach DEBANO & CONRAD 1978).

Lokalität:	Jonk	Zach	Kog	Austral	Calif
Alter (Jahre)	21	12	20–22	15	25
LB	35.422	5583	11.051	27.750	30.400
STR	14.259	1815	3930	7500	9550
FEU	26.621	7398	11.526	–	20.100
N (LB)	105	24	39	118	134
N (STR)	93	9	21	45	147
N (FEU)	159	33	32	–	110
P (LB)	6,4	0,7	2,0	5,0	10,3
P (STR)	2,8	0,3	0,7	1,0	21,8
P (FEU)	6,5	1,1	1,4	–	0,2
K (LB)	86	20	28	50	113
K (STR)	5,7	1,0	2,0	7,5	174
K (FEU)	72	21	23	–	46
Ca (LB)	70	11	29	88	234
Ca (STR)	30	5	9	45	455
Ca (FEU)	69	15	20	–	11

Angaben aus Australien und Californien angegeben.

Die Gesamtmengen mineralischer Nährstoffe, die in der Vegetation enthalten sind, gehen aus Daten von VAN WILGEN & LE MAITRE (1981) für Jonkershoek und Zachariashoek und für Kraaifontain von Low (1983) hervor (vgl. Tab. 3.16).

Im Bereich verschiedener Untersuchungsflächen im Bereich relativ niederschlagsreicher Bergzüge (Jonkershoek: 1600 mm, Zachariashoek 1200 mm) hat sich gezeigt, daß die Fynbos-Vegetation, die auf sehr nährstoffarmen Böden stockt, in erstaunlich großem Maße von den durch den Regen herangeführten Nährstoffen profitieren.

VAN WYK (1981) zeigte, daß im Mittel etwa 120 kg·ha^{-1}·a^{-1} an Nährstoffen eingetragen werden. Aufgeschlüsselt auf die wichtigsten Ionen ergeben sich die in Tab. 3.17 aufgeführten Werte für den Niederschlagseintrag und den Austrag durch Abfluß. Da die Gebiete in Meeresnähe

Tab. 3.16: Die Gesamtmenge mineralischer Nährstoffe in der Vegetation des Berg-Fynbos von Jonkershoek und Zachariashoek und des Küsten-Fynbos von Kraaifontein. Die Angaben sind in kg·ha^{-1}.

	Jonkers-hoek	Zacharias-hoek	Kraai-fontein
Alter (in Jahren)	21	12	11
oberirdische Biomasse	22.621	7398	17.310
N	159	33	89
P	7	1	8
K	72	21	39
Ca	69	15	195
Mg	14	5	13

Tab. 3.17: Mittlere Werte des Ionen-Haushalts von drei Einzugsgebieten in Gebirgen des südwestlichen Kaplandes. Angaben in kg·ha^{-1}·a^{-1}.

	Eintrag durch Niederschläge	Austrag durch Abfluß
Na$^+$	27,0	23,9
K$^+$	2,3	0,75
Ca^{2+}	5,8	3,3
Mg^{2+}	5,2	3,7
Cl$^-$	56,5	42,1
Ionen, gesamt	120	96

Nur Spuren konnten jeweils von Sulfat, Carbonat, Stickstoff und Phosphor nachgewiesen werden. Nach einem Feuer erhöht sich der Austrag an Ionen nur unwesentlich.

liegen (nur etwa 30–50 km landeinwärts), sind verständlicherweise die Na- und Cl-Werte besonders hoch.

Von besonderer praktischer Bedeutung ist die Größe des Abflusses eines bestimmten Gebietes in Abhängigkeit von der Vegetationsbedeckung. Die Trinkwasserspeicher und Talsperren im südwestlichen Kapgebiet scheinen eher unter Wassermangel zu leiden, wenn im Einzugsgebiet großflächige Aufforstungen mit Coniferen (*Pinus*-Arten etc.) durchgeführt wurden. Fynbos-Vegetation hingegen scheint weniger Wasser zu verbrauchen. Dies ist heute einer der wichtigsten Gründe zur Erhaltung der ursprünglichen, genügsamen Fynbos-Vegetation. BOSCH & HEWLETT (1982) haben eine umfassende Zusammenstellung der hydrologischen Ergebnisse von Catchment-Studien zusammengestellt. Danach ergibt sich, auch in Ergänzung zu den von HIBBERT (1967) durchgeführten Untersuchungen, als Regel: Eine Verringerung der Vegetationsdecke bei Coniferen- und *Eucalyptus*wald um 10% führt zu einer etwa um 40 mm erhöhten Wasserabflußrate, eine Verringerung um 10% bei Hartlaub erhöht diese um etwa 25 mm, bei Gebüsch und Grasland etwa um 10 mm. Ähnliches ergaben Modellrechnungen von BOSCH et al. (1984, 1986).

In der praktischen Konsequenz heißt dies, daß aus einem Coniferenwald unter den feuchtmediterranen Bedingungen in den Hottentots Holland Mountains etwa 200–300 mm Abfluß den Wasserspeichern zugute kommen, aus Fynbos-Vegetation aber etwa das Doppelte. Dies wird aber jeweils stark modifiziert vom jeweiligen Feuerregime.

Auch die **Fauna** ist natürlich sehr von den jeweiligen Feuern beeinflußt. Dies führt zu sehr starken Fluktuationen. Allerdings kennt man dies bisher nur von wenigen Tiergruppen genauer. Wir können hier nur ein Beispiel herausgreifen. Insbesondere die in größeren Individuenzahlen vorkommenden Nager wurden genauer untersucht. Danach erholen sich die Nagerpopulationen nach einem Feuer unterschiedlich schnell wieder und erreichen dann das vorherige Niveau oder wandern wieder aus der Umgebung nach sehr unterschiedlich langen Zeiten wieder ein. Dadurch kann man auch hier gewisse Sukzessionsabfolgen erkennen. Wie BREYTENBACH (1987) zeigte, gibt es dementsprechend ganz unterschiedliche Artengruppen. Er unterscheidet:

Gruppe 1: Arten, die nach 1–2 Monaten nach einem Feuer häufig werden, aber nach 1–2 Jahren wieder verschwinden (frühe Sukzessionsgruppe);

Gruppe 2: Arten, die zwei bis drei Jahre nach einem Feuer kommen, nach 5 bis 6 Jahren aber wieder fast verschwinden und nur noch Refugial-Habitate einnehmen, z.B. in Felspartien (mittlere Refugial-Sukzessionsgruppe);

Gruppe 3: Arten, die nach zwei bis drei Jahren einwandern, an feuchteren Stellen wenige Jahre später wieder verschwinden, an trockenen Stellen aber jahrzehntelang nachweisbar sind (mittlere Sukzessionsgruppe);

Gruppe 4: Arten, die nur in höher gewachsenem Fynbos, etwa 10–12jährig, auftreten (späte Sukzessionsgruppe);

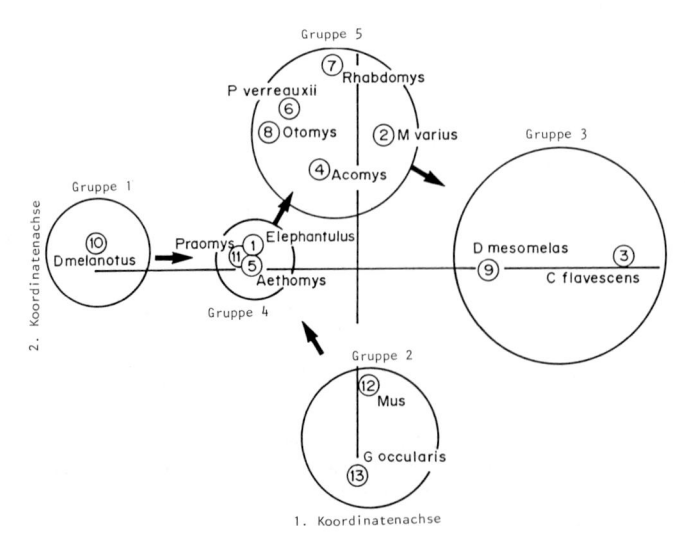

Abb. 3.28: Zusammenstellung von Artengruppen kleiner Säuger der Swartberg-Region (Kapland) in ihrem relativen Vorkommen nach Feuerereignissen im Fynbos. Die Abszissenachse entspricht einem relativen Trockenheitsgradienten. Auf weitere Einzelheiten wird hier verzichtet, nähere Angaben vgl. Fox et al (1985), bzw. BREYTENBACH (1987). Die fünf Gruppen werden in ihrer Einordnung bezüglich der Sukzession nach Feuer im Text erläutert.

Gruppe 5: ubiquitäre Arten, die nicht eindeutig einer Sukzessionsphase nach Feuern zuzuordnen sind und im Fynbos unterschiedlichsten Alters auftreten (Ubiquistengruppe).

Die wichtigsten vorkommenden Arten sind in Abb. 3.28 zu den fünf erwähnten Gruppen zusammengefaßt. Auf der Abszisse ist hierbei ein Feuchtegradient angegeben (links ca. 500 mm Niederschlag, rechts bis über 800 mm); die Pfeile geben eine gewisse Sukzessionsreihenfolge der Gruppen wieder. Auf weitere Einzelheiten kann hier nicht eingegangen werden.

7 Gliederung

Siehe Teil 1: Zonobiom IV, 7 Gliederung. S. 31.

8 Orobiome im Kapland

Die Kap-Region und das Gebiet der Kapflora ist gekennzeichnet durch ausgedehnte Bergmassive, die teilweise steil abfallen, teilweise tafelbergartig geformt sind, großenteils aus Tafelbergsandsteinen und Quarziten aufgebaut, die sehr basenarm sind. In den mittleren Höhenlagen dominieren die verschiedenen Formen des Berg-Fynbos, der vom Küsten- oder Tiefland-Fynbos unterschieden wird. Auf der neuen Karte des Fynbos-Biome-Projekts (vgl. auch MOLL et al. 1984, CAMPBELL 1984a) wird neben den beschriebenen drei Hauptkategorien des Fynbos (S. 154 f.: Proteoider, restioider und ericoider Fynbos) auch noch ein Asteraceen-Fynbos und ein grasreicher Fynbos unterschieden, die vor allem für die küstennahen Bereiche, das Flachland und die trockeneren Übergangsgebiete kennzeichnend sind, sowie ein geschlossener Gestrüpp-Fynbos, der Galeriewald-Charakter aufweist.

In den höheren Berggebieten überwiegt immer mehr der Ericaceen-Fynbos (Heide) und der restioide Fynbos (Restioveld). Die Proteaceen treten zurück. Auf der Südexposition (Schattenseite) tritt nicht selten Wasserstau auf, dort gibt es kleine Sümpfe, überwiegend mit Restionaceen, die Nordseite der Berghänge ist gewöhnlich trockener, dort überwiegen oft artenreiche Gebüschfluren mit *Rhus* sp., *Heeria argentea*, *Phylica buxifolia* und *Dodonaea viscosa*, jedoch kaum Proteaceen. Diese kommen in den Cedarberg-Mountains vor, aber auch in den östlichen Bergketten Langeberg, Tsitsikama-Range. Allerdings erreichen die höchsten Gipfel in den Cedarbergen gerade etwa die 2000 m-Marke, eine ausgeprägte Höhenstufung ist daher noch nicht erkennbar.

In den meisten Ost-West-streichenden Bergketten, insbesondere in den Swartbergen, ist der Gegensatz zwischen Nord- und Südseite sehr ausgeprägt. Die Nordabdachung geht sehr rasch in die Trockenstufe als ZÖ IV/III am Südrand der Karoo über.

9 Pedobiome im Kapland

Wie in den vorigen Kapiteln mehrfach zum Ausdruck kam, sind viele der Böden im Kapgebiet sehr alt und extrem basenarm. Die Nährstoffarmut hat dazu geführt, daß viele Formen offenbar sehr gut an diese Bedingungen angepaßt sind, sie weisen typische Peinomorphosen auf. Die Kleinblättrigkeit der Ericaceen ist also hier keine Folge der Trockenheit, sondern eher des Nährstoffmangels. Auch auf staunassen Böden kommen sehr viele *Erica*-Arten vor.

Die sehr stark wechselnden Standortsbedingungen, was Untergrund und Hanglage, Klima und Boden, Feuereinfluß und Windregime betrifft, führt im Kapgebiet dazu, mehr vielleicht als in anderen, vergleichbaren Gebieten, daß hier kleinräumig eine große Fülle verschiedener Vegetationseinheiten wachsen. Manche können innerhalb des zonalen Vegetationsmosaiks auch als Pedobiome angesehen werden. Man hat versucht, mit den mitteleuropäischen Methoden der Pflanzensoziologie Pflanzengesellschaften zu beschreiben, dies gelingt nur unvollkommen (TAYLOR 1984), was verständlich ist, da die Zahl der in dieser Weise auszuweisenden Pflanzengesellschaften unendlich ist. Trotzdem hat TAYLOR (1984, 1985) eine sehr gute Beschreibung der ökologischen Verhältnisse des Naturreservats am Kap der Guten Hoffnung, das an der Südspitze der Kaphalbinsel liegt, gegeben.

Als Beispiel für ein typisches Pedobiom (Psammobiom) in dem erwähnten Reservat sind die sehr gefährdeten *Sideroxylon*-Dickichte zu erwähnen. Auf marinen Dünensanden bilden sie undurchdringliche Dickichte von 1,5 bis 2,5 m Höhe, seltener bis 4 m. Neben *Sideroxylon inerme* (Sapotac.) kommen noch vor: *Colpoon compressum* (ein großer Halbschmarotzerstrauch, Santalaceen), *Euclea racemosa* (Ebenac.), *Cassine maritima, Olea exasperata, Pterocelastrus tricuspidatus, Rhus glauca*, seltener *Chionanthus foveolatus.* Dazu kommen in Lücken die bis 1 m hohen Sträucher *Chrysanthemoides monilifera*[1], *Helichrysum dasyanthemum* und *Metalasia muricata.* Auf ganz offenen Stellen mit beweglichem Sand kommen *Carpobrotus acinaciformis* (im Mittelmeergebiet überall eingeführt), *Cineraria geifolia, Ficinia ramosissima* und einige Gräser vor. Im Gestrüpp klettern sehr viele, kleine Lianen, wie etwa *Antizoma capensis, Asparagus aethiopicus, Cynanchum africanum, Dipogon lignosus, Galium tomentosum* und *Kedrostis nana* oder auch *Solanum quadrangulare.* Unmittelbar an der salzbeeinflußten Küstenlinie kommen nur wenige Halophyten vor, die Küste ist meist sandig oder felsig und daher vegetationsfeindlich. Einige kümmerliche Büsche von *Thamnochortus spicigerus*, dazwischen *Chenolea diffusa* (Chenopod.), *Sonderinia hispida* und einige andere Asteraceen, *Hebenstreitia* (Selaginac.) bilden eine offene, mehr oder weniger von der Salzgischt beeinflußte Pflanzengemeinschaft (Halobiom), die unmittelbar an die am Strand angespülten dicken, bis 6 m langen *Ecklonia*-Cauloid-Knäuel angrenzt.

An Süßwasser-Amphibiomen und Hydrobiomen sollen kurz erwähnt werden:

Besonders eigenartig ist die Palmietformation im Bett der seichteren Flüsse. Es sind dichte Bestände der Juncacee *Prionium serratum*, die an eine Zwergpalme oder besser *Pandanus* erinnert, mit einem armdicken Stamm, der die breiten, scharfgesägten Blätter trägt und im Frühjahr in einer bis 1 1/2 m langen Blütenrispe endet. Diese Bestände bremsen stark die Wasserströmung und fördern die Sedimentation der Schwebeteilchen.

Für Rohrsümpfe sind zwei *Typha*-Arten, *Cladium mariscus* und die schöne, bei uns als «Calla» bekannte *Zantedeschia aethiopica*, bezeichnend.

Im Wasser findet man *Potamogeton*-, *Nymphaea*- und *Limnanthemum*-Arten, in periodischen Teichen vor allen Dingen *Aponogeton distachyon* und die weniger häufige *Oxalis natans, Crassula natans* und *Scirpus*-Arten.

---

[1] diese Art wird als Neophyt in Australien viel größer und ist dort sehr aggressiv; es ist sozusagen das Gegenstück zu den aggressiven *Acacia*-Arten in Südafrika, die aus Australien eingeschleppt wurden.

10 Zono-Ökotone des Kaplandes

10.1 Der Renosterbos (Zono-Ökoton IV/III)

Das Zono-Ökoton IV/III gegen die Karoo ist der **Renosterbos** (Renosterbusch) mit dem einen Meter hohen Compositenstrauch *Elytropappus rhinocerotis*, der den Fynbos, das Proteaceengebüsch des IV, ablöst, wenn die Winterniederschläge abnehmen. Doch auch in diesem Falle handelt es sich meist um eine sekundäre Vegetation, denn dieser Busch wird vom Vieh nicht gefressen und stellt sich auf Brandflächen sehr rasch ein. Der Renosterbos nimmt daher heute auch innerhalb des eigentlichen ZB IV im Kapland größere Flächen ein (vgl. S. 153). Beigemischt kommen Ericaceen oder große Sukkulenten vor, wie z. B. *Euphorbia mauretanica* und *Cotyledon paniculatum*.

Nur im weiteren Sinne zur Kapflora gehören die artenreichen Sukkulenten, die die große Artenzahl in der Sukkulentenhalbwüste im Bereich des küstennahen Namaqualands ausmachen. Es ist dies ein ozeanisch getöntes Übergangsgebiet zur Nebelwüste der Namib (vgl. auch JÜRGENS 1986). Dementsprechend liegen die Sippenzentren dieser Familie, wie JÜRGENS (1986) gezeigt hat (vgl. Abb. 3.29), entlang eines breiten Bandes vom Kapland nach Norden bis über den Oranje hinauf. Der Schwerpunkt liegt also im ariden Bereich des noch von Winterregen dominierten Gebietes (vgl. auch Klimadiagramm Montagu, Abb. 3.30). Weiter östlich keilt der Einfluß der Winterregen schnell aus, beim Klimadiagramm Oudtshorn am Südrand der Karoo ist bereits ein fast ganzjährig arides Klima erkennbar, die spärlichen Regen fallen unregelmäßig fast über das ganze Jahr verteilt (vgl. Abb. 3.30, siehe auch Band 2, S. 306ff.).

10.2 Zono-Ökoton IV/V und der Wald von Knysna

Das Zono-Ökoton IV/V ist durch den Menschen fast völlig zerstört worden. Denn der immergrüne Wald des ZB V wurde im Kapland abgeholzt, und an seine Stelle drang der Fynbos des ZB IV vor, so daß heute die Grenze zwischen ZB IV und ZB V eine künstliche ist (vgl. auch Bd. 2, S. 311).

Die verschiedenen Zono-Ökotone im Kapgebiet sind teilweise sehr kleinräumig ineinander verzahnt, aufgrund der komplizierten engräumigen Gebirgsstruktur. Dadurch ergibt sich ein kompli-

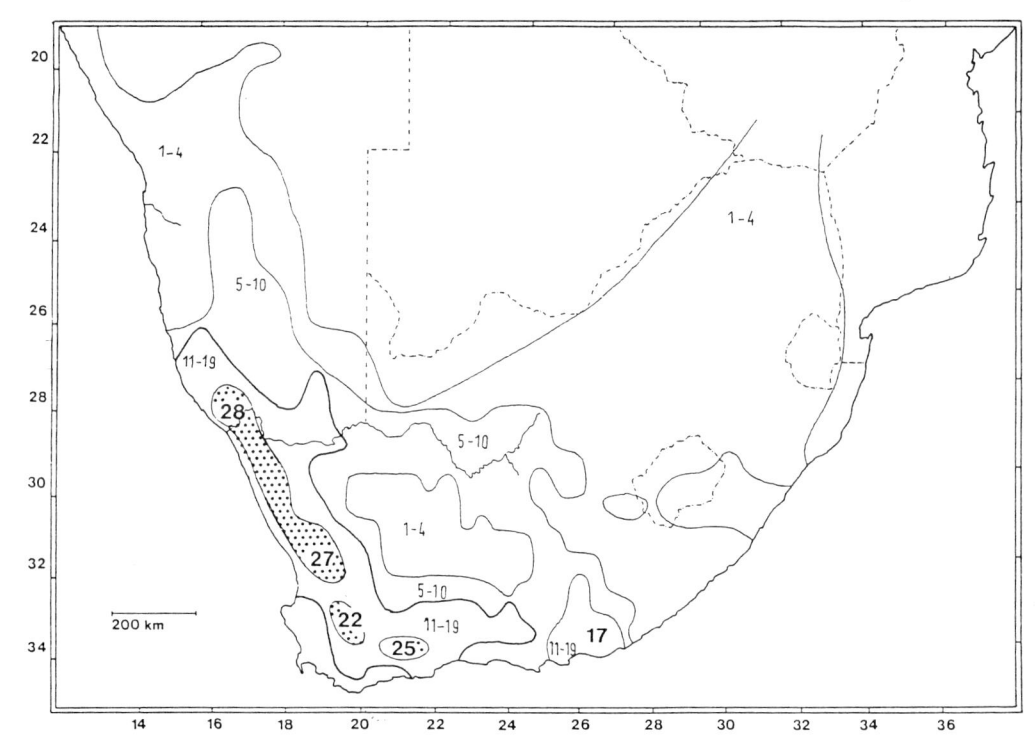

Abb. 3.29: Sippenzentren der Mesembryanthemaceae, herausgestellt anhand der Zahl vorkommender Gattungen unter Berücksichtigung von 107 Gattungen. Ausgezogene Linien: Isolinien gleicher Gattungsdichte pro 30 × 30'. Dick ausgezogene Linie: Umgrenzung des Areals mit 11 oder mehr Gattungen pro 30 × 30'. Punktierter Bereich: Zwanzig oder mehr Genera pro 30 × 30'. Der Schwerpunkt der Familie in den ariden Bereichen des Winterregengebietes ist sehr deutlich erkennbar, ebenso das Nebenzentrum im östlichen Kapgebiet (aus JÜRGENS 1986).

ziertes Kleinmosaik verschiedenster Vegetationstypen, das noch stark durch die vielfältigen Gesteinstypen modifiziert wird.

Die früher weiter verbreitete Waldvegetation besitzt am Tafelberg in den feuchten Schluchten und der unebenen Hochfläche nur einige Reliktvorkommen. Der letzte, größere Waldkomplex befindet sich bei Knysna an der regenreichen Südküste halbwegs zwischen Kapstadt und Port Elisabeth (PHILLIPS 1928, 1931).

Vom Wald sind an der Süd- und Ostküste im Bereich des Zono-Ökotons IV/V und im eigentlichen, temperierten Feuchtwaldgebiet des Zonobioms V kaum noch Reste verblieben (vgl. Band 2, Abb. 3.87, S. 311). Im ganzen südlichen Teil Südafrikas bis Port Elizabeth hat sich anstelle des Waldes die Hartlaubvegetation ausgebreitet, wohl in erster Linie als Folge der Rodung, Holznutzung und häufiger Brände. Außenposten derselben findet man noch in den Drakensbergen.

Beim Wald von Knysna handelt es sich um einen floristisch verarmten Bestand der subtropisch-tropischen Wälder, die sich entlang der feuchten Ostküste von Afrika durch Natal, das Transkei-Gebiet und die östliche Kapprovinz hindurchziehen. Vergleicht man diese Waldgebiete, so kann man feststellen, daß etwa 60 Holzarten nur in Natal und Transkei vorkommen und schon der östlichen Kapprovinz fehlen; 130 Arten kommen von Natal bis in die östliche Kapprovinz vor, jedoch nicht in Knysna; 130 Arten haben ein Areal, das von Natal bis nach Knysna reicht; nur 25 Arten sind im Knysna-Wald endemisch.

Aber auch diese Holzarten sind abgeleitete Formen von subtropischen Arten und wohl im Zuge einer Isolierung erst in der letzten geologischen Vergangenheit entstanden.

Die in Südafrika endemischen Arten sind: Die bekannte Zimmerlinde *Sparmannia africana*, *Empleurum serrulatum* (Rut.), *Dodonaea thumbergii* (Sapind.), *Hartogia capensis* (Celastr.), *Botryceras laurina* (Anacard.), *Virgilia capensis* (Legum.), *Platylophus trifoliata* (Cunon.), *Cussonia thyrsiflora* (Aral.), *Myrsine gilliana* (Myrsin.), *Royena glabra* (Eben.), *Euclea acutifolia*, *E. polyandra*, *E. racemosa* (Eben.), *Olea exasperata*

(Oleac.), *Gonioma camassi* (Apocyn.), *Freylinia undulata* (Scroph.), *Cluytia polifolia, C. pubescens, C. rubricaulis* (Euph.), *Lachnostylis capensis* (Euph.), *Myrica burmannii* (Myric.).

Die Verarmung geht in Richtung nach Westen zum Tafelberg weiter und ist durch das Klima (zunehmende Dürre) und die Armut der Böden mitbedingt. Die vielen Außenposten dürften ein Beweis dafür sein, daß noch im Tertiär das Klima in ganz Südafrika feuchter war und das Waldgebiet ziemlich geschlossen bis zum Tafelberg reichte.

Einige Gattungen scheinen Relikte einer früheren, weiten südhemisphärischen Verbreitung zu sein, wie *Podocarpus* oder *Cunonia*, die außer in Südafrika noch in Neu-Kaledonien vorkommt. Auch *Widdringtonia* ist ein Endemit und steht den *Callitris*-Arten in Australien und Neu-Kaledonien nahe. Nur wenige Holzarten sind laubabwerfende: *Kiggelaria* (Flacourt.), *Calodendrum* (Rut), *Ekebergia* (Meliac.), *Plectronia* (Rubiac.), *Ficus capensis* (Mor.), *Rhus laevigata* (Anacard.), *Celtis rhamnifolia* (Ulm.), *Heteromorpha arborescens* (Umbell.). Aber diese Holzarten verlieren die Blätter nicht im Winter, sondern nur bei Trockenheit und können in feuchten Jahren grün bleiben. Auch sie sind somit tropisch-subtropische Elemente.

Das Klima des Knysna-Gebietes geht aus dem Klimadiagramm von George hervor (Abb. 3.30). Mit 1000 mm Niederschlag (Regenmax. im März und September/Oktober) ist es zugleich dauernd humid und frostfrei, jedenfalls im Walde, obgleich die meteorologische Station über einer Rasenfläche im Extremfall Frost anzeigen kann. Auf Kahlhieben kann sich der Wald nur schwer regenerieren, da Bodenfröste den Jungwuchs abtöten. Brände durch Blitzschlag kommen kaum vor; doch wurden sie durch den Menschen wahrscheinlich bereits vor der Besiedlung durch Europäer angelegt und führten zu einer gewissen Verringerung der Waldfläche und einem Ersatz der Waldvegetation durch die feuerresistente Hartlaubvegetation.

Die Wurzeltiefe der Bäume im Knysna-Wald ist gering, nicht über 1 m. Der jährliche Zuwachs beim Dickenwachstum beträgt bei *Podocarpus falcatus* 3,5 mm; er ist auch bei anderen Holzarten selten über 5 mm, nur bei *Olinia cymosa* wurden 15 mm gemessen.

Die einheimischen Baumarten sind also, ebenso wie in Chile, langsamwüchsig. Zum Aufforsten werden deshalb ausländische Holzarten verwendet: Früher *Pinus maritima* (= *pinaster*), heute *Pinus radiata* sowie die australischen *Eucalyptus diversicolor* und *Acacia melanoxylon* (Blackwood). *Eucalyptus* wird in 40 Jahren 30 m hoch bei einem Durchmesser von 80 cm und ist dann hiebreif. Von den einheimischen Bäumen liefern Stinkwood *(Ocotea bullata)* und Yellowwood *(Podocarpus)* wertvolles Möbelholz. Der größte Teil des Waldes besteht heute schon aus künstlichen Forsten, nur ein kleiner Teil, in dem noch einige Elefanten und Affen vorkommen, ist geschützt, doch hatte man früher auch in diesem Teil die wertvollsten Stämme gefällt. Der Aufbau des Waldes ist nach unseren Notizen folgender:

Obere Baumschicht: *Podocarpus falcatus*[2] (Schuppenborke) und *P. latifolius* (rissige Borke).

Untere Baumschicht: Etwa 25 m, geht ohne deutliche Abgrenzung in die Strauchschicht über, sehr dicht und sehr artenreich (keine Dominanten): Alte Stockausschläge von *Ocotea bullata* (Laurac.), *Trichocladus crinitus* (Hamamelid.), *Platylophus trifoliatus* (Cunon.), *Halleria lucida* (Scrophul.), *Gonioma camassi, Olea laurifolia* (= *capensis*), *Curtisia, Lachnostylis* usw.

Lianen vorhanden, z. T. sehr dickstämmig: *Secamone* (Asclep.), *Rhoicissus* (Vitac.) u. a.

Epiphyten: *Peperomia, Vittaria isoëtifolia* und andere Farne.

Krautschicht ist spärlich, Boden (podsolig) mit Streu bedeckt, Humusschicht und deutlicher Bleichhorizont. An feuchten Stellen kommen Baumfarne *(Hemitelia)* vor, an Straßenrändern wird *Blechnum capense* 2 m hoch.

Als weitesten Außenposten im Westen findet man an der feuchten Ostseite des Tafelberges noch

---

[2] Größtes Exemplar von *P. falcatus:* Gesamthöhe 40 m, Stammhöhe 21 m, Umfang 6,5 m, Alter etwa 1500 Jahre.

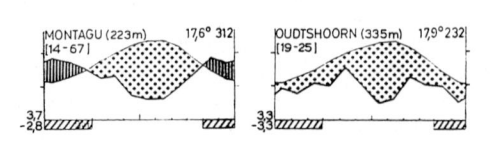

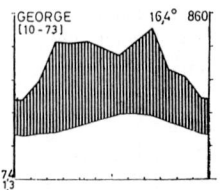

Abb. 3.30: Klimadiagramme außerhalb des Hartlaubgebietes. Montagu und Oudtshorn in der Kleinen Karoo (ZÖ IV/III) und George, unweit des Knysna-Waldgebietes (ZÖ IV/V).

ähnliche Wälder; aber die Zahl der Baumarten ist dort auf 34 gesunken; darunter befindet sich eine laubabwerfende *Celtis*-Art. Von *Podocarpus* ist nur *P. latifolius* vertreten, sonst sind *Ocotea bullata*, *Curtisia faginea* (beide mit großen Blättern), *Gymnosporia acuminata* u. a. zu nennen, in der unteren Schicht findet man *Halleria lucida*, *Maurocenia frangularia* u. a., an feuchten Stellen *Cunonia capensis*, an trockenen *Olea*, *Olinia*, *Elaeodendron*. Als Lianen notierten wir *Secamone alpini*, *Scutia myrtina* (auch als Strauch) und *Rhoicissus capensis*, als Epiphyten *Peperomia retusa* und *Polypodium lanceolatum*. In der Krautschicht wären zu nennen, die mit *Carex* verwandte *Cenociphium lanceolatum* und die große Ranunculacee *Knoltonia capensis*. An feuchten Stellen wachsen große Farne, wie *Hemitelia capensis* oder *Hypolitis sparsisor*, und an überrieselten schattigen Felswänden *Hymenophyllum capense*, *H. tunbridgense* und *H. marlothii*.

Obgleich das Klima in diesem Gebiet warm gemäßigt ist, so haben die Wälder doch floristisch gesehen einen humid subtropischen Charakter. Eine eigentliche temperierte Vegetationszone fehlt in Afrika. Dazu reicht der Kontinent nicht südlich genug (vgl. Abb. 1.9, S. 12). Der humide, immergrüne Wald von Knysna geht (oder besser ging) nach Nordosten hin allmählich in einen tropisch immergrünen Wald über, entsprechend einem ausgedehnten Zono-Ökoton V/1.

D. Zonobiom IV in Australien (Südwest- und Süd-Australien)

1 Klima

Über die Klimaverhältnisse geben die Klimadiagramme aus dem südwestlichen und südlichen Australien (vgl. Abb. 1.7, S. 10) Auskunft. Auch die Karte der Klimadiagramme (vgl. Band 2, S. 324, Abb. 3.98) von ganz Australien läßt einen Vergleich der typisch mediterran geprägten, von Winterregen und Sommerdürre gekennzeichneten Gebiete mit den anderen Regionen zu, und man kann dabei auch die Übergänge erkennen, also etwa im Bereich des Zono-Ökotons IV/V, vgl. Diagramm Melbourne, oder Zono-Ökotone IV/III (Diagramm Kalgoorlie oder Port Pirie – Band 2, S. 324).

2 Böden

Die Ausgangsgesteine für die Böden in Australien sind in der Regel ebenfalls, wie in Südafrika, sehr alt. Dies hat dazu geführt, daß über weite Strecken sehr nährstoffarme Böden entstanden sind. Insbesondere der Phosphatgehalt scheint in vielen Böden Australiens besonders niedrig zu sein. Die Flora weist dementsprechend viele Beispiele typischer Peinomorphose auf.

Viele Böden weisen in Australien das sog. Gilgai-Phänomen auf. Darunter versteht man eine leicht wellige oder unebene Oberfläche, die über große Entfernungen hinweg dazu führt, daß die Vegetation in ein typisches Mikro-Mosaik gegliedert ist. Gilgai-Böden sind vor allem dann häufig, wenn der Tongehalt des Substrats sehr hoch ist, dann treten sie über eine breite Spanne von 150–1500 mm Jahresniederschlag auf (BEADLE 1981). Die Bodenhorizonte sind gelegentlich parallel, in anderen Fällen aber entsprechend der Form der Dellen, Mulden und Rinnen ebenfalls uneben. Über die Ursachen besteht noch keine letzte Klarheit. Möglicherweise spielt die bei wechselnder Feuchtigkeit unterschiedliche Quellung und Schrumpfung tonreicher und vor allem auch relativ natriumreicher Tonminerale eine entscheidende Rolle dabei.

Im äußersten Südwesten Australiens bestimmt das Muttergestein, aufgrund seiner möglichen Nährstoffnachlieferung durch Verwitterung, die Ausprägung der Vegetation. Auf den etwas fruchtbareren Böden über Granit kommen vor allem die sehr hochwachsenden Wälder mit *Eucalyptus diversicolor* (s. S. 178) und mit *Eu. jacksonii* vor, jeweils allerdings auf relativ kleinen Flächen. Auf lateritischem Material überwiegen *Eu. marginata* und *Eu. calophylla*-Wälder, die nicht so hoch werden. Die küstennahen Kalksteinflächen tragen vor allem *Eu. gomphocephala*-Wälder. Sobald die klimatischen Verhältnisse etwas trockener werden, ersetzen andere, niedrigere Eucalypten die entsprechenden hochwüchsigen Arten, und es treten dann auch gebüschartige Wälder (Mallee, s. u.) oder heideartige Gebüsche auf, die keine Eucalypten mehr enthalten, aber sehr artenreich und von Proteaceen gekennzeichnet sind. Diese erinnern äußerlich an die anderen Hartlaubformationen der übrigen Mediterrangebiete, sie kommen vor allem bei Niederschlägen zwischen 400 und 250 mm im Jahr vor. Die Böden sind, allgemein gesprochen, meist grobstrukturiert mit guter Wasserführung. Tonreiche Böden tragen entweder Wälder oder sind versalzt.

Mallee kommt auf sehr vielen Muttergesteinen vor; die Böden kann man im wesentlichen drei Gruppen zuordnen. Es sind entweder Braunerden (Mallee-Böden), die leicht solonziert sind, oder Solod-Solonetz-Böden, die aber nur im Osten auftreten sowie tiefgründige Quarzsandböden. Nicht selten stockt Mallee auch auf fast nacktem Fels oder grobblockigem Material.

3 Produzenten (Die Vegetation in SW- und S-Australien)

3.1 Die Eucalypten

92% der Wälder in Australien werden von *Eucalyptus*-Arten gebildet, bei diesen werden 20–50% der Blattfläche jährlich durch phytophage Insekten zerstört, was aber wenig schadet, weil *Eucalyptus* sehr rasch eine große Blattfläche aufbaut (MORROW 1977).

Diese Eigenschaft der Eucalypten bedingt bei Kulturen außerhalb von Australien, wo die Schadinsekten fehlen, die hohe Produktion und das rasche Wachstum der Eucalypten.

Die rasche Ausbildung einer großen Blattmasse wird begünstigt, weil jedes Blatt in der Achsel eine nackte Knospe besitzt, die rasch austreiben kann und dann einen Seitensproß bildet; diese Seitensprosse 1. Ordnung haben ebenfalls nackte Achselknospen und bilden im selben Jahr noch Seitensprosse 2. Ordnung. Der Anteil der Blattmasse an der jährlichen Produktion ist somit viel größer als bei euro-nordamerikanischen Gehölzen. Dazu kommt, daß das Achselmeristem noch akzessorische Knospen bildet, die sofort auswachsen, wenn die Achselknospe durch Fraß zerstört wird. Die Produktion wird zusätzlich gefördert, weil die Blätter 2 Jahre erhalten bleiben und außerdem senkrecht stehen, so daß trotz der starken Laubbildung die Blätter in dem unteren Teil der Krone noch genügend Licht erhalten; auffallende Unterschiede zwischen Sonnen- und Schattenblättern sind bei Eukalypten nicht vorhanden. Dies alles ist die Ursache für den so auffällig lichten Eindruck der australischen Wälder.

Über die Anpassung an den Faktor Feuer vgl. S. 18 und Bd. 1, S. 73; Bd. 2, S. 134, 334, 355. Auch auf die Lignotubers haben wir schon in diesem Zusammenhang hingewiesen. Die Lignotubers können teilweise bis über 1 m dick werden (Abb. 3.31). Die **Mallee** hat durch die Stockausschläge das Aussehen eines Niederwaldes (vgl.

Abb. 3.31: *Eucalyptus*-Stamm bei Wyalong (NSW) mit dicker Lignotuber-Knolle als Stammbasis, aus der nach Feuer Stockausschläge erfolgen (phot. S.-W. BRECKLE 1981).

Abb. 3.32). Der Begriff «mallee» stammt aus der Sprache der australischen Ureinwohner. Er bezieht sich auf das typische Wachstum: große Sträucher mit mehreren Stämmen, die aus einem Lignotuber herauskommen. Dieses Wachstum ist von mehr als 130 *Eucalyptus*-Arten bekannt (SPECHT 1981 a, b). Mallee tritt vor allem in den durch Winterregen gekennzeichneten, aber doch stärker ariden Gebieten Australiens auf. In der Karte von BEADLE (1981) ist die Verteilung der verschiedenen heideartigen Gebiete in SW-Australien angegeben, die innerhalb der *Eucalyptus*-Wuchsgebiete auftreten (Abb. 3.33). Eine Vielzahl von Pflanzengemeinschaften ist aus diesem Raum bekannt, teilweise gehen sie ohne scharfe Grenze ineinander über. Auf eine vergleichende Betrachtung der Baumhöhen mit entsprechenden Baumfluren im Kapgebiet sind wir bereits auf S. 150ff. eingegangen (vgl. auch Abb. 3.34). Wie aus Tab. 3.18 hervorgeht, sind die Baumhöhen nicht allein klimatisch bedingt, sondern es kommt auch ganz auf die jeweilige Konstitution der in der Flora vorhandenen Baumarten an. Bei gleichen Nieder-

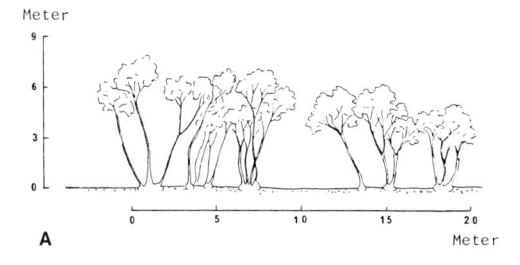

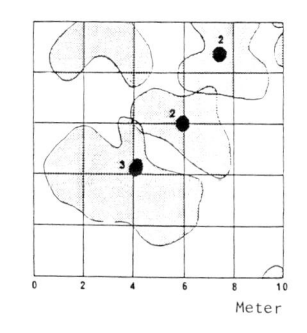

Abb. 3.32: Schematisches Vegetationsprofil (A) und Aufsichtsbild (B) eines typischen offenen Mallee-Busches mit niederwüchsiger *Eucalyptus* und offener Krautschicht bei Blanchetown in Südaustralien (aus SPECHT 1981).

schlagswerten erhält man dadurch unterschiedliche Wuchshöhen der Baumvegetation. Hinzu kommt die schon erwähnte Nährstoffarmut vieler Böden. Wie sinnvoll ein solcher Vergleich ist, mag dahingestellt bleiben.

Tab. 3.18: Das Auftreten von Bäumen in den trocken mediterranen Gebieten Australiens und Südafrikas (auf zonalen Standorten) und ihre maximale Wuchshöhe (nach MILEWSKI 1981a).
B = Bäume, S = Sträucher

Mittlerer Jahres-niederschlag (mm)	Höchste Bäume in Australien		Höchste Bäume in Südafrika
	SW-Austr.	SE-Austr.	
340–380	20 m (B)	10 m (B)	4 m (B)
300–340	20 m (B)		3 m (B, S)
260–300	20 m (B)		3 m (S)
220–260	8 m (B)	4 m (B)	2 m (S)
180–220	6 m (B)	5 m (B)	2 m (S)
140–180	5 m (B, S)		1 m (S)

Die *Eucalyptus*-Arten sind selbstfertil und bilden viele Samen aus, die nach der Reife sofort auskeimen können, aber am Boden die Keimfähigkeit über mehr als 1 Jahr behalten. Es gibt deshalb keinen großen Samenvorrat im Boden der entsprechenden Wälder. In Victoria wurde ermittelt, daß etwa 5% der Samen durch Insekten vernichtet werden.

Die phytophagen Insekten sind oft auf mehrere verwandte *Eucalyptus*-Arten spezialisiert, können jedoch bei Futtermangel auch andere Arten befallen. Durch den selektiven Fraß wird in Mischbeständen das Artenverhältnis beeinflußt. Da jedoch der Befall mit der Dichte einer Art zunimmt, verhindern die Insekten, daß in *Eucalyptus*-Mischbeständen eine Art ganz eliminiert wird.

Findet ein starker Blattfraß durch Insekten gleich nach dem Austreiben der Bäume statt, wenn die Eukalypten keine Stärkereserven besitzen und ein sofortiges Austreiben der Ersatzknospen nicht möglich ist, so kann der Baum absterben, was aber nur selten der Fall ist.

In Australien ist der Charakterbaum im humid- bis eumediterranen Klimabereich *Eucalyptus marginata*; er bildet den **Jarrah-Wald**. In diesem Gebiet, das schon als Zono-Ökoton IV/V aufzufassen ist (vgl. S. 178), fallen im Winter (Mai–Oktober) 1130 mm, also 90% des Jahresniederschlags von 1310 mm (vgl. Klimadiagramm von Karridale, Abb. 1.7). Die Mittelwerte der Temperatur in diesen Monaten (11,4 °C) und des Wasserdampfdefizits (1,7 hPa) sind niedrig, während in den Sommermonaten (November–April) die entsprechenden Werte (18,6 °C und 5,8 hPa) viel höher liegen. Im Januar und Februar können die Temperaturen an heißen Tagen auf 30 °C steigen, wobei in dem ganzen halben Jahr nur 180 mm Regen fallen. Die oberen Bodenschichten aus pisolithischen und massiven fossilen Lateriten, unterlagert von Kaolinitton, trocknen vollkommen aus.

Trotzdem wird die Wasserversorgung der *Eucalyptus*-Bäume im Sommer offensichtlich nicht gestört, denn die Transpirationswerte ändern sich linear mit den Evaporationswerten das ganze Jahr hindurch. Nur an besonders heißen Tagen wird die Tageskurve der Transpiration leicht zweigipfelig, weil sich die Stomata mittags etwas schließen. Offensichtlich erhalten die Wurzeln der Bäume genügend Wasser aus tieferen Bodenschichten (DOLEY 1967). Es werden somit die Erfahrungen mit Hartlaubhölzern im Mittelmeerraum (WALTER 1968, S. 890–897) und mit den Proteaceen am Kap (WALTER und STADEN 1965, GOUWS and AALBERS 1969) bestätigt; denn bei diesen erfolgte nur ein kaum merklicher Abfall des osmotischen Potentials im Hochsommer.

170　Teil 3: Zonobiom IV in Australien

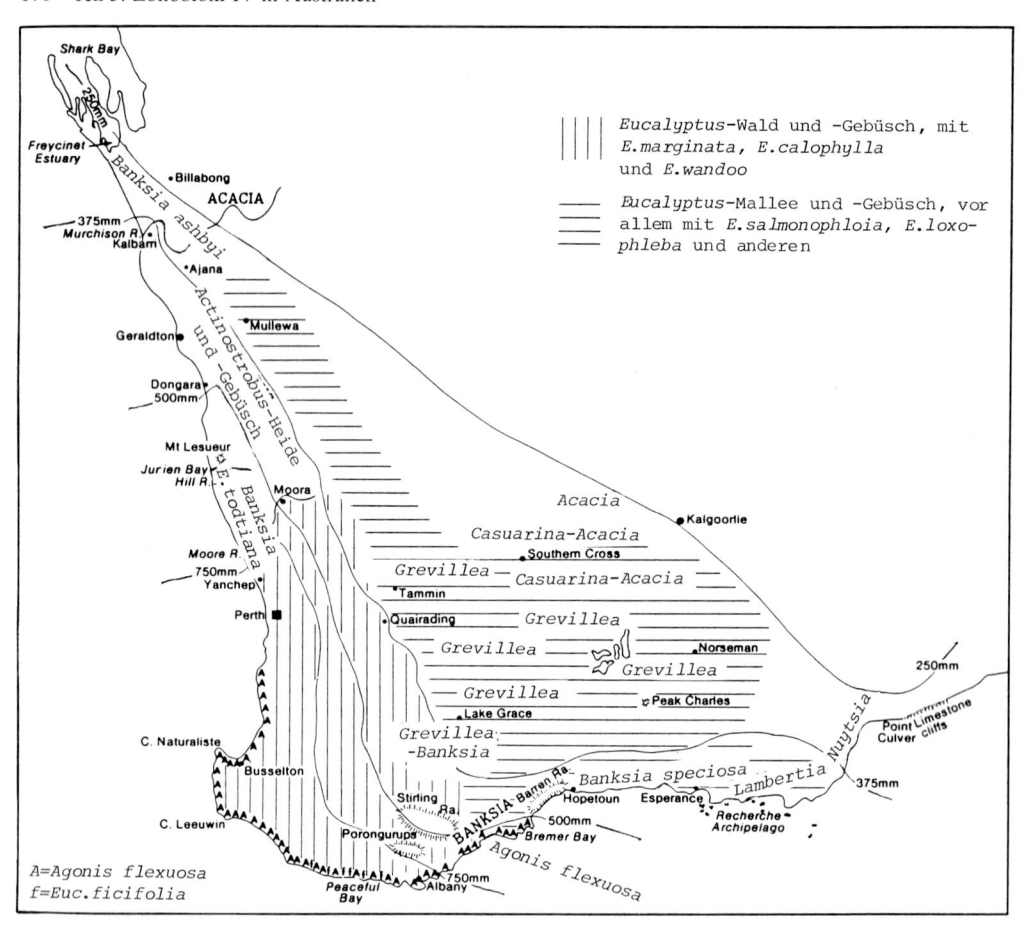

Abb. 3.33: Die wichtigsten Heide- und Sklerophyllgebiete im südwestlichen Australien, mit Angabe der 250, 375, 500 und 750 mm Isohyeten. A: *Agonis flexuosa;* f: *Eucalyptus ficifolia* (aus BEADLE 1981).

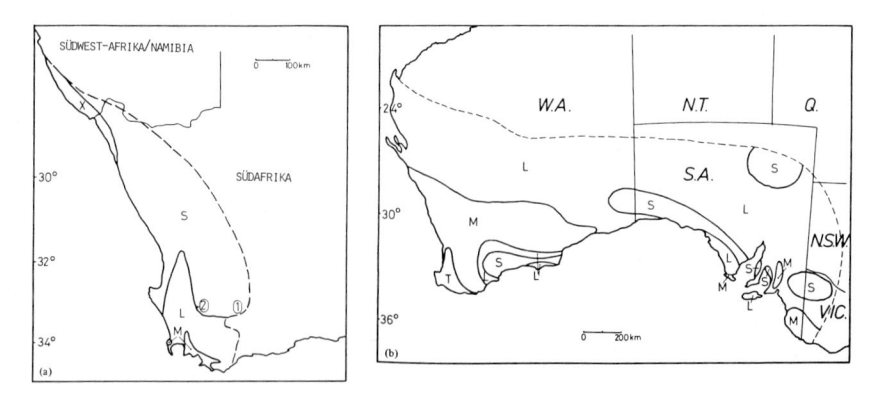

Abb. 3.34: Das Vorkommen von Bäumen in Australien und Südafrika. Die Angaben beziehen sich auf zonale Standorte (nach MILEWSKI 1981, vgl. auch Tabelle 3.18). T = Bäume größer als 30 m Höhe, M = Bäume mittlerer Größe, zwischen 10 und 30 m, L = Bäume niedriger als 10 m, S = Sträucher und Gebüsche, X = keine Holzpflanzen (höchstens xerophytische Zwergsträucher).

Die Winterregengebiete Australiens zeigen viele gemeinsame Züge mit denen Südafrikas, doch sind die Vegetationsverhältnisse, ungeachtet gewisser floristischer Ähnlichkeit, wesentlich anders. Im Winterregengebiet Australiens dominiert die Baumform. Diese wird durch viele Arten der Gattung *Eucalyptus* vertreten. Die Ähnlichkeit mit Südafrika besteht in den gemeinsamen Familien der Proteaceen, der Restionaceen etc. Aber alle Gattungen der Proteaceen sind von den afrikanischen verschieden (vgl. S. 149), und sie gehören vorwiegend zur Unterfamilie der Grevilleoideae an. Ihre Blätter sind im Gegensatz zu den afrikanischen Proteaceen meist schmal, zerteilt oder nadelförmig. Die Gattungen *Hakea* und *Grevillea* weisen jeweils weit über 100 Arten auf.

Die Artenfülle ist aber in den einzelnen Gebieten sehr ungleichmäßig verteilt. Skleromorphe Gattungen sind im eumediterranen Bereich in SW-Australien sehr viel artenreicher als im arideren W- oder S-Australien (Adelaide), wie aus der Tab. 3.19 hervorgeht. Es läßt sich daraus ein sehr starkes Florengefälle ablesen.

Tab. 3.19: Zahl an Arten (in Klammer: Gattungen) xero- und skleromorpher Taxa für drei Teilgebiete Australiens.

	SW-Australien semiarid humid	W-Australien arid	S-Australien arid
Epacridaceae	161 (14)	19 (5)	1 (1)
Mimosaceae			
Acacia	159 (1)	118 (1)	51 (1)
Myrtaceae			
Eucalyptus	73 (1)	57 (1)	29 (1)
andere	337 (28)	165 (20)	17 (6)
Fabaceae	297 (15)	84 (20)	6 (5)
Proteaceae	412 (15)	61 (6)	17 (2)
Rutaceae	74 (12)	22 (7)	2 (1)
Summe	1513 (96)	506 (60)	123 (17)

3.2 Der Jarrah-Wald

Einen ganz anderen Charakter als die Mallee trägt der Jarrah-Wald *(Eucalyptus marginata),* der in der eumediterranen Zone mit 625 bis 1250 mm Regen und einer ausgesprochenen Dürrezeit im Sommer dominiert. Diese Art kann Reinbestände bilden, subdominant kann *Eu. calophylla* beigemischt sein. Doch sind diese Wälder an bestimmte, meist sehr nährstoffarme Böden gebunden, die sich über weite Flächen erstrecken. Im Küstengebiet auf Kalk wird der Jarrah durch den Tuart *(Eu. gomphocephala)* abgelöst, auf feuchteren Böden durch *Eu. patens* und in den Flußauen durch *Eu. rudis*.

Der Jarrah-Wald ist meist ein relativ niedriger, lichter und xerophiler Wald. *Eu marginata* ist ein Baum, der 200 Jahre alt werden kann und eine Höhe von maximal 40 m, meist jedoch nur von 15–20 m erreicht. Ein Kronenschluß von 50 % oder höher ist selten. Die Keimlinge, die einen Lignotuber bilden, weisen die ersten 15 Jahre praktisch kaum oberirdisches Wachstum auf. Die Holzproduktion ist etwa 8mal geringer als die von *Eu. diversicolor* (Karri) (vgl. S. 178) im feuchten äußersten Südwesten. Das Holz ist jedoch sehr schwer und termitensicher. Eine untere Baumschicht wird durch *Casuarina preisii* und *Banksia*-Arten (Proteac.) gebildet. In der Strauchschicht sind viele xeromorphe Proteaceen, Leguminosen (insbes. *Acacia*) und Myrtaceen vertreten (Abb. 3.35).

Besonders auffallend sind die Grasbäume, wie *Xanthorrhoea preisii* und *Kingia australis*. Sie sind sehr feuerresistent und werden durch Brand begünstigt. Stellenweise ist auch die Cycadee *Macrozamia fraseri* (Abb. 3.35) verbreitet. Die Krautschicht ist floristisch sehr reichhaltig (Epacridaceen, Goodeniaceen, einzelne Orchideen usw.). Besonders interessant ist das Auftreten der insektenfressenden *Drosera*-Arten, von denen es in SW-Australien mehr als 50 Arten gibt. Die einen sind sehr kleine Rosettenpflanzen, deren terminale gut geschützte Knospe an der Erdoberfläche die Dürrezeit überdauert und gleich nach dem ersten Regen austreibt, um nach der Blüte schon im Juni wieder einzuziehen. Die anderen überdauern die Sommerdürre als Knolle im Boden und bilden nach dem Regen entweder sehr schöne große Rosetten oder sehr lange schwache Sprosse mit kleinen, wechselständigen Blättern, die sich mit ihren klebrigen Tentakeln als Haftorgane an Zweigen von Sträuchern festhalten und bis auf 1 m hinaufklettern. Sie fallen durch ihre großen, oft leuchtend gefärbten Blüten auf. Die weite Verbreitung (LOWRIE 1987) und das häufige Auftreten der *Drosera*-Arten kann als ein Kennzeichen der Bodenarmut dienen. Es handelt sich um sehr SiO_2-haltige Bodenprofile mit Eisenkonkretionen, die als Laterite bezeichnet werden. Ein typisches Profil auf dem Plateau der Darling Range sieht folgendermaßen aus:

Abb. 3.35: Dichte Kraut- und Strauchschicht mit blühenden, weichlaubigen Acacien und mit *Macrozamia fraseri*, obere Strauchschicht mit höherwüchsigen Proteaceen und niedrige Baumschicht mit *Eucalyptus marginata* und *Eu. calophylla* südlich von Perth (Südwest-Australien) (phot. S.-W. BRECKLE 1981).

Obere 80 cm: durch Kieselsäure stark verfestigte Eisenkonkretionen, diese oben walnußgroß, nach unten zu erbsengroß; oberste 20 cm sehr hart.
Darunter: verwitterter Granit von gelblicher oder stellenweise rötlicher Färbung.

Es handelt sich wohl um eine fossile Bodenbildung aus der Tertiärzeit mit einem Klima, das etwa dem heutigen Monsunklima Indiens entsprach.

Die Besiedlung der Jarrah-Waldzone durch den Menschen begann relativ spät. Doch werden die Wälder durch sehr häufige Waldbrände heimgesucht, so daß alle Stämme schwarz angekohlt erscheinen.

Auf diese Waldzone folgt landeinwärts die Wandoo-Zone. In dieser bildet der Wandoo *(Eu. redunca* ssp. *wandoo)* bei Jahresniederschlägen von 625 bis 500 mm lichte Gehölze (Woodland), die zum größten Teil in Farmland mit Kunstweiden überführt wurden. Eine Rodung der großen Bäume ist dabei nicht notwendig, nur das kleine Holz wird verbrannt und dann der Boden gelockert. In SW-Australien als Winterregengebiet fehlt ein eigentliches Grasland.

Je trockener das Klima ist, desto zahlreicher werden die *Eucalyptus*-Arten. Es kommen *Eu. adstringens*, *Eu. loxophleba*, *Eu. salmonophloia*, *Eu. salubris* und viele andere dazu (BEADLE 1981). Ihre Zahl steigt im Zono-Ökoton III/IV mit etwa 300 mm Regen auf über 30. Dabei treten auch zunehmend die erwähnten Mallee-Formen auf.

3.3 Süd-Australien

Obgleich das Klima von Süd-Australien dem von SW-Australien sehr ähnlich ist, so sind doch die Vegetationsverhältnisse viel komplizierter. Das Mt. Lofty-Gebirge erhebt sich bis auf 670 m. Mit der Höhe nehmen die Niederschläge von 450 mm an der Meeresküste bis auf 1200 mm auf den höchsten Erhebungen zu. Auch die Böden wechseln stark. Alle *Eucalyptus*-Arten sind von denen in SW-Australien verschieden und noch viel zahlreicher. Die Vegetation reicht von Mallee-Beständen bis zu trockenen *Eucalyptus*-Wäldern mit *Eu. obliqua* und *Eu. baxteri*, die etwa dem Jarrah-Wald entsprechen. Über die Vegetation Süd-Australiens liegen sowohl gute Zusammenfassungen als auch einzelne Monographien, unter Berücksichtigung der Böden, vor (WOOD 1936; CROCKER 1944; BEADLE 1981). Die Zahl der aus Südafrika oder aus dem Mittelmeer eingeschleppten Arten, die heute als aggressive Unkräuter zuweilen ganze Flächen bis zum Horizont bedecken (*Echium*, *Asphodelus*, *Arctotheca* usw.), ist in dem schon früher besiedelten Süd-Australien größer als im Südwesten, ebenso ist auch viel mehr Land bereits unter Kultur genommen.

4 Konsumenten und 5 Destruenten

Siehe Teil 1: Zonobiom IV; 4 Konsumenten und 5 Destruenten. S. 23 ff., 28 ff.

6 Ökologische Untersuchungen im Zonobiom IV Australiens

Umfangreichere produktionsökologische Messungen liegen aus Australien bisher nicht vor. GROVES et al. (1983) haben nach Daten von SPECHT (1981a, b) eine vergleichende Übersicht über die Nährstoffangebote der Böden, vor allem auf der Basis der Mangelnährstoffe N und P zusammengestellt. Danach zeigen sich erhebliche Unterschiede zwischen den verschiedenen mediterranen Gebieten (vgl. Abb. 3.36), die sich natürlich auch auf die Produktivität und das Wachstum der einzelnen Arten auswirken.

SPECHT (1973) betont, daß die dominanten Arten im mediterranen Klimabereich Australiens, wie z. B. *Eucalyptus* spp., *Banksia* spp. und *Casuarina* spp., mit ihrem Wachstum im späten Frühjahr beginnen, wenn die Temperaturen 16–18 °C erreichen. Das Wachstum wird den ganzen Sommer hindurch fortgesetzt, solange eine Wasseraufnahme aus dem Boden möglich ist, vor allem nach sporadischen Sommerregen. Die Flora ist somit nicht an das Winterregenklima angepaßt, sondern macht mehr den Eindruck einer tropischen Reliktflora. Auch kann man die *Eucalyptus*-Arten, die den Charakter der Vegetation weitgehend bestimmen, nicht als skleromorph bezeichnen, vielmehr stehen sie den Arten mit ledrigen Lorbeerblättern näher.

Besonders bezeichnend sind die vielfältigen Phyllodien-Bildungen bei der Gattung *Acacia*, von denen hier nur wenige besonders eindrucksvolle Beispiele gezeigt werden sollen (Abb. 3.37). Die Akazien, die außer im ZB III (vgl. Band 2, S. 344 f.) auch in den feuchteren Gebieten in Australien, im ZÖ III/IV und im ZB IV artenreich vertreten sind, tragen nicht selten Misteln als Halbschmarotzer, wie etwa *Lysiana*- und *Amyema*-Arten. Ökophysiologische Untersuchungen dieser Misteln (EHLERINGER et al. 1985, ULLMANN et al. 1985) zeigen, daß diese Misteln eng an ihre Wirte gekoppelt sind. Die Wasserverhältnisse, aber auch die Nährstoffversorgung, sind, obwohl die Misteln nur das Xylem anzapfen, sehr von der Wirtspflanze abhängig.

Besonders merkwürdig bei den Misteln ist aber, daß sie gelegentlich als Überschmarotzer auf anderen Misteln auftreten. Noch beeindruckender ist aber die Tatsache, daß die Misteln in gewisser Weise die Blattform ihrer Wirtspflanzen kopieren. Dies gilt nicht nur für Misteln auf Eucalypten, sondern noch interessanter sind diese, die auf Akazien oder *Casuarina* schmarotzen. Die Misteln in Australien sind nicht sehr wirtsspezifisch, die Form ihrer Blätter ist aber sehr variabel. Ein und dieselbe Art auf *Casuarina* sieht ganz anders aus als auf *Eucalyptus*, *Myoporum* oder *Acacia*. LANGE (briefl. Mitt.) sah entsprechende Misteln mit «blattkopierenden Eigenschaften» auch noch auf zwei weiteren, anderen Wirtspflanzen. Er erwähnt im gleichen Sinne, daß es in Chile die Loranthacee *Phrygilanthus aphyllus* gäbe, die auf *Trichocereus* wächst und «demzufolge» blattlos ist. Eine plausible Erklärung für diese Phänomene ist bisher nicht bekannt, oder ob es sogar unmittelbar genetische Beziehungen zwischen den Partnern gibt, ist bisher völlig offen.

Sehr bemerkenswert in SW-Australien ist, daß ungeachtet der großen Unterschiede der Jahresniederschläge von über 1500 mm bis weit unter 500 mm, immer dieselbe Lebensform vorherrscht –

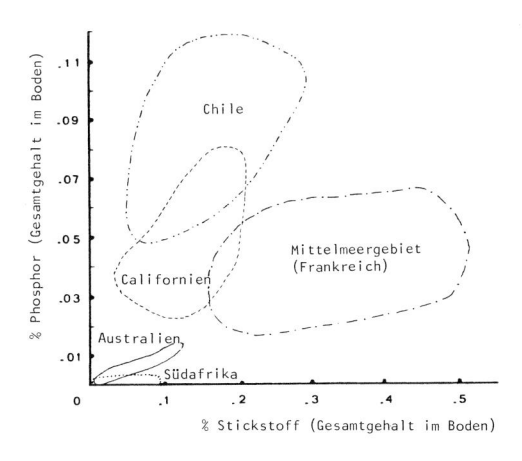

Abb. 3.36: Relatives Nährstoffangebot im Oberboden in verschiedenen mediterranen Regionen. Die Untergliederung erfolgte aufgrund des Gesamt-Stickstoffgehalts (H_2SO_4-Extraktion) und des Gesamt-Phosphatgehalts (HCl-Extraktion) im Boden (verändert nach RUNDEL 1979, vgl. auch GROVES et al. 1983). Böden, die in einem Sektor etwa unterhalb 0,03 % P und 0,15 % N liegen, gelten als nährstoffarme, ausgelaugte Böden; nährstoffreichere, weniger ausgelaugte Böden liegen darüber; als nährstoffreich und für Landwirtschaft gut geeignet gelten Böden, die über 0,3 % N und 0,06 % P aufweisen, nach einer Gliederung von SPECHT (1981).

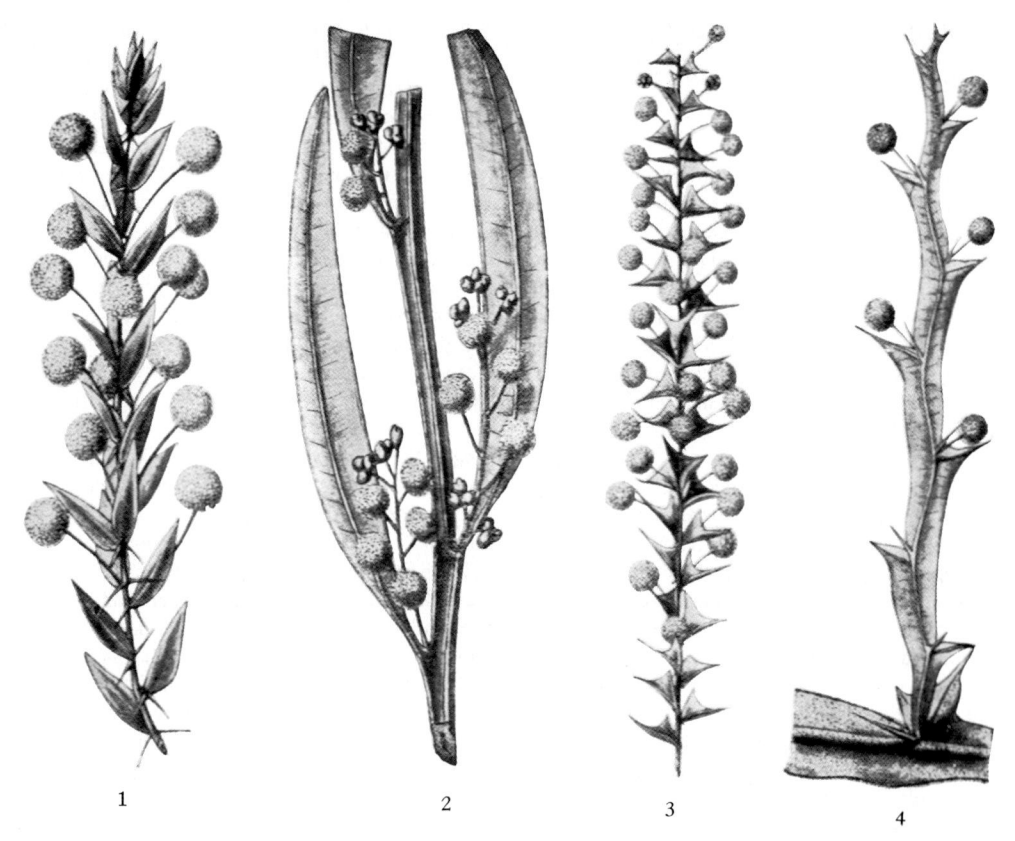

Abb. 3.37: Verschiedene Formen der *Acacia*-Phyllodien: 1: *A. armata;* 2: *A. marginata;* 3: *A. decipiens;* 4: *A. alata* (aus WALTER 1968; gez. R. ANHEISSER).

der immergrüne *Eucalyptus*-Wald. Daß diese nicht zunehmend xeromorph werden, versteht man erst, wenn man die Höhe der Niederschläge in Beziehung zum Blattflächenindex der Baumschicht der verschiedenen Waldzonen bringt. Wir hatten bereits in Bd. 1, S. 178 kurz darauf hingewiesen, daß die Menge der jährlich abfallenden Blattstreu, und die Oberfläche dieser Blätter pro Hektar berechnet, proportional mit den Niederschlägen abnehmen, daß also die Wasserversorgung der Einheit der Blattfläche im humiden und ariden Gebiet annähernd gleich bleibt. Wir wollen hier die genaueren Zahlen in Tabellenform bringen, und zwar nach Urwald und Verjüngungsflächen getrennt; denn die gesamte Blattfläche und damit auch die der Blattstreu ist auf den Verjüngungsflächen größer. Der Urwald ist lichter und hat einen dichteren Unterwuchs, dessen Blattfläche man eigentlich hinzurechnen müßte, was jedoch nicht getan wurde; auf den dichten Verjüngungsflächen fehlt jeglicher Unterwuchs, so daß sich die gesamte Blattfläche in der Baumschicht befindet (SPECHT und PERRY 1948):

Tab. 3.20: Urwälder

Niederschlagshöhe		Blattstreu		Oberfläche der Blattmasse	
mm	relativ	$kg \cdot ha^{-1}$	relativ	$m^2 \cdot m^{-2}$	relativ
1530	100	2400	100	1,114	100
810	53	1280	53	0,57	50
750	49	1500	62	0,66	58

Tab. 3.21: Verjüngte Bestände

Niederschlagshöhe		Blattstreu		Oberfläche der Blattmasse	
mm	relativ	kg·ha^{-1}	relativ	m^2·m^{-2}	relativ
1330	100	2740	100	1,30	100
1290	97	2040	75	1,05	81
560	42	1290	47	0,39	30

Berücksichtigt man, daß die Niederschläge nicht auf den Versuchsflächen gemessen, sondern aus Werten der nächstgelegenen Stationen interpoliert wurden und daß Streumessungen mit großen Fehlern behaftet sind, so geht die Proportionalität trotz einzelner, größerer Abweichungen aus den Tabellen deutlich hervor. Eine gewisse Zunahme der Xeromorphie der Blätter wird man allerdings mit Abnahme der Niederschläge wohl beobachten. Denn mit zunehmender Trockenheit sind die Blätter im Sommer längere Zeit den sehr großen Sättigungsdefiziten der Luft ausgesetzt. Doch liegen vergleichende, anatomische Untersuchungen der Blätter verschiedener *Eucalyptus*-Arten nicht vor.

Wir hatten zur vergleichenden Untersuchung der osmotischen Werte Proben während der Regenzeit im August 1958 entnommen und erhielten die in den Tabellen 3.22 und 3.23 aufgeführten Werte. Zusätzlich wurden noch Chloridbestimmungen durchgeführt und diese als NaCl in die Tabellen aufgenommen, denn wir wissen, daß in W-Australien das zyklische Salz eine große Rolle spielt (vgl. Bd. 1, S. 4f.; Bd. 2, S. 332).

Man erkennt aus diesen Zahlen, daß die osmotischen Werte der Hartlaubgewächse Australiens während der Regenzeit sehr niedrig sind. Bei den Proteaceen entsprechen sie denen in Südafrika. Der Chloridanteil ist nicht hoch.

Bestimmungen des osmotischen Wertes von typischen Arten während eines ganzen Jahres liegen nicht vor, doch hat GRIEVE einige Werte aus der Trockenzeit von verschiedenen Arten veröffentlicht. Die Proben wurden gegen Ende der Dürre zum Teil bei Perth entnommen, zum Teil im Lofty-Gebiet (Süd-Australien) gesammelt (osmotische Werte plasmolytisch gemessen), s. Tab. 3.24.

Vergleicht man diese Zahlen mit unseren Frühjahrswerten von *Banksia*, *Stirlingia* und *Xanthorrhoea*, so kann man sagen, daß sie bis um 50% höher liegen. Es müssen also gewisse Sättigungsdefizite, wenn auch nicht sehr extreme, auftreten. Die Transpirationsmessungen, die GRIEVE (1956) bei Perth zu verschiedenen Zeiten durchführte, zeigten in Übereinstimmung damit eine gewisse Transpirationseinschränkung zur Zeit der Dürre. Während im Frühjahr die Tageskurven der Transpiration einen Gipfel um die Mittagszeit aufwie-

Tab. 3.22: Wassergehalt (in Prozent des Trockengewichts), osmotische Werte (in atm) und Chloridanteil im Zellsaft (in atm) von einigen Arten des Karri-Waldes (1 atm = 0,1 MPa).

Beschreibung der Probe	Wassergehalt	Osmotischer Wert (atm)	NaCl-Anteil (atm)
Eucalyptus diversicolor			
Blätter blühender Zweige, Baum 6 m, freistehend	120%	12,8	3,1
Blätter nicht blühender Zweige, Baum 5 m, im Walde, licht	125%	14,8	3,0
Blätter von jungem Baum (2 m), schattig	130%	13,4	2,9
Blätter aus Krone, Baum 60 m hoch, 100–150jährig	115%	14,2	2,6
Blätter aus der Gipfelregion desselben Baumes	116%	13,4	1,5
Trymalium spathulatum (Rhamn.)			
Strauch im Walde, schattig, Blätter hygromorph	184%	12,3	2,4
Strauch im Walde, licht stehend	164%	12,6	2,0
Strauch, sehr sonnig	130%	16,0	1,5
Agonis flexuosa (Myrtac.)			
Blätter eines Strauches (4 m), am Ufer des Le Froy-Rivers	115%	12,7	2,8

Tab. 3.23: Wassergehalt, osmotischer Wert und Chloridanteil (wie in Tab. 3.22) von Arten des Jarrah-Waldes.

Beschreibung der Probe	Wassergehalt	Osmotischer Wert (atm)	NaCl-Anteil (atm)
Eucalyptus marginata			
Blätter von unteren Ästen eines großen Baumes	106%	16,3	5,7
Blätter von jungen 1–2 m hohen Bäumen	104%	13,1	3,0
Casuarina freiseriana, junge Sprosse	106%	14,5	3,9
Banksia-Arten (Proteac.)			
B. menziesii Blätter	97%	13,3	2,4
B. menziesii Blätter	94%	14,7	4,7
B. attenuata Blätter	75%	15,4	3,6
Hakea-Arten (Proteac.)			
H. prostrata Blätter (bei Perth)	118%	15,3	2,7
H. spec. Blätter (Darling Range), Granitfels	70%	19,7	2,7
Stirlingia latifolia (Proteac.), Blätter	142%	13,6	1,8
Xanthorrhoea preisii (Chloridwerte ungenau)			
Blätter sehr spröde (bei Perth)	198%	9,3	4,7
Blätter sehr spröde (bei Perth)	180%	10,6	3,1
Blätter, altes Exemplar (Darling Range)	161%	14,0	6,3
Macrozamia fraseri (Cycad.) Teile der sehr harten Blätter	112%	10,9	1,2
Daviesia divaricata (Legum.) Blätter	108%	11,5	1,2
Helichrysum cordatum, sehr weiche Blätter	390%	8,1	3,1
Borya nitida (xeromorphe Liliacee)			
Junge Blätter von Polstern, auf Granitfelsen (Darling Range)	170%	10,9	1,6

sen, wurden sie im Sommer zweigipfelig und verliefen im Spätsommer viel flacher, zuweilen nur mit einem niedrigen Gipfel am Vormittag. Flachwurzelnde Arten wie *Hibbertia* und *Bossiaea* hatten im Spätsommer so wasserarme Blätter, daß kein Preßsaft gewonnen werden konnte und die Wasserabgabe äußerst gering war; sie verhielten sich also wie malakophylle Labiaten des Mittelmeergebietes. Nur *Eucalyptus marginata* wies auch im Sommer bei offenen Spalten eine Transpirationsintensität von 7,2 mg·g^{-1}·min^{-1} auf, wie es scheint, infolge des tiefgehenden Wurzelsystems und einer guten Wasserversorgung. *Eu. calophylla* schränkte dagegen deutlich ein. Bei extremem Wassermangel haben aber auch die Eucalypten die Möglichkeit, ihre Transpiration durch Stomataschluß stark herabzusetzen. Das Verhältnis der cuticulären zur stomatären Transpiration beträgt bei ihnen 1 : 60. Die Zahl der Stomata liegt um 300·mm^{-2}, bei Proteaceen um 150·mm^{-2}. Man wird die Eucalypten des austr. Winterregengebietes öko-physiologisch etwa den immergrünen Eichen gleichsetzen. Es ist zu erwarten, daß die Transpirationseinschränkung der australischen Sklerophyllen durch teilweisen Stomataschluß im Sommer auch zu einer Einschränkung der CO$_2$-Assimilation führt, doch fehlen diesbezügliche Messungen.

Die morphologischen Besonderheiten der Hartlaubgewächse, ihre xeromorphen Merkmale, sind ähnlich denen von Arten anderer Winterregengebiete, wobei jedoch nirgends so viele auffallende Konvergenzen bei den verschiedensten Familien zu beobachten sind wie gerade in SW-Australien; die Zugehörigkeit vieler Arten zu bestimmten Familien ist ohne Fortpflanzungsorgane sehr oft kaum festzustellen. Einige Beispiele des Auftretens von solchen Konvergenzen seien angeführt:

Tab. 3.24: Osmotische Werte in atm von Arten der Hartlaubvegetation (nach GRIEVE)

Perth (Westaustralien)	
Banksia menziesii	21
Stirlingia latifolia	21
Hibbertia hypericoides	27
Bossiaea eriocarpa	21
Hardenbergia comptoniana	14
Kennedya prostrata	21
Mt. Lofty Range (Südaustralien)	
Eucalyptus odora	30
Acacia pycnantha	25
Hibbertia stricta	21
Leptospermum myrsinoides	18
Xantorhoea semiplana	15

1. Breite ledrige Blätter: bei Myrtaceen, Leguminosen (Phyllodien), Proteaceen, Pittosporaceen und Epacridaceen.
2. Ericoide Blätter: bei Myrtaceen, Epacridaceen, Leguminosen und Goodeniaceen.
3. Nadelförmige Blätter: bei Proteaceen und Leguminosen, bei *Casuarina* nadelförmige Sprosse.
4. Aphyllie: bei Goodeniaceen und Leguminosen.
5. Geflügelte assimilierende Stengel: bei Leguminosen und Umbelliferen.

Auch die xeromorphen anatomischen Merkmale sind besonders ausgeprägt (vgl. *Hakea suaveolens* u.a.). Wir wissen, daß die Xeromorphosen oft eigentlich Peinomorphosen sind, d.h. allgemein Mangelerscheinungen und nicht nur Anpassungen an Wassermangel darstellen; sie sind z.B. auch bei Stickstoffmangel zu beobachten. Wie wir betonten, sind die Böden Australiens sehr arm, insbesondere auch die Sandböden der Heiden. Man muß sich deshalb die Frage vorlegen, ob nicht der so besonders ausgeprägte Hartlaubcharakter der australischen Flora mit dieser Armut der Böden zusammenhängt. Stickstoffmangel allein kann nicht ausschlaggebend sein; denn diese Xeromorphosen treten besonders stark bei vielen australischen Leguminosen auf, z.B. bei den 400 *Acacia*-Arten der Sektion Phyllodinae, die z.T. äußerst harte Phyllodien ausbilden (Abb. 3.37), obgleich die Leguminosen Wurzelknöllchen mit stickstoffbindenden Bakterien besitzen. Aber die Böden sind zudem auch sehr arm an Phosphor und manchen Spurenelementen, und gerade der Phosphormangel spielt in Australien eine sehr große Rolle (BEADLE 1962, 1966, 1981). Wie schon erwähnt, unterscheiden sich die 5 Gebiete des ZB IV in Bezug auf die Nährstoffvorräte in den Böden erheblich. Im ZB IV in Chile und in Südfrankreich überwiegen nährstoffreiche Standorte, hier sind die Gesteine, die durch Verwitterung die Böden liefern, recht jung. In Südafrika und in Australien hingegen sind die Böden sehr nährstoffarm (Abb. 3.36), sie gehen aus alten Gondwana-Gesteinen hervor.

Es steht fest, daß sehr viele xeromorphe Arten (vor allem bei den Proteaceen) sehr anspruchslose und deshalb gerade auf armen Böden besonders konkurrenzkräftige Pflanzen sind. Es ist deshalb nicht verwunderlich, daß auch im feuchten Klima Ostaustraliens, insbesondere bei Sydney, auf armen Sandsteinböden eine an Proteaceen reiche Heidevegetation auftritt, die physiognomisch durchaus der von SW-Australien entspricht. Das gilt auch für die Pflanzen des Gebietes südlich von Adelaide in S-Australien, das als «90-Mile-Desert», also als Wüste bezeichnet wird, nur weil es so arme Sandböden hat, daß es bisher unbesiedelt blieb. Die Vegetationsverhältnisse sind daselbst von SPECHT in vorbildlicher Weise ökologisch untersucht worden und sind bereits ausführlich in Band 1 (S. 73 ff.) besprochen worden, insbesondere im Zusammenhang mit der Anpassung der Vegetation an den Faktor Feuer.

7 Gliederung

Siehe Teil 1: Zonobiom IV; 7 Gliederung. S. 31.

8 Orobiome im Zonobiom IV Australiens

In Südwest- und in Südaustralien sind die Erhebungen so niedrig, daß es zu keiner echten Höhenstufung kommt. Orobiome IV fehlen daher.

Besonders bemerkenswert ist in Südwest-Australien die Stirling Range, die allerdings auch nur bis knapp 1100 m Höhe mit dem Bluff Knoll Gipfel aufsteigt. Dieses kleine Bergmassiv ist an den Hängen von einer unglaublich artenreichen Proteaceen-Heide bedeckt, in tieferen Lagen mit Mallee und verschiedenen niedrigeren *Eucalyptus*-waldtypen, sofern die Böden nicht zu arm sind (s.u.). Das ganze Gebiet weist häufig Feuer auf. Heute ist es ein gut geschützter National Park: Nach Feuern blühen zahllose Geophyten (Orchideen usw.), die kleinen Sträucher treiben Stockausschläge. Die zahlreichen Proteaceen blühen vor allem gegen Ende des Winters.

Im Hinterland von Perth weist der Mount Cooke als höchster Punkt 580 m auf. Auch hier sind keine Höhenstufungen erkennbar.

9 Pedobiome im Zonobiom IV Australiens

Für Australien seien erwähnt eine Beschreibung der stark windexponierten Vegetation an der südaustralischen Küste im Vergleich mit der auf ähnlichen Standorten auf Tasmanien und Neuseeland von SCHWEINFURTH (1978) und von einem eigenartigen leicht alkalischen (pH = 7,6–8,1) Helobiom, das in Westaustralien, 50 km nördlich von Perth, von *Melaleuca* und *Banksia* eingefaßt wird (McComb and McComb 1967). Specht erläutert Studien des Wasserhaushalts der australischen Heiden auf Sandböden (Specht and Jones 1971).

Die südaustralischen Sandheiden wurden bereits in Band 1 (s. S. 73ff.) als Beispiel ausführlich besprochen.

Der Südwesten von Australien ist nicht nur von Wald bedeckt. Es gibt große Flächen mit einer etwa ½–¾ m hohen Proteaceen-Heide, und zwar auf so armen Sandböden, daß selbst die anspruchslosen *Eucalyptus*-Arten auf ihnen nicht zu gedeihen vermögen. Die Bodenarmut verhinderte auch bis in die jüngste Zeit die Inkulturnahme dieser Flächen. Wir finden sie im Nordwesten des Winterregengebietes östlich von Geraldton und der Murchison-River-Mündung (unter 500 mm Jahresniederschlag), aber auch in dem feuchteren Gebiet südöstlich der Stirling-Berge.

Wir sind in Europa gewohnt, daß die ärmsten Sandböden auch eine floristisch sehr arme Vegetation aus wenigen genügsamen Arten aufweisen. In Australien ist es umgekehrt. Die Sandheiden (Heath) sind die an Arten reichsten Flächen, wobei Gräser und Kräuter fast ganz fehlen. Auf 100 m² wurden am Kalgan-River im Mallee-Busch mit Proteaceen-Zwerggebüsch 63 Strauch- und Zwergstraucharten und insgesamt 90 Arten gezählt. Eine Besonderheit dieser Heiden sind die Holzhemikryptophyten, d.h. Proteaceen mit einem direkt unter der Erdoberfläche waagerecht liegenden Stamm, von dem in gewissen Abständen Zweige über die Bodenoberfläche hinauswachsen. Beispiele dafür sind *Banksia prostrata*, *B. repens*, *Dryandra prostrata*, *D. nivea* u.a. Auch die *Casuarina humilis* ist sehr niedrig. Auf zeitweise feuchten Sandflächen kommt neben verschiedenen *Drosera*-Arten die *Utricularia menziesii* vor, die eine Knolle besitzt. Die kleine Rosette besteht aus Blättern und darunter aus kleinen Blasen; sie bildet eine sehr große, sich kaum über die Erdoberfläche erhebende, leuchtend rote Blüte.

Mitten in diesem Gebiet können jedoch infolge der heißen, trockenen Sommer auch Salzpfannen liegen. Im Winter werden durch die Regen die Salze aus den oberen Bodenschichten ausgewaschen; es keimen dann viele nichthalophile Therophyten, wie *Hydrocotyle calyculata*, zwischen den ausdauernden Halophyten, wie *Arthrocnemum*, *Pachycornia*, *Atriplex*, *Carpobrotus* (*Mesembryanthemum*), *Plagianthus* (Malvac.) u.a. Um die Salzpfannen herum zeigt die Vegetation eine sehr ausgeprägte Zonation: An der Grenze zu den Salzböden tritt *Melaleuca cuticularis* (Myrtac.) auf, ein dichtes Gebüsch bildend, zusammen mit vielen Centrolepidaceen. Nicht selten fehlen aber auch Zwischengürtel völlig, und der *Eucalyptus*wald beginnt sehr unvermittelt nur wenige m neben und 1–2 m höher als die Salzkruste, selbst noch in den südwestlichen, feuchteren und dichteren *Eucalyptus*waldregionen, die schon zum eigentlichen Zonobiom IV zu rechnen sind.

10 Zono-Ökotone in Australien

Der noch relativ dichte Jarrah-Wald (*Eucalyptus marginata*) des ZB IV in Südwest-Australien wird, wenn die Niederschläge gegen das ZB III abnehmen, durch immer lichtere *Eucalyptus*-Bestände abgelöst, die von *Eucalyptus adstringens* oder *Eu. loxophleba* oder *Eu. salmonophloia* u.a. gebildet werden mit niedrigem Gebüsch im Unterwuchs, das bei großer Trockenheit auch aus den Chenopodiaceen-Sträuchern *Kochia sedoides* und *Atriplex vesicaria* bestehen kann. Bei sandigen Böden wird jedoch der *Eucalyptus*-Wald durch die australische Heidevegetation ersetzt, die sich trotz oder wegen der sehr großen Armut der Böden durch einen enormen Artenreichtum mit schön blühenden Proteaceen, Compositen, Fabaceen und Myrtaceen auszeichnet.

Das Zono-Ökoton IV/V ist der feuchte **Karri-Wald** mit *Eucalyptus diversicolor*. Ein eigentliches ZB V fehlt in Südwest-Australien, weil südlicher die Meeresküste beginnt.

10.1 Der Karri-Wald in SW-Australien

In SW-Australien nehmen die Niederschläge von über 1500 mm in der Richtung nach Nordosten ab. Gleichzeitig wird die Sommerdürre intensiver und ihre Dauer länger. Dementsprechend lösen sich verschiedene waldbildende *Eucalyptus*-Arten ab. Im humiden Teil des Winterregengebietes mit über 1250 mm ist die vorherrschende Art der Karri (*Eu. diversicolor*). Es ist ein Baum, der bis zu 85 m hoch wird (im Mittel 60–75 m) mit sehr geraden und schlanken Stämmen. Im letzten Jahrhundert soll es noch Bäume von über 100 m Höhe gegeben

Abb. 3.38: Kronenschluß eines hochstämmigen (bis 60 m hoch) *Eucalyptus jacksonii*- und *Eu. diversicolor*-Waldes (Karri-Wald) bei Denmark (Südwest-Australien). Die Kronen der Bäume sind sehr locker und in einzelne Astbereiche aufgeteilt, so daß viel Licht nach unten durchdringt, zumal die Blätter an den Zweigen auch noch hängend inseriert sind (phot. S.-W. BRECKLE 1981).

haben.[3] Der Kronenschluß übersteigt 65% nicht. Die Wälder sind licht, wie Abb. 3.38 zeigt. Die Strauchschicht deckt im Mittel 50%. In dieser überwiegt oft die Rhamnacee *Trymalium spathulatum* mit breiten, dünnen Blättern, als «Hazel» bezeichnet, oder es breitet sich der Adlerfarn *(Pteridium)* mit 1,5 m hohen Wedeln und bis 60% deckend aus. Dadurch machen die Wälder einen durchaus hygrophilen Eindruck. Die 20 cm hohe Krautschicht mit viel *Bossiaea amplexicaulis* deckt etwa 40%. Lianen wie *Clematis* und *Hardenbergia* fehlen nicht ganz. Sie erheben sich aber nicht über die Strauchschicht. Nach Brand keimen vor allen Dingen die *Acacia*-Arten mit hartschaligen Samen. Unter ihnen sind sowohl solche mit gefiederten Blättern *(A. pentadenia, A. pulchella)* als auch solche mit Phyllodien *(A. urophylla* u. a.) vertreten. Dazu kommt *Albizzia distachya*. Auch xeromorphe Formen fehlen nicht, z. B. einige Leguminosen.

Andere Baumarten sind seltener beigemischt. Zu nennen wären *Eu. calophylla*, die auch in der nächsten Waldzone vorkommt, und die niedrige *Casuarina decussata*. An Flüssen stehen durchaus xeromorph anmutende, kleinblättrige Myrtaceen, wie *Agonis flexuosa* und *A. juniperina* sowie die schmalblättrige Leguminose *Gompholobium*. Ganz im Süden wird der Karri durch einige andere hochwüchsige *Eucalyptus*-Arten mit sehr lokaler Verbreitung ersetzt.

Die Böden dieser humiden-mediterranen Wälder sind meist tiefgründig, tonig und in ihrer Reaktion ziemlich neutral. Das Profil erinnert an unsere braunen Waldböden unter Buchen. An Nährstoffen sind diese Böden arm. Das wird schon durch die weite Verbreitung von *Pteridium* angezeigt. Auch Insektivoren fehlen nicht: An offenen Stellen kommen häufig *Drosera pallida* und *Drosera stolonifera* vor und an sumpfigen Stellen unter Myrtaceen-Gebüsch auf Wurzel-Torf von Restionaceen die sehr seltene Kannenpflanze *Cephalotus*. In einer Kanne dieser Art wurden 18 große Ameisen gefunden.

Über die Entwicklung von *Eu. diversicolor* können folgende Angaben gemacht werden: Die Blütenknospen brauchen zu ihrer Entwicklung $2^1/_2$ Jahre. Die Hauptblütezeit ist im Dezember (während der Dürrezeit); sie dehnt sich über einen langen Zeitraum aus. Für die Fruchtreife nach der Bestäubung werden $1^1/_2$ Jahre benötigt, so daß die Gesamtentwicklung bis zur Samenreife 4 Jahre dauert. Das Ausstreuen der Samen erfolgt im Sommer während zweier Jahre. Alle 4–5 Jahre sind besonders ergiebige Samenjahre. Wenn im Herbst 100 mm Regen gefallen sind, tritt die Keimung innerhalb von 3 Wochen ein. Der Keimling bildet schon im ersten Jahr 14 Blätter. Auf einem Aschenbett (nach Waldbrand) werden im ersten Jahre 80 cm Höhe erreicht, im zweiten 3 m, dann ist der jährliche Zuwachs die ersten 25 Jahre 1,2–1,5 m, danach bis zum 80. Jahr etwa 30 cm. Nach dem 80. Jahr läßt das Wachstum nach, und die Kronenform ändert sich. Während die jungen Bäume eine geschlossene lang-konische, blattreiche Krone besitzen, nimmt sie bei alten Bäumen Schirmform an, die Haupttriebe sterben ab, und die Achselknospen treiben aus, so daß die lichte Krone aus einzelnen Blattbüscheln zu be-

---
[3] Es gibt auch heute noch gekappte Feuerbeobachtungsbäume mit einem Stammdurchmesser von 3 m in 65 m Höhe, auf denen eine Hütte als Aussichtsplattform steht.

stehen scheint. Die Blätter werden zu 50% beim nächsten Austrieb, also nach einem Jahr, abgeworfen, der Rest nach 2 Jahren, selten nach 3 Jahren. Die Blattstreu verliert im ersten Jahr 30% an Gewicht, der Rest wird langsam zersetzt. Die Bäume erreichen ein Alter von 350 Jahren; doch ist der Holzzuwachs bei über 120 Jahre alten Bäumen sehr gering. Bei forstlicher Bewirtschaftung erfolgt eine natürliche Verjüngung: $1/3$ der Bäume bleibt als Samenbäume stehen, das nicht genutzte Holz wird auf der Schlagfläche verbrannt, um ein Aschenbett zu schaffen; der Jungwuchs kommt sehr dicht auf, die Auslichtung erfolgt auf natürliche Weise, da man für Stangenholz keine Verwendung hat.

Das Gebiet des Karri-Waldes ist wenig besiedelt. Auf Rodungen werden Milchfarmen oder Apfelbaumplantagen angelegt; doch ist die Wüchsigkeit des Waldes so stark, daß die forstliche Nutzung rationeller ist. Für technische Zwecke ist das *Eucalyptus*-Holz weniger geeignet als Kiefernholz. Aufforstungsversuche mit *Pinus radiata* haben ergeben, daß die Holzproduktion dieser Art etwa 4mal größer ist als die des *Eucalyptus*-Waldes, vorausgesetzt, daß kein Spurenelementmangel (z. B. an Zink) eintritt. Auf sehr armen Küstensanden wird auch *Pinus maritima* (= *pinaster*) gepflanzt. Alle anderen Kiefernarten haben sich nicht bewährt.

Tab. 3.25: Holzzuwachs verschiedener Baumarten im Karri-Gebiet (nach STEWART 1958) in $m^3 \cdot ha^{-1} \cdot a^{-1}$

Jarrah *(Eucalyptus marginata)*	1 – 1,8
Karri *(Eucalyptus diversicolor)*	5,3– 7,0
Pinus pinaster	7,0–10,5
Pinus radiata	21,0–28,0

An Trockenmasse erzeugte *Pinus radiata* etwa 3–4 t. Das Holz von *Eucalyptus* hat ein bedeutend höheres Raumgewicht.

Noch 1908 konnte DIELS bei der Erforschung der Vegetation SW-Australiens das Karri-Gebiet nicht besuchen, weil es völlig weglos und unzugänglich war. Viele Teile Westaustraliens werden erst jetzt für die Besiedlung erschlossen. Es war deshalb von allen Winterregenzonen die am wenigsten durch den Menschen veränderte. Aber auch jetzt zeigt sich schon, daß diese Region ebenfalls sehr empfindlich ist und durch Einwanderung von Neophyten, vor allem aus dem Mittelmeergebiet viele heimische Arten, die oft ein nur enges, kleines Areal haben, zurückgedrängt und damit in ihrem Bestand erheblich gefährdet werden. Dies erinnert sehr an die prekäre Situation der so engräumigen, aber umso reichhaltigeren Kap-Flora.

10.2 Süd-Australien

In Süd-Australien sind die Verhältnisse unübersichtlicher; denn es handelt sich um eine Mittelgebirgslandschaft mit sehr zahlreichen verschiedenartigen *Eucalyptus*-Beständen, die gegen das Landinnere trockener, zur Südküste und nach Südosten dagegen feuchter werden (s. S. 249).

Besonders typisch als Zono-Ökoton III/IV ist hier wieder die «Mallee»-Formation. Sie besteht aus strauchigen *Eucalyptus*-Arten, die einen lichten Bestand bilden. Bei diesen Arten ist auch hier wieder ein unterirdischer Stamm in Form einer riesigen Holzknolle, dem Lignotuber, vorhanden, von der nach oben die vielen Äste des Strauches abgehen. Einen solchen Lignotuber, jedoch nur in kleinen Dimensionen, bilden die Keimpflanzen auch vieler baumartiger *Eucalyptus*-Arten aus. Es ist eine Anpassung an die häufigen Brände: Wenn die oberirdischen Sproßteile durch Feuer vernichtet werden, so treiben immer wieder neue aus dem Lignotuber aus.

Die Wettbewerbsverhältnisse von 2 Mallee-Arten Süd-Australiens *(Eucalyptus socialis = oleosa* und *Eu. incrassata)* auf verschiedenen Böden untersuchte PARSONS (1969).

Die Übergangsgebiete zum trockeneren Innern Australiens und den feuchten, küstennahen Wäldern im südöstlichen Australien nehmen *Eucalyptus*wälder ein, die eine sehr lockere Struktur aufweisen. BEADLE (1981) hat einige Dutzend verschiedene Waldtypen unterschieden, die unter dem Namen «Box Woodlands» zusammengefaßt werden können. Nur in den südlichen Teilen vertreten sie das Zono-Ökoton IV/V mit dichteren Wäldern, nördlich des Murray sind es sehr offene Savannen, die man schon zum Zono-Ökoton IV/III rechnen kann. Die Grenzen sind nicht scharf zu ziehen.

Teil 4: Der Himalaya, eine multizonale Gebirgsregion

(Von G. MIEHE, Göttingen)

1 Einleitung

1.1 Gebirgsgliederung

Die Gebirgsgruppen des Himalayabogens schirmen das Hochland von Tibet über eine Gesamtstrecke von 2500 km (zwischen der Durchbruchsschlucht des Indus im Nordwesten und derjenigen des Tsangpo im Südosten) gegen die Gangesebene ab (Abb. 4.1). Die Fußstufe des Gebirges liegt im Nordwesten bei 34°N (Niederschläge zwischen 400 und 1000 mm $\cdot$ a^{-1}: Klimadiagramm Lahore, Jammu, Abb. 4.13: Profil Pir Panjal) in einer Dornstrauchsavanne; in Bhutan (26°40′N) und im Südosten (28°N) liegt sie im tropischen Regenwald mit Niederschlägen von 4500 mm $\cdot$ a^{-1} (Klimadiagramm Pashigat) (Abb. 4.13: Tsangpo-Quertal). Im Zentralen Himalaya fällt der Hauptkamm des Gebirges von 7000 bis 8000 m zu den alpinen Steppen des tibetischen Plateaus ab, die bei 5000 m liegen (Abb. 4.13: Xixabangma). Die Südabdachung des Gebirges ist im Einzugsbereich von Durchbruchsschluchten tief zertalt. Der Himalaya ist damit multizonal und extrem asymmetrisch. Abb. 4.30 zeigt am Beispiel des Zentralen Himalaya die Gebirgsgliederung von Süd nach Nord: An die Schwemmfächerzone des Gebirgsvorlandes (Bhabar, 150 m) schließt sich die Vorhügelzone (Siwaliks) an. Es sind von Kerbtälern zerschnittene Schichtkämme aus edaphisch trockenen Schottern und Sanden, die bis 1500 m aufsteigen und die erste Staffel von Steigungsregenlagen darstellen. Im Regenschatten der Siwaliks liegen in 300 bis 600 m Höhe breite Längstäler (Duns) mit regenzeitlich überfluteten Torrentenbetten (Kastentäler mit breiter Schottersohle). Darüber steigen die aus kristallinen Gesteinen aufgebauten Himalaya-Vorketten auf. Ihr südlichster Kamm, der Mahabarat Lekh, bildet die zweite Staulage für hohe Niederschläge. Die nördlich anschließenden Ketten (mit intramontanen Becken: Kashmir, Pokhara, Kathmandu) ragen beim Anstieg zum Himalaya-Hauptkamm bis über die Waldgrenze (3800 m) auf; die Talböden liegen hier zwischen 1000 und 2000 m. Die Himalaya-Hauptkette bildet mit Kämmen über 7000 m die höchste Staffel von Steigungsregenlagen. Der Hauptkamm wird von tiefen Quertälern in einzelne Gebirgsstöcke zerteilt. Im Regenschatten des Hauptkammes liegt der Innere Himalaya mit breiten Hochtälern zwischen 2000 und 3000 m, die durch Quertäler noch vom monsunalen Sommerregen erreicht werden; nördlich davon folgt die Hochgebirgshalbwüste des Tibetischen Himalaya.

1.2 Literatur und Karten

Den noch immer zutreffendsten Überblick über die Vegetation des Gebirgsbogens zwischen Afghanistan und Yünnan (Forschungsstand 1954) gibt SCHWEINFURTH (1957). Die Wälder Nepals beschreibt STAINTON (1972) mit floristischem Schwerpunkt, gestützt auf langjährige Sammeltätigkeit für das umfangreiche Nepalherbar des British Museum (Natural History), London, während DOBREMEZ (1976) ökologischen Ansätzen folgt. Den West-Himalaya bearbeiteten mit chorologischem Schwerpunkt MEUSEL und SCHUBERT (1971); unter forstlichem Aspekt HESKE (1932). Regionale Darstellungen liegen für Ostnepal (Sammelband Ed. NUMATA 1983) vor, für Westnepal von SHRESTHA (1982), für Teile Zentralnepals von DOBREMEZ und JEST (1976) und vom Verfasser (1982, 1990a, b); für Bhutan von OHSAWA (1987), für Assam von BOR (1938), für die Tsangpo-Schlucht von LI BO SHENG (1986), für den Tibetischen Himalaya die Publikationen des Tibet-Symposiums (LIU DONG SHENG 1981), CHANG (1981) sowie eine Übersicht über die Hochregion vom Verfasser (1988). Die Bestandesdynamik in der Nebelwaldstufe Zentralnepals untersucht D. SCHMIDT-VOGT (1990).

Vegetationskarten 1:250.000 von DOBREMEZ et al. (1971, 1974a, 1975a, 1980, 1984) geben einen Überblick für Nepal, für Tibet die ‹Vegetation Map of China 1:4 Mio› (HOU 1979). Auf der Grundlage topographischer Karten sind der Nanga Parbat im Nordwest-Himalaya (C. TROLL 1939), Täler der zentral-nepalesischen Himalaya-Vor-

182   Teil 4: Einleitung

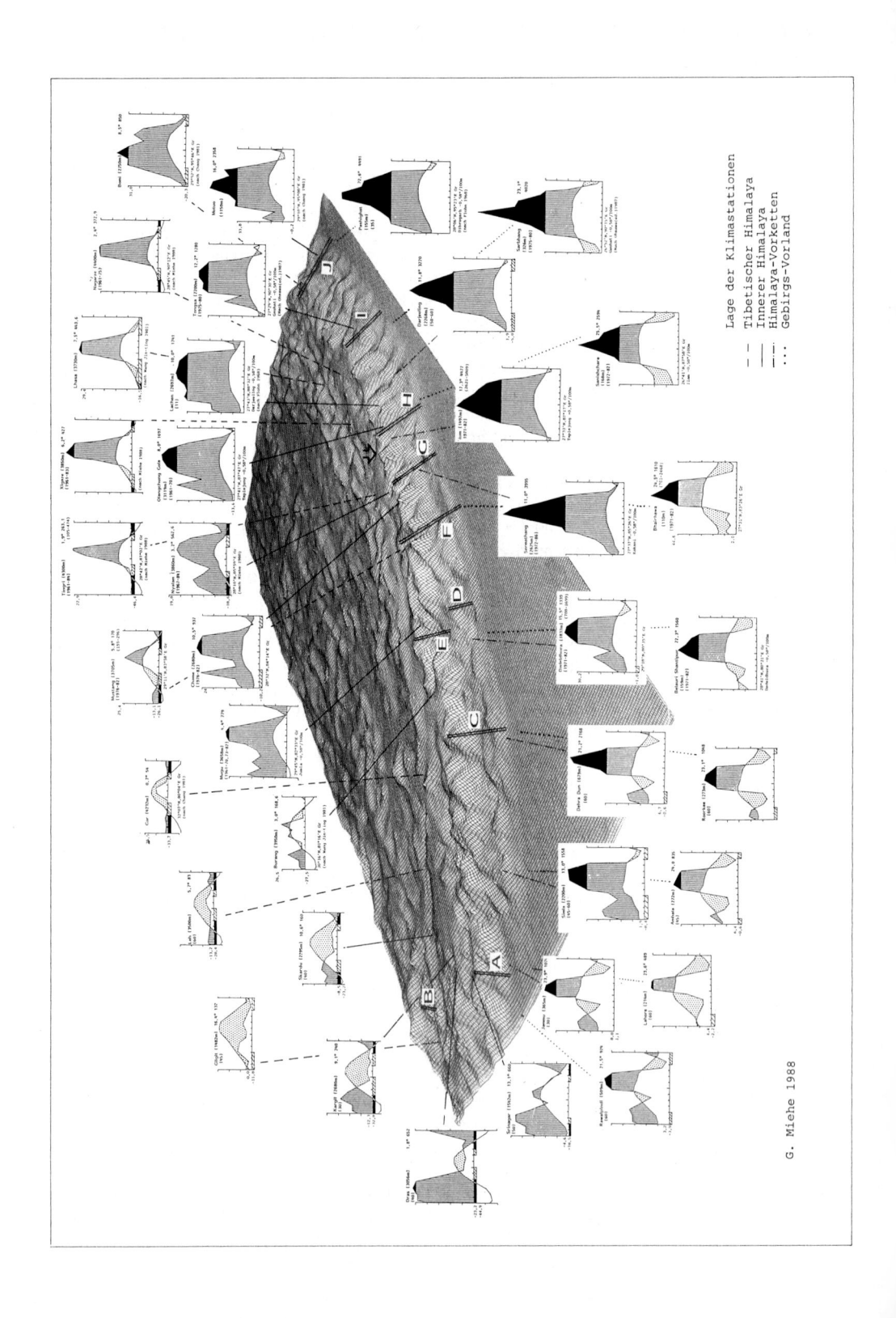

ketten (DOBREMEZ et al. 1974b, 1975b) die das Ausmaß anthropogener Ersatzgesellschaften im nepalesischen Altsiedelland veranschaulichen, der Dhaulagiri- und Annapurna-Himal (MIEHE 1982, 1984) und die Südabdachung des Mt. Everest (MIEHE 1990a) im Maßstab 1:50.000 und 1:100.000 als Vegetationskarten erschienen.

An Florenwerken können die ‹Flora Iranica› (RECHINGER 1963ff.), ‹An Enumeration of the Flowering Plants of Nepal› (HARA et al. 1978ff.), die ‹Flora of Bhutan› (GRIERSON and LONG 1983ff.), und für den ganzen Himalaya J.D. HOOKERS ‹Flora of British India› (7 Vols, 1875–1897) sowie mit guten Beschreibungen und Farbfotos ‹Flowers of the Himalaya› (POLUNIN and STAINTON 1984, STAINTON 1988) herangezogen werden. Die Himalaya-Nordseite wird von der ‹Flora Xizanica› (5 Vols., chin., mit lat. Nomenklatur und Höhenangaben) abgedeckt. Von NAKAIKE erscheint eine Farnflora von Nepal (1987ff.); POELT bearbeitet die Flechten (1977), GROLLE die Lebermoose (1965ff.). Zur Chorologie des Himalaya sind für den westlichen Gebirgsbogen MEUSEL und SCHUBERT (1971) heranzuziehen, für den Ost-Himalaya GRIERSON and LONG (1983, S. 23–30), für die Rhododendren CULLEN (1980), CHAMBERLAIN (1982), ansonsten STAINTON (1972, S. 128–169), DOBREMEZ (1976), SHRESTHA (1982, S. 55–73) und STEARN (1960).

Die Schreibweise der Ortsnamen etc. richtet sich nach dem ‹Times Atlas of the World› (dort auch die besten Übersichtskarten), die botanische Nomenklatur nach der ‹Enumeration›, ‹Flora of Bhutan› und ‹Flora Xizanica›.

2 Klima und Witterung

Von ausschlaggebender Bedeutung für die Vegetationsverteilung im Himalaya sind das Zusammentreffen von Sonnenhöchststand und Sommerregen in der Vegetationsperiode und eine winterliche Trockenzeit, in der Sonnhänge optimalen Strahlungsgenuß erhalten, während N-exponierte Hän-

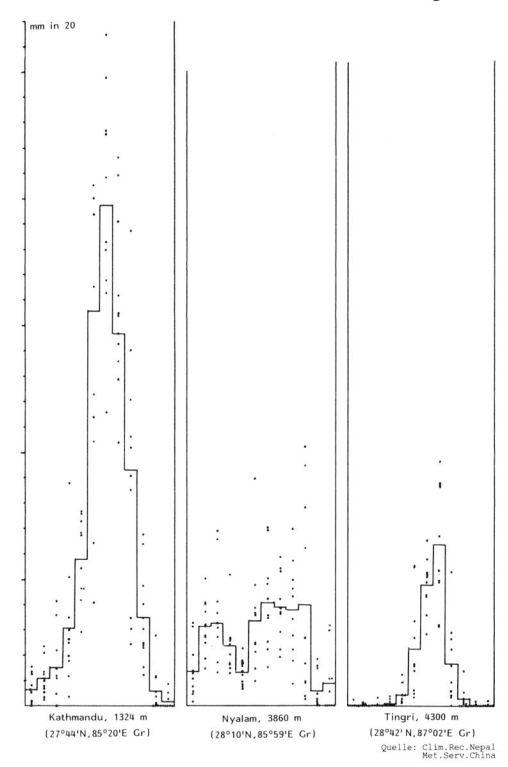

Abb. 4.2: Niederschlagsschwankungen (Monatssummen) in den Himalaya-Vorketten (Kathmandu), dem Inneren Himalaya (Nyalam) und Süd-Tibet (Tingri), 1971–1980.

ge im Schatten bleiben und oberhalb von 2000 m Schneeschutz haben können. Die für dieses subtropische Gebirge typischen Expositionsunterschiede sind am geringsten im Südosten mit 6 bis 8 euhumiden Monaten und mehr als $2000 \text{ m} \cdot \text{a}^{-1}$ (Abb. 4.1: Klimadiagramm Darjeeling, Pashighat); sie nehmen nach Nordwesten mit abnehmendem Jahresniederschlag an Deutlichkeit zu und sind an der Trockengrenze des Waldes in den Inneren Tälern, bei hohen Winterschneefällen, am größten: dichtschattender Koniferenwald mit mehrmonatiger Schneedecke und Lawinengassen auf den Schatthängen, *Juniperus indica*-Offenwald mit *Artemisia brevifolia* auf den Sonnhängen (Abb. 4.1: Klimadiagramm Gilgit, Dras; C. TROLL 1939).

◁ Abb. 4.1: Klimadiagramm – Blockbild des Himalaya. Lage der Vegetationsprofile der Abb. 4.13: A Nordwest-Himalaya (Pir Panjal). B Indus Quertal (Nanga Parbat). C Garhwal. D West-Nepal (Chakure Lekh). E Humla-Jumla. F Klimadiagramm-Profil durch den Zentralen Himalaya (Kali Gandaki, Abb. 4.30). G Zentral-Nepal mit Langtang und Xixabangma. H Ost-Nepal. I Bhutan. J Südost-Himalaya (Tsangpo-Quertal und Unteres Tsangpo-Längstal). Pfeil: Mt. Everest (Profil in Abb. 4.21). Klimadiagramme, sofern nicht anders angegeben, nach WALTER & LIETH 1960–1967 und Daten der Climat. Rec. Nepal. (Blockbildprogramm: KRESS-LORENZ & SÜSSENBERGER 1984, Digitalisierung ROESRATH 1986).

184 Klima und Witterung

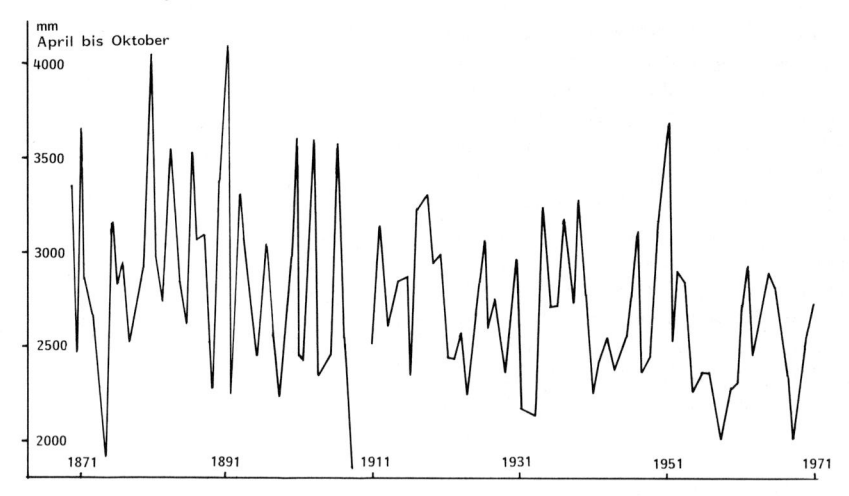

Abb. 4.3: Schwankungen der Monsun-Niederschläge (April–Oktober) in der Südabdachung des Ost-Himalaya (Darjeeling, 1867–1971) (aus World Weather Records).

Die gesamte Südabdachung des Himalaya hat ein monsunales Niederschlagsmaximum; in Steigungsregenlagen fallen im Monsun bis 6000 mm. Im Südosten beginnt die Regenzeit im Mai mit stärker werdenden Gewitterniederschlägen und dauert bis in den Oktober (Klimadiagramm Darjeeling, Motuo). Im Zentralen Himalaya setzt der Monsun im Juni mit Starkregen ein («outburst of the monsoon») und dauert bis Mitte September (Klimadiagramm Bhairhawa, Abb. 4.1); im Nordwesten sind es noch drei euhumide Monate (Klimadiagramm Jammu). Das Monsunende kann mit den höchsten 24^h-Niederschlägen einhergehen (‹final attack of the monsoon›); die Starkregen der zweiten Septemberhälfte sind in Staulagen der Himalaya-Hauptkette und in den Inneren Tälern besonders hoch (häufig mehr als die gesamten Winterniederschläge). Nach heftigem Monsunbeginn kann es im August zu einer kurzen Trockenzeit (‹break of the monsoon›, Abb. 4.4) kommen. Die Sommerregen schwanken, sowohl was den Beginn der Regenzeit als auch die Höhe des Niederschlags betrifft, um mehr als 100% und ohne signifikante Periodizität (Abb. 4.2, 4.3).

Die Winterniederschläge, Ausläufer der mediterranen Winterregen, nehmen vom Nordwesten zum Südosten ab. Sie betragen auf der Südabdachung des Nordwest-Himalaya ca. ein Drittel des Jahresniederschlags (Klimadiagramm Jammu), an der Westgrenze Nepals noch ein Viertel (Klimadiagramm Dadeldhura, Abb. 4.1) und an der Ostgrenze weniger als ein Zehntel. Mehr als doppelt so hoch sind die Winterniederschläge im Bereich des Himalaya-Hauptkammes, in den Inneren Tälern: in Srinagar fallen drei Viertel des Jahresniederschlags im Januar und im März/April. Zwei Niederschlagsmaxima (bimodale Niederschlagsverteilung: Sommer- und Frühjahrsregen) zeigen die Klimadiagramme von Mugu in Westnepal, Chame und Nyalam in Zentralnepal, sowie Olangchung Gola, Lachen und Tongsa in den feuchten Inneren Tälern Ostnepals, Sikkims und Bhutans (Abb. 4.1). In den Hochtälern der Mt. Everest-Südabdachung sind, neben den Sommerregen, zwei Niederschlagsgipfel im Januar und März ausgebildet (vgl. Abb. 4.21).

Im Tibetischen Himalaya dagegen ist das eingipflige Niederschlagsmaximum deutlich (Klimadiagramm Leh, Gar, Tingri, Nagarze, Abb. 4.1). Eine winterliche Schneedecke fehlt; auch nach episodisch hohen Schneeniederschlägen verdunstet der Schnee in wenigen Tagen. Der tibetischen Fauna fehlt das weiße Winterkleid (BARTZ 1935). Die Winterniederschläge fallen dort innerhalb weniger Tage (mit schwacher Periodizität Mitte Oktober, im Januar und Mitte März) und schwanken stärker als die Sommerregen (Abb. 4.3). In Staulagen des nordwestlichen Himalaya sind im Mai heftige Gewitter mit Sturmböen und Hagel typisch.

Von S nach N gliedert der Himalaya sich in eine Abfolge von Steigungsregenlagen mit feuchtadiabatisch aufsteigenden Luftmassen und hohen Niederschlägen und Leelagen mit trockenadiabatisch absteigenden Luftmassen. An Tagen mit hohen Niederschlägen auf der Südabdachung (Abb. 4.4) herrscht auf der Nordabdachung Föhn (Abb. 4.5); auf dem Gebirgskamm steht die Wol-

Abb. 4.4: Tägliche Niederschläge 1984 in Khumjung (3750 m, 27° 49′ N, 86° 43′ E) (Unveröff. Daten des nepal. Wetterdienstes, Kathmandu).

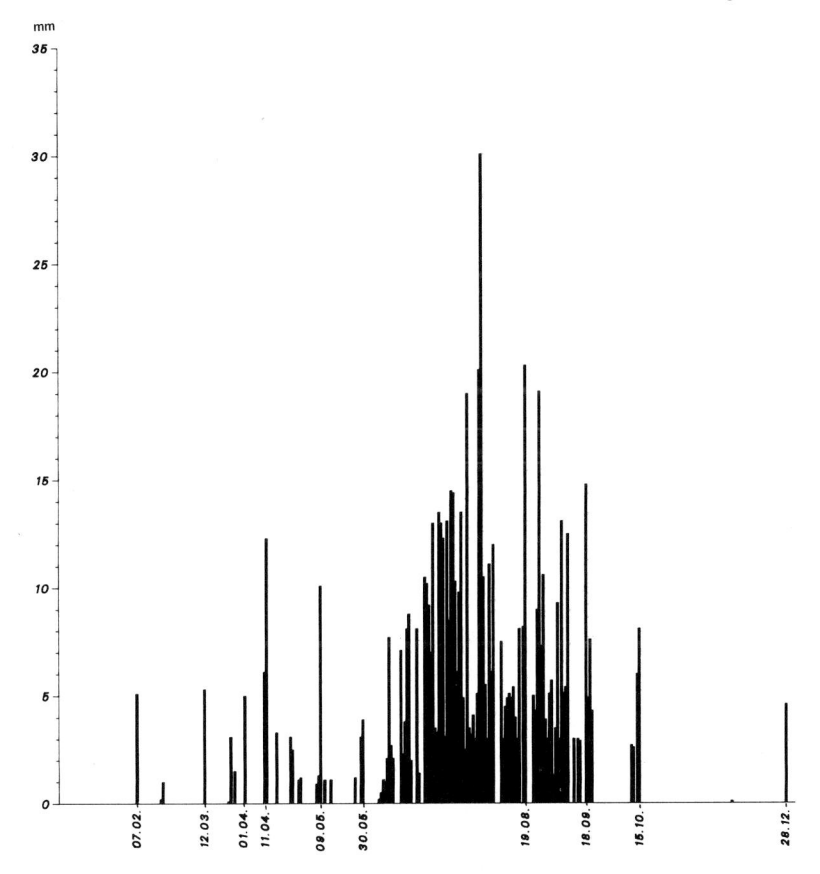

Abb. 4.5: Föhnmauer im oberen Rongbuk-Tal, Mt. Everest-Nordabdachung, 5160 m. 18. 9. 1984, 15 Uhr (phot. G. Miehe).

kenwand (Föhnmauer), in der es zu starkem Schneefall kommt, was bei geringem Niederschlag von Talstationen die Ernährung großer Talgletscher (Rongbuk-Gletscher 16 km lang) erklärt. Z. B. fallen in der Föhngasse des Rongbuk-Tals (Mt. Everest-Nordseite) 341 mm · a^{-1}, im Bereich der Föhnmauer aber bis 1500 mm · a^{-1} (Abb. 4.21).

Die Höhenstufe max. Niederschläge reicht höher als die jeweils höchste Klimastation und liegt in der Südabdachung des Himalaya nördlich

186 Teil 4: Klima und Witterung

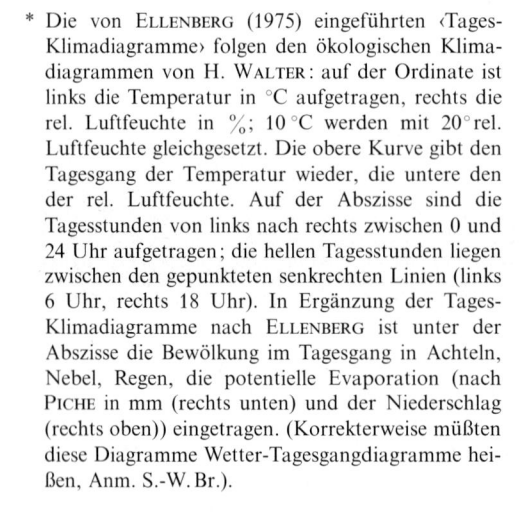

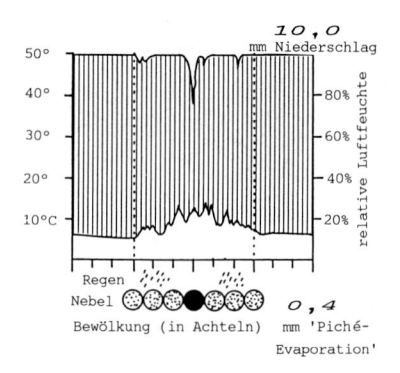

Abb. 4.7: Tages-Klimadiagramm* aus der unteren alpinen Stufe (4270 m, SW-exponiert, 26.6.1986, Langtang, Abb. 4.13): 1000 m unterhalb des oberen Kondensationsniveaus sind die *Rhododendron*-Zwergstrauchheiden durch die Wolkendecke gegen die Einstrahlung abgeschirmt. Die Tagesgänge der Lufttemperatur und rel. Luftfeuchte sind im Monsun hochozeanisch (vgl. Abb. 4.6) (nach MIEHE 1990b).

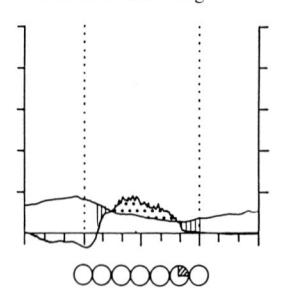

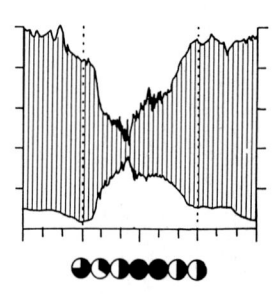

Abb. 4.6: Tages-Klimadiagramm* (nach ELLENBERG 1975) im Nachmonsun (22.11.1986, Zentral-Nepal): Der WS-exponierte Cyperaceen-Rasen der unteren Mattenstufe (4440 m) liegt oberhalb des konvektiven Wolkengürtels im Strahlungsklima mit Frosttrocknis und hat ariden Tagesgang (vgl. Abb. 4.7). Die Nebelwaldstufe (2500 m) liegt bei rasch am Morgen aufkommender konvektiver Bewölkung im Einstrahlungsschutz des Wolkengürtels und hat, auch ohne Niederschlag, einen relativ humiden Tagesgang (nach MIEHE 1990b).

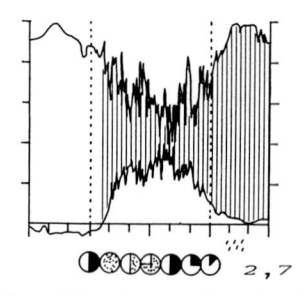

Abb. 4.8: Tages-Klimadiagramm* aus der oberen alpinen Stufe (4780 m, ebener Cyperaceen-Rasen, 9.7.1986, Langtang, Abb. 4.13) im Monsun: Kurzfristig starke Schwankungen von Lufttemperatur und rel. Luftfeuchte bei ‹Sonnennebel› (= dünne Bewölkung) und starker Einstrahlung am oberen Kondensationsniveau.

---

* Die von ELLENBERG (1975) eingeführten ‹Tages-Klimadiagramme› folgen den ökologischen Klimadiagrammen von H. WALTER: auf der Ordinate ist links die Temperatur in °C aufgetragen, rechts die rel. Luftfeuchte in %; 10 °C werden mit 20° rel. Luftfeuchte gleichgesetzt. Die obere Kurve gibt den Tagesgang der Temperatur wieder, die untere den der rel. Luftfeuchte. Auf der Abszisse sind die Tagesstunden von links nach rechts zwischen 0 und 24 Uhr aufgetragen; die hellen Tagesstunden liegen zwischen den gepunkteten senkrechten Linien (links 6 Uhr, rechts 18 Uhr). In Ergänzung der Tages-Klimadiagramme nach ELLENBERG ist unter der Abszisse die Bewölkung im Tagesgang in Achteln, Nebel, Regen, die potentielle Evaporation (nach PICHE in mm (rechts unten) und der Niederschlag (rechts oben)) eingetragen. (Korrekterweise müßten diese Diagramme Wetter-Tagesgangdiagramme heißen, Anm. S.-W. Br.).

Kathmandu zwischen 2500 und 3600 m (Klimadiagramm Sermathang, Abb. 4.1). Die Obergrenze eines konvektiven Kondensationsniveaus liegt im Monsun in 5000 bis 5400 m, im Winterhalbjahr, abhängig von der Abschirmung durch die Westwinde, bei 3500 bis 3900 m. Epiphytische Lebermoose zwischen 3000 und 3500 (max. 3900 m) zeigen die Stufe ganzjährig höchster Humidität an. In der winterlichen Trockenzeit liegt diese Stufe tagsüber häufig in einem konvektiven Wolkengürtel und bleibt, ohne Niederschlag, relativ humid (vgl. Abb. 4.6). Nachts, wenn das obere Kondensationsniveau bis zur Obergrenze der Lauraceen-Wälder (ca. 3000 m) absinkt, ist Frost die Regel. Die alpine Stufe liegt im Winter über diesem Wolkengürtel, ist den winterlichen Westwinden ausgesetzt und hat bei Strahlungsklima mit Frosttrocknis einen relativ ariden Tagesgang (vgl. Abb. 4.6).

Mit der peripher-zentralen Staffelung von Luv- und Leelagen steigen auch die thermischen Grenzen: auf der Südabdachung hat Syamboche (3700 m, Mt. Everest-Südseite) eine Jahresmitteltemperatur von 3,6 °C, während die auf gleicher Höhe im Tibetischen Himalaya gelegene Station Mustang ein Jahresmittel von 5,8 °C hat (Abb. 4.13). So liegt die Baumgrenze von *Juniperus recurva* in feuchtesten Teilen der Südabdachung bei 3900 m, in den Hochtälern der Mt. Everest-Südabdachung hingegen bei 4400 m. Die Dauersiedlungsobergrenze (Gerstenanbau) liegt in der Südabdachung des Langtang Himal (Klimadiagramm Sermathang, Abb. 4.30) bei 2600 m; im Regenschatten des Langtang, im Tibetischen Himalaya, bei 4750 m. Ähnlich steigen andere Höhengrenzen der Vegetation an.

Viele Arten vollziehen bei steilem Niederschlagsgefälle einen mehrfachen Biotopwechsel von hypsozonaler Verbreitung in extrazonal lokalklimatisch und schließlich extrazonal edaphisch begünstigte ökologische Sondernischenstandorte. Das ‹Gesetz vom Biotopwechsel und der relativen Standortkonstanz› (H. u. E. WALTER 1953) beschreibt das wichtigste Merkmal der Vegetationsverbreitung im Himalaya.

Die großen Himalaya-Quertäler haben eine ‹Trockene Talstufe› (SCHWEINFURTH 1957, S. 311, STAINTON 1972, S. 37): der mit einsetzender Thermik am Morgen an den Talflanken symmetrisch aufsteigende Hangwind kondensiert in den höheren Flanken am späten Vormittag in der Talwindhangbewölkung, während über der Talmitte absteigende Luftmassen den Himmel über dem Talgrund wolkenfrei und den Talgrund trocken halten (*Euphorbia royleana* im Talgrund, Abb. 4.15 und 4.16, bartflechtenverhangener Lauraceen-Wald im Bereich der Talwindhangbewölkung). Alle großen Quertäler haben starken Talwind, der im Inneren Himalaya die Gegensätze von Sonn- und Schatthang noch verschärfen kann.

3 Die Produzenten

3.1 Flora

Der Himalaya gehört in seiner humiden Südabdachung zur sinojaponischen Florenregion der Holarktis, die bei 83° E Gr in eine ost- und eine westhimalayische Unterregion geteilt werden kann (MEUSEL und SCHUBERT 1965ff., STEARN 1960). Osthimalayische Florenelemente sind im ganzen

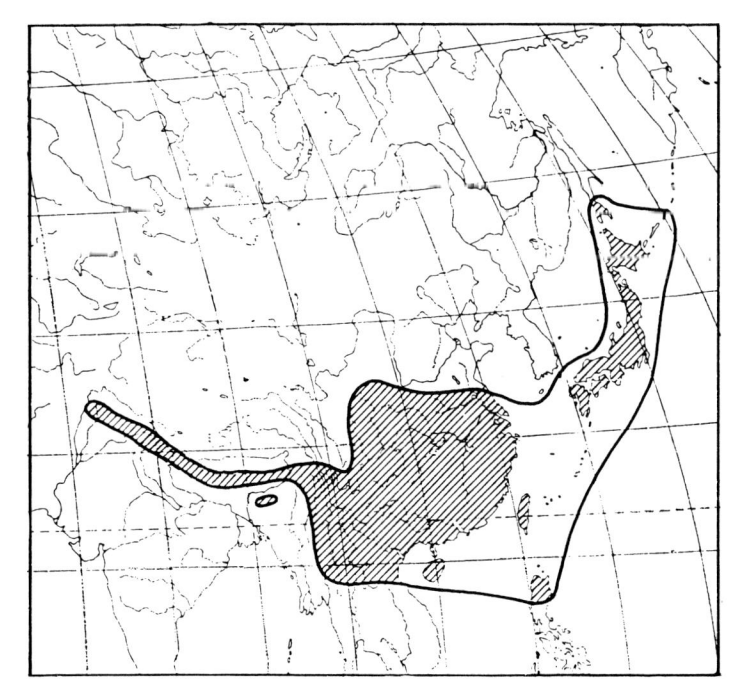

Abb. 4.9: Areal der sinojaponisch-himalayisch/montanen Gattung *Skimmia* (nach MEUSEL & SCHUBERT 1971).

Gebirgsbogen dominant und reichen in der feuchten Gebirgssüdabdachung bis in den Nordwesten (Abb. 4.9), während westhimalayische Arten mit dem nach Südosten zunehmenden Sommerniederschlag in den Regenschatten des Inneren Himalaya ausweichen. Die Fußstufe des Gebirges (bis ca. 1000 m) gehört zur Paläotropis, Arten der indomalayischen Florenregion herrschen vor (Abb. 4.10). Der Tibetische Himalaya gehört zur zentraltibetischen Unterregion der Zentralasiatischen Florenregion, jedoch reichen auch osttibetische und pamirische Florenelemente bis in den Regenschatten des Zentralen Himalaya. Für die Flora dieses jungen Gebirges ist typisch, daß es nur wenige und artenarme endemische Gattungen gibt *(Cortiella, Milula, Microgynoecium, Bryocarpum, Staintonia)*, die Zahl endemischer Arten aber recht hoch ist. Das weist auf junge Arealtrennung und rasche Entwicklung vikariierender Arten hin.

Die heutigen Areale sind alle infolge der durch tiefe Quertäler voneinander isolierten Gebirgsgruppen zerteilt worden; eine Wanderung sino-japonischer Florenelemente aus dem Entfaltungszentrum in Yünnan (Meridionale Stromfurchen) wie auch der westhimalayischen Arten ist unter den heutigen Reliefbedingungen ausgeschlossen. Die Ausbreitung kann während der postglazialen Wärmezeit (7500–5500 yrs. b. p., LI TIANCHI 1988) über die Hochfläche Südtibets erfolgt sein, als an Stelle der heutigen alpinen Steppen dort semihumide Koniferenwälder herrschten (vgl. Abb. 4.3: heutiges Klimadiagramm Tingri, während des Klimaoptimums ähnlich wie Klimadiagramm Mugu), oder während der Kaltzeiten, als bei Absenkung der Sommertemperatur um 6 bis 8 °C (HÖVERMANN und SÜSSENBERGER 1986) die Höhenstufen nach unten gerückt waren und im Bereich der weniger stark zerteilten Himalaya-Vorketten

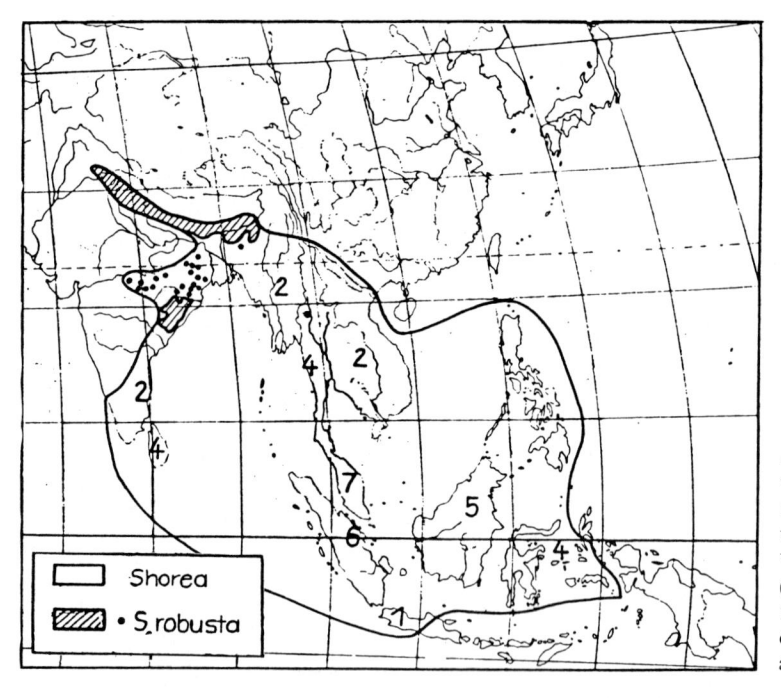

Abb. 4.10: Gesamtareal von *Shorea* und von *Shorea robusta* als Beispiel tropisch-indomalayischer Verbreitung (nach MEUSEL & SCHUBERT 1971). Die Zahlen geben die Zahl an *Shorea*-Arten an.

Abb. 4.11: Osthimalayisches Hauptareal von *Vaccinium dunalianum* mit Exklave in der Südabdachung des ▷ Lamjung-Himal (ca. 6000 mm · a^{-1}) und südost-tibetisches Hauptareal von *Rhododendron pumilum* mit Exklaven im oberen Arun (Klimadiagramm Num, Abb. 4.1) bezeugen feuchtere Klimaphasen und nachfolgende Arealtrennung (nach MIEHE 1990b).

Abb. 4.12: *Cupressus* hat nach Arealtrennung vikariierend drei Arten gebildet: *C. torulosa* und *C. gigantea* in Steppenwäldern Westnepals und Südost-Tibets, *C. corneyana* in der Nebelwaldstufe Bhutans. Das semihumide Areal von *Berchemia edgeworthii* ist in Ost-Nepal und Sikkim in einer späteren Feuchtphase ‹ausgequetscht› und getrennt worden (nach MIEHE 1990b).

Flora 189

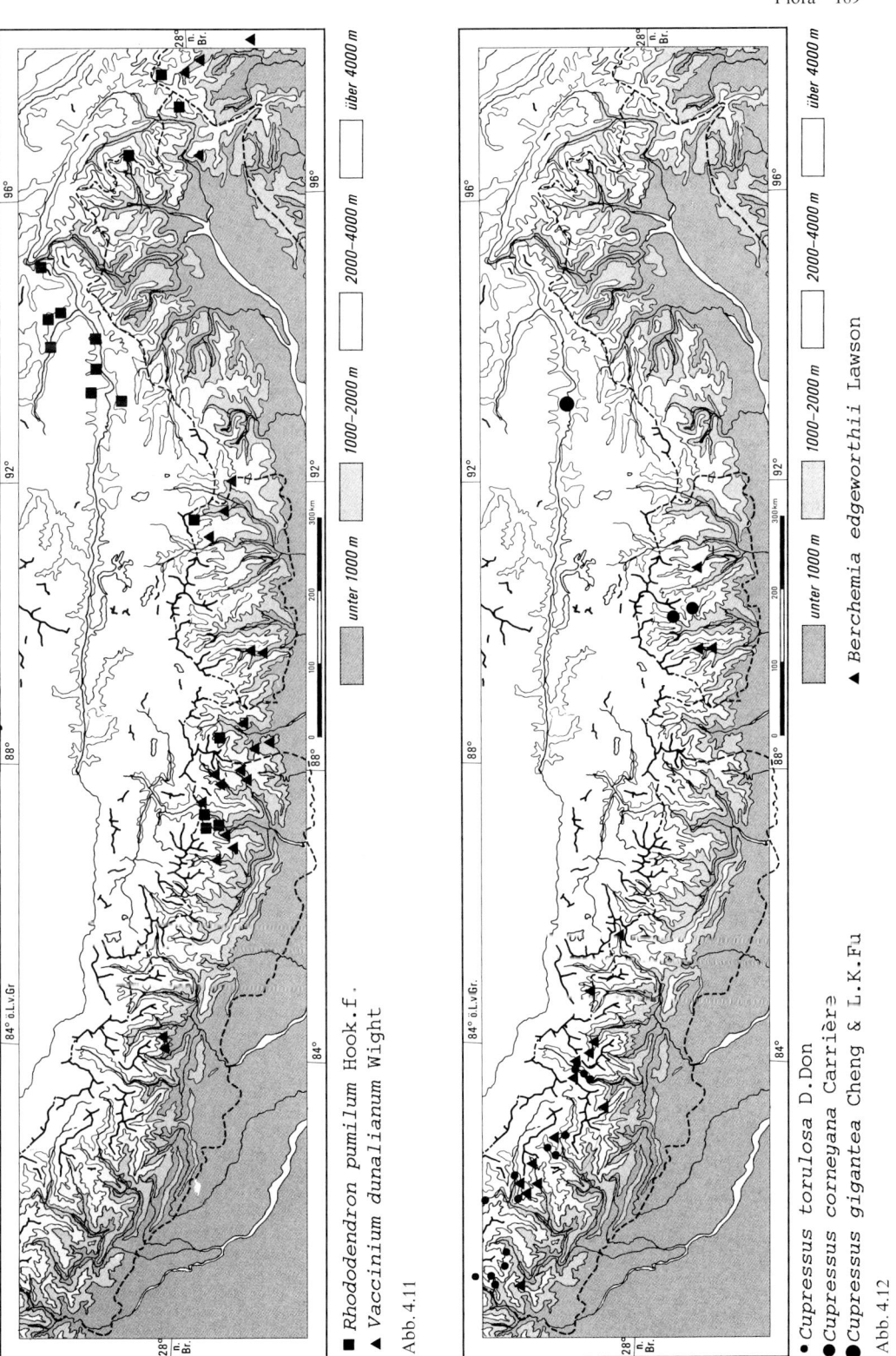

■ *Rhododendron pumilum* Hook.f.
▲ *Vaccinium dunalianum* Wight

Abb. 4.11

• *Cupressus torulosa* D.Don
● *Cupressus corneyana* Carrière
● *Cupressus gigantea* Cheng & L.K.Fu
▲ *Berchemia edgeworthii* Lawson

Abb. 4.12

Nordwest-Himalaya (Pir Panjal) 74°E, 33°N

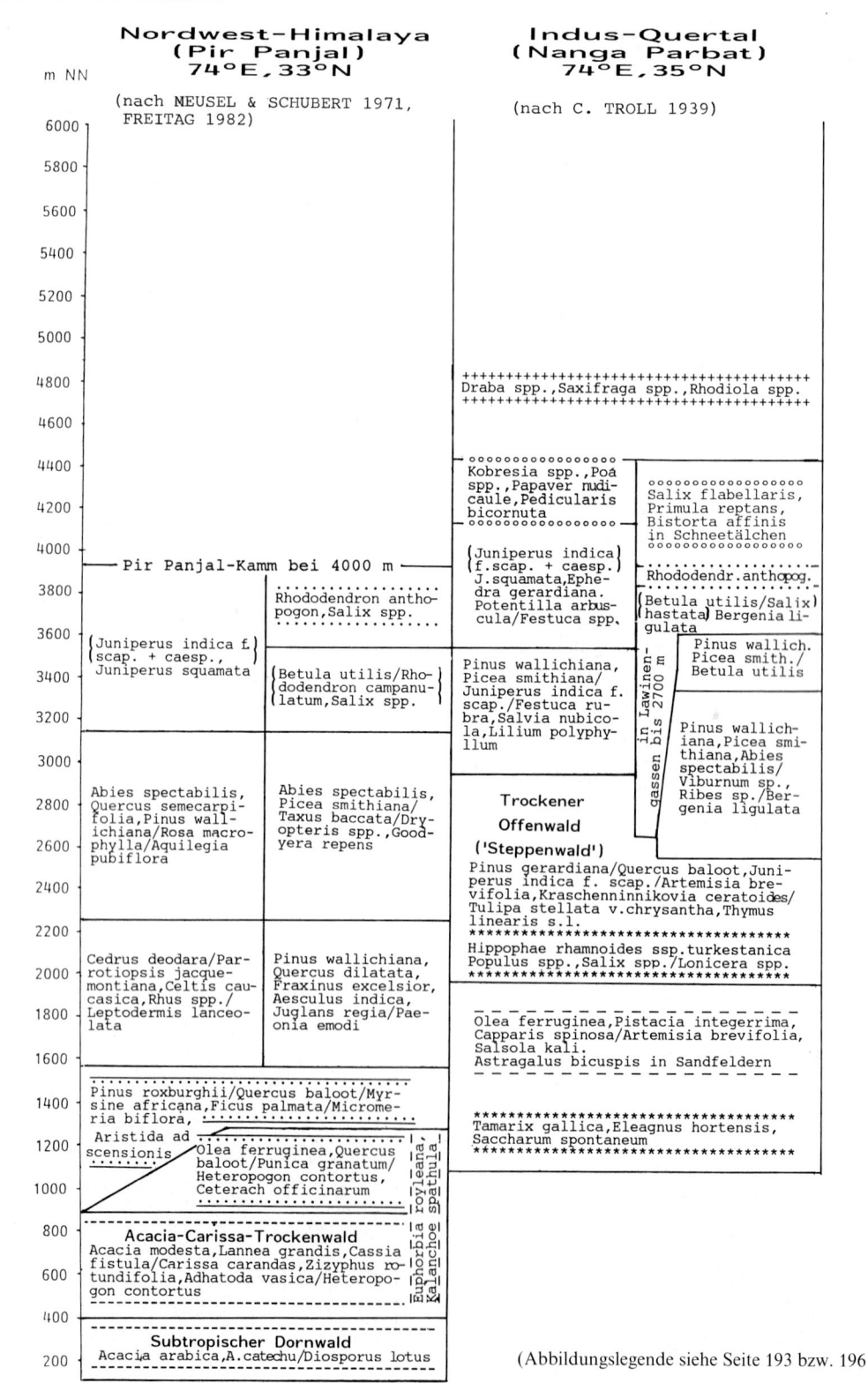

(nach NEUSEL & SCHUBERT 1971, FREITAG 1982)

Indus-Quertal (Nanga Parbat) 74°E, 35°N

(nach C. TROLL 1939)

m NN	Nordwest-Himalaya (Pir Panjal)		Indus-Quertal (Nanga Parbat)	
6000				
5800				
5600				
5400				
5200				
5000				
4800			++++++++++++++++++++++++++++++++++++++ Draba spp., Saxifraga spp., Rhodiola spp. ++++++++++++++++++++++++++++++++++++++	
4600				
4400			ooooooooooooooooo Kobresia spp., Poa spp., Papaver nudi- caule, Pedicularis bicornuta ooooooooooooooooo	ooooooooooooooooo Salix flabellaris, Primula reptans, Bistorta affinis in Schneetälchen ooooooooooooooooo
4200				
4000	——— Pir Panjal-Kamm bei 4000 m ———		(Juniperus indica (f. scap. + caesp.) J.squamata,Ephe- dra gerardiana. Potentilla arbus- cula/Festuca spp.	——————— Rhododendr. anthopog. (Betula utilis/Salix) hastata) Bergenia li- gulata
3800		Rhododendron antho- pogon, Salix spp.		
3600	(Juniperus indica f.) (scap. + caesp., Juniperus squamata		Pinus wallichiana, Picea smithiana/ Juniperus indica f. scap./Festuca ru- bra,Salvia nubico- la,Lilium polyphy- llum	Pinus wallich. Picea smith./ Betula utilis
3400		(Betula utilis/Rho-) dodendron campanu- latum, Salix spp.		
3200				
3000				Pinus wallich- iana, Picea smi- thiana,Abies spectabilis/ Viburnum sp., Ribes sp./Ber- genia ligulata
2800	Abies spectabilis, Quercus semecarpi- folia,Pinus wall- ichiana/Rosa macro- phylla/Aquilegia pubiflora	Abies spectabilis, Picea smithiana/ Taxus baccata/Dry- opteris spp.,Good- yera repens	Trockener Offenwald ('Steppenwald')	
2600				
2400			Pinus gerardiana/Quercus baloot,Juni- perus indica f. scap./Artemisia bre- vifolia,Kraschenninnikovia ceratoides/ Tulipa stellata v.chrysantha,Thymus linearis s.l. *************************************	
2200				
2000	Cedrus deodara/Par- rotiopsis jacque- montiana,Celtis cau- casica,Rhus spp./ Leptodermis lanceo- lata	Pinus wallichiana, Quercus dilatata, Fraxinus excelsior, Aesculus indica, Juglans regia/Pae- onia emodi	Hippophae rhamnoides ssp.turkestanica Populus spp.,Salix spp./Lonicera spp. *************************************	
1800			————————————— Olea ferruginea,Pistacia integerrima, Capparis spinosa/Artemisia brevifolia, Salsola kali. Astragalus bicuspis in Sandfeldern —————————————	
1600				
1400	Pinus roxburghii/Quercus baloot/Myr- sine africana,Ficus palmata/Microme- ria biflora,		************************************* Tamarix gallica,Eleagnus hortensis, Saccharum spontaneum *************************************	
1200	Aristida ad scensionis	Olea ferruginea,Quercus baloot/Punica granatum/ Heteropogon contortus, Ceterach officinarum		
1000				
800	Acacia-Carissa-Trockenwald Acacia modesta,Lannea grandis,Cassia fistula/Carissa carandas,Zizyphus ro- tundifolia,Adhatoda vasica/Heteropo- gon contortus			
600				
400	————————————— Subtropischer Dornwald Acacia arabica,A.catechu/Diosporus lotus —————————————			
200				

(Abbildungslegende siehe Seite 193 bzw. 196)

Flora 191

Garhwal
78°E, 30°N
(nach HESKE 1932, MEUSEL & SCHUBERT 1971, RAWAT & al. 1987)

West-Nepal (Chakure Lekh)
82°E, 28°N
(nach STAINTON 1972, DOBREMEZ & SHRESTHA 1980)

m NN	Garhwal		West-Nepal	
6000				
5800				
5600				
5400				
5200	++++++++++++++++++++++++++++++++++ Thylacospermum caespitosum, Saussurea gnaphalodes, Saxifraga microphylla. Ermania himalayensis (bis 6300m Kamet) ++++++++++++++++++++++++++++++++++			
5000				
4800	**Kalkschutthalden** Biebersteinia odora, Dracocephalum wallichii	**Schneetälchen** Chrysosplenium carnosum, Primula minutissima		
4600				
4400	∘∘∘∘∘∘∘∘∘∘ Kobresia spp. ∘∘∘∘∘∘∘∘∘∘		— Chakhure Lekh-Kamm bei 4500 m —	
4200	Juniperus recurva f. caesp., J. squamata/Bergenia ligulata	Rhododendron anthopogon, Cassiope fastigiata, Bistorta affinis	Juniperus squamata, Rhododendron lepidotum, Potentilla arbusc.	Rhododendron anthopogon
4000				
3800	(Juniperus recurva f.scap. + caesp.)	(Rhododendron campanulatum)	(Juniperus recurva f. caesp. + scap.)	(Betula utilis/Rhododendron campanulat.)
3600		Abies spectabilis/ Betula utilis/Rhododendron campanul.	Abies spectabilis, Quercus semecarpifolia/Rhododendron arboreum v.roseum/Arundinaria sp.	Abies spectabilis/ Betula utilis (in Lawinengassen)/Rhododendron campanulatum, Arundinaria sp.
3400	Quercus semecarpifolia/Arundinaria sp./Dryopteris spp.			
3200		Abies pindrow, Picea smithiana/Quercus semecarpifolia, Juglans regia, Aesculus indica/Taxus baccata Corylus colurna, Arundinaria/Vitis semicordata		
3000			Tsuga dumosa, Quercus semecarpifolia/ Pinus wallichiana, Acer cappadocicum/ Rhododendron barbatum/Arundinaria sp.	
2800	Quercus semecarpifolia, Cedrus deodara, Pinus wallichiana, Cupressus torulosa (auf Kalk)/ Prunus cornuta, Ulmus wallichiana/ Arundinaria sp.			
2600		Quercus dilatata/ Carpinus viminea/ Arundinaria sp.		
2400				
2200	Cedrus deodara, Quercus incana, Pinus wallichiana/Leptodermis lanceolata	Rhododendron arboreum v.arb., Lyonia ovalifolia, Ilex dipyrena/Litsea consimilis/Sarcococca sp., Arundinaria sp./Pleopeltis sp., Drynaria sp.	Quercus incana, Q.lanata — Rhododendron arboreum v. arb., Lyonia ovalifolia, Carpinus viminea/ Myrica esculenta, Lindera pulcherrima, Gaultheria fragrantissima, Myrsine semiserrata, M.africana/Cotoneaster microphyllus s.l.	Pinus roxburghii/Woodfordia fruticosa/Inula cappa ∥ Euphorbia royleana, Olea ferruginosa, Pistacia integerrima, Capparis spinosa, Ficus palmata, Punica granatum/Plectranthus rugosus, Kalanchoe spathula, Sarcos-enna spp. ∥ Lithocarpus spicata/Michelia kisopa, Castanopsis tribuloides, Machilus duthiei ∥ Quercus dilatata/Aesculus indica, Juglans regia, Acer spp., Arundinaria sp.
2000				
1800				
1600	Pinus roxburghii, Quercus incana/Rhododendron arboreum v.arboreum, Lyonia ovalifolia/Cotoneaster microphyllus s.l. Inula cappa			
1400				
1200				
1000	----------------------			
800	**Dipterocarpaceen-Dornwald** Shorea robusta, Bauhinia variegata/Carissa carandas, Desmodium spp./Heteropogon contortus		**Trockener Dipterocarpaceenwald** Shorea robusta, Terminalia tomentosa, Anogeissus latifolia, Lannea grandis/ Ziziphus rugosa	
600	----------------------		----------------------	
400	— **Trockener Dipterocarpaceenwald** Shorea robusta, Albizzia lebbeck, Toona ciliata/Boehmeria macrophylla		************************************ Acacia catechu-Dalbergia sissoo-Torrenten-Dornwald, bis 1500 m, 29°38'N ************************************	
200	************************************ Acacia catechu-Dalbergia sissoo-Torrenten - Dornwald ************************************			

	Humla-Jumla 82°E, 29°N		Zentral-Nepal 85°30'E, 27°N	
m NN	(nach STAINTON 1972, DOBREMEZ 1976, DOBREMEZ & SHRESTHA 1980, MIEHE 1982)		(nach STAINTON 1972, DOBREMEZ 1976, MIEHE 1990b)	
6000				
5800				
5600				
5400	++++++++++++++++++++++++++++++++++++++ Saussurea gnaphalodes, S. simpsoniana, Thylacospermum caespitosum, Waldheimia tomentosa, Ermania himalayensis, Ermaniopsis pumila, Corydalis spp. ++++++++++++++++++++++++++++++++++++++		++++++++++++++++++++++++++++++++++++++ Pegaeophyton minutum, Ranunculus oreionannos, Stellaria decumbens v. minor. Marsupella revoluta, Anthelia juratzkana ++++++++++++++++++++++++++++++++++++++	
5200				
5000				
4800	ooooooooooooooooo Kobresia pygmaea, Arenaria glanduligera, Rhodiola spp. ooooooooooooooooo	oooooooooooooooooo Rhododendron nivale, Bistorta affinis oooooooooooooooooo	oooooooooooooooooooooooooooooooooooooo Kobresia seticulmis, Androsace lehmannii, Pedicularis wallichii oooooooooooooooooooooooooooooooooooooo	
4600	.... Juniperus squamata J. indica f.caesp./ Astragalus spp., Potentilla arbuscula/ Kobresia spp.	.... Rhododendron anthopogon, Cassiope fastigiata, Kobresia spp.	Rhododendron anthopogon, R. setosum/ Potentilla peduncularis, P. coriandrifolia, Kobresia nepalensis	
4400				
4200				
4000	-(Juniperus indica f. scap. + caesp.), J. squamata/Ceratostigma ulicinum, Caragana spp./Milula sp.	(Betula utilis/Rhododendron campanul.) Pinus wallichiana	(Juniperus recurva) f. caesp.	(Rhododendron campanulatum)
3800	Quercus semecarpifolia, Rhododendron arboreum v. roseum, Pinus wallichiana/Sorbus foliolosa, Taxus baccata/Arundinaria	Abies spectabilis/ Betula utilis/Rhododendron campanulatum, Arundinaria	Juniperus recurva f.scap. + caesp.	(Betula utilis/Rhododendr. campanul.)
3600			Abies spectabilis/ Juniperus recurva f.scap., Rhododendron arboreum v. roseum/Arundinaria	Abies spectabilis/ Betula utilis/Rhododendron barbatum/ Arundinaria sp.
3400				
3200	Pinus wallichiana, Picea smithiana/ Sorbus cuspidata/Corylus colurna, Syringa emodi, Caragana brevispina, Arundinaria sp.	Abies pindrow, Picea smithiana/Acer cappadocicum, Juglans regia/Vitis divaricata		
3000				
2800			Quercus semecarpifolia, Tsuga dumosa/ Meliosma dilleniifolia, Symplocos theifolia/Eurya acuminata, Lindera pulcherrima/Arundinaria sp./Asplenium ensiforme, Drynaria mollis, Vaccinium nummularia Pleione hookeriana	
2600	Cedrus deodara, Pinus roxburghii, Cupressus torulosa/Capparis spinosa, Abelia triflora/Artemisia sp.			
2400				
2200			Pinus wallichiana, Quercus lanata/ Rhododendron arboreum v. arboreum, Lyonia ovalifolia/ Coelogyne cristata	Quercus lamellosa, Lithocarpus elegans, Michelia kisopa/Arundinaria sp./Loxogramme involuta
2000				
1800				Euphorbia royleana, Erythrina arboresc.
1600			Pinus roxburghii/ Rhododendron arb. v.arb./Heteropogon contortus....	Schima wallichii, Castanopsis indica, Engelhardia spicata/Dendrobium densiflorum
1400				
1200				
1000			----------------- Feuchter Dipterocarpaceenwald Shorea robusta, Lagerstroemia parviflora; auf edaphisch trock. Sonnhängen mit Pinus roxburghii -----------------	
800				Cycas pectinata, Pandanus nepalensis, Cyathea sp.
600			----------------- Feuchter Dipterocarpaceenwald Shorea robusta, Terminalia tomentosa, Dillenia pentagyna ***************** Acacia catechu-Dalbergia sissoo-Torrenten - Dornwald *****************	
400				
200				

(Abbildungslegende siehe Seite 193 bzw. 196)

Flora 193

Langtang
85°30'E, 28°12'N
(nach MIEHE 1990b)

Tibetischer Himalaya
(Xixabangma)
85°30'E, 28°40'N
(nach MIEHE 1990b)

m NN

```
6000 ┐
     │
5800 ┤                            ++++++++++++++++++++++++++++++++++
     │                            Saussurea gnaphalodes,S.simpsoniana,
5600 ┤                            Waldheimia nivea,Thylacospermum cae-
     │                            spitosum,Androsace zambalensis.Stell-
     │                            aria decumbens,Arenaria bryophylla
5400 ┤                            ++++++++++++++++++++++++++++++++++
     │   ++++++++++++++++++++++++ Alpine Steppe
     │   Saussurea gossypiphora,S.wernerioides,  Androsace tapete,Carex montis-everes-
5200 ┤   Sibbaldia purpurea,Cortiella hookeri,   tii,Astragalus orotrephes,Incarvillea
     │   Saxifraga saginoides,S.pulvinaria,S.    younghusbandii,Stipa purpurea
     │   perpusilla,Arenaria ciliolata           ***********************************
5000 ┤   ++++++++++++++++++++++++               Kobresia pygmaea,K.schoenoides
     │   ooooooooooooooooooooooooo               ***********************************
     │   Kobresia seticulmis,K.pygmaea,Rhododendron
4800 ┤   nivale,Potentilla microphylla,Cortia de-
     │   pressa,Bistorta
     │   macrophylla
4600 ┤   ─────────────────            Rhododendron antho-
     │   (Juniperus indica)           pogon,R.setosum/Al-
     │   (f.caesp.,J.recur-           etris pauciflora
4400 ┤   va f.caesp.,)                ....................
     │   J.squamata/Ephedra
     │   saxatilis,Stipa con-
4200 ┤   cinna;Cyananthus
     │   incanus,Kobresia             (Rhododendron)
     │   deasyi,Guelden-              (campanulatum)
4000 ┤   staedtia himalaica
     │   ....................
     │   ═══════════════════          ═══════════════════
3800 ┤   Abies spectabi-              Betula utilis,
     │   lis/Juniperus               Abies specta-
     │   recurva f.caesp./           bilis/Rhodo-
3600 ┤   Caragana sukien-            dendron cam-         ar.
     │   sis/Cotoneaster             panulatum/         Larix himalaica
     │   microphyllus s.l.           Arundinaria sp.    auf Rutschungen
3400 ┤   ───────────────              ───────────────
     │   Quercus semecar-            Tsuga dumosa/
3200 ┤   pifolia/Sorbus              Pentapanax sp.,
     │   cuspidata/Arun-             Acanthopanax
     │   dinaria /Drynaria           sp.,Acer sp./
3000 ┤                                Arundinaria
```

2800

LEGENDE ZU DEN PROFILEN (vgl. S.196)

2600

2400   Collin: ---- Vegetation des Gebirgsvorlandes und der collinen
                      Stufe

2200   Nieder   ··· Subtropische Koniferen-Eichenwälder
        montan   ≡≡≡ Subtropische Lauraceen-Eichenwälder

2000   Hoch-   ——— Untere Nebelwaldstufe: Schatthang mit epiphyt.Farnen
1800   montan   Sonnhang mit epiphyt.Orchideen
                            und Laubflechten
1600   ═══ Mittlere Nebelwaldstufe mit Bartmoos
                      ≡≡≡ Obere Nebelwaldstufe mit epiphytischen Lebermoosen
1400   (2000 mm/a und mehr) und Usnea longissima(weniger
                            als 2000 mm/a)

1200   Subalpin ()   Krummholz, auf dem Schatthang meist durch Schneedruck

1000   Nieder-
        alpin   ... Untere Mattenstufe, Zwergsträucher dominant

 800   Hoch-   ooo Obere Mattenstufe mit Cyperaceen-Rasen und Polstern
        alpin

 600   Nival   +++ Felsspalten- und Frostbodenfluren

 400   ——   Trockene Talstufe

 200   *** Azonal gewässerbegleitende Pflanzengesellschaften

Ost-Nepal
87°E, 26°30'N
(nach STAINTON 1972, DOBREMEZ & SHAKYA 1975, LANCASTER 1981)

Bhutan
90°E, 26°40'N
(nach GRIERSON & LONG 1983, OHSAWA 1987)

m NN

5000 — ++++++++++
Gentiana urnula, Veronica lanuginosa, Delphinium glaciale, Stellaria decumbens, Cruciferae spp.
++++++++++

4800 — ooooooooo
Kobresia seticulmis, K.pygmaea, Androsace lehmannii, Potentilla microphylla, Chionocharis hookeri

4800 — ooooooooo
Kobresia duthiei, K.royleana, Potentilla microphylla, Arenaria polytrichoides, Rhododendron nivale ssp. nivale

4400
Juniperus squamata, Meconopsis spp. | Rhododendr. anthop. R. setos., Potentilla peduncularis, Bergenia purpurascens

Juniperus squamata | Rhododendron anthopogon, R. setosum, Cassiope fastigiata

(Juniperus recurva f.scap. + caesp.; J.indica f.scap.+ caesp. in Inneren Tälern) | (Rhododendron campanulatum, R.cinnabarinum)

4000
(Rhododendron campanulatum, Juniperus recurva f.caesp.) | (Rhododendron wightii, R.fulgens, R.wallichii)

3800 — Abies densa/Betula utilis/Rhododendron cinnabarinum, R. hodgsonii, Prunus rufa/Arundinaria maling/

3600 — Bryocarpum himalaicum

3400 — Rhododendron hodgsonii, R. cinnabarinum, R. thomsonii, Prunus rufa/Arundinaria, *Rhododendron pendulum, R. camelliiflorum* Abies spectabilis, A.densa, Betula utilis vereinzelt, sonnseitig + edaph. trocken

Picea spinulosa, P.brachytyla (3000 - 3500 m), Larix griffithiana, Acer cappadocicum/Taxus baccata, Lindera heterophylla, Litsea sericea, Osmanthus suavis/Arundinaria/*Enkianthus deflexus*

3000 — Larix griffithiana in Regenschattenlagen

Tsuga dumosa, Magnolia globosa, Maddenia himalaica/Rhododendron keysii R.falconeri/Arundinaria/Rhododendron vaccinioides

2800 — Acer campbellii, Magnolia campbellii, Lithocarpus pachyphylla/Acanthopanax cissifolius, Rhododendron falconeri/Arundinaria sp./Vaccinium nummularia, V. retusum, Aristolochia griffithii

2400 — Acer spp., Betula alnoides/Persea clarkeana, Lindera assamica, L.neesiana, L. pulcherrima, Tetracentron sinense/Corylopsis sp./Arundinaria sp.

Quercus lamellosa, Castanopsis hystrix, Symplocos lucida/Arundinar. /Rhododendron dalhousiae

2000 — Quercus lamellosa/Rhododendron grande/Symplocos theifolia, Lindera pulcherrima/Arundinaria sp. /Rhododendron dalhousiae, R.lindleyi, Cymbidium grandiflorum

1600 — Schima wallichii, Castanopsis tribuloides, Acer oblongum/Camellia kissii /Vaccinium vacciniaceum

Schima wallichii, Castanopsis indica, Engelhardia spicata, Ostodes paniculata, Exbucklandea populnea Persea duthiei, Beilschmiedia spp. /Dendrocalamus hookeri/Cyathea spp., Rhaphidophora eximea, Hoya spp., Dendrobium spp., Agapetes sikkimensis

800 — **Feuchter Dipterocarpaceenwald**
Shorea robusta, Terminalia myriocarpa, Dillenia pentagyna

Feuchter Dipterocarpaceenwald
Shorea robusta, Acrocarpus fraxinifolius, Duabanga grandiflora, Dillenia pentagyna/Leea asiatica, Tetrameles nudiflora/Pandanus nepalensis, Cycas pectinata

200 — ************
Acacia catechu-Dalbergia sissoo-Torrenten-Dornwald
****

****
Acacia catechu - Dalbergia sissoo-Torrenten - Dornwald
****

(vertical column center): Acrocarpus fraxinifolius, Duabanga grandiflora, Michelia champaca, Cinnamomum spp./Leea spp., Cycas pectinata, Pandanus nepalensis / Eugenia tetragona, Talauma hodgsonii, Ostodes paniculata/ Raphidophora sp., Hoya spp.

(left vertical): Pinus roxburghii sonnseitig + edaphisch trocken / Quercus semecarpifolia sonnseitig + edapisch

(right vertical): Pinus roxburghii/Euphorbia royleana/Quercus lanata/Woodfordia fruticosa/Cymbopogon / Pinus wall., Quercus semecarp./Indigofera heterantha, Berchemia edgeworthii

Südost-Himalaya (Tsangpo-Quertal) 95°E, 28°N
(nach CHANG 1981, LI 1986)

Unteres Tsangpo-Längstal (Kongbo) 95°E, 30'N
(nach CHANG 1981, CHEN 1981)

m NN

m NN	Südost-Himalaya (Tsangpo-Quertal)	Unteres Tsangpo-Längstal (Kongbo)	
6000			
5800			
5600			
5400		++ Saussurea spp., Corydalis spp., Cruciferae spp. ++	
5200		ooooooooooooooooooooooooooooooooooooooooo Kobresia pygmaea, K.angusta, Arenaria kansuensis, Rhododendron nivale ssp. nivale ooooooooooooooooooooooooooooooooooooooooo	
5000	+++++++++++++++++++++++++++++++++++++ Saxifraga spp., Primula spp. +++++++++++++++++++++++++++++++++++++	.... Juniperus indica f.caesp.,J.squamata, Potentilla arbuscula	.... Rhododendron anthopogon, R.nivale spp. boreale ....
4800			
4600	ooooooooooooooooooooooooooooooooooooo Caltha sinogracilis, Cremanthodium phyllodineum, Primula genestieriana, Salix acuminato-microphylla, S. annulifera, S.soulieii in Schneetälchen ooooooooooooooooooooooooooooooooooooo		
4400		Trockengrenze d. Waldes im Tibetisch. Himalaya	{Juniperus indica f.scap.+caesp.}	{Betula utilis/ Rhododendron spp.}
4200				
4000	{Juniperus indica f.caesp.,J.recurva f.caesp. J.squamata, Ephedra saxatilis, Meconopsis spp}	:Rhododendron repens R.wardii, R.forrestii Cassiope, Diapensia Bryonia-Strauchflecht Bergenia purpurasc.:	Offenwald	
3800		(Betula utilis/Rhododendron laudanum (R.campanulatum/ (üppige Blatt-u. (Strauchflechten	{Juniperus indica f.scap.+caesp.}	Abies delavayi v. motuoensis,A. densa/Sorbus spp./Rhododendron przewalskii/Rosa omeiensis,Lonicera succata, Sinarundinaria
3600			Quercus aquifolioides	
3400			Offenwald	
3200	Abies delavayi v. motuensis/Rhododendron spp./Sinarundinaria sp.		Cupressus gigantea	
3000				Picea likiangensis v. linzhiensis/Populus davidiana/Lindera obtusiloba, Litsea cubeba, Acer campbellii/Rhododendron spp., Sinarundinaria sp./ *Enkianthus deflexus*
2800	Larix griffithiana auf Rutschungen		Trockener Offenwald	
2600	Tsuga dumosa/Quercus pachyphylla, Magnolia campbellii, Acer campbellii/Rhododendron spp./Arundinaria griffithii		Pinus densata	
2400				
2200			------------------------- Quercus incana, Q.gilliana/Sophora viciifolia, Elsholtzia capituligera Opuntia monocantha -------------------------	
2000	Quercus lamellosa, Q.glauca v.gracilis Lithocarpus xylocarpus, Acer oblongus/ Arundinaria sp./*Üppige epiphyt.Moose*			
1800				
1600				
1400	:::::::::::::::::::::::::::::::::::: Castanopsis indica, C.hystrix, Engelhardia spicata/Machilus spp., Phoebe spp./ Alsophila sp./*Kormo-Epiphyten* ::::::::::::::::::::::::::::::::::::			
1200				
1000	------------------------------------ **Subtropischer Falllaubwald** Dysoxylon gobara, Terminalia myriocarpa, Altingia excelsa, Beilschmiedia spp., Cinnamomum spp./*Kormo-Epiphyten* ------------------------------------			
800				
600	**Tropisch immergrüner Regenwald** Dipterocarpus turbinatus, Mesua ferrea, Dillenia indica, Talauma phelocarpa/Pandanus nepalensis, Cycas pectinata, Bambusa sp. ************************************ Acacia catechu-Dalbergia sissoo - Torrenten - Dornwald ************************************			
400				
200				

(Abbildungslegende siehe Seite 193 bzw. 196)

lagen. Nicht anders als in den Alpen haben während der Kaltzeiten Pflanzen in Refugien auf steilen, eisfreien Flanken über dem Eisstromnetz der Gletscher überdauern können (MIEHE 1990b). Eine große Zahl disjunkter Funde von Arten in der Himalaya-Südabdachung, deren yünnanisches, assamisches oder osttibetisches Hauptareal 900 bis 1500 km entfernt liegt (Abb. 4.10), bezeugen Klimaphasen, die feuchter und wärmer gewesen sein müssen als heute, während Refugien westhimalayisch-semihumider Arten (Abb. 4.12) bezeugen, daß ein geschlossenes Areal durch nachfolgend feuchteres Klima (stärkerer Monsun) getrennt wurde.

3.2 Vegetationsgliederung

Die folgenden Angaben über Höhenstufen der Vegetation beziehen sich weitgehend auf den Zentralen Himalaya (85°30′E; Abb. 4.1, Profil G) und orientieren sich in der collinen Stufe an STAINTON (1972) und DOBREMEZ (1976), in den übrigen Stufen an eigenen Beobachtungen.[1]

Der Zentrale Himalaya hat bei 85°30′E den Vorteil, daß er einerseits in seiner Südabdachung mit Niederschlägen von 4000 mm · a^{-1} (Klimadiagramm Sermathang, Abb. 4.1) floristisch und habituell das westlichste Vorkommen der osthimalayisch-westchinesischen Bergwälder darstellt, andererseits in seinem Regenschatten ansatzweise noch westhimalayische Charakteristika zeigt. Die Vegetation der übrigen Gebirgsteile kann hier nicht mit gleicher Ausführlichkeit dargestellt werden (auch deshalb nicht, weil vielerorts die Kenntnisse lückenhaft sind). Auf Charakteristika des Nordwest- und Südost-Himalaya wird jeweils hingewiesen. Eine Übersicht von Vegetations-

---

[1] Die Feldarbeiten wurden dankenswerterweise von der Deutschen Forschungsgemeinschaft finanziert. Für die Thallophyten-Bestimmungen und jeweiligen ökologischen Hinweise (und für die kritische Durchsicht des Manuskripts) bin ich Prof. Dr. Josef POELT, Graz, sehr zu Dank verpflichtet.

höhenstufen wurde in Abb. 4.13, Abb. 4.21 und Abb. 4.30 zusammengestellt. Die Lage dieser ausgewählten Profile zeigt mit entsprechenden Klimadiagrammen Abb. 4.1. Das Schwergewicht in der Darstellung der Profile liegt einerseits auf dem Biotopwechsel von Arten und Formationen zwischen dem ariden Nordwesten und dem humiden Südosten und andererseits auf der Betonung der floristischen Vielfalt der Gebirgsgruppen dadurch, daß jeweils endemische Taxa angeführt werden.

Die alpine Stufe des gesamten Gebirgsbogens ist abgesehen von Teilen Zentralnepals (Abb. 4.13, 4.21 und 4.30), des Nanga Parbat (Abb. 4.13) und des Namcha Barwa (Abb. 4.13, Profil Tsangpo-Quertal), wegen der Schwierigkeiten mit der Höhenakklimatisation so gut wie unbekannt. Die ökologischen Kenntnisse sind nur z.T. bis zur Vegetationsbeschreibung fortgeschritten.

3.2.1 Himalaya-Südabdachung

Colline Stufe (bis 1000 m)

Diese Stufe hat im Winterhalbjahr relativ arides Klima, im Sommerhalbjahr ist es relativ humid bis perhumid. Die Jahresmitteltemperatur (Klimadiagramm Bhairhawa) beträgt ca. 24 °C; die absoluten Minima liegen über 0 °C; von April bis Oktober haben nur wenige Tage Maxima von weniger als 30 °C. Im Gegensatz zum nordwestlichen Himalaya, wo auch das Vorland Winterregen erhält, gibt es im Zentralen Himalaya nur wenige winterliche Regentage.

Immergrüner tropischer Dipterocarpaceenwald aus *Shorea robusta* reicht aus der Gangesebene über die Schwemmfächerzone und die Siwaliks bis in die Himalaya-Vorketten, in den Himalaya-Durchbruchstälern extrazonal und disjunkt bis an den Himalaya-Hauptkamm heran. Er kann die hypsozonale Vegetation bilden; auf Sonnhängen und edaphisch trockenen Lockergesteinen zusammen mit der westhimalayischen *Pinus roxburghii*, auf Schatthängen mit indomalayischen *Terminalia tomentosa, Syzygium cumini, Lagerstroemia parviflora*, in Schluchten mit *Podocarpus neriifolia*,

---

Abb. 4.13: Schematische **Vegetationsprofile** aus dem Himalaya. Die hypsozonale Vegetation ist über die ganze Spalte geschrieben, der dominante Bewuchs des Sonnhangs steht links, der des Schatthangs rechts. Extrazonale Vorkommen stehen senkrecht, links bei Biotopwechsel auf edaphisch trockene Sonnhänge, rechts bei Biotopwechsel in feuchte Schluchten des Schatthangs. Epiphyten sind kursiv geschrieben. Die wichtigsten Straten sind durch / getrennt. Die unterschiedliche Meereshöhe der natürlichen oberen Waldgrenze auf dem Sonn- und Schatthang ist, außer in Zentral-Nepal, noch nicht bekannt. Die Angaben der nördlichen Breite beziehen sich auf die Lage des jeweiligen südlichsten Profilpunktes.

Dysoxylon gobara, Cycas pectinata, Pandanus nepalensis und *Cyathea spinulosa* (STAINTON 1972). Dort treten bei extrazonal höherer Luftfeuchtigkeit epiphytische skleromorphe Orchideen auf, die auch saisonale Trockenheit ertragen. Viele indomalayische Regenwaldarten haben in Staulagen der Himalaya-Südabdachung ihre westlichsten Vorkommen. In den monsunal überfluteten Torrentenbetten bilden *Acacia catechu* und *Dalbergia sissoo* azonale winter-(trocken-)kahle Dornwälder; *Bombax ceiba* überragt die Galeriewälder. Jüngste Schotterbänke tragen 3 m hohes Grasland (*Saccharum spontaneum, Imperata cylindrica, Phragmites karka,* DOBREMEZ 1976); hier befinden sich die Rückzugsgebiete des indischen Nashorns.

Untere montane Stufe (1000 bis 2000 m)

An der Untergrenze dieser Stufe beträgt die Temperatur des kältesten Monats 13 °C; die absoluten Minima (der Wetterhütten) liegen bei 3 °C, d. h. es kann mit Bodenfrost gerechnet werden. An der Obergrenze liegt die Temperatur des kältesten Monats bei 6 °C, die absoluten Minima bei 2 °C. Die Niederschläge sind vom Relief der jeweiligen Station abhängig. Winterregen fehlen im Zentralen Himalaya (Abb. 4.1: Klimadiagramm Lumle) fast ganz. Die Höhenstufe liegt unter dem monsunalen Kondensationsniveau. Strahlungsexpositionsunterschiede können bei Niederschlägen von weniger als $3000\,\mathrm{mm}\cdot\mathrm{a}^{-1}$ ausgeprägt sein.

Auf feuchtesten Schatthängen haben indomalayische Regenwaldarten bei 2000 m ihre Obergrenze (*Sloanea tomentosus, Saurauia macrotricha, Raphidophora glauca*); bis in diese Höhe reichen auch *Dendrobium amoenum* und *D. densiflorum*. Fingerhirse, Reis, Banane, Zitrus und Tee haben hier ihre Kältegrenze, und die Höhestufe ist malariafrei. Terrassierbare Hänge sind gerodet; in beweidbaren Flanken wird durch Feuer Graswuchs begünstigt.

Als potentielle hypsozonale Vegetation kann immergrüner *Schima wallichii-Castanopsis indica*-Wald wahrscheinlich nur bei Niederschlägen von mehr als $3000\,\mathrm{mm}\cdot\mathrm{a}^{-1}$ angenommen werden. *Castanopsis indica*, seltener *C. tribuloides* und *C. hystrix*, ist häufig in der B_1 dominant. Sinojapanische Lauraceen (*Persea odoratissima, Cinnamomum tamala, Actinodaphne longipes*), Theaceen (*Eurya* spp., *Camellia kissii, Schima* spp.), Magnoliaceen (*Michelia velutina, Talauma hodgsonii*), *Engelhardia spicata, Myrica esculenta, Ficus subincisa* und *F. neriifolia* v. *nemoralis* haben indo-malayische Arten der collinen Stufe verdrängt. Lianen sind vor allem mit Vitaceen (*Ampelocissus* spp., *Tetrastigma* spp., *Vitis jacquemontii* v. *parviflora*), Piperaceen (*Piper longum, P. suipigua, P. molesua*), Asclepiadaceen (*Hoya* spp.), Menispermoideen (*Stephania* spp.), *Deeringia amaranthioides, Embelia vestita* sowie *Smilax aspera* und *S. ocreata* in dieser Höhenstufe stark vertreten und reichen im abschirmenden Bestandesklima bis in die untere Nebelwaldstufe. In der Krautschicht dominieren bis mannshohe, meist regengrüne Farne (*Athyrium thelypteroides, Dryoathium boreanum, Coniogramme intermedia*). Unter den epiphytischen Farnen herrschen hier skleromorphe Arten (*Loxogramme duclouxii, L. involuta, Asplenium yoshinagae* v. *planicaule*) vor.

In starkem Kontrast dazu steht die Vegetation von Sonnhängen und strahlungsoffenen Lagen. Offener Kiefernwald aus *Pinus roxburghii* (Obergrenze 2200 m) mit dichtem feuerbegünstigtem Gramineenunterwuchs dominiert auf Sonnhängen (bei mehr als $3000\,\mathrm{mm}\cdot\mathrm{a}^{-1}$ nur disjunkt auf S-exponierten, flachgründigen, steilen, windausgesetzten Hängen) und in der ‹Trockenen Talstufe›.

Abb. 4.14: Sonnseitiger *Erythrina arborescens-Quercus lanata*-Wald mit *Arundinella setosa*, 2400 m, Langtang-Schlucht. 17. 10. 1986 (phot. G. MIEHE).

Abb. 4.15: *Euphorbia royleana* mit *Chrysopogon gryllus* in steiler, sonnseitiger Felswand der Trockenen Talstufe (Langtang-Schlucht). 2240 m, 19.10.1986 (phot. G. MIEHE).

Die hüfthohen Gräser *Arundinella setosa, A. nepalensis, Apluda mutica, Chrysopogon gryllus* sowie *Carex myosurus* und *Heteropogon contortus* reichen ca. 300 m höher als die Offenwälder der unteren Nebelwaldstufe. Ihre natürlichen Standorte dürften in Felswänden der ‹Trockenen Talstufe› liegen, zusammen mit *Saccharum spontaneum, Erythrina arborescens* und *Euphorbia royleana* (Abb. 4.15 und 4.16). In der hier spärlichen Krautschicht können Zwergsträucher und Stauden (*Inula cappa, Myrica esculenta, Woodfordia fruticosa, Caryopteris foetida, Osbeckia nepalensis, Hypericum hookerianum, Phyllanthus emblica*) häufiger vorkommen. *Lilium wallichianum* und geophytische Orchideen sind vor den Feuern der Trockenzeit geschützt.

Obere montane Stufe (Nebelwaldstufe, 2000–4000 m)

In etwa 2000 m Höhe beginnt die Nebelwaldstufe. Sie läßt sich anhand der Dominanz epiphytischer Lebensformen in drei Stufen untergliedern.

1. Die **untere Nebelwaldstufe** (bis 2500 m) beginnt bei 2000 m mit einer schlagartigen Zunahme von epiphytischen Blatt-, Strauch- und Bartflechten und regengrünen *Selaginella* spp.; dazu beginnt hier die Höhenstufe des Blutegelvorkommens während des Monsuns. Im abschirmenden Bestandesklima des Waldes sind epiphytische Farne dominant, in sonnseitigen Offenwäldern skleromorphe Orchideen, die zusammen mit den Flechten des äußeren Kronenraums die zeitweilige Austrocknung überdauern können. Im Monsun ist für diese Stufe der Wechsel von starker Einstrahlung (bis zum späten Vormittag), nässendem Bergnebel und Regen typisch; nachmittags liegt die Stufe im Bergnebel, in der winterlichen Trockenzeit im Wolkenschatten des Bergnebels, der die mittlere und obere Nebelwaldstufe einhüllt.

Abb. 4.16: Epiphytische Blattflechten im äußeren Kronenraum von *Quercus semecarpifolia*, exponierte Bergnebellage. Langtang, 2920 m, 7.5.1986 (phot. G. MIEHE).

2. Zwischen 2500 und 3000 m liegt die **mittlere Nebelwaldstufe** (Abb. 4.1: Klimadiagramm Sermathang). Epiphytische Leitformen des äußeren Kronenraums sind auf Ästen haftende Farne *(Drynaria mollis)*; die Zweige sind mit Bartflechten behangen (Abb. 4.16). Der Kroneninnenraum und die Strauchschicht haben dichten Bartmoosbehang (*Barbella* spp., *Calyptothecium* spp., *Chrysocladium* spp., *Duthiella* spp., *Meteorium* spp., *Trachypus* spp.). Der Blutegelbefall ist in dieser Stufe am größten; ein sicherer Hinweis für ständig hohe Luftfeuchtigkeit. Die Trockengrenze der Blutegel liegt bei Gesamtniederschlägen von ca. $1000\,\text{mm} \cdot \text{a}^{-1}$, ihre Obergrenze (vermutlich Wärmemangel) bei 3600 bis 4000 m, meist aber deutlich tiefer.

3. In der **oberen Nebelwaldstufe** von 3000 m bis zur oberen Waldgrenze (max. 3900 m) verhüllen in feuchtesten Luvlagen 10 cm dicke Lebermoospolster (*Herbertus*, *Plagiochila* und *Scapania* spp., Abb. 4.24, Trockengrenze ca. $3000\,\text{mm} \cdot \text{a}^{-1}$) Stämme und Äste. Bis ca. $700\text{-}1000\,\text{mm} \cdot \text{a}^{-1}$ sowie generell im äußeren Kronenraum dominiert *Usnea*-Behang (vgl. Abb. 4.20).

a) Untere Nebelwaldstufe (2000–2500 m)

Die Gegensätze der Strahlungsexposition sind in dieser Stufe nur wenig durch den Bergnebel gedämpft. Für Sonnhänge ist 5 bis 10 m hoher Ericaceenwald typisch; *Rhododendron arboreum* v. *arboreum*, *Lyonia ovalifolia* und *Gaultheria fragrantissima* sind dominant. In der Strauchschicht (1 bis 3 m) sind *Viburnum cylindricum*, *Rubus ellipticus* und *Indigofera* spp. häufig. Bei Niederschlägen von $3000\,\text{mm} \cdot \text{a}^{-1}$ und mehr dominiert *Maesa chisia*. Auf wenig beweideten Hängen kann *Quercus lanata*, bis 20 m hoch, ein lichtes Kronendach bilden, bei weniger als $3000\,\text{mm} \cdot \text{a}^{-1}$ auch in Gesellschaft von *Pinus wallichiana* (syn. *P. excelsa*, *P. griffithii*), der am weitesten verbreiteten Konifere des Himalaya (Afghanistan bis Yünnan). Diese hat im Zentralen Himalaya hier ihre südlichsten Vorkommen. (Im Inneren Himalaya bildet sie hypsozonale Wälder und reicht extrazonal an der Trockengrenze des Waldes bis 4400 m hinauf; STAINTON 1972, S. 111).

In der Krautschicht sind bei Brand, Beweidung und Niederschlägen unter $3000\,\text{mm} \cdot \text{a}^{-1}$ kniehohe Gramineenfluren *(Arundinella hookeri*, *Themeda triandra*, *Andropogon munroi)* sowie *Carex cruciata* mit Leguminosen-Halbsträuchern, die nach Brand aus rübenartig verdickter Wurzel wieder austreiben (*Indigofera cylindracea*, *Desmodium multiflorum*, *Campylotropis speciosa*, *Lespedeza gerardiana*) dominant. Ähnliche Anpassung haben *Bupleurum hamiltonii*, *Micromeria biflora* und *Polygala crotalarioides*. Bei Niederschlägen von $3000\,\text{mm} \cdot \text{a}^{-1}$ und mehr herrschen Hochstauden, unter denen *Eupatorium adenophorum* dominiert. Typische Epiphyten auf Sonnhängen dieser Stufe sind sukkulente Orchideen, die zwischen 2200 und 2700 m ihre Obergrenze haben (*Coelogyne cristata*, *C. corymbosa*, *Dendrobium porphyrochilum*), im äußeren Kronenraum ist die epiphytische Strauchflechte *Everniastrum cirrhatum* dominant.

Im Gegensatz zu den sonnseitigen Wäldern sind viele Schatthänge, v. a. steile und grobblockreiche, naturnah verblieben. Sie tragen einen artenreichen, vielstöckigen, dominant immergrünen Laubwald mit hartlaubigen Eichen in der B_1 (obere Baumschicht, 30–40 m, *Quercus glauca*, *Q. lamellosa*, *Lithocarpus* spp.) und B_2 (20–30 m) und größtem Artenreichtum an Lauraceen und habituell ähnlichen kleineren Bäumen in der B_3 (10–20 m), B_4 (2–10 m) und den Strauchschichten. Viele Arten reichen, mit Biotopwechsel in schattige Schluchten, bis in die colline Stufe und haben ihre höchsten Vorkommen in der mittleren Nebelwaldstufe, als Unterholz von *Quercus semecarpifolia*. Die Strauchschicht wird von paläotropischen Halbsträuchern *(Pilea scripta*, *P. umbrosa*, *Goldfussia pentastemonoides*, bis in den *Quercus semecarpifolia*-Wald auch *Strobilanthes atropurpureus*), Farnen und Lianen beherrscht. Gramineen fehlen bis auf *Oplismenus compositus*, während die Cyperacee *Carex filicina* weit verbreitet ist. Erdorchideen (*Calanthe* spp.) sind häufiger als epiphytische. Auf bemooste Grobblöcke beschränkt sind *Elatostema monandrum*, *Peperomia tetraphylla*, *Lycopodium pulcherrimum*, *L. hamiltonii*; *Cautleya spicata* bildet hier regenzeitlich meterhohe Stauden. Languren-Affen haben in diesen Eichen-Lauraceen-Wäldern ihre Weidegründe; der Boden ist häufig übersät von abgeknickten Zweigen, Knospen, Blüten- (*Michelia kisopa*) und Eichelresten.

Auf Glimmerschieferfließungen, wasserdurchrieselten Murkegeln und auf Rutschungen in Lockermaterial bildet zwischen 1000 und 2500 m *Alnus nepalensis* azonale, gewässerbegleitende Gehölze. Die vom West-Himalaya bis China verbreitete, sehr schnellwüchsige Erle (Jahrringbreiten 1 cm) bildet bis 30 m hohe, oft kronenschließende Bestände mit mannshoher, hygromorpher Krautschicht. Pionier auf Rutschungen und frischen Murkegeln ist *Aconogonum molle*. *Alnus nepalensis* folgt wenig später, so daß ein Murabkommen aus dem Alnus-Bestandsalter datiert werden kann. In der Strauchschicht sind Urticaceen und Acanthaceen dominant *(Goldfussia pentastemonoides, Lecanthus peduncularis, Pilea symmeria, P. umbrosa, P. scripta, Debregeasia longifolia, Boehmeria platyphylla)*. Mit zunehmendem Alter der Besiedelung bildet *Arundinaria* bis 3 m hohe Dickichte. Da Schieferfließungen, Rutschungen und Muren periodisch bis episodisch auftreten, bildet *Alnus nepalensis* edaphische Schlußgesellschaften. Auf rutschungsgefährdeten Hängen wird die Erle mancherorts trotz Brennholzknappheit bannwaldartig gehegt, kann jedoch einmal in Gang gekommene Erdgletscher nicht binden, wenn die Wasserzufuhr nicht nachläßt.

b) Mittlere Nebelwaldstufe (2500-3000 m)

Die Untergrenze der mittleren Nebelwaldstufe in 2500 m fällt etwa mit der Obergrenze der Dauersiedlungen in der Himalaya-Südabdachung zusammen. Sie entspricht einem häufigen unteren Kondensationsniveau im Monsun und auch der Maisanbau-Obergrenze. Die Obergrenze dieser Stufe läßt sich mit periodischen absoluten Tiefsttemperaturen bis $-10\,°C$ korrelieren, sowie mit der Obergrenze von Lauraceen und habituell ähnlichen Bäumen. Die Häufigkeit starker Naßschneefälle ist hier bedeutsam. Sie führen bei Lauraceen zu Astbruch, obwohl die episodische Schneedecke in wenigen Tagen abtaut.

Die Gehölze sind überwiegend immergrün. Bei *Quercus semecarpifolia* kann es im Vormonsun (April, Mai) nach strengen Wintern zu stärkerem Laubfall kommen (Abb. 4.17).

Die mittlere Nebelwaldstufe hat die größten Waldbäume der montanen Stufe: *Tsuga dumosa* (Abb. 4.19) und *Quercus semecarpifolia* können bis 40 m hoch werden. *Tsuga* hat häufig 2 m DBH; die Eiche bis 1 m. Die Stufe hat auch die größten und ausgedehntesten *Arundinaria*-Vorkommen (*A. maling, A. wightianum*, 2 bis 8 m hoch, Abb. 4.18).

Die Expositionsunterschiede in dieser Stufe sind verglichen mit denen der unteren Nebelwaldstufe gering, aber noch deutlicher als in der oberen Nebelwaldstufe. In feuchtesten Teilen der Südabdachung ($3000\,mm \cdot a^{-1}$ und mehr) hat *Quercus semecarpifolia* ihre Obergrenze auf Schatthängen schon bei 2700 m, auf Sonnhängen erst bei 3000 m. In gemäßigten Leelagen ($2000\,mm \cdot a^{-1}$) steigt sie bis maximal 3400 m auf; bei weniger als $1000\,mm \cdot a^{-1}$ wechselt sie auf den Schatthang. *Tsuga* ist bei Niederschlägen um $2000\,mm \cdot a^{-1}$ und weniger nur noch extrazonal auf dem Schatthang anzutreffen und bildet die größten Bestände auf schattseitigen Flanken der feuchtesten Teile der Südabdachung.

Eine ähnliche Obergrenze wie die Lauraceen haben auch sehr viele epiphytische, regengrüne Farne; am häufigsten und auf den äußeren Kronenraum beschränkt ist *Drynaria mollis*, während die übrigen sich mit dem dominanten Bartmoosbehang den Kroneninnenraum teilen oder die Stämme bedecken. Der Farn kriecht haftend auf maximal armdicken Eichenästen (die dünneren werden von *Parmelia* spp. und *Heterodermia rufescens* besetzt, Abb. 4.16) und sammelt mit seinen aufrechten, braunen und dauerhaften Nischenblättern den anfallenden Detritus. Der bis 30 cm lange fertile Wedel fällt im Herbst ab. Im Monsun saugen sich Nischenblätter und Detritus

Abb. 4.17: Astbruch bei *Quercus semecarpifolia* durch epiphytische *Drynaria mollis*. Langtang, 2920 m, 7.5.1986 (phot. G. MIEHE).

Abb. 4.18: Mittlere Nebelwaldstufe, NE-exponiert bei ca. 3500 mm · a^{-1}: *Abies spectabilis* und *Tsuga dumosa* bilden die Baumschichten B$_1$ und B$_2$ (bis 40 m), *Acer* spp. und *Acanthopanax* spp. die untere Baumschicht B$_3$, *Rhododendron barbatum* und *Arundinaria* sp. bilden die 4 m hohe Strauchschicht S$_1$. Nördlich Malemchi, 3000 m, 24.11.1986 (phot. G. MIEHE).

Abb. 4.19: Mittlere Nebelwaldstufe, N-exponiert, mit ca. 3500 mm · a^{-1} mit epiphyt. *Vaccinium retusum* und Bartmoos im inneren, *Drynaria mollis* im äußeren Kronenraum, auf *Tsuga dumosa*. Nördlich Malemchi, 3000 m, 24.11.1986 (phot. G. MIEHE).

voll Wasser, was bei langanhaltender Durchfeuchtung den Pilzbefall fördert und zu Astbruch führt. *Quercus semecarpifolia* ist deutlich am stärksten befallen (Abb. 4.17); *Lyonia ovalifolia* und *Rhododendron arboreum* weniger; wahrscheinlich, weil ihre Rinde bei Epiphytenbesatz schneller abschält. Der Boden von *Quercus semecarpifolia*-Wäldern ist mit verrottendem Astbruch und kümmernden *Drynaria*-Kolonien bedeckt. Die Abschirmung durch das Kronendach ist gering; dadurch sind die unteren, Lauraceen-beherrschten Baumschichten artenreich und dicht. *Drynaria* scheint Bergnebellagen zu bevorzugen (konkurriert dort aber mit *Usnea* spp.) und tritt in den Steigungsregenlagen der Südabdachung zurück. Hier dominiert Lebermoos in kopfartigen Polstern und üppiger Befall mit *Vaccinium retusum*, *V. nummularia* und *Smilax rigida* im inneren Kronenraum (Abb. 4.19). Den *Quercus semecarpifolia*-Wäldern im West-Himalaya (Klimadiagramm Dehra Dun, Abb. 4.13: Profil Garhwal) fehlt dieser Befall mit *Drynaria*. Die höchste Baumschicht dieser gut gangbaren Hallenwälder hat ein geschlossenes Kronendach, und Unterholz und Krautschicht sind spärlich entwickelt. Erst durch das Schneiteln von Zweigen gewinnt der Wald Ähnlichkeit mit den *Quercus semecarpifolia*-Wäldern Zentralnepals, da dann *Neolitsea pallens*, *Sarcococca hookeri*, *Prinsepia utilis* und *Rhododendron arboreum* mit *Berberis* spp. das dichte Unterholz bilden.

Bei Niederschlägen bis 5000 mm · a^{-1} haben die Wälder Zentralnepals dieser Höhenstufe viel Ähnlichkeit mit Nebelwäldern in Sikkim oder Assam; der Anteil osthimalayisch-westchinesischer Arten, viele davon hier mit ihren westlichsten, disjunkten Vorkommen, ist hoch. Die Krautschicht wird von Farnen dominiert; die Moosbedeckung ist hier am üppigsten, der Anteil fakultativer Epiphyten am höchsten. Malakophylle Urticaceen (*Elatostema* spp.) sind in dieser Stufe am artenreichsten vertreten und zeigen die feuchtesten Standorte an. *Didymocarpus* spp. sind im Moos auf Fels charakteristisch. Auch *Impatiens* spp. sind hier üppig und mit größter Artenzahl vertreten. In der Strauchschicht kommen Celastraceen und Aquifoliaceen am artenreichsten vor, desgleichen *Symplocos* spp., die stellenweise mehr als 50% des Unterholzes bilden. In den Baumschichten zwischen 10 und 20 m sind hier Araliaceen (*Acanthopanax* spp., *Pentapanax* spp.) und *Acer pectinatum* (grundfeuchtes Blockwerk) häufig, desgleichen *Taxus baccata* ssp. *wallichiana*. Auf Sonnhängen bilden Ericaceen (*Pieris formosa, Lyonia ovalifolia, Rhododendron arboreum*) und *Sorbus cuspidata* die B_2- und B_3-Baumschichten.

In sonnseitigen Eichenwäldern mit weniger als 2000 mm $\cdot$ a^{-1} treten statt immergrünem Unterholz (außer *Rhododendron arboreum*) laubwerfende, bedornte oder kleinblättrige Sträucher der westhimalayischen *Pinus wallichiana-Quercus* spp.- Wälder auf, die noch in den *Cupressus torulosa – Picea smithiana – Pinus wallichiana* – Offenwäldern an der Trockengrenze des Waldes im Inneren Himalaya anzutreffen sind (Abb. 4.33: *Rosa sericea, Lonicera myrtillus, Aster albescens, Caragana brevispina* [im Langtang (Abb. 4.13) durch *C. sukiensis* ersetzt], sowie *Philadelphus tomentosus, Deutzia staminea, Hypericum choisianum*). Unter den Lianen sind immergrüne (*Euonymus vagans, Smilax glaucophylla, Holboellia latifolia* und *H.l.* v. *angustifolia, Hedera nepalensis, Thunbergia fragrans, Ficus sarmentosa*), die meist aus den *Lithocarpus – Quercus lamellosa*-Wäldern der unteren Nebelwaldstufe heraufkommen, und sommergrüne (*Rubus* spp., *Clematis* spp., *Tetrastigma serrulatum, Parthenocissus semicordata, Lonicera acuminata, Schisandra grandiflora*), die z.T. auch in die obere Nebelwaldstufe aufsteigen, dominant; der immergrüne Rutenstrauch *Jasminum humile* ist auf die mittlere Nebelwaldstufe beschränkt. Die Krautschicht in der ganzen Stufe wird von sommergrünen Hochstauden gebildet; *Dryopteris wallichiana* s.l., *D. chrysocoma, D. juxtaposita, Athyrium drepanopterum, Ainsliaea aptera, Ophiopogon intermedius, Boenninghausenia albiflora, Strobilanthes atropurpureus* und *Stellaria monosperma* herrschen vor. Verbreitete bodendeckende, ausläuferbildende Arten sind *Rubus nepalensis, R. calycinus* und *Tripterospermum volubile*.

c) Obere Nebelwaldstufe (3000–3800/4200 m)

Diese Stufe erstreckt sich zwischen der Obergrenze von *Quercus semecarpifolia* und *Tsuga dumosa* und den höchsten Vorkommen von Krummholz aus *Juniperus recurva* oder *Rhododendron campanulatum*. Das Klima dieser Stufe ist nur ungenügend bekannt. Die Klimastation Tengboche (Abb. 4.21) repräsentiert eventuell die Temperaturverhältnisse an der Obergrenze (3800 m), nahe der Obergrenze der Himalaya-Tanne (*Abies spectabilis*): 2 bis 3 Monate sind frostfrei; in 4 bis 6 Monaten fallen die Tiefsttemperaturen auf $-10\,°C$; die Temperaturamplituden erreichen im Winter 30 °C, im Monsun 15 °C. Die Tageshöchsttemperaturen liegen im Februar bis November über 11 °C. Das Klimadiagramm von Namche (Abb. 4.21) gibt das Klima an der Untergrenze von *Abies spectabilis* wieder; zusammen mit Tengboche repräsentiert es möglicherweise das ökologische Optimum der Himalaya-Tanne mit Jahresniederschlägen zwi-

Abb. 4.20: *Usnea longissima*-Behang auf *Rhododendron campanulatum* und *Betula utilis*, obere Nebelwaldstufe, Mt. Everest-Südabdachung (ca. 700 mm $\cdot$ a^{-1}). Herbst- (und Frühjahrs-)schneefälle sind im Ost-Himalaya auf den Hauptkamm beschränkt und verursachen Schneedruckformen (Klimadiagramm Tengboche, Abb. 4.1), NNE-exponiert, 3960 m, 24.10.1982 (phot. G. MIEHE).

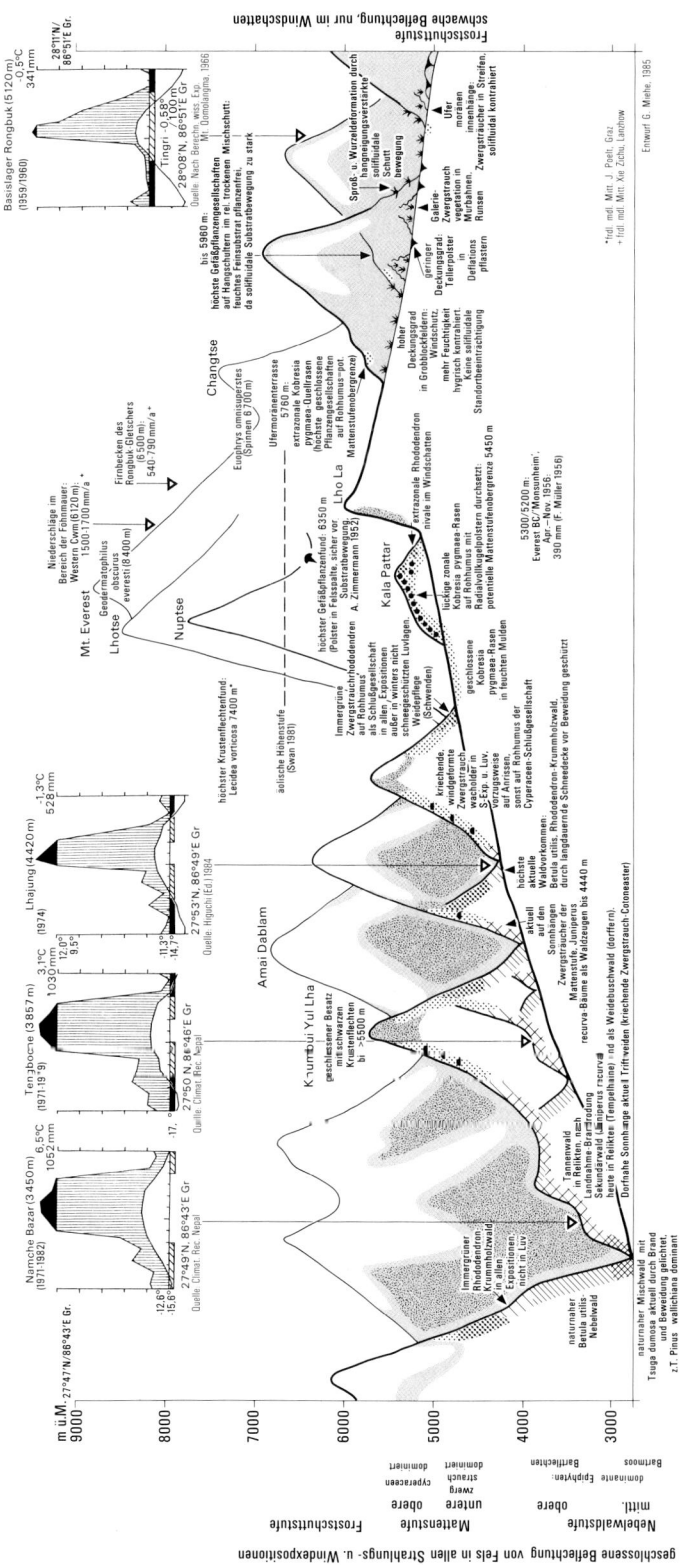

Abb. 4.21: Schematisches Vegetationsprofil des Mt. Everest.

Abb. 4.22: Burzil-Tal (Kaschmir): Die Nadelwälder (Obergrenze 3300 m) sind von Lawinengassen mit ‹Umlegebirken› durchzogen. Vgl. Klimadiagramm Dras, Abb. 4.1 (phot. C. TROLL 1937, aus TROLL 1978).

schen 900 und 1300 mm. Hiervon entfallen drei Viertel auf Sommerregen (Juni–Sept.); der übrige Niederschlag fällt meist als Schnee. Der Schatthang hat eine 4- bis 6monatige Schneedecke, während der Sonnhang auch nach starkem Schneefall innerhalb weniger Tage ausapert, so daß hier in der Summe mit 30 Tagen Schneedecke gerechnet werden kann. *Betula utilis* und *Rhododendron campanulatum*, die beiden dominanten Gehölze der B_2-Baumschicht und S_1 (obere Strauchschicht) auf Schatthängen, reagieren mit Schneedruckdeformation (Säbelwuchs, Abb. 4.20) auf die meterhohe Schneedecke, während dem bis 6 m hohen *Rhododendron barbatum* diese Anpassung fehlt; er wird bei episodisch stärkerem Schneefall mit dem flachen Wurzelteller umgestürzt. Die Anpassungsfähigkeit der Birke und von *Rhododendron campanulatum* macht ihre Verbreitung bis in den West-Himalaya plausibel und erklärt vielleicht die Westgrenze von *R. barbatum* bei 81°E. Bei hohen Winterniederschlägen im Nordwest-Himalaya reichen Lawinengassen bis in die Waldstufe (Abb. 4.22); Schneetälchengesellschaften sind hier typisch. C. TROLL (1939, Abb. 4.23) beschreibt *Salix flabellaris, S. hastata, Primula reptans, Sibbaldia cuneata* sowie *Trachydium roylei* aus Schneetälchen. Auch aus dem Südost-Himalaya (Namcha Barwa, Abb. 4.13: Profil Tsangpo-Quertal) wurde Schneetälchen-Vegetation beschrieben (LI BOSHENG 1986): *Betula utilis, Rhododendron laudanum* und *R. wardii* haben Säbelwuchs; *Caltha sinogracilis* f. *rubiflora, Primula genestieriana, Cremanthodium phyllodinium, Bergenia purpurascens* und *Salix* spp. blühen in Schneetälchen sofort nach dem Ausapern Anfang September. Im Zentralen Himalaya sind Schneetälchen dagegen auf

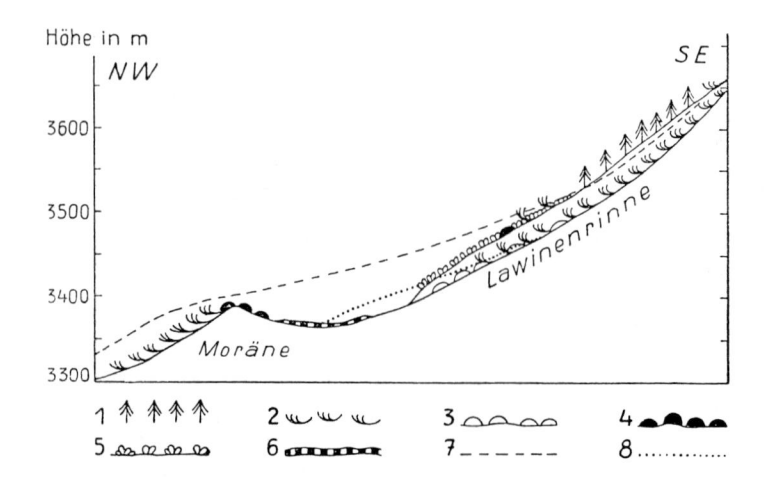

Abb. 4.23: Typische Vegetationsverteilung in der subalpinen Stufe bei schattiger NW-Exposition am Nanga Parbat (nach C. TROLL 1939).

die obere Mattenstufe beschränkt; Lawinengassen fehlen.

Epiphytenbesatz aus *Usnea* spp. zeigt häufigen Bergnebel, ein solcher aus Lebermoosen wahrscheinlich ganzjährig höchste Humidität an. *Usnea*-Behang korreliert mit Niederschlägen von 700 bis 1000 mm $\cdot$ a^{-1}; üppige Lebermoos-Epiphyten fehlen bei weniger als 2000 mm $\cdot$ a^{-1} und sind in der niederschlagsarmen winterlichen Trockenzeit an den Einstrahlungsschutz eines häufigen konvektiven Wolkengürtels gebunden.

Die Lebermoospolster saugen sich im Monsun schwammartig voll, was zu starkem Astbruch führen würde, könnten nicht die meisten Bäume und größeren Sträucher die Rinde schälen (Abb. 4.25): außer bei *Abies spectabilis* löst sich bei allen Arten die Rinde, wenn die Lebermoosauflast zu groß wird. Bei *Rhododendron arboreum*, *R. barbatum* und *Acer pectinatum* blättert die Rinde ähnlich wie bei Platanen ab; bei *R. campanulatum* löst sich die hautartig dünne äußere Rindenschicht in unregelmäßigen Fetzen, bei *Prunus rufa*, *Sorbus foliolosa* und *Betula utilis* in waagrechten Streifen. *Lyonia villosa* und *Juniperus recurva* schälen die Rinde senkrecht. Die kleineren Sträucher haben keinen Lebermoosbesatz. Weitausladende waagrechte Äste von *Abies spectabilis* sind dagegen stark befallen, und die unregelmäßige Kronenform dieser Himalaya-Wettertanne dürfte auf den Astbruch durch Lebermoos-Epiphyten und den durch andauernde Befeuchtung geförderten Pilzbefall zurückzuführen sein. Die Kronenform von *Abies spectabilis* läßt zentralhimalayische Herkunft vermuten, da hier weder hoher Schneefall noch sehr hohe Sommerniederschläge typisch sind.

Die Tanne ist in der oberen Nebelwaldstufe von hypsozonaler Verbreitung. Sie bildet in naturnahen Wäldern bis 3600/4000 m die B$_1$ (bis 40 m, Bhd bis 1,5 m); in der B$_2$ (6–15 m) sind *Rhododendron arboreum* und *Juniperus recurva* auf Sonnhängen und *Rhododendron barbatum* auf Schatthängen häufiger (Abb. 4.26). Letzterer wird oberhalb von 3500 m von *Betula utilis* verdrängt.

Birkenwälder (mit Tannen auf flachgründigen Standorten) mit bis 4 m hohem Unterholz aus *Rhododendron campanulatum* werden bei 1200

Abb. 4.24: Obere Nebelwaldstufe, SSE-exponiert. *Juniperus recurva*-Wald an der oberen Waldgrenze mit epiphytischen Lebermoospolstern (*Herbertus* spp.), *Lepisorus cathratus* und *Polypodium lachnopus*. Dupku Danda, 3930 m, 30. 7. 1986 (phot. G. MIEHE).

Abb. 4.25: Epiphytische Laubmoose auf *Betula utilis* werden mit der Borke abgeschält. Pangsang Lekh, 3290 m, 16. 5. 1986 (phot. G. MIEHE).

206 Teil 4: Die Produzenten

			I	II	III
			ABCDEF	GHIJK	LMNOP
I Abies spectabilis-Wälder	B	Rhododendron barbatum	33541	2	
	S	Viburnum nervosum	11221		
	B	Lyonia villosa	2 221		1
	L	Lonicera lanceolata	1 122		1
	K	Acronema paniculatum	1211		
	S	Spiraea bella	11 11		
	K	Listera pinetorum	311		
	K	Malaxis muscifera	11 12		
Arten, die auch in Quercus semecarpifolia-Wäldern verbreitet sind	L	Smilax menispermoideae	42131		
	M	Thuidium spp.	323412	3	1 11
	K	Senecio wallichii	2232	1	
	K	Ainsliaea aptera	132 2		2
	K	Elatostema obtusum	1213		
	K	Triplostegia glandulifera	123		
II Juniperus recurva-Wälder	K	Saxifraga hispidula		3222 4	
	K	Saxifraga parnassifolia	11	225313	1
	K	Potentilla polyphylla v. intermedia	1	23231	1
	K	Brachyactis anomala	1 12	223	
	K	Thalictrum cultratum	1	313 12	
	K	Epilobium sikkimense		2122 2	
	K	Kobresia trinervis		2 2523	1
	K	Primula glomerata		2 2 32	
	K	Juncus membranaceus + J. clarkei		32 1 2	1
	K	Koenigia delicatula		22 11	1
	M	Oncophorus wahlenbergii		23 4	
	K	Anaphalis contorta		4333	
	K	Polystichum bakerianum		11 2	
	S	Rhodiola bupleuroides		3 12 3	1
	K	Danthonia cumminsii	1 2	2141	12
Arten in Abies- und Juniperus-Wäldern	B	Juniperus recurva	351	2555545	
	S	Berberis spp. ≠ concinna	11 11	23141	1
	K	Agrostis triaristata	1	2 5423	
	K	Corydalis casimiriana	2	13 221	
	K	Deyeuxia pulchella	2	3 2121	
	S	Cotoneaster acuminatus	31 12	1 2	
	S	Viburnum grandiflorum	11 11	1 2	
	K	Tetrataenium wallichii	1121	2221	
	K	Valeriana stenoptera		11 22 112	
	K	Fragaria nubicola	1	22 12 1	
	K	Trillidium govanianum		12223	1
III Betula utilis-Wälder	Li	Lobaria spp.			1222
	S	Rhododendron anthopogon		1 1	3133
	K	Rheum acuminatum		1	111 3
	K	Goodyera fusca		2	422
	K	Carex lehmannii		1	41
	K	Poa polycolea			21
Arten in Juniperus- und Betula-Wäldern	K	Dryopteris serrato-dentata		2221 2	3322
	K	Juncus leucomelas	1	3322 1	21222
	K	Rhododendron lepidotum		3 454413	23
	M	Abietinella spp.		51 11	1 442
	K	Acronema bryophilum	3	4545 3	233
	K	Cremanthodium reniforme		115 2	22 2
	E	Lepisorus clathratus		2111	122
	K	Primula obliqua		21 1	52 2
	E	Heterodermia spp.		22 2	3 2
Arten in Abies- und Betula - Wäldern	B	Betula utilis	1 55		55553
	B	Sorbus microphylla	1 2		2454
	B	Abies spectabilis	55545	1	24 3
	K	Clintonia udensis v. alpina	1 222		421
	M	Mnium spp.	12 2		11
	K	Ctenitis apiciflora	2 51		11
	K	Streptopus simplex	12		21
Obere Nebelwaldstufe ohne Betula-Wälder s. str.	K	Allium prattii	23 2	2	51
	K	Bistorta amplexicaulis	2324454554	254	
	K	Senecio alatus	2522232212	31	
	K	Galium pusillosetosum	24	4421322	
	S	Rosa sericea	22	3435341	23
	K	Carex munda	34	3342	53
	K	Rubus fragarioides		342133	53
	K	Pilea racemosa	1541	4	5
Obere + mittlere Nebelwaldstufe ohne Betula-Wälder	L	Clematis montana	254	231222	11
	K	Stellaria patens	22 22	5 4243	
	K	Impatiens spp.	2532343	1123	
	E	Herbertus + Scapania spp.	111	222	
Unt., mittl. + ob. Nebelwaldstufe ohne typ. Birken-Wald	S	Arundinaria maling	533323	2442	35
	B	Rhododendron arboreum v. roseum	43111	2 11	
Obere Nebelwaldstufe	S	Rhododendron campanulatum	11435	455 1	55554
	M	Actinothuidium sp.	23545	2 432424	24
	E	Polypodium lachnopus	1351	33111	3111
	S	Sorbus foliolosa + ursina	11 45	11 1	32224
	K	Cacalia pentaloba	1115	121112	554
	S	Ribes laciniatum, himalense, glaciale	12 22	223	2312
	K	Boschniakia himalaica	1112	11	2113
	K	Goodyera repens	1 532	21	1 112
Obere + mittlere Nebelwaldstufe	K	Smilacina purpurea	25513	5 2	125421
	K	Polygonatum cirrhifol. +verticillat.	2331	4 121	411
	K	Athyrium schimperi	125	2422 2	554
	K	Viola biflora	14114	442 1	232
	E	Crypsinus malacodon	23321	221 2	42 1
	K	Athyrium atkinsonii	3423	211	1 2
	K	Dryopteris sino-fibrillosa	12 21	23 2	3 2
	E	Usnea spp.	11	212	123
	K	Athyrium spinulosum	2	2 22	1
	K	Stipa roylei	1	14 1	5

Die arabischen Zahlen sind Symbole der Stetigkeitsklassen nach BRAUN-BLANQUET (1928): 1 = bis 20% 2 = 20.1 - 40% 3 = 40.1 - 60% 4 = 60.1 - 80% 5 = 80.1 - 100%

Links vom Artnamen stehen die Symbole für Lebensformen bzw. Straten:
B = Bäume   S = Sträucher + Zwergsträucher   K = Arten der Krautschicht
L = Lianen   E = Epiphyten   M = Moose
Li = Flechten

Die Spalten A - P kennzeichnen folgende untergeordneten Gesellschaften (Anzahl der zur Stetigkeitsberechnung herangezogenen Vegetationsaufnahmen in Klammern):

I Abies spectabilis-Wälder

A Feuchte Tannenwälder zw. 3170 und 3650 m (10)
B Feuchteste Ausprägung auf der Südabdachung zwischen 3290 und 3620 m (7)
C Tannenwälder in N-Exposition mäßig feuchter Lagen zw. 3200 und 3520 m (5)
D Tannen-Birkenwälder auf Blockhalden zwischen 3160 und 3380 m (3)
E Höchstgelegene Tannenwälder im Übergang zum Birkenwald (III), in nördlichen Expositionen mäßig feuchter Lagen zwischen 3300 und 3680 m (8)

II Juniperus recurva-Wälder

F Feuchteste Ausprägung auf der Südabdachung des Himalaya bei geringeren Meereshöhen, zw. 3520 und 3770 m (4)
G wie F, aber an der Obergrenze von Juniperus recurva zw. 3720 und 3930 m (5)
H Typische Ausprägung mäßig feuchter Wälder zw. 3620 und 3880 m (8)
I Mäßig trockene Ausprägung (Steilhänge, flachgründige Standorte) ohne Rhododendron campanulatum und Ribes spp. zwischen 3450 und 3860 m (6)
J Degradierte und edaphisch trockene Wälder zwischen 3480 und 3680 m (8)
K Juniperus recurva-Krummholz auf der Südabdachung des Himalaya zwischen 3700 und 4160 m (10)

III Betula utilis-Wälder

L Feuchteste Birkenwälder der Himalaya-Südabdachung zw. 3450 und 4030 m (6)
M Mäßig feuchte Birkenwälder, wie L mit Abies und Arundinaria, zwischen 3460 und 3880 m (7)
N Birkenwälder oberhalb der Abies-Grenze mäßig feucht, zwischen 3770 und 4080 m im mittleren Langtang-Tal (5)
O Höchstgelegene Birkenwälder, mäßig trocken, zwischen 3860 und 4220 m im mittleren bis oberen Langtang-Tal (9)
P Lokale Ausprägung in gemäßigt feuchter Nordabdachung d. Pangsang Lekh (N des Langtang-Tals, zw. 3560 und 3780 m (4)

Abb. 4.26: Übersichtstabelle der Wälder in der oberen Nebelwaldstufe des Zentralen Himalaya (Beispiel Langtang/Helambu, Nepal).

mm · a⁻¹ auf Schatthängen oberhalb von 3000 m dominant und reichen, ohne die Tanne, auf Schatthängen bis 4000 m hinauf, in der Mt. Everest-Südabdachung (s. Abb. 4.21) auch bis 4200 m. 2 bis 4 m hohes *Rhododendron campanulatum*-Krummholz, um 1 bis 2 m überragt von mehrstämmigen *Sorbus microphylla*, kommt bis 4200 m Höhe vor und bildet dort die obere Waldgrenze.

In den *Abies-Juniperus*-Wäldern der Sonnhänge bleibt *Rhododendron arboreum* bei 3000 m Höhe zurück, die Tanne bei 4000 m (höchste Funde bei 4200 m). *Juniperus recurva* bildet in feuchtesten Luvlagen bei 4000 m in S-Exposition mannshohes Krummholz, in dem einzelne scapose Individuen stehen. Bei Niederschlägen von 1200 mm · a⁻¹ und weniger liegen die höchsten Fundorte von *Juniperus recurva*-Bäumen bei 4400 m (Abb. 4.21). Die obere Waldgrenze auf Sonnhängen in der Himalaya-Südabdachung wird damit von *Juniperus recurva* gebildet; sie liegt 200 m höher als die obere Waldgrenze des Schatthangs und kann als typisch für humide Hochgebirge nördlich des Wendekreises gelten, wo der Sonnhang bei ausreichender Feuchtigkeit durch höhere Einstrahlung die günstigeren Standortbedingungen für den Erwerb ausreichender Frosttrocknisresistenz bietet.

Ohne Rodung, Brand und Weide bildet der Krummholzwald aus *Rhododendron campanulatum* und *Juniperus recurva* den Übergang der montanen zur alpinen Stufe in einem geschlossenen Gürtel, der floristisch eher zur Mattenstufe gehört. Deutlich ist das Fehlen von *Arundinaria* sowie der häufigsten Arten aus der Krautschicht der oberen Nebelwaldstufe.

Abb. 4.26 zeigt den Artenbestand von Tannen-(I), *Juniperus recurva*-(II) und Birkenwäldern (III) in der oberen Nebelwaldstufe. In den *Abies spectabilis*-Wäldern bildet *Rhododendron barbatum* stellenweise dichtes Unterholz in Lichtungen (starke Verjüngung auf verrottenden Tannenstämmen). *Viburnum nervosum* und *Lyonia villosa* treten vereinzelt auf; andere Sträucher wie z. B. *Daphne bholua* v. *glacialis* und *Cotoneaster acuminatus* sind in naturnahen Wäldern sehr selten. *Ribes* spp. kommen in der ganzen oberen Nebelwaldstufe vor und sind, unter *Acer pectinatum*, zusammen mit *Hydrangea heteromalla* für moosüberwucherte, grundfeuchte Grobblöcke typisch. Lianen sind in naturnahen Wäldern eher selten; die immergrüne *Smilax menispermoidea* reicht aus den *Quercus semecarpifolia*-Wäldern bis in die Tannenwälder hinauf; *Clematis montana* ist in den Wacholder-Wäldern und im Wacholder-Krummholz am häufigsten. *Arundinaria maling* kommt in der ganzen Nebelwaldstufe vor und hat ihre Obergrenze bei 3600 m. Sie ist in allen Expositionen anzutreffen und bildet auf schattseitigen Waldbrandflächen in der gesamten Südabdachung des Zentralen und Östlichen Himalaya (STAINTON 1972, S. 107) undurchdringliche Dickichte, die an günstigen Standorten bis zu 3 m hoch, an der Obergrenze aber nur 1 m hoch werden.

Die Krautschicht der oberen Nebelwaldstufe hat im Frühlingsaspekt Primel-Fluren (am prächtigsten in grundfeuchten Birkenwäldern); im Frühsommer dominieren *Smilacina purpurea* und *Clintonia udensis* v. *alpina*, im Hochsommer und bis zu den ersten Schneefällen (Sept./Okt.) kniehohe, regengrüne Farne und breitblättrige Stauden (*Senecio wallichii*, *S. alatus*, *Ainsliaea aptera*, *Cacalia pentaloba*). *Bistorta amplexicaulis* ist in Tannen- und Wacholderwäldern der feuchtesten Südabdachung häufig und kann auf grobblockreichen Hängen dominant sein. In staunassen Standorten der ganzen Stufe ist *Rubus fragarioides* ein typischer Spalierstrauch; dort ist auch *Elato-*

Abb. 4.27: Obere Nebelwaldstufe mit *Abies spectabilis* (*Crypsinus malacodon* und *Polypodium lachnopus* in epiphytischen Lebermoosen), *Rhododendron barbatum* in Lichtungen. Trishuli Khola N-exponiert. 3250 m, 19. 8. 1986 (phot. G. MIEHE).

stema obtusum herdenweise häufig. Auf bemoosten Stämmen und Grobblöcken sind *Pilea racemosa*, kleine *Impatiens* spp. und annuelle Umbelliferen (v.a. *Acronema bryophilum*) als fakultative Epiphyten typisch.

In den Leelagen einiger Hochtäler des Zentralen und Östlichen Himalaya (Abb. 4.13: Profil Langtang; Abb. 4.13: Profil Ost-Nepal, Bhutan, Tsangpo-Quertal) sind Lärchen *(Larix himalaica, L. griffithiana)* auf rutschungsanfälligen Hängen verbreitet: Moränisches Lockermaterial wird durch Schollenrutschungen oder von Bächen unterschnitten ständig neu freigelegt und von Lärchen besiedelt. In Trogtalflanken, von Gletschern übersteilt, rutscht der Wald, sobald seine wassergesättigte Auflast zu groß wird, mitsamt dem Boden ab und legt die Flanke frei; die Wiederbesiedelung bis zum Tannen- oder Birkenwald wird durch erneutes Abgleiten verhindert. *Larix* spp. bilden hier edaphische Schlußgesellschaften.

Alpine Stufe (3800/4200–4800/5500 m)

Die Mattenstufe der Himalaya-Südabdachung reicht von der Obergrenze des Krummholzwaldes bis in die Übergangszone von geschlossenen Pflanzengesellschaften auf alpinem Rohhumus zu frostwechselbewegtem Rohsubstrat. Die höchsten Vorkommen eines geschlossenen alpinen Rasens liegen auf gletscherumflossenen Felsburgen und Moränenzwickeln (5500 m, Mt. Everest Südabdachung, Abb. 4.21). Die Ausdehnung alpiner Matten ist abhängig vom Alter des Gletscherrückgangs und von der Korngrößenverteilung des Rohsubstrats: Feinsand wird, noch eisunterlagert, besiedelt und hat nach ca. 60 Jahren eine geschlossene Pflanzendecke. Grobblockhalden verharren, völlig von Krustenflechten bedeckt, seit Jahrhunderten mit wenigen epilithischen Gefäßpflanzen in einer edaphischen Schlußgesellschaft.

Die alpine Stufe wird nach vorherrschendem Bewuchs in eine untere alpine Stufe, mit Dominanz von Zwergsträuchern, und eine obere, mit Dominanz von Cyperaceenrasen und Polstergesellschaften, unterteilt. Mit zunehmender Bedeutung des Massenerhebungseffektes steigt die Grenze zwischen Zwergstrauchstufe und Cyperaceenrasenstufe von 4500 auf 5000 m an. Klimastationen fehlen in der alpinen Stufe; es gibt nur Meßwerte von kurze Zeit bestehenden Forschungsstationen und die en route-Messungen von Expeditionen. Das Klimadiagramm von Lhajung (Abb. 4.21) kann sicher nicht stellvertretend für die Klimaverhältnisse der unteren alpinen Stufe gelten; dazu wechseln, ohne abschirmendes Bestandesklima des Waldes, die lokal- und mikroklimatischen Bedingungen zu engräumig.

Ausschlaggebend für das Vegetationsmosaik der alpinen Stufe ist vor allem, daß in der winterlichen Vegetationsruhe Trockenzeit und niedriger Sonnenstand zusammenfallen, wodurch südexponierte Hänge bei Trockenheit und Kälte optimalen Strahlungsgenuß erhalten, die Schatthänge aber unter Schneeschutz bis zum Sommer verbleiben. Das trockenzeitliche Strahlungsklima des Winters verursacht, zusammen mit dem windverstärkten Schneeschutz der Schatthänge, den von der Strahlungsexposition abhängigen, engräumigen Wechsel von Pflanzengesellschaften.

Während der Vegetationsperiode fallen Humiditäts- und Strahlungsmaxima zusammen. Die Strahlung ist infolge der staubfreien Atmosphäre bei Aufheiterungen außerordentlich stark.

Die untere alpine Stufe liegt im Monsun oberhalb der Stufe höchsten Niederschlags, erhält jedoch vorwiegend Regen und bleibt häufig durch eine 500 bis 800 m mächtige Decke konvektiver Bewölkung vor stärkerer Einstrahlung abgeschirmt. Die Tagesgänge der Lufttemperatur sind flach (Abb. 4.7). Diese sommerlich hochozeanischen Standortbedingungen werden auch dadurch angezeigt, daß die Zwergstrauch-Rhododendren dicht von Moospolstern eingehüllt sind. Im Gegensatz dazu liegt die obere alpine Stufe im Monsun nahe am oberen Kondensationsniveau, die Bewölkung ist nur dünn und bei ‹Sonnennebel› bleibt es zwar ganztägig relativ humid, aber die Oberflächen erwärmen sich stärker als in der unteren alpinen Stufe, und kurzfristige starke Schwankungen von Lufttemperatur und relativer Luftfeuchtigkeit sind typisch (Abb. 4.8).

Die auch im Sommer schwächer ausgeprägte Ozeanität und der vorherrschende Bergnebel sind für das Flechtenwachstum günstig; in den Rasen und offenen Zwergstrauchheiden der oberen alpinen Stufe sind oft Flechten stärker vertreten als Blütenpflanzen.

In der winterlichen Trockenzeit ist der klimatische Gegensatz zwischen unterer und oberer Mattenstufe stärker, da die unmittelbar nach Sonnenaufgang in den Himalaya-Vorketten einsetzende Konvektion innerhalb einer Stunde zu einer geschlossenen Wolkendecke führt und am späten Nachmittag kurzfristig auch die untere alpine Stufe in Nebel hüllt, während die Sonnhänge der oberen alpinen Stufe der starken Aufheizung ausgesetzt bleiben. Der in zyklonalen Schlechtwettereinbrüchen Mitte Oktober, im Januar und März gefallene Schnee schmilzt auf den Sonnhängen innerhalb weniger Wochen, bleibt aber auf dem Schatthang bis zum sommerlichen Sonnenhöchststand erhalten. *Oxygraphis polypetala*, *Gentiana capitata* und *Anemone obtusiloba* blühen im März auf dem Sonnhang, während der Schatthang erst Ende Mai ausapert.

Die obere alpine Stufe hat trotz der winterlichen Aridität über dem oberen Kondensationsniveau auch auf dem Sonnhang den Charakter eines humiden Hochgebirges: bis zur Mattenstufenobergrenze sind auch isolierte Grobblöcke mit in situ gebildetem Rohhumus bedeckt und tragen Zwergstrauchrhododendren und Cyperaceen der umgebenden hypsozonalen Vegetation. Alle länger eisfreien Felsflanken sind in allen Strahlungs- und Windexpositionen geschlossen von überwiegend schwarzen Krustenflechten *(Aspicilia* spp., *Sporastatia testudinea)* bedeckt. Zwischen den feuchtesten Lagen der Südabdachung und den gemäßigten Leelagen wird durch den Biotopwechsel ein Niederschlagsgefälle ablesbar: Schneetälchen-Lebermoose *(Anthelia juratzkana, Lophozia decolorans)* sind in Staulagen der Südabdachung auf Rohsubstrat hypsozonal verbreitet, bei ca. $1000\,\mathrm{mm} \cdot \mathrm{a}^{-1}$ dagegen in Schneetälchen kontrahiert. Die immergrünen Zwergstrauchrhododendren *(R. setosum, R. anthopogon, R. nivale)* weisen mit ihrem Biotopwechsel auf eine ähnliche Humiditätsabnahme sowie eine zunehmende Bedeutung des Windes in den Hochtälern der Südabdachung hin (Abb. 4.21): an ihrer Untergrenze, in 3480 m Höhe und bei ca. $1000\,\mathrm{mm} \cdot \mathrm{a}^{-1}$, besetzen *R. setosum* und *R. anthopogon* 30° steile, S-exponierte und windausgesetzte Hänge. 12 km weiter talauf (4400 m mit ca. $600\,\mathrm{mm} \cdot \mathrm{a}^{-1}$) fehlen sie auf 30° steilen, süd- und luvseitigen Hängen, wo erstmals *R. nivale* auftritt. *R. setosum* und *R. anthopogon* besetzen den schattseitigen Leehang und sind im Talboden windgeformt. Etwas weiter talauf sind sie in Mulden und Runsen kontrahiert, die im Winter durch windkompaktierten Schnee Frosttrocknisschutz haben (Abb. 4.28). *R. nivale* vollzieht diesen Biotopwechsel erst in 5200 m Höhe.

In der Mattenstufe des Zentralen Himalaya kommen etwa 40 Zwerg- und Spalierstraucharten vor. Unter diesen haben die Zwergstrauchrhododendren *(R. lepidotum, R. setosum, R. anthopogon, R. nivale)* und die Zwergstrauchwacholder *(Juniperus squamata* und die caespitos-prostraten Formen von *J. recurva* und *J. indica)* eingeschränkt hypsozonale und ausgedehnt extrazonale, mit der Strahlungs- (und Wind-)exposition wechselnde Verbreitung; alle übrigen sind für azonale und gestörte Standorte typisch. Von den Zwergstrauchwacholdern besetzt *Juniperus recurva* f. caesp. sonnseitige Flanken der feuchtesten Südabda-

Abb. 4.28: Untere alpine Stufe: *Rhododendron anthopogon* und *R. setosum* (Pfeile) sind extrazonal in den im Winter schneegeschützten Runsen kontrahiert, werden aber während der Vegetationsperiode vom Talwind zu Polstern deformiert. Auf Luv-Hängen *Kobresia pygmaea*-Rasen. 4750 m, Mt. Everest-Südabdachung, 29.9.1982 (phot. G. MIEHE).

Abb. 4.29: Untere alpine Stufe im Tibet. Himalaya: Talwindgeformter *Juniperus squamata* besetzt, jenseits der Trockengrenze von Rhododendren, auch den Schatthang (Pfeil: Almen). Cha Lungpa, 4300 m, 30.7.1977 (phot. G. MIEHE).

chung (mehr als 2000 mm·a^{-1}) mit potentiell dichtem Knieholz; zwischen 2000 und 1000 mm·a^{-1} ist *J. squamata* auf Sonnhängen dominant und wird bei weniger als 500 mm·a^{-1} von *J. indica* f. *caesp.* abgelöst. Der sicher durch Beweidung und Brand stark beeinflußte heutige Zustand dieser Formation zeigt kniehohe einzelne Wacholder mit kreisförmigem Grundriß, die auf sonnigen, talwindausgesetzten Hängen regelmäßig verstreut sind (Abb. 4.29). Der Rohhumus zwischen den Wacholdern trägt neben Cyperaceen *(Kobresia deasyi, K. nepalensis)* hauptsächlich Flach- und Rasenpolster *(Leontopodium brachyactis, L. jacotianum* v. *caespitosum, Anaphalis triplinervis* v. *monocephala, A. xylorhiza, Gentiana depressa, Potentilla microphylla)*, Rosettenpflanzen *(Saussurea leontodontoides, Asteraceae* spp., *Potentilla* spp.) und Geophyten *Bistorta macrophylla, Polygonatum hookeri, Euphorbia stracheyi, Gymnadenia* spp., *Herminium* spp., *Lloydia serotina* v. *parva),* sowie die silbrig behaarten, kriechenden endemischen Campanulaceen *Cyananthus hookeri, C. incanus, C. microphyllus, C. spathulifolius.*

Von den Zwergstrauchrhododendren reicht *R. lepidotum* aus der mittleren Nebelwaldstufe (2800 m) bis in die Mattenstufe (4850 m) hinauf. Hypsozonal kommt er zwischen 3800 und 4500 m vor. Seine ökologische Amplitude ist sehr weit; er gehört mit *R. arboreum* und seinen Varietäten zu den weitverbreitetsten Arten der Gattung (Yünnan bis Kashmir, CULLEN 1980, S. 149). Er hat, auch habituell, große Ähnlichkeit mit *R. ferrugineum* der europäischen Alpen und bildet an der oberen Waldgrenze des Sonnhangs mit *Lonicera* spp.,

Berberis spp., *Spiraea arcuata* und *Cotoneaster microphyllus* Ersatzgesellschaften, zusammen mit den Geophyten *Notholirion macrophyllum, Typhonium diversifolium, Cryptothladia* (syn. *Morina) polyphylla* und den Gramineen *Danthonia cumminsii* und *Trisetum spicatum.*

Rhododendron anthopogon, mit panhimalayischem Areal (CULLEN 1980, S. 158 ff.) bildet an seiner Untergrenze mit *R. campanulatum* den Übergang vom Krummholzwald zur Mattenstufe und ist oberhalb von 4500 m in den Inneren Tälern in NE-Expositionen dominant. In Ost- und West-Expositionen wird der Anteil von *R. setosum* höher; seine Obergrenze liegt in 5150 m. Bei hohen Niederschlägen und abschirmender Bewölkung in der Himalaya-Südabdachung ist die Expositionsbindung bei *Rhododendron anthopogon* schwächer als im Regenschatten des Inneren Himalaya.

Die bis zu ihrer Obergrenze von 50 auf 5 cm an Wuchshöhe abnehmenden Zwergsträucher sind bei Niederschlägen von 2000 mm·a^{-1} und mehr an ihrer Basis von dichten Moospolstern (*Abietinella abietina, Dicranum* spp., darauf *Lobaria* spp.) eingehüllt, bei 1000 mm·a^{-1} und weniger überwiegen Flechten (*Bryoria* spp., *Cetraria* spp.). Bei längerer Schneeinlage ist die dichte Strauchschicht durch *Bergenia purpurascens, Dryopteris barbigera, Primula obliqua* und *Picrorhiza scrophulariiflora* aufgelockert, in feuchtesten Teilen der Südabdachung durch große Polster von *Androsace lehmannii*. In durch Frostaufbrüche oder Steinschlag offeneren Beständen sind *Salix lindleyana* und *S. calyculata* zusammen mit *Rhododendron setosum* häufiger als *R. anthopogon* und meist nicht höher als 20 cm. Unter den Cyperaceen ist *Kobresia nepalensis* hier in mehreren Formen dominant; auf feuchtesten Hängen der Südabdachung dominiert *K. trinervis*.

Oberhalb von 4800 m und bei Niederschlägen unter 1000 mm · a^{-1} bildet *Rhododendron nivale* die höchstgelegenen Zwergstrauchheiden. Die meist windgefegten Kuppen sind mit von *Stereocaulon* spp.-besiedelten Frostaufbrüchen durchsetzt. Die am Substrat mit dem Wind kriechenden Rhododendren sind häufig zur Hälfte abgestorben, und der dünne Rohhumus ist in Soden zerrissen, die von wenigen *Kobresia pygmaea* besetzt sind. *Bistorta macrophylla, Swertia multicaulis, Chesneya nubigena* und *Saussurea gossypiphora* sind mit Pfahlwurzeln im frostwechselbewegten Substrat verankert. Strauchflechten *(Cetraria nepalensis)* sind häufiger als Kormophyten. *Potentilla arbuscula* bildet mit *Bistorta vaccinifolia, Rhodiola himalensis* und *Anaphalis royleana* auf feuchten Grobblockhalden zwischen 3400 und 4500 m typische edaphische Schlußgesellschaften, steigt jedoch auf Lockermaterialanrissen mit *Eriophyton wallichii, Anaphalis cavei, Soroseris* spp., *Poa pagophila* und *Festuca polycolea* bis an die Obergrenze der alpinen Stufe.

Myricaria spp. und *Hippophaë tibetana* sind Pionierzwergsträucher auf Schotterterrassen der Gletschervorfelder des Inneren Himalaya und werden, wenn die Bodenbildung bis zum Rohhumus fortgeschritten ist, von *Rhododendron setosum, R. anthopogon, Juniperus squamata* und *J. indica* verdrängt. Von den Zwergstrauch-*Lonicera*-Arten sind *L. obovata* und *L. myrtillus* in offenen Birkenwäldern und auf grundfeuchten Grobblockhängen weit verbreitet. Auf Murkegeln bilden brusthohe *Salix daltoniana*-Dickichte wahrscheinlich edaphische Schlußgesellschaften.

In der oberen alpinen Stufe herrschen Cyperaceenrasen mit *Kobresia nepalensis* und *K. pygmaea* als hypsozonale Vegetation vor. *K. nepalensis* hat eine sehr weite ökologische Amplitude und läßt sich sicher in mindestens drei ökologische Formen untergliedern. In der oberen Mattenstufe dominiert die 5 bis 10 cm hohe, nadelblättrige *K. nepalensis* f. *seticulmis* (prov.). Jenseits ihrer Höhengrenze (5000 m) und an ihrer Trockengrenze (500 mm · a^{-1}) folgt die 2 cm kleine *Kobresia pygmaea*. Bei stärkerer Frostbodenbewegung, wenn der Rohhumus in Soden zerteilt ist, werden *Bistorta macrophylla, Cremanthodium nepalense, Pedicularis* spp. sowie Polster aus *Primula concinna, Rhodiola coccinea, Saxifraga saginoides* und *Potentilla microphylla*, oberhalb 5000 m auch *Sibbaldia purpurea* und *Saussurea wernerioides* häufige Begleiter.

In trockenen Lagen ist der Rohhumus nur noch von einzelnen kleinen *Kobresia*-Horsten besetzt; dazwischen können Radialvollkugelpolster von *Arenaria polytrichoides* und *A. bryophylla* aufsiedeln. Mehr als 50 % des windausgesetzten Rohhumus sind von Flechten bedeckt. Bei häufigem Bergnebel sind Strauch- und Nabelflechten *(Umbilicaria indica, Tephromela siphulodes)* dominant, unter trockeneren Standortbedingungen Krustenflechten *(Ochrolechia glacialis)*.

Zahlreiche Pflanzengesellschaften siedeln auf edaphischen Sonderstandorten. In grundfeuchten Grobblockhalden sind *Rhodiola crenulata*-Bulte und *Corydalis meifolia* von größerer Verbreitung; in Schneetälchen, die im Juli ausapern sind neben *Primula muscoides* die aus den europäischen Alpen bekannten Lebermoose *Anthelia juratzkana* und *Lophozia decolorans* (neben wahrscheinlich yünnanisch-endemischen Lebermoosen) sowie die Blattflechte *Solorina crocea* typisch. Offener Rohhumus und humoser Feinsand wird von *Pohlia acuminata*, feuchter kiesiger Frostschutt von *Juncus* spp., Cruciferen- *(Pegaeophyton* spp., *Braya oxycarpa)* und Polygonaceen-Rosetten *(Koenigia nepalensis, K. delicatula)* sowie von Strauchflechten-Rasen *(Stereocaulon himalayense)* und offenen Teppichen aus *Racomitrium himalayanum* besiedelt. Quellfluren entlang von Bächen setzen sich aus *Primula sikkimensis, P. megalocarpa, Caltha palustris, Juncus sphacelatus, Colpodium wallichii, Cremanthodium retusum, Rhodiola wallichiana* und *Ranunculus pegaeus* zusammen.

Die Besiedelung von Schutt beim Abschmelzen der Gletscher wird von Moosen eingeleitet, die sich zuerst auf Grobblöcken der Obermoräne ansiedeln. Dann folgen anemochore Compositen *(Senecio albopurpureus, Saussurea tridactyla, Waldheimia glabra)* sowie *Stellaria decumbens, Cortiella hookeri, Silene gonosperma* und *Delphinium glaciale*, neben *Stereocaulon* spp., *Diploschistes* sp. und *Baeomyces* sp. Die ersten Zwergsträucher sind *Potentilla arbuscula, Rhododendron anthopogon* und *R. nivale* sowie die von Vögeln verbreitete *Lonicera obovata*. Eine geschlossene Pflanzendecke bildet sich am schnellsten im Feinsand, ausgehend von Rasenpolstern *(Stellaria decumbens)*. Ansätze zu einer Rohhumusbildung durch *Kobresia pygmaea* sind mit *Rhizocarpon geographicum* col.-Durchmessern von 3 bis 4 cm korrelierbar. In feuchtem Sand des Gletschervorfelds leiten *Myricaria rosea, Juncus sphacelatus, Epilobium conspersum* und *Oxyria digyna* die Besiedelung ein.

Nivale Stufe

Die Nivalstufe der Himalaya-Südabdachung ist, typisch für humides Hochgebirge und ähnlich wie in den Alpen, auf wenige Felsgrate und Schutthalden zwischen den tief herabreichenden Gletschern und der geschlossenen Pflanzendecke der Mattenstufe eingeengt. Während der Vegetationsperiode wird bei täglichem Frostwechsel das wassergesättigte Substrat durch Tauen und Gefrieren bewegt, an Hängen durch die Schwerkraft noch verstärkt. Auf Wanderschuttdecken siedeln sich Pioniere im talwärtigen Schutz von großen, langsamer bewegten Blöcken an: im Grobschutt ist *Saussurea gossypiphora* Pionier; in Feinschutt *Saussurea simpsoniana*, *Saxifraga microphylla* und *Stellaria decumbens*, später gefolgt von *Sibbaldia purpurea* und *Potentilla microphylla*. Klimaschwankungen werden in diesem sensiblen Übergangsbereich ablesbar am Phasenwechsel von verstärkter Besiedelung in Warmphasen (Bodenbildung auf Feinsubstrat; geschlossener Flechtenüberzug auf Grobblöcken) und Zerreißen der Flechtenbedeckung sowie Einrollung von Boden- und Pflanzendecke durch aktivierten Frostschutt in Kaltphasen.

Die höchsten Gefäßpflanzenfunde stammen vom Himalaya-Hauptkamm: zwischen 6100 und 6200 m wurden spaltenbesiedelnde Polster von *Arenaria bryophylla* 1921 von A. F. R. WOLLASTON am Mt. Everest, 1954 von H. HEUBERGER am Cho Oyu gefunden, ein Rasenpolster von *Stellaria decumbens* 1954 von L. SWAN am Makalu; aus 6300 m Höhe wird der Fund einer im driftenden Frostschutt durch Sproßverlängerung deformierten Rosette von *Ermania himalayensis* am Kamet erwähnt (fide RAWAT et al. 1987), in der Mt. Everest-Nordflanke bei 6400 m fand E. SHIPTON 1938 am Ost Rongbuk-Gletscher eine im Frostschutt kriechende *Saussurea gnaphalodes*. Krustenflechten (*Lecidea vorticosa* und *Lecanora polytropa*, darauf der lichenicole Pilz *Cercidospora epipolytropa*) wurden von T. KUNAVAR 1972 in 7400 m am Makalu, wenig östlich des Mt. Everest, gesammelt (HERTEL 1977, S. 315, HAFELLNER 1987, S. 357, 359).

Oberhalb der höchsten Gefäßpflanzenfunde dehnt sich die äolische Höhenstufe (SWAN 1981) bis zu den höchsten Erhebungen des Himalaya aus (Abb. 4.21). Vom Wind verfrachteter Detritus erlaubt Spinnen (Funde in 6700 m Höhe; SWAN 1981) und in größerer Höhe noch *Collembolae* das Überleben. In Bodenproben aus 8400 m wurden 11 Bakteriengattungen, einige Hefen und Pilze kultiviert, darunter *Geodermatophilus obscurus everesti*, dessen Einordnung unklar ist. Ihre Existenz setzt einen episodischen Anstieg der Temperaturen über den Gefrierpunkt voraus.

3.2.2 Innerer Himalaya: Biotopwechsel orealer Koniferenwälder

In der Mitte des Himalayagebirgsbogens trennt der Annapurna- und Dhaulagiri-Himalaya eine euhumide Luvseite von einer semiariden Leeseite (Abb. 4.30): Im immergrünen Bergwald der Himalaya-Vorketten fallen bei sommerlichen Steigungsregen bis über 5000 mm (Klimadiagramm Lumle), während 55 km nördlich und im Regenschatten an der Trockengrenze der orealen Koniferenwälder die Jahressummen aus Winter-, Frühjahrs- und Sommerniederschlägen zwischen 89 und 451 mm $\cdot$ a^{-1} schwanken (Klimadiagramm Jomosom). Der Kali Gandaki-Fluß verbindet hier Himalaya-Vorketten und Tibetischen Himalaya im tiefsten Tal der Erde (die Dhaulagiri I-Ostflanke ist 5672 m hoch!), wodurch ein Maximum an Höhenstufen bei kurzer Horizontaldistanz auftritt und bei steilen klimatischen Gradienten ein engräumiger Biotopwechsel zur Erhaltung der relativen Standortkonstanz zu beobachten ist. Der Wandel der Vegetation im mittleren Kali Gandaki-Tal soll hier als Beispiel für das Gesetz der relativen Standortkonstanz näher beschrieben werden, obwohl der Sachverhalt aufgrund der komplizierten räumlichen Anordnung schwer zu veranschaulichen ist.

Der Biotopwechsel zwischen orealen Koniferenwäldern, dem Nebelwald der Himalaya-Luvseite (vgl. Klimadiagramm Namche, Abb. 4.21), der hier durch den Himalaya-Hauptkamm bis in den Regenschatten der Inneren Täler vorstößt, und den *Caragana*-Zwergstrauchpolsterfluren der Hochgebirgshalbwüste des Tibetischen Himalaya (Klimadiagramm Mustang), die in der ‹Trockenen Talstufe› in den Inneren Himalaya reichen, ist hier mit Klimadiagrammen korrelierbar. Die Süd- bzw. Feuchtegrenze der orealen Koniferenwälder liegt in der Schluchtstrecke des Kali Gandaki (Durchbruch durch den Himalaya-Hauptkamm in 2000 m und bei ca. 1200 mm $\cdot$ a^{-1}); talabwärts werden sie vom hypsozonalen immergrünen Bergwald abgelöst (Sonnhang: *Pinus roxburghii*, *Rhododendron arboreum*; Schatthang: *Schima wallichii*, *Castanopsis indica*, *Engelhardia spicata*). 20 km weiter talauf (2700 m und ca. 300 mm $\cdot$ a^{-1}) verzahnen sich an der Trockengrenze des Waldes extrazonale *Cupressus torulosa*-Offenwälder mit *Caragana gerardiana*-Dornpolsterfluren.

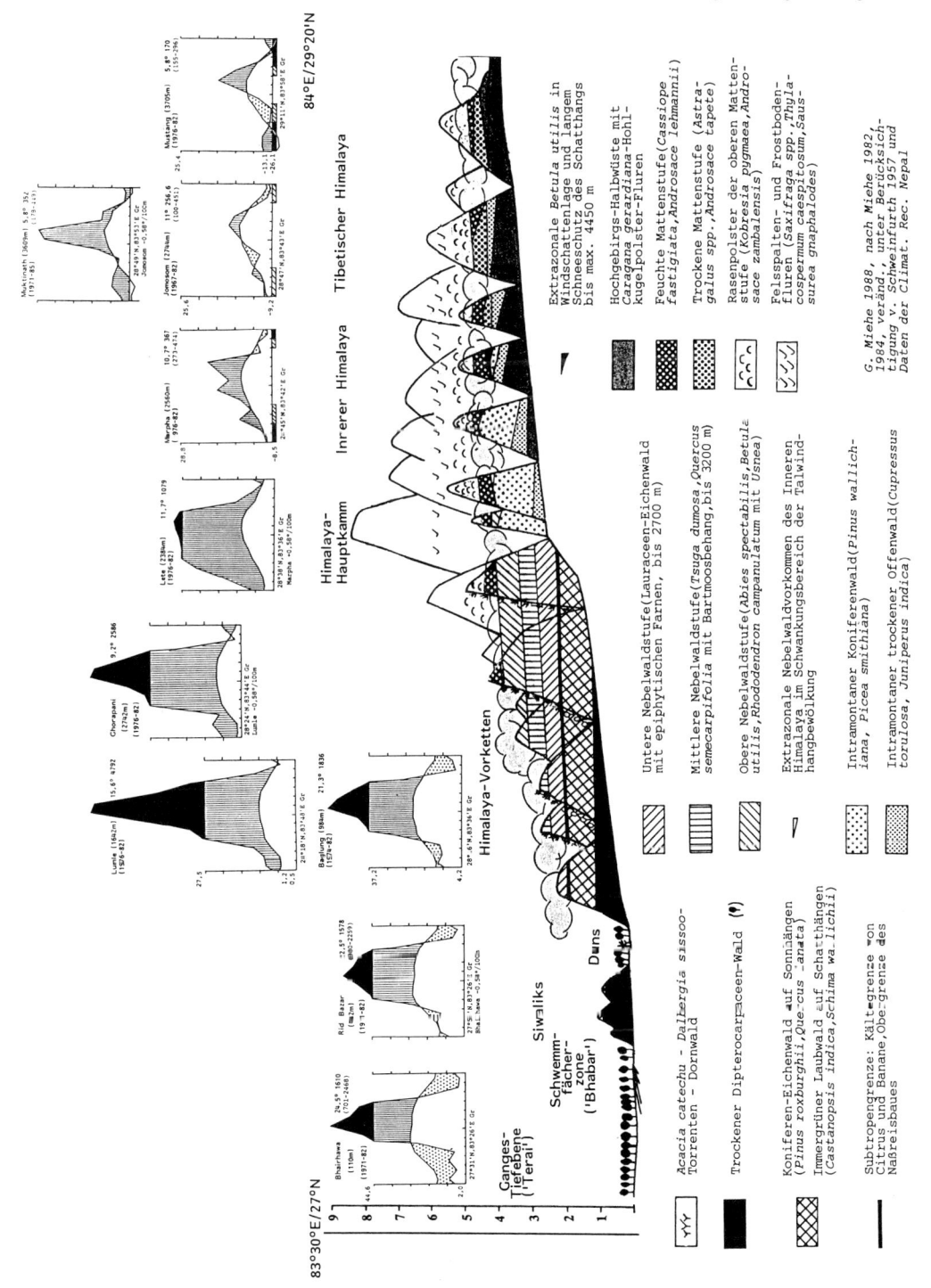

Abb. 4.30: Klimadiagramm – Profil durch den Zentralen Himalaya. Schematische Vegetationshöhenstufen und Biotopwechsel im Inneren Himalaya, mit Tallängsprofil des Kali Gandaki.

Abb. 4.31: Naturnaher *Cupressus torulosa*-Offenwald, S-exponiert, zwischen unterer Waldgrenze (Trockengrenze = unterer Bildrand, 3300 m) und der Obergrenze von *Cupressus torulosa* (gepunktete Linie, 3500 m); darüber *Juniperus indica*-Krummholz (2, Abb. 4.36). Solifluktion führt zur Girlandenbildung (1). Unt. Cha Lungpa, 26.7.1977 (phot. G. MIEHE).

Der oreale Koniferenwald wird an seiner Südgrenze aus *Pinus wallichiana* in der B_1 und weitverbreiteten westhimalayisch-sommergrünen Gehölzen *(Juglans regia, Aesculus indica, Rhus punjabensis, Philadelphus tomentosus)* sowie osthimalayisch-immergrünen *(Neolitsea pallens, Meliosma dilleniifolia, Pieris formosa)* gebildet. Bartmoos und sommergrüne epiphytische Farne *(Crypsinus malacodon, Oleandra wallichii, Lepisorus scolopendrium)* weisen diese Kiefernwälder als Vertreter der mittleren Nebelwaldstufe aus. Sie besetzen an der Südgrenze steile, sonnseitige und talwind-exponierte Hänge, d. h. extrazonale Standorte; alle übrigen Hänge tragen den hypsozonalen Nebelwald *(Tsuga dumosa, Quercus semecarpifolia),* 4 km talauf schwanken die Niederschläge in 2400 m (Klimadiagramm Lete) zwischen 961 und 1255 mm · a^{-1}; mit dem hier starken Nebelniederschlag dürfte mit 1300 mm · a^{-1} gerechnet werden. Im Winter kann eine episodische Schneedecke von mehreren Tagen auftreten; die Jahresmitteltemperatur beträgt ca. 11,7 °C. Hier hat der epiphytenreiche Kiefernwald, mit höherem Anteil westhimalayisch-sommergrüner Arten, seine größte Verbreitung. Nur windgeschützte, strikt N-exponierte Hänge tragen bartmoosverhangenen *Tsuga dumosa*-Nebelwald; 4 km weiter talauf stehen die nördlichsten Vorkommen von *Tsuga dumosa* und *Taxus baccata* ssp. *wallichiana* im Talniveau; der Jahresniederschlag liegt hier bei ca. 800 mm. Weiter talauf weichen *Tsuga* und *Taxus* hangaufwärts in das Niveau der Talwindhangbewölkung aus. Mit dem regelmäßigen Hangnebel kann der verringerte Niederschlag zwar ausgeglichen werden, aber an der thermischen Obergrenze von *Tsuga* (ca. 3000 m) ist der Biotopwechsel auf den wärmeren Sonnhang wegen dessen windverstärkter Trockenheit verwehrt.

Im gleichen Talabschnitt ist die austrocknende Wirkung des Talwindes so stark geworden, daß *Pinus wallichiana* S-exponierte, luvseitige und edaphisch trockene Standorte auf moränischem Lockermaterial für *Cupressus torulosa* freigibt. Die Zypresse wird begleitet von Sträuchern westhimalayischer Offenwälder, die hier ihre Ostgrenze haben *(Caragana brevispina, Rhamnus procumbens, R. virgatus, Abelia triflora)*. Wenig weiter talauf fehlt *Pinus wallichiana* auch auf voll im Talwind liegenden, S-exponierten, steilen Hängen und ist auf flachere Hänge oder auf extrazonal grundfeuchte Schwemmfächer ausgewichen. Wiederum etwas weiter talaufwärts liegen die Jahresniederschläge zwischen 300 und 600 mm, und auch die südlichsten Vorkommen von Salzwiesen mit *Triglochin maritimum* zeigen, daß mindestens das Winterhalbjahr relativ arid ist (Klimadiagramm Marpha, Abb. 4.30). Hier sind die Kiefernwälder auf sonn- und luvseitigen Hängen 700 m hoch in das Kondensationsniveau der Talwindhangbewölkung ausgewichen, wo hoher Nebelniederschlag (ca. 800 mm · a^{-1}) gemessen wurde (MEURER 1982, S. 172f.). Noch weiter talauf fehlt Kiefernwald in den talwindausgesetzten Haupttalflanken völlig und stockt nur noch auf windgeschützten, N-exponierten Hängen der Seitentäler, wo Feuchtigkeit durch die von vergletscherten Flanken abfließende Kaltluft kondensiert.

Jenseits der Trockengrenze hypsozonaler Waldverbreitung, wo in der ‹Trockenen Talstufe› die Jahresniederschläge episodisch auf weniger als

100 mm absinken, kann auch starke Horizontabschirmung N-exponierter, windgeschützter Flanken die relative Standortkonstanz nicht bieten; der Kiefernwald ist hier auf Standorte kontrahiert, die edaphisch begünstigt sind (grundfeuchte Runsen, Quellnischen).

Cupressus torulosa wird in demjenigen Abschnitt des Talbodens dominant, in dem *Pinus wallichiana* den Biotopwechsel ins Kondensationsniveau vollzieht und bildet Offenwälder mit *Caragana brevispina*, *C. gerardiana*, *Artemisia gmelinii* und *Rabdosia rugosa* im Unterholz. Innerhalb eines 10 km langen Talabschnitts bildet dieser Offenwald die hypsozonale Vegetation (vgl. Abb. 4.31). Die Niederschläge weisen das für die orealen Koniferenwälder typische mehrgipflige Maximum (im Frühjahr und Sommer) auf und schwanken zwischen 273 und 487 mm $\cdot$ a^{-1}; die Jahresmitteltemperatur beträgt 10,7 °C; die Tiefsttemperaturen erreichen $-8,5$ °C. Kronenschluß haben *Cupressus torulosa*-Bestände nur in der Gunst N-exponierter, leeseitiger Flanken nahe der thermischen Obergrenze bei 3260 m. Nur wenig nördlich der Klimastation Marpha liegt die Trockengrenze hypsozonaler Koniferenwälder, und *Cupressus* weicht in extrazonale Gunststandorte aus. In demjenigen Talabschnitt, wo hygrische Gunstlagen im Bereich der Obergrenze der Zypresse (3600 m) liegen, sind *Pinus wallichiana* und *Juniperus indica* konkurrenzstärker, und diejenigen hygrisch günstigen Schatthänge, die selbst für *Pinus wallichiana* zu trocken sind, liegen bereits jenseits der thermischen Obergrenze von *Cupressus*. Innerhalb dieser durch Konkurrenz und Reliefangebot engen Grenzen zeigt *Cupressus* einen Biotopwechsel in edaphische Gunststandorte: an der Südgrenze der *Cupressus torulosa*-Wälder, bei wahrscheinlich mehr als 400 mm $\cdot$ a^{-1}, bestockt *Cupressus* alle Strahlungsexpositionen auf allen anstehenden Gesteinen, sowie auf verfestigter Moräne und Hangschutt. 24 km weiter talauf besetzt *Cupressus* ebenfalls alle Expositionen und Substrate, jedoch nur im Windschatten. Der Jahresniederschlag könnte dort 200 bis 300 mm betragen. Unter der Wirkung des stark austrocknenden Talwinds wirken jedoch Substratunterschiede standortdifferenzierend: Abb. 4.33 zeigt die S-exponierte Flanke eines talsperrenden Riegels, der voll im Talwind liegt, unmittelbar oberhalb der Klimastation Jomosom. Der aus Kalken, Tonstein und Quarzit aufgebaute Felskern ist am Hangfuß von quartären Lockergesteinen, hauptsächlich Tillit und Seekreide sowie Schotter, bedeckt. *Cupressus* ist auf ein schmales Kalkband beschränkt, während der darüber ausstreichende hangschuttreiche Mergel *Caragana gerardiana*-Hohlkugelpolster trägt; darüber folgt auf Tonstein und Quarzit potentiell (Waldzeugen!) offener *Juniperus indica*-Krummholzwald. Nach unten ist *Cupressus* durch die Transgression von Seekreide begrenzt und reicht nur dort tiefer, wo in Runsen die Kalke freigelegt sind. Ähnlich reagiert *Cupressus* auf Hangschutt: erst dort, wo das anstehende Gestein aus einer Hangschuttschleppe aufsteilt, setzt *Cupressus* ein. Offenbar erzwingt der Talwind jenseits eines hygrischen Schwellenwertes von 200 mm $\cdot$ a^{-1} einen edaphischen Biotopwechsel. Auch die *Caragana gerardiana*-Dornzwergstrauchpolster reagieren hier auf Substratunterschiede: auf Tillit und Schotter beträgt ihr Deckungsgrad 30%, auf See-

Abb. 4.32: Deflationspflaster mit windgeformten Hohlkugelpolstern aus *Caragana gerardiana*. Nördlich Jomosom, 3150 m, 29.9.1977 (phot. G. MIEHE).

Abb. 4.33: *Cupressus torulosa* an der Trockengrenze, kontrahiert auf Kalkbänken (Pfeile), setzt an der Transgressionsgrenze von Seekreide aus (schwarzes Dreieck). Hypsozonale *Caragana gerardiana* hat auf Hangschutt 50% Deckung, auf Seekreide nur 30% (gerissene Linie, Punkt). 1: Salzwiesen mit *Triglochin maritimum*. Jomosom (1), Mustang (2), 2710 m, 25. 12. 1986 (phot. G. MIEHE).

kreide nur 10 %, mit höherem Anteil von *Sophora moorcroftiana* v. *nepalensis*.

Dort, wo *Cupressus* in edaphische Gunstlagen ausweicht, werden Dornzwergstrauchpolsterfluren hypsozonal; floristisch bilden sie den Übergang zwischen westhimalayischen Offenwäldern und den *Sophora moorcroftiana-Artemisia santolinifolia-Pennisetum flaccidum*-Hochgebirgshalbwüsten des Tsangpo-Tals in Südtibet. *Caragana gerardiana* hat den organisationstypisch optimalen Wuchs eines hüfthohen Strauches als Unterholz mit weniger als 10 % Deckungsgrad in Kiefernwald an der Südgrenze von *Cupressus torulosa* (Abb. 4.34 A–L). Jenseits der Trockengrenze von *Cupressus* kann *Caragana gerardiana* 30 % Deckungsgrad haben, ist aber unter Windwirkung zu einem maximal 20 cm hohen Hohlkugelpolster geworden; mit eiförmigen Grundriß, die Längsachse in Windrichtung, von Luv nach Lee ca 20° ansteigend und in Lee stark abfallend (Abb. 4.32). Hier finden wir die drei Merkmale der Hochgebirgshalbwüsten: die hypsozonal wachsenden Polster sind diffus verteilt; eine geschlossene Vegetationsbedeckung ist nur extrazonal, hier in Salzwiesen, vorhanden, und im Winterhalbjahr ist die Zahl der Frosttage so groß, daß frostwechselausgelöstes Schuttkriechen Sproß und Wurzel deformiert.

Der Nebelwald, in den Himalaya-Vorketten und in der Südabdachung hypsozonal verbreitet, erreicht mit seiner oberen Stufe (*Abies spectabilis*, *Betula utilis*, *Rhododendron campanulatum* mit *Usnea*-Behang) den Inneren Himalaya, wo er in der Schluchtstrecke des Kali Gandaki ab etwa 1200 mm · a^{-1} auf extrazonale Vorkommen eingeschränkt wird. Seine am weitesten gegen den Tibetischen Himalaya vorgeschobenen Bestände liegen 15 km nördlich schattseitig dort, wo sich die aus der Südabdachung das Quertal heraufdrückende Bewölkung föhnmauerartig auflöst, ca. 500 m über der ‹Trockenen Talstufe›, in der mit den südlichsten Salzwiesen die *Cupressus torulosa*-

		A	B	C	D	E	F	G	H	I	J	K	L	M
Baumschicht 3 - 12 m	Pinus wallichiana	3	3	2	2	2	3	2	2					
	Juniperus indica			+	2			1	1	2	1	1		
	Cupressus torulosa							1	2	+	2			
	Picea smithiana				2	2			2					
Strauchschicht 0,3 - 3 m	Cotoneaster tibeticus	2	2	2		+	1	1	1	2	+	1	1	+
	Caragana gerardiana	2	2	2	1			1	2	2	1	1	1	2
	Artemisia gmelinii	2	2	2	2	2	3		+	1	1	2		1
	Juniperus indica	+		1	1	1	1	+	+	2		2	3	
	Aster albescens	2	2	2	1	1	+		1	1	1	+		
	Cotoneaster microphyllus	1	1	2			+	1	+		+	+		
	Juniperus communis*	+		2	3	+	2	+	+	1	+			
	Abelia triflora	1		1	1			1	+	+	+			
	Berberis usteriana	1	+	2	1	+		1	2					
	Viburnum cotinifolium	2	+	+	+				+					
	Pinus wallichiana	+			1		1		+					
	Caragana brevispina				2	1	+	1	2	1				
	Berberis tsarica	1	1	1	1	1	+	+				+		
	Lonicera myrtillus	1	2	1	+	2	2			2				
	Rosa sericea							1	1	1	1	1	1	
	Potentilla arbuscula								+	2		2	2	
	Berchemia edgeworthii							2		2		+		
	Cotoneaster ludlowii							1		1		+		
	Juniperus squamata									2	+	2	2	
	Lonicera myrtilloides									+	+	1	2	
	Clematis tibetana										+	+		
	Berberis mucrifolia										1	1		
	Lonicera hypoleuca										1			+
	Sophora moorcroftiana*													1
	Lonicera spinosa													+
Krautschicht	Leontopodium stracheyi	2	1	2		+	+	1	1	1	1	1	+	
	Anaphalis triplinervis*	+	2	2	1		+	1	+	1	1		1	
	Danthonia cumminsii	+	+									+	+	
	Arisaema flavum	+								+		1	+	
	Ephedra gerardiana		+	3	+	+	1	+				+		+
	Thalictrum foetidum		+	+	1	1	1	1	1					
	Silene moorcroftianum	+	+	+			+		+	1				
	Dendranthema tenuiflorum	+					2		2					
	Festuca gigantea	3	2	2	2	2	1							
	Koeleria macrantha	2	2	2	2	1	1							
	Elymus semicostatus	2	2	2	1	2	1							
	Deyeuxia scabrescens	+	+	1		+								
	Arabidopsis himalaica	+		+	+	+								
	Carex laeta		2	+			+							
	Lonicera myrtillus		1		+									
	Thymus linearis					1	1		+		+	+		
	Androsace strigillosa							1	1	+	1	1	1	
	Dendranthema nubigenum							+	+	1		+	1	
	Aster indamellus									+	1	+		
	Stellera chamaejasme							+				+		
	Aster barbellatus							1					+	
	Rabdosia rugosa									1			+	
	Androsace muscoidea f.longiscapa											1	1	
	Oxytropis microphyllus										1			1
	Pennisetum flaccidum											1		+
	Salsola nepalensis													1
	Polygonum tubulosum													+
	Oxytropis williamsii													+
	Botriochloa ischaemum													+

Rindenflechten: A - C: Xanthoria elegans, X. fallax. H: Peltigera membranacea. Det.: J. Poelt, P. W. James

Sonstige: A: Poa jaunsarensis +. E: Agrostis munroana 1. G: Trigonella gracilis +, Cymbopogon distans 1, C. stracheyi 1, Poa angustifolia 1. H: Rhododendron lepidotum 1, R. lowndesii r, Leptodermis lanceolata +, Malaxis muscifera +. J: Andropogon munroi +, Stipa sibirica +. K: Arnebia euchroma 1, Verbascum thapsus +, Milula spicata +, Arisaema jacquemontii +, Polygonatum cirrhifolium +. L: Lasiocaryum densiflorum +, Heteropappus semiprostratus +, Ajuga lupulina +, Dicranostigma lactucoides +, Dracocephalum heterophyllum +.

*Juniperus communis v. saxatilis
*Sophora moorcroftiana v. nepalensis
*Anaphalis triplinervis v. intermedia

A: 3280 m, N-exp., 38°, unter Kalkschroffen, solifluidale Hangschuttbewegung. Keine Beweidung, wenig Holzschlag.

B: 3260 m. N-exp., 38°, flachgründiger Rücken, Kalk und Kalkschutt.

C: 3260m, N-exp., 38°, in flacher Runse.

D: 3190 m, N-exp., 25°, Mittelhang, Hangschutt Moräne, leichter Talwind. Selektiver Holzschlag (Juniperus indica), keine Beweidung

E: 3160m, sonst wie D.

F: 3080 m, N-exp., 20°, Unterhang, an der Trockengrenze von Pinus wallichiana. Leichter Talwind. Moräne und Kalkschutt. Beweidet, Holzschlag.

Lokalitäten A-F s. Miehe 1982, Abb. 32.

G: 3480 m, NNW-exp., 20°, Moräne, im Kondensationsniveau vor einer vergletscherten Nordwand.

H & I: 2900 m, strahlungsoffen, im Talwind, auf Moräne. Beweidet.

Lokalität G-I s. Miehe 1982, Abb. 27.

J: 3200 m, NNW-exp., 25°, schroffiger Mittelhang, Moräne und Kalkschutt. Beweidung, Holzschlag. Lokalität s. Miehe 1982, Abb. 24,26.

K: 3450 m, E-exp., 20°, schuttreicher Hangfuß, an der Trockengrenze des Waldes. Lok.: ebd. Abb 40.

L: 4000 m, N-exp., 15°, auf moränischer Hangschulter, an der oberen Waldgrenze. Beweidet.

M: 3150 m, 5°, Schotterterrasse, im Talwind, beweidet.

Abb. 4.34: Artenbestand intramontaner Koniferenwälder und von *Caragana gerardiana*-Fluren an der Trockengrenze.

Abb. 4.35: *Juniperus indica*-Krummholz an der oberen Waldgrenze des Sonnhangs im Tibet. Himalaya, 3800 m, SE von Jomosom. 26.12.1986 (phot. G. MIEHE).

Offenwälder dominant werden. Im Bereich der Talwindhangbewölkung beträgt der Niederschlag incl. Nebel ca. 800 mm · a^{-1}, also ca. 30% weniger als derjenige, den die trockensten zonalen Nebelwälder erhalten. Daraus kann gefolgert werden, daß dieses Niederschlagsdefizit durch die extrazonale Gunst des einstrahlungsgeschützten Standorts ausgeglichen wird.

Abb. 4.36: Hochgebirgshalbwüste des Tibet. Himalaya (nördlich Nyalam) mit Galeriesträuchern (*Lonicera* spp., *Spiraea* sp., *Hippophaë tibetana*, 1) und Quellrasen (*Kobresia* spp., 2), bei 4400 m. Frostschutthänge bis 5700 m mit solifluidal deformierten, diffus verteilten Zwerg- und Halbsträuchern, 2.9.1984 (phot. G. MIEHE).

3.2.3 Der Tibetische Himalaya

Allgemeines zur Höhenstufung

Im Regenschatten der Himalaya-Hauptkette liegt die Hochgebirgshalbwüste des Tibetischen Himalaya, die nach Norden bis zur Stromoase des Tsangpo reicht. Eine geschlossene Pflanzendecke ist nur in Relikten erhalten oder in extrazonalen Quellrasen kontrahiert (Abb. 4.36). Die hypsozonale Vegetation ist diffus verteilt, in besonders trockenen Föhntälern auch kontrahiert. Krustenflechten kommen nur in N-Expositionen und im Windschatten vor; fakultative Lithophyten (Gefäßpflanzen, die im selbst aufgebauten Rohhumus auf isolierten Grobblöcken, nur auf Niederschlag angewiesen, wachsen) fehlen.

Der Tibetische Himalaya hat die höchsten Dauersiedlungen (Einsiedeleien noch in 5250 m). Wildschafe *(Pseudovis nayaur)* weiden bis mindestens 5500 m, das Tibet-Schneehuhn bis 5800 m. Pfeifhasen sind noch in 6100 m beobachtet worden (LONGSTAFF 1922). Bis maximal 5400 m kann der Einfluß von Schaf-, Ziegen- und Yakherden stark sein; die von Sven HEDIN und Peter AUFSCHNAITER noch beschriebenen großen Wildtierherden mit Wildesel *(Equus kiang)* und Tibetgazellen *(Procapra picticaudata)* sind heute dezimiert.

Die aus einem humiden Hochgebirge wie den Alpen abgeleitete Höhenstufung läßt sich hier schwer übertragen und legt die Einordnung als Subzonobiom (Bd. 3, S. 324) nahe: die höchsten Pappeloasen sind hypsozonal von Zwergsträuchern der unteren alpinen Stufe umgeben, und die höchsten Dauersiedlungen mit bewässertem Gerstenanbau liegen bei 4750 m in der ‹alpinen Stufe› mit hypsozonalen *Androsace tapete*-Radialflachpolstern und *Stipa purpurea*-Steppen.

Kiefern- und Birkenwälder, wie für die postglaziale Wärmezeit zwischen 7500 und 5500 yrs. b.p. in Südtibet durch Pollenanalyse nachgewiesen (LI TIANCHI 1988, S. 654), sind nicht erhalten. Die semihumiden Wälder an den Oberläufen der großen Quertäler (Karnali, Thak Khola, Arun, Kuru, Manas) sind möglicherweise Relikte dieser Klimaperiode. In siedlungsfernen und feuchteren Teilen des östlichen Tibetischen Himalaya (29°N/ 91°E, vgl. Abb. 4.35) gibt es bis mannshohe *Juniperus*-Krummholzbestände, die vielleicht eine Vorstellung von der potentiellen Vegetation an der Trockengrenze des Waldes geben können. Der Grenzsaum zwischen der alpinen und subalpinen Stufe des Tibetischen Himalaya steigt nach Süden zum Himalaya-Hauptkamm mit zunehmender Regenschatten- und Föhnwirkung an und liegt zwischen 4200 und 4600 m: oberhalb von 4200 m setzen *Kobresia pygmaea*, *Stipa purpurea* und Radialflachpolster ein, während die (Dorn-) Zwergsträucher der subalpinen Stufe *(Ceratostigma minus, Sophora moorcroftiana)* sowie *Artemisia santolinifolia* aussetzen. Die Gramineen *Pennisetum flaccidum*, *Orinus thoroldii* und *Andropogon munroi* reichen bis in die untere alpine Stufe hinauf. In diesem Grenzsaum setzt auch die Zerschneidung der mächtigen hellbraunen lehmigen Verwitterungsdecken durch steile Schluchten ein; darüber herrscht die Frostschuttbedeckung der

Abb. 4.37: Deflationspflaster mit *Stipa purpurea* und *Oxytropis microphylla* im Tibet. Himalaya, Sunkosi-Tsangpo Wasserscheide, 4950 m. 31.8. 1984 (phot G. MIEHE).

220   Teil 4: Die Produzenten

Abb. 4.38: Hypsozonaler *Kobresia pygmaea*-Rasen auf Rohhumus mit *Ochotona*-Bauen. Oberes Manga Chu, 4750 m. 28.8.1984 (phot. G. MIEHE).

Zwergsträuchern und Gräsern (Abb. 4.42). Diese Bewegung verstärkt sich mit zunehmender Hangneigung sowie mit steigender Meereshöhe (= zunehmender Zahl von Frosttagen). Typisch für die Hochgebirgshalbwüste ist die hypsozonale Verbreitung dieser frostwechselausgelösten Substratbewegung; nur entlang von Bächen mit geschlossenen Quellrasen oder unter Relikten von Rohhumussoden aus *Kobresia pygmaea* ist diese Schuttbewegung gehemmt. Während an der Untergrenze der alpinen Stufe Frosttage auf die Übergangsjahreszeiten beschränkt sind und die frostwechselausgelöste Substratsortierung nur an 30° steilen Schutthängen dominant ist (Abb. 4.36), sonst aber durch Windwirkung oder Schichtfluten überlagert wird, treten Fröste bis zur Obergrenze von Gefäßpflanzen während der gesamten Vegetationsperiode auf. Nur wenig bewegte, ebene Standorte sind hier noch für Gefäßpflanzen besiedelbar. Die frostwechselausgelöste Substratbewegung hat in der alpinen Stufe des Tibetischen Himalaya breite Muldentäler geschaffen, die talbegleitenden Ufermoränen zerfließen lassen und Grundmoränenplatten weiter abgeflacht.

Alpine Stufe

a) Deflationspflaster und Cyperaceenrasen

Im sanftwelligen Periglazialrelief der alpinen Stufe gibt es zwei hypsozonale Pflanzengesellschaften: *Kobresia pygmaea*-Rasen auf Rohhumus (Abb. 4.38) und Deflationspflasterfluren im Rohsubstrat (Abb. 4.39); unter dem Einfluß des Himalaya-Föhns breiten sich letztere auf Kosten der Cyperaceenrasen aus (Abb. 4.40). Die *Kobresia pygmaea*-

Hochgebirgshalbwüste. Die frostwechselausgelöste Substratbewegung wird hier zum dominanten Standortfaktor: der durch Frostsprengung des anstehenden Gesteins aufbereitete Frostschutt kriecht talwärts und erzwingt Sproß- und Wurzeldeformation oder girlandenartige Anordnung von

Abb. 4.39: «Tellerpolster» in altem (geschlossenem) Deflationspflaster. Alle windverfrachtbaren Partikel sind soweit ausgeblasen worden, bis die gröberen Partikel ein geschlossenes Steinpflaster bilden. *Astragalus orotrephes* (Pfeil) und *Saussurea graminea* v. *ortholepis*. Nördlich Nyalam, 4300 m. 6.9.1984 (phot. G. MIEHE).

Abb. 4.40: Reliktrasen von *Kobresia pygmaea* (im Südwesten windunterschliffen), ehemals hypsozonal geschlossen, heute in hypsozonalen Deflationspflasterfluren. Nördlich Nyalam, 5100 m. 2.9.1984 (phot. G. MIEHE).

Rasen sind Relikte einer feuchteren Klimaphase, während die Deflationspflasterfluren wahrscheinlich die heute herrschenden ökologischen Bedingungen wiedergeben. Deflationspflaster sind aus den Kältesteppen im Vorland der nordischen Inlandeise bekannt, breiten sich heute anthropo-zoogen in leicht korrodierbaren Ascheböden Islands aus (GLAWION 1985) und treten mit konvergenten Lebensformen in der Hochgebirgshalbwüste der südlichen Anden (Aconcagua, 33°S) unter dem Einfluß der föhnartigen ‹Zonda› auf. Im Tibetischen Himalaya sind die Deflationspflaster zwischen ca. 4000 und 5100 m verbreitet. An ihrer Untergrenze sind es geschlossene Steinpflaster (Abb. 4.39): alle windverfrachtbaren Partikel sind ausgeblasen, und die gröberen Komponenten sanken dadurch so weit, bis sie die Oberfläche mit einem Pflaster plombierten. Steinpflaster, die noch lückig sind, müssen demnach jünger sein (Abb. 4.37). Mit zunehmender Meereshöhe und Nähe zu den Cyperaceenrasen-Relikte werden die Steinpflaster immer offener, und die Ausblasung wird durch Kammeiswirkung (nach Sommerniederschlägen) verstärkt: das Kammeis hebt die feineren Partikel bis mehrere cm hoch an, macht das Substrat porös und leichter ausblasbar (‹Gelideflation›, C. TROLL 1973). Selbst geschlossene Deflationspflaster im Tibetischen Himalaya sind wahrscheinlich jünger als jene im Vorland der nordischen Inlandeise, denn im Gegensatz zu den Kältesteppen des Pleistozäns fehlen im Tibetischen Himalaya Windkanter.

Die häufigsten Arten der Deflationspflasterfluren sind die Radialflachkugelpolster *Androsace tapete* und *Arenaria kansuensis*, die Tellerpolster *Oxytropis microphylla*, *O. densa*, *Astragalus orotrephes* und *Saussurea graminea* v. *ortholepis*, die Wurzelgeophyten *Incarvillea younghusbandii*, *Oreosolen wattii* und *Euphorbia stracheyi*, die rhizomgeophytische *Carex montis-everestii*, kleine Horstgräser (*Stipa purpurea*, *Trikeraia oreophila*) sowie weitere, überwiegend aromatische, stark behaarte und rosettenwüchsige Pflanzen (*Artemisia minor*, *A. prattii*, *Lasiocaryum densiflorum*, *Potentilla potaninii*, *Nepeta discolor*, *Salsola collina*, *Microgynoecium tibeticum*, *Dendranthema tenuiflorum*). Die häufigsten Zwergsträucher sind *Potentilla fruticosa* v. *ochreata* und *Lonicera spinosa*. Tellerpolster (RAUH 1939) sind typisch: es sind häufig verholzte, kompakte, völlig flache, silbrig behaarte, das umgebende Deflationspflaster nicht überragende Radialpolster mit Pfahlwurzel. Sie sind auf die Deflationspflaster beschränkt und in den ältesten Steinpflastern am häufigsten, während die Radialflachkugelpolster auch in lückig gewordenen Cyperaceenrasen wurzeln. In jungen Deflationspflastern sind *Incarvillea younghusbandii*, *Saussurea kingii*, *Soroseris gillii* und *Carex montis-everestii* häufiger, daneben als Rohsubstratpionier *Persicaria sagittata* v. *sibirica*.

Diese Deflationspflasterfluren breiten sich auf Kosten der Cyperaceenrasen aus (Abb. 4.40): entlang von windausgesetzten Rasenkliffs wird der ca. 10 cm mächtige Rohhumus an seiner schwächer durchwurzelten Basis vom Wind unterhöhlt und in Windrichtung, d.h. nach Norden zurückgeschliffen. Der Rohhumus wurde wahrscheinlich von Cyperaceen (*Kobresia pygmaea*) aufgebaut. *Kobresia pygmaea* ist aber gegenwärtig unter den austrocknenden föhnartigen Winden nicht mehr so vital, daß sie den Rohhumus in einem geschlossenen Rasen bedeckt oder die windunterschliffenen Rasenkanten wiederbesiedelt. Deckende *Kobresia pygmaea*-Rasen sind daher heute nur bei extrazonal höherem Wasserangebot an Bächen und in leeseitigen Dellen erhalten. Wenn es hier zu Aufbrüchen kommt (Viehtritt, Plaggenhieb), wird der offene Rohhumus in wassernahen Standorten von *Kobresia schoenoides (= tibetica)* wiederbesiedelt. Oberhalb von 5000 m ist dann die zerstörende Kammeissolifluktion stärker als das Wachstum von *Kobresia pygmaea*. Frostaufbrüche abseits der Quellrasen, d.h. in hypsozonalen Reliktrasen, werden von rohhumusbesiedelnden Flechten und von Polstern *(Arenaria kansuensis, A. polytrichoides* und *Androsace tapete)* eingenommen. Windausgesetzte Aufbrüche greift der Föhn an und zerstört von ihnen ausgehend die Rasen. Gemäß den kleinräumigen Standortunterschieden nimmt zwischen geschlossenen *Kobresia pygmaea*-Rasen (bis 90% Deckung) in einer Delle und einer benachbarten Kuppe der Anteil von *Kobresia pygmaea* kontinuierlich ab, während Größe und Anzahl von Polstern zunimmt. An dieser räumlichen Abfolge kann auch eine zeitliche Abfolge abgelesen werden. Die Sukzession von geschlossenen Cyperaceenrasen zu Polsterfluren mit rohhumusbesiedelnden Flechten weist darauf hin, daß es seit einer postglazialen Feuchtphase und der Bildung eines hypsozonalen *Kobresia pygmaea*-Rasens mit anwachsender Wirkung des Himalaya-Föhns trockener wurde und die Rasen bis auf die heutigen Rasenzeugen korradiert wurden.

In feuchteren Teilen des Tibetischen Himalaya, bei fehlendem Föhneinfluß, liegt das ökologische Optimum (ELLENBERG 1986) von *Kobresia pygmaea* (Deckungsgrad bis 95%) zwischen 4600 und 4800 m (Abb. 4.37). In dem nur 1 cm niedrigen Rasen sind nur wenige annuelle Enzianarten, *Bistorta vivipara (= Polygonum* v.*)*, und die kleinen Krautigen *Astragalus melanocalyx* und *A. confertus* anzutreffen. In 5000 m nehmen hochalpine Polster- und Rosettenpflanzen zu *(Saxifraga hirculoides, S. montana, Saussurea wernerioides, S. taraxacifolia, Potentilla hololeuca* v. *tibetica, Phlomis rotata, Oreosolen wattii, Pleurospermum hedinii, Cortiella hookeri, Pedicularis globifera, Bistorta macrophylla)*, sowie *Kobresia royleana*. Der mächtige Rohhumus ist hier häufig in polygonale, metergroße Soden zerrissen, was auf Austrocknung hinweist; in den Spalten siedeln *Potentilla fruticosa* v. *pumila*, v. *ochreata, Trisetum spicatum* und *Urtica hyperborea*. Hier setzen auch die Baue der hamstergroßen Pfeifhasen *(Ochotona curzoniae)* an (Abb. 4.38); in dem Sand vor den Bauen (und im Sand der Wildwasserbachbetten) haben *Lasiocaryum densiflorum*, eine annuelle *Microula* sp., *Axyris prostata* und *Sedum przewalskii* ihre natürlichen Vorkommen.

b) Galeriesträucher und Quellrasen

Wildbäche und Quellen der alpinen Stufe sind von Galeriesträuchern und Cyperaceenrasen umgeben (Abb. 4.36). Die Pflanzendecke ist hier geschlossen und die Beweidung stark. Der Cyperaceenrohhumus wird in Plaggen zum Mauerbau und für die Feuerung gehauen. Dominanter Zwergstrauch auf jüngsten Wildbachschottern, die episodisch beim Ausbruch von Gletscherstauseen überflutet werden, ist die kriechende, ausläuferbildende *Myricaria rosea*. Später folgen *Hippophaë tibetana, Salix sclerophylla* sowie Arten, die, im Inneren Himalaya hypsozonal verbreitet, hier ihre Standortkonstanz extrazonal erhalten *(Caragana brevifolia, Spiraea arcuata, Lonicera* spp.*, Ribes* sp.*, Rhododendron nivale)*. Die Quellrasen bestehen aus Bülten der bis 30 cm hohen *Kobresia schoenoides*, die bis 2 cm abgeweidet wird, und *K. pygmaea* in Schlenken. Kennart der Quellrasen des Tibetischen Himalaya ist *Pedicularis longiflora* v. *tubiformis;* ansonsten sind häufig *P. heydei, P. integrifolia, P. rhinanthioides, P. nana, Primula sikkimensis, P. walshii* (beide nur in Tibet extrazonal, sonst zonal vorkommend), *P. tibetica, Lomatogonium carinthiaceum* (nur hier extrazonal), *Gentiana nubigena, G. tibetica, Gentianella pygmaea, Ranunculus pulchellus*. Bei ca. 5000 m hat die Kammeissolifluktion und Frostbodenbewegung den Rohhumus teilweise aufgebrochen; Arten der oberen alpinen und der Frostschuttstufe besiedeln das feuchte, bewegte Rohsubstrat: die Radialvollkugelpolster *Saussurea graminifolia, Arenaria polytrichoides* (beide nur in Tibet extrazonal) und *Thylacospermum caespitosum* (syn. *rupifragum*, auch Pionier auf hart verbackenen Murkegeln); desweiteren *Rhodiola coccinea, R. fastigiata* (beide nur hier extrazonal), die Rasen- und Kriechpolster *Stellaria decumbens, Arenaria glanduligera, Waldheimia nivea*, die rhizomgeophytischen Cyperaceen *Carex atrofusca, C. incurva* und *C. oxyleuca* sowie annuelle Gentianaceen.

In den Sandfeldern der intramontanen Becken bildet die im tibetischen Hochland endemische *Carex moorcroftii* offene Fluren mit *Taraxacum leucanthum, Lancea tibetica, Hypecoum leptocar-*

Abb. 4.41: *Carex moorcroftii* in Sandfeldern intramontaner Becken (Hintergrund Paikü-Tso), 5000 m. 8.9.1984 (phot. G. MIEHE).

pum, H. pendulum, Youngia simulatrix, Potentilla fruticosa v. *pumila* und *P. bifurca* (Abb. 4.41).

c) Schutthaldenfluren

In trockensten Teilen des Tibetischen Himalaya erstrecken sich Schutthalden von der unteren alpinen Stufe bis in Höhen von ca. 7000 m. Bis maximal 5500 m sind Schutthalden bei 30–38° Hangneigung noch für Gefäßpflanzen besiedelbar; darüber ist die Frostbodenbewegung so stark, daß sie nicht mehr durch Wurzel- und Sproßdeformation kompensiert werden kann. Die Schuttbewegung in den obersten 15 cm beträgt 4 bis 8 cm · a^{-1}, wo noch Phanerogamen wachsen können (vgl. Abb. 4.42). *Berberis* sp., *Lonicera spinosa, Astragalus anomalus, Dracocephalum heterophyllum, Nepeta longibracteata, Oxytropis chiliophylla* und *Potentilla fruticosa* v. *ochreata* werden vom driftenden Frostschutt hangabwärts gebogen. Nicht verholzte Gefäßpflanzen kriechen im Schutt hangabwärts (*Eriophyton* sp., *Stellaria* sp., *Adenophora himalayana*). Ist die Schuttbewegung stärker, sind die Schutthaldenfluren auf Streifen zwischen Bahnen stärkerer Bewegung beschränkt oder siedeln im Schutz großer Blöcke, auf die der Frostschutt aufläuft.

Nivale Stufe (Frostschuttstufe)

Die Grenze zwischen der alpinen und der nivalen Stufe liegt in einem Übergangsbereich zwischen 5000 und 5600 m, wo die Frostbodenbewegung großflächig stärker ist als die Bodenbildung. Höchste geschlossene *Kobresia pygmaea*-Rasen auf Rohhumus liegen auf Hangschultern (Ufertälchen) der Mt. Everest-Nordabdachung in 5800 m Höhe (Abb. 4.44). Zwischen 5000 und 5500 m sind Hänge, die steiler sind als 15°, für Gefäßpflanzen nicht mehr besiedelbar. Die Frostschuttbewegung erzwingt den Biotopwechsel in ebene Standorte. Zwischen 5000 und 5600 m wird sie gegenüber der Windwirkung zum dominanten Standortfaktor; z.T. auch wegen der hier höheren Niederschläge

Abb. 4.42: *Oxytropis chiliophylla*, Wurzel und Sproß solifluidal deformiert; in Schutthalde, 35° steil bei 5380 m. Rongbuk-Tal. 28.10.1984 (phot. G. MIEHE).

224 Teil 4: Die Produzenten

Abb. 4.43: Höchste Frostbodenfluren in flach geneigtem, schwach bewegtem Mischschutt. 5960 m. *Waldheimia nivea* (Pfeil) als Polstergast in *Thylacospermum caespitosum*. Rongbuk-Tal. 1.10.1984 (phot. G. MIEHE).

(nahe dem Niederschlagsgebiet unter der Föhnmauer) und der Wassersättigung über der Permafrosttafel. Artenzusammensetzung und Lebensformenspektrum der Vegetation ändern sich. Mit steigender Meereshöhe werden häufiger: Radialvollkugelpolster (*Thylacospermum caespitosum, Arenaria polytrichoides*), Hohlflachpolster (*Chesneya purpurea, Sibbaldia tetrandra, S. procumbens* v. *aphanopetala*), lockere Rasenpolster mit Kriechsprossen (*Waldheimia tomentosa, W. nivea, Stellaria decumbens*), lockere Rosettenpolster (*Androsace zambalensis, Saxifraga perpusilla*), *Saussurea simpsoniana, Cortiella hookeri*, auffällig viele Cruciferen (*Draba oreades, D. oreades* v. *commutata, D. dasyastra, D. lasiophylla* v. *lasiophylla, D. likiangensis, Parrya polifera, P. albida, Ermania himalayensis*), die ausläuferbildenden Arten *Saxifraga consanguinea* und *S. pilifera* sowie *Saxifraga nanella, S. stella-aurea* und die fakultativen Rhizomgeophyten *Saussurea gnaphalodes, Eriophyton wallichii, Gentiana urnula* und *Veronica lanuginosa*.

Die höchste Holzpflanze ist in Höhen um 6000 m der Spalierstrauch *Potentilla fruticosa* v. *pumila* (5960 m). Hier, nahe der Obergrenze der Gefäßpflanzen, ist der Anteil von Gramineen (*Festuca tibetica, Poa pagophila*) höher als in der stärker beweideten alpinen Stufe; das Sproß/Wurzelverhältnis ist niedrig. Die meisten Arten blühen im ausklingenden Monsun (Mitte September bis Anfang Oktober), wenn viele Hänge erst ausapern. Bei geringer Bewölkung heizt sich der Schutt tagsüber bis 50 °C auf, die nächtlichen Minima liegen zwischen −15 °C und −20 °C. Hier sind schon Hänge, deren Neigung 8° übersteigt, sowie wassergesättigtes Feinsubstrat infolge der starken Substratbewegung nicht mehr durch Kormophyten besiedelbar. Dagegen ist schwach durchfeuchteter Mischschutt mit großen, wenig bewegten Blöcken noch relativ günstig (Abb. 4.43). Sonnseitige Felsspalten bieten die günstigsten Standorte. Die dort dicht gedrängten Polsterpflan-

Abb. 4.44: Höchste geschlossene Cyperaceen-Rasen (Pfeile) auf grundfeuchten Ufermoränenterrassen in der Frostschuttstufe des Tibet. Himalaya bei 5800 m. Im Vordergrund die Eispyramiden des Rongbuk-Gletschers. 27.9.1984 (phot. G. MIEHE).

zen wurzeln im eigenen Rohhumus und sind der Substratbewegung wenig ausgesetzt.

Außer den Radialvollkugelpolstern passen sich alle Arten an die Substratbewegung an oder zeigen Kampfformen. Die lockeren Rasen- und Rosettenpolster sind an den instabilen Untergrund angepaßt, denn die einzelnen Kriechsprosse bilden, sobald sie vom Frosthub abgetrennt worden sind, sproßbürtige Wurzeln und werden damit vegetativ verbreitet. Auch die separierten Rosetten von *Androsace zambalensis* und *Saxifraga perpusilla* können im Substrat schwimmend neue Polster bilden. In völlig ebenen Standorten ist eine schwach frostwechselbedingte Deformation typisch: im Lauf der Frostwechsel-(= Vegetations)periode sinkt der Vegetationsscheitel, umgeben von der letztjährigen Rosette, um ca. 0,5 cm ein und setzt sproßbürtige Wurzeln an. An gering geneigten Standorten ist die Anpassung des Sprosses an den hangabwärts driftenden Frostschutt stärker; die gestauchte Sproßachse der Rosettenpflanzen wird um den Frostschuttversatzbetrag gestreckt. Da der Sproß erst beim Austreiben nach dem ersten Auftauen des gefrorenen Substrats deformiert werden kann, gibt die Sproßdeformation den Mindestbetrag der Frostschuttbewegung an (bei 5820 m und 8° Hangneigung bei *Parrya* sp. 8 bis 10 cm pro Jahr). Die Rosettenpflanzen verhalten sich damit fakultativ wie Rhizomgeophyten. Eine aus Samen gezogene *Ermania himalayensis* zeigte unter frostwechselfreien Bedingungen den Rosettenwuchs wie in ebenen Standorten der Frostschuttstufe. *Parrya* spp. und *Ermania* spp. bilden, kurz bevor der Sproß vom Frostschutt überfahren wird, Trenngewebe aus, und die Siliculae werden vom Wind über die Schutthalden verbreitet.

Die höchsten Gefäßpflanzengesellschaften wurden bislang bei 5960 m in der Nordabdachung des Mt. Everest gefunden (Abb. 4.43 und 4.45): eine moränische Hangschulter mit Mischschutt hatte einen Kormophyten-Deckungsgrad von ca. 5%. Dominant waren bis 30 cm hohe und 80 cm große *Thylacospermum caespitosum*-Polster, darin als Polstergast (wie auch im Schutz von Bremsblöcken) *Waldheimia nivea* und *Saussurea gnaphalodes*, kleine Polster von *Saussurea simpsoniana*, zerrissene und halb abgestorbene Rasenpolster aus *Stellaria decumbens* und *Androsace zambalensis*, einzelne *Saxifraga consanguinea*, *Kobresia pygmaea*, *Festuca tibetica* und eine größtenteils abgestorbene *Potentilla fruticosa* v. *pumila*. Ähnliche Standorte in 6030 m waren noch von zerrissenen Moospolstern besiedelt, während Gefäßpflanzen fehlten. Bei 6720 m wurden auf ähnlichen Ver-

Abb. 4.45: Hangschulter in grobem Frostschutt mit *Thylacospermum caespitosum* (Pfeil). Hintergrund: Lho-La (vgl. Abb. 4.5) und Rongbuk-Gletscher. 5950 m. Rongbuk-Tal. 1.10.1984 (phot. G. MIEHE).

ebnungen noch Siliculae von *Ermania himalayensis* gefunden, jedoch fehlten Hinweise auf pflanzliches Wachstum am Ort.

Pflanzensukzessionen auf Moränen

Auf den nur noch vom Toteis unterlagerten, aber von der Bewegung der großen Talgletscher abgeschnittenen Endmoränen des Tibetischen Himalaya sind an Trockenheit und instabiles, häufig sandiges Substrat angepaßte Arten dominant. Die Gletschervorfelder sind meist pflanzenfrei, da Pioniergesellschaften durch episodische Gletscherseeausbrüche zerstört werden. Die Endmoränen liegen in der oberen alpinen Stufe (5200, 5500 m) in trockenen Föhngassen. Gramineen sind häufig (*Elymus canaliculatus*, *Trisetum spicatum*, *Phleum alpinum*, *Poa poophagorum*, *Festuca tibetica*), daneben Arten der alpinen Steppe (*Saussurea graminea* v. *ortholepis* und *Carex montis-everestii*) sowie *Sibbaldia tetrandra*, *Potentilla potaninii*, *P. fruticosa* v. *ochreata*, *Oxytropis glacialis*, *Leontopodium pusillum*, *L. nanum*). Auf durch Rutschungen sehr instabiler Obermoräne in 5700 m wurden

Saussurea tridactyla, Waldheimia nivea, Cortiella hookeri, Oxytropis glacialis, Draba altaica v. *microcarpa, Ermania himalayensis* und *Solmslaubachia* sp. gefunden. *Kobresia pygmaea* wurde weder auf Satzendmoräne noch auf Obermoräne gefunden; Krustenflechten fehlen weitgehend.

4 Konsumenten und 5 Destruenten

Hierzu liegen uns keine genaueren Angaben vor.

6 Einfluß des Menschen

Der Himalaya ist eine bergbäuerliche Kulturlandschaft. Die ‹Entstehung der heutigen Pflanzendecke unter Einfluß des Menschen›, wie sie ELLENBERG (1986, S. 34–62) der Vegetationsökologie Mitteleuropas voranstellt, gilt weitgehend auch für den Himalaya. Mit Feuerlegen, dem bedeutendsten Einfluß des Menschen auf die Vegetation, ist schon seit der Anwesenheit erster schweifender Jäger und Sammler zu rechnen: um das Wild aus steilen Flanken herauszutreiben, legt man auch heute noch am Hangfuß Feuer, das sich mit dem Talwind über die luvseitige Flanke ausbreitet. Horstwüchsige Gramineen dürften sich damit schon sehr früh von ihren natürlichen Standorten (kluftfreien, steilen Felsflanken) in S-exponierte und talwindausgesetzte Steilflanken ausgebreitet haben. Auch zur Weidepflege wird, meist im Frühjahr, gebrannt, um im futterknappen Vormonsun das Sprießen des jungen Grases zu fördern. Unterbleibt das Feuerlegen (Verbot seit Errichtung von Nationalparks), ist schnell eine Baumverjüngung zwischen den Tussockgräsern festzustellen.

Die Landnahme erfolgte sicher auch im Himalaya mit Brandrodung; große Stämme werden bis heute durch Ringeln der Rinde zum Absterben gebracht. Landnahme und Ausdehnung anthropozoogener Ersatzgesellschaften unterliegen im Himalaya großen regionalen Unterschieden und hängen vom klimatischen Nutzungspotential der Höhenstufen ab; der gleiche Naturraum kann von unterschiedlichen Ethnien verschieden weit erschlossen sein.

Unterschiedlich weit ist auch der Einfluß der Forstpolitik der Himalayastaaten in die ungeregelte Waldnutzung der vorindustriellen Bergbauernwirtschaft vorgedrungen. Im westlichen Himalaya betreibt der (Britisch-)Indische Forstdienst seit ca. 100 Jahren eine geregelte Forstwirtschaft mit Anpflanzung von Forsten der schnellwüchsigen *Pinus roxburghii* (bis in Höhen von 1800 m) auf den dorfnahen Winterweiden, die de jure Staatsland sind, de facto Allmende waren. Die *Quercus incana*-Wälder der unteren Nebelwaldstufe, die wichtig für die Laubzufütterung sind, wurden weitgehend durch *Cedrus deodara*-Forste ersetzt (HESKE 1932, S. 704). Gleichfalls im westlichen (indischen) Himalaya werden heute die *Quercus semecarpifolia – Picea smithiana – Acer*- und *Abies spectabilis*-Wälder der mittleren und oberen Nebelwaldstufe im Kahlschlagverfahren von Vertragsholzhändlern abgetrieben; aufgeforstet wird mit den genannten Koniferen.

In Nepal hat die Forstverwaltung seit ca. 20 Jahren in der unteren montanen Stufe (1000–2000 m) begonnen, die Triftweiden hauptsächlich mit *Pinus roxburghii* sowie mit *Eucalyptus* und *Grevillea* aufzuforsten. Die Dipterocarpaceen-Wälder des Gebirgsvorlandes Nepals werden, solange die Malaria bekämpfbar bleibt, bis auf Naturschutzgebiete vollständig gerodet und in Naßreisland umgewandelt werden, während die *Pinus roxburghii*- und Dipterocarpaceen-Wälder der collinen Stufe wegen geringer Siedlungsdichte (edaphische Trockenheit) meist nur durch Winterweide transhumanter Schaf- und Ziegenherden und Weidepflege durch Feuer aufgelichtet sind. In der unteren montanen Stufe ist die natürliche Vegetation dagegen bis auf Schluchtwaldrelikte gerodet und in eine terrassierte Kulturlandschaft umgewandelt worden: Naßreisanbau, wo das Relief die Wasserzuleitung ermöglicht (Flußterrassen); Regenfeldbau (Mais, Fingerhirse, Taro, Bohnen in Mischkultur) auf allen terrassierbaren Hängen. Futterlaubbäume bleiben auf den Terrassenkanten trotz ertragsmindernder Schattenwirkung stehen, weil sie zur Zufütterung des Viehs unentbehrlich sind: periphere Ergänzungsflächen fehlen meist; Allmenden zur Versorgung mit Futterlaub, Brenn- und Bauholz, Laubstreu oder Wildheu sowie für die Triftweide sind bei großer Landnot auf nichtterrassierbare Schluchten beschränkt. Die wichtigsten Futterlaubbäume *(Albizzia chinensis, Schima wallichii, Arthrocarpus heterophyllus, Bauhinia purpurea, Mangifera sylvatica, Grewia tiliaefolia, Ficus benghalensis, F. nemoralis)* sind z. T. Reste des natürlichen Bergwalds; die Bäume werden durch Samen oder Stecklinge vermehrt. Das am vielseitigsten verwertbare Gehölz ist der Riesenbambus *(Dendrocalamus hamiltonii)*, dessen 10 m hohe Gruppen typisch für die Ortslage sind. Grenzertragsböden werden als eingezelte Streuwiesen *(Chrysopogon gryllus, Heteropogon contortus)* genutzt. Die Gräser dienen als Dachbedeckung und in der winterlichen Trockenzeit als Viehfutter. Während des Monsuns wird der krautige Bewuchs der Terrassenkanten *(Ageratum conyzoides, Galinsoga parviflora, Artemisia roxburghiana, Eupatorium adenophorum, Capillipedium parviflorum, Panicum walense, Pogonatherum paniceum, Arundinella nepalensis)* abgesichelt und zum angepflockten Vieh gebracht (Almwirtschaft fehlt).

In der oberen montanen Stufe (Nebelwaldstufe) hat die Ausdehnung und räumliche Anordnung der anthropo-zoogen beeinflußten Vegetation Ähnlichkeit mit derjenigen im vorindustriezeitlichen Mitteleuropa Ende des 18. Jahrhunderts. Maßgeblich für die Nutzung ist hier die Strahlungsexposition und damit die Dauer der Vegetationsperiode: oberhalb von 3000 m sind Schatthänge in manchen Jahren vom Oktober bis April schneebedeckt. Da Landnahme und Nutzung dem Relief und Lokalklima folgen, sind standörtliche Unterschiede anthropogen verstärkt worden. Die unterschiedliche Dauer der Vegetationsperiode in der unteren montanen und der alpinen Stufe wird durch Almwirtschaft und gestaffelten Anbau jahreszeitlich genutzt. Im Verhältnis zur unteren montanen Stufe ist die Nebelwaldstufe dünn besiedelt: die Dauersiedlungen liegen in der unteren Nebelwaldstufe oder an ihrer Untergrenze und sind von Allmend-Wäldern umgeben, die als periphere Ergänzungsflächen dienen. Hier herrscht Exploitationswirtschaft; es ist nicht nötig, Futterlaubbäume auf den Äckern zu kultivieren. Die Heimgüter mit Innenäckern (Regenfeldbau: Mais, Gerste, Weizen) sind von den Innenweiden umgeben. Durch unkontrollierte Unterbeweidung dominieren verbiß- und trittfeste Weideunkräuter, Bäume fehlen, regengrüne Annuelle bedecken den durch Winterweide und Viehtritt beanspruchten Boden. Bei nachlassendem Weidedruck gehen die Innenweiden mit zunehmendem Abstand von der Siedlung in Weidebuschwälder über, wo häufig Überhälter der ehemaligen B_1 als Futterlaubbäume im Winter und Frühjahr geschneitelt werden *(Quercus semecarpifolia, Q. lanata, Ilex dipyrena)*. Hier dominieren weidefeste Ericaceen *(Rhododendron arboreum, Pieris formosa, Lyonia ovalifolia)*, die bei nachlassender Nutzung einen kronenschließend dichten, 8 bis 12 m hohen Sekundärwald bilden. In der Strauchschicht sind dornige, hartlaubige oder aromatische Sträucher *(Mahonia nepalensis, Berberis* spp., *Zanthoxylum* spp., *Prinsepia utilis, Sarcococca wallichiana, Pyracantha crenulata, Viburnum erubescens, Rubus nepalensis, Elsholtzia fruticosa)* dominant; Lianen *(Smilax* spp., *Rubus* spp., *Clematis* spp.) verdichten den Bestand. Schattseitige Hänge werden weniger stark beweidet, dafür aber der hier stärker entwickelte Rohhumus als Stallstreu entnommen; die Streu wird mit dem Stalldung vor dem Pflügen auf die Felder gebracht.

In der mittleren Nebelwaldstufe (2500–3000 m) liegt die Maiensäß, häufig mit kleinen Filialfluren (Kartoffel, früher nur Buchweizen), als Rodungsinsel im *Quercus semecarpifolia*-Wald. Von Ende März bis Anfang Mai wird Waldweide betrieben. Laub von Eichen sowie *Meliosma dilleniifolia, Ilex dipyrena, Holboellia latifolia* und *Schisandra grandiflora* wird bevorzugt zugefüttert. Wichtigste Weidezeiger sind: *Berberis ceratophylla, Daphne bholua, Strobilanthes atropurpureus, Smilax glaucophylla, Arisaema* spp., *Senecio diversifolius, Iris clarkii* und *Hemiphragma heterophyllum*. Im Monsun entwickelt sich auf den Waldweidelichtungen die hochstaudenreiche Krautschicht ungestört, da das Vieh dann auf den Hochalmen an der oberen Waldgrenze weidet: mannshohe dichte Bestände aus *Sambucus adnata* und *Rumex nepalensis* sind typisch. In der mittleren Nebelwaldstufe liegen auch die größten Bambusvorkommen, meist auf grobblockreichen, grundfeuchten Schatthängen. Die 2 bis 4 m langen und 1 bis 3 cm dicken Bambusrohre werden im November geschnitten, in die bis 2000 m tiefer gelegenen Heimgüter geschleift und zu Matten, Körben etc. verarbeitet.

In der oberen Nebelwaldstufe liegen die von Anfang Juni bis Mitte September beweideten Hochalmen; Rodungsinseln auf Hangschultern und flachen Bergrücken. Hier wurde der *Abies spectabilis – Betula utilis – Rhododendron campanulatum*-Wald durch initiale Brandrodung für die Weide erschlossen; Sonnhänge sind davon stärker betroffen als feuchte Schatthänge. Daher ist der Verlauf der natürlichen Waldgrenze häufig nur aus Waldzeugen rekonstruierbar. Die obere Baumschicht fehlt meist, da die Tannen zur Schindelholzgewinnung geschlagen werden (Schindeln müssen nach 7 Jahren ersetzt werden) und der Tannenjungwuchs vom Vieh bevorzugt abgeweidet wird. 30 m hohe Tannen (1 m DBH) werden häufig nur zu einem Zehntel für die Schindelherstellung genutzt, so daß der plenterartig gelichtete Wald durch verrottende Stämme schwer gangbar ist (Abb. 4.46, s. D. SCHMIDT-VOGT 1990). Auf dem Schatthang bildet, wenn die Baumschicht heraus-

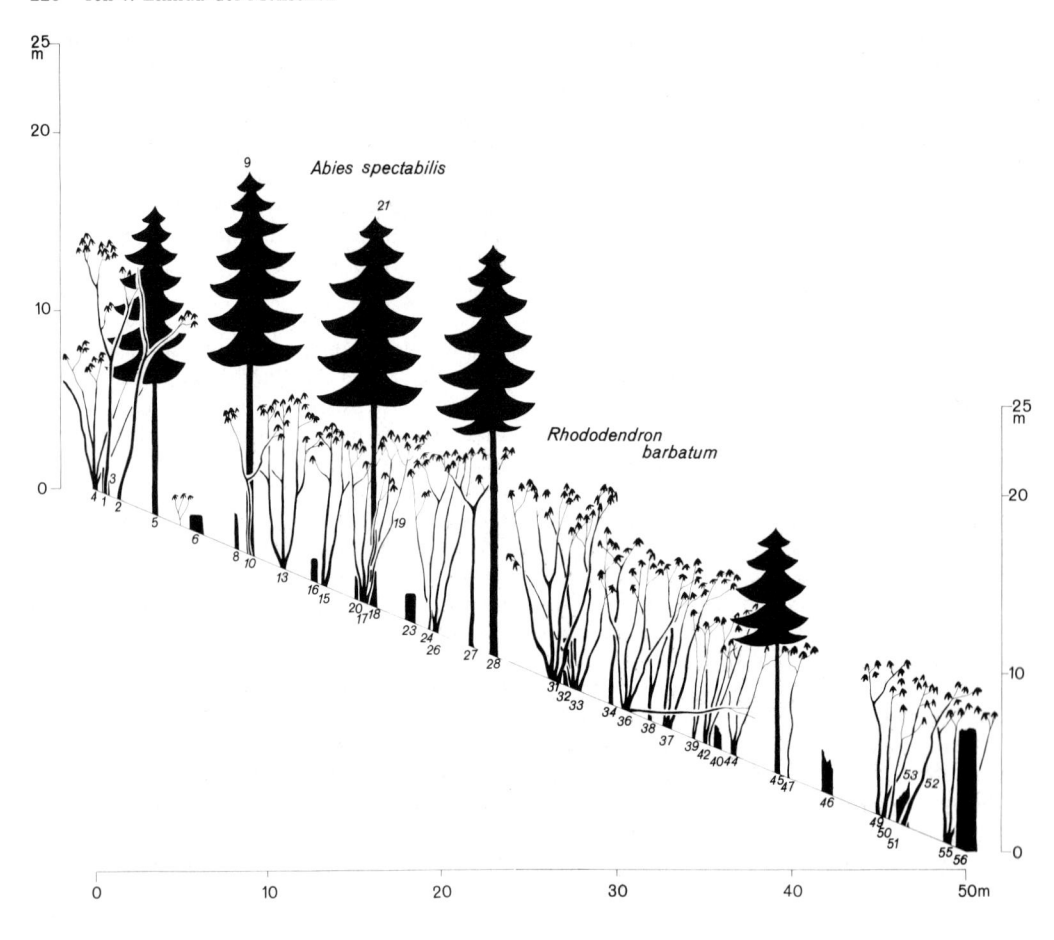

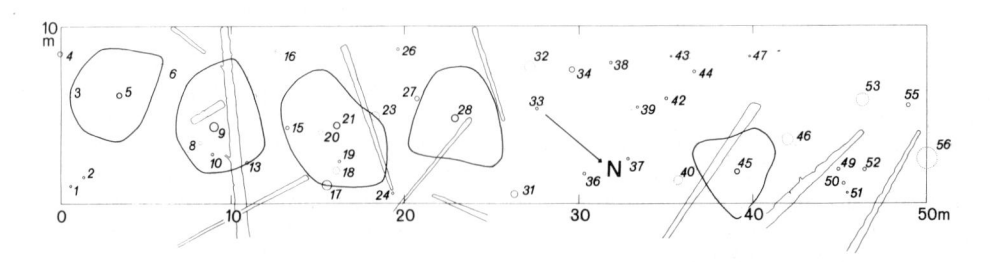

Abb. 4.46: *Abies spectabilis*-Wald, durch Schindelholz-Einschlag degradiert. Die Umwandlung von vielschichtigem Tannenwald mit *Rhododendron barbatum* in der Strauchschicht zu sekundärem *R. barbatum*-Buschwald ist nahezu vollzogen. Durch Beschattung und Laubstreu verhindert zwar *R. barbatum* nicht die Ansamung und Keimung von *Abies*, aber das Durchwachsen einer neuen Baumschicht B_1 aus *Abies*. Chyochyo Danda, östliches Zentral-Nepal, 3070 m, W-exponiert (aus D. SCHMIDT-VOGT 1990).

geschlagen ist, *Rhododendron campanulatum* einen immergrünen, 3 bis 4 m hohen, dichten Krummholzwald mit schwacher Kraut- und deckender Moosschicht. Er ist für Vieh nicht nutzbar und wird durch sukzessiven Holzschlag (Brennholz) im Bereich der Almen zurückgedrängt. Die alpinen immergrünen Zwergsträucher *(Rhododendron anthopogon, R. setosum, Cassiope fastigiata)* rücken auf die Rodungsflächen nach. Die drei Ericaceen werden vom Vieh gemieden. Können die Rodungsinseln offengehalten werden, sind in vernäßten Weiden *Primula sikkimensis, P. stuartii* und *P. denticulata* im Frühjahrsaspekt dominant, im Monsunaspekt dagegen *Potentilla polyphylla* und *Dryopteris chrysocoma*. Auf dem Sonnhang setzt nach der ersten Brandrodung die Sekundärwaldsukzession mit den Baumarten der B_2-Baumschicht, *Juniperus recurva, Rhododendron arboreum* v. *roseum* und v. *cinnamomeum*, ein. Beide Rhododendren werden nicht gefressen; *R. arboreum* regeneriert nach Brennen durch Stockausschlag, der im ersten Stadium fürs Vieh nicht gangbar ist und sich im Altersstadium zu einem 8 bis 15 m hohen kronenschließenden immergrünen Hallenwald mit schwacher Kraut- und Strauchschicht und einer langsam abgebauten Streu entwickelt. *Juniperus recurva* bildet am trockenen und feuchten Rand des ökologischen Spektrums der *Abies*-Wälder den Sekundärwald. Kann dieser durch Brand und Holzschlag zurückgedrängt werden, bilden *Rhododendron lepidotum* und *Cotoneaster microphyllus* dichte Zwergstrauchbestände mit *Clematis montana*. In feuchtesten Luvlagen dominiert. *Euphorbia sikkimensis* s.l. in Hochstaudenfluren. Wenn auch die Zwergsträucher durch Brand beseitigt werden, sind *Cryptothladia polyphylla* und *Danthonia cumminsii* als Brandzeiger dominant. Die Almen sind stark überdungt (Lägerfluren aus *Rumex nepalensis*) und verbuschen bei nachlassendem Viehbesatz durch Einwandern der kniehohen *Berberis mucrifolia*. *Cotoneaster acuminatus, Piptanthus nepalensis, Viburnum grandiflorum, Daphne bholua* v. *glacialis, Berberis* spp. und *Rosa sericea* bilden Saumgesellschaften. Entlang der Triften sind immergrüne *Gaultheria trichophylla*- und *G. nummularia*-Spalierstrauchrasen typisch, auf Sonnhängen *Gentiana depressa* und *Androsace sarmentosa*.

Wo die Nebelwaldstufe über hohe Pässe vom tibetischen Hochland aus zugänglich ist, sind Tibeter von oben in diese Stufe eingedrungen und haben Dauersiedlungen angelegt (Abb. 4.21). Die Maiensäß liegt in diesem Fall an der oberen Waldgrenze, die Hochalmen in der unteren alpinen Stufe und die Winter-Filialdörfer in der mittleren Nebelwaldstufe. Die Landnahme erfolgte auch hier durch Brandrodung des sonnseitigen Tannenwaldes. Auf Brachen der Feldwaldwechselwirtschaft breitete sich *Juniperus recurva* aus, der ausgedehnte sonnseitige Sekundärwälder bildete. Diese wurden in den letzten 150 Jahren sukzessive zur Brennholzgewinnung aufgelichtet, als die Bevölkerung mit Einführung der Kartoffel sprunghaft anzusteigen begann (v. FÜRER-HAIMENDORF 1964). Heute stabilisieren kriechende immergrüne *Cotoneaster microphyllus*-Sträucher diese als dorfnahe Winterweiden genutzten Hänge. Auf den Schatthängen ist, auch in unmittelbarer Dorfnähe, der Birken – *Rhododendron campanulatum*-Wald naturnah erhalten geblieben; dank der traditionellen Waldordnung, die den umtriebigen Holzeinschlag kontingentiert.

Die alpine Stufe der Himalaya-Südabdachung ist auf allen begehbaren Hängen so weit für Hochalmen erschlossen, wie Feuerholz der Zwergsträucher zur Verfügung steht oder Holz von der oberen Waldgrenze herangeschafft werden kann. Mit dem peripher-zentralen Anstieg der Vegetationshöhengrenzen steigt auch die Lage der höchsten Almen von 4200 m (Südabdachung) bis 4800 m (Innere Täler, in der Südabdachung des Mt. Everest auch bis 4930 m) an. Wiederholte Brandrodung ist auch hier Voraussetzung für die Almwirtschaft, da *Juniperus* spp. und *Rhododendron lepidotum* auf dem Sonnhang und *R. setosum* mit *R. anthopogon* auf Schatthängen die Weiden wieder einnehmen. In den feuchtesten Teilen der Himalaya-Südabdachung breiten sich *Potentilla coriandrifolia, P. contigua, Parnassia* spp., *Pedicularis* spp. als Weidezeiger im *Danthonia-Kobresia*-Grasland aus, in den Inneren Tälern *Cyananthus* spp., *Gueldenstaedtia himalaica* und *Polygonatum hookeri*.

In der Hochgebirgshalbwüste des Tibetischen Himalaya ist die natürliche Vegetation durch Ziegenbeweidung so sehr überformt worden, daß sie nur durch Pollenanalyse zu rekonstruieren ist. Die Landnahme liegt hier schon mindestens 2000 Jahre zurück (SCHUH mdl.). Der Koniferen-Offenwald an der Trockengrenze des Waldes wurde in der Nähe der Bewässerungsoasen verfeuert; kultisch geschützte Bäume an Normalstandorten, ohne extrazonale Wasserzufuhr, bezeugen die Waldfähigkeit (vgl. Klimadiagramm Muktinath, Abb. 4.30). Sie fruchten unter den heute trockeneren klimatischen Bedingungen noch, verjüngen jedoch nicht mehr. Der Artenbestand der Strauchschicht wurde durch Ziegenverbiß reduziert; *Caragana gerardiana* nahm mit Wegfall des Bestandesklimas Polsterwuchs an; Gramineen überdauern nur als Polstergast (Abb. 4.21). Im Inneren Himalaya, wo *Pinus wallichiana*-Wald hypsozonal ist, sind Flurwüstungen von Kiefern eingenommen worden (STAINTON 1972, S. 112).

Teil 5: Zonobiom V: Zonobiom des warmtemperierten Klimas

1 Das Klima

Das warmtemperierte Klima ist ein humider Klimatypus mit einer kühlen Jahreszeit mit gelegentlichen Frösten oder aperiodischen, kurzen Frostperioden. Es unterscheidet sich also vom ZB IV durch das Fehlen der Sommerdürre. Doch müssen wir zwei Subzonobiome des ZB V auseinanderhalten:
1. ein warmtemperiertes Subzonobiom mit Niederschlagsmaximum im Winter (sZB Vw).
2. ein warmtemperiertes Subzonobiom mit Niederschlagsmaximum im Sommer (sZB Vs).

Der erste Untertypus hat sich ebenso wie das ZB IV erst im Pleistozän herausgebildet, der zweite entspricht mehr dem spättertiären Klima (vgl. Seite 1f.).

1.1 Subzonobiom mit Niederschlagsmaximum im Winter V(w)

Auf dieses Subzonobiom haben wir im Anschluß an das Zono-Ökoton IV/V bereits kurz hingewiesen. Es ist wie das ZB IV an die Westseiten der Kontinente gebunden, also in Nordamerika von N-Kalifornien bis zur kanadischen Grenze, in Südamerika im Valdivianischen Gebiet von Chile, in Westeuropa von Portugal bis Irland, aber nur angedeutet, im südlichen Afrika und in Süd Australien, die den 40°S nicht erreichen, fehlt es in typischer Ausprägung und ist nur in W-Tasmanien und dem Westen der Südinsel von Neuseeland angedeutet. Beispiele für Klimadiagramme sind in Abb. 1.4, 1.5, 1.6, 1.7 und 5.31 gegeben.

1.2 Subzonobiom mit Niederschlagsmaximum im Sommer V(s)

Das andere Subzonobiom hat das Niederschlagsmaximum im Sommer und bildet die Fortsetzung des feuchten Passatklimas an den Ostflanken der Kontinente, also des subtropischen humiden Klimas, das man als ein Zono-Ökoton I/V betrachten kann. Es besteht dabei ein gleitender Übergang von dem humiden äquatorialen Klima über das humide subtropische Klima zu den humiden warm-temperierten Klima mit einem Sommermaximum der Niederschläge. Mit zunehmender Breitenlage sinkt die mittlere Jahrestemperatur, und die Jahresschwankungen der Temperatur werden immer ausgeprägter, bis schließlich im Winter gelegentlich Fröste auftreten, eine echte kalte Jahreszeit jedoch noch fehlt. Die Abgrenzung der einzelnen Klimazonen ist wenig ausgeprägt und stößt daher auf Schwierigkeiten.

Diese Klimafolge ist gut auf der Ostseite von Südamerika (vgl. Klimadiagramme, Abb. 5.1) und ebenso von Australien (vgl. Klimadiagramme östliches Australien, Abb. 5.2) zu verfolgen. Im Osten Nordamerikas wird sie durch das Karibische Meer gestört, während in Ostasien der Monsun das Niederschlagsmaximum im Sommer noch verstärkt (Abb. 5.34). In Ostafrika fehlt die humide äquatoriale Zone, so daß die Reihe mit der subtropischen humiden Zone beginnt und die warmtemperierte ohne ausgeprägtes Niederschlagsmaximum und mit vergleichsweise geringen Jahresamplituden der Temperaturmonatsmittel die Südspitze des Kontinents einnimmt (vgl. Abb. 5.3).

2 Die Böden

Dem humiden Klima entsprechend bilden die Böden ebenfalls einen Übergang von den ferralitischen Böden der Tropen zu denen der gemäßigten Zone, wobei sie ersteren noch näher stehen.

Die Böden sind gut dräniert, aber erosionsgefährdet, ihre Reaktion ist sauer. Die Kieselsäure ist ausgelaugt, Al und Fe sind im B-Horizont angereichert, teils als Silikate, mehr noch als Oxide. Die Fe-Oxide bedingen eine rote oder gelbe Färbung der Böden. Man spricht deshalb von Roterden oder Gelberden, besser ist die Bezeichnung «Rote bzw. Gelbe Waldböden». Die Frage, wovon

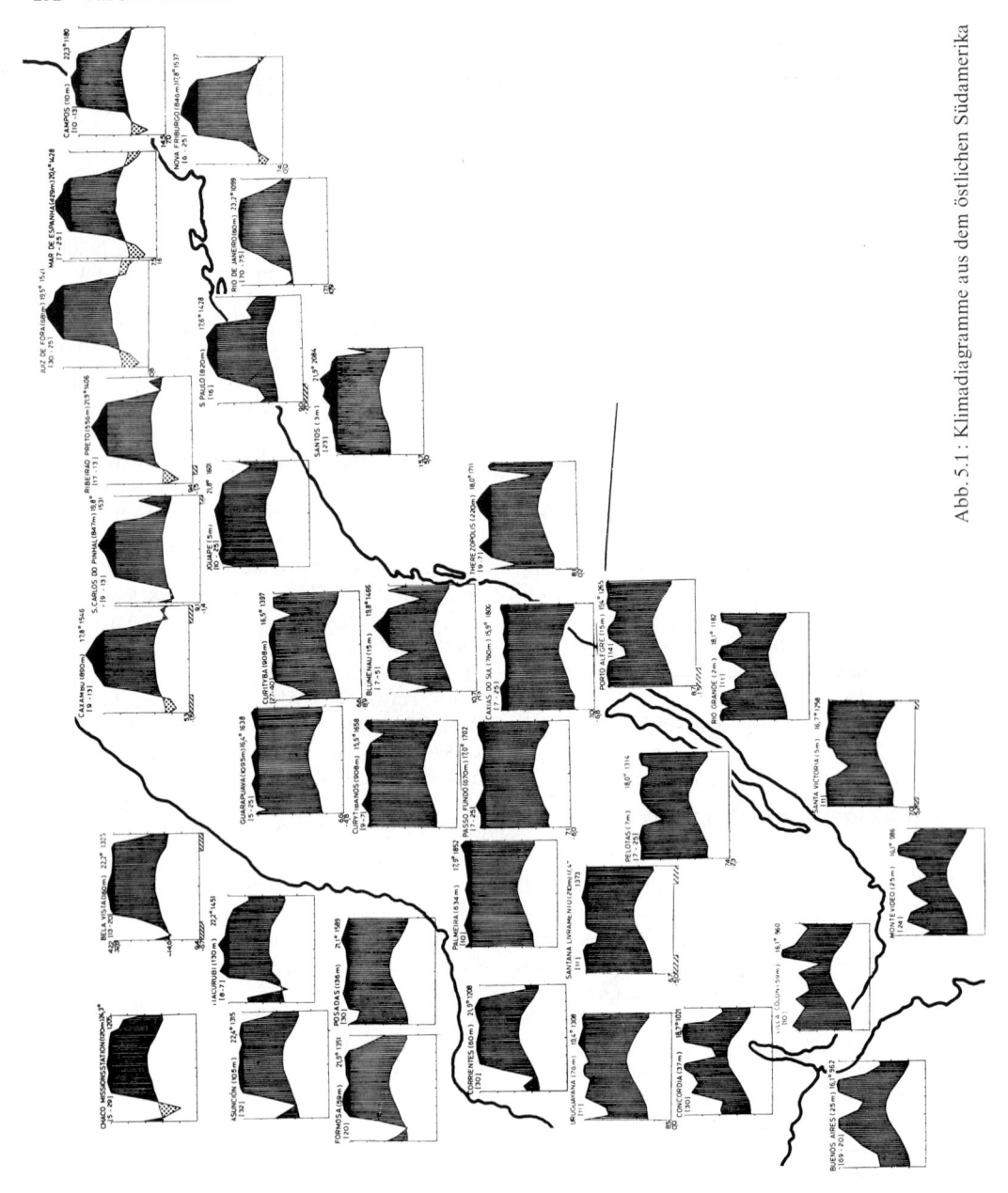

Abb. 5.1: Klimadiagramme aus dem östlichen Südamerika

die Art der Färbung abhängt, ist strittig, doch scheinen hohe Temperaturen die Rotfärbung zu begünstigen; denn die gelben Böden nehmen eine mehr äquatorferne Lage ein und leiten zu den Braunen Waldböden des ZB VI über. Beim Subzonobiom mit einem Wintermaximum der Niederschläge ist bei einer stärkeren Humusanhäufung oft eine Podzolierung festzustellen.

Bei den Böden des ZB V handelt es sich vielfach um alte Böden aus der Tertiärzeit. Nur in Europa wurden sie von den Glazialzeiten des Pleistozäns stark beeinflußt und sind deshalb nicht typisch ausgebildet.

Auch in Chile sind die Böden nach di CASTRI (1968), der ROBERTS et DIAS (1959–1960) und WRIGHT (1959–1960) zitiert, unter anderen klima-

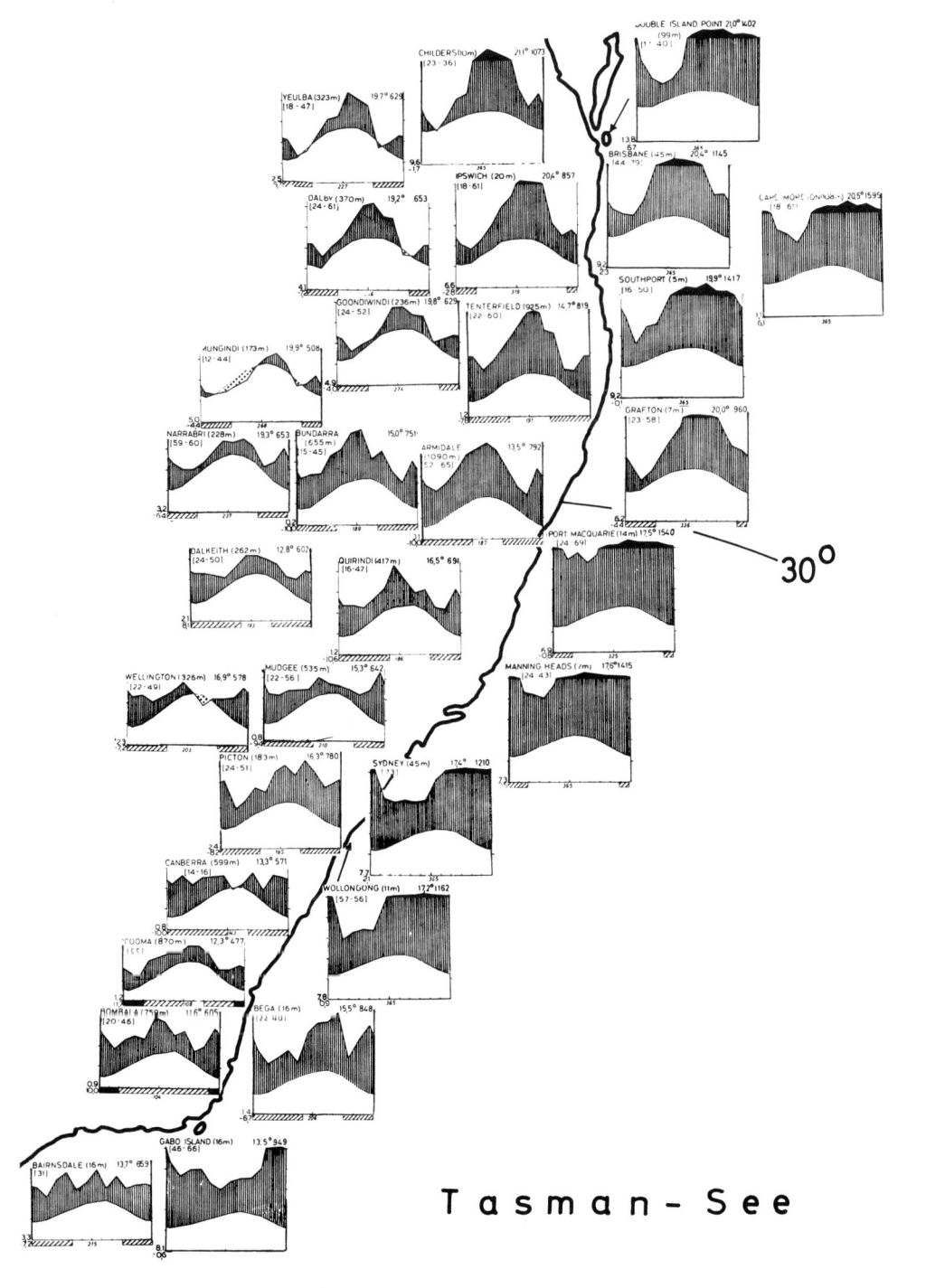

Abb. 5.2: Klimadiagramme aus dem östlichen Australien

234 Teil 5: Das Klima

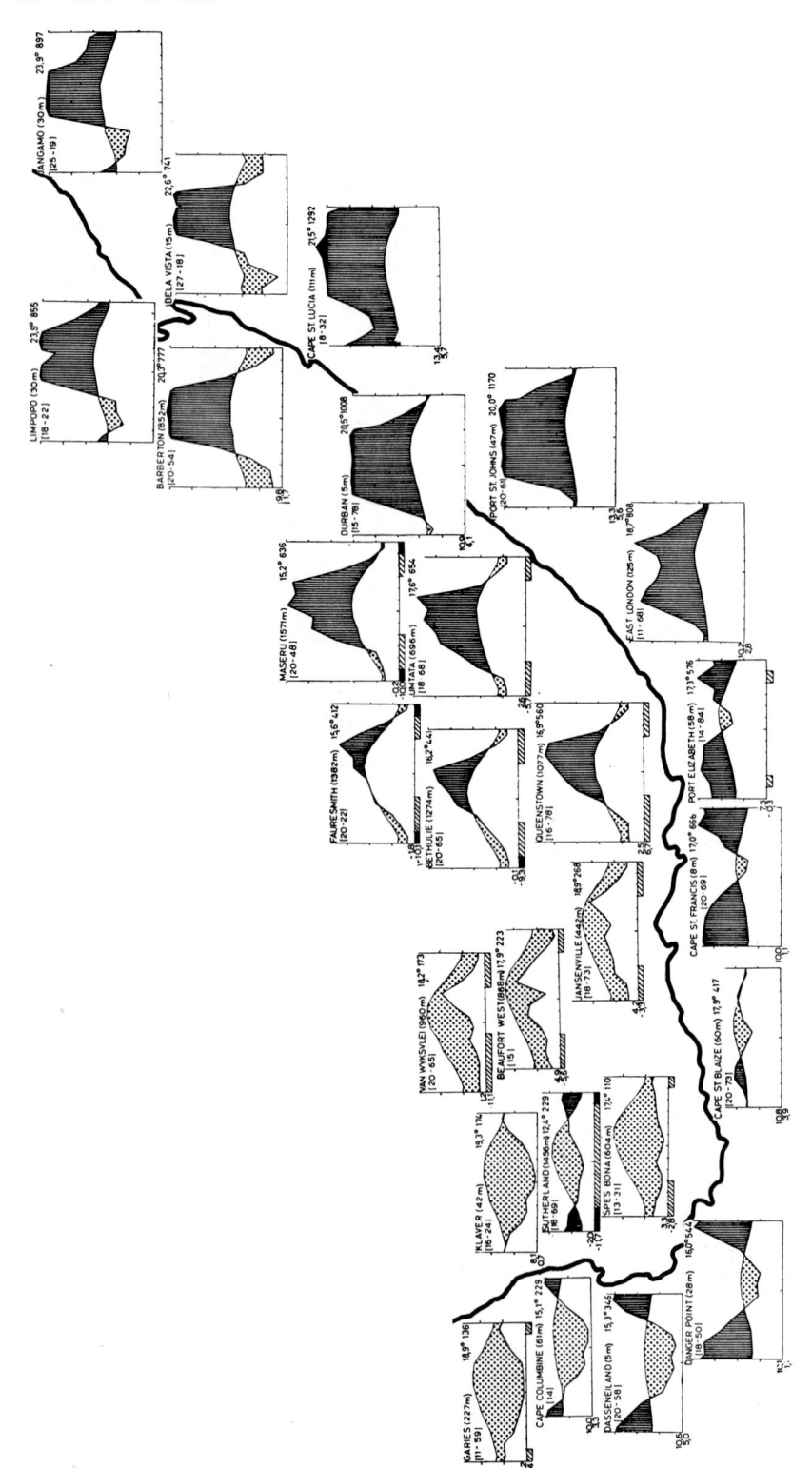

Abb. 5.3: Klimadiagramme aus dem südöstlichen Afrika

tischen Bedingungen, d.h. unter einem tropischen Klima entstanden. In Japan sind es «yellow-brown forest soils with A_1-B_1-B_2-B_3-C-horizons» (NUMATA et al. 1975). Weitere Hinweise zu den Böden werden wir bei der Behandlung der einzelnen Biomgruppen bringen.

3 Die Produzenten

Die Vegetation des ZB V muß getrennt für die beiden Subzonobiome behandelt werden.

3.1 Subzonobiom mit Niederschlagsmaximum im Winter V(w)

3.1.1 Oregon und Washington

In Nordamerika handelt es sich um humide, wenig kälteresistente Nadelwälder, die im südlichen Teil eine Höhe von 80–100 m, nördlicher 60 m erreichen. In Californien werden diese Wälder bei BARBOUR and MAJOR (eds. 1977, S. 679–698) als «The redwood and associated north coast forests» beschrieben. Es ist die südlichste Ausbildung des Nadelwaldgebiets in W-Oregon und W-Washington. Allerdings sind, wie wir schon gesehen haben (vgl. S. 137), die Grenzen sehr fließend, das Zono-Ökoton IV/V sehr breit.

Bemerkenswert sind vor allem die Bestände der Reliktart *Sequoia sempervirens*, die auch in Mischung mit *Abies grandis*, *Pseudotsuga menziesii* und *Pinus* spp. vorkommen kann (vgl. auch S. 135). Im nördlichen Verbreitungsgebiet wächst direkt an der Küste die gegen verstäubtes Meerwasser resistente *Picea sitchensis* (vgl. Abb. 5.4), sonst dominieren *Tsuga heterophylla*, *Thuja plicata* (etwas feuchter), *Pseudotsuga menziesii* (trockener) und *Chamaecyparis lawsoniana* (südlicher); in der unteren Schicht sind Laubhölzer vertreten, wie z.B. *Acer macrophyllum* (vgl. Abb. 5.5), *Alnus rubra* und der kleinere *Acer circinnatum*, oft dicht mit Epiphyten (vor allem Moose, *Selaginella*, Hautfarne und andere Farne) behangen. An lichten Stellen breitet sich die große Ericacee *Gaultheria shallon* aus. Bei der großen Feuchtigkeit kommt es leicht zur Rohhumusbildung und dem Auftreten von borealen Arten. Im Gebirge tritt ein Artenwechsel ein, neben verschiedenen *Abies* spp. findet man *Tsuga mertensiana*, *Chamaecyparis nutkaensis*, an der Baumgrenze *Picea engelmannii* mit *Abies lasiocarpa* und dazwischen *Phyllodoce* und *Cassiope* (WALTER 1971/72).

KORNAS (1970) beschreibt das östlichste Vorkommen eines *Tsuga heterophylla-Thuja plicata*-Waldes aus dem Glacier National Park in 1000 m NN, der nur noch 30 m hoch wird und dem viele boreale Arten beigemischt sind. Auf dem Klimadiagramm der nächstgelegenen Station wird ein abs. Minimum von −40 °C angegeben, das jedoch kaum für den Wald gelten kann, da die genannten Nadelhölzer an ein mildes ozeanisches Klima gebunden sind.

Westlich der Gebirgsrücken der Cascade Mountains lassen sich von der Küste im Westen bis zur montanen Zone der Westhänge des Cascaden-

Abb. 5.4: *Picea sitchensis*-Wald an der Küste des Olympic National Parc am Pazifik (nordwestliche USA, Washington) (phot. S.-W. BRECKLE 1974).

Abb. 5.5: Ahornbäume im Unterwuchs eines *Pseudotsuga-*, *Picea sitchensis*-Waldes auf feuchten Stellen im Olympic National Parc. Die Stämme und Äste der subdominanten *Acer*-Arten sind dicht von Epiphyten überzogen (phot. S.-W. BRECKLE 1974).

Gebirges vier Nadelwaldzonen (vgl. EDMONDS 1982) unterscheiden, die sich durch die Vorherrschaft folgender Nadelholzarten kennzeichnen lassen:

1. Küstenzone mit *Picea sitchensis* (vgl. Abb. 5.5). Beigemischt sind *Thuja plicata*, *Tsuga heterophylla*, *Pseudotsuga menziesii*. Verbreitung von der Küste bis zur Höhe von etwa 160 m NN. Maritimes Klima, sehr mild, vor allem Winterniederschläge, 2000–3000 mm im Jahr. Die Böden sind braun bis rötlich, leicht lateritisch, mit mächtigem Humushorizont und geringer Bodensättigung.
2. Östlich davon: *Tsuga heterophylla*-Zone. Beigemischt *Thuja plicata*, *Pseudotsuga menziesii*, *Abies grandis*, *Picea sitchensis*, *Pinus monticola*, *Abies amabilis*. Mildes, maritimes Klima, vom Meeresniveau bis auf etwa 1000 m NN vertreten. Böden sind braun bis rötlich, leicht lateritisch oder podzolig, humos und sauer.
3. Untere montane Stufe (600–1300 m NN), *Abies amabilis*-Zone. Beigemischt sind *Tsuga heterophylla*, *Pseudotsuga menziesii*, *Thuja plicata* und *Pinus monticola*. Das Klima ist kalt mit 1–3 m Schneedecke, bei 1500–3000 mm Jahresniederschlag. Die Böden sind podzolig, braun, Humushorizont 5–30 cm.
4. Obere montane Stufe (1300–3000 m NN). *Tsuga mertensiana*-Stufe. Beigemischt sind *Abies amabilis*, *A. concolor* und *A. lasiocarpa*. Das Klima ist kalt, mit 1600–3000 mm Niederschlag und Schneedecken von mehr als 3 m Mächtigkeit. Die Böden sind Podzole.

Man muß festhalten, daß es sich um Mischwälder handelt und die Übergänge gleitend sind. In Zone 1 und 2 kommen auf nassen Böden und in Lichtungen immer auch Laubhölzer vor, wie *Alnus rubra*, *Populus trichocarpus*, *Fraxinus latifolius*, *Acer macrophyllum* und andere *Acer*-Arten. An trockeneren und wärmeren Stellen sind *Castanopsis chrysophylla* und *Quercus garryana* beigemischt. Eine vereinfachte Vegetationskarte dieses Gebietes gibt Abb. 5.6 wieder. Auf dem trockeneren Osthang der Cascade Mountains herrschen *Pinus ponderosa* und *Pinus contorta* vor. Häufig sind aber auch noch *Pseudotsuga menziesii* und *Larix occidentalis*.

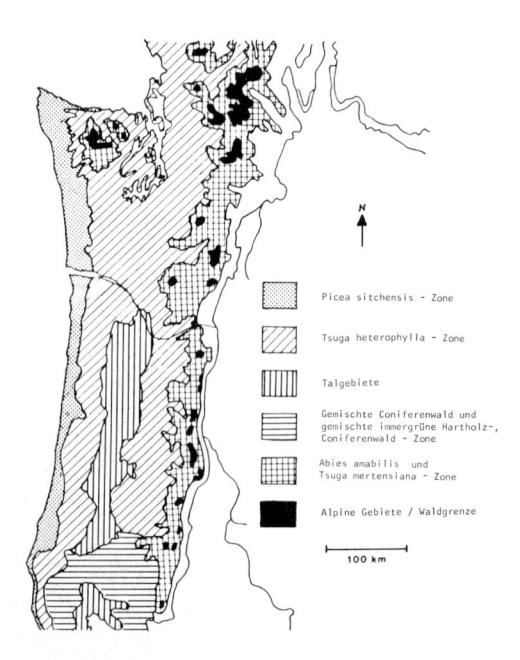

Abb. 5.6: Generalisierte Vegetationskarte der Westabdachung der Cascades Mts. in Oregon und Washington (aus EDMONDS 1982).

Eingehende Untersuchungen wurden nur an wenigen Stellen vorgenommen; vor allem 1. im Andrews Experimental Forest in Oregon in einem 450 Jahre alten *Pseudotsuga*-Bestand mit *Tsuga heterophylla* und 2. im Lake Washington Drainage Basin in einem 10–100jährigen Jungbestand aus *Pseudotsuga menziesii*, *Alnus rubra* sowie *Tsuga heterophylla*, aber auch im 170 Jahre alten *Abies amabilis*-Bestand. Die untersuchten Waldgebiete liegen alle im Bereich des Cascaden-Gebirges, doch war die Fragestellung z.T. mehr hydrologischer und forstlicher Natur.

Es handelt sich hier wohl um einen der produktivsten Waldtypen der Welt, doch sind viele der älteren Bestände bereits genutzt und in junge 60–80jährige Baumplantagen umgewandelt. Die Kahlschlag-Methode der «lumber-Gesellschaften» mit Bulldozern und Helium-Ballons wird als die rentabelste Waldnutzungsmethode angesehen. Nur diese Methode wird bei EDMONDS (1982) behandelt und auf die Gefahren derselben durch Bodenerosion, Nährstoffverluste, Veränderungen des Flußnetzes u.a. hingewiesen.

Diese Coniferen-Wälder der warmtemperierten Zone, die das ganze Jahr über photosynthetisch aktiv sind, sind von den Eiszeiten offenbar kaum betroffen worden, somit gewissermaßen tertiär geprägte Reliktwälder. Die einzelnen Bäume erreichen ein hohes Alter von bis zu 1000 Jahren und bilden mächtige Stämme (Abb. 5.7).

Pollenanalysen der Sedimente des Kirk Lake im Vorland des nördlichen Cascaden-Gebirges (NW-Washington) ergaben nach CWYNNAR (1987), daß die Wiederbewaldung der pazifischen Nadelwaldzone in der Postglazialzeit sehr rasch erfolgte. Schon vor über 12.000 Jahren hatte sich ein offener Mischwald mit *Tsuga mertensiana*, *Abies*, *Pinus contorta* und *Populus* gebildet. Vor 12.000 Jahren kamen *Picea sitchensis*, *Alnus rubra* und *Alnus sinuata* hinzu; die letztere zeigt, daß noch licht bewachsene Flächen vorhanden waren. Vor etwa 11.000 Jahren änderte sich die Zusammensetzung: *Tsuga heterophylla* wanderte ein, breitete sich stark aus, doch nahm ihre Bedeutung bald darauf wieder ab. Vorherrschend wurde dann *Pseudotsuga menziesii*, *Alnus rubra* und *Pteridium*, wobei die Sedimentschichten vor 11.030 und 6830 Jahren viel Holzkohle aufweisen. Das spricht für eine relativ trockene Periode mit häufigen Waldbränden, gegen die *Pseudotsuga* wenig empfindlich ist. Vor etwa 8000 Jahren breitete sich wieder *Tsuga heterophylla* mit *Pinus monticola* aus, vor 6800 bis 6400 Jahren kam *Thuja plicata* hinzu; zugleich enthielten diese Schichten nur wenig Holzkohle,

Abb. 5.7: Mächtiger alter Baum mit sehr dickem Stamm von *Pseudotsuga*, östlich von Seattle. Zum Größenvergleich die Proff. WALKER und SCHULZE (phot. S.-W. BRECKLE 1974).

ein Zeichen für einen feuchteren Zeitabschnitt mit seltenen Waldbränden, dies entspricht einem Angleichen an die heutigen Verhältnisse. Im späten Holozän machte sich eine Vermoorung mit eventueller Ausbreitung von *Pinus contorta* bemerkbar. Weiter südlich sind auch während der Eiszeit größere Refugialgebiete für die Vegetation erhalten geblieben, so daß die Ausbreitung nach Norden rasch erfolgen konnte.

Die Bäume der älteren Wälder werden außerordentlich hoch, wie schon erwähnt. Der Holzvorrat im Altbestand ist riesig, die stehende oberirdische Phytomasse erreicht bis zu $1700 \, t \cdot ha^{-1}$, allerdings ist auch dies nur die Hälfte derjenigen der *Sequoia sempervirens*-Wälder, wo $3500 \, t \cdot ha^{-1}$ stehen, während die der Laubwälder, selbst der tropisch-äquatorialen meist nur $400–600 \, t \cdot ha^{-1}$ betragen. Die oberirdische Netto-Produktivität ist dagegen nicht so hoch. Sie wird für einen *Pseudotsuga*-Bestand mit $5,7–13,1 \, t \cdot ha^{-1} \cdot a^{-1}$ angegeben, wobei die höheren Werte für die jüngeren Bestände gelten. Für *Tsuga heterophylla* wird der sehr hohe Wert von $32,2 \, t \cdot ha^{-1} \cdot a^{-1}$ genannt.

Die Atmungsverluste in Altbeständen sind sehr groß. Infolgedessen kann die Nettoproduktion alter *Pseudotsuga*-Bestände oft nur 10% der Bruttoproduktion betragen.

Die Produktivität hängt sehr stark vom Blattflächenindex, der Dichte des Bestandes und von der Wasser- und Nährstoffversorgung ab. Natürliche Bestände sind nicht gefährdet. Große Waldbrände sind in dem humiden Klima selten. Die Nadelbäume verjüngen sich allerdings auf dem mineralischen Boden auf Brandflächen besonders leicht (vgl. S. 135). Dagegen kommt auf Kahlschlägen, z. B. auch um Siedlungen herum, nur das Laubholz auf, das sonst in der unteren Baumschicht eine untergeordnete Rolle spielt.

In einer anderen Arbeit wurden *Pseudotsuga menziesii*-Wälder in einem sehr regenreichen Gebiet im westlichen Oregon untersucht. Untersuchungsobjekt war ein hochwüchsiger Wald mit 350–550jährigen Bäumen vor und nach dem Kahlschlag (SOLLINS et al. 1980). Bei einem mittleren Jahresniederschlag von 2400 mm in einer Höhe zwischen 430 und 670 m NN lag die oberirdische Phytomasse bei etwa 720 t · ha^{-1}, die oberirdische Nettoprimärproduktion bei etwa 8 t · ha^{-1} · a^{-1} (GRIER & LOGAN 1977). Der jährliche Stickstoffeintrag durch Regen und Staub betrug nur etwa 2 kg · ha^{-1}, weitere 2,8 kg werden jährlich fixiert durch Cyanophyceen in Flechten. Die Stickstoffverluste ins Grundwasser erreichten kaum 1,5 kg · ha^{-1} · a^{-1}. Dem Verlust von 2,8 kg · ha^{-1} · a^{-1} der Vegetationsschichten steht ein Gewinn von 5 kg im Altholz (umgefallene Stämme) und 2,8 kg im Bodenhumus gegenüber.

Der Eintrag an metallischen Kationen durch Niederschläge lag im Jahr bei nur 545 eq · ha^{-1}, während der Eintrag an Kationen aus der Verwitterung der Mineralien im Muttergestein mit rund 9000 eq · ha^{-1} · a^{-1} angegeben wird. Der jährliche Abfluß an das Grundwasser erreichte ca. 9400 eq · ha^{-1} · a^{-1}. Die Phosphatumsätze waren sehr gering. Sie betrugen ca. 0,5 kg im Jahr. Wie für fast alle anderen Nährstoffelemente war auch der Phosphatverlust aus dem System eher größer als der Gewinn. Nur für Stickstoff konnte, wie oben gezeigt, eine allmähliche Akkumulation nachgewiesen werden. Dies könnte anthropogene Ursachen haben. Die Transportprozesse innerhalb des Systems werden vor allem durch erhebliche Umsatzraten der einzelnen Elemente in gelöster Form bestimmt. Dies ist die Ursache für die nach der Abholzung nachgewiesenen großen Verluste aus dem System durch Auswaschung und Erosion.

3.1.2 Das Subzonobiom V (w) in Westeuropa

An der Westküste von Europa fehlt, wie bereits erwähnt, die zum ZB V gehörende Vegetation, weil sie während der Glazialzeiten des Pleistozäns ausstarb. Einzelne Relikte sind nur im Gebirge nördlich von Algeciras (Campo de Gibraltar) erhalten geblieben. Dort findet man in einem Korkeichenwald die immergrünen *Quercus lusitanica* ssp. *canariensis*, *Prunus lusitanica* (aff. *P. laurocerasus*), *Rhododendron ponticum* ssp. *baeticum*. Hier ist auch der Fundort der endemischen Insektivoren *Drosophyllum lusitanicum* und der winzigen *Utricularia lusitanica;* dazu kommt der teilweise epiphytische Farn *Davallia canariensis*. Auch wurde *Psilotum nudum* hier entdeckt (H. GAMS schriftlich; nach ihm kam *Rhododendron ponticum* im letzten Interglacial noch auf Irland vor). Die immergrüne Stechpalme *(Ilex aquifolium)* geht an der Westküste bis Norwegen hinauf, sie bildete früher auf Irland und in Schottland reine Waldbestände. In Wales und in Schottland verwildert *Prunus laurocerasus* und *Rhododendron ponticum* sehr leicht. Mediterrane Elemente, wie *Arbutus*, *Rubia peregrina*, *Ceterach officinarum* und *Umbilicus pendulinus*, reichen nach Norden bis nach Irland, ein Beweis für das heutige milde Klima.

Infolge der floristischen Armut bildeten wahrscheinlich schon in N-Portugal in der Postglazialzeit nur laubabwerfende Baumarten, die mehr zum ZB VI gehören, die ursprünglichen Wälder, vor allem *Quercus robur*, bzw. *Qu. pyrenaica* und *Qu. faginea*. In einem milden humiden Klima wachsen sie rascher als die Hartholzarten (Seite 87). Aber die Westküste Europas wurde vom Menschen sehr frühzeitig besiedelt und der Wald zerstört. An seiner Stelle bildeten sich Heiden aus Arten des Unterwuchses oder der lichten Waldstellen. Wir haben diese in Band 3 (S. 11 ff.) bereits ausführlich behandelt.

3.1.3 Das Subzonobiom V (w) in Südwest-Asien

Ein Gebiet in Nordanatolien müssen wir zum Subzonobiom des ZB V rechnen. Der Gebirgsabhang zum Schwarzen Meer erhält dort im Luv der Nordwestwinde vom Meer so viel Feuchtigkeit, daß zwar das Wintermaximum der Niederschläge erhalten bleibt, aber die Sommerdürrezeit verschwindet, so daß man bei Rize sogar Tee kultivieren kann. Im Windschatten dagegen sind die

Sommer noch arid. Deshalb wechseln sich hier entlang der Küste Stellen mit dem ZB IV und dem ZB V ab. Aber auch hier wurden im ZB V die immergrünen Baumarten im Pleistozän ausgemerzt, sie blieben nur im Unterwuchs erhalten. Es handelt sich um den Typus der kolchischen Vegetation, die vor allem im immerfeuchten kolchischen Dreieck des Kaukasus zwischen Suchumi, Batumi und dem Suram-Paß sowie im hyrkanischen Gebiet am Südwestufer des Kaspischen Meeres zur Entwicklung kommt (WALTER 1974) und die wir zum zweiten Subzonobiom V(s) rechnen müssen.

In Nordanatolien handelt es sich um eine etwas verarmte Vegetation des ersten Subzonobioms V(w): In der Baumschicht findet man nur laubabwerfende Arten (*Quercus, Castanea, Tilia tomentosa*, höher am Hang *Fagus orientalis, Carpinus* u.a.). Der dichte Unterwuchs enthält dagegen viele immergrüne Arten (*Prunus laurocerasus, Buxus, Ilex, Rhododendron ponticum, Daphne pontica, Smilax*) und das hohe *Vaccinium arctostaphylos, Ruscus* u.a. In einem schmalen Streifen reicht das **euxinische Waldgebiet** Nordanatoliens an der türkischen Schwarzmeerküste weit nach Westen. Es greift sogar bis zum Stranza-Gebirge Thraziens nach Europa über. In den dortigen *Fagus orientalis*-Wäldern kommen noch 2–4 m hohe, immergrüne *Rhododendron ponticum*-Büsche vor und im Querceto-Carpinetum des Belgrader Waldes bei Istanbul sind andere euxinische Elemente, wie *Daphne pontica, Epimedium pubigerum, Trachystemon orientale, Doronicum caucasium, Fritillaria pontica* u.a., verbreitet; in der montanen Stufe wächst *Abies bornmülleriana*, die eine Subspecies der kaukasischen *Abies nordmanniana* ist (AKSOY & MAYER 1975).

Ein Nord-Süd-Profil durch die Gebirgsketten mit der komplizierten Höhenstufenfolge auf dem Luv- und Leehang des ersten und zweiten Gebirgszuges im Gebiet von Zonguldak gibt Abb. 5.8 wieder.

Die unterste Stufe mit einer ausgeprägten Sommerdürre trägt noch mediterranen Charakter mit *Arbutus unedo, A. andrachne, Phillyrea media, Spartium junceum, Cistus creticus, Erica arborea*, wobei der stark verbreitete *Laurus nobilis* bereits eine feuchtere Variante andeutet.

Etwas höher an den Hängen nehmen die Niederschläge zu, die Sommerdürre schwächt sich ab, und es beginnen Laubwälder mit *Quercus iberica, Qu. frainetto* mit einem Unterwuchs von *Pyracantha coccinea, Ligustrum vulgare, Ruscus aculeatus, Galium verum, Helleborus media*, die bereits submediterranen Charakter aufweisen.

Noch höher ist die regenärmere Sommerzeit schon so humid, daß neben *Carpinus orientalis* die Buche (*Fagus orientalis*) die Vorherrschaft erlangt, *Rhododendron ponticum* sich auf lichten

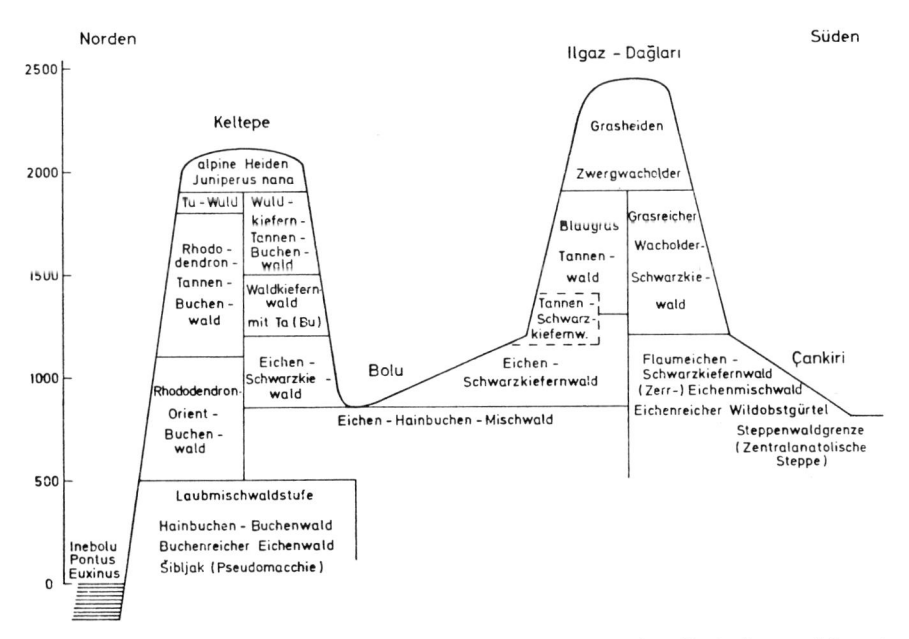

Abb. 5.8: Waldvegetationsprofil mit Höhenstufen vom Schwarzen Meer über die Außen- und Innenkette der nordwestanatolischen Gebirgsschwelle zum inneranatolischen Hochland (aus AKSOY & MAYER 1975).

Schlägen üppig entwickelt neben immergrünen *Ilex colchica, Smilax excelsa* sowie den sommergrünen *Corylus avellana, Mespilus germanica* u.a. Die oberste Waldstufe bildet *Abies bornmülleriana*. Am Südhang im Windschatten nimmt die Trockenheit von oben nach unten rasch zu. Die Buche kommt nur in etwa 1500 m NN vor, während an Hängen darunter die Schwarzkiefer *(Pinus pallasiana)* wächst und auf der Talsohle ein Eichen-Hainbuchenwald.

Der Nordhang des zweiten Gebirgszuges erhält im Sommer schon so wenig Regen, daß es für die Buche zu trocken wird, es herrscht unten die Schwarzkiefer vor, höher bei etwas mehr Sommerregen stockt der Tannenwald, der auf dem trockenen Südhang nicht mehr vertreten ist. Am Fuße dieses Hanges beginnt schon das Zentralanatolische Steppengebiet mit einem semiariden, winterkalten Klima (vgl. S. 97 ff.).

Der forstlich genau untersuchte Versuchswald liegt am Südhang des nördlichen Gebirgszuges mit noch euxinischen Buchen-Tannenwäldern in schattigen Lagen und Schwarzkiefern-Eichenwäldern in sonnigen Lagen in 1000–1600 m NN.

Auf der Ostseite des Schwarzen Meeres liegt die **Kolchis**. Die kolchische Niederung liegt in Form eines Dreiecks zwischen dem westlichen Teil des Großen Kaukasus und dem westlichen Teil des Kleinen Kaukasus im Transkaukasischen Gebiet. Die nördlichen Teile, die zum ZB VI bzw. ZB VII gehören, haben wir bereits in Band 3, S. 535 ff. besprochen.

Das kolchische Dreieck (vgl. Band 3, Abb. 10.4.1 auf S. 535 und Abb. 10.4.3 auf S. 536, Signatur II-1) zwischen Suchumi-Batumi und Surampaß ist zwischen Schwarzem Meer und Suchamgebirge maximal 130 km breit. Es zeichnet sich durch hohe, über das ganze Jahr gleichmäßig verteilte Niederschläge (maximal 2500 mm) aus. Das Klima ist warm-temperiert. Fröste kommen aber gelegentlich vor. Unter diesen Bedingungen entwickelt sich eine üppige Waldvegetation aus sommergrünen Baumarten, aber mit vielen immergrünen Holzpflanzen im Unterwuchs. Ähnliche klimatische Verhältnisse, jedoch weniger regenreiche Sommer, findet man im SW des Kaspischen Meeres im Talysch und bei Lenkoran sowie an der iranischen Küste am Kaspi (hyrkanisches Vegetationsgebiet, s. S. 241 ff.).

Der typische kolchische Wald auf Gelberden und fossilen Roterden bedeckt die Hänge vom Meeresniveau bis zu 600 m NN. Es handelt sich um Reliktwälder, in denen mehrere Eichen, aber auch *Qu. iberica* mit *Carpinus, Zelkova carpinifolia*

und *Pterocarya pterocarpa* vorherrschen; dazu kommen *Fagus orientalis, Ulmus foliacea, U. elliptica, Tilia multiflora, T. caucasica, Acer laetum, Diospyros lotus;* besonders kennzeichnend ist auch *Castanea sativa* sowie in feuchten Schluchten *Taxus baccata*. Seltener sind *Buxus colchica* und *Laurus nobilis*. Die Lianen treten in unberührten Wäldern zurück, dafür ist der immergrüne Strauchunterwuchs mit *Rhododendron ponticum* und *Laurocerasus* fast undurchdringlich. Hinzu kommen *Daphne pontica* und *Ruscus hypophyllum* sowie der stachelige *R. ponticus* (nache *R. aculeatus*) und von sommergrünen Arten *Rhododendron flavum*, das hohe *Vaccinium arctostaphylos* sowie *Corylus, Crataegus, Viburnum orientale*, der stark duftende *Philadelphus caucasicus* und *Staphylea colchica*. Besonders erwähnenswert ist die Reliktart *Dioscorea caucasica*. Als Epiphyten kommen gelegentlich *Cardamine impatiens, Oxalis corniculata*, insbesondere jedoch *Polypodium serratum* und viele Moose vor. In der Krautschicht sind wiederum die Farne stark vertreten (darunter *Pteris cretica*), von Gräsern *Brachypodium sylvaticum, Oplismenus undulatifolius* und *Trachystemon orientale*, dazu *Calamintha umbrosa* u.a.

Aus der Zusammensetzung dieser Wälder geht hervor, daß sie ausgesprochen warmtemperiert sind, es jedoch falsch wäre, sie als subtropisch zu bezeichnen. In subtropischen Wäldern ist auch die Baumschicht immergrün, sofern es sich um ein humides Klima handelt. Doch läßt sich in diesem Teil von Kaukasien Tee kultivieren, in den frostfreien Vorbergen des Gebirges zwischen Suchumi und Kutais auch *Citrus*-Arten.

In Höhenlagen über 600 m bis 100 m NN beginnen Kastanienwälder *(Castanea sativa)* mit *Quercus hartwissiana, Acer laetum* und anderen Laubhölzern sowie kolchischen Elementen im Unterwuchs. Auch in dieser Höhenlage sind Teekulturen möglich. Darüber stocken Buchenwälder.

DOLICHANOV (1973) beschäftigt sich sehr eingehend mit dieser kolchischen Lebensgemeinschaft des immergrünen Unterwuchses, die auch in Kachetien (Alasan-Becken) eine große Rolle spielt und im Talysch sowie N-Anatolien ebenfalls vorkommt. Zu ihr gehören, außer den bereits genannten Arten, auch *Viburnum orientale*, das mehr alpine, aber tief hinuntergehende *Rhododendron caucasicum* sowie die subalpine Art *Rhamnus imeretina;* eine mehr begrenzte Verbreitung in Adsharien bei Batumi haben *Rhododendron ungernii, Rh. smirnowii* und *Epigaea gaultherioides* (Eric.).

Diese Lebensgemeinschaft ist als Relikt eines humiden warmtemperierten Klimas zu betrachten. In schneereichen Gebirgen werden aber von ihr auch milde Winter gut überstanden, denn der Schnee drückt diese Arten leicht zu Boden; sie genießen somit Schneeschutz und reichen deshalb in den Bergen oft hoch hinauf.

Der Unterwuchs ist forstlich nicht beliebt, weil er sich im stark humiden Klima so üppig entwickelt, daß die Verjüngung der Baumschicht behindert wird. Das ist insbesondere auf Holzschlägen der Fall. Unter natürlichen Bedingungen stellt sich dagegen meist ein Gleichgewicht zwischen der Baumschicht und dem immergrünen Unterwuchs ein.

Die Baumschicht besteht in tiefen Lagen (400 bis 1000 m NN) aus *Castanea*, *Ulmus scabra (montana)*, *Carpinus caucasica*, *Tilia*, *Alnus* u.a. In höheren Lagen aus *Fagus*, die bei dichtem Unterwuchs durch *Tilia platyphyllos* var. *canescens* ersetzt wird, oder aus *Abies* und auch *Picea*, die auf toten Baumstämmen keimt und dadurch weniger unterdrückt wird. An lokal besonders feuchten Berghängen, die zum Meer orientiert sind, fehlt der Baumbestand ganz, und es entstehen geschlossene, immergrüne Reinbestände, wobei *Laurocerasus* Baumform annehmen kann.

Sehr ähnlich sind die im Sommer nicht so feuchten **Hyrkanischen Wälder** im SW vom Kaspischen Meere/Talysch, Lenkoran; die dort vorherrschende Eiche ist *Quercus castaneifolia*.

Typische Arten sind außerdem *Parrotia persica*, *Zelkova hyrcana*, *Diospyros lotus*, *Ulmus elliptica*, *Populus hyrcana*, *Prunus caspica*, *Gleditsia caspica*, *Carpinus caucasica*, *Acer velutinum*, *Alnus subcordata*, *Albizzia julibrissin*, *Fraxinus excelsior*, selten *Fagus orientalis*, *Punica granatum* und *Ficus hyrcana*. Im Unterwuchs findet man *Ruscus hyrcanus*, *Danaë racemosa*, *Crataegus lagenaria*, *C. kyrtostyla*, *Buxus hyrcana*, *Ilex hyrcana*; Lianen sind: *Smilax excelsa*, *Periploca graeca*, *Vitis orientalis*, *Hedera pastuchovii*. Die Krautschicht ist artenreich, genannt seien nur *Poa masenderana*, *Viola caspia*, *Primula heterochroma*, *Carex sylvatica*, *C. contigua* u.a.

Im Gegensatz zur Kolchis herrschen im hyrkanischen Gebiet die Reliktarten vor; oft besteht die Baumschicht nur aus ihnen, vielleicht weil die Eiszeiten sich kaum auswirkten. Dagegen treten die immergrünen Arten mehr zurück. ZOHARY (1973) erwähnt das Vorkommen von *Biota (Thuja) orientalis* bei Alibad, Gorgan (N-Iran). Auch in diesem Gebiet spielen Tee- und *Citrus*kulturen eine große Rolle, ebenso Lorbeer und Tungbaum u.a.

Die Gesamtfläche der *Quercus castaneifolia*-Wälder im Talysch beträgt 54.000 ha, etwa 43,2% aller dortigen Wälder. Sie stocken in den unteren Lagen auf gelben, in den höheren auf braunen, oberflächlich leicht podsolierten Waldböden. Am häufigsten sind Waldbestände mit einer Krautschicht, öfters kommt das Quercetum nudum vor mit einem Kronenschluß von 60–70% (II., seltener I. Bonität). Daneben sind Wälder mit einer Strauchschicht aus *Crataegus* verbreitet oder solche mit mehreren Baumschichten: mit *Carpinus* oder mit *Parrotia* + *Fraxinus* + *Zelkova* bzw. mit *Zelkova* und darunter *Buxus*.

Auf fast reine *Parrotia persica*-Wälder entfallen 7400 ha (5,8%) meist in der Niederung von Lenkoran (bis 250 m NN); 90 ha sind geschützter, ursprünglicher Wald. Die Böden sind podsolierte Gelberden, oft etwas versumpft. In Flußtälern gehen diese Wälder bis 800 m (1200 m) NN hinauf. Im allgemeinen sind sie jedoch mehr fleckenweise erhalten geblieben. Bei den Reinbeständen handelt es sich meist um Stockausschläge II.–III. Bonität. Man unterscheidet ein Parrotietum ruscosum und ein Parrotietum nudum (auf den Vorbergen). Viele Wälder sind als Folge einer Holznutzung sekundärer Natur, z.B. die *Pterocarya*-Wälder in feuchten Tälern. Diese Baumart, die sich leicht vegetativ vermehrt, wird 22–26 m hoch und der Stammdurchmesser bis 150 cm breit.

In der Kura-Arax-Niederung sind Auenwälder mit *Quercus longipes* verbreitet, im Lenkoran auch Auenwälder aus *Alnus barbata*, während *Alnus subcordata* mehr für Bachschluchten bis in mittlere Höhenlagen bezeichnend ist.

Die Fortsetzung der Hyrkanischen Wälder im Küstengebiet am Südufer des Kaspischen Meeres nach Osten bis zur Grenze der UdSSR am Nordfuß des bis auf 5000 m NN aufragenden Elburs-Gebirges (Demawend-Vulkankegel 5604 m NN) zeigt die Karte auf Abb. 5.9 (UERPMANN & FREY 1981) mit den Signaturen 1–6. Es handelt sich auch hier um laubwerfende Wälder mit z.T. immergrünem Unterwuchs und Lianen. Es ist ein *Quercus castaneifolia-Buxus hyrcana*-Wald mit *Hedera pastuchovii*, der nach Osten in ein Querceto-Carpinetum übergeht. Daran grenzt ein an arkto-tertiären Relikten reicher *Quercus castaneifolia*-Wald mit *Parrotia persica*, *Albizzia julibrissin*, *Diospyros lotus*, *Gleditsia caspica*, *Pterocarya carpinifolia*, *Zelkova carpinifolia*, *Acer velutinum*, *Alnus subcordata* u.a. Darüber wächst der montane *Fagus orientalis*-Wald mit einer trockeneren Variante von *Carpinus orientalis* und *C.*

242 Teil 5: Die Produzenten

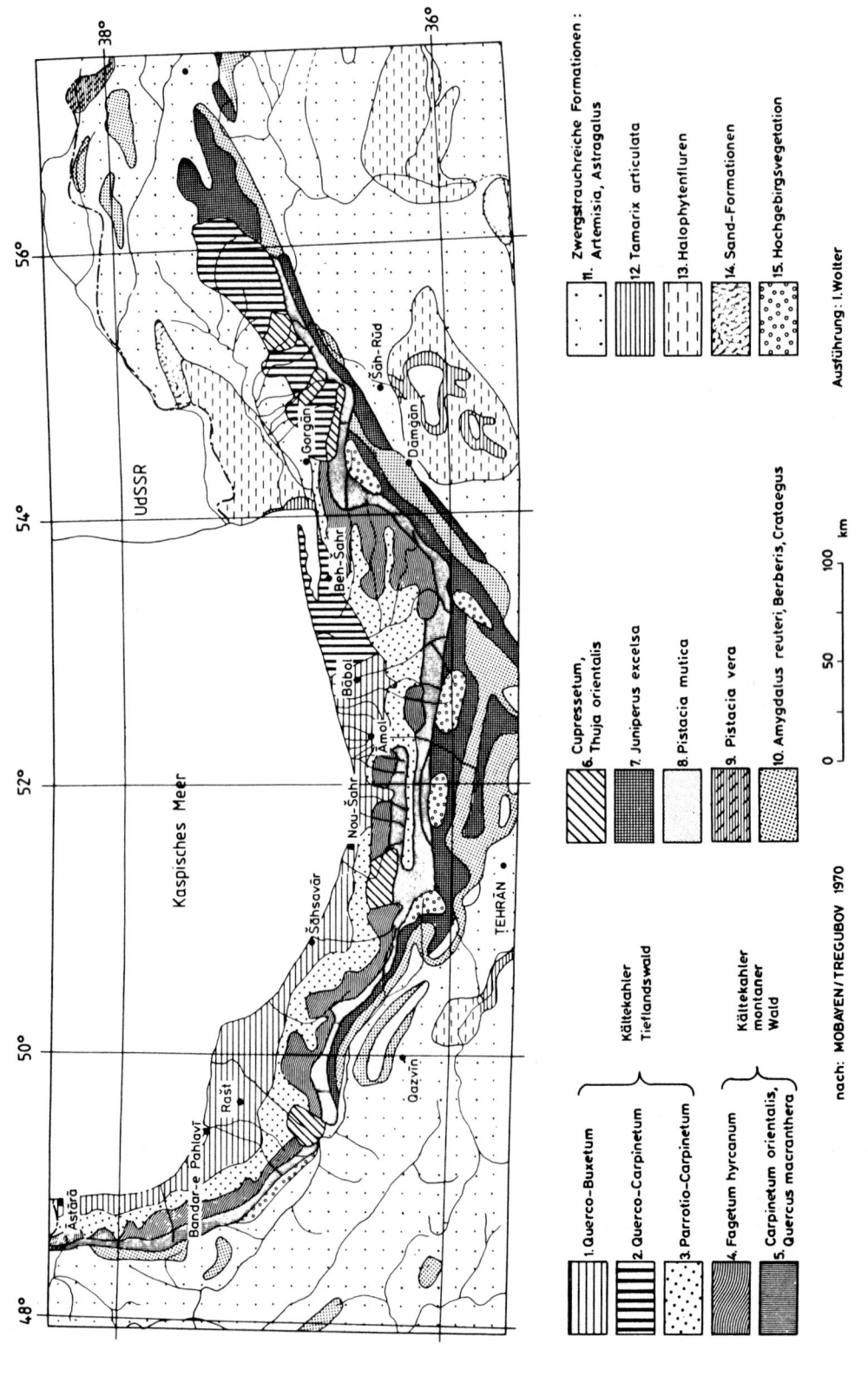

Abb. 5.9: Vegetationskarte der heutigen natürlichen Vegetation der südkaspischen Küstenebene und dem Elburz-Gebirge (aus UERPMANN & FREY 1981).

betulus. Ab 2000 m NN beginnt dann der *Quercus macranthera*-Wald, der in 2500 m in die offenen *Juniperus*-Bestände des Hochlandes übergeht. Besonders bemerkenswert ist das eingezeichnete Vorkommen von *Biota (Thuja) orientalis* (Signatur 6). Beigemischt oder auch an anderen Stellen inselhaft wachsen Zypressenwälder *(Cupressus sempervirens).*

In Höhlen wurden in diesem Gebiet Reste von spätglazialen Tieren gefunden (UERPMANN & FREY 1981). Am häufigsten waren Spuren von *Gazella subgutturosa*, vom Wildschaf *(Ovis ammon)* oder *O. vignei*, ebenso Reste des Auerochsen *(Bos primigenius)*, vom Rothisch *(Cervus elaphus)*, des Fuchses *(Vulpes vulpes)* und vom Wildschwein *(Sus scrofa)*, seltener vom Onager (dem Kulan: *Equus hemionus*). Diese Funde der Jagdtiere des damaligen Menschen, ebenso wie die genannten Reliktarten, sprechen dafür, daß sich die Klimaverschlechterung der Eiszeiten in diesem Gebiet nur wenig ausgewirkt haben kann.

Eine vegetationskundlich-forstliche Untersuchung von vier noch relativ natürlichen Waldflächen mit insgesamt 5000 ha wurde von RASTIN (1980) durchgeführt. Sie liegen in dem klimatisch typischen hyrkanischen Gebiet mit Jahresmitteln von 14,7 bis 15,3 °C und 932 bis 1386 mm Regen, der vor allem im Winter fällt, doch wirkt sich die sommerliche Trockenperiode von 4–8 Wochen bei der hohen Luftfeuchtigkeit und der günstigen Wasserversorgung aus den Böden der Kaspischen Niederung nicht oder nur lokal aus.

Es wurden zwei verschiedene Gruppen von Waldtypen unterschieden: 1. die *Buxus hyrcana*-Gruppe auf Böden ohne Grund- oder Stauwassereinfluß und 2. die *Alnus glutinosa*-Gruppe mit Stau- oder Grundwasserbeeinflussung. Innerhalb der *Buxus*-Gruppe wird der Querco Buxetum *Carpinus*-Typ auf Rendzina-Böden, der Querco-Buxetum-Typ mit *Zelkova* auf Rendzina-Braunerde und der Querco-Buxetum-Typ auf basenreicher Braunerde unterschieden.

Das starke Vorherrschen von *Buxus* ist anthropogen, denn die anderen Laubhölzer eignen sich besser für die Holzkohlen- und Schnittholzherstellung als das sehr harte *Buxus*-Holz. Da *Buxus* ein hohes Alter über 300 Jahre erreichen kann, sehr viel Schatten verträgt und sich gut verjüngt, nahm sein Anteil ständig zu. Er steht heute außerdem unter absolutem Naturschutz. Auch die Hamamelidacee *Parrotia persica* wird nicht genutzt und ist stark vertreten.

Der Querco-Buxetum-Typ mit *Carpinus* enthält in der Baumschicht außer den bereits genannten Reliktarten auch *Ficus carica*, in der Krautschicht die Farne *Pteris cretica*, *Phyllitis scolopendrium*, *Athyrium filix-femina* und *Matteucia struthiopteris* sowie *Equisetum telmateja*, dazu *Viola sylvestris*, *Oplismenus undulatifolius*, *Circaea lutetiana*, *Carex strigosa*, *C. sylvatica* und *C. remota*, *Ruscus hyrcanus*, *Euphorbia amygdaloides* u.a. sowie eine gut ausgebildete Moosschicht.

Da *Buxus* die zahlenmäßig vorherrschende Baumart ist, wurden an 25 Stammscheiben Alters- und Zuwachsmessungen durchgeführt. Die Jahresringe sind sehr eng, im Durchschnitt unter 1 mm breit. Sie nahmen von 1,08 mm in den ersten 20 Jahren auf 0,45 mm im 320. Jahr ab. Zugleich verringert sich der Höhenzuwachs von $9,6\,\text{cm}\cdot\text{a}^{-1}$ in den ersten 100 Jahren auf $0–0,3\,\text{cm}\cdot\text{a}^{-1}$ bei 300jährigen Stämmen. Natürlich gibt es bei gleichen Dimensionen sehr große Altersunterschiede.

Die Verjüngung erfolgt kontinuierlich. Die Konkurrenzfähigkeit ist sehr groß; für den Nachwuchs der anderen Baumarten besteht in einem dichten *Buxus*-Bestand kaum Aussicht hochzukommen. *Buxus hyrcanus* kommt von der Tiefebene bis auf Lagen in 1100 m NN vor. *Gleditsia caspica* und *Diospyros lotus* verlangen mehr Wärme und Böden mit günstigen Wasserverhältnissen, während *Parrotia* weniger anspruchsvoll ist und bis 1400 m NN hochreicht. *Quercus castaneifolia* kommt sogar noch bis 2100 m NN vor. Es ist eine lichtbedürftige Baumart, die auf grundwasserbeeinflußten Böden ganz fehlt.

3.1.4 Das Subzonobiom V (w) in Chile

In Chile entspricht dem ZB V (w) der Valdivianische Regenwald von besonderer Reichhaltigkeit, die an die des tropischen Regenwaldes erinnert. Es ist ein Rest des spättertiären Waldes, der hier, vor den Klimaschwankungen des Pleistozäns bewahrt, erhalten blieb. Deswegen ist es verständlich, daß man in diesen Wäldern an nassen und moorigen Stellen, vor allem in der montanen Stufe 9 Arten von Relikt-Nadelhölzern findet, wobei die Pinaceen völlig fehlen:

Cupressaceae: *Fitzroya cupressoides,*
Pilgerodendron uviferum,
Austrocedrus (Libocedrus)
chilensis.
Podocarpaceae: *Saxegothaea conspicua,*
Podocarpus nubigenus,
P. salignus (= chilina),
P. andinus.
Araucariaceae: *Dacrydium foncki,*
Araucaria araucana.

Im Gegensatz zu den Verhältnissen an der pazifischen nordamerikanischen Küste spielen in Chile die Nadelhölzer allerdings keine dominante Rolle.

Alle diese Arten sind äußerst langsamwüchsig, wenn sie auch z. T. bis 2000 Jahre alt werden können. Sie sind deshalb mit den Laubbäumen nicht wettbewerbsfähig und müssen sich in verschiedenen Höhenstufen und in verschiedenen Vegetationszonen mit gewissen ökologischen Nischen begnügen, d. h. dort wachsen, wo die konkurrenzkräftigen Bewerber ausgeschaltet sind. Ihr Holz ist z. T. sehr wertvoll. Dadurch besteht die Gefahr, daß sie ausgerottet werden, weil sie kaum nachwachsen. Die meisten Arten machen den Eindruck von Reliktarten, ähnlich wie *Sequoiadendron gigantea* in Californien. *Saxegothaea*, die an *Taxus* erinnert, ist eine monotypische Gattung, nächstverwandt mit *Microcachrys tetragona* auf Tasmanien; die ebenfalls monotypische Gattung *Fitzroya* hat die früher zu ihr gerechnete *Diselma archeri* als Verwandte auch auf Tasmanien. *Dacrydium fonckii* ist ein wenige Dezimeter hoher Strauch, der auf Cyperaceen- und *Sphagnum*-Mooren von 40° südl. Br. bis Feuerland vorkommt. Von den anderen 20 *Dacrydium*-Arten kommt *D. cupressinum* auf Neuseeland als mächtiger Baum vor.

Keines der chilenischen Nadelhölzer wird als Forstbaum verwendet, vielmehr greift man auf exotische Arten zurück. Eine Übersicht über die Verbreitung der einzelnen Arten gibt das von SCHMITHÜSEN (1956) entworfene N-S-Höheprofil am Westabfall der Anden (Abb. 5.10). Gleichzeitig erkennt man auch aus diesem Profil, wie die einzelnen Zonen bis zum $34^1/_2$.° südl. Br. in den Anden als Höhenstufen wiederkehren.

Von den Nadelhölzern sind von größerer Bedeutung *Fitzroya* («Alerce»), die *Araucaria* («Pino») und *Austrocedrus* («Cipres»). *Fitzroya* kann in Westpatagonien Höhen von 50–60 m und einen Stammdurchmesser von 3 m erreichen. Sie wird 2000 Jahre alt. Bei einem solchen gefällten Exemplar stellte man fest, daß es auf einem alten, liegenden, noch gut erhaltenen, ebenfalls 2000jährigen Stamm gekeimt war.

Die Art kommt einerseits in tiefen Lagen auf mit *Sphagnum* durchsetzten Bruchmooren vor und andererseits an Berghängen in der Nähe der oberen Waldgrenze. Die früheren großen Bestände im Längstal um Puerto Montt sind heute nicht mehr vorhanden, ohne daß an ihrer Stelle guter Kulturboden geschaffen wurde. Dagegen findet man im Gebirge diese Baumart noch häufiger.

Wie ein Baum aus der Urzeit sieht *Araucaria araucana* mit ihren breiten schuppenförmigen Nadeln, unförmigen Ästen und großen Zapfen aus. Tatsächlich gehören die Araucarien zu dem ältesten Stamm der Coniferen und sind heute als Relikte zu betrachten. *A. araucana* besitzt in Chile ein kleines Areal im Küstengebirge in 700 m Höhe und ein größeres in den Anden zwischen 37° und 40° südl. Br. bei 1600–1800 m NN, am Osthang auch in 600–800 m. Infolge der Holznutzung schrumpft das Areal überall rasch zusammen. Der Baum kann eine Höhe von 35 m erreichen. Die *Araucaria* verträgt Trockenheit relativ gut.

Noch trockenresistenter ist jedoch *Austrocedrus*, die etwa dieselbe Rolle wie unsere Kiefer spielt, d. h. man findet sie auf flachgründigen oder trockenen Standorten, auf denen die anderen Waldbäume schlecht gedeihen. Auf chilenischer Seite ist sie deshalb wenig verbreitet, nur an der oberen Waldgrenze der Hartlaubzone. Auf argentinischer Seite dagegen löst sie als zonale Vegetation den *Nothofagus*-Wald gegen die patagonische Steppe

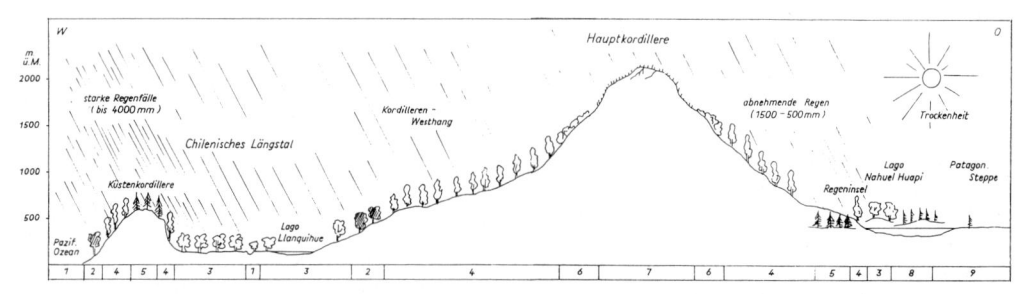

Abb. 5.10: Schematisches West-Ost-Profil der Waldvegetation auf der Vorkordillere, im chilenischen Längstal und auf der Hauptkordillere bei etwa 41°S (aus HUECK 1966). 1: Boldowald mit *Peumus boldo*; 2: Valdivianischer Regenwald; 3: Roble-Rauli-Wald; 4: Coihue-Wald; 5: *Fitzroya*-Wald; 6: ausklingendes Gebüsch von *Nothofagus pumilio* und *N. antarctica*; 7: hochandine Rasengesellschaften; 8: *Libocedrus chilensis*-Wald; 9: patagonische Steppe und letztes Ausklingen von *Libocedrus*.

ab. Diese Zonation läßt sich bei Bariloche am Lago Nahuel Huapi besonders schön beobachten, wo auf einer Entfernung von etwa 50 km die Niederschläge von 1500 bis auf 500 mm abnehmen.

Bei 1500 mm liegt etwa die Grenze der *Nothofagus dombeyi*-Wälder.

Die Wälder dieses Gebietes wurden durch die grundlegenden Arbeiten von SCHMITHÜSEN (1956, 1960) und von OBERDORFER (1960) genauer beschrieben (Abb. 5.11).

Es liegt aber auch eine neuere Zusammenfassung mit einer genauen Vegetationskarte 1 : 1 Million von QUINTANILLA (1974) vor. Das Hauptverbreitungsgebiet des Valdivianischen Waldes liegt zwischen 40° und 40,5°S, dort, wo gerade die ständigen Westwinde der Südhemisphäre beginnen und dem Gebiet westlich der Andenkette Niederschläge von über 2000 mm bringen, zugleich aber noch die Winter milde sind. Waldkarten aus den Jahren 1800, 1850 und 1950 zeigen, wie stark auch dieses Gebiet durch den Menschen entwaldet wurde (Abb. 5.12).

Allerdings hat man aus den Anfangsjahren der Erforschung dieses Gebietes im letzten Jahrhundert doch eine gute Vorstellung der ursprünglichen Vegetationsbedeckung, so daß man für dieses Gebiet eine recht verläßliche Karte der potentiellen natürlichen Vegetation, also das Mosaik der Vegetationsbedeckung vor den größeren Eingriffen des Menschen, angeben kann (vgl. Abb. 5.13). Die Dominanz der Gattung *Nothofagus* in den verschiedenen Waldtypen zeigt sich hier sehr deutlich.

Die chilenischen Waldgebiete greifen teilweise auf den Osthang der Anden, also auf die Argentinische Seite über, wo dann *Nothofagus* dominiert. Dort um den See Nahuel Huapi bei Bariloche (853 m NN, abs. Minimum 15,4 °C, Kälteperiode November–März) sind jedoch die Winter kälter und schneereich. Es ist ein ausgesprochenes Wintersportgebiet, ein Kennzeichen, daß man es schon zu dem Zonobiom VI rechnen muß.

Südchile liegt im Bereich der ständigen Westwinde und ist sehr regenreich. Die Niederschläge greifen hier auch auf den Osthang der Anden über, so daß wir auf der argentinischen Seite ähnliche Wälder finden, aber nur als sehr schmale Streifen; denn am Lago Nahuel Huapi nimmt der Niederschlag von 4000 mm an der chilenisch-argentinischen Grenze auf einer Entfernung von nur 45 km bis auf 1000 mm ab, so daß damit die Waldgrenze erreicht ist (s. o.).

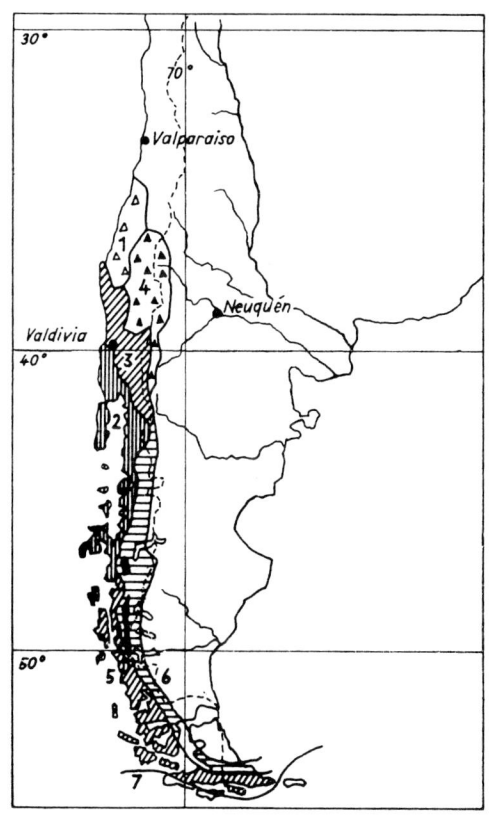

Abb. 5.11: Die Gliederung der Wälder im südlichen Südamerika nach waldbaulichen Regionen. 1: Die Region der subtropischen Hartlaub- und Trockenwälder; 2: die Region des valdivianischen Regenwaldes; 3: *Nothofagus-obliqua*- und *N. procera*-Wälder; 4: Araukarien- und *Libocedrus*-Wälder; 5: patagonische und magellanische, immergrüne Wälder; 6: patagonische und magellanische, sommergrüne Wälder; 7: die Region der subantarktischen Tundra (nach HUECK 1966).

Das Niederschlagsminimum fällt auch in Südchile in die Sommermonate; doch meistens genügen die Regen im Sommer um die Weideflächen grün zu erhalten. Eine Sommerruhe der Vegetation fehlt normalerweise ganz. Deswegen macht die Kulturlandschaft einen mitteleuropäischen Eindruck. Aufforstungen werden im nördlichsten Teil mit *Pinus radiata* durchgeführt, sonst aber hauptsächlich mit *Pseudotsuga menziesii*, der Douglastanne. Zwar gedeihen in den Anlagen noch subtropische immergrüne Bäume, sogar Palmen, aber die Zahl der sommergrünen Laubbäume (*Castanea*, sommergrüne *Quercus*, *Tilia*, *Acer*, *Robinia*) ist größer. Für die Weinrebe sind

246 Teil 5: Die Produzenten

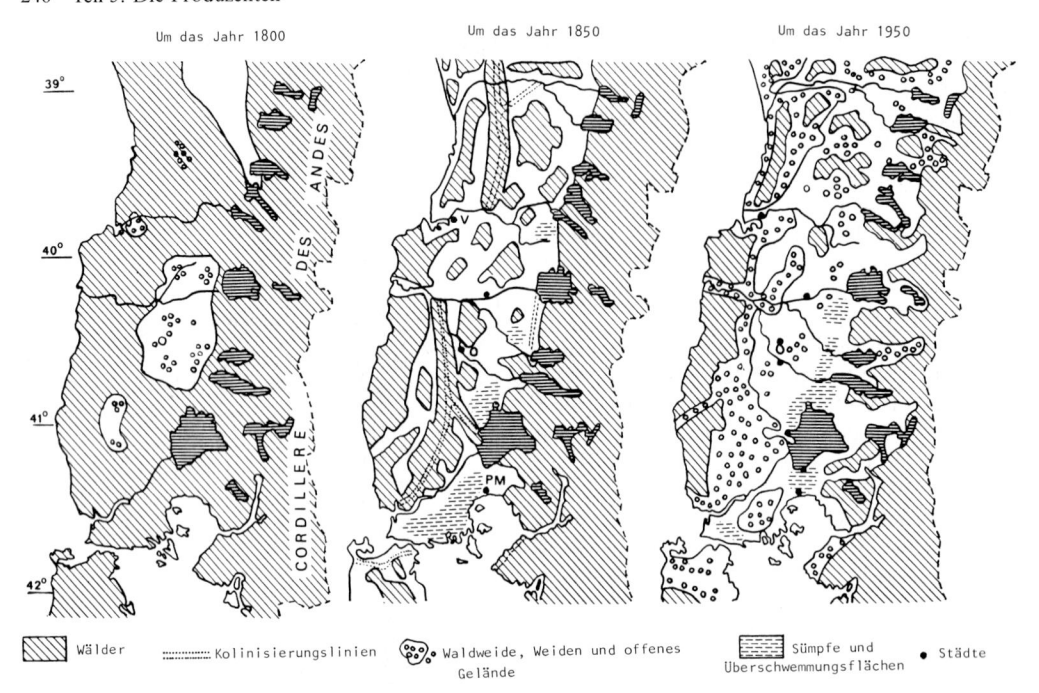

Um das Jahr 1800   Um das Jahr 1850   Um das Jahr 1950

Wälder ⋯⋯ Kolinisierungslinien ◦°◦ Waldweide, Weiden und offenes Gelände ≡ Sümpfe und Überschwemmungsflächen • Städte

Abb. 5.12: Eine vergleichende Übersicht der Waldbedeckung in Mittelchile etwa im Jahre 1800, um 1850 und um 1950 (nach QUINTANILLA 1974).

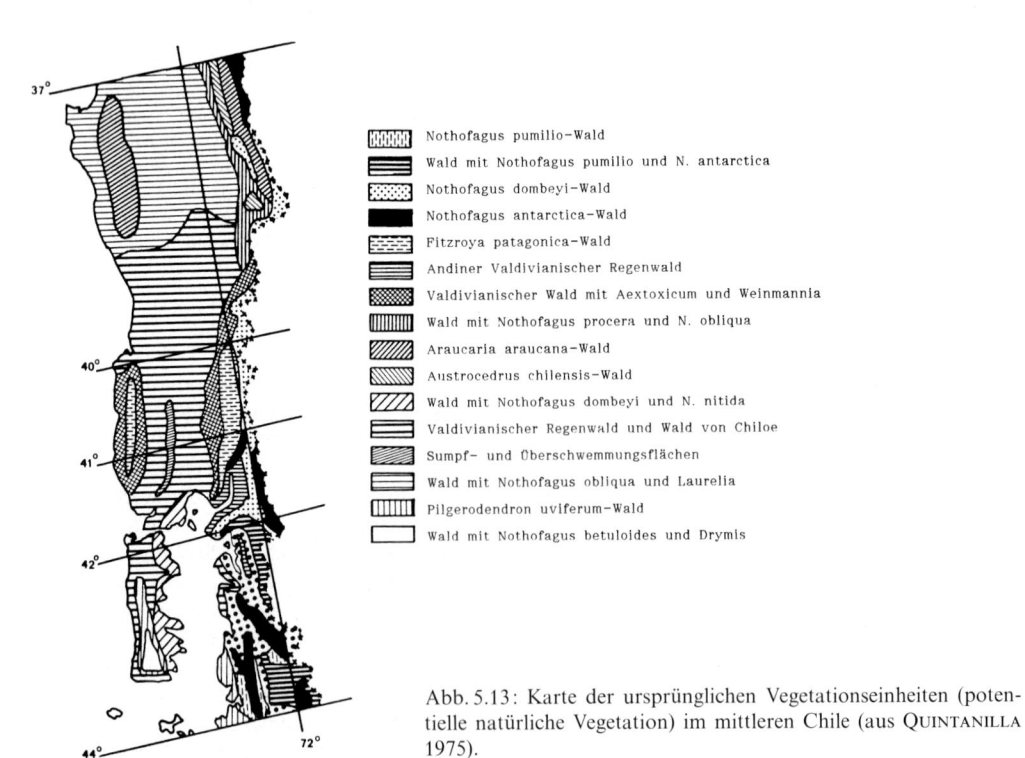

Nothofagus pumilio-Wald
Wald mit Nothofagus pumilio und N. antarctica
Nothofagus dombeyi-Wald
Nothofagus antarctica-Wald
Fitzroya patagonica-Wald
Andiner Valdivianischer Regenwald
Valdivianischer Wald mit Aextoxicum und Weinmannia
Wald mit Nothofagus procera und N. obliqua
Araucaria araucana-Wald
Austrocedrus chilensis-Wald
Wald mit Nothofagus dombeyi und N. nitida
Valdivianischer Regenwald und Wald von Chiloe
Sumpf- und Überschwemmungsflächen
Wald mit Nothofagus obliqua und Laurelia
Pilgerodendron uviferum-Wald
Wald mit Nothofagus betuloides und Drymis

Abb. 5.13: Karte der ursprünglichen Vegetationseinheiten (potentielle natürliche Vegetation) im mittleren Chile (aus QUINTANILLA 1975).

die Sommer schon zu kühl und zu feucht. Weizen, Hafer, Rüben sind die Ackerfrüchte; doch überwiegen die Viehweiden. Im Längstal sind die Wälder schon zum größten Teil gerodet, aber in den Gebirgen beginnt zum Teil erst das Stadium der Brandrodung, und herrliche Urwälder sind noch erhalten. Doch müßten sofort Naturschutzgebiete ausgeschieden werden, sonst ist es zu spät.

Natürliche Wälder sind niemals in einem stabilen Gleichgewicht, sondern sie ändern sich ständig, weil die Verjüngung der einzelnen Arten an verschiedene Bedingungen gebunden ist, z.B. Größe der Lichtungen usw. Es ist, wenn überhaupt, ein dynamisches Gleichgewicht, wobei sich aber auch die Gleichgewichtslage ständig ändern kann.

Untersucht wurde von VEBLEN et al. (1979, 1980) ein Waldbestand am See Villarica (250 m NN), in 39°12′S und 72°10′W. Der Niederschlag beträgt 2900 mm (Herbst 27%, Winter 45%, Frühjahr 20%, Sommer 8%).

Obere Baumschicht: *Nothofagus obliqua* (40–42 m hoch), ist die einzige laubabwerfende Art, sie ragt ca. 10% über das übrige Kronendach hinaus. *Eucryphia cordifolia* (35–40 m hoch); ganz vereinzelt *Nothofagus dombeyi*.

Untere Baumschicht: *Aextoxicum punctatum* (einzige Gattung der Aextoxicaceae, aff. Euphorbiaceae oder Monimiaceae), *Persea lingua*, *Laurelia sempervirens* (dichter 30 m hoher Bestand) sowie Lianen und Epiphyten.

Die Strauchschicht und auch **die Krautschicht** sind nur kümmerlich ausgebildet. Der Bestand ist fast ungestört (Abb. 5.14). Die Struktur ist nicht homogen, es treten lichtere Stellen auf (Abb. 5.15).

Nothofagus verjüngte sich auf offenen Stellen vor etwa 250 Jahren nach starker Störung des Bestandes (Feuer, Windwurf, Vulkanausbruch) in der Voreuropäerzeit.

Aextoxicum verjüngt sich unter geschlossenem Kronendach, seltener auf lichten Stellen, *Persea* und *Laurelia* nur auf kleinen lichten Stellen,

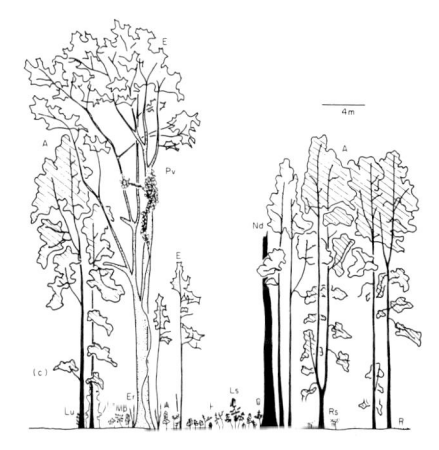

Abb. 5.14: Vegetations-Profile von drei Waldtypen mit *Nothofagus* im südlichen Zentral-Chile. a: *Nothofagus obliqua*-Wald (Fallaub, darunter immergrüne Baumschicht); Bestandeshöhe 40–42 m; b: dichter *Aextoxicum punctatum*-Wald als kleine ca. 0,1 ha große Mosaik-Flächen im *Nothofagus*-Wald, Bestandeshöhe ca. 30 m; c: Waldlichtungsflächen, entstanden durch Absterben großer Altbäume mit Jungwuchs. Einzelne Arten: A: *Aextoxicum punctatum*; E: *Eucryphia cordifolia*; Er: *Eucryphia cordifolia* Wurzelschößlinge; F: *Fuchsia magellanica*; G: *Gevuina* avellana; Lr: *Lapageria rosea*; Ls: *Laurelia sempervirens*; Lu: *Luzuriaga radicans*; Mo: Moosschichten; Mp: *Myrceugenia planipes*; Nd: *Nothofagus dombeyi*; No: *Nothofagus obliqua*; Pl: *Persea lingua*; Pv: *Pseudopanax valdiviensis*; R: *Rigodium implexum*; Rs: *Rhaphithamnus spinosus* (aus VEBLEN et al. 1979).

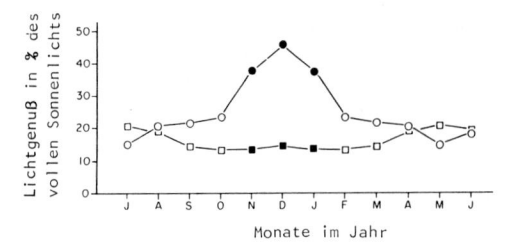

Abb. 5.15: Mittlerer Lichtgenuß in % des vollen Sonnenlichts im Laufe des Jahres bei geschlossener Vegetation (entsprechend Abb. 5.14a und b) (Signatur: Quadrate) und unterhalb offener Waldvegetation (entsprechend Abb. 5.14c) (Signaturen: Kreise). Ausgefüllte Signaturen zeigen signifikante Unterschiede (1%-Niveau) an, Mittelwerte aus je 5 Standorten (aus VEBLEN et al. 1979).

Eucryphia auf kleinen und großen Lichtungen. Die Lichtarten werden somit nicht durch Schattenarten verdrängt, weil starke Störungen innerhalb von mehreren Jahrhunderten sich immer wiederholen, d. h. Lichtarten können sich dauernd in den Waldbeständen halten. Untersuchungen der Struktur älterer Wälder haben gezeigt, daß fast nirgends ein Endstadium in der Entwicklung erreicht ist (VEBLEN et al. 1980). Das Fehlen von Keimlingen, Jungwuchs und schlankstämmiger Jungbäume dokumentiert fehlenden Nachwuchs von *Nothofagus* auf ungestörten Standorten. Demgegenüber sind *Laurelia philippiana* und *Saxegothea conspicua* durch eine sehr gleichmäßige Bestandes- und damit Populationsstruktur im Unterwuchs von *Nothofagus*-Wäldern ausgezeichnet. Dies legt die Vermutung nahe, daß bei längerfristiger Sukzession *Nothofagus* allmählich ersetzt würde. Andererseits gibt es kaum Stellen, wo die Sukzession wirklich über ein *Nothofagus dombeyii* und *N. alpina*-Stadium hinausgelaufen wäre. VEBLEN et al. (1980) glauben, daß dies daran liegt, daß Südchile eine lange Geschichte natürlicher Katastrophen hinter sich hat (Erdbeben, Vulkanausbrüche, Erdrutsche, Stürme), die nicht selten Tausende von Quadratkilometern Wald zerstört oder zumindest stärker beeinträchtigt haben. Damit wurden immer wieder Bedingungen für eine Besiedlung mit den schnellwüchsigen *Nothofagus*-Arten geschaffen.

Der valdivianische temperierte Regenwald steht an Üppigkeit einem tropischen Regenwald kaum nach und dürfte ihn an stehender Holzmasse weit übertreffen. Es ist ein artenreicher Wald, der sich aus Baumarten mit meist immergrünen Blättern zusammensetzt.

Zu nennen sind außer den oben bereits genannten Arten: *Laurelia aromatica*, *L. serrata*, *Drymis winteri*, *Flotovia diacanthoides* (Asterac.), *Maytenus boaris*, die Proteaceen *Guevina avellana*, *Lomatia ferruginea* und *L. hirsuta;* dazu *Nothofagus dombeyi* sowie die sommergrünen *Nothofagus obliqua* und *N. procera*. Unter den Sträuchern findet man *Weinmannia trichosperma*, *Caldcluvia paniculata* (beides Cunoniac.), *Raphithamnus cyanocarpus* (Verben.), *Ugni molinae* (Myrt.), *Coriaria ruscifolia* u.a.; neben den Sträuchern kommen auf Lichtungen Bambuseen (*Chusquea*-Arten) vor. Unter den Lianen fällt uns armdicke *Hortensia scandens* mit weißen kugeligen Blütenständen auf, ebenso die schön rotblühende *Mitraria coccinea* (Gesner.), *Boquila trifoliata* (Lardizabal.), *Dioscorea brachybotrya* u.a.; phanerogame Epiphyten fehlen nicht ganz; Moose und Flechten, auch Hymenophyllaceen, sind häufig. Es ist durchaus möglich, daß wir hier noch den tertiären Wald vor uns haben, der in diesen Breiten die Eiszeit ziemlich unverändert überdauert hat.

Aus dem Gesagten geht hervor, daß im sehr humiden temperierten Klima der Südhemisphäre eine scharfe Gliederung der temperierten Wälder in mehrere, gut abgegrenzte Zonen fehlt. Sie gehen vielmehr gleitend von der warm temperierten Zone bis zur antarktischen Waldgrenze ineinander über, wobei der immergrüne Charakter bewahrt bleibt.

Schärfer sind die Höhenstufen gegliedert. Im Gebirge treten in den oberen Stufen wieder sommergrüne Arten auf, vor allen Dingen *Nothofagus pumilio*, die «Lenga», die über der Baumgrenze oft ausgedehnte Krummholzbestände bildet. Mit ihr zusammen kommt die ebenfalls sommergrüne *Nothofagus antarctica*, als «Ñire» bezeichnet, vor. Die Verbreitung dieser Art ist nicht leicht zu erklären; sie scheint ein Lückenbüßer zu sein und tritt dort auf, wo die anderen *Nothofagus*-Arten nicht wachsen, einerseits als Krummholz über der Baumgrenze auf nassen, ebenen Flächen oder in Kältelöchern, andererseits als Baum auch in der *N. dombeyi*-Stufe oder sogar am Steppenrand, ebenfalls auf ungünstigen Standorten (Moorböden, Schotterstreifen, grundwassernahen Böden), aber auch als Pionier auf vulkanischen Aschenböden oder auf älteren Lavaströmen.

In gemischten Wäldern *(Nothofagus dombeyi*, *N. pumilio* und *N. betuloides* mit *N. pumilio)* ist das Bambus-Gewächs *Chusquea tenuiflora* nahe der Baumgrenze vorwiegend unter den immergrünen Bäumen in sehr dichten Herden zu finden, die anderen Arten mehr unter der laubwerfenden *N. pumilio*. Unter den Immergrünen schmilzt der Schnee früher und im Sommer ist die Belichtung besser, was den Bambus begünstigt (VEBLEN et al. 1979b).

Nach Abholzung werden die Bambusdickichte noch dichter und undurchdringlich. Die Verjüngung der Bäume ist in diesen Dickichten fast völlig unterdrückt. Die Produktion von *Chusquea culeou* mit bis zu 9 m hohen Halmen wies in 700 m NN 10–11,4 t · ha^{-1} · a^{-1} auf, die Phytomasse war nach VEBLEN et al. (1980) etwa 156–162 t · ha^{-1}. *Chusquea tenuiflora*, die andere Bambusart im Unterwuchs eines *Nothofagus betuloides* – *N. pumilio*-Waldes mit *Drimys winteri*-Gebüschen nahe der Waldgrenze in den Südanden in etwa 1040 m NN hatte nur eine Phytomasse von 13 t · ha^{-1} und eine Netto-Primärproduktion von maximal 1 t · ha^{-1} · a^{-1}.

3.1.5 Das Subzonobiom V (w) in Südafrika

In Südafrika fehlt eine Fortsetzung des ZB IV nach Süden, vielmehr stößt es östlich direkt an das ZB V, das zum Subzonobiom mit Sommerregen gehört V(s) (vgl. Seite 274). Das Zono-Ökoton IV/V haben wir auf S. 164 ff. erläutert.

3.1.6 Das Subzonobiom V (w) in Australien

In Australien gehören das südliche Viktoria und Tasmanien zum ZB V (w), während bei Neuseeland das Wintermaximum nur wenig in Erscheinung tritt.

Eine spezielle Untersuchung mit genauen Vegetationsaufnahmen von *Eucalyptus*-Wäldern der verschiedenen Höhenstufen der Brindabella Range westlich von Canberra liegt von LANG (1970) vor.

Die Baumgrenze wird hier im Südosten Australiens in den Snowy Mountains durch die strauchige *Eucalyptus niphophila* (*Eu. pauciflora* ssp. *niphophila*) gebildet, die aber auch baumförmig auftreten kann und eine breite obere Waldstufe bildet (Abb. 5.16). Deren Wasserdefizite im Winter bestimmte SLATYER (1976). Er fand nur hohe Wasserpotentiale von −0,8 bis −1,4 MPa. Die Winter sind milde, mit Temperaturen von −1° bis −2 °C und schneereich (Schneedecke von 1–2 m über 5 Monate, an der Waldgrenze z. T. bis über 4 m Schneehöhe), so daß der Boden kaum gefriert. Bei 1–2 m hohen Pflanzen wurden jedoch leichte Frostschäden beobachtet. Es sollen Spätfrostschäden nach der Enthärtung sein, aber es ist kaum anzunehmen, daß bei der Gattung *Eucalyptus*, die tropischer Abstammung ist, überhaupt ausreichende Abhärtungsvorgänge vorkommen.

Wir hatten versucht *Eucalyptus niphophila*-Jungpflanzen im Botanischen Garten Stuttgart-Hohenheim heranzuziehen, da die Winter hier auch milde sind. Aber sobald Fröste ohne Schneedecke auftraten, froren die nicht durch Laubstreu geschützten Teile ab. Die Pflanzen trieben dann im Frühjahr wieder aus, aber sie überstanden keinen Winter ohne Frostschäden, wurden infolgedessen von Jahr zu Jahr schwächer und gingen schließlich ein. Außerdem waren sie sehr pilzanfällig.

Von MCCOLL (1969) liegt eine kurze Arbeit über die Abhängigkeit der *Eucalyptuswald*-Assoziation von den chemischen Bodenfaktoren vor.

In S-Victoria und Zentral-Tasmanien kommt im feuchten Regenwald *Nothofagus* als untere Baumschicht in *Eucalyptus*-Wäldern vor. Die schlanken Stämme von *Eucalyptus regnans* werden

Abb. 5.16: Die Waldgrenze in den Australischen Alpen östlich des Mt. Kosciuszko in etwa 2000 m NN, gebildet durch strauchige *Eucalyptus niphophila*, die in langen Reihen hangparallel angeordnet sind (phot. S.-W. BRECKLE 1981).

250　Teil 5: Die Produzenten

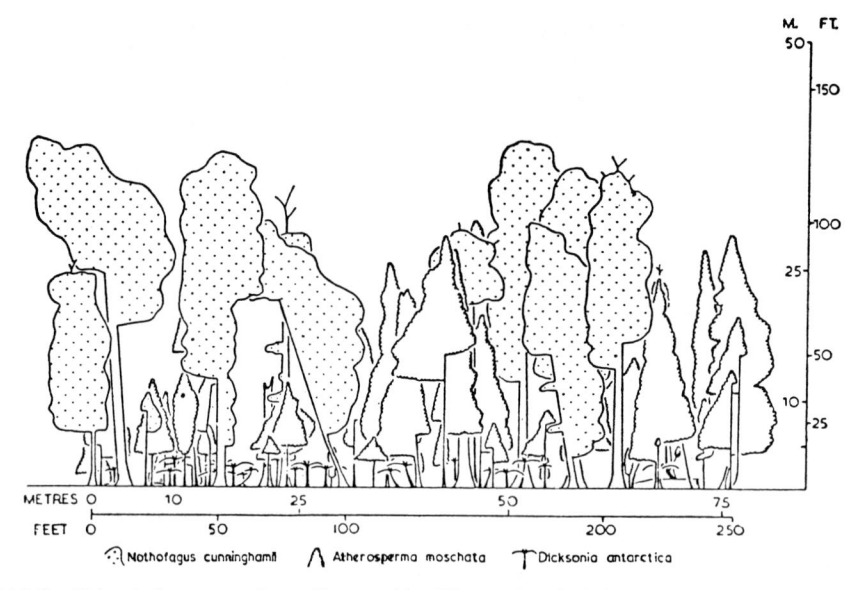

Abb. 5.17: Profil durch einen temperierten Regenwald auf Tasmanien, der keinen Waldbränden unterlag (GILBERT). Baumschicht aus *Nothofagus cunninghamii* (dominant) mit *Atherosperma moschata*, Strauchschicht durch Baumfarne *(Dicksonia antarctica)* gebildet.

hier in dem feuchten Klima im Mittel 75 m hoch, aber man findet auch Bäume, die eine Höhe von 97 m erreichen. An früher gefällten Stämmen wurden 110 m gemessen, während ältere Angaben von F. VON MÜLLER mit 145 m nicht nachprüfbar sind. Fast ebenso hoch werden *Eu. gigantea* und *Eu. obliqua*. Die temperierten *Eucalyptus-Nothofagus*-Wälder auf Tasmanien sind ökologisch genauer untersucht worden. Sie entstehen immer nach Waldbränden. *Eucalyptus* kann sich im tiefen Schatten unter *Nothofagus* nicht verjüngen. Erst wenn ein Brand den Wald vernichtet hat, kommen *Eucalyptus*- und *Nothofagus*-Keimlinge gleichzeitig auf. *Eucalyptus*, als der viel rascher wüchsige Baum, gewinnt jedoch bald die Oberhand und bildet somit die obere Schicht.

Die Zusammensetzung dieser Wälder hängt von der Häufigkeit der Waldbrände ab. GILBERT (1959) konnte folgende Beziehungen feststellen:
1. Wenn ein Gebiet im Laufe von mindestens 350–400 Jahren (maximales Alter der Eukalypten) nicht abbrennt, was am feuchten Westhang

Abb. 5.18: Untere Baumschicht mit Baumfarnen *(Dicksonia antarctica)* in einem temperierten hochwüchsigen Regenwald mit *Eucalyptus obliqua* nördlich von Melbourne (phot. S.-W. BRECKLE 1981).

Tasmaniens meistens der Fall ist, dann findet man nur fast reine *Nothofagus*-Wälder mit *Atherosperma moschata* (Monim.) und mit einer Baumfarnschicht von *Dicksonia antarctica* (Abb. 5.17 und 5.18). *Nothofagus* erreicht eine Höhe von 40 m und ein Alter von maximal 450 Jahren. *Atherosperma* bleibt meistens etwas niedriger und wird nicht über 250 Jahre alt. *Dicksonia* kann 3 m hoch werden und noch bei 1 % Lichtgenuß wachsen. Von Epiphyten kommen nur Farne (viele Hymenophyllaceen) und Moose vor. Je ärmer der Boden ist, desto artenreicher wird die Gesellschaft; auf sehr armen Böden treten auch *Eucalyptus simondsii* und die Conifere *Phyllocladus* auf.

2. Bei Waldbränden, die sich häufiger als alle 350 Jahre wiederholen, entsteht ein gemischter Wald. Über der Baumschicht des Typus I erhebt sich bei diesen noch eine obere 75 (bis 90) m hohe *Eucalyptus*-Schicht (*Eu. regnans, Eu. gigantea* oder *Eu. obliqua*), bei der sich die Kronen jedoch nicht direkt berühren (Abb. 5.19). Die obere Baumschicht dieser Wälder ist gleichaltrig, ein Zeichen dafür, daß die Keimung sofort nach einem Waldbrand erfolgte, bei dem alle Bäume vernichtet wurden. Die Samen in der Fruchtkapsel werden dabei nicht geschädigt, und die Aussamung wird sogar gefördert. Da die jungen Eukalypten bedeutend rascher in die Höhe wachsen als *Nothofagus*, leiden sie nicht unter Lichtmangel und können sich behaupten.

3. Erfolgen die Waldbrände 1–2mal innerhalb eines Jahrhunderts, dann wird *Nothofagus* in der unteren Baumschicht durch andere, rascher wachsende Baum- oder Straucharten, wie *Pomaderris, Olearia* und *Acacia*, ersetzt.

4. Wiederholt sich die Einwirkung noch häufiger, alle 10–20 Jahre, so entsteht ein reiner *Eucalyptus*-Wald, in dem jedoch *Eu. regnans*, eine gegen Feuer empfindlichere Art, ausfällt. Bei geringer Bodenfruchtbarkeit breitet sich *Eu. simondsii* aus.

5. Bei sehr häufigen Waldbränden bilden sich savannenähnliche Bestände oder bei ärmeren Böden ein Myrtaceen-Proteaceen-Gebüsch, bei großer Feuchtigkeit auch ausgedehnte Moore mit dem «Knopfgras» *Mesomelaena* (*Gymnoschoenus*) *sphaerocephala* (Cyper.), Restiona-

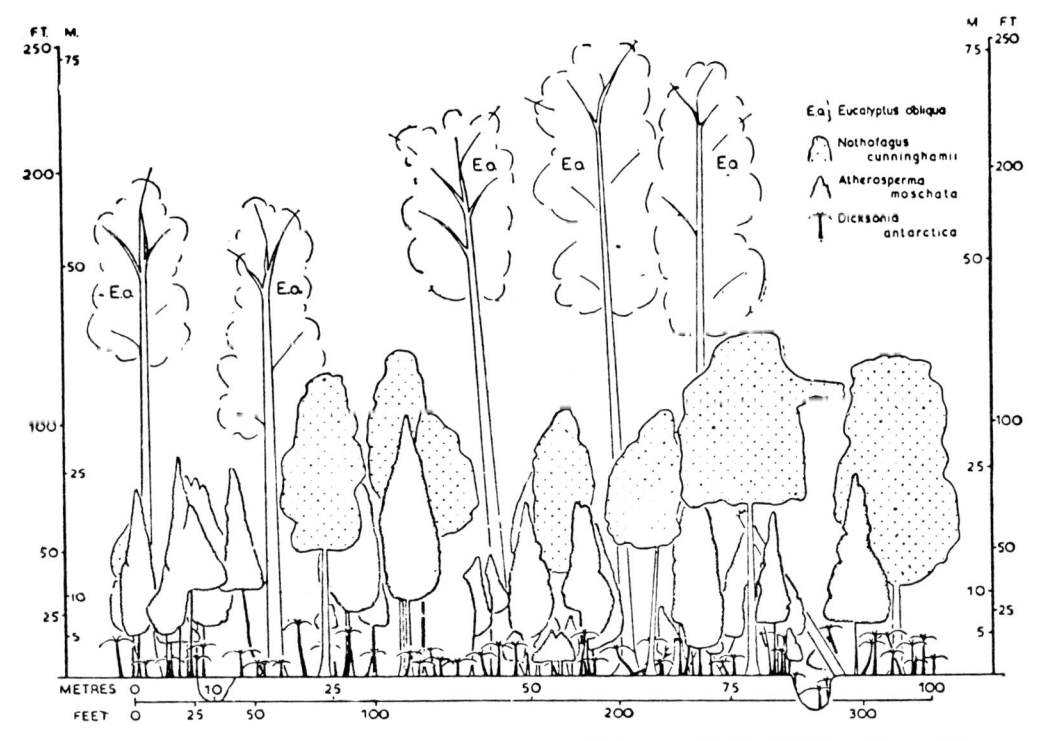

Abb. 5.19: Profil durch einen gemischten temperierten Regenwald, der etwa alle 200–300 Jahre abbrennt (GILBERT 1959). Oberste Baumschicht aus *Eucalyptus obliqua*, dichtere untere Baumschicht durch *Nothofagus cunninghamii* und *Atherosperma moschata* gebildet, in der Strauchschicht *Dicksonia antarctica*.

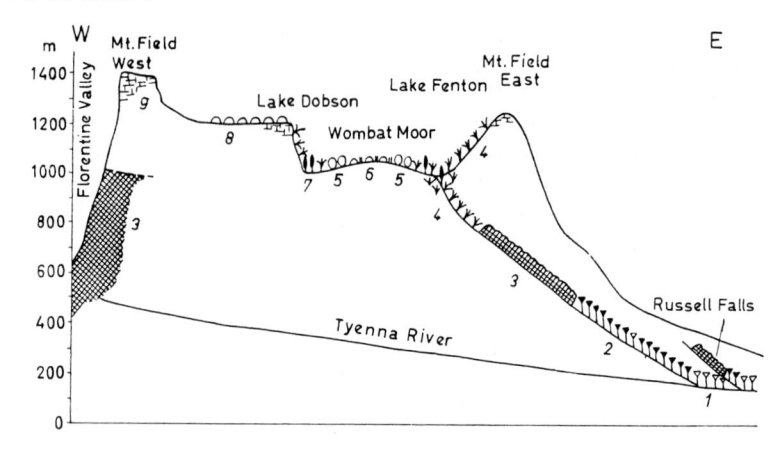

Abb. 5.20: Vegetationsprofil durch den Mt. Field National Park, Tasmanien (nach SCHWEINFURTH 1962). 1: trokkener und 2: feuchter *Eucalyptus*wald, 3: Regenwald (besonders verbreitet am regenreichen Westhang, lokal in tiefer Lage bei Russell Falls, Wasserfälle), 4: *Eucalyptus coccifera* subalpiner Wald, 5: Strauchstufe, 6: Polstermoor, 7: *Athrotaxis*-Bergwald, 8: alpine Hartpolsterstufe, 9: Doleritfelsen.

ceen sowie *Drosera* und *Utricularia*-Arten; eingestreut sind *Leptospermum*-, *Melaleuca*- und *Banksia*-Büsche.

Auf Tasmanien kommt noch eine zweite *Nothofagus*-Art vor, die laubabwerfende *N. gunnii*, ein kleinblättriger, 4–5 m hoher Strauch mit schöner gelber Laubfärbung im Herbst. Man findet diese Art nahe der Baumgrenze auf wasserzügigen Blockhalden im Gebirge, im sehr feuchten Westen der Insel auch in tieferen Lagen an Hängen. Um eine Vorstellung von den Höhenstufen auf Tasmanien, dieser landschaftlich schönen und ökologisch äußerst interessanten Insel, zu geben, bringen wir ein schematisches Profil durch den Mt. Field National Park (Abb. 5.20). Die Diagramme auf Abb. 5.21 geben die klimatischen Verhältnisse wieder.

Tasmanien liegt schon im Bereich der Westwinde, namentlich in den Wintermonaten. Deswegen ist die Westseite mit 2500 mm Niederschlag im Jahr und keinen Monat unter 100 mm so feucht, daß sie stark vermoort ist.

Dagegen ist das Klima auf der Ostseite mit z.T. unter 600 mm im Jahr und einer leicht angedeuteten Trockenzeit im Sommer sehr angenehm, und das Land ist dicht besiedelt. Hier besteht die ursprüngliche Vegetation aus savannenartigen, trockenen *Eucalyptus*-Wäldern, die bei zunehmender Feuchtigkeit in feuchte und schließlich in Regenwälder übergehen.

Bei 1200 m NN ist bereits die Baumgrenze erreicht. Sie wird durch den strauchförmigen *Eucalyptus coccifera* gebildet. Die alpine Stufe zeichnet sich durch harte Polsterpflanzen aus und ist reich

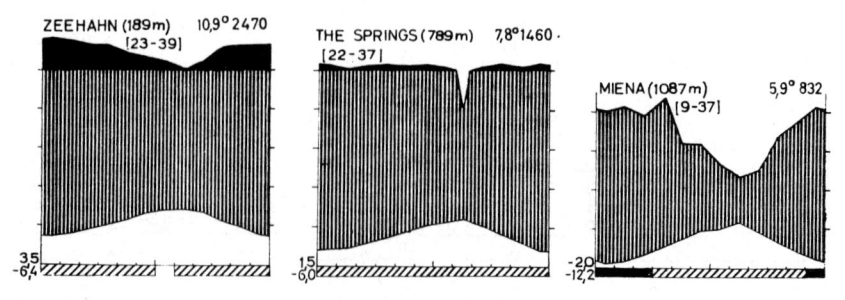

Abb. 5.21: Klimadiagramme von Tasmanien. Zeehahn mit perhumidem Klima der Westseite; The Springs mit Klima des *Eucalyptus-Nothofagus*-Waldes; Miena: Klima des Hochplateaus beim Great Lake, Baumgrenze und Hartpolsterstufe.

an antarktischen Elementen und interessanten Endemiten. Das Klima ist stürmisch, wenn auch noch stark ozeanisch.

Die Baumgrenze ist wenig ausgeprägt. Zuerst ist *Eu. coccifera* noch baumförmig, dann wird *Nothofagus cunninghamii* strauchförmig (1,5 m hoch), und darauf folgt ein Gebüsch aus *Gaultheria* (Ericac.) und *Bauera* (Saxifrag.).

In der alpinen Region wächst auf den Hochflächen windgefegtes Krummholz aus endemischen Coniferen (*Diselma archeri* und *Pherosphaera* (*Dacrydium hookeri* sowie als Spalierstrauch *Microcachrys tetragona*). Dazwischen stehen *Richea scoparia* (hier klein), *Astelia alpina*, *Orites acicularis*, *Celmisia longifolia* u.a. In den moorigen Depressionen mit langer Schneebedeckung entwickeln sich die festen, zu einem Mosaik zusammengewachsenen Kissenpolster (*Abrotanella*, *Pteridopappus*, *Donatia* u.a.), die ganz verschiedenen Familien angehören, sich jedoch vegetativ nur mit großer Mühe unterscheiden lassen. Kleine Epiphyten wachsen auf ihnen.

Auf der Westseite Tasmaniens liegen extrem humide Moorgebiete (Abb. 5.22). Dort regnet es so häufig und ist es so stürmisch, daß das Gebiet noch heute praktisch unbesiedelt ist. Außer einigen Bergwerken gibt es kaum feste Siedlungen, doch wird das Gebiet als Jagdgebiet genutzt.

3.2 Subzonobiom V(s) mit Regenmaximum im Sommer

Allgemeines

Dieses Subzonobiom findet man, wie erwähnt, an den Ostküsten der Kontinente, vor allem auf der Südhemisphäre. Sie erhalten die Niederschläge durch den Stau des Südostpassates, wenn das Küstenhinterland steil ansteigt. Diese Küsten sind in Äquatornähe von tropischen Regenwäldern bedeckt, die polwärts in mehr subtropische Regenwälder mit etwas tieferen Temperaturen übergehen.

In den Sommermonaten macht sich der Südostpassat, dem Sonnenstand entsprechend, auch in höheren Breiten um den 30.–35.°S bemerkbar. Es ergibt sich dadurch ein Klima mit einem Regenmaximum im Sommer, das warmtemperiert ist und sich vom subtropischen schwer abgrenzen läßt. Der Hauptunterschied gegenüber letzterem ist, daß in den Wintermonaten schon regelmäßiger

Abb. 5.22: Moorige Hochfläche am Great Lake auf Tasmanien mit *Abrotanella forsterioides*-Hartpolster, dazwischen *Astelia alpina*, *Gleichenia alpina* u.a.; im Hintergrund *Eucalyptus coccifera*-Wald (phot. E. WALTER).

einzelne Fröste auftreten, während beim subtropischen das nur in selten extremen Jahren der Fall ist.

Auf der Nordhemisphäre ist dieses Subzonobiom in Amerika kaum ausgebildet, weil sich das Karibische Meer fast vom Äquator bis 30°N erstreckt und die Küste weiter polwärts sehr flach ist, wobei der Gebirgsrücken der Appalachen schon relativ weit von der Küste entfernt liegt.

In Europa, das nach Osten direkt an den asiatischen Kontinent grenzt, fehlt dieses Zonobiom ganz. Allerdings findet man ein entsprechendes warmtemperiertes Klima im Bereich der Insubrischen Alpen um die großen, oberitalienischen Seen herum, in dem aber eine entsprechende natürliche Vegetation fehlt, da es durch die südalpinen Gletscher vereist war und die immergrünen Baumarten während der Eiszeit ganz ausstarben (Fossilreste von *Rhododendron ponticum* wurden bei Innsbruck aus Interglazialschichten der Höttinger Breccie gefunden).

In den prächtigen Gärten um die großen, oberitalienischen Seen herum wachsen heute die immergrünen exotischen Baumarten aus dem Zonobiom V-Gebiet, z.B. aus Ostasien und Nordamerika ausgezeichnet, wie der Zimtbaum *(Cinnamomum)*, *Magnolia grandifolia*, *Rhododendron* und viele andere, auch Bambusarten, da im Winter leichte Fröste nur selten auftreten. Sehr weite Gebiete nimmt dieses Subzonobiom dagegen in Ostasien ein, große Teile von China, Südkorea und das ganze südliche Japan. Die Sommerregen sind hier jedoch durch den Sommermonsun bedingt, der von Süden weht. Die Vegetation dieses Zonobioms entspricht wohl in besonders hohem Maße der ursprünglichen spättertiären, da sie durch die Glazialzeiten des Pleistozäns nicht wesentlich beeinflußt wurde. Die Baumarten und auch der Unterwuchs sind fast ausschließlich immergrün.

Es ist jedoch ökologisch relativ wenig untersucht. Zum Teil könnte es daran liegen, daß es sich oft um sehr artenreiche Wälder handelt, ähnlich wie bei den humiden tropischen Wäldern, wobei der wichtigste, aber zugleich nur schwer faßbare ökologische Faktor der interspezifische Wettbewerb ist. Auch wir haben uns mit diesem Subzonobiom nur am Rande auf kürzeren Reisen befaßt, so daß wir auf die ziemlich dürftige Literatur angewiesen sind.

Die ganze Reihe der humiden Wälder von den tropischen über die subtropischen bis zu den warmtemperierten ist an der Ostküste Brasiliens zu beobachten, aber auch an der Ostküste Australiens bis zum feuchten Nordosten, ähnlich auch in Südafrika an der Südost- und Ostküste.

3.2.1 Das Subzonobiom V (s) im südöstlichen Nordamerika

In etwas geringerem Maße als Tertiär-Reliktwälder sind die Waldgebiete des südöstlichen Nordamerikas anzusehen, denn sie sind episodischen Wintereinbrüchen kalter kontinentaler Luftmassen ausgesetzt, so daß die absoluten Minima unter $-10\,°C$, ja sogar $-20\,°C$ liegen. Auch war der Einfluß der Glazialzeiten sicher stärker als in Ost- und Südostasien. Nur der südlichste Teil von Florida kann als subtropisch gelten (Abb. 5.23), weil man dort an der Küste noch Mangroven antrifft.

Das warmtemperierte Subzonobiom mit einem Regenmaximum im Sommer und immergrünen Laubwäldern spielt in Nordamerika eine so geringe Rolle, daß es im Vol. 10 «Ecosystems of the World»: «Temperate broad-leaved evergreen forests» nur auf zwei Seiten behandelt wird (OLSON 1983).

a) Das Klima

Klimatisch entspricht das Areal von der typischen immergrünen Art *Magnolia grandiflora* dem Zonobiom V mit Sommermaximum im Südosten von Nordamerika, wie die Abb. 5.24 zeigt. Die Klimadiagramme in Abb. 5.25 geben einen Begriff von diesem Klima.

Der Jahresniederschlag übertrifft immer 1000 mm (bis 1400 mm). Die Jahresmitteltemperatur schwankt bei diesen Stationen zwischen etwa 13°C und 19°C, eine kalte Jahreszeit fehlt, aber extreme Kälteeinbrüche von Norden in einzelnen Jahren sind sehr typisch und aus den Minima ersichtlich: im Küstengebiet von $-12\,°C$ bis $-15\,°C$ und weiter im Landinneren mit über $-20\,°C$ (vgl. Atlanta), selbst in Nordflorida treten Fröste von $-10\,°C$ auf, wobei sie eine längere Zeit anhalten können.

Diese Kälteeinbrüche waren während der Glazialzeiten sicher so extrem, daß die frostempfindlichen immergrünen Laubarten der arktotertiären Flora zum größten Teil ausstarben.

b) Die Böden

Von vegetationsgeschichtlicher Bedeutung ist die Tatsache, daß das Küstengebiet, das sich bis zum Vorderland der Appalachen-Mtns. erstreckt, erst in geologisch junger Zeit vom Meer entblößt

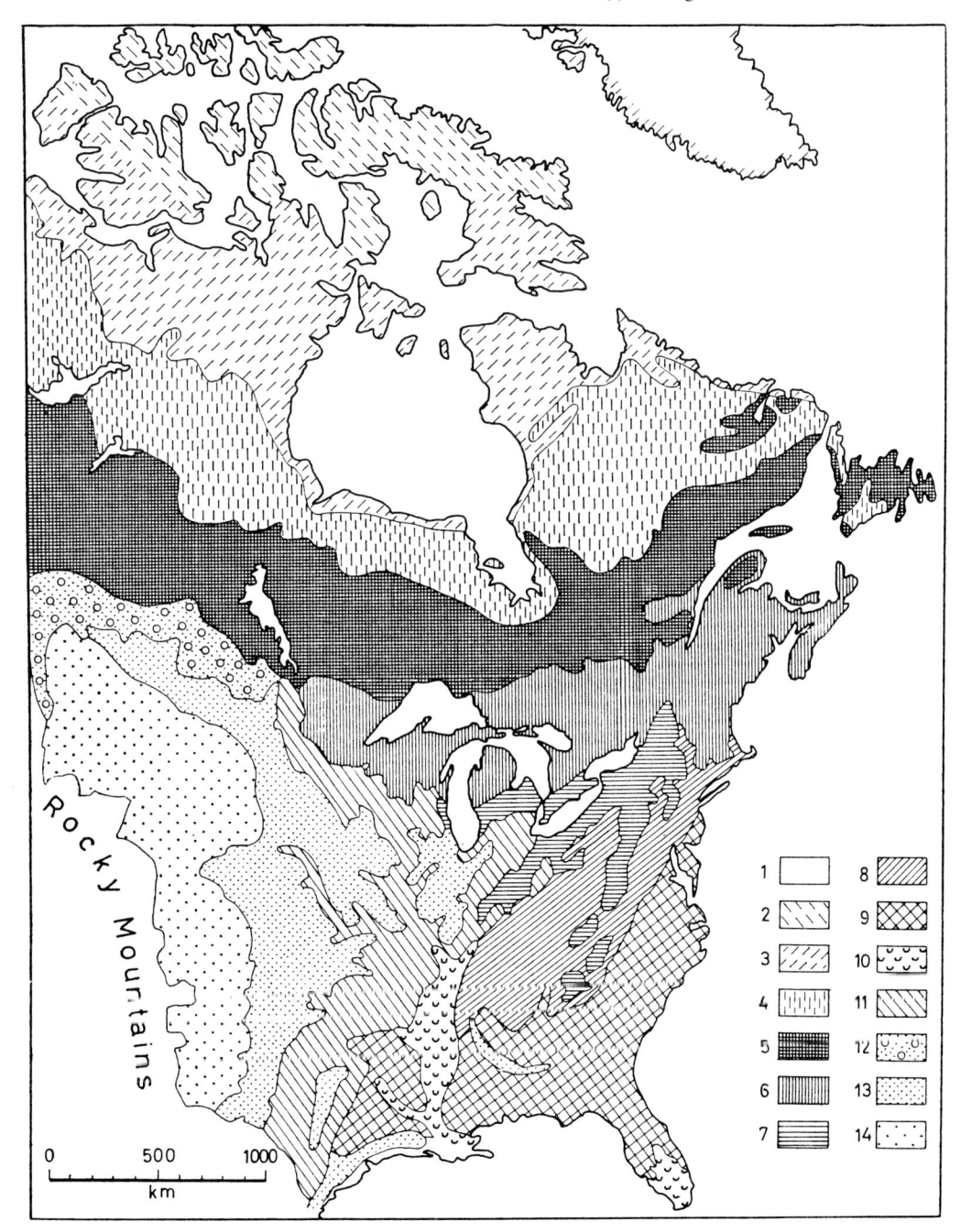

Abb. 5.23: Die natürlichen Vegetationsgebiete im Osten Nord-Amerikas. 1: vereist, 2: nördliche Tundra-Vegetation, 3: südliche Tundra, 4: Waldtundra, 5: boreale Nadelwälder, 6: Gebiet der nördlichen Laubwälder, mit einzelnen Nadelholzarten gemischt, 7: Buchen-Zuckerahorn-Laubwälder, 8: Eichen-Mischwälder, 9: Eichenwälder mit viel Kiefer (z.T. dominierend), 10: Auen- und Sumpfwälder z.T. mit subtropischem Einschlag, 11: Eichen-Hickory-Wälder, 12: nördliche Prärien mit Espen-Hainen, 13: Langgras-Prärie, 14: Mischgras- und Kurzgras-Prärie (Great plains) (nach KNAPP 1965).

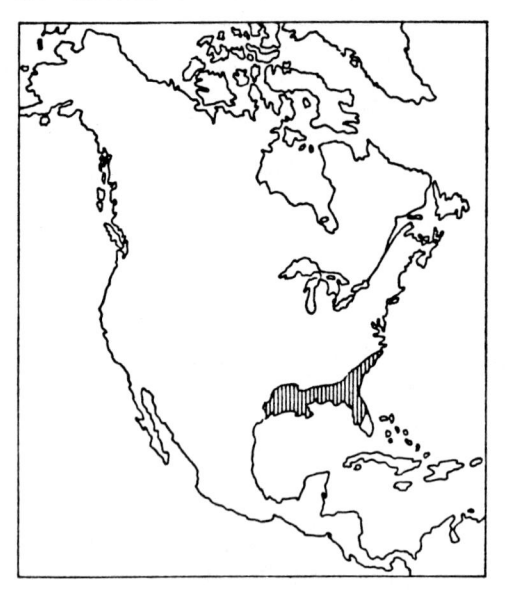

Abb. 5.24: Areal der Immergrünen Magnolie (*Magnolia grandiflora*) in Nordamerika (aus KNAPP 1965).

wurde. Es sind die «Coastal Plains», eine Ebene, die sich kaum über den Meeresspiegel erhebt und im Absinken begriffen ist. Die Böden sind deshalb sehr jung und bestehen aus verschiedenen Meeressedimenten. Sehr verbreitet sind arme Sandböden. Da das Grundwasser sehr hoch steht, spielen auch Moor- und Sumpfböden eine große Rolle, während die zonalen gelben und roten podsoligen Böden nur kleine Flächen einnehmen und kultiviert werden.

c) Die Produzenten in den Ökosystemen und die Pedobiome

Die wichtigsten immergrünen Arten, die heute noch vorkommen, sind: *Quercus virginiana* und *Qu. myrtifolia, Magnolia grandiflora, M. lasianthus, Persea borbonia* (Lauraceae), *Myrica cerifera*, mehrere *Ilex*-Arten, z.B. *I. aquifolium, I. opaca. Gorgonia lasianthus* (Theaceae) und im südlichsten Teil die Palme *Sabal palmetto*. Zu erwähnen wären noch als Epiphyten *Tillandsia usneoides, T. recurvata*. Die Eichenwälder sind oft reich an Kiefern (Abb. 5.23 und 6.2).

Besonders bemerkenswert ist das Vorkommen der Tertiärrelikte: der Coniferen-Gattung *Taxodium*, der Sumpfzypresse, die zusammen mit *Nyssa* (Nyssaceae, verwandt mit Cornaceen) in stehenden Gewässern fast reine Bestände bildet und die den Ericaceen nahestehende Gattung *Cyrilla*, die auf Heide- oder Moorböden wächst.

Die meisten Holzarten in den wenigen Restwäldern in diesem Subzonobiom der warmtemperierten Wälder sind laubabwerfend, so daß sich der Übergang zu dem Zonobiom VI der sommergrünen Laubwälder gleitend vollzieht.

Wie erwähnt, kommen typische zonale, immergrüne Wälder nicht vor. *Quercus virginiana* wächst meistens längs der Ostküste direkt hinter den Stranddünen. Westlicher, entlang der Südküste, kommt diese Eichenart auch weiter im Land vor. Im Norden Floridas ist die Zahl immergrüner Baumarten größer, aber auch diese Mischwälder haben floristisch zu den temperierten Regionen im Norden größere Beziehungen als zu tropisch-subtropischen Arten (MONK 1965). In den küstennahen Ebenen von South Carolina bis Nord-Florida und westlich fast bis zum Trinity River im östlichen Texas treten artenreiche Mischwälder auf, in denen die folgenden Arten in der gesamten Region mehr oder weniger dominant am Aufbau dieser Wälder beteiligt sind: *Fagus grandifolia, Quercus laurifolia, Magnolia grandiflora, Quercus alba, Liquidambar styraciflua, Carya tomentosa, Quercus nigra, Quercus falcata, Carya glabra, Nyssa sylvatica* var. *dilatata* und *Ilex opaca*. Die Arten sind in absteigender Reihenfolge ihrer Bedeutung angeordnet. Ebenfalls von großer Bedeutung ist *Pinus taeda*, sie wird aber zunehmend durch die vorgenannten Arten ersetzt. Im Unterwuchs kommen nur *Cornus florida* und *Vaccinium*

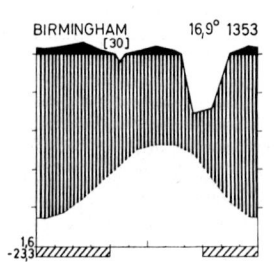

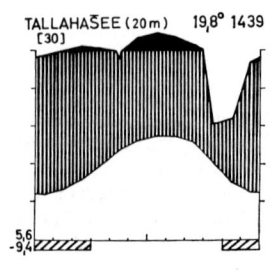

Abb. 5.25: Klimadiagramme aus dem Bereich der warmtemperierten Wälder des südöstl. Nordamerika. Birmingham (Alabama) im Eichen-Kiefern-Übergangsgebiet; Tallahassee im nördlichen Florida (aus KNAPP 1965).

arboreum fast regelmäßig im ganzen Gebiet vor. Eine zweite Gruppe von Arten kommt nicht so regelmäßig und stetig in den Wäldern vor, kann aber lokal dominant sein, hierzu gehören die Arten: *Acer barbatum, Pinus glabra, Quercus michauxii, Tilia* spp., *Carya pallida, Fraxinus americana, Ostrya virginiana, Halesia* spp., *Cercis canadensis, Oxydendrum arboreum*. Bezeichnend ist, daß in älteren Waldbeständen meist fünf bis neun oder mehr der genannten Arten in der oberen Baumschicht dominant sind (QUARTERMAN & KEEVER 1962).

Viel verbreiteter sind die verschiedenen Pedobiome: Auf sandigen Böden, insbesondere jedoch auf Brandflächen, breiten sich verschiedene Kiefernarten aus, von denen die «Loblolly Pine» (*Pinus taeda*), südlicher auch *Pinus caribaea*, forstlich besonders geschätzt werden. Die Waldbrände verhindern das Aufkommen eines dichten Unterwuchses aus Laubarten und fördern die Verjüngung von Kiefern. Deshalb werden planmäßig alle 3–5 Jahre milde Bodenbrände angelegt, die ältere Kiefernstämme nicht schädigen, aber eine Anhäufung von brennbarem Material am Boden verhindern, damit keine zu starken, den Wald vernichtenden Brände auftreten. Die kalkarmen, sandigen bis sandig lehmigen Böden sind sauer (pH 4,5–5,0). Das Grundwasser ist für die Baumwurzeln erreichbar, so daß die Bäume ein rasches Wachstum und hohen Nutzwert haben, z.T. wird Ackerland aufgelassen und aufgeforstet.

Für einen feuchten Kiefernwald wird folgende Artenliste von KNAPP (1965) angegeben.

Baumschicht: Vorherrschend die Kiefernarten *Pinus caribaea, P. taeda, P. australis*.
Strauchschicht: *Kalmia hirsuta, Ilex glabra, I. myrtifolia, Serenoa serrulata (Palmae)* u.a.
Unterwuchs: vorherrschend Graswuchs mit *Aristida stricta* u.a. Grasarten sowie kennzeichnende Arten, wie *Lycopodium carolinianum*, die Orchidee *Habenaria integra, Lilium catesbaei*, die Ericaulaceen *Lachnocaulon anceps* und *Dupatya flavidula, Gentiana porphyrio, Rhexia aristosa, Rh. mariana, Xyris fimbriata* u.a.

Die Ericacee *Kalmia* und die monocotylen Ericaulaceen sowie Xyridaceen sind für ärmere, sandige Böden bezeichnend.

Besonders interessant sind, wie schon angedeutet, die Sumpf-Zypressenwälder mit der Coniferen-Reliktgattung *Taxodium*, die im Spättertiär in Nordamerika und auch in Europa sehr verbreitet war. Die nördliche Verbreitungsgrenze verläuft durch den südlichen Teil von North Carolina.

Taxodium wächst auf ganzjährig unter Wasser stehenden Biotopen, die aber in extremen Dürrejahren trockenfallen. Letzteres ist eine notwendige Voraussetzung, weil die Samen von *Taxodium* und ihrem Begleiter *Nyssa aquatica* nicht unter Wasser keimen. Eine Verjüngung der Baumbestände ist somit nur nach Dürrejahren möglich. Sie wachsen deshalb auch nicht in Küstennähe, wo auch nach langen Dürreperioden der Grundwasserspiegel nicht unter den Meeresspiegel absinkt, so daß dort die Bodenoberfläche nicht austrocknet. Dieses Austrocknen scheint mindestens alle 10–20 Jahre zu erfolgen.

Für *Taxodium* sind die über den Boden herausragenden Wurzelkniee charakteristisch, die auch bei *Nyssa* vorkommen können. Wie weit sie der Versorgung des Wurzelsystems mit Sauerstoff dienen, wurde bisher nicht genauer untersucht. Die Basis der Stämme zeichnet sich durch eine sehr starke Verdickung aus, was die Standfestigkeit der Bäume im schlammigen Boden erhöht. *Taxodium distichum* kann ein Alter von 1000–3000 Jahren und Höhen über 40 m erreichen. Das Holz ist sehr wertvoll.

Der Unterwuchs in diesen Sumpfwäldern fehlt meist ganz. Als Begleiter wird die Ulmacee *Planera aquatica* angegeben, Epiphyten sind *Polypodium incanum* und *Tillandsia usneoides*. Solche Wälder kommen noch im Auenbereich des unteren Mississippi und des unteren Ohio vor. Moor-*Taxodium*-Wälder mit den Baumarten *Taxodium adscendens* und *Nyssa biflora* wachsen auf versauerten Böden meistens auf flußfernen Biotopen. Begleitarten sind *Ilex myrtiflora* und die Haloragidacee *Prosperpinaca* sp., als Epiphyt wiederum *Tillandsia usneoides*.

Andere Moorwälder im küstennahen Gebiet sind die *Chamaecyparis thyoides*-Wälder (White Cedar). Für ihre Verjüngung ist es wichtig, daß Brände bei hohem Grundwasserstand erfolgen, damit die Samen in den obersten Torfschichten unbeschädigt bleiben, widrigenfalls *Pinus serotina* hochkommt und Moor-Kiefernwälder daraus hervorgehen.

Besonders weite Flächen nehmen die immergrünen Moorgehölze ein, die unter dem Namen «Pocosin» zusammengefaßt werden (CHRISTENSEN 1979). Sie verdanken ihre Existenz den sich ständig wiederholenden Bränden und sind ein unbesiedeltes Ödland. Die floristische Zusammensetzung hängt von der Häufigkeit der Brände ab. Diese spielen in dem humiden Klimagebiet eine große Rolle, weil immer wieder Trockenperioden von mehreren Wochen auftreten und die tote organische Substanz auf der Torfoberfläche leicht entzündbar ist. Krüppelige Exemplare von *Pinus serotina* kommen vereinzelt vor.

Brände entstehen mindestens alle 5 Jahre.

Dort, wo die Torflagen fehlen oder wo sie infolge von Feuereinwirkung wenig mächtig sind, entwickeln sich krautreiche Rasengesellschaften, in denen Gräser und Cyperaceen dominieren. Sie brennen meistens jährlich ab, wodurch die Sträucher unterdrückt werden. Auch sie sind ungenutztes Ödland. In der nassen Jahreszeit erreicht das Grundwasser die Bodenoberfläche, während der Dürrezeit trocknen die oberen Bodenschichten aus. Daß es sich nicht um anthropogene Gesellschaften handelt, dafür spricht, daß nur hier neben den Insektivoren *Drosera* und *Sarracenia* die interessante endemische Art *Dionaea muscipula* – die Venusfliegenfalle – wächst. Sie wird durch Feuer begünstigt, weil sie sonst leicht von hochwüchsigen Arten unterdrückt wird (RICHARDSON 1981).

Eine große Rolle spielen auf dem küstennahen, sich kaum über den Meeresspiegel erhebenden Streifen die Strandgesellschaften, z.B. die Küstendünen mit dem bis 2 m hoch werdenden Gras *Uniola paniculata* und verschiedenen *Panicum*-Arten sowie der Composite *Iva imbricata* u.a.

Über die Vegetation des tiefliegenden Gebietes mit Sümpfen und Mangroven in Florida berichtet KNAPP (1965).

Da es sich um ein Flachland mit hohem Grundwasserstand handelt, werden weite Flächen von *Taxodium-Nyssa*-Sümpfen, Mooren mit den Insektivoren *Dionaea muscipula* sowie *Sarracenia* spp., und an den Küsten von Salzmarschen eingenommen. Es überwiegen laubabwerfende Baumarten, doch sind auch immergrüne vertreten (*Quercus virginiana*, *Magnolia grandiflora* u.a. sowie viele immergrüne Straucharten).

Die Südspitze von Florida (Abb. 5.26) mit den vorgelagerten Keys-Inseln ist schon Zono-Ökoton II/V, jedoch vorwiegend ein Helobiom. Das über 5000 km² große Gebiet gehört zum 1967 begründeten Everglades-Nationalpark. Die sehr ebene Fläche erhebt sich kaum 10 m über den Meeresspiegel und weist folgende Zonation auf:

1. Die periodisch überschwemmte Mangrove mit *Rhizophora mangle*, *Laguncularia* und *Conocarpus*.
2. Das etwas höhere als «Hammock» bezeichnete Waldgebiet (Big Cypress Swamp) aus hohen Baumarten, wie die Leguminose *Lysiloma bahamensis*, *Quercus virginiana*, der Königspalme *Roystonea regia*, dem Mahagonibaum *Swietenia mahagoni*, dem Würger *Ficus aurea* u.a., dazu Epiphyten. Die Gesamtzahl der Arten erreicht 120.
3. Die dritte ausgedehnte Zone, die als «Everglades» bezeichnet wird, ist wieder tiefer (Abb. 5.26) und ein nasses Cyperaceen-Moor mit *Cladium jamaicense*, Araceen und Nymphaeaceen in den Löchern, in denen die Alligatoren die trockene Winterzeit überdauern. Auf Torfablagerungen siedeln sich inselförmig Baumarten an (*Taxodium distichum* oder Palmen mit epiphytischen Bromeliaceen bedeckt).
4. Auf den erhöhten trockenen Sanden findet man lichte Kiefernwälder aus *Pinus elliottii* var. *densa* mit Palmen in der Strauchschicht (LAESSLE 1958). Heute weitgehend besiedelt.

Brände sind auf den Everglades im Winter eine häufige Erscheinung.

Besonders ausgedehnt sind auch die Salzmarschen, die bereits im Bereich der Gezeiten liegen. Untergetaucht wächst *Zostera marina* var. *stenophylla*. Im Bereich etwa des mittleren Wasserstandes tritt in Reinbeständen *Spartina alternifolia* auf. Es folgen an höheren Stellen Salzwiesen mit *Distichlis spicata*, bei geringerem Salzgehalt *Juncus roemerianus* und *Spartina cynosuroides*, dazu kommen die helophilen krautigen Arten der Gattungen *Limonium*, *Lythrum*, *Aster*, *Triglochin*, *Solidago* und weitere Gramineen und Cyperaceen (KNAPP 1965).

An besonders salzhaltigen Stellen findet man Quellerfluren mit 3 *Salicornia*-Arten sowie *Suaeda linearis* und die in den Tropen verbreitete, sehr halo-blattsukkulente *Batis maritima*.

Am Rande der Salzmarschen auf weniger salzigem Boden wachsen Brackwassergebüsche mit Compositen-Arten der Gattungen *Baccharis*, *Iva*,

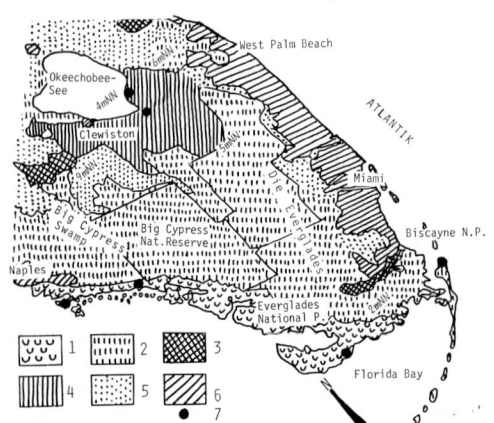

Abb. 5.26: Vegetation in Süd-Florida. 1 = Mangrove, Salzmarschen; 2 = Sümpfe; 3 = Wald; 4 = Zuckerrohr; 5 = Äcker, Weiden; 6 = Stadtgebiete; 7 = Siedlungen.

Aster, Pluchea, Helianthus giganteus, aber auch *Hibiscus moschata, Teucrium canadense* var. *littorale* u.a. (vgl. KNAPP 1965).

d) Destruenten

Der Streuabbau und die Stickstoff-Mineralisierung in einem südlichen Appalachen-Mischwald verläuft aufgrund hoher Sommertemperaturen und guter Feuchtigkeit verhältnismäßig rasch (WHITE et al. 1988).

3.2.2 Das Subzonobiom V (s) in Brasilien

a) Die Araukarienwälder

Die ganze Reihe der humiden Wälder von den tropischen über die subtropischen bis zu den warmtemperierten ist an der Ostküste Brasiliens von Recife über Rio de Janeiro bis Porto Alegre vertreten, wobei als warmtemperiert vor allem der *Araucaria angustifolia*-Wald auf der Hochfläche der Staaten Parana, Santa Catarina und Rio Grande do Sul (Planalto in 600–800 m NN) zu betrachten ist.

Eine Beschreibung dieses Gebiets findet man bei HUECK (1966).

Auf feuchteren Stellen wachsen *Podocarpus*-Wälder. Die Wälder grenzen scharf an Graslandflächen, die südlicher in Uruguay und Argentinien in die Pampa übergehen (semiarides ZB VII). Die ökologische Ursache für diese Begrenzung wurde nicht untersucht. Unter dem Grasland findet man tiefe humose, leicht vernässende Böden, die den Baumarten auf sauren Böden wahrscheinlich wenig zusagen. Das Gebiet der Araukarien-Wälder findet man auf der farbigen Vegetationskarte von HUECK und SEIBERT (1972/1981) unter No. 32, die tropisch-subtropischen Wälder unter No. 25, 26 und 29.

In der oberen Baumschicht dominiert die Conifere *Araucaria*, im Unterwuchs sind es immergrüne Laubbäume und Sträucher, darunter *Ilex paraguariensis*, dessen Blätter den Mate-Tee liefern. Große Teile der Waldfläche sind in den dichter besiedelten Gebieten heute gerodet. Auf feuchteren Stellen wachsen *Podocarpus*-Wälder.

Es handelt sich meist, wie erwähnt, um sehr artenreiche Wälder, die noch nicht genauer erforscht wurden. Selbst im Bd. 10 der «Ecosystems of the World: Temperate broad-leaved Evergreen forests» (OVINGTON 1983) werden diese Wälder überhaupt nicht behandelt. Wir wollen uns deshalb vor allem mit der Baumart beschäftigen, die für dieses Gebiet typisch ist, mit der *Araucaria angustifolia* und deren Ökologie sowie ihrer forstlichen Bedeutung.

Die Araucariaceen sind der phylogenetisch älteste Typus unter den heutigen Coniferen, gewissermaßen lebende Relikte aus einer früheren Epoche. Man findet sie nur auf der Südhemisphäre. Von der Gattung *Araucaria* ist *Araucaria excelsa* (Zimmertanne) von der Norfolk-Insel allgemein bekannt. In Südost-Queensland (Australien) kommen in der montanen Stufe der Gebirge zusammen mit Baumfarnen, also auch in einem Klima, das dem des Zonobioms V entspricht, zwei Arten vor: *Araucaria bidwillii* und *Araucaria cunninghamii*. 1958 haben wir in diesem Gebiet noch ausgedehnte Bestände gesehen, während BEADLE in seiner «Vegetation of Australia» (1981) den Araukarien nur einen Satz widmet mit dem Hinweis, daß diese kommerziell wichtige Holzart im Verschwinden begriffen ist.

Auch in Südamerika sind die Bestände von *Araucaria auracana* in den Anden im chilenisch-argentinischen Grenzgebiet gefährdet, und das gilt selbst für *Araucaria angustifolia*, die im südlichen Brasilien zwischen dem 21. und 30.°S sowie den 44. und 54.°W in den Staaten Rio Grande do Sul, Santa Catarina, Parana und Sao Paulo eine Fläche von 200.000 km² bedeckte (Abb. 5.27). Diese Holzart, die wertvolles Schnittholz liefert, wird rücksichtslos ausgebeutet. Allein im Staate Parana wurden in den Jahren 1931–1950 50.000 km² Wald geschlagen. 1978 waren nur noch 8% der ursprünglichen Fläche vorhanden. Im Staate Rio Grande do Sul sollen die Vorräte inzwischen weitgehend erschöpft sein; 52 Sägewerke mußten bereits den Betrieb einstellen. 90% des damals aus Brasilien exportierten Holzes entfielen auf die Araukarie. Demgegenüber sind die aufgeforsteten Flächen ganz unbedeutend, obgleich von den Versuchsstationen die geeignetsten Methoden bereits ausgearbeitet wurden.

Die Entwicklungsökologie von *Araucaria angustifolia* ist nach W. ZIMMERMANN-INUI (Paso Funda, R.G.S., unveröffentlicht) folgende (Abb. 5.28): Die Bäume mit einer endotrophen Mykorrhiza sind zweihäusig, doch kommen einhäusige ausnahmsweise auch vor. Die Befruchtung der Samenanlagen erfolgt im Frühjahr (September-Oktober), die Reifezeit der Samen beträgt 20–22 Monate. Die Keimfähigkeit der sehr großen Samen geht in einem Jahr verloren, schon nach 4 Monaten sinkt sie auf 50%. Die Keimung be-

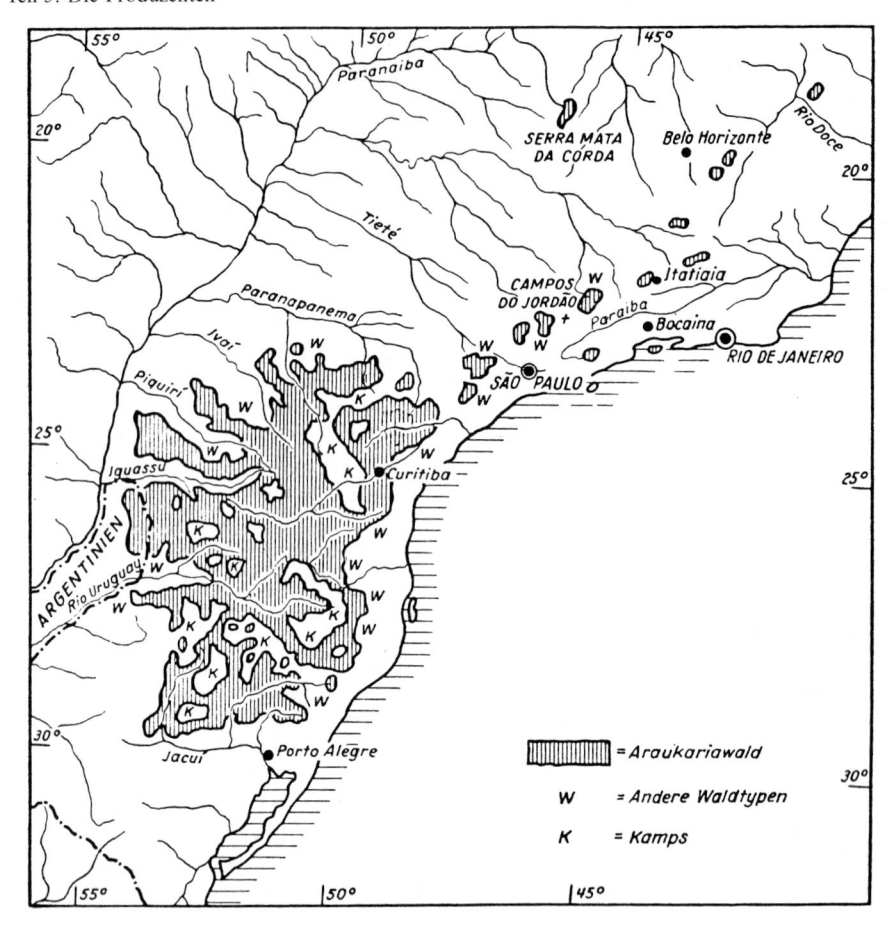

Abb. 5.27: Das Verbreitungsgebiet von *Araucaria angustifolia* im südlichen Brasilien und im angrenzenden Argentinien (aus HUECK 1953, 1966).

ginnt im Freiland nach 60–120 Tagen; sie ist hypogäisch. Nach 4–5 Monaten werden bei optimalen Lichtverhältnissen von 25% des vollen Tageslichtes die ersten Seitenzweige bei einer Höhe von 40 cm angelegt; nach einem Jahr sind die Pflanzen 1 m hoch (Stämmchendurchmesser 1 cm), nach 13 Jahren 7,5–8 m hoch (Duchmesser 12 cm). Im Alter von 15 bis 30 Jahren werden Zapfen gebildet, bis zum 180. Lebensjahr, doch werden die Bäume 400 Jahre alt.

In dichten Beständen werden die horizontalen Seitenäste bald abgeworfen, so daß nur eine ganz flache Krone verbleibt. Wird ein solcher Baum licht gestellt, dann entwickeln sich aus Achselknospen der früheren Wirteläste Stammausschläge, und es bildet sich eine zweite Krone tiefer. Diese Erscheinung haben wir auch bei *Araucaria bidwillii* in Australien beobachtet.

Wie bei allen Coniferen ist der Stamm von *Araucaria* ein Monopodium, d.h. der apikale Vegetationskegel des Sprosses behält die Führung. Die quirlig angeordneten Seitenäste wachsen ebenfalls monopodial. Daraus ergibt sich eine Baumform mit einer kleinen, den Sonnenstrahlen ausgesetzten Blattfläche. Im dichten Stand erhalten die unteren Seitenäste wenig Licht und werden abgeworfen. Der astlose Stamm erzeugt vorzügliches Schnittholz, aber im Wettbewerb mit den Baumarten der Angiospermen, die eine breitausladende Verzweigung mit einer großen, den Sonnenstrahlen ausgesetzten Blattfläche haben, sind ihnen die Coniferen unterlegen. Deswegen werden die Araukarien-Wälder von den Holzarten der warmtemperierten Zone unterwandert. *Araucaria angustifolia* ragt aus diesen Wäldern als dominanter Baum der obersten 35 m hohen Baumschicht

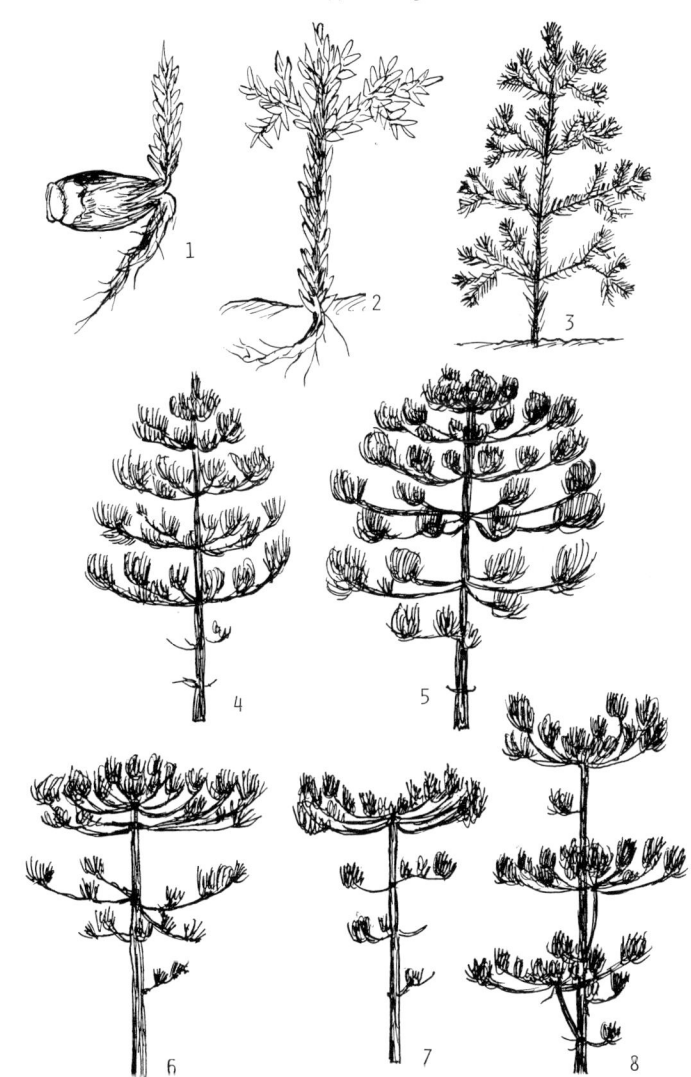

Abb. 5.28: Entwicklungsstadien der *Araucaria* (nach W. ZIMMERMANN-INUI, briefl. Mitt.). 1: Hypogäische Keimung; 2: Ausbildung der ersten Seitenäste bei 30 cm hohen Keimpflanzen, 3: ein Jahr alte Pflanze, 1 m hoch, Sproßdurchmesser 1 cm; 4: 5–6 Jahre alte Pflanze (Höhe etwa 5 m), untere Wirbel bereits abgeworfen; 5: 15–30 Jahre alter, das Blühfähigkeitsalter erreichter Baum; 6: Erwachsener Baum mit breiter Krone und nur wenigen Seitenästen am Stamm; 7: Altersform, Höhenwachstum minimal und nicht mehr blühend; 8: Bei altem, licht stehenden Baum mit durch Stammausschlag gebildeten sekundären Kronen (Etagenbildung).

heraus, verjüngt sich jedoch im Schatten der unteren, dichten Baumschicht nicht. Nur nach Bränden, die von *Araucaria* gut überstanden werden, kann sich auf der Brandfläche Jungwuchs bilden. Diese Art spielt somit in Brasilien etwa die Rolle wie im borealen Gebiet Europas die Kiefer *(Pinus sylvestris)*. In den obersten Höhenstufen mit stärkerer Frosteinwirkung bildet *Araucaria* fast reine Bestände. Sonst findet man Jungwuchs nur an lichten Stellen.

Weite offene Grasvegetation (campos) bedeckt die flachgründigen Böden, die für Wald zu trocken sind, oder in Senken Staunässe aufweisen. Dagegen kann sich auf unzugänglichen, zerklüfteten Felsböden die *Araucaria* halten.

Die Zusammensetzung der unteren immergrünen Baumschicht der Araukarien-Mischwälder ändert sich mit der Höhenlage. Sie ist meist aus Arten der verschiedensten Familien des feuchtwarmen Klimas zusammengesetzt. Oft kommt *Araucaria* mit *Ocotea* spp. zusammen vor.

Die Aufforstungen auf früheren Waldböden gelingen leicht mit 6–12 Monate alten Keimpflanzen, die man in Plastiksäcken oder Papiertöpfen anzieht und im $1,5 \times 5$ m Verband auspflanzt. Bei Aussaat der Samen sind die Verluste durch den Samenfraß (Nagetiere u.a.) zu groß.

Böden, die mehrere Jahre landwirtschaftlich genutzt wurden, sind so stark verarmt, daß die Kulturen eingehen.

Die Pflanzungen müssen alle 10–20 Jahre gelichtet werden. Der Vorertrag beträgt 15 m³·ha⁻¹ an Holzmasse, der Holzzuwachs des Bestandes pro Jahr ist 10–13 $m^3 \cdot ha^{-1} \cdot a^{-1}$.

Was die Schädlinge anbelangt, so werden bei Aussaat die Samen ausgegraben und gefressen, und zwar durch *Oigoryzmys utiaritensis* (Waldmaus), *Sciurus ingrami* (Eichhörnchen) und *Coedon roberti* (Igel). Auch die Vögel *Rhynenotus rufescens* (Rebhuhn) und *Tayassu pecari* sowie *T. tajecu* fressen Samen. Der Araukarien-Häher «Grabha azul» legt Vorratskammern an, doch ist er fast ausgerottet. Larven von Kleinschmetterlingen (*Grapholista* sp. sowie *Laspeyresia* sp.) zerstören die reifenden Samen im Zapfen. Eine Gefährdung der Kulturen kann auch durch Haustiere (Schweine) erfolgen; Pferde fressen die Rinde von Bäumen bis zu 2 m über dem Boden ab. Jungpflanzen und Nadeln werden von verschiedenen Insekten beschädigt. Am gefährlichsten sind vor allem die Mäuse und Blattschneider-Ameisen. Dazu kommt, daß die großen Samen gesammelt und auf den Märkten verkauft werden.

Die *Araucaria angustifolia* kommt in verschiedenen Höhenlagen vor. Die untere Grenze liegt im Süden von Rio Grande do Sul bei etwa 500 m NN, ganz im Norden bei 1200 m NN im Staat Sao Paulo. Die obere Grenze wird in Rio Grande auf der höchsten Erhebung bei 900 m NN noch nicht erreicht. Im Norden wird sie bei 1800 m NN, auf dem Itatiaya sogar bei 2700 m NN angegeben. Entsprechend schwanken die mittleren Jahrestemperaturen zwischen 18 °C an der unteren Grenze und 13 °C an der oberen, bzw. die Minima zwischen −6 °C und −12 °C.

Die Klimaverhältnisse von Passo Funde (R.G.S) zeigt das Klimadiagramm (Abb. 5.29). Doch können in einzelnen Jahren in der Verteilung der Niederschläge starke Abweichungen auftreten mit längeren Trockenperioden, z.B. im Jahr 1982, als es mitten im Sommer 25 Tage ohne Regen gab und auch im April nur 30 mm; die Waldbrandgefahr ist dann sehr groß. Ebenso schwankt die Zahl der Frosttage; z.B. in Passo Funde (vgl. Tabelle 5.1).

Tab. 5.1: Klimatische Kennwerte der Jahre 1976–1979 von Passo Funde (Rio Grande do Sul)

Jahr	1976	1977	1978	1979
Zahl der Frosttage	13	9	20	13
Abs. Minimum (°C)	−6,7	−5,3	−7,2	−4,3
Jahresmittel (°C)	16,8	18,3	16,6	17,0
Jahresniederschlag (mm)	1589	1906	1329	1833
Zahl der Monate mit über 100 m Regen	9	9	7	8

In tieferen Lagen begrenzen häufig auftretende Trockenperioden die Verbreitung der Araukarien, die dann nur auf feuchteren Böden in den Flußtälern wachsen. In höheren Lagen werden durch die Frostperioden die Araukarien eher begünstigt, weil sie im Gegensatz zu den immergrünen subtropischen Holzarten frostresistent sind.

Die Niederschläge nehmen in hohen Lagen zu (bis 2500 mm), es treten auch Nebel auf, was eine Humusanreicherung der Böden begünstigt. Bei Aufforstungen ist die Provenienz des Saatgutes zu beachten. Araukarien der hohen Lagen zeichnen sich durch einen genetisch bedingten, längeren Ruhezustand aus (Gebirgsökokline, vgl. Bd. 1, S. 193).

b) Die Böden

Das Hochplateau in Südbrasilien besteht aus quarzitischem Sandstein oder Granit, der jedoch oft durch basische Eruptivgesteine (vor allem Basalte) überdeckt ist.

Die Böden sind lehmige Roterden (den Latosolen nahestehend). Ein typisches Bodenprofil ist folgendes:

Landkreis Passo Fundo, Mato Castelhako, 680 m NN. Leicht hügelig. Untergrund Basalt, subtropischer Wald mit Araukarien, gut bis mäßig dräniert:

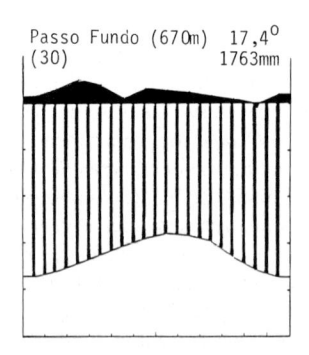

Abb. 5.29: Klimadiagramm vom Passo Funde (nach ZIMMERMANN-INUI, briefl. Mitt.).

A₁ 0– 15 cm, dunkel braun-rötlich, feucht, Ton leicht granuliert, gut durchwurzelt
A₂ 15– 25 cm, ähnlich, schwerer Ton, Blöcke bildend
B₁ 25– 37 cm, ähnlich, Blockstruktur deutlicher
B₂ 37– 97 cm, dunkelrot, schwerer Ton, Blockstruktur fest, plastisch und klebrig, granuliert
B₃ 97–153 cm, ähnlich, aber weniger Blöcke bildend, porös
B₄ 153–252 cm, ähnlich, aber in Blöcke zerfallend
C   252–283 cm, Rotgelb schwerer Ton, kompakt, aber in Blöcke zerfallend, plastisch-klebrig

Nur die oberen 3 Horizonte sind durchwurzelt, Dichte der Wurzeln nach unten abnehmend. Boden für Wasser durchlässig.

Die Analyse ergab eine ebenso ausgesprochene Nährstoffarmut wie bei den tropischen Böden (vgl. Bd. 2, S. 14) und eine ähnlich geringe Ausprägung der einzelnen Bodenhorizonte (Tab. 5.2).

Tab. 5.2: Bodeneigenschaften verschiedener Horizonte bei Passo Funde (Rio Grande do Sul)

	%C	%N	C/N	pH (1:1) H₂O	pH (1:1) KCl
A₁	3,32	0,37	9,0	5,2	4,3
A₂	2,53	0,25	10,1	4,9	4,0
B₁	1,77	0,19	9,3	5,0	4,0
B₂	1,05	0,10	10,5	5,1	4,0
B₃	0,56	0,11	5,1	5,1	4,1
B₄	0,35	0,09	3,9	5,1	4,1
C	0,23	0,08	2,9	5,2	4,0

SiO_2 dominiert in allen Horizonten mit über 70 % und nimmt mit zunehmender Tiefe zu.

Daraus folgt, daß auch hier die Nährstoffe in der lebenden Phytomasse enthalten sind und man mit der großflächigen Entwaldung diese Reserven verliert; nur ein fast steriler, nach Erosion roter Tonboden verbleibt.

c) Forstliche Nutzung

Kahlschläge müßten aus den genannten Gründen möglichst schmal gehalten werden. Noch günstiger dürfte wohl ein Dauerwaldbetrieb als Plenterwald sein. Aber das setzt einen intensiven Forstbetrieb und Erschließung des Geländes durch Holzabfuhrwege voraus.

In Brasilien, einem Lande mit günstigen Temperatur- und Niederschlagsverhältnissen, aber sehr armen Böden, sollte man bodendeckenden Wald- und Baumkulturen, die eine große Zahl von Arbeitskräften benötigen, den Vorzug geben. Die jetzige große Rodungsperiode, erst recht im Amazonasbecken, zerstört die letzten natürlichen Reserven des Landes.

Eine ökologisch orientierte Forstwirtschaft sollte gerade in Brasilien der Entwaldung entgegenwirken und die bereits gerodeten Flächen zum Teil wieder nutzbringend aufforsten, soweit dies überhaupt möglich ist. Weite Flächen zwischen Rio Grande und Sao Paulo, die Kaffeekulturen ohne Schattenbäume waren, sind heute ausgeplündertes Ödland.

3.2.3 Das Subzonobiom V (s) im östlichen Australien

a) Die Vegetationsverhältnisse

In Australien verläuft parallel zur östlichen Küste ein nach Osten steil abfallender Gebirgszug, der zugleich eine Klima- und Wasserscheide ist, «Great Dividing Range» bezeichnet.

Durch den Stau des Südost-Passats erhält der Ostabfall des Gebirgszuges sowie das Vorland sehr hohe Niederschläge. Entsprechend findet man auch hier eine ähnliche Reihe von humiden immergrünen Wäldern wie an der Ostküste von Brasilien, beginnend mit den tropischen Wäldern in Nord-Queensland über die subtropischen in Süd-Queensland bis zu den warmtemperierten im Süden von New South Wales (WEBB 1959, BAUR 1957). Dabei enthalten diese Wälder im Norden teilweise für Australien fremde indomalayische Florenelemente und stocken auf nährstoffreichen, meist vulkanischen Böden (WEBB 1969), während man auf nährstoff-, insbesondere phosphorarmen Böden *Eucalyptus*-Wälder findet. An trockenen, flachgründigen Standorten wachsen Proteaceen, die an Südwest-Australien erinnern und damit eine Durchdringung von ZB V- mit ZB IV-Vegetation darstellen. Auf dem höheren Plateau von Süd-Queensland, somit in einem warmtemperierten Klima mit gelegentlichen Frösten im Winter, treten, wie erwähnt, *Araucaria bidwillii*- und *Araucaria cunninghamii*-Wälder auf mit einem immergrünen Baumunterwuchs und Baumfarnen, also ganz ähnlich wie in Südbrasilien. Sie sind jedoch forstlich von viel geringerer Bedeutung und im Schwinden begriffen.

Auffallend ist, daß man in diesem bewaldeten Gebirge muldenförmige, vergraste Flächen findet, die sehr scharf gegen den Wald abgegrenzt sind und sich nicht bewalden. Es dürfte sich um früher gerodete oder durch Brand entwaldete Flächen handeln, die von den immergrünen frostempfindlichen Baumarten nicht wieder besiedelt werden, weil auf ihnen in den Wintermonaten ein lokaler Kaltluftsee zur Ausbildung kommt, der den Baumjungwuchs zum Absterben bringt. Doch liegen Temperaturmessungen nicht vor.

Große Teile der Waldfläche in diesem Gebiet wurden gerodet und dienen als Weide vor allem für Milchvieh. Im wärmeren, noch subtropischen Küstengebiet spielt der Anbau von Ananas und Bananen eine große Rolle.

Die sehr zahlreichen *Eucalyptus*-Waldtypen im Bereich des ZB V werden in dem klassischen Werk von BEADLE (1981) eingehend behandelt.

b) Die Gattung *Eucalyptus*

Eine sehr detaillierte Untersuchung der Verbreitung der *Eucalyptus*-Arten haben CHIPPENDALE & WOLF (1981) vorgelegt. Von den 511 beschriebenen Arten (etwa 60 Arten sind systematisch unsicher) sind etwa 30% als gefährdet eingestuft, insbesondere deshalb, weil ihre Verbreitung sehr kleinräumig ist und in der Rasterkarte nur in 1–3 Rastern (ein Raster umfaßt etwa 135 × 115 km) vorkommt. Die besonders gefährdeten *Eucalyptus*-Arten beschreibt PRYOR (1981), andere seltene Arten LEIGH et al. (1981).

Die Gattung *Eucalyptus* spielt in ganz Australien eine so beherrschende Rolle und weist so viele biologisch-ökologische Eigentümlichkeiten auf, daß wir genauer auf sie eingehen müssen, weil man sonst die Verhältnisse in Australien nicht versteht.

Eucalyptus gehört zu der in den Tropen weit verbreiteten Familie der Myrtaceae, und zwar zur Unterfamilie der Leptospermoideae, die fast ausschließlich in der australischen Flora vertreten ist. Die Eukalypten zeichnen sich durch den eigenartigen Bau der Blüten aus, die weder Sepalen noch Petalen besitzen. Den unteren Teil der Blütenknospe bildet eine trichterförmige Kelchröhre, bei der zuweilen die Kelchblätter am oberen Rand als vier Zähnchen zu erkennen sind. An Stelle der Petalen sitzt auf der Kelchröhre ein Deckel, das Operculum. Dieses ist wahrscheinlich aus den verwachsenen und verdickten Petalen entstanden. Bei der Anthese fällt es ab, und die darunter befindlichen, eingekrümmten, zahlreichen Staubblätter strecken sich. Sie stehen um einen als Nektarium dienenden Discus herum. Nach der Bestäubung entwickelt sich aus der Kelchröhre die Kapsel, die sehr zahlreiche Samen enthält.

Der Bau der Infloreszenzen, der Blütenknospen und der Früchte ist für die Bestimmung der fast 600 Arten wichtig. Fast alle Arten sind auf Australien beschränkt. Nur ein halbes Dutzend greift mit ihrem Areal wenig über Australien hinaus, und nur zwei Arten kommen nicht in Australien vor und beschränken sich auf Neuguinea und die Philippinen. Alle Arten sind Bäume oder Sträucher und erreichen eine Höhe von nur wenigen Metern bis über 100 m. Viele Baumarten sind durch ihr rasches Wachstum und die große Holzproduktion bekannt.

Auch die Strauchformen besitzen meist einen holzigen Stamm, aber in Form einer unterirdischen großen Holzknolle, dem Lignotuber. Seine Entstehung wird verständlich, wenn man das eigenartige Wachstum der Keimlinge vieler Eucalypten verfolgt, das ökologisch von großer Bedeutung ist. Mit Ausnahme von nur wenigen Arten, die auf humide Gebiete oder grundwassernahe Böden beschränkt sind (*Eucalyptus diversicolor, Eu. regnans, Eu. grandis, Eu. camaldulensis* u.a.), entsteht wenige Wochen oder wenige Monate nach der Keimung in der Achsel der Kotyledonen oder der ersten 2 Blattpaare eine Anschwellung, in der Reservestoffe abgelagert werden und die die Fähigkeit besitzt, neue Blattknospen zu bilden, wenn der obere Teil des Keimlings zerstört wird. Mit der Zeit vereinigen sich die Anschwellungen, sie vergrößern sich und wachsen wie zwei Kalluswülste am Stengel und am oberen Teil der Wurzel abwärts. Es entsteht auf diese Weise der unterirdische Lignotuber. Wird die Basis des Keimlings zugeschüttet, dann greift die Anschwellung auch nach oben über. Werden die Sprosse durch Waldbrände, Dürre oder Viehverbiß vernichtet, dann bilden sich vom Lignotuber aus immer wieder neue Stockausschläge. Dabei nimmt der Lignotuber an Volumen zu. Diese Besonderheit des Wachstums verleiht den Eucalypten eine sehr große Resistenz und Regenerationsfähigkeit (JACOBS, 1951). In den Dürregebieten kommt es dabei nicht mehr zur Ausbildung einer Baumform, sondern nur zu der als «Mallee» bekannten, nur wenige Meter hohen Strauchform, bei der aus einem riesigen Lignotuber mehrere gleich starke Äste entspringen.

Das Holz der Eucalypten ist ringporig, und die Jahresringe sind deutlich erkennbar. Das rasche Wachstum und die große Stoffproduktion vieler *Eucalyptus*-Arten ist nicht die Folge einer besonders intensiven Photosynthese pro Blattflächeneinheit, sondern die Fähigkeit, sehr rasch eine große Blattfläche zu entwickeln. Auch diese hängt mit einer Wachstumseigentümlichkeit zusammen. Wenn man einen austreibenden Sproß von Eucalypten betrachtet, so erkennt man in der Achsel eines jeden jungen Blattes einen langen Stiel mit einer Endknospe. Es handelt sich um die sofort austreibenden Seitenzweige. Auch diese Seitenzweige bilden (2–3 cm voneinander entfernt) Blätter, deren Achselknospen ebenfalls sofort austreiben. Deshalb treiben bei *Eucalyptus* im Gegensatz zu anderen Bäumen jedes Jahr Seitenzweige mehrerer Ordnungen aus, so daß sehr rasch eine Baumkrone mit einer großen Blattoberfläche entsteht und entsprechend viel Trokkensubstanz produziert werden kann. In Nordtransvaal liefert *Eu. saligna* nach 6 Jahren bereits Grubenholz und nach 12 Jahren schon Nutzholz. Die Umtriebszeit für *Pinus caribaea* ist in demselben Gebiet demgegenüber 25 Jahre, also doppelt so lang, und das Holz ist viel leichter.

In Australien selbst wird der Zuwachs der Eucalypten meistens durch sehr starken Insektenbefall gehemmt, wobei die Knospen und die Blätter der jungen Seitenzweige abgefressen werden. Aber auch in diesem Falle bilden sich an der Basis der Achseltriebe nochmals neue akzessorische Knospen, die gleich austreiben. Nach Waldbränden wird auch in Australien oft ein sehr rasches Wachstum der jungen Generation beobachtet:

Eu. grandis erreichte z. B. 2 Jahre nach der Pflanzung auf einer Brandfläche eine Höhe von 12 m, weil durch das Feuer die Insekten vernichtet waren. Aber schon im dritten Jahr wurden die Bäume kahlgefressen. Mit der Zeit stellt sich zwischen Insektenbefall und Wachstum ein gewisses Gleichgewicht ein. Die Blätter aller *Eucalyptus*-Arten sind sehr ähnlich. Sie sind einfach, länglich zugespitzt, immergrün, ledrig und mit Ölbehältern versehen. Wenn wir von den Jugendformen absehen, ist ihre Stellung wechselständig und vertikal. Die *Eucalyptus*-Wälder sind deshalb sehr licht, und die Eucalypten vertragen auch in der Jugend keine Beschattung. Sie können deshalb in Ostaustralien auf reichen Böden mit dem tropisch-subtropischen Regenwald nicht konkurrieren (Bd. 1, S. 115), herrschen aber auf allen ärmeren Böden vor, auf denen die indomalaiischen Regenwaldarten nicht gedeihen. Die *Eucalyptus*-Arten bilden die Wälder in ganz Australien vom Meeresniveau bis zur alpinen Baumgrenze und kommen sowohl im tropischen Sommerregengebiet als auch im humiden Gebiet und im Winterregengebiet vor. Nur im ariden Australien treten die Eucalypten ganz zurück, sobald der Jahresniederschlag unter 300 mm im Winterregengebiet und 600 mm im Sommerregengebiet sinkt. Man findet *Eucalyptus camaldulensis* (= *rostrata*) jedoch auch in Zentralaustralien, aber nur in trockenen Flußbetten mit Grundwasser.

Die einzelnen Arten der Gattung *Eucalyptus* sind ökologisch sehr eng sowohl klimatisch, als auch edaphisch auf bestimmte Mikrostandorte spezialisiert. Es gibt allerdings auch Arten, die weiter verbreitet sind, diese zerfallen jedoch ohne eine morphologisch sichtbare Differenzierung in Ökokline. So hat sich z. B. für *Eu. viminalis*, aber auch für *Eu. coccifera* und *Eu. pauciflora* gezeigt, daß die Frostresistenz der Keimlinge je nach Provenienz der Samen deutlich abgestuft ist. In Westaustralien bilden die einzelnen Arten z. T. Reinbestände, in Ostaustralien herrschen dagegen Mischbestände vor. Dabei ergeben sich nach PRYOR (1959/1965) sehr verwickelte Beziehungen.

Die Gattung *Eucalyptus* zerfällt in 5 Untergattungen:

Macranthera	(über die Hälfte aller Arten)
Renanthera	(weniger als ein Viertel)
Adnata	(weniger als ein Viertel)
Corymbosa	(Nur etwa ein Zehntel)
Eudesmia	(Nur etwa 12 Arten von beschränkter Verbreitung).

Hybriden treten innerhalb einer Untergattung auf. Sie sind jedoch auf die Grenzgebiete der einzelnen Arten beschränkt, die an ökologisch verschiedenen Standorten mit meist scharfen Scheidelinien vorkommen. Sie scheinen auch weniger konkurrenzkräftig und kurzlebiger zu sein und fehlen deshalb in Altbeständen meist ganz. Nur an den Menschen gestörten Stellen sind sie häufiger. Handelt es sich um Mischbestände, also um das Auftreten von mehreren *Eucalyptus*-Arten an einem Standort, so gehören diese Arten verschiedenen Untergattungen an und bastardieren nicht.

Das Merkwürdige ist, daß man innerhalb der 4 größeren Untergattungen parallele Entwicklungsreihen unterscheiden kann, sowohl in morphologisch-anatomischer Beziehung (Ausbildung fertiler Jugendformen, 3blütige Infloreszenzen, Art der Borkenbildung) als auch in ökologischer hinsichtlich des Klimas, der Höhenstufen und der Standorte. Im Gebirge der Snowy Mts. lösen sich mit zunehmender Höhe Arten der verschiedenen Untergattungen parallel zueinander ab, wobei die Höhengrenzen bei den einzelnen Untergattungen nicht genau zusammenfallen, so daß sehr verschiedene Mischbestände zustandekommen. Dasselbe dürfte für die edaphischen Sonderstandorte gelten. Dadurch entstehen sehr mannigfaltige Artenkombinationen. PRYOR spricht die Vermutung aus, daß solche Lebensgemeinschaften auf den sehr armen Böden vielleicht vom ernährungs-ökologischen Standpunkt aus gewisse Vorteile mit sich bringen könnten. Zum Beispiel scheinen die Arten der Untergattung *Renanthera* obligate Mykorrhiza-Pflanzen zu sein. Doch ist das zunächst nur eine Hypothese.

Zusammenfassend können wir somit sagen, daß in Australien die verschiedenen Arten der einen Gattung *Eucalyptus* praktisch allein alle Wälder, mit Ausnahme einzelner Bezirke der Ostküste, bilden und eine ähnliche ökologische Differenzierung aufweisen, wie wir sie in den anderen Kontinenten verteilt auf die verschiedensten Gattungen und Arten der Nadelhölzer und Laubhölzer vorfinden. Physiognomisch dagegen sind die Wälder in Australien sehr wenig differenziert.

Man sieht an diesem Beispiel, daß man mit einer physiognomischen Gliederung allein nicht auskommt. Sie hängt nicht nur von ökologischen Faktoren, sondern auch von den floristisch-taxonomischen Gegebenheiten ab. Wir hatten darauf schon bei der Besprechung der australischen Trockengebiete in Bd. 2 aufmerksam gemacht. Dasselbe gilt auch für die mehr humiden australischen Gebiete. Sie lassen sich physiognomisch nicht mit denen anderer Florenreiche parallelisieren. Auch die Blütenformen sind in Australien oft sehr eigenartig.

3.2.4 Das Subzonobiom V (s) in Neuseeland

Allgemeines

Eine sehr viel größere Rolle als in Australien spielt der warmtemperierte Wald auf Neuseeland (COCKAYNE 1936/1958; DAWSON 1962; ROBBINS 1962; SCHWEINFURTH 1966; WARDLE et al. 1983). Auch hier finden wir im Norden der Nordinsel noch subtropische Wälder mit *Agathis*, Palmen und vielen melanesisch-tropischen Elementen. Floristisch sind sie völlig von denen Australiens verschieden. Auf Neuseeland gibt es z.B. keine einheimische *Eucalyptus*- oder *Acacia*-Art. Die immergrünen Regenwälder mit *Podocarpus*-Arten und *Dacrydium cupressinum* reichen fast bis zum Südende der Südinsel, obgleich das Klima dort schon deutlich feuchttemperiert ist. Aber sie treffen hier mit den typischen, temperierten *Nothofagus*-Wäldern zusammen, die nur aus einer oder wenigen Baumarten aufgebaut sind (Abb. 5.30). Merkwürdigerweise läßt sich die Verbreitung der Wälder mit subtropischem Charakter und die der *Nothofagus*-Wälder klimatisch nicht erklären. Letztere sind noch inselförmig selbst auf dem vulkanischen Plateau der Nordinsel vertreten, werden nach Süden zwar häufiger, fehlen aber doch auf der Südinsel in größeren Gebieten (z.B. Westland) und werden durch subtropische Wälder ersetzt. Der mosaikartige Wechsel der beiden, sich gegenseitig ausschließenden Waldtypen macht es wahrscheinlich, daß **die heutige Pflanzendecke nicht im Gleichgewicht mit dem Klima steht.** Stärkste Vereisungen der Südinsel in geologisch junger Vergangenheit und intensive vulkanische Tätigkeit auf der Nordinsel bis zur Gegenwart haben die Erreichung eines Gleichgewichtszustandes immer wieder verhindert. So wurden große Teile der Nordinsel vor 1700 Jahren mit einer mächtigen Schicht von vulkanischer Asche bedeckt. Als Pioniere bei der Wiederbesiedlung traten zunächst die durch Vögel verbreiteten Podocarpaceen auf. Diese werden aber langsam vom subtropischen Laubwald verdrängt, wobei die Myrtacee *Metrosideros robusta* als Baumwürger auf *Dacrydium* eine wichtige Rolle spielt. Heute findet man viele Durchmischungen des Podocarpaceen-Nadelwaldes mit subtropischen Elementen. Nur im Gebirge hat sich der ursprüngliche Podocarpaceen-Wald ziemlich rein erhalten; doch sind hier die *Nothofagus*-Arten im Wettbewerb wohl überlegen, so daß sie sich mit der Zeit ausbreiten werden. Ökologisch sind die Vegetationsverhältnisse sehr schwer zu verstehen. Man wird immer die historischen Tatsachen in Betracht ziehen müssen, was jedoch über den Rahmen unserer Aufgabe hinausgeht und daher nur angedeutet werden kann.

a) Das Klima

Die beiden Inseln von Neuseeland erstrecken sich von etwa dem 34°S bis zum 46°S, wobei die Südinsel schon südlich vom 40°S ganz im Bereich der ständigen Westwinde liegt. Im nördlichen Teil der Nordinsel herrscht noch ein subtropisches Klima mit tropischen *Agathis australis*-Wäldern (vgl. Band 2, S. 101)[1]. Bei Auckland findet man noch Mangroven mit der einen Art *Avicennia marina* var. *resinifera*. Allerdings besteht sie hier an der Südgrenze nur noch aus niedrigen Büschen, die

Abb. 5.30: *Nothofagus fusca*-Wald im Fjordland auf der Südinsel Neuseelands. Am Boden *Polystichum vestitum* (phot. REID).

---

[1] Im Norden bei Hamilton erlebte der Erstautor im März 1959 einen tropischen Hurricane mit all seinen Folgen.

gelegentlich Frostschäden ausgesetzt sind. Dort, wo eine Temperatur von −2 °C regelmäßig alle 5–10 Jahre auftritt, kann *Avicennia* nicht mehr wachsen (CHAPMAN & RONALDSON 1958). Im Gegensatz dazu ist das Klima am Südende der Südinsel und auf der vorgelagerten Stewart-Insel schon so kühl und feucht, zwar ohne kalte Jahreszeit, aber nur zwei Monate absolut frostfrei, daß man kein Getreide, wohl aber noch Kohlrüben anbauen kann. Die Wälder in diesem Gebiet, in dem auch der Neuseeländische Hanf *(Phormium tenax)* heimisch ist, sind *Nothofagus*-Wälder, die sehr an die südaustralischen erinnern. Sie enthalten sehr viele antarktische Florenelemente.

Zwischen diesen beiden Extremen ist das Klima ein humides, warmtemperiertes des ZB V in tiefen Lagen, nur selten mit Frösten (Abb. 5.31).

Alle Monate des Jahres sind in Neuseeland humid, mit Ausnahme eines kleinen Gebietes in Otago um Alexandra im Regenschatten der über 3000 m NN hohen Neuseeländischen Alpen. Dort ist das Klima semiarid mit einer Trockenzeit und dementsprechend die natürliche Vegetation eine Grassteppe (Zonobiom VII, vgl. S. 422 ff.). Was die Höhe der Niederschläge anbelangt, so liegen sie im allgemeinen um 1000 mm im Jahr mit relativ gleichmäßiger Verteilung.

Da jedoch Neuseeland ein gebirgiges Land ist und sich auf der Südinsel die Neuseeländischen Alpen mit dem Mt. Cook (3764 m NN) als höchstem Gipfel entlang der Westküste der Südinsel von Nord nach Süd erstrecken, so fallen in dem Gebirge vorgelagerten Westland durch den Stau der ständigen Westwinde 2000 bis über 3000 mm im Jahr an Niederschlägen, während es in Christchurch an der Ostküste nur 650 mm sind. Besonders extrem sind die Verhältnisse im SE der Südinsel, im Fjordland, wo es in dem fast unbesiedelten Gebiet ständig regnet und der Jahresniederschlag 6337 mm erreicht.

Aber auch auf der Nordinsel sind die Regenmengen im Luv und Lee der Gebirgszüge sehr verschieden. Besonders regenreich ist das Gebiet des weit nach Westen vorgeschobenen Vulkankegels Mt. Egmont.

b) Die Böden

Wie wir bereits erwähnten, war die Südinsel im Pleistozän fast völlig vereist. Die Böden sind somit jung über fluvio-glazialen Ablagerungen und deswegen sehr unterschiedlich. Auf der nördlichen, vulkanischen Insel sind es ebenfalls heterogene Böden auf vulkanischen Ablagerungen. Im Tongariro-Gebiet ist von den beiden Hauptvulkanen, dem Mt. Ruapehu (2797 m NN) und dem Mt. Ngauruhoe (2291 m NN) der letztere ständig aktiv rauchend, so daß sich östlich von ihm im Windschatten ein weites vegetationsloses Dünengebiet aus vulkanischer Asche ausgebildet hat. Etwas nördlich um Rotorua befindet sich das Geysir-Gebiet mit heißen Quellen.

McGLONE & TOPPING (1983) haben in der Tongariro-Region verschiedene Pollenprofile aus Sedimenten untersucht. In den beiden Interstadialen, die in den Ascheablagerungen nachweisbar waren, gab es offenbar ähnliche Wälder wie heute mit *Libocedrus*, *Nothofagus* und anderen Podocarpaceen. Längere Stadien mit trockenerem Klima, das

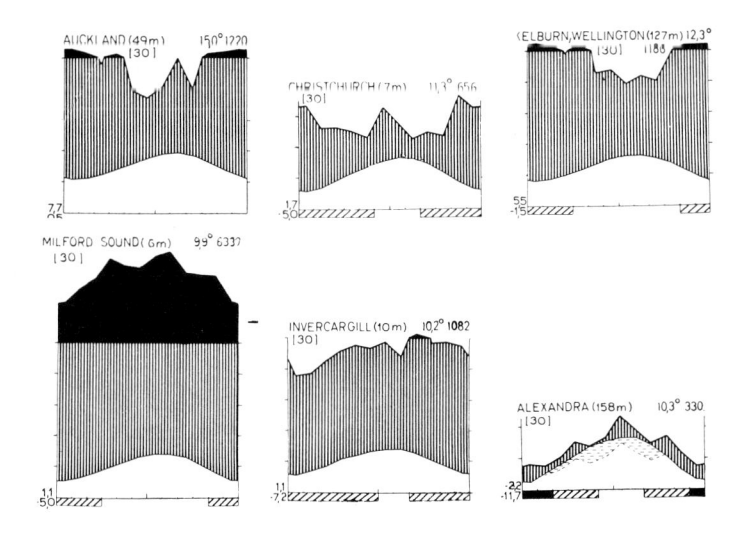

Abb. 5.31: Klimadiagramme aus Neuseeland des Zonobioms V: Auckland vom Norden der Nordinsel, Wellington (Kelburn) vom Südende der Nordinsel; Christchurch von der Ostseite und Invercargill vom Südende der Südinsel. Perhumid: Milford Sound, es liegt im Luv der Südinsel an der Westseite, dagegen semiarid: Alexandra im Lee östlich der Gebirgskette der Neuseeländischen Alpen auf der Südinsel (ZB VII).

Buschland mit *Dracophyllum* begünstigte, wechselten ab. Während des letzten Glazials, etwa zur Zeit der Ablagerung der Okaia-Tephra (ca. 25–22.000 Jahre vor heute), müssen wohl ausgedehnte Grasflächen geherrscht haben.

c) Die Produzenten

(Flora und Vegetation Neuseelands)

Dem Klima entsprechend ist Neuseeland ein Waldland. Waldfreie Stellen wurden durch Katastrophen gebildet. Bei der Wiederbewaldung spielen die Podocarpaceen (*Podocarpus*, *Dacridium* u.a.), die durch die Vögel verbreitet werden, eine wichtige Rolle. Diese wurden dann allmählich durch melanesische Waldbaumarten verdrängt, und es kam vor allem auf der Nordinsel im warmtemperierten, aber fast frostfreien Klima zur Ausbildung von sehr artenreichen, durchaus tropisch anmutenden Regenwäldern mit Lianen und Epiphyten. Häufige Lianen sind die Pandanacee *Freycinetia* und *Rubus*-Arten, die sich mit ihren Stacheln an den Zweigen der Bäume festhalten, bis in die Kronen hinaufranken und armdicke Stämme ausbilden. Ein Würger mit herrlich roten Blüten ist die Myrtacee *Metrosideros robusta*, der auf *Dacridium*-Bäumen keimt, diese erwürgt und dann selbst zu einem stattlichen Baum heranwächst. Für einen Europäer überraschend ist es auch die baumförmigen Violaceen und andere, bei uns nur krautige Familien anzutreffen. Unter den Epiphyten sind viele kleinere Orchideen und Hymenophyllaceen zu nennen. Interessant ist, daß unter den Orchideen und Farnen viele mit denen in Australien nahe verwandt sind. Offensichtlich vermochten die staubförmigen Samen der Orchideen und die Sporen der Farne durch die Westwinde die Entfernung von knapp 2000 km zwischen Australien und Neuseeland über den Ozean hinweg zu überwinden.

Die vielen, verschiedenen Waldtypen von Neuseeland behandelt CHAVASSE (1977), während WARDLE et al. (1983) die immergrünen Wälder abhandelt.

Eine Besonderheit unter den Baumarten ist auf Neuseeland die Lebensform der divarikaten Sträucher, die es sonst nirgends gibt. Bei diesen stirbt der Hauptsproß an den sehr zarten Zweigen ab, und es treiben jedes Jahr zwei gegenständige Seitenknospen etwa rechtwinklig zum Hauptsproß aus, so daß ein extrem verholztes Dichasium aus dünnen Zweigen mit nur kleinen Blättern zustande kommt, das einen großen kugeligen Strauch bildet. Treibt nur jeweils ein Seitenzweig aus, so bildet sich ein wickelförmiges Monochasium. Es gibt im ganzen 54 Arten solcher divarikater Sträucher, die zu 20 Gattungen und 16 Familien gehören und 10% aller Holzarten in Neuseeland ausmachen – ein schönes **Beispiel von Konvergenzen,** ohne Blüten oder Früchte sind die Arten schwer zu bestimmen.

GREENWOOD & ATKINSON (1977) deuten diese Wuchsform als eine Anpassung an die einzigartigen Weidetiere Neuseelands, die keine Säugetiere waren, sondern große Laufvögel, die Moas (5 Gattungen), die seit der Kreidezeit bekannt sind und erst nach der Besiedlung der Inseln durch die jagenden Maoris ausgerottet worden sind. Überall, wo weidende Großsäuger vorhanden sind, kommen durch Selektion Dornsträucher zur Dominanz. Es ist auffallend, daß sich in Neuseeland, wo es keine herbivore Säuger gab, Dornbüsche, die für Afrika mit den herbivoren Wildherden so bezeichnend sind, nicht entwickelten. Auch Dornsträucher sind jedoch nicht vor dem Verbiß durch Vögel mit Schnäbeln geschützt, dagegen kann man das für die holzig aussehenden divarikaten Sträucher annehmen. Sie sind hauptsächlich im Tiefland auf guten Böden verbreitet, was auch die Weidegebiete der Moas waren. 9 Baumarten der Gattungen *Pittosporum*, *Elaeocarpus*, *Plagianthus*, *Hoheria*, *Carpodetus*, *Sophora*, *Paratrophis*, *Pennantia* und *Podocarpus* haben divarikate Jugendformen, die 3–4 m hoch werden, bevor die normale baumförmige Folgeform entsteht, die nicht mehr von den Moas erreicht werden konnte. Ob vielleicht auch das fast völlige Fehlen von Leguminosen und Euphorbiaceen-Baumarten eine Rolle spielen (WARDLE et al. 1983) oder die sehr seltenen Dürreperioden in einem ansonsten dauerfeuchten Klima, muß offen bleiben.

WARDLE et al. (1983) betonen, daß die Vegetationsverhältnisse in Neuseeland noch längst nicht im Gleichgewicht sind aufgrund der kurzen Zeiträume, die zwischen verschiedenen Vulkanausbrüchen auf der Nordinsel vergangen sind, wie schon erwähnt, wie auch der kurzen Zeit seit der letzten größeren Vereisung auf der Südinsel.

Auf der Nordinsel kommen *Agathis*-Moorwälder mit tropisch-subtropischen Arten vor (vgl. Band 2, S. 101), andererseits ist der südliche Teil der Südinsel ein Fjordland mit steilen Schluchten und Bergsturzwäldern, daneben breiten sich nasse *Nothofagus*-Wälder mit antarktischen Elementen aus. So stehen die artenreichen, tropisch anmutenden Wälder der Nordinsel im scharfen Gegensatz zu den *Nothofagus*-Wäldern der Südinsel. *Notho-*

fagus bildet oft reine Bestände. Es ist ein antarktisches Geoelement, von dem nur eine immergrüne Baumart und laubwerfende Strauchart in Australien und Tasmanien vorkommt, dagegen viele immergrüne und laubwerfende Baumarten im südlichen Südamerika. In Neuseeland gibt es vier Arten, alle sind kleinblättrig und immergrün. Innerhalb der Arten werden noch verschiedene Varietäten unterschieden. Die Gattung *Nothofagus* dürfte aus südostasiatischen Fagaceen hervorgegangen sein und läßt sich auf Neuseeland in Kreidezeit-Ablagerungen nachweisen, also früher als in der Antarktis (MÜLLER & SCHMITTHÜSEN 1970). Sie wurde jedoch in der Glazialzeit stark zurückgedrängt und breitet sich heute langsam wieder aus.

Nothofagus kommt auf der Nordinsel, wie schon erwähnt, nur inselförmig vor und nur im südlichen Teil. Das ist wohl so zu erklären, daß bei den großen vulkanischen Eruptionen an einzelnen Stellen *Nothofagus*-Bäume die Überschüttung durch die vulkanische Asche überlebten und sich von diesen Reliktstellen wieder ausbreiteten. Die Ausbreitung von *Nothofagus* erfolgt sehr langsam, da die Samen nicht weit vom Mutterbaum zu Boden fallen. Deswegen fehlt *Nothofagus* noch im Westland, also westlich der Neuseeländischen Alpen, in dem Gebiet, das völlig vergletschert war, wobei die Wiederbewaldung in der Postglazialzeit durch die Wälder mit subtropisch melanesischen Elementen und sehr verbreiteten Baumfarnen erfolgte (MCGLONE & BATHGATE 1983). Nur ganz im Süden der Südinsel herrschen die *Nothofagus*-Wälder absolut vor und sind wahrscheinlich von dort aus im langsamen Vordringen begriffen. Diese *Nothofagus*-Wälder enthalten vorwiegend antarktische Begleitarten im Unterwuchs, aber auch *Fuchsia*. Das sehr feuchte, kühle Klima begünstigt das Wachstum der epiphytischen Hymenophyllaceen, die alle Äste und Stämme der Bäume dicht bedecken. Moosgirlanden hängen von den Bäumen herab. Am Boden ist ebenfalls eine dichte Moosdicke üppig entwickelt, mit Polytrichaceen, die über 50 cm hoch werden.

Eine Besonderheit dieses extrem humiden, unbesiedelten Fjordgebietes sind die «Waldsturzstreifen», auf die SCHWEINFURTH (1966a) aufmerksam macht. Sie erinnern an Lawinengassen, beginnen jedoch mitten im *Nothofagus*-Wald an steilen Hängen, sind 2–6 m breit und werden durch die Schwerkraft bedingt. Wenn das Gewicht des heranwachsenden Baumbestandes zu groß wird, erfolgt eine Abtragung der gesamten Vegetationsschichten mit dem Wurzelwerk und dem daran haftenden Boden. Zurück bleibt der nackte Fels, der wieder besiedelt wird: zuerst mit Flechten, Moosen und Farngewächsen, dann mit Strauchwerk und schließlich auch mit Bäumen, die in Felsspalten Halt finden, bis dann durch das immer größere Gewicht erneut ein Absturz meist direkt in den Fjord erfolgt.

Die zunehmende **Besiedlung** von Neuseeland hat eine starke Veränderung der Landschaft zur Folge gehabt. Der Wald bot für die Farmer keine Existenzgrundlage. Er wurde im Flachland und in den Niederungen gerodet und dem feuchten Klima entsprechend vor allem in Weideland umgewandelt. Da es jedoch in Neuseeland keine großen herbivoren Säuger gab, fehlten auch verbißresistente krautige Weidepflanzen. Es wurden deshalb europäische für die Weide geeignete Arten ausgesät. Infolgedessen unterscheiden sich die neuseeländischen Weiden floristisch von den europäischen fast überhaupt nicht.

Die Hauptexportartikel von Neuseeland sind Milchprodukte, vor allem Milchpulver, aber auch Lammfleisch.

Auch die bei extensiver Beweidung sich ausbreitenden Weideunkräuter kommen aus Europa. Es sind dies vor allem die im feuchten Klima sich ausbreitenden kosmopolitischen Arten, z.B. der Adlerfarn *(Pteridium aquilinum)* oder die zunächst als Heckensträucher angepflanzten Besenginster *(Sarothamnus scoparius)* und im weniger feuchten Gebiet der Stechginster *(Ulex europaeus)* und eine Heckenrose *(Rosa rubiginosa)*. Das Ödland auf dem Plateau der Nordinsel mit Heidekraut und *Erica*-Arten erinnert an die westeuropäische Heide.

Eine Veränderung des Landschaftsbildes erfolgte auch durch die großen dunklen *Pinus radiata*-Plantagen, die zur Gewinnung von Bauholz im ersten Weltkrieg durch die deutschen Kriegsgefangenen angelegt wurden. Da es jedoch in Neuseeland an billigen Arbeitskräften mangelt, war schon die Pflege der Aufforstungen ein Problem und an ihre Verjüngung scheint nicht gedacht zu werden.

d) Die Konsumenten

Die ursprüngliche Fauna Neuseelands ist besonders dadurch gekennzeichnet, daß es mit Ausnahme von zwei Fledermausarten keine Säugetiere gab, somit auch keine Raubtiere; Schlangen gab es ebenfalls nicht und keine Blutegel in den Wäldern, die in den Regenwäldern Ost-Australiens und auf Tasmanien so lästig sind. Die Abtrennung Neuseelands von dem Gondwanaland mußte somit noch früher als die Australiens erfolgt sein, das so reich an Beuteltieren ist. Eine Besonderheit Neuseelands waren die großen Moas, große Laufvögel, die von der Urbevölkerung – den Moa-Jägern stark dezimiert wurden. Man findet heute nur noch Knochenreste. Die Laufvögel sind heute lediglich noch durch den scheuen und kleinen Nachtvogel – den Kiwi – vertreten. Sonst sind die Vögel der anderen Gruppen durch zahlreiche Arten vertreten.

Als die aus Polynesien stammenden (wahrscheinlich kannibalischen) Maoris durch Stürme gezwungen waren, im Norden Neuseelands zu landen und später das Land besiedelten, vernichteten sie nicht nur die Moa-Jäger, sondern auch die letzten Moa-Vögel. Sie brachten aber eine Hunde- und eine Rattenart mit.

Die europäischen Siedler wollten dagegen nicht auf die Jagd und das Wildbret verzichten. Deswegen setzten sie in der zweiten Hälfte des vorigen Jahrhunderts und zu Beginn dieses Jahrhunderts viele Wildarten aus anderen Kontinenten aus. Nur wenige wurden eingebürgert, aber fünf wurden zu einer großen Gefahr und Plage (WODZICKI 1950, WALTER 1961).

An erster Stelle zu nennen ist der Europäische Rothirsch *(Cervus elephus)*, an zweiter Stelle das australische Opossum *(Trichosurus vulpicola)*, außerdem noch Ziegen, Gemsen und Kaninchen. Letztere machten sich nur im trockenen Gebiet von Otago bemerkbar und wurden nicht zu einer Pest wie in Australien. Durch das Verbot von Nebeneinnahmen aus dem Verkauf von Kaninchenfellen und -fleisch gelang die Bekämpfung.

Unangenehmer sind die Gemsen im Hochgebirge, wo sie durch Überweidung die Bodenerosion fördern. Für die Jäger sind sie in Neuseeland wertlos.

Viel gefährlicher ist das australische Opossum, das sich in seiner Ernährung an australische Baumarten angepaßt hat, vor allen Dingen an die Myrtacee *Metrosideros lucida*, die bis zum letzten Blatt abgefressen wird. Die Opossumfelle werden geschätzt, die Tiere werden in Fallen gefangen (1946 wurden 800.000 Felle exportiert). Da *Metrosideros lucida* auf der Südinsel im Westen die Baumgrenze bildet, werden im Hochgebirge die Bannwälder gefährdet.

Zu einer wahren Pest wurde der Rothirsch, dem auf Neuseeland die Südbuchenwälder ebenso zusagen wie in der Heimat die Rotbuchenwälder. Der Jungwuchs wird verbissen, und die Verjüngung der Wälder ist bedroht. Bis 1918 hat man die Schäden nicht beachtet, und die Hirsche breiteten sich immer mehr in den schwer zugänglichen Wäldern der Südinsel und im südlichen Teil der Nordinsel aus.

Wenn der *Nothofagus*-Wald an den Steilhängen sich lichtet, erhöht sich die Gefahr der Bodenerosion und der Hochfluten für die Farmer in den Flußtälern und Niederungen. 1927 begann man mit dem Abschießen der Tiere. Für die Hirschschwänze wurde eine Prämie gezahlt. 1931 betrug deren Zahl 20.870, aber die Hirsche vermehrten sich rascher, so daß man vom Flugzeug aus über die Wälder mit Strychnin vergiftete Karotten ausstreute, um die Hirsche zu vergiften. Das scheint die Gefahr verringert zu haben. Bodenerosion und Hochwasser-Katastrophen haben aber trotzdem weiter zugenommen. Jeder durch den Menschen verursachte Eingriff in das natürliche Gleichgewicht bedeutet ein nicht vorauszusehendes Risiko.

e) Ökosystemforschung

WARDLE et al. (1983) geben einige Daten zu den vorliegenden Untersuchungen über ökosystemare Prozesse verschiedener Waldtypen Neuseelands. Der **Streufall** wurde im Tieflandswald mit *Nothofagus solandri* und *N. truncata* mit etwa 4,9 bis 6 $t \cdot ha^{-1} \cdot a^{-1}$ angegeben. Das Maximum des Streufalls liegt im Winter bis Frühjahr. In einem subalpinen *N. solandri*-Bestand in 1050 m betrug der Streufall 3,7, an der Waldgrenze 3 $t \cdot ha^{-1} \cdot a^{-1}$ mit einem Maximum im Sommer und Herbst. Im Tiefland-*Podocarpus*-Wald fielen 6,9 t Streu pro ha und Jahr.

Die sommerlichen Regenmengen von 250–275 mm im subalpinen *Nothofagus solandri*-Wald werden nach ROWE (1975) zu etwa 40% durch **Interzeption** festgehalten und verdunsten zurück in die Atmosphäre; der Rest erreicht den Boden als Kronentrauf, fast überhaupt nicht als Stammabfluß.

CAMPBELL (1974) fand, daß große *Nothofagus*-Bäume einen erheblichen Einfluß auf die **Bodenbildung** aufweisen. Auf einem Ahaura-Boden im Westland, der etwa 18.000–22.300 Jahre alt geschätzt wurde, beträgt der pH mehr als 4,5 bei Böden zwischen *N. fusca*-Bäumen; Glimmer, Feldspäte und Chlorite verwittern zu Kaolinit, Allophan und Gibbsit. Innerhalb eines 8 m Kreises um die Bäume und unmittelbar an Stümpfen ist der Boden-pH-Wert saurer als 4,5, Allophan und

Gibbsit werden gelöst und die Al-Gitter werden zu Vermikulit und schließlich zu Montmorillonit. Dies wird als Stadium in der Gley-Podzol Genese angesehen.

Die Zahl an Arthropoden-Arten und die Arten-Diversität der **Bodenfauna** in Streu, Humus und im A-Horizont waren im *Nothofagus*-Mischwald und im reinen *Nothofagus*-Wald sehr viel höher als in Heidewäldern auf Gley-Podzol oder in «exotischen» *Pinus*-Pflanzungen. Von 70 Spinnenarten eines *Nothofagus*-Waldes im Westland sind nur etwa 10% in der Lage, in einer *Pinus*-Plantage zu überleben (FORSTER & WILTON 1973).

f) Orobiome in Neuseeland

Sehr unterschiedlich sind die Höhenstufenfolgen bei den verschiedenen Gebirgen Neuseelands.

Auf der Südinsel, im Mt. Cook-Gebiet, reicht die nivale Stufe an Steilhängen bis 3300 m. Die Schneegrenze liegt auf der regenreichen Westseite bei 1800 m NN, auf der Ostseite im Windschatten bei geringeren Niederschlägen bei 2400 m NN. Der Westhang fällt außerdem steil zum Meer ab. Die Gipfel vom Mt. Cook (3764 m NN) und vom Mt. Tasman (3498 m NN) sind nur 25 km von der Küste entfernt. Die Endmoränen des Franz-Josef-Gletschers erreichten fast den Meeresstrand. Die Vegetation vor dem Gletschertor weist infolge des kalten Gletscherwindes alpinen Charakter auf. Aber an den Hängen über dem unteren Teil des Gletschers wächst ein Wald mit einem subtropischen Charakter und vielen Baumfarnen. Das ganze westliche Vorland mit den vielen durch Endmoränen gestauten Seen, in denen sich die Schneeberge spiegeln und mit den subtropischen Wäldern ist eine einmalige, wunderbare Landschaft.

Am Arthurpaß läßt sich die Höhenstufenabfolge leicht verfolgen: Die Waldstufe besteht auf der Westseite aus dem «Mixed Podocarp Forest» (*Podocarpus hallii*, *P. dacrydioides*, *Dacrydium cupressinum*, *Weinmannia*, *Griselinia*, *Pseudowintera*, *Metrosideros lucida* und vielen anderen). Der Wald geht nach oben unmerklich in das subalpine Gebüsch über, in dem *Fuchsia excorticata* mit *Nothopanax*, *Olearia*, *Hebe*, *Dracophyllum* (Epacridac.) die auffälligsten Elemente sind; die Coniferen *Libocedrus bidwillii* und *Dacrydium biforme* ragen darüber hinaus.

In 1200 m NN beginnt die alpine Stufe. Die wichtigste Holzart nahe der Waldgrenze ist *Metrosideros lucida*. Über diesem Gebüsch beginnt das *Chionochloa flavescens*-Tussock-Grasland (vgl. SCHWEINFURTH 1966). An felsigen Standorten findet man die riesigen Kissenpolster von *Raoulia* und *Hastia*. Auf der Ostseite geht das subalpine Gebüsch bis 1300 m hinauf und besteht aus *Podocarpus nivalis*, *Phyllocladus alpinus* und holzigen Compositensträuchern (*Senecio*, *Cassinia*, *Olearia*) u.a.m.

Auf der Ostseite findet man die artenarmen *Nothofagus*-Wälder, in der hochmontanen Stufe reine *Nothofagus solandri* var. *cliffortioides*-Bestände (WARDLE 1970, 1980; BENECKE & DAVIS 1980; BENECKE & HAVRANEK 1980a, b; weitere Beispiele zur Höhenstufenfolge s. u.). Diese wurden in der Craigieburn-Range (43°10′S, 171°45′E) in Höhenlagen von 890 m NN bis zur Waldgrenze ökologisch genauer untersucht: die phänologische Entwicklung im Lauf des Jahres, die oberirdische Biomasse der Bestände sowie die Photosynthese an der oberen Waldgrenze (1350 m NN). Diese Waldgrenze ist scharf ausgeprägt (Abb. 5.32), etwa wie die der natürlichen Fichtenwaldgrenze in den Rocky Mts. (Band 3, S. 101). Nur unmittelbar an der Waldgrenze im Bereich 1350–1370 m NN nimmt die Stammhöhe ab und wird strauchförmiger Krüppelwuchs beobachtet (SCHÖNENBERGER 1984). In diesem Bereich nimmt zugleich die oberirdische Phytomasse von 323 auf 135 t·ha^{-1} ab.

Die Ursache für diese scharfe Waldgrenze dürfte dieselbe sein wie für die Fichten und Legföhren in den Alpen (Band 3, S. 102), und zwar das gleichzeitige Zusammenwirken der zwei Faktoren: 1) die mit zunehmender Höhe verkürzte Vegetationszeit, die die volle Ausbildung und Ausdifferenzierung der Blattorgane, vor allem die der Cuticula, verhindert und damit die Resistenz gegen Frosttrocknis vermindert sowie 2) die gleichzeitig zunehmend erhöhte Gefahr der Frosttrocknisschäden mit größerer Höhenlage. Tatsächlich zeigte es sich, daß die Blätter von *Nothofagus* bei den Krüppelexemplaren ein geringeres Trockengewicht aufwiesen (Tab. 5.3).

Tab. 5.3: Trockengewicht von *Nothofagus*-Blättern in mg (100 Blätter)

	Schattenblätter	Mittlere Blätter	Sonnenblätter
Baumwuchs	687	883	874
strauchiger Wuchs	600	625	669

Abb. 5.32: Die obere Waldgrenze am Osthang der Neuseeländischen Alpen (Südinsel) beim Wakatipu-See in 1200 m NN. Die Waldgrenze hebt sich als scharfe Linie gegen das alpine Tussock-Grasland ab. Der Wald wird von unten nach oben durch *Nothofagus fusca*, *N. cliffortioides* und *N. menziesii* gebildet (phot. SIMPSON & SCOTT-THOMSON).

Andererseits ist auch zu beachten, daß die Frostresistenz selbst bei subalpinen Arten nur schwach ausgebildet ist (SAKAI et al. 1981). Dies gilt fast generell für die Holzarten der Südhemisphäre, wo bei stark ozeanischem Klima kaum kalte Winter auftreten. Die Frostresistenz der Arten tieferer Lagen überschreitet in Neuseeland und auch Australien −10 °C meist nicht und erreicht selbst bei *Podocarpus nivalis*, *P. lawrencei* oder *Dacrydium bidwillii* nur −20° bis −23 °C. Auch die laubwerfende *Nothofagus antarctica* in Südamerika ertrug nur Fröste von maximal −20 °C. Die *Nothofagus*-Arten auf Neuseeland an der alpinen Baumgrenze, ebenso wie die *Eucalyptus*-Arten in Australien, überstehen nur Fröste von −10 bis −15 °C (SAKAI & WARDLE 1978).

Auf der Ostseite Neuseelands, im Lee der Westwinde, findet man kümmerliche *Nothofagus*-Wälder, die weiter unten vom Low Tussock-Grasland (*Festuca novazeelandiae*) des trockenen Otago-Landes (vgl. S. 422f.) abgelöst werden.

Von der Nordinsel wollen wir nur die Stufenfolge am Südhang des prächtigen Vulkankegels **Mt. Egmont** (2500 m NN) beschreiben:

2400–2500 m Vom Gipfel bis zur Schneegrenze ewiger Schnee.
1800–2400 m Vegetationsloser Schutt.
1650–1800 m Schuttpflanzen, 5% Deckung: *Poa colensoi*, *Epilobium*, *Helichrysum*, *Montia*.
1500–1650 m Alpine Matten, 50% Deckung: Wie oben, dazu *Luzula*, *Agrostis muscosa*, *Ranunculus*, *Celmisia*, *Coprosma*, *Dolichoglottis*, *Gaultheria*, *Forestera*, *Gunnera*; Decken von *Rhacomitrium lanuginosum* var. *pruinosum* und *Breutelia elongata* sowie von *Stereocaulon vesuvianum*.
1350–1500 m Alpines Tussock-Grasland: *Chionochloa* cf. *flavescens*, *Hebe*, *Senecio*, *Cassinia*, *Pimelia* und als Pionierpflanzen auf Lavafeldern die N-bindende *Coriaria pteridioides* und *C. plumosa*.

1100–1350 m 1–2 m hohes subalpines Gebüsch: *Senecio, Olearia, Hebe, Dracophyllum, Coprosma, Nothopanax colensoi, N. simplex, Griselinia litoralis*. Die drei letzten Arten sind abwärts in allen Höhenstufen vertreten und werden immer höher.
1050–1100 m 3 m hoher Übergangs-Gebüschwald. Es kommen dazu *Podocarpus hallii* und *Libocedrus*.
1000–1050 m 4–5 m hoher subalpiner Wald. *Podocarpus-Fuchsia-Griselinia*-Ges.
bei 900 m 10 m hoher *Podocarpus hallii-Weinmannia*-Wald, mit Strauchschicht, Lianen (*Rubus cissoides, Rhipogonum*), Farnepiphyten (auch *Lycopodium*).
bei 800 m 20 m hoher *Dacrydium-Metrosideros-Weinmannia*-Wald mit vielen Epiphyten (Orchideen, *Astelia*, Farne, Würger). *Metrosideros robusta* keimt als Würger auf *Dacrydium cupressinum*.
bei 610 m über 30 m hoher, üppiger, subtropischer Wald (*Podocarpus ferrugineus-Beilschmiedia tava-Elaeocarpus hookeriana*-Ges.) mit 3 Baumschichten, einer Strauchschicht (Baumfarne), einer Krautschicht (*Astelia*, Farne), Lianen und vielen Epiphyten (*Metrosideros diffusa, Senecio kirkii, Pittosporum conifolium, Collospermum, Dendrobium, Earina, Lycopodium*, Farne, auch Hymenophyllaceen).

Das Auffallendste bei dieser Stufenfolge ist, daß jegliche scharfe Grenzen fehlen. Der Wald wird immer niedriger, geht dann allmählich in Gebüsch über, wird zu einem Zwerggesträuch, und nur das Tussock-Grasland ist schon von weitem an der gelben Färbung sichtbar abgegrenzt. Eine eigentliche Baumgrenze gibt es nicht. Einige Baumarten gehen durch alle Höhenstufen durch und sind schließlich kaum 50 cm hoch.

Nothofagus fehlt im Mt. Egmont-Gebiet ganz, kommt aber inselförmig noch auf dem vulkanischen Plateau vor, so z. B. am noch tätigen Ruapehu-Vulkan (2760 m), und bildet dort bei 1275 m eine ziemlich auffallende Baumgrenze, bis zu der auch die große *Cordyline indivisa* geht. Darüber folgt dann wieder ein bis 3 m hohes Gebüsch mit *Nothopanax colensoi, Phyllocladus, Hebe, Olearia, Senecio, Coprosma, Dracophyllum, Gleichenia* usw., das in 1550 m nur noch 10–30 cm hoch ist. Eine deutliche alpine Tussock-Graslandstufe kommt auf den noch sehr jungen Lava-Blockhalden nicht zur Ausbildung. In 1880 m Höhe löst sich die Vegetationsdecke schon auf, zugleich beginnen die ersten Schneeflecken.

Für die alpine Stufe von Neuseeland liegen einige Produktionsbestimmungen vor (WILLIAMS 1977). Für die untere alpine Stufe sind die großen Tussock-Gräser der Südhemisphäre bezeichnend. Sie sind von halbkugeliger Form und einer Höhe von 1 m (1,3 m). Die toten gelben Blätter bleiben mehrere Jahre erhalten, zwischen ihnen treiben die jungen grünen Blätter aus, doch ist die Färbung des Graslandes immer gelblich.

Untersucht wurde das Grasland auf der Südinsel 125 km SW von Christchurch (Canterbury) am Gebirgsosthang an 2 Standorten, einem (A) *Chionochloa rigida*-Grasland in 884 m NN und (B) *Chionochloa macra*-Grasland in 1257 m NN.

Die «yellow-brown earth»-Böden über Grauwacken und Chlorit-Schiefern sind arm. Das Klima ist feucht (Jahresniederschlag 1450 mm, der trockenste Monat Februar weist noch 99 mm auf).

Tab. 5.4: Einige Produktionswerte zweier Grasland-Standorte in Neuseeland (nach WILLIAMS 1977 sowie NES & O'CONNOR 1977)
A: *Chionochloa rigida*-Grasland in 884 m NN
B: *Chionochloa macra*-Grasland in 1257 m NN

Standort	A	B
Oberirdische totale Phytomasse ($t \cdot ha^{-1}$)	38	16
davon lebende Phytomasse	7,7	3,6
gesamte Wurzelmasse (tote, lebende)	31	22
angesammelte Streu	30,1	–
Oberirdische Primärproduktion ($t \cdot ha^{-1} \cdot a^{-1}$)	5,2	3,3
Gehalt an Nährstoffen ($kg \cdot ha^{-1}$):		
oberirdisch N gesamt	143	64,4
unterirdisch N gesamt	153,6	100,0
oberirdisch P	24,4	9,5
unterirdisch P	19,0	15,8
oberirdisch Na	4,0	1,5
unterirdisch Na	10,4	7,3
Gesamt-P-Aufnahme ($kg \cdot ha^{-1} \cdot a^{-1}$)	7,1	3,7

Zum Vergleich werden für einen *Nothofagus truncata*-Wald aus 10 m NN (mittlere Jahrestemperatur 12 °C, Niederschlag 1330 mm) folgende Werte angeführt: totale Biomasse 254,4 $t \cdot ha^{-1}$, Wurzelmasse 25,5 $t \cdot ha^{-1}$, Streumenge 15 $t \cdot ha^{-1}$ und eine Primärproduktion von 9,9 $t \cdot ha^{-1} \cdot a^{-1}$.

Außerdem wurden die Nährstoffelemente bestimmt, einige Werte sind in Tab. 5.4 angeführt (NES & O'CONNOR, 1977). Der Abbau der toten Teile vollzieht sich bei A rascher als bei B, wobei die Streu am Boden in kürzerer Zeit zersetzt wird als die toten Teile am Tussock.

274 Teil 5: Die Produzenten

Die Jahresmitteltemperatur ist um 7 °C, die Vegetationszeit 7–8 Monate, das tägliche Maximum des wärmsten Monats (Februar) ist 19 °C, das tägliche mittlere Minimum 7,1 °C. Leichte Fröste kommen in den Wintermonaten vor; die oberen Bodenschichten sind von Juni bis September leicht gefroren (bis −3 °C).

Die oberirdische Phytomasse besteht hauptsächlich aus toten und lebenden Blättern; die Produktionsbestimmung erfordert besondere Methoden und Berechnungen, die zu folgenden Ergebnissen (vgl. Tab. 5.4) führten.

3.2.5 Das Subzonobiom V (s) in Süd- und Ostafrika

In Ostafrika hat man als Folge des Monsuns ein Klima mit zwei Regen- und zwei Trockenzeiten (vgl. Band 2, S. 12). Die humiden, tropischen und südlicher subtropischen Wälder findet man deshalb mehr inselförmig in der Nebelstufe des Steilabfalls vom afrikanischen Hochland (Great Escarpment, vgl. C. TROLL 1948). Sie setzen sich als ZB V an der Südküste von Afrika fort, die ein dauernd humides, warmtemperiertes Klima besitzt. Das Gebiet ist stark entwaldet worden, aber der schon erwähnte (vgl. S. 164) geschützte «Knishna (sprich: Neischna) Forest» ist als Naturschutzgebiet (Forest of Eden) noch gut erhalten. Der Knishna-Wald liegt unweit der Küste in der Mitte zwischen Kapstadt und Port Elizabeth (PHILLIPS 1928, 1931). Wir sind auf Einzelheiten schon bei der Besprechung des Zono-Ökotons IV/V (vgl. S. 164ff.) eingegangen. Eine allgemeine Übersicht gibt ACOCKS (1988).

Einige Reliktvorkommen temperiert-humider Wälder findet man sogar noch in den feuchten Schluchten am Ostabfall des Tafelberges bei Kapstadt. Diese sind aber, wie auch schon der Wald von Knysna floristisch verarmte Bestände der eher subtropischen Wälder, die sich entlang

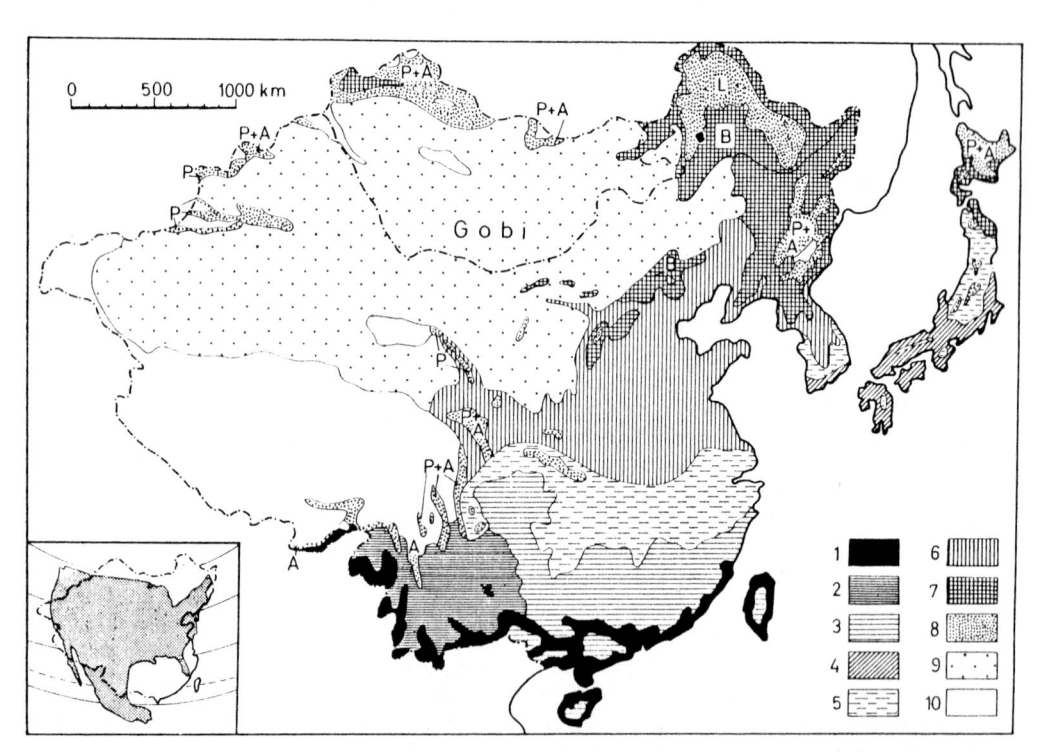

Abb. 5.33: Vereinfachte Gliederung der zonalen Vegetation Ostasiens (nach WANG 1961). Auf der Nebenkarte ist Breitenlage und Größe Chinas und der Mongolei im Vergleich mit USA und Mexico (grau) gezeigt. 1: tropisch-subtropischer Regenwald; 2–4: immergrüne, warmtemperierte Wälder aus Eichen, *Schima* und Lauraceen (2: mit *Pinus yunnanensis*, 3: mit *Pinus massoniana*, 4: ohne Kiefern); 5: gemischter mesophytischer Wald; 6: Laubwälder aus sommergrünen Eichen; 7: nördliche Hartholzlaubwälder mit Ahorn, Linde und Birke (B. *Betula* dominierend); 8: montane Nadelwälder mit vorherrschender *Abies* (A), *Picea* (P) und *Larix* (L); 9: waldlose Gebiete (Steppen und Wüsten); 10: alpine Vegetation und Gebirgstundren.

der feuchten Südost- und Ostküste Afrikas, über Transkei und Natal weiter nach Norden hindurchziehen, heute aber bis auf winzige Reste vernichtet sind.

3.2.6 Das Subzonobiom V (s) in Ostasien

Viel großflächiger ist das Subzonobiom 2 des ZB V auf der Nordhemisphäre ausgebildet. In Ostasien nimmt es im Anschluß an die tropischen und subtropischen Gebiete in Hinterindien den ganzen südlichen Teil des eigentlichen Chinas mit immergrünen Wäldern aus *Quercus*- und *Schima*-Arten sowie Lauraceen ein, wobei verschiedene *Pinus*-Arten und andere Coniferen sich dazu gesellen können. Dieses Waldgebiet greift dann auf die Südspitze der Koreanischen Halbinsel (LAUTENSACH 1950, YIM and KIRA 1975–1977) und das südliche Drittel der japanischen Inseln über (WANG 1961, AHTI and KONEN 1974, NUMATA et al. 1972, 1975, SUZUKI 1967, 1972, MIYAWAKI 1979, 1980–1985, 1988).

Die geographische Lage des Zonobioms V in Ostasien mit den warmtemperierten, immergrünen Wäldern geht aus Abb. 5.33 hervor. Das Zonobiom V ist großflächig vor allem in Südchina ausgebildet. Auf der Abb. 5.33 entspricht **1** noch dem subtropischen, feuchten Zonobiom II, dagegen **2–3** dem Zonobiom V in China, das sich unter **4** in S-Korea und in S-Japan fortsetzt. Es geht nach Norden in das Zono-Ökoton V/VI (vgl. **5**) über, wobei **6** und **7** schon dem Zonobiom VI entsprechen mit einem südlichen und einem nördlichen Subzonobiom.

Dieses Subzonobiom VI mit ostasiatischen Florenelementen setzt sich auf dem Gebiet der USSR (auf Abb. 5.33 **weiße Fläche**) noch im Ussuri-Tal fort bis zum Unterlauf des Amur. Der Ussuri-Fluß bildet hier die Staatsgrenze der USSR zu China, nur in seinem Oberlauf gehört noch die Chanko-See-Niederung westlich vom Ussuri-Oberlauf zur USSR. Dies ist aber mit einem Niederschlag von 480 mm und einer Jahres-Evaporation von 546 mm (wärmster Monat 20,5 °C und kältester Monat −15,5 °C) klimatisch bereits ein semiarides Gebiet, das Waldsteppe trägt. Die benachbarten humideren Vorberge weisen hingegen wieder ostasiatischen Laubwald auf (KURENZOVA 1962), ebenso wie die Umgebung von Wladiwostok (Abb. 5.34, 6.19) mit einem Laubwaldklima mit Sommerregen und kalten Wintern. Dieser Teil der USSR zwischen Ussuri und dem unteren Amur, in den er mündet und die Meeresküste, wie auch die Insel Sachalin (vor allem Südsachalin) mit südostasiatischen Florenelementen, die im Küstengebiet noch weiter nördlich bis nach West-Kamatschatka (WALTER 1974) auftreten, unterscheidet sich scharf von der Flora des übrigen Sibiriens. Dieses Gebiet steht unter dem Einfluß des ostasiatischen Monsuns mit Sommerregen und einem schon sehr viel milderen Winter im Vergleich zu Ostsibirien.

Die Glazialzeiten hatten sich in diesem südöstlichen Winkel der USSR nicht ausgewirkt, so daß die arktotertiären Geo-Elemente erhalten blieben und die heutige Flora derjenigen von China und Korea entspricht. Deshalb wurde das Gebiet in Band 3 nicht besprochen. Die wichtigsten Baumarten in den Niederungen des Ussuri-Gebiets sind die laubabwerfende *Quercus mongolica* und die *Tilia amurense*. Auch die anderen Laubholzgattungen sind durch ostasiatische, also eigene Arten vertreten, z.B. die Gattungen *Carpinus*, *Acer*, *Ulmus*, *Fraxinus*, *Alnus*, *Betula*, *Corylus*, *Lonicera* usw.

Auf Südsachalin kommt die in Japan verbreitete Bambusart der Gattung *Sasa* vor. Der Korkbaum (*Phellodendron amurense*) ist eine Rutacee; die Lianen gehören zu den Actinidiaceen (SOCHAVA in Descr.Veget. URSS, vol. 1, 1956). Ähnliche Beziehungen gelten auch für die krautigen Arten in diesen Laubwäldern.

Das Küstengebirge in diesem Gebiet südlich der Amurmündung, das Gebirge Sichote-Alin, erhebt sich bis 1576 m NN und weist eine deutliche Höhenstufenfolge auf mit Nadelholzarten, die ebenfalls ostasiatische Florenelemente sind: in der unteren montanen Stufe sind es *Abies nephrolepis* oder *Pinus koreanensis*, in der oberen montanen Stufe *Picea jezoensis*, in der subalpinen Stufe *Betula ermanii*.

Die Waldgrenze liegt, infolge der schon sehr kalten Winter, um 1300 m NN, bei windexponierten einzelnen Gipfeln sogar um 1000 m NN. Die phänologischen Aspekte in einem fernöstlichen Eichenwald schildert LIPATOVA (1969) im Sammelband «Amurische Taiga» (Leningrad).

Eine Zusammenfassung der Vegetationsverhältnisse Ostasiens wird als Bd. 6 der «Vegetationsmonographien der einzelnen Großräume» (WALTER & BRECKLE, Hrsg.) derzeit von BOX and MIYAWAKI bearbeitet. Soweit diese Wälder in Ostasien noch erhalten sind, stehen sie denen des Spättertiärs sehr nahe.

Beim Zonobiom V in Ostasien handelt es sich um das mit am dichtesten besiedelte Gebiet der Erde. Deshalb darf man nicht erwarten, dort

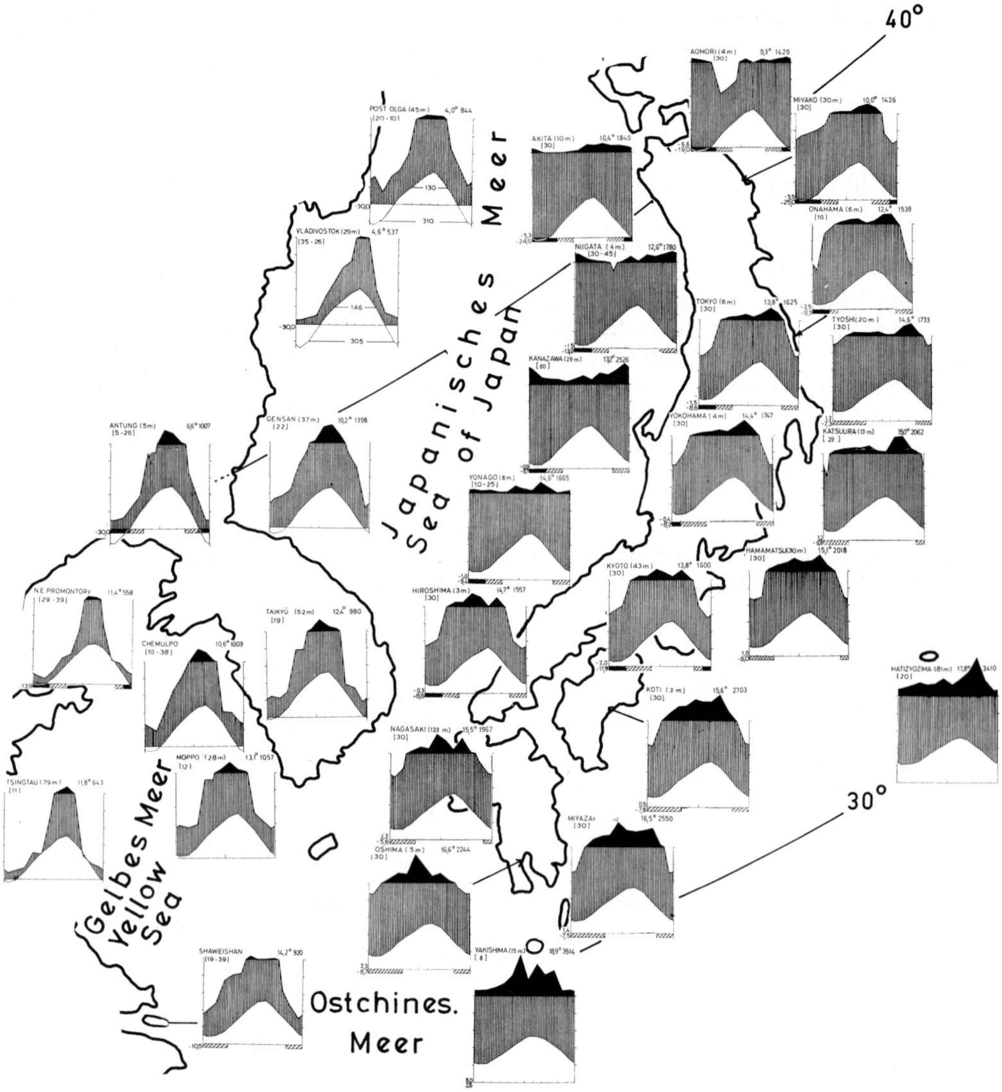

276 Teil 5: Die Produzenten

Abb. 5.34: Klimadiagramme von Ostasien

größere Reste der natürlichen zonalen Vegetation vorzufinden. Denn alle tiefgründigen zonalen Böden sind seit langer Zeit ebenso wie in Mitteleuropa heute unter Kultur genommen. Bewaldet sind vor allem die flachgründigen Böden der Gebirgshänge. Die Wälder der unteren collinen Stufe stehen den zonalen Wäldern nahe, insbesondere was die Baum- und Strauchschicht anbelangt. Das Ökosystem solcher Hangwälder, d.h. die unterste Stufe der Orobiome, die man als «hypsozonal» bezeichnet, unterscheidet sich von der der zonalen Vegetation vor allem in Bezug auf die Böden: Die Hangböden zeichnen sich durch einen gewissen Stofftransport von oben nach unten aus, wobei sich am Hangfuß die feineren Bodenteilchen ansammeln und eine Wasserbewegung von oben in derselben Richtung sowie auch als oberflächlicher Abfluß erfolgt (Catena, vgl. Bd. 1, S. 28; Bd. 2, S. 112; Bd. 3, S. 206 f.). Ebenso wird die Streu und mit ihr die Samen, die der Verjüngung der Bestände dienen, in der Richtung von oben nach unten verlagert. Klimatisch werden durch den Windstau die Niederschläge bereits am unteren Hang erhöht, außerdem die Einstrahlung je nach

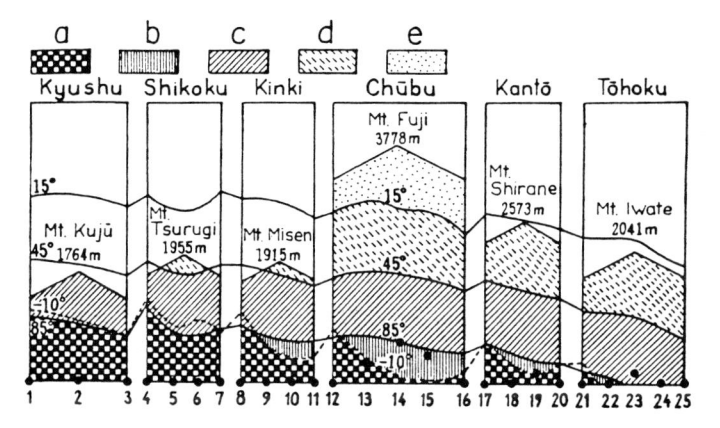

Abb. 5.35: Die Höhenstufung der Waldtypen in Japan und die KIRA-Wärme- und Kälte-Indices. a) Lorbeerwaldzone; b) warmtemperierte Fallaubwaldzone; c) temperierte Fallaubwaldzone; d) immergrüne Coniferenzone; e) Alpine Stufe. Für die 6 Gebiete in Japan werden N-S-Profile abgegeben. Die ausgefüllten Kreise geben die Lage der zur Berechnung der Indices verwendeten Klimastationen (1–25) an (nach HÄMET-AHTI et al. 1974).
1: Kagoshima; 2: Kumamoto; 3: Fukuoka; 4: Ashizurimisaki; 5: Kochi; 6: Niihama; 7: Tadotsu; 8: Shionomisaki; 9: Osaka; 10: Kobe; 11: Miyazu; 12: Numazu; 13: Kofu; 14: Matsumoto; 15: Nagano; 16: Fujigi; 17: Tateyama; 18: Tokyo; 19: Utsunomiya; 20: Mito; 21: Onahama; 22: Morioka; 23: Sendai; 24: Aomori; 25: Tanabe.

Exposition verstärkt oder herabgesetzt, was eine Veränderung der Temperaturverhältnisse bedingt. Alles das ist zu berücksichtigen, wenn in den einschlägigen Veröffentlichungen die möglichst natürliche Vegetation geschildert wird.

Die auf Abb. 5.35 gemachte Untergliederung nach der Beimischung von bestimmten Kiefernarten ist nicht wesentlich, denn die *Pinus*-Arten sind Pioniergehölze auf gestörten Flächen. Daher wird von den Vegetationskundlern in Japan genau so wie in Mitteleuropa am Nordabfall der Alpen eine Parallelität zwischen den Vegetationszonen von Süd nach Nord und der Höhenstufen von unten nach oben vorausgesetzt, was, wie wir wissen, selbst in diesem Falle nur in groben Zügen stimmt (vgl. Bd. 1, S. 24). Dabei ist in Japan zu berücksichtigen, daß die Höhenstufen am Osthang, zur pazifischen Küste hin, und am Westhang, d.h. zur Küste des Japanischen Meeres hin, deutliche Unterschiede aufweisen. Denn der Osthang erhält höhere Niederschläge, und der Westhang ist im Winter kälteren Winden ausgesetzt, die mit mehr Schneeablagerung verbunden sind.

a) Das Klima

Aus Abb. 5.34 lassen sich anhand der Klimadiagramme die wichtigsten Merkmale des Klimas erkennen. Extremwerte der Temperatur sind in Tab. 5.5 zusammengestellt.

Tab. 5.5: Mittlere Jahrestemperatur und Absolutes Minimum (in Klammern mittl. Minimum des kältesten Monats, wenn unter 0 °C) einiger Stationen in Ostasien (n. WALTER & LIETH 1967ff., YIM & KIM 1983)

China:	Chungking	0	19,8
	Chang	−6,7	17,8
	Changsha	−7,8	17,6
	Hankow	−10,5	17,4
	Chankiang	−12,5	15,8
Korea:	Seoul (ZÖV/VI)	−23,1 (−9,1)	11,1
	Taikyu	?	12,4
	Chungmu	−11,6 (−1,8)	14,7
	Jeju	−6,0 (−1,9)	14,7
Japan:	Kagoshima	−6,7	16,6
	Nagasaki	−6,6 (−1,5)	13,5
	Kyoto	−11,9 (−2,0)	13,8
	Tokyo	−6,6 (−1,5)	13,5
	Tyoshi	−7,3	14,6

Fröste in Japan kommen von Mitte November bis Mitte April vor.

Das Klima wird vom ostasiatischen Monsun beeinflußt und ist im Gesamtgebiet sehr humid. Begrenzender Faktor ist deshalb die Temperatur, die von Süden nach Norden und ins Gebirge von unten nach oben abnimmt. Für die Abgrenzung der einzelnen Vegetationszonen ist deshalb der Wärmegrad der Vegetationszeit einerseits und das Fehlen einer kalten Jahreszeit maßgebend. Zur Erfassung des Wärmeindexes der Vegetationszeit

Tab. 5.6: Monatsmittel m, Wärmeindex W und Kälteindex C für die Station Sapporo (nach KIRA 1949)

Monate:	I	II	III	IV	V	VI	VII	VIII	IX	X	XI	XII	
m (°C)	−6,3	−5,3	−1,6	5,3	10,5	14,9	19,3	21,0	16,3	9,8	3,2	−3,1	
W	0	0	0	0,3	5,5	9,9	14,3	16,0	11,3	4,8	0	0	W = 62,1
C	−11,3	−10,3	−6,6	0	0	0	0	0	0	0	−1,8	−8,1	C = 38,1

wird in der USSR die Temperatursumme der Tagesmittel über 5 °C benutzt (vgl. Bd. 3). KIRA (1949) hat das Verfahren abgewandelt, indem er die Monatsmittel verwendet nach der Formel: Wärmeindex W = Summe ($t_1 - 5$), wobei t_1 die Monatsmittel sind, die 5 °C übersteigen. Die Berechnung soll am Beispiel der relativ kalten Station Sapporo im Norden Japans erläutert werden (vgl. Tab. 5.6).

Nur die Monate April bis Oktober haben eine Mitteltemperatur, die 5 °C übersteigt, und die Summe der über 5 °C liegenden Temperaturen beträgt W = 62,1. Das ist der Wärmeindex W.

Der Kälteindex C gibt die Summe der °C der einzelnen Monatsmittel wieder, die unter +5 °C liegen. Das sind die Monate Januar bis März und November bis Dezember. Er wird nach der Formel berechnet: C = Summe (+5 °C − t_2), wobei t_2 die Monatsmittel unter +5 °C bedeutet. Der Kälteindex für Sapporo ist entsprechend C = −38,1 (s. Tabelle 5.6).

Die Begrenzung der verschiedenen Vegetationszonen in horizontaler und vertikaler Richtung fällt wie Abb. 5.37 zeigt, mit folgenden Indizes zusammen: Die immergrüne warm temperierte Zone V (= a) wird durch den Kälteindex C = −10,0° begrenzt, d. h. es kommen nur wenige Monate mit Mittelwerten unter +5 °C vor. Zusammen mit dem Ökoton V/VI (= b) fällt sie mit dem Wärmeindex W = 85° zusammen, d. h. die meisten Monate haben eine Mitteltemperatur weit über +5 °C. Die Vegetationszone der gemäßigten, laubabwerfenden Waldzone bzw. Waldstufe wird durch den Wärmeindex von W = 45° gegen die boreale Zone begrenzt, d. h. die Sommer sind merklich kürzer und kühler. Die boreale Nadelwaldstufe (abgegrenzt gegen die subalpine) fällt etwa mit dem Wärmeindex von 15 °C zusammen, d. h. nur bei wenigen Monaten im Sommer liegen die Mitteltemperaturen über +5 °C.

Auch die Wärmeansprüche der einzelnen Baum-

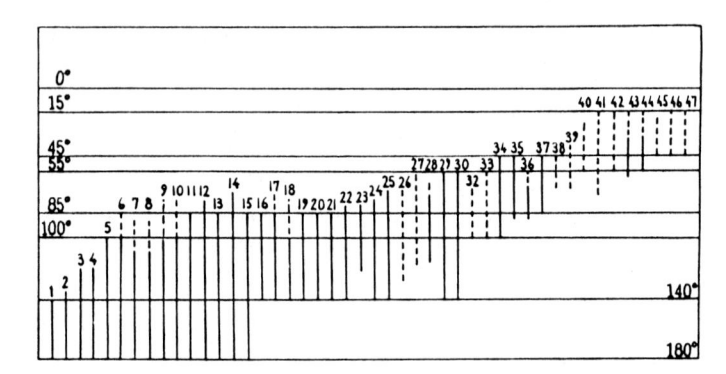

Abb. 5.36: Die KIRA-Wärmeindex-Isoplethen (0–180°) und die Verbreitungsgrenzen der Bäume in Japan. Die durchgezogene Linie gibt die horizontale, die gestrichelte Linie die vertikale Verbreitung für jede Baumart entlang des Wärme-Index an (aus HÄMET-AHTI et al. 1974). 1: *Cycas revoluta*, 2: *Ficus wightiana*, 3: *Podocarpus nagi*, 4: *Cinnamomum camphora*, 5: *Podocarpus macrophyllus*, 6: *Castanopsis cuspidata*, 7: *Quercus gilva*, 8: *Q. glauca*, 9: *Q. sessilifolia*, 10: *Q. acuta*, 11: *Machilus thunbergii*, 12: *Camellia japonica*, 13: *Pinus thunbergii*, 14: *P. densiflora*, 15: *Celtis sinensis* var. *japonica*, 16: *Ilex integra*, 17: *Quercus salicina*, 18: *Q. myrsinifolia*, 19: *Q. acutissima*, 20: *Q. variabilis*, 21: *Torreya nucifera*, 22: *Chamaecyparis obtusa*, 23: *C. pisifera*, 24: *Cryptomeria japonica*, 25: *Thujopsis dolabrata*, 26: *Abies firma*, 27: *Tsuga sieboldii*, 28: *Zelkova serrata*, 29: *Quercus serrata*, 30: *Castanea crenata*, 32: *Carpinus laxiflora* + *C. tschonoskii*, 33: *C. cordata* + *C. japonica*, 34: *Quercus dentata*, 35: *Q. mongolica* var. *grossiserrata*, 36: *Fagus japonica*, 37: *F. crenata*, 38: *Abies homolepis*, 39: *Betula platyphylla* var. *japonica*, 40: *Tsuga diversifolia*, 41: *Larix kaempferi*, 42: *Betula ermanii*, 43: *Abies sachalinensis*, 44: *Picea jezoensis*, 45: *P. jezoensis* var. *hondoensis*, 46: *Abies mariesii*, 47: *A. veitchii*.

Subzonobiom V(s) mit Regenmaximum im Sommer   279

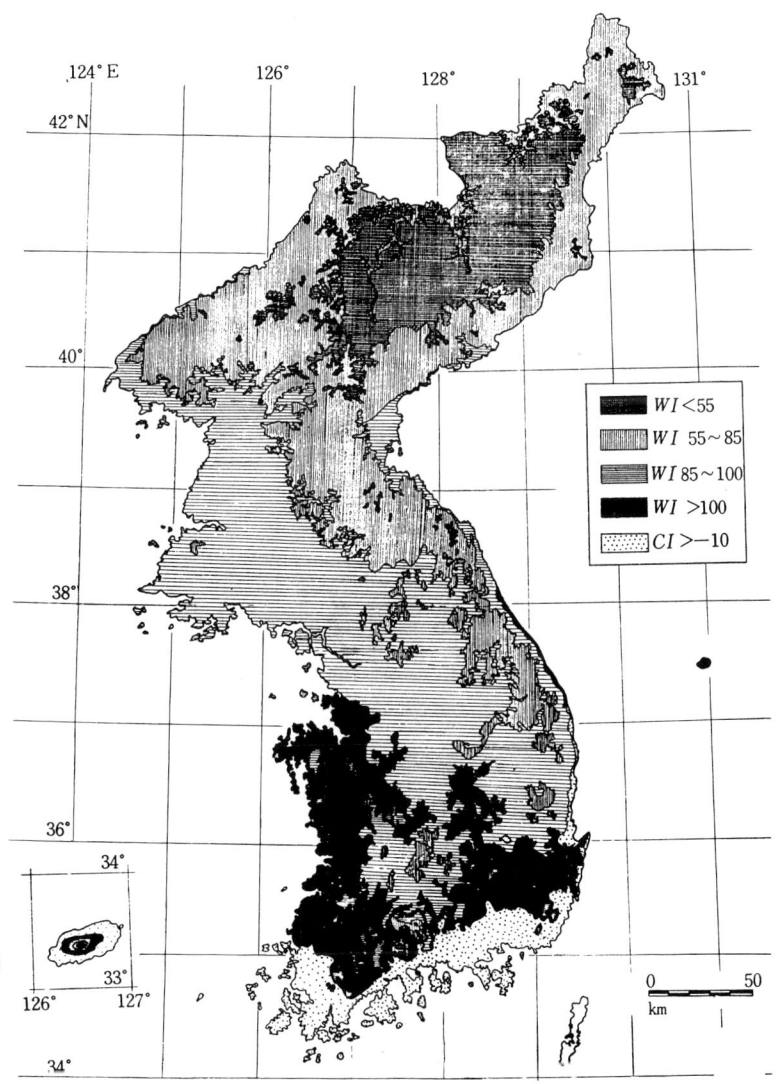

Abb. 5.37: Thermische Zonen der Koreanischen Halbinsel, die eng mit den Vegetationszonen (vgl. Abb. 5.38) korreliert sind (aus YIM & KIM 1975). WI: Wärme-Index; CI: Kälte-Index.

arten lassen sich durch den Wärmefaktor verdeutlichen. Die Abb. 5.36 zeigt das deutlich für 57 Baumarten Japans von den subtropischen (*Cycas* und *Ficus*), bis zu den Coniferen an der alpinen Baumgrenze. Dabei kann man feststellen, daß die Grenzwerte in horizontaler Richtung (ausgezogene Linie) nicht mit denen in vertikaler Richtung (gestrichelte Linie) übereinstimmen. Letztere sind niedriger, was durch Klimaunterschiede bedingt wird.

Die warmtemperierten Wälder kommen in Japan und Korea (KIRA 1977, YIM & KIRA 1975, YIM 1977) in einem Klimabereich mit einem Wärmeindex (W) von 85–180 (Japan und 105–120 (Korea) vor. Sie werden nach Norden und im Gebirge durch die Isotherme des Kälteindex von $C = -10\,°C$ begrenzt.

Die Begrenzung der Vegetationszonen wurde von YIM and KIRA (1975) durch den Wärme- bzw. Kälteindex auch für die Koreanische Halbinsel geprüft. Die Indices wurden für 148 meteorologische Stationen berechnet und eine Karte der Wärmeverhältnisse gezeichnet (Abb. 5.37). Unterschieden wurden folgende Gebiete: mit Kälteindex $C > -10$ und mit den Wärmeindices $W > 100$, 85–100, 55–85 und unter 55.

Der Vergleich mit der Vegetationskarte der Halbinsel zeigt, daß, ebenso wie in Japan, die warmtemperierte Waldzone des ZB V mit den Gebieten «Kälte Index» $C > -10$ zusammenfällt

280 Teil 5: Die Produzenten

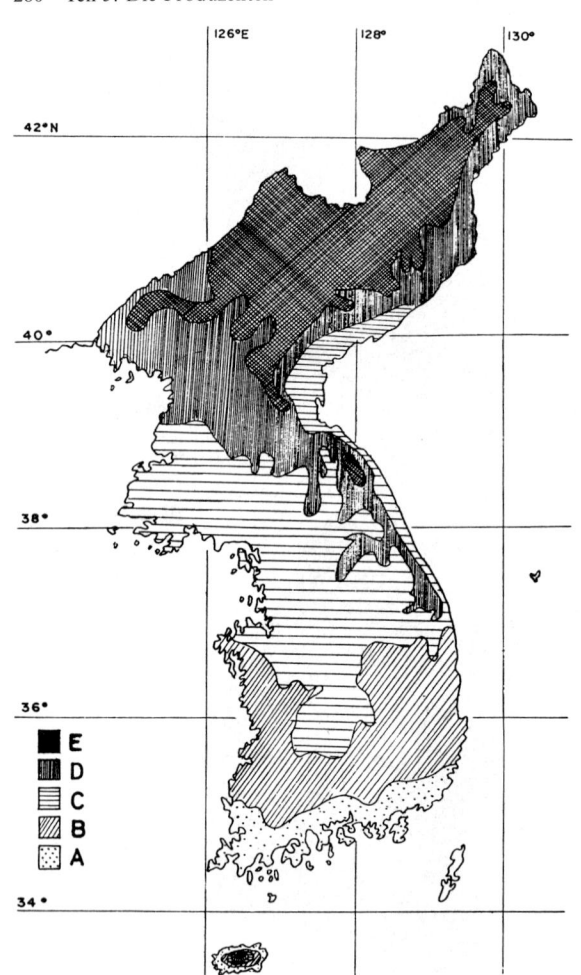

Abb. 5.38: Vegetationskarte von Korea (aus YIM & KIRA 1975). Den von YIM & KIRA angegebenen Bezeichnungen sind in Klammer die Zonobiom-Zuordnungen hinzugefügt. A: warm temperierte Waldzone (ZB V); B: kühl temperierte Waldzone, Südregion (ZÖ V/VI); C: dto., Zentrale Region (ZB VI); D: dto., Nordregion (ZÖ VI/VIII); E: Subarktische Waldzone (ZB VIII).

und nur einen schmalen Streifen am Südende der Halbinsel einnimmt (= A) (Abb. 5.38). Diese Zone setzt somit das vollständige Fehlen einer kalten Jahreszeit voraus. Die Zone mit W > 100 entspricht aber schon dem Zono-Ökoton niedrigeren Kälteindexes (resp. der entsprechenden Höhenstufe) V/VI. Das Gebiet mit einem Wärmeindex W = 85–100 entspricht der eigentlichen zentralen Zone der laubabwerfenden Wälder (ZB VI, bzw. entsprechende Waldstufen), das Gebiet mit W = 55–85 wieder dem Übergang zur borealen Zone VIII bzw. der entsprechenden Höhenstufe und das Gebiet mit W < 55 bereits den subalpinen Stufen.

Die Wärme-Indices in Korea liegen für die einzelnen Vegetationszonen bzw. Höhenstufen viel höher als in Japan, wahrscheinlich weil die Winter auf dem Festland schon sehr viel kälter sind als auf den japanischen Inseln. Sie müssen durch wärmere Sommer kompensiert werden, doch wurden die entsprechenden Kälte-Indices nicht berechnet.

Eine genauere Übersicht des Klimas der Koreanischen Halbinsel geben uns die Klimadiagramme. YIM & KIM (1983) haben 145 Klimadiagramme für dieses Gebiet gezeichnet. Sie zeigen, daß nur wenige Stationen am Südrand ein warmtemperiertes Klima und fast nur die Station Jeju auf der im Süden vorgelagerten Insel keine kalte Jahreszeit aufweist. Nur wenige Stationen haben eine Jahresmitteltemperatur über 14 °C; zehn weitere haben eine solche von über 13 °C. Da die Höhenlage nach Norden rasch ansteigt, entspricht die hypsonale Vegetation zum größten Teil dem Zono-Ökoton V/VI und dem Zonobiom VI, der nördliche an China angrenzende Teil von Korea dagegen schon dem Zono-Ökoton VI/VIII und dem Zonobiom VIII (vgl. S. 283 ff., China).

Im Gegensatz zu Japan kommen im Bereich des ZB V des warm-temperierten Klimas im SE von Nordamerika zwar auch Wälder mit entsprechenden immergrünen Holzarten vor, aber dominant sind in diesen die laubabwerfenden Eichen und andere Holzarten (BRAUN 1950). Das ist auf die in einzelnen Wintern von Norden kommenden Kälteeinbrüche mit sehr tiefen Temperaturen zurückzuführen. Diese können noch den Golf von Mexico und Nord-Florida erreichen. In diesem Gebiet sind namentlich auf sandigen Böden Kiefernwälder mit verschiedenen *Pinus*-Arten sehr häufig.

AHTI & KONEN (1974) haben bioklimatische Zonen in Ostasien unterschieden, die wir in Abb. 5.39 wiedergeben. Hier sind in der planetarischen Abfolge nach Norden fast alle Zonobiome vom Zonobiom I bis zur Arktis (ZB IX) vertreten.

b) Die Böden

In Japan herrschen die braunen Waldböden vor, die verschiedene Wasserführung aufweisen. Da es sich um ein vulkanisches Gebiet handelt, sind auch schwarze vulkanische Böden (Andosols) verbreitet, insbesondere auf der Insel Kyushu. Stellenweise kommen fossile Roterden vor. An steilen Gebirgshängen sind durch Bodenerosion geköpfte Bodenprofile und Rohböden vorherrschend. Alle tiefgründigen alluvialen Böden werden kultiviert, insbesondere dienen sie dem Anbau von Reis.

c) Die Vegetation in Japan

Die warm-temperierten Wälder Japans werden kurz von KIRA et al. (1978) charakterisiert: Die wichtigsten dominanten Arten sind immergrüne Eichenarten der Gattungen *Cyclobalanopsis* und *Castanopsis*, die man auch als Subgenus der Gattung *Quercus* s.l. betrachten kann, eines Subgenus, das von dem Subgenus *Lepidobalanus*, zu dem die Arten *Quercus ilex* und *Qu. suber* des ZB IV gehören, deutlich verschieden ist.

Außer den 6 Arten von *Cyclobalanus* und den 2 Arten von *Castanopsis* sind für die japanischen Wälder noch besonders bezeichnend die Lauraceen-Gattungen *Machilus*, *Actinodaphne* und *Cinnamomum japonicum* u.a. sowie 2 Arten eines anderen Subgenus von *Quercus*, nämlich *Pasania*; dazu kommen *Ilex*, *Dystilium* u.a. Häufig sind

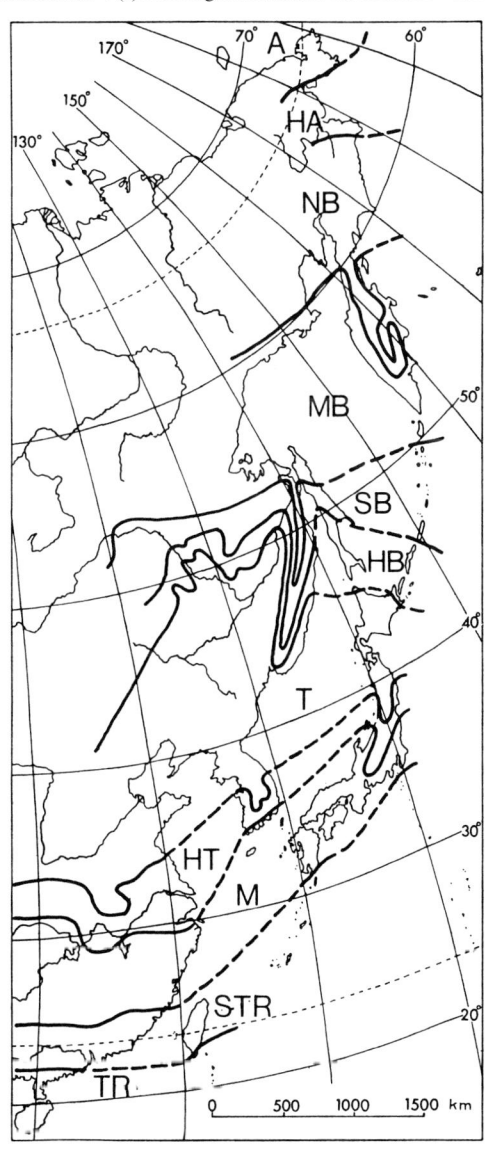

Abb. 5.39: Bioklimatische Vegetationszonen des küstennahen Bereichs Ostasiens. Den einzelnen Bezeichnungen für die Zonen nach AHTI & KONEN (1974) sind in Klammer die Zonobiombezeichnungen beigefügt. TR: tropisch (ZB I); STR: subtropisch (ZÖ I/II und ZB II); M: meridional (ZÖ II/V und ZB V); HT: hemitemperiert (ZB V und ZÖ V/VI); T: temperiert (ZB VI); HB: hemiboreal (ZÖ VI/VIII); SB: südlich boreal (ZB VIII/VI); MB: mittelboreal (ZÖ VIII); NB: nordboreal (ZÖ IX/VIII); HA: hemiarktisch (ZB IX); A: arktisch (ZB IX).

auch die immergrünen Arten von den Gattungen *Myrica, Daphniphyllum, Elaeocarpus, Ternstroemia, Prunus* u. a. Auch Koniferen, wie *Podocarpus macrophyllus* imd *Torreya nucifera*, fehlen nicht.

In der unteren Baumschicht oder Strauchschicht kommen ebenfalls immergrüne Arten vor z. B. von *Cleyera, Eurya* (z. B. *E. japonica*), *Camellia, Aucuba, Euonymus japonica* und *Ligustrum japonicum, Symplocos, Illicium, Liriope platyphylla, Neolitsea sericea, Pieris* u.a., unter den Büschen in den Gattungen *Maesa, Ardisia, Damnacanthus, Lasianthus, Rubus*. Auch immergrüne Kräuter und Farne des Unterwuchses treten auf.

Häufig sind Lianen z.B. *Trachelospermum asiaticum* (Apocynaceae), *Kadsura* (Schisandraceae, aff. Magnoliaceae), *Elaeagnus, Ficus, Hedera*, sowie laubwerfende *Wistaria, Ampelopsis, Caesalpinia, Rosa*, wie auch epiphytische Farne und Orchideen, so daß man den Eindruck eines fast tropischen Waldes erhält. Die Zahl der Holzarten ist sehr groß, ihre immergrünen Blätter sind lederig, mittelgroß, meist glänzend.

Man kann nach SUZUKI (1953) drei verschiedene Waldtypen unterscheiden:
1. *Machilus*-Typus (meist mit *M. thunbergii*) auf tiefgründigen Böden.
2. *Cyclobalanopsis*-Typus, der vorwiegend in höheren Lagen anzutreffen ist, meist mit *C. acuta*.
3. *Shiia* (oder *Castanopsis*)-Typus auf etwas trokkeneren, warmen Standorten, meist mit *C. cuspidata*.

Urwüchsige Wälder fehlen heute in Japan ganz. Alle wurden für Brennholz- oder Holzkohle-Gewinnung mehrmals geschlagen, mit Ausnahme kleiner, geschützter Bestände. Es sind somit alles Sekundärwälder, die vor allem aus Stockausschlägen hervorgegangen sind. Auf kühleren Standorten haben oft die laubabwerfenden *Quercus acutissima* und *Qu. serrata* die Vorherrschaft erhalten, auf durch Streunutzung verarmten Böden gilt das für *Pinus densiflora*.

Die immergrünen Wälder, die floristisch den spättertiären Wäldern nahestehen, waren die zonalen Wälder im SW der Hauptinsel Honshu und auf Shikoku sowie Kyushu, entsprechend auch im südlichen Korea, in der Südlichen Hälfte von Zentral-China (Chechiang, Fuchien, Yunnan, vgl. MAYER 1977). Sie kommen aber in Zentral-Nepal vor und als schmaler Streifen am Südhang des Himalaya entlang.

Der große Artenreichtum erschwert die Gliederung der Wälder sehr.

MIYAWAKI, der mehrere Jahre bei TÜXEN arbeitete, hat die pflanzensoziologische Methode mit seinen Mitarbeitern in Japan angewendet und 1979 in einem Tabellenband eine sehr große Zahl von Aufnahmen veröffentlicht und ebenso zahlreiche Pflanzengesellschaften in einem floristischen System zusammengefaßt, allerdings ohne jeglichen Bezug auf Klima- oder Bodenverhältnisse. Solche Artenlisten lassen sich ökologisch kaum auswerten. Auch wurde eine Karte der potentiellen Vegetation Japans entworfen, also von der Vegetation, die sich angeblich entwickeln würde, wenn jegliche Beeinflussung der Menschen aufhörte. Aber das wäre nur der Fall, wenn es keine Menschen mehr gebe. Denn der menschliche Einfluß hat schon allein durch die Immissionen heute globale Ausmaße angenommen. Außerdem wird bei Waldgesellschaften ein Dauerzustand, von den Pflanzensoziologen als Klimax bezeichnet, erst nach Jahrhunderten erreicht, so daß inzwischen sich das Klima wesentlich verändern könnte. Die Vulkantätigkeit in Japan hat durch starke Eruptionen und flächenweise Überdeckung durch vulkanische Asche Wälder immer wieder völlig vernichtet. Die potentielle Vegetation ist eine rein hypothetische Konstruktion, die für vergleichende Zwecke vielleicht nützlich wäre, wenn man ausreichend Vergleichsmaterial zur Verfügung hätte.

Sehr wichtig ist es, die heutigen Veränderungen der Wälder durch den Menschen zu kennen.

Das Holz von immergrünen Baumarten findet als Brennholz oder zur Herstellung von Holzkohle Verwendung. Die Verjüngung erfolgt durch Stockausschläge bei einer Umtriebszeit von 20–30 Jahren.

Die frühere Kampfergewinnung aus *Cinnamomum camphora* wurde inzwischen eingestellt, da man Kampfer billiger synthetisch herstellen kann.

Das Holz von *Castanopsis*- und *Cyclobalanopsis*-Arten wird für die Kultur des Speisepilzes *Cortinellus (Tricholoma) edodes* «Shiitaki»[2] verwendet. 1972 wurden 8000 t an Trockenpilzen und 20.300 t an frischen Pilzen erzeugt und zu diesem Zweck 917.000 m^3 Holz verwendet.

Forstplantagen zur Erzeugung von Nutzholz werden auf Schlagflächen als Monokulturen mit den Coniferen *Cryptomeria japonica* auf günstigen Biotopen oder mit der weniger anspruchsvollen *Chamaecyparis obtusa* auf ärmeren Biotopen angelegt. In höheren Lagen spielen die *Larix leptolepis*-Plantagen die Hauptrolle. Diese raschwüchsige Art kommt im Gebirge nur als Pionierart auf trockenen Schutthalden oder vulkanischen Rohböden vor.

---

[2] «Shii» ist die japanische Bezeichnung für den Pasanienbaum *(Pasania cuspidata)*, der früher bevorzugt als Substrat für die Pilzzucht diente; «take» heißt Pilz.

Die Bedeutung der Wälder besteht vor allem in der Abschwächung des Wasserabflusses nach Sturzregengüssen, die häufig auftreten und starke Bodenerosionsschäden auf nicht durch die Pflanzendecke geschützte Böden an Steilhängen verursachen.

d) Die Vegetation in China

China und Japan gehören zu den am dichtesten besiedelten Gebieten der Erde. Es ist deshalb verständlich, daß alle tiefergründigen, zonalen Böden heute ebenfalls Kulturland sind und man die ursprüngliche Waldvegetation nur auf den unteren Hängen der Gebirge findet, die sich weder für den Ackerbau noch für Weideland eignen. Diese geben uns eine gewisse Vorstellung von der früheren zonalen Vegetation der entsprechenden Zonen. Von China liegt eine sehr ausführliche Monographie mit 1375 Seiten über «Chinas Pflanzendecke» (1980) mit einer großen, farbigen Vegetationskarte (1:10 Millionen) vor, aber beide sind nur in chinesischer Sprache abgefaßt, so daß wir sie nicht auswerten können. Auch ist die Anordnung nicht nach ökologischen Gesichtspunkten vorgenommen worden, sondern nach Lebensformen, wie z. B. Nadelwälder (von den subtropischen bis zu den subalpinen), alle Laubwälder (immergrüne, laubwerfende), Strauchformationen (von der Mangrove und denen der Wüste bis zu den alpinen), Grasländer (von den Steppen bis zu den alpinen Matten). Die lateinischen Namen zeigen, daß die warmtemperierten Wälder vorwiegend aus immergrünen Fagaceen bestehen, wie *Quercus equifolioides*, Arten der Gattungen *Cyclobalanopsis*, *Castanopsis*, *Lithocarpus* sowie verschiedene Lauraceen usw. Verschiedene *Pinus*-Arten bilden die sekundären Wälder oder wachsen an trockenen Hängen. Wir bringen nur die Höhenstufenfolge in der Provinz Yünnan (südwestlichste Ecke von China) ausführlicher sowie die des Tsilingebirges. Schon im Bereich des Zonobioms VI liegen einige Gebirgslandschaften, z. B. das Chengbai-Gebirge (vgl. S. 321 ff.) in der nordöstlichsten Ecke an der koreanischen Grenze (nach einem Bericht über eine Studienreise von W. ENGELHARDT et al., 1980).

Das **Tsilingebirge** gehört teilweise noch zum Orobiom V (Tsilin-, oder Cinlin-Qinling-Gebirge). Es liegt etwa auf dem 33°N und zwischen dem 105°30′ und 110°E (vgl. Abb. 6.22, S. 322).

Dieses von Westen nach Osten verlaufende, höchste Gebirge Mittelchinas bildet die Grenze zwischen dem subtropischen und dem warmtemperierten Klima des ZB V. Es hat eine Länge von etwa 500 km und eine Breite von 200 km. Der höchste Gipfel erreicht 3767 m NN. Sonst sind die Bergrücken zwischen 2000 und 3000 m hoch. Die glaziale Morphologie ist in der nivalen Stufe sehr ausgeprägt. Am Nordhang ist das Klima noch winterkalt (Januarmittel −0,9 °C), der Südabfall wärmer (Januarmittel 3,2 °C). Die Niederschläge betragen bis über 900 mm.

Der **immergrüne Laubwald** des ZB V ist in der kollinen Stufe am Südhang in 500–800 m NN typisch ausgebildet mit dominanter *Quercus acutissima* und 5 anderen *Quercus*-Arten; dazu *Eriobotrya japonica*, *Eucommia ulmoides*, *Cunninghamia lanceolata* (Taxodiaceae), *Cupressus funebris*, aber auch *Magnolia*, *Pterocarya*, *Liquidambar* u. a. Beigemischt ist *Pinus massoniana*.

Darüber in der submontanen Stufe (800–1300 m) herrscht *Quercus variabilis* vor und andere sommergrüne *Quercus*-Arten, in Südexposition auch *Castanopsis fargesii* u. a.

Darüber in der montanen Stufe (1300–2200 m NN wächst ein Nadel-Laub-Mischwald mit über 40 Baumarten. Am häufigsten ist *Quercus aliena* u. a., *Pinus tabulaeformis*, *P. armandi*, *Carpinus cordata*, *C. fargesii*, *Betula platyphylla*, *Populus* spp., *Tsuga chinensis* u. a.

In der hochmontanen Stufe (2200–2600 m NN) dominiert *Betula alba-sinensis*, und es mischt sich *Abies fargesii* bei, dazu kommt *Picea wilsonii*, in 2600–3000 m NN *Abies chensiensis* und *A. fargesii*. Der Wald lichtet sich und Sträucher (*Rhododendron*, *Ribes*, *Lonicera*, *Juniperus*, *Malus*, *Prunus*, *Rosa*, *Sorbus*, *Viburnum* u. a.) füllen die Lücken aus.

Die subalpine Stufe (3000–3350 m NN) wird durch langsamwüchsige *Larix*-Bestände gebildet mit Zwergsträuchern: *Sabina (Juniperus)*, *Potentilla fruticosa*, *Rhododendron* spp., *Salix luctosa*, *Lonicera*, *Berberis*, *Spiraea* u.a., die in 3350–3500 m NN vorherrschen und allmählich durch alpine Wiesen mit *Roegneria (Agropyron) nutans*, *Poa* spp., *Trisetum spicatum*, *Carex mariana* und sehr vielen Kräutern verdrängt werden. Dazu kommen Flechten (*Rhizocarpum*, *Cladonia*, *Cetraria*, *Stereocaulon*) und Moose (*Ceratodon purpureus*, *Grimmia*, *Barbula* u. a.). Es werden in diesem Gebirge sehr viele Pflanzengemeinschaften unterschieden und die Wuchsleistungen der wichtigsten Nadelhölzer in Abhängigkeit von den Höhenlagen angegeben. Auch auf die Verjüngung derselben, die Entwicklungsdynamik und die Gefährdung durch Parasiten sowie Schädlingen wird eingegangen.

Yünnan – Im Journal of Biogeography (Nr. 5) Vol. 13 (1986), S. 365–486 wurden Arbeiten über die Vegetation der Provinz Yünnan in SW-China veröffentlicht. Diese Provinz bildet das südöstliche Ende des Himalaya, das durch ein Hochplateau nach N und W abgedrängt wird. Yünnan wird durch die großen südostasiatischen Flußsysteme (Salween, Mekong, Song Koi [Roter Fluß]) und ihre Nebenflüsse, die sich z.T. tief in das Plateau eingeschnitten haben, von NW nach SE durchflossen. Infolgedessen sind alle Höhenlagen von über 5500 m NN bis unter 1000 m NN vorhanden, und die mittleren Jahrestemperaturen schwanken von über 21 °C bis unter 6 °C, ebenso auch die Jahresniederschläge von über 2250 mm bis unter 750 mm, soweit dies bisherige Meßreihen erkennen lassen. Entsprechend findet man im Süden in den tiefsten Lagen tropischen Regenwald und in den höchsten alpine Matten und schneebedeckte Gipfel. Aber der größte Teil der Fläche in mittleren Höhenlagen wird von den warm-temperierten, immergrünen Breitlaub- oder Nadelwäldern eingenommen, die auf der Vegetationskarte als subtropisch bezeichnet werden. Deswegen werden diese Arbeiten hier im Rahmen des ZB V besprochen.

Die Flora von Yünnan umfaßt 240 Pflanzenfamilien, 1984 Gattungen und 13.000 Arten von Samenpflanzen. In der warmtemperierten Höhenlage bestehen die Wälder aus den Baumarten der typischen immergrünen Gattungen *Castanopsis* und *Cyclobalanopsis*, aber auch *Magnolia*, *Cinnamomum*, *Machilus*, *Lithocarpus*, *Camellia*, *Ilex*, *Rhododendron* und vielen anderen. Im Unterwuchs sind immer Bambuseen vertreten.

Als Beispiel wird ein typischer Wald in 1500–2000 m NN auf Gelberde mit einer dicken Rohhumusschicht angeführt:

Die Baumschicht besteht aus etwa 50 Arten in 2 Schichten. Die obere deckt 80–90%, ist 20–25 m hoch, die untere nur 20% mit z.B. 3 *Camellia*-Arten u.a. Als Epiphyten sind neben vielen Moosen und *Selaginella* auch Hymenophyllaceen reichlich vorhanden.

An Hängen, die trockener sind, findet man Hartlaubwälder, in denen *Quercus*-Arten dominieren. Auf gestörten Flächen oder auf nährstoffarmen Böden sind nicht frostresistente Coniferen (tropisch-subtropischer Verbreitung) bis zu 2700 m NN verbreitet. Zu nennen wären: *Pinus armanli*, die eine Höhe von 15–25 m erreicht, im NE begleitet von Keteleeria. Im NW sind *Pinus densata* und *Cupressus douclouxiana* verbreitet. *Pinus yunnensis* findet man in verschiedenen Höhenlagen von 600–3500 m NN, und zwar auf unfruchtbaren, sauren Böden, die arm an organischem Material sind. Die Coniferen werden immer von Breitlaubarten begleitet. In der Strauchschicht kommen *Rhododendron*-Arten vor, die in diesem Gebiet durch eine sehr große Zahl an Arten vertreten sind.

In über 2700 m NN kommen andere Coniferen hinzu, wie *Tsuga*, *Abies*, *Picea*, *Taxus*, *Larix*, sowie *Betula*-Arten. Sie gehören schon zu den winterharten Höhenstufen und reichen bis zur Waldgrenze in etwa 3500 m NN hinauf.

Weitere Arbeiten beschäftigen sich mit der Veränderung der Vegetation im Spät-Pleistozän und im Postglazial aufgrund von Pollenanalysen der Sedimente von drei Seen: 1) in 1280 m NN, 600 m über dem etwa 30–60 km entfernten, tropischen Regenwald, mit Sedimenten, die 36.000–20.000 Jahre zurückreichen; 2) von einem anderen See in 1980 m NN, bei dem durch die Pollenanalyse die Vegetationsgeschichte an den 1000 m höheren Hängen etwa 17.000 Jahre zurück erfaßt wurde und 3) bei einem See unweit der Provinzhauptstadt Kunming in 1886 m NN mit bis zu 16.000 Jahre alten Sedimenten. Die Ergebnisse dieser Untersuchungen faßt D. WALKER kurz zusammen: Das gegenwärtige Klima des Gebiets wird durch den Monsun bestimmt. Im Winter erreicht die polare Front die Provinz und bewirkt eine relativ trockene Jahreszeit; 85–90% der Niederschläge fallen in den Monaten Mai bis Oktober. Das bedingt, wie bereits erwähnt, in mittleren Höhenlagen eine Vegetation, die der zonalen, warmtemperierten des Zonobioms V im südlichen China entspricht.

Im Frühpleistozän war das Himalaya-Gebirge etwa 3000 m niedriger als heute, so daß die Höhenstufen noch nicht so extrem ausgebildet waren. Die Hebung betrug im Mittel etwa 7 mm pro Jahr, so daß gegen Ende des Pleistozäns der Himalaya nur noch 50–100 m niedriger war als heute und bereits die heutige Luftzirkulation bestand.

In den ältesten, durch die Pollenanalyse erfaßten Schichten wurden vor 36.000 Jahren Pollen von den Podocarpaceen *Dacrycarpus* und *Dacridium* festgestellt, die heute in dem Gebiet nicht vorkommen. Das würde für ein Klima mit feuchteren Wintern ohne Frost sprechen, während heute einzelne Fröste vorkommen.

Ansonsten ergaben die Pollenanalysen, daß im Spätglazial und Postglazial zwar Klimaschwankungen auftraten, sie betrafen aber mehr die Niederschläge als die Temperatur, so daß die Glazialzeiten sich nur wenig auswirkten und der allgemeine Vegetationscharakter sich wenig änderte. Vor 10.000 Jahren entsprach das Klima bereits weitgehend dem heutigen. Bei der großen Variabilität des Kleinklimas in den Gebirgen, die durch die Exposition der Hänge, die Neigung und die Höhenlagen bewirkt wird, konnte sich die Vegetation durch kleine Verschiebungen innerhalb des Wuchsgebietes den jeweiligen Klimaschwankungen anpassen, so daß insgesamt die Flora fast unverändert blieb.

Auf das **Orobiom des Ost-Himalaya** bis Ost-Nepal zum Vergleich mit Südwest-China weisen wir hin, zumal es ganz ähnliche Verhältnisse wie am Südrand des gesamten Himalaya aufweist, der unter dem Monsuneinfluß steht und deshalb starke Sommerregen erhält. Der Ost-Himalaya ist ein Übergangsgebiet, teils schon Zono-Ökoton V/II, doch ist die Landschaftsgliederung sehr vielfältig. Es sei hier daher auf die Verhältnisse im Nepal-Himalaya, die wir ausführlich kennengelernt haben (vgl. S. 181 ff.), verwiesen.

NUMATA (1966) und YODA (1967, in NUMATA 1983) schildern die Höhenstufenfolgen, also die hypsonale Vegetation im östlichen Himalaya. In diesem Gebiet sind die höchsten Berggipfel bis 6954 m NN hoch. Die umfangreichen Angaben über die verschiedenen Höhenstufen und die Vegetationsverteilung in den verschiedenen Tälern, die SCHWEINFURTH (1957) anführt, hatten wir bereits in Band 2, im Rahmen des Zonobioms II, erwähnt.

Zur Ergänzung der Angaben über den Südlichen, den Inneren und den Tibetischen Himalaya (VON MIEHE, vgl. S. 181 ff.) geben wir hier noch Angaben zu den Höhenstufen des östlichen Himalaya, nach NUMATA 1983.

Höhenstufe bis 1200 m NN: Das Klima ist subtropisch. Im Wald herrscht die Dipterocarpaceae *Shorea robusta* vor, der für Buddhisten heilige Salbaum, mit vielen anderen Baumarten, auch mit *Ficus benghalensis*, einem ausladenden Würgerbaum.

Höhenstufe 1200–1900 m NN: Das Klima ist warm-temperiert. Es ist die *Schima-Castanopsis*-Stufe mit *Schima wallichii* (Theaceae) und *Castanopsis indica* (Fagaceae). Sie entspricht dem unteren Teil der hypsonalen, warmtemperierten, immergrünen Waldstufe mit einer immergrünen Strauchschicht (*Eugenia, Grewia, Pieris, Euonymus* u.a.) und mit Epiphyten (Orchideen, *Hoya, Vaccinium* u.a.).

Höhenstufe 1900–2500 m NN: Das Klima ist warm-gemäßigt mit einzelnen Frösten bis etwa $-10\,°C$. Vorherrschend sind immergrüne *Quercus*-Arten, die über 30 m Höhe erreichen können.

Dazu kommen *Castanopsis, Lithocarpus* und Lauraceen (*Cinnamomum, Litsea, Machilus*) sowie Magnoliaceen u.a. In der Strauchschicht sind zahlreiche *Rhododendron*-Arten vertreten, sowie Epiphyten und Farne an den Stämmen verbreitet. Die Wälder der beiden warmtemperierten Höhenstufen sind stark gestört. Es ist der Hauptsiedlungsbereich für kunstvolle Bewässerungskulturen mit schmalen Hangterrassen. Auf Schlagflächen oder an trockenen Standorten wachsen bis 1700 m NN *Pinus longifolia* und über 1400 m NN auch *Pinus griffithii*, sie kommen jedoch nie gemeinsam vor. In höheren Lagen steht noch *Pinus excelsa*.

Höhenstufe 2500–2900 m NN: Klimatisch macht sich hier eine kalte Jahreszeit bemerkbar. Die immergrünen Arten verschwinden. Bis 2700 m NN dominiert *Quercus semecarpifolia* mit *Rhododendron arboreum*, höher kommt verstärkt *Tsuga* hinzu. Diese Nadelholzart bildet an Nordhängen Reinbestände. In der unteren Baumschicht findet man *Acer-, Betula-, Carpinus*-Baumarten u.a. In der Strauch- und Krautschicht sind vertreten: *Viburnum, Daphne, Rosa, Hydrangea, Viola, Potentilla, Corydalis* u.a., als Frühlingsgeophyten z.B. die Orchidee *Pleione hookeriana*, dazu viele andere Monocotyle; auch eine Moosschicht ist ausgebildet. Auf Waldlichtungen breiten sich mehrere kleinwüchsige *Rhododendron*-Arten aus.

Höhenstufe 2900–3800 m NN: Die kalte Winterzeit ist schon sehr ausgeprägt. Es handelt sich um eine hypsonale Nadelwaldstufe. Ab 2800 m tritt *Abies spectabilis* auf, die ab 3000 m NN die Vorherrschaft erlangt, 25 m hoch wird, dichte Bestände bildet, mit einer bis 5 m hohen *Rhododendron*-Strauchschicht darunter, wobei *Rh. arboreum* mit zunehmender Höhe durch die kleineren *Rh. hodgisonii* und *Rh. barbatum* und höher durch *Rh. campanulatum* u.a. abgelöst wird.

Waldgrenze: Diese liegt zwischen 3700 und 4000 m NN.

Höhenstufe 3800–4000 m NN: Es handelt sich um die subalpine Stufe. Sie besteht aus einem Gebüsch von *Rhododendron lanatum* und *Rh. campanulatum* sowie *Juniperus wallichiana*, dessen einzelne windgescherte Stämme bis 13 m hoch werden, während der *Rhododendron*-Busch nur noch eine Höhe von 4–5 m erreicht.

Höhenstufe über 4000 m NN: In dieser alpinen Stufe sind bis 4300 m NN niedrige Kriech- und Zwergsträucher verbreitet, neben *Juniperus squamata* und *Salix*-Arten eine Reihe von kleinen *Rhododendron*-Arten, darunter das niedrige *Rh. nivale*, die alle unter der gärtnerischen Bezeichnung «Azalee» laufen könnten. Darüber beginnen sehr feuchte Matten mit artenreichen Kräutern der Gattungen *Meconopsis* (Papaverac.), *Primula, Androsace, Leontopodium, Potentilla, Corydalis, Pedicularis, Fritillaria* u.a., während auf trockeneren Biotopen neben *Primula, Sedum, Saussurea, Cassiope, Ephedra* u.a. wachsen.

Von den verschiedenen Waldtypen (*Quercus-Machilus* in 2270 m NN, *Quercus-Cinnamomum* in 2390 m NN, *Tsuga-Quercus* in 2720 m NN, *Tsuga* in 2760 m NN, *Pinus griffithii* in 2650 m NN, *Abies-Tsuga* in 2920 m NN, *Abies* in 3120 m NN, *Juniperus-Rhododendron*-Gebüsch und einige andere) wurden u.a. Kronen-Projektionen gezeichnet, die den Deckungsgrad der oberen Baumschicht von 80–100% erkennen lassen. Außerdem wurden mikroklimatische Messungen der Temperatur innerhalb der Baumbestände und am Boden ausgeführt. In 100 cm Bodentiefe sind die Temperaturschwankungen schon sehr gering, Tagesschwankungen fehlen ganz. Sie ergaben in den Sommermonaten eine lineare Abhängigkeit von der Höhenlage und betrugen 15 °C in 1200 m NN und 2 °C in 4000 m NN; ein Permafrostboden fehlt somit in dieser Höhe. Der Temperaturgradient betrug zwischen 1700 und 4000 m NN 0,5 °C pro 100 m Höhenunterschied, dies entspricht Werten anderer humider Gebirgshöhenstufen.

Die Biomassebestimmung für die einzelnen Waldtypen wurde in ausführlichen Tabellen (YODA 1968) zusammengestellt. Wir begnügen uns mit einer gekürzten Zusammenfassung (vgl. Tab. 5.7).

Diese hypsonalen Waldtypen geben uns die Möglichkeit, eine Vorstellung von den zonalen Waldtypen zu erhalten, wenn letztere nicht mehr vorhanden sind. Allerdings muß man berücksichtigen, daß die hypsonale und zonale Vegetation zwar oft sehr ähnlich, aber doch nicht identisch sind, insbesondere, wenn es sich um Höhenstufen mit ausgedehnten Flächen und tiefgründigen Böden handelt.

e) Konsumenten

Die unberührten, immergrünen Laubwälder Japans beherbergen eine relativ reiche Wirbeltierfauna. Zu nennen wären die Affen (*Maecea fuscata*), die Hirsche (*Cervus nippon*), das Wildschwein (*Sus leucomystax leucomystax*), die Arten *Nycterentes procyoncides* und *Melas anakuma*, das Wiesel (*Mustela sibirica*), der Fuchs (*Vulpes vulpes*) und der Hase (*Lepus brachyurus brachyurus*). Doch leidet die Tierwelt unter der dichten Besiedelung. Für den Wald Minamata (Südkyushu), der 60 Jahre alt ist mit vorherrschenden *Castanopsis cuspidata* wurden im Rahmen des IBP-Programms angegeben die Kleinsäuger *Apodemus speciosus speciosus, A. argenteus argenteus* und *Urotrichus talpoides hondonis*. 25 Vogelarten wurden an 5 Tagen Ende Mai beobachtet. Auf den Büschen

Tab. 5.7: Zahl der Baumarten (Arten), Blattflächenindex (BFI) in ha·ha^{-1}, und Phytomasse in t·ha^{-1} für Blätter (B), Wurzeln (W), sowie insgesamt für die Bäume (total) und für den Unterwuchs (U) im Ost-Himalaya

	Arten	BFI	B	W	total	U
Quercus-Machilus-Wald	23	5,6	5,8	91,1	547	2,38
Quercus-Cinnamomum-Wald	10	6,9	8,1	95,5	573	1,96
Tsuga-Qu. semecarpif.-Wald	7	–	12,9	127	640	1,10
Abies-Wald						
I in 3120 m NN	5*	–	20,1	99,9	500	0,625
II in 3280 m NN	3*	–	17,5	80,4	403	2,60
III in 3420 m NN	7*	–	14,2	84,5	424	2,76
IV in 3530 m NN	2*	–	12,5	67,2	336	1,87
Juniperus-Rhododendron-Busch	2*	–	10,4	23,2	127	4,01
Rhododendron-Zwergstrauch	3*	–	10,3	24,1	51,0	55,3
Alpine Matten						
I in 4080 m NN	–	–	–	6,98	9,97	–
II in 4260 m NN	–	–	–	2,33	(4,76)	–

Anmerkungen: Bei den Nadelhölzern wurde der Blattflächenindex nicht bestimmt.
* Zahl der Arten mit dem Unterwuchs
( ) Mehr als die Hälfte der Phytomasse sind Moose und Flechten.

wurden 10 Familien von Spinnen, 10 Insektenordnungen und 16 Landschneckenarten festgestellt; dazu kamen 28 Vertreter von Ordnungen der Bodenfauna.

In einem Wald auf der Boso-Halbinsel umfaßte die Liste 10 Amphibienarten, 8 Reptilienarten, 92 Vogelarten, die zu 32 Familien gehörten und 12 Säugetierarten; außerdem 100 Spinnenarten und 52 Myriapoden-Arten (Angaben aus SATOO 1983).

f) Destruenten

Genauere Untersuchungen über die Bodenorganismen des ZB V sind uns nicht bekannt. KITAZAWA (1961 in japanisch) fand, daß die Bodenfauna mit zunehmender Höhenlage ständig abnimmt (Abb. 5.40).

Bodenatmungsbestimmungen (Methode nicht angegeben) ergaben Werte, die zwischen 917 bis 1556 $g \cdot m^2 \cdot a^{-1}$ schwankten, wobei 35% aus dem A_0-Horizont stammten. Aber die erhaltenen Werte waren höher als die durch den Streufall dem Boden zugeführte organische Substanz, was ungewöhnlich ist, es sei denn, die Wurzelatmung wäre sehr intensiv.

g) Ökologische Untersuchungen

Auf dem Gebiet der ökologischen Forschung nehmen die japanischen Forscher eine führende Position ein. Sie sind auch außerhalb ihres Landes tätig, z. B. in Thailand, Nepal, auf den Pazifischen Inseln und in Ländern der Dritten Welt.

Produktionsbestimmungen bei Waldbeständen wurden in Japan schon sehr frühzeitig begonnen und zwar in den verschiedenen Klimazonen von dem tropischen Regenwald in Thailand bis zu dem kalt temperierten Coniferen-Wald in Nord-Japan. Hier sollen nur die Untersuchungen besprochen werden, die sich auf das ZB V beziehen (vgl. SATOO 1983).

Die immergrünen, warmtemperierten Wälder weisen mehrere Schichten auf. Die Bäume gehören vielen Altersklassen an. Die Hauptblattmasse ist, wie die folgende Tabelle 5.8 zeigt, in der oberen Kronenschicht konzentriert.

Tab. 5.8: Verteilung der Blätter in einem immergrünen Laubwald in Südkyushu (nach KIMURA 1960)

Baumschicht	Höhe in m	Trockengewicht ($kg \cdot m^{-2}$)	Blattflächen (m^2)
obere	>13	8,52	6,54
mittlere	4–13	2,38	1,83
untere	<4	0,50	0,38
insgesamt		11,40	8,75

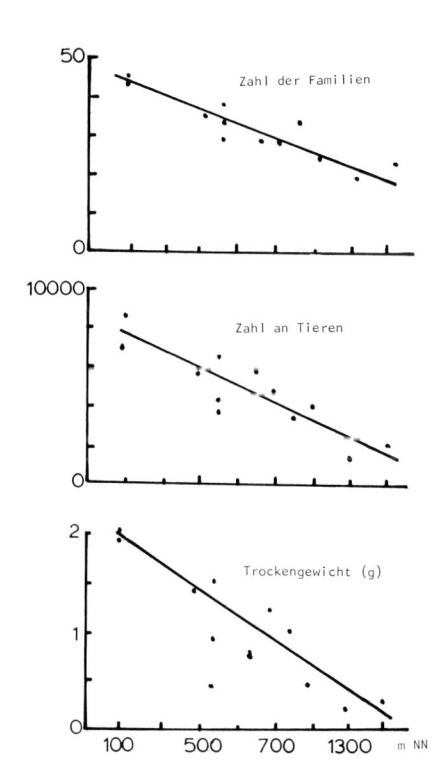

Abb. 5.40: Die Veränderungen der Boden-Meiofauna (Mittelwert für 1 m²) im Höhengradienten im südlichen Kyushu (aus SATOO 1983, nach KITAZAWA 1961).

Der Wald bestand aus vorherrschend *Distilium racemosum*, *Castanopsis sieboldii*, *Cyclobalanopsis acuta* und *C. salicina* in der oberen Kronenschicht und denselben Arten sowie *Camellia japonica*, *C. sasanque*, *Machilus japonicus* und *Cleyera japonica* in den unteren. Der Altersaufbau zeigt einen raschen Abfall der Stammzahl von den jüngsten (bis 20jährigen) bis zu 60jährigen und dann eine geringe Zahl bis zu 360jährigen.

Das Gebiet des immergrünen Waldes in Japan erstreckt sich von Süden nach Norden über 13 Breitengrade, wobei die mittlere Jahrestemperatur maximal um 8° abnimmt, ebenso in vertika-

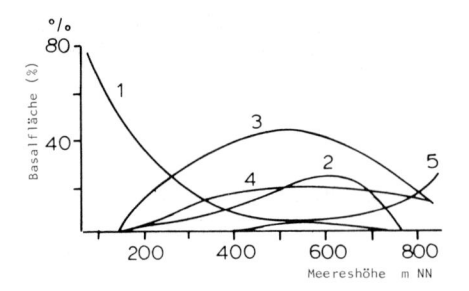

Abb. 5.41: Die prozentuale Verteilung der Basisflächen dominanter Arten entlang des Höhengradienten im immergrünen Breitlaubwald der Osuwi-Halbinsel (aus Satoo 1983).

ler Richtung vom Meeresniveau bis etwa 800 m NN. Entsprechend ändert sich die floristische Zusammensetzung quantitativ aber auch qualitativ. Die Abb. 5.41 gibt den Anteil der Basalflächen der einzelnen Baumarten an verschiedenen Höhenlagen wieder. Noch deutlich ist aus Abb. 5.42 zu erkennen, daß der immergrüne Laubwald bis etwa 800 m NN dominiert, dann beginnt ein Ökoton mit Coniferen und laubabwerfenden sommergrünen Arten, bis letztere bei 1500 m NN eine reine Laubwaldstufe bilden, die dem ZB VI entspricht.

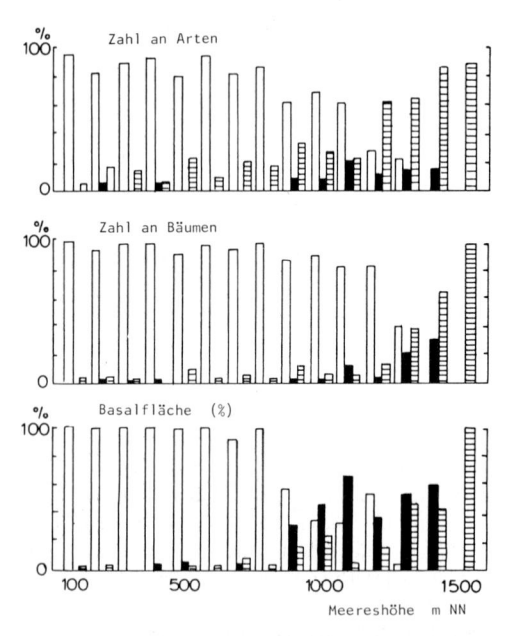

Abb. 5.42: Der Dominanzwechsel von immergrünen Breitlaubwaldbaumarten (weiße Säulen), Coniferen (schwarze Säulen) und Fallaubwaldbaumarten (schraffierte Säulen) eines Primärwaldes entlang des Höhengradienten am Mt. Kirishima (aus Satoo 1983).

Da die immergrünen Laubwälder wirtschaftlich von geringer Bedeutung sind, wurden bisher keine Produktionszahlen veröffentlicht. Über die stehende Phytomasse werden für einen Wald (vorherrschend *Castanopsis* und die Lauracee *Machilus*) im Oshima Vulkangebiet, auf einem Lava-Erguß aus etwa dem Jahre 684, folgende Angaben gemacht:

Deckung 100%, Höhe 13 m, 2500 Stämme · ha^{-1},
Blattmasse 13 t · ha^{-1}, Holzmasse 307 t · ha^{-1},
Organische Masse im Boden 288 t · ha^{-1}
Totaler N-Gehalt in Blättern 144 und im Boden
7430 kg · ha^{-1}
Totaler P-Gehalt in Blättern 14 und im Boden
340 kg · ha^{-1}
(Die Mengen in der Streuschicht wurden nicht bestimmt)

Die Netto-Produktion eines jungen aus Stockausschlägen hervorgegangenen *Castanopsis cuspidata*-Waldes betrug 17,8 t · ha^{-1}, einer hiebreifen *Cinnamomum camphora*-Pflanzung: 13,6 t · ha^{-1} + 1,67 t · ha^{-1} des Unterwuchses.

Für einen natürlichen Wald ergaben ungefähre Berechnungen:

Bruttoproduktion	56 t · ha^{-1} · a^{-1}
Atmungsverluste	36 t · ha^{-1} · a^{-1}
Nettoproduktion	20 t · ha^{-1} · a^{-1}

Sechsjährige Untersuchungen des Wasserhaushaltes eines *Castanopsis-Cyclobalanopsis-Machilus*-Waldes (S-Kyushu) ergaben:

Jahresniederschlag	3071 mm
Abfluß	1976 mm
Interception	324 mm
Evapotranspiration	771 mm

Von 1968 bis 1976 wurde von Tagawa (1979) die Samenproduktion und das Überleben der Keimlinge auf einer größeren Anzahl von 1 m^2 großen Probeflächen von *Castanopsis cuspidata* und *Machilus thunbergii* untersucht (Kira & Yabuki 1978; Tagawa 1978). Die Samen der ersten Art reifen im Winter und werden durch Insektenlarven und Nagetiere stark geschädigt die Samen der zweiten Art reifen im Frühsommer, keimen sofort, die Keimlinge sterben jedoch infolge kurzer Dürreperioden im Hochsommer ab, wobei nur eine geringe Anzahl überlebt.

Die Zahl der keimfähigen Samen schwankte in diesen Jahren bei *Castanopsis* zwischen 34 und 1150 pro Jahr, bei *Machilus* zwischen 0 und 386. Entsprechend variabel ist auch das Alter der lebenden Keimlinge. 1977 waren sie folgendermaßen auf die verschiedenen Altersklassen 1–8 verteilt:

Alter:	1	2	3	4	5	6	7	8
Anzahl:	385	383	46	32	57	31	62	96

Produktionsmessungen liegen nur für verschiedene Sekundärwälder vor, die nach einem Kahlschlag aus Stockausschlägen hervorgingen. Bei diesen schwankt die oberirdische Nettoproduktion zwischen 14–15 t · ha^{-1} · a^{-1}. Für einen natürlichen Wald wurde sie auf 20 t · ha^{-1} · a^{-1} geschätzt (KIRA & YABUKI 1978).

Bei KIRA and SHIDEI (1967) findet man eine Übersicht der Arbeiten mit einem ausführlichen Literaturverzeichnis und einer kurzen Zusammenfassung der angewandten Methoden sowie der Ergebnisse. Mit den immergrünen warmtemperierten Wäldern befaßten sich vier Veröffentlichungen, aber die untersuchten Wälder sind in Japan, wie schon erwähnt, keine natürlichen zonalen Wälder mehr, sondern vom Menschen stark verändert und zum Teil junge Bestände. Deshalb wurde bei ihnen eine Primärproduktion (net production) zwischen 10–35 · ha^{-1} · a^{-1} gefunden, die höchste Produktion im Bereich 30–35 t · ha^{-1} · a^{-1} nur einmal, am häufigsten im Bereich 15–20 t · ha^{-1} · a^{-1}. Ähnlich ist die Produktion der künstlichen *Cryptomeria*-Forste (einmal sogar 40–45 t · ha^{-1} · a^{-1}). Eine Bestimmung im tropischen Regenwald lag im Bereich 25–30 t · ha^{-1} · a^{-1}.

Der Blattflächenindex des immergrünen warmtemperierten Waldes liegt bei 8–9, also niedriger als beim tropischen Regenwald mit 12, aber höher als bei den temperierten laubabwerfenden Wäldern um 6. Das immergrüne Blatt im ZB V erreicht ein Alter von 1–3 Jahren. Der Blattfall erfolgt vor allem im Frühjahr nach der Entwicklung der neuen Blattriebe. Über die Zersetzung der Laubstreu berichtet YOSIDA (1967). Vergleicht man verschiedene Waldtypen der einzelnen Klimazonen, so scheint zwischen der Brutto-Produktion und dem Produkt aus Blattflächenindex mal Länge der Vegetationszeit eine lineare Funktion zu bestehen; das gilt jedoch nicht für die Primärproduktion, da die Atmungsverluste mit fallender Temperatur rascher abnehmen.

Von der gesamten organischen Masse des Ökosystems sind bei immergrünen warmtemperierten Wäldern etwa $^1/_4$ im Boden und $^3/_4$ in der Pflanzenmasse über dem Boden enthalten, beim tropischen Regenwald sind es nur $^1/_8$ im Boden, beim kalttemperierten Coniferenwald dagegen etwa $^2/_3$ im Boden.

Für das Japanische I.B.P. wurde im Bereich des ZB V eine Fläche von 36 ha – die Minimata-Versuchsfläche (32°10′N, 130°28′E) ausgewählt, an einem Westhang in 400–637 m NN, 20 km von der Meeresküste entfernt. Es handelt sich um einen Waldbestand, der nach einem Kahlschlag in den Jahren 1910–1920 aus den Stock-Ausschlägen und Sämlingen regenerierte. Nur wenige Bäume blieben stehen. Während der Untersuchung in den Jahren 1967–1973, an der 40 Ökologen beteiligt waren, hatte er somit ein Alter von nur etwa 50 Jahren (KIRA et al. 1978, S. 1–7, 131–139, 272–276). Die Höhe des Bestandes war maximal 20 m, der BHD selten über 40–50 cm, die Zahl der Stämme 1300–3500 pro Hektar.

Es dominierte *Castanopsis cuspidata* vor allem unter 550 m NN. Von Bedeutung waren außerdem 5 *Cyclobalanopsis*-Arten, *Machilus thunbergii*, *Distylium racemosum* u.a. über 550 m NN kamen laubabwerfende Arten hinzu (*Lindera erythrocarpa, Cornus brachypoda, Prunus jamasakura* u.a.), doch überwogen die immergrünen. Insgesamt hat man auf der Versuchsfläche 432 Arten festgestellt: 273 Dikotyle (davon 168 Holzarten), 49 Monokotyle, 8 Gymnospermen und 102 Pteridophyten.

Das Klima im Versuchsgebiet ist perhumid mit 2680 mm an Niederschlägen im Jahr, nur der August hat im Mittel etwas unter 100 mm und kann in einzelnen Jahren trocken sein (Abb. 5.43). Das Gebiet ist durch Taifune gefährdet. Bei den Böden handelt es sich meist um tiefgründige braune bis braun-gelbe Waldböden.

Von den Ergebnissen bringen wir die wichtigsten Produktionswerte (oberirdische) von drei

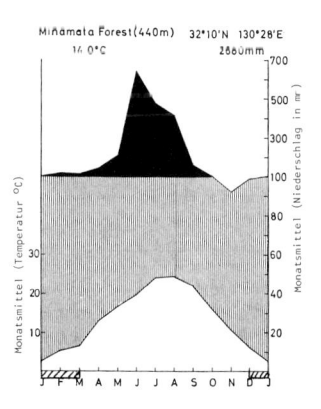

Abb. 5.43: Klimadiagramm des Minamata-Waldes (aus KIRA 1978). Die Temperaturwerte sind Monatsmittel von 2 Jahren (1970/71), die Niederschlagswerte Monatsmittel von 5 Jahren (1968–72).

Versuchsparzellen I–III und zum Vergleich Werte von einem tropischen Wald aus W-Malaysia ebenfalls nach KIRA et al. (1978) in der folgenden Tabelle 5.9:

Tab. 5.9: Produktionswerte einiger temperierter humider Waldparzellen in Japan und zum Vergleich Werte eines tropischen Waldes aus Malaysia (nach KIRA et al. 1978)

	I	II	III	W-Malaysia
Phytomasse in $t \cdot ha^{-1}$	427	470	440	
Primärproduktion in $t \cdot ha^{-1} \cdot a^{-1}$	17,2	18,4	19,4	26,7
Atmungsverluste in $t \cdot ha^{-1} \cdot a^{-1}$	36,8	34,1	36,2	54,5
Bruttoproduktion in $t \cdot ha^{-1} \cdot a^{-1}$	54,0	52,5	55,6	77,2

Die unterirdische Phytomasse und Primärproduktion wurde auf 25% der oberirdischen geschätzt, so daß die totale Phytomasse etwa 550 $t \cdot ha^{-1} \cdot a^{-1}$ und die gesamte Primärproduktion etwa 25 $t \cdot ha^{-1} \cdot a^{-1}$ betragen. Die Atmungsverluste erreichen 66% der Bruttoproduktion, beim tropischen Wald etwa 70%.

Der jährliche Phytomassezuwachs war mit 6,7–7,3 $t \cdot ha^{-1} \cdot a^{-1}$ im Vergleich zu einem von TAKADI (1968) untersuchten 14jährigen *Castanopsis cuspidata*-Bestand mit einem Zuwachs von 14 $t \cdot ha^{-1} \cdot a^{-1}$ niedrig, obgleich der Blattflächen-Index mit 6,7–8,3 nicht wesentlich niedriger war zum Vergleichswert von 8,9. Die Ursache dürfte in der sehr großen Dichte des aus Stockausschlägen hervorgegangenen Bestandes zu suchen sein, was für die Produktion ungünstig ist.

Die Verluste durch Raupenfraß betrugen etwa 0,045 $t \cdot ha^{-1} \cdot a^{-1}$, die der toten Holzmasse vor dem Fall 1,2 $t \cdot ha^{-1} \cdot a^{-1}$ und solche der Streu etwa 0,27 $t \cdot ha^{-1} \cdot a^{-1}$. Sehr interessant ist das von KIRA aufgestellte komplizierte und detaillierte Diagramm für den Kreislauf des Kohlenstoffs (Abb. 5.44).

h) Gliederung, Orobiome, Pedobiome und Zono-Ökotone

Auf diese haben wir z.T. bereits kurz in den vorigen Abschnitten hingewiesen. Weitere genauere Angaben liegen uns nicht vor.

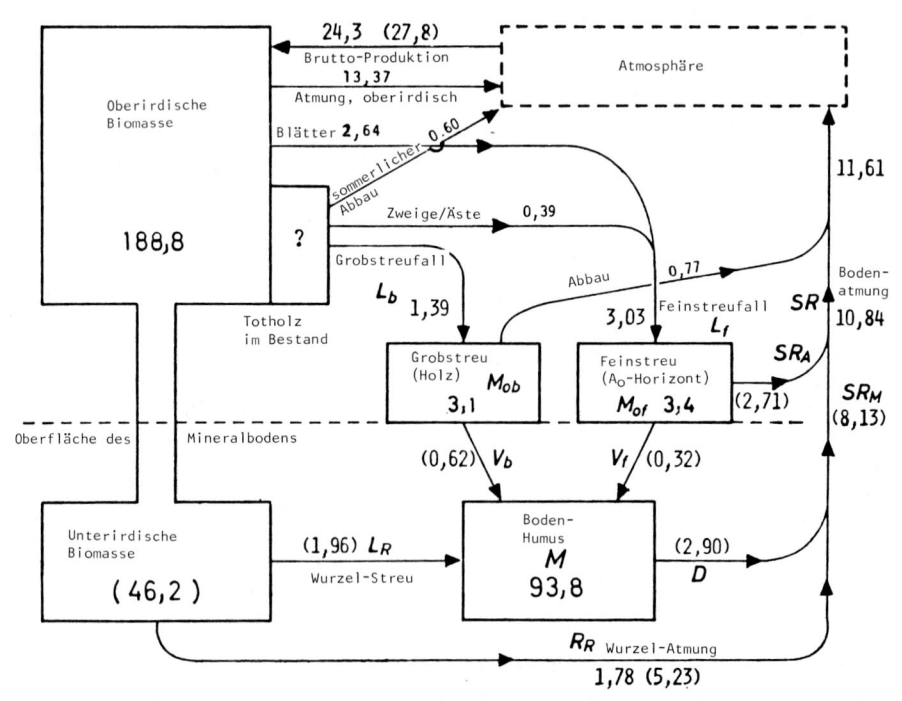

Abb. 5.44: Der Kohlenstoffkreislauf im Minimata-Wald (aus KIRA 1978). Die Pool-Größen (in den Rechtecken) sind in $t(C) \cdot ha^{-1}$, die Flux-Raten (an den Pfeilen) in $t(C) \cdot ha^{-1} \cdot a^{-1}$ angegeben.

4 Die Konsumenten und
5 Die Destruenten

Zu diesen Abschnitten stehen uns Unterlagen über spezielle ökologische Untersuchungen der Fauna und der Mikroorganismen des ZB V nur spärlich zur Verfügung. Da die einzelnen Gebiete faunistisch recht unterschiedlich sind, sind vergleichende Studien nicht gemacht worden und eine gemeinsame Besprechung nicht sinnvoll.

Di Castri (1968) geht im Rahmen seiner Übersicht von ganz Chile kurz auf die Böden und Bodenorganismen des entsprechenden ZB V ein.

Für die warmtemperierte Zone Japans liegt eine Liste der Tierarten aus 800–1500 m NN vor. Es sind 16 Arten von Säugetieren, 49 Vogelarten und sehr viele Wirbellose (Numata et al. 1975; part II, S. 25–28). Weitere Angaben bringt Satoo (1983), vgl. S. 286.

Aus der Coast Range in Oregon liegen Angaben von MacNab (1958) vor zur räumlichen und zeitlichen Verteilung verschiedener Insektengruppen.

6 Ökologische Untersuchungen und Ökosystemforschung

Wir haben bereits bei der Besprechung der einzelnen Biomgruppen und ihrer Produzenten auch auf entsprechende ökologische Untersuchungen und Ergebnisse hingewiesen. Da die Gebiete floristisch recht unterschiedlich sind, ist eine gemeinsame Behandlung nicht möglich.

7 Gliederung des Zonobioms V in Biome

(Zonobiom V – humid und warmtemperiert)

1. Subzonobiom mit Wintermaximum der Niederschläge, Dürrezeit fehlt.
   – pazifisch-nordamerikanisches Biom (N-Californien bis Kanada)
   – westeuropäisches Biom (N-Portugal bis Irland), sekundäre Heiden
   – nordanatolisch-kolchisch-hyrkanisches Biom
   – valdivisches Biom in Chile
   – südaustralisch-tasmanisches Biom

2. Subzonobiom mit Regenmaximum im Sommer, milde Winter
   – SE-brasilianisches Biom
   – Biom an der Südküste von Afrika
   – SE-australisches Biom (südliches New South Wales)
   – neuseeländisches Biom
   – ostasiatisches Biom (Südchina, Südjapan, Südkorea)
   – Biom der Südost-Staaten der U.S.A.
3. Semiarides Subzonobiom und Zono-Ökoton (Pampa in Südamerika)
   nicht eindeutig zuzuordnen. Es wird hier in großen Teilen als Zono-Ökoton V/VII angesehen und bei den Zonobiomen VII behandelt (vgl. S. 385 ff.).

8 Orobiome des Zonobioms V

Es handelt sich stets um Gebirge, die sich aus einer humiden Klimazone erheben. In diesem Falle erinnert die humide Höhenstufenfolge an die Reihenfolge der Zonen der Tiefenlagen in der Richtung zu den Polen. Das gilt sowohl für die Cascades Mountains in Nordamerika als auch für den Westhang der Anden im südlichen Chile, vgl. Abb. 5.10. Auch für Japan liegt ein ähnliches Schema vor. Aber das gilt nur in großen Zügen. Im einzelnen machen sich Abweichungen bemerkbar, selbst an verschiedenen Hängen der Berge, so daß doch jedes Gebirge besonders behandelt werden muß. Auf Neuseeland ist der Westhang der Alpen anders als der Osthang, auch auf Tasmanien.

Wir haben bei der Besprechung der einzelnen Biomgruppen auf die Orobiome, soweit erforderlich, bereits hingewiesen.

9 Pedobiome des Zonobioms V

Großflächige Pedobiome sind vor allem in den Südost-Staaten von USA vorhanden. Wir hatten sie bereits genannt (S. 257).

Es müssen noch die Flußauen der großen Ströme hinzugefügt werden. Sie sind genauer zu beschreiben nach Wells (1967) und Knapp (1965).

In Westeuropa müssen die Deckenmoore und Heiden in ökologischer Hinsicht erwähnt werden (vgl. z.B. Nord-Portugal, Bretagne, Irland und Schottland), die aber in den meisten Fällen degradierte Flächen bedecken. Sie gehen zudem von Süden nach Norden ohne scharfe Grenzen in diesem ausgeprägt atlantischen Bereich vom Zonobiom V zum Zonobiom VI über, können daher teilweise wohl als zum Zono-Ökoton VI/V gehörig aufgefaßt werden (vgl. Band 3, S. 11 ff.).

Auf Neuseeland spielen die vulkanischen Ablagerungen, wie die Aschen (Tuffe) der großen Eruptionen in der Vergangenheit und die rezente Dünenlandschaft aus vulkanischer Asche eine Rolle.

10 Zono-Ökotone

Die Zono-Ökotone IV/V wurden bereits besprochen (s. 86 ff., 137, 146, 164 ff., 178 ff.). Das Zono-Ökoton V/VII zu dem gemäßigten Klima ist nur in Ostasien und im Südosten Nordamerikas vorhanden. In Westeuropa fehlt es, weil man schon im ZB V nur laubabwerfende Baumarten findet.

Im pazifischen Raum **Nordamerikas** fehlt das ZB VI, so daß man nur von einem Zono-Ökoton V/VIII, als Übergang zu sehr maritimen Nadelwäldern im Süden von Alaska sprechen kann.

In **China,** hatten wir gesehen, ist das Zonobiom V sehr großflächig. Es geht nach Norden in das Zono-Ökoton V/VI (vgl. auf Abb. 5.33 Ziffer 5) über, wobei Ziffer 6 und 7 auf Abb. 5.33 schon dem Zonobiom VI entsprechen mit einem südlichen und einem nördlichen Subzonobiom. Das Zono-Ökoton V/VI und das Subzonobiom VI mit ostasiatischen Florenelementen setzt sich auf dem Gebiet der USSR (Abb. 5.33) fort.

In **Südchile** fehlt sowohl ein typisches ZB VI als auch ein ZB VIII, denn das Klima ist so ozeanisch, daß eine typische, kalte Jahreszeit nicht zur Ausbildung kommt. Die magellanischen Wälder mit immergrünen und laubabwerfenden Nothofagus-Arten kann man als ein Zono-Ökoton V/IX auffassen, das somit zu dem sehr feuchten, aber das ganze Jahr hindurch kühlen Klima mit Temperaturen wenig über 0 °C der Subantarktis überleitet mit einer baumlosen moorigen Vegetation, die an die arktische Tundra erinnert. Auch die nassen Nothofagus-Wälder an der Südspitze von Neuseeland wären ein solches Zono-Ökoton V/IX, ebenso wie die nassen Wälder an der Westküste von Tasmanien.

In **Afrika** endet der Kontinent im Süden mit dem Zonobiom V, so daß ein weiteres Zono-Ökoton entfällt.

Besondere Verhältnisse sind in **Südbrasilien.** Hier verzahnen sich die Wälder des ZB V mit Grasland, d.h. es herrschen mosaikartige Strukturen wie in der Waldsteppe des Zono-Ökotons VI/VII. Wahrscheinlich handelt es sich auch hier um eine Waldsteppe als Übergangszone zur semiariden Pampa, die wir bisher zum ZB VII rechneten, wie die osteuropäische Steppe oder nordamerikanische Prärie, die jedoch den Temperaturverhältnissen nach eher warmtemperiert ist. Wir können somit nur unter Vorbehalt von einem Zono-Ökoton V/VII sprechen. Ausschlaggebend in dieser «Waldpampa» sind voraussichtlich ebenfalls die Bodenverhältnisse: Auf gut dränierten Böden wächst Wald, auf schlecht dränierten dagegen Grasland.

Ein anderes Bild bietet die Hochfläche Südost-Brasiliens. Wie bereits erwähnt, handelt es sich hier um eine Art Parklandschaft mit Waldbeständen und Grasflächen. Ausschlaggebend für diese Differenzierung können nur die Bodenverhältnisse sein. Nach Angaben von KUBIENA (schriftl. mitt.) entsprechen die Graslandböden in Rio Grande do Sul den argentinischen Pampaböden, nur sind sie wesentlich feuchter. Es handelt sich um tiefe humose Rasenhumus-Pseudogleyböden, die für den Baumwuchs ungünstig sind.

Südlicher in Uruguay überwiegt schon die baumlose Komponente, heute ein degradiertes Grasland, und die Waldbestände begleiten als Galeriewälder die Flußläufe. In Argentinien schließlich, in der Provinz Buenos Aires findet man die baumlose Pampa mit wenigen Waldinseln auf grobkörnigen Böden. Zur floristischen Pampa-Provinz wird die südliche Hälfte des Staates Rio Grande do Sul, Uruguay und die argentinische Pampa gerechnet (CABRERA & WILLINK, 1973). Die Verhältnisse erinnern an das Zono-Ökoton V/VII, es gehört teilweise noch zur warmtemperierten Zone. Es vollzieht sich hier nach Süden zu ein allmählicher Übergang in Form eines verzahnten Landschaftsmosaiks, Grenzen sind nicht scharf zu ziehen. Wir wollen die Pampa aber bei Zonobiom VII behandeln (S. 385 ff.).

Teil 6: Zonobiom VI:
Temperiertes, nemorales Zonobiom
(insbesondere in Nordamerika und Ostasien)

Einleitung

Im Band 3 (S. 1 ff.) ist das Zonobiom VI im westlichen Eurasien ausführlich besprochen worden. Hier bleibt uns noch das nordamerikanische ZB VI, das eine größere räumliche Ausdehnung hat, zu behandeln. Auch das ZB VI im mittleren Ostasien, das im Band 3 nicht besprochen wurde und das Teile Chinas, Japans und Koreas umfaßt, soll hier abgehandelt werden. Auf der Südhemisphäre sind Gebiete des ZB VI nicht typisch ausgebildet und höchstens sehr kleinflächig (z.B. in Neuseeland, vgl. auch S. 266, 422f.), so daß wir hier darauf verzichten können.

Wie schon in Band 3 betont, war das Gebiet des heutigen Zonobioms VI in Europa während der Eiszeit fast völlig von Inlandeis überfahren, und die Flora hatte durch die sich in Ost-West-Richtung erstreckenden Gebirge kaum eine Möglichkeit sich in mildere Refugialgebiete zurückzuziehen. Auch in Ostasien und in Nordamerika waren die Klimazonen während der Eiszeit weit nach Süden verschoben, einzelne Teile der Gebiete lagen unter Eis, aber die Flora hatte Ausweichmöglichkeiten nach Süden. So kommt es, daß heute die Flora in Nordamerika und in Ostasien im Bereich des Zonobioms VI bei weitem artenreicher ist als in Europa. Die artenarme Flora Europas ist floristisch bei weitem nicht abgesättigt. Ostasien und Nordamerika unterscheiden sich in ihrer Vegetation erheblich voneinander, wenn auch viele Pflanzenfamilien (Fagaceen, Betulaceen, Lauraceen etc.) in beiden Gebieten vertreten sind, so sind es doch jeweils andere Arten.

Aufgrund der unterschiedlichen floristischen Ausprägung behandeln wir die beiden Biomgruppen getrennt.

A. Biomgruppe Nordamerika

Allgemeines

Das Zonobiom VI umfaßt den ganzen südöstlichen Teil von den Großen Seen und östlich der Präriezone. Nur der südlichste Rand (Florida und Teile der anschließenden Küstenebene) kann man zum Zonobiom V rechnen (vgl. S. 258). Dieses Gebiet der laubabwerfenden Wälder wurde ursprünglich von Indianerstämmen besiedelt, die nur sehr lokal und stellenweise den Wald um ihre Siedlungen und zur landwirtschaftlichen Nutzung lichteten, was auch durch Abbrennen von Waldflächen geschah. Die Siedlungen wurden häufiger verlegt.

Die eigentliche Waldvernichtung begann erst durch die europäischen Einwanderer im 18. Jahrhundert, denen der Laubwald vertraut war. In der ersten Hälfte des 19. Jahrhunderts hatten die Siedler bereits bis zu 80% der Waldflächen gerodet. Infolge der einsetzenden Bodenerosion und der Möglichkeit besseres Acker- und Weideland weiter im Westen zu erwerben, fand darauf eine meist ungeregelte Wiederbewaldung statt. Aber ursprüngliche größere Bestände gibt es heute nicht mehr. Denn auch die nicht ackerbaulich genutzten Flächen mit Waldbeständen wurden immer wieder zur Holzgewinnung 1–2mal, z.T. bis zu 4mal abgeholzt, wobei die Wiederbewaldung unkontrolliert erfolgte. Es ist deshalb nicht möglich genaue Aussagen über die ursprüngliche zonale Vegetation zu machen. Nur in wenig zugänglichen Gebirgslagen der Appalachen findet man noch natürliche Bestände (WHITTACKER 1956, 1966). Die hypsonalen Laubwälder der tieferen Lagen stehen den zonalen nahe und sollen deshalb ausführlicher beschrieben werden.

Die floristische Zusammensetzung der Wälder entspricht weitgehend derjenigen der arktospättertiären Wälder im Pliozän. Die Glazialzeiten hatten zu keiner wesentlichen Verarmung der Flora geführt, weil die Vegetationszonen während der Glazialzeit nach Süden ausweichen konnten und in der Postglazialzeit sich wieder nach Norden bis zu den Großen Seen und dem St. Lorenzstrom ausbreiteten (S. 428f.). Das hat zur Folge, daß der Artenreichtum der für den Wald bestimmenden Holzarten außerordentlich groß ist, also auch die Kombinationsmöglichkeiten im Rahmen der verschiedenen Waldgemeinschaften. Das erschwert die ökologische Erforschung dieser Laubwälder sehr stark. Es liegt für Nordamerika die Übersicht von BRAUN (1950) und im Rahmen der Vegetationsmonographien von Nordamerika in deutscher Sprache die von KNAPP (1965) sowie eine sehr kurze Übersicht auf 24 Seiten von VANKAT (1979) vor. Zahlreiche Arbeiten sind enger lokal ausgerichtet, wie z. B. die schon erwähnten Arbeiten von WHITTACKER (1956, 1966), die die Vegetationsverhältnisse der Great Smoky Mountains beschreiben oder (WHITTACKER & WOODWELL 1969) den Eichen-Kiefernwald behandeln.

1 Das Klima

Die folgenden Diagramme vermitteln einen Eindruck von dem Klima (vgl. Abb. 6.1)

Man erkennt die typische kurze, kalte Jahreszeit mit einem sonst humiden Klima, aber in Nordamerika im Gegensatz zu Mitteleuropa mit relativ heißem Sommer und sehr tiefen absoluten Minima im Winter.

Die Niederschläge weisen ein deutliches Sommermaximum und einen relativ regenarmen Spätherbst (Indian summer) auf, der die prachtvolle Herbstfärbung der Wälder verstärkt.

Insgesamt ist es ein Klima, das den Einwanderern aus West- und Mitteleuropa durchaus zusagte und ihnen keine Umstellung abverlangte. Nur die einzelnen starken Kälteeinbrüche im Winter und zum Teil die sehr heißen Sommertage zeigen eine gewisse thermische Kontinentalität des Klimas an. Die Gebiete sind ganzjährig humid.

2 Die Böden

Die zonalen Böden sind dem Klima entsprechend unter alten Laubholzbeständen wie in Mitteleuropa Braune Waldböden mit einer mächtigen Mull-Humusschicht oder in Sekundärwäldern braun-graue Waldböden mit wenig mächtigem Humushorizont und z. T. lessivierten oder leicht podzoligen Bodenprofilen, namentlich über sauren Muttergesteinen.

Im südlichsten Teil treten bereits Gelb- und Roterden auf, aber in einem Klima, das schon mehr dem Zonobiom V entspricht. Denn die Böden werden durch einzelne Kälteeinbrüche weniger beeinflußt als die Vegetation, die wie erwähnt, arm an immergrünen Holzarten ist.

3 Die Produzenten

Wie bereits erwähnt, ist die Zahl der Holzarten sehr groß. Die Gattung *Quercus* ist durch besonders viele Arten vertreten, aber auch *Betula* oder die Juglandaceen-Gattung *Carya* u.a.

Obgleich die ursprüngliche Vegetation nicht mehr vorhanden ist, kann man doch nach den dominanten Holzarten in älteren Beständen mehrere Waldtypen unterscheiden in Abhängigkeit von dem jeweiligen Klima, das von Süd nach Nord etwas kälter wird und von Ost nach West niederschlagsärmer. Diese Typen sind natürlich nicht scharf abgegrenzt, sondern gehen ineinander über

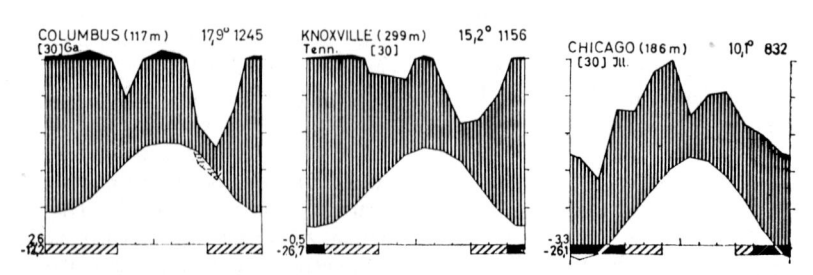

Abb. 6.1: Klimadiagramme aus dem Laubwaldgebiet des östlichen Nordamerika, im Bereich des Zonobioms VI.

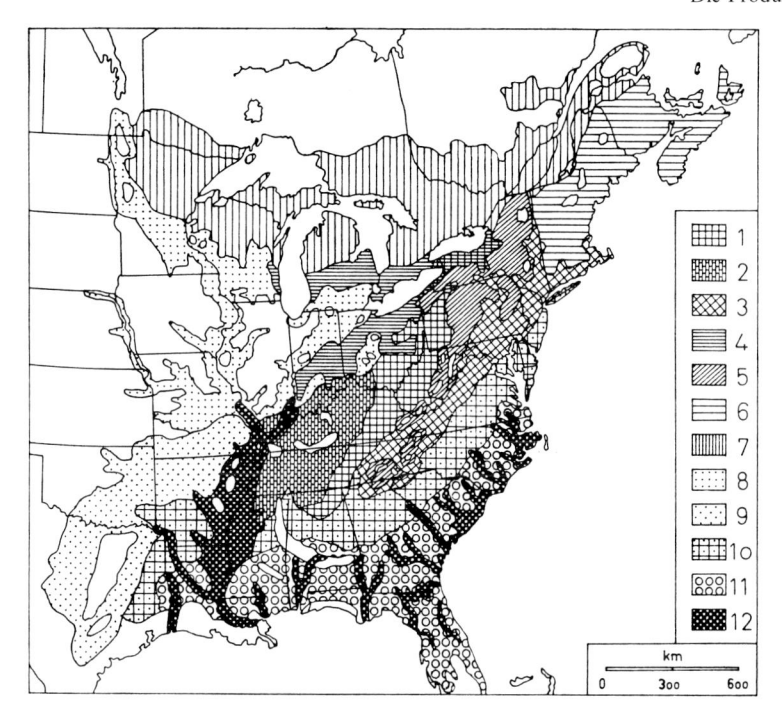

Abb. 6.2: Die verschiedenen Vegetationseinheiten im östlichen und südöstlichen Nordamerika, die im wesentlichen die Zonobiome V, VI und den Übergang zu VIII kennzeichnen (aus KNAPP 1965). Die Signaturen bedeuten im einzelnen: 1–3 = Eichen-Tulpenbaum-Mischwälder. (Laubwald heute noch oft dominierend. Landwirtschaftliche Nutzflächen zum Teil mit auf relativ kleinen Flächen sehr verschiedenen Kulturpflanzen (Mixed Farming); 1 = Sommergrüne Mesophytische Mischwälder; 2 = Westliche Mesophytische Mischwälder; 3 = Eichen-Kastanien-Mischwälder. (Auf stark sauren Böden stark acidiphile Eichen-Wälder. Auf ärmsten Standorten und als Stadien der Vegetationsentwicklung Pitch Pine-Mischwälder.); 4–7 = Buchen-Zuckerahorn-Mischwälder; 4 = Buchen-Zuckerahorn-Tulpenbaum-Wälder. (Gegensärtig oft vorwiegend landwirtschaftliche Nutzflächen.); 5–7 = Nördliche Laubwälder (mit umfangreichen Nadelholz-Anteilen und sehr ausgedehnten Siedlungsflächen von Nadelwald-Gesellschaften, die edaphisch bedingt sind oder Stadien von Sukzessions-Serien sind. Teilweise auch mit umfangreichen Moor-Flächen.); 5 = Bereich in den mittleren und südlichen Appalachen. (Gegenwärtig vielfach noch vorwiegend Wald.); 6 = Maritimer östlicher Bereich der nördlichen Laubwälder. (Gegensärtig hoher Anteil an Regenerations-Stadien auf Brachland, bzw. auf Schlagflächen und aufgegebenen landwirtschaftlichen Nutzflächen. Auf den landwirtschaftlichen Nutzflächen hoher Anteil von Futterpflanzen.); 7 = Bereich im Gebiet des St-Lawrence-Stromes und der Großen Seen. (Gegenwärtig hoher Anteil von Regenerations-Stadien – mit Aspen, Birken, bestimmten Kiefern, Adlerfarn usw. – auf im Zuge früherer Holznutzung entstandenen großen Schlagflächen. Auf den landwirtschaftlichen Nutzflächen hoher Anteil an Futterpflanzen.) (Senkrecht weit schraffiert.); 8–9 = Westliche Eichen-Hickory-Wälder. (Gegenwärtig vorwiegend Ackerflächen.); 8 = Nördliches Teilgebiet. (Auf bestimmten Standorten Linden-Zuckerahorn-Wälder.); 9 = Südliches Teilgebiet; 10–12 = Vegetation des südöstlichen Nordamerika; 10 = Übergangsgebiet mit südöstlichen Eichen-Kiefern-Wäldern. (Gegenwärtig teilweise vorwiegend landwirtschaftliche Nutzflächen.); 11 = Hauptgebiet der Kiefern-Wälder des südöstlichen Nordamerika. (Teilweise hoher Anteil an Pocosin-Moorgehölzen.); 12 = Hauptbereich der Auen-Wälder des südöstlichen Nordamerika. (Außerdem Sumpfzypressen-Tupelo-Wälder der Auen-Bereiche und andere Vegetationseinheiten mehr oder weniger lange überfluteter bzw. nasser Standorte. Flächen gegenwärtig z. T. in hohen Anteilen landwirtschaftlich genutzt.). Waagerecht eng und senkrecht weit schraffiert (südlich des Ontario-Sees = Übergangsbereich zwischen 1 und 4.

(Abb. 5.2 und 5.23). – Die Abb. 6.2 zeigt die Verbreitung dieser Typen, wobei 7 (vertikal weit schraffiert) dem Zono-Ökoton VI/VIII im Norden entspricht, 10 dem Zono-Ökoton VI/V und 11 dem untypisch ausgebildeten Zonobiom V. 12 gibt die ausgedehnten Auenwaldgebiete in den großen Flußtälern wieder, also ein Amphibiom als typisches Pedobiom.

Man erkennt die Prärie Peninsula, d. h. das nach Osten weit vorgeschobene Prärie-Gebiet bis zur Südspitze des Michigan-Sees, das wahrscheinlich ein Relikt aus der Wärmezeit des Postglazials ist und infolge der Prärie-Brände und der starken Beweidung durch Bisonherden sich bis zum Ende der Postglazialzeit noch nicht bewaldete. Sonst werden folgende Waldtypen unterschieden: 1–3 Artenreiche *Quercus-Liriodendron*-Laubmischwälder, die heute zum größten Teil landwirtschaftliche Nutzflächen sind. 1 ist die typische Ausbildung, 2 eine westliche Variante und 3 eine früher vorwiegend mit dominanter *Castanea dentata*, die jedoch heute durch eine Pilzepidemie (vgl. S. 302) fast ausgestorben ist. Diese Laubmischwälder stellen die reichste Ausbildungsform der amerikanischen zonalen Laubwälder dar mit 2 Baumschichten, einer Strauchschicht und 2 Krautschichten. Vor allem mit der wertvollsten Holzart dem Tulpenbaum (Yellow poplar = *Liriodendron tulipifera*), der sehr rasch wächst und 60 m Höhe erreichen kann mit einem astfreien Stamm.

Folgende Arten für diese Wälder werden angegeben:

Dominante Baumarten: *Liriodendron tulipifera, Castanea dentata* (früher, heute fast verschwunden), *Quercus montana, Qu. alba, Qu. borealis, Qu. coccinea, Tilia heterophylla, Acer saccharum, Liquidambar styraciflua.*

Andere wichtige Baumarten sind: *Aesculus octandra, Fagus grandifolia, Magnolia acuminata, M. fraseri, M. macrophylla, M. tripetala, Cladrastis lutea* (Leguminosae), *Carpinus caroliniana, Carya ovata, C. tomentosa, Chiananthus virginiana* (Oleaceae), *Fraxinus americana, F. biltmoriana, Juglans cinerea, Morus rubra, Nyssa silvatica* (Nyssaceae, aff. Cornaceae), *Ostrya virginiana, Prunus serotina, P. virginiana, Asimina triloba* (Anonaceae), *Halesia monticola, H. caroliniana, Ilex montana, Cercis canadensis, Cornus florida, Staphylea trifolia, Hamamelis virginiana.*

Kräuter im Schatten: *Anemone lancifolia, Asarum virginicum, Astilbe biternosta, Delphinium tricorne, Diaporum maculatum* (Liliaceae), *Phacelia bipinnatifida* (Hydrophyllaceae), *Poa cuspidata.*

Häufige Kräuter verschiedener Laubwälder auf nährstoffreichen Böden sind folgende:
Actaea alba, Allium tricoccum, Amphicarpa bracteata (Fabaceae), *Anemone quinquefolia, A. thalictroides, Arisaema triphyllum* (Araceae), *Brachyelytrum erectus* (Gramineae), *Carex deweyana, C. rosea, Caulophyllum thalictroides* (Berberidaceae), *Claytonia caroliniana, C. sylvestris* (Portulacaceae), *Dicentra canadensis, D. cucularia, Epifagus virginiana* (Orobanchaceae), *Erytronium americanum* (Liliaceae), *Eupatorium rugosum, Geranium maculatum, Geum canadense, Hepatica acutiloba, Hystrix patula* (Gramineae), *Mitella diphylla* (Saxifragaceae), *Osmorhiza claytoni* (Umbelliferae), *Phryma leptostachya* (Phrymaceae, aff. Verbenaceae), *Podophyllum peltatum* (Berberidaceae), *Polygonatum pubescens, Polygonum virginianum, Prenanthes alba, Sanguinaria canadensis* (Papaveraceae), *Sanicula gregaria, S. marylandica, Smilax herbacea, Solidago latifolia, Stylophorum diphyllum* (Papaveraceae), *Tiarella cordifolia* (Saxifragaceae), *Trillium cernuum, T. erectum, T. grandiflorum* (Trilliaceae aff. Liliaceae), *Thalictrum dioicum, Uniola latifolia* (Gramineae), *Uvularia grandiflora* (Liliaceae).

Diese Liste sollte eine gewisse Vorstellung von der Kräuterflora der nordamerikanischen Laubwälder geben. Neben vielen in Europa vorkommenden Gattungen kommen auch andere Gattungen und solche von Familien vor, die in den mitteleuropäischen Laubwäldern nicht vertreten sind.

Die Signatur 4–6 auf Abb. 6.2 bezeichnet die Buchen-Zuckerahornwälder (*Acer saccharum-Fagus grandifolia*-Wälder) und zwar 4: im dichter besiedelten Gebiet und deshalb heute nur noch landwirtschaftlich genutzte Flächen, 5: in der montanen Stufe der Appalachen und 6: im maritimen Gebiet des Ostens. Im allgemeinen herrscht der Zuckerahorn vor; er wird auch nicht geschlagen, weil aus seinem Blutungssaft im Frühjahr durch Eindicken des Syrup («maple sugar») gewonnen wird. Diese durch die Syrupgewinnung und selektive Holznutzung etwas gestörten Wälder wurden in Quebec im Grenzgebiet zu den USA auf einem Hochplateau (500 m NN), das im Norden an den St. Lorenzstrom stößt, untersucht (JEAN 1982).

Das Klima um den 47°N ist humid, aber der Temperaturgang ist deutlich kontinental, d.h. die Winter sind kalt (Temperaturmittel −10 bis −11 °C) und die Sommer warm (mittlere Temperaturen 16–17 °C und das Jahresmittel niedrig (um 3 °C). Die sehr gleichmäßig verteilten Niederschläge betragen im Jahresmittel 937 mm. Die Böden über saurem Muttergestein (Schiefer, Sandstein) sind meist podzoliert (seltener Braune Waldböden) die Basensättigung gering (pH = 3,9–4,8). Die Wälder sind artenreich: 209 Arten von Gefäßpflanzen; auch die Moose und Flechten sind durch 76 bzw. 83 Arten vertreten, spielen jedoch in diesen Laubwäldern keine größere Rolle.

Die Baumschicht ist über 20 m hoch. Die Zahl der Arten eines Bestandes beträgt 38–43 (bis 50). *Acer saccharum* ist die vorherrschende Baumart, *Fagus grandifolia* ist in höheren Lagen beigemischt.

Der häufigste Begleiter ist *Tilia americana*, *Betula lutea* (auf wärmeren Standorten), dazu kommen *Fraxinus americana* (feuchte Biotope), *Ostrya virginiana* (trockenere Biotope). In der Strauchschicht sind vertreten: *Cornus alternifolia*, *Corylus cornuta* (auf ärmeren Böden), *Sambucus racemosa* u. a.

In der Krautschicht sind häufig: *Actaea pachypoda*, *Botrychium virginianum*, *Osmorhiza claytonii* (Umbelliferae), *Dentaria diphylla*, *Viola pubescens*, *Aralia racemosa*, *Actaea rubra*, *Polygonatum pubescens*, *Erythronium americana* und *Arisaema atrorubens* (Araceae). Es sind meist Frühlingsgeophyten (Ephemeroide).

Es werden eine Reihe von Pflanzengemeinschaften unterschieden, die durch die topographische Lage (Neigung, Exposition) oder edaphisch, d. h. die Bodenunterschiede bedingt werden.

Sehr zahlreich sind die Frühlingsephemeren (Ephemeroide). Neben Arten der uns bekannten Gattungen wie *Anemone*, *Hepatica*, *Viola*, treten auch andere auf: *Anomella*, *Caulophyllum*, *Dicentra*, *Erythronium*, *Sanguinaria* (Papaveracee mit großen, weißen Blüten), *Trillium*, *Uvularia* u. a.

In einem solchen 60 km nördlich von Quebec gelegenen Wald wurde die Entwicklung der Frühlingsephemeren *Claytonia caroliana* var. *caroliana* (GRANDTNER & GERVAIS 1985) untersucht. Sie ist aus Abb. 6.3 zu ersehen, auf der auch die Lufttemperatur in 60 cm über der Bodenoberfläche, die Temperatur an der Bodenoberfläche und in 5 cm Tiefe, sowie die Dicke der Schneedecke angegeben werden. Der Blütensproß wird im Boden bereits im Juni angelegt und beginnt Anfang Juli sich zu verlängern. Anfang August läßt sich eine Differenzierung in die Blatt- und Blütenknospenanlagen erkennen. Zu Beginn des Dezembers erreicht der Sproß eine Länge von 7,7 cm, wobei die bereits ergrünenden Blätter die Streuoberfläche erreichen. Dann setzt eine Ruhezeit bis Anfang April ein, wobei die Blütenknospen ohne sich zu öffnen im Raum zwischen Streu und Schneedecke überwintern. Das Aufblühen erfolgt sofort nach dem Abtauen der Schneedecke. Die erste mitotische Teilung der Pollenmutterzellen tritt bereits im Oktober ein. Die ergrünten Blätter sind bereits im November entwickelt. Die verschiedenen phänologischen Stadien zeigt die Abb. 6.3 unten.

BREWER (1980) beschreibt einen natürlichen *Fagus americana-Acer saccharum*-Wald aus einem weiter westlichen Gebiet in Michigan (86° 35′ W 41° 50′ N), der 1882 unter Naturschutz gestellt und vorher nicht genutzt wurde. Die ersten Siedler kamen erst kurz vorher und zwar 1840 in dieses Gebiet. Das Naturschutz-Gebiet mit der zonalen Waldvegetation ist 15 ha groß, eine Florenliste wurde

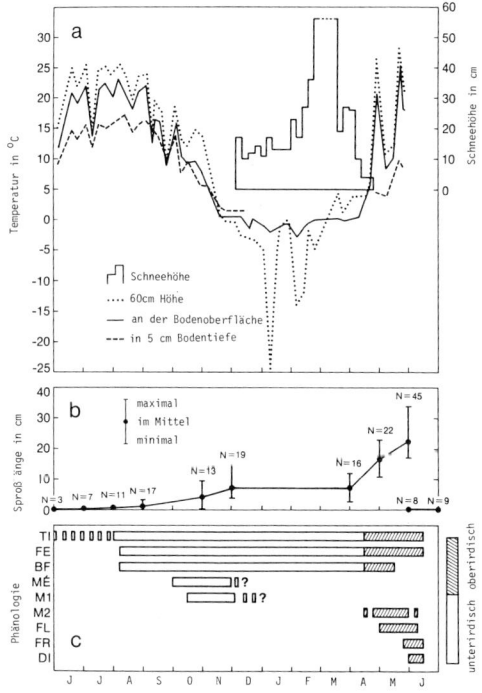

Abb. 6.3: Schneehöhe, Luft- und Bodentemperaturen (a); Sproßlänge (b) und Phänologie (c) von *Claytonia caroliniana* vom Stoneham-Gebirge/Appalachen (nach GRANDTNER & GERVAIS 1985). TI: Stengel; FE: Blätter; BF: Blütenknospen; ME: Meiose (in den Blütenanlagen); M1: erste Mitose der Pollenmutterzellen; M2: zweite Mitose der Pollenmutterzellen; FL: Blüten; FR: Früchte; DI: Samenverbreitung.

1919–1921 hergestellt und die Vegetation 1933 durch CAIN (Frequenzbestimmung) und 1974 nochmals durch BREWER untersucht, um gewisse Änderungen festzustellen.

Es handelt sich um einen schattigen Wald mit vorherrschendem *Fagus* und *Acer saccharum*. Folgende Begleitarten werden erwähnt: *Acer rubrum*, *Prunus serotina*, *Ulmus americana*, *Tilia americana*, *Fraxinus americana*, *Carya americana*, *C. cordiformis*, *C. ovata*, *Liriodendron tulipifera* und *Quercus rubra*.

Der krautige Unterwuchs ist üppig, aber artenarm. Im allgemeinen ist die Flora der Krautschicht unverändert geblieben. Die Häufigkeit von einigen Arten hat abgenommen, wahrscheinlich weil die Beschattung durch heranwachsende *Acer saccharum* zunahm. Die Änderung in der Zeitspanne von 1913–1933 waren größer als später. Störungen der Waldzusammensetzung durch Windwurf machte sich kaum bemerkbar. Wahrscheinlich war eine größere Störung vor etwa 150 Jahren erfolgt. Die Hälfte der vorherrschenden Arten sind Frühlingsgeophyten, aber unter den Arten, deren Häufigkeit abnahm, sind nur $^1/_{10}$ Frühlingsgeophyten (Ephemeroide). 50 Jahre sind somit für ein Urwaldökosystem nur eine relativ kurze Zeitspanne.

Mit 8–9 wird auf Abb. 6.2 die frühere Verbreitung der Eichen-Hickory *(Quercus-Carya)*-Wälder angegeben, die für die westlichen Laubwälder in dem mehr kontinentalen Klimabereich der Laubwaldzone bezeichnend sind, heute aber auch in Kulturland umgewandelt.

Ihre Zusammensetzung zeigt folgende Liste:

Dominante Baumarten: *Quercus macrocarpa, Qu. velutina, Qu. alba, Qu. borealis, Carya ovata, C. tomentosa.*

Andere bezeichnende Baumarten: *Carya cordiformis, C. glabra, C. laciniosa, C. ovalis, C. texana, Quercus muhlenbergii, Qu. imbricata, Qu. prunoides, Juglans cinerea, Acer rubrum, Prunus serotina, Cercis canadensis, Malus coronaria, M. ioensis, Sassafras albidum, Hamamelis virginiana.*

Krautschicht: Sie besteht aus verschiedenen Gräsern und Leguminosen, vor allem *Desmodium*-Arten.

Es werden nördliche und südliche Varianten von diesem Waldtypus unterschieden. Am weitesten nach Westen gegen die Prärie geht *Quercus macrocarpa*. Diese Eiche bildet im Grenzgebiet zur Prärie offene (savannenartige) Bestände, die allerdings wohl durch Beweidung der Wälder zustande gekommen sind. Auf der Karte (vgl. Abb. 6.2) sind noch die Auenwälder der großen Flußtäler eingetragen, die wir im Abschnitt über die Pedobiome behandeln wollen.

Wie die Struktur der ursprünglichen Laubwaldurwälder in Nordamerika aussah, ist eine nicht so einfach zu beantwortende Frage. Nach der Klimax-Theorie soll der Klimax-Laubwald ein stabiles Endstadium sein mit einer Zusammensetzung und Struktur, die dem jeweiligen Großklima entspricht. Diese Ansicht ist sicherlich falsch und längst überholt. Wir hatten bereits in Band 1 darauf hingewiesen, daß die Struktur der zonalen Urwälder sich ständig, teilweise zyklisch, ändert (Bd. 1, S. 131–135). Namentlich das Altersstadium ist sehr unstabil und kann durch ungünstige Umweltfaktoren oft auf größeren Flächen zusammenbrechen. Natürliche Waldbrände spielen dabei im Laubwald mit einer nicht oder wenig brennbaren Laubstreuschicht und ebenso nicht brennbaren Baumschicht kaum eine Rolle. Blitzschläge vernichten deshalb zwar einzelne Bäume oder Baumstämme, verursachen aber keine Waldbrände im Laubwald.

Dagegen ist die Windbruchgefahr in überalterten Laubholzbeständen gerade in Nordamerika, wo die Stürme oft Orkanstärke erreichen, besonders groß. Tatsächlich kommt auch STEARNS (1949) auf Grund von Studien der ältesten kartographischen Waldaufnahmen in Wisconsin zu dem Schluß, daß Windwürfe oft zu Naturkatastrophen wurden und die Dynamik der Laubwälder bestimmten. Auf den Karten aus den Jahren 1845–1865, also aus der Zeit als dieses Gebiet erstmals von Weißen besiedelt wurde, sind die zahlreichen Windwürfe eingezeichnet worden. Sie erschwerten die Fortbewegung und mußten umgangen werden.

Bei einer Suche nach Erzlagerstätten stieß man auf einen Windwurf aus dem Jahre 1872, der eine Länge von über 60 km und eine mittlere Breite von über 1 km hatte. In diesem Gebiet bilden Mischwälder mit dominierendem *Acer saccharum*, vor allem im Altbestand, die zonale Vegetation. Aber die alten kränkelnden Bestände werden vom Winde leicht geworfen, wodurch eine Sukzession mit Espen, Birken, aber auch *Tsuga canadensis* und *Pinus* beginnt. Die natürlichen Urwälder besaßen somit immer eine Mosaikstruktur. Diese wird zusätzlich aufrechterhalten durch Eisbrüche bei Blizzards, wo sich bei Temperaturstürzen Regentropfen zu dicken Eispanzern sammeln, die dann viele Bäume und Baumkronen zusammenbrechen lassen, so daß am Boden wieder sehr viel mehr Licht ist.

Zu demselben Ergebnis kommt auch neuerdings FORSTER (1988a, b), der in SW-New Hampshire und in Zentral Neu-England den 2000 ha großen alten Waldbestand des Pisgah State Park, in dem größere alte Laubwaldbestände erhalten blieben, untersuchte. Diese wurden am 21. September 1938 durch einen orkanartigen Sturm stark beschädigt. Mit solchen schweren Windbruchschäden muß man in diesem Meeresküstengebiet immer wieder rechnen. Ihnen sind besonders die Bäume ausgesetzt, die über das Kronendach des Waldes hinausragen. Sie werden mit dem Wurzelteller umgeworfen, wenn der Boden leicht, bzw. feucht ist, oder die Stämme werden gebrochen, sofern die Wurzeln in Felsspalten fest verankert sind oder tief wurzeln. Besonders gefährdet sind die Bestände an Hängen, auf die der Wind direkt aufprallt. Nach Westen, also landeinwärts, nimmt die Wucht des Windes merklich ab.

Beim Entwurzeln der Bäume wird der Oberboden abgehoben und die mineralischen Schichten werden frei gelegt. Auf diesen stellen sich die

Keimpflanzen von Birken und Kiefern ein, wobei die Kiefern mit der Zeit über die Laubbäume hinauswachsen. Diese Tatsache erklärt, warum in den küstennahen Gebieten den Laubbäumen immer auch Kiefern beigemischt sind.

Jahrringmessungen an Stümpfen sehr alter Bäume ergaben, daß die Breite der Jahrringe stark wechselt. Auf Perioden mit geringem Holzzuwachs folgten solche mit sehr starkem Zuwachs, d. h. die heranwachsenden Bäume werden zeitweise unterdrückt und erhalten dann wieder durch Auflichtung der Bestände nach einem Windwurf mehr Licht und können sich besser entwickeln. Alles das beweist, daß die Laubwaldbestände unter natürlichen Bedingungen durchaus kein konstantes Klimaxstadium sind, sondern stets eine starke Mosaikstruktur aufweisen, die vor allem durch Windschäden verursacht werden, deren Ausmaß von der Exposition der Bäume, aber auch von der Art der Durchwurzelung, also z.T. von der Bodenstruktur abhängen. Kommt es nach einem großen Windwurfschaden zu einer Anreicherung von totem Holz, so kann es auch in Laubwäldern zu ausgedehnteren Waldbränden kommen, was das Vorkommen von Holzkohleschichten in den Waldböden beweist.

In Urkunden wurden orkanartige Stürme in den Neu-England-Staaten aus den Jahren 1635, 1726, 1749, 1788, 1804, 1815, 1850, 1898, 1909, 1915, 1921 und 1938 vermerkt (vgl. dazu auch Ausführungen zum ZB VIII, S. 433ff.).

4 Konsumenten und 5 Destruenten

Da das Zonobiom VI heute dicht besiedelt ist und in Kulturland umgewandelt wurde, sind uns für die ursprüngliche Fauna der Laubwälder keine allgemeinen Übersichten bekannt. Auch die Destruenten sind im jetzigen Acker- oder Weideland ganz anders als in den ursprünglichen Laubwäldern.

BLAIR hat in mehreren Arbeiten in jüngster Zeit den Streuabbau und die Mineralstoffsynamik im Oberboden in verschiedenen Wäldern der Süd-Appalachen untersucht. Auch macht er Angaben zu Mikro-Arthropodenfauna (BLAIR & CROSSLEY 1988).

Die Streu von *Cornus florida*, *Acer rubrum* und *Quercus prinus* wurde am Standort und an speziellen Versuchsstellen über 2 Jahre lang untersucht. Als Vergleich diente auch eine Fläche, die 8 Jahre zuvor kahl geschlagen worden war. Dabei zeigte sich, daß der Streuabbau auf der Kahlschlagfläche verzögert war, ebenso die Mobilisierung des Stickstoffs. Ebenso waren die mittleren Dichten der Bodenarthropoden um etwa 28% niedriger auf der vor 8 Jahren kahlgeschlagenen Fläche. Allerdings sind auch qualitative Unterschiede zu beachten. So war die Dichte der Prostigmata und der Collembolen um etwa 20 bzw. 24% niedriger, die der Mesostigmata und der Oribatei dagegen um 50 resp. 54%, so daß die Relative Dichte der Hauptgruppen dadurch deutlich verschoben ist. Die unterschiedliche Abbaurate der Streu wird damit in Verbindung gebracht. Allerdings ist dieses Ergebnis nicht allgemein übertragbar, denn bei anderen Flächen in den nördlichen Appalachen verursachte ein Kahlschlag eine deutliche Beschleunigung der Streu-Abbauraten. In Tab. 6.1 sind die prozentualen Dichtewerte der einzelnen Gruppen getrennt für die drei Streutypen angegeben, daraus wird auch ersichtlich, daß wesentliche Unterschiede zwischen der Streu der drei Baumarten nicht bestehen.

Die unterschiedliche Abbaurate der Streu und die Stickstoffgehalte der Streu über zwei Jahre Beobachtungszeit hinweg zeigt Abb. 6.4. Während

Tab. 6.1: Prozentuale Zusammensetzung der Bodenfauna aus Streusammlern in *Cornus florida*, *Acer rubrum* bzw. *Quercus prinus* Laubstreu auf einer Kahlschlagfläche (vor 8 Jahren kahlgeschlagen) und einer Vergleichsfläche (nach BLAIR & CROSSLEY 1988), in den Süd-Appalachen

	Cornus florida		*Acer rubrum*		*Quercus prinus*	
	Kontr.	Kahlsch.	Kontr.	Kahlsch.	Kontr.	Kahlsch.
Prostigmata	38,9	47,9	36,8	42,7	39,0	42,1
Mesostigmata	6,5	2,3	7,7	4,6	8,0	5,0
Oribatei	24,2	11,6	31.1	18,2	22,9	16,3
Collembola	26,7	19,1	21,3	28,6	25,8	27,9
Rest	3,8	9,2	3,2	6,0	4,3	8,7

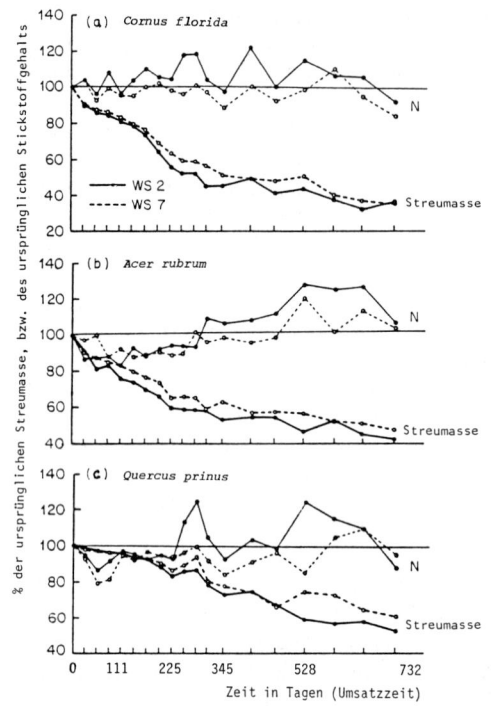

Abb. 6.4: Prozentuale Abnahme der Streumenge im Vergleich zur ursprünglichen Streumasse und Stickstoffgehalt in % des ursprünglichen Stickstoffgehalts der Streu von *Cornus florida* (a), *Acer rubrum* (b) und *Quercus prinus* (c) von einem unberührten Standort (durchgez. Kurven) und von einer Fläche, die 8 Jahre zuvor kahlgeschlagen war (unterbrochene Kurven) während zwei Jahren (aus BLAIR & CROSSLEY 1988).

die Streu von *Cornus* und *Acer* nach einem Jahr auf etwa die Hälfte abgenommen hat, ist der Abbau der Streu von *Quercus* langsamer, nach einem Jahr ist noch etwa 70% der Streumasse vorhanden. Bei allen drei Streuarten steigt der Stickstoffgehalt während des Beobachtungszeitraums teilweise sogar etwas an.

6 Ökologische Untersuchungen

Eine umfassende systematische ökologische Untersuchung der zonalen Laubwaldsysteme ist uns nicht bekannt. Es wurden nur zahlreiche spezielle Probleme untersucht. Wir verweisen auf die Ausführung über die Ökologie der europäischen Laubwälder in Bd. 3, S. 67 ff. Die dort dargestellten Erkenntnisse sind im Prinzip auf die Verhältnisse in Nordamerika übertragbar.

Sehr genau wurde das große Waldgebiet Hubbert Brook Forest der Forest Experiment Station untersucht. Doch liegt es mehr im Bereich des Zono-Ökotons VI/VIII. Wir kommen deshalb auf dasselbe im Abschnitt 10 zurück (S. 308 ff.).

7 Gliederung des Zonobioms VI

Eine weitere Untergliederung in einzelne Biome kann hier entfallen.

8 Orobiom VI (Appalachen)

Das entsprechende Gebirge sind die Appalachen, deren höchster Teil als Great Smoky Mountains bezeichnet wird. Es handelt sich um ein sehr altes Gebirge (Kaledonische Faltung), das im Laufe der geologischen Geschichte abgetragen wurde und während des Pleistozäns die jetzigen Reliefformen erhielt.

Dieses Orobiom wurde von SCHROEDER (1974) geschildert. Genauer untersucht wurde der Mittelteil der Südappalachen in North Carolina und Tennessee (USA). Die Staatsgrenze von North Carolina und Tennesse verläuft über den Gebirgskamm. Die Appalachen sind ein Mittelgebirge, das eine Länge von 500 km und eine Breite von 40–100 km hat und sich von 300–400 m NN bis zur höchsten Spitze über 2000 m NN erhebt. Alpine Formen fehlen; es sind mehr wellige Flächen in 700–1000 m Höhe. Die Süd-Appalachen bestehen aus präkambrischen Gneisen, Glimmerschiefern, aber auch Graniten; Kalkgesteine fehlen. Tiefgründige Böden in Mulden sind basenreich, flachgründige auf Rücken ausgelaugt und sauer, z. T. auf Quarzsandsteinen sehr arm.

8.1 Klima

Das Klima erinnert an Mitteleuropa, die Sommer sind jedoch heißer, die Winter z. T. kälter und die Niederschläge höher. Die Niederschläge fallen vor allem im Sommer als kräftige Güsse; es gibt wenige trübe Tage, dagegen oft mehrwöchige Schönwetterperioden. Charlotte (N.C.) in 220 m NN hat eine Januar-Temperatur von +6 °C. Juli-

Temperatur ist +20 °C. Das absolute Minimum beträgt −21 °C. Pro Jahr fallen 1094 mm Niederschlag. Die Werte für Mt. Mitchell (N.C.) in 2037 m NN sind: Januar −3 °C, Juli +15 °C abs. Minimum −27 °C, Niederschlag: 1894 mm pro Jahr.

Typisch ist der Wechsel von Warmluftfronten vom Golf und arktischen Fronten aus Nordwesten. Selbst im Januar kann die Temperatur von +15 °C plötzlich auf −10 °C mit Schneesturm sinken. Eine andauernde Schneedecke fehlt im Winter selbst in Höchstlagen.

8.2 Vegetation und Höhenstufen

Die zonale Vegetation am Fuße der Appalachen sind sommergrüne Mischwälder mit bis 70 Holzarten und auf den trockenen Sandflächen stehen künstliche Kiefernforste.

1. Die Tiefenstufe (colline Stufe) reicht bis 500 m NN.
2. Die submontane Stufe (500–1000 m NN) weist eine ähnliche aber weniger artenreiche Laubwald-Vegetation auf. Oberhalb 1000 m NN wächst kein *Liriodendron tulipifera* (Tulpenbaum) mehr.
3. Montane Stufe (1000–1500 m NN): Laubwald dominiert, aber *Tsuga canadensis* kommt bereits vor.
4. Hochmontane Stufe (1500–1750 m NN). Übergangsgebiet zur Laub-Nadelwaldstufe. Auf ärmeren Böden dominiert bereits *Picea rubens*. Auch die Krautschicht weist Übergangscharakter auf.
5. Oberhalb 1750 m NN: Nadelwaldstufe mit eintönigen *Abies fraseri*- und *Picea rubens*-Beständen, die keine borealen Nadelwaldarten sind. Auf diese höchste Stufe entfallen nur etwa 100–150 km². Eine obere Baumgrenze fehlt, aber es treten waldfreie Flächen auf, die als «Balds» bezeichnet werden. Es sind «Heath Balds» auf felsigen Graten und flachgründigen Steilhängen, die mit *Rhododendron catawbiense* und anderen anspruchslosen *Ericaceen* bewachsen sind; sie bilden ein undurchdringliches Dickicht. Oder es sind «Grass Balds» auf abgerundeten Kuppen, die sich nicht bewalden.

Die Höhenstufen in Abhängigkeit vom Wasser- und Nährstoff-Faktor werden auf einem Vegetationsprofil dargestellt (Abb. 6.5).

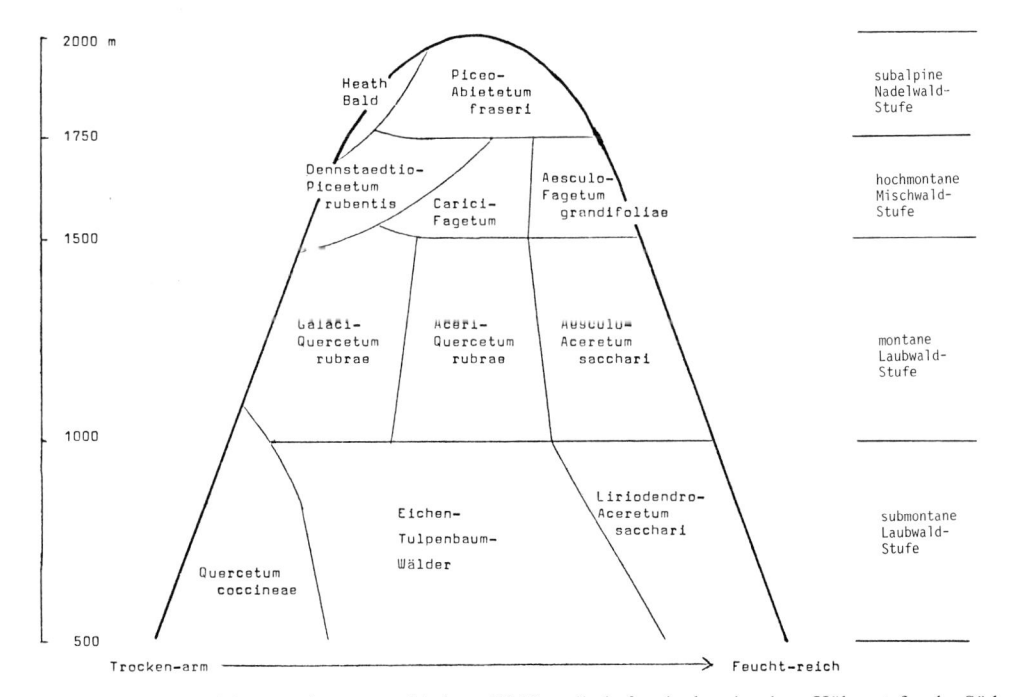

Abb. 6.5: Die standörtliche Anordnung verschiedener Waldgesellschaften in den einzelnen Höhenstufen der Südappalachen oberhalb 500 m NN (aus SCHRÖDER 1974).

Folgende Waldtypen werden unterschieden.

Montane Stufe:

1. *Aesculus octandra-* und *Acer saccharum-*Wälder mit *Tilia heterophylla* und *Fraxinus americana*, die einen schattigen Hallenwald bilden. Sie wachsen auf den reichsten Standorten an Unterhängen oder in Mulden auf tiefgründigen Böden über basenreichem Ausgangsgestein. Die Höhe der Bäume erreicht 30 m, der Zuckerahorn hat den größten Anteil. Die Wälder erinnern an die mitteleuropäischen Buchenwälder, was auch für die Krautschicht zutrifft. Den Frühlingsaspekt (Ende April–Mitte Mai) bilden *Trillium, Uvularia, Arisaema, Dicentra, Claytonia, Podophyllum* u.a. Auch Arten der bei uns verbreiteten Gattungen (*Anemone, Asarum, Stellaria, Polygonatum, Allium*) kommen vor. Der Sommeraspekt ist durch bis ein Meter hohe Stauden gekennzeichnet, unter denen *Lilium superbum*, sowie *Cimicifuga* im Spätsommeraspekt (Mitte August–Mitte September) sowie die Compositen *Aster, Eupatorium, Solidago* genannt seien.

   Besonders eindrucksvoll ist im Herbst die leuchtend rote Laubverfärbung von *Acer saccharum*. Wir glaubten 1930 bei Sonnenschein ein Feuermeer zu durchqueren.

2. *Acer rubrum-* und *Quercus rubra-*Wälder mit *Carya*-Arten, *Magnolia acuminata* sowie *Castanea dentata*.

   Diesen Waldtyp findet man auf mittleren Böden, wobei früher *Castanea* dominant war, diese aber durch den aus Japan eingeschleppten parasitischen Pilz, *Endothia parasitica*, den Kastanienkrebs, fast völlig vernichtet wurde. Das Absterben begann in den Appalachen 1925; 1940 waren fast alle Stämme abgestorben und lagen als Baumleichen am Boden. Auch die Stockausschläge der *Castanea* wurden vom Pilz befallen. Die entstandenen Lücken werden durch Jungwuchs nur unvollständig ausgefüllt, jedoch wird die Strauchschicht vor allem aus 5 m hohem sommergrünen *Rhododendron calendulaceum* mit leuchtend orangegelben Blüten bestehend, begünstigt. Die Krautschicht ist weniger reich, das gilt vor allem für die Frühlingsephemeren.

3. *Quercus rubra – Galax aphylla-*Wälder findet man auf den ärmsten und trockensten Biotopen mit *Quercus alba, Qu. prinus* und *Betula lenta*. Die höchsten Anteile hat neben *Quercus rubra* noch *Acer rubrum* (früher auch *Castanea*). Die Strauchschicht ist gut entwickelt, die Krautschicht weniger, bis auf die Diapensiacee *Galax aphylla*, die mit glänzend ledrigen immergrünen, rundlichen Blättern mit den Rhizomen große Flächen überzieht.

4. *Aesculus octandra-* und *Fagus grandifolia-*Wald mit *Betula lutea*, der für die hochmontane Stufe typisch ist. Diese Birke ist keine Pionierart, sondern ein Bestandteil der hochgewachsenen Wälder. Zu den Laubhölzern mischt sich gelegentlich *Picea rubra* bei und vereinzelt auch *Abies fraseri*. Die Bäume werden 20 m hoch, für die Strauchschicht ist *Acer spicatum* bezeichnend.

5. *Fagus grandifolia – Carex pennsylvanica-*Wälder. Diese Wälder findet man auf mittleren Biotopen, wie am oberen Ende von Mulden oder Satteln. Die Buche bildet dichte niedrige Bestände von nur 10 m Höhe mit *Acer pennsylvanicum, Amelanchier laevis, Prunus serotina*, wenig *Acer spicatum* und Großsträuchern. Darüber erheben sich bis zu 20 m Höhe in Abständen *Betula lutea* und *Picea rubens*. In der Krautschicht bildet *Carex* dichte Matten.

6. *Picea rubens – Dennstaedtia-*Übergangswald.

   In etwas höheren Lagen, als die des Fagetums, rücken die Fichtenüberhälter dichter zusammen und die Buche wird unterdrückt. Nur *Betula* kann sich noch zwischen den Fichten halten. Die Krautschicht ist auf dem mageren Boden dürftig. Häufig ist nur der Farn *Dennstaedtia punctilobula*.

7. Die *Picea rubra-* und *Abies fraseri-*Wälder bilden die eigentliche Nadelwaldstufe, wobei der Anteil von *Abies* nach oben zunimmt. Diese beiden Arten sind in ihrer Verbreitung auf die Appalachen beschränkt. Nur *Betula* ist ein Einsprengsel, wie auch die Kleinbäume *Acer spicatum, Sorbus americana* und *Prunus pennsylvanica*. Die Tanne ist schattenfester, aber kurzlebiger als die Fichte und wird kaum 15 m hoch. Die Fichte wird im Alter höher und erhebt sich über den dichten Bestand der Tanne. Die Varianten auf guten Böden besitzen eine dichte niedrige Krautschicht aus amerikanischen Arten von *Oxalis* und Farnen mit 0,5–1 m hohem *Vaccinium erythrocarpum* (nächste Verwandte in Japan) darüber.

In der Vorgebirgsvegetation erlangt in den Zuckerahornwäldern der Tulpenbaum (*Liriodendron tulipifera*) die Dominanz. In einem Urwaldreservat wird er fast 60 m hoch mit einem Stammdurchmesser von 2 m. Sonst wurden die größten Bäume herausgeschlagen. Dazu kommen verschiedene *Quercus*-Arten, wobei die Dominanzverhältnisse sehr unterschiedlich sind. Die Baum-

Tab. 6.2: Übersicht über Stetigkeit und Deckungsgrade der Baumarten in den zonalen Waldgesellschaften (aus SCHRÖDER). Die subalpine Stufe ist eine Nadelwaldstufe.

Höhenstufe	Subalp. St.	Hochmontane Stufe			Montane Stufe			Submontane Stufe		
Standortsgüte	arm	arm	mittel	reich	arm	mittel	reich	arm	mittel	reich
Gesellschaft	PA	DP	CF	AF	GQ	AQ	AA	QC	ET	LA
Abies fraseri (Pursch) Poiret	V.3–5	II	II	III						
Picea rubens Sarg.	V.±3	V.3–5	III	III	I	I	I			
Sorbus americana Marsh.	V.±2	V.±1	II	II	I					
Prunus pennsylvanica L.f.	III	II	II	I	I	I	I			
* *Acer spicatum* Lam.	III	IV.±1	III	V.±3	I	I	I	I		
Betula lutea Michx.f.	IV.±3	V.1–3	V.1–3	IV.1–4	II	III	III		I	I
Fagus grandifolia Ehrh.		IV.±1	V.3–5	V.±5	II	II	II		II	IV.±3
* *Acer pennsylvanicum* L.	I	III	IV.±2	III	IV.±1	III	IV.±1	I	II	II
* *Prunus serotina* Ehrh.		III	IV.±2	II	III	IV.±2	IV.±2		III	I
* *Amelanchier laevis* Wieg.		III	IV.±2	I	IV.±1	V.±2	II		I	I
Aesculus octandra Marsh.		I	II	V.1–3	I	III	V.±4		I	III
Acer saccharum Marsh.		II	III	III	II	V.±4	V.±5		II	V.±3
Tilia heterophylla Vent.					I	II	IV.±3		II	V.±3
Ostrya virginiana (Mill.) K. Koch			I		I	II	III		I	II
Fraxinus americana L.					III	V.±2	V.±3		IV.±2	V.±3
Carya spp.					I	V.±3	III	II	V.±3	IV.±2
Quercus rubra L.				II	V.±4	V.±4	IV.±2	II	V.±3	IV.±2
Magnolia acuminata L.		II	I		V.±3	IV.±3	III	I	III	III
Betula lenta L.		I			IV.±4	III	II	I	II	III
Tsuga canadensis (L.) Carr.		I	I		III	II	II	II	II	III
Robinia pseudoacacia L.					III	II	II	II	III	I
Castanea dentata (Mrsh.) Borkh.		I		I	V.1–3	V.±3	II	III	III	I
Acer rubrum L.		II	II		V.±3	V.±3	III	V.±3	V.±4	III
Magnolia fraseri Walt.			I		IV.±4	I	I	II	II	I
Quercus alba L.					IV.±3	III	I	III	III	I
Quercus prinus L.					IV.±3	I	I	V.±4	III	I
Liriodendron tulipifera L.					II	II	II	I	V.±4	V.2–4
Cornus florida L.					II	II	II	III	V.±3	V.±2
Pinus strobus L.					I	I	I	IV.±3	II	
Sassafras albidum (Nutt.) Nees					III	I		V.±1	III	I
Oxydendrum arboreum (L.) DC.					II			V.±2	III	I
Nyssa sylvatica Marsh.					II	I		V.±2	II	
Quercus coccinea Münchh.					II	I		V.1–3	II	
Pinus rigida Mill.					I			III		
Pinus pungens Lamb.								III		

Gesellschaften: PA Piceo-Abietum, DP Dennstaedtio-Piceetum, CF Carici-Fagetum, AF Aesculo-Fagetum, GQ Galaci-Quercetum, AQ Aceri-Quercetum, AA Aesculo-Aceretum, QC Quercetum coccineae, ET Eichen-Tulpenbaum-Wälder, LA Liriodendro-Aceretum.

* = Großsträucher, die nur in der hochmontanen Stufe an der Baumschicht beteiligt sind.

schichten lassen sich schwer scharf trennen. Arten wie *Cornus florida, Oxydendrum arboreum* (Ericaceae), *Acer rubrum* und *Sassafras albidum* erreichen die obere Baumschicht nicht. Die Krautschicht ist in diesen schattigen Wäldern verarmt. Für ausgesprochen trockene und arme Standorte ist *Quercus coccinea* mit *Pinus rigida* sowie *P. pungens*, aber auch *Pinus strobus*, in der Krautschicht *Kalmia latifolia* mit sommergrünen Vaccinien bezeichnend. Auf Sonderstandorten dominiert *Betula* an Bachufern in tieferen Lagen, auch *Platanus occidentalis* und *Alnus serrata*, auf schotterigen Ablagerungen *Rhododendron maximum* (mit weißen Blüten). Gegenüber Mitteleuropa fällt der große Reichtum an Holzarten auf, wobei die Buche niemals Reinbestände bildet, die in Mitteleuropa durch die Forstwirtschaft begünstigt wurden.

In einer Tabelle (vgl. Tab. 6.2) werden die Stetigkeit und der Deckungsgrad der Baumarten in den verschiedenen hypsonalen Gesellschaften angegeben. Diese Wälder wurden eingehender behandelt, weil sie fast die einzigen Laubwälder in Nordamerika sind, die sich noch im naturnahen Zustand befinden. Große Bestände sind «National Forests», in denen keinerlei Waldbau betrieben wird.

Die Besiedlung umfaßt im Gebirgsland weniger als 25% der Gesamtfläche. Eine Zeitlang wurden die wertvollsten Einzelstämme entnommen, doch hörten diese Eingriffe in den Zwanziger Jahren auf. Für Naturfreunde führt durch diese Waldwildnis ein Fußpfad mit Schutzhütten über den Gebirgskamm von Georgia bis nach Maine.

WHITTACKER, der sich ausführlich mit der Vegetation der Great Smoky Mountains (1956, 1966) beschäftigte, hat sich auch mit der Ökologie der «**Heath Balds**» auseinandergesetzt (WHITTAKKER 1963, 1979). Die Böden dieser Balds variieren von Felsen mit flachgründigen Böden in Vertiefungen über trockenen Torfansammlungen bis zu Podzolböden mit Torfauflagen. Entsprechend nimmt die Vegetationsdecke von einzelnen *Rhododendron carolinianum* und *Rh. catawbiense* bis zu einer mehr geschlossenen Pflanzendecke zu, in der auch *Kalmia latifolia* sowie *Vaccinium corymbosum, Gaylussacia baccata* sowie andere Sträucher *(Pyrus melanocarpa, Viburnum cassinoides)* und Kräuter hinzukommen. Dazu treten in höheren Lagen auch Moose und Flechten auf. Die Produktivität dieser «**Balds**» ist entsprechend gering. Es handelt sich um trockene Biotope (Litho-Pedobiome) der verschiedenen Höhenstufen, die durch das Relief bedingt sind, das vielleicht im Pleistozän durch die Vereisung geformt wurde.

9 Pedobiome

9.1 Amphibiome der Auenwälder

Auenwälder nehmen im Bereich des Zonobioms VI in Nordamerika sehr große Flächen ein, namentlich in den südlichen Einzugsgebieten des Mississippi, aber auch an der Süd- und Südostküste, hier allerdings schon mehr im Bereich des Zonobioms V einbezogen (vgl. Abb. 6.2).

Auch diese Auenwälder sind an Baumarten wesentlich reicher als die europäischen. Man unterscheidet die länger überfluteten Weichauengehölze und die Hartauengehölze. Auf den besonders lang überfluteten Flächen an den Flußufern mit kiesigen und sandigen Böden wachsen verschiedene Weidenarten. Dominant ist meistens *Salix nigra*, dazu kommen *S. lucida, S. rigida, S. sericea*, aber auch *S. amygdaloides* und *S. interior*. Begleitet werden die Weiden von der Rubiacee *Cephalanthus occidentalis*, der Urticacee *Boehmeria cylindrica* und im Südosten von *Forestiera acuminata* (Oleaceae).

Auf groben Kiesbänken und an steinigen Ufern hält sich selbst bei starker Strömung *Salix caroliniana* (= *S. longipes*) mit *Cornus amomum* und dem oben genannten *Cephalanthus*, zuweilen auch *Alnus serrulata*, ganz im Südosten auch *Itea virginiana* (Iteaceae, aff. Saxifragaceae).

Die eigentlichen, etwas weniger lange überfluteten Weichen Auewälder bestehen aus *Populus deltoides* (= *P. canadensis*), einer raschwüchsigen Pionierart, die unter günstigen Bedingungen in 12 Jahren 25 m Höhe erreicht und insgesamt bis 50 m hoch werden kann. Sie wird deshalb zur Holzgewinnung angepflanzt. Diese Auenwälder sind infolge der Überflutungen mit häufigen Bodenverlagerungen artenarm.

Dominant ist: *Populus deltoides*.

Weitere bezeichnende Arten sind: der wilde Wein (*Parthenocissus quinquefolia*) als Liane, das Gras *Leersia virginica*, ferner *Polygonum virginicum* und dazu *Boehmeria, Aster paniculatus, Helenium autumnalis, Laportea canadensis* (Urticacee mit Brennhaaren) und *Pilea pumila* (eine adventive tropische Urticacee).

Bei weniger langer Überflutung geht die Weiche Aue in die äußerst artenreiche **Harte Aue** über.

Dominant sind hier: der Silberahorn *(Acer saccharinum)* und *Acer negundo* var. *violaceum*, sowie *Ulmus campestris, U. fulva, Platanus occidentalis* und *Fraxinus americana*, aber auch *F. nigra, F. pennsylvanica* und *F. quadrangularis*, außerdem *Aesculus glabra*, *Celtis occidentalis*, *Gleditsia triacanthos*, *Juglans nigra*, *J. cinerea* und die Eichenarten *Quercus bicolor*, *Qu. imbricata*, *Qu. palustris*, *Qu. alba* sowie *Carpinus caroliniana*, *Liquidambar styraciflua*, *Tilia americana*, die Lauracee *Lindera benzoin* mit aromatischer Rinde; Lianen sind *Vitis riparia*, *Parthenocissus quinquefolia*, *Smilax herbacea*, *Menispermum canadense*. Dazu kommt eine Strauchschicht aus *Evonymus obovatus*, *Ribes cynosbati*, *Staphylea trifolia*, die Rutacee *Xanthoxylum americana* und eine Krautschicht aus Gräsern und zahlreichen Kräutern.

9.2 Bachauenwälder und montane Niedermoore

In kleinen Bachtälern wachsen auf überschwemmten Flächen vor allem *Betula nigra* und *Alnus serrulata*, insbesondere im Gebirgsbereich.

Kleinere Verebungen tragen oft kleinere Niedermoore, in denen ebenfalls *Alnus serrulata* auftritt, dazu kommen zwischen einzelnen Cyperaceenhorsten und -platten (*Carex lurida*, *Eriophorum virginicum*, *Rhynchospora alba*) z.B. *Drosera rotundifolia*, *Utricularia cornuta*, *Parnassia grandifolia*, *Tofieldia racemosa*, *Xyris torta* u.a.

9.3 Kiefernwälder auf armen und trockenen Böden

Diese Kiefernwälder sind vor allem durch *Pinus rigida* (Pich Pine) und *Pinus virginiana* (Virginia Pine) gekennzeichnet. Eine Eigenart der *Pinus rigida* ist, daß sie Stockausschläge bildet, was nach Bränden von Bedeutung ist.

Der Armut der Biotope entsprechend, wird der Unterwuchs durch *Pteridium aquilinum*, trockenresistente Gräser und Ericaceen (Arten von *Gaylussacia*, *Vaccinium*, *Kalmia*, *Arctostaphylos* u.a.) gebildet. In diesen Wäldern sind *Robinia pseudoacacia* und *R. hispida* heimisch. Die Kiefern werden auch mit gutem Erfolg für Aufforstungen verwendet.

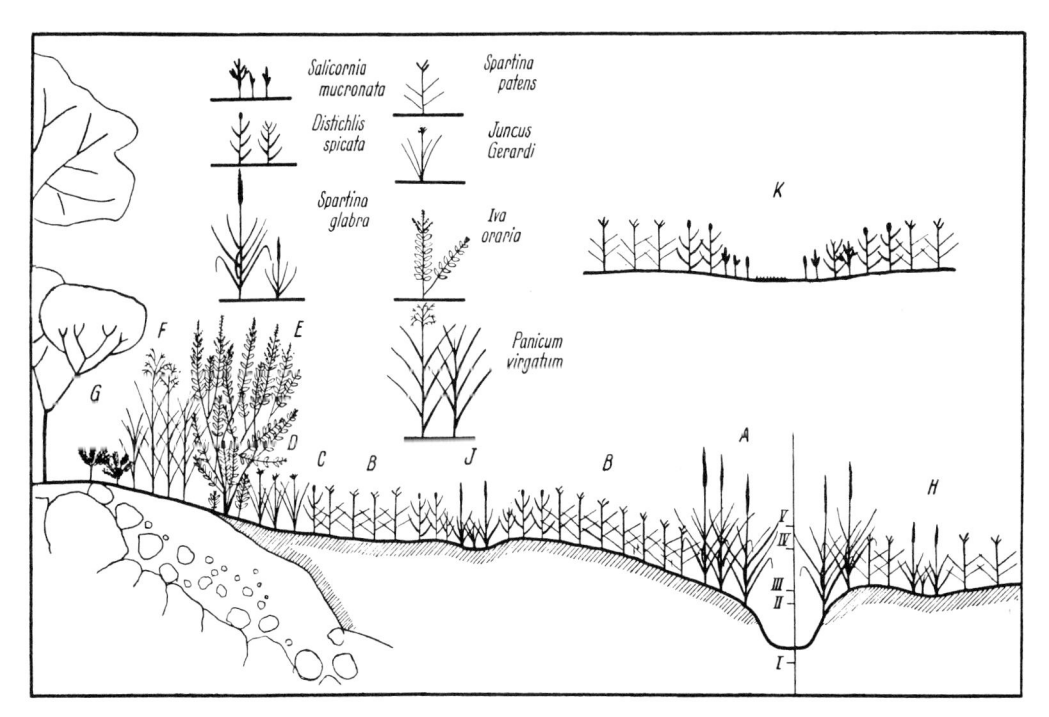

Abb. 6.6: Schema der Zonierung der Salzmarschvegetation an der Ostküste Nordamerikas (nach STEINER 1934). A: *Spartina glabra*-Bestand der unteren Salzmarsch; B: *Spartina patens*-Gesellschaft; C: *Distichlis spicata*-Zone; D: *Juncus gerardi*-Gesellschaft; E: *Iva oraria*-Gebüsch, F: *Panicum virgatum*-Gesellschaft; G: Randgebüsch; H: *Spartina glabra*-Wanne (Typ I); J: *Spartina glabra-Distichlis*-Wanne (Typ II); K: *Salicornia mucronata*-Wanne (Typ III); Wasserstände: I: normale Ebene; II: normale Halbflut; III: Nippflut; IV: normale Flut; V: Springflut.

9.4 Halobiome

An den in Senkung begriffenen Ostküsten Nordamerikas haben sich ausgedehnte **Salzmarschen** ausgebildet. Sie wurden in einer grundlegenden Arbeit von STEINER bereits 1934 sehr ausführlich untersucht.

Die Salzmarschvegetation und ihre Zonierung in Abhängigkeit von den Wasserständen der Tiden ist schematisch in Abb. 6.6 gezeigt. Der erste Pionier im unteren Litoral ist *Spartina glabra* mit einzelnen Horsten, im mittleren Litoral mit dichten Beständen. Darauf folgen *Spartina patens* var. *juncea*-Gruppen, dann *Distichlis spicata* und *Juncus gerardi*. Diese drei Arten kommen oft gemischt vor, teilweise aber auch in einzelnen Zonen. Die Liste der Arten, die in ganz wechselnder Menge und in beliebigen Variationen der Vergesellschaftung die genannten dominanten Arten begleiten, ist klein: *Salicornia europaea, S. mucronata, Limonium carolinianum, Atriplex patula* var. *hastata, Triglochin maritima, Plantago decipiens, Aster subulatus, Gerardia maritima;* mehr randlich kommen dazu *Aster tenuifolius* und *Solidago sempervirens*. Landeinwärts folgt eine Strauchzone mit *Iva oraria*, in der auch schon Arten mit geringerer Salztoleranz auftreten. In dieser Übergangszone kommen u.a. noch vor: *Panicum virgatum, Spartina michauxiana, Hierochloe odorata, Teucrium canadense* var. *littorale, Baccharis halimifolia, Helianthus giganteus, Aster novi-belgii,* an offenen Stellen *Suaeda linearis*. STEINER hat ausgedehnte Untersuchungen an den verschiedenen Salzstandorten vorgenommen. Die Bewurzelung einzelner Arten der Salzmarsch ist in Abb. 6.7 gezeigt. Die meisten Arten sind typische Rhizompflanzen mit mehr oder weniger tiefgreifenden Wurzeln. Die eigentlichen Halophyten, die auch der Meerwasserkonzentration im Bodensubstrat widerstehen, weisen in ihren Zellsäften osmotische Werte von etwa 28–36 at (= 2,8–3,6 MPa) auf, liegen also entsprechend der allgemeinen Regel um etwa 5–10 at höher als das Bodensubstrat (Meerwasser mit 23 at). STEINER hat damals auch schon die Partialdrucke der beiden wichtigsten Ionen (Na$^+$, Cl$^-$) und Zucker bestimmt, dies ist in Abb. 6.8 für 21 Arten der Salzmarschen gezeigt. Darüberhinaus gibt STEINER

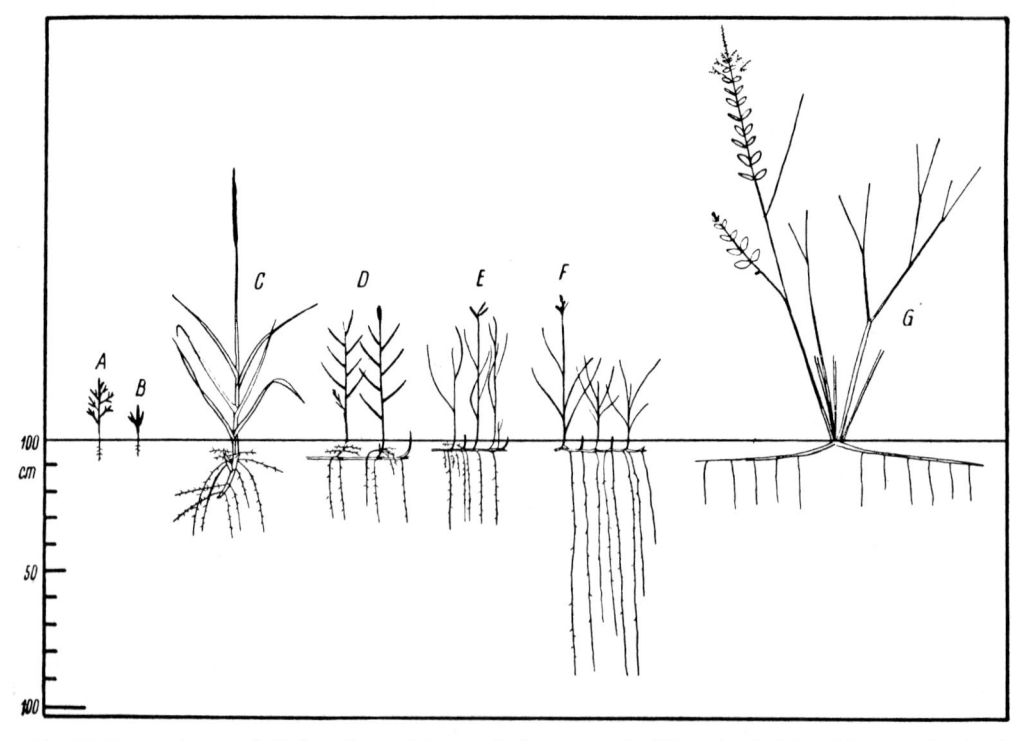

Abb. 6.7: Bewurzelungsverhältnisse einiger Salzmarschpflanzen an der Küste des östlichen Nordamerika (nach STEINER 1934). A: *Salicornia europaea;* B: *S. mucronata;* C: *Spartina glabra;* D: *Distichlis spicata;* E: *Spartina patens;* F: *Juncus gerardi;* G: *Iva oraria*.

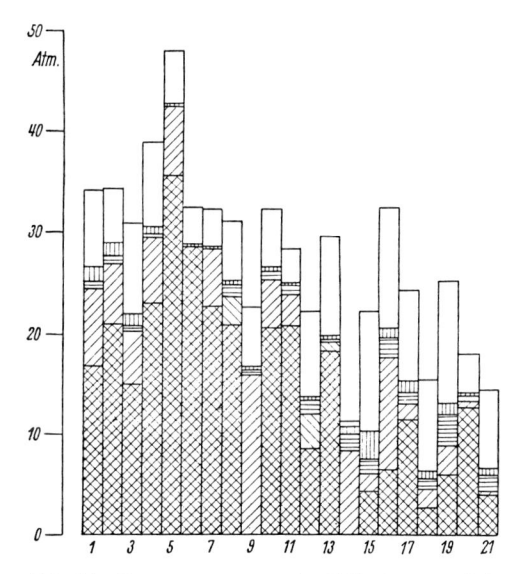

Abb. 6.8: Zusammensetzung des Zellsaftes von Salzmarschpflanzen der Küste des östlichen Nordamerika (aus STEINER 1934). 1: *Spartina glabra*; 2: *S. patens*; 3: *Distichlis spicata*; 4: *Juncus gerardi*; 5: *Salicornia mucronata*; 6: *S. europaea*; 7: *Plantago decipiens*; 8: *Atriplex patula hastata*; 9: *Aster subulatus*; 10: *Limonium carolinianum*; 11: *Suaeda linearis*; 12: *Gerardia maritima*; 13: *Iva oraria*; 14: *Baccharis halimifolia*; 15: *Elymus virginianus*; 16: *Spartina cynosuroides*; 17: *S. michauxiana*; 18: *Panicum virgatum*; 19: *Hierochloe odorata*; 20: *Solidago sempervirens*; 21: *S. graminifolia*. Die ganze Säule gibt den osmotischen Wert wieder, waagerecht schraffiert: reduz. Zucker; senkrecht schraffiert: Saccharose; von links oben schräg schraffiert: Chlorid; von rechts oben schräg schraffiert: Natrium.

noch eine ganze Reihe von Jahresgängen des osmotischen Wertes und der Zellsaftkonzentration einzelner Komponenten an. Wir bringen als Beispiel in Abb. 6.9 die Ergebnisse bei *Salicornia europaea*.

Nach der Art der osmotischen Regulation werden bei ihm drei Typen von Salzmarschhalophyten unterschieden:
a) Sukkulente (Regulation der Zellsaftkonzentration durch Zunahme des Lösungsmittels Wasser).
b) Absalzende (Regulation durch Ausscheidung der überschüssigen Salze).
c) *Juncus gerardi* (keine Regulation. Salzgehalt und osmotischer Wert steigen stetig an).

Auf die Halophyten sind wir bereits im allgemeinen Teil (vgl. Band 1, S. 103 ff.) eingegangen.

Auf andere kleinflächige und oft stark anthropogen beeinflußte Pedobiome kann nicht näher eingegangen werden.

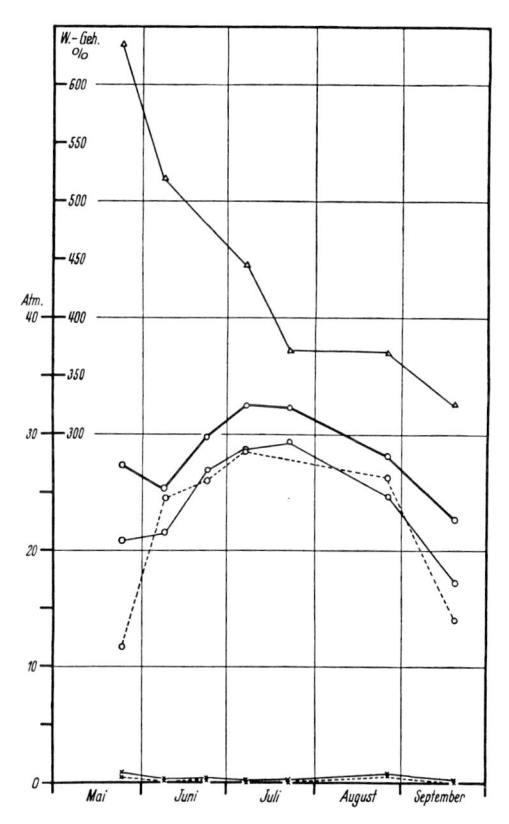

Abb. 6.9: Schwankungen des osmotischen Wertes, einiger Zellsaftbestandteile und des Wassergehaltes während der Vegetationsperiode bei *Salicornia europaea* von der Küste des östlichen Nordamerika (aus STEINER 1934). Signaturen: (außer beim Wassergehalt alle Angaben in bar); dicke durchgezogene Linie und Kreise: Osmot. Wert; dünne durchgezogene Linie und Kreise: Chlorid (als NaCl); unterbrochene Linie mit Kreisen: Na (als NaCl); unterbrochene Linie mit Kreuzen: reduzierende Zucker im Zellsaft; dünne durchgezogene Linie mit Kreuzen: Gesamtzucker im Zellsaft; durchgezogene Linie mit Dreiecken: Wassergehalt in %.

10 Zono-Ökotone

10.1 Zono-Ökoton VI/VII

Die Westabdachung der Appalachen trägt noch dichte Wälder, der allmähliche Übergang in die Prärie beginnt erst weiter westlich. Die Grenze zur Prärie ist nicht scharf zu ziehen. Sie hat sicherlich im Gefolge der nacheiszeitlichen Klimaschwankungen sehr stark fluktuiert.

An der Grenze zwischen Laubwald und Grasland betragen die mittleren Jahresniederschläge bei etwa 40°N etwa 800 mm (weiter nördlich 500 mm an der Grenze der Prärien zu den Nadelwäldern des ZB VIII, weiter südlich 1000 mm). Etwas westlich in der Langgras-Prärie (vgl. S. 349) fallen die Niederschläge auf 700 mm bzw. bis unter 400 mm in der eigentlichen Kurzgras-Prärie.

10.2 Zono-Ökoton VI/VIII

Zum Zono-Ökoton VI/VIII gehören in Nordamerika die Wälder im Gebiet der Großen Seen, in New England und im Bereich des St. Lorenz-Stromes (KNAPP 1965), vgl. Abb. 6.2 und Abb. 6.10. In den nördlichen Laubwäldern mischt sich häufig die viel Schatten ertragende *Tsuga canadensis* bei, die etwa die Rolle von *Taxus baccata* in Europa spielt. Für die Wälder des Zono-Ökotons sind dagegen *Pinus strobus* und *Pinus resinosa* die wichtigsten Nadelholzarten, wobei die erstere die anspruchsvollere ist. Auch in diesem Zono-Ökoton kommen sowohl mosaikartige Vegetationskomplexe von Nadel- und Laubwäldern in Abhängigkeit von den Bodenverhältnissen als auch Kiefern-Laubholz-Mischwälder vor.

Diese Wälder bildeten bis 1920 eine wichtige Grundlage für die Holzproduktion von Nordamerika, so daß ursprüngliche Altbestände kaum noch vorhanden sind. Vielfach traten an ihre Stelle Sekundärwälder aus *Pinus banksiana*, *Populus tremuloides*, *P. grandidentata*, *Betula papyrifera*, *B. populifolia* und *Prunus pennsylvanica*. Auch weite Flächen mit Adlerfarn *(Pteridium aquilinum)*

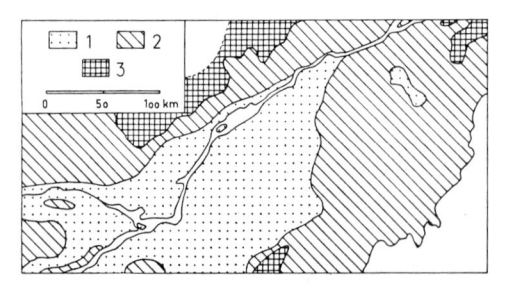

Abb. 6.10: Natürliche Wuchsgebiete im Bereich des mittleren St. Lorenzstromgebietes. 1 und 2: Nördliche Laubwälder; 1: laubholzreich mit hohen Anteilen von Zucker-Ahorn *(Acer saccharum)*; 2: nadelholzreiches Übergangsgebiet (ZÖ VI/VIII); 3: Bereiche borealer Nadelwälder im Norden (ZB VIII) und in höheren Gebirgslagen (nach DANSEREAU 1959, aus KNAPP 1965).

und *Agropyrum trachycaulon* sowie mit vielen europäischen Adventivarten, die sich schwer wieder aufforsten lassen, sind verbreitet.

Der südliche Teil von Quebec (Canada) gehört ebenfalls zu diesem Ökoton. Neben den Laubwäldern, in denen *Acer saccharum* neben *Tilia americana*, *Fraxinus* spp., *Fagus grandifolia* u.a. stark vertreten ist, kommen Nadelwälder oder Nadelhölzer als Beimischung vor. *Pinus strobus* und *Tsuga canadensis* spielen eine geringere Rolle, dagegen treten bereits boreale Arten auf, wie *Abies balsamea* und *Picea glauca*, aber auch *P. rubens*, während *P. mariana* und *Larix laricina* auf Mooren wachsen. Aus diesem Gebiet liegen viele spezielle vegetationskundliche Untersuchungen und Karten vor (GRANDTNER 1966, 1967; BLOUIN et GRANDTNER 1971; DOYON 1975 u.a.). Bei dem floristischen Reichtum dieser Wälder und der großen Zahl von Baumarten werden sehr viele Waldgesellschaften unterschieden (vgl. ZB VIII, S. 443 ff.).

Eine genaue Gliederung der zonalen Wälder des Gebiets um die großen Seen wurde von BURGER (1972, 1976; vgl. Abb. 6.11) vorgelegt. Wir verwenden dabei seine Bezeichnungen 3–7 für das ZÖ VI/VIII und die anschließenden ZB VI und ZB VIII. Dabei entspricht 3 dem ZB VIII und 7 dem ZB VI, während 4 + 5 die Fläche des ZÖ VI/VIII wiedergibt. Außer dieser Süd-Nord-Gliederung ist noch eine Ost-West-Gliederung nach dem Grad der Humidität vorgenommen worden, wobei E die östlichsten Gebiete mit besonders hohen Niederschlägen anzeigt, W – die westlich davon etwas weniger humiden Gebiete und S die bereits subhumiden.

In der Tabelle 6.3 sind die entsprechenden forstlich besonders wichtigen Baumarten der zonalen Wälder angegeben. Wenn bei 4 nur Nadelhölzer genannt werden, so beruht das darauf, daß sie die obere Baumschicht mit den wertvollsten Stämmen bilden, während die Laubhölzer mehr in der unteren Baumschicht vertreten sind. *Pinus strobus* (4 W, 4 E und 6 S) ist eine typische Art des ZÖ VI/VIII, ebenso wie *Tsuga canadensis* in 5 E und 6 W und 6 E. Die Bedeutung der Laubhölzer in ZÖ VI/VIII nimmt von Ost nach West deutlich ab.

Eine sehr genaue Untersuchung des Zono-Ökotons VIII/VI im Nordosten der USA wurde von BORMANN and LIKENS (1979) veröffentlicht. Es handelt sich um das Laub-Nadel-Mischwaldgebiet des 3000 ha großen «Hubbart Brook Experimental Forest» in den nördlichen Ausläufern der Appalachen, den **White Mountains** (New Hampshire, USA) in 200–1000 m NN.

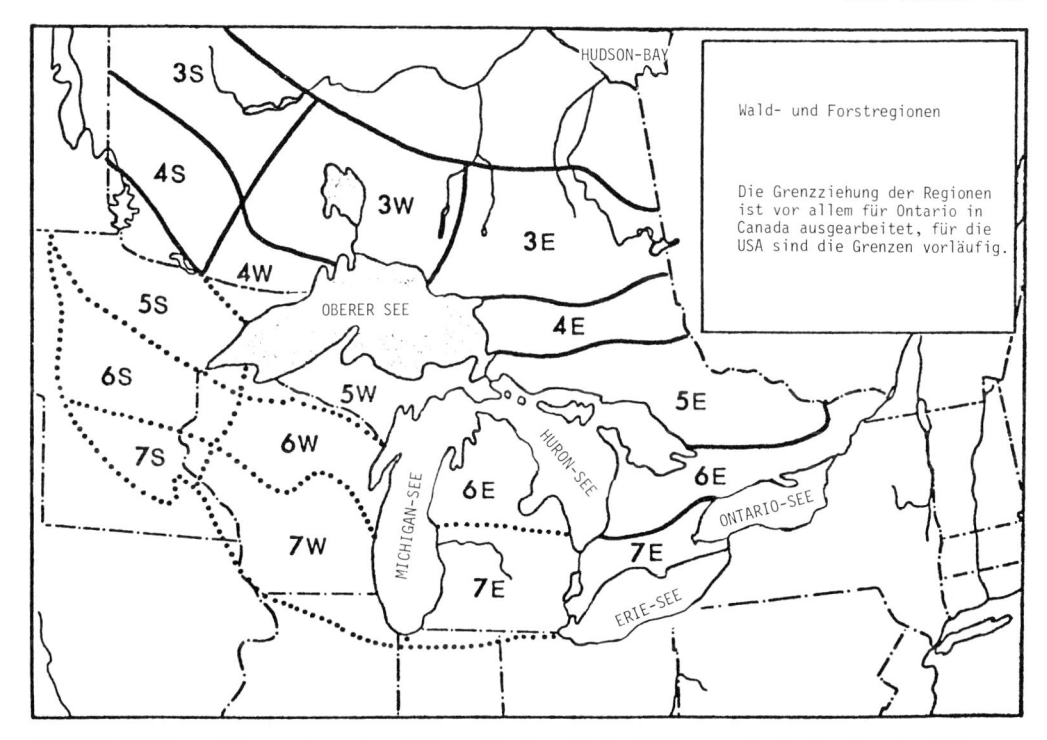

Abb. 6.11: Wald- und Forstregionen im mittleren Nordamerika im Gebiet um die Großen Seen (nach BURGER 1976). Weitere Angaben vgl. Tab. 6.3.

Das Klima ist kontinental, wenn auch der Jahresniederschlag 1300 mm ($^1/_3$ als Schnee) erreicht. Der flachgründige (im Mittel 50 cm tiefe), steinige Boden über Gneis ist sauer (pH 4,5 oder tiefer). Das Gebiet wurde von Europäern erst 1770 besiedelt, die Waldnutzung begann Mitte des vorigen Jahrhunderts, ab 1900 wurde der gesamte Wald abgeholzt. Die Wiederbewaldung erfolgt spontan ohne forstliche Eingriffe. Urwälder sind also in diesem Gebiet nicht mehr vorhanden, sondern es handelt sich um die nach mindestens einem Kahlschlag spontan herangewachsene nächste Waldgeneration.

Der herangewachsene Mischwald besteht aus den großwüchsigen Laubholzarten *Fagus grandifolia*, *Acer saccharum*, *Betula alleghaniensis*, *Fraxinus americana*, *Tilia americana*, *Quercus rubra*, *Ulmus americana* und *Acer rubrum* zusammen mit den Nadelhölzern *Tsuga canadensis*, *Picea rubens*, *Abies balsamea* und *Pinus strobus*. In den unteren Lagen dominiert das Laubholz, ab 760 m NN in zunehmendem Maße das Nadelholz. Es handelt sich somit schon um das typische Zono-Ökoton VI/VIII. Auch in den unteren Lagen, wie schon in den südlicher anschließenden Gebieten, erlangt die Buche in diesem an Holzarten reichen Gebiet niemals die Alleinherrschaft.

Die Zusammensetzung der Wälder ändert sich je nach der Höhenlage, weil jede einzelne Holzart, unabhängig von den anderen auf die Änderung der Umweltbedingungen, artspezifisch reagiert. Die untersuchten Bestände der Forstlichen Versuchsstation Hubbard Brook entsprechen der Höhenlage 250–750 m NN bei einem Niederschlag von 1300 mm (davon etwa ein Viertel als Schnee). Das Muttergestein besteht aus glazialen Geschieben über Granit und metamorphen Gesteinen. Die Böden sind nährstoffarm, leicht podzoliert mit einem B-Horizont unter dem Bleichhorizont, der pH = 4,5 aufweist.

Die Studie beschäftigt sich mit der natürlichen Entwicklung der Bestände von der Kahlschlagfläche bis zu den derzeit ältesten Beständen, wobei auch versucht wird den Urwaldcharakter zu rekonstruieren. Es werden dabei vier Entwicklungsstadien unterschieden, die auf Abb. 6.12 abgebildet sind.

Nach dem Kahlschlag (clear cut) die «Reorganization Phase», dann die «Aggradation Phase», darauf die «Transition Phase» bis zur sehr frag-

Tab. 6.3: Die wichtigsten dominanten Baumarten bei Wäldern «stabiler» Zusammensetzung für die wesentlichen Zonobiome und Zono-Ökotone im östlichen Nordamerika. Die ungefähr den Zonobiomen und Zono-Ökotonen entsprechenden Angaben lassen sich nicht ganz parallelisieren (nach BURGER 1976). Zur Lage der Wald- und Forstregionen vgl. Abb. 6.11

KLIMA ansteigende Temperatur ↓	→ ansteigende Feuchtigkeit		
	S = subhumide Regionen	W = Westliche humide Regionen	E = Östliche humide Regionen
3 (≙ ZB VIII) boreal	3S *Populus tremuloides* *Picea glauca*	3W *Picea glauca* *Abies balsamea*	3E *Abies balsamea* *Picea glauca*
4 (≙ ZÖ VIII/VI)	4S *Picea glauca* *Abies balsamea*	4W *Picea glauca* *Pinus strobus* *Abies balsamea*	4E *Abies balsamea* *Picea glauca* *Pinus strobus*
5 (≙ ZÖ VI/VIII)	5S *Picea glauca* *Abies balsameae* *Populus tremuloides* *Populus grandidentata* *Betula papyrifera*	5W *Acer sacharum* *Betula alleghaniensis* *Tilia americana*	5E *Acer sacharum* *Acer sacharum* *Tsuga canadensis* *Pinus strobus*
6 (≙ ZB VI) nemoral	6S *Tilia americana* *Acer sacharum* (*Pinus strobus*)	6W *Acer sacharum* *Tsuga canadensis* *Tilia americana*	6E *Fagus grandifolia* *Acer sacharum* *Quercus rubra* *Tsuga canadensis*
7 (≙ ZB VI) nemoral	7S *Tilia americana* *Acer sacharum* (*Quercus rubra*)	7W *Acer sacharum* *Tilia americana*	7E *Acer sacharum* *Fagus grandifolia* *Quercus rubra* *Quercus alba* *Carya ovata*

lichen «Steady State Phase», die dem ökologischen Gleichgewichtsstadium eines Urwaldes entsprechen würde.

Für die ersten 170 Jahre wurde die Entwicklung der lebenden Biomasse, der organischen Masse der Humusschicht am Boden und die totale organische Masse bestimmt bzw. errrechnet (Abb. 6.13). Die Vergleichsflächen lagen auf den ebenen Wasserscheiden. Nach dem Kahlschlag ist die lebende Masse gleich Null. Es folgt die Schlaggesellschaft mit *Prunus pennsylvanica*, *Rubus idaeus* u.a. sowie die allmähliche Wiederbewaldung mit zunehmender Phytomasse. Durch den Kahlschlag nimmt das tote Holz auf der Fläche stark zu, denn es wird nur das Nutzholz entfernt. Das tote Holz wird in den nächsten Jahren rasch zersetzt, so daß seine Menge nach etwa 20 Jahren ein Minimum erreicht, denn die Schlagpflanzen liefern wenig totes Holz und eine rasch zersetzbare Streu. Deswegen nimmt auch die organische Masse am Boden zunächst ab, um mit der Zeit die normale Masse von etwa $50\,t \cdot ha^{-1}$ zu erreichen.

Die «Aggradation Phase» beginnt etwa 15 Jahre nach dem Kahlschlag, wenn die Kurve der totalen organischen Masse deutlich anzusteigen beginnt. Diese hat etwa nach 170 Jahren ihr Maximum erreicht, ebenso wie die Kurve der lebenden Phytomasse.

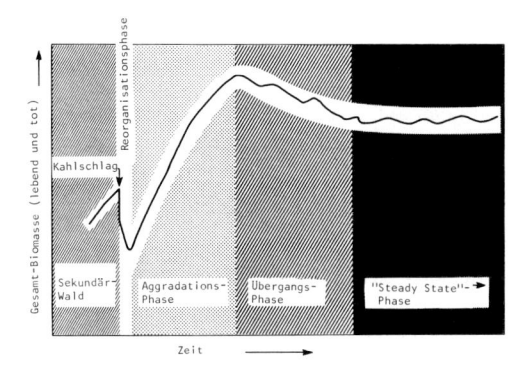

Abb. 6.12: Die vorgeschlagenen Phasen der Ökosystem-Entwicklung eines Sekundärwalds eines nördlichen Hartholz-Mischwalds nach einem Kahlschlag (aus BORMANN & LIKENS 1979). Die einzelnen Phasen sind begrenzt durch Änderungen in der Biomassenanhäufung (lebende Biomasse, Organische Substanz im Totholz, auf dem Waldboden und im Mineralboden, vgl. auch Abb. 6.13). Vorausgesetzt werden keine exogenen Störungen nach dem Kahlschlag.

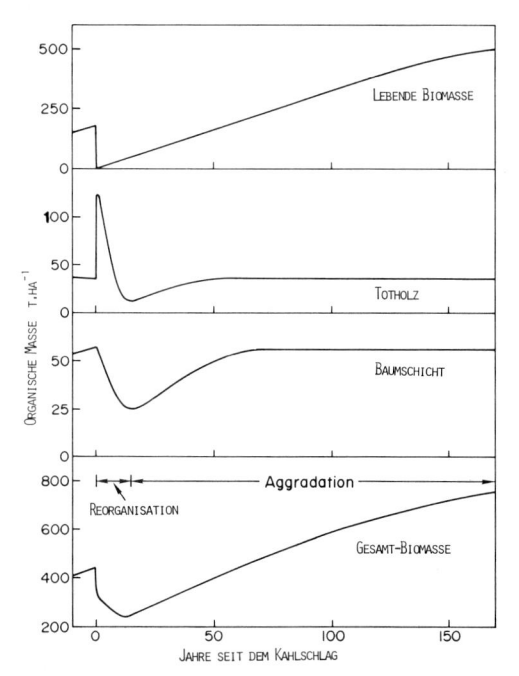

Abb. 6.13: Die Veränderung der Biomassen nach einem Kahlschlag in einem nördlichen Hartholz-Mischwald der östlichen USA. Die Veränderungen der Biomasse der einzelnen Kompartimente sind schematisch aufgetragen. Die Biomasse im Mineralboden wird als weitgehend konstant angesehen (173 t·ha^{-1}). In diesem Schema sind nur die beiden ersten Phasen (vgl. Abb. 6.12) nach dem Kahlschlag berücksichtigt (aus BORMANN & LIKENS 1979).

Genauer untersucht wurde ein 55jähriger Bestand. Seine Produktion der einzelnen Schichten ist in Tab. 6.4 angegeben.

Die Frühjahrsephemeren, wie *Erythronium*, produzieren wenig, aber sie vermindern die Verluste von K und N während der Phase der «Spring runoff period» und stellen die gespeicherten Nährstoffe dem Sommerwachstum im Bestand zur Verfügung.

Die Netto-Primärproduktion wird mit 8,75 t · ha^{-1} · a^{-1} (oberirdisch) und 10,4 t · ha^{-1} · a^{-1} (gesamt) angegeben, wobei 35% eine Zunahme der Phytomasse bedingen. In Altbeständen dürfte die Phytomasse etwa 420 t · ha^{-1} betragen, wobei 90% derselben 250 Jahre nach dem Kahlschlag erreicht werden. Von der Gesamt-Phytomasse sind 160 t · ha^{-1} lebende Substanz (82% oberirdische, 18% unterirdische). Obgleich der Blattflächenindex (LAI) 5,8 ist, entfallen auf die Blattmasse nur 2,4% der oberirdischen Phytomasse (3 t·ha^{-1}). 80% der feinen Wurzeln befinden sich in den oberen 30 cm des Bodenprofils. Die Humusschicht ist etwa 8,6 cm mächtig und enthält 48 t · ha^{-1} an organischer Masse. Die Zunahme der Humusschicht während der «Aggradation Phase» verbessert die Wasserkapazität des Bodens und den Kationenaustausch.

Tab. 6.4: Prozentuale Verteilung der Produktion einzelner Schichten und Anteil verschiedener Blatt-Typen in einem 55jährigen Mischwald bei Hubbard Brook (nach BORMANN & LIKENS 1979)

	Höhe	Immergrüne	Frühjahrsgrüne	Sommergrüne	Insgesamt
Baumschicht	(>2,0 m)	2,3	0	94,3	96,6
Strauchschicht	(0,2–2 m)	>0,1	0	0,7	0,7
Krautschicht	(0–0,5 m)	1,2	0,5	1,0	2,7
Zusammen		3,5	0,5	96,0	100,0

Den Energiefluß in diesem 55jährigen Bestand zeigt Abb. 6.14. Was die Energieausnutzung der Strahlungsenergie von $1{,}7 \times 19^9 \text{kcal} \cdot \text{ha}^{-1} \cdot \text{a}^{-1}$ betrifft, so werden für die Transpiration 13% und für die Photosynthese 1%, zusammen 14% verbraucht. Wenn man jedoch die Ausnutzung der Strahlungsenergie für die Monate Juni–September, also für die Hauptproduktionszeit berechnet, so sind es 37%.

Nur etwa 1% der Netto-Primärproduktion wird von den Konsumenten aufgenommen. Diese sind in der Reihenfolge ihrer Bedeutung: Eichhörnchen (chipmunks), Mäuse, blattfressende Insekten, Vögel, Hirsche und Hasen.

Die Destruenten sind nicht genauer untersucht worden. Unter ihnen spielen auf den sauren Böden die Pilze die Hauptrolle, von den Saprophagen findet man vorwiegend *Arachnida*, *Collembola*, *Coleoptera*- und *Diptera*-Larven, *Hymenoptera* (Ameisen), *Symphyla* und *Annelida* (Regenwürmer, Millepoden und Isopoden fehlen). Alle diese Organismen arbeiten gemeinsam am Abbau. 95% der Blattstreu von *Betula* werden in 5 Jahren abgebaut, von *Acer* in 9 Jahren und von *Fagus* in 11 Jahren. Infolge der geringen Zahl an Regenwürmern werden die organischen Reste wenig mit dem mineralischen Boden vermischt.

Phytophagen spielen normalerweise eine geringe Rolle, doch wurden 1969–1971 durch Raupen von *Heterocampa guttivita* 44% der Blätter vernichtet (insbesondere von *Betula*), aber nur 14% der gefressenen Menge wurde verwertet, 86% wurden der Streu hinzugefügt. Aber die Entlaubung wirkte sich noch auf andere Weise aus. Durch die Epidemie wurde die Produktion reduziert, der Wasserabfluß gesteigert (durch Verminderung der Transpiration) und das Ökosystem mit dem Boden infolge der Auflichtung stark gestört. Unter ähnlichen Bedingungen wurde in North Carolina beobachtet, daß im Abflußwasser höhere Nitratwerte auftreten, da die Pflanzen nicht mehr soviel Nitrat aufnehmen und der offene Boden stärker erwärmt wird, was die Nachlieferung an mineralischem Stickstoff weiter erhöht. Dies wurde in Hubbard Creek nicht nachgewiesen.

Die Produktivität braucht in Mischwäldern während einer Raupen-Kalamität nicht zu sinken, wenn nur gewisse Arten befallen werden. Denn die anderen können, weil sie mehr Licht erhalten und die Wurzelkonkurrenz geringer ist, entsprechend mehr produzieren (vgl. Band 1, S. 41 f.). Die Folgen sind sehr komplex und von Fall zu Fall verschieden. Die Raupen sind eine willkommene Beute für carnivore Arten, so stieg die Zahl der raupenfressenden Vögel während der Epidemie stark an. Die Nahrungsketten (-netze) sind von verschiedenen Rückkopplungsvorgängen bestimmt, die dazu führen, daß sich der frühere Zustand annähernd wieder einpendelt.

Der normale Wasserhaushalt des Ökosystems geht aus Abb. 6.15 hervor. Von den rund 1300 mm Niederschlag fließen 62% in die Wasserläufe ab, über die Hälfte davon zur Zeit der Schneeschmelze

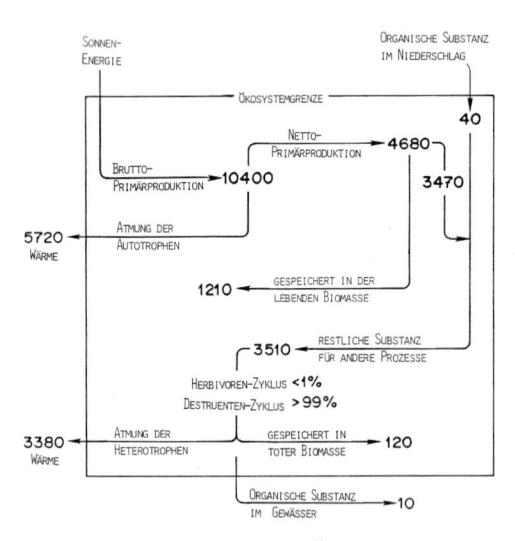

Abb. 6.14: Der Energiefluß im Ökosystem aufgrund des Stoffkreislaufs organischer Substanz in einem 55jährigen Bestand bei Hubbart Brook (östlich USA) (aus BORMANN & LIKENS 1979). Die Zahlen geben $\text{kcal} \cdot \text{m}^{-2}$ an.

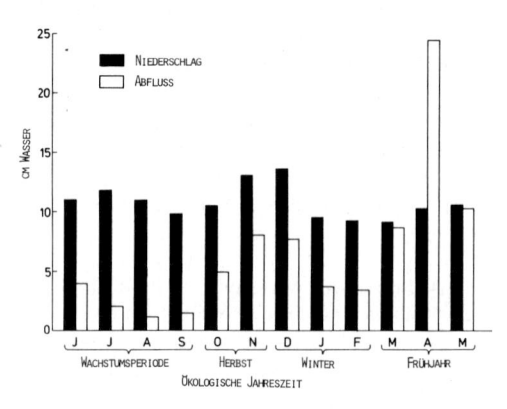

Abb. 6.15: Mittlere monatliche Niederschläge und Abflüsse (in cm Wasser). Als Ökologische Jahreszeiten bezüglich des Wasserhaushalts sind die Vegetationsperiode, der Herbst und Winter (mit Schnee-Akkumulation), die Frühjahrsschneeschmelze und Abflußsaison berücksichtigt (aus BORMANN & LIKENS 1979).

Element	Wald	Kahlfläche
Ca	−9,0	−77,7
Mg	−2,6	−15,6
K	−1,5	−30,3
Na	−6,1	−15,4
Al	−3,0	−21,1
NH_4-N	+2,2	+1,6
NO_3-N	+2,3	−114,1
SO_4-S	−4,1	−2,8
Cl	+1,2	+1,7
HCO_3-C	−0,4	−0,1
SiO_2-Si	−15,9	−30,6
Total	−36,9	−307,8

Tab. 6.5: Jährlicher Nettoverlust (−) bzw. -Gewinn (+) löslicher anorganischer Ionen eines Hochwalds und einer abgeholzten Waldfläche im Hubbard Brook Forest Ecosystem (White Mountains New Hampshire, USA) in $kg \cdot ha^{-1} \cdot a^{-1}$ in der Zeit von Juni 1966 bis Muni 1969 (aus BORMAN and LIKENS 1979).

von März bis Mai (allein 30% im April). Während der Vegetationszeit von Juni bis September ist die Abflußmenge gering. Sie steigt von Mitte Oktober bis Dezember an, um im Winter, wenn der Niederschlag als Schnee gespeichert wird, wieder stark abzufallen. Durch die Wasserspeicherung im Ökosystem selbst kommt eine gewisse Pufferung zustande. Durch die starke Evapotranspiration wird im Sommer der größte Teil des Niederschlags verbraucht.

Über den Ionengehalt des vom Bestand abfließenden Wassers gibt Tabelle 6.5 Auskunft. Obgleich N-Verluste durch den Abfluß eintreten, so nimmt die N-Menge des Bestandes ständig zu, wohl durch die Tätigkeit der N-bindenden Mikroorganismen.

Sehr eingehend wird die sekundäre Sukzession nach einem Kahlschlag verfolgt. Sie wird eingeleitet durch das Auswachsen verbliebener Individuen oder durch Keimung der im Boden vorhandenen, ruhenden Samen oder von neu durch Wind oder Vogel herangebrachten Samen. Die Kahlschlagart *Prunus pennsylvanica* hat eine Lebensdauer von 30 Jahren; in dieser Zeit kann sie 15–20 Millionen Früchte erzeugen, die von vielen Vogelarten endozoochor verbreitet werden und auf anderen Lichtungen lockere Bestände dieser Baumart erzeugen. Andererseits fallen die Früchte auch ab und reichern sich im Boden an, wo sie in Keimruhe Jahrzehnte verbringen. Die Keimruhe wird bei erneuter Lichtung aufgehoben, man nimmt an durch die Stickstoffanreicherung infolge des Humusabbaus oder durch Wegfall der Wurzelausscheidungen der gefällten Baumarten. In diesem Falle entstehen sehr dichte *Prunus*-Bestände. Die Samen von *Betula* oder *Populus tremuloides* werden durch den Wind herbeigeweht und keimen

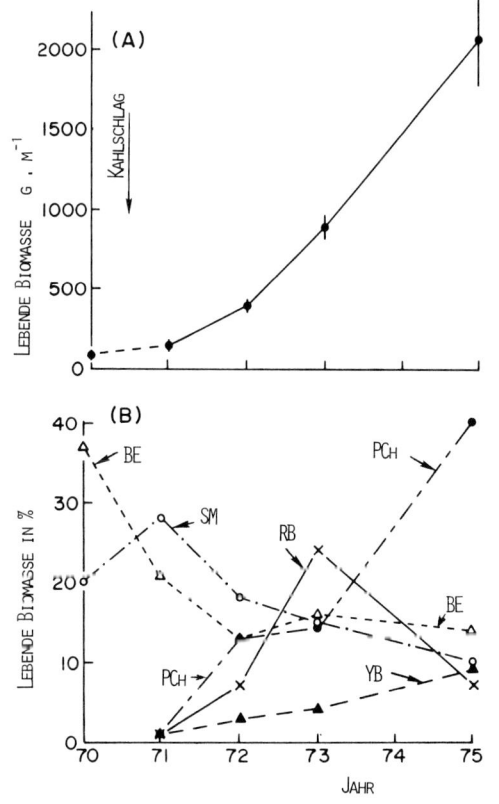

Abb. 6.16: A: Mittelwerte der Akkumulation lebender Biomasse nach einem Kahlschlag (mit Standardabweichungen; Angaben in $g \cdot m^{-2}$). Die Angaben für 1970 entsprechen den Werten für die Krautschicht vor dem Kahlschlag, alle folgenden Werte sind Daten aus 1 m²-Meßflächen. B: Prozentuale Verteilung lebender Biomasse auf die wichtigsten Arten. Hierbei bedeuten: BE: *Fagus grandifolia*; PCh: *Prunus pennsylvanica*; RB: *Rubus idaeus*; SM: *Acer saccharum*; YB: *Betula alleghaniensis* (aus BORMANN & LIKENS 1979).

gleich. Es sind jedoch stets von Anfang an auch Jungpflanzen auf der Schlagfläche vorhanden. Denn sie vermögen im Altbestand einige Jahre in der Krautschicht durchzuhalten und beginnen auf der Schlagfläche sofort, intensiver zu wachsen.

Die Zahl der jungen Baumpflanzen nimmt zunächst rasch zu, dann aber ab. Die Phytomasse der jungen Baumpflanzen steigt exponentiell an, aber der Anteil der einzelnen Baumarten ändert sich ständig in den ersten 6 Jahren (Abb. 6.16). Die Lichtholzarten wachsen rascher in die Höhe, ihr Anteil an der Phytomasse steigt, bis sie frühzeitig absterben: *Prunus* nach 30 Jahren, *Populus* nach 40–60 Jahren, *Betula* nach 80 Jahren, *Acer rubrum* und *Fraxinus* nach über 100 Jahren. Schon nach 60 Jahren beginnen die Schattenholz-Arten immer mehr zu dominieren (Abb. 6.17).

Die raschere Entwicklung der Lichtholzarten hängt mit dem günstigeren Assimilathaushalt zusammen.

1. Die Zahl der Blätter am Jahrestrieb ist bei den Schattenholzarten in der Winterknospe festgelegt, bei den Lichtholzarten dagegen nicht. Ihre Knospen enthalten nur wenige Blattanlagen, aber der Trieb wächst dauernd weiter, solange die Außenbedingungen günstig sind, und bildet immer neue Blätter, was die Produktion, wie bei den Kräutern, begünstigt.
2. Die Blätter der Lichtholzarten nützen die hohe Lichtintensität auf den Schlagflächen besser aus als die Blätter der Schattenholzarten. Sie altern allerdings rascher, und die unteren Blätter vergilben vorzeitig; doch werden die Nährstoffe aus diesen den zuwachsenden zugeführt, so daß ein sehr rascher Kreislauf stattfindet, was für die Produktion günstig ist.

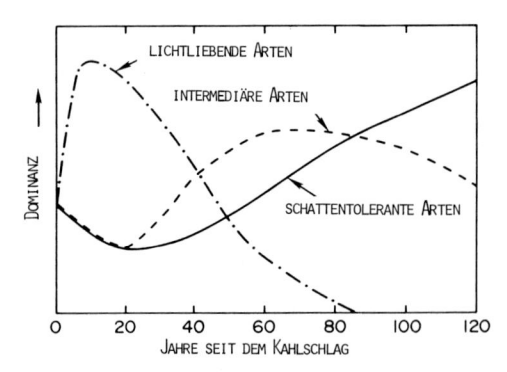

Abb. 6.17: Die anzunehmende Abfolge der Dominanz einzelner Arten mit unterschiedlicher Schattenverträglichkeit nach einem Kahlschlag (aus BORMANN & LIKENS 1979).

3. Der Anteil der unterirdischen Phytomasse ist bei den Lichtholzarten geringer als bei den Schattenholzarten, auch bei der oberirdischen Phytomasse dürfte der Anteil des Holzes (Weichhölzer) geringer sein, so daß von den Assimilaten mehr für die Vergrößerung der Blattfläche verbraucht wird, was produktiver ist.
4. Die Schattenholzarten legen größere Reserven für den Austrieb im Frühjahr an, was einen Vorteil bei starker Konkurrenz in Altbeständen bedeutet; dasselbe gilt auch im Hinblick auf ein stärker entwickeltes Wurzelsystem. Deshalb erlangen die Schattenholzarten mit der Zeit gegenüber den Lichtholzarten die Vorherrschaft, aber bei fehlenden Eingriffen des Menschen findet man Lichtholzarten auch zerstreut in Altbeständen, denn diese werden stets lokal gestört, und auf den kleineren oder größeren lichten Waldstellen können die Lichtholzarten als Vorhölzer immer wieder hochkommen.

Die hier beschriebene Sukzession ohne forstliche Eingriffe entspricht derjenigen in Urwäldern nach Katastrophen auf größeren Flächen, z. B. nach Windwurf in überalterten Beständen. Die weitere Entwicklung der alten Bestände konnte nicht beobachtet werden, weil solche nicht vorhanden waren. BORMANN & LIKENS (1979) nehmen nach einer Modellrechnung an, daß nach Erreichen eines Maximalwertes der lebenden Phytomasse von $490 \, t \cdot ha^{-1}$ bei Beständen im Alter von 170 Jahren in der «Transition Phase» die Phytomasse unter Schwankungen bis zu einem Wert von $350 \, t \cdot ha^{-1}$ bei 350jährigen Beständen absinkt, um sich weiterhin unter gewissen Schwankungen auf diesem Wert zu halten, während der unbegrenzten letzten «Steady State Phase» mit Urwaldcharakter und Nullwachstum, was wohl nicht den Tatsachen entspricht.

Der Grund für das Absinken des Maximalwertes wird damit begründet, daß der zunächst gleichalterige Altbestand während der «Transition Phase» immer ungleichalteriger wird, weil die über 170jährigen Bäume abzusterben beginnen und durch deren Sturz lichte Stellen im Bestand entstehen, die durch Jungwuchs mit Lichtholzarten ausgefüllt werden und die lebende Phytomasse an solchen Stellen geringer ist als im Altbestand. Mit der Zeit wird die Zahl der lichten Stellen größer, bis die 350jährigen Bestände ein im Gleichgewicht befindliches mosaikartiges Aussehen erreichen. Zwar werden weiterhin die lichten Stellen ihre Lage ständig wechseln, aber die «Shifting mosaic structur» bleibt im wesentlichen unverändert, womit die «Steady State

Phase» mit allen Altersstufen der Bäume auf einer größeren Fläche erreicht ist. Die weiteren Schwankungen werden dann durch gewisse Klimaschwankungen oder vereinzelt auftretende, größere Katastrophen bedingt (Windwurf, Feuer in diesen Mischbeständen wohl seltener, Epidemien), so daß dadurch doch gewisse Synchronisationen in der Populationsstruktur und damit gewisse zyklische Veränderungen auftreten. Eine solche Mosaikstruktur ist tatsächlich in dem Urwaldrest der Ostalpen aus *Fagus sylvatica*, *Abies alba* und *Picea abies*, dem Rothwald in 1000 m NN bei Lunz in Niederösterreich, auch vorhanden (vgl. Band 1, S. 132 ff., Abb. 71–75), nur wird dort eine zyklische Entwicklung auf größere Flächen mit einer Verjüngungs-, Plenter-, Optimal- und Altersphase angenommen, so daß es sich nicht um ein Kleinmosaik, sondern um eines mit etwas größeren Flächen handelt (vgl. auch SPRUGEL 1976).

Auf jeden Fall ist die frühere Ansicht, daß die «Klimax-Urwälder auf riesigen Flächen homogene Wälder waren, nicht richtig. Das gilt auch nicht für die Taiga-Urwälder in Sibirien. Denn auch für diese hat KRAUKLIS (1975) eine zyklische Entwicklung mit wenigstens 3 Phasen nachgewiesen, die man nicht als «Steady State» bezeichnen sollte.

Diese Heterogenität der Urwälder ist für den Stoffkreislauf der Ökosysteme von großer Bedeutung. Ein homogener Wald, vor allem ein homogener Nadelwald, ist ein faunistisch «toter» Wald. Denn er bietet für die Tierwelt kaum eine Nahrungsgrundlage. Erst die Kombination von Flächen mit dunklen Altbeständen und lichten offenen Flächen schafft eine große Zahl von verschiedenartigen Nischen, die der Tierwelt eine artenreiche Ausbildung ermöglichen.

Die Nährstoffkreisläufe (Forest nutrient cycling) beim Hubbard Brook Ecosystem sind von WHITTAKER et al. (1979) sehr eingehend untersucht worden. Der größte Teil der Nährstoffelemente in der oberirdischen Primärproduktion geht in die Blätter (58–78%) mit Ausnahme von Na, obgleich die Blätter nur 40% der Primärproduktion ausmachen. Zurück in den Boden gelangen K und Na überwiegend durch Auswaschung, alle anderen Elemente dagegen mit der Streu.

B. Biomgruppe Ostasien

Allgemeines

Das Zonobiom VI umfaßt im nördlichen China ausgedehnte Flächen, die teilweise bis in die Fernost-Gebiete der Sowjet-Union reichen. Das Übergangsgebiet des Zono-Ökoton VI/VIII ist ebenfalls breit ausgebildet, wie die Karte (Abb. 5.39) zeigt. Größere Teile Koreas und Japans gehören ebenfalls zum Zonobiom VI. Dieses Zonobiom ist in Ostasien, wie schon in Nordamerika oder in Europa gezeigt, das Gebiet mit der besonders hohen Bevölkerungsdichte. Ursprüngliche Vegetation ist, wenn überhaupt, nur noch kleinflächig und in Schutzgebieten vorhanden. Wie in Nordamerika ist auch in Ostasien dieses Gebiet sehr artenreich im Vergleich zu Mitteleuropa; in den Wäldern kommen immer mehrere oder gar viele Baumarten zusammen vor, auch die Krautschicht ist sehr artenreich (MIYAWAKI & NAKAMURA 1988; SHIMIZU 1988).

1 Zonobiom VI in Japan

1.1 Klima

In Abb. 6.18 sind einige Klimadiagramme aus Japan gezeigt, die das Zonobiom VI Japans klimatisch charakterisieren (z. B. Tokyo). Man erkennt, daß die Niederschläge vergleichsweise sehr hoch sind und daß die Temperaturamplituden im Laufe des Jahres ebenfalls ausgeprägter als in Mitteleuropa sind. Zwar tritt auch schon regelmäßig im Winter Frost auf, dieser ist aber noch mild, etwas nördlicher gelegene Stationen auf Hokkaido weisen aber schon beträchtliche Fröste und längere Frostperioden auf (sie leiten über ZÖ VI/VIII zum Zonobiom VIII). Der Frost und die Anpassung der einzelnen Arten an die Kälte (Kälteresistenz) spielt daher im ZB VI eine wichtige Rolle (vgl. S. 317 f.).

1.2 Vegetation des ZB VI in Japan

Für dieses Zonobiom gilt dasselbe wie für das ZB V: Die zonale Vegetation auf ebenen Flächen wird für Kulturflächen intensiv genutzt, den ge-

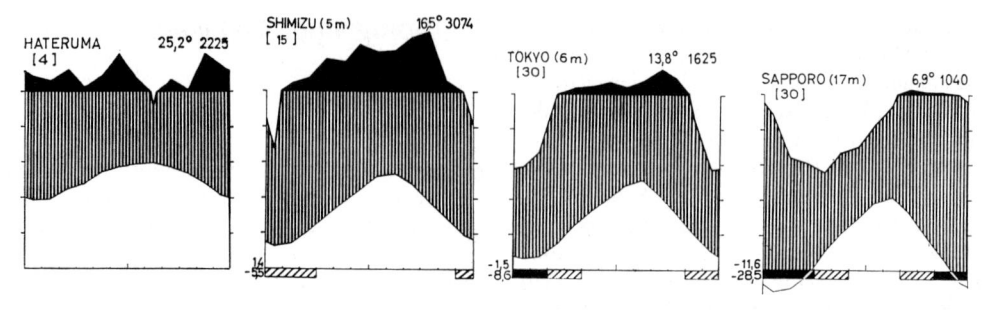

Abb. 6.18: Klimadiagramme aus Japan. Hateruma (Riu-Kiu-Inseln) mit Regenwaldklima (ZÖ I/V), Shimizu aus Süd-Japan (ZB V), Tokyo (mit leichten Frösten, ZÖ V/VI) und Sapporo in Nord-Japan (ZÖ VI/VIII).

mäßigten, laubabwerfenden Wald findet man nur noch an den Gebirgshängen als untere Höhenstufe, also hypsonal auf Braunen Waldböden.

Die Übergangszone vom immergrünen, warmtemperierten Wald zum sommergrünen ist relativ schmal. Sie zeichnet sich dadurch aus, daß im Unterwuchs noch immergrüne Arten vorkommen. In der Baumschicht kommt auf der pazifischen Seite *Fagus japonica* vor. Die eigentlichen dem ZB VI entsprechenden Wälder sind *Fagus crenata*-Buchenwälder mit den ebenfalls laubabwerfenden Arten, wie *Kalopanax septemlobus* (Araliaceae), *Tilia japonica*, *Quercus mongolica* var. *grosseserrata*, *Magnolia obovata*, *Fraxinus sieboldiana*, *Sorbus alnifolia*, *Acer mono*, *Acer palmatum* var. *matsumurae* sowie mit einer Strauchschicht mit *Viburnum furcatum*, 3 *Rhus*-Arten, 2 Hydrangeaceen, wobei die Wälder auf der Seite des Japanischen Meeres und des Pazifiks gewisse floristische Unterschiede aufweisen, wie z. B. die immergrünen Bamuseen *Sasa kurilensis* auf der ersteren und *Sasamorpha purpurascens* auf der letzteren, auf der auch die Coniferen *Abies homolepis* und *Tsuga sieboldii* beigemischt sind. Auch die mehr südlichen und die mehr nördlichen Wälder auf beiden Hangseiten weisen Unterschiede auf.

In feuchten Schluchten herrscht der Flügelnußbaum *(Pterocarya)* vor mit *Ulmus laciniata*, *Cercidiphyllum japonicum*, dem Korkrindenbaum *Phellodendron amurense* und im Unterwuchs die Buxacee *Pachysandra terminalis*. In der Krautschicht sind häufig *Stellaria diversifolia*, die Farne *Athyrium pycnosporus* und *Matteucia struthiopteris*, in anderen Laubwäldern auch *Hydrangea petiolaris*, *Asperula odorata*, *Galium japonicum*, *Laportea bulbifera* u.a. Man kann eine große Zahl von Pflanzengemeinschaften unterscheiden.

An Stelle der laubabwerfenden Wälder sind heute auf weiten Flächen Mähwiesen mit vorherrschendem *Miscanthus sinensis* vertreten oder aber Weideland mit *Zoysia japonica*. Auf Kahlschlägen oder auf Brandflächen breitet sich die kleine Bambusee *Sasa veitchii* aus oder *Pteridium aquilinum*, der sich auch bei Überweidung breit macht (NUMATA 1979).

Diese Laubwälder sind für die nördliche Hälfte der Insel Honshu und die südliche der Insel Hokkaido bezeichnend. In der nördlichen Hälfte der letzteren überwiegen Nadelwälder auf Podzolböden, die den zonalen Wäldern des ZB VIII entsprechen mit *Abies mariesii* und *A. veitchii* in der hochmontanen Stufe der Insel Honshu und mit *Picea jezoensis* sowie *Abies sachalinensis*, zuweilen auch *Picea glehnii* auf der Insel Hokkaido. Die untere Grenze der Nadelwälder liegt im Süden bei 1900 m NN, im zentralen Honshu bei 1500 m NN und im nördlichen bei 700 m NN. Auf flachgründigen Böden wachsen *Thuja standishii*, *Tsuga diversifolia* und *Pinus pentaphylla*, auf noch trockeneren, vulkanischen Böden *Larix leptolepis*. Für die subalpine Zone sind *Betula ermanii* und *Alnus maximowiczii* charakteristisch. Sie breiten sich auch auf Felsgeröllhalden innerhalb der bewaldeten Nadelholzstufe aus.

Über der Waldgrenze spielt in der subalpinen Stufe in Zentral Honshu und auf Hokkaido bis weit nach Norden auf Kamtschatka die niedrige *Pinus pumila* die Hauptrolle zusammen mit den Zwergsträuchern *Vaccinium vitis-idaea*, *Vacc. axillare*, *Empetrum nigrum* var. *japonicum*, *Arctuos alpina* var. *japonicum*, *Rhododendron aureum*, *Ledum palustre*, *Gaultheria miquelonia*, *Rubus pedatus*, *Cornus canadensis* u.a.

In der alpinen Stufe kommen auf den dem Wind ausgesetzten, im Winter aperen Stellen die für die Alpen bezeichnenden Arten vor, wie *Loiseleuria procumbens* mit den Flechten *Thamnolia vermicularis*, *Cetraria islandica*, *Cladonia rangiferina*, *C. alpestris*, aber auch *Diapensia lapponica* var.

obovata, Carex stenantha, Gentiana algida, G. calthaefolium und eine Reihe weiterer Arten.

Auf im Winter schneebedeckten Flächen wachsen *Phyllodoce aleutica, Lycopodium sitchense, Geum pentapetalum, Arnica unalascensis, Anaphalis alpicola, Shortia soldanelloides* (Diapensiaceae) u. a. Die alpinen Matten bestehen aus dem Gras *Moliniopsis japonica, Carex blepharicarpa, Tofieldia japonica, Primula cuneifolia, Plantago hakusanensis,* der Ranunculacee *Coptis trifolia,* der Umbellifere *Tilingia ajanensis,* um nur einige zu nennen.

In Japan sind viele Gipfel **Vulkankegel** mit verschieden alten Lavaströmen und Ablagerungen von Bimsstein und vulkanischer Asche, die langsam von Pflanzen besiedelt werden. Oft findet man auf solchen Biotopen in relativ geringer Höhe alpine Elemente, die sich leichter an die ungünstigen Bodenverhältnisse anpassen und vor dem Wettbewerb raschwüchsiger Arten geschützt sind.

Extreme Standorte sind auch die Solfataren. Die sauren Böden um diese herum mit pH-Werten bis 1,5 sind vegetationslos. Bei pH 2,0–4,5 findet man schon *Haplozia crenulata, Drepanocladus fluitans* und *Carex angustisquama,* in größerer Entfernung *Deschampsia flexuosa, Juncus brachyspathus, Moliniopsis japonica, Miscanthus sinensis* und *Ilex crenata* var. *paludosa,* die zu der Strauchformation mit *Ledum palustre, Vaccinium smallii, Rhododendron fauriei, Hydrangea paniculata, Salix*-Arten, *Sorbus commixta, Viburnum furcatum* u. a. überleiten.

Kurz seien einige **Pedobiome** erwähnt: Auf Sanddünen wachsen an der Küste *Carex kobomugi, Elymus mollis, Ixeris repens,* die Umbellifere *Glehnia littoralis, Calystegia soldanella, Linaria japonica, Carex macrocephala* sowie die Sträucher *Rosa rugosa, Malus baccata,* die zu *Quercus dentata*-Wäldern überleiten.

Bei den Salzmarschen gehen folgende Zonationen ineinander über:

Zostera marina, Z. nana, Salicornia brachystachya, Puccinellia kurilensis, Spergula marina, Glaux maritima, Potentilla egedei, Juncus gracillimus, Eleocharis kamtschatica, Calamagrostis epigeios, Inula japonica, Phragmites communis.
Die Flora der Hochmoore ist fast identisch mit der der europäischen (NUMATA et al. 1972, DAMMANN 1988).

Die Verbreitung der entsprechenden ZB VI und ZB VIII mit den Zonoökotonen zeigt die Abb. 6.8.

Die japanische vegetationskundliche Literatur ist in den letzten beiden Jahrzehnten sehr umfangreich geworden.

1.3 Untersuchungen zur Frostresistenz

Mit der Kälteresistenz der Pflanzen der japanischen Flora beschäftigt sich sehr eingehend das Institute of Low Temperature Science der Hokkaido University in Sapporo. SAKAI (1970, 1970a, 1971, 1973) hat systematisch die Abhärtungsfähigkeit von bestimmten taxonomischen Sippen untersucht. SAKAI (1970) stellte fest, daß alle *Salix*-Arten, also einer holarktischen Gattung, sowohl *Salix sachalinensis* aus Nordjapan als auch *S. sieboldiana* aus dem südwestlichen warmen Japan, aber auch *S. caerulea* aus Lahore (Pakistan, ZB II), *S. tetrasperma* aus Singapur (ZB I, ZB II) und Quetta (Pakistan, ZB III), *S. safsaf* aus Cairo (ZB III) oder *S. bonplandiana* (Mexico) u.a., die an ihrem Standort nie Frosttemperaturen ausgesetzt sind, die Fähigkeit besitzen, nach Abhärtung Temperaturen von −50 °C zu ertragen, ja bei Vorfrieren im Winter bei −20 °C sogar das Eintauchen in flüssigen Stickstoff (−190 °C) überleben.

Stecklinge tropischer *Salix*-Arten konnten, nachdem sie ein Jahr in Nord-Japan wuchsen, ein Gefrieren bis −30 °C 16 Stunden lang ertragen. Die Frosthärte der Zweige von *Salix sieboldiana* aus dem milden Klima Süd-Japans betrug zunächst nur −15 °C, nach einer 14tägigen Abhärtung in Nord-Japan bei −3 °C aber bereits −50 °C; nachdem sie ein Jahr in Nord-Japan kultiviert worden waren, konnte man sie nach Vorhärtung bei −20 °C schon ohne Schädigung in flüssigen Stickstoff eintauchen.

Die Fähigkeit zur Abhärtung und die Frostresistenz nach Abhärten scheint somit selbst bei tropischen Arten noch genetisch fixiert und erhalten zu sein. Allerdings zeigte sich ein wesentlicher Unterschied darin, daß die *Salix*-Arten tropischer Herkunft trotz gleicher Frostresistenz wesentlich empfindlicher gegenüber Frosttrocknis waren (vgl. auch Bd. 1, S. 87).

Viele arkto-tertiäre Coniferen sind im Pleistozän in der Nordhemisphäre ausgestorben. Einige wenige Arten blieben in China als «lebende Fossilien» erhalten. Ihre Frostresistenz hat SAKAI (1971) untersucht. Es zeigte sich, daß *Glyptostrobus, Pseudolarix, Keteleeria* und (zum Vergleich) *Liquidambar* Temperaturen von −20 °C bis −25 °C aushalten, *Metasequioa* und *Taxodium* sogar solche von bis −30 °C. Aber *Taiwania, Sequioa sempervirens* und *Cunninghamia lanceolata* nur bis −15 °C (SAKAI 1971a). Noch empfindlicher sind die immergrünen Laubbäume, die meist bei Temperaturen unter −10 °C schon geschädigt werden. Sie können daher in Parks und Arboreten in Deutschland nur mit Winterschutz gehalten werden (BRECKLE 1989). Die Resistenz gegen Frosttrocknis, die in keiner Relation zur auftretenden Frosttrocknis steht, wurde bei diesen Arten nicht geprüft.

Ein umfangreiches Material mit den meisten Coniferen-Arten wurde im Hinblick auf die Frostresistenz auch der einzelnen Baumteile und Organe von SAKAI and OKADA (1973) zusammengestellt. Arten aus Gebieten mit milden Wintern sind wenig resistent, z. B. *Picea sitchensis*, *P. smithiana* (Nepal), *Pinus palustris*, *P. taeda*, *P. elliottii* (SE-USA und Florida), *Cedrus deodara* (Nepal), alle *Cupressus*-Arten. Arten der Gattungen *Abies*, *Picea* und *Tsuga* sind dagegen viel frostresistenter (bis −70 °C). Boreale Arten vertragen bis −120 °C, häufig sind die Endknospen die empfindlichsten Teile nur bis −40 °C, außer bei *Picea mariana* und *P. glauca* aus Alaska. Dagegen ist das Kambium erstaunlich resistent. Ähnliches gilt für die Frostresistenz der Überwinterungsknospen der *Larix*-Arten, von denen 11 Arten untersucht wurden.

Ein Vergleich der Baumarten aus verschiedenen Teilen Nordamerikas (SAKAI und WEISER 1973) ergab, daß *Populus tremuloides* und *P. balsamifera* sowie *Betula papyrifera* und *Larix laricina* die resistentesten Arten sind (bis −190 °C, bzw. auch darunter), die Rocky Mountain-Arten bis −80 °C, die Küstenarten am Pazifik und im Südosten dagegen nur bis −15 °C.

Die Frostresistenz der mitteleuropäischen *Abies alba* war: Endknospen −25 °C, Nadeln −30 °C, Zweige −50 °C; die entsprechenden Zahlen für *Abies balsamea* (aus Wisconsin, USA) lauten dagegen: −60, −70, −70 °C.

Die Abhärtung ist ein komplizierter Vorgang (SAKAI 1973), der auch mit chemischen, physiologisch gesteuerten Veränderungen verbunden ist (YOSHIDA and SAKAI 1973). Es ist auch bekannt, daß Abhärtung und Frostresistenz außerdem durch die Photoperiode gesteuert wird (SCHWARZ 1969, 1970).

In Mittel-Japan friert der Boden im Winter an Nordhängen, die den kalten Nordwestwinden ausgesetzt sind, bis zu einer Tiefe von 10–30 cm tief, während an den Süd- und Osthängen der Boden nicht friert. Deswegen können Bäume an Nordhängen der Frosttrocknis ausgesetzt sein und Schäden erleiden, an den Ost- und Südhängen kommt dies nicht vor. Anders auf der Insel Hokkaida in Nord-Japan, wo der Boden selbst an Südhängen friert, wenn die Schneedecke geringmächtiger als 30–60 cm bleibt. Aber auch wenn der Boden nicht durchfriert, aber der Stamm 5–30 cm unter der Schneeoberfläche den ganzen Winter über gefroren ist, kann es zur Frosttrocknis kommen. Schon bei einer Temperatur von −0,55 °C kann die Wasserleitung in den Gefäßen durch Eis blockiert sein. Die Sproßteile darüber sind dann 2–3 Monate der Frosttrocknis ausgesetzt, insbesondere im Spätwinter, wenn die Lufttemperatur rasch ansteigt und die Wasserverluste steigen. Besonders gefährdet sind Pflanzenteile, die den starken Winden ausgesetzt sind, ebenso solche, die am Tage durch die Strahlung stärker erwärmt werden, wodurch Wasserverluste durch Transpiration stark ansteigen. Dann sind Schäden durch Frosttrocknis zu beobachten, obwohl die Frosthärte bei weitem ausreichen würde (SAKAI 1970).

2 Zonobiom VI in Korea

2.1 Klima

Die Klimabedingungen in Korea lassen sich aus Abb. 6.19 anhand der Klimadiagramme von Gensan, Taikyu oder Chemulpo charakterisieren. Wie in Japan ist auch hier der Temperaturgang im Laufe des Jahres sehr ausgeprägt. Frost tritt überall regelmäßig auf. Die Sommerniederschläge sind ausgeprägt, meist nicht so hoch wie in Japan. Die Witterungsbedingungen sind, anders als in Mitteleuropa, sozusagen «eindeutiger», entweder regnet es, dann aber richtig, oder es scheint gleich wieder kräftig die Sonne; Nieselregen, Landregensituationen sind viel seltener als in Mitteleuropa.

2.2 Vegetation des ZB VI in Korea

Eine sehr ausführliche Vegetationsmonographie mit farbiger Vegetationskarte der verschiedenen Höhenstufen bis zur höchsten mit *Pinus pumila* liegt für das Seolag San-Berggebiet an der Nordgrenze von Süd-Korea vor (YIM & BAIK 1985; in koreanisch).

Sehr genau wird die montane *Fagus multinervis*-Stufe auf der vulkanischen Ulisung-Insel untersucht, die 130 km östlich der koreanischen Küste

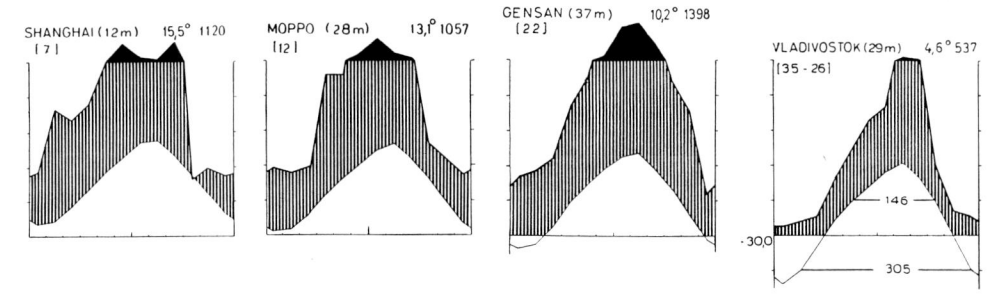

Abb. 6.19: Klimadiagramme aus dem koreanischen Raum und Ostasien. Shanghai mit typischem ZB V-Klima, Moppo in Südkorea (ZÖ V/VI, mit leichten Frösten), Gensan in Nord-Korea (ZB VI) und Vladivostok (ZÖ VIII/VI).

auf dem $37^1/_2°$ N liegt und sich bis 984 m NN erhebt. Die *Fagus multinervis*-Stufe entspricht der *Fagus crenata*-Stufe in Japan. Das Temperaturjahresmittel ist 12,0 °C, der Jahresniederschlag 1485 mm, das Klima ist dauernd humid mit kurzer kalter Jahreszeit in Januar–Februar, das mittlere tägliche Minimum des kältesten Monats ist −1,5 °C, das absolute Minimum −12,1 °C.

Die Begleitbaumarten sind 2 ostasiatische *Acer*-Arten, *Prunus takesimensis, Tilia insularis, Sorbus commixta, Styrax obassia* und *Cornus controversa*; in der Strauchschicht kommen vor: *Ligustrum foliosum* und *Rhododendron brachycarpum*, in der Krautschicht viele Farnarten, *Maianthemum dilatatum, Hepatica maxima*, 4 *Viola*-Arten, *Smilax riparia, Diosporum sessile, Solidago virgaurea, Phryma leptostachya* (Phrymaceae, mit den Verbenaceae nahe verwandt), die Bambusart *Sasa kurilense* u.a. Es werden mehrere Pflanzengesellschaften unterschieden.

Eine phänologische Karte für die Blütezeit von *Prunus yedoensis* liegt für Korea vor. Die Blüte verspätet sich nach Norden zu um 3,5 Tage pro 1 °N Breite, was mit der Abnahme der Temperatursumme der Tagesmittel über 0 °C nach Norden hin einhergeht.

3 Zonobiom VI in China

3.1 Klima

Der Übergang des feuchtwarmen Klimas des Zonobioms V zum etwas gemäßigteren und durch regelmäßige winterliche Fröste gekennzeichneten Klimas des Zonobioms VI vollzieht sich in China allmählich. Aufgrund der gebirgigen Struktur des Landes sind auch die Klimabedingungen stark variierend.

In den tieferen Teilen im Osten Chinas, unweit der Küsten, belegt der Temperaturgang einen deutlich kontinentalen Charakter, obwohl gerade dieser Teil vom Monsun noch stark beeinflußt wird. Die Station Harbin (45°41′N) ist etwa 6 °C im Jahresmittel kälter als Wien (48°15′N), die jährliche Temperaturamplitude beträgt in Wien aber nur 21,3 °C, in Harbin jedoch 42,2 °C (CHEN 1987), sie liegt daher im Zonobiom VIII; Stationen des Zonobioms VI liegen um gut 10 Breitengrade südlicher als in Mitteleuropa.

Im Winter herrscht die Mongolei-Hochdruckwetterlage im östlichen Asien vor. Die aus dem sibirisch-mongolischen Raum kommende Kaltluft dringt weit nach Süden vor, die 0 °C-Januar-Isotherme liegt z. T. südlicher als 30°N, auch noch im küstennahen Bereich.

Im Sommer bringt der Monsun aus Südosten die feuchtwarmen Luftmassen heran, die die Temperaturen im Juli bei 40–45°N auf z. T. über 25 °C im Monatsmittel ansteigen lassen, aber auch ausgiebige Regenfälle bringen, die nach Norden zu zwar insgesamt stark abnehmen, aber für die Monate Juni bis August doch jeweils bei über 50% der Jahresniederschläge bleiben (CHEN 1987).

Wichtige Zusammenhänge zwischen dem hypsometrischen Temperaturgradienten (Temperaturabnahme pro 100 m NN) und der Entfernung von der Küste hat FANG (1988) aufgezeigt. Danach beträgt die Temperaturabnahme pro 100 m NN im Januar in Küstennähe etwa 0,5 °C, dies entspricht dem üblichen, auch in den Alpen beobachteten Gradienten (Zugspitze: Jahresmittel 0,52 °C, Januar 0,39 und Juli 0,63 °C); in 300–600 km Abstand von der Küste sinkt dieser Gradient aber auf nur 0,25 °C ab, im Juli betragen die entsprechenden Werte: Küstenbereich 0,6 °C; Inland

0,45 °C. Erst bei den kontinentalen Stationen mit über 1500 km Abstand zur Küste werden die Werte der Küstenstationen wieder erreicht. Dies zeigt häufige winterliche Inversionswetterlagen an, die bis in den Küstenbereich wirken können.

3.2 Vegetation des ZB VI in China

3.2.1 Allgemeines

CHEN (1987) gibt in seiner Dissertation eine Übersicht der floristischen Verhältnisse und der Gebirgswälder, zum ersten Mal für die gesamten Chinesischen Gebiete, also unter Einschluß der zentralasiatischen Wüstengebiete und des tibetischen Hochlandes bis zur Grenze mit der USSR sowie auch Taiwan, in deutscher Sprache. Dabei sind auch folgende Veröffentlichungen ausgewertet: von C.A.S. (Chinese Academy of Science) Inst. of Botany 1960 und von C.A.S., Interdisciplinary Science Expedition 1978 sowie von C.A.F.F. (Chinese Academy for Forestry) 1963 und von C.A.F.W.U.F. (Chinesische Anstalt für Waldinventur und Forsteinrichtung) 1981.

Die Waldfläche Chinas nimmt nur 12,7% der gesamten Landfläche ein, wobei $1/3$ dieser Waldfläche allein im Nordosten, d.h. in den Gebirgen nahe der Grenze von Korea und des Ussuri-Gebietes der USSR, konzentriert ist. Von den Gebirgswäldern werden 31% als überalterte Urwälder, 46% als Sekundärwälder und 23% als Forste charakterisiert.

FANG (1988) vergleicht die Verbreitung bestimmter Arten und Vegetationstypen mit klimatischen Parametern oder Kennzahlen, wie Temperatur, Feuchtigkeit, Kälte- und Wärmeindex, Trockenheits- und Feuchtigkeitsindex. Die einzelnen Grenzlinien verlaufen meist auf einem kleinen Raum parallel und divergieren dann. Die Grenzziehung der Vegetationstypen ist auch aufgrund der ausgeprägten landschaftlichen Mosaikstruktur mit Gebirgen, Bergländern, Verebnungen und Hochflächen sehr schwierig.

3.2.2 Floristische Verhältnisse

Die Flora von China, insbesondere der südöstlichen Teile, ist sehr artenreich. Mit 459 Pflanzenfamilien an Moosen, Farnen und Spermatophyten (59,6% der Welt) und 30.000 Arten an Spermatophyten wird sie nur von Malaysia (45.000 Arten) und Brasilien (> 40.000 Arten) übertroffen.

Besonders reich ist China an Endemiten: Endemische Familien sind die Bretschneideraceae mit der Gattung *Bretschneidera*, die Beziehungen zu den Capparidaceen und Caesalpiniaceen aufweist, die monotypischen Eucommiaceae (aff. Ulmaceae), mit der Gattung *Eucommia*, in deren Blättern Guttapercha enthalten ist. Dazu kommen

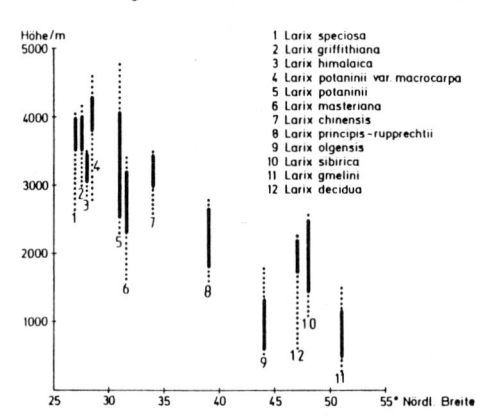

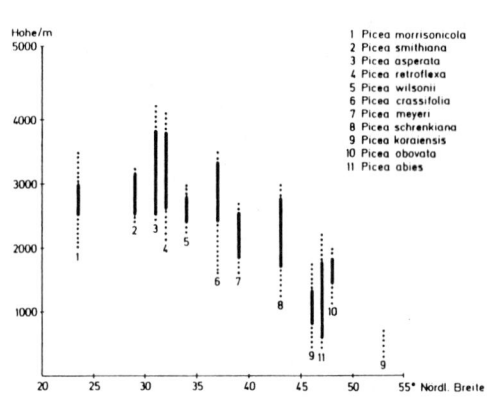

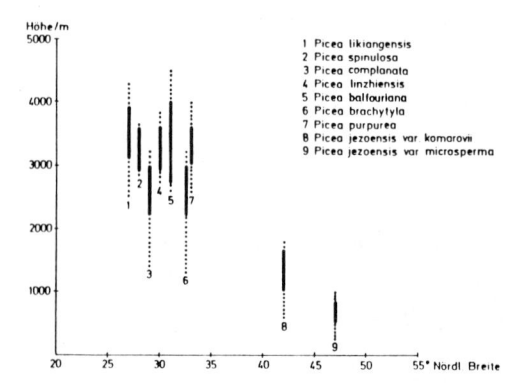

Abb. 6.20: Die Abhängigkeit der Höhenverbreitung chinesischer *Larix*-Arten (A), *Picea*-Arten der Sektion *Picea* (B) und *Picea*-Arten der Sektion *Omorica* und *Casicta* (C) von der geographischen Breite (aus CHEN 1987).

zahlreiche endemische Gattungen, z. B. die Gymnospermen mit folgenden Arten *Ginkgo biloba, Pseudolarix amabilis, Cathaya argyrophylla, Taiwania cryptomerioides, Fokienia hodginsii, Phyllostachys pubescens* und den Dicotylen *Emmenopteris henryi, Tetracentron sinense, Tapiscia sinensis, Sinojackia xylocarpa, Sinowilsonia henryi* und einigen anderen durch mehrere Arten vertretenen.

Von den 44 Gattungen der Pinaceae sind 23 Gattungen in China vertreten, meist mit vielen Arten, wie z. B. *Picea* mit 20 Arten, *Abies* mit 23 Arten, *Tsuga* mit 7 Arten, *Larix* mit 10 Arten und *Pinus* mit 22 Arten. Die meisten von diesen Pinaceen sind auf die höheren Stufen der Gebirge beschränkt; nur ganz im NE kommen einige auch in tiefen Lagen vor.

3.2.3 Wälder und Orobiome V und VI in China

Forstlich besonders interessant sind die *Picea*-Arten. Sie sind, bis auf *P. schrenkiana* und *P. asperata* der westlichen Gebirge in den Wüstengebieten, meist im nordöstlichen China verbreitet. Auch *Pinus*-Arten sind forstlich von Bedeutung.

Von den 11 Pflanzenfamilien der Gymnospermen, die man insgesamt auf der Erde unterscheidet, kommen 10 in China vor (90%), von den 57 Gattungen sind es 34 (60%) und von den 670 Arten sind es 193 (29%). Dies ist ein besonders hoher Anteil, wie er sonst kaum auf der Welt auftritt. Fast in allen Gebirgen kommen mehrere Coniferen-Gattungen mit etlichen Arten vor. Die Höhenverbreitung ist den Klimabedingungen entsprechend stark breitengradabhängig. In Abb. 6.20 ist die Höhenverbreitung einiger *Larix*-Arten und *Picea*-Arten angegeben.

Uns interessieren hier vor allem die Gebirge der Orobiome V, aber auch VI; die südlichsten, die sich aus tropisch-subtropischen Orobiomen erheben, wurden bereits (Band 2, S. 160 und in diesem Band, S. 283 f.) behandelt. Eine Übersicht der verschiedenen Gebirge zeigt die Karte auf Abb. 6.21, die Höhenstufen im Qinling-Gebirge die Abb. 6.22.

a) Orobiom in Nordostchina (Chengbai)

Ganz anders als in den südlichen Gebirgen ist die Höhenstufenfolge in der Nordostecke Chinas, die

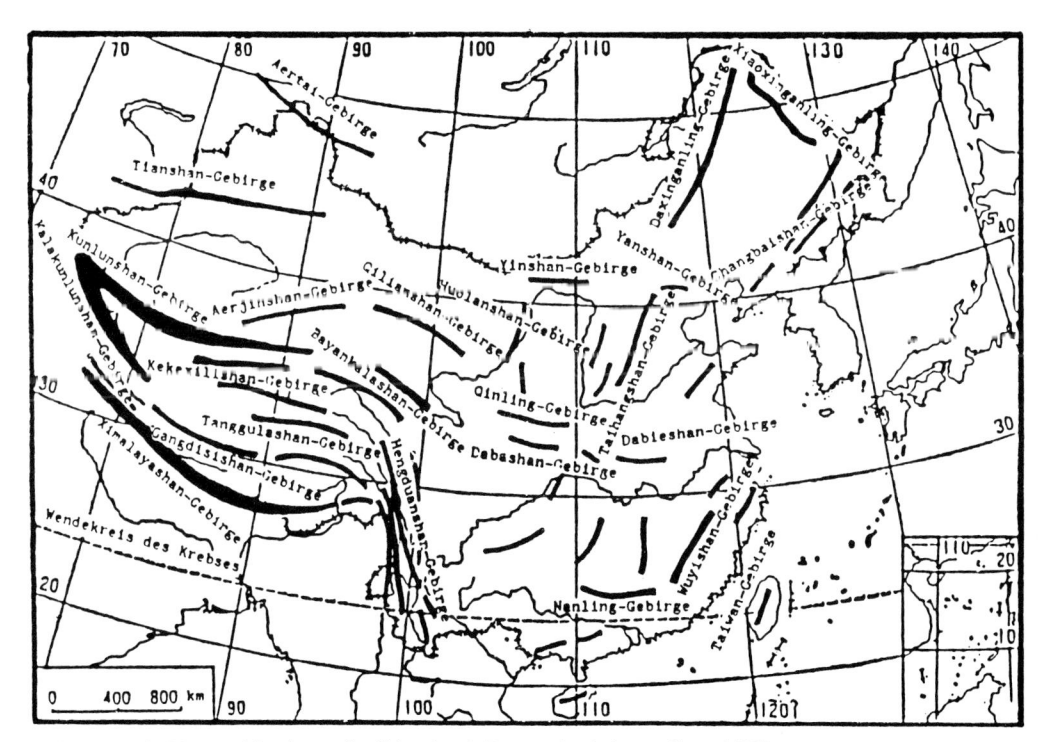

Abb. 6.21: Die Hauptgebirgsketten in China (nach REN et al. 1982, aus CHEN 1987).

322 Teil 6: Biomgruppe Ostasien

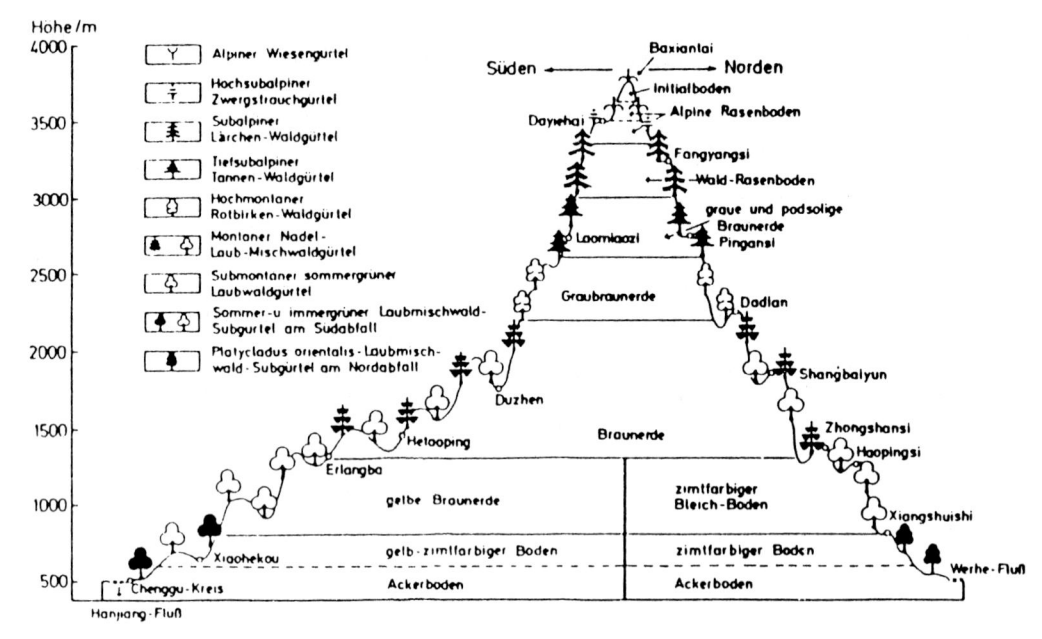

Abb. 6.22: Die Höhenverbreitung der Vegetation und die Bodentypen im Qinling (Tsilin)-Gebirge in China (aus CHEN 1987).

zwar auch dem ostasiatischen Monsun mit Sommerregen ausgesetzt ist, aber im Winter in den höheren Lagen auch den Sibirischen Hochs mit extremen Frösten. Sie zeigt das andere Extrem im bewaldeten Gebiet Chinas. (Die anderen ariden Gebiete wurden bereits in Band 3 besprochen.)

Das Chengbai-Gebirge ist seit 1960 ein 225.000 ha umfassendes Naturschutzgebiet. Es erstreckt sich von SE nach NW über 250 km. Die Jahresmitteltemperatur in tiefen Lagen ist 2–3 °C (in Gipfellagen −7 °C), die Julitemperatur 16–20 °C, die Januartemperatur −16 bis −19 °C, der Jahresniederschlag 700 mm, in Hochlagen bis 1400 mm.

Folgende Höhenstufen wurden bei diesem Orobiom V/VI festgestellt:
Unterste Stufe: Etwa dem Laubwald im Ussuri-Gebiet entsprechend (vgl. S. 326).
(600), 900–1500 m NN: Artenreicher Laub-Nadel-Mischwald mit *Pinus koreanensis, Larix olgensis, Quercus mongolica, Betula platyphylla, Fraxinus mandschurica* sowie die Liane *Vitis amurensis*.
1500–1800 m NN: Dunkler Nadelwald, mit *Picea jezoensis, Abies nephrolepis* und mit *Linnaea borealis*.
1800–2000 m NN: Birkenwald mit *Betula ermanii*, an der Obergrenze als Krummholz.
> 2000 m NN: Alpine Zwergsträucher mit *Vacci-*

nium uliginosum und Strauchflechten *(Alectoria ochroleuca, Cladonia rangiferina, Cl. stellaris). Rhododendron aureum, Dryas tschonoskii, Lloydia serotina, Oxytropis* spec., *Primula farinosa, Salix rotundifolia*.

b) Das Changbaishan-Gebirge

Das Gebirge an der koreanischen Grenze – Changbaishan-Gebirge – erstreckt sich von 40°–47°N und 124°–134°E und gehört schon zum Orobiom VI. Es übersteigt 1300 m NN selten, doch erreicht der höchste Gipfel 2744 m NN, es ist ein 1702 n. Chr. letztmalig ausgebrochener Vulkankegel (ENGELHARDT et al. 1980, CHEN 1987).

Das Klima in diesem Gebiet ist bereits durch längere, kalte Winter ausgezeichnet. Die Jahresmittel liegen um 0 °C, die Sommer mit Maxima von 37 °C sind heiß, aber die Minima im Winter liegen um −40 °C. Die Niederschläge betragen 600–900 mm und fallen bis zu 80% im Sommer. Die Nähe des Japanischen Meeres mildert bis zu einem gewissen Grade das Klima. Die Waldfläche in diesem Gebirgsland beträgt über 10 Millionen ha.

Die Höhenstufen der einzelnen, verschieden hohen Gebirgsrücken sind auf Abb. 6.23 dargestellt.

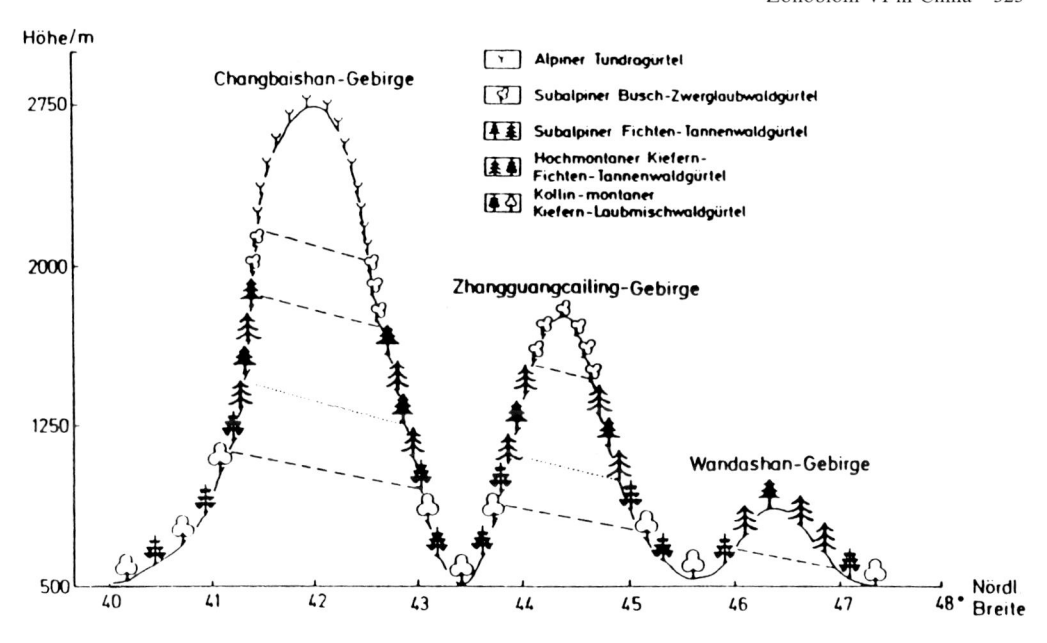

Abb. 6.23: Die Höhenverbreitung der Vegetation in Abhängigkeit von der geographischen Breitenlage im Bereich des Changbaishan-Waldgebietes in China (aus CHEN 1987).

Die unterste Stufe (unter 700 m NN) ist zum größten Teil entwaldet, doch herrschen sommergrüne Laubbaum-Arten vor, wie *Carpinus cordata*, *Quercus mongolica* und andere *Quercus*-Arten, 12 *Acer*-Arten, *Ulmus*- und *Betula*-Arten, *Phellodendron amurense*, *Juglans mandshurica*, 2 *Fraxinus*-Arten, 2 *Tilia*-Arten, *Styrax obassia*, *Magnolia sieboldii*. Auch die Zahl der Lianen ist groß: *Actinidia* spp., *Aristolochia*, *Vitis amurensis*, *Akebia trifoliata* u.a. Wärmeliebende Nadelhölzer (*Taxus cuspidata*, *Thuja koraiensis* und insbesondere *Pinus koraiensis* sowie *Abies holophylla*) mischen sich bei. Darüber treten *Picea jezoensis* und *Abies nephrolepis* hinzu, wobei die Zahl der Laubbäume abnimmt bis ab 1000 m NN die Nadelhölzer dominieren. An der Waldgrenze herrscht *Picea jezoensis*, gefolgt von *Abies nephrolepis*, vor, während auf vernäßten Stellen *Picea koraiensis* wächst. Die Moosdecke ist gut ausgebildet. Die subalpine Stufe (1400–1800 m NN) wird von der niedrigen *Betula ermanii* gebildet mit den Zwergsträuchern (*Rhododendron chrysanthum*, *Sorbus amurensis*, *Juniperus sibirica*, *Vaccinium vitis-idaea* u.a.).

In der alpinen Stufe (über 2100 m NN) dominieren *Dryas octopetala*, *Vaccinium vitis-idaea*, *V. uliginosum*, *Phyllodoce coerulea*, *Rhododendron*- und *Salix*-Arten sowie viele Moose und Flechten.

Dieses Gebirge ist das Verbreitungszentrum von *Pinus koraiensis*, von der großflächige Forste vorhanden sind, gefolgt von solchen aus *Larix olgensis*, einer Pionier-Baumart. Es werden 22 Waldgesellschaften beschrieben und die Wuchsleistungen der wichtigsten Baumarten. Hierbei wird angegeben, daß *Pinus koraiensis* zunächst langsamer wächst als die Laubbaumarten, nach etwa 200 Jahren aber diese im Holzvolumenzuwachs überholt. Die Entwicklungsdynamik (vgl. Abb. 6.24) des *Pinus koraiensis*-Waldes zeigt, daß Störungen und Eingriffe in diesem Fall eher den Laubwald begünstigen. Dies würde bedeuten, daß hier der Kiefernwald ein spätes Dauerstadium darstellt. Andererseits sind klimabegünstigt in schneearmen Wintern die Nadelwälder dieses Gebietes erheblich von Feuern bedroht. Besonders gefährdet sind durch Pilzbefall (*Cronartium ribicola*) junge Koreakiefernbäume, während überalterte Koreakiefern erhebliche Nadelverluste durch *Lophodermium pinastri*-Befall erleiden. Hinzu kommt, daß bis zu 80 % der 1–3jährigen Sämlinge der Koreakiefer dem Mäusefraß zum Opfer fallen. So ist es erstaunlich, daß dieser Kiefernwald überhaupt noch vorkommt.

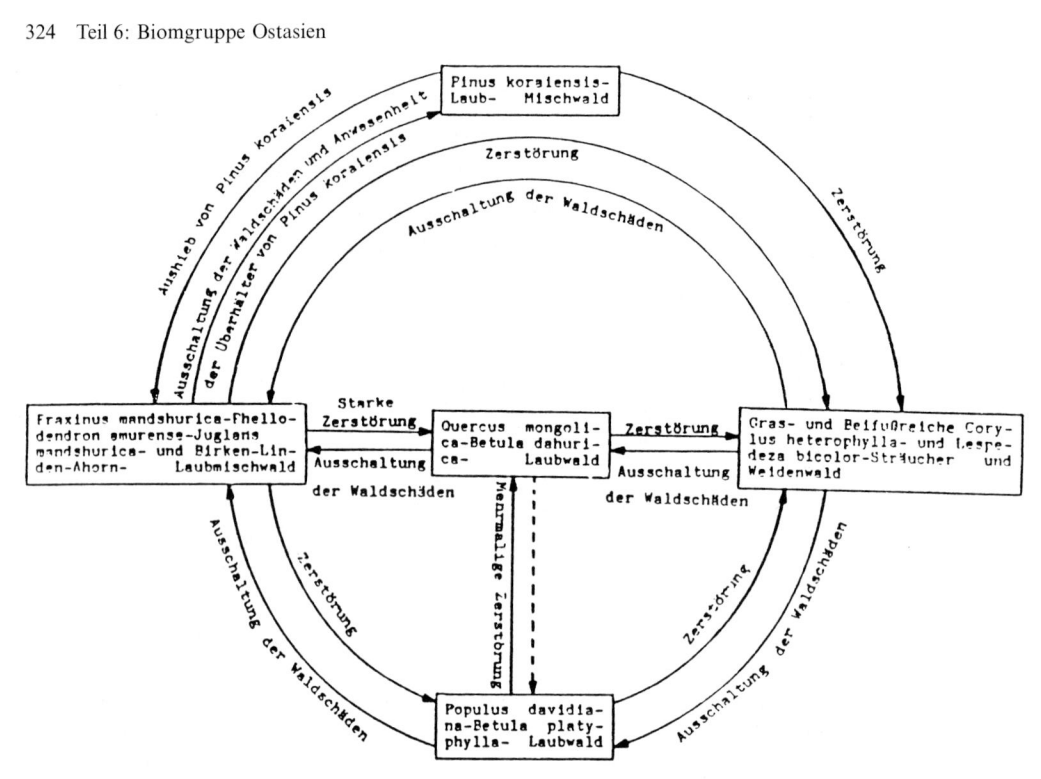

Abb. 6.24: Die Entwicklungsdynamik des *Pinus koraiensis*-Laubmischwaldes im Waldgebiet des Changbaishan-Gebirges in China (aus CHEN 1987).

c) Das Große Hingan-Gebirge (Daxinganling)

Ein besonders wichtiges Gebirge ist der Große Hingan = Daxinganling-Gebirge.

Es erstreckt sich von Süden nach Norden über etwa 8 Breitengrade und trennt nördlich von Peking = Beijing das aridere Steppengebiet im Westen von der humideren NE-chinesischen Ebene im Osten etwa von 45° bis 53°N. Es bestehen deshalb große klimatische Unterschiede zwischen dem südlichen Teil des Gebirges und dem nördlichen sowie zwischen den westlichen und östlichen Abhängen, was auch in der Höhenstufenfolge (hypsonale Vegetation) zum Ausdruck kommt, wie die Abb. 6.25 zeigt.

Man erkennt, daß die einzelnen Höhenstufen vom 45°N im Süden zum 55°N im Norden deutlich absinken. Auch der Unterschied zwischen dem arideren Westhang und humideren Osthang tritt deutlich in Erscheinung. Am Fuße des Westhangs im Süden des Gebirgszugs breitet sich sogar eine Wiesensteppe mit *Stipa baicalensis*, *Artemisia sibirica* u. a. aus, in der auf sandigen Standorten die nördliche *Pinus sylvestris* var. *mongolica* wächst. Sonst sind am Fuße des Gebirges meist Laubwälder mit *Quercus mongolica* und sekundär auch *Betula platyphylla* sowie *Populus davidiana* verbreitet.

Darüber auf Podzolböden folgt die Stufe mit der kälteresistenten *Larix gmelinii* mit geringen Mengen von *Picea* und zwar außer *Picea koraiensis* und *P. jezoensis*, die für die sibirische Taiga typische *P. obovata*. Auch andere sibirische Elemente treten in Hochlagen, namentlich im Norden des Gebirges, auf, wie z. B. die ostsibirische Zwergkiefer *Pinus pumila*, schon im Bereich des Permafrostbodens, mit *Vaccinium vitis-idaea*, *Ledum palustre*, *Sphagnum* spp. und anderen Moosen sowie *Cladonia*-Arten.

In nassen Mulden auf flachen Wasserscheiden entwickeln sich sogar richtige Moore mit langsamwüchsigen *Larix gmelinii* und beigemischten *Alnus* bzw. *Betula*, die sich zu richtigen Hochmooren entwickeln können mit *Ledum* und *Vaccinium uliginosum* sowie verschiedenen *Sphagnum*-Arten (*S. squarrosum*, *S. magellanicum*, *S. palustre* u. a.).

d) Das Kleine Hingan-Gebirge (Xiaxinganling)

Dieses zieht sich von dem Nordende des Großen Hingans in südöstlicher Richtung zur Südausbuchtung des Amurs an der Grenze zur USSR (bei

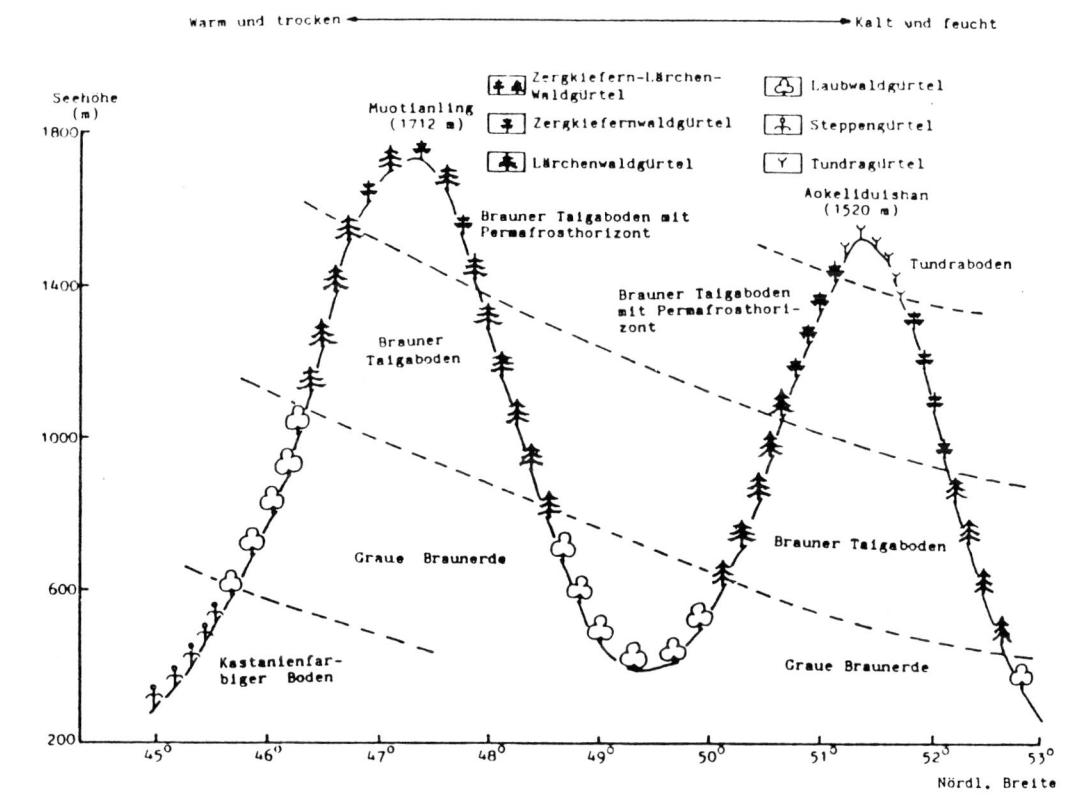

Abb. 6.25: Die Höhenverbreitung der Vegetation und der Bodentypen und ihre Abhängigkeit von Klima und der geographischen Breite (aus CHEN 1987).

etwa 46½°–49½° N und 129–130° E). Es gilt als eines der wichtigsten Waldgebiete Chinas mit einem Anteil von 1/6–1/5 der gesamten chinesischen Holzproduktion. Es ist ein relativ niedriges Gebirge (höchster Berg 1422 m NN). Das Klima ist kalttemperiert. Die südöstlichen Meereswinde gestalten das feuchte Monsunklima, doch die kalten Luftmassen aus Sibirien bedingen das Januarmittel unter −20 °C. Die mittlere Jahrestemperatur liegt um 0 °C, die Vegetationszeit beträgt 100–130 Tage. An Niederschlägen fallen 500–700 mm hauptsächlich im Sommer.

Es handelt sich um ein Orobiom VI, das sich aus einer Laubwaldstufe mit vorwiegend *Quercus mongolica* erhebt, mit *Betula dahurica*, *Tilia mandshurica* und *Populus davidiana*. Es sind meist Sekundärwälder, die aus Mischwäldern mit dominierender *Pinus koraiensis*, die bis 650 m heraufreicht, hervorgegangen sind. Die montane Stufe ist ein *Picea jezoensis-Abies nephrolepis*-Nadelwald auf Podzolböden. Entsprechend sind in der Bodenschicht *Calamagrostis (Deyeuxia) langsdorfii* mit *Dryopteris* und anderen Farnen sowie die üblichen Hypnaceen-Moose vertreten. Für torfige Böden ist *Larix gmelinii* typisch. Es werden 13 verschiedene Waldgesellschaften mit *Pinus*, *Picea*, *Abies* und *Larix* beschrieben. Die wichtigste holzproduzierende Art ist *Pinus koraiensis*, die große Schattentoleranz besitzt und sehr gutes Holz erzeugt. Das Höhenwachstum hält 150 Jahre an, das Dickenwachstum sogar bis 220 Jahre. Die Wuchsleistung der Fichte ist am besten beim farnreichen Fichten-Tannenwald, gefolgt vom moosreichen. An der oberen Waldgrenze zur subalpinen *Betula ermanii-Pinus pumila*-Stufe nimmt die Wuchsleistung der Fichte ab.

Die Lärchenwälder sind auf schlechte Böden beschränkt und leisten deshalb forstlich nicht viel. Für die Koreakiefer ist die Kahlschlagwirtschaft ungünstig, weil sie dann von *Quercus mongolica* verdrängt wird. Günstig sind dagegen schmale Saumschläge.

4 Zonobiom VI im Fernen Osten der USSR

(Nach einem ausführlichen Manuskript von V. L. MOROZOV und G. A. BELAYA; in Russisch)

4.0 Allgemeines

Das ostasiatische ZB VI erstreckt sich bis in das meeresnahe, fernöstliche Gebiet der USSR mit dem Küstengebirge Sikhoto-Alin (bis 1860 m NN) östlich vom Ussuri-Tal sowie über die Insel Sakhalin und die Südlichen Kurilen-Inseln. Sogar das Gebiet im Südwesten der Kamchatka-Halbinsel und den Kommandeur-Inseln gehört dazu, soweit es dem ostasiatischen Monsun ausgesetzt und vor der Einwirkung des ostsibirischen Hochs im Winter geschützt ist. Aber überall dort, wo die Winter so kalt sind, daß Permafrostboden vorkommt, herrscht schon die sibirische Taiga mit *Larix dahurica* vor (ZB VIII). Daraus ergeben sich oft scharfe Vegetationskontraste auf relativ kleinem Raum.

Sehr eingehend ökologisch untersucht wurden von den oben genannten beiden Autoren drei Ökosysteme, die zum ostasiatischen ZB VI gehören bzw. zum Zono-Ökoton VIII/VI:

1. Ein Urwaldgebiet im nach KOMAROV benannten Ussuri-Naturschutzgebiet mit Mischwäldern aus *Pinus koraiensis* und ostasiatischen Laubholzarten.
2. Wiesenökosysteme im Küstenbereich und
3. die einzigartigen Höchststaudenfluren, die von N-Japan über Sakhalin bis nach Kamchatka verbreitet sind.

Da es sich um natürliche Ökosysteme handelt, sollen sie genauer besprochen werden.

4.1 Die *Pinus koraiensis*-Mischwälder mit ostasiatischen Laubholzarten

Untersucht wurden 3 Biogeozöne:
a) Ein *Pinus koraiensis*-Wald mit *Abies holophylla* und *Tilia amurensis* auf den nordwestlichen Hängen des Sikhoto-Alin-Gebirges in 200 m NN. Sie stocken auf podzoligen Braunen Waldböden.
b) Derselbe Kiefernwald, aber mit *Quercus mongolica* und *Acer mono* in der untersten Baumschicht auf Südhängen in 220 m NN.
c) Ein strauchreicher Kiefernwald mit *Ulmus propinqua* im Tal des Flußes Komarovka.

zu Biogeozön a):
Oberste Baumschicht: dominant: *Pinus koraiensis* mit 90%, 10% entfallen auf *Abies holophylla*. Beigemischt sind *Tilia amurensis* und *Acer mono*.

Zweite Schicht: *Acer mono* 80% und *Tilia amurensis* 20%; dazu vereinzelt *Juglans manshurica* und *Pinus koraiensis*.

Dritte Baumschicht: *Acer mono* 40%, *Padus asiatica* 20% und mit je 10%: *Syringa amurensis*, *Pinus koraiensis*, *Fraxinus rhynchophylla* und *Tilia amurensis*. Unterwuchs: *Pinus koraiensis* 70%, *Abies holophylla* 20%, *Acer mono* 10%; vereinzelt *Quercus mongolica*, *Ulmus laciniata*, *Acer mandschurica*, *A. barbinervis* und *Syringa amurensis*. Bestandesdichte 0,9, Deckung des Unterwuchses mit Lianen (50%), (vorhanden sind: *Eleurtherococcus senticosus* (Araliaceae), *Philadelphus tenuifolia*, *Corylus mandshurica*, *Ribes mandshuricum*, *Syringa amurensis*, u.a.).

Krautschicht: *Dryopteris austriaca*, *D. buschiana*, *Cacalia hastata*, *Paeonia obovata*, *Adianthum pedatum*, *Aconitum albo-violaceum*, *Actaea acuminata*, *Hylomecon vernalis* (Papaverac.), *Jeffersonia dubia* (Podophyllac.), *Maianthemum bifolium*, *M. dilatatum*, *Oxalis acetosella*, *Mitella nuda* (Saxifragac.), *Paris manshurica* u.a.

zu Biogeozön b):
Pinus koraiensis mit *Quercus mongolica* und in der untersten Baumschicht *Acer mono* auf Braunen Waldgebirgsböden stockend.

Obere Baumschicht: *Quercus mongolica* 50%, *P. koraiensis* 40%, *Tilia amurensis* 10%, vereinzelt *Abies holophylla*.

Zweite Baumschicht: *Quercus mongolica* 30%, *P. koraiensis* 50%, *T. amurensis* 10%, *Acer mono* 10%, vereinzelt *Abies holophylla*.

Dritte Baumschicht: *Acer mono* 60%, *Tilia amurensis* 20%, *P. koraiensis* 10%, *A. holophylla* 10%.

Unterwuchs: *Acer mono* 70%, *Abies holophylla* 10%, *P. koraiensis* 10%, *T. amurensis* 10%. Bestandesschluß 0,7.

Strauchschicht: *Maakia amurensis* (Leguminos.), daneben *Corylus*, *Eleutherococcus*, *Viburnum sargentii*, *Vitis amurensis*, *Philadelphus tenuifolia*, *Schisandra chinensis* (Schisandraceae), aff. Magnoliac.), *Acer barbinervis*, *A. mono*, *A. pseudosieboldianum*.

Krautschicht: Es dominieren 4 *Carex*-Arten, dazu *Hylomecon vernalis, Jeffersonia dubia, Polemonium racemosum, Cardamine leucantha, Asarum sieboldii, Polygonatum involucratum, Potentilla fragarioides, Thalictrum filamentosum, Trigonotis koreana* (Boraginac.).

zu Biogeozön c):
Strauchreicher: *Pinus koraiensis*-Wald mit *Ulmus propinqua* (dreischichtig). Auf alluvialen Braunen Waldböden mit Wurzelfilz.
Obere Baumschicht: *P. koraiensis* 80%, *Ulmus propinqua* 10%, *Tilia amurensis* 10%, einzelne *Betula costata*.
Zweite Baumschicht: *Acer mono* 80%, *T. amurensis* 10%, einzelne *B. costata*.
Dritte Baumschicht: *Acer mono* 50%, *T. amurensis* 20%, je 10%: *Syringa amurensis, Acer barbinervis* und *Malus mandshurica*.
Bestandesdichte: 0,8; Deckung des Unterwuchses und der Lianen 30–40%.
Unterwuchs: dominant sind *Acer barbinervis, Acanthopanax sessiliflorum* (Araliac.), dazu kommen *Acer mandschuricum, A. mono, Corylus mandshurica, Euonymus pauciflora, Philadelphus tenuifolius, Ribes mandshuricum, Schisandra chinensis, Vitis amurensis*.
Krautschicht: *Dryopteris austriaca, D. buschiana, Aconitum albo-violaceum, Adianthum pedatum, Aegopodium alpestre, Arisaema amurense* (Arac.), *Athyrium pycnosorum, Cacalia hastata, Convallaria keiskei, Diarrhena mandshurica* (Poac.), *Sanicula rubrifolia, Valeriana faurieri* u.a.
Wir bringen diese Vegetationsangaben, um eine Vorstellung vom Aufbau und der floristischen Zusammensetzung der natürlichen nördlichen, ostasiatischen Laubwälder zu geben. Das Biogeozön b) ist das trockenste, das Biogeozön c) das feuchteste.

Das allgemeine Klima ist gemäßigt und feucht. Die Temperaturen und Niederschläge während der Vegetationszeit in den Untersuchungsjahren 1980–1982 zeigt die Tabelle 6.6.

Die Luftfeuchtigkeit in den Beständen ist meist hoch und fiel nie unter 60%. Der obere Humushorizont unter der Streuschicht in 2–18 cm Tiefe ist sehr locker (Porosität 67–82%, spez. Gewicht 0,26–0,4 g·cm^{-3}). Die Böden erwärmen sich im Juni auf 14 °C in 0–5 cm Tiefe und auf 11,7 °C in 20 cm Tiefe, die maximalen Temperaturen waren 18,2 °C bzw. 16 °C. Sehr genau wurde der Wasserhaushalt der Pflanzen untersucht, wobei die Veränderung des Wassergehalts der Blätter als Maßstab diente. Dieser ist bei den einzelnen Arten sehr unterschiedlich. Den höchsten Wassergehalt haben die Frühlingsgeophyten. Er betrug bei *Adonis amurensis* und *Corydalis ambigua* immer 84–88% des Frischgewichts. Bei den Holzpflanzen war er beim Biogeozön c) besonders hoch und zwar bei *Philadelphus* 96,6% und bei *Acer mono* 93,8%.

Bei den wichtigen Laubholzarten und einer großen Zahl von Kräutern wurden die maximalen und minimalen Wassergehalte der Blätter von Arten aller 3 Biogeozöne in Tabellen zusammengestellt, wobei man berücksichtigen muß, daß der Wassergehalt der Blätter mit deren zunehmendem Alter als Folge der Zunahme des Trockengewichts abnimmt. Der Wassergehalt sinkt an trockenen Sommertagen deutlich ab, aber nach einem Regen steigt er rasch wieder an. Trockenschäden ließen sich in keinem Fall nachweisen.

Der mittlere Wassergehalt der Kräuter betrug beim Biogeozön c) im Flußtal 83–95%, beim

Tab. 6.6: Mittlere monatliche Lufttemperatur (oberhalb des Striches) in °C und monatliche Niederschläge von April bis Oktober (unterhalb des Striches) in mm

Monat	IV	V	VI	VII	VIII	IX	X
1980	3,5 / 76,9	11,8 / 80,8	17,1 / 101,4	18,7 / 120,1	18,8 / 99,7	13,1 / 157,4	5,9 / 133,0
1981	6,6 / 28,0	11,1 / 96,2	14,5 / 105,5	20,8 / 83,2	19,3 / 101,0	13,4 / 122,5	6,9 / 136,6
1982	5,9 / 66,0	11,9 / 76,4	15,9 / 39,2	19,6 / 127,8	21,9 / 40,1	13,6 / 91,2	6,6 / 64,7
Langjähriges Mittel	5,9 / 55,5	11,4 / 66,9	15,6 / 87,1	19,9 / 83,6	19,6 / 150,0	13,8 / 127,4	6,0 / 74,0

Biogeozön b) am Südhang 83–88 % und beim Biogeozön a) am Nordhang 82–95 %. Die Wasserversorgung ist in allen drei Fällen gesichert.

Die Untersuchungen der Transpirationsintensität, des Wasserdefizits, des osmotischen Potentials und des Wasserpotentials, deren Ergebnisse in zahlreichen Tabellen angeführt werden, lassen folgende Schlußfolgerungen zu:

Die maximalen Wassergehaltswerte der Blätter von Laubhölzern in allen 3 Biogeozönen betragen 97–90 %, die minimalen in einzelnen Fällen nur 44 % des Frischgewichts. Bei den Kräutern ist der Wassergehalt meist etwa 96 %. Die Wasserdefizite betragen bei den Holzarten bis zu 20 %, nur ausnahmsweise bis zu 43 %. Bei den Kräutern können bei Turgorverlust die Wasser- und die osmotischen Potentiale bis $-1100\,kPa$ sinken, doch werden die Blätter nach Regen rasch wieder turgeszent.

Bei den Holzarten ist das Wasserpotential meist hoch, um -150 bis $-400\,kPa$, selten tiefer.

Bei den krautigen Arten sind die Wasserpotentiale und die osmotischen Potentiale ebenfalls relativ hoch (nicht unter $-1100\,kPa$; es handelt sich also um mesophile Arten).

Ergänzend wurde der Kaloriengehalt (spezifische Wärme) der Phytomasse verschiedener Arten durch Veraschen bestimmt. Er schwankt im Laufe der Vegetationszeit bei den Blättern und Nadeln merklich und hängt bei den Nadeln der Gymnospermen von deren Alter ab. Maximale Werte zeigten die zweijährigen Nadeln von *Pinus koraiensis* mit $20,88\,kJ \cdot g^{-1}$, die niedrigsten die vierjährigen mit $19,37\,kJ \cdot g^{-1}$. Auch die Achsenorgane wurden untersucht.

Die entsprechende Tabelle zeigt, daß die Werte in $kJ \cdot g^{-1}$ bei Laub- und Nadelbäumen relativ wenig schwanken. Sie betragen bei den Blättern und Nadeln 19,99–21,40, bei den Jahrestrieben 19,68–20,47, bei den Rindenproben 19,59–20,5 und bei den Wurzeln $19,67–20,20\,kJ \cdot g^{-1}$.

Die Verbrennungswärme der Unterwuchsarten ist bei deren Blättern etwas niedriger und betrug maximal bei *Acer pseudosieboldianum* 20,63 und minimal bei *Actinidia polygama* $19,66\,kJ \cdot h^{-1}$. Das gilt auch für die anderen Organe.

Noch niedriger ist die Verbrennungswärme bei den Kräutern. Sie schwankt bei deren oberirdischen Teilen zwischen 18,76 und 17,63 und bei den unterirdischen Organen zwischen 18,34 und $17,19\,kJ \cdot g^{-1}$.

Etwas höher ist die Verbrennungswärme bei den Niederen Pflanzen. Die maximalen Werte betrugen bei den Moosen 19,65, bei den Hutpilzen 19,75 und bei den Flechten $19,65\,kJ \cdot g^{-1}$.

Zum ersten Mal wurde von Morozov und Belaya ein mesophiler, natürlicher Laubwald so ausführlich ökologisch untersucht. Wir können die Ergebnisse nur in stark gekürzter Form bringen. Die Originalarbeiten in russischer Sprache werden im Literaturverzeichnis zitiert.

Diese Untersuchungen haben sehr deutlich den mesophilen Charakter dieser Biogeozöne des ZB VII in einem ausgeglichenen Klima mit kurzer Winterkältezeit aufgezeigt.

4.2 Das Ökosystem der Wiesen im Küstengebiet

Die Untersuchungen der Wiesen auf ebenen Flächen des Meeresstrandes und der waldlosen Flächen im Küstengebiet wurden von Belaya und Morozov in den Jahren 1976–1978 und 1982–1984 durchgeführt.

Die Biogeozöne der waldlosen Flächen wurden auf 8 Probeflächen mit abnehmender Vernässung der Böden untersucht. Es handelt sich um die folgende ökologische Reihe:

1. *Carex laevissima*-Bestand.
2. *Calamagrostis angustifolia*-Bestand mit *Senecio amurensis, Filipendula palmata, Caltha palustris, Ranunculus ussuriensis, Sanguisorba tenuifolia, Onoclea sensibilis* u.a. (insges. 21 Arten).
3. *Petasites tatewakianus*, beigemischt *Angelica cincta, Filipendula palmata, Rubia cordifolia, Viola japonica* u.a. (insges. 12 Arten).
4. Bestand von *Calamagrostis langsdorffii*, beigemischt verschiedene Wiesenarten (insges. 30 Arten).
5. Gramineen-Cyperaceen-Bestand ohne dominante Arten (insges. 50 Arten).
6. krautarmer Gramineenbestand mit *Alopecurus pratensis, Poa angustifolia* und Kräutern wie *Patrinia scabiosifolia* (Valerianac.), *Senecio amurensis, Trollius chinensis* u.a. (insges. 50 Arten).
7. Krautreiche Wiesen mit 50 Arten der Gattungen *Lathyrus, Polygonatum, Vicia, Poa, Pedicularis, Aquilegia, Trifolium, Potentilla, Plantago* u.a.
8. *Hierochloë glabra*-Bestand mit *Carex atherodes, Oenothera biennis, Artemisia stolonifera, Geum aleppicum* (insges. 16 Arten).

Von diesen Wiesen wurden untersucht:

1) ein sumpfiger, reiner *Calamagrostis angustifolia*-Bestand, der bei einer Deckung von 100 % eine Höhe von 1,5 m erreichte, in Senken mit torfigen, schweren lehmigen Gleyböden;

Tab. 6.7: Phytomasse einiger Wiesenbiogeozöne des Küstengebietes im Fernen Osten, angegeben in t·ha^{-1} in absol. Trockensubstanz (a: oberirdisch; b: unterirdisch)

	a	b	a/b
Biogeozön der Auengebiete			
Phragmites communis	14,2 ± 2,6	14,5	0,98
Zizania latifolia	10,r ± 2,0	10,4	0,97
Glyceria spiculosa	3,5 ± 1,0	3,9	0,9
Carex lasiocarpa & C. meyeriana	6,6 ± 1,9	7,2	0,92
Calamagrostis angustifolia	6,4 ± 1,8	6,5	0,98
Biogeozön der Niederungen			
C. langsdorffii	3,3 ± 1,2	3,8	0,87
krautreiche Calamagrostideten	4,0 ± 1,3	5,0	0,80
krautreiche Cariceto-Calamagrostideten	3,7 ± 1,2	4,5	0,83
Biogeozön der trockeneren Biotope			
krautreiche Calamagrostideten	4,0 ± 1,3	6,8	0,59
Miscanthus sinensis	4,2 ± 1,9	9,0	0,47
Krautreiche, mit Gramineen	1,6 ± 0,8	6,3	0,25
krautreiche	1,4 ± 0,7	6,7	0,21

2) ein krautreicher Bestand (Deckung 80%) mit Bulten von *Carex appendiculata* sowie *C. schmidtii* auf leicht erhöhten Flächen mit alluvialen, sandigen podzoligen Böden und

3) eine trockenere Wiese mit *Artemisia stolonifera* und *A. selengensis*.

Sehr genau wurde bei diesen Wiesen der Wasserhaushalt der Böden untersucht, d.h. der Wassergehalt im Laufe der Vegetationszeit in 0–40 cm Tiefe bestimmt. Dabei zeigte es sich, daß ein stärkeres Austrocknen des Bodens während der Vegetationszeit mit häufigen Regen nicht erfolgt. Ebenso wie bei den krautigen Arten der Wälder wurden auch der Wasserhaushalt der Wiesenpflanzen untersucht. Bestimmt wurde fortlaufend der Wassergehalt der Blätter, die Wasserdefizite, die Intensität der Transpiration, das Wasser- sowie dasosmotische Potential. Dabei konnte festgestellt werden, daß die einzelnen Arten sich sehr verschieden verhielten, aber kritische Phasen durch Trockenheitseinwirkung wurden nicht festgestellt.

Das Wasserpotential nimmt im Laufe der Vegetationsperiode von −600 kPa bis auf −1600 kPa im Juli bei einigen Arten ab. Entsprechend hoch ist auch das Osmotische Potential, z.B. bei Fabaceen minimal −909 bis −987 kPa.

Der Wasservorrat in der lebenden, oberirdischen Phytomasse der Wiesenvegetation schwankt zwischen 409 und 1926 g·m^{-2}.

Die Menge der oberirdischen und unterirdischen Phytomasse in t·ha^{-1} als absolute Trockensubstanz gibt Tabelle 6.7 wieder. Man erkennt, wie stark der Anteil der unterirdischen Phytomasse bei den Biogeozönen der trockeneren Biotope ansteigt.

Der Energiegehalt der Phytomasse von Wiesenbiogeozönen schwankt bei den Blattorganen zwischen 18,49 und 17,59 kJ·g^{-1}, bei den Achsenorganen zwischen 18,29 und 17,50 und bei den unterirdischen Teilen zwischen 17,67 und 17,33 kJ·g^{-1}. Dabei zeigte es sich, daß die Mittelwerte bei den Pflanzen der trockeneren Biotope immer etwas höher sind.

4.3 Ökologie der Höchststaudenfluren im ozeanischen Gebiet des Fernen Ostens

Es handelt sich um die einzigartigen Biogeozöne mit bis zu über 4 m hohen Höchststauden, wie sie sonst außerhalb der Tropen nirgends vorkommen. Sie wurden von MOROZOV und BELAYA besonders eingehend untersucht.

Es handelt sich meist um eine Auenvegetation der Flußtäler oder von feuchten Niederungen bzw. im südlichen Teil auf den Japanischen Inseln um eine Vegetation der feuchten subalpinen Stufe.

Diese Vegetation ist stets an ein feucht-maritimes Klima gebunden und kommt deshalb nur in Nordjapan, auf Sakhalin, auf den Süd-Kurilen und im Norden noch im Südwesten der Halbinsel Kamchatka vor.

330 Teil 6: Biomgruppe Ostasien

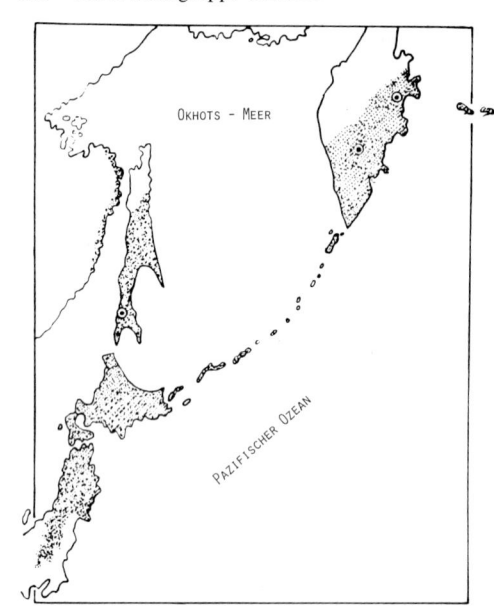

Abb. 6.26: Die horizontale Verbreitung der Höchststaudenfluren in Ostasien (nach MOROZOV & BELAYA).

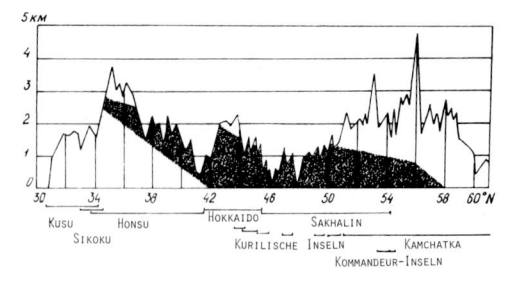

Abb. 6.27: Die vertikale Verbreitung des Gebietes mit Höchststaudenfluren in Ostasien (nach MOROZOV & BELAYA).

Die Abb. 6.26 zeigt die horizontale und Abb. 6.27 die vertikale Verbreitung. Charakteristisch für diese Biogeozöne ist das Fehlen von hohen Gräsern und die Artenarmut der jeweiligen Pflanzengemeinschaften. (Es handelt sich wohl um eine Reliktvegetation, die nur hier in Ostasien noch vorkommt).

Auf Kamchatka haben sich die Böden auf Ablagerungen vulkanischer Aschen ausgebildet. Die Höchststaudenfluren kommen auf periodisch nassen, humosen und vergleyten Böden mit hohem Grundwasserstand vor oder anschließend an *Betula ermanii*- oder *Alnus hirsuta*-Wälder und anderer Gehölze an der oberen Waldgrenze. Die Artenzahl der Bestände auf Kamchatka ist mit etwa 22 nicht hoch. Es dominiert meist die hohe *Filipendula camtschatica*; dazu kommen die Hochstauden *Senecio cannabifolius*, *Anthriscus sylvestris*, *Urtica platyphylla*, *Heracleum lanatum*, zuweilen auch noch *Cacalia kamtschatica* und im westlichen Küstengebiet auch die riesige *Angelica ursina*. Im zeitigen Frühjahr entwickeln sich vor den Hochstauden die Frühlingsgeophyten, wie *Corydalis ambigua*, *Anemone amurensis*, *Gagea nakalana* u. a. Einige Arten und typische Vegetationsformen sind in Abb. 6.28–6.36 gezeigt.

Auf der Insel Sakhalin sind die Höchststauden im südwestlichen Teil der Insel in der Zone der Mischwälder aus schattigen Nadelwäldern mit Laubbaumarten, mit *Picea ajanensis* und insbe-

Abb. 6.28: *Angelica ursina*-Bestand, im Tal der Bistraya auf Kamchatka am Ende der Vegetationszeit (Bild von KITTLITZ aus dem Jahre 1827–29).

Zonobiom VI im Fernen Osten der USSR 331

Abb. 6.29: *Filipendula camtschatica*-Bestand in der Flußaue, auf Sakhalin (Foto von Morozov und Belaya).

Abb. 6.30: Bestand von *Senecio cannabifolius* in der Aue auf Kamchatka (Foto von Morozov und Belaya).

Abb. 6.31: Bestände von *Reynoutria sachalinense* zu Beginn der Vegetationszeit (Foto von Morozov und Belaya).

Abb. 6.32: Wie Abb. 6.31, aber während der Blütezeit (Foto von MOROZOV und BELAYA).

Abb. 6.33: Bestand von *Angelica ursina* zu Beginn der Vegetationszeit (Foto von MOROZOV und BELAYA).

sondere mit *Abies sachalinensis* und beigemischter *Taxus cuspidata* in der unteren Baumschicht sowie *Quercus mongolica*, dem Korkbaum *Phellodendron sachalinense* (Rutac.), *Kalopanax septemlobum* u. a. entwickelt. Hier berühren sich die südokhotskische, ostsibirische und japano-mandschurische Florenregion. Es kommen dunkle Nadelwälder mit der Bambusee *Sasa kurilensis* vor, was wohl einmalig ist.

Die Höchststauden sind in Flußtälern und an waldlosen Gebirgshängen weit verbreitet. Die Böden auf alluvialen und deluvialen (d. h. periodisch nach Regen an Gebirgshängen gebildeten Ablagerungen) sind humose Wiesenböden, oft modrig oder vergleyt, die sehr aktiv sind, d. h. eine hohe Bodenatmung und Ammonifikation bzw. Nitrifikation aufweisen.

Die Höhe der Stauden erreicht 3,5–4,5 m. Dominant sind *Filipendula camtschatica* und die besonders hohe *Reynoutria (Polygonum) sachalinense* mit *Petasites amplus;* dazu kommen *Aconitum fischeri*, *Cacalia robusta*, *Cirsium kamtschaticum*, *Lysichiton camtschatcense* sowie *Symplocarpus foetidus* (beides Araceae), *Urtica platyphylla* u. a.

Auf etwas trockeneren Biotopen findet man die oben genannten *Filipendula* und *Reynoutria* sowie *Polygonum weyrichii*, *Senecio cannabifolius*, *Angelica ursina*. Dazu kommen *Aralia cordata*, *Aruncus kamtschaticus*, *Cimicifuga simplex*, *Veratrum grandiflorum*, *V. oxysepalum*, *Angelica gmelinii*, *Ligularia fischeri*, *Pleurospermum uralense*, *Cirsium kamtschaticum*, *C. weyrichii*.

Abb. 6.34: Wie Abb. 6.33, aber während der Blütezeit (Foto von Morozov und Belaya).

Abb. 6.35: Bestand von *Petasites amplus* in der Aue (Foto von Morozov und Belaya).

Filipendula camtschatica kommt in zwei Formen vor: f. *typica* (behaart und tetraploid) vor allem auf Sakhalin, die andere (hexaploid) f. *glabra*, vorwiegend auf Kamchatka und auf der Bering-Insel, letztere Form ist trockenresistenter.

Auf Kamchatka ist die Vegetationszeit kürzer, und die Entwicklung der Arten ist stark beschleunigt. Das Wachstum ist bereits nach 40–50 Tagen abgeschlossen, die Blüte erfolgt Mitte Juli, die Fruchtreife Ende Juli. Die Lebensdauer der einzelnen Individuen ist 12–23 Jahre (im Mittel 17 Jahre). Das vegetative Wachstum weist zwei Maxima auf: 1) vom 20.–25. Juni (Tageszuwachs 10,4–16,6 cm) und 2) Mitte Juli (Tageszuwachs 4,2–6,0 cm).

Auf Sakhalin weist das Wachstum nur ein einziges Maximum in der zweiten Junihälfte (Tageszuwachs 5–10 cm) auf. Die Lebensdauer überschreitet selten 10–15 Jahre.

Auch *Heracleum lanatum* und *Senecio cannabifolius* erreichen eine Höhe von 3 m und eine Gesamtblattfläche von 0,7–1,1 m^2, bei *Reynoutria*

Abb. 6.36: Bestand von *Anthriscus sylvestris* auf einer trockenen Terrasse der Insel Sakhalin (Foto von Morozov und Belaya).

Tab. 6.8: Mittlere monatliche Lufttemperatur in °C (oberhalb des Striches) und Monatsniederschläge in mm (unterhalb des Striches)

Region	Mai	Juni	Juli	August	September	Jahresmittel
Kamchatka (Ust-Kamchatsk)	1,4 / 44	6,6 / 33	11,2 / 58	12,2 / 64	9,0 / 54	−0,9 / 1050
(Pushchino)	3,5 / 45	10,6 / 37	14,3 / 71	13,3 / 67	7,6 / 50	−2,4 / 976
Sakhalin (Kholmck)	6,7 / 58	11,1 / 70	15,7 / 97	18,0 / 99	14,4 / 106	4,0 / 800
Küstengebiet Ussuriysk	10,8 / 76	15,5 / 94	19,7 / 108	20,7 / 127	14,8 / 114	2,6 / 751
Hokkaido (Sapporo)	13,2 / 100	16,2 / 129	20,3 / 127	22,5 / 134	18,6 / 195	10,4 / 1289
Honshu (Miyako)	11,8 / 59	15,7 / 73	20,2 / 90	21,7 / 112	16,9 / 150	7,8 / 141

sachalinensis nehmen die Wurzelstöcke eines Individuums eine Fläche von 30 m² ein; der maximale Sproßzuwachs ist in der ersten Junihälfte 10 cm pro Tag, die Sproßhöhe kann 4,5 m überschreiten. (Auf der Insel Hokkaido scheint eine halbstrauchige Form vorzukommen, die in Mitteleuropa als Gartenpflanze kultiviert wird und gelegentlich verwildert). Als Begleiter dieser Art tritt an vernäßten Stellen *Petasites amplus* auf; dessen Blütenstände kommen schon durch den Schnee am 10.–15. April heraus und fruchten schon Ende Mai, während die vegetativen Sproße sich erst nach der Schneeschmelze entwickeln.

Es handelt sich hierbei um ein ausgesprochenes Monsunklima, wenn auch teilweise mit schon recht niedrigen Temperaturen.

Auf Kamchatka beträgt die mittlere frostfreie Zeit 64 Tage, und im Winter ist eine stabile Schneedecke vorhanden. In Pushchino erreicht sie maximal 2 m, im Mittel 162 cm, minimal 115 cm. Sie schützt die unterirdischen Organe vor Frost und führt dem Boden eine große Wassermenge zu. Im Sommer ist die Zahl der Tage mit Tagesmitteln über 10 °C (12. Juni bis 6. September) 85 Tage.

Auf Sakhalin ist als Folge der warmen Meeresströmung das Klima viel milder als auf der gleichen Breitenlage im Innern des Kontinents. Die frostfreie Zeit dauert 145–155 Tage, die Schneedecke beträgt meist nicht über 70 cm und die Böden gefrieren im Winter nur bis 40–50 cm Tiefe. Die Zahl der Tage mit Tagesmitteln über 10 °C beträgt 105–120 und die Niederschlagshöhe während dieser Wärmeperiode 300–340 mm, die Luftfeuchtigkeit ist 80–85% oder sogar 90–100%.

Im Sommer ist die Bewölkung sehr stark, was die gesamte Strahlung um 15–30% herabsetzt, die direkte um 40–50%.

Auf Kamchatka wurden die Untersuchungen auf 5 Probeflächen in der Aue (Überschwemmungsgebiet) und an den Hängen der Flußterrassen mit abnehmender Befeuchtung durchgeführt. Dominant waren hier *Filipendula camtschatica*, die auf der trockenen Probefläche nur 1,5 m Höhe erreichte (Abb. 6.37).

Auf Sakhalin wurden zwei Biotope untersucht: 1) in der Aue und 2) auf der Flußterrasse (Abb. 6.38).

Die Böden der verschiedenen Probeflächen auf Kamchatka und auf Sakhalin wurden genau untersucht. Sie zeichnen sich durch ein großes Porenvolumen und entsprechend geringes spezifisches Gewicht aus. Der Gehalt an leicht aufnehmbarem Wasser ist sehr hoch. Ganz selten kann auf den trockneren Terrassen das Wachstum vorübergehend durch Wassermangel gehemmt werden. Die Bodentemperaturen sind nicht hoch, aber die Arten sind daran angepaßt. Am günstigsten sind die Wachstumsbedingungen im Südwesten Sakhalins mit höheren Niederschlägen, günstigeren Temperaturen und einer hohen Luftfeuchtigkeit sowie nährstoffreichen Böden.

Der große Vorzug der Höchststauden und ihr besonderes Charakteristikum ist, daß sie ihre Stoffproduktion fast ausschließlich zur Ausbil-

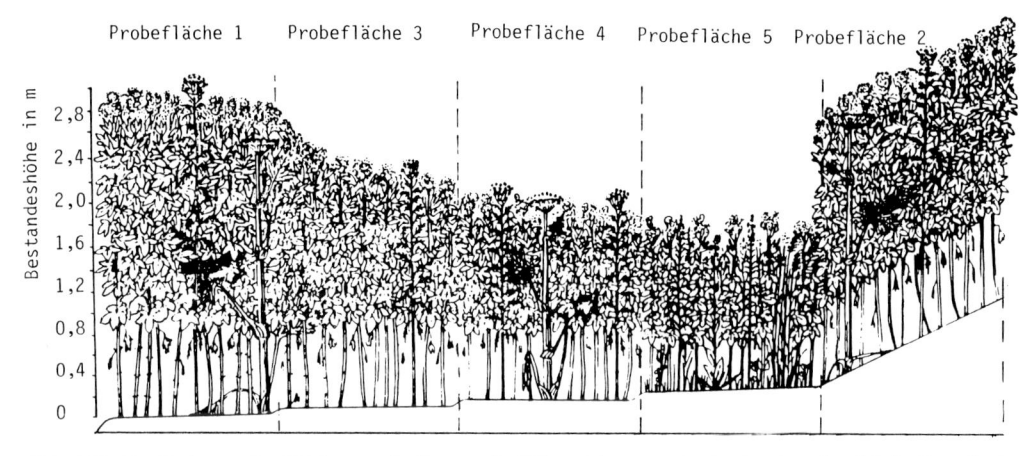

Abb. 6.37: Profilschema der Höchststaudenfluren mit *Filipendula camtschatica* im Auenbereich in Kamchatka mit Angabe von 5 Probeflächen mit abnehmender Bodenfeuchte (nach MOROZOV & BELAYA).

dung der photosynthetisch aktiven Blätter verwenden.

Die sehr gute Wasserversorgung erlaubt eine sehr starke Transpiration bei offenen Spaltöffnungen und eine entsprechend aktivere Photosynthese und größere Stoffproduktion. Die *Filipendula*-Bestände auf Kamchatka transpirieren während der Vegetationszeit 760 mm Wasser, von denen 574 mm, also 75%, auf das bei der Schneeschmelze im Boden gespeicherte Wasser entfallen. Die Untersuchungen des Wasserhaushalts bestätigten die im allgemeinen gute Wasserversorgung überwiegend durch Zufluß (allochthone Wasserversorgung) während der gesamten Entwicklung der Pflanzen (vgl. Abb. 6.39).

Besonders wichtig war es die Photosynthese zu untersuchen, um die enorme Produktion der Höchststauden zu verstehen.

Die Tabelle 6.9 zeigt, daß alle Arten sowohl eine hohe potentielle Photosynthese bei hoher CO_2-Konzentration (0,3–1,0%) als auch bei der realen Konzentration besitzen. Bei guter Wasserversorgung ergibt sich eine gute Korrelation der Photosynthesetageskurven mit den Tageskurven der Temperatur und der photosynthetisch wirksamen Strahlung (PhAR).

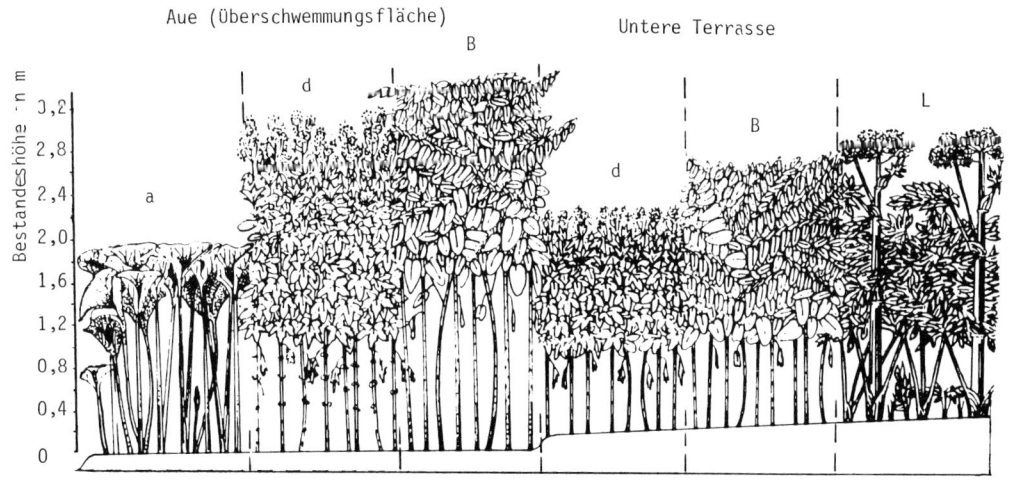

Abb. 6.38: Profilschema der Höchststaudenfluren mit a: *Petasites amplus;* d: *Filipendula camtschatica;* B: *Reynoutria sachalinensis* und L: *Angelica ursina* im Auenbereich und auf Flußterrassen auf Sakhalin (nach MOROZOV & BELAYA).

336　Teil 6: Biomgruppe Ostasien

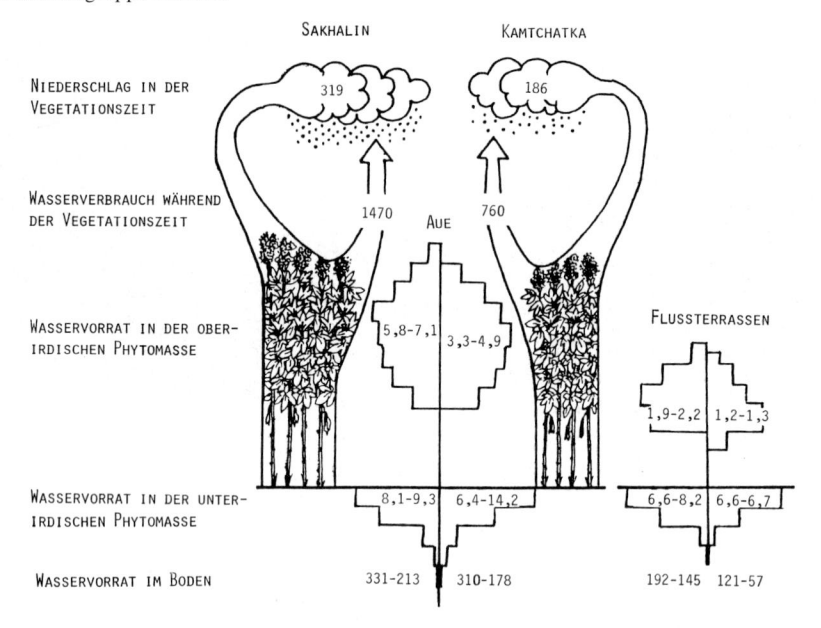

Abb. 6.39: Schema der Wasserbilanz des Bestandes von *Filipendula camtschatica* auf Sakhalin (links) und auf Kamchatka (rechts). In der Mitte sind die Werte (in mm) für Auenstandorte, rechts die Werte für Standorte auf Flußterrassen angegeben (nach MOROZOV & BELAYA).

Die maximale Stoffproduktion erfolgt dann, wenn der Blattflächenindex das Maximum erreicht hat, ebenso wie die Lichtintensität. Gegen den Herbst hin nimmt sie infolge des Alterns der Blätter, der abnehmenden Lichtintensität und zuweilen auch wegen der schlechteren Wasserversorgung ab.

Die Photosynthese erfolgt bei Temperaturen von −1 °C bis 28, teilweise sogar bis 32 °C. Das Optimum liegt bei 18–20 °C.

Für die Produktivität der Biogeozöne ist natürlich auch die räumliche Verteilung der Blattflächen und die Durchlässigkeit des Bestandes für die photosynthetisch aktive Strahlung (PhAR) von Bedeutung. Beides wird auf Abb. 6.40 und Abb. 6.41 dargestellt.

Die Blattflächen der oberen Sproße sind schräg oder fast vertikal orientiert, die der unteren ganz horizontal. Dadurch wird eine optimale Beleuchtung der Gesamtblattfläche erreicht und

Tabelle 6.9: Maximale Intensität der Photosynthese der dominanten Höchststauden, im mg $CO_2 \cdot g^{-1} \cdot h^{-1}$

	Intensität der Photosynthese			
	potentielle		reale	
Art	Kamchatka	Sakhalin	Kamchatka	Sakhalin
Angelica ursina	182	224	30	30
Anthriscus sylvestris	165	219	22	29
Filipendula camtschatica f. *glabra*	196	169	38	38
F. camtschatica f. *typica*	170	213	30	40
Heracleum lanatum	158	274	26	30
Petasites amplus	–	250	–	26
Polygonum weyrichii	147	150	23	25
Reynoutria sachalinensis	–	219	–	32
Senecio cannabifolius	270	280	34	33

die Strahlung durch den Bestand vollständig absorbiert.

Ein unerwartet hoher Blattflächenindex (LAI) wurde bei *Petasites* mit 7,0 m² · m⁻², der höchste bei *Reynoutria*, unter den günstigsten Bedingungen sogar mit 21,0 m² · m⁻², also höher als bei den dichtesten Waldgesellschaften.[1]

Insgesamt absorbieren die Höchststaudenbestände auf Kamchatka während der Vegetationszeit im Mittel 633 MJ · m⁻² an PhAR (Extremwerte: 394–740), auf Sakhalin dagegen 922–1026 und maximal sogar bis etwa 1200 MJ · m⁻². Das gilt vor allem für die *Filipendula*- und *Reynoutria*-Bestände. Unter diesen Umständen erreichte die Phytomasse der Bestände 71 t · ha⁻¹ und die jährliche Nettoproduktion extreme Werte von 38,2 t · ha⁻¹ · a⁻¹.

Das Verhältnis zwischen oberirdischer und unterirdischer Phytomasse schwankt bei den verschiedenen Arten und auf den verschiedenen Biotopen zwischen 1 : 0,3 und 1 : 10,4. Die maximalen Werte der Frisch-Phytomasse erreichen auf Kamchatka in den Auen 231 t · ha⁻¹, die maximalen Werte für Sakhalin sind (je in t · ha⁻¹):

Anthriscus sylvestris	68,1	
Filipendula camtschatica	201,9	
Petasites amplus	293,0	(vor allem dicke Blattstiele)
Reynoutria sachalinensis	259,2	
Senecio cannabifolius	112,0	

Der Wassergehalt der verschiedenen Organe, vor allem auch der Stengel und Blattstiele, ist außerordentlich hoch. Der spezifische Energiegehalt (Verbrennungswärme) der trockenen, organischen Masse schwankt zwischen 15,40 bis 22,50 kJ · g⁻¹ bei den verschiedenen Arten und ihren verschiedenen Organen sowie unter verschiedenen klimatischen Verhältnissen.

Die gesamte in den Beständen angereicherte Energiemenge kann bei *Reynoutria* auf Sakhalin 11,52 · 10⁵ bis 11,69 · 10⁵ MJ · ha⁻¹ erreichen, d.h. Werte, die man sonst bei krautigen Beständen wohl nirgends findet.

Besonders interessant ist die Frage nach der Ausnutzung der PhAR durch die Höchststaudenbestände. Sie wechselt im Laufe der Vegetationsentwicklung und je nach Witterungsbedingungen, aber unter günstigen Bedingungen werden von bestimmten dominanten Arten der Höchstkräuter

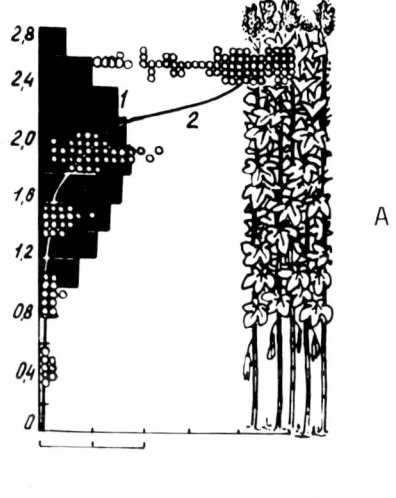

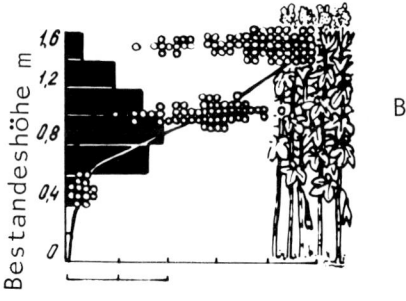

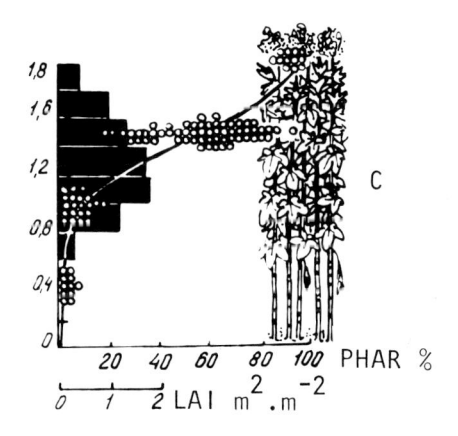

Abb. 6.40: Verteilung der Blattflächen (1 = schwarze Flächen) in den Höchststaudenbeständen auf Kamchatka, in verschiedener Höhe über dem Boden und PhAR (2) in verschiedener Höhe des Bestandes bei gleichmäßiger vollständiger Bewölkung (dabei kleine Kreise: Einzelmessungen und Kurve: Mittelwerte in *Filipendula camtschatica*-Beständen und zwar A: in der Aue; B: auf Flußterrassen; und C: aus der subalpinen Gebirgsstufe. Ordinate: Höhe über dem Boden (nach MOROZOV & BELAYA).

---

[1] Es fragt sich in diesem Fall, ob nicht seitlich Licht einfällt, wenn der Bestand schmal ist.

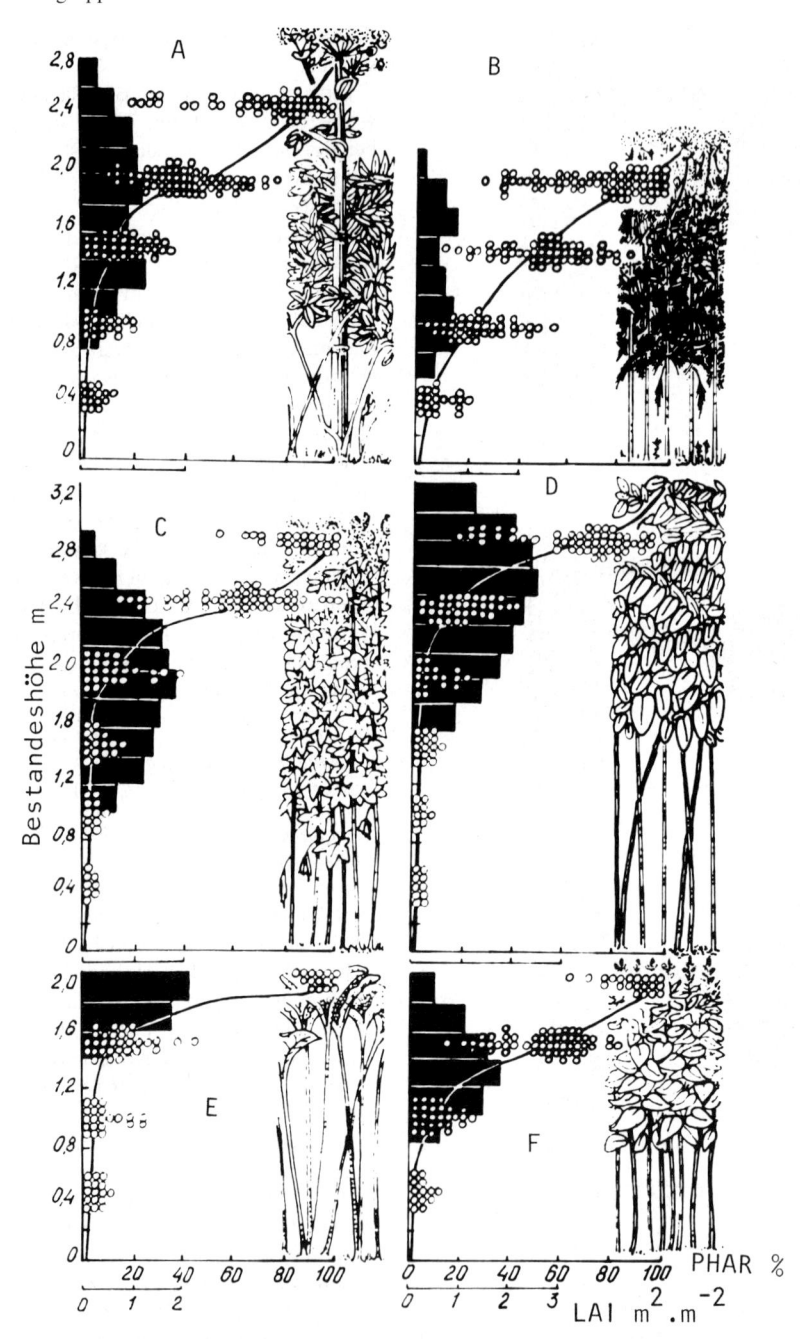

Abb. 6.41: Wie Abb. 6.40, aber auf Sakhalin; ferner gilt A: *Angelica ursina*; C: *Anthriscus sylvestris*; B: *Filipendula camtschatica*; D: *Reynoutria sachalinense*; E: *Petasites amplus*; F: *Polygonum weyrichii* (nach MOROZOV & BELAYA).

doch sehr hohe Ausnutzungskoeffizienten der absorbierten PhAR erreicht. Im Mittel beträgt dieser Koeffizient für den Jahreszuwachs der verschiedenen dominanten Arten 1,78% bis 8,69% der absorbierten PhAR. Den Rekord erreichte *Reynoutria* auf Ökotopen mit nährstoffreichen Humushorizonten bei guter Wasserversorgung während der 2–3 Wochen des intensiven Wachstums im Frühjahr mit 22% und *Angelica ursina* unter denselben optimalen Verhältnissen während einer Dekade mit 13%. Diese hohen Werte stehen in direkter Beziehung zu den hohen LAI-Werten der einzelnen Arten. Je höher der LAI-Wert ist, desto höher ist auch der Ausnutzungskoffizient. Jede Verschlechterung der Außenbedingungen, d.h. der thermohygrischen Verhältnisse, führt sofort zu einer Erniedrigung des Ausnutzungskoeffizienten. Er ist auf Sakhalin höher als auf Kamchatka. Zusammenfassend kann man feststellen, daß die Höchstkräuter-Biogeozönosen im Gebiet des Fernen Ostens sich nicht nur durch die Höhe der Produktivität auszeichnen, sondern auch durch ihre einmalige Fähigkeit die Sonnenenergie besonders effektiv auszunutzen, vor allem bei optimaler Wasser- und Nährstoffversorgung.

4.4 Konsumenten

(Nach einem Manuskript in russischer Sprache von FILATOVA, L.D., Pazifisches Institut der Akademie der Wissenschaften, Zweigstelle Ferner Osten, in Vladivostok)

4.4.1 Wirbellose des Fernöstlichen Gebiets der USSR

Das Fernöstliche Gebiet der USSR zeichnet sich infolge der geographischen Lage und der geologischen Geschichte durch den besonderen Charakter sowohl der Pflanzendecke als auch der Fauna aus. Insbesondere der südliche Teil des Gebietes fällt durch seinen Artenreichtum mit vielen Relikten und Endemiten auf. Das gilt auch für die zahlreichen Wirbellosen, deren Größe von mikroskopisch kleinen bis zu mehreren Zentimeter großen schwankt und zu denen Phytophagen, Räuber, Saprophagen und Parasiten mit ganz unterschiedlicher Lebensweise und ökologischer Anpassung gehören.

Im folgenden werden die wichtigsten Vertreter aus den einzelnen Formenkreisen besprochen.

Annelides

Diese sind durch im Boden lebende Arten der Oligochaeta (Lumbricidae, indomalayische Moniligastridae sowie Enchytraeidae) und einer oberirdisch lebenden Blutegelart (Hirudinea) vertreten.

Die große Bedeutung der Regenwürmer für die Humusbildung und den Stoffkreislauf im Boden ist allgemein bekannt.

Die Lumbriciden sind im Fernen Osten durch 5 Gattungen und 7 Arten vertreten (MALEVICH 1956, 1959; GILYAROV & PEREL 1973; MOLODOVA 1973). Es herrscht die Art *Eisenia nordenskioldi* in allen Wäldern der südlichen Küstenzone vor (GILYAROV & PEREL 1969) mit einer Anzahl pro m^2 Bodenoberfläche von 5,3 in den Pineten sibiricae, 70 in den Abieten sibiricae, 300 in den Querceten sowie 42 in den niedrigwüchsigen Querceto-Tilieten am Hang der küstennahen Bergkegel (KURCHEVA 1977).

Die Regenwurmart *Dendrobaena octaedra* ist im europäischen Teil der USSR eine ausschließliche Art der Wälder, während sie im südlichen Fernen Osten mehr für die bewaldeten Flußtäler und offenen Biotope typisch ist. Ihre Häufigkeit beträgt in den alluvialen Böden der Alneten des südlichen Küstengebietes sowie auf Sakhalin 53 Indiv. pro m^2 und in den humosen Böden einer geschützten Wiese 118 Indiv. pro m^2.

Die Arten der Gattungen *Bimastus* und *Allolobophora* sind dagegen selten.

Drawida ghilarovi (Moniligastridae) sind in den Gebirgswäldern des Küstenbereichs weit verbreitet (GEYTS 1969).

Als Folge der hohen Luftfeuchtigkeit des Monsunklimas ist die räuberische Hirudinee *Orobdella whitmani* in den Braunen Waldböden der Gebirge mit 2 Indiv. pro m^2 vertreten und auch in den Pineten sibiricae.

Mollusca (Gastropoda)

Es handelt sich meist um phytophage Arten; nur wenige sind Räuber, und die Nacktschnecken sind omnivor. Doch findet man unter ihnen gefährliche Schädlinge von Nutzpflanzen und Zwischenwirte der für Menschen und Haustiere gefährlichen Parasiten.

Insgesamt kennt man im Gebiet 50 Arten an Gastropoden. In Nadel- und Laubwäldern dominante Arten sind *Bradybaena maacki* und *B. solskii*.

Die Hälfte aller Molluskenarten des Gebiets entfällt auf die Arten: *Cochlicopa lubrica*, *Columella edentula*, *Veltonia costata*, *Euconulus fulvus*, *Succinea putris*, *Perpolita petronella*, *Agriolimax agrestis* u.a. Die tropischen Gattungen *Palaina* und *Kaliella* sind mit je einer Art vertreten.

Die Malakofauna der Halbinsel Kamchatka ist stark verarmt. Von den etwa 20 Arten sind häufig *Vertigo modesta modesta*, *Vallonia cyclophorella*, *Punctum conspectum* und *Pristiloma arcticum*.

Arthropoda

Von den Amphipoda kommt in *Abies*-Wäldern weit von Wasserbecken entfernt die Gattung *Orchestia* vor, auch auf Süd-Sakhalin und den südlichen Kurilen (MOLODOVA 1973). Infolge der großen Luftfeuchtigkeit findet man sogar Vertreter der tropischen Crustaceen, die sonst Arten des Meeresstrands sind. Einige Arten der Talitridae trifft man um Süßwasserbecken herum an, weit vom Meere entfernt.

Isopoda

Die Asseln sind im Fernen Osten nur relativ wenig verbreitet (KRIVOLUTZKAYA 1973).

Arachnida

Die räuberischen Spinnen (Araneida) sind durch zahlreiche kleine und größere Arten vertreten. Auf sie entfallen 10–50% aller Arthropoden der verschiedensten Biotope. An Waldrändern sind *Araneus adianta japonica*, *A. ventricosus* sowie *A. marmoreus* häufig. Das Netz von *A. ventricosus* ist vertikal ausgerichtet und hat einen Durchmesser von 60–90 cm. Die von diesem Netz ausgehenden Fäden erreichen eine Länge von 8–10 m. Das Netz wird in einer offenen Stelle zwischen Bäumen befestigt, und die Spinne sitzt unbeweglich den ganzen Tag in dessen Mitte. Aktiv werden die Spinnen in der Nacht; die weiblichen Tiere werden dann von den keine Netze bauenden Männchen aufgesucht. Die Kopulation erfolgt im Juli und Anfang August, die Eiablage im August bis Anfang September. Die Größe des dunkelgrauen Kokons beträgt 30–40 mm. Die jungen Spinnen schlüpfen aus den Eiern im Herbst, verlassen den Kokon im April und überwintern während des ersten juvenilen Stadiums. Die gesamte Entwicklung dauert 2 Jahre. Die geschlechtsreifen Weibchen findet man schon vor den ersten Frösten im September, vor dem 8.–10. September. Viele werden durch die Fröste getötet.

Die Familie der Lycosidae ist an Waldrainen durch *Trochosa terricola*, *Tr. spinipalpis*, *Tr. ruricola*, *Pardosa lugubris*, *P. pontica*, *Alopecosa argenteopilosa* in Gebirgseichenwäldern vertreten.

Acarina

Die Milben sind überall die zahlreichste Gruppe der Arthropoden-Bodenfauna. 60–80% von diesen entfallen auf die Oribatei (Acarineformis). Diese kleinen, mit bloßem Auge meist nicht sichtbaren Arten spielen eine wichtige Rolle beim Streuabbau, vor allem der Nadelbäume. In dem Gebiet kommen etwa 400 Arten (66 Familien) vor (KURCHEVA 1977). Man findet sie auf den verschiedensten Biotopen, z.B. *Platynothrus peltifer*, *Oppiella nova* u.a.

Die Mehrzahl der Milben, die zu den Gamasoidea (Parasitiformes) gehören, sind Parasiten von Insekten, Vögeln oder Säugetieren und bewohnen die Nester oder Wohnkammern derselben.

Zu den Räubern, die im Boden oder in der Streuschicht leben, gehören die Vertreter der Familien Veigaiaidae, Macrochelidae, Partholaspidae.

Die Milben der Rodocaridae, Aceosejidae und Laelaptidae sind sowohl Saprophagen als auch Räuber. Unter den letzteren findet man viele in den Nestern der Ameisen, Wespen, Bienen und Hummeln, aber auch in Vogelnestern und Wohnhöhlen.

Milben der Gattung *Macrocheles* leben passiv auf Insekten, auch auf koprophagen Käfern, z.B. *M. muscaedomesticae* oder *M. glaber*. Im Fernen Osten kommen etwa $1/3$ aller *Macrocheles*-Arten der USSR vor. Von den 21 Arten der Familie Parholaspidae der USSR findet man 18 in der Streuschicht der Laubmischwälder Sachalins, der Kurilen und im Küstengebiet.

Myriopoda

Zu der Untergruppe der Chilopoda gehören sehr zahlreiche Raubarten der Nadel-Laubwälder des südlichen Sikhoto-Alin-Gebirges. Die Zahl der Geophilomorpha beträgt in trockenen Pineten sibiricae 140 Indiv. pro m^2 und der Lithobiomorpha etwa 60 Indiv. pro m^2 oder entsprechend in farnreichen Fichtenwäldern 200 bzw. 145 Indiv. m^{-2} (KURCHEVA 1977).

Die 17 Arten der Lithobiomorpha besiedeln vor allem die Streuschicht und dringen nur bis etwa

10 cm tief in den Boden ein, während die 21 Arten der Geophilomorpha in mineralischen Böden bis 30 cm tief, aber vor allem auch in 0–10 cm Tiefe zu finden sind.

An Diplopoden gibt es etwa 40 Arten (MIKHALEBA & PETUKHOVA 1983). Sie kommen in Mischwäldern vor (20 Arten in Tannenwäldern und nur 8 Arten in Eichenwäldern). Die gewöhnlichsten Arten sind *Underwoodia kurtschevae, Sichotanus eurygaster, Orientosoma koreanum* und *Pacificulus imbricatus*. Ihre Zahl schwankt zwischen 100 Indiv. pro m² im Sommer und 244 Indiv. pro m² im Herbst, je nachdem wie stark die hydrothermischen Bedingungen ihrer Biotope sich jahreszeitlich ändern. Es dominieren vor allem die Arten der Gattung *Levizonus*. Nach ihrer Verbreitung im Boden unterscheidet man die Arten der Streuschicht, solche der Streu-Bodenschicht (Larven im Boden, Imagines in der Streu), die «oberflächlichen», deren Larven und Imagines je nach den hydrothermischen Verhältnissen sich in der Streu- und oberen Bodenschicht frei bewegen (viele Julidae) und die der «tiefen Bodenschichten», die bis zu 40–50 cm tief *(Polizonium bonumu, Kopidolulus continentalis)* vorkommen.

Insecta

Die Collembolen oder Springschwänze (Apterygota) besiedeln selbst saure Böden. In der Arktis auf der Insel Vrangel erreicht ihre Zahl 26.000 Indiv. pro m² *(Folsomia regularis, F. microchaeta)*. In den Gebirgswäldern der Insel Sakhalin sind *Onychiurus sibiricus* und *Folsomia fimetaria* häufig.

Die Pterygota des Fernen Ostens sind sehr mannigfaltig. Im faulen Holz der Ajan-Fichte lebt die Schabe *Cryptocercus relictum*, an Waldrändern und auf Wiesen ist von Juli bis Ende September die Gottesanbeterin *(Mantis religiosa)* sehr häufig. Warme, waldlose Hänge bevorzugt *Tenodera angustipennis*, die sich von großen Insekten ernährt. Feuchte Nischen unter Steinen und auf Baumstümpfen besiedelt *Grylloblattina djakonovi*. Zwischen Gräsern offener Flächen kommt die wenig bewegliche Stabheuschrecke *Baculum ussurianum* vor.

Von den Orthopteren sind auf den Kurilen 23 Arten bekannt (KRIVOLUTZKAYA 1973), im kontinentalen Teil des Fernen Ostens 100 Arten, auf Sachalin 28 Arten, darunter *Chorthippus biguttulus maritimus* und *Ch. kurilensis strelkovi*.

In den Bambuseen-Beständen der Kurilen kommt *Metrioptera japonica* vor, auf Kiesflächen ist *Eirenephilus longipennis* häufig, in Ulmen-Laubwäldern in 300–500 m NN wurde *Formosatettix robustus* festgestellt – die einzige Art der Tetrigiden, die im Wald vorkommt.

Die Zikaden (Homoptera, Auchenorrhyncha) sind sehr bewegliche und zahlreiche Insekten aller Biotope des Fernen Ostens. Arten der Gattung *Aphilaenus* besiedeln holzige Rosaceen, *Oliarus diabolculus* oder mit *Clematis* und *Artemisia* bewachsene Kiesflächen. Auf den Kurilen wurden 115 Arten der Zikaden festgestellt, von denen *Diplocolenus ikumai* die Wiesen bewohnt und besonders häufig ist.

Auf der Japanischen Kiefer lebt *Oncopsis discrepans*. Von den gallenbildenden Homopteren kommen 158 Arten vor (DANZIG 1977), die jeweils an bestimmte Baumarten gebunden sind.

Zu den Heteropteren (Wanzen) gehören viele dendrophile Arten oder solche auf krautigen Leguminosen, aber auch räuberische Arten.

Sehr reichhaltig ist die Käferfauna (Coleoptera). Die Carabidae sind durch etwa 200 Arten vertreten (KURCHEVA 1977), die Staphylinidae durch über 300 Arten (FILATOVA 1983), die Scarabaeidae durch mehr als 100 Arten, die meist Waldbewohner sind; von Coccinellidae, die nützliche Raubinsekten sind, werden 100 Arten erwähnt, während von den phytophagen Curculionidae 51 auf Weiden, 29 auf Kiefern, 25 auf Birken, 23 auf Leguminosen, 21 auf Fagaceen und 19 auf Rosaceen vorkommen. Auch die anderen Familien der Coleoptera sind reichlich vertreten. Ein fernöstlicher Endemit ist *Callopogon relictus* (Silphidae). Ein genaueres Eingehen auf die Lebensweise der zahlreichen Coleopteren ist im Rahmen dieses Werkes nicht möglich.

Dies gilt auch entsprechend für die Lepidopteren, Hymenopteren und Dipteren, die ebenfalls sehr zahlreich sind, in ihrer Lebensweise große Unterschiede aufweisen und auch oft massenweise auftreten.

Unter den Lepidopteren ist die Familie der Danaiden nur durch die Art *Danais tytia* vertreten. Infolge der besonderen ökologischen Verhältnisse (klimatische Inversion, sehr gleichmäßige Temperaturen und hohe Luftfeuchtigkeit) findet man im Sikhoto-Alin-Gebirge in 1000–1100 m NN Vertreter einer alten Reliktfauna aus einer Klimaperiode mit sehr feuchter Witterung. Es handelt sich um die Arten *Seokia eximia, Limenitis homeyeri, L. moltrechti* u.a.

Auch die Mannigfaltigkeit der Hymenopteren ist sehr groß. Die zahlreichen Arten der Siriciden sind die wichtigsten Holzzersetzer, die bei der Massenvermehrung im Holz von kranken Bäumen

10–40 Individuen pro m³ Holz erreichen. Die wärmeliebenden Braconiden bevorzugen Steppenbiotope. Eine wichtige Rolle spielen die Ameisen (Formicidae), von denen viele das in Zersetzung befindliche Holz besiedeln. Auch in anderen Insekten parasitierende Hymenopteren sind verbreitet.

Die ökologisch sehr vielseitigen Dipteren spielen in vielen Biogeozönosen beim Abbau der organischen Abfälle eine große Rolle. Einige blutsaugende Tabaniden sind Überträger gefährlicher Krankheiten.

Weitere Einzelheiten findet man in den Originalarbeiten, die im Literaturverzeichnis angeführt werden (alle in Russisch).

4.4.2 Wirbeltiere

Auch unter den Wirbeltieren des Fernen Ostens überwiegen Arten der ostasiatischen Elemente, die seit dem frühen Tertiär hier erhalten blieben. Doch kommen Arten der Paläarktik und Ostsibiriens hinzu, vor allem in den nördlichen Teilen des Gebietes und mit zunehmender Höhenlage im Gebirge. Es sollen nur die Vertreter der Vögel (Aves) und der Säugetiere (Mammalia) angeführt werden, vor allem die selteneren und endemischen Arten.

Aves

Podiceps griseigena holboelli Reinh. – Die ersten Individuen dieser Art erscheinen im Küstengebiet Ende März, sind aber in dieser Zeit auf dem Meere sehr häufig, schwimmen paarweise und führen verschiedene rituale Bewegungen aus. Ende April bis Anfang Mai nisten sie. Im September beginnen sie das Gebiet wieder zu verlassen.

Oceanodoma monorhis Swinh. – Diese Art der Meeresküsten nistet in Höhlen zwischen Steinen auf der Insel Verkhovskogo in 4–5 m Höhe über der Hochwassergrenze. Die Brutzeit dauert 41 Tage und endet Anfang Oktober.

Phalacrocorax filamenthosus Temm. et. Schleg. – Es ist eine Kormoran-Art, die an felsigen Meeresküsten von Ende März bis Anfang April nistet und das Gebiet im Oktober–November meist in Gruppen von ca. 20 Individuen verläßt.

Ciconia nigra L. – Der Schwarze Storch erscheint Anfang April und nistet im südlichen Küstengebiet auf Felsen im Gebiet der Gebirgsflüsse, im Norden dagegen auf Bäumen.

Anser fabalis sibiricus Alpheraki, *A. f. serrirostris* Swinh. – Die beiden Gänse-Arten sind Zugvögel, die das Gebiet im März nach Norden und wieder nach Süden im Herbst vor Beginn der Fröste durchqueren.

Aix galericulata L. («Mandarinka»). – Es handelt sich um ein ostasiatisches Element, das auf den japanischen Inseln und in den Wäldern NE-Chinas vorkommt und auf den Süden des Fernostgebiets beschränkt ist. Die Vögel nisten an ruhigen Wasserläufen, die von dichten Laubwäldern umsäumt werden, in von Spechten ausgehöhlten Bäumen ab Ende April. Das Gebiet wird Ende August–Anfang September wieder verlassen.

Butaster indicus Gmel. – Es ist eine charakteristische, aber wenig zahlreiche Vogel-Art, die sich an Waldrändern aufhält und sich von Amphibien und Reptilien ernährt. Der Abflug erfolgt im September.

Circus melanoleucos Renn. – Dieser Falke hält sich von Ende März bis Ende August auf offenen Flächen mit Sträuchern und einzelnen Bäumen auf. Die Nahrung sind Mäuse und andere Nagetiere.

Falco amurensis Radde. – Es handelt sich um einen Raubvogel, der im Küstengebiet nur vereinzelt vorkommt. Er braucht zur Jagd auf Insekten große, freie Flächen und benutzt zur Brut leere Spatzen- und Elster-Nester. Die Brut wird vor allem mit Heuschrecken gefüttert. Die Vögel treten in kleinen Schwärmen auf.

Charadrius placidus Gray et Gray. – Eine Art, die auf flachen Sandbänken breiter Flußtäler und sich von Tipuliden, Larven verschiedener Insekten und Süßwassermollusken ernährt.

Larus crassirostris Vieill. – Diese verbreitete Möwe nistet auf Inseln. Sie hält sich in Schwärmen bis zu hundert auf. Oft entreißen die Vögel anderen die gefangenen Fische.

Columba rupestris rupestris Pall. – Für diese Taube ist bezeichnend, daß sie nur im südlichsten Teil des Küstengebietes vorkommt und zwischen den Felsen der Meeresküste nistet.

Ninox sutulata macropetra Blas. – Diese verbreitete Eule kommt im ganzen Sikhoto-Alin bis zum 50°N vor. Sie nistet in Baumhöhlen und ernährt sich von Insekten.

Hirundapus caudatus caudatus Latham. – Es ist eine Uferschwalbe, die ihre Nester in Baumhöhlen 3,5 bis 4 m über der Erde anlegt und Insekten über offene Wasserflächen, Mooren und Wiesen fängt. Sie erscheint Anfang Mai und fliegt im September wieder weg.

Picus canus jessoensis Stejn. – Dieser Specht bevorzugt lichte Laubwälder im Süden. Er hält sich das ganze Jahr im Gebiet auf. Er ernährt sich vor allem von Ameisen und ihren Larven, im Winter von Früchten.

Jynx torquilla chinensis Hesse. – Es handelt sich um eine wenig zahlreiche Art, die in Gärten, Parkanlagen und kleinen Laub- sowie Mischwäldern nistet.

Alauda arvensis intermedia Swinh. – Diese verbreitete Lerche besiedelt entwaldete Flächen großer Flußtäler und Wiesen. Zum Teil überwintert sie im südlichsten Teil des Gebiets, wo auch *Eremophila alpestris flava* Gm. und *Calandrella cincerea dukhunensis* Sykes vorkommen.

Von den Hirundinidae sind *Hirundo rustica gutturalis* Scop. und *H. daurica daurica* L. am verbreitetsten.

Die Goldamsel *Oriolus chinenis diffusus* Sharpe nistet an Waldrändern und verläßt das Gebiet sehr früh.

Von den Rabenvögeln ist *Cyanopica cyana* Pall. ein typisches Beispiel für eine Art mit wechselnden Wohngebieten: Im Winter halten sich die Vögel an nicht gefrorenen Flüssen auf und holen sich ihre Nahrung aus diesen, im Herbst ernähren sie sich von den Früchten der Rosaceen.

Von den Paridae (Meisen) seien genannt: *Parus major wladiwostokensis*, *P. ater amurensis*, *P. palustris brevirostris*, *P. montanus shulpini* und die seltene *P. cyanus tianschanicus*. Eine häufige überwinternde Art ist *Sitta europaea amurensis* Swinh.

Die Paradoxornithidae sind durch *Sutera webbiona mantschurica* Tacz. vertreten, die sich in *Phragmites*- und *Miscanthus*-Grasbeständen aufhalten und aus deren Stengel Larven als Nahrung herausholen, später fressen sie vor allem reife Früchte.

Die Familie der Muscicapidae ist durch 6 Arten vertreten, die Tardidae durch ebenfalls 6 häufige Arten, die der Sylvidae durch 9 Arten.

Weniger häufig sind die Vertreter der Familien Bombyscillidae und Fringillidae.

Mit diesen wenigen Beispielen der reichen Ornithofauna des Fernostgebietes müssen wir uns begnügen.

Die Säugerfauna (Mammalia)

Insectivoria: Die Maulwürfe sind durch 2 Arten vertreten: Der große Maulwurf (*Mogera robustus* Nehr.) und der mittelgroße (*Mogera wogura* Temm.). Ihre Lebensweise entspricht der unserer mitteleuropäischen Maulwürfe. Die erste Art kommt in den Eichenmischwäldern vor, die zweite mehr im Süden in den Laubwäldern der Küstengebirge.

Sorex mirabilis Ogn. – die Riesen-Braunzahnspitzmaus ist eine endemische Art, sie bewohnt unberührte Kiefern-Laubmischwälder in der Nähe von Gewässern. Die Nahrung besteht aus Dipteren, seltener aus kleinen Fischen und Fröschen. Die Art ist sowohl am Tage als auch nachts aktiv.

Chiroptera: Zu den Fledermäusen gehören die größte östliche Art *Vespertilio superans* Thom., die unter den Dächern der Häuser, die sich am Tage auf 47 °C und mehr erhitzen, wohnt und nachts in großer Höhe die Beute jagt sowie *Murinus aurata ussuriensis* Ogn. – eine endemische Art der Höhlen und hohlen Bäume, die sich spät nachts geräuschvoll zwischen den Bäumen bewegt.

Lagomorpha: *Caprolagus brachyurus mandschuricus* Radde – der Gebüschhase, ist weit verbreitet. Er ernährt sich im Sommer von den Kräutern der Laubwälder, im Winter von der Rinde der *Salix*-, *Corylus*- und *Euonymus*-Arten. Seine Feinde sind alle größeren Raubtierarten.

Griles = Rodentia: Die Nagetiere sind durch viele Arten vertreten. Genannt seien die Östlich-Asiatische Maus (*Apodemus peninsulae giliacus* Thomas). Die Art kommt in Arven-Laubwäldern vor und ernährt sich vor allem von den Arvennüssen. Selten ist die Maus *Sicista caudata* Thomas, die sich von Samen und Insekten ernährt. *Tscherskia triton nestor* Thomas, der rattenähnliche Hamster, kommt nur im Süden des Gebietes vor. Er bevorzugt als Nahrung Mais, Sonnenblumenfrüchte und Soja. In den Maultaschen kann er 16 g Körner unterbringen.

Microtus fortis michnoi Kastschenko ist auf Wiesen und auf Hängen mit Gebüsch weit verbreitet und ernährt sich von verschiedenen Kräutern, aber bevorzugt im Spätsommer Kulturflächen, um Wintervorräte von bis zu 800 g anzulegen.

Myospalax psilurus epsilanus Thomas – eine manzhurische Art, verbringt die meiste Zeit unter der Erde und ernährt sich von Wurzeln verschiedener Kräuter.

Carnivora: *Cuon alpinus* Pall. – der Rote Wolf war immer eine seltene Art und steht heute unter besonderem Schutz. Die Beute wird in Rudeln überfallen.

Nyctereutes procyonides ussuriensis Matschie – ist eine relativ verbreitete Wildhundart der Laubhaine. Als Nahrung dient ihr Amphibien, Mollusken, Insekten, Fische, Mäjse, aber auch Baumfrüchte und Vögel.

Ursus thibetatus ussuricus Heude. – Der Weißbrüstige Bär kommt nur im Süden in Wäldern vor. Er klettert sehr geschickt auf Bäume und verbringt auf diesen längere Zeit. Dort sucht er auch Zuflucht und überwintert in hohlen Baumriesen. Die Nahrung bilden Früchte von Arven, Eicheln, Haselnüsse, Beeren des Weines und der Actinidien, aber auch größere und kleinere Tiere, seltener Fische.

Felis euptilura Eliot. – Der Amur-Waldkater bewohnt die Mischwälder in 500 m NN zwischen steilen Felsen, ist ein Nachttier und ernährt sich von Nagetieren, aber auch Reptilien und Vögeln. Er hat wenig Feinde.

Panthera pardus orientalis Schleg. – Der Leopard kommt nur im äußersten Süden der Küstengebirge vor. Er ernährt sich vor allem von jungen Paarhufern, aber auch von Hasen, Vögeln u.a. Es ist eine in Fernost geschützte Art.

Der Amur-Tiger (*Panthera tigris altaica* Temm.) – ist dagegen weit verbreitet im ganzen Küsten- und Amurgebiet, vor allem in Misch- und Eichenwäldern. Er vermehrt sich das ganze Jahr. Als Beute dienen die in seiner Nähe befindlichen Tiere aller Art. Sie werden nicht aufgespürt. Den Menschen meidet er. Auch der Tiger, der hier sein nördlichstes Vorkommen erreicht, ist geschützt.

Artiodactyla (Paarhufer): *Cervus nippon hortulorum* Swinh. – der Gefleckte Hirsch – ist eine sehr schöne endemische Art im südlichen Teil des Gebiets. Als Nahrung dienen die weicheren Teile der Holzarten und ihre Rinde. Die Brunftzeit ist von Ende September bis Anfang Oktober, und die Tragezeit dauert $7^1/_2$ Monate. Der Wolf ist der Hauptfeind, seltener die anderen Raubtiere. Er steht ebenfalls unter Schutz.

Nemorhaedus caudatus raddeanus Heude – der Goral – bevorzugt die Felsgipfel der Berge und ernährt sich von verschiedenen Kräutern und Pflanzenfrüchten. Die Feinde sind die verschiedenen Raubtiere, aber auch der Adler.

Der Ferne Osten der UdSSR ist ein relativ wenig dicht besiedeltes Gebiet. Deshalb ist die ostasiatische Fauna noch einigermaßen erhalten geblieben, was in Japan, China und selbst in Korea nicht mehr der Fall ist.

FILATOVA zitiert im Literaturverzeichnis 8 Arbeiten, davon 7 in russischer Sprache.

Teil 7: Zonobiom VII (semiarid-temperiertes), VIIa (arides) und VII (rIII) (extrem arides, kontinentales) Zonobiom mit kalten Wintern – Steppen und Prärien, Halbwüsten und Wüsten in Amerika (und Neuseeland)

Einleitung und Gliederung

Ebenso wie in Euro-Nordasien müssen wir auch bei den anderen Kontinenten je nach der Aridität drei Subzonobiome unterscheiden:

Das Subzonobiom VII mit einem semiariden Klima, das Subzonobiom VIIa mit einer ausgesprochenen Dürrezeit, das als Halbwüste den Übergang zu den extrem ariden Wüsten mit kalten Wintern bildet und das letztere, das wir als Subzonobiom VII (rIII) bezeichnen, wobei (rIII) bedeutet: mit Niederschlagsverhältnissen wie beim Zonobiom III der subtropischen Wüsten (vgl. Band 2, S. 210ff.), von denen sich das Subzonobiom VII (rIII) durch die oft sehr kalten Winter unterscheidet.

Außerdem müssen wir bei diesen Subzonobiomen die großen floristischen Unterschiede zwischen Nordamerika, Südamerika und auf Neuseeland berücksichtigen, also jeweils eine nordamerikanische, eine südamerikanische und eine neuseeländische Biomgruppe unterscheiden. In Afrika und Australien ist das Zonobiom VII nicht vertreten.

Als Gliederungshilfe dient einerseits die Aridität, andererseits die floristische Ausstattung. Danach unterscheiden wir:

Subzonobiom VII
  Biomgruppe Nord-Eurasien (vgl. Band 3)
  Biomgruppe Nordamerika
    Langgras-Prärien
    Kurzgras-Prärien
  Biomgruppe Südamerika
    Pampa
  Biomgruppe Neuseeland
    Trockenregionen in Neuseeland
Subzonobiom VIIa
  Biomgruppe Nord-Eurasien (vgl. Band 3)
  Biomgruppe Südwestasien
    Halbwüsten in Anatolien, Iran, Afghanistan
  Biomgruppe Nordamerika
    Halbwüsten der intramontanen Beckenlandschaften in USA
  Biomgruppe Südamerika
    Halbwüste in Patagonien
    Intramontane Halbwüste in Nordwest-Argentinien
Subzonobiom VII (rIII)
  Biomgruppe Nord-Eurasien (vgl. Band 3)
  Biomgruppe Nordamerika
    Mohavewüste in den westlichen USA
  Biomgruppe Südamerika
    inselartige Talwüsten in Nordargentinien

Im folgenden werden die einzelnen Gebiete behandelt werden, allerdings in einer etwas anderen Reihenfolge und, je nach vorliegenden Angaben aus der Literatur und unseren eigenen Erfahrungen, mit sehr unterschiedlichem Umfang. Dabei werden einzelne Gebiete beispielhaft intensiver behandelt, andere nur gestreift werden können. Die Biomgruppe Südwestasien mit Anatolien, Transkaukasien, Iran und Afghanistan haben wir bereits beim ZÖ IV/VII behandelt (vgl. S. 97ff.), obgleich große Teile davon auch zum ZB VIIa oder ZB VII (rIII) gehören.

Wir behandeln zunächst das Subzonobiom VII der nordamerikanischen Biomgruppe.

A. Subzonobiom VII (Prärien Nordamerikas)

Allgemeines

Die Steppen von Eurasien wurden bereits im Band 3 (S. 146–203) behandelt, und zwar ausführlich, weil die Literatur über diese in russischer Sprache bei uns nur wenig bekannt ist. Letzteres gilt nicht für die ausgedehnten Prärien von Nord-

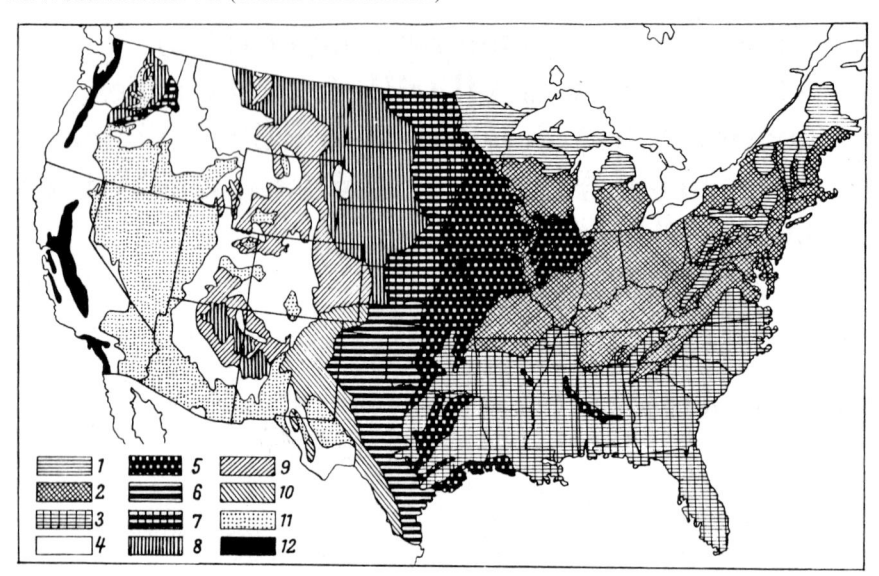

Abb. 7.1: Bodentypenkarte der USA (nach der Bodenkarte des USDA). Pedalfers: 1: Podzolböden; 2: graubraune podzolige Waldböden; 3: gelbe und rote Waldböden; 4: Gebirgsböden (allgemein); 5: Prärieböden. Pedocals: 6: südliche Schwarz- und dunkle Braunerden; 7: nördliche Schwarzerde; 8: Kastanien-Braunerde; 9: nördliche Braunerde; 10: südliche Braunerde; 11: Grauerden (Serosem); 12: Pazifische Talböden (aus WALTER 1968).

amerika. Deshalb können wir uns mehr auf einen Vergleich derselben mit den Steppen Eurasiens beschränken.

Die Festlandfläche von Nordamerika in West-Ost-Richtung ist auf dem 45. Breitengrade etwa dreimal kleiner als die in Eurasien, so daß keine so extrem kontinentalen Gebiete im Inneren des Kontinents vorhanden sind wie in Zentralasien.

Das Zonobiom VII erstreckt sich von Osten nach Westen im Mittel etwa über 1000 km, aber von Norden nach Süden vom 55°N bis zum 30°N über etwa 2750 km. Die Jahresniederschläge nehmen von Ost nach West bis zum Ostabhang der Rocky Mountains stark ab. Die Jahrestemperatur steigt von Norden nach Süden erheblich an, die Prärie grenzt daher im Süden schon fast an ein subtropisches Gebiet an. Niederschlagslinien und Temperaturgefälle schneiden sich meist etwa rechtwinklig. Infolgedessen ist die zonale Gliederung der Böden und der Vegetation nicht so klar ausgebildet wie in Osteuropa (Abb. 7.1 mit den Bodentypen und Abb. 7.2 als Ost-West-Profil; sowie zum Vergleich Abb. 7.3 aus Osteuropa als Süd-Nord-Profil). Außerdem steigt das Gelände von etwa 200–300 m NN an der Ostgrenze des ZB VII bis auf 1000–2000 m NN an der Westgrenze, wenn auch sehr allmählich, an. Auch die geschichtliche Entwicklung und Beeinflussung des Gebietes durch den Menschen verlief ganz anders als in Osteuropa.

Fast das gesamte Präriegebiet war während der letzten Eiszeit nicht vereist und in dem periglazialen Bereich dürfte wie in Eurasien eine periglaziale Steppenvegetation vorherrschend gewesen sein. Ein nicht vereister Korridor zwischen der polaren Eisdecke und den Gebirgsgletschern am Ostrand der Rocky Mountains dürfte die Verbindung zu den nicht vereisten Gebieten Nordostasiens gebildet haben, durch den es den Großwildherden, aber auch den Menschen möglich wurde aus Asien nach Nordamerika einzuwandern. Für die Flora dagegen spielt diese Verbindung nur eine sehr geringe Rolle mit Ausnahme von verschiedenen arktischen Geoelementen, weil die klimatischen Bedingungen für die Pflanzenarten sehr ungünstig waren und dadurch auch nur eine sehr langsame Wanderung oder Ausbreitung erfolgen konnte. Die heutigen Außenposten der Prärie im Osten in Michigan und Indiana und bis nach Ohio hinein mit einem Klima, das heute schon mehr einem Waldklima entspricht, muß man wohl als periglaziale Präriereliktte betrachten, wie wir sie aus dem westlichen Europa kennen (Bd. 3, S. 178).

Im Gegensatz zu der Steppe wurde die Prärie erst im 19. Jahrhundert besiedelt. Die Indianer waren wenig zahlreich und drangen in die Prärie

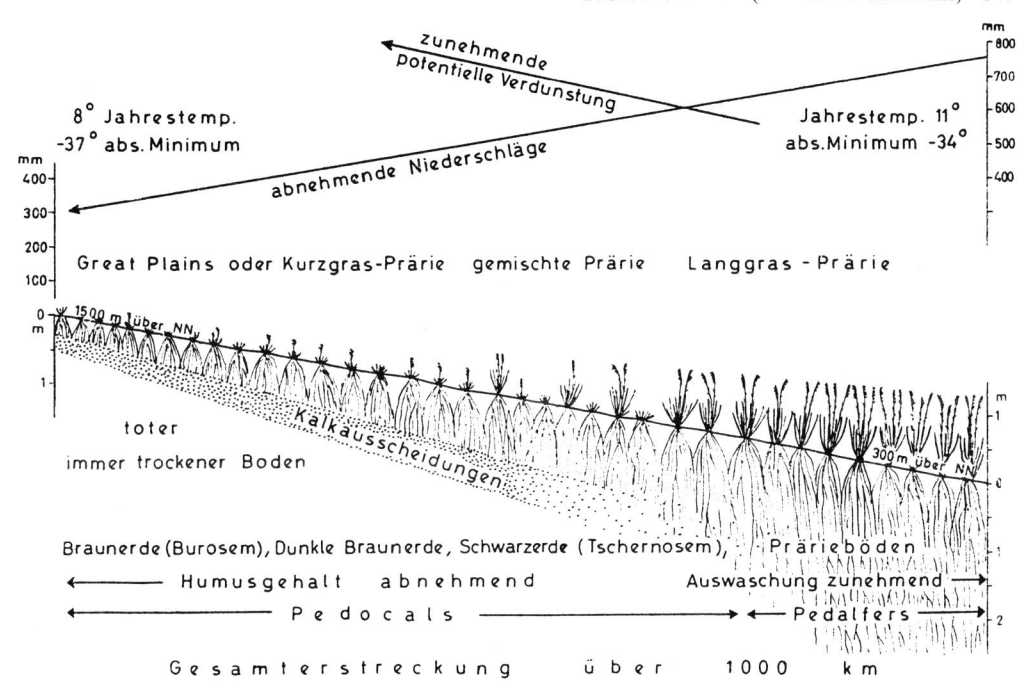

Abb. 7.2: Schematischer Schnitt durch das nach Westen von 300 m NN auf über 1500 m NN ansteigende Präriegebiet mit Angaben über die Änderung des Klimas (oben), der Vegetation (Mitte) und der Böden (unten) (aus WALTER 1968).

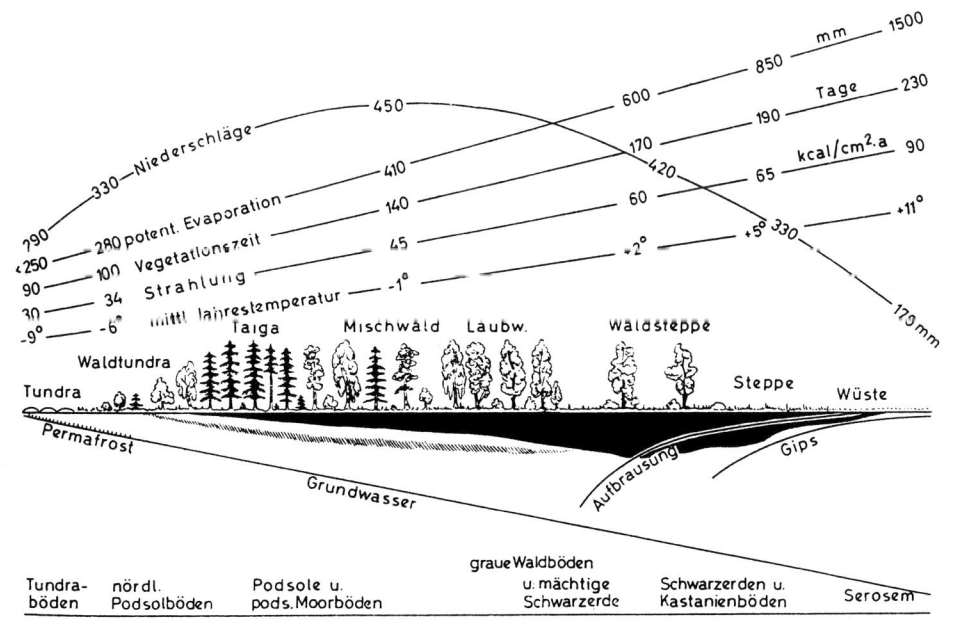

Abb. 7.3: Schematische Gliederung der Klima-, Vegetations- und Bodenverhältnisse auf einem Profilschnitt durch Osteuropa von NW nach SE bis zur Kaspischen Niederung (nach SCHENNIKOV, aus WALTER 1968). Die Mächtige Schwarzerde entspricht dem Gebiet der Waldsteppe. Schwarz: Humushorizont, gestrichelt: illuvialer B-Horizont.

erst vor, als sie von den Europäern das Pferd als Reittier übernahmen, wodurch sie die Bisons leichter erlegen konnten. Ackerbau betreiben sie in der Prärie kaum, sondern führten ein mehr nomadisches Leben, den Wanderungen der Großwildherden entsprechend.

CLEMENTS und WEAVER sowie andere Ökologen hatten noch die Möglichkeit die natürlichen Prärieflächen zu untersuchen. Selbst 1930, als der Erstautor unter Leitung von J.E. WEAVER die Prärie kennen lernte, waren noch genügend, allerdings nur noch kleine Flächen vorhanden.

Man unterscheidet im Osten die «Tall Grass Prairie» (Langgras-Prärie), die der Waldsteppe mit den Wiesensteppen in Osteuropa entspricht und im Westen die «Short Grass Prairie» (Kurzgras-Prärie), die man mit der trockensten Ausbildung der Steppe vergleichen kann (vgl. Abb. 5.23). Den Übergang zwischen diesen bildet die «Mixed Prairie» (Gemischte Prärie) mit einem Mikromosaik von hohen und niedrigen Gräsern (Abb. 7.2). Die Grenzen zwischen diesen drei Zonen sind auch heute noch im Gelände leicht zu erkennen. Für die Prärie vom Staate Kansas liegen entsprechende Karten aus den Jahren 1857, 1884, 1923, 1936, 1940 und die neueste von KÜCHLER aus dem Jahre 1964 vor (KÜCHLER 1974). Ein Vergleich der verschiedenen Karten ergab erstaunlicherweise, daß die Grenzen zwischen diesen drei Typen auf ihnen überhaupt nicht übereinstimmen (KÜCHLER 1967, 1972). Vor allem die «Mixed Prairie» war bald weit nach Osten, dann wieder ganz nach Westen verschoben. Eine Übersicht der Jahresniederschläge für eine Periode von 70 Jahren ergab sehr große Schwankungen der Werte von über 180% des Mittelwertes bis fast nur 60% desselben (Abb. 7.4). Dabei zeigt es sich, daß

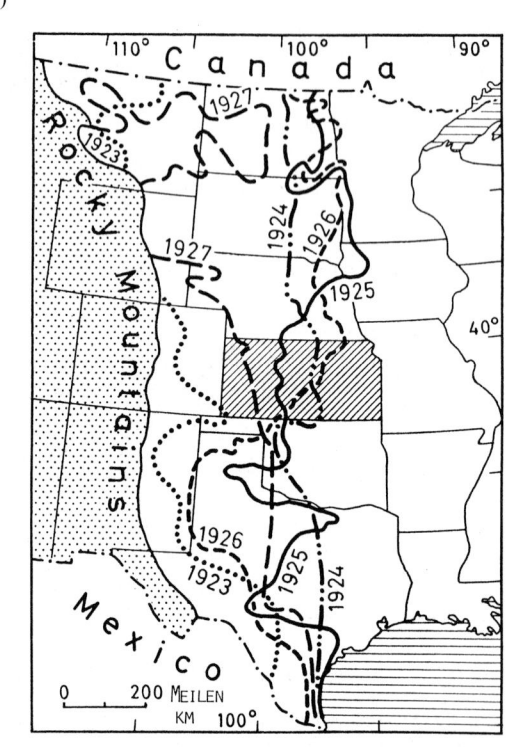

Abb. 7.5: Das Hin- und Herwandern der Grenze zwischen trockener und feuchter Prärie in den USA. Der Grenzbereich entspricht der Gemischten Prärie (nach KENDALL 1935, aus KÜCHLER 1972).

Perioden mit relativ guten Regenjahren öfters mit längeren Dürreperioden wechseln. In ersteren gelangten die hohen Gräser in der Gemischten Prärie zur Vorherrschaft, in letzteren starben sie ganz ab, d.h. die Gemischte Prärie wird periodisch zur Langgras-Prärie oder zur Kurzgras-Prärie.

Pollenanalytisch wurde nachgewiesen, daß die Prärie sich während der postglazialen Wärmezeit weiter nach Osten als heute bis nach Zentral-Minnesota erstreckte und den dort wachsenden *Pinus*-Wald verdrängte.

Die Gemischte Prärie ist nicht scharf abgegrenzt, weder zur Kurzgras-, noch zur Langgras-Prärie hin. Nach Dürrejahren dringt demnach die Kurzgras-Prärie vor, nach Regenjahren die Langgras-Prärie (KÜCHLER 1972), wie dies aus Abb. 7.5 hervorgeht.

Wir werden uns somit hauptsächlich mit der Langgras- und der Kurzgras-Prärie zu beschäftigen haben.

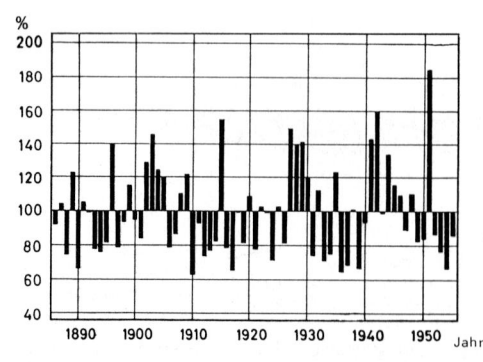

Abb. 7.4: Die prozentualen Abweichungen der Jahresniederschläge vom langjährigen Mittelwert bei Salina in Kansas (nach JENKS 1956, aus KÜCHLER 1972).

1 Das Klima

Die klimatischen Verhältnisse in der Langgras-Prärie gehen aus den Klimadiagrammen, Abb. 7.6, hervor. Die Niederschlagskurve zeigt das typische Sommermaximum und eine Trockenzeit im Spätsommer. Nur bei San Antonio macht sich eine Dürrezeit im Juli bemerkbar; es herrscht dort ein warmtemperiertes Klima ohne Winterkälte, wenn auch mit Frösten und die Vegetationszeit beginnt hier früher im Jahr. Im Norden erinnert das Klima an das von Westsibirien. Die Jahresniederschläge nehmen nach Süden zu, aber das wird durch die höheren Temperaturen kompensiert, so daß die Feuchtigkeitsverhältnisse annähernd gleich bleiben. Die Januarmittel der Temperatur liegen im Norden bei $-20\,°C$ (absolute Minima $-50\,°C$), während im Süden alle Monatsmittel über $0\,°C$ sind, doch können starke Fröste bei Kälteeinbrüchen auftreten.

Als Beispiel für das Klima der Kurzgras-Prärie auf den Great Plains können die Diagramme

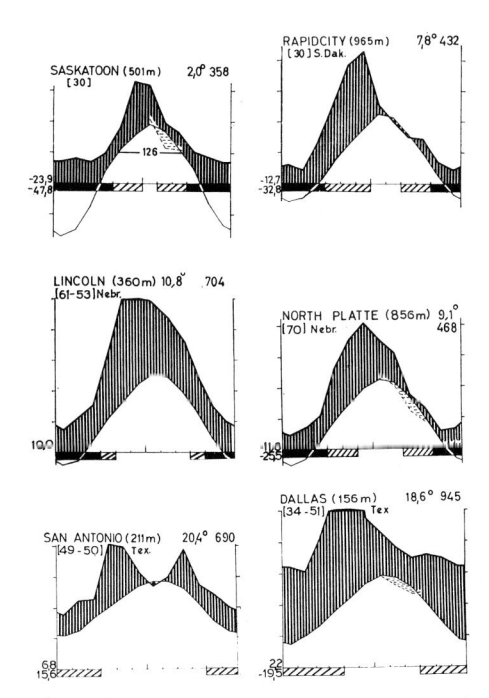

Abb. 7.6: Klimadiagramme aus dem Präriegebiet der USA an der Ostgrenze der Prärie zum Waldgebiet von Nord nach Süd: A: Saskatoon in Canada; B: Lincoln und C: San Antonio und im Bereich der Gemischten Prärie, bzw. der Westgrenze der Langgras-Prärie, ebenfalls von Nord nach Süd; D: Rapid City; E: North Platte und F: Dallas (nach WALTER 1968).

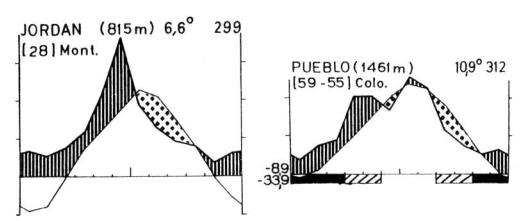

Abb. 7.7: Klimadiagramme von Jordan (Montana) und von Pueblo (Colorado) als Beispiele für Diagramme aus der Kurzgras-Prärie.

von Jordan in Montana und Pueblo in Colorado mit etwa 300 mm Regen und einer deutlichen Dürrezeit dienen (vgl. Abb. 7.7). Die Winter sind eher noch kälter in Anbetracht der Höhenlage.

Abweichend zu den Verhältnissen in Eurasien stößt die Langgras-Prärie im Osten in breiter Front an das Zonobiom VI der Laubwälder, im Norden grenzen alle Präriezonen an das Zonobiom VIII der Nadelwälder und im Süden an den Golf von Mexico bzw. an das Zonobiom II der Savannen, im Südwesten teilweise an das Zonobiom III, der Sonorawüste.

2 Die Böden

Die Bodentypen entsprechen weitgehend denen in Eurasien, aber der feuchteste Bodentypus (die Prärieböden) ist ein Mittelding zwischen dem Mächtigen Chernozem und dem Nördlichen Chernozem; denn es sind Böden mit einem mächtigen Humushorizont, aber ohne Kalkausscheidungen und ohne Aufbrausungshorizont. Die nächste Zone nach Westen entspricht den Chernozemen mit Kalkaugen. Die Temperaturunterschiede im Süden und Norden machen sich deutlich bemerkbar, und man unterscheidet deshalb Südliche Schwarzerden und Nördliche, die in Kastanienerden übergehen. Auch bei den trockensten Bodenprofile lassen sich Südliche und Nördliche Braunerden unterscheiden (Abb. 7.1). Ebenso wie in Eurasien treten die Kalkausscheidungen im Bodenprofil in desto geringerer Tiefe auf, je trockener das Klima ist, was schematisch auf Abb. 7.2 dargestellt wurde etwa auf dem 40° N. Die Tatsache, daß die Prärieböden keine Kalkausscheidungen besitzen, also zu den Pedalfers gehören und eine schwach saure Reaktion aufweisen, wirft die Frage auf, warum sie überwiegend eine Grasvegetation, die Langgras-Prärie trugen und nicht ganz bewaldet waren. Diese Frage hat schon CLEMENTS und WEAVER interessiert (CLEMENTS et al. 1929, WEAVER and THIEL 1917, WEAVER and FITZPATRICK 1932, 1934, ALBERTSON and WEAVER 1945; vgl. auch WALTER 1935) und sie haben entsprechende Versuche ausgeführt, um dies zu klären.

Auf eingezäunten Prärieflächen an der Ostgrenze derselben zum Walde ergaben langjährige Beobachtungen, daß der Wald in 3–5 Jahren um etwa 1 m gegen die Prärie in geschlossener Front vorrückt und zwar, indem die *Rhus glabra*-Büsche, die zusammen mit *Symphoricarpus orbiculatus* und *Corylus americana* die Mantelzone am Rande der Eichenwälder bilden, 7–9 m lange unterirdische Ausläufer in 10–30 cm Tiefe in das Grasland vorstoßen. Diese bilden oberirdische Triebe, schwächen durch Beschattung die Gräser und geben den anderen Sträuchern die Möglichkeit nachzurücken. Unter diesen Büschen keimen die Baumsamen, die Sämlinge wachsen heran und unterdrücken ihrerseits die Sträucher.

Samen und Früchte der Waldbäume und Sträucher gelangen zwar auch außerhalb der Gebüschzone auf die Grasfläche der Prärie, aber die Keimlinge der Eiche *(Quercus macrocarpa)*, die in der Waldsteppe der vorherrschende Baum ist, erliegen im Wettbewerb gegen die Gräser, auch dann, wenn man diese abmäht, um den Keimlingen genügend Licht zu geben. Erst wenn durch Umgraben der Humusschicht auch der Wurzelwettbewerb der Gräser ausgeschaltet wird, können die Baumsämlinge eine Pfahlwurzel bilden, die im ersten Jahr schon eine Tiefe von 1 m, nach 3 Jahren 2,5 m und beim erwachsenen Baum 5 m und mehr erreicht. Dann werden oberflächlich verlaufende mit der Zeit 16–18 m lange Seitenwurzeln gebildet, die den Kampf gegen die Gras- und Krautwurzeln der Prärie mit Erfolg aufnehmen. Bäume können somit in der Prärie auch an den Hängen der Erosionsschluchten Fuß fassen, wenn die oberen Bodenschichten mit der Grasnarbe abrutschen und eine kahle Bodenoberfläche entsteht. Künstliche Aufforstungen auf umgeackerten Prärieböden gelingen deshalb leicht, denn die Bäume mit ihren tiefreichenden Wurzeln können auch die Wasservorräte in den tieferen Bodenschichten ausnutzen, die von den Wurzeln der Präriepflanzen nicht erreicht werden. Da die künstliche Aufforstung jedoch dem Boden mehr Wasser entzieht als die Prärievegetation, werden diese Wasserreserven mit der Zeit erschöpft. Deswegen sterben ältere Baumbestände mit der Zeit infolge von Wassermangel ab.

Ein ähnliches Verhalten kann man beim Luzerneanbau beobachten. Diese Kulturart hat ein sehr tiefgehendes Wurzelsystem und ergibt in den ersten Jahren sehr große Erträge. Aber sie verbraucht dabei mehr Wasser als durch die Niederschläge dem Boden ersetzt wird. Die Wasserreserve im Boden verringert sich und entsprechend verringern sich die Erträge von Jahr zu Jahr.

Der Wald kann sich im Präriegebiet auf die Dauer nur dort halten, wo zusätzliches Wasser im Boden zur Verfügung steht, wie z. B. in feuchten Senken oder in Flußauen, bzw. wenn die Verluste durch die Transpiration geringer sind, wie an Nordhängen, d. h. im Zono-Ökoton der Waldsteppe.

Weiter als *Quercus macrocarpus* dringen in die Prärie von Nebraska vor: *Fraxinus pennsylvania, Ulmus americana, U. fulva, Platanus occidentalis* und *Acer saccharum;* als äußerste Vorposten findet man in den kleinen Erosionsrinnen, d. h. dort, wo durch Abrutschen der Grasnarbe die Konkurrenz der Gräser fehlt, noch *Acer negundo, Populus deltoides* und einige *Salix*-Arten. Unter den Bäumen wachsen keine Präriearten, sondern schattenertragende Kräuter des Waldbodens.

Wenn auf den Schutzflächen der Wald langsam gegen die Prärie vorrückt, so könnte man annehmen, daß er mit der Zeit das gesamte östliche Präriegebiet erobern würde, daß die Prärie somit potentielles Waldland ist. Aber man muß berücksichtigen, daß durch längere periodisch auftretende Dürreperioden der Wald wieder zurückgedrängt wird und daß außerdem zwei weiter waldfeindliche Faktoren in der natürlichen Prärie wirksam waren: das weidende Großwild – die Bisonherden, und die Präriebrände. Das Großwild kann durch Tritt und Verbiß den jungen Baumwuchs vernichten, ebenso wenn es am Waldrand im Schatten lagert. Außerdem sind die Holzpflanzen des Laubwaldes nicht gegen einen Präriebrand resistent und werden durch diesen am Waldrand zum Absterben gebracht.

Die durch Blitzschlag verursachten Präriebrände sind ein natürlicher klimatischer Faktor; sie entstehen vor allem bei den schweren Gewittern im Spätsommer, wenn die Gräser anfangen abzutrocknen. Durch einen solchen Brand wurden die Aufforstungen im Sandgebiet von Nebraska trotz aller Vorsichtsmaßnahmen vernichtet. Die Forstleute rechnen mit einem natürlichen Blitzschlagfeuer pro Jahr auf je 5000 ha der Prärie. Heute, da auch die Prärie zum Kulturland wurde, sind sie sehr selten (KOMAREK 1966, WALTER 1967). Daß gelegentliche Grasbrände und leichte Beweidung

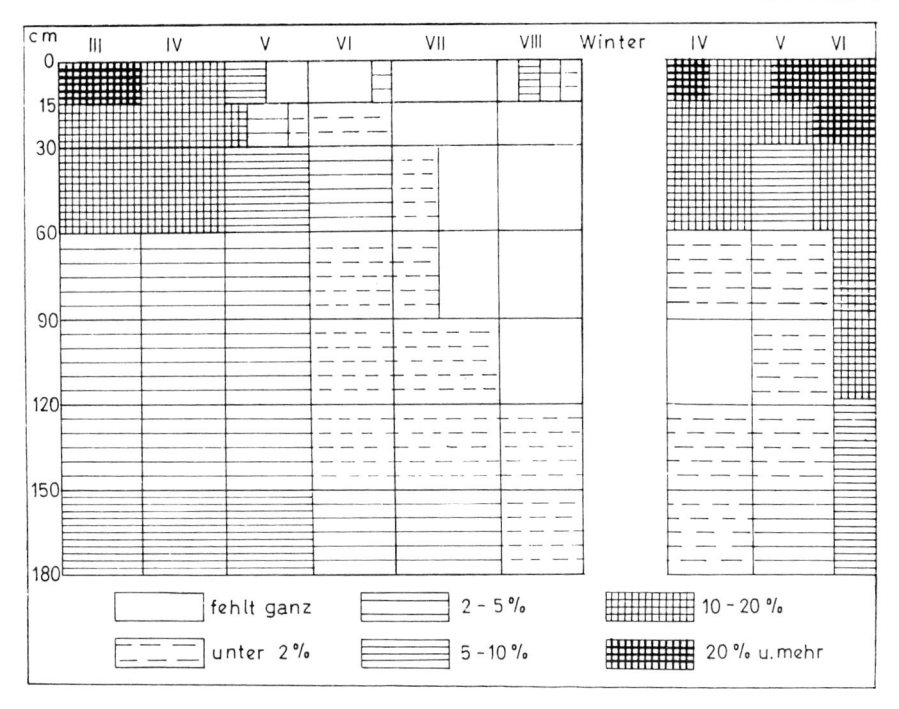

Abb. 7.8: Ausnutzbares Wasser im Prärieboden bei Lincoln (Nebraska), während der größten Dürre 1934 (nach WEAVER). Im Winter konnten keine Proben genommen werden (aus WALTER 1968).

neben dem Klima eine notwendige Voraussetzung für eine dauernde normale Entwicklung der Prärievegetation sind, hat KUCERA & KOELLING (1964) gezeigt. Wie ungünstig die Wasserverhältnisse im Boden in Dürrejahren sind, geht aus Abb. 7.8 deutlich hervor.

Ab Juni bis zum Winter ist praktisch kein ausnutzbares Wasser im Boden vorhanden (während normalerweise der Wassergehalt in 30–120 cm Tiefe nicht unter 5% sinkt). Das können die Gräser und viele Kräuter der Prärie aushalten, sie ziehen in Dürrejahren frühzeitig die oberirdischen Organe ein, die Holzpflanzen werden dagegen stark geschädigt oder sterben ganz ab, wenn solche Dürrejahre sich nacheinander wiederholen. Auf die Dürrekatastrophe der 30er Jahre, die nie vorher gewesene Ausmaße erreichte, kommen wir noch zurück.

3 Die Produzenten

3.1 Die Präriepflanzen

Die Vegetation der Prärien wurde von J. E. WEAVER (1954) und seinen Mitarbeitern auf das eingehendste untersucht (WEAVER & HIMMEL 1931). Die sehr artenreiche Langgras-Prärie weist bei der weiten Erstreckung in Nord-Süd-Richtung große floristische Unterschiede in ihren einzelnen Teilen auf. Die für die warmen Länder charakteristischen Gattungen der Andropogoneae und Panicoideae oder die Gattung *Sporobolus* sind im Süden viel häufiger und klingen nach Norden zu aus. Umgekehrt nehmen die Poioideae und Festucoideae nach Norden zu und bleiben in den nördlichen canadischen Prärien alleine nach. Ähnliches gilt für die verschiedenen Gattungen der Kräuter. Dementsprechend nimmt von Nord nach Süd der Anteil an C4-Arten in der Flora kontinuierlich zu. Immerhin ist es sehr erstaunlich wie weit einzelne Arten von Süden nach Norden und umgekehrt reichen, obgleich die Temperaturverhältnisse und die Photoperiode so unterschiedlich sind. McMILLAN (1956, 1957, 1959, 1961) konnte durch Transplantationsversuche und durch Kultur von Klonen verschiedener Provenienz auf dem Versuchsfeld bei Lincoln für verschiedene Arten zeigen, daß sie in den einzelnen Gebieten durch bestimmte Ökotypen vertreten sind, was durch den ganz verschiedenen Blühbeginn auf dem Versuchsfeld zum Ausdruck kam. Bei den Klonen

z. B. von *Andropogon scoparius*, die aus allen Teilen der Prärie von N-Texas bis S-Kanada stammten, trat der Blühbeginn um so früher ein, je nördlicher die Provenienz war. Bei *Elymus canadensis* macht sich eine Differenzierung in Ökotypen auch in ostwestlicher Richtung bemerkbar.

Betrachten wir zunächst die Vegetation der zentralen Prärie etwa in Nebraska, die klimatisch den westlichen osteuropäischen Steppen nahe steht, so sind die Unterschiede doch sehr groß, was durch das Vorherrschen der hohen, spätblühenden Andropogoneen verursacht wird. Das wellige Relief bedingt eine Gliederung der Prärievegetation nach drei Feuchtigkeitsgraden.

1. Die Highlandprairie der Hochflächen mit dem dominierenden *Andropogon scoparius* (blühend 50–100 cm hoch) und beigemischten *Koeleria cristata*, *Stipa spartea*, *Bouteloua curtipendula*, *Agropyrum smithii* und sehr zahlreichen amerikanischen Kräutern.
2. Die Lowlandprairie der Niederungen mit den großen Gräsern *Andropogon gerardi* (blühend 1,5–2 m hoch), *Sorghastrum nutans*, *Panicum virgatum*, *Elymus canadensis* und Krautarten.
3. Die Prärie der nassen Senken mit der 2 m hohen (blühend 3 m) *Spartina pectinata*, die im Osten in den Flußniederungen große Flächen bedeckt.

Die Aspektfolge ist in der Prärie ebenso ausgeprägt wie in den osteuropäischen Steppen: Sie beginnt im Vorfrühling (März–Anfang April) mit kleinen Pflanzen von *Carex pensylvanica*, *Anemone patens*, *A. caroliana*, *Erythronium albidum*, *Antennaria neglecta*, *Ranunculus rhomboides* u. a., erreicht die Hochblüte (70 Arten) im Frühsommer, setzt sich aber im Hochsommer (40 Arten) fort und hat noch einen Herbstaspekt im September bis Oktober, weil die *Andropogon*-Arten sich so spät entwickeln. Das Ausbrennen im Spätsommer findet somit nicht statt.

Die Wurzeltiefe der Präriepflanzen hat WEAVER (1919, 1920) sehr eingehend studiert; sie erreicht 1,6 m bis über 2 m, so daß die Feuchtigkeit der tieferen Schichten im Hochsommer noch ausgenutzt werden kann.

Nach Westen zu wird die Wurzeltiefe mit der geringeren Durchfeuchtung des Bodens immer geringer, ebenso wie die Höhe der Pflanzen, wie die Tabelle 7.1 zeigt (vgl. auch Abb. 7.2 und 7.9).

Die Hauptmasse der Graswurzeln befindet sich in den oberen humusreichen Bodenschichten, bei den Kräutern kommen dagegen auch Arten mit einer Pfahlwurzel vor, an der entlang das Wasser tiefer einsickern kann. Eine wesentlich andere Zu-

Tab. 7.1: Wurzeltiefe und Halmhöhe bei Weizen in der Prärie (nach WEAVER)

Vegetationszone	Niederschlagshöhe	Wurzeltiefe	Halmhöhe
Tall Grass Prairie	660–815 mm	160 cm	100 cm
Mixed Prairie	535–610 mm	130 cm	95 cm
Short Grass Prairie	405–485 mm	75 cm	65 cm

sammensetzung weisen die Prärien im südlichsten Teil, im südöstlichen Texas, mit einem regenreichen warmen Klima auf. Die Zahl der Grasarten ist sehr groß und vor allem aus dem tropisch-subtropischen Verwandtschaftskreis: Viele *Andropogon*- und *Panicum*-Arten, *Eragrostis* spp., *Digitaria*, *Chloris*, *Sporobolus* spp. u. a., sind also überwiegend C4-Gräser, während im Norden die C3-Gräser bei weitem überwiegen; *Stipa* ist durch *S. leucotricha* vertreten. Im Süden tritt auch der Mesquite-Strauch *(Prosopis juliflora)* auf und eine *Prosopis*-Savanne löst allmählich die Prärie ab (Zono-Ökoton VII/II), wobei es bei zu starker Beweidung derselben zu einer Verbuschung (vgl. Bd. 2, S. 131 f., 251) kommt. Die Winterruhe fehlt den südlichen Prärien fast ganz.

Im Gegensatz dazu fehlen die südlichen Geoelemente unter den Gräsern den nördlichsten Prärien in Canada fast völlig. Es ist eine *Festuca scabrella*-Prärie mit vielen *Stipa*-Arten, *Agropyrum* spp., *Koeleria*, *Bromus*, *Calamagrostis*, *Poa* spp. u. a. (LOOMAN 1969). Die Vegetationszeit ist sehr kurz. Nach Norden in der Waldsteppe teten in Canada Espenhaine *(Populus tremuloides)* auf, ähnlich wie in der Steppe. Podartige rundliche Senken – «Potholes» – sind ebenfalls sehr verbreitet. Sie sind zunächst verbrackt, aber mit zunehmenden Regenfällen nach Norden hin stellen sich in ihnen auf Solodböden Espen ein, die zuerst nur mit ihren Kronen aus den Senken herausragen, weiter im Norden jedoch über den Rand der Senken in die Prärie übergreifen, noch nördlicher sich immer mehr ausdehnen, bis sie in der *Populus tremuloides*-Waldzone das Zono-Ökoton zu den Nadelwäldern bilden. Im Gegensatz zu Westsibirien spielen in dieser Zone die *Betula*-Arten keine Rolle. Erst in den Nadelwäldern ist neben der *Populus tremuloides* als Vorholz auch *Betula papyrifera* vorhanden. Wie es scheint, kann diese nicht auf Solodböden wachsen, sondern nur auf Podzolböden. Eine kurze Übersicht der verschiedenen Prärietypen mit Artenlisten findet man bei KNAPP (1965). Eine übersichtliche Gliederung der

Prärie und der Parklands (= Waldsteppe) gibt LOOMAN (1979) mit Kärtchen. Dieser Teil steht floristisch der osteuropäisch-westsibirischen Steppe näher als die Prärie in den U.S.A. Die Kurzgras-Prärie im Westen im Bereich eines sehr trockenen Klimas ist sehr viel eintöniger und bedeckt die weiten ebenen Flächen, die Great Plains, im Vorland der Rocky Mountains. Die Böden sind Braunerden, sehr humusarm, mit Kalkausscheidungen schon in 25 cm Tiefe. Die Hauptarten sind die Gräser *Bouteloua gracilis* (Blue Grass) und *Buchloë dactyloides* (Buffalo Grass), das diözisch ist und lange, sich bewurzelnde Ausläufer bildet. Die Wurzeltiefe dieser Gräser ist gering, da die spärlichen Sommerregen und der wenige Schnee nur die obersten Bodenschichten befeuchten. Die Zahl der begleitenden Krautarten ist ebenfalls sehr gering. Auf überweideten Flächen breiten sich winterharte Opuntien aus bis nach Canada im Norden. Das Gebiet ist nur für extensive Beweidung geeignet, doch verleiteten vier sehr gute Regenjahre die Farmer Ende der Zwanziger Jahre große Teile der Great Plains umzupflügen und es mit dem Ackerbau zu versuchen. Damit leiten sie die Katastrophe der Dreißiger Jahre ein.

3.2 Dürrewirkungen in der Prärie

Bereits die Jahre 1931–1933 waren relativ trocken, aber das Jahr 1934 war das bis dahin trockenste Jahr (STODDART 1935); die Saat auf den Äckern verdorrte, der staubtrockene Boden wurde vom Wind aufgewirbelt und es kam zu den ersten Staubstürmen. Auch in der Langgras-Prärie vertrockneten die Pflanzen, nur *Oenothera serrulata*, *Psoralea tenuifolia* und *Rosa*-Arten, deren Wurzeln bis zu 6 m in die Tiefe gehen, blieben noch grün; im August war alles braun. Im nächsten Frühjahr trieben nur $1/3$–$1/2$ der Pflanzen aus; weiter westlich waren die Verluste noch größer. Stellenweise hatte *Agropyrum smithii* die anderen Arten fast völlig verdrängt und viele Unkräuter (*Lepidium densiflorum, Conyza canadensis, Salsola kali*) drangen ein. Die Trockenheit war mit hohen Temperaturen verbunden (bis 44 °C) und die Luftfeuchtigkeit sank zeitweise auf 5–3%.
Die Dürre mit den furchtbaren Staubstürmen, die tagelang die Sonne völlig verdunkelten, hielt 7 Jahre an. Der abgelagerte Staub überdeckte die nicht umgeackerten Grasflächen und brachte auch diese zum Absterben. In der östlichen Prärie war *Andropogon scoparius* fast verschwunden, dagegen vermehrte sich *Stipa spartea* und der Anteil von *Bouteloua curtipendula* stieg von 0,5% der Fläche auf 20–30%. Die Veränderungen während der Dürre und über 20 Jahre nach der Dürre wurden von WEAVER (1954) genau registriert.

Die Dürre hörte 1942 auf, nach 3 guten Regenjahren fing die Pflanzendecke an sich wieder zu erholen. Zuerst wurden die Unkräuter verdrängt, die Rhizompflanzen entwickelten sich, soweit die Rhizome am Leben geblieben waren, besonders üppig. Die Pflanzendecke war aber völlig inhomogen. Durch die fehlende Konkurrenz war die N-Versorgung sehr gut. Das schöne blaublühende *Sisyrinchium* war 1943 7mal zahlreicher als vor der Dürre. Wahrscheinlich war deren Samenvorrat langlebig. Andere Kräuter stellten sich langsamer ein. Die Produktion an Trockenmasse stieg von 1940–1943 auf das 2,7fache. Ein starkes Beharrungsvermögen wies *Agropyrum smithii* auf, aber mit der Zeit wurde diese Art von *Andropogon* doch wieder verdrängt. 1953 waren die Spuren der Dürre westlich vom Missouri noch deutlich zu erkennen; östlich vom Fluß, wo die Dürre nicht so ausgeprägt war, schien der ursprüngliche Zustand wiederhergestellt zu sein. Die Farmer hatten während der Dürre die Great Plains verlassen. Die Katastrophe wäre ohne das Umackern, das die Staubstürme auslöste, nicht so schlimm gewesen.

Diese Erfahrungen konnten nicht verhindern, daß 20 Jahre später derselbe Fehler in Kazakhstan, in einem Gebiet mit ganz ähnlichem Klima, nochmals wiederholt wurde, sogar in noch größerem Ausmaße und mit noch schlimmeren Folgen (vgl. Bd. 3, S. 216). Gebiete mit so häufigen Dürrejahren sind für den Regenfeldbau (lalmi) nicht geeignet, während die natürliche Vegetation an diese Verhältnisse angepaßt ist und sie durch gewisse Fluktuationen der Bestände kompensiert.

Die natürliche Pflanzendecke ist infolge der Klimaschwankungen niemals in einem ganz stabilen Zustand, sondern ändert sich im Laufe der Jahre, wobei das Gleichgewicht mal nach der einen, mal nach der anderen Seite verlagert wird. Wahrscheinlich wird sogar das Konkurrenzgleichgewicht an sich verschoben, weil der Samenvorrat und die Artengarnituren ebenfalls stark verändert werden und andere Arten einwandern.

Dürreperioden, wie die besprochene, hatten sich im Präriegebiet schon früher ereignet. Ihre Auswirkungen waren aber vor dem Umackern weniger gravierend. Sie sind mit ein Grund für die Baumlosigkeit der Prärien. Auch in Zukunft muß man mit solchen Dürreperioden rechnen. Je trockener das Klima ist, desto stärker sind die Schwankungen der Niederschläge. Dürreschäden in kleinerem Ausmaße ließen sich nach den Dürrejahren 1947–1949 auch in Mitteleuropa feststellen. Die Wiesen wurden braun und nur die Tiefwurzler (*Daucus carota, Heracleum, Cirsium, Melilotus*, etc.) blieben nach der ersten Mahd grün.

griffen, auf 50–60 Millionen Stück. Ihre fast völlige Ausrottung vollzog sich in sehr kurzer Zeit. Nachdem die gesamte Prärie bis auf kleine Schutzflächen heute als Acker- oder Weideland genutzt wird, hat sich die Fauna, aber auch die Lebewelt der Böden sehr stark verändert. Sehr stark vertreten sind allerdings noch immer die Nagetiere (vgl. S. 363, Zono-Ökoton VII/VIII).

4 Konsumenten und
5 Destruenten der Prärien

Zusammenfassende ökologisch orientierte Arbeiten über diese Komponenten der natürlichen Prärien sind uns nicht bekannt. Im Prinzip entspricht die Fauna der Prärien der Steppenfauna. Die wichtigsten Gruppen für das Ökosystem sind in beiden die herbivoren Paarhufer (Equiden fehlten den Prärien) und die sehr zahlreichen Nagetiere.

Das ganze Gebiet war ursprünglich von riesigen Bisonherden besiedelt. Man schätzt ihre Zahl in der Zeit, bevor die Farmer vom Land Besitz er-

6 Ökologische Untersuchungen und Ökosystemforschung

Pflanzensoziologische Untersuchungen im Präriegebiet von Alberta wurden von LOOMAN (1969, 1979, 1981a, b, 1982, 1983, 1986) durchgeführt.

Ökophysiologische Untersuchungen führte WEAVER bereits sehr frühzeitig durch (WEAVER 1919, 1920, WEAVER & CLEMENTS 1938).

Besonders wichtig für die Beurteilung der Wasserversorgung von Steppenpflanzen ist die Kenntnis des Wurzelsystems. Sehr genaue Wurzelstudien sind zuerst in der nordamerikanischen Prärie von

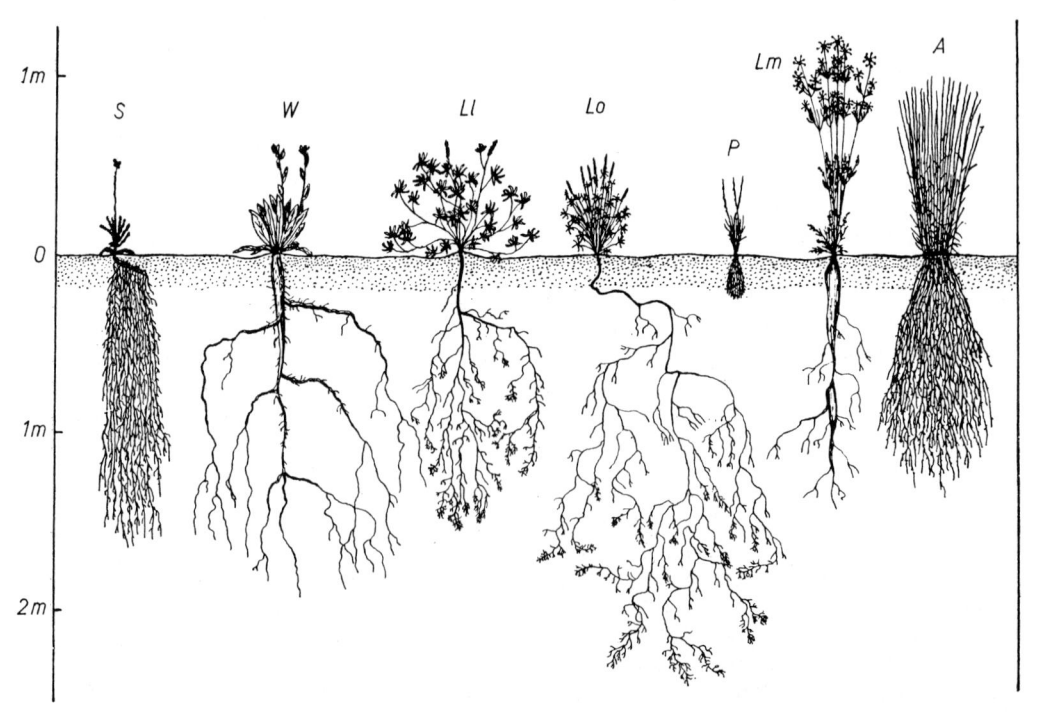

Abb. 7.9: Wurzelsysteme der Präriepflanzen (nach WEAVER, aus WALTER 1968). S: *Sieversia ciliata;* W: *Wyethia amplexicaule* (Asterac.); Ll: *Lupinus leucophyllus;* Lo: *Lupinus ornatus;* P: *Poa sandbergii;* Lm: *Leptotaenia multifida;* A: *Agropyrum spicatum.*

WEAVER durchgeführt worden. Er fand, daß von 43 Charakterarten der Prärie 14% nur in den oberen 60 cm wurzeln; bei 21% erreicht das Wurzelsystem 1,5 m, während die restlichen 65% noch tiefer (2,5–3,5 m) gehen (Abb. 7.9); sie dringen sogar bis 6 m in die Tiefe vor. Diese Angaben gelten allerdings nur für die Prärieböden, die tief durchfeuchtet werden. Die Wurzeln der verschiedenen Arten ordnen sich in drei Stockwerken an. Dadurch wird die Wurzelkonkurrenz gemildert und der große Artenreichtum gerade der Steppen- und Präriegesellschaften verständlich. Die tiefwurzelnden Arten sind diejenigen, die ihre Blütezeit im Spätsommer haben, wenn bei den flacherwurzelnden Arten bereits die oberirdischen Sprosse verdorrt sind. Auch viele Kulturpflanzen in diesem Gebiet erreichen eine sehr große Wurzeltiefe (z.B. Luzerne in 2 Jahren bis zu 7,5 m, in 6 Jahren bis zu 10 m). Je weiter wir dagegen in die trockeneren Teile (Gemischte Prärie und Kurzgras-Prärie) gehen, in denen die Böden bis zu einer immer geringeren Tiefe durchfeuchtet werden, desto weniger tief reicht auch das Wurzelsystem der Pflanzen. Denn die Wurzeln dringen nur bis zur oberen Grenze des «toten Bodens» vor, der kein für die Pflanzen aufnehmbares Wasser enthält. Sehr deutlich tritt das auch beim Weizen auf den Äckern in Erscheinung (Tab. 7.1).

Entsprechende Untersuchungen wurden auch in der canadischen Prärie von COUPLAND & JOHNSON (1965) angestellt. Produktionsbestimmungen wurden im Rahmen des I.B.P./Nordamerika von SIMS et al. (1978, I–IV) durchgeführt. Wir greifen nur die Ergebnisse für eine Langgras-Prärie und für 2 Kurzgras-Prärie-Flächen heraus. Die Versuchsflächen waren folgende: Osage (nördl. Oklahoma) in der Langgras-Prärie (392 m NN), sowie Pawnee (nördl. Colorado, 1652 m NN) und Pantex (nördl. Texas, 1075 m NN) in der Kurzgras-Prärie. Drei Probenflächen in dem Übergangsgebiet der Mischgras-Prärie (Dickenson – N. Dakota, Cottonwood – S. Dakota und Hays – Kansas) lassen wir weg, ebenso Jornada (N. Mexico) im Zono-Ökoton VII/III, im Desert Grassland mit *Prosopis* und *Yucca*, Ale (Washington) auf dem Columbia Plateau im Halbwüsten Bunchgrass, und Bison 987 m NN sowie Bridger 2340 m NN (beide in Montana) im Gebirgsland. Klimadaten der drei Stationen sind in Tab. 7.2 angegeben.

Das Klima dieser zwischen 40° und 35°N gelegenen Versuchsflächen ist viel wärmer als das Klima im Steppengebiet Osteuropas. Infolgedessen ist der Anteil der Grasarten von Taxa südlicher Gebiete auch sehr groß. Er beträgt bei

Tab. 7.2: Klimadaten dreier Präriestationen

	Jahres-Temperatur (°C)	Temperatur der Vegetationszeit (in °C)	Jahres-Mittel Niederschlag (in mm)
Osage	15,2	19,0	ca. 900 mm
Pawnee	8,3	15,5	etwas über 300
Pantex	13,9	17,9	etwas über 500

Osage etwa 90%, bei Pawnee etwa die Hälfte und bei Pantex etwa $^3/_4$. Demgegenüber ist der Anteil in North Dakota unter $^1/_5$ und in Montana fehlen solche Grasarten ganz. Auf die Graslandgebiete außerhalb der Prärie kommen wir noch zurück.

Produktionsanalysen vom Grasland sind besonders schwierig, weil der Entwicklungszyklus der einzelnen Arten in diesen Pflanzengemeinschaften sehr verschieden ist und, weil bei jeder Pflanze der Spitzentrieb dauernd weiterwächst, während die unteren Blätter absterben und zum Teil abfallen. Die Bestimmung des Maximums der lebenden stehenden Phytomasse ist somit nicht gleichbedeutend mit der oberirdischen Produktion des betreffenden Jahres, denn es können bereits die Frühjahrspflanzen zu einem Teil abgestorben sein und die Herbstblüher sich noch nicht voll entwickelt haben. Es kann auch vorkommen, daß zwei Maxima im Laufe der Vegetationszeit auftreten.

Man muß bei Steppengesellschaften bei jeder Ernte unterscheiden:

1. die stehende lebende Phytomasse,
2. die bereits toten Teile an den Pflanzen und
3. die tote Streumasse am Boden.

Im Laufe der Vegetationszeit geht laufend **1** teilweise in **2** über, ebenso **2** in **3**, und **3** wird dauernd abgebaut oder als Humus dem Boden einverleibt. Als zweckmäßigste Methode erwies es sich, alle 2 Wochen die Phytomasse nach den einzelnen Arten zu bestimmen und dann die im Laufe der Vegetationszeit für die einzelnen Arten erreichten Maxima von allen Arten zu summieren. Diese Summe als Trockengewicht ergibt dann die oberirdische primäre Produktion (Annually Aboveground Net Production = ANP).

Noch schwieriger ist es die unterirdische Produktion zu erfassen. 4 verschiedene Methoden wurden ausprobiert und die als beste erachtete angewendet, doch darf die Genauigkeit auch dieser Methode wohl nicht überschätzt werden. Wir bringen die Ergebnisse (Mittelwerte von 1970–72, vgl. Tab. 7.3).

Tab. 7.3: Oberirdische Primärproduktion (ANP) und unterirdische (BNP) in t·ha^{-1} (aus Sims et al. 1978)

Probefläche	Oberirdische Produktion		Unterirdische Produktion	
	unbeweidet	beweidet	unbeweidet	beweidet
Tallgrass Prairie	3,46	4,42	5,42	6,35
Shortgrass I	2,57	2,25	6,33	7,88
Shortgrass II	1,72	1,03	5,68	5,41

Auffallend ist, daß bei der Langgras-Prärie die Produktion auf der im vorhergehenden Jahr noch beweideten Parzelle etwas höher ist als bei der unbeweideten, doch soll bei den feuchten Prärien eine gewisse Beweidung das Wachstum stimulieren; bei den trockenen Prärien ist das nicht der Fall. Daß die unterirdische Phytomasse in ariden Gebieten größer ist als in humiden, ist allgemein bekannt, aber merkwürdig erscheint uns, daß auch die unterirdische Produktion nicht nur größer ist als die oberirdische, sondern bei den trockenen Prärien z. T. größer ist als bei den feuchten. Summiert man die ober- und unterirdische Produktion, so erweist sich die Gesamtproduktion bei der Langgras- und Kurzgras-Prärie I sogar als gleich.

Das erscheint in Anbetracht der größeren assimilierenden Fläche bei der Langgras-Prärie, der längeren Vegetationsdauer und der günstigeren Wasserversorgung als sehr unwahrscheinlich. Man würde erwarten, daß die Werte für die Kurzgras-Prärie 4 t·ha^{-1}·a^{-1} (BNP) nicht überschreiten. Zwischen der oberirdischen Produktion und dem Wasserverbrauch der Vegetation (als reale Evapotranspiration gemessen) besteht eine sehr gute lineare Funktion, auch zwischen der Niederschlagshöhe und der oberirdischen Produktion der beweideten Parzellen, während bei der unbeweideten die Kurve sich oberhalb 500 mm abflacht, ein Zeichen, daß ein Teil der Niederschläge im Boden zum Grundwasser versickert, was ja bei Langgras-Prärie zu bestimmten Zeiten des Jahres sicher der Fall ist (vgl. Abb. 7.10).

In den Prärien des Mittelwestens der USA, die im wesentlichen als Sommerregengebiet gekennzeichnet sind, ist die primäre Nettoproduktion ziemlich genau proportional zur Höhe des Jahresniederschlags und entspricht der Formel P = 0,6·(N − 56), wobei P die Trockengewichtsproduktion in g·m^{-2}·a^{-1} und N der Jahresniederschlag in mm ist. 56 mm·a^{-1} sind der «unproduktive» Anteil des Niederschlags, der Schwellenwert, der notwendig ist, damit überhaupt eine Produktion ermöglicht wird. In extrem trockenen Jahren oder extrem feuchten Jahren machen sich gewisse Abweichungen von der Proportionalität bemerkbar. Ebenso zeigt es sich, daß in den ariden Teilen

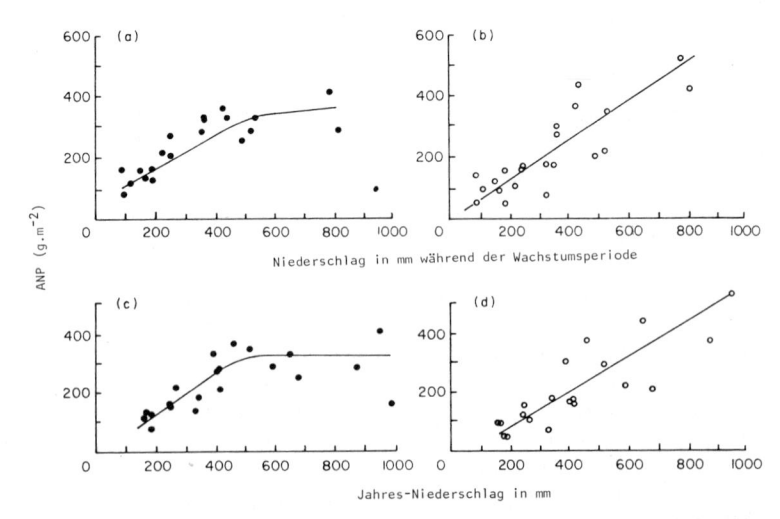

Abb. 7.10: Die Abhängigkeit der ANP (oberird. Netto-Primärproduktion) vom Niederschlag während der Wachstumsperiode einer nicht beweideten (a) und einer beweideten Prärieflüche (b), sowie die Abhängigkeit der ANP vom Jahresniederschlag auf einer nicht beweideten (c) und einer beweideten (d) Prärieflüche (aus Sims et al. 1978).

Tab. 7.4: Oberirdische Gesamtbiomasse, lebende Biomasse und tote Streu (je in $g \cdot m^{-2}$ TG) am Ende der laufenden Wachstumsperiode auf Kontrollflächen und auf abgebrannten Flächen, prozentuale Erhöhung der Jahresproduktivität auf Brandflächen gegenüber Kontrollflächen bei einmaligem Brand (PD in %), sowie Gesamtniederschlag ($mm \cdot a^{-1}$) und Niederschläge während der Wachstumsperiode (in mm) (nach KUCERA et al. 1967)

Jahr	Kontrollflächen			Brandflächen		Niederschlag	
	Gesamt-Biomasse	lebende	Streu	Gesamt-Biomasse	PD in %	Gesamt	Wachstumsperiode
1960	980	570	410	1250	119	707	382
1961	938	509	429	933	83	1028	520
1962	956	482	474	522	15	635	260

des Gebiets mit Niederschlägen unter $370 \, mm \cdot a^{-1}$ die sandigen Böden günstiger sind als schwere Böden, d. h. die im ariden Sommerregengebiet von Südwest-Afrika festgestellte Gesetzmäßigkeit (WALTER 1939; vgl. auch Bd. 1, S. 177–189) wird für die Grasländer der gemäßigten Zone bestätigt.

KUCERA et al. (1967) haben die Produktionsverhältnisse in der Langgras-Prärie untersucht. Die Gesamt-Nettoproduktion ergab etwa $990 \, g \cdot m^{-2} \cdot a^{-1}$ für 1962 und $1130 \, g \cdot m^{-2} \cdot a^{-1}$ für 1963. Im Mittel entspricht dies einer Strahlungsausbeute während der Vegetationsperiode von etwa 1,2%. Als Umsetzungsraten wurden für die oberirdische Gesamt-Biomasse 2 Jahre, für die unterirdische 4 Jahre bestimmt. Auf abgebrannten Prärieflächen steigt die Produktivität, wenn ausreichend Regen fällt, in trockenen Jahren hingegen scheinen Feuer die Produktivität kaum signifikant zu erhöhen, wie Tabelle 7.4 zeigt. In feuchten Jahren hingegen ist die größere Produktivität nach einem Feuer erheblich.

Nach Abbrennen der Langgras-Prärie wird die Trockensubstanzproduktion mehr oder weniger erhöht und die Grasblüte von *Andropogon gerardi* und *Sorghastrum nutans* begünstigt. Elf experimentelle Abbrennungen von 2×2 m Versuchsflächen, die 2 Jahre wiederholt wurden, zeigten, daß die günstige Wirkung der Brände auf folgenden Ursachen beruht:
1. bessere Beleuchtung bis zur Bodenoberfläche,
2. günstigere Bodentemperaturen,
3. bessere Versorgung mit Stickstoff.

Dagegen übte die nach Brand verbleibende Asche keine günstige Wirkung aus. Die Biomassezunahme nach Brand betrug 151% und die Zunahme der blühenden Sprosse 435%.

SEASTEDT (1988) untersuchte 4 Jahre lang den Stickstoff- und Phosphorgehalt der Streu von ober- und unterirdischen Grasteilen auf Brandflächen und nicht dem Feuer ausgesetzten Flächen in der Langgrasprärie. Doch erlauben die Ergebnisse keine eindeutigen Schlußfolgerungen.

Aus der nördlichsten Waldsteppe mit *Populus tremuloides* liegen Angaben vor über maximale Heuerträge (lufttrocken) von dem natürlichen Grasland und dem meist an seine Stelle getretenen angesäten Weideland mit *Bromus inermis*, einer Art der osteuropäischen Wiesensteppe in einem ähnlichen Klima. Die Aussaat besteht nur aus der Grasart oder einem Gemisch mit *Medicago sativa*, wobei *Poa pratensis* bis zu 30% auf dem Weideland ausmachen kann (LOOMAN 1976).

Die Erträge waren (je in $t \cdot ha^{-1}$):
Natürliches Grasland 1,16
Bromus inermis-Weideland 3,36
Bromus-Medicago (10%-Gemisch) 4,40

Außerdem wurde der Heuertrag des Grasunterwuchses unter *Populus tremuloides* bestimmt (je in $t \cdot ha^{-1}$):

Unter 30–55 Jahre alten Bäumen 0,4–0,96
Unter 55–65 Jahre alten Bäumen 1,68

7 Gliederung

Die grundlegende allgemeine Gliederung des ZB VII ist bereits auf S. 345 gegeben worden. Auf eine weitergehende Untergliederung der nordamerikanischen Präriegebiete wird verzichtet (vgl. dazu auch die Bodentypenkarte, Abb. 7.1, S. 346, ferner die Vegetationskarte des östlichen Nordamerika, Abb. 6.2, S. 295).

8 Orobiom VII in Nordamerika

Über dem Westrand der Great Plains erhebt sich steil die Front Range der Rocky Mountains mit vielen über 4000 m hohen Gipfeln und mit dem Pikes Peak (4301 m NN).

Die Höhenstufen an dieser Ostabdachung wurden von PEET (1978) an vier Profilen von Süden nach Norden und zwar bei Santa Fe (New Mexico 35°40′N), bei Spanish Peaks (Colorado 37°25′N), Rocky Mountain National Park (Colorado 40°20′N) und den Medicin Bow Mountains (Wyoming 41°20′N) vergleichend untersucht, um die Unterschiede bei verschiedenen Breitenlagen festzustellen.

Das Klima am Fuße des Gebirges (2000 m NN) ist in allen Fällen arid, aber durch den Stau der Luftmassen am Gebirgsrand nehmen die Niederschläge mit zunehmender Höhenlage zu, so daß die montane Stufe ausgesprochen humid wird.

Am Fuß des Gebirges geht die Kurzgrasprärie in Langgrasprärie mit *Andropogon* und *Stipa* über, darauf folgt eine etwa 50 m breite Stufe mit Laubgebüsch oder «pinyon» (lichte *Pinus edulis*-Baumfluren mit *Juniperus*). Über 1600 m NN beginnen die Waldstufen mit *Pinus ponderosa* ssp. *scopulorum*, darüber mit *Pseudotsuga menziesii* und *Abies concolor* und als oberste *Picea engelmannii* bis zur Waldgrenze in 3700 m NN. Über einer etwa 50 m breiten Stufe mit *Picea*-Krummholz und mit *Potentilla fruticosa*-Gebüsch folgen alpine *Salix*-Bestände, Elyneten und Flechten auf windexponierten, schneefreien, oft flachen Gipfeln.

Nur bei dem nördlichsten Profil von PEET (1978) reicht das Grasland noch bis über 2400 m NN ins Gebirge hinauf. Sonst findet man in der untersten Stufe stets offene *Pinus*-Bestände und zwar vorwiegend mit der trockenresistenten Kiefer *Pinus edulis* und beigemischtem Wacholder *Juniperus monosperma* namentlich in tieferen Lagen. Nur beim Profil 40°20′N sind es offene *Pinus ponderosa*-Bestände, die sonst über der Pinyon-Stufe auftreten. Sie werden abgelöst von der Douglastannen-Stufe *(Pseudotsuga menziesii)*, zu der sich bei Nordexposition *Abies concolor* beimischt. Die hochmontane Stufe wird durch *Picea engelmannii* und *Abies lasiocarpa* gebildet, die zur alpinen Stufe überleiten. Aber das ist nur die allgemeine Höhenstufenfolge. Im einzelnen treten je nach Exposition und Niederschlagshöhe sehr viele Abweichungen auf, zumal noch andere Baumarten vorkommen, wie z.B. *Pinus flexilis*, *P. contorta*, *P. aristata*, *Picea pungens*, aber auch Laubhölzer wie *Populus tremuloides* oder *Quercus gambelii*.

Die 4 schematischen Darstellungen versuchen die Abhängigkeit der Höhenstufe mit der jeweiligen hypsonalen Vegetation für die untersuchten Abschnitte wiederzugeben (Abb. 7.11).

In allen Fällen handelt es sich um anstehende saure Gesteine. *Pinus contorta* fehlt im Süden der Rocky Mountains, *Pinus aristata* tritt in der hochmontanen Stufe der Gebirge im ariden Klimagebiet auf und kann außerordentlich alt werden.

Abies lasiocarpa bildet als Krummholz die Baumgrenze nur bei den nördlichen Profilen, sonst sind es niedrige Krüppel der *Picea engelmannii*, z.B. am Pikes Peak, wo auch *Pinus contorta* fehlt. *Pinus flexilis* kommt im xerischen Bereich unterhalb von *Pinus aristata* vor, wird von dieser und von *Pinus flexilis* in ihrem Vorkommen stark eingeengt.

Pinus contorta und *Populus tremuloides* treten oft als Vorhölzer auf Brandflächen vor. Dort, wo Brände sich häufiger wiederholen, halten sie sich dauernd, vor allem im nördlichen Bereich. Sehr deutlich geht aus den Untersuchungen hervor, daß die untere Grenze der alpinen Stufe im Norden tiefer liegt als im Süden. Durch den Wettbewerb der verschiedenen Baumarten untereinander werden die Verhältnisse so kompliziert, daß man die Gesetzmäßigkeiten nur in groben Zügen schildern kann.

9 Pedobiome

Niedrige Felsrücken im Steppengebiet (Lithobiome) sind meist locker mit *Pinus* bestanden und heben sich scharf von der Umgebung der Prärie ab. Ähnliches gilt für größere Sandflächen (Psammobiome). Da die Wasserversorgung der Vegetation unter ariden Bedingungen auf Sandböden besser ist, weist die Sandvegetation die Charakterzüge einer etwas feuchteren Vegetationsvariante auf als auf den umgebenden feinkörnigen Böden, also z.B. in der Gemischten Prärie Hochgras-Prärie, in der Hochgras-Prärie vereinzelte Baumgruppen. Doch treten daneben neue an Sand gebundene Arten hinzu, z.B. *Andropogon hallii*, *Calmavilfa longifolia*, *Stipa comata*, *Artemisia filifolia* u.a.

Größere Flächen, vor allem der Kurzgras-Prärien, sind von Bodensalzen beeinflußt. Solche brackige Stellen werden durch *Distichlis stricta*,

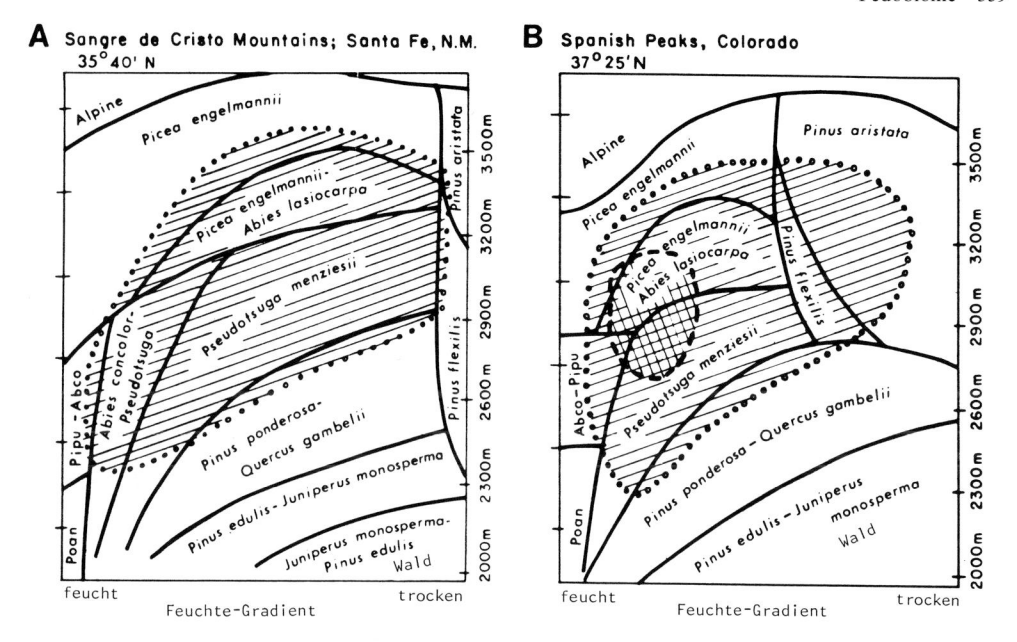

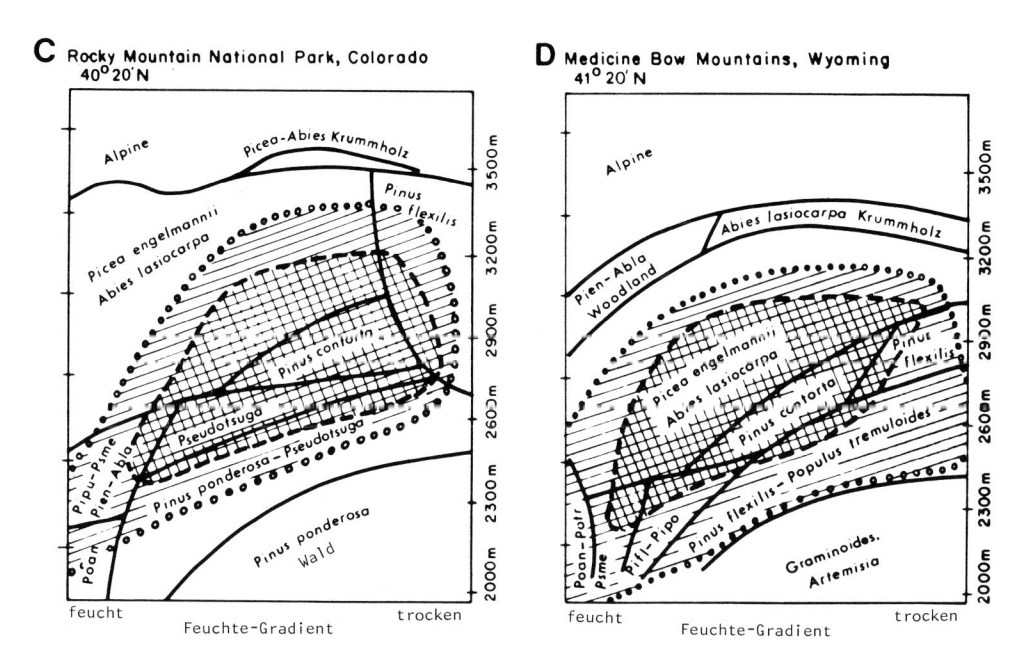

Abb. 7.11: Vegetationsdiagramme der Höhenstufen der Rocky Mountains (nach PEET 1978). Die Waldtypen sind in Abhängigkeit vom Feuchtegradienten und der Höhenlage angegeben und mit ihren dominanten Baumarten gekennzeichnet. Pionierwaldstadien mit *Populus tremuloides*-Dominanz sind schraffiert gekennzeichnet, bzw. solche mit *Pinus contorta*-Dominanz mit dichter Kreuzschraffur. Für die Baumarten werden folgende Abkürzungen verwendet: Abco: *Abies concolor;* Abla: *A. lasiocarpa;* Pien: *Picea engelmannii;* Pifl: *Pinus flexilis;* Pipo: *Pinus ponderosa;* Pipu: *Picea pungens;* Poan: *Populus angustifolia;* Potr: *P. tremuloides;* Psme: *Pseudotsuga menziesii.*

bei stärkerer Verbrackung auch durch *Suaeda depressa* angezeigt. An diesen und anderen Stellen spielen Vertiefungen, die zeitweise vernässen (vgl. auch S. 363, bzw. Bd. 3, S. 151, 173) eine wichtige Rolle im Landschaftsmosaik (Abb. 7.12). Wir kommen im folgenden darauf zurück.

Die Flußauen der großen Flüsse zeichnen sich durch eine extrazonale Vegetation der Waldzone aus (Galeriewälder), sofern sie nicht verbracken.

10 Zono-Ökoton VII/VIII in Nordamerika

10.1 Klimageschichte

Bei der geringen Breite der Steppenzone von Westen nach Osten in Nordamerika fehlt das extrem kontinentale Klimagebiet Zentralsibiriens. Die Laubwaldzone keilt in Nordamerika ebenso wie in Osteuropa aus, aber im Westen und nicht im Osten, und zwar am Lake Manitoba in Canada. Westlich davon wird das Klima merklich kontinentaler. Infolgedessen fehlt das Ökoton VI/VIII und wir haben ein dem in Westsibirien entsprechendes Zono-Ökoton VII/VIII zwischen dem Nordende der Präriezone und der südlichen Nadelwald(Taiga)-Zone. Es handelt sich um ein **Makromosaik** aus Prärie und reinen Espenbeständen (*Populus tremuloides*) (Abb. 7.13).

Diese Espe zeichnet sich durch ihre starke Vermehrung aus. Jeder ältere Baum ist ringsherum

Abb. 7.13: Espenwald mit *Populus tremuloides* im Prince Albert N.P. (Saskatchewan, Canada). Einzelne Bäume sind von Bibern gefällt (phot. S.-W. BRECKLE 1973).

von zahlreichen Wurzelschößlingen umgeben, wobei die äußeren die jüngsten sind, so daß ein vereinzelt stehender Baum nach kurzer Zeit einen kegelförmigen Bestand bildet mit dem ältesten Baum in der Mitte.

Abb. 7.12: Dellenartige Vertiefung in der halboffenen Prärie bei Batoche (Saskatchewan, Canada). Im Becken selbst sind Salze auskristallisiert, die Verbrackung führt zu einer ausgeprägten Halophytenzonierung (phot. S.-W. BRECKLE 1973).

Das Gebiet des Zono-Ökotons ist eine mit Glazialgeschieben bedeckte Ebene. Zu Beginn der Postglazialzeit blieben beim Rückgang der Gletscher viele einzelne Eisblöcke zurück, die vom fluvioglazialen Sand oder Kies überdeckt wurden. Als dieses «Toteis» später schmolz und die Sedimente darüber absackten, bildeten sich sehr zahlreiche runde Wannen, «pot-holes», genannt, die sich im Frühjahr mit Wasser füllen. Ihre Zahl beträgt 50 und mehr pro km². Sie entsprechen den «Pods» in der Wiesensteppe Osteuropas und bilden im Zono-Ökoton VII/VIII den Ausgangspunkt für dessen Bewaldung.

Das konnte man auf einer Fahrt von Dickenson in North Dakota (USA) direkt nach Norden bis Yorkton in Saskatchewan (Canada) im Juni 1969 sehr gut beobachten (WALTER 1971/72). Man durchquerte dabei an einem Tage die nördliche, semiaride Präriezone und das Zono-Ökoton mit dem semihumiden Klima und erreichte die boreale Zone nordöstlich von Yorkton.

Dieses Zono-Ökoton ist von BIRD (1961) sehr eingehend und in vorbildlicher Weise untersucht worden. Von den beiden Komponenten findet man die Prärievegetation auf Schwarzerdeböden (Tschernosem), die Espenwälder dagegen auf grauen Waldböden, aber auch auf früheren Schwarzerdeböden, dort, wo die Espenwälder gegen die Präriewälder vorrückten. Die Grenzlinien sind hier sehr unbeständig. Trockene Jahre begünstigen die Prärie, regenreiche die Espen.

Aus den Berichten der ersten Einwanderer kann man entnehmen, daß der Anteil der Espenwälder in dieser Parklandschaft sehr großen Schwankungen unterlag:

1860–1870 war eine Trockenperiode mit vielen Präriebränden, durch welche die Espen stark zurückgedrängt wurden. 1880–1890 war zunächst eine feuchte Periode, so daß die Espe sich stark ausbreitete; aber 1890 herrschte wieder die Prärie vor. 1920 war fast die ganze Fläche von Wald bedeckt. 1955/56 fand eine langanhaltende Überschwemmung statt, so daß die Espen wieder abstarben.

10.2 Erste Komponente: Die Prärieflächen

Die Prärie (*Festuca scabrella*-Gesellschaft) wird von BIRD genau beschrieben:

I Präriebestand unweit Saskatoon

53% der Gräser entfallen auf *Festuca scabrella*, *Stipa spartea* und *Koeleria cristata*. 25% auf *Carex stenophylla*, *C. pennsylvanica* und *C. obtusata*, der Rest auf andere Gräser (*Agropyron*, *Andropogon* u.a.). 68% der Kräuter entfallen auf *Solidago glaberrima*, *Artemisia frigida*, *Anemone* (*Pulsatilla*) *patens*, *Antennaria microphylla*, *Phlox hoodii*, *Cerastium arvense*, 3% auf *Rosa arkansana*, der Rest auf 14 andere Kräuter und Sträucher (*Symphoricarpus*, *Elaeagnus* u.a.). Das Grasland besteht aus 3 Schichten:

obere: aus hohen Gräsern und Kräutern
mittlere: aus Kurzgräsern, Carices und Kräutern
Bodenschicht: *Selaginella densa* (wenig deckend).

Nach Osten (bei Yorkton) verliert *Festuca* an Bedeutung und es herrschen *Stipa spartea*, *St. comata*, *Agropyron* oder *Bouteloua* vor.

II *Agropyron-Stipa-Bouteloua* -Gesellschaft am südlichen Rand der Parklandschaft (SW-Manitoba) auf leichten Seesedimenten

Boden sandiger und wärmer
In höheren Lagen des Gebiets sind typisch: *Bouteloua gracilis*, *Carex stenophylla*, *Stipa comata*, und die Goldaster *Chrysopsis villosa*. In mittleren Lagen (der größte Teil des Gebietes): dieselben Gräser, dazu noch *Stipa viricula* sowie *Agropyron smithii*, auf Sandanwehungen *Calamovilfa longifolia* (Dünengras). In tiefen Lagen: dominant *Poa palustris*, dazu *P. compressa*, *P. pratensis*; stellenweise viel *Hordeum jubatum*; außerdem *Agropyron pauciflorum*, *Elyonurus macounii*, *Calamagrostis* spp., *Muehlenbergia squarrosa* sowie *Carex* spp. In nassen Tümpeln wachsen: *Spartina pectinata*, *Glyceria grandis*, *Poa palustris*, *Scolochloa festucacea*, *Salix* spp., *Carex* spp., *Polygonum coccineum*.

An Kräutern in dieser Prärie sind von Bedeutung: Die Compositen *Chrysopsis villosa*, *Grindelia squarrosa*, *Artemisia biennis*, *Aster ericoides*, *Ratibida columnifera*, *Solidago dumetorum*, sowie die Leguminose *Psoralea argophylla*. An Sträuchern: *Symphoricarpus occidentalis* und *Elaeagnus commutata*.

III *Agropyron-Koeleria-Agrostis-Stipa*-Grasland

Lage: 90 Meilen nördlich von der U.S.A.-Grenze und 15 Meilen östlich von der Saskatchewan/Manitoba-Grenze im zentralen Teil der Parklandschaft.

Schwarzerde über Glazialgeschiebe, Grasland höher und üppiger als bei II.

Dominant: *Agropyron trachycaulum* (= *pauciflorum*), *Koeleria cristata*, *Agrostis scabra* und *Stipa comata*.

Nur stellenweise viel *Andropogon gerardi*, auf Sand: *Andropogon scoparius*. Die oben genannten

Strauchharten sind Vorposten der Bewaldung. Phänologie (Blütezeit) Frühjahr: *Anemone patens, Comandra richardsoniana* (Santalaceae), *Ranunculus rhomboideus, Geum triflorum, Cerastium arvense, Houstonia longifolia* (Rubiaceae), *Androsace occidentalis, Antennaria campestris, Galium boreale, Lithospermum canescens.*

Sommer: *Petalostemum candidum* (Legum.), *P. purpureum, Rosa* sp., *Liatris punctata, Rudbeckia serotina, Campanula rotundifolia, Penstemon albidus, Psoralea esculenta, P. argophylla.* Herbst: *Heliopsis helianthoides, Helianthus maximilianii, Monarda fistulosa, Solidago rigida, S. missouriensis, Agastache foeniculum* (Labiatae), *Achillea millefolium, Artemisia frigida, A. ludoviciana, Aster ericoides, A. laevis.*

IV *Agropyron-Poa-Spartina*-Grasland
Lage: südlichster Rand vom Parkland im östlichen Manitoba, direkt östlich vom Red River, 20 Meilen von der USA-Grenze in der Langgras-Prärie-Region.

Schwere Tonböden, oft überschwemmt, Tiefland mit Übergangsstadien von Marsch zu Grasland und zu Espenwald, heute alles kultiviert und nur an Straßenrändern noch vorhanden.

1. Auf schlecht dräniertem Boden: *Spartina pectinata* und *Andropogon gerardi*. 2. Mittlere Lagen: *Poa arida, P. pratensis, P. compressa, P. interior* und *P. palustris* (adventiv: *Phleum pratense*). 3. Trockene Lagen: *Agropyron smithii, Hordeum jubatum, Agropyron trachycaulum, Bromus inermis, Koeleria cristata, Stipa spartea, Stipa comata.*

Sträucher drängen vor. Auch *Cypripedium calceolus* ist häufig!

V *Stipa-Andropogon*-Sandprärie bei Shilo, Manitoba
Dominant: *Stipa comata, S. spartea, Sporobolus cryptandrus, Andropogon scoparius, Bouteloua gracilis, Koeleria cristata, Schizachne purpurascens, Agrostis scabra, Calamovilfa longifolia* (diese wie auch *Andropogon gerardi* und *Oryzopis hymenoides* auf bewegtem Sand).

Dazu viel *Juniperus horizontalis, Arctostaphylos uva-ursi, Prunus bessayi, Cladonia uncinalis, C. sylvatica, C. alpestris, Cetraria islandica, Parmelia molliuscula*, ebenso viele Kräuter, alle oben genannten und einige andere.

Diese nördliche Prärie entspricht physiognomisch den Wiesensteppen Osteuropas mehr als die in Nebraska mit überwiegend sehr hohen *Andropogon*-Gräsern. Floristisch sind viele Gattungen beiden gemeinsam, zum Teil auch die Arten.

10.3 Zweite Komponente: Die Waldgesellschaften

Es sind Restbestände von *Populus tremuloides* (Abb. 7.13). Die Bäume werden selten 60 Jahre alt und sind dann 18 m hoch (Durchmesser bis 40 cm). Der Stamm hat auf der Südseite eine weiße Färbung, während er auf der Nordseite dunkelgrün ist. Das erleichtert die Orientierung in einem dichten Bestand. Die Stämme werden oft vom Zunderschwamm *(Fomes ignarius)* oder von *Hypoxylon pruinatum* befallen. Die Borke wird dann schwarz und die Blätter sterben ab. In der Strauchschicht ist meist *Corylus americana* vertreten, seltener *C. cornuta*, in feuchten Beständen *Viburnum opulus* var. *americana, Rosa* spp., *Prunus virginiana, P. pennsylvanica, Amelanchier alnifolia, Symphoricarpus occidentalis* (mehr am Waldrand) und *Rubus idaeus* (besonders nach Feuer).

In der Krautschicht sind vertreten: *Pyrola asarifolia, Cornus canadensis* (aff. *C. suecica*), *Maianthemum canadense, Smilacina stellata, Fragaria* sp., *Rubus pubescens, Arenaria lateriflora* u. a.

In Flußtälern findet man in Auenwäldern: *Acer negundo, Fraxinus pennsylvanica, Ulmus americana*, seltener *Populus sargentii* oder *Tilia americana.*

Auf Sandbarren wächst oft *Salix amygdaloides* (bis 9 m hoch) mit den Nesselarten *Laportea canadensis* und *Urtica procera* im Unterwuchs, dazu viele Kräuter und als Liane *Humulus americana*. Sehr interessant ist das westlichste Vorkommen von *Quercus macrocarpa*-Gehölzen am Red River (bis nach Saskatchewan). Diese zonale Art der westlichen Laubwaldzone kommt hier nur extrazonal an Südhängen vor und wird oft durch Spätfröste geschädigt, die wohl das Vorkommen nach Westen begrenzen. Die Eicheln werden vom Stachelschwein gefressen.

In tiefen, kalten Schluchten kommt bereits die boreale Fichte *Picea glauca* mit den Parasiten *Arceuthobium pusillum* (Loranthaceae) vor und auf Mooren, mehr als Relikt, *Larix laricina* mit *Picea mariana* sowie im Unterwuchs bereits *Ledum groenlandicum*, die Zwergbirke *Betula glandulosa* und *Sphagnum*-Arten. *Larix* steht meist in tieferem Wasser, *Picea mariana* in flacherem.

10.4 Die Konsumenten des ZÖ VII/VIII

10.4.1 Präriefauna

Die Prärie wurde vor der Besiedlung des Gebiets von den Huftieren *Bison bison*, der Antilope *Antilocarpa americana* und dem Elk *Cervus canadensis* beweidet. Sie trugen zur Erhaltung der Graslandkomponenten wesentlich bei. Der Elk frißt im Winter den Espenjungwuchs ab; wenn das zwei Jahre hintereinander geschieht, dann sterben die Espen ab, die Prärie rückt vor.

Die Raubtiere waren: der Wolf *Canis nubilus*, der Coyote *Canis latrans* und der Fuchs *Vulpes fulva repalis*; dazu kamen der Dachs *Taxidea taxus* und drei Wiesel-Arten (*Mustela* spp.).

Sehr zahlreich sind wie immer in der Grassteppe die Nager: Die Ziesel *Citellus tridecemlineatus* und *C. richardsonii*, am häufigsten wohl *Microtus pennsylvanica*, auch *M. ochrogaster* und *Peromyscus maniculatus hairdii*. Außerdem der Hase *Lepus townsendii* und der Maulwurf *Thomomus talpoides*.

Sehr groß war die Zahl der Vögel in der offenen Landschaft. Es seien genannt:

Lerche (*Sternella neglecta*), Hornlerche (*Eremophila alpestris*), Uferläufer (*Batramia longicauda*), Schmuckammer (*Calcarius ornatus*), Spatzen (*Poecetes gramineus, Spizella pallida* und *S. Passerina*), Moorhuhn (*Pediocetes plazianellus*), Kuhreiher auf Bisons (*Molothrus ater*) – alles Zugvögel bis auf das Moorhuhn, das im Gehölz überwintert. Viele Zugvögel sind nur vorübergehend in der Prärie während des Zuges. Raubvögel sind vertreten durch Habichte (*Buteo jamaicensis, B. swainsoni, B. regalis* oder *Circus cyaneus hudsonius*), Sumpfohreule (*Asio flammeus*), Rabe (*Corvus brachyrynchos*), Schnee-Eule (*Nyctea scandica*) als Wintergast.

Unter den Reptilien kommen folgende Schlangen vor: *Thamnoptis sirtalus, Opheodrys vernalis, Storeria occipitomaculata* und auf Sandhügeln *Heterodon nasicus*.

Der häufigste Vertreter unter den Amphibien ist der Leopardfrosch *Rana pipiens* (bis 500 pro ha), der sich im Frühjahr durch sein Quaken bemerkbar macht. Die Zahl der Insekten ist sehr groß. Auf sie entfallen 97% der Wirbellosen. Zahlreich sind die Grashüpfer *Melanophus spretus*, häufig die Ameisen *Myrmica scabrinodes* und *Lasius brevicornis*. Von Schnecken sind *Succinea* spp. häufig.

10.4.2 Waldfauna

Das häufigste Säugetier ist der Hase *Lepus americanus americanus*, insbesondere in jungen Espenbeständen und im Gebüsch. Der Elk und Hirsch *Odocoilus hemionus hemionus* waren häufig, aber jetzt fast ausgestorben und durch *Odocoilus dacotensis* ersetzt. Der Elch (*Alcus americanus*) bevorzugt Dickichte und Moore. Der Biber (*Castor canadensis*) nagt die Espen und Weiden ab. Der rote Squirrel nährt sich von Haselnüssen.

Der Wolf *Canis lupus griseralbus* wurde ausgerottet. Häufig sind die Nager *Clethrionomys gapperi loringi, Eutamias minimus borealis, Citellus ranklinii* und das Stinktier (Skunk) *Mephitis mephitis hudsonii*. Die zahlreichen Vögel sind meist Sommergäste.

Von den vielen Insekten greifen einige die Espen an: Der Espenbohrer *Saperba calcarata* legt die Eier unter der Borke ab. Die Larven bilden Gänge bis zum Mark, schwächen den Baum und begünstigen Pilzerkrankungen. Die Raupen von *Malacosoma distria* entblättern die Espen auf Hunderten km², während man andererseits zeitweise nur wenige Individuen findet. Auch andere Holzarten und Kräuter werden durch Insekten geschädigt.

10.4.3 Die Wasserbecken

Sie beherbergen auch eine besondere Lebewelt, doch sollen hier nur die in der semiariden Zone mit leicht alkalischem Wasser (pH bis 8,5) besprochen werden. Die Salze reichern sich im Boden des austrocknenden Ufers an, dort, wo das Wasser verdunstet, wobei sich Sodabrackboden (Solonetz) bildet (Abb. 7.12). Im Wasser wachsen *Scirpus paludosus, Scolochloa festucacea* und *Scirpus acutus*, untergetaucht die salztolerante Art *Potamogeton pectinatus*. Direkt am Ufer findet man *Ranunculus* (= *Halerpestes*) *cymbalaria*, dann die Halophyten *Triglochin maritima, Distichlis stricta, Puccinellia nutalliana* (= *airoidea*), *Chenopodium rubrum, Salicornia rubra* und *Suaeda depressa*.

10.5 Die Besiedlung durch den Menschen

Die ältesten Spuren von Jägern gehen bis auf 3000 v. Chr. zurück, doch störten sie die Natur nur wenig. Ihr Hauptbeutetier war der Bison; auch steckten sie das Grasland in Brand, was die Bewaldung verhinderte. Die europäischen Pelztierjäger kamen im 18. Jahrhundert. Die eigentliche Besiedlung durch Farmer begann 1873. Die Eisenbahnstrecke wurde Ende des 19. Jahrhunderts gebaut. 1910 betrug die Einwohnerzahl in Manitoba etwa 450.000, 1953 bereits 800.000. Unveränderte Prärievegetation ist kaum noch vorhanden. Der Wald ist für die Siedler von geringem Wert und wird bekämpft. Um 1900 verschwand der letzte Bison, doch blieb die Art auf geschützten Weideflächen in Nationalparks erhalten.

Auch die übrige frühere Fauna ist stark verarmt, bis auf die Kulturbegleiter.

B. Subzonobiom VIIa in Nordamerika (Halbwüsten Nordamerikas)

Allgemeines, Geomorphologie und Klimageschichte

Das Felsengebirge (Rocky Mountains), das von NNW nach SSE Nordamerika durchzieht, teilt den Kontinent in eine größere östliche und kleinere westliche Hälfte. Es ist zugleich eine scharfe Klimascheide. Während die östliche Hälfte von N-Amerika die Feuchtigkeit vom Golf von Mexiko und dem Atlantischen Ozean erhält und sich durch vorherrschende Sommerregen auszeichnet, die von Osten nach Westen an Höhe abnehmen, ist die westliche Hälfte vorwiegend ein Winterregengebiet. Allerdings verlieren die vom Pazifik kommenden Luftmassen den größten Teil ihrer Feuchtigkeit schon westlich vom Hauptkamm der pazifischen Gebirgsketten, der Sierra Nevada und der Cascaden.

Die Intermontane Region, die zwischen diesen Gebirgen und dem Felsengebirge eine große Beckenlandschaft darstellt, in der kurze Gebirgszüge in Nordsüdrichtung verlaufen, zeichnet sich durch geringe Niederschläge und große Sommertrockenheit aus. Nur die höheren Gebirge, insbesondere der Westhang des Felsengebirges, erhalten im Winter größere Schneemengen und im Sommer häufiger Gewitterregen. Der nördliche Teil der Intermontanen Region wird durch den Snake River mit seinen Nebenflüssen zum Columbia River und somit in den Pazifik entwässert, der südliche Teil dagegen durch den Green und Colorado River zum Golf von Californien.

Der ganze zentrale Teil, das Great Basin (Abb. 7.14), ist dagegen ein großes abflußloses Becken, das sich durch extrem kontinentale Verhältnisse auszeichnet: Tiefsttemperaturen von $-40\,°C$ und Höchsttemperaturen von $+40\,°C$ werden hier an vielen Stellen gemessen. Man kann das Gebiet klimatisch etwa mit Mittelasien südlich des Aral- und des Balchasch-Sees vergleichen. Das Klimadiagramm von Salt Lake City erinnert an das von Kabul in Afghanistan. Da die potentielle Evaporation das Vielfache der Niederschlagshöhe ausmacht, ist das ganze Gebiet mit Ausnahme der Tannen- und Fichtenstufe der Hochgebirge arid und war es, seit die es begrenzenden großen Gebirgszüge im Tertiär aufgefaltet wurden. Allerdings sank während der Glazialzeiten des Pleistozäns die potentielle Evaporation infolge der tiefen Temperaturen so stark, daß im abflußlosen Becken eine Reihe großer Seen entstand, von denen der

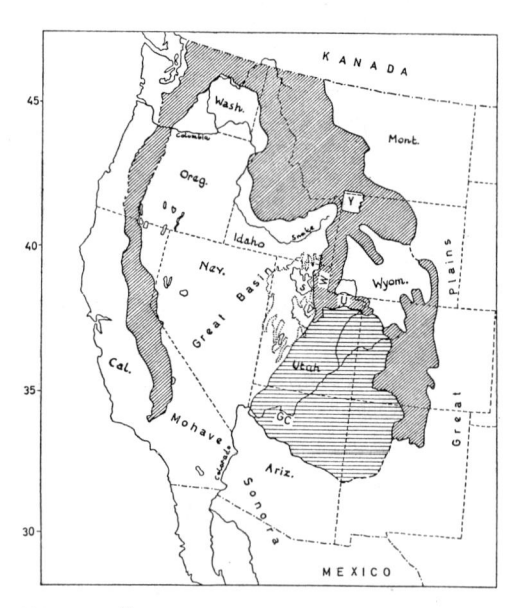

Abb. 7.14: Übersichtskarte der westlichen USA. Die großen Gebirgszüge sind schräg schraffiert (im Westen Sierra Nevada und die Cascaden, im Osten die Rocky Mountains). Das Colorado-Plateau ist horizontal schraffiert. Ferner bedeuten: Y: Yellowstone Park; W: Wasatch Mts. und U: Uinta Mts. (beide gehören zu den Mittleren Rocky Mts.): GC: Grand Canyon; S: Great Salt Lake (Großer Salzsee) in Utah, darum herum punktiert: der frühere glaziale Lake Bonneville (aus WALTER 1971/72).

Lake Lahonton im heutigen westlichen Nevada und insbesondere der **Lake Bonneville** im heutigen westlichen Utah die größten waren (MORRISON 1966). Die Geschichte des letzteren ist am besten bekannt. Wie die heute an den Gebirgshängen gut erhaltenen Seeterrassen beweisen, lag der Spiegel des Lake Bonneville beim Höchststand 310 m über dem des heutigen Großen Salzsees. Vor etwa 18.000 Jahren (nach ^{14}C-Bestimmungen an Mollusken-Schalen) ist der See sogar einmal am Red Rock Paß im südlichen Idaho übergeflossen, nachdem der die Uinta Mountains entwässernde Bear River durch einen Lavastrom gezwungen war, seinen Lauf zu ändern und statt dem Snake River das Wasser dem Lake Bonneville zuzuführen. Da der Überlauf an einer Stelle mit weichem, anstehendem Gestein erfolgte, schnitt er sich 114 m tief ein, und das Niveau des Sees sank innerhalb von 25 Jahren um rund 100 m ab, wie die an den Berghängen um diesen Betrag unter den Bonneville-Terrassen verlaufenden Provo-Terrassen beweisen. Zur Zeit des Höchststandes war der Lake Bonneville 586 km lang und 233 km breit. Er bedeckte eine Fläche von rund 31.800 km^2, und seine maximale Tiefe betrug über 300 m (vgl. auch Abb. 7.14).

In der Postglazialzeit nahm die potentielle Evaporation mit dem Anstieg der Temperatur wieder zu, und der Seespiegel des Lake Bonneville sank ständig. Die in dem ursprünglichen Süßwassersee geringe Salzkonzentration erhöhte sich dabei, so daß der See vor etwa 2000 Jahren, als der Seespiegel nur noch 60 m über dem des heutigen Großen Salzsees lag, schon salzig war. Der Boden, der bei der weiteren Schrumpfung des Sees trocken wurde, ist entsprechend verbrackt. Der See zerfiel in einzelne Teilbecken, bis in der Gegenwart nur der Große Salzsee als letzter Rest mit der anschließenden Großen Salzwüste und einigen kleineren Salzflächen übrigblieb.

Der Große Salzsee (Great Salt Lake) ist nur noch 120 km lang und 56 km breit, wobei seine mittlere Tiefe nur etwa 5 m beträgt. Je nach den Niederschlagsverhältnissen der einzelnen Jahre können Schwankungen der Tiefe von einigen Metern vorkommen. Da im Einzugsgebiet des Sees immer mehr Wasser für Bewässerungszwecke verbraucht wird, muß mit einer weiteren Schrumpfung der Seefläche gerechnet werden, dies ist jedoch auch abhängig von den zukünftigen Niederschlagsverhältnissen im Einzugsgebiet. Beim Nullstand des Pegels ist das Wasser mit 27,7% Salz gesättigt. Von den gelösten Salzen entfallen 87,9% auf NaCl, 3,5% auf MgCl$_2$, 7,9% auf MgSO$_4$, 0,1% auf CaSO$_4$, 0,5% auf Ca(HCO$_3$)$_2$ und sehr geringe Mengen auf andere Salze, z.B. Li$_2$SO$_4$. Der pH-Wert ist 7,4, er steigt jedoch bei 6–8facher Verdünnung infolge der Dissoziation der Karbonate auf pH = 8,4 an (FLOWERS and EVANS 1966).

In dem konzentrierten Salzwasser leben zwei Cyanophyceen: *Coccochloris elabens* (= *Microcystis packardii*) – eine einzellige Alge in gallertigen Kolonien – und *Entophysalis rivularis*, blaugrüne bis gelbbräunliche Überzüge an Felsen im seichten Wasser bildend. Freischwimmend findet man 2 *Chlamydomonas*-Arten, die ihr Optimum bei einer Salzkonzentration von 13–14% haben, wogegen sich *Dunaliella salina* mit rotem Pigment besonders stark in den Becken zur Salzgewinnung entwickelt, dabei das Wasser und das gewonnene feste Salz rosa färbend. Andere Algen finden sich mehr im Einmündungsgebiet der Flüsse. Von Bakterien wurden bisher 11 halophile Arten beschrieben.

Die Fauna besteht aus der Crustacee *Artemia salina* und den Larven und Puppen der Fliegen *Ephydra cinerea* und *E. hians*. Außerdem wurden 2 Amöben und einige Ciliaten gefunden, deren optimale Entwicklung in 2–3% Salzlösungen erfolgt, aber noch bei 18–20% möglich ist.

Auf die terrestrische Halophyten-Vegetation, die große Flächen einnimmt, kommen wir noch zurück.

Ganz ähnlich wie beim Lake Bonneville verlief die Geschichte des Lake Lahonton im westlichsten Teil von Nevada, von dem nur das Salzgebiet der Carson Desert verblieb.

Aus diesen Tatsachen geht hervor, daß im Gebiet des Great Basin das Halobiom eine besondere Rolle spielt. Auf die Zonierung entlang der Küstenlinien am Großen Salzsee haben wir bereits in Band 1, S. 106 hingewiesen und die Haloserie dort als Beispiel erwähnt (vgl. Band 1, Abb. 58 und 59).

Eine weitere Eigenart ist das sehr unruhige Relief der gesamten Intermontanen Region und die sehr stark wechselnden Bodenverhältnisse. Man kann das gesamte heute aride Gebiet in 4 landschaftlich verschiedene Biome unterteilen:

1. Das eigentliche zentrale Gebiet des **Great Basin** mit dem großen abflußlosen Becken, das die NE-Ecke von Californien, fast ganz Nevada bis auf den südlichsten Teil, der zum Colorado-Fluß entwässert wird und den NW-Teil von Utah umfaßt. Aber diese Beckenlandschaft mit einer mittleren Höhenlage von 1200–1800 m NN ist nicht eben, sondern wird von rund 200 kleineren oder größeren Falten-Block-Gebirgen durchzogen, die verschieden hoch sind und meist in Nord-Südrich-

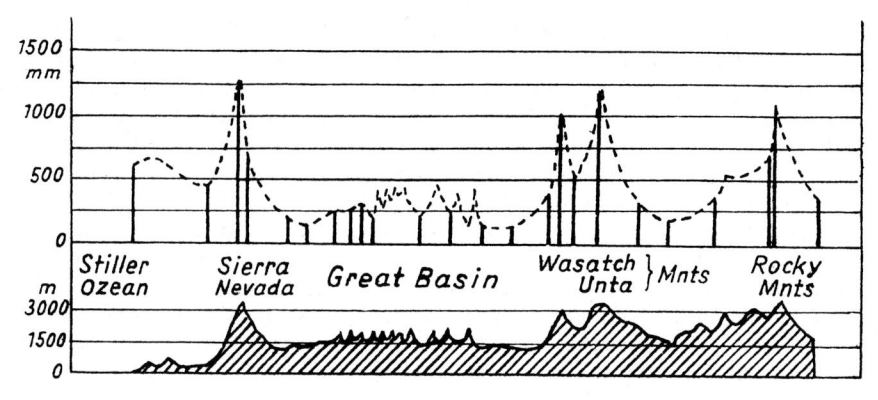

Abb. 7.15: Die Abhängigkeit der Niederschlagshöhe (oben) vom Relief (unten), gezeigt an einem W-E-Profil durch die Westlichen Vereinigten Staaten auf etwa dem 38°N (aus WALTER 1968).

tung verlaufen. Sie erhalten durch Steigungsregen, namentlich auf den Westhängen viel höhere Niederschläge (bis 500 mm) wie die Abb. 7.15 zeigt. Es sind somit im Great Basin viele Orobiome vorhanden mit Höhenstufen, die oberhalb von etwa 1850 m NN nicht mehr zur Halbwüste gehören. Flächenmäßig entfallen auf diese Erhebungen etwa 40 % der Gesamtfläche und die übrigen 60 % sind z.T. hügeliges Tafelland, Täler mit Wasserläufen oder ausgetrockneter früherer Seeboden.

2. Das **Snake River-Columbia River-Plateau**, das den ganzen nördlichen Teil der Intermontanen Region einnimmt, etwa nördlich von der Oregon-Idaho-Südgrenze bis in den Staat Washington hinein. Es wurde im Miozän und Pliozän fast völlig mit Lavaströmen ausgefüllt, stellt somit ein riesiges Lithobiom dar, soweit sich nicht durch Verwitterung tiefgründige zonale Böden auf der ebenen bis schwach hügeligen Oberfläche gebildet haben. Insgesamt ist die Höhenlage etwas geringer – 70 % liegen unter 1500 m NN, aber die nördliche Lage mit etwas tieferen Temperaturen vermindert die Aridität des Klimas.

In der letzten Eiszeit war das Gebiet nicht vergletschert. Die Endmoränen der kontinentalen Eiskappe überschreitet die Canada-USA-Grenze hier nur sehr wenig. Vergletschert waren die höchsten Rücken des Cascaden- und Siera-Nevada-Gebirges im Westen und der Rocky Mountains im Osten.

3. Zur Halbwüste gehört auch das **Wyoming-Becken** zwischen den Wasatch- sowie Uinta-Rücken und dem Hauptrücken der Rocky Mountains (auf Abb. 7.15 ganz rechts), das aber nicht abflußlos ist, sondern durch den Green River zum Colorado entwässert, mit einer Höhenlage von 1500–2200 m NN. Geologisch überwiegen dort sehr weiche Tonschiefer und Mergel-Ablagerungen von eozänen Seen, die leicht verwittern, «Badlands» bilden, z.T. auch salzhaltig sind.

4. Nicht zu den Beckenlandschaften, wohl aber auch zur Halbwüste rechnet man im Südosten des Intermontanen Gebiets die großartigste und vielleicht ausgedehnteste Stufenlandschaft der **Colorado-Plateaus**. Es handelt sich um einen riesigen emporgehobenen Block von horizontalen Schichten, die verschieden hart sind und im Laufe von Jahrmillionen der Erosion unterlagen, wodurch steile Hänge und ausgedehnte ebene Flächen abwechseln; die Flüsse schnitten in letztere tiefe Canyons ein. Die landschaftlich großartigsten wurden unter Naturschutz gestellt: Zion-Park, Bryce Canyon und Glen-Canyon im südlichen Utah und der berühmte Grand Colorado-Canyon in Nordarizona. Diese Plateaus fallen treppenförmig von Norden nach Süden ab. Im Norden ragen einige Reste über die Baumgrenze in die alpine Stufe in fast 4000 m NN hinaus; dann folgen Plateaus, die zu den humiden Waldstufen gehören, bis in Süd-Utah und Nord-Arizona nur die Stufe der Halbwüste erreicht wird. Der letzte Steilabfall der Mogollon Mesa im Süden bildet eine mächtige Basaltwand, worauf das tiefer liegende Gebiet der schon subtropischen Sonora-Wüste (Bd. 2, S. 220–254) anschließt. In dieser Region findet sich die dichteste Ansammlung von National-Parks und Schutzgebieten in USA, wie Abb. 7.16 im Überblick zeigt.

Eine zusammenfassende Darstellung von dem oben umrissenen Halbwüstengebiet der temperierten Klimazone Nordamerikas hat N. WEST (1983) auf 100 Seiten gegeben mit einem erschöpfenden Literaturverzeichnis.

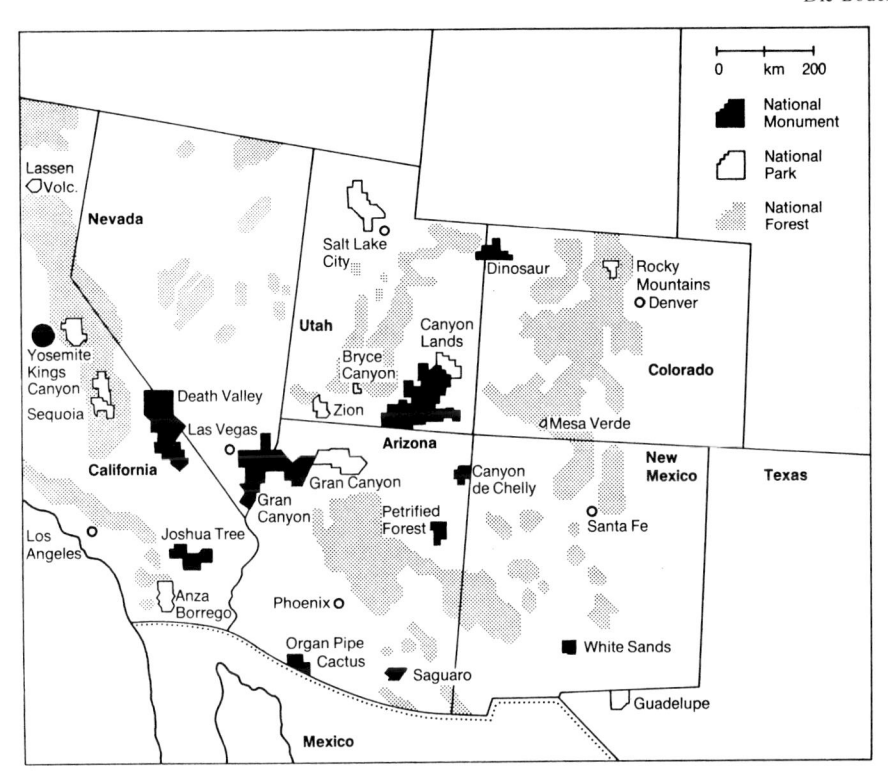

Abb. 7.16: Geschützte Landschaftsteile im Südwesten der USA (nach Rand McNally Road Atlas USA, Canada, Mexico).

1 Das Klima

Das Great Basin liegt im Regenschatten der Sierra Nevada. Die Abb. 7.17 zeigt das Klimadiagramm auf der Paßhöhe der Sierra Nevada. Gleich dahinter liegt Reno mit einem Jahres-Niederschlag von nur 180 mm (in 1340 m NN), weiter nach Osten Winnemucca mit 214 mm in gleicher Höhe und ganz im Osten Salt Lake City schon am Hochgebirgsfuß mit 414 mm. Alle Diagramme zeigen, daß es sich um ein Winterregengebiet handelt mit einem langen kalten Winter und einer längere Zeit bis in den April hinein liegenden Schneedecke. Das absolute Minimum liegt bei −40 °C. Die Sommer sind heiß und trocken, nur vereinzelte Gewitter kommen vor, die jedoch für die Vegetation von geringer Bedeutung sind.

Die Jahrestemperatur liegt um 10 °C, weicht aber je nach Höhenlage der einzelnen Stationen nach unten oder oben ab.

Auf die Klimageschichte haben wir bereits hingewiesen (S. 364).

2 Die Böden

Typische zonale Bodentypen im Sinne der russischen Bodenkundler wurden nicht beschrieben. Die amerikanische pedologische Nomenklatur weicht erheblich von der europäischen ab und ist nicht immer parallelisierbar. Es dürfte sich um relativ tonreiche Burozeme, d.h. Braune Halbwüstenböden handeln, die humusarm und frei von leichtlöslichen Salzen sind, bei denen der Karbonathorizont aber in relativ großer Tiefe liegt. Teilweise treten aber auch Graue Böden auf. Der Schnee reichert sich im Winter an. Bis die oft tief gefrorenen Böden im Frühjahr aufgetaut sind, kommt es zu Wasserstau. Nach vollends eingetretenem Tauwetter dringt das Wasser trotz der geringen Höhe der Niederschläge dann relativ tief in den Boden ein; die Pflanzen erreichen mit ihren Pfahlwurzeln während der Sommerdürrezeit die Wasserreserven in den tieferen Bodenschichten. Aber Salzböden mit der entsprechenden Flora sind besonders verbreitet, einerseits auf den Böden

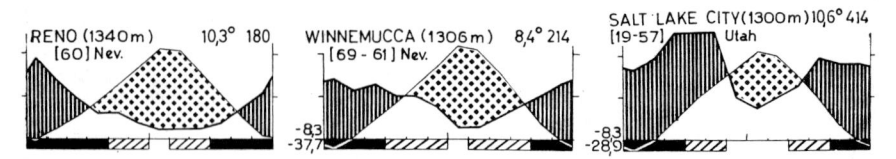

Abb. 7.17: Klimadiagramme aus dem Gebiet der Artemisien-Halbwüste (sagebrush-Gebiet): Reno (Nevada), Winnemucca und Salt Lake City (bereits als Übergang zum Grasland) (aus WALTER 1968).

der großen in der Postglazialzeit ausgetrockneten Seen, andererseits auf den Verwitterungsprodukten der älteren, salzhaltigen marinen Tonschiefer oder Mergel. In den Beckenlandschaften sind diese Tonböden oft viele Meter mächtig, so daß die Pflanzen sehr tief wurzeln können.

3 Die Produzenten

3.1 Die Wermut-Halbwüste

Die zonale Vegetation ist die Sagebrush-Halbwüste. Als «Sagebrush» wird *Artemisia tridentata* bezeichnet. Er ist stark bitter und gehört daher zur Gruppe der «Wermut-Artemisien». Es ist ein 1,5–2 m hoher Halbstrauch, der 50 oder mehr Jahre alt werden kann. Der Durchmesser des Stammes am Wurzelhals erreicht 7–15 cm und es tritt im Alter Fragmentation oder Partikularisation ein, d. h. der Stamm zerfällt in mehrere Einzelteile. Die Pfahlwurzel dringt bis 3 m tief ein, vielleicht auch, je nach Boden noch viel tiefer, aber in den oberen Horizonten bilden sich dichte, feine und flachstreichende Seitenwurzeln aus. Es handelt sich um einen malakophyllen Xerophyten mit kleinen grauen Blättchen, die an der Spitze 3 Zähnchen aufweisen (deshalb der Name «*tridentata*»). Im Laufe eines Jahres werden zweierlei Blätter gebildet: Im Frühjahr sind die neugebildeten Blätter größer. Etwas später im Spätfrühling werden kleine xeromorphe Blätter gebildet, wohl als Folge einer geringeren Plasmahydratur (bzw. eines niedrigeren osmotischen Potentials) (vgl. Bd. 2, S. 237). Erstere sterben bei Wassermangel während der Sommerdürre ab.

Heute werden 5 Unterarten oder Formen unterschieden, die Ökotypen sein dürften, weil sie auf unterschiedlichen Biotopen wachsen. Dazu kommen 8 *Artemisia*-Klein-Formen vor, die als besondere Arten angesehen werden und unter extremeren Temperatur- oder Ariditäts-Bedingungen wachsen.

Je nach dem Biotop beträgt die Zahl der Individuen 10–70 pro 100 m² und die Deckung 10–40 %. Da auf *Artemisia tridentata* 70–90 % der Phytomasse entfallen, bestimmt sie den Grauton der Landschaft (Abb. 7.18), wie auch den typischen aromatischen Duft. Der zweite häufige Begleiter ist *Chrysothamnus viscidiflorus*, ebenfalls

Abb. 7.18: Das weite Tal des Curlew-Valley, nördlich des Großen Salzsees (Utah, USA) mit *Artemisia tridentata*-Halbwüste, vereinzelten *Juniperus osteosperma*-Büschen und im Mittelgrund (heller) unterschiedlich versalzte Halophytenfluren (phot. S.-W. BRECKLE 1973).

eine Composite, die das Abbrennen besser verträgt und deshalb nach einem Brand einen größeren Anteil erreicht. Eine vollständige Liste von 8 Beständen im Gesamtbereich der *Artemisia*-Halbwüste bringt WEST mit 55 Arten. Wichtig ist das Vorkommen von ausdauernden Gräsern (Arten von *Agropyron, Poa, Stipa, Oryzopsis* u.a.), die im nördlichen Teil des Intermontanen Gebiets an Bedeutung zunehmen.

WEST (1983) unterscheidet dementsprechend
1. die nördliche «Sagebrush Steppe»
2. die südliche Halbwüste «Sagebrush Semi-Desert».

Eine ähnliche Gliederung hatten wir in der Kazakhischen Halbwüste kennen gelernt, eine nördliche grasreiche «Trockensteppe» und eine südliche grasarme «Wüstensteppe», nur gehören die dortigen kleineren *Artemisia*-Arten anderen Sektionen der Gattung *Artemisia* an.

Die nördlichere Sagebrush Steppe fällt gebietsmäßig mit dem Biom des Snake River-Columbia River-Plateaus zusammen. Durch die nördliche Lage und die tieferen Sommertemperaturen ist dort das Klima im allgemeinen etwas humider als im Great Basin. Das wird durch die Vegetation angezeigt: Der Graswuchs wird begünstigt und spielt neben der *Artemisia* eine größere Rolle.

Die wichtigsten ausdauernden Gräser sind *Festuca idahoensis* und *Agropyron spicatum*, im östlichen Teil mit etwas Sommerregen auch die Rasengräser *Agropyron dasystachyon* und *A. smithii*; an der SW-Grenze sind es verschiedene *Stipa*-Arten in Abhängigkeit von der Höhenlage. Durch Beweidung sind die Gräser begünstigt.

Es muß besonders betont werden, daß der heutige Zustand der Sagebrush-Vegetation im gesamten Gebiet nicht den natürlichen Verhältnissen entspricht. Durch die Nutzung als Weide (Rinder oder Schafe) wurde die Pflanzendecke stark degradiert. Ausgemerzt wurden vor allem die guten Futtergräser und es trat, wie im tropischen Savannengebiet eine «Verbuschung» ein (vgl. Bd. 2, S. 131), in diesem Falle durch den Halbstrauch *Artemisia*, der wegen des starken Aromas (sesquiterpenoide Bitterstoffe) vom Vieh kaum gefressen wird und deshalb bei starker Überweidung allein übrig bleibt. Die Bekämpfung durch Abbrennen ist wenig wirksam. Die Beweidung begann nach der Ansiedlung durch die Mormonen um 1840. Die Viehhaltung diente mehr der Eigenversorgung und nicht dem Export, da das Gebiet zu abgelegen war. 1869 wurde jedoch die transkontinentale Eisenbahnstrecke vollendet, so daß man das Vieh auf den östlichen Märkten vorteilhaft absetzen konnte. Die Bestockung der Weideflächen wurde um einen möglichst großen momentanen Profit zu erzielen, so stark erhöht, daß in kurzer Zeit eine völlige Degradation der Pflanzendecke eintrat. Die in letzter Zeit behördlich ergriffenen Maßnahmen versuchen eine Besserung der Lage herbeizuführen, doch die Degradation vollzieht sich in kurzer Zeit, während die Verbesserung der Weide in diesem ariden Gebiet ein sehr langwieriger Vorgang ist. Auch die durch die Degradation bedingten starken Bodenerosionsschäden lassen sich nur schwer rückgängig machen. Eine rationelle Umtriebsweide mit der Errichtung von vielen Camps, die große Investitionen verlangt, wie sie in dem ariden SW-Afrika heute üblich ist, haben wir im Intermontanen Gebiet nicht gesehen. Die Maßnahmen erstrecken sich mehr auf Schonzeiten insbesondere im Frühjahr mit einer jahreszeitlichen Wechselweide zwischen tieferen Lagen und solchen im Gebirge.

Durch die Degradation und Ausmerzung der ausdauernden Gräser hat sich das adventive, annuelle Gras *Bromus tectorum* stark ausgebreitet und bedeckt oft große Flächen (wie in Mittelasien, vgl. Bd. 3, S. 258, 267). In die natürlichen, von perennen Gräsern eingenommene Flächen dringt diese annuelle Art nicht ein, weil die perennen Gräser wettbewerbsfähiger sind. Aber auf den degradierten von *Bromus tectorum* eroberten Flächen kann man selbst bei völligem Schutz vor Beweidung durch Aussaat die perennen Gräser nicht wieder ansiedeln. Denn gegenüber den Sämlingen der perennen Gräser erweist sich *Bromus tectorum* überlegen, da letzteres sich von Jahr zu Jahr sehr stark aussät (200–600 Samen pro dm^2), läßt es sich selbst bei Aussaat der perennen Gräser nicht verdrängen.

Die Keimung der Samen vom perennen *Agropyron spicatum* und von *Bromus tectorum* erfolgt im Herbst. Aber *Bromus* ist im Vorteil, weil sein Temperaturminimum = +3 °C tiefer liegt als das jenige von *Agropyron* (8–10 °C). Außerdem braucht *Bromus* für die Verlängerung seiner feinen Wurzeln viermal weniger an organischer Trockenmasse und dringt deshalb um 50% rascher in die Tiefe vor. Diese Tatsache ist besonders wichtig, weil im Winterregengebiet der Boden nur bis zu einer bestimmten Tiefe durchfeuchtet wird und im Sommer keine weitere Wasserzufuhr durch Regen erfolgt. Die Wurzeln von *Bromus* dringen somit in die feuchten Bodenschichten vor, während den nachfolgenden, langsamer wachsenden Wurzeln von *Agropyron* nur das von *Bromus* nicht ausgenutzte Wasser zur Verfügung steht. Das führt dazu, daß die Keimlinge von *Agropyron* im Sommer absterben, noch bevor die im Juli reifenden Samen ausgebildet wurden. Die Samenreife von *Bromus* wird bereits Mitte Mai erreicht.

Die Agressivität von *Bromus tectorum* ist wirtschaftlich von großer Bedeutung. Zwar erreicht die Produktion bei einem Reinbestand von *Bromus tectorum* etwa $4 t \cdot ha^{-1}$ an Trockenmasse, aber dieses Gras wird nur im Frühjahr, vor der Samenreife, vom Vieh gefressen, während die perennen Gräser den ganzen Sommer noch einen gewissen Weidewert besitzen. Trotzdem ist der Weidewert von *Bromus tectorum* immer noch besser als der von *Artemisia tridentata*. Das veranlaßt die Farmer vielfach, die sich ausbreitende *Artemisia* zu vernichten, was zu reinen *Bromus tectorum*-Weiden führt. Diese gewährleisten wenigstens im Frühjahr einige Monate eine gute Weide; im Sommer muß das Vieh allerdings ins Gebirge getrieben werden. Die Agressivität von *Bromus tectorum* ist auf das reine Winterregengebiet beschränkt. Dort, wo es im Sommer regnet, erhalten die Keimlinge der perennen Grasarten nach der Samenreife von *Bromus* genügend Wasser und setzen sich durch. Kleinflächiger spielt auch die Ausbreitung von *Salsola kali* und *Halogeton glomeratus* eine Rolle. Die erstere ist sehr stachlig und enthält giftige Alkaloide, die zweite ist eine der oxalatreichsten Pflanzen (bis 30% des Trockengewichts) und deshalb ebenfalls ein giftiges Weideunkraut.

Im Staate Washington wurde 3 Jahre lang die Populationsdynamik von *Bromus tectorum* verfolgt. Die meisten Samen keimen im August und im Frühjahr bis Mai. Die Herbstkeimer überleben als Winterannuelle nur, wenn die Schneedecke sehr gering ist (MACK and PYKE 1983).

In der Sagebrush-Halbwüste Nevadas mit geringeren Winterniederschlägen ist *Bromus tectorum* nicht so agressiv, doch wird diese winterannuelle Grasart infolge der großen Samenproduktion und der Anpassungsfähigkeit ein dauernder Bestandteil der Vegetation bleiben (YOUNG and EVANS 1985).

Weite Flächen sind heute Weizenfelder in Daueranbau, was eine starke Bodenerosion und Bodenverarmung bedingt. Der Aschenregen vom Mt. Helen war eine willkommene Bodendüngung.

Eine Verbesserung der Weideverhältnisse wurde auch durch Aussaat auf umgebrochenen Böden mit der sibirischen Art *Agropyron crittatum* versucht. Sie ergaben 2–3mal höhere Futtererträge als die beste Naturweide. Aber nur wenige Flächen eignen sich für den feldmäßigen Anbau.

Auch die Bekämpfung von *Artemisia* mit Herbiziden wurde versucht. Eine ideale Lösung für die Probleme der kommerziellen Nutzung dieses ariden Gebiets wurde jedoch noch nicht gefunden. Es wird zunächst wenig besiedelt bleiben und wird deshalb vielfach für militärische Übungszwecke verwendet.

3.2 Biom der Blackbrush-Halbwüste auf dem Colorado-Plateau

Nur die tieferen Plateaus mit aridem Klima gehören zur Halbwüste. Die mittleren Plateaus sind mit Sagebrush bestanden. Auf den mittleren Plateaus im Süden von Utah und den benachbarten Staaten von Arizona und Nevada in 1000–1200 m NN wird dagegen die Sagebrush-Vegetation durch eine als «Blackbrush» bezeichnete abgelöst. Das Klima in dieser Höhenlage und im Bereich des Breitengrades 39°N ist schon bedeutend heißer und arider. Die Winterkälte hält nur 2–3 Monate an, die Jahrestemperaturen betragen schon um 14–16 °C und die Niederschläge um 150 mm sind meist regelmäßiger über das Jahr verteilt. Die Böden zeigen die Aridität durch die Ausbildung einer harten **Caliche**-Schicht in geringer Tiefe von 30–50 cm an. Sie besteht aus zementiertem $CaCO_3$ und verhindert das tiefere Eindringen der Wurzeln. Nach unseren Beobachtungen aus dem Jahre 1969 bilden sich jedoch auf der Unterseite der Caliche kleine, 1 cm breite, stalaktitenähnliche Höcker, – ein Zeichen, daß die Caliche in regenreichen Jahren Wasser durchsickern läßt. Tatsächlich stellten wir fest, daß diese Kalkkrusten porös sind und in Wasser gelegt sofort 20% des Trockengewichts an Wasser aufnehmen. Sie sind somit im Boden ein Wasserspeicher. Die sich an die Caliche anschmiegenden Saugwürzelchen der Pflanzen können dieser demnach Wasser entziehen. Der Blackbrush (*Coleogyne ramosissima*) ist ein dunkler, etwa 50 cm hoher Rosaceen-Strauch. Die Endzweige sind verdornt. Er bildet fast reine Bestände, die der Landschaft ein dunkles Gepräge geben. Begleiter können andere niedrige Holzpflanzen sein, wie der Wüstenpfirsich (*Prunus fasciculata*), die dornige «Hopsage» *Grayia* (*Atriplex*) *spinosa*, der Terpentinstrauch (*Thamnosma montana*, Rutaceae), *Ephedra* spp. und *Lycium* spp. In Tab. 7.5 sind die häufigsten Arten verschiedener Vegetationseinheiten dieses Gebietes angegeben. Wie man sieht, ist die Zahl der einjährigen Arten verhältnismäßig hoch, während ausdauernde Gräser keine so große Rolle spielen.

Tab. 7.5: Die mittlere prozentuale Häufigkeit (Frequenz) verschiedener Arten (auf 202 m²-Aufnahmeflächen) bei sechs verschiedenen Vegetationstypen im Kaiparowits Becken (Kane Cty., Utah). Die Zahlen der dominierenden Arten sind fettgedruckt (nach JAYNES & HARPER 1980, aus WEST 1983).
Bei den Angaben zur Lebensform bedeuten: A: einjährige Arten; F: ausdauernde Kräuter; G: ausdauernde Gräser; S: Sträucher.
Bei den Vegetationseinheiten bedeuten: MS: Mat saltbush (mit viel *Atriplex corrugata*, 1310 m NN, Boden-pH (H₂O) = 8,1; Bodensalzgehalt: 11.200 ppm); GMS: Gray molly-shadscale (artenreich, 1280 m NN, pH = 7,6; Salzgehalt: 350 ppm); SG: Shadscale-Grass (vorwiegend *Atriplex confertifolia*, grasreich, 1340 m NN, pH = 7,9; Salzgehalt: 500 ppm); GS: Grassland-Shrub (offene Prärie mit Sträuchern, 1520 m NN, pH = 8,0, Salzgehalt: 280 ppm); BB: Blackbrush (*Coleogyne* Gesellschaft, 1580 m NN, pH = 8,1, Salzgehalt: 145 ppm); SB: Sagebrush (Wermut-Halbwüste mit *Artemisia tridentata*, 1660 m NN, pH = 8,1, Salzgehalt: 133 ppm)

Art[1]	Lebensform	MS	GMS	SG	GS	BB	SB
Atriplex corrugata	S	**47**			1		
Cleomella palmerana	A	**43**					
Oenothera eastwoodiae	F	**23**		1			
Androstephium breviflorum	F	4	1	4	6		
Eriogonum inflatum	A	3	1	**21**			
Salsola kali	A	22	6	**23**	9		
Phacelia demissa	A	**40**	15	20			
Atriplex confertifolia	S		16	**26**	6	3	
Oryzopsis hymenoides	G	11	**21**	17	**25**	9	**25**
Hilaria jamesii	G	1	14	**40**	**55**	**36**	**34**
Festuca octoflora	A		9	16	14	**18**	**27**
Gilia leptomeria	A	1		**23**	**28**	**20**	**25**
Gutierrezia sarothrae	S		1	12	**34**		**51**
Chaenactis stevioides	A			14	4	15	16
Lepidium montanum	F			2	14	17	**39**
Ephedra viridis	S			2	17	**19**	5
Mentzelia albicaulis	A		1	6	**24**	**25**	14
Eriogonum deflexum	A			7	**11**	1	1
Sporobolus cryptandrus	G			3	10		
Grayia spinosa	S				4	12	3
Coleogyne ramosissima	S				2	**32**	
Gilia scopulorum	A				8	**40**	**57**
Bouteloua gracilis	G				6	9	15
Aster arenosus	F			2	9	5	15
Artemisia tridentata	S						**40**
Cymopterus purpurascens	F		19	1	3		
Astragalus lentiginosus	F		17		3	1	1
Kochia americana	S		**32**		1		
Lappula occidentalis	A		14	2	1		1
Langloisia setosissima	A		**21**	10	1		
Chaenactis macrantha	A		**27**				

[1] Nomenklatur nach WELSH & MOORE (1973)

Besonders eigenartig sind jedoch die Bestände mit vereinzelt darin stehenden 3–4 m hohen *Yucca brevifolia* (Abb. 7.19), als «Joshua tree» bezeichnet, in den westlichen Halbwüsten, die den Übergang zur Mohave-Wüste in Californien bilden. Noch eine Stufe tiefer, die noch arider und noch heißer ist, breiten sich ebenfalls fast reine Bestände des Kreosotbusches *(Larrea divaricata)* aus, die für die Mohave-Wüste besonders typisch sind, die wir aber auch in der Sonora-Wüste kennen lernten (Bd. 2, S. 239). *Larrea* verträgt noch Frostperioden. Erst eine weitere Stufe tiefer, dort, wo nur noch gelegentliche Nachtfröste auftreten, beginnt die Sonora-Wüste mit den Kugel- und Säulenkakteen, bereits in den Tälern mit der tiefsten Höhenlage im südlichsten Utah, wie auch am Grund des Grand Colorado Canyons in Arizona. Dies entspricht bereits dem Zono-Ökoton VII/III.

Abb. 7.19: Yoshua tree-Halbwüste (mit *Yucca brevifolia*-«Bäumen») im Süden Nevadas (phot. S.-W. BRECKLE 1973).

Die Deckung der *Coleogyne*-Bestände ist mit 30–50% relativ hoch, was wahrscheinlich mit dem hohen Alter zusammenhängt, das diese Büsche erreichen können. Produktionsbestimmungen liegen nicht vor. Als winterannuelle Arten treten *Erodium botrys* und *Bromus* spp. u.a. auf. *Coleogyne* hat kaum einen Futterwert, doch kommt im Gebiet der Bighorn Ram *(Ovis canadensis nelsoni)* häufig vor, außerdem verwilderte Esel und natürlich verschiedene Nager (WEST 1983). Eine Nutzung dieser Halbwüste kommt kaum in Frage, sie ist praktisch unbewohnt und wird es wohl weiterhin bleiben, soweit es sich nicht um Naturschutzgebiete mit steigenden Touristenströmen handelt (z.B. Gran Canyon).

4 Die Konsumenten

Im Pleistozän waren in diesem periglazialen Steppengebiet wie auch in Eurasien Großwildherden verbreitet, die zu Beginn der Postglazialzeit ausstarben (Bd. 1, S. 138). Gewisse Wildarten, wie die Antilope *(Antilocapra americana americana)*, haben sich gehalten. Dazugekommen sind verwilderte Pferde. Von Raubtieren ist *Canis latrans lestes* (Coyote) vertreten. Sehr verbreitet ist der «black-tailed jackrabbit» *(Lepus californicus deserticola)*, sowie viele Nager. WEST (1983) bringt vollständige Listen der Wirbeltiere. Zwischen den Populationen vom Coyote und seinem Beutetier, dem Jackrabbit, besteht das instabile klassische, schwingende Gleichgewicht mit einzelnen Maxima.

Das Maximum des Raubtieres folgt dem des Jackrabbits mit einer Phasenverschiebung von 3–4 Jahren.

Die Beeinflussung der Vegetation durch die Konsumenten ist gering, nur die Raupen der Motten *(Aroga websgeri)* können die Populationen vom Sagebrush zeitweise dezimieren. Auch die Massenvermehrung der Mormonen-Heuschrecken *(Anabrus simplex)* wirkt sich auf die krautige Vegetation aus.

5 Die Destruenten

Diese führen die Mineralisation der Streu durch, doch liegen uns diesbezügliche eingehende Untersuchungen nicht vor.

6 Ökophysiologische Untersuchungen

In vielen Teilen des besprochenen Halbwüstengebietes sind die Böden mehr oder weniger stark versalzt. Eine klare Trennung ist zwar im Gelände gut sichtbar, aber es gibt auch etliche Arten, die eine sehr breite ökologische Amplitude besitzen und daher teilweise auch auf fast salzfreien Böden vorkommen. In dieser Hinsicht sind *Artemisia tridentata* zu nennen, aber auch die salztolerante-

Abb. 7.20: Scharfe Grenzen zwischen *Ceratoides (Eurotia) lanata* und *Artemisia tridentata*-Beständen im Curlew Valley (Westl. Utah), dazwischen einzelne *Oryzopsis hymenoides*-Horste (phot. S.-W. BRECKLE 1973).

ren Kleinsträucher *Atriplex confertifolia, A. canescens, A. falcata* und ähnliche Arten, sowie *Ceratoides lanata*. Aufgrund der im Spät- und Postglazial starken Veränderungen haben sich offenbar noch nicht überall Gleichgewichte der Vegetationsbedeckung eingestellt. An vielen Stellen sieht man sehr scharfe Vegetationsgrenzen und eine typische Zonierung auf den sehr schwach geneigten Hangfußflächen (vgl. Abb. 7.18) und um Beckenlandschaften herum.

Scharfe Vegetationsgrenzen im Gelände können historisch bedingt sein, ohne daß irgend ein Faktor im Boden diese Grenze kennzeichnet (Abb. 7.20). Man hat versucht mit Baggern lange Transekte im Boden zu untersuchen ohne etwas Absicherbares zu finden (MITCHELL et al. 1966).

Einige der ökophysiologischen Untersuchungen im Gebiet des Großen Salzsees sollen bereits hier besprochen werden, im Abschnitt «Pedobiome» (vgl. S. 381), werden nur noch wenige Hinweise zur Vegetation gegeben.

Es liegen 208 ältere Messungen des osmotischen Potentials von *Artemisia tridentata* (als Sammelart) vor. Bei guter Wasserversorgung liegen sie bei -10 bis -15 bar, bei gewissem Wassermangel sinken sie rasch, so daß die meisten Werte im Bereich von -20 bis -35 bar gefunden werden. In extremen Fällen kurz vor dem Vertrocknen der Blätter erreichten sie -73 bar; dann verbleiben in der Dürrezeit nur die Endknospen mit kleinen Blattanlagen. Die Winterkälte erträgt diese Art gut.

Entlang der Haloserie (vgl. Band 1, S. 106) treten eine Reihe verschiedener Vegetationseinheiten auf, die von den salzreichsten Stellen an den Salzkrusten bis zu salzarmen oder salzfreien Stellen sich oft über viele km erstreckt. Die oberirdische Phytomasse der Halophyten schwankt zwischen fast Null am Rande der Salzflächen bis zu $6\,t \cdot ha^{-1}$; die von den Niederen Pflanzen der Bodenkruste betrug bei einer Messung $0,2\,t \cdot ha^{-1}$. Die unterirdische Phytomasse von *Ceratoides lanata* beträgt im Mittel von 3 Jahren $8\,t \cdot ha^{-1}$. Sie ist immer größer als die oberirdische.

CALDWELL et al. (1977) bestimmte die Netto-Primärproduktion von *Atriplex confertifolia* mit fast $4\,t \cdot ha^{-1} \cdot a^{-1}$ unter optimalen Bedingungen, wobei nur 25% auf die oberirdische Produktion entfielen. Bei späteren genaueren Messungen zeigte sich sogar, daß das Sproß/Wurzel-Verhältnis für *Atriplex confertifolia* bei etwa 1:7 und für *Ceratoides lanata* sogar bei 1:11 liegt. Die Mittelwerte der Phytomasse dürften etwa $0,28\,t$ und die unterirdische $1-2\,t \cdot ha^{-1} \cdot a^{-1}$ sein.

Die Phytomasse in der südlicheren Sagebrush-Halbwüste ist größer, weil ein großer Teil auf die Holzteile von *Artemisia* entfällt. Die oberirdische Phytomasse beträgt $2-12\,t \cdot ha^{-1}$, die unterirdische dürfte ebenso groß sein. Für die Sagebrush-Halbwüste wird eine gesamte Phytomasse von $2-10\,t \cdot ha^{-1}$ angegeben (davon die Hälfte unterirdisch).

Die jährliche Netto-Produktion in der Halbwüste erreicht $0,5-1,5\,t \cdot ha^{-1} \cdot a^{-1}$ (wiederum viel Holzbildung), in der Sagebrush-Steppe dagegen $0,8-2,5\,t \cdot ha^{-1} \cdot a^{-1}$, davon ein bedeutender Teil an Grasproduktion, vor allem bei Beweidung.

Der Jahreszuwachs weist eine enge Korrelation zu der Höhe der Frühlingsniederschläge auf. Die Stickstoffversorgung der Vegetation erfolgt durch die Luftstickstoff bindenden Cyanophyceen der Bodenkruste, die schon während der Schneeschmelze (einer oft dick verharschten Eisdecke) mit der Produktion beginnen.

Sehr auffallend sind kreisrunde, vegetationslose Flächen mit einigen Metern Durchmesser, die durch die Nester der Ernteameisen (*Pogonomyrmex* sp.) verursacht werden. Sie sind in allen Vegetationseinheiten zu finden und verändern kleinräumig die Artenzusammensetzung durch selektives Abbeißen von Pflanzenmaterial und Sammeln von Samen ganz erheblich. Diese Ameisenflächen sehen auf Luftbildern wie dicht an dicht liegende Pockennarben aus.

Atriplex confertifolia bildet im Frühjahr große Blätter aus, die während der Dürrezeit abgeworfen werden (BRECKLE 1976, WEST 1983); sie werden durch kleinere Blätter ersetzt, die überwintern und photosynthetisch aktiv sind.

Atripex confertifolia ist eine C4-Pflanze, *Ceratoides lanata* eine C3-Pflanze. Beide stehen unter etwa mittleren bis geringen Salzgehalten auf den feinkörnigen Böden rund um den Großen Salzsee in einem Wettbewerbsgleichgewicht.

Beide Arten können nebeneinander auftreten. An anderen Stellen dominiert mal die eine, dann mal die andere Art. Ausgedehnte Untersuchungen der Bodenverhältnisse in Transekten im Curlew-Valley haben gezeigt, daß in der Regel *Atriplex* auf etwas salzreicheren Stellen vorkommt, bzw. der salzärmere tonreiche Oberboden geringmächtiger (ca. 30–50 cm) ist, während bei *Ceratoides*-Standorten der salzärmere Oberboden bis in 50–70 cm Tiefe reicht. Dementsprechend ist die Salzmenge im Boden (bis 1 m Tiefe) pro ha im Mittel bei der *Atriplex*-Halbwüste etwa $130 \text{ t} \cdot \text{ha}^{-1}$, bei der *Ceratoides*-Halbwüste etwa $50 \text{ t} \cdot \text{ha}^{-1}$. Wichtig ist dabei aber die Verteilung im Bodenprofil. Viele dieser Böden sind tonreich, und die Wurzeln reichen mehrere Meter tief. Im Gebiet des Großen Salzsees in Utah, insbesondere in den nördlich anschließenden Flächen, im Curlew-Valley hat die University of Utah (CALDWELL & CAMP 1974, CALDWELL et al. 1977, FERNANDEZ & CALDWELL 1975, CALDWELL & RICHARDS 1986) in ausgedehnten Untersuchungen u.a. zeigen können, wie dieses Gleichgewicht quantitativ beschaffen ist.

Im Gegensatz zu der allgemeinen Meinung der ökologischen Bedeutung der C4-Photosynthese zeigte sich, daß *Atriplex confertifolia* ganz ähnlich wie *Ceratoides lanata* schon in den ersten noch kühlen Frühlingswochen Photosynthese und Wachstum aufnimmt und dabei sogar maximale Photosyntheseraten erreicht. Um mit den C3-Pflanzen hier konkurrieren zu können, war *Atriplex confertifolia* möglicherweise gezwungen, seine Photosynthese an tiefe Temperaturen anzupassen, zu einer Zeit, wenn auch noch ausreichend Wasser zur Verfügung steht. Die maximalen Photosyntheseraten sind niedriger als die des C3-Strauches *Ceratoides lanata*. Dieser Nachteil wird allerdings ausgeglichen durch eine längere Photosyntheseperiode bis in die trockenen Spätsommermonate hinein, wenn *Ceratoides* längst inaktiv ist. So kommt es, daß die jährliche CO_2-Assimilation, auf die Bodenfläche bezogen, bei beiden Vegetationseinheiten fast genau gleich groß ist. *Atriplex* wies keine größeren Blatt-Diffusionswiderstände auf als *Ceratoides* und auch der Transpirationskoeffizient (Wasserabgabe bezogen auf Assimilation) war bei beiden während der Wachstumsphase im Frühjahr und Frühsommer nahezu gleich groß. Erst im Spätsommer hatte *Atriplex* einen größeren Transpirationskoeffizienten (vgl. Abb. 7.21). Wiederum konnte bei Berechnung auf die ganze Vegetationsperiode gezeigt werden, daß bei beiden Arten das Verhältnis jährliche C-Fixierung zu Transpiration fast genau gleich groß war. Etwas unterschiedlich ist bei beiden Arten die Investition des assimilierten C; *Atriplex* investierte einen deutlich höheren Prozentsatz des C-Gewinns zur Vergrößerung seiner Biomasse als *Ceratoides*. Dies ist aber keine an C3- oder C4-gebundene Eigenschaft.

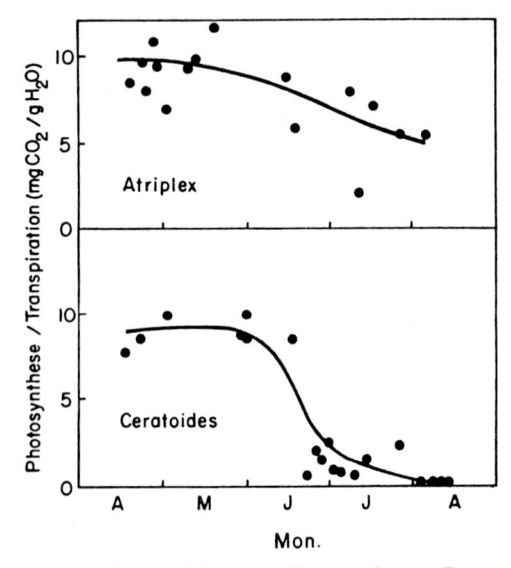

Abb. 7.21: Das Verhältnis von Photosynthese zu Transpiration von April bis August 1970 bei *Atriplex confertifolia* und *Ceratoides lanata* (aus CALDWELL et al. 1977).

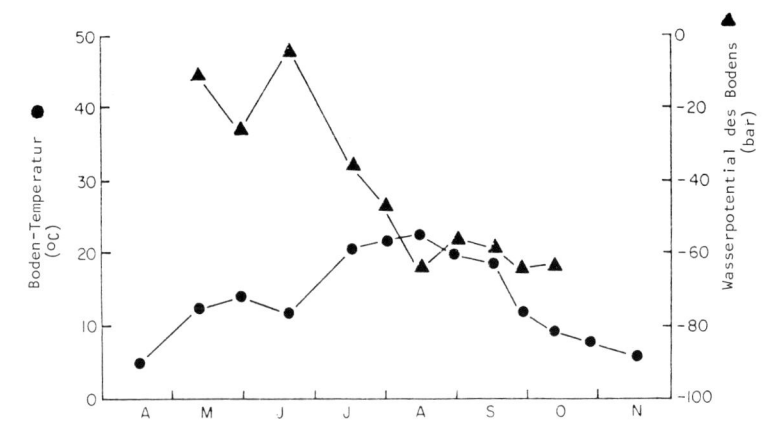

Abb. 7.22: Der Verlauf der Bodentemperatur und der Bodensaugspannung (Wasserpotential des Bodens) in 40 cm Tiefe unmittelbar neben den Wurzelbeobachtungsfenstern in einer *Ceratoides lanata*-Gesellschaft (Curlew-Valley, Utah) (aus FERNANDEZ & CALDWELL 1975).

Beide Arten investierten im übrigen den größten Teil unterirdisch. Auch dies wurde mit verschiedenen Methoden untersucht, so z. B. mit der aufwendigen Erntetechnik, aber auch mit Beobachtungsgruben mit durchsichtigen Fenstern und mit ^{14}C-Technik.

In Abb. 7.22 sind die Bodentemperaturen und die Bodensaugspannungswerte im Jahresgang in einer *Ceratoides*-Halbwüste angegeben. Es ist gut erkennbar, wie im Laufe des Juli das Wasser knapp wird. Die Wurzelspitzenaktivität bei *Ceratoides lanata* (vgl. Abb. 7.23) über die ganze Vegetationsperiode zeigt, daß sich im Sommer die in

immer tiefere Bodenschichten vordringende Austrocknung des Bodens deutlich bemerkbar macht. Die Pflanzen passen sich dem an. Auch bei *Atriplex* (vgl. Abb. 7.23) und bei *Artemisia* (FERNANDEZ & CALDWELL 1975) wurde das Wurzelspitzenwachstum in den verschiedenen Bodenschichten verfolgt. Im Mai ist die Hauptabsorption an Wasser aus dem «Oberboden» (0–50 cm). Gegen Ende Mai ist die Hauptabsorption schon in 50–60 cm Tiefe. Im Juni und Juli ist die Aktivität viel geringer. Im August und September erfolgt eine stärkere Aktivierung im «Unterboden» unterhalb 50 cm Tiefe, die bis über den Oktober hinaus anhält, während

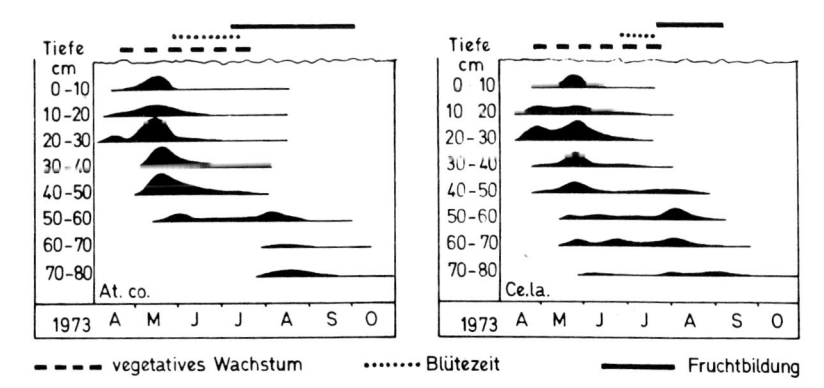

Abb. 7.23: Räumlicher und zeitlicher Verlauf des Wurzelwachstums in verschiedenen Bodentiefen für *Atriplex confertifolia* (At.co., links) und für *Ceratoides lanata* (Ce.la., rechts). Auf den Horizontalen ist für verschiedene Bodentiefen das relative Wachstum der Wurzeln über die Vegetationsperiode 1973 hinweg angegeben. Als Maß ist dafür die Länge neugebildeter Wurzeln in mm pro cm vorhandener Wurzellänge und Tag benützt worden. Der höchste Wert bei *Atriplex co.* im Mai in 20–30 cm Tiefe erreicht fast den Wert 2,0. Die Angaben basieren auf Beobachtungen in Wurzelgruben im Gelände. Angegeben ist ferner die phänologische Abfolge im Sproßbereich (nach CALDWELL & FERNANDEZ 1975, FERNANDEZ & CALDWELL 1975, aus BRECKLE 1976).

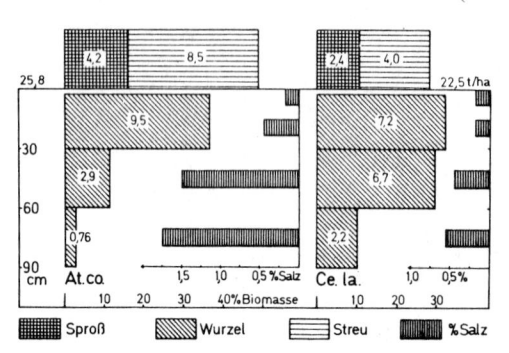

Abb. 7.24: Ober- und unterirdische Biomasse in t · ha^{-1} von *Atriplex confertifolia* (At.co.) und *Ceratoides lanta* (Ce.la.), sowie Bodensalzgehalte in verschiedenen Bodentiefen (nach BJERREGAARD 1971, aus BRECKLE 1976).

zu dieser Zeit der Oberboden kein Wasser mehr enthält. Im Juni/Juli erfolgt bei *Atriplex* eine deutliche Umschaltung der Absorption vom Ober- zum Unterboden, bei *Ceratoides* ist dies nicht so ausgeprägt. Hier reicht die Wurzelaktivität schon im Mai bis 80 cm Bodentiefe. Diese Befunde stehen im Einklang mit den gemessenen Veränderungen des Salzhaushalts (Abb. 7.24). So verändert sich der K$^+$/Na$^+$-Quotient im Blatt besonders stark zugunsten des Na.

Die Salz- und Mineralstoffverhältnisse dieser Arten wurden von ALBERT (1982), BRECKLE (1974), MOORE et al. (1972) untersucht. Der potentielle osmotische Druck des Zellsaftes bleibt bei *Ceratoides lanata* auch im Sommer bei etwa $-3,0$ MPa, bei *Atriplex confertifolia* fällt er (bei Messungen an Preß-Saft ganzer Blätter) auf unter -20 MPa ab. Hier gehen in die Messung aber die gewaltig hohen Konzentrationen der Blasenhaare auf den Blättern von *Atriplex* mit ein. Bei genaueren Messungen mit gewaschenen und abgeschabten Blättern (BRECKLE 1976) ergaben sich die in Tab. 7.6 angegebenen Werte.

Daraus ist ersichtlich, daß bei *Atriplex confertifolia* in den Blasenhaaren sehr hohe Konzentrationen auftreten, man muß vermuten, daß ein Teil des Salzes kristallin vorliegt, denn eine gesättigte NaCl-Lösung weist etwa 5 meq. auf. Hervorzuheben ist aber, daß die Cl$^-$-Menge nicht immer stöchiometrisch ist, es muß daraus auf größere Mengen organischer Anionen geschlossen werden, die auch aus anderen Arbeiten bekannt sind, so kann z.B. *Halogeton glomeratus* bis über 30% des Trockengewichts an Oxalat (MORTON et al. 1959) aufweisen. Ferner zeigte sich, daß jede Art ihre eigene typische Ionen-Garnitur aufweist, wenn man neben Na und K, auch Ca, Mg, sowie die Anionen Cl, SO$_4$ etc. miteinbezieht. *Atriplex falcata* (ssp. *nutallii*) ist merkwürdigerweise durch eine erstaunlich hohe Anreicherung von K in die Blasenhaare ausgezeichnet, auch auf Salzböden, wo Na gegenüber K bei weitem überwiegt (BRECKLE 1976). Andererseits hat ALBERT (1982) offenbar Ökotypen oder andere Unterarten von *Atriplex falcata* analysiert, bei denen wiederum der Na-Gehalt sehr hoch ist. Einige Beispiele für Ionen-Garnituren verschiedener Halophyten des Great Basin Gebietes sind in Abb. 7.25 wiedergegeben. Es kommt auch deutlich der sehr unterschiedliche chemische Charakter der Chenopodiaceen gegenüber den Gräsern (Poaceen) zum Ausdruck. Letztere speichern deutlich mehr Kohlenhydrate zur osmotischen Adaptation.

Ein interessantes Phänomen ist darüberhinaus noch der Gehalt an Oxalat, vgl. Abb. 7.26. ALBERT (1982) vermutet, daß bei manchen Xerohalophyten die hohen Salzkonzentrationen im Zellsaft dazu führen, daß Natriumoxalat kristallin ausfällt und damit eine übermäßige Salzanreicherung vermieden wird. Natriumoxalat ist bei einer Konzentration von etwa 0,5 val gesättigt. Die in Abb. 7.26 gezeigten Beispiele deuten auf deutlich höhere Konzentrationen hin, die mit einem Überschuß an Extraktionswasser in Lösung ge-

Tab. 7.6: Mittlere Gehalte an Na$^+$ in %TG und in Klammern angegeben Konzentrationen in meq. · l^{-1} Zellsaft bei Pflanzen aus Utah und Nevada im September 1973 nach unterschiedlicher Vorbehandlung (aus BRECKLE 1976)

	Atriplex confertifolia	*Atriplex nutallii*	*Ceratoides lanata*	*Artemisia tridentata*
Blätter, unbehandelt	6,8 (1950)	0,29 (220)	0,035 (25)	0,022 (11)
Blätter, 2 × gewaschen	6,5 (1900)	0,24 (190)	0,031 (22)	0,021 (10)
Waschwasser	0,47 (145)	0,04 (30)	0,007 (5)	0,011 (5)
Blasenhaare (abgeschabt)	17,8 (9300)!	1,4 (1100)		
Mesophyll	4,1 (1000)	0,25 (180)		

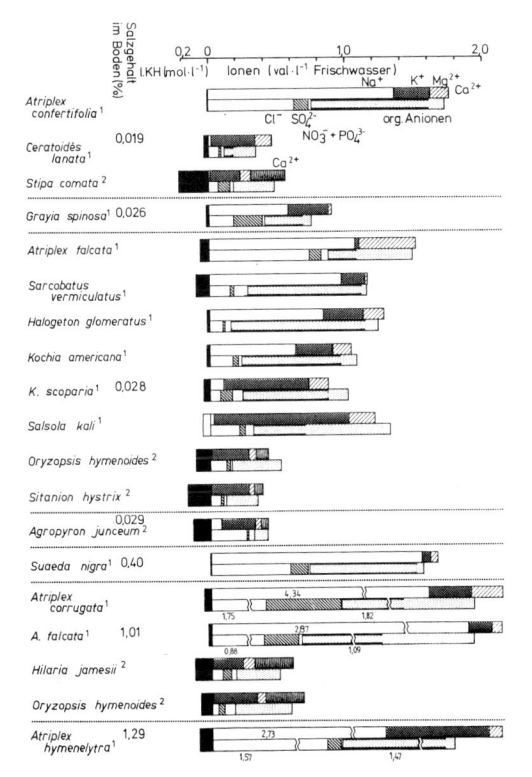

Abb. 7.25: Ionenkonzentration und -gehalte löslicher Kohlenhydrate im Zellsaft von Xerohalophyten aus Salzhalbwüsten in Utah (USA). Oxalat ist durch kräftige Umrandung hervorgehoben. Proben von acht Standorten; Bodensalzgehalt: $Na^+ + Cl^- + SO_2^-$; die vorletzte Pflanzengruppe mit *Atriplex corrugata* stammt von einem Gipsboden bei Price/Utah; *Atriplex hymenelytra* aus dem «Death Valley»/Californien; 1: Chenopodiaceae; 2: Poaceae (aus ALBERT 1982).

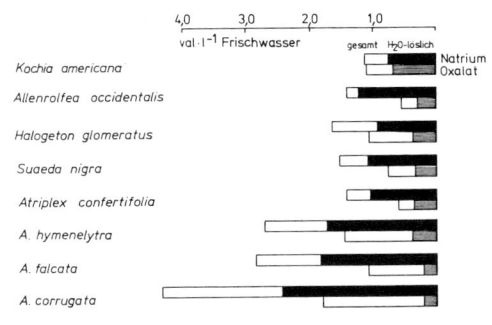

Abb. 7.26: Natrium- und Oxalatgehalte einiger xerohalophiler Chenopodiaceen. Gekennzeichneter Sockel: nach Extraktion des Pflanzenpulvers mit der Menge an Wasser, die dem relativen Frischwassergehalt entsprach; Gesamtblock: nach Extraktion mit starkem Wasserüberschuß. Zum Gesamt-Oxalat addiert sich noch ein HCl-löslicher Anteil (aus Ca- und Mg-Oxalat), der jedoch nicht berücksichtigt wurde, dagegen entspricht das Gesamtnatrium auch der mit HCl extrahierbaren Fraktion (aus ALBERT 1982).

dicklichen Früchte von *Atriplex confertifolia*, die teilweise sogar mit der ganzen Pflanze als Steppenroller verbreitet werden, aber das Konkurrenzgleichgewicht wird im wesentlichen wohl durch die etwas unterschiedliche Verteilung des Salzes im Boden bestimmt (BRECKLE 1976).

An salzärmeren Stellen kommen auch andere Arten dominant hinzu, so hat CALDWELL et al. (1985) sehr elegant durch doppelte Isotopenmarkierung (mit ^{32}P und ^{33}P) zeigen können wie Gräser und Zwergsträucher sehr differenziert um das Phosphatangebot im Boden konkurrieren.

bracht werden und damit analysiert werden können.

Für die Konkurrenzverhältnisse der beiden oben erwähnten Arten *Ceratoides lanata* und *Atriplex confertifolia* ist neben den verschiedenen Standortsfaktoren natürlich auch die Reproduktion und ihre Beeinflussung durch diese Faktoren maßgeblich. Nach Untersuchungen von GASTO (1969) ist die Produktion an Diasporen bei beiden Arten sehr hoch, aber trotzdem ist die Zahl überlebender Keimlinge sehr gering, wie dies Tab. 7.7 angibt.

Auch die Reproduktionseigenschaften der beiden Arten geben keine Hinweise auf eine Überlegenheit der einen oder anderen Art. Zwar fliegen die wollig behaarten Früchte von *Ceratoides* im Herbst wesentlich weiter als die kurz geflügelten

Tab. 7.7: Die Bildung von Diasporen und die Überlebenschancen des Jungwuchses bei *Atriplex confertifolia* und *Ceratoides lanata* im Curlew Valley (Utah) (nach Daten von GASTO 1969)

	Atriplex confertifolia	*Ceratoides lanata*
Zahl an Diasporen pro m² Bodenfläche	614	259
davon gesunde Samen enthaltend	98	57
davon ausgekeimte Samen zu Beginn der 1. Veget.Per.	30	18
überlebende Keimlinge am Ende der 1. Veget.Per.	6,2	5,8
Jungpflanzen am Ende der 3. Veget.Per.	1,5	1,1

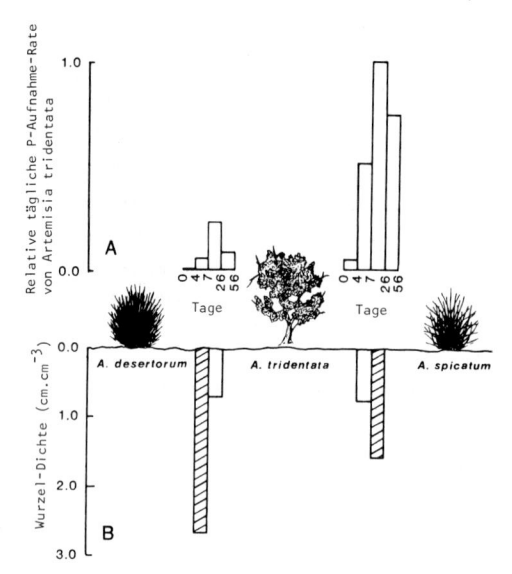

Abb. 7.27: A: Die relative Aufnahme an Phosphor (mittlere tägliche Aufnahmerate an P-Isotopen durch *Artemisia tridentata* aus dem zwischenliegenden Bodenraum, in dem einerseits die Wurzeln unter Konkurrenz mit *Agropyrum spicatum*, andererseits mit *A. desertorum* stehen). Die Säulen nach oben zeigen die P-Aufnahme nach verschiedenen Tagen nach Isotopenmarkierung. An allen Tagen überwiegt die P-Aufnahme auf der *A. spicatum*- Seite erheblich und betrug zwischen 97 und 84%. B: Die Wurzeldichte der beiden Grasarten (schraffierte Säulen nach unten) und von *Artemisia* (offene Säulen nach unten) im Bereich des zwischenliegenden Bodenraums war auf den beiden Seiten nicht signifikant verschieden. Die Wurzeldichte der Gräser war allerdings signifikant größer als die von *Artemisia* (nach CALDWELL et al. 1985).

Wie aus Abb. 7.27 hervorgeht, nimmt *Artemisia tridentata* aus dem gemeinsamen Wurzelraum mit *Agropyrum spicatum* 86% seines Phosphats auf, aus dem gemeinsamen Wurzelraum mit *Agropyrum desertorum* aber nur 14%, obwohl in beiden Bodenvolumina etwa gleiche Bewurzelungsdichte und Mycorrhizierung von *Artemisia* vorhanden war.

7 Gliederung

Die Halbwüsten der intramontanen Beckenlandschaften in den westlichen Vereinigten Staaten sind stark kleinräumig untergliedert. Die jeweilige Höhenlage und die Geomorphologie der Becken spielt allgemein, der Salzfaktor kleinräumig in den einzelnen, meist voneinander isolierten Becken, eine entscheidende Rolle für die Vegetationszonierung. Auf eine Untergliederung wird hier jedoch verzichtet.

8 Orobiome in der Halbwüste

Wie bereits erwähnt, ist das Relief im Great Basin durch das Auftreten kleinerer Erhebungen und niedriger oder höherer Gebirgszüge sehr unruhig. Die Erhebungen direkt über der *Artemisia*-Stufe sind mit «Pinyon» bewachsen. Man versteht darunter offene Coniferen-Fluren mit niedrigen *Juniperus*-Arten in der unteren Übergangszone und etwas höher mit *Pinus edulis* oder auch *Pinus monophylla* (Nadeln sitzen einzeln und sind stielrund), die große eßbare Samen erzeugen.

Die mannshohen Bäume von *Pinus* stehen an den Hängen einzeln, aber in der Nähe von Wasserrinnen rücken sie dicht zusammen und in Tälchen bilden sie schwer durchdringbare Dickichte. Das spricht dafür, daß die Wurzeln an trockenen Biotopen weit horizontal streichen, während sie an feuchten Standorten mehr in die Tiefe gehen. Die offenen Bestände dürften somit unterirdisch geschlossen sein, d.h. die Wurzelsysteme der benachbarten Bäume berühren sich. Das aride kontinentale Klima wirkt sich also auch noch in den höheren Lagen der einzelnen Gebirgszüge deutlich aus, einzelne Westhänge erhalten gelegentlich zusätzliche Steigungsregen.

Auf den oberirdisch freien Flächen zwischen den Stämmen wachsen nur ephemere Arten im Frühjahr, wenn ihnen überschüssiges von den Holzpflanzen nicht ausgenütztes Wasser zur Verfügung steht. Die nächst höhere Stufe, die bereits mehr Niederschläge erhält, ist eine submontane Gebüschstufe aus laubabwerfenden Sträuchern der Gattungen *Amelanchier*, *Symphoricarpus*, *Rhus*, *Purschia* (Rosaceae), der strauchigen Eiche *(Quercus gambelii)* oder von *Acer grandidentata* sowie der Rosaceae *Physocarpus malvaceus*. Es können aber im Westen auch Vertreter des immergrünen Chaparrals hinzukommen (mit der Rosacee *Cercocarpus*, der Celastracee *Pachystigma* und Rhamnaceen, wie *Ceanothus* spp.). Erst darüber beginnt die montane Nadelwaldstufe mit *Pinus ponderosa* auf nicht kalkhaltigem Gestein, sonst *Pinus flexilis* und *P. albicaulis*.

Abb. 7.28: Scharfe Grenzen zwischen Espenhainen (auf möglicherweise austretendem Schichtenwasser) mit *Populus tremuloides* im Herbstaspekt, *Artemisia*-Halbwüste (vorne) und dichtem Coniferen-Wald an den oberen Hängen im Logan-Canyon (Utah) (phot. S.-W. BRECKLE 1973).

Bei diesen Gebirgen mit einer Breitenlage um 40° N sind jedoch die Expositionsunterschiede auf dem Süd- und Nordhang extrem stark ausgeprägt. Auf dem steilen Südhang fallen im Sommer die Sonnenstrahlen um die Mittagszeit senkrecht auf die Bodenoberfläche und erwärmen diese so stark, daß selbst in größeren Höhen noch semiaride Verhältnisse herrschen und an Stelle der genannten Nadelhölzer wächst die *Artemisia*-Steppe. Die nassen, quelligen Stellen verbracken deshalb leicht und sind besonders günstig für die agressive *Populus tremuloides*, die sich sehr stark durch Wurzelschößlinge vegetativ vermehrt (vgl. S. 360) und an solchen Stellen sommergrüne Dickichte bildet (Abb. 7.28).

Nur im Osten des Great Basin, an den Westhängen des Rocky-Mountains-System, den Wasatch- und Uinta-Mountains und südlicher auf den höchsten Colorado-Plateaus bis in über 3000 m NN ist eine *Pseudotsuga menziesii* (Douglastanne mit *Abies concolor-montana*)-Stufe vorhanden. Darüber folgt noch die hochmontane Stufe mit *Picea engelmannii* und *Abies lasiocarpa*. An steilen Sandstein-Südhängen findet man dagegen lockere Bestände mit der interessanten Grannenkiefer (*Pinus aristata* s.l.), die oft verkrüppelt ist. An solchen Krüppeln (in den White Mts.), deren Kambium nur an einer Seite wuchs, so daß der Stammquerschnitt brettförmig war, hat man über 4600 Jahresringe gezählt. Mit Hilfe von bereits abgestorbenen Exemplaren in der Nähe ließ sich die Jahrringchronologie am Institut of Geochronology an der Universität von Arizona in Tucson auf über 7000 Jahren ausdehnen. Heute hat man eine Chronologie, die fast die ganze Postglazialzeit umfaßt.

Die obere **Baumgrenze** wird in diesem Gebiet von *Picea engelmannii* und *Abies lasiocarpa* gebildet, wobei letztere zur Krummholzbildung neigt. Die Baumgrenze auf dem flachen Colorado Plateau in 3000–3200 m NN Höhe ist jedoch nicht scharf ausgebildet, sondern man findet eine Parklandschaft: Auf den leichten Anhöhen mit steinigen Böden wachsen Baumgruppen, während in den leicht moorigen Senken, in denen sich mehr Schnee anreichert und die deshalb später ausapern, bereits die alpine Vegetation vertreten ist. Es sind Zwergstrauchmatten aus alpinen Ericaceen, die den Boden bedecken, zusammen mit Cyperaceen. Diese Verhältnisse wurden von uns in Süd-Utah über Cedar City beobachtet, aber auch noch am Mt. Rainier im Cascaden-Gebirge.

Die alpinen Stufen des Orobioms VIIa, die sich aus der Halbwüstenzone Montanas erheben, wurden von BAMBERG & MAJOR (1968) untersucht. Ausgewählt wurden solche mit kalkhaltigem Gestein und zwar in der Big Snowy Range in 2500–2600 m NN, in Lewis Range in 2300–2470 m NN und im Flint Creek der Goat Mountains in 2800–2910 m NN. Es sollte die kalkholde alpine Flora festgestellt werden, die sich in den Alpen so stark von der kalkmeidenden unterscheidet.

Besonders auffallend war das Vorherrschen von *Dryas octopetala* und mit dieser assoziiert *Carex rupestris, C. nardina, Kobresia* (= *Elyna*) *myosuroides, Salix reticulata, Festuca brachyphylla, Campanula uniflora, Silene acaulis* und Arten der Gattungen *Oxytropis, Astragalus* und *Hedysarum*. Aber auch *Polygonum viviparum* wird genannt, die in den Alpen als bodenvag gilt. Im allgemeinen ist somit die Kalkflora viel weniger ausgeprägt als in den Alpen, was vielleicht damit zusammenhängt, daß in dieser ariden Klimazone auch die Böden über kalkarmem Muttergestein eine weniger saure Reaktion aufweisen.

Die Kalkböden haben meist steinreiche, unstabile Struktur und sind stark windexponiert. Sehr ausgeprägt ist die Bodenbewegung durch Solifluktion. *Dryas* ist z. B. sehr deutlich an Hänge mit Treppenstufen gebunden. Diese Faktoren spielen vielleicht eine größere Rolle als die durch den Kalkgehalt bedingte Bodenreaktion. Auch ist die alpine Flora dieser Gebirge, die mehr aus arktischen Elementen besteht, ärmer als die der Alpen, in der Gebirgselemente der mediterranen Region im Florenbestand mitbeteiligt sind.

Weiter im Süden liegt das **La Sal Gebirge**. Das Gebirge um den 38° N und 109° W gelegen, gehört zum Coloradoplateau-Gebiet an der Grenze der Staaten Utah und Colorado; es erreicht eine Höhe von 3877 m NN, reicht also bis in die alpine Stufe hinauf. Es liegt im Winkel zwischen dem Colorado-River im Westen und dessen Nebenfluß Dolores im Osten.

Die Sedimentgesteine wurden hier um etwa 2000 m gehoben und weitgehend abgetragen; die höchsten Berggipfel sind Lakkolithe aus Magmatiten gebildet, die sehr widerstandsfähig sind und steilwandige Kuppen bilden. Im Pleistozän war das Gebirge wiederholt vergletschert; die längste Gletscherzunge reichte mit 14,5 km Länge bis ins Gebirgsvorland hinunter.

Klimatisch liegt das Gebiet inmitten des Kontinents und ist im Winter durch ein Kältehoch und im Sommer durch das Subtropenhoch gekennzeichnet, es ist somit extrem kontinental mit einer sehr hohen Einstrahlung und Ausstrahlung. Die Temperaturextreme der Station Moab in 1219 m NN sind 45 °C und −31 °C, der Juliwert 26,4 °C, der Januarwert −1,7 °C, absolut frostfrei sind allein der Juli und der August. In 3050 m NN muß man das ganze Jahr über mit Nachtfrösten rechnen. Die Temperaturamplituden sind extrem groß.

Die mittleren monatlichen Niederschläge in Moab schwanken um 20 mm monatlich mit einem Minimum von 10 mm im Juni. Doch sind die Berggipfel im Sommer um die Mittagszeit fast täglich in Wolken gehüllt und am frühen Nachmittag regnet es meist lokal im Gipfelbereich. Der Jahresniederschlag nimmt daher mit der Höhe erheblich zu und erreichte 1965 auf dem höchsten Gipfel 760 mm, im Vergleich zu Moab mit unter 250 mm.

Die Expositionsunterschiede sind namentlich in der montanen Stufe extrem. Die untere Grenze der Nadelwaldstufe liegt auf dem Südhang rund 500 m höher als auf dem Nordhang. Diese Darstellung ist stark schematisiert, zumal im Bereich des Colorado-Plateaus der Aufbau treppenförmig ist, d. h. horizontale Flächen wechseln mit Steilhängen ab. Infolgedessen kann sich die hypsonale Vegetation gut entwickeln. Dabei spielen die Bodenverhältnisse eine große Rolle, denn die tonigen Schichten sind salzhaltig und trocken, in ariden Gebieten begünstigen sie also die Halbwüstenvegetation, die sandigen sind feuchter und nicht salzhaltig. Den Übergang von den Halbwüsten-Strauchgemeinschaften zu den Pinyon-Gehölzen bilden, ähnlich wie weiter nördlich, Bestände aus dem mehr oder weniger halophilen Chenopodiaceen-Strauch *Ceratoides lanata* und vor allem dem «sagebrush», also *Artemisia tridentata*. *Sarcobatus* ist stets an Stellen mit mehr oder weniger salzhaltigem Grundwasser gebunden.

Die hochstämmige *Pinus ponderosa* bildet schöne lichte Bestände nur auf nicht kalkhaltigen Gesteinen und ist deshalb an anstehende kretazische Sandsteine mit Braunen Böden gebunden, die sogar leicht podzolig sein können. Demgegenüber ist *Quercus gambelii* in derselben Höhenlage sehr an tonige Böden gebunden. Sie bildet immer nur ein sehr dichtes Gebüsch. Es handelt sich um eine laubwerfende Eichenart, der häufig der Rosaceenstrauch *Cercocarpus* beigemischt ist, zusammen mit *Rhus trilobata*, *Amelanchier utahensis* u. a.

Besonders charakteristisch für die Gebirge in ariden Gebieten des Great Basin ist die Espenstufe mit *Populus tremuloides*. Diese Art ist besonders für das Ökoton zwischen semiaridem und semihumidem Gebiet bezeichnend. Auf wasserzügigen Biotopen entlang von Wasserrinnen geht die Espe tief in die arideren Höhenlagen hinunter und bildet Galeriegebüsche. Auch verträgt sie eine leichte Verbrackung, die sich an feuchten Stellen im ariden Klima immer einstellt. Andererseits geht die Espe als Vorholz auf Brandflächen auch weit in die Nadelholzstufe hinauf oder im Norden bis in die boreale Zone hinein. In der Übergangszone semiarid-semihumid bildet sie dagegen großflächige reine Bestände.

In der hochmontanen Stufe bildet *Picea engelmannii* Wälder doch hängt die Entwicklung derselben, sowie die der oberen Waldgrenze und auch die Ausbildung der alpinen Stufe selbst, in einem Orobiom eines sehr ariden Gebietes nicht nur von den klimatischen Faktoren ab, sondern auch vor allem von den Gesteinsverhältnissen, die die Menge des im Boden gespeicherten Wassers und damit die darauf wachsende Pflanzendecke bestimmen. Dadurch ergeben sich sehr komplizierte Verhältnisse.

9 Pedobiome

Lithobiome sind in Idaho die großen Lava- und Basaltflächen. Sie verwittern nur sehr langsam, so daß meist keine tiefgründigen Böden vorhanden sind. Von großer Bedeutung sind die Halobiome. Wie wir bereits erwähnten, sind im Großen Becken in Utah, aber auch in vielen kleineren Becken in Nevada, im südlichen Idaho, im nördlichen Arizona, meist im Bereich ausgetrockneter früherer großer Glazialseen (vgl. Lake Bonneville, S. 365) mehr oder weniger salzreiche Böden verbreitet. Die Salzflächen nehmen daher einen großen Raum ein.

Die Salzböden weisen allerdings nicht immer die gleiche chemische Zusammensetzung auf. Bezeichnend ist, daß in diesen Gebieten an manchen Stellen der Gehalt an Borax sehr hoch ist. Sulfat-Salinität kann ebenfalls auftreten. Borax wird dabei ebenso wie NaCl in den tiefsten Stellen als gut wasserlösliches Salz (meist als $Na_2B_4O_7$) angereichert. Eine ausgedehnte Untersuchung der ökologischen Verhältnisse bezüglich boraxreicher Standorte und der Anpassung einzelner Arten ist von LETSCHERT (1986) durchgeführt worden. Zwischen Californien und Wyoming hat sie die bekannten besonderen Standorte borreicher Böden untersucht. Danach sind besonders *Atriplex hymenelytra*, *Suaeda torreyana* und *Bassia*-Arten borreich. Die Böden im Death Valley und im San Joaquin Valley in Californien erwiesen sich als stark mit Borax belastet. Bei halophytischer Vegetation konnten allerdings keine Toxizitätssymptome gefunden werden, da offenbar der gleichzeitige Salzstreß eine gewisse antagonistische Schutzwirkung bedingt. Kulturpflanzen jedoch sind kaum wirtschaftlich anzubauen.

Während der überhöhte Borax-Gehalt sich zwischen 10 und bis weit über 100 ppm des Bodentrockengewichts ausweist, liegt der NaCl-Gehalt der Salzböden zwischen 0,1 und weit über 2% an Na^+ des Bodentrockengewichts. Auch im Bereich des Großen Salzsees wurden noch erhöhte Bodenborwerte gemessen, die in manchen Arten durch Anreicherung eine erstaunlich hohe Borkonzentration verursachen (BRECKLE 1976, LETSCHERT 1986). So reichert *Atriplex confertifolia* Borat zwischen 10- und 50fach an, *Allenrolfea occidentalis* bis 70fach im Bereich des Großen Salzsees. An anderen Stellen liegen die Werte ähnlich.

Im Bereich des Großen Salzsees ist die Zonierung besonders ausgeprägt (vgl. Haloserie, Bd. 1, S. 106). Um die tiefsten Stellen der früheren Seebecken sind oft dicke feste Salzkrusten ausgebildet. Sie sind vegetationslos. Am Rande tritt als erster Pionier *Allenrolfea occidentalis* auf, stellenweise mit *Salicornia utahensis*. Beide Arten sind stammhalosukkulent und ausdauernd. Sie bilden manchmal halbkugelige Halbsträucher, die den vom Wind verwehten Sand auffangen und dann kleine Hügel bilden. In dieser sehr offenen Pionierzone tritt die annuelle *Salicornia rubra* auf, die im Frühjahr keimt, wenn die oberen Bodenschichten durch die Winterfeuchtigkeit weniger stark salzhaltig sind. Alle drei Arten sind typische Hygro-Halophyten, sie wurzeln stets in nassen Salzböden, selbst wenn sich an der Oberfläche im Sommer eine dicke, weiße Salzkruste bildet. Sie halten Konzentrationen der Bodenlösung von weit über 50 bar aus, aber auch anaerobe Bodenverhältnisse.

In der nächsten Zone der Haloserie können sich *Suaeda*-Arten dazugesellen, oft auch schon das absalzende Gras *Distichlis stricta*, das niedrige, kleine Rasenflecken bildet.

Steigt das Gelände fast unmerklich an und nimmt die Tiefe des Grundwasserspiegels zu, dann stellt sich als Phreatophyt oft der holzige Dornstrauch *Sarcobatus vermiculatus* (greasewood) ein, dessen Pfahlwurzel über 3 m (bis 17 m) tief bis zum weniger salzigen Grundwasser reicht. Er ist blatthalosukkulent mit zylindrischen, saftigen Blättchen. Diese *Sarcobatus*-Zone kann mehrere km breit sein. Der Boden zwischen den Büschen ist im Frühjahr mit Therophyten bedeckt, die im ausgesüßten Oberboden wurzeln, mit Beginn der Trockenzeit aber schnell absterben. Es sind meist adventive Arten wie *Bromus tectorum*, *Salsola kali*, dazu *Lepidium perfoliatum* (alle aus Asien eingeschleppt), dazu *Bassia hyssopifolia* u. a., sowie Moose und Flechten.

Als nächste Stufe, etwas höher, folgt die Zone der Xerohalophyten, die das Grundwasser nicht mehr erreichen. Sie wurzeln im Boden, dessen Salzkonzentration stärker schwankt, aber meist geringer ist, als die der inneren Zonen. Da der Wassergehalt stark schwankt, kann die Salzkonzentration im Boden auch sehr hoch werden. Unter den Xerohalophyten ist die wichtigste Art, die extreme Bedingungen aushält: *Atriplex confertifolia* (shadscale). Sie kommt auch auf Gipsböden vor, auf Tonschiefern etc. Sie bedeckt in Utah etwa 49.000 km^2, in USA 154.000 km^2. Man kann manchmal vermuten, daß die obere Grenze der Verbreitung von *A. confertifolia* einer Höhenlinie entspricht und wohl mit einer früheren Uferlinie zusammenfällt, als das Seewasser schon salzig war. Den Übergang zu den salzfreien, höher gelegenen Böden mit *Artemisia tridentata* bildet *Ceratoides lanata* (oder *Kochia*-Arten). *Ceratoides* ist nicht sukkulent, die Blätter und insbesondere die Früchte sind weißwollig.

Die erste genaue Beschreibung der Halophytenzonierung vom Südende des Großen Salzsees stammt von KEARNEY et al. (1914), sie ist allerdings nur noch historisch bedeutsam, da dieses Gebiet heute völlig zerstört ist.

Über ökophysiologische Untersuchungen zu den Halobiomen haben wir bereits berichtet (vgl. S. 374ff.).

10 Zono-Ökotone

Im Bereich der Mohave-Wüste sind die Bedingungen bereits so trocken, daß man dieses Gebiet zum ZB VII (rIII) rechnen muß. Andererseits gibt es aber auch größere Überlappungen zum ZB III, vor allem in den südlichen Randbereichen zur Sonora-Wüste (vgl. Band 2, S. 220 ff.). Hier ist eine Grenze zum Zono-Ökoton VII/III schwer zu ziehen. Wir wollen im folgenden nur noch kurz auf das ZB VII (rIII), zu dem im wesentlichen nur die Mohave-Wüste zu rechnen ist, eingehen.

C. Subzonobiom VII (rIII) in Nordamerika (Wüsten mit kalten Wintern)

1 Die Mohave-Wüste

Große Teile im Mittleren Westen und Südwesten werden in USA als deserts bezeichnet, sie sind aber eher Halbwüsten. Die Niederschläge im Jahr liegen meist über 150 mm und reichen oft bis über 300 mm. Auch die Mohave-Wüste ist keine extreme Wüste, es ist ein im Sommer sehr heißes, im Winter gelegentlich eisiges weitläufiges und gebirgiges Buschland im südlichen Nevada und im östlichen Californien. Die Mohave-Wüste geht nach Süden in die zunehmend frostfreier werdenden Teilgebiete der Sonora-Wüste über, die zudem gekennzeichnet ist durch eine steigende Zahl neotropischer Elemente in der Flora (LAUGHLIN 1989).

Die bereits erwähnte Blackbrush-Halbwüste mit *Coleogyne* (vgl. S. 370) geht in tieferen Lagen, aber auch noch mit Auftreten erheblicher Winterkälte in die *Yucca*-Wüste über. Hier kommen besonders viele verschiedene Lebensformen vor. Die Kleinsträucher werden von den bizarren Yoshua-Trees (*Yucca brevifolia*) überragt, diese können bis weit über 3 m hoch werden (Abb. 7.19) und stehen von weitem gesehen fast «waldartig» dicht. Aus der Nähe besehen, ist es aber doch ein sehr lockerer Bestand, in dessen weiten Lücken zahlreiche weitere Arten wachsen. Die *Yucca*-Halbwüste tritt vor allem in Höhenlagen zwischen 800 und 1200 m und auf salzfreien, lockeren, meist skelettreichen Böden auf. Neben *Yucca* kommen vor: *Lycium andersoni*, *L. cooperi*, *Salazaria mexicana*, *Chrysothamnus nauseosus*, *Grayia spinosa*, auch noch *Ceratoides lanata* und *Tetradymia spinosa*, *Aster mohavensis*, *Eriogonum fasciculatum* und viele andere, z.B. auch Geophyten wie *Calochortus* oder *Zygadenus*.

Die südliche Hälfte der Mohave-Wüste wird großenteils vom Creosot-Busch bedeckt. Der immergrüne Creosotbusch (*Larrea tridentata*) wächst mit geringem oberirdischem Deckungsgrad, aber weitstreichenden Wurzeln relativ rasch. Neben *Larrea* kommen als Begleiter noch zahlreiche weitere Zwergsträucher vor, wie *Franseria dumosa*, *Dalea californica*, *D. schottii*, *Encelia frutescens*, *Krameria parvifolia*, ganz im Süden auch die endemische *Fouquieria splendens*, dazu Kakteen, wie *Echinocactus polycephalus*, *Echinocereus engelmannii*, *Opuntia basilaris*, *O. bigelovii*, *Peniocereus greggii* (KNAPP 1965). Dazu kommen einerseits Sommer-Annuelle, die nach gelegentlichen Sommerregengüssen keimen oder auch Winter-Annuelle nach Winterregen. Letztere sind besonders artenreich und sind, je nach Ausmaß und Ablauf der Winterregen von Jahr zu Jahr sehr verschieden entwickelt. Über die starken Schwankungen der Niederschläge von Jahr zu Jahr haben wir im Zusammenhang mit der Besprechung der Sonora-Wüste hingewiesen (vgl. Band 2, Abb. 3.8, S. 228). Außer den wechselnden Niederschlägen spielt auch die Temperatur für das Keimungsgeschehen der Einjährigen eine wichtige Rolle. Aufgrund experimenteller Befunde konnte bestätigt werden, daß die Winter-Annuellen bevorzugt bei relativ tiefen Temperaturen, während die Sommer-Annuellen nur bei hohen Temperaturen keimen.

Winter-Annuelle keimen im allgemeinen erst dann, wenn innerhalb weniger Tage im November oder Dezember mehr als 25 mm Niederschlag fallen. Der dadurch in den Boden gelangende Wasservorrat reicht aus, um die Entwicklung der Annuellen bis zur Fruchtreife zu ermöglichen (WENT 1955, KNAPP 1965). Daß die Annuellen weitgehend erst dann keimen, wenn ein ausreichender Niederschlag gefallen ist, wird durch verschiedene Mechanismen ermöglicht. Einerseits können keimhemmende Stoffe aus den Samen erst nach ausreichenden Regenmengen entfernt sein, andererseits kann das Niederschlagswasser lösliche Salzionen, die die Keimung hemmen, aus dem Oberboden nach unten abtransportieren. Weiterhin gibt es die Möglichkeit, daß keimhemmende Substanzen der Testa zuerst durch Bakterien und Pilze zersetzt werden müssen und diese sich erst bei ausreichender Feuchtigkeit entwickeln. Bei wieder anderen Arten müssen die Samen oder Diasporen sogar mehrfach durchfeuchtet worden sein, bevor sie ihre Keimhemmung verlieren.

Die **Sommer-Annuellen** sind häufig neotropischer Herkunft und erreichen in den südwestlichen USA ihre Nordgrenze, während relativ viele Winter-Annuelle holarktischer Herkunft sind und von Norden her in der Mohave-Wüste oder in der Sonora ihre Südgrenze der Verbreitung aufweisen. Der Überlappungsbereich fällt in das Gebiet der Mohave- und der Sonora-Wüste. Beispiele für Sommer-Annuelle sind: *Amaranthus fimbriatus*, *Boerhaavia intermedia* (Nyctag.), *Pectis papposa*, *Perityle emoryi*, *Euphorbia pediculifera*, *Kalistroemia californica*, *Palafoxia linearis*. Beispiele für Winter-Annuelle: *Amsinckia tessellata*, *Chaenactis carphoclinia*, *Chorizanthe brevicornu*, *Eriogonum trichopes*, *Eriophyllum pringlei*, *Eschscholtzia minutiflora*, mehrere *Mimulus*-Arten, mehrere *Linanthes*-Arten, *Lupinus*-Arten, *Sphaeralcea*-Arten, *Nama demissum*, *Phacelia crenulata* und noch viele andere. Im südöstlichen Californien treten etwa 400–500 Winter-Annuelle auf, die Sommer-Annuellen machen dort weniger als 100 Arten aus. Nach Norden und Osten zu nimmt ihre Zahl allgemein stark ab.

nahe der Grenze zu Nevada. Die Talsohle ist der Grund eines eiszeitlichen Binnensees. Sie ist angefüllt mit etwa 300 m mächtigen Ablagerungen eines Salz- und Schotter-Tongemisches. Dabei lassen sich verschiedene Zonen unterscheiden (Abb. 7.29). Der tiefste Punkt liegt bei −86 m NN bei Bad Water. Dort ist ein mit Bitterwasser (Mg-reich) angefüllter Tümpel. Der Ubehebe-Krater ist Zeugnis für frühere vulkanische Tätigkeit in diesem Gebiet. Besonders bezeichnend ist fernerhin, daß bei den Salzablagerungen teilweise auch sehr boraxreiche Schichten vorkommen, die

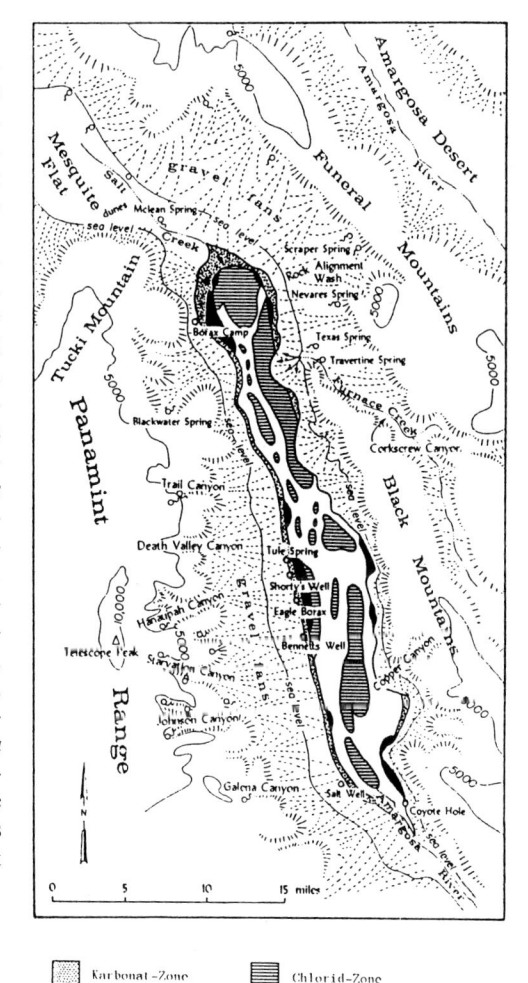

Abb. 7.29: Geomorphologische Übersicht und wichtigste Salzzonen in der Salzpfanne des Death Valley (nach HUNT 1975, aus LETSCHERT 1986).

2 Death Valley

Besonders extreme Bedingungen herrschen im Death Valley. Das Tal des Todes (Death Valley) ist ein 22 km breiter Grabenbruch in Californien,

384　Teil 7: Das Subzonobiom VII in Südamerika

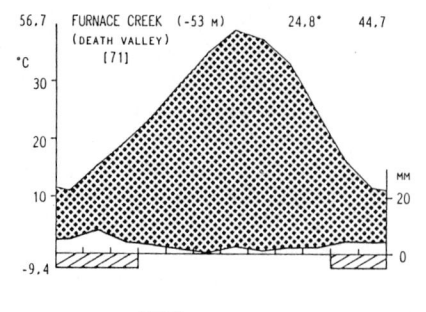

Abb. 7.30: Klimadiagramm der Station Furnace Creek im Death Valley, der heißesten und trockensten Station der USA (aus LETSCHERT 1986).

früher in großen Mengen abgebaut und mit Fahrzeugen mit mehreren Anhängern (Borax-Train) abtransportiert wurden. LETSCHERT (1986) hat hier ebenfalls Untersuchungen zur Halophyten-Ökologie und deren Beeinflussung durch Bor durchgeführt.

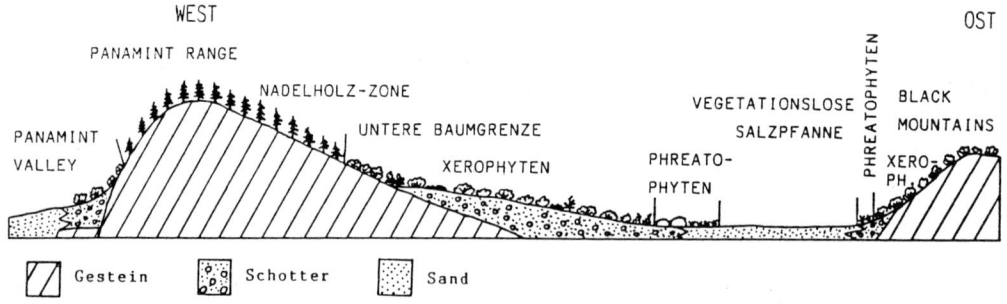

Abb. 7.31: Schematisches West-Ost-Profil durch das Death Valley (nach HUNT 1975, aus LETSCHERT 1986).

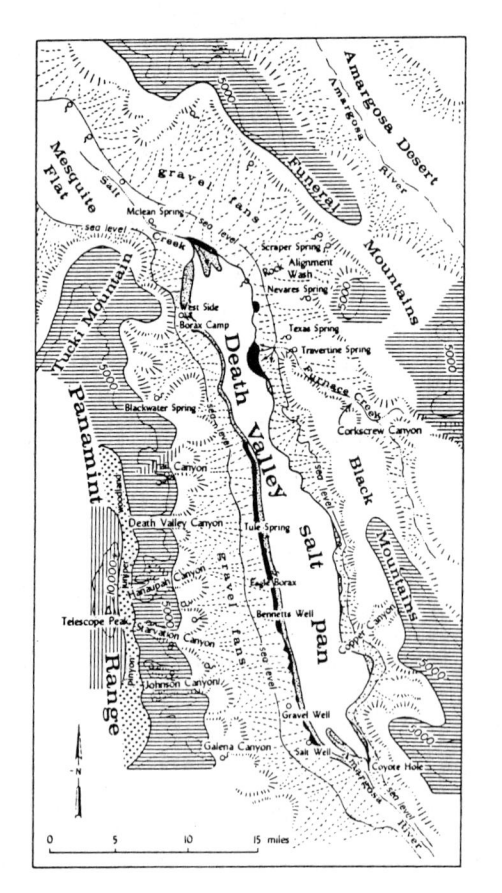

Das Death Valley ist der heißeste und trockenste Teil des südwestlichen Wüstengebietes der USA. Das Klimadiagramm Furnace Creek (Abb. 7.30) weist ein absolutes Temperaturmaximum von 56,7 °C auf, das absolute Minimum liegt bei −9,4 °C. Die Niederschläge sind sehr niedrig, sie fallen in sehr vereinzelten Gewittern, eher im Winterhalbjahr. Das Juli-Monatsmittel der Temperatur erreicht fast 40 °C und ist damit eine der heißesten Stationen der Erde. Die potentielle Evaporation kann im Sommer mehr als 500 mm pro Monat ausmachen.

Das Querprofil des Tales zeigt eine orographisch und edaphisch bedingte Vegetationszonierung (Abb. 7.31 und 7.32). Der zentrale Teil, die Salzpfanne, ist vegetationslos. Sie besteht aus hart verkrusteten Salztonen (Abb. 7.33). Der erste Gürtel ist, wie am Großen Salzsee, von der sehr salztoleranten *Allenrolfea occidentalis* geprägt.

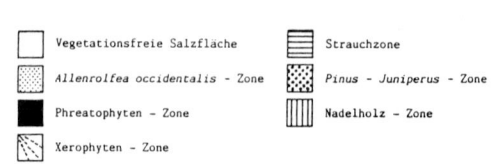

Abb. 7.32: Übersichtskarte der wichtigsten Vegetationseinheiten der Umgebung des Death Valley (nach HUNT 1975, aus LETSCHERT 1986).

Abb. 7.33: Die weite, vegetationslose Salzpfanne im Death Valley und der Schotterrand mit *Allenrolfea*, jenseits der Straße und *Tidestroemia* (diesseits der Straße, dazwischen Prof. S. BAMBERG und E.-D. SCHULZE) (phot. S.-W. BRECKLE 1973).

Nach außen folgen Gürtel mit Sandablagerungen und Grundwasservorkommen. Hier treten Phreatophyten auf, die das Grundwasser erreichen. Dazu gehört *Prosopis juliflora*. Dazwischen wächst *Tidestroemia oblongifolia* (Amaranthac.), ein bis 60 cm hoher Halbstrauch, mit einem sehr hohen Temperaturoptimum der Photosynthese.

An den flach ansteigenden Schotterhängen beider Talseiten tritt dann wieder *Larrea* auf, dazwischen vor allem auf trockenen Salzböden am Fuß der Schotterhänge und in Wadis *Atriplex hymenelytra*, mit fast weißen Blättern, aufgrund des dichten Blasenhaarüberzugs, der zu einer weißen Haut vertrocknet. Ferner kommen vor: *Atriplex polycarpa* (mehr im Süden), *Franseria dumosa*, *Suaeda suffrutescens* und oberhalb 1200 m kommt *Atripex confertifolia* hinzu.

Die das Death Valley gegen Westen abschirmende Panamint Range reicht bis 3000 m hoch und trägt auf ihren Höhen schütteren Coniferenbewuchs mit *Pinus aristata*, *P. flexilis*, *P. monophylla* und *Juniperus*-Arten (HÖLLERMANN 1973).

D. Das Subzonobiom VII in Südamerika

Die ostargentinische Pampa – das Pampaproblem

Im Bereich der gemäßigten Klimazonen treten auf der Südhemisphäre die Landmassen gegenüber den Ozeanen stark zurück. Deshalb sind auch die semiariden und ariden Gebiete des ZB VII sehr beschränkt.

Den bereits besprochenen Graslandschaften des semiariden Subzonobioms VII der osteuropäisch-sibirischen Steppen und der Nordamerikanischen Prärie steht zwischen dem 31° S bis 39° S die ostargentinische Pampa mit einer Fläche von etwa 500.000 km^2 gegenüber, dazu kommen nur noch sehr kleine Graslandschaften weiter südlich in der Übergangszone zur Patagonischen Halbwüste und im Westen Feuerlands. Ein sehr kleines natürliches Graslandgebiet ist in Otago auf der Südinsel von Neuseeland vorhanden.

Mit «Pampa» wird in der Quechua-Sprache ganz allgemein eine baumlose Ebene bezeichnet. In der pflanzengeographischen Literatur hat es sich jedoch eingebürgert unter Pampa, das bei der Ankunft der ersten Spanier in Ostargentinien angetroffene Grasland zu verstehen. Es umfaßt vor allem die Provinz Buenos Aires und die angrenzenden Teile der Provinz Entre Rios im Norden und der Provinzen Santa Fe, Cordoba, San Luis und den östlichsten Teil der Provinz La Pampa im Osten (vgl. Abb. 7.40). Diese Graslandpampa ist der landwirtschaftlich wertvollste Teil Argentiniens. 60% des Viehbestandes und 80% des Ackerlandes Argentiniens sind in der Pampa konzentriert; 95% der argentinischen Weizenernte werden in der Pampa erzeugt und zwei Drittel der Bevölkerung (die Millionen von Buenos Aires eingeschlossen) wohnen in diesem Gebiet. Die Folge ist, daß von dem ursprünglichen Grasland nur sehr geringe Reste erhalten geblieben sind, was die Beurteilung der natürlichen Verhältnisse sehr erschwert.

Heute ist die Pampavegetation fast völlig vernichtet, an ihre Stelle sind stark beweidete Flächen mit europäischen Pflanzenarten oder Getreide- sowie Luzerne-Äcker getreten. Angepflanzte Bäume, wie *Eucalyptus* neben *Robinia pseudacacia, Gleditschia triacanthos, Acer negundo, Populus alba* u.a., gedeihen gut. Ob die Pampa überhaupt ein natürliches Grasland war, wird sogar von europäischen Forschern angezweifelt. Schon GRISEBACH (1872) hatte darauf hingewiesen, daß das in der Literatur angegebene «humide» Klima der Pampa mit einer langen günstigen Vegetationsperiode im Widerspruch zur Baumlosigkeit der Pampa steht, umso mehr, als weiter im trockeneren Osten Gehölze erwähnt wurden. Auch LORENTZ (1875, 1876), der als Lehrer in Buenos Aires tätig war, machte sich darüber Gedanken. Das gute Gedeihen von in der Pampa angepflanzten, nicht einheimischen Baumarten veranlaßte SCHMIEDER (1927) die Ansicht zu vertreten, daß es sich bei der Pampa um ein sekundäres, anthropogen bedingtes Grasland handelt, das schon in vorkolumbianischer Zeit durch ständige von Indianern angelegte Feuer aus einem ursprünglichen bewaldeten Gebiet entstand (vgl. TROLL 1968). Diese Hypothese wurde von KÜHN (1929), aber vor allem von den einheimischen Vegetationskundlern (PARODI 1934, 1942, FRENGUELLI 1941, CABRERA 1945) scharf abgelehnt. Aber auf einen Mitteleuropäer, der die Pampa namentlich im Frühjahr bereist und die Steppen oder Prärien nicht kennt, macht sie einen so humiden Eindruck, daß ELLENBERG (1962) die Ansichten SCHMIEDERS unterstützte. Die Lösung des Pampaproblemes mußte deshalb durch eine integrale ökologische Untersuchung während der gesamten Vegetationszeit unter Berücksichtigung aller Aspekte versucht werden, zu denen auch die Analyse des Klimas an Hand von langfristigen Zeitreihen gehörte. Dabei stellte sich heraus, daß die Schwankungen der jährlichen Niederschlagsmengen im Zusammenspiel mit den hydrographischen und geomorphologischen Gegebenheiten von grundlegender Bedeutung für das Verständnis der Pampa sind. Die Untersuchungen an Ort und Stelle (von Oktober bis April 1966) wurden möglich durch die Unterstützung der argentinischen wissenschaftlichen Institutionen (WALTER 1966, 1967, 1967a, 1969), wobei die Kenntnis der ökologischen Verhältnisse in der osteuropäischen Steppe und der nordamerikanischen Prärie die Lösung des Problems erleichterten.

1 Das Klima der Pampa

Betrachtet man das Klimadiagramm von Buenos Aires (Abb. 7.34), so sieht es wie ein typisches Diagramm der warmtemperierten Zone aus. Obgleich die Niederschlagskurve ein leichtes Minimum im Hochsommer aufweist, zeigt das Diagramm keine Trockenzeit an, wie dies für die semiariden Steppen und den größten Teil der Prärie typisch ist. Allerdings liegt die mittlere Jahrestemperatur bei 16,1 °C und deutet somit ein sehr warmes Klima an. Ähnliche Temperaturverhältnisse findet man nur im südlichsten Teil der nordamerikanischen Prärie, z. B. in Oklahoma City (Abb. 7.34). Projiziert man die Karte des südlichen Nordamerika ohne Änderung der Breitenlage auf die Südhemisphäre, so erkennt man, daß die Lage von Buenos Aires tatsächlich der von Oklahoma City entspricht (vgl. Abb. 7.35). Allerdings weist Oklahoma City eine kalte Jahreszeit von 3 Monaten auf mit einem absoluten Minimum von −27,2 °C. Demgegenüber sind die Winter von Buenos Aires sehr milde. Es liegt direkt an der Küste des Rio de La Plata, einer Meeresbucht, die jedoch durch den in sie mündenden Parana-Strom ausgesüßt ist. Das mittlere tägliche Minimum des kältesten Monats beträgt +5,8 °C, die tiefste gemessene Temperatur ist −5,4 °C, wobei Fröste in den Monaten April–Oktober vorkommen können. Da die kalte Jahreszeit fehlt, wachsen angepflanzt in den Gärten von Buenos Aires Arten wie *Ficus elastica*, der als Baum draußen aushält, *Philodendron, Monstera, Bougainvillea*, die an den

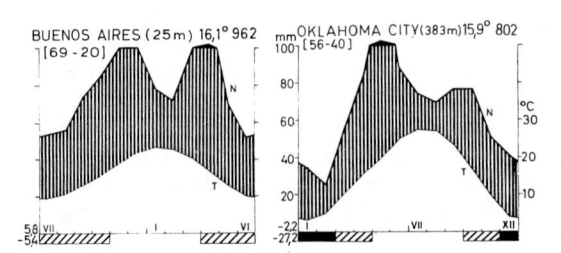

Abb. 7.34: Klimadiagramm von Buenos Aires in der nordöstlichen Pampa in Argentinien und zum Vergleich von Oklahoma City in der südöstlichen Prärie der USA (aus WALTER 1968).

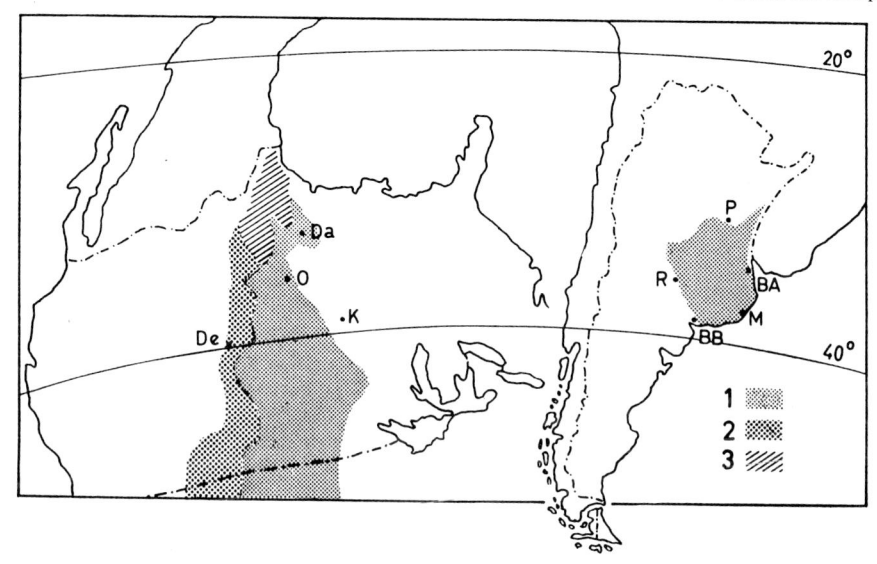

Abb. 7.35: Die Breitenlage der Pampa und der südlichen Prärie. Die USA wurden ohne Änderung der Breite auf die Südhemisphäre projiziert. Feinpunktiert: Pampa bzw. Prärie; grob punktiert: Great Plains oder Kurzgras-Prärie, nicht mit der Pampa vergleichbar, da über 1000 m NN gelegen; gestrichelt: *Prosopis*-Savanne in Südtexas; in Argentinien: BA: Buenos Aires; M: Mar del Plata; BB: Bahia Blanca; R: St. Rosa; P: Parana. In USA: O: Oklahoma City; Da: Dallas; K: Kansas City; De: Denver (aus WALTER 1968).

Häusern hinaufklettern und als Epiphyt *Tillandsia aeranthes*. Ebenso findet man blühende *Hibiscus sinensis*-Sträucher. Um die Estancias werden *Casuarina*, *Cupressus*-Arten und *Melia azedarach* gepflanzt, *Eucalyptus globulus* oder *E. camaldulensis* werden für Aufforstungen verwendet. In kälteren Wintern können diese Arten etwas zurückfrieren, sie treiben jedoch von unten wieder aus.

Weiter landeinwärts in der Pampa werden die Winter etwas kälter, aber das absolute Minimum unterschreitet nirgends −11,5 °C. Die Witterung wechselt sehr plötzlich: Weht von Nordosten der abgelenkte Südostpassat, dann ist er in Buenos Aires sehr heiß und schwül, weht dagegen von Süden der kalte «Pampero», dann sinkt die Temperatur sehr stark. Diese Gegensätze werden im Landinneren noch ausgeprägter. Trotzdem halten auch dort noch in Anlagen *Phoenix canariensis* und *Citrus*-Arten aus. Temperaturstürze bis zu 30 °C in 24 Stunden wurden selbst in Buenos Aires registriert.

Für die Diskussion des «Pampaproblems» ist es wichtig, daß trotz der vom Klimadiagramm angezeigten humiden Verhältnisse, extreme Trockenperioden auftreten können. Sie sind im Diagramm nicht erkennbar, da für deren Darstellung langjährige Mittel verwendet werden (WALTER 1976).

Einen besseren Einblick vermitteln Klimagramme über viele Jahre. Abb. 7.36 zeigt das Klimadiagramm und Ausschnitte aus dem Klimatogramm von Dolores, das unweit der Küste liegt. Das Klimadiagramm läßt 12 humide Monate erkennen. Ausschnitte aus dem Klimatogramm zeigen hingegen Jahre mit den erwähnten extremen Dürreperioden auf. Auch die Station Junin in der nördlichen Pampa erhielt 1910/11 in acht aufeinander folgenden Sommermonaten nur 195 mm Regen.

Ein weiterer Sachverhalt, von dem man allerdings nur dann einen Eindruck erhält, wenn man die Sommermonate in der Pampa selbst erlebt, muß berücksichtigt werden. In vielen Nächten treten schwere, tropenähnliche Gewitter auf.

Der Regen prasselt in Strömen. Die unbefestigten Fahrwege sind infolge des schweren tonigen Bodens so glitschig, daß man selbst bei vorsichtigem Fahren meist im Graben landet. Am nächsten Morgen scheint die Sonne sehr heiß und es ist schwül. Dies hat zur Folge, daß die Evaporation sehr hoch ist und der Boden wieder rasch austrocknet. Man muß daher etwa bis 10 Uhr warten, dann ist der nur oberflächlich durchfeuchtete Boden wieder fest.

Diese Gewittergüsse ergeben hohe mittlere monatliche Niederschlagswerte, aber sie sind für die

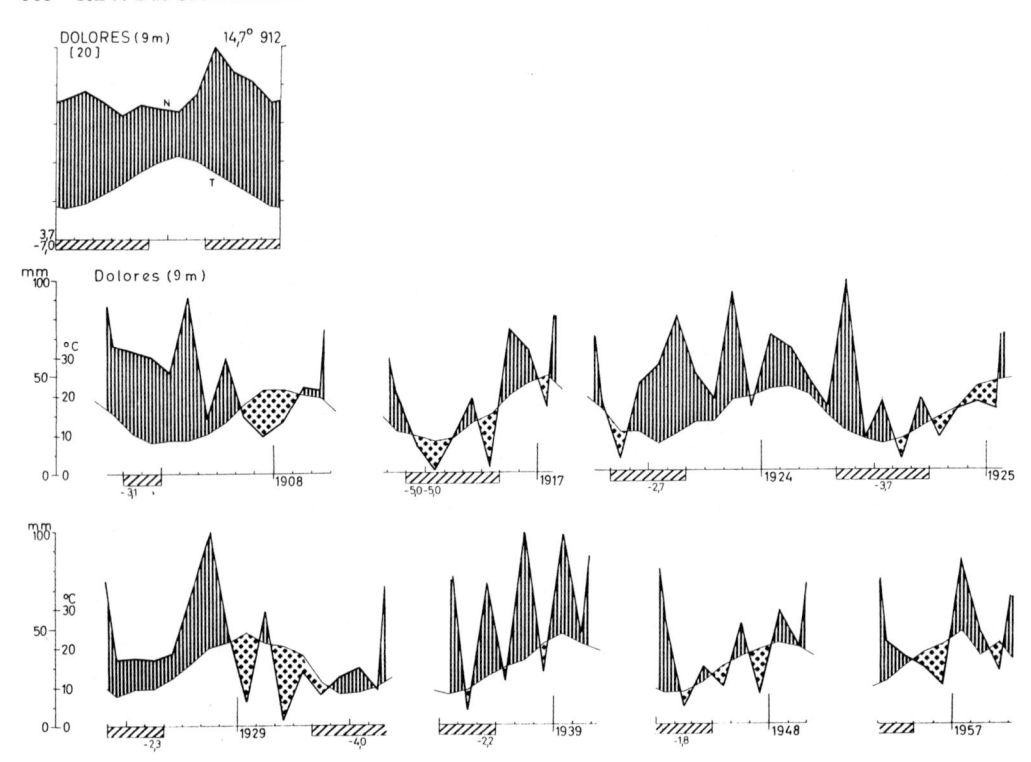

Abb. 7.36: Klimadiagramm von Dolores (Östliche Pampa in Argentinien) und Ausschnitte aus dem 50jährigen Klimatogramm mit Dürreperioden (aus WALTER 1968).

Vegetation fast nutzlos, weil die Wurzeln das Wasser nicht aufnehmen können und die Evaporation am Tage sehr hoch ist. Daraus ergeben sich für die Pflanzen Schwierigkeiten mit der Wasserversorgung, obwohl das Klimadiagramm hohe mittlere Niederschlagswerte anzeigt.

Diese Beobachtungen weisen darauf hin, daß zur vollständigen Beurteilung der klimatischen Verhältnisse die aktuelle Evaporation herangezogen werden muß. Die Temperaturkurve allein reicht nicht immer als alleiniger Hinweis auf die Evaporationsverhältnisse aus. In semiariden Gebieten übersteigt die jährliche potentielle Evaporation in mm bereits die Jahresniederschlagsmenge. Berechnet man die Evaporation für die meteorologischen Stationen des Pampagebiets nach der Formel von Thornthwaite, so ergibt sich für die östliche Pampa ein Überschuß der Niederschläge von 150–200 mm. PAPADAKIS (1962) zeigte aber, daß die benutzten Formeln für humide Klimagebiete brauchbar sind, für aride Gebiete jedoch zu niedrige Werte ergeben (oft bis zu 50% zu geringe). Für viele Stationen der Pampa liegen direkte Messungen der potentiellen Evaporation mit dem Tank-Typ A vor. Nach Reduktion der Werte mit dem Faktor 0,7 zur Eliminierung des Doseneffektes ergeben sich für alle Stationen in der Provinz Buenos Aires, die auf Abb. 7.43 eingetragen wurden, die angegebenen klaren Jahreswasserdefizite (Niederschlag minus potentielle Evaporation). Nur direkt an der Küste des Rio de La Plata, in Buenos Aires und für die Stadt La Plata erhält man Werte um etwa 0; landeinwärts steigen die Defizite ständig an und erreichen im Südwesten der Pampa Werte von über -700 mm (Abb. 7.43, S. 400). Demnach wäre die Pampa hydrologisch ein semiarides bis arides Gebiet.

Die Evaporationswerte liegen in der östlichen Pampa nur in den Wintermonaten April–Juli unter den Niederschlagswerten, was den Wasserüberschuß im Frühjahr auf den ebenen Flächen ohne Abfluß erklärt. Die Evaporationswerte in mm entsprechen dem 7fachen Temperaturwert in °C (vgl. Abb. 7.37), während für die Darstellung des üblichen Klimadiagramms die Relation zwischen Niederschlag und Temperatur nur 2:1 ist. Aus diesem Grunde ist die Sommertrockenzeit nicht erkennbar. Ein weiterer Grund ist, daß Som-

2 Die Böden der Pampa

2.1 Hydrographie und Geomorphologie

Hydrographisch weist die Pampa der Provinz Buenos Aires eine deutliche Gliederung auf (s. Abb. 7.43). Man unterscheidet:

1. die «pampa undulada» eine leicht wellige zum Parana-Fluß nach NE abfallende Ebene, die einen etwa 100 km breiten Streifen bildet und sich nach Osten beim Punto Piedras an der Küste des Rio de La Plata auskeilt. Dieser Teil liegt bis 90 m über dem Meeresniveau. Zahlreiche kleine Wasserläufe entwässern die Ebene zum Parana-Delta (vgl. Abb. 7.40).

2. Die «pampa deprimida» – eine Ebene, die sich kaum 40–10 m über den Meeresspiegel erhebt und eine tektonisch bedingte Senke darstellt, die aufgefüllt wurde. Die kristallinen Gesteine liegen in 4000–5000 m Tiefe. Sie wird unterteilt in die Niederung, die der Rio Salado sehr unvollständig entwässert, weil der Fluß nur in 80 m NN aus der salzigen Lagune Mar Chiquita entspringt, Salzwasser führt und in einem 70 km langen Lauf stark mäandert, weil er kaum ein Gefälle hat. Die vielen kleinen Wasserläufe, die aus der Tandil Gebirgsgruppe abfließen (2a), versickern, bevor sie den Rio Salado erreichen. Auch das Urstromtal aus der Eiszeit (GRÖBER 1952) schließt sich hydrologisch an die Salado-Niederung an (2c), aber der Fluß Vallinca führt nur in ausnahmsweise nassen Jahren über den Rio Saladillo Wasser der Salado-Niederung zu und verursacht dann Überschwemmungen wie z.B. 1957. Solche Hochfluten traten auch 1883/84 auf und 1900 als im März 234 mm Regen fielen. Sonst trocknet der Rio Salado im Sommer fast aus.

RINGUELET (1935) bringt eine Wasseranalyse aus dem Unterlauf des Rio salado: pH = 8,8, totale Alkalität (H_2SO_4) = 0,3969, permanente Alkalität ($CaCO_3$) = 0,1600, Salzgehalt (Mengen in g pro Liter: Na^+ = 1,0112, Cl^- = 1,2141, SO_4^{--} = 0,842). Wir bestimmten den pH-Wert am Ufer des mittleren Laufs des Rio Salado und fanden im Wasser wachsend die Alge *Enteromorpha*, dazu *Zannichellia palustris*, am feuchten Ufersaum *Salicornia ambigua*, *Sesuvium portulacastrum*, *Heliotropium curassavicum*, *Cressa truchilense*, *Spergularia villosa*, *Sida leprosa* und *Distichlis*-Horste. Salzausblühungen an der Böschung ergaben ein pH = 9,5, bei der hellen Lößschicht dar-

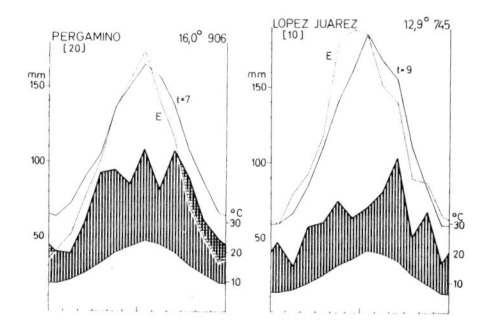

Abb. 7.37: Klimadiagramme von Pergamino in der feuchten nördlichen Pampa und von Lopez Juarez in der Pampa alta mit Evaporationskurve (E) und Temperaturkurve 10 °C = 70 mm (t × 7) bzw. = 90 mm (t × 9). Bei Pergamino liegt die Niederschlagskurve in den Monaten April–Juli über der Kurve der potentiellen Evaporation (kreuzschraffiert), bei Lopez Juarez stets darunter (aus WALTER 1968).

merdürrezeiten in den einzelnen Jahren auf verschiedene Monate entfallen und deshalb bei Verwendung von langjährigen Mittelwerten im Diagramm nicht in Erscheinung treten.

Aus dem 50jährigen Klimatogramm von Dolores in der östlichen Pampa ist zu ersehen, daß in jedem Jahrzehnt etwa 2–3 Jahre mit Dürremonaten auftreten. Das Klimadiagramm erinnert aber sehr an das von Buenos Aires. Selbst in der nördlichsten Pampa von Entro Rios fielen im Sommer 1949/50 in 5 Monaten nur 135 mm, 1910/11 in 8 Sommermonaten nur 193 mm. Das bedeutet bei den hohen Sommertemperaturen eine katastrophale Dürre für Bäume, die im Wettbewerb mit der natürlichen Pampavegetation stehen. Da letztere heute vernichtet ist, besteht dieser Wettbewerb nicht, so daß die gepflanzten exotischen Baumarten mit den nicht von den Gräsern verbrauchten Wasservorräten im Boden gewisse Dürrezeiten überleben können.

Außerdem spielt für die natürlichen Grasländer noch ein anderer Faktor eine Rolle – das Feuer durch Blitzschlag. Daß die Pampa im Hochsommer gut brennt, haben die Indianer im Kampf gegen die Weißen gezeigt.

Aber wir haben für die ariden Gebiete ein sehr viel eindeutigeres Merkmal, wenn wir die Böden untersuchen.

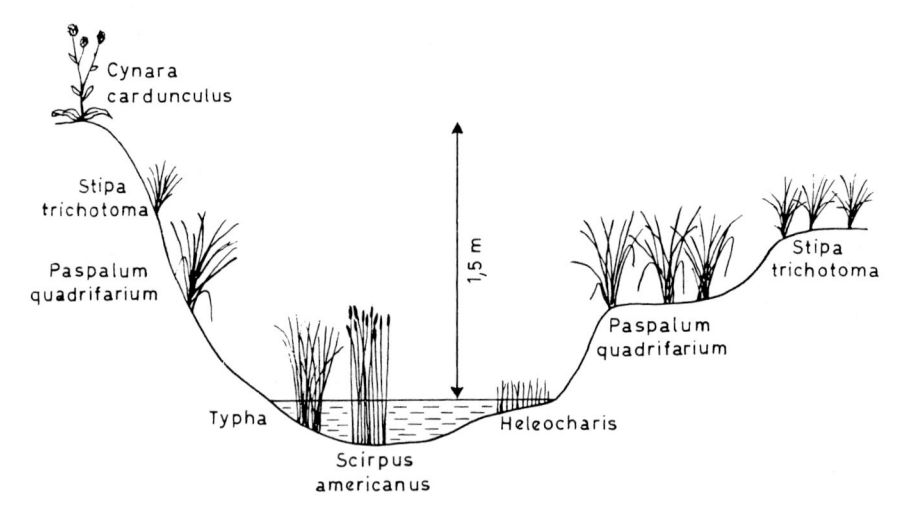

Abb. 7.38: Schematisches Profil durch einen Graben zur Veranschaulichung der Abhängigkeit der Vegetation vom Grundwasserspiegel in der Pampa. *Paspalum quadrifarium* wächst näher am Grundwasserspiegel als *Stipa trichotoma*. *Cynara cardunculus* ist adventiv anstelle des *Stipa brachychaeta*-Graslands (aus WALTER 1968).

über pH = 8,5, dagegen im durchwurzelten Humushorizont der Pampa 1,5 m Höhe nur 7,0–7,5. Der feuchte Boden war also sodahaltig, das Flußwasser enthielt dagegen, wie oben erwähnt, Chloride und Sulfate.

3. Die «pampa alta» – eine besondere Landschaftseinheit zwischen den Tandil- und Ventana-Bergsystemen. Der ebene Teil liegt in einer Höhe von 200 m NN und weist keinerlei Wasserläufe auf. Nur der südliche Abfall wird zum Atlantik entwässert.

4. Die «pampa arheica» – bildet den mittleren Teil der Pampa im Westen der Provinz Buenos Aires mit einer Fläche von 53.000 km². Sie liegt etwa 145 m über dem Meeresspiegel, ist ausgesprochen arid und wie der Name besagt, völlig abflußlos. Hier findet man Sandüberlagerungen und niedrige Sanddünen, aber auch größere Salzpfannen. Das Ventana-Gebirgssystem mit steinigen Böden gehört nicht zur Pampa, sondern wird von einem dornigen Gebüsch bedeckt.

Wenn man zum ersten Mal im Frühjahr (Oktober) durch die Pampa fährt, so glaubt man in einem Moorgebiet zu sein: Die Gräben zu beiden Seiten der befestigten Straße im Hinterland von Buenos Aires sind randvoll mit Wasser gefüllt. In ihnen wachsen *Jussieua repens*, *Alternanthera philoxeroides*, *Hydrocotyle* u.a., die Oberfläche des Wassers bedeckt *Azolla* (Abb. 7.38). Auf den ebenen Flächen stehen kleinere und größere Tümpel; die schwarzen Böden sind wassergesättigt. In Küstennähe sind, durch eine Küstenhebung, abflußlose Seen (als Lagunen bezeichnet) mit dunklem Wasser entstanden. Aber es sind keine Moorseen, denn das Wasser hat einen pH-Wert = 8,0–8,5 oder sogar 9,0, was ein Beweis für Sodaverbrackung ist. Solche abflußlose Seen (vgl. Abb. 7.42) mit alkalischem Wasser sind auch ein einwandfreier Beweis für ein semiarides Klima (Bd. 1, S. 36). Die Wassertümpel hatte VERVOORST (1967) in seiner eingehenden Arbeit über die Vegetation der Pampa in der Salado-Niederung mit den Pods der osteuropäischen Steppen verglichen (Bd. 3, S. 193), aber die Pods haben einen gewissen unterirdischen Abfluß und verbracken deshalb meist nicht.

Die sehr zahlreichen Tümpel, die auch in der Pampa alta verbreitet sind, dürften folgendermaßen entstanden sein: Nach starken Regen bleiben in der ebenen Pampa alta weitläufige, flache Wasserlachen stehen; zu diesen kommt das Vieh zum Trinken. Dabei wird der nasse Boden zertreten und verdichtet. Auch bleibt der zähe Boden an den Beinen des Viehs kleben und wird fortgetragen, wodurch die Lache vertieft wird. Lagert das Vieh in der Trockenzeit auf dem nackten Boden der ausgetrockneten Lache, so wird dieser durch den Tritt zu Staub zerrieben und letzterer vom Wind fortgeblasen. Die abflußlosen Tümpel trocknen im Sommer ganz aus, was ebenfalls ein Beweis für ein arides Klima ist. Das wird durch die Vegetationsverhältnisse um die Tümpel erhärtet.

Um die Tümpel herum steht im Frühjahr das lokale oberste Grundwasser (napa falsa) so hoch, daß die Bodenoberfläche durch kapillaren Aufstieg feucht gehalten wird und eine starke Verdunstung von der Bodenoberfläche stattfindet, was eine Salzanreicherung zur Folge hat. Es tritt eine Solonzierung ein (Bd. 1, S. 36). Auf solchen Solonezböden mit hellgrauem A-Horizont und dunklem kompaktem und alkalischem B-Horizont wächst das halophile Gras *Distichlis spicata* oder *D. scoparia*, das als «pasto salado» (= salzige Weide) bezeichnet wird. Mit *Distichlis* kommen andere Salzanzeiger vor, wie die Gräser *Hordeum stenostachys*, *Sporobolus poiretii*, *Puccinellia glaucescens* und die Kräuter *Petunia parviflora*, *Spergularia villosa*, *Sisyrinchium platense*, *Lepidium parodi* u. a.

In der äußeren weniger verbrackten Zone der Tümpel wächst das *Solanum malacophyllum* (= *S. glaucum*), das 1–2 m hoch wird. Dann folgen mehrere Zonen von Sumpfpflanzen. Im Sommer trocknen die Tümpel aus und aus dem grauen zertretenen Boden ragen nur die trockenen *Solanum*-Stengel heraus.

2.2 Die Bodentypen

Die weite Verbreitung der Brackböden in der Pampa ist ein einwandfreier Beweis für die Semiaridität des Klimas. Diese Verbrackung nimmt natürlich mit dem zunehmenden Wasserdefizit in der Pampa nach Westen zu. Die ersten Anzeichen findet man schon bei Castelar, einer Vorstadt von Buenos Aires: Auf ebenen Flußterrassen des Rio Reconquista kommt es zu kleinen abflußlosen Flächen, deren Verbrackung durch *Petunia parviflora* angezeigt wird. Sie treten auch an der Nordgrenze der Pampa in der Provinz Entre Rios und Santa Fe auf. LORENTZ (1876) erwähnt, daß auch im Uruguay-Grenzgebiet auf den flachen baumlosen Wasserscheiden Lagunen auftreten, die meist brackiges Wasser enthalten, das man nicht trinken kann.

Doch sobald man die Pampa-Grenze in Entre Rios nach Norden überschreitet und ins bewaldete Corrientes mit der Palme *Trithrinax campestris* kommt, sind zwar feuchte Böden verbreitet, aber Verbrackungsanzeichen fehlen ganz, wie wir feststellen konnten.

Andererseits nimmt die Verbrackung in der Pampa nach Westen mit zunehmender Aridität immer stärker zu. Es treten abflußlose Salzpfannen auf, wie z. B. die Laguna La Picaza im südlichen Teil der Provinz Santa Fe, die am Außenrand eine Sodaverbrackung mit schwarzer Kruste und einen Bewuchs mit *Distichlis spicata* aufweist (pH = 9,6–10,0) oder *Paspalum virgatum* (pH = 9,5–9,8) sowie mit *Hordeum stenostachys* (pH = 8,2). Das Bodenprofil war hier ein typischer Säulen-Solonez, während im Zentrum der Lagune eine weiße Salzkruste den Boden bedeckte (Chlorid-Sulfat-Verbrackung) und *Salicornia ambigua*, *Suaeda maritima* sowie *Sesuvium portulacastrum* wuchsen. Den Übergang zur Pampavegetation vermittelt *Spartina montevidensis* bei einem pH = 7 (RAGONESE 1941). Die halophile Flora der Provinz Santa Fe haben RAGONESE y COVAS (1947) genauer beschrieben.

Für die Verteilung der Waldbestände und des Graslandes in der Waldsteppe spielen neben dem Relief die Bodenarten eine entscheidende Rolle. Das gilt auch für die Pampa. Die Untersuchungen von PARADAKIS 1963, MIACZYNSKI y TSCHAPEK 1965 und BONFILS 1966 ergaben, daß in der Pampa ebenso wie in der Steppe und Prärie Löß das Muttergestein bildet.

Die typischen Bodentypen der Pampa besitzen einen schwarzgefärbten A-Horizont mit 2–5% Humusgehalt. Aber es sind keine richtigen Schwarzerden. FRENGUELLI (1925) und TERUGGI (1957) weisen darauf hin, daß der Löß als Muttergestein der Pampa sich sehr stark von dem Löß der Osteuropäischen Steppe und der Prärie nicht nur in der Korngrößenzusammensetzung, sondern auch chemisch unterscheidet. Es handelt sich um äolische Ablagerungen von vulkanischer Asche der tätigen südchilenischen Vulkane. Noch vor 50 Jahren wurde nach einer Vulkaneruption eine Aschenschicht von mehreren Millimetern am Ufer des Rio de la Plata abgelagert. Die Lößablagerungen bestehen deshalb vor allem aus vulkanischem Glas. Die meisten Bodenproben enthalten weniger als 2% $CaCO_3$, wenige bis 4%. Zwar findet man oft in verschiedener Tiefe mächtige, harte Toska-Schichten, die aus Kreide bestehen, aber es sind nicht rezente, sondern sehr alte, durch aufsteigendes Grundwasser entstandene pleistozäne Bildungen, seltener erst postglazial, aber über 8000 Jahre alt (SIRAGUSA 1964b).

Der Pampa-Löß enthält sehr viel Kieselsäure, wobei es sich um Reste der Kieselzellen der Epidermis von Grasblättern handelt, auf die bis zu 20% der Bodensubstanz entfallen kann. Das ist ein weiterer Beweis, daß die Pampas ein **natürliches Grasland** war. **Waldhumusreste** wurden in der heutigen Pampa nicht gefunden.

Die Bodenprofile mit einem mächtigen Humushorizont (bis 1,5 m) erinnern an die mächtige

Schwarzerde (Chernozem) der Steppe (vgl. Bd. 3, S. 157 ff.), aber der Humusgehalt ist infolge der stärkeren Humuszersetzung in den milden Wintern prozentual geringer; es findet eine Tonanreicherung (B-Horizont) statt und die pH-Werte liegen bei 5,5–6,0. Die Böden zeichnen sich durch starke Quellbarkeit und Schwundrisse beim Austrocknen aus (Vertisole), durch Überwiegen von Pseudogley, z.T. auch durch dichtgeschlämmtes Lessiv'egefüge. Auch nach TERUGGI ist der Boden reich an mikroskopischen Kieselzellen-Resten der Gramineen-Epidermis (Opalphytolithe, vgl. PETERS 1968), die bis zu 20 % der Bodensubstanz ausmachen. Alles das ist ein pedologischer Beweis dafür, daß die Pampa kein früheres Waldgebiet ist, sondern ein ursprüngliches Grasland.

Nur dort, wo an Stelle der feinkörnigen, schwer drainierbaren Böden solche mit grobem Korngefüge auftreten, wie an den gut drainierten Steinhängen zur Niederterrasse des Parana, sowie des La Plata, aber auch auf Erhebungen in Küstennähe (auf Muschelbänken früherer Strandlinien, Dünen, anstehendem durchlässigem Kalk) stellen sich auch heute gut erkennbar Gehölze ein. Im Norden sind es *Prosopis nigra*, *P. algarobillo* oder *Acacia caven*, im Süden *Celtis spinosa*.

In Entre Rios, dort, wo die Pampa von Gehölzformationen abgelöst wird, findet man in Abhängigkeit vom Relief dieselbe Verteilung von Gehölz- und Graslandvegetation wie in der Waldsteppe (Abb. 7.39). Von besonderer Bedeutung für die Frage der Aridität des Klimas ist die Untersuchung der Naßböden ohne Abfluß. In den Gräben längs der Straßen mit einem gewissen Abfluß findet man nur Süßwasserpflanzen *(Glyceria multiflora, Scirpus americanus, Jussieua repens)* und schwimmende Decken aus *Lemna, Azolla* oder *Ricciocarpus natans*. In den küstennahen abflußlosen Lagunen fällt die braune Färbung des Wassers auf. Es sind jedoch keine Humussäuren, wie in Hochmoorgebieten, vielmehr liegen die pH-Werte bei 8–9 oder gar über 9, d. h. es macht sich eine leichte Sodabildung bemerkbar, wie sie für semiaride Gebiete bezeichnend ist. Auch alle Böden um die im Sommer austrocknenden Tümpel sind solonziert, was durch das Auftreten von Sodabildung anzeigenden Arten leicht zu erkennen ist (*Distichlis*-Rasen, *Hordeum stenostachys, Sporobolus poiretii, Puccinellia glaucescens* und die Kräuter *Petunia parviflora, Sida leprosa, Lepidium parodii, Sisyrinchium platense, Spergularia villosa*). Diese Arten findet man auch auf den ebenen Bachterrassen gleich am Westrand von Buenos Aires, nicht dagegen am La Plata, wie auch im ganzen semiariden Gebiet.

Im ariden Gebiet der Pampa mit höheren Defiziten der Wasserbilanz (Abb. 7.40, 7.41 und 7.43) geht die Sodaverbrackung in eine Chlorid-Sulfat-Verbrackung (S. 391) über. Als Beispiele kann, wie erwähnt, die Laguna La Picaza im südlichen Teil der Provinz Santa Fe dienen, die schon ein Salzsee ist. Solche Salzseen mit Solontschak- und typischen Säulensolonetzböden herum findet man häufiger im westlichen Teil der Pampa. In diesem Gebiet werden längs der Straßen salzresistente *Tamarix*-Bäume gepflanzt.

Sodabrackböden findet man noch bei Victoria auf abflußlosen Flächen der Inseln im Parana-Delta, wenn diese lange Zeit nicht überschwemmt werden (BURKART 1957; LEWIS et al. 1976), selbst noch bei Conception del Uruguay. Sie verschwinden jedoch sofort, sobald man im nördlichen Teil der Provinz Entre Rios mit einer Gehölzvegetation in ein humides Gebiet gelangt mit einer positiven Wasserbilanz.

Eine Übersicht der Böden Argentiniens mit einer Karte hat PAPADAKIS (1963) veröffentlicht. Die Pampaböden besitzen den tief dunkel gefärbten Humushorizont A, der für feuchte Wiesenböden bezeichnend ist, ebenso Feuchtemerkmale, wie starke chemische Verwitterung mit Tonbildung und Anreicherung von Eisenhydrat, dichtes Gefüge und starke Quellbarkeit mit Auftreten

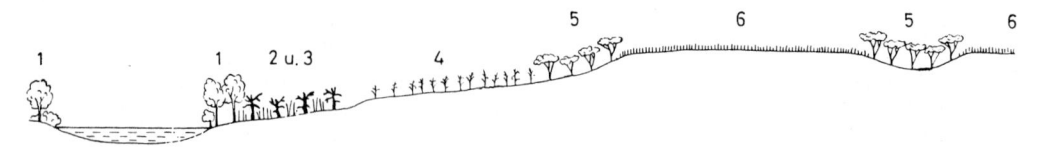

Abb. 7.39: Schematisches Profil durch die Landschaft im südlichen Entre Rios an der nördlichen Grenze der Pampa mit Gehölzen. 1: Galeriewald am Parana-Arm; 2: Überschwemmungsgebiet mit *Scirpus giganteus* und 3: *Erythrina crus-galli*-Bäumen; 4: grundwassernahes Tussock-Grasland mit *Paspalum prionitis*; 5: *Acacia caven-Prosopis nigra*-Gehölz (höher mit *Celtis spinosa*) an den Hängen und in den Tälern; 6: baumlose Gras-Pampa auf den fast ebenen, schlecht drainierten Plateau-Standorten (aus WALTER 1968).

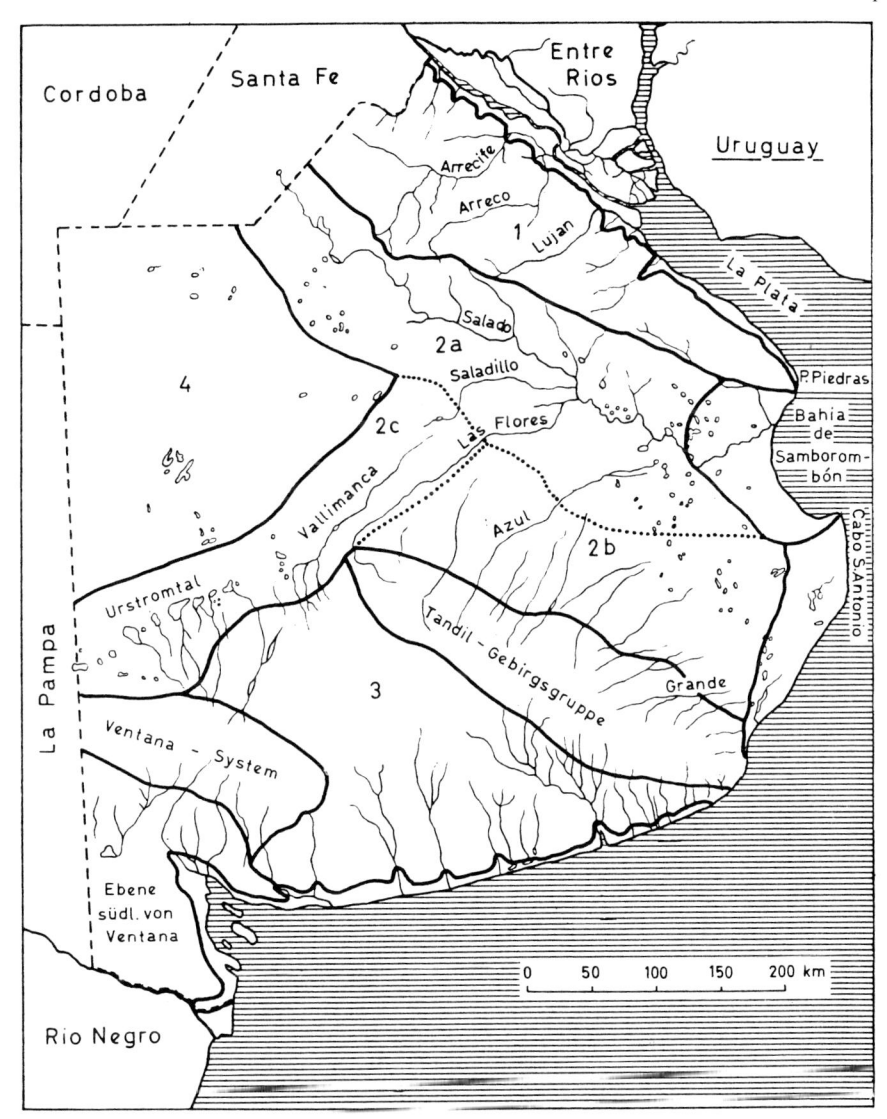

Abb. 7.40: Geomorphologie der Pampa in der Provinz Buenos Aires 1: Pampa undulada mit guter Entwässerung, 2a–2c. Pampa deprimada, ungenügend durch den Rio Salado entwässert, zum größten Teil abflußlos; 3: Pampa alta, in etwa 200 m NN, nur der Randteil entwässert; 4: Pampa arheica mit sandigen Böden und ohne Entwässerungssystem (nach SIRAGUSA, aus WALTER 1968).

von Schwundrissen und Vergleyung. Diese Angaben wurden von KUBIENA (schriftl. Mitt.) gemacht, der Dünnschliffe von unseren Bodenproben aus der Pampa mikroskopisch untersuchte. Nach seinen Angaben deuten die Humusbildungen durchweg auf tiefreichende Rasenhumusformen hin, wobei Waldhumusreste im heutigen Graslandgebiet fehlen. Es gibt also auch nach KUBIENA keinerlei Anhaltspunkte für eine frühere Bewaldung der Pampa.

Im südlichen Teil von Entre Rios, in einer Landschaft, die sehr stark an die Waldsteppe der Ukraine erinnert und von deutschen Kolonisten bewirtschaftet wird, die aus der Ukraine auswanderten, konnten wir unter dem Grasland in der Pampa auf erhöhtem Gelände ein Bodenprofil feststellen, das an die Mächtige Schwarzerde (Bd. 3, S. 156) erinnerte: Der Humushorizont war 154 cm mächtig und der Oberboden von einer krümeligen, nußförmigen Struktur; im Bodenprofil traten nach unten zunehmende Kalkaugen (Byeloglazki) auf.

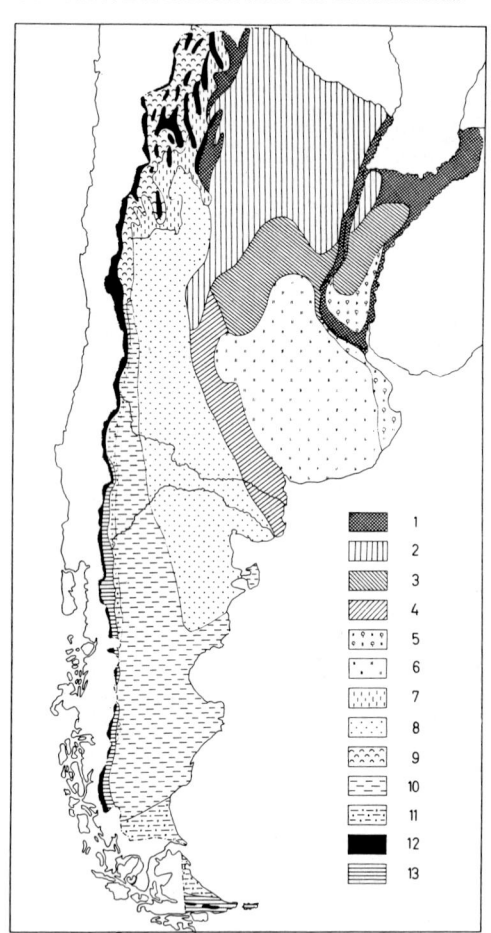

Abb. 7.41: Vegetationskarte von Argentinien (nach CABRERA, aus WALTER 1968). 1: subtropische Regenwälder und Auenwälder; 2: Chaco-Trockenwald; 3: feuchte Dornbusch-Gehölze; 4: trockene *Prosopis caldenia*-Gehölze und Savannen; 5: Gehölz-Pampa (der Waldsteppe entsprechend); 6: Baumlose Graspampa; 7: Präpuna mit Säulenkakteen; 8: *Larrea*-Strauchwüste; 9: Puna-Kältewüste; 10: Patagonische Zwergstrauch-Halbwüste; 11: Patagonisches Grasland (Steppen); 12: Hochandine alpine Vegetation; 13: Valdivianische und subantarktische Regenwälder.

Der Bodenkundler SCHLICHTING (Hohenheim), der das Farbdia des Bodenprofils anschaute, meinte, das Profil weise im Unterboden kein prismatisches Gefüge auf, sondern ein grobpolyedrisches mit Ockerflächen. Das spräche für ein lehmig-toniges Ausgangsgestein sowie Bildung unter semiariden Bedingungen mit ausgeprägter Wechselfeuchte; der Bodentyp nehme eine Zwischenstellung zwischen Schwarzerden und Vertisolen ein und neige mehr zu letzterem.

3 Die Produzenten (Die ursprüngliche Pampa-Vegetation)

Charles DARWIN[1] ist auf seiner berühmten Weltreise 1833 durch die Pampa geritten. Diese war damals fast nicht besiedelt. Er nennt als einzigen Baum nur den Omba *(Phytolacca dioica)*, den die ersten Siedler bei ihren Häusern als Schattenspender pflanzten. Er erwähnt, daß auf den stark beweideten Flächen in der Nähe von Buenos Aires die hohen Pampasgräser verschwunden sind und durch europäische Unkräuter (Artischocken, Fenchel etc.) verdrängt wurden. Doch betont er, daß er zu wenig Botaniker wäre, um die Pflanzendecke genauer zu beschreiben. Er weist besonders auf die Extremjahre 1827–1830 hin, als vor seinem Besuch fast kein Regen fiel und das ganze Land während dieser Dürre mit Staub bedeckt war, so daß sich nicht einmal die Disteln entwickelten. Solche zeitweiligen Dürreperioden könnten mit eine der Ursachen für die Baumlosigkeit der Pampa sein (vgl. die Dürrekatastrophe in der Prärie 1934–1941, S. 353ff.).

Die heutige Pampa wird von Großgrundbesitzern (Estancieros) vorwiegend als Weideland, aber auch zunehmend als Ackerland genutzt. Das Vieh (Rinder, Pferde, Schafe) weidet auf durch Drahtzäune abgegrenzten Weideflächen. Die Zeit der berittenen Hirten (Gauchos) mit ihren riesigen Herden ist allerdings heute vorbei.

Die ursprüngliche Grasvegetation aus sehr harten Gräsern war für die europäischen Viehsorten kein geeignetes Futter. Deshalb hat man mit der Zeit die gesamte Pampa fast restlos umgepflügt und zunächst als Ackerland genutzt, oft Luzerne eingesät, um die einheimischen Grasarten auszumerzen und um dann europäische Grasarten anzusäen. Dabei wurden auch europäische Unkräuter eingeschleppt, meist, dem milden Klima entsprechend, solche aus Südeuropa (z.B. *Silybum cardunculus*, *Silybum marianum*, *Carduus nutans*, *Raphanus sativus*, *Rapistrum*-Arten, *Foeniculum vulgare* u.a.). Auf überweideten Flächen herrschen sie heute vor. Dabei reagieren sie sehr fein auf den Grundwasserstand: bei tiefem Grundwasserstand dominieren die Disteln,

---

[1] DARWIN, Ch. Reise eines Naturforschers (aus dem Englischen der 15. Auflage). – Von A. KIRCHHOFF, Halle 1893

auf sehr feuchten Flächen kann sich der Schierling ausbreiten.

Die heutige Landschaft ist nicht mehr absolut baumlos. Es heben sich die Estancias heraus, deren Gebäude durch hohe angepflanzte Bäume verdeckt werden. Die ersten Siedler pflanzten *Phytolacca dioica*, der eigentlich kein Baum ist, weil er kein Holz bildet und ein abnormes Dickenwachstum besitzt. Er wächst sehr rasch, liefert tiefen Schatten und entwickelt einen unförmigen, sehr weichen Stamm, an alte Baobabs erinnernd. Er wächst wild nicht in der Pampa, sondern an Parana-Uferhängen. Daneben werden Exoten gepflanzt, wie Robinien, Gleditschien, *Acer negundo*, *Melia azedarach*, *Casuarina*, *Cupressus*-Arten und *Eucalyptus*. Da Argentinien ein holzarmes Land ist, wurden Aufforstungen mit Eucalypten, Pappeln und Kiefern gemacht; auf diese Weise sind zahlreiche Waldinseln entstanden. Ihre Gesamtfläche gibt ERIKSEN (1978) mit 50.000 ha an. Die Aufforstung gelingt, wenn man die Konkurrenz der Gräser ausschaltet und die Kulturen in den ersten Jahren intensiv pflegt. Aber eine natürliche Verjüngung der Bestände erfolgt nicht. Auf den schweren Böden wurzeln die Bäume sehr flach und werden bei Sturm leicht umgeworfen. Das spricht nicht für eine frühere Bewaldung der Pampa.

Wenn man auf durch Beweidung vegetationslosen Flächen einzelne Baumkeimlinge findet, oft entlang der Zäune, so ist auch das kein Gegenbeweis. Denn Bäume wachsen ja auch in der Osteuropäischen Steppe und in der Langgrasprärie, wenn sie vor dem Wettbewerb der Gräser geschützt sind (vgl. z.B. die Windschutzbaumstreifen in der Steppe, Bd. 3, S. 153).

Die ursprüngliche zonale Vegetation der Pampa zu rekonstruieren, ist nicht leicht. Kleinste Reste findet man auf den Schutzstreifen der Eisenbahntrassen und zu beiden Seiten der Wege außerhalb der eingezäunten Äcker und Weiden oder auf den Terrassen der Wasserläufe. Vegetationsaufnahmen liegen vor von einheimischen Botanikern (PARODI 1930, CABRERA 1945 u.a.), die noch kleine Flächen mit natürlichem Bewuchs fanden. PARODI gibt 26 Graminiden (einschließlich 3 adventiven Arten) und 46 verbreitete Kräuter für die von ihm untersuchten Pampa-Bestände an. Die Panicoideen unter den Gräsern sind im wärmeren Norden häufiger, während die Zahl der Festucoideen und Agrostioideen nach Süden zunimmt.

Weitere Vegetationsstudien aus verschiedenen Teilen der Pampa liegen vor von VERVOORST 1967 und LEWIS 1975. Auch wir fanden einige Stellen noch ursprünglicher Vegetationsreste in der Provinz Buenos Aires und Entre Rios. Man muß zwischen der Pampavegetation des semiariden und des ausgesprochen ariden Klimas unterscheiden:

3.1 Semiaride Pampa

Sie hat folgende Charakteristika: Dunkler, tonreicher Lehmboden, pH des Bodens 5,5–6,0. Die wichtigsten Grasarten sind in der nördlichen Pampa: *Stipa neesiana* und *S. papposa*, 4 Arten von *Piptochaetium*, *Bothriochloa laguroides*, 2 *Panicum*- und 2 *Paspalum*-Arten, *Bromus unioloides*, *Briza triloba*, *Melica rigida*, *Poa lanigera*, *Eragrostis lugens*, *Eleusine tristachya*.

Die Kräuter fallen weniger auf als in den Wiesensteppen und in der Langgras-Prärie. Die Vegetationsdecke wird 120 cm hoch und läßt 3 Schichten erkennen: Die oberste wird von den Blütenständen der Gräser gebildet, die mittlere 30 cm hohe von den Blättern sowohl der Gräser als auch der Kräuter, die unterste nur 5 cm hohe aus den kriechenden und rosettenbildenden Kräutern. Obgleich Fröste selten auftreten, ist die Winterzeit doch eine Ruhezeit und die vielen toten Grasblätter bewirken ein gelbes Aussehen der Pampa. Dagegen blühen um diese Zeit, die europäischen adventiven Arten, wie *Stellaria media*, *Capsella bursa-pastoris*, *Poa annua*, *Coronopus didymus* u.a.

Im Frühjahr, Ende September und Anfang Oktober entwickeln sich die jungen Blätter und die Blüten der Frühlingsannuellen und Geophyten (*Anemone decapetala*, *Nothoscordium montevidense* (Liliaceae) und die Iridaceen *Sisyrinchium platense*, *S. laxum*, *Cypella herbertii*, *Alophia amoena*).

Voll entwickelt ist die Pampa-Vegetation im November und Dezember, wenn die *Stipa*-Arten den Aspekt bestimmen, vor allem *S. papposa* mit bewimperten Grannen. Der Hochsommer (Januar–Februar) ist eine relative Ruheperiode, ungeachtet der bereits erwähnten sehr schweren Nachtgewitter. Die Sonne brennt unbarmherzig den ganzen Tag bei Temperaturen von oft 30 °C, so daß die Pflanzendecke ein gelbliches Aussehen annimmt. Erst im März nimmt die Pampa durch die grauen Rispen der spätblühenden *Bothriochloa* einen frischeren, silbrigen Ton an, um dann in den Winteraspekt überzugehen.

3.2 Aride Pampa

Für diese liegt keine Monographie vor. Die *Stipa-Bothriochloa*-Graspampa dürfte die zonale Vegetation der nördlichen Pampa gewesen sein, während in der trockeneren, südwestlichen Pampa ein Tussock-Grasland vorherrschte, von dem wir noch größere Flächen gesehen haben. Die **Tussock-Gräser** sind eine Wuchsform, die nur auf der Südhemisphäre mit den milden Wintern verbreitet ist. Es sind große, bis zu einem Meter hohe, horstförmige Grasbüschel, die aus den toten, im Winter nicht verwesenden, harten Blättern bestehen, zwischen denen im Frühjahr die neuen grünen Blätter wachsen, was zur Folge hat, daß diese Graslandschaft nie grün erscheint, sondern immer einen gelblichen Ton aufweist.

Die wichtigste Tussock-Grasart ist *Stipa brachychaeta*, die in den unteren Blattscheiden kleistogame Blüten bildet, reichlich fruchtet und sich deshalb stark ausbreitet. Man findet sie auch an Straßenrändern und an gestörten Stellen um Häuser herum.

Auf der abflußlosen «pampa alta» zwischen Juarez und Laprida macht sich ein mit dem Auge kaum wahrnehmbares Mikrorelief bemerkbar. Die höchsten Flächen nimmt *Stipa brachychaeta* ein. Sie bildet die zonale Vegetation. Die etwas tieferen Flächen, die wohl durch zufließendes Wasser feuchter sind, wird durch *Stipa trichotoma* abgelöst, und die tiefsten leichten Senken, von denen das Wasser verdunstet und eine Salzanreicherung mit Solonezbildung stattfindet, werden von *Distichlis*-Rasen eingenommen. Da *Stipa brachychaeta* eine schlechte Weidepflanze ist, wird diese südliche Pampavegetation umgepflügt und dient mehrere Jahre als Ackerland, um die Pampa-Gräser zu vernichten. Auf einer gerade umgepflügten Fläche keimte der ausgesäte Mais. Dabei trat das Bodenmosaik, das durch das Mikrorelief bedingt war, deutlich hervor. Die Stellen, auf denen vorher *Distichlis* wuchs, hoben sich durch den hellen A-Horizont des Solonetz als helle Flecken deutlich hervor, während der vorher mit *Stipa* bewachsene Boden infolge des humosen A-Horizonts dunkel war und einen pH-Wert von 5,5 aufwies. Auf diesem kam der Mais gut auf, während die hellen Flecken Fehlstellen waren. Zuweilen lagen auf diesen dunkle Klumpen des B-Horizonts (pH = 8,5); dann wuchsen auf diesen die Sodaanzeiger *Distichlis*, *Hordeum stenostachys* und *Puccinellia glaucescens*.

Die höheren Ansprüche der *Stipa trichotoma* an Feuchtigkeit machten sich bei einem Grabenprofil mit mehreren Stufen deutlich bemerkbar (Abb. 7.38). Auf der oberen Fläche, auf der früher *Stipa brachychaeta* wuchs, hatte sich als Weideunkraut *Cynara cardunculus* ausgebreitet bei einem Grund-

Abb. 7.42: Ausschnitt aus dem Kartenblatt Dolores in der argentinischen Pampa. Die Pampa deprimida mit vielen abflußlosen Seen (schraffiert) und mit im Sommer austrocknenden Tümpeln (punktiert) (nach WALTER 1968).

wasserstand in 1,5 m Tiefe. Auf der etwa 30 cm tieferen Stufe wuchs *Stipa trichotoma* und bei noch höherem Grundwasserstand *Paspalum quadrifarium*, das auf grundwassernahen Flächen in der Pampa vorherrscht.

Bei sehr geringem Wasserdefizit im sehr schwach ariden Küstenstreifen haben wir eine Vegetation, die in Argentinien einer Waldsteppe entspricht – ein Makromosaik, das durch das Relief bzw. die Bodenart bestimmt wird (vgl. Bd. 3, S. 146–168). In Küstennähe findet man infolge der Landhebung Muschelkalkbänke der früheren Strandlinien, die aus durchlässigem groben Kalkschutt bestehen oder unbewegliche Dünen, ebenfalls aus durchlässigem Grobsand bestehend. Auf diesen für Baumwuchs günstigen Böden wachsen einheimische Gehölze aus «Tale» *(Celtis spinosa)*, während in den etwas tieferen Senken mit schweren Böden die Graspampa-Vegetation das Aufkommen von Baumwuchs verhindert.

An der nördlichen Grenze der Pampa in Entre-Rios ist für das Makromosaik der Waldsteppe das Relief maßgebend. Die Gehölze findet man in den Tälchen mit günstigeren Wasserverhältnissen, die Graspampa (hier zum Teil noch ziemlich natürlich) auf fast ebenen schlechter dränierten Erhebungen mit schwarzerdeähnlichen, wechselfeuchten Böden (vgl. S. 391).

Eine Beschreibung aus diesem Gebiet liegt für die Strecke von Concordia nach Conception im Westen vom Rio Uruguay aus der Zeit, als das Gebiet noch unbesiedelt war, von LORENTZ (1876) vor: «Das Land ist meist üppiges, frisch grünes mit dichtem Grasland bekleidetes Weideland». «Zuweilen findet sich in Bajos (= Senken) und an den Lehnen der Hügel dünner lockerstehender Algorobben- (= *Prosopis nigra*) und Nandubaywald (= *Prosopis algorobillo*), gelegentlich mit einigen Talas (= *Celtis spinosa*), zuweilen sehen wir aber auch tagelang weder Baum noch Strauch». Nachdem das Flußtal verlassen ist, heißt es bei LORENTZ (S. 14) wörtlich: «Das Land nimmt hier durchaus Pampa-Charakter an – wellenförmig gebildet – in den Niederungen kurzes Gras, auf den Höhenzügen büschelartiges Gras – zeigt es weit und breit keinen Baum noch Strauch». Auch wird das Fehlen von Menschen und Vieh betont, und daß der Boden aus schwarzem Humus besteht; nur in den Tälern kommen Gebüsche und Mimosaceen (= *Prosopis* spp. und *Acacia caven*) vor. Auf Seite 45 wird bemerkt: «Fast alle Gewässer sind ein wenig salzig. Eine Lagune mit süßem Wasser ist eine Seltenheit. Auch auf den flachen Hügelrücken treffen wir nicht selten Lagunen». Der Waldsteppencharakter dieser Landschaft war, als wir sie im Auto 1966 durchfuhren, noch erhalten geblieben. Das semiaride Klima bei Conception konnte auf umgepflügtem Ackerland in einer Senke durch ein Solo-

netz-Bodenprofil bestätigt werden (dunkler B-Horizont in 8 cm Tiefe mit einem pH-Wert = 8,5). Auch zahlreiche *Petunia parviflora*-Pflanzen zeigten die Verbrackung kleinerer Flächen an.

Insgesamt muß man also festhalten, daß die Rekonstruktion der ursprünglichen natürlichen Pampavegetation nicht leicht ist. Über 80% des Ackerlandes und die Weideflächen mit 60% des Viehbestandes von ganz Argentinien entfallen auf das Pampagebiet. Es ist heute der landwirtschaftlich wichtigste Teil dieses Landes, in dem $^2/_3$ der Bevölkerung wohnen. Von der ursprünglichen Vegetation sind nur kleinste Reste verblieben.

4 Die Konsumenten (Die natürliche Fauna der Pampa)

Für das natürliche Grasland sind Großwildherden von Bedeutung, die durch Verbiß und Tritt das Aufkommen von Baumwuchs verhindern und damit den Graswuchs begünstigen. Gräser werden bei nicht zu starker Beweidung durch den Verbiß sogar begünstigt, weil sie immer wieder von den basalen Teilen aus neue Blätter ausbilden (Bd. 1, S. 43).

Zu den das natürliche Grasland begünstigenden Faktoren gehören also wie in der Savanne (vgl. Band 2, S. 145) eine leichte Beweidung durch Wildarten, aber auch gelegentliche Brände.

Über die Fauna der ursprünglichen Pampa ist sehr wenig bekannt (vgl. SORIANO et al. 1983); früher waren der kleine Pampahirsch und die Guanacos (Wildform der Lamas) verbreitet. Dazu kamen die Nandus (eine Straußenart). Heute trifft man noch häufiger die Gürteltiere an, die aber keine Herbivoren sind. Von den verschiedenen Nagern sind die großen Viscachas so verbreitet, daß man sie als Schädlinge bekämpft. CABRERA y WILLINK (1973, S. 82–83) nennen folgende typische Säugetiere: Die Viscacha *(Lagostomus maximus)*, einige Marsupiale *(Cidelphis azarae, Lutreolina crassicaudata, Monodelphis fosteri* und *Marmosa pusilla)*, wenige Raubtiere (2 *Conepatus, Dusicyon, Galactis, Felis geoffroyi*); es gibt auch viele kleinere Nagetiere wie *Dolichotis australis, Ctenomys-, Cavia-* und *Microcavia*-Arten, verschiedene Ratten und Mäuse der Gattungen *Oryzomys, Hesperomys, Akodon, Scapteromys* und *Reithrodon* sowie *Hydrochoerus* u. a.

Von Vögeln werden genannt: *Myopsitta monacha, Crysoptilus* und *Dendrocopus* spp., *Furna-*

rius rufus, Spinus sp., *Muscivora tyranus, Pitagus suphureus, Mimus saturninus,* 2 *Turdus* spp., *Thraupis, Molothrus, Agelaius;* in der eigentlichen Grassteppe kommen Arten vor von *Rhynchotus, Nothura, Eudromia, Caprimulgus, Asthenes, Xolmis, Amblyramhus, Anthus, Pezites, Zonotrichia* und *Troglodytes* sowie viele Wasservögel.

Unter den Reptilien fehlen die Boiden. Vorhanden sind Arten von *Leimadophis, Chlorosma* und *Tomodon;* von Giftschlangen trifft man *Crotalus, Bothrops* und *Micrurus* spp.; an Echsen sind vertreten die Gattungen *Homodonta, Urostrophus, Liolaemus, Amphisbaena*. Zu den Amphibien gehören verschiedene *Bufo-, Ceratophrys-* und *Leptodactylus*-Arten. Die Zahl der Arthropoden ist sehr groß. Verbreitet sind eine soziale Wespe, *Polybia scutellaris* und *Brachygastra*, von Ameisen die Gattungen *Acromyrmex, Camponotus, Pogonomyrmex, Pheidole, Elasmopheidole* u.a. Die häufigsten Scorpione sind *Bothriurus* spp., dazu kommen viele Spinnentiere.

Die natürliche Fauna ist durch die europäischen Viehsorten völlig verdrängt worden. Die meisten Flächen sind überweidet und wie bereits erwähnt, sehr stark verunkrautet.

Mit diesen knappen Bemerkungen zur Fauna müssen wir uns begnügen.

5 Die Destruenten

Entsprechende Untersuchungen über diese sind uns nicht bekannt.

6 Ökosystemforschung

Auch hierzu haben wir keine Arbeiten erhalten bzw. auffinden können.

7 Gliederung in Biome

Eine entsprechende Gliederung wurde bereits angedeutet und als Einleitung zu den Böden gegeben (vgl. S. 389). Eine stärker unterteilte Gliederung auf floristischer Basis hat CABRERA (1938) gegeben.

8 Orobiome der Pampa

Das einzige Gebirge, das sich aus dem Pampagebiet erhebt, ist die Sierra de Ventana (bis 1280 m NN) nördlich von Bahia Blanca. Sobald die Böden im Gebirge steinig werden, wird das Grasland durch Gebüschvegetation verdrängt, jetzt zunehmend mit vielen dornigen Arten. Verbreitet ist z. B. die besonders dornige *Colletia spinosissima* («Düsenjägerstrauch»), die nur aus grünen Dornen besteht. Über eine mögliche Höhenstufengliederung dieses relativ niedrigen Gebirges sind wir nicht unterrichtet. Sie ist sicher wenig ausgeprägt.

9 Pedobiome der Pampa

Die wichtigsten Halophyten-Gesellschaften hatten wir schon erwähnt (vgl. S. 391, 396). Wenn das von Dünen in Küstennähe gestaute Wasser keinen Abfluß hat, so bilden sich durch Salzanreicherung oft einige Kilometer breite Flächen mit *Juncus acutus.*

Die Zusammensetzung der Gewässervegetation in den Gräben entlang der Straßen in der Pampa entspricht der, die SCHWAAR (1986) für die Tümpel und Gewässer in NE-Uruguay in derselben Breitenlage angibt. Danach bildet *Azolla filiculoides* eine meist dichte Decke. Daneben kommen andere größere oder kleinere Schwimmpflanzen vor, wie *Eichhornia azurea*, die Butomacee *Hydrocleis nymphoides*, die Onagracee *Jussieua repens, Lemna parodiana, Marsilea concinna*, die Aracee *Pistia stratiotes, Pontederia cordata, Sagittaria montevidensis* und *Salvinia auriculata*. Die Tiefe dieser Wasserstellen schwankt auch in Uruguay zwischen 0,5 bis 1,2 m. Die Größe liegt zwischen 100 und 3000 m^2. Vermutlich trocknen die Gräbn in Trockenjahren vorübergehend aus. Aber die Pflanzenarten dürften sich nach Wiederauffüllung sofort wieder entwickeln.

In der Uferzone der größeren Lagunen mit alkalischem Wasser wächst ein Röhricht aus *Scirpus californicus* oder *S. americanus* mit einigen anderen Sumpfpflanzen. Die typische Röhrichtart in den Seen des Parana-Deltas mit Süßwasser ist *Scirpus giganteus;* dort findet man auch auf grundwassernahen Böden die fälschlich als «Pampasgras» bezeichneten hohen Horste von *Cortaderia selloana*, die in der eigentlichen Pampa gar nicht vorkommt.

Die Verlandung der Altwässer des unteren Parana, die aus ovalen oder sichelförmigen Wasserbecken bestehen, geht über freischwimmende Hydrophyten und über Schwingmoore zu Helophytengesellschaften. Man kann 5 Stadien der Verlandung unterscheiden (NEIFF 1982):

1. Bei einer Wassertiefe von 2 m und einem pH = 6 des Wassers bildet sich eine geschlossene Decke aus. *Spirodela intermedia*, *Wolfiella oblonga*, *Azolla caroliniana*, *Salvinia herzogii*, *Phyllanthus fluitans*, *Limnobium laevigatum*, *Pistia stratiodes*, *Eichhornia crassipes* und *E. azurea*, *Utricularia oligosperma*, sowie *Polygonum*-Arten sind die wichtigsten Vertreter. Auf dieser Decke fassen zahlreiche Keimlinge von Sumpfpflanzen Fuß.
2. Durch die absterbenden Teile der Schwimmpflanzen bildet sich eine etwa 10 cm dicke festere Unterlage, in der die Keimlinge von *Scirpus* wurzeln und zur Dominanz gelangen; dann kommen *Alternanthera philoxeroides*, *Ludwigia*-Arten (Onagrac.), *Enhydra anagallis* (Asterac.), *Hydrocotyle ranunculoides*, *Senecio bonariensis*, *Gymnocoronis sphilantoides* (Asterac.) u.a.
3. Mit der Zeit bildet sich eine 20–40 cm mächtige Humusdecke, auf der die *Ludwigia*-Arten mit *Scirpus* zur Dominanz gelangen, zusammen mit den Therophyten *Senecio*, *Gymnocoronis* u.a.
4. Wenn der Humusboden eine Dicke von 60 cm erreicht hat, nimmt die Zahl der Therophyten zu (außer den genannten auch die Gräser *Erianthus trinii* und *Imperata brasiliensis*, *Begonia cucullata*, *Commelina diffusa*, aber auch *Cyperus*-Arten und einige Sträucher, die bis 2,5 m hoch werden (die Leguminose *Aeschynomene*; *Croton urucurane*, *Cecropia adenopus* u.a.).
5. Wenn die Bodenmächtigkeit 70 cm erreicht, der schwarze Boden zu 50% aus organischem Material besteht, anaerobe Verhältnisse vorherrschen bei einem pH = 5–6, stellen sich immer mehr junge Bäume von bis 3 m hohen Baumarten ein, d.h. das Moor geht in einen Auenwald über.

Die Hauptarten der äußeren Auenwaldzone im Parana-Delta ist *Salix humboldtiana*, die sehr dichte Bestände bildet. Eine Charakterart der weniger nassen Auen ist *Erythrina crus-galli*, die durch ihre großen prächtigen roten Blüten auffällt. Ebenso findet man ein grundwassernahes Tussock-Grasland aus *Paspalum prionotis*, worauf die nicht mehr überflutete Zone mit *Acacia caven*, *Prosopis nigra* und *Celtis spinosa* folgt (Abb. 7.39).

An der Küste des Atlantischen Ozeans bei Mar del Plata erstreckt sich ein ausgedehntes Dünengebiet mit einer charakteristischen Gras- und Gebüschflora (PFADENHAUER 1980).

10 Zono-Ökotone

10.1 Der Übergang von der Graspampa zur Wüste

Das Pampagebiet, vor allem der von uns genauer untersuchte östliche Teil ist ein relativ wenig arides Gebiet. Auf der Karte (Abb. 7.43) sind die Wasserdefizite, d.h. die Differenz Jahresniederschlag–pot. Jahresevaporation, von allen Stationen Argentiniens eingetragen, an denen die potentielle Evaporation mit dem Tank Typ gemessen wurde.

Wir sehen, daß nur Nordostargentinien, d.h. der nördlichste Teil von Entre Rios und der Provinzen Missiones und Corrientes, die schon an Brasilien und Süd-Paraguay angrenzen, eine positive Wasserbilanz aufweisen. Eine ausgeglichene, d.h. +0,0 mm, findet man in der Mitte von der Grenze zu Uruguay und an der Küste des Rio de la Plata, d.h. in Buenos Aires und im Ort La Plata, sowie an der Südgrenze von Argentinien an der Straße von Magillan. Positive Bilanzen dürfte auch das Gebiet der Tucuman-Oase am Fuße der Anden und der Osthang der Anden südlich vom 40°S haben, doch fehlen die entsprechenden Evaporationswerte.

Die negativen Werte steigen nördlich von 40°S von Osten nach Westen an, weil die hohe Andenkette ein Übergreifen der feuchten Luftströmungen vom Pazifik verhindern. Südlich von 40°S nimmt die Höhe der Andenkette ab und die ständigen Westwinde bringen beim Überqueren der Anden dem Gebiet unmittelbar am Ostfuß der Anden noch relativ hohe Niederschläge, werden jedoch weiter nach Osten immer trockener (S. 388). Das Ökoton der Pampa nach Norden hatten wir bereits erwähnt. Es ist eine Waldsteppe, wobei der Wald dem der fast frostfreien warmtemperierten Zone entspricht, in dem auch Palmen vorkommen. Auch die nördliche Pampa zeichnet sich durch ein leicht arides, aber warmtemperiertes Klima aus. Eine ganz andere Vegetation weist das Ökoton im Westen der Pampa auf. Man würde bei zunehmender Aridität des Klimas einen Übergang zur Halbwüste erwarten. Statt dessen wird nur wenig östlicher von der Grenze zwischen den

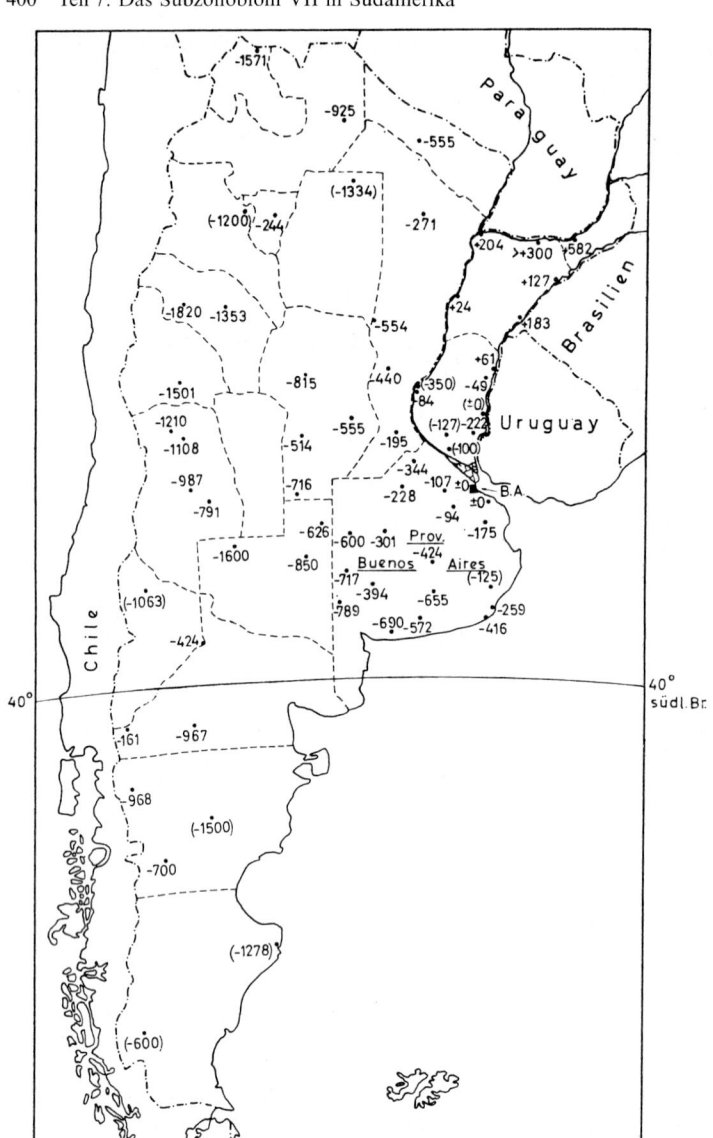

Abb. 7.43: Wasserbilanz (Niederschlag – potentielle Evaporation) von allen Stationen in Argentinien mit Verdunstungsmessungen. Positive Bilanz nur im NE des Landes, ausgeglichen am Rio Uruguay und am Rio de La Plata, sonst überall negative Bilanz nach Westen ansteigend (aus WALTER 1968).

Provinzen Buenos Aires und La Pampa das Grasland durch Gehölze von *Prosopis caldenia* abgelöst, wobei diese Grenze durch Holznutzung etwas nach Westen verschoben wurde, was durch Gehölzreste um die Gebäude der Estancias oder einzelner Bäume auf Viehweiden als Schattenspender bewiesen wird. Auch auf den Schutzstreifen entlang der Eisenbahndämme kann man jungen spontanen Baumwuchs sehen. Größere Gehölze sind erst westlicher zwischen Santa Rosa und Victoria vorhanden.

Es ist falsch zu glauben, daß Baumwuchs immer ein humides Klima voraussetzt. Das gilt nur für den Vegetationstypus «Wald», wie er von den Mitteleuropäern verstanden wird. In ariden Klimazonen bilden die Baumarten relativ lichte Bestände oder dichtere niedrigere, die im Englischen als «woodland» bezeichnet werden und im Deutschen «Gehölze» oder «Baumfluren» genannt werden sollten und nicht Wald.

Der Übergang der Pampa bei zunehmender Aridität nach Westen in eine Gehölzformation ist nicht durch das Klima bestimmt. Vielmehr fällt diese Grenze genau mit einer Veränderung der Bodenverhältnisse zusammen. An Stelle der schweren lößartigen Böden treten plötzlich leichte Sandböden auf, die auch Dünen bilden können.

In ariden Gebieten sind auf durchlässigen Sandböden mit geringer Wasserkapazität die Holzarten mit ihrem extensiven Wurzelsystem den Grasarten mit dichtem, intensivem Wurzelsystem im Wettbewerb überlegen (Bd. 2, S. 129ff.). Auch die Prärie geht im Süden in eine *Prosopis*-Savanne über. Diese relativ lichten Gehölze bestehen aus *Prosopis caldenia, P. flexuosa, Geoffroea (= Gurliea) decorticans* (Legum.), *Jodina rhombifolia* (eine baumförmige halbparasitäre Santalacee, die *Prosopis* zum Absterben bringen kann), *Schinus longifolia* (Anacardiaceae), *Ximenia americana* (Oleaceae) u.a. Die *Prosopis*-Arten dominieren; in Senken kann *Prosopis caldenia* alte Bestände bilden mit dickstämmigen 10 m hohen Bäumen, die etwa in 10 m Entfernung voneinander stehen. *Prosopis* ist für ein weitreichendes horizontales Wurzelsystem bekannt. Unter den licht stehenden Bäumen findet man Tussock-Gräser, die etwas Schatten vertragen, wie *Stipa tenuissima* und *S. gyneroides* mit einem Deckungsgrad von 50%. Diese Bestände ähneln täuschend den *Acacia giraffae (erioloba)*-Beständen mit *Stipagrostis*-Grasunterwuchs in Südwestafrika (Bd. 2, Abb. 2.22, S. 126), die auch in einem ariden Klima wachsen. Weiter nach Westen zwischen Victoria und Santa Isabell nehmen die Jahresniederschläge von 500 auf 300 mm ab – das Klima wird stark arid. Entsprechend geht die Baumsavanne in eine Strauchsavanne über mit der niedrigwüchsigen *Prosopis flexuosa*, wobei der Grasunterwuchs verschwindet. Schließlich bei noch geringeren Niederschlägen findet man auf dem Sandboden nur *Prosopis alpataco* mit am Boden liegenden Ästen; nur die Sproßspitzen ragen nach oben. Dazu kommen kleine blattlose Rutensträucher: *Ephedra ochreata, Bredemeyera microphylla* (Polygalaceae), *Neosparton aphyllum* (Verbenaceae), *Monttea aphylla* (Scrophulariaceae), *Caclolepis genistoides* und *Chuquiraga crinacea* (beides Compositen), *Atamisquea emarginata* (Capparidaceae) und die niedrige *Bougainvillea spinosa*. Auf den trockensten Standorten, den Dünenrücken, verschwinden die Holzpflanzen ganz; es wächst nur die stark behaarte Grasart *Elionurus viridulus*.

Die weitere Vegetationsabfolge mit zunehmender Aridität wird gestört durch eine breite von Nord nach Süd verlaufende vernäßte Senke, die Zufluß von einem in den Anden entspringenden Flußlauf erhält. Sie ist natürlich stark verbrackt und weist durch Trockenrisse gebildete Polygonkrustenböden mit auskristallisierendem Salz auf oder große Bestände von extremen Halophyten, wie *Allenrolfia, Salicornia heterostachys, Suaeda* auf Solonchack mit einem pH = 6,5–7,0. Nur am Rande, wo die Salzkonzentration geringer ist, findet man Sodaböden, d.h. Solonetz (pH = 9,0–10,0) und einen Bewuchs mit *Atriplex*.

Westlich von dieser Senke ist der Boden steinig, es beginnt die Monte-Wüste mit den *Larrea*-Arten, die in Nordamerika der Mohave-Wüste entspricht (Bd. 2, S. 247). Diese ariden Gebiete im Westen von Argentinien mit dem Vorandengebiet am Fuße des Gebirgsosthanges, das zugleich von den großen aus dem Hochgebirge austretenden Flüssen, dem Rio Colorado mit seinen Nebenflüssen und dem Rio Negro, deren Flußtäler z.T. blühende Oasen mit Obstplantagen bilden (z.B. Nequen), sind ökologisch besonders interessant. Sie sind noch nicht genauer erforscht, doch liegt vom Geographen K. GARLEFF (1977) eine vor allem geländemorphologische Studie vor, in der auch die physiognomischen Vegetationstypen berücksichtigt wurden. Sie werden im folgenden Abschnitt besprochen.

10.2 Die Gliederung der Vegetation im Vorland und am Osthang der Anden in Argentinien

Die Vegetationskarte Südamerikas von HUECK & SEIBERT (1972) zeigt deutlich, daß die Ausläufer des SE-Passats nach Überquerung des Kontinents noch so viel Feuchtigkeit enthalten, daß es beim Aufsteigen der Luftmassen am Osthang der Anden in Nordargentinien zu hohen Niederschlägen bis zu 2000 mm im Jahr kommt und sich immergrüne tropische Gebirgsregenwälder entwickeln. Sie reichen südlich von Tucuman bis zum $27^1/_2°$ S und in höheren Lagen sogar bis zum 28° S, wobei die obere Waldgrenze durch die laubabwerfende *Alnus jorullensis* (Aliso) gebildet wird.

Diese ganz holarktisch anmutenden Erlenwälder mit *Sambucus peruviana* in feuchten Schluchten sind die Südspitze des *Alnus*-Areals, das sich von Nordmexico an den Anden-Hängen soweit nach Süden erstreckt. Auch die begleitende Flora besteht aus holarktischen Elementen, wie Arten der Gattungen *Ranunculus, Anemone, Thalictrum, Geranium*. An der unteren Grenze der Erlenstufe wächst auch *Juglans australis* und *Prunus tucu-*

manensis (vgl. WALTER 1968, S. 682). Weiter im Süden folgt dann ein Abschnitt am Osthang der Anden, der sich durch besondere Trockenheit auszeichnet, die von HUECK als «Monte» oder «Strauchsteppe» benannt wurde. Da aber in dieser Gräser fast ganz fehlen, muß man sie als Strauch-Halbwüste bezeichnen.

Die floristische Zusammensetzung dieser Halbwüste schwankt stark. Es sind dornige Straucharten (selten baumförmig), z. B. mehrere *Prosopis*-Arten oder *Colletia spinosissima*, dazu Rutensträucher (vgl. S. 401) und einige *Larrea*-Arten. Letztere werden im Süden des Monte Gebiets dominant, so daß man von einer *Larrea*-Strauchwüste (Jarrillal) sprechen kann, die wir im Bd. 2, S. 247–250 besprechen.

Waldstufen am Osthang der Anden fehlen in diesem Abschnitt ganz, Steilwände in Schutthalden sind oft ganz vegetationslos. Erst sehr viel weiter im Süden um den 40°S macht sich die Auswirkung der ständigen feuchten Westwinde bemerkbar, die am chilenischen Westhang sehr hohe Niederschläge bis zu 6000 mm bedingen, aber sich am Osthang nur stark abgeschwächt auswirken, so daß sich Waldstufen ausbilden können, auf die wir noch zurückkommen.

10.3 Aride Bereiche des Andenhanges

Für diesen liegen von GARLEFF (1977) fünf Querprofile vor zwischen dem 30°S und dem 37°S. Bei den ersten beiden Profilen (Jachal in der Provinz San Juan und bei Uspulata etwas nördlich von Mendoza) wird im Vorland in 1000 m NN die Vegetation als Monte-Espinal und darüber bis 3000 m NN als Jarrillal-Übergangsmonte, bzw. Halbwüste bezeichnet, bei günstigeren Feuchtigkeitsverhältnissen auch als andine Matten und stellenweise Grasfluren. Auf einer 25 × 34 m großen Vegetationsfläche in 2000 m NN bei Uspallata mit einer Deckung von meist unter 10% (selten darüber) wurden folgende Straucharten der Halbwüste eingezeichnet: etwa 70 *Larrea divaricata*-Pflanzen, 40 *Fabiana denudata* (Solanaceae), dazu etwa 22 *Atriplex* (Campa)-Pflanzen auf einer ca. 2° geneigten Spülfläche mit Grus und Sand bis Kies.

Auf den drei nächsten Profilen südlich von Mendoza etwa zwischen den 34°–35°S fällt auf, daß über der Monte Vegetation schon in 2000 m NN Polsterpflanzen von *Mulinum spinosum* auftreten, die für die patagonische Steppe typisch sind und diese in 2500 m NN von alpinen Matten abgelöst werden, was bereits auf geringere Aridität in größeren Höhen hinweist. Im Vorland treten häufig Flugsandhügel auf, die vor allem mit *Prosopis flexuosa* bewachsen sind, aber auch mit *Schinus polygamus*, *Lycium gillesianum* und *L. tenuissimum*, vereinzelt auch mit *Senecio filagonoides* sowie einigen *Ephedra ochreata*, *Prousia ilicifolia* (Compositae), *Larrea nitida* und vielen Horstgräsern. Die Deckung auf dem günstigen Sandboden erreicht oft über 25%. Die Niederschläge in 1400 m NN, hauptsächlich im Winter, betragen etwa 200 mm pro Jahr. Erst etwas nördlich vom 38°S bei Chos Malal bleiben zwar die unteren Lagen am Osthang noch arid (in 484 m NN nur 267 mm Jahresniederschlag), aber in höheren Lagen greifen über der Dornpolster-Stufe in 1500 m NN bereits Baumarten von dem feuchten Luvhang des Anden-Westhanges auf die argentinische Seite des Osthanges über. Es handelt sich zunächst um die xeromorphe *Araucaria araucana* und *Nothofagus pumilio* (als Krummholz die Waldgrenze bildend), vereinzelt auch *Nothofagus antarctica*, wohl auf ungünstigen Standorten. Auf dem 40°S greifen die feuchtigkeitsbringenden Westwinde schon stärker auf den Osthang über, im Vorland breiten sich bereits in Höhenlagen unter 1000 m NN die *Mulinum*-Polster aus; im Gebirge sind die Waldstufen deutlicher ausgebildet und zwar mit *Nothofagus dombeyi* in 700–1200 m NN, darüber *N. pumilio*, die die Baumgrenze in etwa 1700–1800 m NN bilden.

Weiter östlich mit abnehmenden Niederschlägen wird *Nothofagus* durch *Austrocedrus chilensis* abgelöst. Weiter nach Süden werden die Anden niedriger, der südamerikanische Kontinent spitzt sich immer mehr zu und das Klima wird dementsprechend ozeanischer mit kühlen Sommern und milden Wintern. Der Anden-Osthang und das unmittelbar anschließende Vorland weisen ein humides Klima auf, das bis nach Feuerland immer ausgeprägter und kühler wird.

10.4 Vegetation am Anden-Ostrand und im östlichen Vorland vom 41°S bis nach Feuerland

Um den 41°S bei Bariloche weist die Andenkette eine Lücke auf. Die Paßhöhe beim See Todos los Santos liegt nur in etwa 1000 m NN. Infolgedessen greifen die feuchten Winde auf den Westhang über, so daß bei Puerto Blest am Westende des Sees

Nahuel Huapi in etwa 900 m NN der Jahresniederschlag 4000 mm erreicht und valdivianische Baumarten im Regenwald an günstigen Standorten wachsen (vgl. S. 244ff.). Der vorherrschende Baum ist in den unteren Lagen jedoch *Nothofagus dombeyi*, wird höher in über 1000 m NN durch die laubabwerfende Art *N. pumilio* abgelöst, die in etwa 1500 m NN als Krummholz die Baumgrenze bildet. An moorigen Stellen und in Frostlöchern trifft man *Nothofagus antarctica*. An offenen grasigen Stellen wächst hier *Fragaria chilensis*, die mit der *Fragaria vesca* gekreuzt die Gartenerdbeere (Ananaserdbeere) ergab. Schon etwas östlicher bei der Insel Victoria sind die Niederschläge mit 1645 mm durch die Fallwinde geringer, und bei 1500 mm verschwindet *Nothofagus* und wird durch die an Kiefern erinnernde Art *Austrocedrus chilensis* ersetzt, während in Hochlagen noch *Nothofagus pumilio* wächst.

In diesem nahe an der Trockengrenze liegenden Gebiet sind die Myrtaceen-Bäume schon streng an die Seeufer gebunden. Bekannt ist der 18 ha große Reinbestand von *Myrceugeniella apiculata* auf der Halbinsel Quetrihue am Lago Nahuel Huapi. In den schattigsten Teilen dieses Waldes wächst sehr zahlreich die saprophytische Burmanniaceae *Arachnitis uniflora*, deren Stengel 10–20 cm hoch werden und eine große, bleiche, merkwürdig geformte Blüte tragen. Sehr oft bilden die Myrtaceen eine an Mangroven erinnernde Uferformation, die sich 10–20 m in den See hinein erstreckt; ihre Wurzeln ergeben an der Wasseroberfläche eine feste mit Moosen bedeckte, betretbare Decke, unter der das Wasser 30–50 cm tief sein kann. Es handelt sich um die bis 4 m hohe *Myrceugenia exsuca*, hinter der die Zonen mit *Myrceugeniella apiculata* (12 m hoch) und höher am Hang mit *Nothofagus dombeyi* (über 25 m) folgen.

Schon im Vorland beim Flughafen von Bariloche mit 700 mm Jahresniederschlag kommt *Austrocedrus* nur noch auf einzelnen Erhebungen bis 1000 m NN vor, während in den unteren Lagen der Wald durch eine Gebüschvegetation ersetzt wird mit *Maytenus boaria* (Celastraceae), *Aristotelia magni* (Elaeocarpac.), sowie den Proteaceen *Lomatia hirsuta* und *Embothium coccineum*, die mit ihrer leuchtend roten Blütenpracht die Waldgrenze gegen das Trockengebiet leicht kenntlich macht. Dazu kommen die Rutensträucher *Diostea juncea* (Verbenac.), *Oridia pilo-pilo* (Thymeleaeac.) und andere Sträucher (*Schinus patagonica, Buddleia globosa*). Niedrige Sträucher sind *Discaria serratifolia*, sowie *Chacaya trinervis* (Rhamnac.), *Colletia spinosissima, Ribes cuculatum, R. magellanicum, Escallonia virgata* (Escalloniac.), sowie viele niedrige *Berberis*-Arten. Diese Gebüschzone geht dann nach Osten bei abnehmenden Niederschlägen in die Patagonische Steppe und Halbwüste über (vgl. S. 404). Als Beispiel bringen wir eines der Profile von GARLEFF (1977), vgl. Abb. 7.44, auf der Breitenlage von Bariloche (41°30′S).

Südlicher, etwa auf dem 42°S in dem Becken von El Bolson (Jahresniederschlag 814 mm, mittlere Jahrestemp. 9,5 °C) wächst bereits *Nothofagus dombeyi* am Fuß des C. Nevato. Erst südlich vom 47°S wird die immergrüne *N. dombeyi* durch die laubabwerfende *N. betuloides* ersetzt.

In diesem südlichen Teil der Anden nimmt die Vergletscherung zu und in höheren Lagen machen sich Bodenbewegungen durch Solifluktion bei häufigen Frostwechseltagen bemerkbar. Während der Glazialzeit reichten die Gletscher bis in das Vorland nach Osten und Glazialablagerungen, sowie Moränenzüge mit großen aufgestauten Seen sind verbreitet. Ein Gletscher stößt heute noch bis in den Lago Argentino (50°S) hinein und löst in diesem beim Kalben der Eisberge starke Flutwellen aus.

Die patagonische Steppenzone, die östlich in die patagonische Halbwüste übergeht, soll zwischen den Seen Lago Buenos Aires und Lago Argentino fehlen. Somit wird sie nach Süden zu immer breiter. Die Niederschläge in dieser Zone sind ausgeglichener und liegen bei 400–200 mm im Jahr. Im südlichen Santa Cruz und im nördlichen Feuerland reicht die Steppe bis an den Atlantischen Ozean, d.h. die patagonische Halbwüste keilt hier aus. Auf dem Profil El Turbo–Rio Gallegos etwa auf dem $51^1/_2$°S, erreicht die Andenkette noch 1500 m NN. Bei El Turbio in 184 m NN, beträgt das Jahresmittel der Temperatur 5,7 °C und der Jahresniederschlag mit 412 mm ist ziemlich gleichmäßig verteilt. Es herrscht *Nothofagus antarctica* vor, im Osten an der Mündung des Rio Gallegos in 22 m NN ist die Jahrestemperatur 7,0 °C und der Jahresniederschlag 222 mm. Es ist ein semiarides Steppenklima.

An windexponierten Standorten treten bereits Zwergstrauchheiden mit viel *Chilliotrichum* (Compos.) und *Empetrum rubrum* auf; Cyperaceen sind in vernäßten Niederungen mit Flachmooren häufig.

In diesem extrem ozeanischen Klima ist es kaum möglich eine genaue Grenze zwischen den Zonobiomen VII und VIII zu ziehen. Die Böden werden in diesem humiden Gebiet humusreicher und weisen saure Reaktion auf, d.h. daß eine Moorbildung mit saurem Torf begünstigt wird.

Teil 7: Das Subzonobiom VII in Südamerika

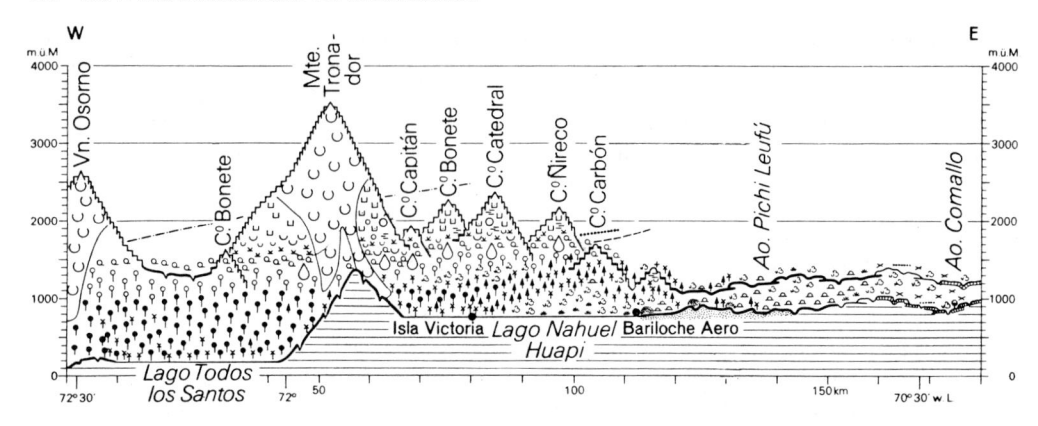

*Gipfellinie,
schematischer Verlauf
Höhenlage der größeren
Täler und Seen
schroffe Gipfel
klippenreiche Hänge
gerundete Kuppe
Glatthänge
Sturzhalden, Schutthalden
gestufte Hänge, Treppenhänge
kerbförmig
muldenförmig zertaltes Gelände
Flächenstockwerke*

- *Blockloben*
- *Blockloben, sortiert*
- *Strukturböden >0,5 m ⌀*
- *Strukturböden <0,5 m ⌀*
- *Vegetationsloben und -girlanden >0,5 m* ⎫ *Stirn-*
- *Vegetationsloben und -girlanden <0,5 m* ⎭ *höhe*
- *Terrassetten*
- *flachgründige Frostbodenerscheinungen, Kammeiswirkungen*
- *humose Bodenbildung*
- *Kalkhorizont, Kalkkruste*

- *andine Matten*
- *Hartpolsterfluren*
- *patagonische Halbwüste*
- *Steppen, weitgehend gehölzfreie Grasfluren*
- *Steppen, in unterschiedlichem Maße von Sträuchern durchsetzt*
- *Mulinum spinosum - Bestände*
- *Krummholz, vorwiegend Nothofagus pumilio*

- *Wald, vorherrschend Nothofagus pumilio*
- *Wald, vorherrschend N. antarctica*
- *Wald, vorherrschend N. dombeyi, im S: N. betuloides*
- *Wald, vorherrschend Austrocedrus chilensis*
- *Halophytische Halb- und Zwergstrauchfluren*
- *flußbegleitende Gehölze, Galeriewälder unterschiedlicher Zusammensetzung, weitgehend durch Nutzung und Kulturen verdrängt*

*Gletscher
vorzeitliches Kar
------ rezente
---- letztkaltzeitliche* ⎭ *Schneegrenze
.... obere Waldgrenze
Moränen, glazifluviale
Aufschüttungen
und Terrassen
Schwemmfächer
– – Spülmuster, Spülformen
··· ··· Deflationserscheinungen
äolische Akkumulationsformen*

Abb. 7.44: Vegetationskundlich-geomorphologisches Profil von West nach Ost bei Bariloche/Argentinien (aus GARLEFF 1977).

Der vorherrschende Baum ist *Nothofagus betuloides*, der noch eine Höhe von 2,0–2,5 m erreicht.

Südlich vom Rio Grande (Feuerland) stößt der Wald bis zum Atlantischen Ozean vor, d.h. auch die semiaride Steppenzone fehlt jetzt und damit auch jegliche Anzeichen von Verbrackung. Dafür erhöht sich die Tendenz zur Bildung von Hochmooren. Die sommerlichen Mitteltemperaturen liegen um 10 oder unter 10 °C, d.h. etwa so hoch wie auf der Nordhemisphäre an der Nordgrenze der borealen Zone. Die Winter sind jedoch milder als jene, die Spanne zwischen Temperaturmaximum und -minimum ist sehr klein.

An der oberen Waldgrenze dürften nach GARLEFF (1977) die sommerlichen Mittelwerte bei +5 bis +8 °C liegen, die winterlichen bei 0 °C bis −5 °C mit Frostwechseltagen fast zu allen Jahreszeiten. An der Schneegrenze schwanken die sommerlichen Monatsmittel zwischen +2° und +3 °C und die winterlichen zwischen −4° und −6 °C, die Jahresmittel betragen etwa 0° bis −2 °C. Die Jahresniederschläge sind relativ hoch.

Bei Ushuaia am Canal de Beagle in 7 m NN beträgt die Jahrestemperatur 5,7 °C, im Sommer noch 10 °C und der Jahresniederschlag ist 548 mm. Das Klima ist ein extrem humides, kühles Waldklima mit starker Moorbildung. Neben *Nothofagus antarctica* kommt in den unteren Lagen noch *N. betuloides* vor; die obere Waldgrenze bildet *N. pumilio* in nur wenig über 500 m NN. Die heutige Schneegrenze liegt um 1000 m NN. Das Gebiet ist stark vermoort. SCHWAAR (1976, 1979, 1980, 1981) hat diese Moore untersucht. Er unterschied mehrere Typen und stellt vor allem heraus, daß diese nicht nur vom äußeren Aussehen her (z.B. typische *Sphagnum*-Hochmoore), sondern auch in der Artengarnitur dieser amphi-arktischen Pflanzengesellschaften mit bipolar verbreiteten Pflanzensippen eine Ähnlichkeit mit boreal-arktischen Mooren der Nordhemisphäre zeigen. Wir behandeln sie daher bei ZB VIII. Diese so weiträumigen Disjunktionen sind natürlich von besonderem phytogeographischem Interesse. Andererseits gibt es natürlich auch eine ganze Reihe typischer Unterschiede; die Zwerggehölze, die auftreten, sind nur *Nothofagus antarctica* und *Pernettya pumila*, aber eben auch *Empetrum rubrum*.

Wie schon in anderem Zusammenhang erwähnt, sind gerade in diesem sehr ozeanisch getönten Gebiet die Grenzen zum Zonobiom IX ebenfalls nicht scharf zu ziehen.

Anschließend soll das weite stark aride Gebiet Patagoniens zwischen den Anden und dem Atlantischen Ozean besprochen werden (Zonobiom VIIa).

E. Das Subzonobiom VIIa in Südamerika – Die Halbwüste in Patagonien

(Zusammengestellt nach einem Manuskript von Dr. Johannes HAGER/Sto. Domingo)

Der Übergang von der Graspampa zur Halbwüste

Die Vegetation von Patagonien wird häufig als Steppe bezeichnet. Diese Definition (vgl. WALTER & BRECKLE 1986, Bd. 3, S. 146) trifft in Patagonien jedoch nur auf die Grasländer zu, die sich am Ostrand den Anden entlangziehen und hier den Übergang zwischen den Wäldern und der Halbwüste bilden. In der Halbwüste, die den größten Teil des baumlosen Patagoniens bedeckt, dominieren holzige, oft polsterförmige Zwergsträucher. Der Boden ist meist zu 60–70% kahl. Die Vegetation Patagoniens wird somit besser durch die Bezeichnung «Zwergstrauch-Halbwüste» charakterisiert.

Die Nordgrenze der ostpatagonischen Zwergstrauch-Halbwüste fällt mit der jährlichen 13 °C-Isotherme zusammen (SORIANO et al. 1983). Diese liegt im Osten an der Mündung des Rio Chubut (43° S) und keilt am Andenrand nach Norden hin bis ca. 36° S aus. Die Halbwüste geht hier in den «Monte» (*Larrea*-Halbwüste, vgl. WALTER & BRECKLE 1984, Bd. 2, S. 246) über. Im Westen wird sie durch die Anden begrenzt. Die Südgrenze läßt sich ungefähr mit 52° S angeben, wo das Klima langsam wieder feuchter wird und die Zwergstrauch-Halbwüste über eine subandine Gras-Steppe in die mit *Nothofagus-antarctica*-Waldinseln durchsetzte Feuerländische Tundra mit kalt-ozeanisch geprägter Vegetation überleitet. Dies wäre ein Zono-Ökoton VII/IX.

Wie die meisten anderen Wüstengebiete ist auch die Halbwüste Ost-Patagoniens als Folge der Kontinentalverschiebung und der damit einhergehenden Gebirgsauffaltung in der Zeit zwischen spätem Miozän und Pleistozän entstanden. Gegen Ende des Eozän gelangte der südamerikanische

Kontinent durch das Auseinanderdriften der Kontinentalschollen weiter nach Süden. Das Klima kühlte ab und die (sub)tropische Vegetation wurde durch eine «*Nothofagus*-Flora» (VOLKHEIMER in SORIANO et al. 1983) verdrängt. Im späten Miozän begann die Auffaltung der Anden, die auch noch im Pliozän und Pleistozän andauerte. Das östliche Patagonien war nun von den regenbringenden pazifischen Westwinden abgeschnitten. In der Folge entstand ein kalt-arides Klima. Die durch zahlreiche xeromorphe Zwergsträucher und Horstgräser geprägte Vegetationsdecke ist ein Ergebnis der erdgeschichtlichen Abläufe und der klimatischen Bedingungen.

Die patagonische Halbwüste tritt mit ähnlichen physiognomischen Merkmalen bei teilweiser Veränderung des Artenspektrums nach Norden hin als Höhenstufe in die mittleren Lagen der trockenen Anden über und schließt hier an die Hochgebirgshalbwüsten der andinen Puna an (GARLEFF 1977, RAUH 1978, RUTHSATZ 1983, WALTER & BRECKLE 1984, Bd. 2, S. 162). Nach CABRERA (1978) gehören die Vegetation der Puna und der ostpatagonischen Halbwüste zum gleichen Florenkreis. Ausführliche Beschreibungen der Vegetation und der ökologischen Verhältnisse in der Zwergstrauch-Halbwüste Ostpatagoniens finden sich bei CABRERA (1978) und SORIANO et al. (1983). Im folgenden wird daher häufig auf diese beiden Arbeiten Bezug genommen.

Die neuere Geschichte Ost-Patagoniens beginnt mit der Vernichtung der Indianer, der Araucarier und Mapuche-Indianer, durch die Truppen des General Roca 1876–1879. Das Land wurde hierdurch für weiße Vieh- und Schafzüchter frei. Es entstanden zahlreiche, z.T. riesige Estancien (ERIKSEN 1970). Durch die Überweidung wurde die Vegetation und die Bodendecke regional stark beeinflußt (BOELCKE 1957, ERIKSEN 1972).

1 Das Klima

1.1 Das Makroklima

Patagonien liegt im Bereich der rauhen, ununterbrochen wehenden, südpazifischen Westwinde, die das Klima dieser Breiten wesentlich bestimmen. Für die aride Ausprägung des Klimas sind aber neben den austrocknenden Winden vor allem die Anden verantwortlich, die den südamerikanischen Kontinent als Klimabarriere von Norden nach Süden durchziehen. Die am Westhang der Anden aufsteigenden, feuchten Luftmassen werden, wie bereits erwähnt (vgl. S. 245), zum Abregnen gezwungen, und dabei kommt es auf der chilenischen Seite zu reichlichen Steigungsregen bis 6000 mm · a^{-1}. Wenn die Luftmassen auf der Ostseite wieder absinken, erwärmen sie sich und trocknen aus (Föhnwirkung). Die Niederschläge nehmen in der Folge nach Osten hin rapide ab.

Wir wollen auf die Niederschlagsverhältnisse entlang des Querprofils am 41°S (Abb. 7.45) noch einmal hinweisen. Wir werden dieses auf S. 412 genauer besprechen. Auf einer Entfernung von nur ca. 100 km sinkt die jährliche Niederschlagsmenge von 4000 mm auf 300 mm bei Plicaniyeu.

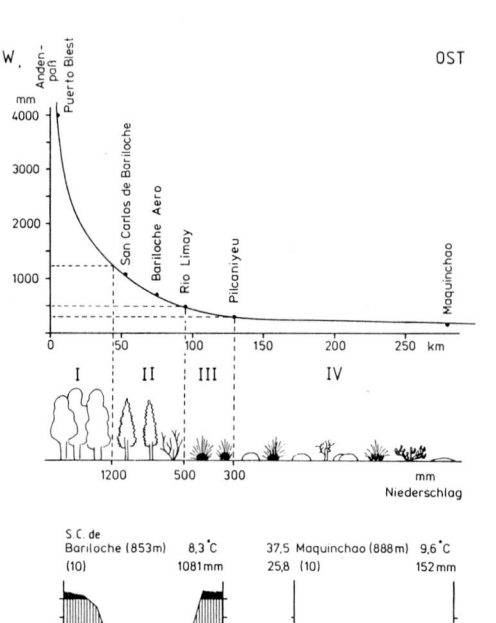

Abb. 7.45: Der extreme Niederschlagsgradient und die dadurch bedingte Vegetationsabfolge an der Andenostabdachung entlang des 41. Breitengrades. I: Regenwald mit *Nothofagus dombeyi, Lomatia ferruginea, L. hirsuta, Drymis winteri, Saxegothea conspicua, Fitzroya cupressoides*; II: Trockenwald mit *Austrocedrus chilensis, Lomatia hirsuta, Embothrium cocconeum* und an feuchten Standorten mit *Nothofagus antarctica* und *Maytenus boaria*; III: subandine Grassteppe; IV: patagonische Zwergstrauch-Halbwüste. Die Klimadiagramme von S.C. Bariloche und Maquinchao (vgl. Abb. 7.46) verdeutlichen Niederschlagsverteilung und Temperatur im Jahresgang (nach WALTER & BOX in SORIANO et al. 1983, aus HAGER 1986).

Weiter ostwärts erfolgt die Abnahme langsamer: nach weiteren 150 km beträgt die Regenmenge bei Maquinchao, schon in der Halbwüste, nur noch 173 mm·a^{-1}. Bis zum Atlantischen Ozean sind es noch weitere 300 km, wobei die Niederschlagshöhe nahezu unverändert bleibt. Sie kann stellenweise bis auf 160 mm fallen, nimmt an der Küste jedoch wieder etwas zu, da hier lokale, vom Meer her blasende Ostwinde leichte zusätzliche Regenfälle bringen.

Wie aus den Daten der wenigen Klimastationen erkenntlich ist, zeigt ein West-Ost-Niederschlagsprofil auch weiter südlich einen ähnlichen Verlauf (vgl. GARLEFF 1978).

Die Klimadiagramme (Abb. 7.46) von Bariloche (41°44′/71°10′) und von Maquinchao (41°15′/48°44′) zeigen deutlich das humide Klima Bariloches im Bereich der östlichen Waldgrenze am Fuß der Anden und das trockene Klima von Maquinchao, in der Zwergstrauch-Halbwüste. Das dritte Diagramm von Rio Grande auf Feuerland (Abb. 7.46), das bereits südlich der patagonischen Halbwüste im Grenzbereich zwischen Grassteppe und subantarktischem Buschwald liegt, weist wiederum ein humides Klima auf. Die Jahresmitteltemperaturen der drei Stationen unterscheiden sich nur wenig. Sie liegen bei 8,3° bzw. 9,3 °C bei den ersten beiden Stationen und bei 5,0 °C bei der südlichen. Die Jahresschwankung ist gering. Es besteht zwar eine kalte Jahreszeit von 4–5 Monaten, aber das mittlere Minimum des kältesten Monats liegt nur 1–3 °C unter 0 °C. Man könnte fast von einem maritimen Klima sprechen, jedoch sind die großen Tagesschwankungen der Temperatur und die Trockenheit nicht damit zu vereinbaren. So ist in den drei Stationen kein Monat absolut frostfrei und so sind z. B. bei Bariloche selbst im Hochsommer Nachtfröste bis −8 °C möglich. Das absolute Minimum beträgt bei Bariloche −15,4 °C und bei Maquinchao sogar −24,5 °C.

Im Gegensatz zu den Winterregen in Bariloche sind die geringen Regenfälle weiter im Osten bei Maquinchao mehr oder weniger gleichmäßig über das ganze Jahr verteilt. Die hydrologische Wasserbilanz (Niederschlag − potentielle Evaporation) ist bei Bariloche nahezu ausgeglichen, was mit der Lage an der Waldgrenze gut übereinstimmt. Weiter östlich wird sie jedoch stark negativ und beträgt bei Maquinchao schließlich −967 mm, was für die gesamte patagonische Halbwüste als repräsentativ zu betrachten ist (vgl. Abb. 7.43).

Die Trockenheit in Patagonien ist jedoch nicht so sehr Ergebnis der hohen Temperaturen als vielmehr Einfluß der extremen Winde, die besonders in Sommermonaten die Evaporationsrate in die Höhe treiben. Der Wind bläst in Bariloche in 65% der Messungen (INTA Bariloche) aus westlichen Richtungen und die mittlere Windgeschwindigkeit der trockenen Föhnwinde beträgt während der Sommermonate 30 km h^{-1}. Die Evaporationskurve verläuft im allgemeinen parallel zur Temperaturkurve so daß sich ein Verhältnis 10° = 20 mm zur Darstellung von humiden und ariden Jahreszeiten in Klimadiagrammen bewährt hat. Trägt man jedoch die Monatsmittel der Evaporation in den in Abb. 7.46 dargestellten Klimadiagrammen auf, so entspricht die Kurve ziemlich genau der

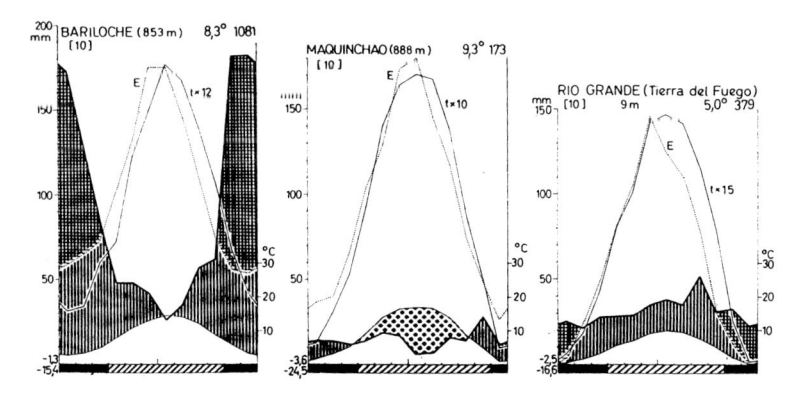

Abb. 7.46: Klimadiagramme von Stationen in Patagonien mit der Kurve der Potentiellen Evaporation (E), die infolge der ständigen stürmischen Winde sehr hoch liegt und einer Temperaturkurve von 10 °C = 100 mm (t × 10) bzw. = 120 mm (t × 12) oder sogar = 150 mm (t × 15) entspricht. Bariloche (an der Waldgrenze); Maquinchao (in der sehr ariden Zwergstrauch-Halbwüste) und Rio Grande (in Feuerland nahe der Grenze zwischen Grasland und stark vermoorten, subantarktischen Wäldern) (aus WALTER 1968).

12fach überhöhten Temperaturkurve (Verhältnis 10° = 120 mm). In Maquinchao, wo die Windgeschwindigkeit (15 km · h^{-1} im Sommer) schon geringer ist, entspricht die Evaporationskurve etwa der 10fachen Überhöhung der Temperaturkurve, dies ist in Abb. 7.46 verdeutlicht. In Rio Grande, im kühl feuchten aber extrem windigen Klima Feuerlands, muß die Temperaturkurve sogar um das 15fache erhöht werden. Im weniger windigen, feuchten, aber heißen Klima von Missiones (Nordost-Argentinien) ist dagegen eine Erhöhung nur um das 5fache nötig. Wie in der Pampa geben die Klimadiagramme des patagonischen Raumes die Klimaverhältnisse nicht ganz richtig wieder, wenn man nur die übliche 2:1-Darstellung zwischen Temperatur- und Niederschlagskurve zur Verfügung hat.

Wie in allen trockenen Regionen schwankt der jährliche Niederschlag von Jahr zu Jahr stark. Die Extreme betragen z. B. bei Pilcaniyeu (Mittel 300 mm) 157 mm und 519 mm.

1.2 Das Mikroklima

Die Darstellung einer mittleren Monatstemperatur sagt über die realen Lebensbedingungen der dort beheimateten Pflanzen nur wenig aus, wenn die Extremtemperaturen, wie es für Patagonien charakteristisch ist, stark von diesem Mittelwert abweichen. So wird die Vegetation Patagoniens durch die hier zu jeder Jahreszeit auftretenden Fröste maßgeblich beeinflußt. Die mikroklimatischen Verhältnisse gewinnen für die Entwicklung der Pflanzen zunehmend an Bedeutung. Das Mikroklima, das direkt auf die Pflanzen einwirkt, weist betreffend Temperatur und Luftfeuchte oft große Unterschiede zum Makroklima auf. Die Temperatur- und Luftfeuchteschwankungen sind in Bodennähe wesentlich größer. Am Tage, wenn sich der Boden infolge der hohen Einstrahlung stark erwärmt, entstehen hier hohe Wasserdampfdruckdefizite, wodurch die Transpiration der Pflanzen wesentlich beeinflußt wird. Nachts kühlt

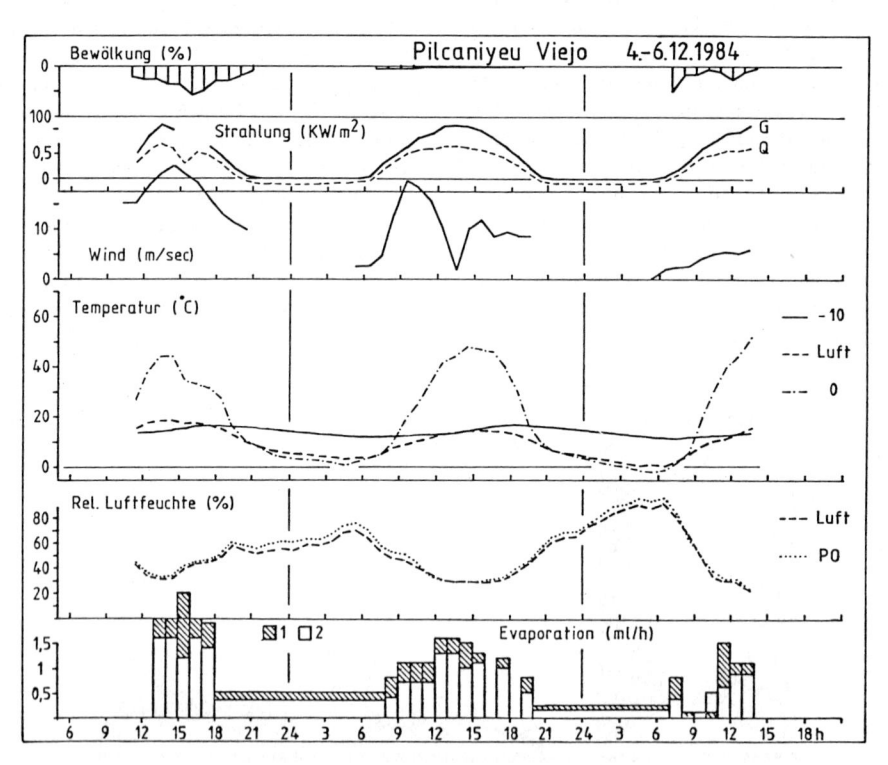

Abb. 7.47: Tagesgang des Mikroklimas in der patagonischen Dornpolsterhalbwüste bei Pilcaniyeu Viejo vom 4.–6. 12. 1984 (unveröff. Daten von HAGER). Gemessen wurden von oben nach unten: Bewölkung (in %), Strahlung (in kW · m^2, B: Strahlungsbilanz; G: Globalstrahlung), Wind (in m · sec^{-1}), Temperatur (in °C; Lufttemperatur, Bodenoberfläche und in 10 cm Bodentiefe). Relative Feuchte (in %, Luft und im Polster von *Mulinum spinosum*), und die Evaporation nach Piche (in ml · h^{-1}, in 150 cm über dem Boden –1– und in 10 cm über dem Boden –2–).

sich die Temperatur durch die nächtliche Ausstrahlung häufig stark ab. Bodenfröste, wie sie auch im Verlauf der in Pilcaniyeu Viejo gemessenen mikroklimatischen Tagesgänge (Abb. 7.47) auftreten, sind daher häufig. Die Extremwerte betrugen hier am 6.12.1984 (Frühsommer) an der Bodenoberfläche $-1,9\,°C$ und $51,9\,°C$ (HAGER 1987).

Große Unterschiede bestehen lokal auch hinsichtlich der Windgeschwindigkeit. Während am 23.11.1984 in der Wetterstation der INTA in Bariloche eine mittlere Windgeschwindigkeit von $23,3\,km\cdot h^{-1}$ ermittelt wurde, betrug diese im Bereich einer, ca. 20 km weiter östlich am Ostende des Lago Nahuel Huapi gelegenen *Mulinum spinosum*-Flur nach Messungen von HAGER $57,6\,km\cdot h^{-1}$.

Der starke Wind wird in Bodennähe durch die Unebenheit des Untergrundes und in den Polsterpflanzen, bedingt durch deren kompakten, halbkugeligen Wuchs, stark abgebremst. So wurde direkt über der peripheren Blattschicht eines *Mulinum spinosum*-Polsters bereits eine Windabschwächung von 89% ermittelt.

Die kompakte, halbkugelige Wuchsform der Polster wirkt sich günstig auf das Mikroklima aus, wie auch an Dornpolstern auf Kreta nachgewiesen werden konnte (HAGER 1985, vgl. auch S. 70f. und Abb. 2.39 und 2.40). Infolge der hohen Windreduktion wird Feuchtigkeit im Polster festgehalten, deren Einwirkung sich auch im Bereich der peripheren Blattschicht nachweisen läßt. Das Wasserdampfkonzentrationsgefälle zwischen Mesophyll und umgebenden Luftschichten wird herabgesetzt und so der Wasserverlust durch Transpiration verringert. Die Wirkung der Feuchtluftwolke im Inneren ist um so größer, je arider die Außenbedingungen sind. Eine geringe Erhöhung der Luftfeuchte konnte auch im Bereich der peripheren Blattschicht des *Mulinum spinosum*-Polsters festgestellt werden. Zur Zeit der Messungen (November/Dezember 1984) war der Boden infolge des vorangegangenen, ungewöhnlich harten Winters und der damit verbundenen Schneeschmelze noch gut wassergesättigt, so daß die Luft der bodennahen Luftschichten noch sehr feucht war. Die relative Luftfeuchte schwankte am 4.–6. Dezember (vgl. Abb. 7.47) zwischen 29% (15,00 h) und 95% (7,00 h). Während das Dampfdruckdefizit im Bereich der Blattschicht des Polsters gegenüber der Luft (in 1,7 m) geringfügig gesenkt wird, ist das Dampfdruckdefizit über freiem Boden leicht erhöht. Die mäßigende Wirkung der Polster-Wuchsform auf das Mikroklima wirkt sich vornehmlich in ihrem Inneren aus, wogegen sich die assimilierenden Blätter in einer dünnen, peripheren Schicht an der Außenseite der Polster befinden. Durch die hohe Einstrahlung kommt es vor allem in den Mittagsstunden zu Übertemperaturen, wogegen sich die Blätter während der Nacht durch Ausstrahlung und Transpiration stark abkühlen. Blattemperaturen von unter $0\,°C$ sind keine Seltenheit. An einem *Mulinum spinosum*-Polster wurden Blatttemperaturen zwischen $+20,1\,°C$ und $-1,4\,°C$ gemessen. Im *Mulinum*-Polster, das groß, aber ziemlich locker ist (Radial-Hohlkugelpolster), schwankte die Temperatur zwischen $+21,2\,°C$ und $-0,7\,°C$. Gleichzeitig wurde in einem Grashorst von *Poa ligularis* eine Temperaturschwankung zwischen $+41,3\,°C$ und $-1,3\,°C$ ermittelt. Dies veranschaulicht die ausgleichende Wirkung des Polsters.

2 Das Muttergestein und die Böden

2.1 Geomorphologie und Geologie

Während die Zentralzone der Patagonien-Anden aus Kristallingestein besteht, herrscht östlich eine bis 1000 m mächtige Andenitserie (ERIKSEN 1970) aus Tuffen, Konglomeraten, Breccien und Laven vor. Von den Anden her senkt sich das sanftgewellte patagonische Tafelland aus einer Höhe von bis zu 1000 m nach Osten hin langsam zum Meer ab. Der Untergrund des patagonischen Tafellandes besteht folglich aus Sedimenten und vulkanischen Gesteinen mesozoischen und känozoischen Ursprungs, die im Laufe der Andenauffaltung und durch den aus den entstehenden Bruchlinien, seit dem Tertiär ausgehenden jungen Vulkanismus hier abgelagert wurden (vgl. auch VOLKHEIMER in SORIANO et al. 1983). Ausgedehnte, teilweise noch gut erhaltene Moränenwälle der Glazialzeiten und langgezogene, in Windrichtung verlaufende, inzwischen fixierte Sanddünen formen das Bild der Landschaft, in die die meist in West-Ost-Richtung von den Anden zum Meer strömenden Flüsse z.T. tiefe Täler eingeschnitten haben.

2.2 Die Böden

Die Böden sind oft durch eine Wechsellagerung von pleistozänem Moränenmaterial und lockeren, meist sehr feinen vulkanischen Aschen gekennzeichnet (ERIKSEN 1970). Sie lassen sich nach MARCOLIN & VALLERINI (in SORIANO et al. 1983) in vier Gruppen unterteilen: Burozeme, Serozeme, Alluviale Böden und Lithosole, wobei jedoch die beiden ersten bei weitem vorherrschen. Burozeme bedecken den Südwest-Teil des patagonischen Tafellandes. Sie leiten sich aus glazialen Ablagerungen und vulkanischen Gesteinen ab und besitzen häufig einen hohen Skelettanteil. Dies hat großen Einfluß auf den Wasserhaushalt (PARUELO et al. 1988). In trockenfallenden Lagunen abflußloser Senken, vor allem in der Provinz Santa Cruz, treten auch Versalzungen auf. Serozemböden dominieren in Zentral- und Ostpatagonien. Sie bedecken den trockensten Teil mit weniger als 200 mm Niederschlag. Steine und Kies bedecken weithin den Boden und die Bodenprofile zeigen geringe Mächtigkeit und eine sandige Textur (BOELCKE 1957, WIJNHOUD & MONTEITH in SPECK et al. 1982). Alluviale Böden findet man entlang der großen Flußläufe. Sie stellen die besten Böden Patagoniens dar. Lithosole spielen eine untergeordnete Rolle. Sie finden sich hauptsächlich dort, wo ausgedehnte Lavaströme den Untergrund bedecken oder wo der kristalline Untergrund zutage tritt.

Die Böden Patagoniens sind arm an Kalk (CaCO$_3$) und Nährstoffen und reagieren im Bereich der subandinen Grassteppe leicht sauer (Tab. 7.8).

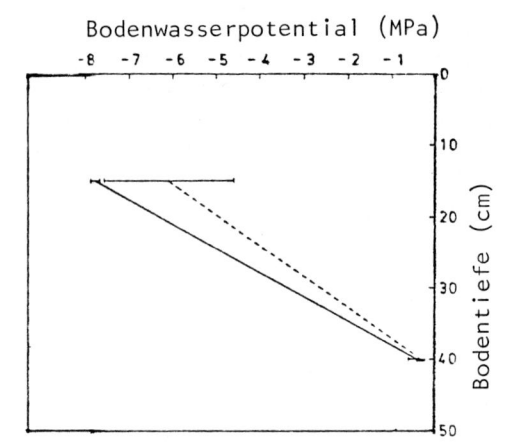

Abb. 7.48: Bodensaugspannung in Abhängigkeit von der Bodentiefe am 13. Januar 1983 (gestrichelt) und am 19. Januar 1983 (durchgezogene Kurve) (aus SORIANO & SALA 1983).

In den ariden Bereichen Zentral-Patagoniens ist die Bodenreaktion jedoch eher basisch (max. pH 8,6 – WIJNHOUD & MONTEITH in SPECK et al. 1982). Nach einer vierjährigen Untersuchung von ORTIZ & MARCOLIN (1982) wiesen die Böden im Bereich Pilcaniyeu (vgl. Abb. 7.48) in 20–50 cm Tiefe während der gesamten Untersuchungsperiode pflanzenverfügbares Wasser auf. SORIANO & SALA (1983) ermittelten im Januar 1983 (Hochsommer) in 15 cm Tiefe eine Bodensaugspannung von annähernd 8 MPa gegenüber einer Bodensaugspannung von nur 0,5 MPa in 40 cm. In den obersten Schichten trocknet der sandige, grobkörnige Boden aus. Die Kapillarfäden reißen ab, so daß das Wasser gegen die austrocknende Wirkung des heftigen Windes geschützt ist.

2.3 Erosionserscheinungen

Wind- und auch Wassererosion sind wichtige formende Elemente der Landschaft der patagonischen Halbwüste, wobei die Winderosion weitaus die größte Rolle spielt. Sie wird durch die Zerstörung der Vegetation als Folge der starken Überweidung begünstigt. Die starken Westwinde, die vor allem während der Trockenzeit auftreten, wo die Stabilität der Böden durch die Dürre stark herabgesetzt ist, können nun nahezu ungehindert angreifen. Weiche Materialien (Sedimente) werden z. B. aus flachen Depressionen ausgeblasen

Tab. 7.8: Physikalische und chemische Untersuchungen an Böden aus dem Bereich der subandinen Grassteppe in der Nähe des Lago Nahuel Huapi/Provinz Neuquen (BOELCKE 1957)

Vegetation	*Stipa-speciosa*-Steppe		*Festuca-pallescens*-Steppe	
Bodenschicht	0–20	20–40	0–20	20–40
Textur	sandig		sandig	
Wasserkapazität	13,30	13,30	15,75	16,50
pH-Wert	6,0	6,0	5,8	5,8
CaCO$_3$	0	0	0	0
Humus (%)	1,22	1,33	2,57	2,62
Gesamt-N	0,08	0,08	0,11	0,12
C/N	8,9	9,6	13,5	12,7

und anschließend als zungenförmige Dünen abgelagert. Besonders eindrucksvoll ist dies am Ostende des Lago Argentino zu beobachten, wo sich eine ausgedehnte Dünenlandschaft ausgebildet hat. Nach MOVIA (in SORIANO et al. 1983) beträgt der Anteil der Winderosionsflächen in der Provinz Santa Cruz ca. 38%. Nach ihren Angaben liegt der Beginn der rezenten Winderosionen ca. 100 Jahre zurück und fällt damit mit dem Beginn der Schafhaltung in Patagonien zusammen. Durch das Ausblasen des Feinmaterials entstehen oft Steinpflasterböden, die wiederum eine gute Angriffsfläche für die Wassererosion darstellen. Die Erosionsformen sind somit fast ausschließlich ein Ergebnis der Zerstörung der Vegetation durch den Menschen.

Die durch die Beweidung entstandenen zungenförmigen Sanddünen bedecken in der Provinz Santa Cruz etwa 52.400 km², in der Provinz Chubab etwa 26.700 km² und in der Provinz Rio Negro 5800 km². Dazu kommen unbewegliche Dünen und Barchane mit insgesamt 10.000 km² (nach SORIANO et al. 1983).

3 Die Produzenten

3.1 Aufbau und Gliederung der Vegetation

Die Vegetation Patagoniens ist Ausdruck der Lebensbedingungen, die sich durch Dürre, Wind und starke Beweidung auszeichnen (CABRERA, 1978: «... la vegetacion muestra una alta adaptacion a la defensa contra la sequia, contra el viento y contra los herbivoros.»). Unter der Wirkung des rauhen Klimas haben sich bei den Pflanzen zahlreiche Lebensformen herausselektiert. Eine

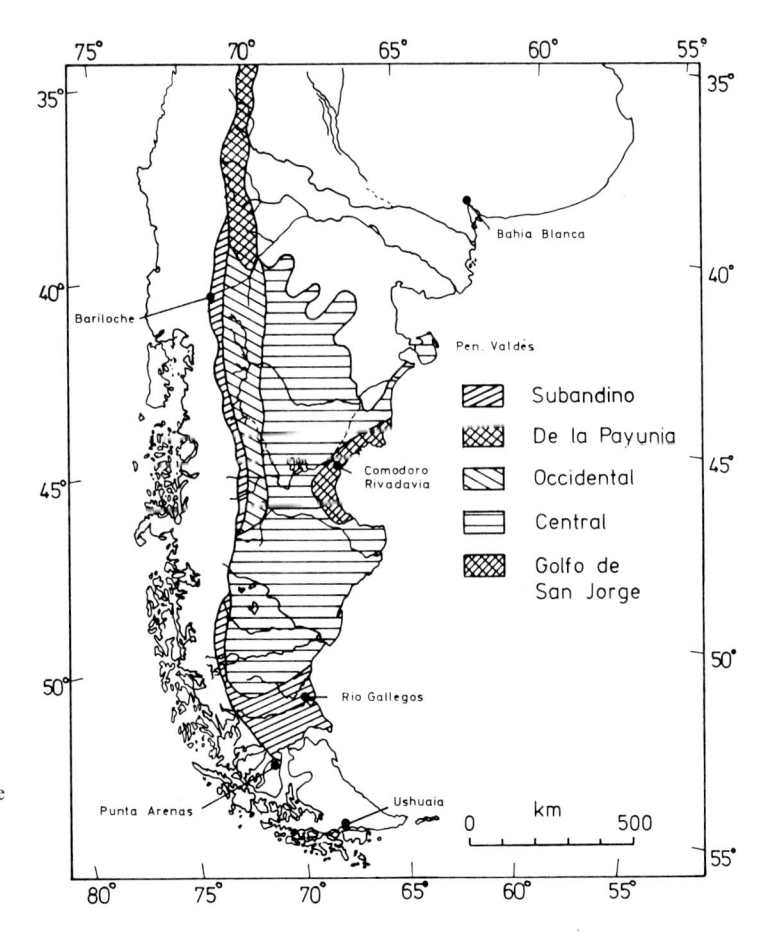

Abb. 7.49: Übersichtskarte der patagonischen Halbwüste und ihrer Untergliederung in phytogeographische Bezirke (nach CABRERA 1978, aus SORIANO et al. 1983).

der interessantesten, die Polsterform, soll anschließend ausführlicher vorgestellt werden.

Das Zusammenspiel von Geländeform, Klima und Vegetation in Patagonien ist von GARLEFF (1975, 1978) untersucht worden. Der Gradient von Niederschlag und Temperatur (Übergang zum «Monte») bestimmt die großräumige Gliederung der Vegetation, deren Ost-West-Abfolge entlang des 50. Breitengrades über den Kontinent hinweg von BOELCKE et al. (1985) eingehend untersucht wurde (vgl. dazu auch Abb. 7.45).

Die Abhängigkeit von Niederschlag und Vegetation ist in Abb. 7.49 dargestellt. CABRERA (1978), SORIANO (1956), SORIANO et al. (1983) unterteilen die patagonische Halbwüste in 4 bzw. 6 floristische Bezirke (Distrikte) (vgl. Abb. 7.49). Den bereits von SORIANO (1956) genannten 4 Bezirken (Payunia, Occidental, Central und Golfo de San Jorge) fügt CABRERA (1978) noch zwei weitere, den subandinen (subandino) und den feuerländischen (fueguino) hinzu. Diese werden von SORIANO (in SORIANO et al. 1983) nicht mit zur patagonischen Halbwüste gezählt, da die jährliche Niederschlagsmenge hier bereits mehr als 300 mm beträgt und sich die Vegetation durch die Dominanz der Gräser deutlich unterscheidet. Der subandine Bezirk soll bei der Besprechung der Halbwüste Patagoniens jedoch mit einbezogen werden, da er zwischen der Halbwüste und den Wäldern der Andenregion (vgl. S. 244ff.) vermittelt. Als Folge der starken anthropozoogenen Veränderung der Vegetation (Abholzen der Wälder, Überweidung) breiten sich Elemente der Halbwüste in diesem Bezirk bereits stark aus.

Der **subandine** Bezirk verdient wegen der vorherrschenden Grasvegetation und der semiariden klimatischen Bedingungen als einziger die Bezeichnung «Steppe». Es handelt sich um ein natürliches Grasland aus niedrigen Horstgräsern, die durch den Wind weniger betroffen sind. Es herrschen nach SORIANO et al. (1983) vor: *Stipa*-Arten, von denen *Stipa speciosa* und *S. humilis* sehr verbreitet sind, während *S. ibari*, *S. chrysophylla*, *S. psylantha*, *S. neaei*, *S. subplumosa* und *S. soriano* weniger dominant sind und zerstreut auftreten. Dazu kommen *Poa ligularis*, *Bromus setifolius*, *Hordeum comosum*, *Festuca argentina* u.a.

Auf etwas feuchteren Stellen wachsen *Carex argentina* und *C. andina*. Eingeschleppte europäische Arten sind *Taraxacum officinale*, *Trifolium repens*, *Poa pratensis*, *Deschampsia flexuosa* u.a. Häufig tritt hier bereits die große Hohlkugeln bildende Dornpolsterpflanze *Mulinum spinosum*

auf. Aber sie ist hier eher als ein Weideunkraut zu betrachten. Außerdem begünstigt der Wind die Ausbreitung der Polsterpflanzen, die an stark exponierten Stellen zur Vorherrschaft gelangen. Dazwischen findet man xeromorphe Sträucher, wie *Berberis heterophylla*, *Colletia spinosissima* (Rhamnac.), *Fabiana imbricata* (Solanac.), u.a.

Im «**Occidental**»-Bezirk findet sich auf sandigen Böden eine Vegetation, die sich je nach Standortbedingungen aus Gramineen und niedrigen Sträuchern zusammensetzt («Estepa mixta de gramineas y arbustos» nach CABRERA 1978). Sie stellt also als Ausdruck der abnehmenden Niederschläge (300–170 mm) eine Übergangszone zwischen der subandinen Steppe und der zentralpatagonischen Halbwüste dar. Polsterförmige, oft dornige Zwergsträucher wie *Mulinum spinosum*, *Azorella caespitosa* (Apiac.), *Anarthrophyllum strigulipetalum*, *A. elegans* (Fabac.), *Oreopolus glacialis* (Rubiac.), *Verbena caespitosa* und auch Cactaceen-Polster (Sukkulentenpolster) sind weit verbreitet. *Maihuenia* (Cactac.) z.B. bildet bis 1,5 m breite, sehr flache Polster. Die Polsterpflanzen werden von lichten Sträuchern, wie *Adesmia campestre* (Fabac.), nur um weniges überragt. Ferner kommen vor: *Senecio filaginoides*, *Nassauvia glomerulosa* (Asterac.), *Stipa speciosa*, *Poa ligularis*, *Verbena connatibracteata* (Polsterstrauch).

Der «**Central**»-Bezirk ist der flächenmäßig größte und zugleich trockenste floristische Bezirk Patagoniens. Die Vegetation ist vor allem durch drei strauchige Pflanzenarten: *Chuquiraga avellanedae*, *Nassauvia glomerulosa* und *Verbena tridens* («mata negra»), charakterisiert. *Nassauvia glomerulosa* wird mit zunehmender Trockenheit immer kleiner und nahezu polsterförmig. Vor allem im südlichen Teil bildet *Verbena tridens* in Senken z.T. undurchdringliche Gebüsche. Gelegentlich stoßen wir auf kleine Gebüschgruppen von *Prosopis denudans* (nur im Norden, da frostempfindlich), *Berberis heterophylla*, *Lycium ameghinoi* u.a. Dornpolsterfluren mit *Brachyclados caespitosus*, *Chuquiraga aurea*, *Verbena caespitosa* etc. bedecken weite Flächen. Die Gramineen sind durch *Stipa humilis*, *S. neaei* und *S. speciosa* vertreten. Die Vegetationsdecke ist sehr licht und bedeckt kaum 20–50% des steinigen Bodens.

Im Bezirk «**Golfo de San Jorge**» erhebt sich das Land nochmals bis auf 900 m und die Niederschläge nehmen, da hier auch die vom Atlantik wehenden Ostwinde geringe zusätzliche Niederschläge bringen, langsam wieder zu. Die Vegetationsdecke wird dichter und der Deckungsgrad liegt meist über 60%. Dichte Gebüsche, in denen *Colliguaya integerrima* (Euphorbiac.) und *Trevoa patagonica* (Rhamnac.) vorherrschen, bedecken die Abhänge des Hügellandes. Auf dem Plateau dominieren Grassteppen mit *Festuca argentina, F. pallescens, Poa ligularis, Stipa speciosa* und *S. humilis*, dazwischen Sträucher, wie *Adesmia campestre, Anarthrophyllum rigidum, Nardophyllum obtusifolium* und *Senecio filaginoides*. Der Bezirk zeigt große physiognomische Ähnlichkeit mit dem occidentalen oder sogar dem subandinen Bezirk. Viele Pflanzen, die im «Central»-Bezirk fehlen oder eine untergeordnete Rolle spielen, tauchen hier wieder auf. Neben den bereits genannten Sträuchern und Gräsern trifft dies auch auf Polsterpflanzen wie *Mulinum spinosum, Anarthrophyllum strigulipetalum, Oreopolus glacialis* und *Benthamiela patagonica* (Solanac.) zu, die gemeinsam mit *Brachyclados caespitosus* die hier wieder sehr starken Winden ausgesetzten Standorte besiedeln. Das Auftreten von Jarilla, der *Larrea ameghinoi*, einem Vertreter des Monte Jarillae, ist ein Indikator für die ausgeglicheneren und leicht erhöhten Temperaturen dieses Bezirkes.

Im **«Payunia»**-Bezirk tritt die patagonische Halbwüste mit ähnlichen physiognomischen Merkmalen bei teilweiser Veränderung des Artenspektrums nach Norden hin als Höhenstufe in die mittleren Lagen der trockenen Anden über und schließt hier an die ähnlich aufgebauten Hochgebirgshalbwüsten der andinen Puna an (CABRERA 1978, GARLEFF 1977, RAUH 1978, WALTER & BRECKLE 1984, S. 162). Die Vegetation stellt einen Bereich enger Verzahnung der Strauchvegetation des Monte (WALTER & BRECKLE 1984, S. 246) und der Vegetation der patagonischen Provinz dar. Die Verbreitung der patagonischen Elemente ist dabei stark durch Faktoren wie Exposition und Meereshöhe bestimmt.

3.2 Die Polsterpflanzen

Eine Beschreibung der Vegetation der ostpatagonischen Zwergstrauch-Halbwüste ist undenkbar, ohne dabei die zahlreichen Polsterpflanzen, die weithin das Bild der lichten Vegetationsdecke prägen, besonders hervorzuheben. Unter den polsterförmigen Zwergsträuchern sind sämtliche von RAUH (1939) aufgestellten Polstertypen vom «Radialvollflachpolster» über «Radialvollkugelpolster» bis hin zum «Radialhohlkugelpolster» vertreten. Nach RAUH (1978) sind etwa $^2/_3$ aller bekannten Polsterpflanzen in Südamerika und auf den subantarktischen Inseln beheimatet. Nirgends auf der Erde hat der Polsterwuchs einen so hohen Anteil an der Gesamtvegetation (TROLL 1948). Bereits SKOTTSBERG (1916) widmet den Polsterpflanzen in seiner Beschreibung der Vegetation Patagoniens ein eigenes Kapitel, wobei er 49 Polsterpflanzen aus 13 Familien aufführt, die hauptsächlich in der patagonischen Halbwüste zu finden sind. Die Liste läßt sich jedoch noch ganz wesentlich erweitern (vgl. HAGER 1986).

Die typische Polster-Wuchsform wurde konvergent von den verschiedensten, systematisch z.T. weit entfernten, Pflanzenfamilien und Gattungen herausgebildet. Polsterformen finden sich bei den **Ephedraceen** (*Ephedra frustillata*, Radial-Vollkugelpolster nach RAUH 1939); bei den **Apiaceen** (Radial-Vollkugelpolster: *Azorella ameghinoi, A. caespitosa, A. crassipes, A. gilliesii, A. lycopodioides, A. trifoliata*; Kriechpolster: *Eryngium paniculatum*; Radial-Hohlkugelpolster: *Mulinum albovaginatum, M. echinus, M. hallei, M. leptacanthum, M. microphyllum, M. proliferum, M. spinosum, M. valentini*); bei den **Asteraceen** (*Brachyclados caespitosus, Chuquiraga aurea, Nassauvia juniperina, N. fuegiana, N. aculeata, N. gaudichaudii, N. hillii, N. pentacaenoides, Perezia recurvata*, jeweils als Kugel- oder auch Flachpolster); bei den **Fabaceen:** (Voll-Flachpolster: *Adesmia ameghinoi, A. aueri*; als Hohl-Kugelpolster: *Adesmia cabrerae, A. glomerula, A. serrana, Anarthrophyllum strigulipetalum, A. desideratum*; als Hohl-Flachpolster: *Adesmia neglecta, Anarthrophytum elegans, A. patagonicum*); bei den **Frankeniaceen:** (Hohlkugelposter: *Frankenia microphylla, F. patagonica*); bei den **Cactaceen** als flache oder halbkugelige Sukkulentenpolster: *Austrocactus Bertinii, Maihuenia poeppigiana*); bei den **Oxalidaceen:** (als Voll-Flach- oder Kugelpolster: *Oxalis erythrorhiza*); bei den **Rosaceen:** (als Voll-Flachpolster: *Acaena caespitosa, A. leptacantha, A. poeppigina, A. splendens* und als Kugelpolster: *Tetraglochin alatum*); bei den **Rubiaceen:** (*Oreopolus glacialis* und *Cruckshanksia glacialis*); bei den **Valerianaceen:** (*Valeriana magellanica* als Vollkugelpolster); und bei den **Verbenaceen:** (*Verbena caespitosa, V. silvestrii* als Voll-Kugelpolster und als Hohl-Kugelpolster: *Verbena erenacea, V. minutifolia, V. mulinoides, V. succulentifolia* und andere). Neben den Kakteen (s.o.) können auch die zahlreichen **Horstgräser** der Gattungen *Festuca* und *Stipa* gewissermaßen zu den Polsterpflanzen gerechnet werden. Bereits bei der Schilderung der Vegetationsverhältnisse wurde auf die Verbreitung einzelner Polsterpflanzen hingewiesen.

Die Zwergstrauch-Halbwüste findet ihr physiognomisches und klimatisches Pendant in den subalpinen Dornpolsterfluren der semiariden Gebirge rings um das Mittelmeer und vor allem in Vorderasien (GAMS 1956, HAGER 1985, KRIVONOGOVA 1960, bzw. S. 69ff.).

Die Polsterpflanzen sind an windexponierten, aber auch sekundär an stark beweideten Standorten besonders häufig. Dies gilt in ähnlicher Weise jedoch auch für Erosionsflächen und auch mit zunehmender Aridität steigt der Anteil der Polsterpflanzen, wobei die Artenzusammensetzung je nach Standort wechselt. An semiariden Standorten genießen die langsamwüchsigen Polsterpflanzen einen Wettbewerbsvorteil. Ihr morphologischer Aufbau reduziert den Wind und ermöglicht es ihnen, in ihrem hohlen bzw. mit Feinmaterial gefüllten Innenraum Feuchtigkeit zurückzuhalten. Das für Polsterpflanzen typische ausgedehnte Pfahlwurzelsystem sorgt zusätzlich für einen ausgeglichenen Wasserhaushalt. Windexponierte und semiaride Standorte stellen mit ihrer lichten Vegetationsdecke im Bereich der patagonischen Halbwüste somit die natürlichen Standorte dar, wobei dem in Patagonien allgegenwärtige Wind sicher die Hauptrolle für die Anhäufung der Polsterpflanzen zukommt. Einzelne Faktoren lassen sich dabei nur schwer voneinander trennen, oft treffen mehrere Faktoren (z. B. Aridität und Wind) gemeinsam zu und verstärken sich oder ein Faktor bedingt erst den anderen (Überweidungsschäden bieten Angriffsflächen für die Winderosion).

Es ist schwer Standorte zu finden, an denen jeweils nur ein Faktor für kleinräumige Unregelmäßigkeiten in der Vegetationsverteilung überwiegend verantwortlich gemacht werden kann. Ein ausgezeichnetes Beispiel (fast ein Schulbeispiel) für den Einfluß des Windes auf die Verbreitung von Polsterpflanzen stellt hier ein im Bereich der Präkordillere gelegener, am östlichen Ufer des Nahuel-Huapi-Sees steil emporragender Berg dar (HAGER 1986): Der Berg ist den von Westen über den See heranstürmenden Winden voll ausgesetzt, die Felsformationen seiner schroffen, ca. 300 m über Seeniveau ansteigenden Abhänge weisen als Zeichen der Exposition sehr markante Winderosionsformen auf. Der Wind ist meist so stark, daß auf den exponierten Gipfelbereichen selbst das Stehen schwerfällt. Die Vegetation zeigt aufgrund der standortbedingten Wasserknappheit einen ariden Charakter und ist in ihrer Zusammensetzung bereits dem «Occidental»-Bezirk zuzurechnen. Infolge der extrem hohen Windbelastung bildet sich an den westexponierten Abbruchkanten eines kleinen Gipfelplateaus eine äußerst scharfe Vegetationsabfolge aus (Abb. 7.50). Das Plateau ist für das Weidevieh praktisch unzugänglich, so daß ein Einfluß durch Beweidung ausgeschlossen werden kann. Die Zusammensetzung der Vegetation der einzelnen Abschnitte spiegelt dabei die sich je nach Exposition und Untergrund ändernden Wettbewerbsbedingungen wieder. Das in Abb. 7.50 dargestellte Vegetationstransekt läßt sich grob in vier Abschnitte einteilen. An der extrem exponierten Abbruchkante (Abschnitt I) besteht die lichte Vegetationsdecke fast ausschließlich aus Polsterpflanzen (verdorntes Radialhohlkugelpolster (Definition nach RAUH 1939): *Anarthrophyllum strigulipetalum*, unverdorntes Radialvollkugelpolster: *Azorella caespitosa*, Sukkulentenpolster: *Austrocactus Bertinii*) und dem kompakten Horstgras *(Festuca pallescens)*. Hinter der Kuppe senkt sich das Land in eine windgeschützte Mulde (Abschnitt IV) und das Bild der Vegetation ändert sich völlig, die Polster werden durch eine grasreiche Vegetation mit lichten Büschen abgelöst. Der Gesamtdeckungsgrad der Vegetation nimmt im Verlauf des Windgradienten von 40 % auf 70 % zu, wogegen der Anteil der Polsterpflanzen am Gesamtdeckungsgrad von 86 % auf 18 % abnimmt. Die Artenzahl ist mit 25 verschiedenen Arten in Abschnitt III am größten, da dieser Ab-

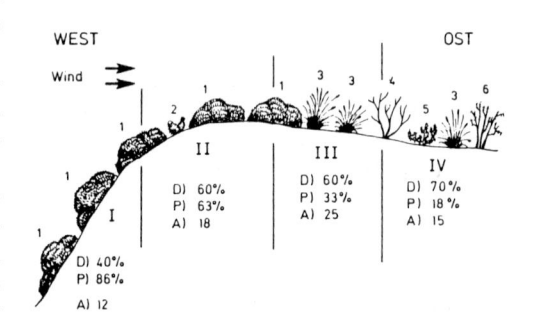

Abb. 7.50: Vegetationsprofil entlang eines Windgradienten über den windexponierten Kamm eines Hügels am Ostende des Lago Nahuel Huapi. Die Abschnitte I–IV markieren grob die vier unterschiedlichen Vegetationsgürtel, wobei Abschnitt I dem Wind am meisten ausgesetzt ist. Die einzelnen Pflanzen sind: 1: *Anarthrophyllum strigulipetalum*; 2: *Austrocactus bertinii*; 3: *Festuca gigantea*; 4: *Adesmia campestris*; 5: *Nassauvia glomerulosa*; 6: *Berberis heterophylla*. In den Zahlenkolonnen bedeuten: A: Artenzahl; D: Gesamtdeckungsgrad der Vegetation in % und P: Anteil der Polsterpflanzen, Gesamtdeckungsgrad der Vegetation in % (aus HAGER 1987).

schnitt eine Durchmischungszone zwischen der windexponierten reinen Dornpolsterflur in Abschnitt I und II und der windgeschützten Formation in Abschnitt IV, wo Polsterpflanzen nur eine untergeordnete Rolle spielen, darstellt. Der Einfluß von Exposition und Untergrund läßt sich im Verlauf des geschilderten Transektes ausgezeichnet erkennen.

Mit nach Osten hin zunehmender Trockenheit und damit einhergehender Auflichtung der Vegetationsdecke läßt sich ebenfalls eine Zunahme der Polsterpflanzen beobachten. Während die Polster am feuchteren Andenrand vornehmlich hohl sind (Radialhohlkugelpolster nach der Definition von RAUH 1939), sind die Polster in den ariden Regionen fast sämtlich mit eingewehtem Sand und Staub gefüllt. Sie gleichen dann oft eher kleinen bewachsenen Sanddünen. Hierzu gehören z. B. *Chuquiraga aurea*, *Brachyclados caespitosus*, *Verbena caespitosa* u. a. Der **Sand** im Inneren der Polster stellt einen effektiveren **Feuchtigkeitsspeicher** als Luft dar. Die zahlreichen Adventivwurzeln im Inneren der Polster dienen wahrscheinlich vornehmlich der Kurzschließung des Nährstoffkreislaufs, was auf dem oft nährstoffarmen Sandboden einen weiteren Vorteil bedeuten kann.

Eine Zunahme der Polsterpflanzen läßt sich auch als Folge der anthropozoogenen Überformung von Landschaft und Vegetation beobachten. So breiten sich im Bereich der subandinen Grassteppe infolge der starken Überweidung die lockeren, dornigen Polster von *Mulinum spinosum* stark aus. Ihr Anteil am Gesamtdeckungsgrad der Vegetation kann dabei von 0 auf über 50% zunehmen. Der Einfluß der Beweidung läßt sich auf eingezäunten, unterschiedlich beweideten Flächen gut beobachten. So wurden auf einer Estancia am Ostende des Lago Nahuel Huapi an zwei Stellen folgende Unterschiede zwischen zwei durch einen Zaun getrennten Flächen beobachtet (vgl. Tabelle 7.9).

Tab. 7.9: Artenzahl und Anteil der Polsterpflanzen auf beweideten und unbeweideten Flächen bei Nahuel Huapi.

Beispiel	I		II	
	unbeweidet	beweidet	unbeweidet	beweidet
Zahl der Polsterarten	7	11	5	10
Anteil (%) an der Gesamtdeckung	2	15	21	32

Auf Erosionsflächen treten Polsterpflanzen häufig als Pioniere auf. So werden Winderosionsflächen oft von *Chuquiraga aurea* (Asterac.) erstbesiedelt. Die bis zu 1 m hohen Polster sammeln den verblasenen Staub und Sand und schaffen so die Grundlage und Schutz für weitere Pflanzen. Auf Wassererosionsflächen oder stillgelegten Straßenschleifen finden sich oft riesige, im November (Frühjahr) zart violett blühende *Verbena-caespitosa*-Polster.

4 Die Konsumenten

4.1 Wildtiere

Über die Fauna Patagoniens findet man bei SORIANO et al. (1983) nur einige kurze Angaben. Es werden auch nur wenige Autoren zitiert. Zoogeographisch gehört das Gebiet zur Neotropischen Subregion Andino-Patagonien. Besonders kennzeichnende Arten sind von den Säugetieren das Meerschweinchen *(Dolichotis patagonum)* und Piche *(Zaedyus pichyi)*, von den Vögeln der Laufvogel Rhea *(Pterocnemia pennata pennata)* und das patagonische Steißhuhn *(Tinamotis ingoufi)*, von den Reptilien *Bothrops ammodytoides* und *Homonota darwini*.

Im allgemeinen ist die Wirbeltierfauna arm und sie verarmt nach Süden zu noch mehr. Wir beobachteten auf einer weiten Fläche, daß auf dem einzigen Exemplar einer *Prosopis denudans*, die mit ihrer Höhe von etwa 2 m der höchste Punkt in der Gegend war, ein Adlernest mit einigen unlängst geschlüpften Jungvögeln war.

Die Zahl der phytophagen Arten ist gering. Es sind vor allem Nager (*Akodon*, *Phylotis*, *Reithodon*) und das oben genannte Meerschweinchen. Das Guanaco ist das einzige größere Huftier. *Hippocamelus bisulcus* ist heute nur noch im Gebirge anzutreffen. Raubtiere sind der Rotfuchs *(Dusicyon culpaeus)* und der Graufuchs *(D. griseus)*, dazu kommen drei Arten der Gattung *Felis* (u. a. *Felis concolor* = Puma), der Skunk *(Conepatus humboldtii)*, das Frettchen *(Lyncodon patagonensis)* und ein Beuteltier *(Lestodelphis hallii)*.

Aus Mangel an Deckung sind die meisten Arten Höhlenbewohner und vor allem auf Erdbaue angewiesen. Aus diesem Grunde sind auch die Fledermäuse kaum vertreten, nur die Langohr-Fledermaus *(Histiotis montanus)* wäre zu nennen.

Als Folge des starken Windes bewegen sich die meisten Vögel auf dem Boden, das gilt auch für zahlreiche Furnariidae *(Geositta)* und Tyrannidae *(Neoxolmis, Musci saxicola)*. Es gibt aber zahlreiche Raubvögel, wie den Bussardadler *(Geranoctus melanoleucus)* oder andere wie *Polyborus planeus*, die Eule *Bubo virginianus*, der Andenkondor *(Vultur gryphus)* und Falken sowie Habichte, aber sie sind nicht auf Patagonien beschränkt.

Vogelnistplätze sind oft die Lagunen, sowohl verbrackte wie auch nichtbrackige. Hier sind Vertreter der Gänsevögel (Anseriformes) zu erwähnen oder viele Küstenvogelarten, die jedoch im Winter das Gebiet verlassen, wie der Flamingo *(Phoenicopterus ruber)*, der Schwan *(Cygnus melanocoryphus)*, Gänse *(Cloephaga picta)*, Seemöven u.a.

Besonders arm ist die Amphibienfauna: die Gattungen *Bufo* und *Pleuroderma* sind mit je einer Art vertreten.

Die einheimische, natürliche Fauna Patagoniens wurde durch die Ausbreitung der Viehherden stark zurückgedrängt. Über die Wirbellosen ist fast nichts bekannt. Soriano et al. (1983) nennt in einer Tabelle 40 Arten.

4.2 Vegetationsveränderungen durch Beweidung

Der Anfang der Weidewirtschaft liegt in Patagonien kaum 100 Jahre zurück. Doch bereits in dieser kurzen Zeit wurde die natürliche Vegetation durch starke Überweidung wesentlich verändert. Die Zahl der Schafe in Patagonien wird auf 72 Millionen geschätzt (Soriano et al. 1983). Dies entspricht einer Dichte von 20–60 Schafen $\cdot$ km^{-2}. Die zum Überweidungsproblem erschienenen Arbeiten sind sehr zahlreich, wir berufen uns vor allem auf Faggi (1983), Hager (1986), Leon & Aguiar (1985) und Soriano et al. (1983).

Vegetationsveränderungen lassen sich dort besonders gut beobachten, wo ein bestimmter Vegetationstyp seine natürliche Verbreitungsgrenze findet. So breitet sich die Dornpolsterart *Mulinum spinosum* infolge der Überweidung im Übergangsbereich zwischen der subandinen Grassteppe und der zentralpatagonischen Zwergstrauch-Halbwüste stark aus. Die großen Farmen (Estancien) wurden in diesem Gebiet bereits frühzeitig umzäunt und in einzelne «Potreros» unterteilt, die z.T. sehr unterschiedlich intensiv beweidet werden. So kann man an Zäunen oft über weite Strecken hinweg eine schlagartige Veränderung der Vegetation beobachten. Hager (1986) stellte auf der einen Seite eines Zaunes einer untersuchten Fläche bei *Mulinum spinosum* einen Deckungsanteil von 15–30% fest, während auf der anderen «unbeweideten» Zaunseite *Mulinum* fast gar nicht vorkam (Tab. 7.10). Leon & Aguiar (1985), die ähnliche Untersuchungen in größerem Umfang durchführten, charakterisieren die Zerstörung der natürlichen subandinen Grasvegetation infolge Überweidung durch Abnahme von *Festuca pallescens*, durch Vorkommen von *Bromus setifolius* und *Hordeum comosum* nur innerhalb anderer Grashorste und Büsche, durch hohen Anteil freier Bodenoberfläche und durch Abundanz exotischer Unkräuter *(Rumex acetosella)*. Sie definieren den

Tab. 7.10: Vegetationsaufnahmen im Bereich der subandinen Grassteppe auf dem Gebiet der Estancia Fortin Chacobuco (40°0'/71°12') am Ostende des Lago Nahuel Huapi in 920 m NN. Aufnahme 7 und 8, sowie 9 und 10 liegen unmittelbar nebeneinander, auf nur durch einen Zaun getrennten Potreros. 7 und 9 liegen auf der stark überweideten Seite, 8 und 10 auf der fast unbeweideten Seite (nach Hager 1986). Aufnahmefläche je 100 m².

Aufnahme-Nr.	7	9	8	10
Exposition	E	W	S	W
Neigung (in °)	3	10	5	10
Deckungsgrad (%)	80	75	80	75
Sträucher				
Acaena splendens	.	r	.	.
Mulinum spinosum	2	2	r	.
Senecio bracteolata	1	+	.	+
Berberis heterophylla	.	.	r	r
Kräuter				
Rhodophiala elwesii	+	.	.	.
Festuca argentina	1	.	.	.
Adesmia corymbosa	1	.	.	.
Euphorbia collina	1	.	.	.
Tropaeolum polyphyllum	+	.	.	.
Valeriana clarionifolia	+	.	.	.
Hordeum murinum	.	+	.	.
Eryngium paniculatum	.	2	.	.
Rumex acetosella	2	+	r	.
Festuca pallescens	2	2	2	.
Boopis gracilis	.	+	r	r
Poa rigidifolia	.	1	+	1
Stipa speciosa	3	3	3	4
Gesamt-Artenzahl	11	10	7	5
Polsterpflanzenanteil am Gesamtdeckungsgrad (in %)	15	32	2	0

Anteil freier Bodenfläche, sowie die Deckungsgrade von *Festuca pallescens* und *Mulinum spinosum* als Indikatoren für die jeweilige Weidebelastung. Bei Überweidung nimmt der Deckungsgrad von *Festuca pallescens* ab und der Deckungsgrad von *Mulinum spinosum* zu. Der Anteil freier Bodenfläche nimmt anfangs zu, bei weiter zunehmendem Weidedruck jedoch wieder ab, aufgrund der dann starken Zunahme von *Mulinum* und anderen Weideunkräutern.

In trockenen Gebieten der zentralpatagonischen Zwergstrauchhalbwüste führt die Überweidung im allgemeinen zu einer Desertifikation (LEON & AGUIAR 1985, SORIANO et al. 1983). Wenn auch *Mulinum spinosum* an diesen ariden Standorten fehlt, so läßt sich doch auch hier eine Zunahme der Polsterpflanzen feststellen. So konnte HAGER (1986) auf einer stark beweideten Fläche bei Piedra Buena große Dornpolster der Asteracee *Brachyclados caespitosus* als fast einzige dort noch vorkommende Pflanzenart beobachten. SORIANO et al. (1983) stellten fest, daß die Weiderehabilitierung im allgemeinen sehr langsam verläuft, auch auf z.T. 30 Jahre lang unbeweideten Dauer-Beobachtungsflächen. Eine Erholung der *Poa ligularis*-Population, dem besten Weidegras dieser Region, läßt sich erst nach drei bis vier Jahren feststellen. SORIANO et al. (1983) empfehlen daher eine 30%ige Reduktion der Schafbestockung zur Verhinderung der Degradierung der noch verbliebenen natürlichen Vegetationsflächen.

5 Die Destruenten

Angaben hierzu sind uns nicht bekannt.

6 Ökophysiologische Untersuchungen

Ökophysiologische Untersuchungen beschäftigen sich in Patagonien naturgemäß vorrangig mit dem Wasserhaushalt der Pflanzen. Neben eigenen Untersuchungen (HAGER 1987) liegen hier vor allem Ergebnisse von SORIANO et al. (1983) und SORIANO & SALA (1983) vor.

SORIANO & SALA unterteilen die Pflanzen je nach ihrem Wasserhaushalt in Opportunisten und Periodisten. Zu den ersten gehören vor allem die Gräser, die ihren Lebensrhythmus dem jeweiligen Wasserangebot in den oberen Bodenschichten anpassen. Zu den periodisch wachsenden Pflanzen zählen vor allem die zahlreichen verschiedenen Zwergsträucher. Diese besitzen ein tiefreichendes Wurzelwerk (z.T. Pfahlwurzeln), das in die tieferen feuchten Bodenschichten hinabreicht (vgl. Abb. 7.51) und mehr oder weniger für einen aus-

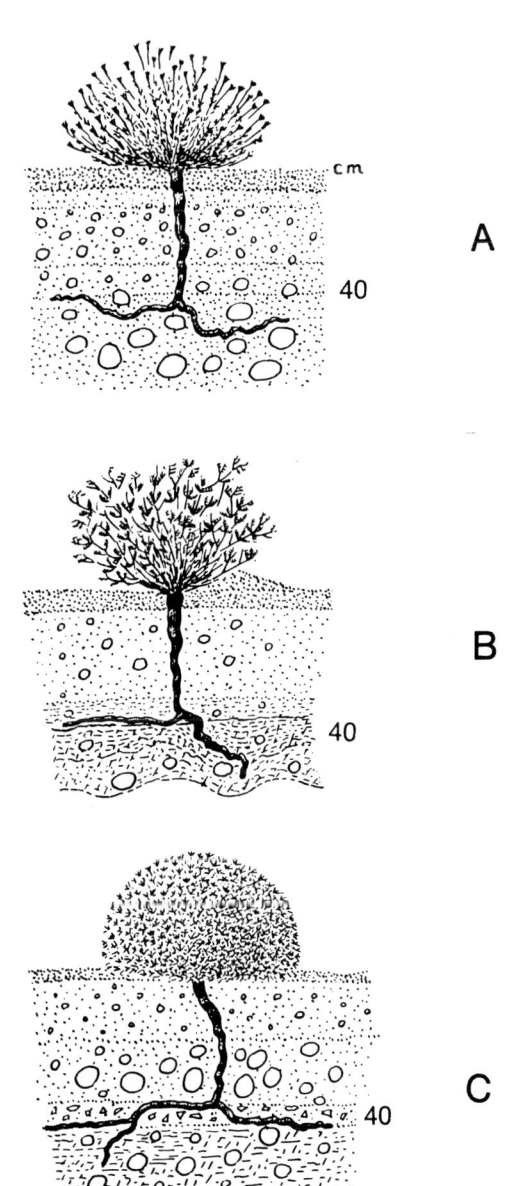

Abb. 7.51: Drei Beispiele für den Verlauf der Wurzeln im Boden bei patagonischen Dornpolster-Arten. A: *Senecio filaginoides*; B: *Adesmia campestris*; C: *Mulinum spinosum* (aus SORIANO et al. 1983).

Tab. 7.11: Wasserpotential (in bar) von Gräsern und Sträuchern und Klimadaten in der patagonischen Zwergstrauch-Halbwüste in verschiedenen Monaten des Jahres 1975 (nach SORIANO et al. 1983)

Monat	I	III	VI	IX	XII
Temperatur (°C)	26,8	18,5	8,0	15,9	13,5
relative Luftfeuchtigkeit (%)	29	45	48	36	50
Gräser					
Stipa speciosa	−40,0	−40,0	−	−33,0	−31,2
Stipa humilis	−40,0	−40,0	−	−40,0	−37,8
Poa ligularis	−35,0	−38,0	−28,3	−27,0	−29,3
Sträucher					
Mulinum spinosum	−26,0	−24,0	−27,0	−15,0	−21,0
Senecio filaginoides	−18,0	−21,5	−24,0	−15,5	−13,5
Adesmia campestris	−27,0	−24,0	−	−14,5	−14,5

Tab. 7.12: Maximales und minimales Wasserpotential von Pflanzen zweier unterschiedlich feuchter Standorte in der patagonischen Zwergstrauch-Halbwüste (Nov./Dez. 1984), nach Lebensstrategie (krautig/verholzt) und Wuchsform (polsterförmig) angeordnet (nach HAGER 1987)

Art	Wasserpotential (in bar) min	max
Trockene Patagonische Halbwüste		
Holzpflanzen (periodisch)		
Zwergsträucher – polsterförmig:		
Mulinum spinosum	−15,5	−3,5
Anarthrophyllum strigulipetalum	−14,0	−
Zwergsträucher – nicht polsterförmig:		
Senecio bractiolata	− 9,9	−5,8
Senecio filaginoides	−13,0	−7,1
Nassauvia glomerulosa	−20,6	−7,3
Große Sträucher (1–2 m):		
Colletia spinosissima	−13,3	−5,3
Berberis heterophylla	−17,9	−3,4
Adesmia campestre	− 9,8	−4,6
Gräser und Kräuter (opportunistisch)		
Stipa speciosa	−29,2	−1,4
Festuca argentina	−17,5	−6,5
Poa ligularis	−22,0	−7,3
Calceolaria germainii	−10,5	−3,9
Gehölzvegetation am Bachrand		
Nothofagus antarctica	− 8,5	−
Ovidia andina	− 7,2	−
Salix fragilis	− 6,6	−
Berberis heterophylla	−10,3	−
Fabiana imbricata	− 8,7	−

geglichenen Wasserhaushalt sorgt. So zeigen die beiden Sträucher *Adesmia campestris* und *Mulinum spinosum* (Dornpolster) in den von SORIANO & SALA (1983) gemessenen Tagesgängen im Gegensatz zu den Gräsern *Stipa speciosa* und *Poa ligularis* nur relativ geringe Schwankungen des Wasserpotentials. Gleichzeitig weisen die Gräser insgesamt ein wesentlich geringeres Wasserpotential (= höhere Saugspannung) auf als die Sträucher. Der Unterschied zwischen Opportunisten und periodischen Pflanzen zeigt sich auch im Jahresgang (Tab. 7.11 bzw. 7.12).

Das Wasserpotential ist auch je nach Standort sehr unterschiedlich und auch die Lebensform sowie deren ökologisches Verhalten spielen eine Rolle. Es ist dabei von Bedeutung wie wirkungsvoll das Wurzelsystem ist und wie empfindlich der Spaltöffnungsapparat auf Wasserstreß reagiert. In Tab. 7.12 ist jeweils das maximale und minimale Wasserpotential von Pflanzen auf zwei unterschiedlich feuchten Standorten der patagonischen Halbwüste aufgetragen. Die Pflanzen repräsentieren dabei die verschiedenen Lebensstrategien. Die Konstitution einer Pflanze zeichnet sich jedoch nicht nur durch das jeweilige Wasserpotential, sondern auch dadurch aus, wieviel des täglichen Wasserverlustes während der Nacht wieder aufgesättigt werden kann (Differenz zwischen maximalem und minimalem Wasserpotential). Wichtig ist die Abhängigkeit von Wasserpotential und Wassersättigungsdefizit und die Lage des Welkepunktes (Tab. 7.13).

Große, dem Wind ausgesetzte Sträucher wie *Colletia spinosissima* und *Berberis heterophylla* weisen einen höheren osmotischen Wert (= ein niedrigeres osmotisches Potential) auf als die polsterförmigen Zwergsträucher *Mulinum spino-*

Tab. 7.13: Wasserpotential, osmotischer Wert ($-\pi^*$) und Welkepunkt einiger Gehölzpflanzen aus der patagonischen Halbwüste im November/Dezember 1984. Die Daten basieren auf sogenannten P/V-Untersuchungen (nach HAGER 1987). Beim Welkepunkt wird sowohl das Wassersättigungsdefizit (in %) als auch das Wasserpotential (in bar) angegeben, bei deren Überschreitung die Pflanze zu welken beginnt.

Art	Wasserpotential min	max	$-\pi^*$	Welkepunkt %WSD	bar
Mulinum spinosum	−15,5	−3,5	9,2	22	−15,4
Anarthrophyllum strigulipetalum	−14,0	−	12,4	35	−19,1
Adesmia campestris	− 9,8	−4,6	9,8	25	−15,3
Colletia spinosissima	−13,3	−5,3	17,7	31	−26,5
Berberis heterophylla	−17,9	−3,4	20,2	20	−28,1

sum und Anarthrophyllum strigulipetalum. Entsprechendes gilt für den Welkepunkt. Adesmia campestris nimmt sowohl in ihrer Wuchshöhe als auch in der Charakteristik des Wasserhaushaltes eine Mittelstellung ein. Unter der Wirkung des austrocknenden Windes verlieren die großen Sträucher wesentlich mehr Wasser als die kompakten Polster. Durch den kompakten Wuchs wird der Wind stark abgeschwächt. Hierdurch wird eine Feuchtluftwolke im Polsterinnenraum festgehalten und so der Wasserverlust durch Transpiration verringert. Die Sträucher reagieren wesentlich empfindlicher auf Schwankungen des Wasserangebotes. Die Spalten schließen schneller und die Pflanzen antworten bereits auf einen geringen Wasserverlust (Erhöhung des Wassersättigungsdefizites) mit einer deutlichen Erniedrigung des Wasserpotentials. So weist Berberis in Abb. 7.52 im gesamten Tagesverlauf nur eine geringe Blattleitfähigkeit auf, wogegen das polsterförmige Mulinum spinosum die Spalten weit öffnet und erst im Laufe des Tages unter der Wirkung des zunehmenden Wasserstresses geringfügig schließt. Die Transpirationswerte lassen sich nicht in dieser Weise vergleichen, da die Messungen mit Hilfe eines Porometers in einer geschlossenen Kammer erfolgten und so die unterschiedliche Windexposition von Strauch und Polster nicht mit in die Messung einging.
Ökosysteme wurden systematisch noch nicht untersucht.

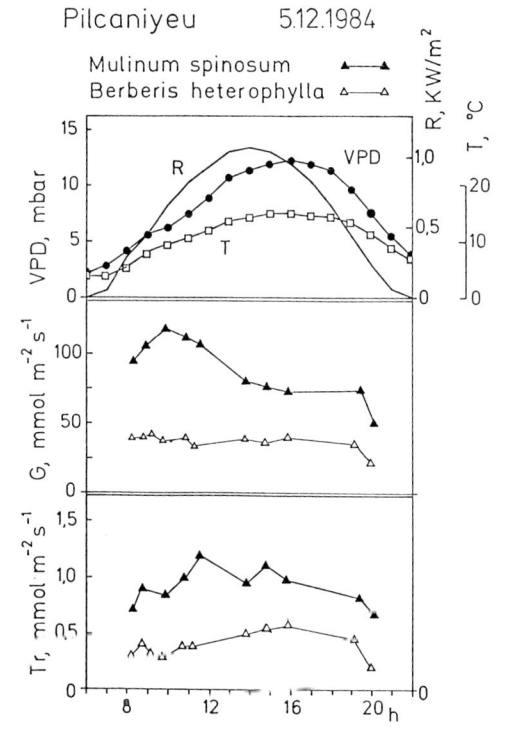

Abb. 7.52: Tagesgang des Mikroklimas (oben) mit Lufttemperatur (T in °C), des Wasserdampfsättigungsdefizits der Luft (VPD in mbar) und der Globalstrahlung (R in kW·m^2). In der Mitte: Blattleitfähigkeit (G, in mmol·m^{-2}·s^{-1}) und unten: Transpiration (Tr, in mmol·m^{-2}·s^{-1}) für die Dornpolsterart Mulinum spinosum (schwarze Dreiecke) und für den bis 1,5 m hohen Strauch Berberis heterophylla (offene Dreiecke) in der patagonischen Halbwüste bei Pilcanifleu am 5.12.1984 (aus HAGER 1987).

7 Gliederung

Über die Gliederung des Gebietes gibt Abb. 7.49 Auskunft.

8 Orobiome

Die Höhenstufen am Anden-Ostang wurden auf S. 403 f. kurz besprochen. Auf GARLEFF (1977) sei besonders verwiesen (vgl. Abb. 7.44). Ergänzend werden hier die Bezeichnungen der Höhenstufen und die zugehörige Vegetation am Beispiel eines schematisierten W-E-Transekts gezeigt (RUTH-SATZ 1977). Es muß allerdings beachtet werden, daß im Einzelfall große Abweichungen von dem gezeigten Schema auftreten können aufgrund orographischer Besonderheiten (Plateaus, Schluchttäler, Becken) und damit zusammenhängender sehr variabler Niederschlagsgunst bzw. Kontinentalität.

9 Pedobiome

Genauere Angaben über die Psammobiome auf unbeweglichen Dünen und die einzelnen Halobiome auf verbrackten Böden, sowie über ihre Zonation und die Salzgehalte und andere Eigenschaften der Böden liegen uns nicht vor.

Zu den **Galeriewäldern** kann folgendes kurz angefügt werden. Weitgehend unabhängig vom Niederschlag finden sich entlang der ganzjährig wasserführenden Flüsse schmale Gehölzstreifen (Galeriewälder) aus *Salix humboldtiana*. Teilweise wird die einheimische *S. humboldtiana* heute jedoch durch die eingeführte und auf den Estancien entlang der Bewässerungskanäle als Windschutz gepflanzte *S. fragilis* verdrängt. Im Bereich der subandinen Grassteppe gesellen sich noch weitere Arten wie *Nothofagus antarctica* und *Maytenus boaria* dazu.

10 Zono-Ökotone

Da extreme Wüsten mit kalten Wintern in Südamerika fehlen, ist auch ein Ökoton der Subzonobiome VIIa/VII (rIII) nicht vorhanden. Allerdings reicht das Subzonobiom VIIa am Ostrand der Anden relativ weit nach Norden bis Nord-Argentinien hinein und bildet dort ein intrakontinentales, relativ kleinflächiges Trockengebiet, das als Zono-Ökoton VIIa/III aufgefaßt werden kann mit nur noch geringer Winterkälte. Dieses wird im folgenden kurz behandelt. Es geht weiter im Norden in das Orobiom des ZB II über (vgl. Band 2, S. 162: Puna in NW-Argentinien).

F. Das Subzonobiom VIIa in Südamerika – Halbwüsten Nordargentiniens

Die Vegetation der intrakontinentalen, ariden Gebiete

Aus der Abb. 7.43 sind die sehr hohen Wasserbilanzdefizite in dem Teil Argentiniens zwischen der Pampa und dem Ostabfall der Anden zu erkennen. An der Westgrenze der Pampa ist nicht nur das Klima noch arider, sondern es bildet sich ein ausgeprägtes Sommermaximum der Niederschläge aus, zugleich wird der Boden sandig, d. h. es herrschen ähnliche Verhältnisse wie im südwestlichen Afrika. Tatsächlich war früher westlich von der Provinz Buenos Aires ein Savannenwald vorhanden, Gehölze von *Prosopis caldenia*, die gerodet wurden, um Weideflächen zu gewinnen. Alte Exemplare dieser Baumart findet man noch um die Häuser herum und als Schattenbäume auf Weideflächen; junge Bäume kommen auf den Streifen längs der Eisenbahndämme vor. Größere Waldungen sahen wir zwischen Santa Rosa und Victoria sowie nördlicher (Provinz Pampa) ohne Pampavegetation. Diese lichten Gehölze bestehen aus *Prosopis caldenia* («Calden»), *P. flexuosa*, *Geoffroea (Gurliea) decorticans* («Chanar»), *Jodina rhombifolia* (Santalacee, Halbparasit auf *Prosopis*), *Schinus longifolia*, *Ximenia americana* u. a. Unter den Bäumen wachsen *Stipa tenuissima* und *S. gyneroides* (Deckung etwa 50%).

Noch weiter westlich bei Sommerniederschlägen von 500–300 mm pro Jahr findet man eine Baumsavanne, die täuschend an die *Acacia-Aristida*-Savanne in Südwestafrika erinnert (Bd. 2, S. 146).

Bei größerer Aridität weiter westlich wird, wie schon erwähnt, die Baumsavanne durch eine Strauchsavanne abgelöst, wobei *Prosopis flexuosa* zunimmt und Stipa immer mehr verschwindet. Schließlich bleibt *Prosopis alpataco* nach, mit am Boden liegenden Ästen (nur aufsteigenden Sproßspitzen in Begleitung von niedrigen Rutensträuchern) (*Ephedra ochreata*, *Bredemeyera mi-*

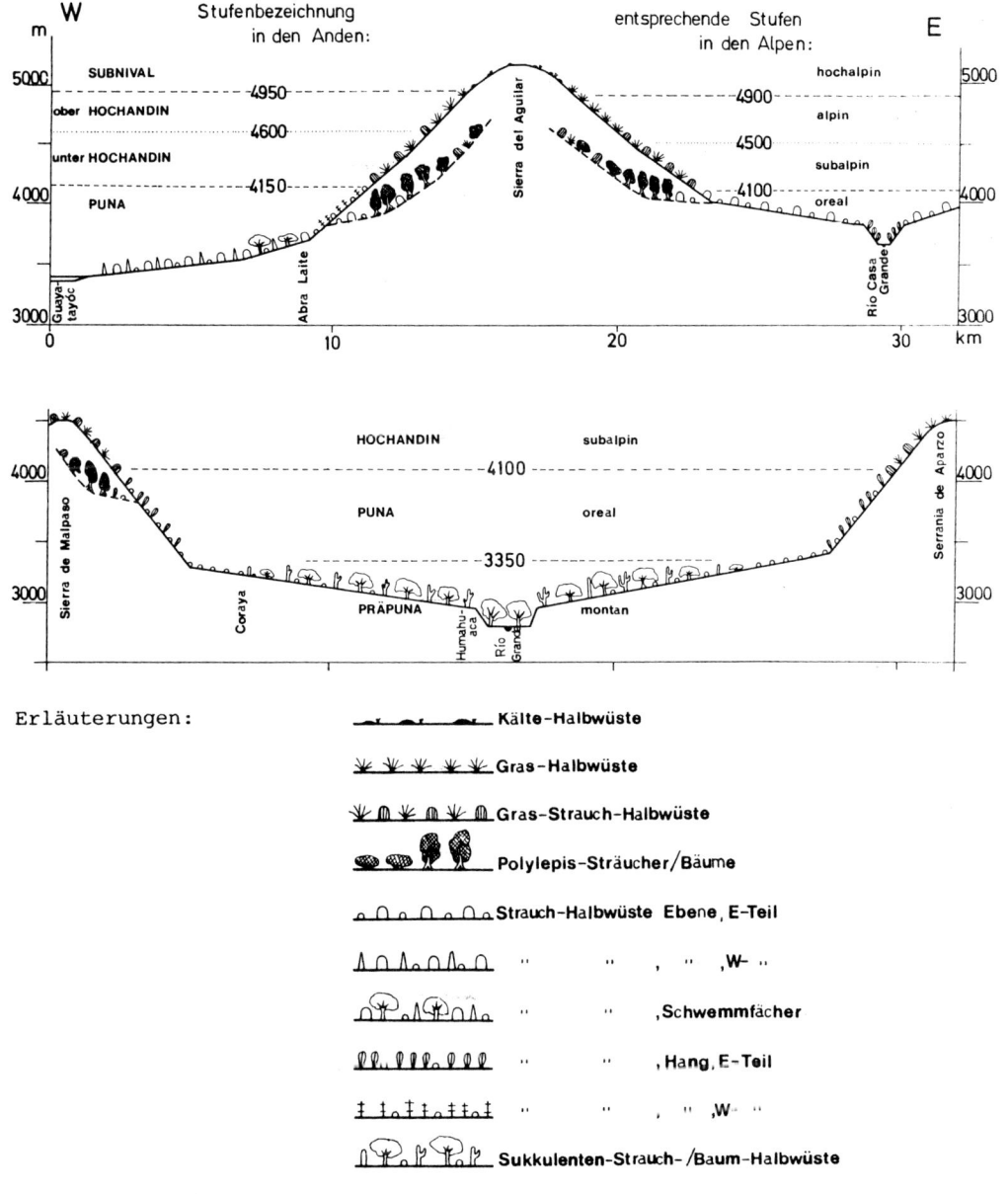

Abb. 7.53: Höhenstufen der verschiedenen Vegetationsformationen in Nord-Argentinien dargestellt an einem schematisierten W-E-Transekt von der Laguna de Guayatayoc im W bis zum Grat der Serrania de Aparzo im E, bei etwa 23° 35′ S (im rechten Bildteil sind zum Vergleich die allgemein gebräuchlichen aus den Alpen abgeleiteten Höhenstufenbezeichnungen angegeben) (aus RUTHSATZ 1977).

crophylla, Neosparton aphyllum [Verbenacee], Cassia aphylla u.a.). Auf den trockensten Standorten, den Dünenrücken, verschwinden die Holzpflanzen ganz und es verbleibt ein reines lockeres Grasland aus Elionurus viridulus mit wenigen krautigen Psammophyten. Es folgt dann eine riesige verbrackte Versickerungspfanne des Rio Atuel.

Die Flächen am Andenfuß, die nur 200 mm im Jahr an Regen erhalten und ein Basaltplateau darstellen, dessen Verwitterungsschutt durch Kalk zu einer betonartigen Schicht zusammengebacken ist, sind eine *Larrea*-Wüste mit derselben Art wie in Arizona, *Larrea divaricata*, dazu die Kompaßpflanze *Larrea cuneifolia* und eine dritte Art, *L. nitida* (MORELLO 1955). Diese *Larrea*-Wüste erstreckt sich östlich von den Anden in Argentinien von etwa 25°S bis 44,5°S als ein 2000 km langer und 250–400 km breiter Streifen. Im Norden reicht dieser Streifen in die subtropische Zone hinein und geht im Gebirge bis auf 3000 m hinauf, während er im Süden, wo die kalten Winter beginnen, von der patagonischen Halbwüste abgelöst wird, die ebenfalls zum Zonobiom VII a gehört. Man muß beachten, daß hier komplizierte Übergangszonen in diesem Teil von Argentinien vorhanden sind, Zono-Ökotone zwischen ZB V, ZB II, ZB III und ZB VII. Dazu kommt nördlicher das noch weniger bekannte Chaco-Gebiet, meist wohl eine aride Parklandschaft des ZB II (MORELLO & ADAMOLI 1973, ADAMOLI et al. 1972) mit vielen Salzpfannen.

G. Das Subzonobiom VII in Neuseeland

Die beiden Inseln von Neuseeland, die sich etwa von 34°S bis zum 47°S erstrecken, zeichnen sich wie bereits erwähnt bei der Besprechung des ZB V (S. 266 ff.) durch ein humides Klima aus, vom warmtemperierten bis fast subtropischen im Norden bis zu einem kalt gemäßigten im Süden.

Aber im Bereich der ständigen Westwinde befindet sich auf der Südinsel, im Windschatten der über 3000 m hohen Neuseeländischen Alpen, die Beckenlandschaft von Otago, die sich ebenso wie Westpatagonien durch ein deutlich semiarides Klima auszeichnet. Das entsprechende Klimadiagramm von Alexandra (vgl. Abb. 5.31) weist bei einem Jahresmittel der Temperatur von 10,3° und einem Jahresniederschlag von 330 mm eine lange Sommertrockenheit auf und zugleich eine kalte Winterzeit von Juni–August mit einem absoluten Minimum von −11,7 °C, während Christchurch an der Ostküste ein humides, mildgemäßigtes Klima besitzt und die Westküste vor der Gebirgskette Niederschläge über 4000 m erhält, also extrem humid ist.

Das Gebiet mit unter 500 mm umfaßt die Canterbury Plains im Hinterland von Christchurch, die heute zum großen Teil Acker- und Weideland sind, sowie verschiedene Becken am Ostfuß des Gebirges, wie das Mackenzie-Becken und vor allem die Becken von Nord- und Mittel-Otago. Die genauen Grenzen des Steppengebietes lassen sich nicht feststellen, weil der angrenzende *Nothofagus*-Wald gerodet wurde. Einen Eindruck dieses eigenartigen, steppenartigen Gebietes vermittelt Abb. 7.54.

Die zonale Vegetation in dem Gebiet mit Jahresniederschlägen unter 500 mm und einer potentiellen Evaporation, die mit über 1000 mm veranschlagt wird, ist ein Low-Tussock-Grasland mit den dominanten Horstgräsern *Festuca novaezelandicae* und *Poa caespitosa;* früher war wohl auch das Horstgras *Agropyrum scabrum* s.l. häufiger. Die Grashorste können sich mit ihren Grasspitzen fast berühren, so daß die Grasdecke geschlossen erscheint, aber zwischen den basalen Teilen der Horste können kleinere Kräuter gedeihen. In den Randgebieten, namentlich auf steinigem Boden, dringen auch Sträucher in das Grasland ein, wie *Discaria toumatoa* (Rhamn.), *Carmichaelia* (Legum.) und die merkwürdige, an Yucca erinnernde Umbellifere *Aciphylla*.

Ursprünglich dürfte das Grasland nur die tieferen Lagen unter 600 m eingenommen haben, darüber begann mit zunehmenden Niederschlägen und abnehmender potentieller Evaporation zuerst als Übergang ein Gebüschstadium und dann der *Nothofagus*-Wald. In dem Bestreben, die Weideflächen zu vergrößern, wurde der Wald durch wiederholtes Abbrennen vernichtet, und das Tussock-Grasland breitete sich weiter aus. Das dichte, bis über 1 m tief reichende Wurzelsystem verleiht den Gräsern eine hohe Wettbewerbsfähigkeit. Nur kleine Waldreste in Schluchten oder Stubben im Boden sind heute ein Beweis dafür, daß es sich um früheres Waldland handelt. Auch das Auftreten von Adlerfarn *(Pteridium esculentum)*, der aride Gebiete meidet, kann als Indikator für ein Waldklima dienen. Die Tussock-Gräser sind hart und deshalb kein gutes Futter, namentlich wenn die alten Blätter erhalten bleiben. Um den Futterwert zu verbessern, brennen die Farmer das Grasland jedes Jahr ab. Die austreibenden jungen Blätter werden von den Schafen gern gefressen. Aber Abbrennen mit nachfolgendem Abweiden schädigt die Tussock-Gräser, und sie gehen mit der Zeit ein. Im Grasland bilden sich Lücken, und es treten europäische Arten auf, hauptsächlich *Agrostis tenuis, Anthoxanthum odoratum, Holcus lanatus*, aber auch *Rumex acetosella, Hypochoeris radicata* u.a. Wird das Abbrennen und Abweiden immer weiter fortgesetzt, so treten völlige Degradation der Weide und starke Bodenerosion ein.

Abb. 7.54: Tussock-Grasland in Canterbury, Südinsel von Neuseeland, in 600 m NN (phot. G. SIMPSON & J. SCOTT THOMSON). Hauptgrasart ist *Festuca novae-zelandicae*. In der Mitte (dunkel) ist Gebüsch von *Hebe*, *Coprosma* und *Discaria*. Ganz rechts oben beginnt *Nothofagus*-Wald (aus WALTER 1968).

Die trockensten Teile von Otago sind auf diese Weise zur fast vegetationslosen Wüste geworden. Eine typische Art für stark degradierte Flächen ist *Raoulia lutescens* (Scabweed), die über einen Meter große, ganz flache, dichte Polster bildet, an riesige Schimmelpilzkolonien erinnernd. Als Weide sind solche Flächen wertlos, durch die *Raoulia* wird aber wenigstens eine zu starke Bodenerosion verhindert.

Das Tall-Tussock-Grasland hat sein natürliches Verbreitungsgebiet im Gebirge erst über der Waldgrenze und auf tonigen, leicht moorigen Böden über Grauwacken und Glimmerschiefer. Es wird 1,5 m (bis 2 m) hoch. Die wichtigsten Arten sind *Chionochloa* (= *Danthonia*) *rigida*, *Ch. flavescens* sowie *Festuca matthewsii*, dazu *Poa colensoi* und verschiedene alpine Arten. Je nach der Exposition findet man dieses Grasland in 750–2000 m Höhe. Die Winter sind hier schon so kalt, daß der Schnee meist 2–3 Monate liegen bleibt. In den trockensten Gebirgsteilen kann das niedrige Tussock-Grasland direkt in das hohe übergehen, auch dort, wo der Wald vernichtet wurde.

Die hohen Tussock-Gräser sind als Schafweide völlig ungeeignet. Sie werden ebenfalls abgebrannt, um eine Sommerweide zu erhalten, und als Folge davon zunächst durch niedriges Tussock-Grasland ersetzt. Letzteres findet man somit heute nicht nur auf früherem Waldland, sondern auch auf früherem Tall-Tussock-Grasland.

Dieses Tall-Tussock-Grasland ist auch auf der Nordinsel in der alpinen Stufe verbreitet. Eine sehr große Fläche findet man in 950 m Höhe auf dem stark vernäßten vulkanischen Plateau am Fuße der Vulkane Ruapehu und Ngauruhoe. Es bedeckt hier die mächtigen Bimsstein-Ablagerungen und vulkanischen Aschen und ist wohl nicht klimatisch bedingt, sondern stellt mehr ein Übergangsstadium nach der Neubesiedlung des vulkanischen Auswurfs dar. Der Wald erobert das Gebiet nur sehr langsam zurück. Gepflanzte Lärchen (*Larix*) wachsen sehr gut. Stark ausgebreitet haben sich in diesem Grasland die adventiven

Calluna vulgaris und *Erica lusitazica;* zu deren Blütezeit wird man an die Lüneburger Heide erinnert. Wird das Grasland gebrannt, so breiten sich der Myrtaceen-Strauch *Leptospermum scoparium* und an nassen Stellen *Phormium tenax* aus.

Im Gegensatz zu dem Low-Tussock-Grasland gehört das Tall-Tussock-Grasland nicht zu der gemäßigten Steppenzone, sondern zu den stark humiden Grasländern der alpinen Stufe, die weiter nach Süden in die subantarktischen Tussock-Grasländer übergehen. Erwähnt sei noch, daß *Poa caespitosa* s.l. auch in Australien in den Snowy Mts. in den ebenen, oft vernäßten oder in allen Monaten des Jahres Frösten ausgesetzten Lagen, in denen *Eucalyptus* nicht gedeihen kann, reine Grasflächen bildet.

Öko-physiologische Untersuchungen dieser Grasländer liegen nicht vor, wohl aber soziologische Arbeiten, die mit dem Problem der rationellen Weidenutzung im Zusammenhang stehen (BARKER 1953, MARK 1955, CONNOR 1961, 1964, 1965). Als Weidetiere kamen unter natürlichen Verhältnissen in Neuseeland nur Laufvögel in Frage, die die Grasblätter an der Basis absichelten. Der doppelt-mannshohe Laufvogel Moa *(Dinornis)* wurde schon von den Moa-Huntern restlos vernichtet. Die Maoris haben dann die Moa-Hunter verdrängt.

Besonders eindrucksvoll war es in diesem semiariden Grasland die rezente Lößablagerung zu beobachten. Einzelne Gletscher reichen am Osthang tief herunter. Der in der Fortsetzung des Gletschertales fließende Fluß lagert zuerst die sandigen und dann die schluffigen (Gletschertrübe) Verwitterungsprodukte auf sehr weiten Flußalluvionen ab, die bei Niedrigwasser austrocknen. Wenn dann der Gletscherwind mit besonderer Kraft weht, bildet sich eine dichte, riesige Staubwolke, in die wir hineingerieten. Dieser Staub wird als Löß an den Talhängen zwischen den Grashorsten abgelagert. Man konnte an der Horstbasis deutlich eine etwa 25 cm mächtige rezente Lößablagerung feststellen. Es war ein Beispiel, wie die mächtigen Lößdecken in der Periglaziallandschaft während der Glazialzeiten entstanden.

Teil 8: Zonobiom VIII:
Kalt temperiertes, boreales ZB in Amerika

A. Biomgruppe Nordamerika

(Von K. Loris, Hohenheim)

Allgemeines

Das Zonobiom VIII in Nordamerika bildet den zweiten kleineren Teil der gesamten zirkumpolaren borealen Zone, der Taiga, von Neufundland bis etwa zur Mackenzie-Mündung. Im gebirgigen Teil von Alaska kommt die zonale Vegetation des ZB VIII nur noch kleinflächig vor; meist bedecken die Nadelwälder dort als Höhenstufen (hypsonale Vegetation) nur die Hänge der Gebirge oder die Flußterrassen. Die Nadelwälder der nördlichen Ausläufer der Rocky Mountains im Küstengebiet des Pazifik, in British Columbien und in Süd-Alaska, die sich floristisch sehr stark von der mit borealen Elementen charakterisierten canadischen Taiga unterscheiden, rechnen wir nicht zum borealen Zonobiom VIII (S. 235 ff., 292).

Vergleicht man die Breitenlage des Zonobioms VIII in Nordamerika mit der in Eurasien (Abb. 8.1), so fällt im Bereich des maritimen Klimas an der Atlantikküste auf, daß in Nordamerika das Zonobiom VIII um etwa 10 Breitengrade südlicher liegt als in Skandinavien, wo es nördlich von 60°N beginnt, während es in Nordamerika südlich von diesem Breitengrad vorkommt und sich nach Süden etwa bis zum 47°N erstreckt (in Europa entsprechend der Breitenlage von Nantes an der Loire-Mündung!). Dieser Unterschied kommt durch die Einwirkung der Meeresströmungen zustande: Skandinavien verdankt sein mildes Klima den Ausläufern des warmen Golfstromes während die Ostküste von Nordamerika vom kalten Labradorstrom bespült wird und sich durch häufige Nebel bei niedrigen Temperaturen auszeichnet. Weiter westlich ist das Zonobiom VIII auf das Gebiet von Canada beschränkt, nur in NE-Minnesota im Bereich der Mississippi-Quelle greift es auf USA-Gebiet über, von kleineren Exklaven auf extremen Biotopen im Gebiet der Großen Seen abgesehen.

Westlich von Winnipeg (Manitoba, 97°W) biegt sowohl die Süd- als auch die Nordgrenze der borealen Zone schräg nach Norden ab, was mit dem zunehmend kontinentalen Klima im Westen zusammenhängt (Abb. 8.1 und 8.2). Sie grenzt im Süden nicht mehr an das Zono-Ökoton VI/VIII, also nicht an die Laubwaldzone, sondern an das Ökoton VII/VIII, d. h. an die semiaride Präriezone.

In Alberta liegt die Südgrenze bei etwa 55°N und die Nordgrenze im Gebiet des Mackenzie-Deltas bei 68°N.

Das Klima im Yukon-Gebiet Canadas ist fast ebenso (kalt-) kontinental wie in Ost-Sibirien (vgl. Klimadiagramm Fort Yukon, Abb. 8.5). Durch die nördlichen Ausläufer der Rocky Mountains (über 6000 m NN) und des Südalaska-Gebirges wird das Yukon-Gebiet vor der Einwirkung des milden Nordpazifik-Klimas weitgehend abgeschirmt.

Die Eiszeit im Spätpleistozän wirkte sich auf die Vegetation in Nordamerika weniger aus als in Eurasien, denn die großen Gebirgszüge in Nordamerika verlaufen alle in der Nord-Süd-Richtung. Zwar reichte das Kontinentaleis im Gebiet der Großen Seen, also im östlichen Teil bis zum 40°N nach Süden, aber der Rückzug in die wärmeren, nicht vereisten Gebiete war für die Vegetation und Fauna bis zum Golf von Mexico ganz frei.

Im Westen Nordamerikas reichte das Kontinentaleis nicht so weit nach Süden und die Gletscher am trockenen Osthang der nördlichen Rocky Mountains und der Gebirge Südalaskas erstreckten sich nur wenig in das Vorland, so daß während der letzten Eiszeit wenigstens zeitweise ein Korridor zwischen den Endmoränen dieser Gebirge und denen des Kontinentaleises eisfrei blieb. Infolgedessen konnte sich in diesem Periglazialgebiet eine kalt-aride Steppenvegetation erhalten, was auch durch die Lößböden in Zentralalaska bewiesen wird. Durch diesen eisfreien Korridor hatten die prähistorischen Menschen und die sich rasch fortbewegenden Herbivoren, sowie die Raubtiere die Möglichkeit von Asien aus nach Nordamerika

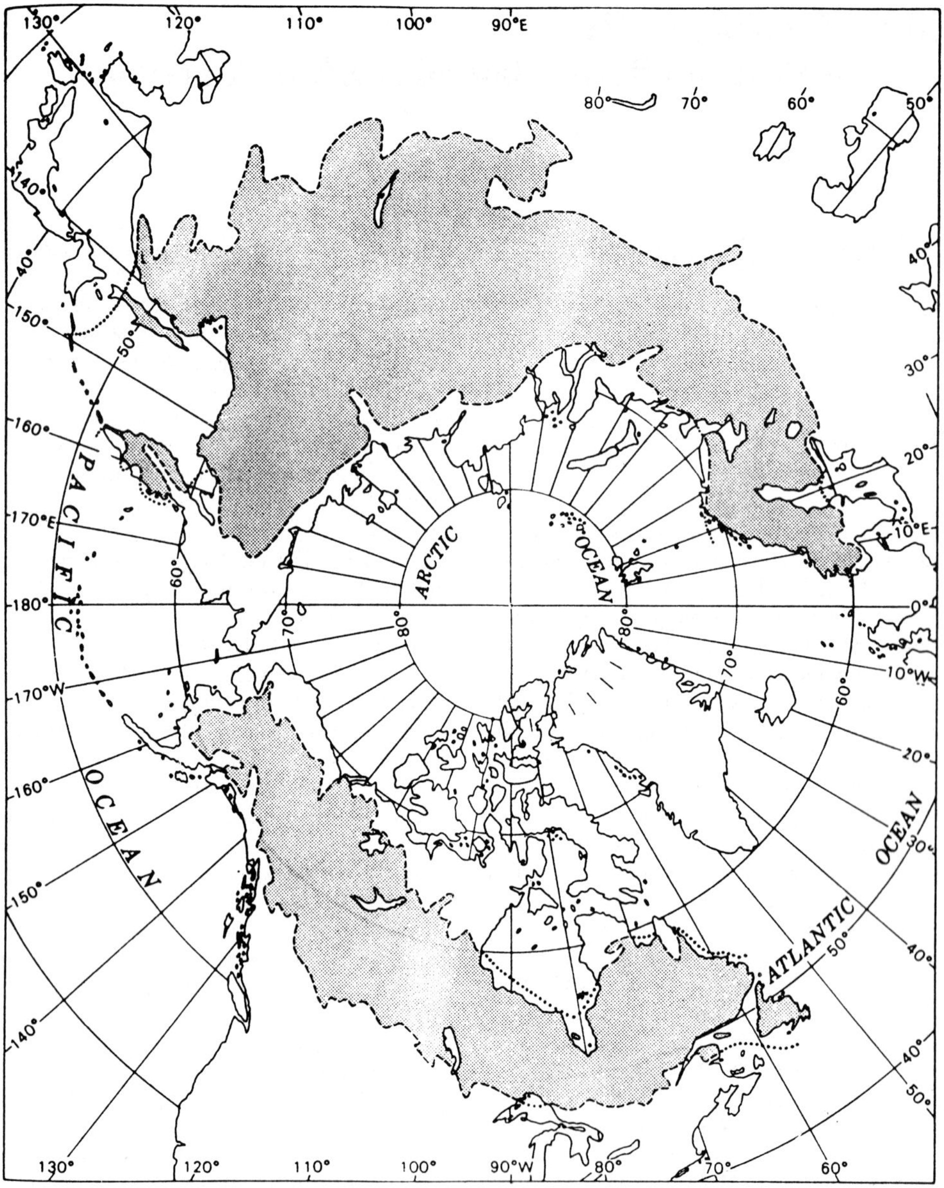

Abb. 8.1: Der circumpolare Gürtel des borealen Waldes (ZB VIII) (aus LARSEN 1980). Etwa zwei Drittel liegen in Eurasien (vgl. Band 3, p. 363).

Abb. 8.2: Ausdehnung und Gliederung der borealen Zone in Nordamerika (zus. gest von LORIS aus ROWE 1972, ▷ VIERECK & LITTLE 1972). Weiße Flächen: Tundra und Gebirge, schwache Punktierung: Waldtundra (ZÖ VIII/IX), feine dichte Punktierung: Nördliche Taiga (ZB VIII), grobe Punktierung: Südliche Taiga (ZB VIII), Ziegelschraffur: Acadian Forest Region, Netzschraffur: Great Lakes-St. Lawrence Forest Region (ZÖ VIII/VI), Wellenlinie: Aspen Grove und Aspen Oak (ZÖ VIII/VII). Die geographische Lage der Klimadiagrammstationen und der im Text erwähnten Orte ist auf der Karte durch folgende Nummern (Beginn im Nord-Osten Canadas) gekennzeichnet: 1: Dewar Lake, 2: Frobisher Bay, 3: Fort Chimo, 4: Schefferville, 5: Wabush Lake, 6: Sept-Iles, 7: Grand Falls, 8: Quebec City, 9: Post de la Baleine (Great Whale River), 10: Cambridge Bay, 11: Baker Lake, 12: Churchill, 13: Big Trout Lake, 14: Cameron Falls, 15: Coppermine, 16: Yellowknife, 17: Fort Vermilion, 18: Edmonton, 19: Medicine Hat, 20: Inuvik, 21: Norman Wells, 22: Carcross, 23: Prince Rupert, 24: Vancouver, 25: Barter Island, 26: Fort Yukon, 27: Fairbanks, 28: Anchorage, 29: Yakutat, 30: Barrow, 31: Kotzebue, 32: Bethel, 33: Kodiak.

Allgemeines 427

einzuwandern. Das Beringmeer war damals bei dem niedrigeren Spiegel der Weltmeere Festland. Im Bereich der Aleuten gab es daher eine Landbrücke.

Es bestand somit während der Eiszeit eine Dreiteilung des Gebietes von Nordamerika:
1. Ein westlicher nicht vereister Streifen an der Pazifikküste bis nach Südcalifornien, der durch die Gletscher der Rocky Mountains, bzw. des Cascadengebirges und der Sierra Nevada völlig von den übrigen Teilen Nordamerikas getrennt war und als Refugium für die Vegetation und die Fauna des pazifischen Gebiets mit madronalen und arktotertiären Geo-Elementen diente.
2. Der eisfreie periglaziale Streifen mit Lößböden und Steppenelementen, aber auf feuchten Biotopen wohl auch mit Tundra-Elementen.
3. Die weiten eisfreien Flächen im ganzen südöstlichen Teil Nordamerikas, die als Refugium für die arktotertiären Geo-Elemente dienten, wobei die heutigen borealen Elemente ihr Refugium etwa im Gebiet von Tennessee hatten, um von dort aus während der postglazialen Zeit wieder nach Norden zu wandern.

Diese Verteilung läßt sich pollenanalytisch genau nachweisen: Die borealen Coniferen-Arten, wie die *Picea*-Arten, *Larix laricina*, *Abies balsamea* und *Pinus banksiana* wuchsen vor 20–29 Tausend Jahren, also noch während der Eiszeit im Gebiet Tennessee-Mississippi oder etwas südlicher. Zu Beginn der Postglazialzeit vor 12.000 Jahren hatten sie bereits das südliche Gebiet der Großen Seen erreicht und vor etwa 7000 Jahren den St. Lorenzstrom nach Norden überschritten (DAVIS 1981). Die darauf folgende Ausbreitung in die heutigen westlichen borealen Gebiete wurde durch die in der periglazialen Zone vorwiegend östlichen Winde und die flugfähigen Samen begünstigt.

Die Wiederbesiedlung der borealen Zone während der Postglazialzeit insbesondere durch *Picea glauca* wird aufgrund von pollenanalytischen Ergebnissen von RITCHIE & MacDONALD (1986) zusammengestellt. Das Refugialgebiet der Fichte befand sich vor 20.000 Jahren in einer Zone zwischen dem 40° und 35°N von Kansas bis Pennsylvania und North Carolina. Beim Rückzug des Kontinentaleises (vgl. Abb. 8.3 und 8.4) wurden der östliche Teil von Nordamerika kontinuierlich wieder besiedelt mit einer Geschwindigkeit von etwa 200 m pro Jahr. Irgendwelche Störungen durch stärkere Klimaschwankungen lassen sich nicht nachweisen. Der Lake Huron wurde vor etwa 10.000 Jahren erreicht, das südöstliche Labradorgebiet vor etwa 8000 Jahren.

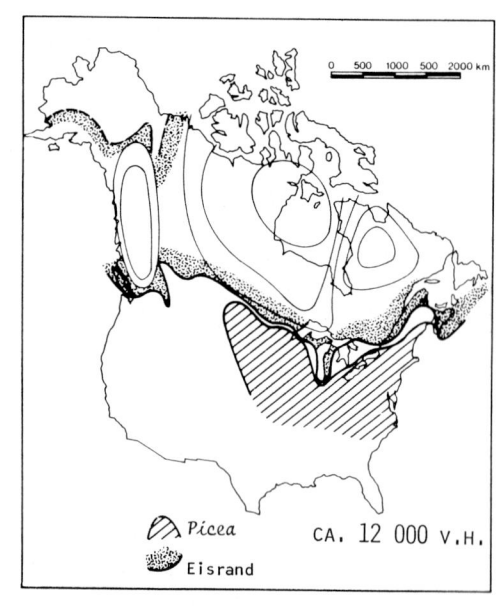

Abb. 8.3: Das ungefähre Areal von *Picea glauca* vor 12.000 Jahren in Nordamerika und die Ausdehnung des Inlandeises (aus RITCHIE & MacDONALD 1986).

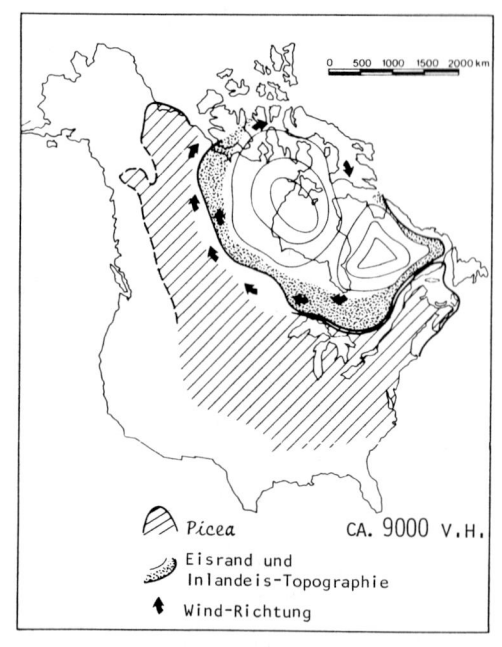

Abb. 8.4: Das ungefähre Areal von *Picea glauca* vor 9000 Jahren in Nordamerika, die Ausdehnung des restlichen Inlandeises und die nach meteorologischen Modellrechnungen (bzw. nach weiteren Indizien, z. B. Dünen) überwiegenden winterlichen Windrichtungen an der Erdoberfläche (aus RITCHIE & MacDONALD 1986).

Besonders rasch ging die Ausbreitung nach Westen etwa vor 9000 Jahren vor sich (vgl. Abb. 8.4), was wohl auf die damaligen starken südöstlichen Winde um die restlichen Eiskappen auf der canadischen Hochebene zurückzuführen ist. Die Dünenbildung in NW-Saskatchewan bestätigt das Vorhandensein dieser Winde. Nach Alaska gelangte die Fichte von NW-Yukon aus etwa vor 9500 Jahren; sie breitete sich von dort langsam ins Innere von Alaska und ins Brooks-Gebiet aus, wobei W-Alaska erst etwa vor 5000 Jahren erreicht wurde.

Das Refugium der Laubhölzer lag sehr viel südöstlicher als das der borealen Nadelhölzer, z.T. in Nord-Florida. Dasselbe gilt auch für *Pinus strobus* und *Tsuga canadensis*. Sie erreichten das südliche Gebiet der Großen Seen erst vor etwa 8000 Jahren und das des St. Lorenzstroms vor etwa 6000 Jahren. Sie breiteten sich nach Westen, abgesehen von der Gattung *Quercus*, nur wenig aus. *Quercus macrocarpa* ist die Art, deren Areal heute bis zur Prärie im Westen reicht.

Die Arten der periglazialen Steppen mit der entsprechenden Fauna (z.B. Bison) konnten sich im semiariden Gebiet der heutigen Prärie halten, vor allem in deren nördlichem Teil, während im südlichen die wärmeliebenden Arten, wie unter den Gräsern die Andropogoneen die Oberhand erlangten. Sie wanderten in die Präriezone von Süden ein.

Diese kurzen Bemerkungen zur glazial-postglazialen Geschichte der Vegetation Nordamerikas (BARNEY 1971, BARRY et al. 1977, CWYNAR & RITCHIE 1980, DAVIS 1981, IVES et al. 1976, NICHOLS 1967, 1969, 1976a, b; RICHARD 1975, RITCHIE & CWYNAR 1982, RITCHIE 1976, 1977, 1982, 1984, RITCHIE & HARE 1971, TERASMAE 1973) sollten es verständlich machen, warum die dortige Flora arktotertiären Ursprungs in ihrer ganzen Mannigfaltigkeit so artenreich erhalten blieb, während sie in Europa und Nordasien stark verarmte. Denn in Europa wurde ihr der Rückzug nach Süden durch die Alpen und Karpaten, sowie das Mittelmeer und Schwarze Meer so erschwert oder versperrt, daß es nur wenigen Gattungen, meist unter Bildung neuer Arten gelang, die Eiszeit zu überdauern und in der Postglazialzeit das vom Eis befreite Gebiet von den Refugien aus wieder zu besiedeln.

In den folgenden Abschnitten sollen die ökologischen Gegebenheiten und Probleme des ZB VIII genauer behandelt werden.

1 Das Klima

Einen allgemeinen Eindruck vom Klima vermitteln die Klimadiagramme, die auf Abb. 8.5 dargestellt sind.

Um die Besonderheiten des Klimas vom ZB VIII deutlich hervorzuheben, wurden Klimadiagramme der benachbarten Gebiete (Tundra, Prärie, Pazifische Gebirge) hinzugefügt. Man erkennt sofort, daß das boreale Klima humid ist mit einem Sommermaximum der Niederschläge, die kalte Jahreszeit ist sehr lang und die absoluten Minima der Temperatur immer unter $-40\,°C$, zugleich ist aber die Sommertemperatur mit einem absoluten Maximum über $30\,°C$ relativ hoch. Somit kann man das Klima in Bezug auf die Niederschlagsverhältnisse als humid bezeichnen, durch die starken Temperaturschwankungen im Laufe eines Jahres weist es jedoch kontinentale Züge auf. Durch diese Eigentümlichkeit unterscheidet es sich deutlich von dem Klima des ZB VIII in Eurasien. Die Ursachen dafür werden weiter unten besprochen.

Die mittlere Jahrestemperatur ist relativ niedrig und überschreitet nur im SE 0 °C. Die Dauer der Vegetationszeit mit Tagesmitteln über 10 °C liegt durchweg unter 120 Tagen, jedoch über 30 Tagen. Alle in der Tundra gelegenen Stationen haben eine kürzere Vegetationszeit. Nach einer bei ROWE (1972) beigefügten Karte liegt die boreale Zone im Bereich der Vegetationszeit (hier mit Tagesmittel-Temperaturen über $48\,°F = 5,5\,°C$) von 110–160 Tagen im Jahr im Osten, im kontinentalen Westen noch bei etwas kürzerer Dauer.

Die Präriestationen (z.B. Medicine Hat), zu denen Winnipeg und Edmonton den Übergang bilden, unterscheiden sich von denen der borealen Zone durch das Vorhandensein einer Trokkenzeit im Spätsommer, während die Stationen in der pazifischen Nadelwaldzone an der Westküste sehr hohe Niederschläge mit einem deutlichen Wintermaximum erhalten und zugleich ein so mildes Winterklima aufweisen, daß man sie z.T. zum ZB V rechnen muß bzw. als ZÖ V/VIII auffassen kann (vgl. S. 292).

Bei der großen Ausdehnung des ZB VIII von Nord nach Süd und noch mehr von SE nach NW muß das Klima in den einzelnen Teilen größere Unterschiede aufweisen, die auch durch die Klimadiagramme angezeigt werden: Von S nach N nimmt der Jahresniederschlag ab, aber zugleich auch die Jahrestemperatur und somit die Evaporation, so daß das Klima humid bleibt, die Dauer

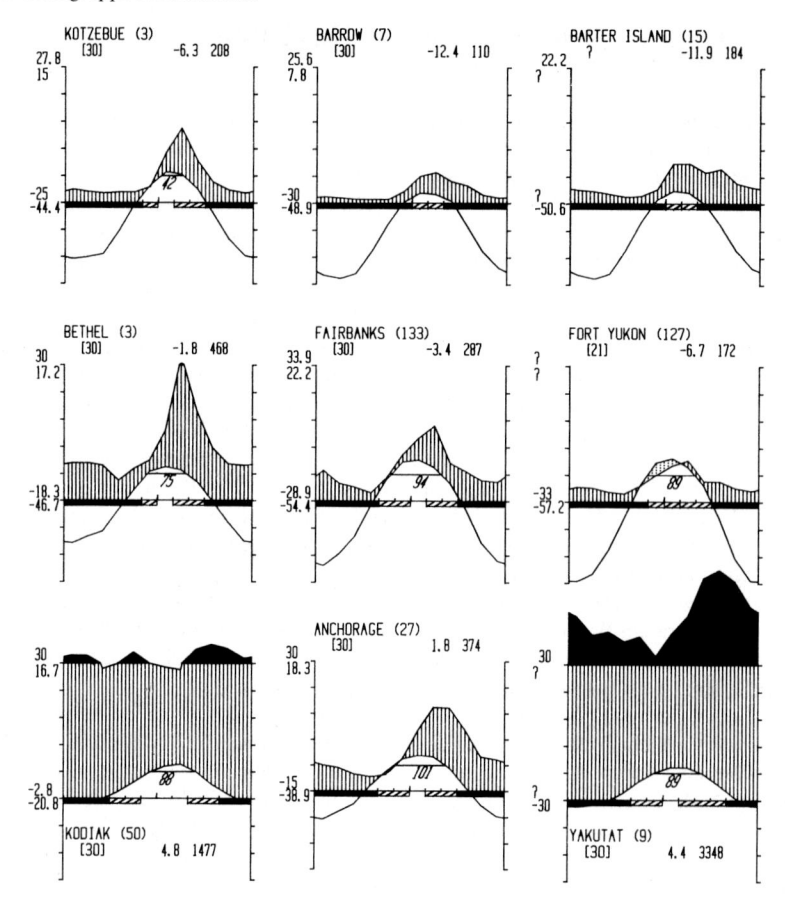

Abb. 8.5: Klimadiagramme von Stationen aus dem Zonobiom VIII in Canada und Alaska, sowie benachbarter Bereiche (Geogr. Lage ist in Abb. 2 angegeben). Nördlich des ZB VIII liegen Stationen wie Barrow, Baker Lake und Frobisher Bay in der Tundra (ZB IX), Bethel, Inuvik, Churchill und Post de la Baleine im Übergangsbereich (ZÖ IX/VIII). Im Süden zeigt Edmonton (ZÖ VII/VIII) den Übergang zur nördlichen Prairie an, innerhalb derer Medicine Hat liegt. Im Westen deutet Vancouver (ZÖ V/VIII) bereits auf den Übergang zu ZB V. Innerhalb des ZB VIII kennzeichnen die Stationen Sept-Iles, Wabush Lake, Cameron Falls, Big Trout Lake, Fort Vermilion, Norman Wells, Fort Yukon und Fairbanks die Bandbreite des borealen Klimas (Klimadiagramme nach LORIS).

der Vegetationszeit sich jedoch verkürzt, z. B. von Sept Iles bis Fort Chimo im Osten, oder von Fort Vermillion bis Inuvik im Westen (Abb. 8.5).

Die auffallendste Veränderung in der Richtung von SE nach NW ist die zunehmende Kontinentalität (SANDERSON 1948), d. h. die abnehmenden Jahresniederschläge bis unter 300 mm sowie die zunehmenden Temperaturextreme und eine gewisse zunehmende Dauer der Vegetationszeit, was besonders deutlich beim Klimadiagramm von Fort Yukon, aber auch von Fairbanks in Alaska zum Ausdruck kommt (fast ostsibirische Verhältnisse). Wie sich diese Unterschiede auf die Vegetationsverhältnisse auswirken, wird weiter unten besprochen.

Auf einige regionale Besonderheiten des Klimas sei noch hingewiesen. Große Wasser- und Moorflächen üben eine kühlende Wirkung aus. Das gilt insbesondere für die **Hudson-Bay** (der «canadische Eiskeller») (BARRY & CHORLEY 1982, WILSON 1971). Von Januar bis Mai ist diese Bay in der Regel zugefroren. Während des Hochsommers erreicht die Wassertemperatur lediglich 10 °C im Süden und kaum 7 °C im Norden. Warme Luft aus dem Süden, die im Sommer das kalte Wasser überstreicht, wird merkbar abgekühlt. Dabei entstehen sehr oft Nebel, die in das Landesinnere verfrachtet werden. Dadurch wiederum wird die Sonneneinstrahlung reduziert und die Abkühlung zusätzlich verstärkt. Nach LORIS waren in Post de la Baleine

Das Klima 431

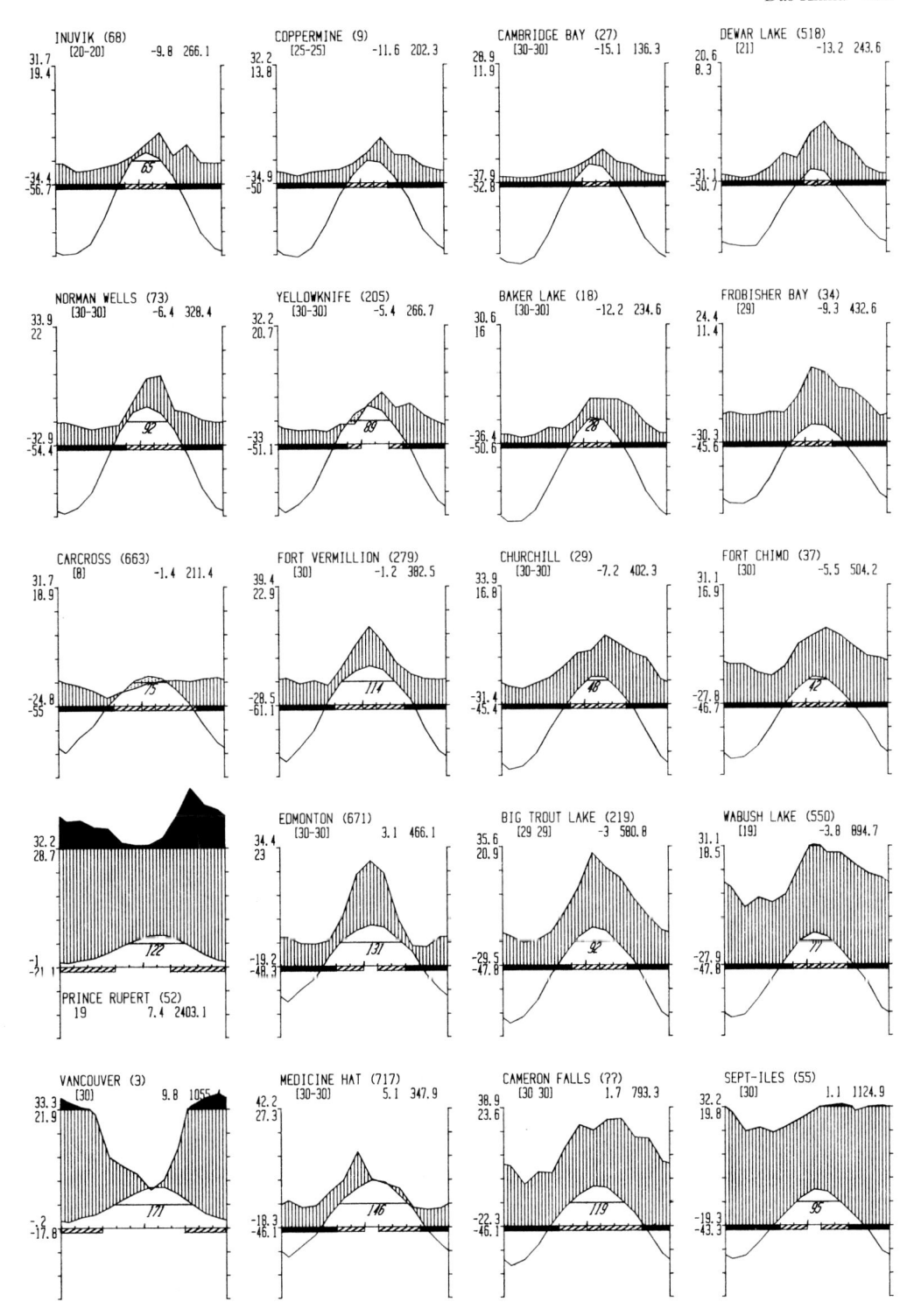

(Great Whale River, Ostküste 55° N) im Sommer 1984, während seines Aufenthaltes dort, von 10 Tagen 4 mit dichtem Nebel und gleichmäßigen Temperaturen von ca 8 °C. Im Herbst, solange das Wasser noch nicht gefroren ist, kommt es im Inland zu heftigen Schneefällen mit all seinen Folgen (PAYETTE et al. 1975, PAYETTE 1976, FILION & PAYETTE 1976, 1978, FILION 1982).

Die Abkühlung an der Ostküste der Hudson-Bay kommt in den Julitemperaturen sehr deutlich zum Ausdruck: Churchill an der Westküste (ca. 59° N) hat im Juli ein Monatsmittel von 11,8 °C, Port Harrison (58° N) an der Ostküste aber nur von 8 °C. Eine Monatsmitteltemperatur im Juli von 10,5 °C und damit der minimale Wärmebedarf für das Baumwachstum werden erst in Post de la Baleine (55° N) erreicht. Infolgedessen ist die Baumgrenze an der Ostküste der Hudson Bay am weitesten nach Süden gedrückt (vgl. dazu PAYETTE & FILION 1975, PAYETTE & GAGNON 1979, PAYETTE 1976).

Ganz im Westen ist die boreale Zone von der direkten Einwirkung der warmen und feuchten Luftmassen an der pazifischen Küste als Folge des Kuro-Schio-Meeresstromes vollständig abgeschirmt, aber die Luftmassen, die am Westhang des Gebirges durch den Stau den größten Teil ihrer Feuchtigkeit durch Abregnen verlieren, kommen dann als trockener warmer Föhnwind, der die Bezeichnung «chinook» (indianisch = Schneefresser) trägt, am Osthang zur Auswirkung, wobei sein Einfluß bis in den Südwesten Saskatchewans reicht (LONGLEY 1967, BARRY et al. 1982). Er könnte die Ursache der «red belts» sein, d.h. etwa einige Hundert Meter langer und ganze Hänge erfassender Streifen von abgestorbenen und deshalb rot-braun gefärten Bäumen, wenn im Frühjahr durch den warmen Föhn die Lufttemperatur bei noch gefrorenem Boden plötzlich stark ansteigt, wodurch Frosttrocknisschäden verursacht werden.

Das Klima Alaskas weist Besonderheiten auf (STRETEN 1969, 1974, HARE & RITCHIE 1972, HARE & HAY 1971, HOPKINS 1959). Es wird (abgesehen von dem Einfluß der atmosphärischen Zirkulation) von den Alaska Ranges im Süden, sowie den Brooks Ranges im Norden, geprägt. Die beiden Gebirgszüge erstrecken sich von Osten nach Westen und schirmen das Innere Alaskas gegen den ozeanischen Einfluß aus SW, sowie den polaren Einfluß des Eismeeres aus N ab. Nur von W, im Bereich des Yukon-Deltas, können ozeanische Luftmassen eindringen. Die Diagramme von Fort Yukon über Fairbanks bis Kotzebue an der Nordwestküste, sowie Bethel an der Südostküste, zeigen dies sehr deutlich (Abb. 8.5).

Fairbanks ist ausgesprochen kontinental, auch wenn die Niederschläge gegenüber Fort Yukon etwas zunehmen. Interessant ist, daß das Niederschlagsmaximum ebenso wie im Norden Canadas im Spätsommer (August) liegt und dadurch auch hier im Frühsommer eine Trockenperiode angedeutet ist. In Bethel macht sich der Einfluß des Ozeans bemerkbar. Die Niederschläge nehmen zu, die Temperaturen sind ausgeglichener. Die Anzahl der Tage mit Temperaturen über 10 °C ist hoch. Das minimale Wärmeangebot für das Wachstum der Coniferen ist demnach keineswegs unterschritten. Trotzdem ist hier die Baumgrenze erreicht. Die Ursachen dafür sind unklar. HARE & RITCHIE (1972) vermuten, daß es die geringe Einstrahlung ist, die wiederum durch die hohe Bewölkungsdichte bedingt wird. Sicherlich sind auch andere Ursachen beteiligt, wie etwa fehlende Keimungsbedingungen auf den ausgedehnten Torfflächen.

Nördlich der Brooks Ranges ist kein Baumwachstum mehr möglich, aufgrund der kalten Sommer, die vom Eismeer beeinflußt werden. Am Südabfall der Alaska Ranges wächst der feuchte «coastal spruce-hemlock forest» mit *Picea sitchensis* und *Tsuga heterophylla*. Die einzige Stelle im Süden, an der der boreale Nadelwald die Küste erreicht, ist das Tananatal, das südlich von Anchorage in den Pazifik mündet. Das Tal ist nach W durch die Chigmit Mountains abgeschirmt. Wie das Diagramm von Anchorage zeigt, ist das Klima dementsprechend kontinental. Infolgedessen können die borealen Hölzer sich gegen die an hohe Feuchtigkeit gebundenen Arten der Küste durchsetzen. Im SW liegt zwischen Wald und Küste ein breiter Streifen Tundra. Dagegen dringt der Wald im NW in dem Gebiet von Kotzebue bis in die Nähe der Küste vor. Im Norden endet die Taiga mit der arktisch-alpinen Baumgrenze an den Südhängen der Brooks Ranges.

Im Gegensatz zu den ausgedehnten flachen Gebieten im Zentrum Canadas hat im gebirgigen Landesinneren von Alaska die Topographie einen überragenden Einfluß auf die Ausprägung des Klimas. Die starke Gliederung der Standorte und damit auch der Vegetation auf Nord- bzw. Südhängen ist überaus deutlich. Sie entspricht den in hohen Breiten auch sonst bekannten starken Gegensätzen unterschiedlich exponierter Hänge aufgrund der flachen Einstrahlung aus Süden. Ähnliches trifft für den gebirgigen Nordwesten Canadas zu.

Eine weitere wichtige Besonderheit des Klimas des ZB VIII in Nordamerika ist die Häufigkeit der Gewitter in den Sommermonaten und damit auch die einhergehenden häufigen Waldbrände (BARNEY 1971, GREENE 1983, HEINSELMANN 1981, JOHNSON 1981, JOHNSON & ROW 1975, PAYETTE 1980, ROWE & SCOTTER 1973, ROWE 1961, 1970, VIERECK 1973). Sie hängen mit der Luftzirkulation über Nordamerika zusammen, bei der Luftmassen sehr verschiedener Herkunft aufeinander treffen (BARRY 1967, BRYSON 1966, LARSEN 1971a, 1980, REED & KUNKEL 1960, REED 1960).

Im Dezember reicht die Front der kalten arktischen Luftmassen, deren Herkunft überwiegend über dem Canadischen Archipel liegt, bis zur Südgrenze der borealen Zone. Vorübergehend dringt sie bis zum Golf von Mexico vor. Dies kann sie ungehindert, da kein von West nach Ost verlaufender Gebirgszug sie daran hindert. Im Sommer dagegen wird die arktische Luft, von wärmeren und feuchteren, pazifischen Luftmassen, bis zur nördlichen Baumgrenze zurückgedrängt. Die pazifischen Luftmassen werden von den Westwinden aus dem nördlichen Pazifik herangetragen. Im Osten Canadas spielen zusätzlich warmfeuchte Luftmassen aus dem Golf von Mexico eine wichtige Rolle. Entsprechend der Luftmassenbewegungen gestaltet sich die Witterung sehr wechselvoll, wobei es jedesmal, wenn die feuchte Warmluft auf die Kaltluft aufströmt, oder die kalte unter die warme Luft einfließt, zu Niederschlägen mit heftigen Gewittern kommt. Diese lösen ihrerseits die zahlreichen Waldbrände aus. Wie historische Nachweise belegen (FILION 1984), sind die Waldbrände schon ein lange wirksamer Faktor innerhalb der borealen Zone Nordamerikas (ROWE 1970, JOHNSON 1981).

PAYETTE & GAGNON (1979) und PAYETTE (1980) haben im Norden von Quebec nachgewiesen, daß sich im Zuge von Abkühlungsphasen in der Vergangenheit die durch einen Brand vernichteten Waldbestände nicht mehr regenerieren und die Flächen somit von der Tundra eingenommen werden. Auf Flächen, die nicht abgebrannt waren, blieben die Bestände erhalten. Ähnliche Zusammenhänge hat FILION (1984) für die vom Feuer ausgelösten Dünenaktivitäten an der Ostküste der Hudson Bay nachgewiesen. Die Waldbrände sind aber auch für die Struktur der im Süden an die Waldtundra anschließenden, offenen Nadelwälder (lichen woodlands) von überragender Bedeutung. Dieser Fragenkomplex wird im Kapitel 6.2 besprochen. An dieser Stelle soll lediglich die Entstehung der Waldbrände und ihre jahreszeitliche Häufigkeit erwähnt werden, da diese offensichtlich mit der Verschiebung der arktischen Front zusammenhängt. Dies geht aus Untersuchungen von JOHNSON & ROWE (1975) im NW Canadas hervor. Dort hängt die Häufigkeit der Waldbrände mit der Verlagerung der arktischen Front zusammen. Im Juni und Juli nehmen die Waldbrände von SE nach NW bis zur arktischen Baumgrenze stark zu. Ab August folgen sie in der umgekehrten Richtung. 85 % der Brände sind durch Blitzschlag ausgelöst, die restlichen 15 % durch menschliche Unachtsamkeit. Eine weitere Angabe, die die Bedeutung der Blitzeinschläge hervorhebt, wurde ebenfalls von JOHNSON (mündl. Mitt.) gemacht. Auf einer Fläche von 50 km^2 konnten während eines Gewitters 2000 Blitzkontakte zwischen Wolken und Boden registriert werden.

Außer diesen durch die Luftfronten bedingten Gewittern scheint es auch noch zu lokalen Wärmegewittern zu kommen, wenn bei der starken Einstrahlung im Sommer die durch die Transpiration der Wälder mit Wasserdampf angereicherte warme und feuchte Luft rasch in große Höhen aufsteigt. So beobachtete LORIS im Sommer 1984 an der Baumgrenze bei Churchill (Manitoba) an der Westküste der Hudson Bay, daß über der Tundra der Himmel stets wolkenlos war, südlich dagegen dies nur morgens zutraf und sich über den Waldflächen am späten Vormittag die ersten Gewitterwolken bildeten und es nachmittags regelmäßig zu Gewittern mit mäßigen Niederschlägen kam. Nach Sonnenuntergang war der Himmel wieder wolkenfrei. Identische Beobachtungen wurden auch von LARSEN (mündl. Mitt. an LORIS) im Gebiet um den Ennadai Lake (Keewatin) gemacht. Ob diese Beobachtungen die Annahme berechtigen, daß der Wald über die genannten Mechanismen rückwirkend sein eigenes Klima (Niederschläge, Gewitter, Einstrahlung) beeinflußt, bleibt offen. Gezielte Untersuchungen zur Lösung dieser Fragen wären allerdings von höchstem und weitreichendem Interesse auch für andere Gebiete.

Diese große Häufigkeit der Gewitter in der Sommerzeit scheint eine Besonderheit des Klimas des ZB VIII in Nordamerika zu sein, die in diesem Ausmaße für Euro-Nordasien nicht bekannt ist. Die Folge davon sind häufige Waldbrände durch Blitzschlag, wenn im Sommer die Streu am Waldboden nach einer Reihe heißer Tage stark ausgetrocknet und leicht entzündbar ist. Es kommt dabei aber nicht nur zu Bodenfeuern, sondern auch zu heißen Kronenbränden, bei denen der Baumbestand völlig vernichtet werden kann (Abb. 8.6).

Abb. 8.6: Frisches Waldbrandgelände aus dem Nordwesten Canadas. Das Feuer übersprang den Fluß und vernichtete sowohl die Bodenflora als auch die Bäume (phot. LORIS, Herbst 1983).

Genauere Angaben finden sich bei HEINSELMANN (1981).

Die Größe der Brandflächen ist verschieden, je nach Geländeform und Windverhältnissen von kleinen Flächen bis zu großen über 10.000 ha, zuweilen sogar 400.000 ha. Die aufeinander folgenden Brände wiederholen sich häufiger in den kontinentaleren Gebieten im Westen, etwa alle 50–100 Jahre, im östlichen Canada dagegen im Mittel alle 200 Jahre. Nach einem Brand beginnt auf der Fläche eine Sekundär-Sukzession. Eine *Sphagnum*-Moosschicht in nassen Beständen brennt selten ab, dagegen eine Hypnaceen-Moosschicht, deren Mächtigkeit von wenigen cm bis zu einem Meter wechseln kann, trocknet häufig aus und brennt leicht; dasselbe gilt für eine dichte Strauchflechtenmatte. Fichten- und Tannenbäume, die bis zum Boden beastet sind, leiten das Feuer wie eine Fackel hinauf in die Krone. Totes Holz kranker Bäume begünstigt ebenfalls die Ausbreitung der Brände. Die Regeneration der abgebrannten Bestände braucht je nach der Wirkung des Feuers und der Veraschung der oberen, aus organischem Material bestehenden Bodenschichten eine kürzere, oder auch eine sehr lange Zeit. Meistens wird das Reifestadium, das der zonalen Vegetation entspricht, vor einem erneuten Brand nicht erreicht. Überalterte Bestände kommen deshalb kaum vor (RITCHIE 1956a, ROWE & SCOTTER 1973, ROWE 1970, vgl. auch MICHAELS & HAYDEN 1987).

Die wichtigste Folge der häufigen Brände ist somit, daß nicht der zonale Typus der Pflanzendecke vorherrscht, sondern ein Mosaik von auf Brandflächen gleichaltrigen Beständen in verschiedenen Stadien der Sukzessionsabfolge. Das ist in diesem Ausmaße in der eurasiatischen borealen Zone nicht der Fall.

Die Sukzession verläuft folgendermaßen: Nach einem Brand bedingt die Asche eine bestimmte Alkalität des Bodens. Gegen diese sind bestimmte Moose unempfindlich. Ihre durch den Wind verbreiteten Sporen keimen. Auf der Brandfläche entwickeln sich zunächst die Moose *Ceratodon purpureus*, *Funaria hygrometrica* und *Pohlia nutans*. Durch den Regen wird die Asche ausgelaugt und die Alkalität nimmt ab. *Polytrichum*-Arten und *Marchantia polymorpha* lösen die Erstbesiedler ab. Dagegen entwickeln sich die *Dicranum*-Arten und Hypnaceen-Moose erst im Schatten der neuen Baumschicht, wenn die Bodenreaktion längst wieder sauer ist, meist erst nach 20 Jahren. Die Aschensalze werden auf Sandboden rasch ausgewaschen, aus tonigen Böden wesentlich langsamer, was die Zusammensetzung der Krautflora in den ersten Jahren nach einem Brand beeinflußt. In den ersten Jahren dominieren die annuellen Arten, dann die biennen und erst später die perennen.

Einige Arten blühen und fruchten nur in den ersten Jahren, ihre Samen gelangen in den Boden und keimen erst wieder nach einem neuen Brand, z. B. *Corydalis sempervirens*, *Geranium bicknelii*, *Aralia hispida*, *Polygonum cilinoda* u. a. (HEINSELMANN 1930). Auch die Samen der Holzarten keimen gleich, aber die Sämlinge brauchen mehrere Jahre bis sie die Krautschicht überragen. Von den Vorholzarten vertragen *Populus tremuloides* eine gewisse Alkalität des Bodens, besser als die anderen und diese ist deshalb auf Lehmböden im

Vorteil. Auf die weitere Entwicklung der Sukzessionen kommen wir noch zurück.

Eine Reihe von Autoren hat sich mit den Veränderungen der Strahlungsverhältnisse innerhalb der borealen Zone beschäftigt. Nach HARE and RITCHIE (1972) nimmt die Strahlungsbilanz von Süden nach Norden nicht linear ab. Über der nördlichen Taiga und der Waldtundra fällt sie steiler ab, als über den geschlossenen Wäldern der südlichen Taiga und der waldfreien Tundra im hohen Norden. Die Autoren führen diesen Verlauf auf die unterschiedliche Albedo der genannten Landschaften im Spätwinter und Frühjahr zurück. Aufgrund der glatten Schneedecke beträgt sie in der Tundra 80%, über dem geschlossenen Wald, mit seiner rauhen und dunklen Oberfläche, aber nur die Hälfte. Der Wald würde demnach mehr Energie absorbieren und sich verhältnismäßig rascher erwärmen. Der Effekt ist besonders im Frühjahr ausgeprägt, wenn die Einstrahlung mit steigendem Sonnenstand zunehmend intensiver wird, die Schneedecke über der Tundra aber noch vorhanden ist. Ausgehend von diesen Erkenntnissen nahmen die Autoren einen Einfluß des Waldes auf das Klima an.

Auf mikroklimatische Untersuchungen werden wir bei der Besprechung der ökologischen Verhältnisse der einzelnen Waldtypen eingehen.

2 Die Bodenverhältnisse

2.1 Bodenbildung und Bodentypen

Geologisch wird der Untergrund des ZB VIII in Nordamerika durch die Canadische Platte gebildet, die aus sehr alten präkambrischen metamorphen kristallinen Gesteinen und Graniten aufgebaut ist. Sie treten auf den Erhebungen, dem Labrador-Plateau (bis über 500 m NN) im Osten und auf dem Hochland im Westen (fast 400 m NN) teilweise an die Oberfläche. Diese Platte entspricht der fenno-skandischen in Europa.

Im Zentrum des Gebiets liegt das riesige Becken der Hudson Bay mit der im Süden anschließenden James Bay sowie dem umgebenden breiten Küstensaum des Clay Belts, der sich nur wenig über die Meeresoberfläche erhebt und aus tonigen Meeressedimenten besteht.

Meistens sind die Gesteine der Canadischen Platte mit glazio-fluviatilen Ablagerungen der Eiszeit bedeckt. Ein großer Teil der Oberfläche wurde beim «Rückzug», beim Abschmelzen der Eisdecke mit Schmelzwasser überdeckt, das durch Moränenzüge aufgestaut wurde. Es bildeten sich riesige Seen, in denen die verschiedensten Sedimente von Kiesen und Sanden bis zu Tonen zur Ablagerung kamen. Restseen dieser Seenplatten sind bis zur Gegenwart erhalten geblieben (Abb. 8.7). Es sind die Großen Seen im Osten, die durch den St. Lorenzstrom in den Atlantik entwässert werden, dann der Winnipeg-See (ein Restsee des Großen Agassiz-Sees) in Manitoba und nördlicher der Reindeer Lake mit einer Reihe von kleineren Seen, die durch den Nelson River in die Hudson Bay entwässert werden, und schließlich die Reihe: Lake Athabasca, Großer Sklavensee, Großer Bärensee und viele kleinere, deren Entwässerung durch den Mackenzie River nach Norden in die Beaufort-See erfolgt.

Das heutige Relief ist sehr unruhig: **Drumlins** und **Oser** (amerikan.: **Esker**) sowie **Sanddünen** und felsige Rücken erheben sich über weite, oft vermoorte Ebenen und bilden sehr mannigfaltige Biotope. Viele vernäßte Flächen sind vertorft.

Die zonalen Böden, soweit sie zur Ausbildung kommen, sind typische **Podzolböden** mit mehr oder weniger mächtiger Rohhumusschicht, einem hellen eluvialen Bleichhorizont A_2 (A_{e1}) und darunter einem mehr oder weniger stark ausgebildeten illuvialen Anreicherungshorizont (B-Horizont). Dieser Bodentyp entspricht dem im eurasiatischen borealen ZB VIII (Band 3, S. 366). Abweichend scheint es aber in Quebec zu einer natürlichen und sehr ausgeprägten Ortsteinbildung zu kommen. So ist **Ortstein** (mündl. Mitt. von Prof. GRANDTNER an LORIS, 1984) zumindest in der Gebieten nördlich von Quebec weit verbreitet. Er wurde auch in der Gegend um Chibougamau (74° W, 50° N), Mistassini, sowie Sept-Illes häufig gefunden.

Das Vorhandensein von Ortstein erklärt sehr oft die verblüffende Beobachtung, daß auf grobkörnigem Substrat Tendenzen zur Vermoorung vorhanden oder Moore ausgebildet sind, bzw. freie Wasserflächen anstehen. In dem oben genannten Gebiet sind die drei Möglichkeiten auf engstem Raum zu beobachten. So wurde z.B. im Gebiet zwischen den Ortschaften Chapais und Chibougamau (im Zentrum von Quebec) in einem flachen Gelände folgendes Profil unter einem *Picea mariana-Abies balsamea*-Bestand ausgegraben:

436   Teil 8: Biomgruppe Nordamerika

Dominante Bäume 15–20 m hoch
   5 cm: oberste Auflage, lebende Moose (*Hylocomium*, *Pleurozium*, *Ptilium*, und hoher Anteil an *Sphagnum*)
10–15 cm: hellbraune Schicht, abgestorbene Moose
15–20 cm: dunkle Schicht, abgestorbene Moose, A_h-Horizont (?)
20–40 cm: Bleichhorizont, sehr naß
   > 40 cm: Ortstein, verbacken (konnte mit einer Schaufel nicht durchbrochen werden)

Die Wurzeln der Bäume befanden sich ausschließlich in den obersten 20 cm und hatten keinen Kontakt zum mineralischen Boden. Der hohe Anteil an Sphagnen weist auf die Tendenz zur Vermoorung hin, die sicherlich durch den undurchlässigen Ortstein ausgelöst wurde und auch aufrechterhalten wird.

Ein Beispiel für die Überflutung eines Hochmoores und die Neubildung eines Niedermoores infolge von Ortsteinbildung im Boden der umgebenden Hänge hat RICHARD (1975) für das «Tourbière Caribou» (Parc de Grands Jardins, Quebec) beschrieben. Die Abfolge der Entwicklung und der dabei wichtigsten Ereignisse ist in Abb. 8.8 dargestellt. Die Einwanderung der Fichten und Tannen als Auslöser der Podzolierung bzw. Ortsteinbildung wurde auf 5200 Jahre vor heute datiert. Zur Zeit steht auf den Hängen in der Umgebung des Moores ein *Picea mariana – Abies balsamea*-Wald. Der Arbeit, die zahlreiche Pollen- und Sedimentuntersuchungen beschreibt, ist ferner zu entnehmen, daß die Ortsteinbildung natürlichen Ursprunges ist, denn ca. 1500 Jahre vor heute war die Schicht bereits undurchlässig geworden. Dies steht im Gegensatz zu den Verhältnissen in Norddeutschland, wo die Ortsteinbildung mit der Verheidung in Verbindung gebracht wird.

Zusammen mit den auf S. 465 erwähnten Vermoorungen unter *Picea mariana*-Beständen weisen die beiden Beispiele darauf hin, daß die Vegetation unter gegebenen klimatischen und edaphischen Bedingungen innerhalb des Systems Prozesse auslöst, die zu tiefgreifenden Veränderungen führen. Sie laufen unabhängig von der Einwirkung externer Faktoren (etwa des Großklimas) weiter ab und können letzten Endes zur Entfernung der auslösenden Ursache selbst führen, wie beim Übergang vom Wald zum Moor (endogene Dynamik). Interessant ist dabei auch, daß neue Formationen offenbar nicht stabil bleiben (Nieder-

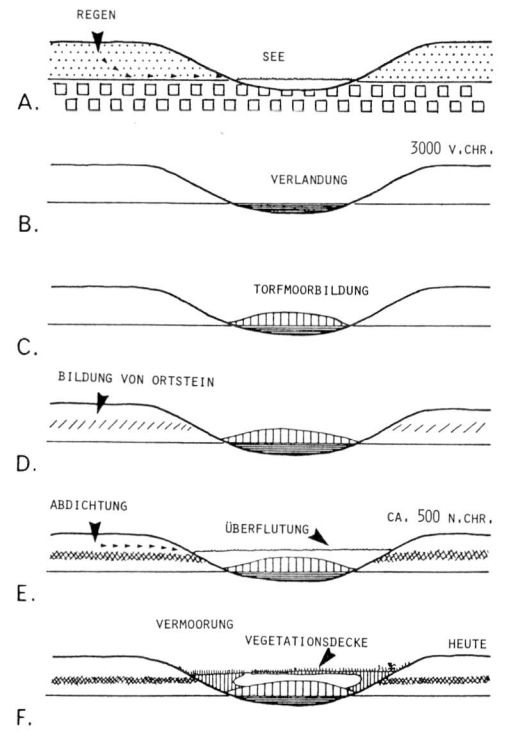

Abb. 8.8: Abfolge einer natürlichen Ortsteinbildung und die Folgen am Beispiel der Caribou-Moores im Hochland von Quebec (ca. 48° N, 71° W) (aus RICHARD 1975). Punktiert in A: Sandschichten, Vierecke: undurchlässige Tonschichten.

◁ Abb. 8.7: Verbreitung der wichtigsten Oberflächensedimente im Bereich der borealen Zone in Canada und Alaska (zus. gest. von LORIS aus GLACIAL MAP OF CANADA und PEWE et al. 1965). Weiße Flächen: Vorwiegend Grundmoränen der Wisconsin Eiszeit (letzte), in den Gebirgen im Westen Canadas und in Alaska Gebirgsvergletscherung, parallele Schraffur: Gebiete mit maximaler Ausdehnung eiszeitlicher Seen, zugeordnet an Hand der ermittelten Seesedimente, grobe Punktierung: Gebiete mit maximaler, mariner Überflutung in Canada und Küstenablagerungen aus marinen und terrestrischen Sedimenten im Norden Alaskas, dichte Punktierung: Äolische Sedimente in Alaska (Löß), Wellenlinie: Fluviatile Sedimente in den großen Flußtälern Alaskas, senkrechte Schraffur: Gebiete mit Ablationsmoränen, Prairiehügeln, Toteislöchern, quer orientierten Grundmoränen und stellenweise lacustrinen Sedimenten, grobe Ziegelschraffur: Gebiete die teilweise unvereist oder während einer oder mehrerer Eiszeiten vereist waren, kleine Ziegelschraffur: Unvereiste Gebiete.

moor), sondern ein Zwischenstadium darstellen, das weiteren Veränderungen unterliegt und im Laufe der endogenen Dynamik sich zum Hochmoor hin entwickelt.

Die geschilderten Sachverhalte weisen auf die Schwierigkeiten hin, die bei der Analyse und Darstellung der kausalen Beziehungen zwischen Klima, Vegetation und Boden zu berücksichtigen sind. Die analysierten Beziehungen können unter Umständen lediglich einen Punkt im zeitlichen Ablauf darstellen. Durch räumlich breit gestreute Untersuchungen erhält man allerdings in aller Regel mehrere solcher Punkte.

Auf eine ausführliche Beschreibung der Podzolierung, der einzelnen Typen, sowie deren Eigenschaften kann an dieser Stelle verzichtet und auf Band 3 verwiesen werden. Ausführliche Informationen sind darüberhinaus bei LARSEN (1980) und in der Abhandlung «Le Système Canadien de Classification des Sols» (1978) zu entnehmen. Im folgenden wird auf die morphologischen und geologischen Bedingungen eingegangen, unter denen die heutigen Böden entstanden sind. LARSEN (1980) gibt sehr ausführliche Daten zur Typologie, zur chemischen Zusammensetzung und zur Reaktion der einzelnen Horizonte etc. an.

Wie bereits erwähnt, war Canada während der Eiszeit fast völlig vergletschert bzw. von einer Inlandeisdecke bedeckt. Die Vergletscherung hatte allerdings nicht nur unmittelbare Folgen für die Vegetation, sondern prägte auch nachhaltig die Oberflächenformen, sowie die physikalische und chemische Beschaffenheit des Ausgangsmaterials, aus dem die heutigen Böden entstanden sind.

In Abhängigkeit von der vorgegebenen Morphologie der Landschaft war die Auswirkung der Vergletscherung jedoch unterschiedlich. In den gebirgigen Landschaften von Quebec zeugen die rundgeschliffenen Gipfel und die U-förmigen und mit Flußsedimenten aufgefüllten Täler von der nivellierenden Wirkung des Eises. Die Hänge wurden ihrerseits mit Moränenmaterial bedeckt. Dieses stammt überwiegend von dem Canadischen Schild, der vielfach aus Graniten aufgebaut ist. Die Mächtigkeit der Auflage schwankt sowohl in den einzelnen Landschaften, aber auch in ein und demselben Gebiet sehr stark. Sehr oft ist das Material sekundär wieder vollständig erodiert, vor allem von den Gipfeln (HARE 1959). Infolgedessen steht der nackte Fels an. Dieser Aspekt verstärkt sich nach Norden und ist auch in den anderen gebirgigen Gebieten Canadas auffällig. Die Zunahme der waldfreien Felsstandorte ist an der Öffnung des geschlossenen Waldes nach Norden hin wesentlich beteiligt. An den verschiedenen Standorten ist der Übergang zum tiefer liegenden Wald oft sehr abrupt. Die aktuell ausgebildete Waldgrenze im Norden ist somit edaphisch mitbedingt. Dafür spricht auch, daß in ein und demselben Gebiet höhere Gipfel durchgehend mit Wald bedeckt oder umgeben sind, andere niedrigere aber nicht. Die klimatisch bedingte Waldgrenze kann daher hier nicht ohne weiteres festgestellt werden.

Problematisch ist auch die Klärung der Ursachen, die zur Entwaldung geführt haben. Hinweise liefert die Beobachtung von LORIS im Sommer 1984 im Laurentide Parc (nördlich Quebec-City) am Mont du Lac à L'Empêche. Hier wurden oberhalb der Waldgrenze (ca. 900 m NN) Reste eines ehemals gut entwickelten Podzols gefunden, der jetzt unter einer dicken Moosdecke liegt. Spuren von Wurzeln, Holz und Holzkohle, die sich zwischen dem mineralischen Boden und dem Moos befanden, zeigten, daß diese Standorte durchaus mit Wald bedeckt waren. Das gehäufte Vorkommen der Holzkohle weist darauf hin, daß die Bestände aber immer wieder durch Brände vernichtet worden sind. Während der Zeitspanne bis zur Wiederbewaldung war der Boden sicherlich einer verstärkten Erosion ausgesetzt, die im Falle einer ungünstigen Klimaphase besonders wirksam gewesen sein muß. Geringe Sedimentauflagen wurden dabei bis auf den nackten Fels restlos entfernt. Diese Vorgänge sind nicht nur aus dem genannten Gebiet bekannt, sondern offenbar allgemeiner verbreitet (HARE 1959, FILION 1984). Eine Wiederbesiedlung durch den Wald hat bis heute noch nicht stattgefunden, da die Bodenbildung auf den Felsen selbst (meist Granit) rudimentär geblieben ist. Die beschriebenen Vorgänge sind nach der Auffassung von FILION (mündl. Mitt. an LORIS) noch nicht zum Stillstand gekommen, so daß die Entwicklung der Landschaft unter den rezenten Klimabedingungen offenbar nach wie vor regressiv verläuft. Die zentrale Bedeutung des Feuers für diese Entwicklung ist offensichtlich. Es ist ein Beispiel dafür, daß die Wirkung nicht nur auf der zeitweiligen Entfernung der Vegetation beruht, sondern daß auch edaphische Veränderungen ausgelöst werden, die unter bestimmten Klimabedingungen, die offenbar derzeit herrschen, irreversibel sind.

Der Rückzug der Gletscher, der nicht kontinuierlich verlief, sondern immer wieder durch Vorstöße unterbrochen wurde, führte auch in den tieferen Landschaftsteilen zu einschneidenden und nachhaltigen Veränderungen. In den flacheren

Gebieten östlich der Rocky Mountains Canadas bildeten sich durch Gletscherschurf und aufgestautes Schmelzwasser die bereits erwähnten riesigen Seen. Im SW von Quebec ist der Lake Abitibi der Rest des ehemaligen Lake Ojibway. In den Vertiefungen wurde durch das Schmelzwasser überwiegend, jedoch nicht ausschließlich, toniges Feinmaterial aus den oberhalb liegenden Schmelzwasserlandschaften eingetragen und sedimentiert. Die Ausdehnung dieser Seesedimente, die in weiten Bereichen das Ausgangsmaterial für die Bodenbildung darstellen, ist in Abb. 8.7 angegeben.

Östlich der Linie Great Bear Lake–Lake Athabasca überwiegt wieder Moränenmaterial, dies gilt auch für die Gebiete im NW, sofern diese vergletschert waren. Ähnlich wie im Osten Canadas ist die Mächtigkeit der Auflage jedoch unterschiedlich, in weiten Bereichen steht Fels an. Dazu kommen fluviatile Sedimente in Form von Schottern und Sanden. Die letzteren können sekundär vom Wind zu Dünen umgearbeitet sein. Ebenso variiert die Beschaffenheit des Materials.

Westlich der Linie Great Bear Lake–Winnipeg Lake stehen nicht mehr Granite und Quarzite des Canadischen Schildes an, sondern Kalksteine, Schiefer und Sandsteine der «Interior Plains». Dieses Material ist nicht nur erheblich basenreicher, sondern auch wesentlich weicher als Granit. Dies führt zu anderen Landschaftsformen, die ROWE (1972) mit weiteren Einzelheiten erwähnt.

Eine weitere Wirkung der Vereisung beruht auf der Absenkung ganzer Landschaften durch die Eislast. Besonders betroffen ist das Gebiet der Hudson Bay. Durch die Diskrepanz zwischen isostatischer Hebung des Festlandes und dem eustatischen Anstieg des Meeresspiegels während und nach dem Abschmelzen der Eismassen wurde die Umrandung der Hudson Bay überflutet. Die Folgen sind mächtige marine Tonablagerungen, die weit in das heutige Festland reichen und bis in Höhen von 150 bis 275 m zu finden sind (WOLDSTEDT 1965). Da diese Tone besonders undurchlässig sind, bildeten sich überwiegend organische Böden, auf denen hauptsächlich offene und schwach wüchsige Bestände von *Picea mariana* und *Larix laricina* stehen (vgl. Abb. 8.30). Lediglich auf Flußterrassen, die besser drainiert sind, wachsen Weißfichte *(Picea glauca)*, Pappeln und Birken.

Im NW Canadas, vor allem aber in Alaska waren weite Gebiete, wie schon erwähnt, nicht von Inlandeis bedeckt, höchstens vergletschert, so die Brooks Ranges und die Alaska Ranges. Die Gebiete zwischen den Gebirgsketten waren eisfrei. Neben den Moränen, den Schmelzwassersedimenten im Vorfeld der Gebirgsgletscher, sowie den fluviatilen Sedimenten, tritt in Alaska **Löß** als äolisches Sediment in den unvergletschert gewesenen Gebieten auf. Dies ist aus Abb. 8.7 zu ersehen. Er ist offenbar unterschiedlicher Herkunft, zum Teil aus Auswehungen fluvioglazialen Materials, aber auch aus der Verwitterung des anstehenden Felsgesteins.

Zusammenfassend kann festgestellt werden, daß unter dem Einfluß der Vergletscherung einerseits die Art des anstehenden Felsgesteins für die Bodenbildung in weiten Bereichen unbedeutend wurde, andererseits aber die Spanne der edaphischen Bedingungen, zu beiden Extremen hin außerordentlich erweitert wurde. Zur feuchten Seite hin sind es die undurchlässigen, tonreichen Sedimente, zur trockenen Seite aber grobkörniges Moränenmaterial und Flußablagerungen. Die Divergenz der Sedimente und damit die der Bodenbedingungen ist nicht nur großräumig vorhanden, sondern auch auf engem Raum. So kann ein Os aus grobkörnigem und mit Gesteinsbrocken durchsetztem Material ein sehr trockener Standort sein, der aber aufgrund von tonhaltigen Sedimenten am Hangfuß in einen extrem staunassen Standort übergehen kann. Es ergeben sich oft auf kleinstem Raum Bodencatenen, die von steinigen Rohböden am oberen Hang abwärts über zunehmend tiefgründigen Böden zu typischen Podzolen überleiten und am Fuß des Hanges durch Vernässung über Gley-Podzole zu Sumpf- und Moorböden oder offenen Wasserflächen führen. Je nach dem Trophiegrad der Böden kommt es im Endstadium zu oligotrophen *Sphagnum*-Mooren (bogs) oder bei eutrophen Verhältnissen zu Cariceten-Flachmooren (fens) bzw. zu Waldsümpfen mit *Larix laricina* und *Picea mariana*, die allgemein als «**muskeg**» bezeichnet werden. Die Verschiedenheit der Böden erhöht neben den Bränden die Feingliedrigkeit der Mosaikstruktur der Pflanzendecke ebenfalls stark.

Die Bodenprofile werden auf Brandflächen stark verändert, wenn der größte Teil des Rohhumushorizonts verbrennt. Dabei werden natürlich die im Rohhumus enthaltenen Nährstoffe mineralisiert, was die Wiederbesiedlung der Brandflächen, die zunächst durch die Asche eine alkalische Reaktion aufweisen, begünstigt.

2.2 Permafrost

Eine wichtige Folge der vorangegangenen Eiszeit und der abnehmenden Bodentemperaturen nach Norden ist das Auftreten von Permafrost. Nach BROWN (1970a) wird dann von Permafrost gesprochen, wenn die Temperatur ab einer bestimmten Bodentiefe mindestens ein Jahr unter 0 °C bleibt, d.h. also das Substrat dauernd gefroren ist. WASHBURN (1979) hingegen bezeichnet als Permafrost solche Gebiete, in denen das Substrat mindestens zwei Jahre gefroren bleibt.

Die Ursachen für das Auftreten von Permafrost sind vielfältig (BENNINGHOFF 1952, BREWER & PAWLUK 1975, BROWN 1960, 1970b). Maßgebend ist jedoch in erster Linie das Klima bzw. die Lufttemperatur. Im einzelnen spielen aber Relief, Hangexposition und Neigung, Schneedecke und letzten Endes auch die Art des Bodens und die Dichte der Vegetationsdecke eine wichtige Rolle. In der Abb. 8.9 sind die Verbreitung von Permafrost in Nordamerika, sowie einige Isotherme der Jahresmitteltemperatur der Luft dargestellt. Wie daraus ersichtlich ist, liegt die südliche Grenze des Vorkommens von Permafrost etwa auf der Höhe der −1 °C-Isotherme der mittleren Jahrestemperatur der Luft. Nördlich dieser Linie bis zur −3,5 °C-Isotherme kommt Permafrost vor, allerdings isoliert auf Flächen mit ungünstiger Wärmebilanz, z.B. auf trockenen Torfflächen oder extrem beschatteten Nordhängen. Dieses Gebiet liegt hauptsächlich innerhalb der südlichen Taiga. Nördlich der −3,5 °C-Isotherme wiederum unterschreitet das Jahresmittel der Bodentemperatur (gemessen in einer Tiefe, wo die Jahresschwankungen nur noch minimal sind) in zunehmendem Maße den Gefrierpunkt. Dementsprechend tritt Permafrost großflächiger auf, aber noch nicht überall. In der Abb. 8.9 ist diese Zone als verbreiteter, aber nicht durchgehender Permafrost angegeben. Die Zone der geschlossenen Verbreitung beginnt erst, wenn die Jahresmitteltemperatur der Luft unter −8,5 °C liegt. Ein Vergleich mit der Karte der Verbreitung des borealen Nadelwaldes

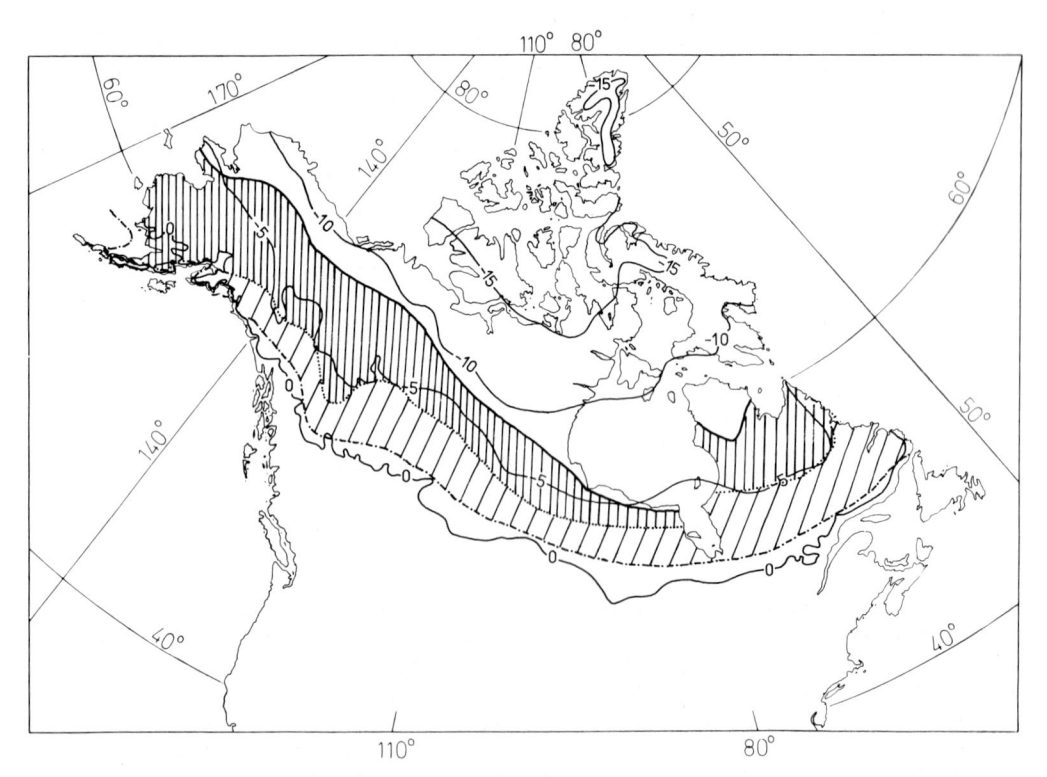

Abb. 8.9: Permafrost-Verbreitung und Isothermen der Jahresmittel der Lufttemperaturen in Nordamerika (zus. gest. von LORIS aus BROWN 1970 und WASHBURN 1979). Strichpunktierte Linie: Permafrost-Südgrenze, weit schraffiert: Permafrost nur inselförmig, eng schraffiert: Permafrost häufig, aber nicht durchgehend, weiß gelassene Gebiete nördlich der schraffierten Zone: Geschlossene Verbreitung von Permafrost.

zeigt, daß diese Grenze größtenteils innerhalb der Waldtundra verläuft, jedenfalls südlich der arktischen Baumgrenze. Die Mächtigkeit der gefrorenen Schicht, sowie die Dauer des Permafrosts, kann unterschiedlich sein. Die Schicht kann einige cm betragen, aber auch einige Hundert Meter (in Sibirien bis zu 500 m, vgl. Band 3, S. 196, 365, 394, in Canada 100–300 m). Das minimale Alter beträgt ein Jahr, andererseits kann Permafrost aber auch Tausende von Jahren alt sein (vgl. Band 3, S. 365, in Zentralsibirien). Während die tieferen Bodenschichten dauernd gefroren bleiben, taut ein Teil der oberen Bodenschichten während des Sommers auf und gefriert im nächsten Winter wieder. In Anlehnung an die englische Literatur wird die auftauende obere Schicht als die **aktive Schicht** (active layer) bezeichnet. Ihre Dicke kann ebenfalls sehr unterschiedlich sein, normalerweise liegt sie zwischen 20 und 100 cm. Naturgemäß nimmt sie von Süden nach Norden generell ab.

Die aktive Schicht ist für die Ausbildung und Ausbreitung der Wurzelsysteme von ausschlaggebender Bedeutung. Ist sie geringmächtig, sind Pflanzen mit Pfahlwurzeln benachteiligt. So scheint die nördliche Verbreitungsgrenze der borealen Kiefer *(Pinus banksiana)*, die weit südlich der arktischen Baumgrenze liegt, durch die Behinderung der Pfahlwurzel auf Permafrost bedingt zu sein (LARSEN 1980). Demgegenüber sind Bäume mit einem flexiblen oder flachen Wurzelsystem, wie Fichten oder Pappeln im Vorteil. Allerdings bleibt auch bei diesen Arten der Permafrost nicht ohne Einfluß, denn das Absinken der Bodentemperaturen, mit allen damit verbundenen Folgen (s. u.) wird über Permafrost zusätzlich verstärkt. Der jährliche Frostwechsel kann aufgrund der ausgelösten **Kryoturbationen** (vor allem Frosthebungen auf feinporigem Material) zu mechanischen Zerreißungen der Wurzeln führen, bzw. zum Abheben des gesamten Wurzeltellers. Die Bäume stehen danach meist nicht mehr senkrecht, sondern schräg in allen Richtungen (ZOLTAI 1974, BREWER et al. 1975, CRAMPION 1977). Dazu kommt, daß eine geringmächtigere aktive Schicht das Bodenvolumen, das den Pflanzenwurzeln zur Verfügung steht, stark begrenzt, damit aber auch die Menge an verfügbaren Mineralstoffen und Wasser. Die Wurzeln breiten sich daher bevorzugt in die Fläche aus, der Konkurrenzdruck wird dadurch erhöht, die Bäume stehen weitständiger. Dieser Tatbestand ist für das Verständnis der sehr lichten nördlichen Taiga (lichen woodlands) und der Waldtundra von besonderer Bedeutung.

Abgesehen von den bisher erwähnten Effekten, kann Permafrost zu einschneidenden Veränderungen des Wasserhaushalts in Böden führen (vgl. Bd. 3, S. 196 f., 486). Auf abflußarmen Standorten verhindert die gefrorene Schicht die Versickerung von Schmelz- und Niederschlagswasser, was zu staunassen Böden führt. In Mulden kommt es zur Ausbildung von Seen bzw. Mooren. Auf trockeneren Standorten kann Permafrost für die Wasserversorgung der Pflanzen von Vorteil sein, denn durch das sukzessive Auftauen der gefrorenen Schicht wird den Wurzeln laufend Wasser nachgeliefert. Allerdings kann sich die auftauende Fläche von den Wurzeln soweit entfernen, daß die Nachlieferung von Wasser nicht mehr ausreicht (GASSER 1948). Dies tritt vor allem im Sommer auf Südhängen ein (CLEVE & YARIE 1986), wenn der

Abb. 8.10: Arktisch-alpine Baumgrenze bei Schefferville. Während die Weißfichten immer noch zu Bäumen heranwachsen (rechts im Hintergrund des Bildes), kommen die Schwarzfichten nur noch als «Gebüsch» vor (links im Vordergrund des Bildes). An diesem Standort wurden die in Tab. 8.1 angegebenen Messungen durchgeführt. (phot. LORIS 1984).

Tab. 8.1: Wasserpotential und Mikroklima von *Picea glauca* und *Picea mariana* an der Baumgrenze in der Nähe von Schefferville, vom 24.–26. 8. 1984 (Messungen von LORIS).
LT: Lufttemperatur in °C; RF: Relative Luftfeuchte in % je in 1 m Höhe; BT: Bodentemperatur in °C in 5 cm Bodentiefe; STR: Strahlung in µE; WP: Wasserpotential in MPa von Ästen von *Picea glauca* (P. g.) und von *Picea mariana* (P. m.).

Tag	Zeit	LT	LF	BT	STR	WP (P. g.)	WP (P. m.)
24. 8.	6.55	5,4	98	4,5	155	−0,6	−0,6
	8.45	7,1	80	5,3	405	−1,0	−0,9
	9.30	Nieselregen					
	10.15	8,4	70	5,1	1200	−1,1	−1,1
	15.20	14,0	47	6,4	1850	−1,7	−2,0
	18.45	10,9	50	6,9	460	−1,2	−1,2
25. 8.	6.30	8,1	93	5,4	25	−0,8	−0,7
	6.45	Ergiebiger Regen					
	8.00	10,2	94	5,3	525	−0,5	−0,5
	9.40	12,3	87	5,5	1100	−0,95	−0,8
26. 8.	8.15	13,5	69	–	425	−1,3	−1,1
	10.00	17,2	64	5,9	420	−1,4	−1,7
	11.00	14,2	79	6,1	185	−1,2	−1,1

Boden maximal aufgetaut ist und der Schmelzvorgang in größerer Tiefe stattfindet.

Daß die Wasserversorgung der Bäume unmittelbar von den Niederschlägen abhängt, bzw. die Wasserverfügbarkeit im Boden zeitweise begrenzt ist, zeigen Messungen des Wasserpotentials an Krummholz von *Picea mariana* und Bäumen von *Picea glauca* an der Baumgrenze von Schefferville, die von LORIS im August 1984 durchgeführt worden sind (s. Abb. 8.10). Ein Teil dieser Messungen ist in Tab. 8.1 angegeben. Während der Meßperiode regnete es am 24. 8. von 9.15 h bis 9.35 h. Es war ein leichter Nieselregen, der die ca. 8 cm dicke Flechtenmatte durchfeuchtete, aber den Boden nicht erreichte. Im Tagesverlauf des Wasserpotentials (Mittelwerte aus ca. 10 Einzelmessungen für beide Baumarten) macht sich dieser Regen nicht bemerkbar, denn das Potential fällt kontinuierlich von −0,6 MPa um 6,15 h, über −0,9 um 8,45 h auf −1,1 MPa um 10,00 h. Am 25. 8. hingegen regnete es ab 6.45 h für kurze Zeit sehr ergiebig. Das Wasser durchdrang nicht nur die Flechtenschicht, sondern durchfeuchtete auch die oberen 5 cm des Bodens. Das Wasserpotential der Bäume reagierte rasch und stieg von −0,8 MPa und −0,7 MPa auf −0,5 MPa an, um ab 9,40 h wieder negativer zu werden, nachdem der Himmel wieder teilweise wolkenfrei geworden war. Ein ähnliches Ergebnis brachten Messungen in Post de la Baleine. Hier fiel das Wasserpotential einer *Picea glauca* auf Sand am frühen Morgen von −0,75 auf −0,25 MPa nach einem Regen, der die obersten 3–5 cm des Bodens durchfeuchtet hatte.

3 Die Produzenten

3.1 Allgemeines

Die Darstellung der speziellen ökologischen Verhältnisse für das gesamte boreale Gebiet Nordamerikas stößt auf Schwierigkeiten. Schon aufgrund der Größe und den damit verbundenen unterschiedlichen Verhältnissen entlang diverser Gradienten, ist eine generell gültige Aussage für die gesamte Zone grundsätzlich problematisch. Hinzu kommt, daß im Gegensatz zu Eurasien, insbesondere in dessen europäischem Teil, die boreale Zone in Canada kaum oder nur sehr dünn besiedelt ist, vor allem die nördlichen Regionen einschließlich Alaskas. Dies hat zur Folge, daß langfristig angelegte Untersuchungen, vergleichbar mit denen von KARPOV (1983) in der Sowjetunion (vgl. Band 3, S. 400f.) erst in jüngster Zeit begonnen wurden.

In Alaska arbeiten Forschergruppen an der Universität Alaska und dem USDA Forestry Service unter der jeweiligen Leitung von K. VAN

CLEVE und L. VIERECK. Mit der Ökologie der Wälder in der südlichen Taiga von Alberta beschäftigt sich die Gruppe von G. LA ROI von der Universität Edmonton, während sich das Centre d'études Nordique in Quebec-City unter Leitung von S. PAYETTE mit der Problematik der Waldtundra und der Baumgrenze im Nordwesten von Labrador-Ungava auseinandersetzt, sowie T. MOORE von der McGill-University in Montreal mit der nördlichen Taiga in der Gegend von Schefferville.

In der Zusammenfassung von OECHEL & LAWRENCE (1985) wird die nordamerikanische Taiga auf etwa 30 Seiten relativ kurz behandelt, ebenso in VANKAT (1979).

Eine wichtige Grundlage für eine genaue synthetische Bearbeitung hat vor allem ROWE (1972) geliefert, der eine Gliederung des ZB VIII in wenige große Einheiten und weiter in Forest Regions und Forest Sections, die Biomen entsprechen, durchführte. Er betont mit Recht: «The only feasible approach is from above» (vgl. auch ROWE 1956, 1969, 1971, 1977, 1981). ROWE hat die boreale Zone nicht gleichgesetzt mit allen Nadelwäldern, sondern die borealen Wälder von den Nadelwäldern des Columbia-Gebietes im Westen und von den Wäldern des Great Lakes-Gebietes im Südosten abgegrenzt. Letztere bilden das Zono-Ökoton VIII/VI.

Die Gliederung in Forest Sections nimmt ROWE vor allem nach forstlichen Gesichtspunkten vor, unter Berücksichtigung der Baumarten, ihrer Entwicklung, aber auch der Bodenverhältnisse. Vom ökologischen Standpunkt aus würde man die Section «Aspen Oak» und «Aspen Grove» zum Ökoton VIII/VII rechnen, ebenso die Section «Forest Tundra» als ZÖ VIII/IX abtrennen und die Section «Alpine Forest Tundra» als eine Höhenstufe des Orobioms VIII bezeichnen. Vielleicht ließen sich auch die Sections «Hudson Bay Lowlands» und «East James Bay» zu einem Biom vereinen, ebenso mehrere sehr kleine Sections im Südosten des Gebiets zu größeren Einheiten zusammenfassen. Doch läßt sich dies erst nach eingehenderen ökologischen Forschungen entscheiden.

Auf jeden Fall könnten diese Sections, bzw. ökologischen Biome jedes für sich eingehend ökologisch untersucht werden, ergänzt durch gezielt eingesetzte Messungen zur Klärung der jeweils maßgebenden Faktoren. Diese mehr synthetische Art der Forschung steht in Nordamerika noch aus.

Für die weiter unten folgende Darstellung standen uns u.a. die Aufzeichnungen und Kommentare von Dr. K. LORIS (Univ. Hohenheim) zur Verfügung, der während der ganzen Vegetationszeit 1984 versuchte eine Übersicht über das Gesamtgebiet zu erhalten, was durch das große Entgegenkommen der ortskundigen Forscher sehr erleichtert wurde.

Für das Gebiet des südlichen Quebec liegen sehr sorgfältige pflanzensoziologische Untersuchungen von GRANDTNER und seinen Mitarbeitern an der Universität Laval (Quebec) vor (GAUDREAU 1979, GRANDTNER 1966, 1981, GRANDTNER & VAUCAMPS 1982). Sie sind von großem lokalen Interesse vor allem für die Beschreibung der Naturschutzgebiete. Sie erfassen die Assoziationen auf den einzelnen Klein-Biotopen. Aber diese sehr aufwendige und sehr spezielle Gliederung der Vegetation «von unten» ist für ein größeres Vegetationsgebiet nicht anwendbar, selbst für den gesamten Staat Quebec, geschweige denn für das gesamte Zonobiom VIII in Nordamerika, das hier behandelt werden soll.

3.1.1 Die wichtigsten Baumarten der borealen Wälder Nordamerikas

Die wichtigsten Baumarten der borealen Wälder Canadas werden morphologisch und taxonomisch beschrieben von HOSIE (1979) und von VIERECK & LITTLE (1972) für Alaska. Es handelt sich um folgende Coniferen: *Picea glauca* (White Spruce) mit grünlich-weiß angehauchten Nadeln, *Picea mariana* (Black Spruce) mit dunklen Nadeln, *Abies balsamea* (Balsam Fir), *Pinus banksiana* (Jack Pine), *Larix laricina* (Tamarack) und nur im Südosten *Thuja occidentalis* (Eastern White Cedar).[1]

Von Laubhölzern sind in der borealen Zone verbreitet: *Populus tremuloides* (Trembling Aspen), *P. balsamifera* (Balsam Poplar), *Betula papyrifera* (White Birch), *Alnus rugosa* (Speckled Alder), *Sorbus americana* (American Mountain-Ash), *S. decora* (Showy mountain-ash). Dazu kommen eine Reihe von *Salix*-Arten. Die Areale anderer Arten reichen in den Randgebieten in die boreale Zone hinein, sind jedoch für diese nicht typisch; sie erreichen auch selten Baumgröße.

---

[1] Diese Art hat ihren Namen *«occidentalis»*, d.h. «Westliche», von Linne erhalten, für den sie im Westen vorkam, während er die ostasiatische als *Thuja orientalis (= Biota orientalis)* bezeichnete. In Nordamerika kommt *Th. occidentalis* nur im Osten vor, während die im Westen an der pazifischen Küste verbreitete *Thuja plicata* benannt wurde.

Abb. 8.11: Verbreitung von *Picea glauca* in der borealen Zone Nordamerikas (nach Hosie 1979, Viereck & Little 1972).

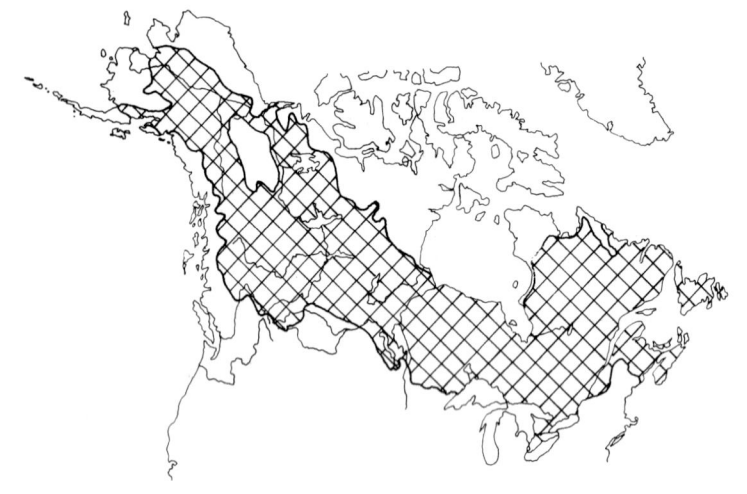

Abb. 8.12: Verbreitung von *Picea mariana* in der borealen Zone Nordamerikas (nach Hosie 1979, Viereck & Little 1972).

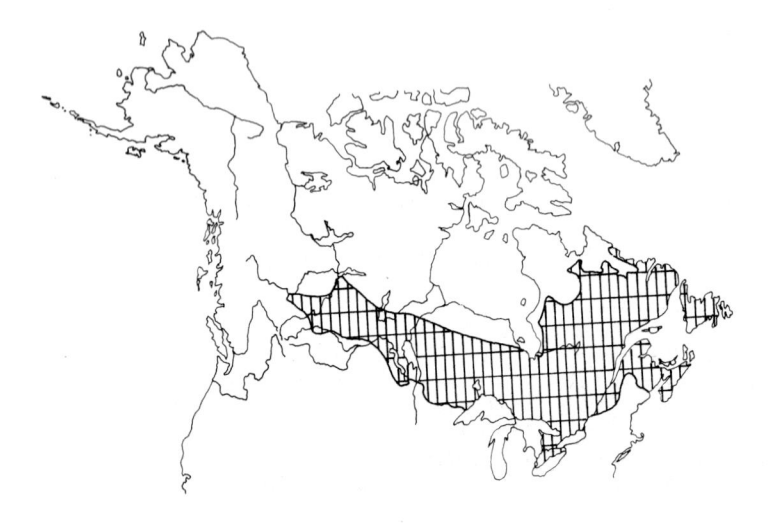

Abb. 8.13: Verbreitung von *Abies balsamea* in der borealen Zone Nordamerikas (nach Hosie 1979, Viereck & Little 1972).

Die Produzenten 445

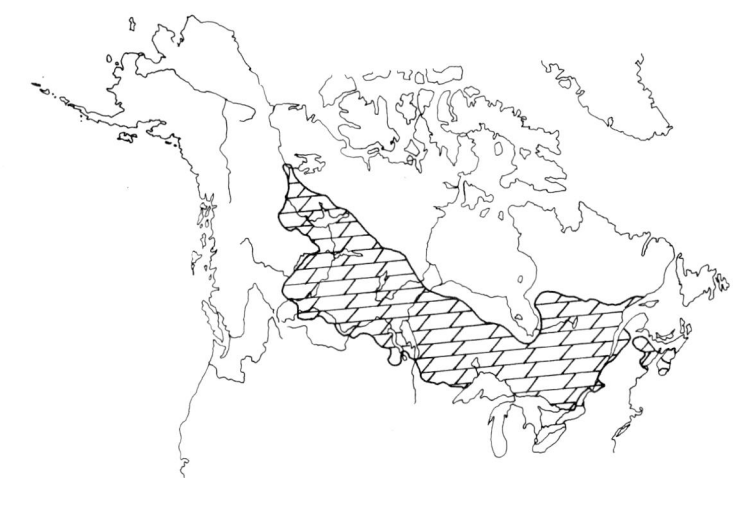

Abb. 8.14: Verbreitung von *Pinus banksiana* in der borealen Zone Nordamerikas (nach HOSIE 1979, VIERECK & LITTLE 1972).

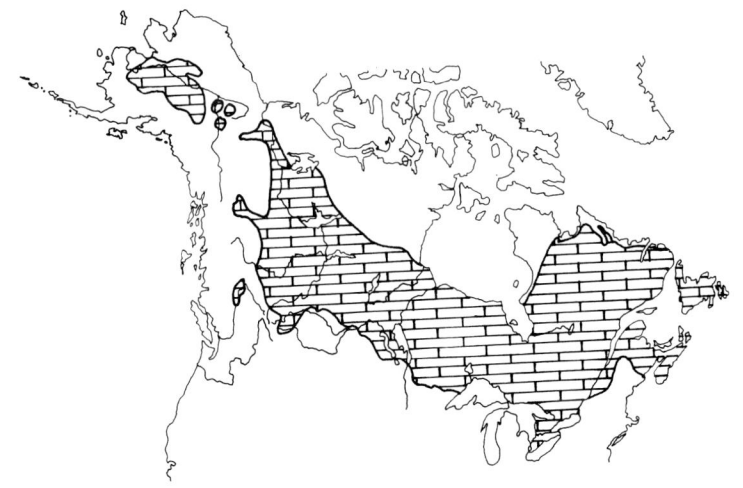

Abb. 8.15: Verbreitung von *Larix laricina* in der borealen Zone Nordamerikas (nach HOSIE 1979, VIERECK & LITTLE 1972).

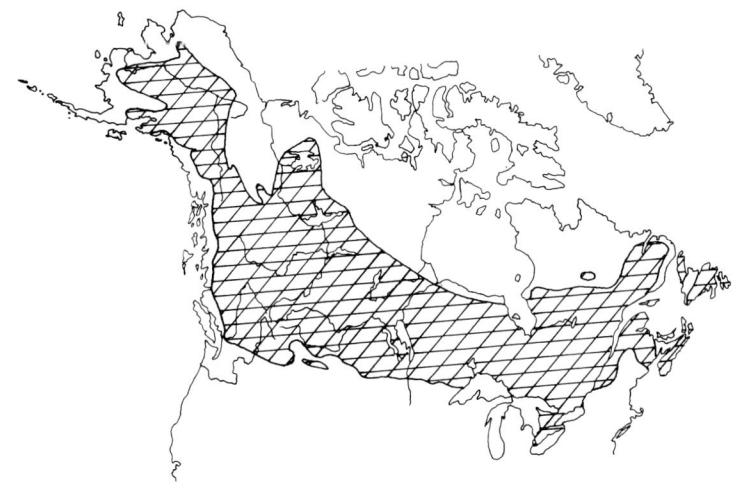

Abb. 8.16: Verbreitung von *Populus tremuloides* in der borealen Zone Nordamerikas (nach HOSIE 1979, VIERECK & LITTLE 1972).

Abb. 8.17: Verbreitung von *Populus balsamifera* in der borealen Zone Nordamerikas (nach Hosie 1979, Viereck & Little 1972).

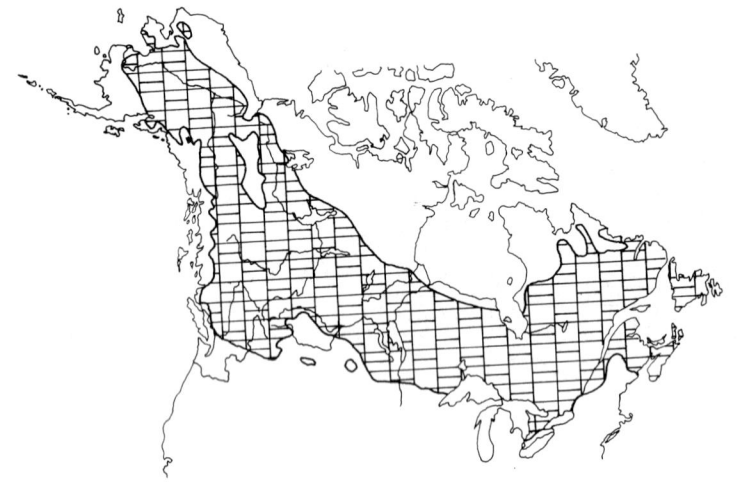

Abb. 8.18: Verbreitung von *Betula papyrifera* in der borealen Zone Nordamerikas (nach Hosie 1979, Viereck & Little 1972).

Picea glauca und *P. mariana* haben fast dasselbe Verbreitungsareal (Abb. 8.11 und 8.12), und dieses ist fast identisch mit dem Areal der borealen Waldzone in Nordamerika. Aber in ihrem ökologischen Verhalten unterscheiden sich die beiden *Picea*-Arten sehr wesentlich. *Picea glauca* ist eine in Bezug auf die Bodenverhältnisse anspruchsvollere Art und auch die wichtigste Baumart des zonalen borealen Waldes auf den zonalen Böden. Man findet sie auf Moränenhügeln, Flußterrassen, auf fluvioglazialen und äolischen Ablagerungen, aber auch auf vernäßten Böden, jedoch nur, wenn es sich um eutrophe Böden mit fließendem Grundwasser handelt, also in Auenwäldern, Niedermooren und an Seeufern. Entsprechend ist sie im kontinentalen, weniger vernäßten Gebiet, in dem schwere Tonböden fehlen, also westlich von Manitoba, stärker vertreten. Beide Baumarten erreichen die polare und die arktisch-alpine Baumgrenze, allerdings geht *Picea glauca* weiter nach Norden, bzw. in die Höhe, wenn die Bodenverhältnisse dies zulassen.

Picea mariana ist im Gegensatz dazu weniger konkurrenzfähig, aber auch weniger anspruchsvoll und wird deshalb auf die ungünstigeren Biotope zurückgedrängt. Das sind vor allem die oligotrophen Hochmoore, auf denen sie auch südlicher, bereits in der Laubwaldzone, auftritt. Sie übernimmt somit in Nordamerika die Rolle, die im eurasischen borealen Gebiet die Moorkiefer (Varianten der *Pinus sylvestris*) spielt.

Die Anspruchslosigkeit von *Picea mariana* wird durch bestimmte Eigenschaften begünstigt. Die Zahl der Nadeljahrgänge kann bis zu 30 erreichen. Die älteren Nadeljahrgänge können der Speicherung von Stickstoff und Phosphor dienen. Die Zapfen fallen nicht ab, so daß die Samen mehrere Jahre hindurch ausgestreut werden, was die Möglichkeit der Verjüngung erhöht. Von besonderer Bedeutung, vor allem im hohen Norden, wo die Vegetationszeit oft nicht zur Ausbildung von keimfähigen Samen ausreicht, ist die Fähigkeit der vegetativen Vermehrung durch Ableger, d.h. durch die Bewurzelung der unteren dem Boden anliegenden Äste, die sich zu selbständigen Pflanzen entwickeln. Es bilden sich dadurch Ringe von Jungpflanzen um die Mutterpflanzen, also dichtere Baumgruppen.

Auf günstigen Biotopen kann *Picea mariana* 30 m hoch werden mit einem Stammdurchmesser von fast einem Meter, aber meist hat sie auf ungünstigen Biotopen, z.B. Hochmooren und im Norden nur einen rutenförmigen, biegsamen Stamm mit auffallend dünnen und kurzen Seitenästen mit nur wenigen Nadeljahrgängen. Ihr Aussehen ist dementsprechend sehr variabel.

An der Baumgrenze kommt diese Art als Krummholz vor: Der Stamm und die Seitenäste liegen dem Boden auf, letztere sind durchgehend bewurzelt.

Das Wurzelsystem ist besonders flach ausgebildet, im Norden bilden sich von den stärkeren Seitenwurzeln aus im A-Horizont feine Wurzeln, die nach oben in die Flechtenmatten hineinwachsen und sogar noch lebende Flechtenthalli umwachsen.

Das Holz dieser Fichtenart wird fast nur zur Herstellung von Holzpulpe zur Papierfabrikation verwendet.

Abies balsamea ist, wie die Arealkarte zeigt (Abb. 8.13), mehr im östlichen Teil und westlich von Manitoba in dem südlichen Teil der borealen Zone verbreitet. Sie ist somit eine klimatisch anspruchsvollere Art mit einem Schwerpunkt im ozeanischen Klimabereich der borealen Zone. Sie geht auch noch in das Laubwaldgebiet der Großen Seen, ebenso, wie in die «Acadian Forest Region» von Nova Scotia hinein und ebenso südlicher, aber dann nur in der hochmontanen Stufe der Appalachen bis zur alpinen Baumgrenze.

Diese Tanne zeichnet sich durch eine große Samenproduktion aus. Nach schwerem Befall durch die Larve des Fichtenwicklers *Choristoneura fumiferana* haben sich fast reine Jungwuchsbestände gebildet, die jedoch unter Schneedruckschäden leiden. Die Tanne ist nicht feuerresistent und gehört deshalb nicht zu den Erstbesiedlern auf Brandflächen. Durch Schutzmaßnahmen zur Bekämpfung der Waldbrände wird sie als Schattenholzart begünstigt.

Pinus banksiana könnte man mit *Pinus sylvestris* in Eurasien vergleichen, aber sie spielt in Nordamerika eine viel geringere Rolle. Sie samt nach Waldbränden stark aus, weil die Zapfen sich erst nach Feuereinwirkung öffnen und gehört deshalb auf sandigen Waldbrandflächen ebenso wie *Pinus sylvestris* in Eurasien zu den Vorhölzern, aber auf Moorflächen wird sie durch *Picea mariana* verdrängt. Die Kiefer ist vorwiegend in Reinbeständen auf trockenen Böden anzutreffen, also auf sandigen Flußterrassen und anderen grobkörnigen Böden. Deswegen fehlt diese Kiefer wohl auch der nördlichen, stark vernäßten borealen Zone in Nordamerika ganz, wobei sich auch der Permafrostboden für diese Baumart mit einem Pfahlwurzelsystem ungünstig auswirkt (Abb. 8.14).

Da sie durch die häufigen Waldbrände begünstigt wird, muß man sie zu den **Pyrophyten** rechnen. Dies wird besonders deutlich, wenn die Brände sich so oft wiederholen, daß die nachfolgende Fichte keine Zeit hat die Oberhand zu gewinnen. Die Samen in den geschlossenen Zapfen können 15–20 Jahre keimfähig bleiben. Die Öffnung der Zapfen erfolgt erst, wenn das Harz bei 45 °C schmilzt und die Zapfen danach austrocknen und sich öffnen. Einzelne Zapfen öffnen sich nach längerer Zeit aber auch ohne Feuereinwirkung (SPURR & BARHES 1980, LARSEN 1980).

Ein entsprechender Pyrophyt ist auch die nah verwandte *Pinus contorta*, die im Rocky Mountain-System verbreitet ist, z.B. im Yellowstone Gebiet große Bestände bildet. In der Grenzzone im Westen, wo sich die Areale der beiden Arten überdecken, kommt es zur Bastardierung.

Larix laricina und *Thuja occidentalis* sind beides Arten der nassen Waldmoore. Die *Larix*-Arten spielen in Nordamerika im Vergleich zu Sibirien nur eine sehr geringe Rolle. *Larix laricina* kommt in der gesamten borealen Zone Canadas vor, ausgenommen im äußersten Nordwesten, sowie im Grenzbereich zu Alaska. Im Osten Alaskas kommt sie nur sehr vereinzelt vor, wird aber im Innern Alaskas wieder häufiger (Abb. 8.15). Sie steht selten in Reinbeständen, sondern meist der *Picea mariana* beigemengt auf staunassen Standorten, aber auch auf weniger oligotrophen *Sphagnum*-Mooren. An Seeufern bildet sie oft die äußerste Waldzone. In Labrador erreicht sie die Baumgrenze (PAYETTE 1983), wobei bei frühzeitigem Schneefall ihre Nadeln teilweise grün überwintern; ob sie dann noch photosynthetisch wirksam und für den Baum von Vorteil sind, wurde nicht untersucht.

Die Lärche ist nicht feuerresistent, aber auf den nassen Standorten auch kaum feuergefährdet. Auf Brandflächen findet man oft Lärchenkeimlinge, die rasch heranwachsen, aber bald unterdrückt werden.

Besonders typisch sind die Lärchen für Waldmoore mit verschiedenem Säuregrad des Wassers. Diese Waldmoore mit weniger saurer Reaktion werden als «muskeg» (vgl. Kap. 3.2.4) bezeichnet.

Für solche im Südosten der borealen Zone namentlich für Moore über Kalkgestein ist die *Thuja occidentalis* typisch. Ihr Hauptverbreitungsgebiet liegt jedoch außerhalb der borealen Zone.

Die Laubholzarten der borealen Zone können wir gemeinsam besprechen (Abb. 8.16 und 8.17). Die genannten Arten sind im allgemeinen in der gesamten borealen Zone verbreitet, aber sie sind in den zonalen Wäldern nicht von so großer Bedeutung wie die Coniferen und beschränken sich oft mehr auf die von den Nadelhölzern freien Flächen, z.B. Flußufer, Niederungsmoore, insbesondere aber auch als Vorhölzer auf Brandflächen, wobei *Populus tremuloides* die Tonböden bevorzugt, bei denen die durch Asche bedingte alkalische Reaktion länger anhält. Wir hatten bereits erwähnt, daß diese Art in dem Zono-Ökoton VII/VIII noch auf leicht verbrackten Böden wachsen kann. Sie ist ja auch im gesamten Zonobiom VIIa auf wasserzügigen Biotopen, an den Gebirgshängen in der montanen Stufe verbreitet (vgl. S. 379). Ihre starke Vermehrung durch Wurzelschößlinge macht sie zu einer sehr aggressiven Art, die jedoch keine Überschattung verträgt und deshalb auf älteren Brandflächen abstirbt.

Populus balsamifera ist dagegen vor allem ein Baum der Auenwälder in Flußtälern und reicht im Osten und Nordwesten Canadas und Alaskas weiter nach Norden. In einzelnen Gruppen findet sich der Baum aber auch noch in den Flußtälern des Nordabfalles der Brooks Ranges (VIERECK & LITTLE 1972). Beide Arten sind Lichtholzarten, die auf feuchten, jedoch gut drainierten und verhältnismäßig nährstoffreichen Böden rasch heranwachsen. Auf älteren Brandflächen findet man zwischen den zur Vorherrschaft gelangten Nadelholzarten noch die abgestorbenen Stämme der Espen. Nur selten gelingt es einzelnen Espen zu stattlichen Bäumen heranzuwachsen. Ihre Unterdrückung erfolgt jedoch nicht nur durch Überschattung, sondern auch durch die Wurzelkonkurrenz und die zunehmende Abkühlung des Bodens unter einem dichter werdenden Nadelholzbestand (SKRE & OECHEL 1981, SPURR & BARNES 1980).

Im kühlen, feuchten ozeanischen Klima im Osten Canadas ist der Anteil der *Populus*-Arten viel geringer. Ihre Rolle als Erstbesiedler nach Waldbränden wird dort durch *Betula papyrifera* übernommen (Abb. 8.18), die sich durch die papierdünne abblätternde Ringelborke auszeichnet und viel größere Blätter besitzt als die *Betula*-Arten der borealen Zone Eurasiens. Die Rinde der Birke entzündet sich auch im frischen Zustand sehr rasch. Deswegen ist sie nicht feuerresistent, regeneriert jedoch, wenn die unteren Teile des Stammes noch am Leben geblieben sind, durch Stammausschläge sehr rasch. Staunässe verträgt diese Birke nicht. Auf solchen Standorten wird sie von der Erle, *Alnus rugosa*, abgelöst. Diese Erle ist mehr ein Strauch; nur auf sehr günstigen Standorten erreicht sie Baumgröße mit bis 10 m Höhe. Die Erlen vertragen Beschattung nicht und wachsen deshalb auf Bruchwaldflächen, die von den anderen Baumarten gemieden werden. Westlich von Saskatchewan kommt auch *Alnus incana* (Mountain alder) vor. Die Hauptverbreitung dieser Art ist im Westen im Bereich der Columbianischen Wälder.

Die *Sorbus*-Arten sind im borealen Gebiet nur sporadisch verbreitet.

Die Zusammensetzung der aus diesen Baumarten aufgebauten Bestände ist je nach den Klimabedingungen, den Bodenverhältnissen, vor allem aber auch je nach Brandhäufigkeit sehr verschieden. Wir können die Vielzahl dieser Pflanzengemeinschaften nur in groben Zügen behandeln und verweisen auf Abschnitt 8.3.2.

3.1.2 Der Unterwuchs der borealen Wälder Nordamerikas

Hier soll noch auf die besondere Bedeutung des Unterwuchses hingewiesen werden und zwar insbesondere auf die der Moos- bzw. Flechtenschicht.

In den meisten Fällen ist eine geschlossene Schicht aus Hypnaceen-Moosen vorhanden. Es sind vor allem *Pleurozium schreberi*, *Hylocomium splendens*, *Ptilium crista-castrensis* u.a. Die Mächtigkeit der Moos-Schicht kann von einigen cm bis 50 cm und mehr betragen (Abb. 8.19). Sie nimmt mit dem Alter der Bestände zu, wobei nur die

Die Produzenten   449

rate der Bestände zurückgeht. Erst wenn durch einen Waldbrand die Moosdecke verascht wird, gelangen die gespeicherten Nährstoffe wieder in den Kreislauf zurück, zumindest, soweit sie dann nicht weggespült werden.

Etwas anders wirken sich die Flechtenmatten in den nördlichen Teilen der borealen Zone aus. Sie bestehen aus verschiedenen *Cladonia*- und *Cetraria*-Arten und erreichen eine Mächtigkeit von 10–15 cm.

Die Flechtenmatten sind locker (Abb. 8.20), haben keine so große Wärmekapazität und ihre Wärmeisolation ist geringer. Namentlich im trokkenen Zustand ist ihre Wärmeleitfähigkeit daher etwas größer. Dennoch liegt eine Wärmeisolation der Böden vor, wie das folgende Beispiel einer Vergleichsmessung im August 1984 in Schefferville deutlich zeigt (vgl. auch Tab. 8.1 und Tab. 8.5). Gemessen wurde in einem unberührten offenen Fichtenwald (A), mit einer 10 cm dicken Flechtendecke und auf einer daneben liegenden

Abb. 8.19: Bodenprofil unter einem Bestand von *Picea mariana*. Unter der ca. 30 cm dicken Moosschicht liegt ein Podzol mit einem mächtigen Bleichhorizont von ca. 30 cm. Aufgrund der Moosdecke haben die Wurzeln der Bäume den Kontakt zum mineralischen Boden verloren (phot. LORIS 1984).

dem Licht ausgesetzten oberen Teile lebend bleiben, während die unteren toten Reste nur sehr langsam verrotten.

Sie beeinflussen die Temperatur des Bodens sehr stark, da sie sowohl im feuchten als im trockenen Zustand die Erwärmung des Bodens durch die Einstrahlung im Sommer verhindern. Der Boden bleibt kalt und wärme isoliert, dadurch wird das Auftreten von Permafrost in den nördlicheren Teilen der borealen Zone begünstigt.

Außerdem wird der Kreislauf der Stoffe im Ökosystem durch die Moosdecke gestört (SKRE & OECHEL 1981, CLEVE & VIERECK 1981, CLEVE & YARIE 1986). Denn die Nährstoffe aus der Streu oder aus dem abtropfenden Regenwasser werden durch die Moosdecke gespeichert, umso mehr, je mächtiger diese ist. Oft verlaufen die Wurzeln direkt unter der Moosschicht, so daß der Kontakt mit den oberen Bodenschichten verloren geht (DAMMAN 1964), wodurch die Produktions-

Abb. 8.20: Ausgetrocknete Flechtenmatten der nördlichen Taiga mit tiefen bis an die Bodenoberfläche reichenden Spalten (photl. LORIS 1984).

Brandfläche (B), die von Resten verbackener Flechtenasche bedeckt war (Werte in °C):

	A	B
Lufttemperatur	14,0	–
Oberfläche der Flechtenmatte	17,5	–
5 cm tief in der Flechtenmatte	16,9	–
10 cm tief in der Flechtenmatte, an der Bodenoberfläche	9,7	19,0
2 cm im Boden	8,8	12,5
10 cm im Boden	8,6	10,2

Demnach bleiben auch unter den Flechtenmatten die Böden kälter, mit der Folge, daß sich die Wurzeln statt in die Tiefe bevorzugt in die Fläche ausbreiten.

Komplizierter ist die Rolle der Flechten für die Nährstoffverteilung (MOORE 1980, DUBREUIL et al. 1982), insbesondere in den nördlichen, sehr offenen Fichtenwäldern, in denen die bis zum Boden beasteten Bäume bis zu 10–20 m entfernt voneinander stehen, wobei die Flächen dazwischen mit dichten Flechtenteppichen bedeckt sind, unter denen die flach streichenden Baumwurzeln verlaufen. Die Böden sind von Natur aus nährstoffarm, aber unter den Bäumen, wo der Boden von Moosen bedeckt ist, konnte ein höherer Nährstoffgehalt nachgewiesen werden. Diese Unterschiede kommen folgendermaßen zustande: Die unter den Flechten verlaufenden Wurzeln nehmen die Nährstoffe unter den Flechten auf und führen sie den Bäumen zu, wo sie in der lebenden Phytomasse gespeichert werden. Nach einem Feuer fällt ein großer Teil der Baumasche unmittelbar auf den darunter liegenden Boden. Dieser Bereich wird somit auf Kosten der Umgebung mit Nährstoffen angereichert. Diese ungleiche, mosaikartige Verteilung der Nährstoffe macht sich bei der Verjüngung nach einem Brand bemerkbar. Der Jungwuchs kommt vorwiegend auf den Stellen hoch, wo früher ein Baum stand (Abb. 8.21).

Folgende Zahlen, die von LORIS auf einer Brandfläche und einem daneben liegenden intakten Flechtenwald in der Nähe von Schefferville ermittelt worden sind, verdeutlichen dies. Auf der Brandfläche standen auf einem Hektar 70 Bäumchen im Alter von 3–10 Jahren. Davon standen unter den ehemaligen Baumkronen, die an der Verteilung der Moosflora sehr deutlich zu erkennen waren, 43 Exemplare, auf den ehemalig von Flechten bedeckten Flächen lediglich 27. In dem unberührten Bestand fanden sich auf einer gleich großen Fläche 21 Bäumchen, davon 7 unter den Baumkronen und 14 in den Flechtenmatten.

Die starke Wurzelkonkurrenz der Baumwurzeln unter den Flechtenmatten bewirkt, daß nur wenige Zwergsträucher oder Kräuter zwischen den Flechten wachsen können. Die Flechten selbst erhalten ja ihre Nährstoffe nicht aus dem Boden, sondern ihnen reicht die Zufuhr aus dem Niederschlagswasser aus der Luft.

3.2 Die Vegetation der einzelnen Biomgruppen der geschlossenen Wälder

3.2.1 Biomgruppe Neufundland

Man kann die Frage aufwerfen, ob diese Biomgruppe zur Borealen Zone gehört oder noch zum Zono-Ökoton VIII/VI.

Abb. 8.21: Waldbrandgelände aus dem Jahre 1973 bei Schefferville. Die Aufnahme entstand im Juni 1984. Um den abgebrannten stehenden Baum wachsen Moospflanzen wie *Funaria hygrometrica*. Im Vordergrund ist noch die verbackene Asche der ehemaligen Flechtenmatten zu sehen, rechts *Betula glandulosa*. Der Fichtenjungwuchs (links in der Bildmitte) kommt hauptsächlich auf den Flächen hoch, die während des Feuers von der Asche der ehemaligen Baumkronen «gedüngt» worden sind (phot. LORIS 1984).

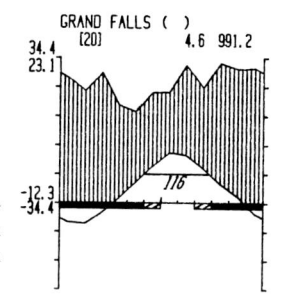

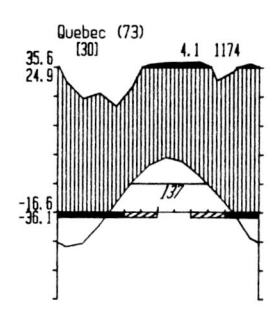

Abb. 8.22: Klimadiagramme aus der Mischwaldzone (ZÖ VI/VIII) von Quebec City und von Grand Falls (ZB VIII) in Neufundland (nach LORIS).

Neufundland bildet den nördlichsten Ausläufer der Appalachen mit Höhen bis zu 700 m NN und dem entsprechenden Muttergestein von Schiefern, Graniten und Sandsteinen, die in tieferen Lagen mit glazialen Ablagerungen überdeckt sind (DAMMAN 1964).

Das Klima ist bei Niederschlagsmengen bis 1000 mm und häufigen Nebeln sehr maritim, nicht jedoch, was die Temperaturschwankungen betrifft (vgl. Klimadiagramm Grand Falls mit abs. Maximum von 34,4 °C und abs. Minimum von −34,4 °C, Abb. 8.22).

Pinus banksiana kommt in diesem Gebiet nicht vor. Dagegen waren *Pinus strobus* und *P. resinosa* vertreten, wurden jedoch als gutes Bauholz schon bei der frühen Besiedlung der Insel abgeholzt. *Picea glauca* spielt nur eine geringe Rolle, dagegen ist *Picea mariana* auf allen ungünstigen Standorten verbreitet: auf den trockenen vertritt sie hier *Pinus banksiana*.

Die wichtigste Art der zonalen Wälder ist *Abies balsamea*, die sehr schattige Bestände bildet oder solche mit *Betula papyrifera*, während die *Populus*-Arten in diesem maritimen Klima eine geringere Rolle spielen.

Im schattigen Abietum auf guten Böden, auf denen neben der Birke noch *Picea glauca* vorkommt, ist der Unterwuchs nur schwach ausgebildet. Typische Arten sind: *Listera cordata*, *Goodyera repens*, *Moneses uniflora* und *Cornus canadensis*. Die deckende Moosschicht besteht vorwiegend aus *Hylocomium splendens*. Die Böden sind vergleyte Podzole. Auf lehmhaltigen Böden ist die Krautschicht reichhaltiger: neben *Rubus pubescens* kommen *Clintonia borealis*, *Trientalis borealis*, *Maianthemum canadense*, *Coptis groenlandica*, *Lycopodium annotium* und *Gaultheria hispidula* vor. Auf feuchten Böden mit Hangwasser, die vergleyt sind und eine kräftige Humusauflage aufweisen, ist *Carex trichosperma* bezeichnend mit vielen Farnen und *Equisetum sylvaticum*, bei starker Vernässung kommt auch *Sphagnum girgensohnii* und *S. robustum* hinzu.

Auf etwas trockeneren Eisen-Podzolböden mit zeitweisem Wassermangel und geringer Wuchsleistung der Tanne gesellt sich *Picea mariana* hinzu und in der Moosschicht dominiert *Pleurozium schreberi*. Auf flachgründigen Stellen, die sehr oft auf Hochflächen vorhanden sind, wird der Wald lichter und der Boden wird von Flechten (*Cladonia* spp.) bedeckt.

Als wichtigste Pedobiome seien genannt: die eutrophen Erlenbruchwälder (Alnetum rugosi), die mesotrophen Alneti-Piceetum marianae und die oligotrophen Hochmoore, auf denen neben *Picea mariana* auch *Larix laricina* vorkommt, mit viel *Kalmia angustifolia*, *Vaccinium angustifolium*, *V. vitis-idaea*, *Rhododendron canadense*, *Ledum groenlandicum* und einer *Sphagnum capillaceum*-Decke.

Die Abhängigkeit der einzelnen Pflanzengemeinschaften vom Nährstoffreichtum und dem Wasserhaushalt der Böden zeigt Abb. 8.23, gezeichnet in Anlehnung an die Darstellung von SUKACHEV (vgl. Bd. 3, S. 374, 377).

Einen Begriff von der Mosaikstruktur der Pflanzendecke geben die Vegetationsprofile auf Abb. 8.24, 8.25, 8.26 (LORIS, verändert nach DAMMAN 1964).

3.2.2 Östliches Canada

Es handelt sich vor allem um den südlichen Teil des Staates Quebec, während der nördliche Teil, das Labrador-Plateau durch die größere Erhebung schon zur nördlichen borealen Zone gehört. Die Vegetationsverhältnisse um Quebec wurden an der Universität Laval vor allem unter Leitung von M. M. GRANDTNER pflanzensoziologisch untersucht, wobei viele Assoziationen unterschieden wurden (GRANDTNER 1966, 1979).

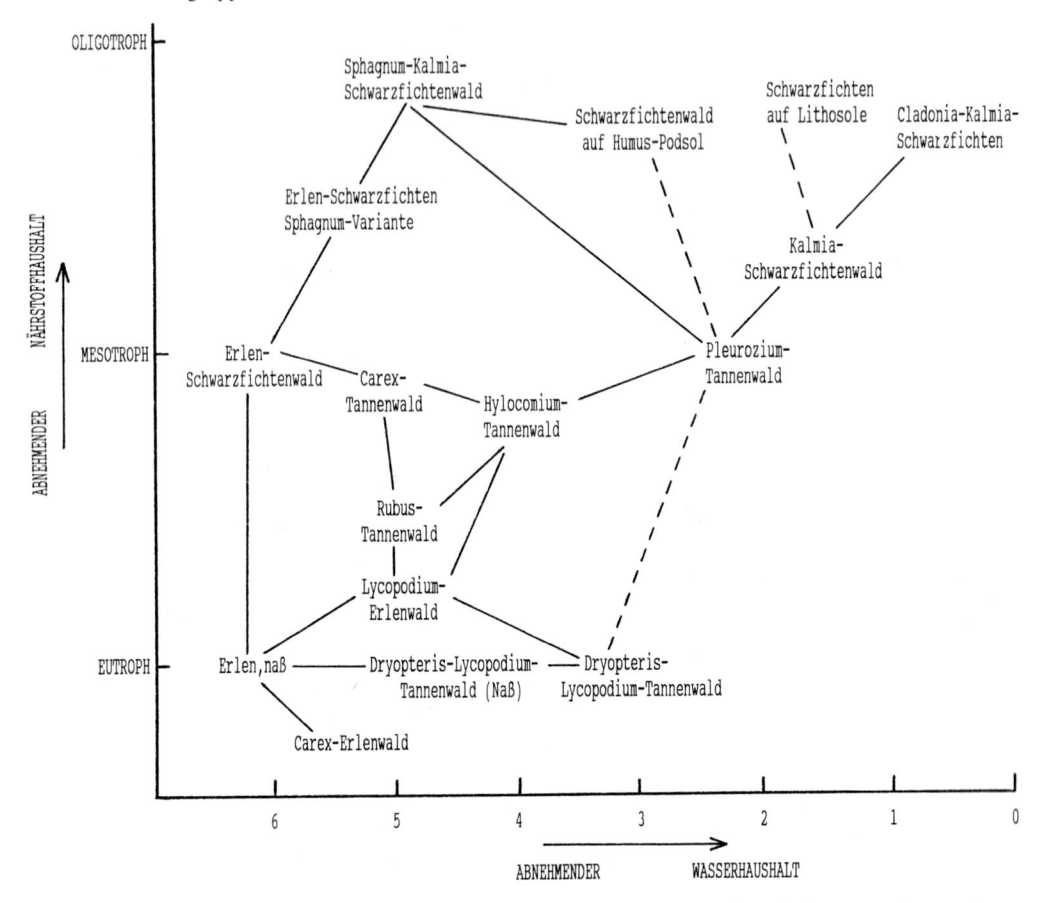

Abb. 8.23: Die Abhängigkeit der verschiedenen Pflanzengemeinschaften vom Nährstoffreichtum und Wasserhaushalt der Böden unter Angabe typischer ökologischer Reihen in Neufundland (aus DAMMAN 1964). Zum Vergleich mit der sibirischen Taiga s. Band 3, p. 374 ff.

Die Umgebung von Quebec (73 m NN) und das Gebiet südlich des St. Lorenzstromes gehören noch zum Zono-Ökoton VI/VIII (siehe Klimadiagramm in Abb. 8.22), aber auf dem Hochland des «Parc des Laurentides» in einer Höhenlage von 300–600 m NN nimmt die Vegetation bereits borealen Charakter an. An Stelle der Braunen Waldböden der tieferen Lagen treten bereits Eisen-Humus-Podzolböden auf und in der Baumschicht werden *Abies balsamea*, sowie *Picea glauca* dominant und die Moose *Pleurozium schreberi* sowie *Ptilium crista-castrensis* breiten sich am Boden aus.

Ab 600 m NN handelt es sich schon um einen typischen *Abies balsamea*-Wald mit viel *Betula papyrifera*. *Picea glauca* und *P. mariana* sind beigemischt, in der Strauchschicht findet man *Sorbus decora* mit *Amelanchier bartramiana*. Die Krautschicht besteht aus *Oxalis montana, Clintonia borealis, Cornus canadensis, Trientalis europaea, Coptis groenlandica, Moneses uniflora, Dryopteris spinulosum* u.a. Auch die Moosschicht aus Hypnaceen ist gut ausgebildet.

Wälder mit einer solchen Zusammensetzung stehen der zonalen Vegetation nahe. GRANDTNER (1966) bringt für die zonalen Tannenwälder des südlichsten Subzonobioms aus diesem östlichen Teil Canadas folgende Liste

Baumschicht:
Abies balsamea, Picea glauca, Populus tremuloides.

Strauchschicht:
Acer spicatum, Alnus rugosa.

Krautschicht:
Cornus canadensis, Maianthemum canadense, Aralia nudicaulis, Clintonia borealis, Trientalis europaea, Ly-

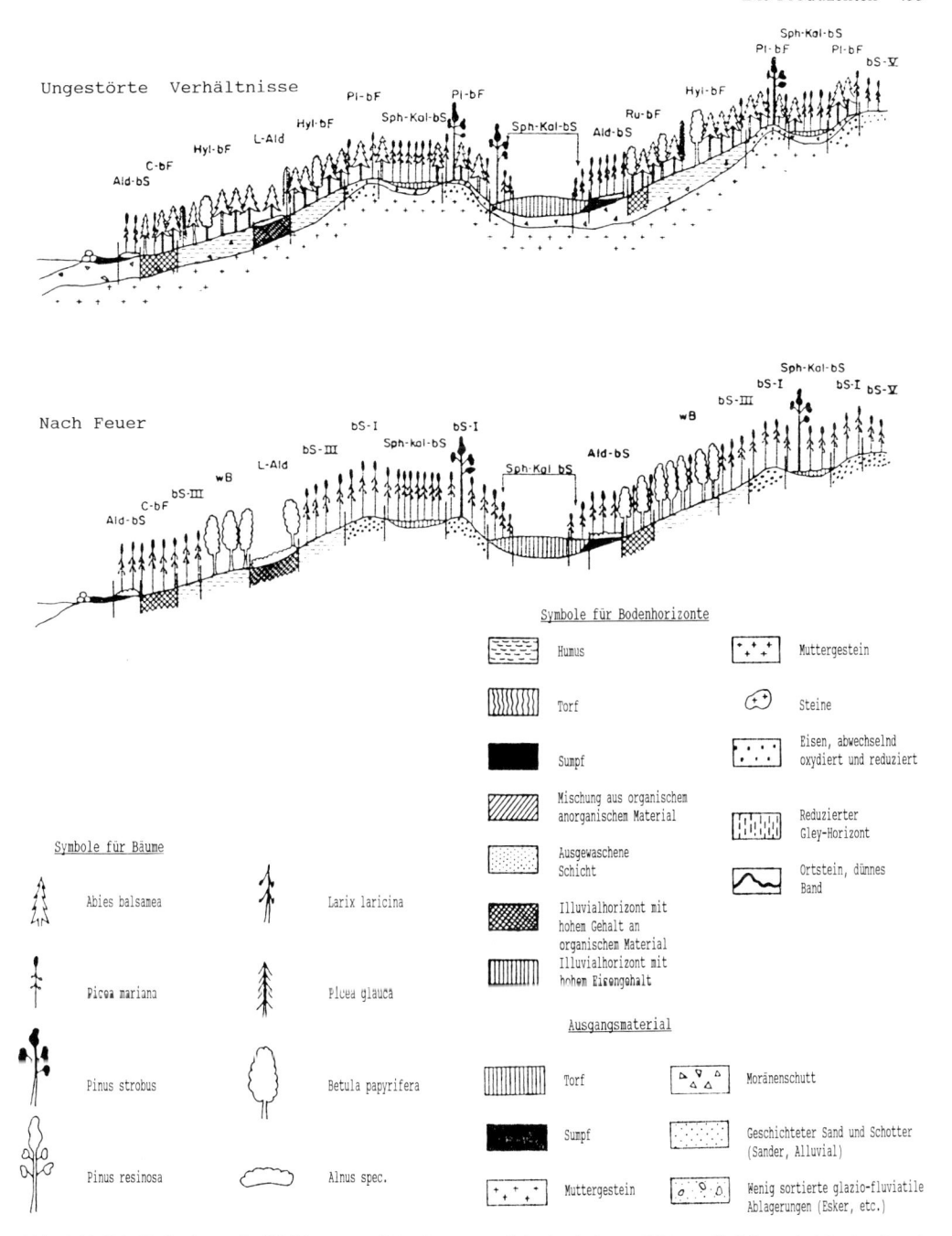

Abb. 8.24: Die Verbreitung der Waldtypen auf Moränenmaterial mit mittlerem Nährstoffreichtum in Neufundland, oben in ursprünglicher Catena, unten nach einem Feuer. Kal-bS: *Kalmia*-Schwarzfichtenwald, Sph-Kal-bS: *Sphagnum-Kalmia*-Schwarzfichtenwald, Clad-Kal-bS: *Cladonia-Kalmia*-Schwarzfichtenwald, Pl-bF: *Pleurozium*-Tannenwald, Hyl-bF: *Hylocomium*-Tannenwald, Ru-bF: *Rubus*-Tannenwald, c-bF: *Carex*-Tannenwald, Dry-L-bF: *Dryopteris-Lycopodium*-Tannenwald, bS-I: Schwarzfichtenwald auf trockenem lehmigem Sand, bS-II: Schwarzfichtenwald auf trockenem Sand, bS-III: Schwarzfichtenwald auf durchlässigem Boden, bS-IV: Schwarzfichtenwald auf Humus-Podzol, bS-V: Schwarzfichtenwald auf Ranker, Ald-bS: Erlen-Schwarzfichten-Bruch, L-Ald: *Lycopodium*-Erlen-Bruch, C-Ald: *Carex*-Erlen-Bruch, wB: undifferenzierte Birkenwälder (nach DAMMAN 1964).

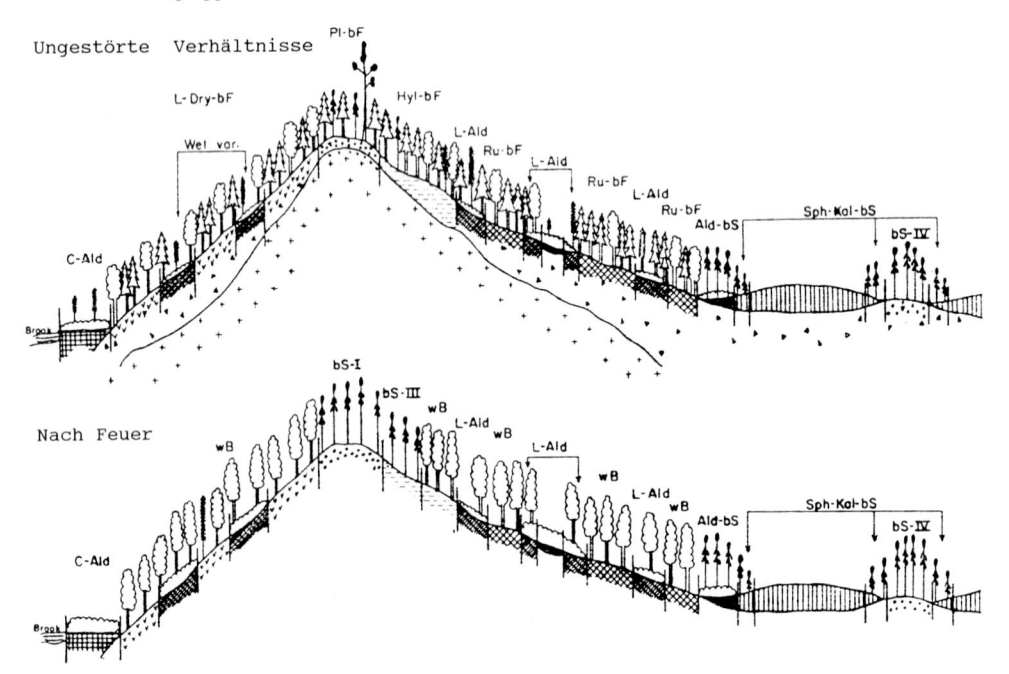

Abb. 8.25: Die Verbreitung verschiedener Waldtypen auf nährstoffreichem Moränenmaterial in Neufundland, oben die ursprüngliche Catena, unten nach einem Feuer. Symbole der Waldtypen s. Abb. 8.24 (nach DAMMAN 1964).

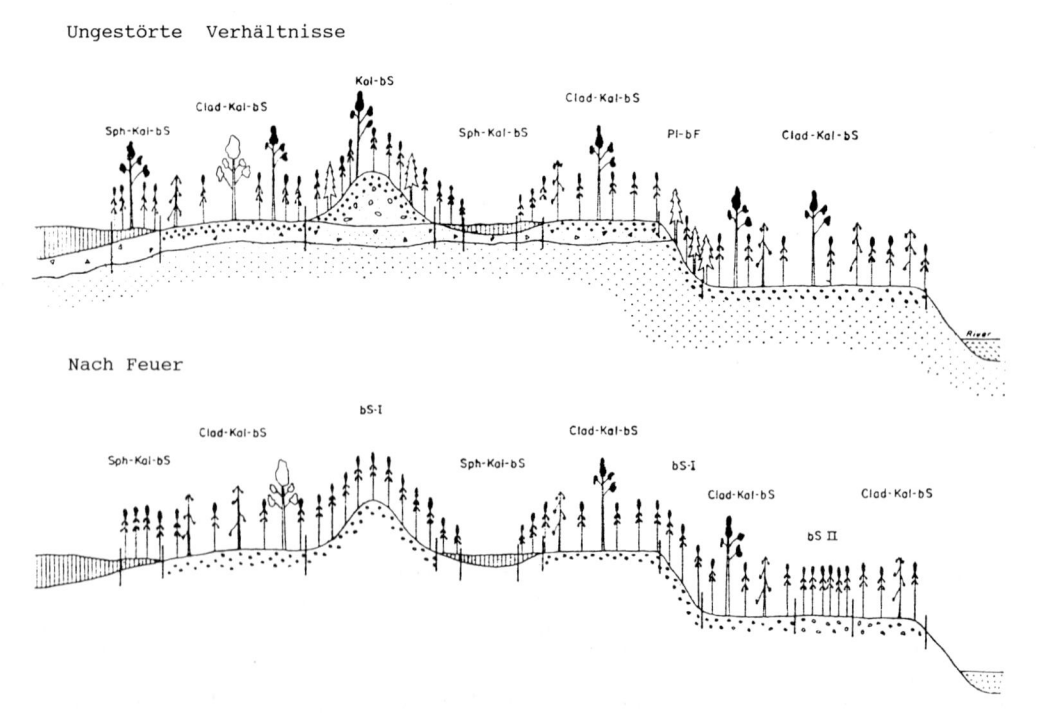

Abb. 8.26: Die Verbreitung verschiedener Waldtypen auf nährstoffarmem Moränenmaterial in Neufundland, oben die ursprüngliche Catena, unten nach einem Feuer. Symbole der Waldtypen s. Abb. 8.24 (nach DAMMAN 1964).

copodium obscurum, L. annotinum, Aster acuminatus, Pyrola secunda, Moneses uniflora, Goodyera repens, Prenanthes trifoliata.

Moosschicht:
Dicranum polysetum, D. scoparium, D. spurium, Hylocomium splendens, Pleurozium schreberi, Pohlia nutans, Polytrichum commune, P. juniperinum, P. piliferum, Ptilium crista-castrensis.

Dazu werden die häufigsten Vögel und Insekten genannt. In den nördlicheren Wäldern sind auch Vaccinium-Arten häufig.

Hier im relativ maritimen Osten Canadas ist die Tanne (Abies balsamea), die sehr schattige Bestände bildet, der Picea glauca überlegen.

Man kann also die Abies balsamea nicht mit der Abies sibirica Südsibiriens vergleichen, die ein viel extremeres Klima verträgt. Andererseits ist die europäische Abies alba viel anspruchsvoller und an ein mildes montanes und maritim getöntes Klima gebunden, während andere Tannen-Arten nur als Relikte in Gebirgen auftreten.

Genauere Untersuchungen über die verschiedenen Varianten der Abies balsamea-Betula papyrifera-Wälder in der südlichen Taiga von Quebec liegen von KUJALA (1945), LINTEAU (1955) und FORSTER (1985) vor.

Das Zono-Ökoton VI/VIII ist auch am westlichen Ende der Gaspe-Halbinsel auf dem Südufer der Mündung des St. Lorenz-Stroms ausgebildet. Es handelt sich im Bereich eines sehr maritimen Klimas um ein Makro-Mosaik von Acer sacharum-Laubwäldern und Picea glauca – Abies balsamea-Nadelwäldern, z.T. auch um Laub-Nadelholz-Mischwälder. Sehr genaue pflanzensoziologische Aufnahmen der verschiedenen Waldgesellschaften, auch auf sumpfigen Biotopen mit Thuja occidentalis, oder von Mooren mit Picea mariana, in Flußtälern mit Fraxinus nigra und Ulmus americana u. a. Pflanzengemeinschaften der Pedobiome hat MAJCEN (1981) durchgeführt. Die Verbreitung von Thuja occidentalis und ihre pflanzensoziologische Stellung, als auch deren Standortsansprüche, die deutlich kalkhold sind, hat BLANCHET (1982) gegeben. Thuja occidentalis wächst relativ langsam, erreicht nach etwa 100 bis 200 Jahren eine Höhe von 10–14 m und einen DBH von etwa 45 cm, bei einem sehr konstanten Zuwachs der Stammdicke von etwa 2 cm pro Jahrzehnt.

Nach Norden und in Hochlagen nimmt die Bedeutung der Abies balsamea und der Picea glauca zugunsten der Picea mariana ab. Abgesehen von geringen Beimengungen der beiden Arten auf edaphisch besseren Standorten, bildet Picea mariana Reinbestände auf allen potentiellen Waldstandorten. Ausführliche Beschreibungen der für diesen Wechsel verantwortlichen Gradienten liegen von HARE (1950, 1954, 1956, 1959, 1968) vor. Die verschiedenen Waldtypen beschrieb HUSTICH (1949a, b, 1951, 1968). Der Autor verglich die Wälder mit denen seines Heimatlandes Finnland, die natürlich gewisse floristische Unterschiede aufweisen, z.B. kommt Abies in Finnland überhaupt nicht vor.

Bei Vermoorung spielt Kalmia angustifolia mit Ledum groenlandicum im Unterwuchs die Hauptrolle, und es kann zur Ortsteinbildung kommen. Die Hochmoorbildung wird durch verschiedene Sphagnum-Arten (S. fuscum, S. acutifolium, S. capillaceum, S. cuspidatum) angezeigt.

Abb. 8.27: Bestandesmosaik nach Waldbrand in der südlichen Taiga im Osten Canadas. Auf den Hängen im Hintergrund sind Inseln von Picea mariana Bestände (dunkel) erhalten, dazwischen kommen Sekundärwälder mit Betula papyrifera (hell) hoch. Auf der Flußterrasse im Vordergrund stehen noch einzelne Gruppen von Picea glauca, nach dem Brand entwickelten sich hier Sekundärwälder mit Populus tremuloides (phot. LORIS, Mai 1984).

Auf trockenen Standorten dominiert *Pinus banksiana*; die gleichaltrigen Bestände sind meistens nach Waldbränden entstanden. Waldbrände sind auch in diesem niederschlagsreichen Gebiet häufig, was die mosaikartige Gliederung der Wälder beweist (Abb. 8.27).

3.2.3 Die Vegetation des zentralen borealen Canada

Es handelt sich um das Gebiet der Staaten Ontario und Manitoba. Die Waldgesellschaften Manitobas wurden vor allem für den Norden von RITCHIE

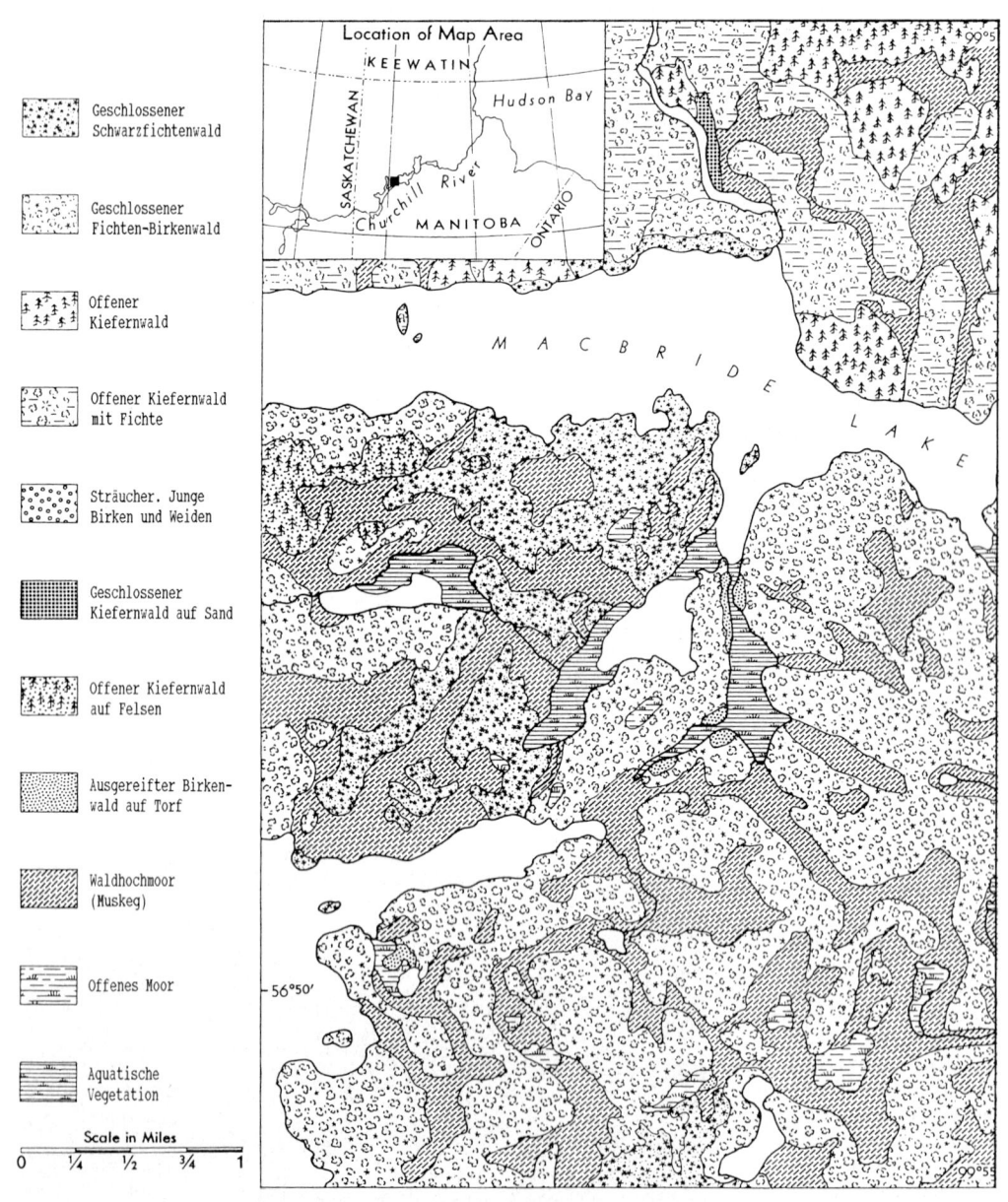

Abb. 8.28: Ausschnitt aus der Vegetationskarte eines Gebietes nahe am Churchill River, Manitoba (aus RITCHIE 1958).

Die Produzenten 457

Abb. 8.29: Offener Weißfichtenwald auf einem trockenen Os bei Churchill (phot. LORIS 1984).

(1956a, b, 1957, 1958, 1960a, b, 1962) sehr ausführlich behandelt. Für Ontario liegen Arbeiten von MAYCOCK and CURTIS (1969), CARLETON and MAYCOCK (1978, 1981) vor. Mit der Problematik der Wald- und Baumgrenze, sowie der Waldtundra in Keewatin (nördlich von Manitoba) hat sich vor allem LARSEN (1971, 1972a, b, 1973, 1974, 1980) beschäftigt.

Zunächst reicht in diesem Teil Canadas die nördliche, offene Taiga im Bereich der Hudson- und James-Bay bis zum 50°N nach Süden. Das entsprechende Tiefland ist mit mächtigen undurchlässigen Seetonen bedeckt, das Klima besonders kalt. Waldhochmoore und Wasserflächen sind weit verbreitet mit lichten *Picea mariana*-Beständen (vgl. Vegetationskarte Abb. 8.28, mit einem Ausschnitt in unmittelbarer Nähe des Churchill-River sowie Abb. 8.29 und 8.30 mit Aufnahmen aus der Nähe des Ortes Churchill).

Picea mariana dominiert auch noch im zentralen Ontario auf tonigen Böden von Ablagerungen ursprünglicher Gletscherseen. In dieser nivellierten Landschaft ist die Bodenvernässung sehr ausgeprägt, so daß geschlossene *Picea mariana*-Wälder für sie typisch sind (ROWE 1972). Nur auf trockenen Sandflächen findet man *Pinus banksiana* (CLAYDEN & BOUCHARD 1983).

Im äußersten Süden nimmt die im Osten Canadas vorhandene Dominanz der Tanne *(Abies balsamea)* ab. An ihre Stelle tritt in zunehmendem Maße *Picea glauca*. Der Wechsel verläuft parallel zum Anstieg der Kontinentalität und ist im SW von Manitoba abgeschlossen. Es kann deswegen hier nicht mehr von Tannenwäldern gesprochen

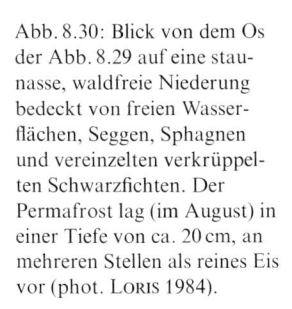

Abb. 8.30: Blick von dem Os der Abb. 8.29 auf eine staunasse, waldfreie Niederung bedeckt von freien Wasserflächen, Seggen, Sphagnen und vereinzelten verkrüppelten Schwarzfichten. Der Permafrost lag (im August) in einer Tiefe von ca. 20 cm, an mehreren Stellen als reines Eis vor (phot. LORIS 1984).

werden, sondern es sind Weißfichten-Tannenwälder. Ebenso nimmt in den Sekundärwäldern der Anteil von *Popolus tremuloides* zugunsten der *Betula papyrifera* zu. Diese Waldtypen erstrecken sich nach Westen hin bis an den Rand der Rocky Mountains (LA ROI 1967, LA ROI et al. 1976, 1983, ACHUFF and LA ROI 1977, NEWSOME and DIX 1968, DIX and SWAN 1971, CORNS 1983).

Die Tannenwälder werden forstlich extensiv geschlagen, um die weitere Ausdehnung der *Choristoneura fumiferana*-Epidemie zu verhindern. Die Sekundärwälder bestehen aus Laubhölzern, *Betula papyrifera*, und steigende Anteile von *Populus tremuloides*. Falls keine Störungen auftreten, werden sie allmählich durch Nadelwälder ersetzt (CARLETON & MAYCOCK 1978, 1981). Aus diesem Gebiet liegen eine Reihe pflanzensoziologischer Untersuchungen vor (BERGEROU et al. 1982, 1983, 1985, GAUDRAU 1979).

3.2.4 Die Vegetation des westlichen borealen Canadas

Im Grenzgebiet zwischen Ontario und Manitoba greift die boreale Zone auf das Gebiet der USA über und zwar im Nordosten Minnesotas. Der Mississippi entspringt hier in der borealen Zone. In Manitoba sind weite Flächen mit den Sedimenten des ehemaligen großen Gletschersees Lake Agassiz bedeckt, von dem der Winnipeg-See nur noch ein kleiner Restsee ist.

Diese Seesedimente bestehen aus Kiesen, Sanden, die zum Teil zu Dünen aufgehäuft sind, bzw. auf ebenen Flächen aus Tonen, so daß sowohl trockene als auch nasse Waldtypen, sowie Moore verbreitet sind. Die bisher besprochene boreale Zone grenzt im Süden an das Zonobiom VI, bzw. das Zonoökoton VI/VIII an, wobei von den Laubbaumarten die Eiche *Quercus macrocarpa* am weitesten nach Osten reicht. Etwa von der Grenze zwischen Manitoba und Saskatchewan biegt die Südgrenze der borealen Zone nach NW um, wobei im Süden jetzt die semiaride Präriezone des Zonobioms VII angrenzt. Der ganze Südosten von Saskatchewan und die Südhälfte von Alberta gehören zum Zono-Ökoton VII/VIII mit den bereits besprochenen *Populus-tremuloides*-Beständen und Auenwäldern mit *Populus balsamea* (vgl. S. 360ff.).

Der Grenzverlauf zwischen dem Zono-Ökoton VII/VIII und dem Zonobiom VIII wurde sehr genau von LOOMAN (1987) untersucht, wobei er viele pflanzensoziologische Bestandesaufnahmen der verschiedenen Waldtypen in Tabellenform beifügt. Er unterscheidet 8 Assoziationen, 27 Subassoziationen und eine Reihe von Varianten. Es handelt sich aber auch um ein landwirtschaftlich genutztes Acker- und Weidegebiet, in dem vor allem die Laubwaldbestände auf besseren Böden gerodet wurden. In der Prärie-Provinz Alberta nehmen die borealen Nadelwälder eine Fläche von 1,2 Mill. km^2 ein.

Die Südgrenze der borealen Zone verläuft etwa von Winnipeg, zwischen Saskatoon und Prince Albert und nördlich von Edmonton, um dann direkt nach Süden nach Calgary abzubiegen, also schon im Vorland der Rocky Mountains. Hier im leicht kontinentalen Westen ist die *Picea glauca* die wichtigste Baumart der zonalen Wälder, doch ist sie auf günstigen Standorten mit *Abies balsamea*, der Tanne, auf feuchteren mit *Picea mariana*, der Schwarzfichte, vermischt (MOSS 1953, 1955, 1963, CORNS 1983, DUFFY 1965). Auch in diesem dichter besiedelten Gebiet sind die Waldbrände so häufig, daß es alte Waldbestände kaum gibt. Die Sukzession nach Bränden hängt von der Intensität des Feuers ab. Wenn die geschlossene Moosschicht am Boden nicht vollständig abbrennt, kann sich *Picea mariana* rasch vermehren und es dauert lange, bis sie von *Picea glauca*, bzw. *Abies balsamea* verdrängt wird.

Eine Arbeitsgruppe von LA ROI (Univ. Alberta, Edmonton) hat ca. 175 km nördlich von Edmonton und etwa 55 km südöstlich von Lesser Slave Lake, also in der südlichen borealen Zone 1981 langfristige Sukzessionsversuche angelegt (LA ROI et al. 1983, STRONG et al. 1983), die noch nicht abgeschlossen sind. Es handelt sich um eine schwach hügelige Landschaft («Interior Plains» nach ROWE), die im Süden von stabilisierten Dünen und im Norden von Moränen mit glaziofluviatilem Material begrenzt wird.

Ausgewählt wurden 11 verschiedene Biotope, die 3 Sukzessionsreihen entsprechen. Ein etwa 170 Jahre alter Bestand mit vorherrschender *Picea glauca*, *Abies balsamea* und abgestorbenen Vorhölzern dürfte der zonalen Vegetation der südlichen borealen Zone im zentralen Teil Canadas entsprechen. Im Unterwuchs des schattigen Bestandes sind keine Lichtpflanzen, wie *Arctostaphylos uva-ursi*, *Shepherdia canadensis* oder *Alnus crispa* vorhanden, sondern nur die typischen borealen Arten (*Cornus canadensis*, *Trientalis europaea*, *Goodyera repens* u.a.). Die Moose *Hylocomium splendens*, *Ptilium crista-castrensis* und *Pleurozium schreberi* bilden eine geschlossene Matte.

Auf jüngeren (48 bzw. 69 Jahre alten) Brandflächen bilden *Populus tremuloides* noch das Kronendach, aber in der Krautschicht sind *Linnaea borealis* und *Cornus canadensis* bereits vertreten, doch der Anteil von *Calamagrostis canadensis* ist noch sehr groß, ebenso der von den Sträuchern *Prunus pennsylvanica*, *Amelanchier alnifolia* und *Rosa acicularis*. Auf den jüngeren Brandflächen war *Picea glauca* als Jungwuchs, auf den älteren bereits in der unteren Bauchschicht vertreten.

Biotope mit einem Grundwasserstand von −20 cm sind typische Waldmoore (muskeg) mit 120 Jahre alter *Pinus mariana* und unterschiedlicher Beimischung von *Larix laricina*. Auf dem 25–75 cm mächtigen, stark zersetzten Moorboden sind die *Carex*-Arten zurückgedrängt worden; vertreten sind einzelne *Ledum groenlandicum* und *Rubus chamaemorus*.

Für die Sandbiotope sind *Pinus banksiana*-Bestände typisch (Alter 40, bzw. 60 Jahre). Am Boden wachsen *Arctostaphylos uva-ursi* und Flechten (*Cladonia mitis* und andere *Cladonia*-Arten), an offenen Stellen *Polytrichum piliferum*, bzw. unter den Baumkronen *Pleurozium schreberi*. Die weitere Entwicklung soll verfolgt werden.

Ebenso wie im Osten und im Zentrum Canadas steigt der Anteil an *Picea mariana* von Süden nach Norden und mit zunehmender Meereshöhe an (STRONG & LEGATT 1981, CORNS 1983, DUFFY 1965, BRADLEY et al. 1982). Im nördlichen Alberta besteht die zonale Vegetation ebenfalls noch aus *Picea glauca*-Beständen, aber *Abies balsamea* fehlt (STRONG & LEGATT 1981). Die nördliche Arealgrenze von *Abies balsamea* verläuft südlich des Sees Athabasca (LARSEN 1980). Denn die Wettbewerbsfähigkeit der Tanne nimmt nach Norden ab, was wohl mit der geringeren Resistenz gegen Frosttrocknis zusammenhängt, die im kontinentalen Klima eine wichtige Voraussetzung fürs Überleben ist (vgl. dazu CAYFORD et al. 1959). Mit der Tanne fallen auch andere Arten im Norden aus, wie *Sorbus scopulina*, *Prunus pennsylvanica*, *Cornus canadensis*, *Aralia nudicaulis*, *Mitella nuda*, *Goodyera repens* var. *ophioides* u.a.

Die Waldflora in diesen «hylocomiosa»-Wäldern verarmt somit. Im Gebiet des Großen Sklavensees kommen *Picea glauca*-Bestände nur noch auf den frischen Flußterrassen, wie z.B. im Tal des Slave Rivers vor bis zum Ostende des Großen Sklavensees. Hier mischen sich bereits zu den borealen Arten des Unterwuchses arktische Elemente bei, z.B. *Dryas integrifolia*, *Empetrum nigrum*, *Arctostaphylos rubra* (diese nur auf felsi-

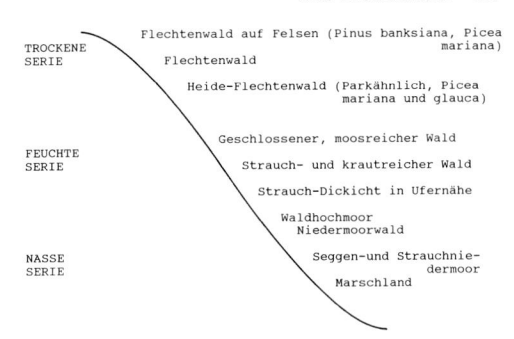

```
TROCKENE      Flechtenwald auf Felsen (Pinus banksiana, Picea
SERIE                                              mariana)
              Flechtenwald
              Heide-Flechtenwald (Parkähnlich, Picea
                                  mariana und glauca)
FEUCHTE       Geschlossener, moosreicher Wald
SERIE         Strauch- und krautreicher Wald
              Strauch-Dickicht in Ufernähe
              Waldhochmoor
              Niedermoorwald
NASSE         Seggen-und Strauchnieder-
SERIE                            dermoor
              Marschland
```

Abb. 8.31: Generalisierte Catena der Vegetation im mittelborealen Gebiet am Slave Lake (Tiefland) (nach BRADLEY et al. 1982).

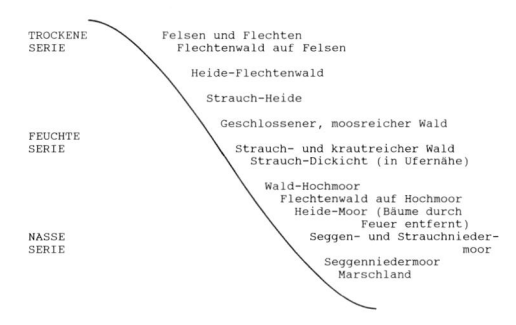

```
TROCKENE      Felsen und Flechten
SERIE         Flechtenwald auf Felsen
              Heide-Flechtenwald
              Strauch-Heide
FEUCHTE       Geschlossener, moosreicher Wald
SERIE         Strauch- und krautreicher Wald
              Strauch-Dickicht (in Ufernähe)
              Wald-Hochmoor
              Flechtenwald auf Hochmoor
              Heide-Moor (Bäume durch
                          Feuer entfernt)
NASSE         Seggen- und Strauchniedermoor
SERIE                                    moor
              Seggenniedermoor
              Marschland
```

Abb. 8.32: Generalisierte Catena der Vegetation im hochborealen Gebiet am Slave Lake (Hochland) (nach BRADLEY et al. 1982).

gen Freiflächen). Es handelt sich dann bereits um die Übergangszone zur nördlichen Borealen Subzone. An den Hängen findet man eine typische Vegetationscatena (Abb. 8.31 und 8.32) (BRADLEY et al. 1982).

3.2.5 Die Vegetation des Yukon-Distrikts in Canada und Alaska

Im Süden des Yukon-Distrikts in Canada erhebt sich westlich des Mackenzie-Tales das Mackenzie-Gebirge, das eine Höhe von fast 3000 m NN erreicht und sich nach Norden bis zum 66°N erstreckt, um dann in das Richardson-Gebirge überzugehen. Letzteres schließt sich im Norden an die Brooks Ranges in Alaska an.

Im Süden stehen an der Ostflanke der Gebirge offene Wälder, die an Südhängen hauptsächlich von der *Picea glauca* (Weißfichte) aufgebaut werden, an Nordhängen von *Picea mariana* (Schwarzfichte). Weiter im Norden sind die Nordhänge

Abb. 8.33: Einfluß der Exposition auf die Vegetation im Nord-Westen Canadas (Yukon). Auf dem Südhang steht ein offener Weißfichtenwald, auf dem Nordhang Tundrenvegetation (phot. LORIS 1984).

allerdings sehr oft waldfrei und bis ins Tal von Tundra-Vegetation bedeckt, während auf den Südhängen nach wie vor die offenen Weißfichtenwälder stehen (vgl. Abb. 8.33). Die Ursachen für diese erstaunliche Abhängigkeit des Waldes von der Exposition der Hänge ist im einzelnen noch nicht untersucht. Es kann aber davon ausgegangen werden, daß die unterschiedlichen thermischen Bedingungen der Hänge dafür in erster Linie verantwortlich sind, die ihrerseits von den unten aufgeführten besonderen Strahlungsverhältnissen in höheren Breiten abhängen. Einen Hinweis liefert auch die Beobachtung von LORIS in den Richardson-Mountains (67°N). Die letzten Waldinseln stehen hier an steilen, nach S orientierten und aus schwarzem Gestein (vulkanischen Ursprungs) aufgebauten Blockschutthalden (Abb. 8.34). Zweifelsohne herrschen an diesen Hängen besonders warme Verhältnisse.

Aufgrund der offenen Bestände und der waldfreien Hänge hat ROWE (1972) das Gebiet als alpine Waldtundra ausgewiesen (alpine foresttundra), eine Auffassung, die hier ebenfalls vertreten wird (Abb. 8.2).

Die Baumgrenze liegt im S zwischen 1000 und 1200 m und wird von *Abies lasiocarpa* gebildet. Im Norden fällt sie bis auf ca. 700 m ab und wird von *Picea glauca*, bzw. von *P. mariana* geprägt. Über der Baumgrenze erstreckt sich alpine Tundra. In dem Gebiet, das kaum zugänglich ist, wurden bisher nur wenige Untersuchungen durchgeführt. Eine ausführliche Beschreibung der Flora und

Abb. 8.34: Isolierte Waldinsel *(Picea glauca)* in den Richardson Mountains auf einer steilen, nach Süden orientierten Blockschutthalde aus schwarzem Gestein (phot. LORIS 1984).

Physiognomie aus dem Gebiet des Doll Creek (ca. 66°N / 136°W) liegt allerdings von RITCHIE (1982b) vor (vgl. aber auch CORNS 1974, RAUP 1947, GREENE 1983, BLACK and BLISS 1978, LARSEN 1971 b).

Anders liegen die Verhältnisse an der Westflanke der Gebirge. Hier wachsen geschlossene Wälder, die sich über das gesamte Hochland von Yukon erstrecken und nach Alaska überleiten. Die Vegetation wird sehr stark von der Topographie des Hochlandes geprägt, das durch zahlreiche Flußläufe durchschnitten ist. Oberhalb 1000 m NN kommt hier noch *Abies lasiocarpa* vor, die in den pazifischen Gebirgen die Baumgrenze als Krüppelzone bildet.

An Stelle von *Pinus banksiana* tritt *Pinus contorta* auf und die Bedeutung der *Betula papyrifera* nimmt gegenüber *Populus tremuloides* zu. Im Grenzgebiet von Alaska wird die Baumgrenze wieder von *Picea glauca* mit beigemischter *Picea mariana* gebildet. In diesem westlichsten Teil der borealen Zone, also auch in Alaska, ist, vor allem durch die gebirgigen Geländeformen, eine klare Gliederung der borealen Zone in Süd-Nord-Richtung nicht ersichtlich (HARE & RITCHIE 1972, VIERECK et al. 1979, 1980, 1983). Es handelt sich vielmehr um ein Mosaik von Wald, Mooren und Tundra, das durch die beiden Gebirgszüge (Südalaska-Gebirge im Süden und Brooks Ranges im Norden) sowie die großen Stromtäler (des Tanana- und Yukon-Flußes mit ihren Nebenflüssen) bewirkt wird (CLEVE et al. 1986, HAMSON 1983).

Die Hangneigung und Exposition bedingen enorme Unterschiede der Einstrahlung in den Sommermonaten, z.B. entspricht diese bei Fairbanks auf dem 65°N an einem nach Süden exponierten Steilhang von 75% Neigung der Einstrahlung auf einer ebenen Fläche auf der geographischen Breite von 28°N. Bei derselben Exposition, aber einer Neigung von 25%, jedoch nur der auf einem Breitengrad von 51°N, während bei Nordexposition die Einstrahlung nur der auf einer geographischen Breite von 82°N gleichkommt.

Die Einstrahlung am steilen Südhang ist somit so stark wie in einem fast ariden Klima, am leichter geneigten Hang wie in einem gemäßigten und am Nordhang der mit Permafrost in der Arktis. Es kommt deshalb auf kleinem Raum ein Vegetationsmuster zustande von schlecht wüchsigen Espen, gut wüchsigen Weißfichten und kümmerlichen Schwarzfichten.

In den Stromtälern ist auf den älteren Flußterrassen der Boden naß und kalt mit Permafrost. Auf ihnen stehen *Picea mariana*-Bestände, auf den jüngeren dagegen, ohne Permafrost, *Picea glauca*-Wälder. Dazu kommt, daß die ungebändigten Flüsse, die mehr sedimentieren, als erodieren (KIMMINS & WEIN 1986) ständig ihr Flußbett verlegen und damit das Gelände verändern. Sehr verbreitet sind auch hier Waldbrände; der Anteil der Sekundärwälder mit verschiedenen Sukzessionsstadien ist somit auch in Alaska sehr groß.

Das Gelände zwischen den südlichen Alaska Ranges und den Brooks Ranges hat im Osten eine Höhenlage von 1250 m NN und fällt nach Westen bis auf Meeresniveau. Höhenstufen (mit der entsprechenden hypsonalen Vegetation) und zonalen Vegetation sind deshalb hier schwer zu trennen.

Ein Profil von CLEVE et al. (1983, vgl. auch CLEVE et al. 1986) vom Gebirgskamm bis ins Flußtal in der Umgebung von Fairbanks soll einen Eindruck von der komplizierten Vegetationsgliederung vermitteln (Abb. 8.35).

Unterschieden werden folgende Waldtypen:
1. *Picea glauca*-Wälder in Hanglage
2. dieselben in Tieflage
3. *Picea mariana*-Wälder in Hanglage
4. dieselben in Tieflage.

Diese wurden genauer untersucht und sollen hier eingehender besprochen werden.

a) Die hypsonalen Weißfichtenwälder in Hanglagen Alaskas

Wie aus der Abb. 8.35 zu entnehmen ist, stehen sie auf den mäßigen Standorten der Südhänge. Im Tanana-Tal kommen sie bis ca. 400 m NN vor. Das Substrat ist im wesentlichen Löß (vgl. S. 439). Die Böden sind gut durchfeuchtet und durchlüftet. Permafrost fehlt. Die Bodentemperaturen sind vergleichsweise hoch. Die Wurzeln erreichen dem entsprechend Tiefen bis zu 50 cm. In den älteren Beständen (100 bis 200 Jahre) dominiert die Weißfichte, dazwischen stehen *Populus tremuloides* und/oder *Betula papyrifera*. Die Wälder sind geschlossen, können sich aber mit zunehmendem Alter öffnen, wenn die Laubhölzer oder auch ältere Fichten ausfallen. Die Wuchsleistung der Bäume ist hoch, sie erreichen Durchmesser (DBH) von 30 cm, und Höhen von 25–35 m. Sie werden deswegen auch forstwirtschaftlich genutzt. In der Strauchschicht überwiegt *Rosa acicularis*, daneben kommen aber auch *Alnus crispa* und *Viburnum edule* häufig vor. Diese Arten sind aus den canadischen Wäldern schon bekannt. Ebenso kommen in der Kraut- und Zwergstrauchschicht die bekannten Arten *Linnaea borealis*, *Equisetum* spp., *Geocaulon lividum*, *Cornus canadensis*, *Calama-*

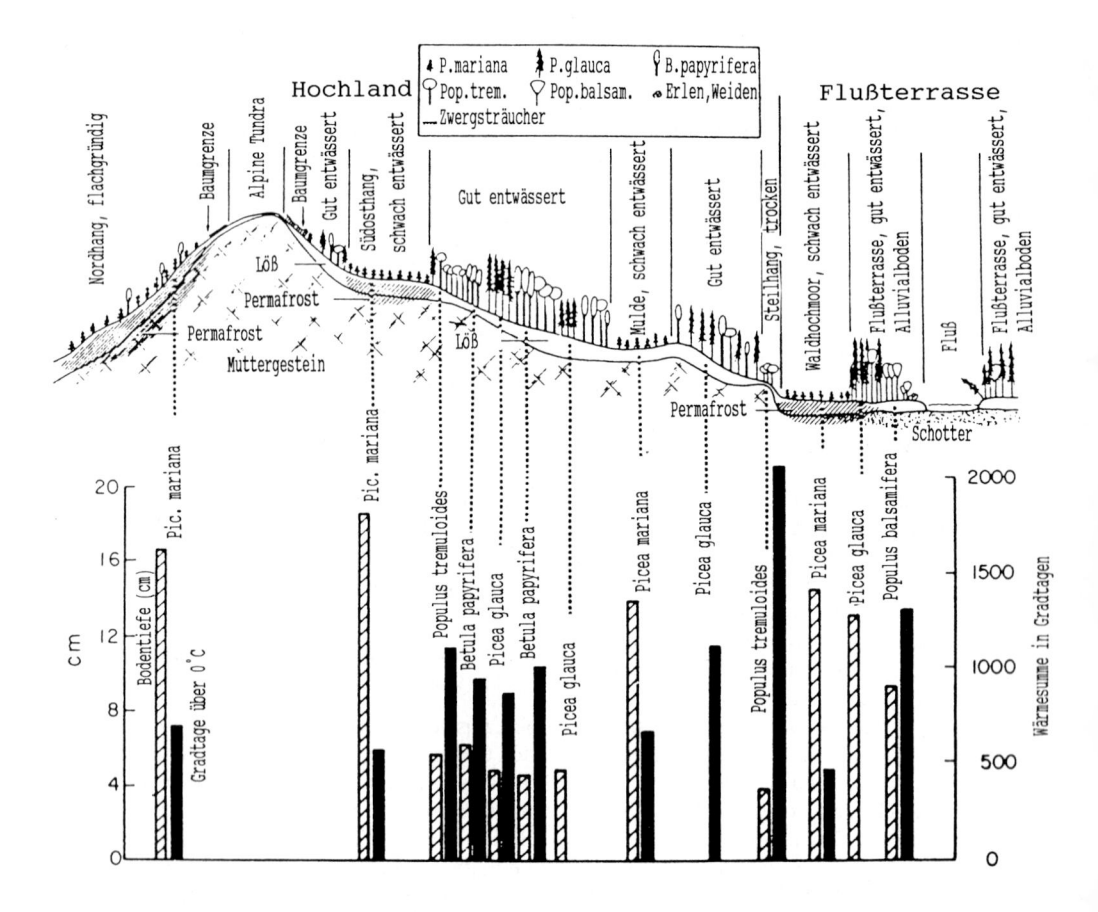

Abb. 8.35: Vegetationsabfolge, Bodenmächtigkeit und Temperatursumme (in 10 cm Tiefe im Sommer) entlang eines Profiles vom Gebirgskamm bis zum Flußtal, aus der Umgebung von Fairbanks, Alaska (aus VAN CLEVE et al. 1983).

grostis canadense, Epilobium angustifolium, Pyrola secunda, Pyrola asarifolia u.a. vor. Die Zusammensetzung der Strauch- und Krautflora kann von Standort zu Standort variieren, entsprechend können verschiedene Standortstypen unterschieden werden. Sie werden hier nicht weiter besprochen, sind aber bei VIERECK & DYRNESS (1980), VIERECK et al. (1983) aufgeführt. Der Boden ist von einer durchgehenden Moosschicht bedeckt, die hauptsächlich von *Hylocomium splendens* und *Pleurozium schreberi* gebildet wird. Auf Flußterrassen kann auch *Rhytidiadelphus triquetrus* an Bedeu-

tung gewinnen. Es handelt sich demnach um die typischen Hypnaceen-Mooswälder, die für Canada beschrieben wurden. Sie stellen ebenso wie dort die zonale Vegetation dar.

Ihre Entwicklung beginnt in jedem Falle nach einem Waldbrand, kann aber unterschiedlich verlaufen: 1) Über Sekundärwälder, in denen auf den feuchteren Standorten *Betula papyrifera* überwiegt, auf den trockeneren *Populus tremuloides* oder 2) kann die Weißfichte unmittelbar hochkommen, wenn in der Umgebung viele Samenbäume stehengeblieben waren. Es entstehen dann gleichalte Weißfichtenwälder. Diese Fälle sind jedoch selten. In der Regel verläuft die Entwicklung über Laubwälder.

Die ersten Pioniere nach einem Feuer sind Kräuter, wie *Epilobium angustifolium*, dessen Samen durch Wind verbreitet werden.

Dies gilt auch für *Salix*-Arten, wie *S. bebbiana* und *S. scouleriana*. Daneben kommen *Geranium bicknellii* und *Corydalis sempervirens* ebenfalls rasch hoch, da die Keimung der Samen, die über Jahre hinweg im Boden liegen können, durch das Feuer ausgelöst wird.

Pflanzen wie *Viburnum edule*, *Rosa acicularis*, die Espen und die Birke, können, falls sie vor dem Feuer vorhanden waren, durch Wurzelschößlinge rasch austreiben. Die rasch wachsenden Pionierhölzer erreichen nach 6 bis 25 Jahren einen hohen Bedeckungsgrad (CLEVE & VIERECK 1981) wodurch sehr viele Kräuter wieder verdrängt werden. Von den Laubhölzern überwiegt auf den feuchteren Standorten *Betula papyrifera*, auf den trockeneren, nach Brand alkalisch reagierenden *Populus tremuloides*. Jungwuchs von Fichten kann in diesem Stadium schon vorhanden sein. Nach 26-50 Jahren sterben lichtliebende Sträucher wie die *Salix*-Arten ab, da nach dieser Zeitspanne der Kronenraum durch die Laubhölzer dicht geschlossen ist. Obgleich der Laubfall das Wachstum von Moospflanzen weitgehend verhindert, tauchen die ersten Polster auf. Nach 50-100 Jahren erreicht der Laubwald das Endstadium seiner Entwicklung. Der Kronenraum beginnt sich durch Ausfall von einzelnen Bäumen zu öffnen. Die Anzahl der Individuen nimmt von 30.000 pro Hektar auf 700-300 ab. Gleichzeitig wird die Fichte dominant. Der Bedeckungsgrad der Moose erreicht etwa 5%. Etwa 100 Jahre nach dem Feuer herrscht *Picea glauca* absolut vor.

In der Krautflora stellt sich die typische Artenzusammensetzung ein, nachdem die einzelnen Moospolster sich zu einer vollständigen Decke geschlossen haben. Nach ca. 200 Jahren erreichen die Bestände das Endstadium der typischen Hypnaceen-Mooswälder.

Über die Entwicklung älterer Bestände sind keine sicheren Aussagen zu machen, da es kaum welche gibt und wenn, dann wurden sie noch nicht untersucht (CLEVE & VIERECK 1981).

b) Die zonalen Weißfichtenwälder in Flußtälern Alaskas

Diese Wälder stehen auf jungen Flußterrassen. In den weiten Tälern des Yukon, Tanana und Kuskokwim bedecken sie Streifen von einigen Kilometern Breite. In kleineren Flußtälern sind sie öfters aber weniger als hundert Meter breit. In den Beständen dominiert *Picea glauca*, daneben kommt *Populus balsamifera* häufiger vor, die Birke und die Espe sind selten. Das Substrat ist alluviales Material das vorwiegend aus lehmhaltigem Sand besteht. Es liegt auf z.T. mächtigen und wasserhaltigen Schotterkörpern. Bodenprofile sind kaum entwickelt, da Überflutungen immer wieder vorkommen und die im Anfangsstadium befindlichen Böden überdecken. Hinsichtlich der Wasserversorgung und Durchlüftung handelt es sich um optimale Standorte. Die Bodentemperaturen sind ebenfalls günstig und vergleichbar mit denen in den Hanglagen (7-11,6 °C im Sommer). Die Wuchsleistung der Weißfichte ist entsprechend hoch. Die Bäume erreichen Höhen von 25-35 m und Durchmesser von 30 cm. Auch in diesen Beständen nimmt die Dichte mit zunehmendem Alter ab. 100 Jahre alte Bestände tragen 1000 Bäume pro Hektar, nach weiteren 100 Jahren sinkt die Anzahl auf 650. Die Bestände unterscheiden sich teilweise in der floristischen Zusammensetzung von denen der Hanglagen. *Populus balsamifera* vertritt hier *Populus tremuloides*. In der Strauchschicht steht neben *Rosa acicularis*, *Alnus tenuifolia*. Gemeinsam ist der Strauch- und Krautschicht aber *Alnus crispa*, *Viburnum edule*, *Linnaea borealis*, *Cornus canadensis*, *Pyrola* spp., *Geocaulon lividum* (Santalaceae) u.a. Der Boden ist durchgehend mit Moosen bedeckt; *Hylocomium splendens* und *Pleurozium schreberi* dominieren, in wenigen Fällen auch *Rhytidiadelphus triquetrus*. Es handelt sich also auch bei diesen Wäldern um ein typisches Piceetum hylocomiosum.

Im Gegensatz zur Entwicklung in den Hanglagen, sind die Bestände in den Flußtälern das Ergebnis von Primärsukzessionen auf frisch sedimentierten Terrassen (CLEVE & VIERECK 1981). Die ersten Stadien der Entwicklung werden von dem Flußgeschehen diktiert. Pionierpflanzen die im ersten Jahr auskeimen, werden spätestens im darauf folgenden Jahr entweder weggeschwemmt oder überdeckt. Flächen, die ungestört bleiben, werden zunächst von Kräutern wie *Hedysarum alpinum*, *Equisetum pratense* und *Calamagrostis canadensis* besiedelt. Daneben tauchen auch Sträucher wie *Alnus tenuifolia*, *Salix alaxensis* und *S. interior* auf. Die Bedeckung erreicht allerdings nur 1%. Die beiden Pionierhölzer stellen sich in dieser Phase noch nicht ein, obwohl genügend Samen aus den umliegenden Gebieten angeliefert werden. Die primäre Ursache ist die hohe Salzkonzentration des Substrates in einem semiariden Klima. Wenn die Terrassen ab einer bestimmten Höhe weniger oft überflutet werden, akkumulieren sich Salze aufgrund der Verdunstung und des dadurch bedingten kapillaren Anhebens von Grundwasser. Es handelt sich hauptsächlich um Gips, Chloride und Karbonate. Sie können Krusten von einigen Millimeter Dicke bilden. Laboruntersuchungen haben ergeben (CLEVE & VIERECK 1981), daß die Auskeimung von *P. balsamifera* durch eine zu hohe Salzkonzentration gehemmt wird, insbesondere aber die von *P. tremuloides*. Dieses Ergebnis erklärt, warum sich die beiden Baumarten auf den Flußterrassen erst später einstellen, aber auch die spätere Dominanz von *P. balsamifera* in den Sekundärwäldern. Erst wenn die Terrassen höher als 1 m über dem Fluß und damit über dem Grundwasser zu liegen kommen, nimmt die Salzkonzentration ab, weil eine Auswaschung durch Niederschläge und Schmelzwasser erfolgt.

Die Flächen werden dann durch die oben genannten Pflanzen vollständig bedeckt. *Populus balsamifera* dominiert nach ca. 40 Jahren. Durch den Kronenschluß werden lichtliebende Sträucher wie die erwähnten *Salix*-Arten und Kräuter verdrängt, zugunsten der borealen Arten *Rosa acicularis* und *Viburnum edule*. *Picea glauca* kann aber nur dann Fuß fassen, wenn die Häufigkeit der Überflutungen abnimmt, entweder durch die Hebung der Terrassen oder durch Änderungen der Wasserläufe. Dies tritt in der Regel nach 80–100 Jahren ein. Anschließend verläuft die Entwicklung in Richtung der oben genannten *Picea glauca*-Wälder, die allerdings erst nach weiteren 100 Jahren abgeschlossen ist (CLEVE 1981).

Die gesamte Dauer der Entwicklung beträgt somit mehr als 200 Jahre. Die Bestände sind offenbar nicht alle stabil, sondern durchlaufen unter bestimmten Bedingungen eine Entwicklung zu *Picea mariana*-Wäldern. CLEVE & VIERECK (1986) nehmen an, daß sich mit zunehmendem Alter der Terrassen, infolge der fehlenden Überflutungen, Permafrost einstellt und dieser die kalten und staunassen Bedingungen schafft, die zur Einwanderung der *Picea mariana* führen.

c) *Picea mariana*-Wälder in Hanglagen Alaskas

In Alaska kommt Permafrost in 75–80% der Landoberfläche vor, ausgenommen sind Südhänge und junge Flußterrassen. Dieser weiten Verbreitung ist es zuzuschreiben, daß auch die *Picea mariana*-Wälder weit verbreitet sind. In der Umgebung von Fairbanks sind es 44% (VIERECK et al. (1986) der dort vorkommenden Waldfläche. Die Standorte sind Hanglagen, die nach Norden orientiert sind, Hochlagen, ältere Flußterrassen und flache Landschaften. Dazu kommen flachere Bereiche oder Mulden auf Südhängen (s. Abb. 8.35). Der Vielfalt der Standorte entspricht auch eine Vielfalt von Waldtypen. VIERECK et al. (1986) fassen die verschiedenen, auf diesen Standorten vorkommenden Wälder zu den folgenden 3 Gruppen zusammen: die geschlossenen *Picea mariana-Pleurozium schreberi-Hylocomium splendens*-Wälder, die offenen *P. mariana-Ledum groenlandicum-Vaccinium-Pleurozium*-Wälder und schließlich die offenen *P. mariana-Ledum groenlandicum-Vaccinium-Sphagnum*-Wälder. Ihr wesentliches Merkmal ist die geringe Wuchsleistung der Schwarzfichte. Der Durchmesser (DBH) beträgt im Mittel ca. 15 cm in den geschlossenen Wäldern und 5,6 cm in den offenen, die Höhen 10 m bzw. 5 m. Pro Hektar kommen zwischen 1400 und 4000 Bäume vor. Entsprechend variiert der Deckungsgrad zwischen 60% in den geschlossenen und 25% in den offenen Beständen. Interessant ist, daß die auf die Fläche bezogene Produktion der Moosschicht gleich ist bzw. höher liegt als die Produktion der Bäume. Die Strauchvegetation wird geprägt von *Salix bebbiana* und *S. scouleriana* sowie *Alnus crispa*.

Die häufigsten Zwergsträucher sind: *Vaccinium vitis-idaea*, *V. uliginosum* und *Ledum groenlandicum*. Die dominanten Moose sind *Hylocomium splendens*, *Pleurozium schreberi* und an nassen Stellen *Sphagnum* spp. Da die Wälder z.T. sehr offen sind, kommen Flechten der Gattung *Cladonia* und *Peltigera* vor. Auf nassen Freiflächen wächst *Eriophorum vaginatum*. *Calamagrostis canadensis*, das ebenfalls auf feuchten Stellen steht, ist seltener. Die Böden entstehen hauptsächlich auf Löß, die Profile sind aber schwach entwickelt. Der Permafrost liegt in der Regel in einer Tiefe von 50 cm. Dementsprechend sind die Böden sehr kalt. Die Temperatur in 10 cm Tiefe beträgt während der Vegetationsperiode zwischen 4,4–6,7 °C. Sie liegt wesentlich unter der in den *Picea glauca*-Beständen. Ein Charakteristikum sind die mächtigen Moosauflagen, die auch in Alaska 50 cm erreichen können. Wie im Kapitel Böden für den Osten Canadas schon beschrieben, liegen die Wurzeln hauptsächlich in dieser Schicht und haben keinen Kontakt zum mineralischen Boden.

Die Entwicklung der Wälder erfolgt ausnahmslos nach Waldbränden. Die höhere Häufigkeit (50–70 Jahre im Vergleich zu den 100–200 Jahren in den Weißfichtenbeständen) verwundert zunächst, da die Standorte durchgehend feuchter sind. Entzündet werden die Wälder jedoch hauptsächlich während sommerlicher Trockenperioden mit häufigen Blitzeinschlägen. Die trockenen Moose und Flechten zusammen mit den Ericaceen fördern die Entzündbarkeit. Zudem wird das Übergreifen des Feuers auf die Baumkronen durch die bis auf den Boden hängenden Äste der *Picea mariana* begünstigt. Die Entwicklung dieser Brandfläche durchläuft kein Laubwaldstadium, d. h. die abgebrannten Flächen werden von der *Picea mariana* selbst sofort besiedelt. Die Wiederbesiedlung erfolgt rasch. Falls die Moosschicht ebenfalls abgebrannt war und mineralischer Boden ansteht, stellen sich in den ersten 2–5 Jahren Moose wie *Marchantia polymorpha, Ceratodon purpureus* und *Polytrichum commune* ein, gleichzeitig aber auch Kräuter wie *Epilobium angustifolium, Calamagrostis canadensis, Rubus chamaemorus, Equisetum silvaticum.* Durch Wurzelausschlag zählen auch die Sträucher *Salix* spp., *Ledum groenlandicum, Betula glandulosa, Rosa acicularis* zu den Erstbesiedlern. Daneben kommt bereits Jungwuchs der *Picea mariana* hoch. Doch werden die Bestände in den ersten 25 Jahren von den rasch wachsenden Sträuchern beherrscht. Erst danach wird *Picea mariana* vorherrschend. Die Bäume überwachsen die Strauchschicht und verdrängen die lichtliebenden Weiden und Erlen, zugunsten der Zwergsträucher *(Vaccinium vitis-idaea, V. uliginosum, Ledum groenlandicum)*, die zunehmen. Gleichzeitig stellen sich auf dem Boden die Hypnaceen und Sphagnen ein. Damit verbunden ist die erneute Isolation des Bodens und die Abnahme der Temperaturen, mit der Folge, daß sich wieder Permafrost einstellt, falls die gefrorene Schicht durch die Entfernung der Moose nach dem Feuer überhaupt aufgetaut war. Nach ca. 100 Jahren sind mehr oder weniger geschlossene *Picea mariana* Bestände wieder herangewachsen. Danach finden in der floristischen Zusammensetzung keine wesentlichen Veränderungen mehr statt. In den nächsten 100 Jahren werden die Bestände lichter.

d) *Picea mariana*-Wälder in Tieflagen und auf alten Flußterrassen Alaskas

Die flache Landschaft ist sehr naß: Moore und freie Wasserflächen wechseln mit Waldbeständen ab. Permafrost tritt überall auf. Die Bodentemperaturen sind die niedrigsten von allen beschriebenen Waldtypen; sie betragen 4,3 bis 6,5 °C während der Vegetationsperiode. Die Böden liegen über Flußlehm, umgearbeitetem Löß und Torf. Sie sind in Abhängigkeit von der Nässe mit dicken Schichten von Hypnaceen oder Sphagnen bedeckt, die streckenweise dominieren. Die floristische Zusammensetzung der Bodenflora ist der in den Hochlagenwäldern sehr ähnlich, mit dem Unterschied, daß in den nassen Bereichen neue Arten auftreten bzw. häufiger werden, wie *Larix laricina* in der Baumschicht und *Rubus chamaemorus* in der Krautschicht. Die oben erwähnten Bestände mit *Eriophorum* nehmen ebenfalls zu.

Auf beiden Standorttypen kann die weitere Entwicklung nicht zuverlässig beurteilt werden. Die Gründe sind ähnlich, wie bei den *Picea glauca*-Wäldern, es sind kaum Bestände vorzufinden die älter als 200 Jahre sind, die normale Umtriebszeit der Wälder würde jedoch 300 bis 400 Jahre (CLEVE & VIERECK 1986) betragen. VIERECK (1970) nimmt für die Wälder auf den Flußterrassen an, daß sie bei fehlenden Waldbränden in Moore übergehen würden. Diese Annahme wird von STRANG (1973) auch für die Wälder im nördlichen Mackenzie Tal gemacht. In demselben Gebiet kommen aber BLACK und BLISS (1978) zu der Schlußfolgerung, daß sich die *Picea mariana* durch Stockausschlag durchaus vermehren kann und die Bestände deswegen stabil sind.

Schon diese Angaben zeigen, daß die Frage der Stabilität nur unter der Annahme beantwortet werden kann, daß die Bestände nicht mehr abbrennen. Die Annahme ist jedoch theoretischer Natur, denn das Feuer war und ist zu den Faktoren zu zählen, die klimatischen Ursprungs sind. Insofern ist die Wirkung des Feuers nicht anders zu werten als die der anderen klimatischen Faktoren.

Der einzige Unterschied ist, daß das Feuer in größeren zeitlichen Abständen wirkt, innerhalb einer größeren Zeitspanne (etwa einige Baumgenerationen), aber doch regelmäßig.

3.3 Das Subzonobiom der Nördlichen Taiga

3.3.1 Allgemeines

Mit der Verschärfung der Kälte von Süden nach Norden treten in der Landschaft zwei charakteristische Merkmale auf: Das erste ist die Öffnung der Vegetationsdecke aufgrund des Überganges der geschlossenen Wälder in die offenen Bestände

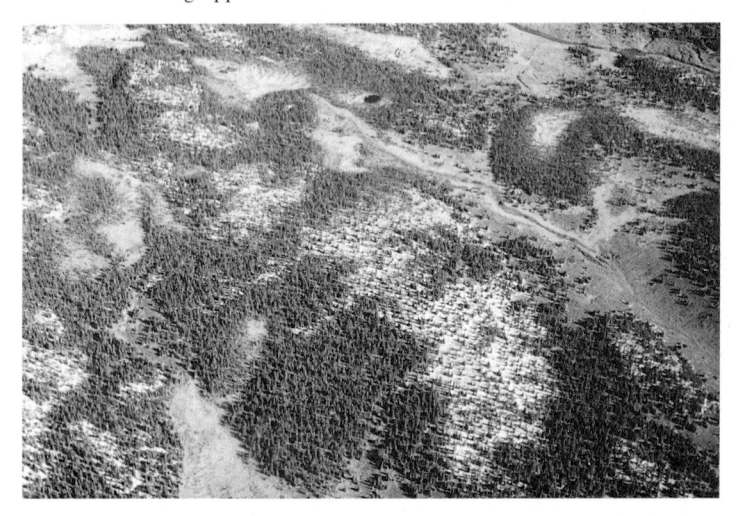

Abb. 8.36: Nördliche Taiga im Osten Canadas. Auf den Kuppen und Hängen der Hügel stehen offene, flechten- und moosreiche Wälder, in den Tälern befinden sich Strangmoore (phot. LORIS 1984).

der Nördlichen Taiga, das zweite die Öffnung der Landschaft selbst aufgrund zunehmender freier Felsflächen oder Vermoorungen (Abb. 8.36 und 8.37). Waldfrei werden, wie in der Waldtundra, zunächst Hochflächen, auf denen sich baumlose Tundravegetation einstellt oder nackter Fels ansteht. Aber auch in den Tälern wird der Wald durch zunehmende Vermoorung verdrängt. Die Moore selbst sind meist als Strang- oder Hochmoore ausgebildet, weiter im Norden als Palsenmoore (STANEK 1973). Wie aus den Klimadiagrammen zu entnehmen ist, liegt die Jahresmitteltemperatur in Wabush Lake, Yellowknife, Fort Good Hope und Inuvik durchgehend unter $-3,5$ °C. Auch in Big Trout Lake, das im Bereich des Überganges zwischen Südlicher und Nördlicher Taiga liegt, erreicht sie schon $-3,5$ °C.

Dies hat zur Folge, daß mit verbreitetem Permafrost zu rechnen ist (vgl. Abb. 8.9) und damit einhergehend mit niedrigen Bodentemperaturen. Inuvik ist schon wesentlich kälter und liegt bereits in der Zone mit kontinuierlichem Permafrost. Aber nicht nur die Jahresmitteltemperatur nimmt ab, auch die Anzahl der Tage mit Temperaturen über $+10$ °C, also die Länge der Vegetationszeit. In den angegebenen Diagrammen beträgt sie höchstens 90 Tage, liegt generell aber darunter. Auf die starke Abnahme der Strahlungsbilanz innerhalb der Nördlichen Taiga haben HARE & RITCHIE (1972) aufmerksam gemacht.

Das ganze Gebiet liegt im Bereich der Canadischen Platte mit meist flachgründigen Böden über mineralsalzarmen, basenarmen Gesteinen und entsprechend armen Böden, was den Charakter

Abb. 8.37: Nördliche Taiga im Osten Canadas. Die Aufnahme zeigt die Landschaft ca. 100 km nördlich von der auf Abb. 8.36. Hier sind die Kuppen schon größtenteils kahl, die Wälder halten sich nur noch auf den Hängen, die Täler sind mit offenem Wasser oder Strangmooren erfüllt (phot. LORIS 1984).

Tab. 8.2: Vegetation der Flechtenwälder im Bereich der Hudson Bay und in Labrador (nach HUSTICH 1951)

Nr. der Aufnahmefläche	Hudson Bay-Küstengebiet								Zentral-Labrador						
	1	2	3	4	5	6	7	8	9	10	11	12	13	14	15
Gefäßpflanzen															
Empetrum hermaphroditum	(×)	(1)	(×)	–	×	1	–	×	–	1	×	2	2	1	1
Vaccinium vitis-idaea var. *minus*	(×)	(1)	(1)	–	×	–	×	×	–	×	–	×	×	×	×
Betula glandulosa	–	–	–	1	2	–	3	2	1	1	1	1	–	2	2
Ledum groenlandicum	–	–	–	×	×	1	–	1	×	1	×	×	1	1	2
Vaccinium uliginosum	–	–	–	–	1	1	–	×	–	1	1	1	×	1	–
V. angustifolium	–	–	–	1	–	–	–	–	–	–	1	–	1	1	×
V. myrtilloides	–	–	–	–	–	1	–	–	–	–	–	–	–	–	–
V. cespitosum	–	–	–	–	–	–	–	–	–	1	1	–	–	–	×
Lycopodium sabinaefolium	–	–	–	–	×	–	–	–	–	–	–	–	×	–	–
L. complanatum	–	–	–	–	×	–	–	–	–	–	–	–	–	×	–
L. annotinum	–	–	–	–	–	–	–	–	1	×	×	–	×	×	×
Deschampsia flexuosa	–	–	–	–	–	–	×	–	–	–	–	–	–	–	×
Hierochloe alpina	–	×	×	–	–	–	–	–	–	–	–	–	–	–	–
Carex bigelowii	–	–	×	–	–	–	–	×	–	–	–	–	–	–	–
Epilobium angustifolium	–	–	×	–	–	–	–	–	–	–	–	–	–	–	×
Potentilla tridentata	–	×	×	–	–	–	–	×	–	–	–	–	–	–	–
Geocaulon lividum	–	–	–	–	×	–	×	–	–	–	–	–	1	–	–
Solidago multiradiata	–	–	×	–	–	–	–	×	–	×	–	–	–	×	×
Cornus canadensis	–	–	–	1	×	×	–	×	–	–	–	–	–	–	×
Linnaea borealis	–	–	–	–	–	–	–	×	–	–	–	–	–	–	–
Juniperus communis	–	–	–	–	–	–	–	×	–	–	–	–	–	–	–
Salix bebbiana	–	–	–	–	–	–	–	–	–	–	–	–	–	×	–
Ribes glandulosum	–	–	(×)	–	–	–	–	–	–	–	–	–	–	–	–
Trisetum spicatum	–	–	–	–	–	–	–	×	–	–	–	–	–	–	–
Trientalis borealis	–	–	–	–	–	–	–	×	–	–	–	–	–	–	–
Pedicularis labradorica	–	–	–	–	–	–	–	×	–	–	–	–	–	–	–
Kryptogamen															
Maximale Dicke des Flechtenteppichs (cm):	12,5	–	9	–	10	–	10	13	–	15	15	15	–	13	18
Cladina alpestris	3	3	2	3	3	3	3	3	3	3	3	3	3	3	3
C. mitis	1	2	1	1	×	1	–	1	–	×	–	×	×	1	×
C. rangiferina	1	×	2	–	×	1	×	1	–	×	×	×	×	×	1
Stereocaulon spp.	×	×	1	1	×	–	–	×	–	×	×	–	–	×	–
Cetraria nivalis	1	–	1	–	–	–	–	×	–	–	–	–	–	–	×
C. islandica	–	–	–	–	–	–	–	–	–	–	–	×	×	–	×
Cladonia gracilis	×	–	–	–	–	–	–	–	–	–	–	–	×	×	×
C. coccifera	×	×	–	–	–	–	–	×	–	–	–	–	–	×	×
Opisteria arctica	–	–	–	–	–	–	–	–	–	–	–	–	×	–	–
Hylocomium splendens	(×)	–	–	–	–	–	–	1	–	–	–	–	–	×	–
Pleurozium schreberi	–	–	(×)	–	–	–	–	×	–	–	×	–	×	×	×
Dicranum fuscescens	×	–	–	–	–	–	–	–	–	×	×	×	×	×	×
Polytrichum spp.	×	–	–	–	–	–	–	×	–	–	×	×	–	–	×
Bartflechten															
Alectoria jubata	–	–	–	×	×	–	×	×	–	×	–	×	×	–	×
Evernia mesomorpha	×	–	×	–	×	–	×	×	–	–	–	–	–	–	–

der Vegetation stark mitprägt und einen wesentlichen Unterschied gegenüber der sibirischen Taiga bedingt.

In den typischen, offenen Wäldern der Nördlichen Taiga beträgt der Abstand zwischen den Bäumen 10 m oder auch mehr. Die Bäume sind bis zum Boden dicht beastet. Die Wälder werden überwiegend von *Picea mariana* aufgebaut. *Picea glauca* ist aber ebenfalls häufig, wenn die **Bodenbedingungen** günstiger sind. Mischbestände sind nicht selten. *Pinus banksiana* kommt vor, aber nur im Süden, im Osten Canadas fehlt sie. Dort kommt *Abies* bis weit in den Norden vor. Sie steht jedoch selten in offenen Beständen. *Larix laricina* ist auf staunassen Standorten, am Rande von Hoch- und Niedermooren häufig anzutreffen. Als Lichtholzart kann sie aber auch in den offenen Beständen zusammen mit den Fichten vorkommen. Von den Laubhölzern ist *Betula papyrifera* häufig, *Populus tremuloides* und *P. balsamifera* seltener.

In Abhängigkeit von den Standortsbedingungen sind in der Nördlichen Taiga eine Reihe von Waldtypen ausgebildet. Sehr häufig und auch typisch sind die von HUSTICH (1951), im Osten Canadas beschriebenen «pure lichen woodlands». Es handelt sich um offene Bestände, in denen die baumfreien Flächen von einer durchgehenden Flechtenmatte bedeckt sind. Im Schatten der Baumkronen ist der Boden aber nach wie vor mit Moosen bedeckt. Die Flechtenmatte kann bis zu 18 cm hoch sein. Die Bestände werden überwiegend, aber nicht ausschließlich von *Picea mariana* aufgebaut. In Gebieten mit reicherem Ausgangsgestein, wie beispielsweise in Schefferville, überwiegt *Picea glauca*. Mischbestände sind nicht selten. Die Krautflora ist außerordentlich arm. Eine Pflanzenliste, die von HUSTICH (1951) in verschiedenen Landschaften Labrador-Ungavas aufgenommen worden ist, ist in Tabelle 8.2 angegeben. Die Bestände stehen in allen Hanglagen, vorwiegend jedoch auf Hängen, die nach Süden orientiert sind, auf durchlässigem Moränenmaterial, auf Sand, auf Oser (Esker), auf Flußterrassen, generell demnach auf trockenen Biotopen. Auf feuchteren und auch mineralreicheren Standorten ist eine Strauchschicht vorhanden, die fast ausschließlich aus *Betula glandulosa* aufgebaut ist. An nassen Stellen, wie Bachrändern, Schmelzwasserrinnen steht *Alnus crispa*. Diese Wälder bezeichnete HUSTICH (1951) als «dwarf shrub lichen forests». Sie sind ärmer an Flechten, aber reicher an Moosen, denn im Schatten der Sträucher werden die letzten begünstigt. Die Moosarten sind die aus der südlichen Taiga bekannten Hypnaceen. Auf besonders günstigen Standorten, wie an Hangfüßen mit Hangzugwasser oder an Seeufern gehen diese Wälder in die für die südliche Taiga beschriebenen, geschlossenen Mooswälder über. Auf staunassen und sauren Standorten, die zu den Hochmooren überleiten, stehen offene Bestände, die hauptsächlich von *Picea mariana* aufgebaut werden.

In Canada erstreckt sich die Nördliche Taiga über die gesamte Länge der borealen Zone. Im äußersten Nordwesten und in Alaska kann sie nur schwer als Zone unterschieden werden. Nur auf den Hängen der Gebirge zwischen den geschlossenen Wäldern und der arktisch-alpinen Tundra, bzw. Baumgrenze sind Bestände zu finden, die den offenen Wäldern der Nördlichen Taiga durchaus entsprechen (RITCHIE 1976b, 1982b).

ROWE (1972) unterscheidet in Canada 3 Sektionen. Die «Northeastern Transition» liegt in Labrador-Ungava, zwischen dem Atlantik und der Hudson Bay. Westlich der Hudson Bay schließt die «Northwestern Transition» an, die bis an das Mackenzie-Tal im Westen reicht. Im Mackenzie-Tal selbst wird eine «Mackenzie Lowland» Sektion unterschieden. Diese Gliederung leitet sich ab aus dem unterschiedlichen Vorkommen einzelner Baumarten, den dominanten Flechtenarten, sowie den Anteilen verschiedener Waldtypen. So kommt im Unterschied zum Westen, im Osten *Abies balsamea* vor. *Pinus banksiana* fehlt im äußersten Osten. In den Flechtenwäldern auf Labrador-Ungava überwiegt *Cladina stellaris*, im Westen aber *Stereocaulon paschale* (KERSHAW 1977). Der Autor unterscheidet deswegen die «*Cladina stellaris* woodlands» von den «*Stereocaulon paschale* woodlands».

3.3.2 Die Nördliche Taiga im Osten Canadas (Labrador-Ungava)

In Labrador-Ungava beginnt die Nördliche Taiga auf den Hochflächen im Inneren der Halbinsel (s. Abb. 8.2). Der Übergang von den geschlossenen Hypnaceen-Wädern zu offenen Beständen kann sehr scharf sein. Streckenweise steigt innerhalb von 10–30 km der Anteil der Flechtenwälder von 10% auf 30% (HARE 1956). Der Autor betrachtet diesen Bereich auch als die Grenze zwischen Südlicher und Nördlicher Taiga. Der abrupte Übergang wird sicherlich durch den steilen Anstieg des Geländes aus der flacheren Landschaft im Süden in das Hochland im Inneren des

Landes bedingt. Die Flechtenwälder in Labrador-Ungava unterscheiden sich von denen im Westen durch die Dominanz von *Cladina stellaris* (früher *Cladonia alpestris* bzw. *Cladonia stellaris*), die die Matten sehr oft alleine bildet. Einen nennenswerten Anteil erreichen nur noch *Cladina mitis* und *C. rangiferina* (s. Pflanzenliste Tab. 8.2). Die Arten sind jedoch nicht miteinander vermischt, sondern bilden fleckenweise Reinbestände, die in den Matten nebeneinander liegen.

Im folgenden wird ein Beispiel für die Abfolge verschiedener Waldtypen entlang eines Hanges aus der Gegend von Schefferville angegeben. Es handelt sich um einen flachen Hang in der Nähe des Knob Sees. Er ist nach Südwesten orientiert, die Höhendifferenz beträgt ca. 70 m. Auf der Kuppe, die in eine Hochfläche übergeht, stand ein *Picea mariana*-Hypnaceen-Wald. Die erste Baumschicht war ca. 12 m hoch und hatte einen Kronenschluß von 80%. Die zweite Baumschicht, ebenfalls von der *Picea mariana* gebildet, war ca. 2 m hoch mit einem Deckungsgrad von 10%. In der Krautschicht standen hauptsächlich *Ledum groenlandicum*, *Vaccinium vitis-idaea*, *Cornus canadensis* und wenige andere. Jungwuchs der Fichte war ebenfalls vorhanden. Der Boden war durchgehend von den Moosen *Pleurozium schreberi*, *Ptilium crista-castrensis* und *Dicranum* spp. bedeckt. Die Dicke der Polster betrug 15 cm. Der Boden selbst war sehr flachgründig (ca. 10 cm). Die obersten 2 cm waren ausgebleicht. Das Substrat bestand aus einem steinhaltigen Moränenmaterial. Am 13. 6. 1984 betrugen die Temperaturen an der Moosoberfläche 7,7 °C, an der Kontaktstelle zwischen Moosauflage und mineralischem Boden 1,2 °C, und 0 °C in 20 cm Tiefe. In der Mitte des Hanges stand ein Flechtenwald, ebenfalls mit *Picea mariana*. Die Bäume waren hier 15–18 m hoch und bedeckten 40%. Die ältesten waren 200 Jahre alt. Jüngere Bäume mit 2 m Höhe waren vorhanden, aber selten und schlechtwüchsig. Der Boden war von den Flechten *Cladina stellaris* und *C. rangiferina* bedeckt. In der Strauchschicht stand *Betula glandulosa*. In der Krautschicht kamen *Empetrum nigrum*, *Vaccinium vitis-idaea*, *V. myrthilloides*, *Lycopodium* spp. und *Ledum groenlandicum* vor. Der Boden war etwas tiefgründiger und hatte einen Bleichhorizont (graue Farbe) von 6 cm und einen B-Horizont von 15 cm. Die Flechtenmatte war 5 cm hoch. Die Temperaturen lagen eindeutig höher als in dem Mooswald. Sie betrugen 5,5 °C in der Flechtenmatte, an der Kontaktstelle zum mineralischen Boden 5,2 °C und in 20 cm Tiefe 3,5 °C. Der Flechtenwald ging hangabwärts kontinuierlich in einen geschlossenen Hypnaceen-Wald über, der am Hangfuß am reichsten ausgebildet war. Hier war die obere Baumschicht gleichwertig von *Picea mariana* und *Picea glauca* aufgebaut. Die Höhe der Bäume betrug 20 m und mehr, das Alter 200 Jahre. In der unteren Baumschicht stand *Abies balsamea*, die aber höchstens 10 m hoch war. Die meisten Exemplare zeigten Krummwuchs, sehr oft lagen die Stämme am Boden, lediglich die Krone war aufgerichtet. Die ältesten Tannen waren ca. 110 Jahre alt. Allerdings konnte das Alter nur annähernd bestimmt werden, da das ältere Stammholz völlig verrottet war. Einzelne Exemplare von *Betula papyrifera* waren ebenfalls vorhanden. Jungwuchs der Tanne war sehr häufig, aber auch dieser schlechtwüchsig und oft verkrüppelt. In der Strauchschicht standen *Salix glauca*, *Betula glandulosa*, *B. pumila*, *Viburnum edule* und *Ledum groenlandicum*. In der Krautschicht waren zu finden: *Linnaea borealis*, *Mitella nuda*, *Petasites palmatus*, *Pyrola uniflora*, *P. asarifolia*, *Equisetum silvaticum*, *E. fluviatile*, *Fragaria virginiana*, *Gaultheria hispidula*, *Cornus canadensis*, *Coptis trifolia*,

Tab. 8.3: Vegetationstypen in ökologischen Serien für die subarktischen Wälder (entsprechend Nördliche Taiga) östlich der Hudson Bay

Sehr trockene Serien:
Felswüste und Sand meistens ohne Vegetation.

Trockene Serien:
Flechten-Sträucher (Coniferen – Krüppelwuchs).
Offene Flechtenwälder (Zwergbirke vertreten).
Flechtenwälder geschlossener (Bäume enger zusammen, etwas feuchter).
Strauchreiche Wälder (Sträucher reichlich, Bäume vereinzelt in Krüppelwuchs).

Feuchte Serien:
Birkenwälder (auf abgebrannten Flächen; Sukzessionsstadien zu Nadelwälder).
Mischwälder (geschlossene Nadel- und Laubwälder, reich an Moosen).
Nadelwälder (Moos- und Krautunterwuchs, vertreten auf gut drainierten Talsohlen).

Nasse Serien:
Muskeg (Moorwälder mit verkrüppelten Bäumen).
Moor (baumfrei, *Sphagnum*-Torf).
Fen (Seggen mit einzelnen verkrüppelten Coniferen; *Sphagnum* kaum vertreten).
Moorkomplexe auf Permafrost (Mosaik aus Torf und Palsa).
Ufervegetation an Gewässern, meistens Erlen.
Erlen- und Weidenbruchwälder.

mehrere *Carex*-Arten, *Rubus chamaemorus* u. a. Die Bodenoberfläche war von Hypnaceen und Sphagnen bedeckt. Die Mächtigkeit der Polster betrug 50 cm, davon waren die oberen 5 cm lebend. Die Temperatur an der Moosoberfläche betrug 2,8 °C, in 10 cm Tiefe 1,7 °C, in 20 cm 0 °C, bzw. −1 °C. Hier lagen noch einzelne Eislinsen von 10–20 cm Dicke. Darunter war der Torf in Grundwasser eingebettet, das vom anschließenden Niedermoor hereinreichte. Die Temperatur betrug um 0 °C. Die Baumwurzeln lagen in den obersten 20 cm und hatten offenbar Kontakt zu dem vom Niedermoor stammenden Grundwasser, das mineralreich war. Dies dürfte dem Artenreichtum, sowie dem Vorkommen von *Picea glauca*, *Abies balsamea* und *Betula papyrifera* förderlich sein. Die geschilderte Abfolge ist ein Beispiel von den im Gelände immer wieder anzutreffenden Verhältnissen. Sie sind von HARE (1959) entlang des Feuchtegradienten für Labrador-Ungava zusammenfassend dargestellt und in Tabelle 8.3 wiedergegeben.

3.3.3 Die Nördliche Taiga im Westen Canadas (Northwestern Transition)

Als Beispiel seien die Verhältnisse im Osten und Nordosten des Großen Sklaven Sees geschildert (BRADLEY et al. 1982). Ebenso wie im Osten Canadas ist der Übergang scharf, auch hier durch den Anstieg des Geländes bedingt. Das Gebiet gehört zu der von ROWE (1972) ausgegliederten Sektion der «Northwestern Transition».

Die vorhandenen Flechtenwälder können von mehreren Nadelhölzern aufgebaut werden, *Picea mariana* überwiegt jedoch. Im Süden werden sie sehr oft von der *Pinus banksiana* gebildet. Sie stehen vor allem auf trockenen Sanden. Auf fluviatilem Material, auf glazialen Geschiebehügeln und an Hängen, die nach Süden orientiert sind, dominiert *Picea glauca*. Sehr oft bilden die beiden Fichtenarten auch Mischbestände. Das Vorkommen der Weißfichte ist, wie sonst immer, an einen höheren Mineralsalzgehalt gebunden (LARSEN 1971). Der Aufbau der Wälder entspricht dem im Osten. Der Abstand zwischen den Bäumen ist sehr groß, unabhängig von der Baumart. Die Bäume, vor allem die *Picea mariana*, stehen sehr oft in Gruppen. Unter dem Schirm der Baumkronen wird der Boden von Hypnaceen bedeckt, die Freiflächen zwischen den Bäumen aber von durchgehenden Flechtenmatten. BRADLEY et al. (1982) nennt: *Stereocaulon paschale*, *Cladina mitis*, *C. rangiferina*, *Cetraria nivalis*, *Cladonia deformis* u. a. Die Bodenflora ist sehr spärlich. In den typischen Beständen kommen unabhängig von der Baumart immer wieder vor: *Betula glandulosa*, *Vaccinium vitis-idaea*, *V. uliginosum*, *Empetrum nigrum*, *Carex bigelowii*, *Epilobium angustifolium*. Auf günstigeren Standorten, vor allem in Beständen, in denen die Weißfichte dominiert, kommen zusätzlich Arten wie *Viburnum edule*, *Ribes triste*, *Rubus idaeus*, *R. acaulis*, *Shepherdia canadensis* und *Equisetum pratense* vor. In trockenen Beständen werden *Arctostaphylos uva-ursi*, *A. alpina*, *Lycopodium annotinum* und auch *Loiseleuria procumbens* angetroffen. Für die feuchten Bestände sind *Ledum groenlandicum*, *Rubus chamaemorus* und *Andromeda polifolia* typisch.

Die Abfolge der Vegetationstypen entlang der Catena vom Trockenen zum Nassen ist in Abb. 8.38 gezeigt (BRADLEY et al. 1982).

Die Sukzession auf Brandflächen verläuft in der Nördlichen Taiga anders als in der Südlichen (HEINSELMANN 1980). Es wurden folgende Stadien unterschieden:

Stadium 1: (1–20 Jahre) Nach den auf Brandflächen wachsenden Moosarten (vgl. S. 434) regenerieren *Epilobium*, *Salix*, *Betula gladulosa*, die Gräser *Arctagrostis* und *Calamagrostis* zwischen den Flechten rasch, da beim Abbrennen der Flechten kein heißes Feuer entsteht.

Stadium 2: (20–120 Jahre) Dieses ist durch das Vorherrschen der Flechten gekennzeichnet; mit der Zeit stellen sich die Moose *Aulacomnium* und *Hylocomium* ein. Dann entwickelt sich auch *Vaccinium uliginosum*, *Petasites frigidum*, und *Empetrum nigrum*. *Picea mariana* ist selbst nach 120 Jahren nur ein niedriger Baum.

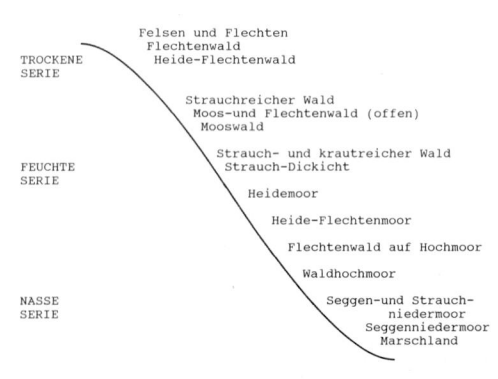

```
                          Felsen und Flechten
                          Flechtenwald
TROCKENE                  Heide-Flechtenwald
SERIE
                          Strauchreicher Wald
                          Moos- und Flechtenwald (offen)
                          Mooswald
                          Strauch- und krautreicher Wald
FEUCHTE                   Strauch-Dickicht
SERIE
                          Heidemoor
                          Heide-Flechtenmoor
                          Flechtenwald auf Hochmoor
                          Waldhochmoor
NASSE                     Seggen-und Strauch-
SERIE                         niedermoor
                          Seggenniedermoor
                          Marschland
```

Abb. 8.38: Generalisierte Catena der Vegetation im subarktischen Gebiet nordöstlich vom Slave Lake (nach BRADLEY et al. 1982).

Stadium 3: (120–200 Jahre) Es wird nur selten erreicht und nur auf Flächen, die vom Feuer verschont werden. *Picea mariana* erreicht dann eine Höhe von 5–7 m und schließt dichter zusammen.
Stadium 4: (200–300 Jahre) So alt werden Waldbestände sehr selten. *Picea mariana* stirbt ab und verjüngt sich durch Ableger.

4 Die Konsumenten

Über die Konsumenten der borealen Zone Nordamerikas werden folgende Angaben gemacht (LARSEN 1980).

Da das Gebiet kaum besiedelt wurde, ist die Fauna noch ziemlich intakt geblieben. Im Winter erscheint die Landschaft unbelebt zu sein, aber im Verborgenen beherbergt sie doch eine große Zahl von Tieren (vgl. PRUITT 1968).

Im Frühling belebt sich die Landschaft fast plötzlich. Viele Tiere wandern aus dem Süden ein. Millionen von Zugvögeln fliegen nach Norden, um dort zu brüten. Bis zum Herbst sind dann die Jungtiere herangewachsen und verlassen das Gebiet oder richten sich auf das Überwintern ein.

Das größte herbivore Huftier ist der Elch (moose: *Alces alces*), der 20–30 kg pro Tag an Knospen, Blättern und Rindenteilen von Birken, Pappeln und verschiedenen Sträuchern, aber auch Wasserpflanzen vertilgt. Die Zahl der Elche beträgt etwa 10 oder etwas mehr pro Quadratmeile ($\hat{=}$ etwa 4 km²). Die Tiere halten sich einzeln auf; nur im Winter findet man Gruppen bis zu einem Dutzend an Flußufern mit dichtem Weidegebüsch beieinander. Im Sommer äsen sie bis zu 14 Stunden am Tage, vor allem *Salix*- und *Betula*-Arten, die auf Brandflächen wachsen.

Außer dem Elch kommen noch Caribous (*Rangifer* spp.) im borealen Bereich auf offenen Flächen, aber auch im Gehölz vor wenn dieses nicht mehr als ein Viertel der Fläche bedeckt. Ihr Bereich liegt allgemein nördlicher als der der Elche. Ihre Nahrung besteht vor allem aus Flechten, aber auch Gräsern und Seggen, z.T. Sträuchern. In der offenen Landschaft legen sie an einem Tag bis über 30 km zurück. Waldbrände gefährden die Futterreserven der Caribous kaum, weil die Flechtenteppiche oder die Sträucher nach einem Brand in etwa 20 Jahren wieder regenerieren. Die Trockenmasse an Flechten beträgt auf offenen Flächen etwa 340–1350 kg · ha^{-1}, auf stärker bewaldeten Flächen nur etwa die Hälfte.

Wichtige Bewohner der borealen Zone sind der Schwarze Bär (*Euarctos americanus*) und der Grizzly Bär (*Ursus horribilis*). Der erstere hat im ausgewachsenen Zustand ein Gewicht von 125–150 (bis 250) kg, der Grizzly etwa das Doppelte. Letzterer ist jedoch mehr in den Rocky Mountains verbreitet und wird nur selten im Norden in der borealen, dichter bewaldeten Zone angetroffen. Beide Arten sind omnivor, sie fressen Wurzeln, Rinde, Beeren und grüne Pflanzenteile, aber auch kleinere Tiere, Fische, auch größere lebende oder tote.

Ein weiterer typischer Vertreter ist der Hase (snowshoe hare: *Lepus americanus*), der sich vor allem in den nördlichen Coniferen-Sümpfen, in Weiden-Erlengebüschen und Birken-Pappel-Beständen aufhält, wo er stets Deckung gegen Sicht von oben findet. Er wechselt seine Fellfarbe, ist im Sommer braun, im Winter weiß. Er frißt praktisch alle Teile der Pflanzen.

Weitere Herbivore sind die Biber (beaver: *Castor canadensis*), die sich von Laubbäumen ernähren und die fast alle Pappeln und Weiden bis zu einer Entfernung von 100 m von den Flußläufen fällen. Die Stämme und Äste ziehen sie ins Gewässer zum Bau von oft erstaunlich großen und weitreichenden Dämmen zum Aufstauen des Gewässers, aber auch zum Bau der großen Biberburgen. Dies ist eines der besonders augenfälligen Beispiele, wo eine Tierart seine Umwelt aktiv erheblich zum eigenen Vorteil verändert. Die Eingänge der Biberburgen liegen unter Wasser und sind nur bei einigermaßen konstantem Wasserspiegel ein sinnvoller Schutz gegen Feinde. Die Dämme werden aus Stämmen als Strukturelement aufgerichtet, Äste dazwischen verwoben und mit Schlamm und Detritus wird der Damm abgedichtet. Die Dämme und die oberhalb entstehenden Stauseen werden von Generation zu Generation erhalten, ausgebessert und erneuert (WILSSON 1971). Im Winter werden die Biberburgen bei Bedarf erhöht, so daß ein Raum oberhalb der Eisdecke erhalten bleibt. Die Eisdecke selbst wird durch rechtzeitig beschaffte Holzstöcke unter dem Bau oder in der Nähe offen gehalten, um an Nahrung zu kommen.

Herbivor sind auch die Stachelschweine (*Erethizon dorsatum*), die vor allem Fichtenrinde fressen, aber auch nur im südlichen Bereich vorkommen.

An Raubtieren wären zu nennen der Canada-Luchs (*Lynx canadensis*), das Mink (*Mustela vision*) und das Wiesel (*Mustela arctica*), die Pelze der letzteren werden gehandelt. Raubtiere sind auch die Marder (Marten: *(Martes) Mustela americana*) und der «Fisher» *(Martes pennanti)*. Sie sind nicht häufig, aber weit verbreitet, ihre Pelze werden geschätzt.

Groß ist die Zahl der Nagetiere. Von diesen ist das Eichhörnchen (Red Squirrel: *Sciurus* spp.) das wichtigste. Es ernährt sich von den männlichen Blütenknospen der Fichte und Tanne und deren Samen und legt Wintervorräte an. Jährlich werden 1–3 Millionen Eichhörnchenfelle im Werte von etwa 1 Million Dollar verkauft.

Andere Nagetiere sind verschiedene Mäuse (Mice: *Microtus* spp.), «Vales», dazu Spitzmäuse (Shrews: *Sorex*). Ihre Zahl schwankt von Jahr zu Jahr sehr stark, doch beträgt sie im Mittel etwa das 10–20fache der Vogelzahl auf der gleichen Fläche. Die Spitzmäuse sind Insektenfresser. Die Nager fressen etwa das $1/4$ bis 3fache ihres Körpergewichts am Tage an verschiedenen Pflanzenteilen.

Die Vogelarten in der borealen Zone sind sehr zahlreich. Von den größeren Vögeln findet man die «Spruce Grouse» *(Canachites canadensis)* im nördlichen Teil der Waldzone. Aus der südlichen werden sie durch Jäger, Waldarbeiter und Siedler vertrieben. Die «Ruffed Grouse» *(Bonasa umbellus)* hält sich am Südrand der borealen Zone auf, wo die Gebüsche und die Früchte der Bärentraube *(Arctostaphylos)* ihr genügend Nahrung bieten.

Auch die Zahl der übrigen Vögel in ungestörten Gebieten ist sehr groß. Ihre Biomasse wurde am Westende des Großen Sklaven See bestimmt. Sie betrug auf 5 Probeflächen 3,1–5,5 kg pro 40 ha. Davon entfielen auf den einzelnen Probeflächen 21,2–66,9 % auf die samenfressenden Fringillidae, 7,7–18,7 % auf die insectivoren Parylodae und eine geringere Menge auf die insectivoren Parodae, Tyranuidae und die omnivoren Bombyllicidae.

Auch weitere Angaben über die Zahl der singenden Männchen, sowie das Populationsverhalten der einzelnen Vogelarten werden gemacht. Ebenso wird auf die Rolle der Insekten, von denen einige schwere Schäden anrichten, eingegangen und auf beobachtete Beute-Räuber-Populationszyklen hingewiesen. Doch handelt es sich mehr um Einzeluntersuchungen, die man nicht verallgemeinern kann.

Immerhin ist schon im letzten Jahrhundert aufgefallen, daß die Fangzahlen an Schneehasen- und Luchsfellen, die Jahr für Jahr aus den canadischen Weiten angeliefert wurden, erheblich schwanken auf Grund mehrjähriger Populationscyclen, und man konnte daraus die typischen Räuber-Beute-Beziehungen ableiten.

5 Die Destruenten

Die Aufgabe der Destruenten ist es, alle organischen Reste und Ausscheidungen der Produzenten und Konsumenten zu mineralisieren und damit den Stoffkreislauf der Ökosysteme zu schließen. Im ZB VIII in Nordamerika gelingt ihnen dies nicht vollständig. Vielmehr sammelt sich unter den Nadelwäldern im Streu- und Humus-Horizont des Podzolprofils eine mit dem Alter des Bestands wachsende Menge an nur langsam abbaubarem Rohhumus an. Desgleichen gilt auch für die Bestände mit einer oft über 50 cm mächtigen Bodendecke aus Hypnaceen-Moosen und in geringerem Maße in der nördlichen Taiga-Zone bei den offenen Beständen mit einer dichten Flechtenschicht. Wie wir bereits erwähnten, wird die Mineralisierung in allen diesen Fällen überwiegend durch die sehr häufigen Waldbrände vollzogen.

Nur wenn sich auf feuchten Biotopen, die ganz selten von Waldbränden heimgesucht werden, Torf bildet, oft seit der letzten Glazialzeit an und aus mächtigen Schichten bestehend, wird der Stoffkreislauf nicht geschlossen und die im Torf enthaltenen Nährstoffe (bei Hochmoortorf ist dies allerdings wenig) können von den Produzenten nicht wieder genutzt werden. Auch bei einer Denitrifikation im Boden oder bei Methanbildung verliert das Ökosystem Stickstoff, bzw. Kohlenstoff. Ein Ersatz des Stickstoffs durch luftstickstoffbindende Organismen dürfte in den Podzolböden kaum erfolgen. Leguminosen mit Wurzelknöllchen sind ebenfalls in der Krautschicht der Nadelwälder eine Seltenheit. Aber bei der Häufigkeit der Gewitter dürften merkliche Mengen an anorganischem Stickstoff mit dem Regen dem Boden zugeführt werden, auf längere Sicht in einer Menge, die die Verluste vielleicht völlig ausgleicht bei fehlender menschlicher Nutzung.

Auch der Coniferen-Pollenniederschlag spielt für die Zufuhr von Stickstoff und Phosphor eine gewisse Rolle.

Alnus und *Shepherdia* besitzen Wurzelknöllchen mit Actinomyceten, die ebenfalls Luftstickstoff binden können. Unter anaeroben Bedingungen kann evtl. auch eine Bindung durch *Clostridium (Amylobacter)* eine Rolle spielen. Für einen 65jährigen Bestand der *Picea mariana* wurde folgende Stickstoffbilanz aufgestellt (LARSEN 1980):

Stickstoffaufnahme durch die
  Baumschicht .... 15 (kg·ha^{-1}·a^{-1})
Zufuhr zum Boden durch die
  Streu .... 5–10 (kg·ha^{-1}·a^{-1})
In der Humusschicht enthalten . 212 (kg·ha^{-1})
  davon aufnehmbar .... 15 (kg·ha^{-1})
Gesamt-Stickstoffgehalt in
  Humus und Mineralboden .... 1510 (kg·ha^{-1})
  davon ausnutzbar .... 22 (kg·ha^{-1})

Der Gehalt an gebundenem Stickstoff in den Niederschlägen wird mit 2–15 kg·ha^{-1}·a^{-1} angegeben.

Für einen *Pinus banksiana*-Bestand wird angeführt, daß der Boden mit der Streu 30 kg·ha^{-1}·a^{-1} erhält, 25 kg an Ca, 19 kg an K, 3 kg an Mg und 2 kg an P. Nach einem Waldbrand stehen den Pflanzen in der Asche erhöhte Mengen an Nährstoffen zur Verfügung. Man muß jedoch bedenken, daß in dem humiden Klima ein Teil derselben ausgewaschen wird und damit dem Ökosystem verloren geht.

Die Bodenfauna und -flora ist noch nicht genauer untersucht worden. Die wichtigste Gruppe sind sicher die Mycorrhiza-Pilze. Neuerdings nimmt man an, daß diese die im Humus organisch gebundenen Nährstoffe (N, P) direkt aufnehmen und ihren Wirtspflanzen zuführen können. Es würde sich dann um einen sehr kurz geschlossenen Kreislauf handeln, wie er aus dem Tropischen Regenwald bekannt ist. Doch muß man sichere Beweise für diese Annahme für den borealen Wald abwarten.

6 Ökologische Untersuchungen und Ökosystemforschung

6.1 *Picea*-Wälder

Im Sammelband «Physiological Ecology of North American Plant Communities» (CHABOT and MOONEY 1985) wird im Abschnitt «Taiga» von OECHEL & LAWRENCE betont, daß nur wenige physiologische Daten für die Taiga Nordamerikas vorliegen. Eine koordinierte, von einer Stelle aus geplante Ökosystemforschung wurde unseres Wissens noch nicht in Angriff genommen.

Die Autoren beschäftigen sich vor allem mit der Photosynthese der borealen Arten und stellen in einer Tabelle die von verschiedenen Forschern im Gelände erhaltenen Maximalwerte zusammen. Sie bestätigen die bereits in Europa erhaltenen Ergebnisse, daß die maximale Nettophotosynthese pro g TG der assimilierenden Organe bei immergrünen Arten niedriger ist als bei sommergrünen. Die Lärche, die ihre Nadeln im Herbst abwirft, hatte in Schefferville (Quebec), eine maximale Nettophotosynthese von 0,13 bis 0,14 µmol $CO_2 \cdot g^{-1} \cdot s^{-1}$, gegenüber 0,02 bei *Picea mariana* daselbst. Die gleichen Verhältnisse gelten für die Zwergsträucher des Unterwuchses. Noch geringer sind die Werte für Moose und Flechten.

Aber über die jährliche Produktion geben diese Werte keinerlei Auskunft. Denn diese kann man nur beurteilen, wenn man die gesamte assimilierende Fläche, z. B. eines Baumes bzw. den Blattflächenindex, sowie die gesamten Atmungsverluste kennt. Der Anteil der nicht assimilierenden Teile ist z. B. bei Moosen sehr gering im Gegensatz zu Bäumen.

Das gleiche Problem besteht bei der Übertragbarkeit der einzelnen Untersuchungen über die Abhängigkeit der Photosynthese von der Temperatur, der Lichtintensität und von der Wasserversorgung. Auch sie lassen sich ökologisch nicht auswerten. Deswegen werden auch keine Angaben über die Nettoproduktion verschiedener Bestände gemacht, sondern nur allgemeine Angaben über die stehende Phytomasse, die von Alaska bis Quebec bei *Picea*-Wäldern zwischen 9590 bis 163.360 kg·ha^{-1} schwankt. Im Mittel hatten zonale *Picea*-Wälder in Alaska eine Phytomasse von 20.000 kg·ha^{-1}, in Quebec dagegen 52.000 kg·ha^{-1}. Solche Einzelwerte besagen ökologisch zu wenig.

Während in Birkenwäldern in Alaska, die ein Sukzessionsstadium darstellen, der Unterwuchs mit 95 kg·ha^{-1} nur etwa 0,1% der gesamten Biomasse ausmacht, entfallen in den *Picea mariana*-Wäldern auf den nicht geschlossenen Zwergstrauchunterwuchs 1490 kg·ha^{-1} und auf den mächtigen Moosteppich sogar 4790 kg·ha^{-1}. In den Muskegs (Waldmooren) werden 52% der gesamten Phytomasse von Nichtbaumarten gebildet, davon 1160 kg·ha^{-1} von den Zwergsträuchern und 7480 kg·ha^{-1} durch Moose und Flechten.

Die Produktivität hängt in starkem Maße vom Blattflächenindex ab, der in alternden Beständen abnehmen kann, z. B. in den *Populus tremuloides*-Beständen. In jungen 6–15jährigen Beständen beträgt die Phytomasse der Stämme und Zweige 21.500, bei 52jährigen dagegen 91.800 kg·ha^{-1}, während die Blattmasse von 2600 auf 1500 kg·ha^{-1} abnimmt, d. h. der Anteil der Verluste durch Atmung der nicht assimilierenden Organe muß erheblich zunehmen und die Netto-Photosynthese infolgedessen viel geringer sein.

Schätzungen werden nur für die oberirdische Netto-Produktion angegeben (in $kg \cdot ha^{-1} \cdot a^{-1}$):

Moorwald der südlichen Taiga 3719
Verschieden alte Espenwälder 2840–9600
Erlenwälder 5400–6400

Als maximale Werte für Alaska werden angegeben:

60jährige Espenbestände 7040
Birkenwald 4710
Picea glauca-Wald 3840
Picea mariana-Wald 2450

In den beiden Fichtenbeständen entfiel auf den Anteil der Moose an der Produktion mehr als die Hälfte.

Bestände von *Populus balsamifera* zeichneten sich mit $8390 \, kg \cdot ha^{-1} \cdot a^{-1}$ wieder durch besonders hohe Produktion aus. Aber für die Produktion ist die Länge der Vegetationsperiode und die Bodentemperatur von ausschlaggebender Bedeutung. Letztere ist in Fichtenbeständen mit mächtiger Moosdecke immer besonders niedrig.

In *Picea mariana*-Wäldern Alaskas erreicht die Bodentemperatur in 10 cm Tiefe selbst im August kaum +2 °C, während sie in *Picea glauca*-Wäldern bis +8 °C ansteigt, in *Populus balsamifera*-Beständen schon fast 15 °C und in lichten Weidengebüschen sogar bis über +20 °C im Juli steigen kann.

Mit den Wurzelsystemen hat man sich bisher nur wenig beschäftigt (siehe STRONG & LE ROI 1983). Daß jedoch die Wurzelkonkurrenz in Nadelholzbeständen für die Struktur des ganzen Bestandes von ausschlaggebender Bedeutung ist, wurde für die europäische Taiga von KARPOV in 15jährigen Untersuchungen bewiesen (vgl. Bd. 3, S. 406 ff.).

6.2 Ökologie der Flechtenwälder

Das Feuer spielt in der Nördlichen Taiga eine ebenso wichtige Rolle wie in der südlichen (PAYETTE 1980, JOHNSON 1981, FILION 1984, HEINSELMANN 1981, JOHNSON 1985). Seine Wirkung ist im Gelände sehr deutlich sichtbar an den scharfen Grenzen zwischen den verschiedenen alten Beständen (vgl. Abb. 8.39). Die Übergänge finden auf Strecken von weniger als einem Meter statt (Abb. 8.40). Die Landschaft besteht demnach ebenfalls aus einem Mosaik von Beständen unterschiedlichen Alters. Die Wirkung der Waldbrände sowie die auf den Brand folgende Entwicklung der Bestände, ist sehr komplex und in vielen Aspekten noch nicht geklärt. HUSTICH (1949) und auch KERSHAW (1977) nehmen an, daß die Flechtenwälder Entwicklungsstadien nach Waldbränden darstellen, die sich im Laufe der Zeit durch fortschreitende Verjüngung zu mehr oder weniger geschlossenen Beständen entwickeln.

ROWE (1961, 1970), BRADLEY et al. (1982), JOHNSON & ROWE (1975), JOHNSON (1981), ROWE & SCOTTER (1973) vertreten demgegenüber die Auffassung, daß die Flechtenwälder stabile Endgesellschaften sind, die auch in hohem Alter von 200–300 Jahren offen bleiben. Älter werden die Bestände aufgrund der hohen Feuerfrequenz nicht (JOHNSON 1981).

Von LORIS wurden im Sommer 1984 eine Reihe von Untersuchungen in Poste de la Baleine und in Schefferville in einem Flechtenwald durchgeführt. Sie bestätigen die Annahme, daß in den Beständen die Wurzelkonkurrenz eine außerordentlich

Abb. 8.39: Luftaufnahme eines Waldbrandgeländes aus dem Jahre 1973, in der Nähe von Schefferville. Im Hintergrund sowie rechts und links in der Bildmitte sind die nicht abgebrannten, hellen Flechtenwälder zu sehen, im Vordergrund und in der Mitte die grauen Brandflächen (Luftbild der Forschungsstation Schefferville).

Abb. 8.40: Ausschnitt aus dem in Bild 8.39 gezeigten Gelände. Die scharfe Feuergrenze ist an den erhaltenen hellen Flechtenmatten gut zu erkennen (phot. LORIS, Frühjahr 1984).

große Rolle spielt. Der Bestand wuchs auf einer stabilisierten alten Düne am Südufer des Great Whale Flusses unweit der Küste der Hudson Bay. Er ist von *Picea glauca* aufgebaut. Auffallenderweise stehen die Bäume zum Teil in Gruppen, aber auch einzeln. Der Abstand zwischen den älteren Exemplaren betrug bis zu 50 m und mehr. Jungwuchs von *Picea glauca* war relativ häufig und stand ausschließlich in den Spalten, die sich in den Flechtenmatten bilden, wenn sie austrocknen. Der Boden war von einer dicken Flechtenmatte bedeckt (*Cladonia stellaris, C. mitis* u. a., Abb. 8.41). Die Krautflora war sehr arm und setzte sich aus *Vaccinium vitis-idaea. V. uliginosum Potentilla tridentata, Carex bigelowii, Empetrum nigrum* und *Epilobium angustifolium* zusammen.

Deutliche Hinweise auf die wirksamen Mechanismen lieferte die Verteilung und Vitalität von *Epilobium angustifolium*. Diese Art war in einem bestimmten Umkreis der Bäume weniger häufig, als außerhalb dieser Flächen. Die Flächen um die Bäume waren mehr oder weniger kreisrund (Abb. 8.41).

Die Auszählung der Anzahl von *Epilobium*-Pflanzen und Fichtenjungwuchs auf Flächen von je 5 m Breite und in 0–5 m, 5–10 m, 10–15 m, 15–20 m und 20–25 m Entfernung vom Baum, ergab die in der folgenden Tabelle 8.4 angegebene Häufigkeitsverteilung.

Gleichzeitig wurde auch der Jungwuchs von *Picea glauca* erfaßt. Die Verteilung von *Epilobium* zeigt einen Anstieg der Individuenzahl bis zu einer Entfernung von 20 m vom Baum. Danach stabilisiert sich die Zahl auf einen mehr oder weniger

Abb. 8.41: Flechtenwald der Nördlichen Taiga bei Post de la Baleine mit *Picea glauca*, durchgehenden Flechtenmatten und *Epilobium angustifolium*, dessen Häufigkeit innerhalb des Wurzelbereiches des Baumes, aufgrund der hohen Konkurrenz, sehr gering ist. Außerhalb dieser fast kreisrunden, hellen Fläche um den Baum ist die Pflanze sehr häufig und gutwüchsig (phot. LORIS 1984).

Tab. 8.4: Häufigkeitsverteilung von *Epilobium* und Fichtenjungwuchs im Umkreis einer alten *Picea glauca* in der Nähe von Post de la Baleine.

Entfernung vom Baum	Anzahl *Epilobium*	Anzahl Jungwuchs *P. glauca*
0– 5 m	11	9
5–10 m	73	16
10–15 m	232	2
15–20 m	335	2
20–25 m	350	0

konstanten Wert. Parallel dazu änderte sich auch die Vitalität. Innerhalb der Kreisfläche von 20 m blühte keine einzige Pflanze, außerhalb aber sehr viele; die Höhe der Pflanzen nahm vom Baum nach außen hin ab. Die Verteilung von *Potentilla tridentata* verhielt sich ähnlich, konnte aber nicht ausgezählt werden, da die Pflanzen in den Flechtenpolstern wuchsen. Zur Erklärung dieser auffallenden Verhältnisse wurde das Wurzelsystem der Bäume freigelegt. Dies bereitete keine größeren Schwierigkeiten, da die Wurzeln 1. und 2. Ordnung der Bodenoberfläche unter der Flechtenmatte auflagen oder höchstens 1–2 cm in die dünne Humusschicht eindrangen. Die Hauptwurzeln bis zu einer minimalen Dicke von 0,5 cm waren 20 m lang. Sie endeten demnach an derselben Linie, ab der die Anzahl von *Epilobium* konstant hoch blieb und die Pflanzen in Blüte standen.

Die obersten Bodenschichten (bis 10 cm) in der Kreisfläche waren vollständig von den dicht verzweigten Fichtenwurzeln durchdrungen. Wenn die Wurzeln abgehoben wurden, kam die gesamte organische Auflage als «Teller» mit. Die Schlußfolgerung, daß sich Kräuter gegenüber diesem dichten Wurzelfilz nicht durchsetzen können, liegt nach diesen Beobachtungen auf der Hand. Dies bestätigt die russischen Untersuchungen (vgl. Band 3, S. 431 ff.).

Die Verteilung des Fichtenjungwuchses allerdings widerspricht dem Vorstehenden. Deren Zahl war in unmittelbarer Baumnähe am höchsten. Zur Klärung dieser Frage wurde das Wurzelsystem einiger Sämlinge freigelegt, die Bodentemperaturen[2] in den Spalten zwischen den Flechten und unter den Flechten, das Mikroklima in den Spalten, sowie das Wasserpotential des Jungwuchses und das der älteren Bäume gemessen. Die Untersuchungen erfolgten an Schönwettertagen. An solchen Tagen herrscht in der Regel bis ca. 10 h Nebel, der sich aber dann rasch auflöst. Die PhAR betrug um 14 h 1.400 µE. Die Lufttemperatur in 2 m Höhe erreichte 14,6 °C, die Luftfeuchte 64%. Von der Hudson Bay wehte eine leichte Brise. Die Ergebnisse sind in Abb. 8.42 und in der Tab. 8.5 dargestellt und werden im folgenden ergänzt.

a) Der Jungwuchs stand ausschließlich in Spalten der Flechtenmatten
b) Die Jungbäumchen besaßen eine Hauptwurzel, die senkrecht in den Boden trieb.
c) Von der Hauptwurzel aus breiteten sich Seitenwurzeln aus, die unter den Wurzeln des alten Baumes lagen.

---

[2] Die Temperaturmessungen (Boden und Flechtenmatte) erfolgten mit einem Thermoelementfühler, die Luftfeuchte und -temperatur wurden mit einem sehr empfindlichen, elektrischen Aspirationspsychrometer (Fa. Ultrakust) gemessen. Die durch die Umwälzung der Luft bedingten Abweichungen der Lufttemperatur gegen die vom Thermoelement angezeigten betrug weniger als 1 °C.

Tab. 8.5: Mikroklima und Bodentemperaturen in einer Flechtenspalte und unter der benachbarten Flechtenmatte. Der Lageplan ist in Abb. 8.42 angegeben.

Nr. und Lage der Meßpunkte	Lufttemperatur innerhalb der		Bodentemperatur unterhalb der		Luftfeuchte innerhalb der
	Matte	Spalte	Matte	Spalte	Spalte
1. 3 cm oberhalb der Flechtenmatte	16,6	16,6	–	–	67
2. Oberfläche Flechtenmatte	23,0	17,7	–	–	61
3. 5 cm in der Matte bzw. Spalte	18,0	17,8	–	–	60
4. 10 cm in der Matte bzw. Spalte	13,2	18,4	–	–	76
5. 11 cm in der Matte bzw. Spalte	–	–	11,7	20,1	–
6. 1 cm im Boden	–	–	10,5	18,9	–
7. 6 cm im Boden	–	–	10,5	14,0	–
8. 11 cm im Boden	–	–	9,7	11,2	–

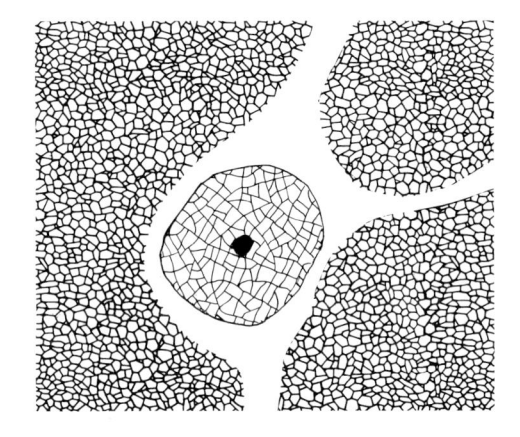

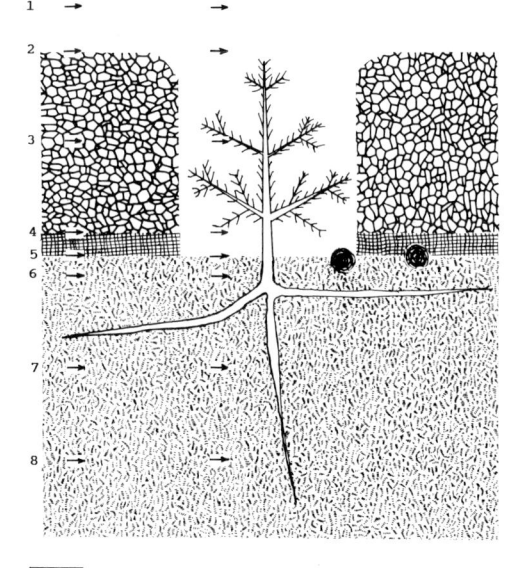

d) Die Bodentemperaturen in den Spalten waren signifikant höher als unter der Flechtenmatte.
e) Die Spalten verfügen über ein besonderes Mikroklima. An der Bodenoberfläche ist die Temperatur hoch, die Luftfeuchte aber ebenfalls, dank der Feuchte, die von dem daneben liegenden quellfähigen und verrotteten Flechtenmaterial stammte. Im mittleren Bereich der Spalte bis auf die Höhe der seitlich begrenzenden Flechten ist die Luftfeuchte am niedrigsten, obgleich die Temperatur abnimmt. Kurz oberhalb der Flechtenmatte stieg die Luftfeuchte wieder an.
f) Das Wasserpotential der Sämlinge (10 cm hoch) in den Spalten lag um 14 h bei -17 bar (-17 MPa) (Mittelwert). Bei älteren Bäumchen (50 cm hoch), die schon aus der Flechtenmatte herausgewachsen waren, betrug es an den unteren Ästen, die den Flechten auflagen -22 bar, an den oberen Ästen -15 bis -17 bar. Der hohe Wert der Äste an der Flechtenmattenoberfläche wird sicherlich durch die extremeren Bedingungen der entsprechenden Luftschicht bedingt. Obgleich die Werte des Wasserpotentials nicht extrem sind, zeigen sie doch eine gewisse Belastung des Wasserhaushalts an, obwohl es erst 2 Tage zuvor geregnet hatte und die obere Bodenschicht, in der sich die Wurzeln befanden, noch gut durchfeuchtet war. Sie weisen darauf hin, daß bei extremeren atmosphärischen Bedingungen und nach längeren Trockenperioden die Belastung hoch werden kann.

Für das Vorkommen des Fichtenjungwuchses in den Spalten liegen mehrere Gründe vor. Einerseits ist damit zu rechnen, daß die Flechten die Samen mechanisch behindern, so daß diese nicht bis zur Bodenoberfläche durchfallen. Andererseits zeigen aber die Meßwerte auch, daß die höhere Oberflächentemperatur in den Spalten die Auskeimung sicherlich begünstigt. Dazu kommen die besseren Lichtverhältnisse in den Spalten und die hohe Luftfeuchtigkeit an der Bodenoberfläche. Die höheren Bodentemperaturen unterhalb der Spalte sind nicht nur der Auskeimung förderlich, sondern auch dem Wurzelwachstum in tieferen Bodenschichten. Dadurch können sie der Konkurrenz des alten Baumes entgehen. Die Frage allerdings, warum die Wurzeln des alten Baumes diesen Bodenraum nicht nutzen, bleibt offen. Denkbar ist ein unterschiedliches Wachstumsmuster der Wurzeln in Abhängigkeit vom Alter. Dies könnte auch der Grund für die Verteilung des Jungwuchses im Umkreis des Baumes sein, denn

Abb. 8.42: Oben: Schematisierte Aufsicht auf eine Spalte in einer ausgetrockneten Flechtenmatte mit einem Sämling von *Picea glauca*. Unten: Querschnitt durch die Spalte mit der Lage der Wurzeln, der Meßpunkte für die Temperatur in der Flechtenmatte, der Lufttemperatur und -feuchte in der Spalte sowie der Bodentemperaturen unterhalb der Spalte und der Flechtenmatte. Die Ergebnisse der Messungen sind in Tab. 8.5 angegeben.

Legende:
- Umriß des Fichtensämlings
- Flechtenmatten
- Spalt
- Substrat (Sand)
- Abgestorbene und verrottete Flechten
- Wurzeln eines benachbarten, großen Baumes (15 m entfernt)

es kann davon ausgegangen werden, daß das oben erwähnte Feinwurzelnetz sich erst in einem bestimmten Abstand vom Stamm ausbildet (STRONG & LA ROI 1983a, STRONG & LA ROI 1983b).

Problematisch wird es für die Sämlinge dann, wenn sie die Höhe der Flechtenoberfläche erreichen und die Luftschicht mit den mikroklimatisch extremen Bedingungen zu durchwachsen haben. Dies kann durch die Beobachtung belegt werden, daß bei vielen Exemplaren die Haupttriebe auf dieser Höhe abgestorben und immer wieder durch Seitentriebe ersetzt wurden. Das bedeutet aber, daß der Sämling zunächst diese Luftschicht durchwachsen muß, bevor er sich weiter entwickeln kann. Die Situation erinnert prinzipiell an die winterlichen Bedingungen oberhalb der Schneeoberflächen und deren Folgen.

Hinsichtlich der Entwicklung des Bestandes kann aus diesen Messungen die Schlußfolgerung gezogen werden, daß die Auskeimung von Samen möglich ist, wenn Samen angeliefert werden, also ältere Samenbäume in der Nähe sind. Dies garantiert die Verjüngung des Bestandes aber noch nicht, denn die Sämlinge müssen in den ersten Jahren die kritischen Bedingungen an der Spaltenoberkante überstehen. Ob die Verjüngungsrate ausreicht, den Bestand weiter zu schließen, ist schwer zu beantworten. Die Beobachtungen sprechen dagegen. Die älteren Bäume waren über 100 Jahre alt, die zweite Baumgerenration 30–40 Jahre, jedoch so spärlich, daß der Bestand offen ist. Die Sämlinge waren 10 Jahre alt. Diese Altersverteilung zeigt, daß die Bereitstellung von Samen und/oder die Entwicklung von Sämlingen in großen Zeitabständen erfolgt und auch nach mehr als 100 Jahren nicht ausgereicht hat den Bestand zu schließen. Die Bildung eines geschlossenen Bestands würde nach diesen Beobachtungen noch mindestens weitere 100 Jahre in Anspruch nehmen. Bei der gegebenen Feuerfrequenz wird also der Bestand offen gehalten. Die zahlreichen fossilen Bodenprofile in dem umgelagerten Dünensand (3 Lagen in ca. 1 m Aufschlußmächtigkeit, die alle Holzkohle enthielten), weisen auf häufige Waldbrände hin (FILION 1984, PAYETTE 1980). Da das Feuer aber Teil des natürlichen Klimageschehens ist und somit einen natürlichen Faktor mit entscheidenden Einflüssen auf Entwicklung und Stabilität der Wälder darstellt, kann man die offenen Flechtenwälder als Dauergesellschaften der zonalen Vegetation betrachten, natürlich nicht als hypothetische Endgesellschaften. Dabei muß man zusätzlich berücksichtigen, daß die Wirkung des Feuers nicht nur in der Zurücksetzung einer Entwicklung (Sukzession) in den Anfangszustand beruht, sondern anhaltend ist und autogene Mechanismen auslöst, die ihrerseits die Bestände offen halten.

Dies wird untermauert durch Messungen und Beobachtungen von LORIS bei Schefferville. Die auf S. 450 erwähnte Kompartimentierung der Mineralsalze wird durch Waldbrände ausgelöst und ist für die Verjüngung wirksam, wird aber von den Bäumen selbst verursacht. Die Nährstoffanreicherung unter den ehemaligen Baumkronen hat nicht nur zur Folge, daß mehr Samen auskeimen, sondern auch, daß die Sämlinge auf diesen Stellen schneller wachsen, das Bodenvolumen schneller durchwurzeln, als solche, die auf den ehemaligen Flechtenflächen hochkommen. Sie sind dadurch im Vorteil, dominieren im Boden und damit auch im Bestand. In älteren Beständen stehen die dominanten Bäume fast immer in Gruppen, dazwischen stehen aber schlecht wüchsige und z.T. verkrüppelte Einzelexemplare. Ein weiterer Nachteil für die Sämlinge auf den Flechtenflächen in Schefferville ist, daß dort sehr oft noch *Betula glandulosa* steht, deren Wurzeln durch Feuer nicht zerstört werden. Dieser Strauch kann durch Wurzelschößlinge gleich wieder austreiben und hat ein bestimmtes Bodenvolumen schon belegt, bevor die Fichtensamen auskeimen. In Schefferville fiel auch auf, daß die Birkensträucher auf den Brandflächen vitaler aussahen als die im benachbarten ungestörten Bestand.

Zusammenfassend kann festgestellt werden, daß unter dem vorgegebenen klimatischen Rahmen der nördlichen Taiga die Wurzelkonkurrenz als langzeitlich wirksamer, ökosysteminterner Faktor eine außerordentlich wichtige Rolle bei der Aufrechterhaltung der offenen Bestände spielt. Dies wird durch Waldbrände ausgelöst und verstärkt.

Die Beobachtungen an der Baumgrenze am Irony Mountain in der Nähe von Schefferville zeigen, daß dieses Wirkungsgefüge auch in historischer Zeit schon wirksam gewesen sein muß. In der heutigen Krummholzzone stehen alte Baumleichen mit erhaltenen Seitenästen, die bis zum Boden reichen (Abb. 8.43). Die Bäume waren demnach in offenen Beständen hochgewachsen. Die Baumstumpen weisen sämtlich Brandspuren auf. Die Untersuchung des Bodenprofils im Bereich der Baumstumpen erbrachte ein überraschendes Ergebnis. Das Bodenprofil ist ein gut ausgebildeter Podzol mit einem B-Horizont, der tiefer liegt als 1 m. Das Material (Hangschutt) ist dunkel gefärbt und stark verbacken. Unterhalb 1 m konnte deswegen nicht mehr gegraben werden.

Abb. 8.43: Beispiel einer Baumleiche innerhalb der heutigen Krüppelzone am Irony-Mountain bei Schefferville, als Hinweis einer höher gelegenen Baumgrenze in der Vergangenheit (phot. LORIS 1984).

Ca. 10 cm unter der Oberfläche lag das verrottete, aber in der Form noch erhaltene Wurzelsystem des darüber stehenden Stumpen. Die Hauptwurzel hatte einen Durchmesser von ca. 15 cm (Abb. 8.44). Weitere 10–20 cm darunter lag ein weiteres Wurzelsystem, das vollständig zusammengedrückt und stärker verrottet war, als das obere. Es muß also von einem älteren Baum stammen, der vermutlich ebenfalls durch Feuer vernichtet worden war und anschließend von Hangschutt überdeckt worden ist. Wesentlich ist aber die Tatsache, daß der Podzol lediglich unter einer Fläche von etwa 2 m Durchmesser zu finden ist. Daneben grenzt ein Ranker an mit einem höchstens 20 cm tief reichenden Profil ohne Bleich- und Akkumulationshorizont. Dieser Befund kann nur so interpretiert werden, daß am Irony Mountain im Bereich der heutigen Baumgrenze offene Wälder standen, die durch Waldbrände regelmäßig niederbrannten und daß der Jungwuchs aus oben geschilderten Gründen immer wieder an den gleichen Stellen hochkam, auf denen ursprünglich ein Baum gestanden hatte.

Abb. 8.44: Hauptwurzel einer Baumleiche an der heutigen arktisch-alpinen Baumgrenze am Irony-Mountain bei Schefferville. Unter der ca. 15 cm starken Wurzel, lag eine weitere völlig verrottete (auf dem Photo nur undeutlich sichtbare) und zusammengepreßte Wurzel eines Baumes der davor an derselben Stelle gewachsen war (phot. LORIS 1984).

7 Gliederung der nordamerikanischen borealen Zone

Das Zonobiom VIII in Nordamerika wird meist in 2 Subzonobiome gegliedert:
1. Subzonobiom der südlichen geschlossenen Wälder
2. Subzonobiom der nördlichen offenen Flechtenwälder

Das südliche Subzonobiom kann von Ost nach West aufgrund zunehmender Kontinentalität noch in einzelne Biomgruppen unterteilt werden:
a) die Biomgruppen Neufundlands
b) die östliche canadische Biomgruppe
c) die zentrale canadische Biomgruppe
d) die westliche canadische Biomgruppe
e) die Biomgruppe des Yukon-Distrikts in Canada und dem anschließenden Teil Alaskas

Das nördliche Subzonobiom läßt sich derzeit in zwei Biomgruppen unterteilen:
a) die nördliche Taiga im Osten Canadas, in Labrador-Ungava
b) die nördliche Taiga im Westen Canadas (North West Transition)

In Alaska ist eine bestimmte Gliederung infolge der Gebirge und der großen Flußtäler schwer zu erkennen.

8 Orobiome

8.1 Die Übergänge zur montanen und subalpinen Stufe der Rocky Mountains

Die ersten Anzeichen für den Wechsel von den borealen Wäldern zu den Gebirgswäldern der Rocky-Mountains treten in den Hochlagenwäldern im Westen Albertas auf. Mit zunehmender Höhe der Vorgebirge und zunehmender Nähe des Gebirges werden diese Anzeichen immer deutlicher. In der Krautflora äußert sie sich durch das Auftreten von Gebirgsarten wie *Menziesia glabella*, *Rhododendron albiflorum*, *Sorbus scopulina*, *Spiraea lucida*, *Veratrum eschscholtzii*, *Rubus pedatus*, *Vaccinium membranaceum*, *Phyllodoce empetriformis* und *Arnica cordifolia*. Daneben werden auch die pazifischen Arten *Oplopanax horridum*, *Rubus parviflorus*, *Sambucus pubens* (= *S. racemosa*) und *Tiarella trifoliata* häufiger. In der Baumschicht nehmen *Picea engelmannii*, *Abies lasiocarpa*, *Pinus contorta* var. *latifolia* immer mehr zu.

Die Übergänge zu den Wäldern der Rocky-Mountains vollziehen sich jedoch nicht abrupt, sondern innerhalb von Landschaftsbereichen, die von ROWE (1972) als die Sektionen der Unteren Vorgebirge (Lower Foothills), der Oberen Vorgebirge (Upper Foothills), sowie der Nördlichen Vorgebirge (Northern Foothills) ausgegliedert worden sind. Die Oberen Vorgebirge grenzen im Westen unmittelbar an die Rocky-Mountains, die Unteren schließen im Osten an. Beide verlaufen dann als zwei parallele Bänder, vom Südosten Albertas bis in den Osten von Britisch Kolumbien. Dort setzen sie sich in die Nördlichen Vorgebirge fort, die bis in die Nähe der Grenze zu Yukon reichen.

In den genannten Gebieten ist die Vegetation ebenso wie in der Mischwaldsektion durch die häufigen Waldbrände geprägt. In den nach einem Feuer aufkommenden Sekundärwäldern wird allerdings *Populus tremuloides* durch *Pinus contorta* var. *latifolia* ersetzt. Dies gilt sowohl für die Tief- als auch für die Hochlagen und hat zur Folge, daß im Unterschied zur Mischwaldsektion die gesamte Landschaft überwiegend von Nadelwäldern bedeckt ist. Dieser Aspekt bleibt auch in den Rocky-Mountains selbst erhalten, denn auch dort werden die Sekundärwälder überwiegend von *Pinus contorta* aufgebaut (LA ROI & HNATIUK 1980).

Das bedeutet aber, daß von zwei Übergängen ausgegangen werden muß. Einerseits dem von borealen Sekundärwäldern in die Sekundärwälder der Rocky-Mountains und andererseits mit dem der zonalen borealen Wälder in die montanen und subalpinen des Gebirges. Gezielte Untersuchungen zu beiden Fragestellungen liegen unseres Wissens jedoch nicht vor. Allerdings wurden die *Pinus contorta*-Wälder in den Nationalparks Banff und Jasper von LA ROI & HNATIUK (1980) untersucht. Im südwestlichen Bereich der Foothills liegen Untersuchungen von CORNS (1983) vor. Aus den vorhandenen Unterlagen lassen sich jedoch keine nennenswerten Unterschiede zwischen den *Pinus contorta*-Wäldern in den Rocky-Mountains und denen in den Foothills erkennen. Soweit man es, aufgrund der angegebenen Pflanzenlisten beurteilen kann, überwiegen die floristischen Ähnlichkeiten. Das wiederum bedeutet aber, daß von vergleichbaren Sekundärwäldern ausgehend, die Entwicklung in Abhängigkeit vom jeweiligen Gebiet, zu unterschiedlichen zonalen Wäldern verläuft. In den Foothills verläuft sie, auf den gemäßigten Standorten, überwiegend zu den borealen *Picea glauca-Rubus pubescens-Maianthemum canadense*-Waldtypen (CORNS 1983). Diese wiederum entsprechen im wesentlichen dem von ACHUFF & LA ROI (1977) für die Mischwaldregion beschriebenen *Picea-Abies-Viburnum*-Typ. In den Rocky-Mountains selbst verläuft sie auf gemäßigten Standorten unterhalb 1200 m NN zu montanen *Picea glauca*-Wäldern, auf trockenen Standorten zu *Pseudotsuga menziesii*-Wäldern. Zwischen 1200 und 1350 m NN gehen sie aber in *Picea glauca-Abies lasiocarpa*-Wäldern über, oberhalb 1350 m dann in die subalpinen *Picea engelmannii-Abies lasiocarpa*-Wälder.

Die große Bedeutung des Feuers für die Zusammensetzung und die Struktur der Nadelwälder haben die katastrophalen Waldbrände 1988 im Gebiet des Yellowstone Parks bewiesen. Der Verlauf und die Auswirkungen dieser Brände wurde von JEFFERY (1989) beschrieben und mit großen Farbaufnahmen und Karten belegt. Der Sommer 1988 war in diesem Gebiet besonders trocken. Die Streu der Waldbestände, in denen *Pinus contorta* dominiert, enthielt nur 2 % Wasser und nahm auch nachts keine Feuchtigkeit auf.

Der 20. August 1988 war der schlimmste Tag: Eine Kaltfront erzeugte einen Sturmwind mit starken elektrischen Entladungen, aber kaum Regen, wobei die Blitzeinschläge viele Waldbrände erzeugten. Es brannten etwa 640.000 acres (= 64.000 ha) ab, davon waren 24.800 ha im Yellowstone Park, während in den vorhergehenden 116 Jahren (!) insgesamt nur 56.000 ha durch Feuer vernichtet worden waren.

Ein großer Teil der Waldbrände waren Kronenfeuer, deren Flächen 10–100 Jahre zur Wiederbewaldung brauchen. Noch viel größer war der Anteil der Bodenflächenfeuer, nach denen der Wald sich allerdings in 1–10 Jahren regeneriert. Die abgebrannten Graslandflächen werden durch ein einmaliges Abbrennen nur wenig beeinflußt.

Pinus contorta ist ein Pyrophyt, d.h. die Art ist an häufige Brände angepaßt. Ein großer Teil der Kiefernzapfen öffnet sich bei dieser Art erst nach einem Brand und entläßt dann die vielen geflügelten Samen, die in großer Zahl auf den Brandflächen auskeimen, so daß sich jeweils auf einer Brandfläche gleichaltrige Reinbestände bilden, die für den Yellowstone Park sehr charakteristisch sind. Infolge der in diesem Gebiet häufigen Waldbrände dominiert überall dieses erste Sukzessionsstadium mit *Pinus contorta*. Für den Wildbestand sind diese Waldbrände günstig, weil sie dafür sorgen, daß genügend offene Weideflächen vorhanden sind.

An Großwild sind im Yellowstone Park mit einer Fläche, die größer ist als die Schweiz, sowie auf benachbarten Gebieten vorhanden: etwa 93.000 Wapitis (Elche), 2700 Bisons und Hunderte von Wildschafen (big horn sheeps) und Antilopen (pronghorn antelope). Sie profitieren von dem im Winter grünen Gras auf den zahlreichen geothermisch erhitzten Flächen. Die Zahl der Bären ist nicht genau bekannt, die der Grizzly-Bären wird auf 200 geschätzt. Die Müllplätze bei den Herbergen wurden 1970–1971 bereits geschlossen. Mehr als 20 Grizzly-Bären mußte man, weil sie an solchen Plätzen gefährlich wurden, töten. Der Graue Wolf wurde bereits um 1900 ausgerottet.

9 Pedobiome

Diese wurden bereits bei der Besprechung der Bodenverhältnisse (vgl. S. 435 ff.) und bei den Produzenten (vgl. S. 442 ff.) erwähnt, ebenso wie die Muskegs, die Waldhochmoore, die wir auf S. 439 und S. 457 erwähnt haben.

Pflanzensoziologische Aufnahmen liegen für eine Reihe von verschiedenen Pedobiomen vor (nasse Wiesen, Salzmarschen, Sanddünen und Wanderdünen), z.B. von GRANDTNER (1978a, b, 1984), GEHU & GRANDTNER (1982), LAMOUREUX & GRANDTNER (1977, 1978).

Die Moore von Labrador wurden von FOSTER & GLASER (1986) genauer untersucht und zwar zwischen 52°36′N und 53°55′N. Labrador bildet in diesem Gebiet den östlichen Teil des Canadischen Schildes, der aus Gneisen (quarzitisch, feldspatreich), Graniten und Grano-Dioriten besteht. Das Gebiet wurde etwa vor 12.000 Jahren eisfrei. Das Jahresmittel der Temperatur beträgt etwa 0 °C und die über das Jahr ziemlich gleichmäßig verteilten Niederschläge sind mit 1100 mm mit die höchsten in der borealen Zone.

Untersucht wurden acht verschiedene Hochmoore.

Auf die Moore entfällt in diesem Gebiet etwa $^1/_4$ der Gesamtfläche, wobei die Hochmoore auch vielfach auf den Wasserscheidenflächen liegen.

Es wurden unterschieden:

1. Die *Cladonia stellaris-Cl. rangiferina-Kalmia angustifolia*-Gemeinschaft mit *Sphagnum fuscum, Vaccinium oxycoccus, Chamaedaphne caly-*

culata, Rubus chamaemorus, Ledum groenlandicum, Drosera rotundifolia u.a. (insgesamt 19 bis 27 Arten).

2. Die *Sphagnum rubellum-Scirpus caespitosus*-Gemeinschaft mit *Eriophorum spissum, Carex limosa, Andromeda glaucophylla* u.a. (insgesamt 13–19 Arten).
3. Die *Sphagnum lindbergii-Scirpus caespitosus*-Gemeinschaft, auch mit *Vaccinium oxycoccus, Eriophorum, Chamaedaphne* u.a. (insgesamt 12–16 Arten).

In allen drei Gemeinschaften kommt *Sarracenia purpurea* vereinzelt vor, *Picea mariana* nur auf den trockenen, flechtenreichen Bulten. Außer einem typischen Bulten und Schlenken Mosaik kommen auch Moorseen (Kolke) vor. Der größte war 150 × 40 m groß. Sofern die Kolke mit dem mineralischen Untergrund in Verbindung stehen, wachsen in diesen Seen auch *Nuphar variegatum, Menyanthes trifoliata, Carex rostrata, Sparganium angustifolium*.

Selbst in diesem regenreichen, kalten Gebiet sind Moorbrände nicht selten. Die Brandflächen werden zuerst von Flechten besiedelt, doch regeneriert die ursprüngliche Vegetation meist in etwa 20 Jahren, weil die Blütenpflanzen nicht ganz absterben und wieder austreiben.

Die Vegetation der Salzmarschen im Bereich der südlichen Hudson Bay (Manitoba, Canada) wird stark durch die Schneegans *(Anser coerulescens coerulescens)* beeinflußt. Schützt man die Flächen vor deren Beweidung, so stellen sich *Potentilla egedi* und *Plantago maritima* ein, *Puccinellia phryganoides* sowie *Carex subspathacea* erlangen die Vorherrschaft. Außerdem nimmt die Streumenge stark zu (BAZELY & JEFFERIES 1986).

10 Zono-Ökotone

10.1 Das Zono-Ökoton VIII/IX in Nordamerika

Da die nördliche boreale Zone in Nordamerika vor allem aus offenen Nadelholzbeständen mit einem Flechtenteppich besteht, ist die Abgrenzung zwischen ihr und dem Ökoton Waldtundra schwer zu ziehen. ROWE (1972) bezeichnet auch nur einen sehr schmalen Streifen als Waldtundra.

Die *Picea*-Flechtenwälder sind eigentlich keine offenen Bestände; die Bäume stehen zwar, wie wir ausführten, weit voneinander entfernt, das bezieht sich auf die oberirdisch sichtbaren Stämme und Baumkronen, ihre Wurzelsysteme bilden jedoch nahe der Bodenoberfläche ein geschlossenes Geflecht. Wir stellen diese Wälder daher zum ZB VIII.

Nur dort, wo sich die Wurzelsysteme der einzelnen Bäume nicht mehr berühren, sondern freie, nicht durchwurzelte Flächen vorhanden sind, können sich Vertreter der zonalen Tundravegetation, wie z.B. die Zwergbirke *(Betula glandulosa)*, ausbreiten, ohne der Konkurrenz der Baumwurzeln ausgesetzt zu sein. Dann kann man erst von einem Mosaik aus borealer Vegetation und der Tundra, also dem Zono-Ökoton VIII/IX sprechen. Dies ist somit ohne eingehende ökologische Untersuchungen in diesem Falle derzeit noch eine Ermessensfrage.

10.2 Die polare Baumgrenze

Die polare Baumgrenze war in der Postglazialzeit in den letzten 15.000 Jahren in ständiger Bewegung nach Norden oder nach Süden und ist auch heute nicht stabil. Die Verschiebungen sind vermutlich nicht einheitlich an der ganzen Front. Für den NW des Mackenzie-Bezirks wird angegeben, daß sie vor 8500 Jahren um 100 km nördlicher lag als heute. Diese nördliche Lage, die wohl auf höhere Sommertemperaturen zurückzuführen ist, dauerte bis vor 5500 Jahren und etwas östlicher im Central Keewatin-Distrikt bis vor etwa 4800 Jahren. Die Fichten dürften zu dieser Zeit bis 300 km nördlicher als heute verbreitet gewesen sein und erreichten die Beaufort See. Dann verschob sich die Baumgrenze nach Süden. Vor 2100 Jahren lag sie in Keewatin südlicher als heute. Darauf rückte sie vor 2100–1000 Jahren wieder vor und erreichte in Keewatin vor etwa 600 Jahren die heutige Lage.

Die Verschiebungen ganz im Osten des ZB VIII verliefen vielleicht anders. Bei der Diskussion über die für die polare Baumgrenze maßgebenden Faktoren müssen die Forschungen an der alpinen Grenze von OECHEL & LAWRENCE (1985) berücksichtigt werden. Sicher wird die Verschiebung der Baumgrenze durch Waldbrände beschleunigt. Dort, wo die Grenze sich nach Süden verschiebt, wird eine Wiederbewaldung der Brandflächen nicht mehr erfolgen, dort wo sie sich nach Norden vorschiebt, aber vielleicht beschleunigt.

B. Biomgruppe Südamerika

Auf der Südhalbkugel ist das Zonobiom VIII eigentlich nicht vertreten. In dieser dem Zonobiom VIII der Nordhemisphäre entsprechenden Breitenlage ist auf der Südhalbkugel fast durchwegs ozeanisches Gebiet. Am weitesten nach Süden reicht die Südspitze Südamerikas. Auf Feuerland kommen Hochmoore vor, die denen des ZB VIII der Nordhemisphäre sehr ähneln, weshalb wir sie hier erwähnen.

1 Hochmoore in Feuerland

Die in Feuerland vorkommenden Hochmoore sind die einzigen dieser Art auf der ganzen Südhemisphäre. Merkwürdigerweise ähneln sie denen der Taiga der Nordhemisphäre außerordentlich stark. Mehr als bisher angenommen, sind einige der Pflanzenarten bipolar verbreitet (SCHWAAR 1980).

Auf Feuerland (Tierra del Fuego), in der Umgebung von Ushuaia, gibt es zahlreiche Hochmoore. Es stellte sich heraus, daß eine auf unseren Hochmooren weit verbreitete Torfmoosart, die als *Sphagnum medium* benannt worden war, mit dem auf den dortigen Hochmooren dominanten *Sphagnum magellanicum* identisch ist, so daß nach der Prioritätsregel unsere *Sphagnum medium* in *Sph. magellanicum* umbenannt werden mußte. Dem nordhemisphärischen *Empetrum nigrum* entspricht in Feuerland *E. rubrum*, das sich nur durch die Farbe der Früchte unterscheidet. Der Hochmoorat *Carex limosa* entspricht dort *Carex magellanica*, dem *Polytrichum strictum* das dortige *Polytrichum alpestre;* die europäische Moorheide *Erica tetralix* wird dort durch allerdings anders aussehende Ericacee *Pernettya pumila* mit kugeligen Beerenfrüchten ersetzt; die im ozeanischen Gebiet Westeuropas verbreitete Moor-Liliacee *Narthecium ossifragum* wird durch die morphologisch und ökologisch sehr ähnliche Juncaginacee *Tetronium magellanicum* vertreten.

Die laubwerfende Baumart *Nothofagus antarctica,* die mit unserer Buche *(Fagus sylvatica)* nahe verwandt ist und auf den Mooren Feuerlands nur als niedriger Strauch vorkommt (meist auf trockenen Bulten), entspricht ökologisch unserer Zwergbirke *(Betula nana),* die auch auf ähnlichen Standorten auf den europäischen Hochmooren, vor allem in Nordeuropa anzutreffen ist.

Andere nordhemisphärische Arten, die in Feuerland vorkommen, sind: *Primula farinosa, Carex canescens, Carex microglochin, Phleum alpinum* und die Moose *Bryum ventricosum, Cinclidium stygium, Drepanocladus fluitans, D. revolvens, Calliergon sarmentosum* und *Campylium polygamum.*

Das Klima um Ushuaia ist humid. Der mittlere Jahresniederschlag beträgt 556 mm. Die Temperaturen sind niedrig: Mittlere Jahrestemperatur 5,4 °C, die des wärmsten Monats (Januar) 9,8 °C, die des kältesten (Juni) 0,7 °C.

Das Gebiet liegt auf dem 55°S und somit im Bereich der ständig wehenden subantarktischen Westwinde. Auf der Nordhemisphäre entspricht diesem Klima am ehesten das stark ozeanische von Island, einer Insel, die ursprünglich von subpolarem Birkenwald bedeckt war (vgl. auch GLAWION 1985) entsprechend dem *Nothofagus*-Wald auf Feuerland.

Die Waldgrenze liegt bei Ushuaia zwischen 500–600 m NN. Eine eingehende ökologische Untersuchung der feuerländischen Moore und ihrer Dynamik steht noch aus. SCHWAAR (1976, 1979) bringt eine Liste der Bulten-Gesellschaften (Pernettyo-Sphagneten) mit dem deckenden *Sphagnum magellanicum,* sowie *Tetronium magellanicum* (häufig) und *Juncus scheuchzerioides* (seltener); außerdem kommen vor: *Pernettya pumila, Empetrum rubrum, Polytrichum alpestre.* In einigen Vegetationsaufnahmen kamen vor: die Santalacee *Nanodea muscosa* und als Zwergstrauch *Nothofagus antarctica.* In den Schlenken herrschte *Sphagnum fimbriatum* vor und daneben auch *Sph. magellanicum,* dazu die anderen bereits erwähnten Blütenpflanzen, außerdem *Carex curta, C. macloviana, Phleum alpinum* und *Cardamine glacialis.*

Die Zahl der *Sphagnum*-Arten ist auffallend gering.

Der Torf ist sauer (pH = 3) und der Gehalt an N und den Spurenelementen ähnlich niedrig wie in den mitteleuropäischen Hochmooren.

In einer weiteren Arbeit weist SCHWAAR (1981) auf Bulten- und *Sphagnum*-freie Hochmoorgesellschaften hin und macht Angaben über Niedermoore auf der zu Chile gehörenden Isla Navarino südlich des Beagle-Kanals.

Auch auf den Niedermooren (pH = 3,8) kommen viele bipolare Moosarten vor. *Eriophorum* fehlt und wird durch die Juncaceen *Marsippospermum grandiflorum* und *Juncus scheuchzerioides* ersetzt.

Die Cyperaceen- und *Sphagnum*-Moore auf den regenreichen Inseln an der pazifischen chilenischen Küste, die schon südlich des 40°S auftreten, auf denen die Nadelholzart *Dacrydium fonkii* als ein wenige Dezimeter hoher Strauch wächst, sind noch nicht genauer untersucht worden.

Eine gründliche ökologische Erforschung Feuerlands und der südwestlichen Küste Chiles wäre wünschenswert.

Teil 9: Zonobiom IX des arktisch-antarktischen kalten Klimas der Tundra und der polaren Wüsten

Einführung

Zu diesem Zonobiom gehören zwei extrem weit voneinander entfernte Teile, der eine um den Nordpol – das arktische Gebiet –, der andere um den Südpol – das antarktische Gebiet. Gemeinsam ist ihnen das kalte Klima mit einer sehr kurzen und sehr kühlen Sommerzeit sowie die Polarnacht im Winter und der ununterbrochene Polartag im Sommer. Sonst ist das Klima sehr verschieden, weil die Verteilung von Land und Meer am Nord- und Südpol genau entgegengesetzt ist.

Ein Blick auf den Globus zeigt, daß in der Breitenlage vom nördlichen Polarkreis und dem 70°N ein fast geschlossener circumpolarer Landgürtel vorhanden ist, der nur zwischen Skandinavien einerseits und Island sowie Grönland andererseits durch den Nordatlantik unterbrochen wird, während zwischen Asien und Nordamerika die Beringstraße von geringer Bedeutung ist und im Pleistozän fehlte. Um den Pol bis zum 80°N dagegen ist fast nur Meer.

Vollkommen anders ist die Verteilung auf der Südhemisphäre: Dort findet man zwischen dem 50°S und dem südlichen Polarkreis bis auf die kleinen subantarktischen Inseln nur Meer, um den Südpol dagegen bis fast um 70°S jedoch ein Festland mit Hochgebirgen.

Die Folge dieser Situation ist ein stark kontinental getöntes arktisches Klima bis auf den westlichen europäischen vom Golfstrom beeinflußten Anteil mit maritimen Klima und ein ozeanisches Klima über der Eisfläche am Nordpol, während wir auf der Südhemisphäre zwischen 50° und 65°S ein extrem maritimes subantarktisches Klima, dagegen besonders extreme kontinentale Verhältnisse um den Südpol feststellen können. Deswegen ist es zweckmäßig die beiden Teile des Zonobioms IX als A) ZB IX Arktis und B) ZB IX Antaktis getrennt zu behandeln.

In Band 3 haben wir den eurasiatischen Teil der Arktis bereits behandelt, vgl. 491 ff.

Zunächst sei jedoch nochmals kurz auf den für das kalte Klima besonders wichtigen Frostfaktor aufmerksam gemacht.

Mit diesem Faktor hatten wir es schon beim Problem der Abhärtung und der Frostresistenz sowie der Frosttrocknis beim ZB VI zu tun (vgl. S. 317 ff.). Eine noch größere Rolle spielte dieser Faktor beim ZB VIII mit dem kalten gemäßigten Klima. Beim ZB IX dagegen kommt dem Frost oft die entscheidende Bedeutung zu, insbesondere bei den kryoedaphischen Erscheinungen der Kryoturbation und Solifluktion (vgl. Band 3, S. 492, 497) sowie bei dem allgemein verbreiteten **Permafrostboden,** also dem das ganze Jahr hindurch gefrorenen Boden, der nur im Sommer in den obersten Bodenschichten auftaut. Vergleicht man auf der Nordhemisphäre die Karten des Permafrostbodens mit der Karte der arktischen Gebiete einschließlich der Subarktis (Band 3, S. 365, S. 491) (vgl. auch BLÜTHGEN 1970), so erkennt man, daß in der ganzen Arktis mit Jahresmitteln der Temperatur unter 0 °C ein Dauerfrostboden herrscht; eine Ausnahme bildet das ozeanische Klimagebiet von NW-Europa und Island, wo der Permafrost nur sporadisch verbreitet ist. Zwar findet man diskontinuierlichen Permafrostboden sowohl in Asien als auch in Nordamerika weit in die boreale Zone des ZB VIII hineinreichend, aber dort tauen im Hochsommer die oberen Bodenschichten doch ziemlich tief auf, so daß die Böden nicht so flachgründig sind wie in der eigentlichen Arktis. Permafrost kann sich sogar im ZB VIII unter bestimmten Bedingungen wegen der gleichmäßigen Nachlieferung von Wasser im kontinental trockenen Sommer günstig auswirken (Band 3, S. 365).

Wichtiger sind in der Arktis die kryo-edaphischen Erscheinungen – die durch den Frost hervorgerufenen Bewegungen der oberen Bodenschichten. Wir nennen zunächst die im ozeanischen Klimabereich zu beobachtende Erscheinung der **Rasenabschälung** (turf exfoliation) der subpolaren Zonen insbesondere auch der Subantarktis und der Hochgebirge (TROLL 1973), bei der geschlossene Rasendecken durch Deflation abgetragen werden. Dabei ist der Wind nur ein

486 Teil 9: Einführung

Abb. 9.1: Kammeisbildungen (ca. 2–4 cm lange Eisnadeln in paralleler Richtung) und Herausfrieren von Steinen am frühen Morgen in den Hochlagen des Koh-e-Baba (4150 mNN) in Zentral-Afghanistan (phot. S.-W. BRECKLE 1968).

sekundärer Faktor. Die primäre Ursache ist die Kammeisbildung über feinkörnigen, wasserhaltigen Böden, wenn plötzlich Frost auftritt. Es bilden sich dann über dem Boden senkrecht stehende Eiskristalle **(Kammeis)** die den Rasen vom Boden abheben (Abb. 9.1). Der Rasen wird dadurch von den Wurzeln abgerissen und vertrocknet leicht (dieselbe Ursache wie beim Auswintern des Getreides). Starker Wind reißt dann den Rasen auf und trägt ihn ab, so daß nackter Boden verbleibt. Durch eine Trockenperiode begünstigt, machte sich diese Erscheinung 1969 bei Kulturwiesenflächen auf Island besonders stark bemerkbar (ELLENBERG et al. 1971).

Viel häufiger beginnt das Gefrieren des Bodens nicht gleichmäßig auf größeren Flächen, sondern mehr punktförmig zerstreut. Zu dem gefrierenden Bodenkern diffundiert das Wasser aus dem noch nicht gefrorenen benachbarten Boden, weil es eine höhere Dampfspannung besitzt. Durch das Gefrieren und das hinzudiffundierende Wasser tritt eine Volumenvergrößerung der gefrorenen Bodenteile ein; sie üben einen Druck auf die benachbarten noch nicht gefrorenen Bodenteile aus und pressen sie heraus, wodurch das Bodenprofil gestört erscheint **(Kryoturbation).** Oft werden aber die oberen Humusschichten über die Bodenoberfläche gehoben, so daß bei häufigem Wiederholen dieses Vorganges Buckel entstehen. Solche, meist etwas moorige Frostbuckelböden sind für die subarktische Zone ebenso wie für die subalpine besonders bezeichnend (Abb. 9.2).

Abb. 9.2: Sommerweiden im Hochgebirgsbecken des Dasht-e-Nawor (3120 mNN) in Zentral-Afghanistan mit ausgedehnten Frostbuckelwiesen, im Hintergrund mit Sodaverbrackung (phot. S.-W. BRECKLE 1968).

Abb. 9.3: Nicht bewachsene, sehr aktive Frostpolygonmusterböden mit etwa 30 bis 50 cm Durchmesser, tagsüber mit breiiger Gletscherlehmfläche, die nachts und morgens durchfriert (Mir Samir Südseite, Afghan. Hindukush, 4850 mNN) (phot. S.-W. BRECKLE 1967).

Im Moorgebiet der Waldtundra sind Torfhügel von einigen Metern Höhe (die **Palsen,** russisch Bugry) sehr verbreitet. Auch diese sind eine kryopedologische Erscheinung; denn auf dem Schnitt durch einen solchen Hügel erkennt man Schichten von blankem Eis zwischen dem Torf. An den Stellen, wo das Gefrieren früher einsetzt, entsteht ein Eiskern, der Wasser aus der Umgebung anzieht, sich vergrößert und den Torf emporhebt. Diese von Schnee nicht bedeckte Stelle ist für das Eindringen des Frostes in den Boden besonders günstig, so daß von Jahr zu Jahr der Hügel wächst, bis er so hoch ist, daß er den ganzen Winter schneefrei bleibt, am Gipfel austrocknet, Risse erhält und dann vom Wind abgetragen werden kann (vgl. Bd. 3, S. 487). In der eigentlichen arktischen Zone sind andere Solifluktionserscheinungen typischer, wie Flecken-Tundrabildung, Frostnetz- oder Polygonböden, Steinstreifen am Hang (vgl. instruktive Abbildungen in KRANTH et al. 1989), Steinwälle oder Treppenstufen. Die Formenvielfalt der Frostmusterböden ist groß, sie kommen in den alpinen Stufen der Hochgebirge (vgl. Abb. 9.3 und 9.4) ebenso vor, wenn die Zahl der Frostwechseltage ausreichend hoch ist. Die Tatsache, daß diese kryo-edaphischen Erscheinungen sich bereits im Zono-Ökoton VIII/IX stark bemerkbar machen, veranlaßt uns im Rahmen des ZB IX nochmals auf dieses Zono-Ökoton kurz hinzuweisen.

Die Waldtundra ist das Übergangsgebiet von den geschlossenen borealen Nadelwäldern zu der

Abb. 9.4: Dicht mit *Kobresia*-Rasen bewachsene, weitgehend inaktive, also möglicherweise fossile Frostpolygonmusterböden mit etwa 1,5 bis über 3 m Durchmesser, erhöhtem Zentrum und grobem Blockmaterial in den Rinnen, im Wakhangebiet (NE-Afghanistan, kleiner Pamir, 4400 mmN) (phot. S.-W. BRECKLE 1968).

baumlosen arktischen Tundra. Es ist vergleichbar mit den Waldsteppen, die den Übergang von den Laubwäldern zur baumlosen Steppe vermitteln. Es handelt sich jeweils um ein Vegetations-Makromosaik. In der Waldsteppe bevorzugt der Wald allerdings die feuchten und kühlen Ökotope, während er im Gegensatz dazu in der Waldtundra an die warmen und weniger nassen gebunden ist, entsprechend dem Gesetz der relativen Standortskonstanz. Dadurch kommt im Landschaftsmosaik eine andere Verteilung zustande.

Eine wichtige Rolle spielt die Schneebedeckung. Die Schneedecke ist im arktischen Gebiet mit Ausnahme der Bereiche mit einem ozeanischen Klima nicht sehr mächtig, aber die Schneeablagerung erfolgt ungleichmäßig. Dort wo größere Schneemassen zusammengeweht werden, dauert es lange, bis im Sommer der Boden schneefrei wird und auftaut, d.h. die Aperzeit ist sehr kurz, was den Baumwuchs hemmt.

Ein eng verzahntes Vegetationsmosaik boreal-subarktischer Vegetationseinheiten wurde in der Umgebung des Ovre Heimdalsvatn in Norwegen genauer untersucht (VIK 1978). Das Birken- und Weidendickicht ist umgeben von oligotrophen Mooren, von Hochstaudenfluren mit *Lactuca alpina* und verschiedenen Zwergstrauchheiden. Die chionophoben Heiden («schneemeidend») sind auf den Stellen mit besonders langer Aperzeit häufig, sie werden vor allem von *Loiseleuria*, *Juncus trifidus*, *Arctostaphylos uva-ursi* und *A. alpina* zusammengesetzt. Die Zwergstrauchheiden mit *Vaccinium myrtillus* hingegen brauchen bereits eine längere Schneebedeckung im Winter. In ihnen ist vor allem noch *Phyllodoce coerulea* ein wichtiger Vertreter. Diese chionophilen Heiden («schneeliebend») kommen an Stellen mit langer Schneebedeckung im Jahr vor. Sie sind besonders reich an Grasartigen, z.B. *Carex bigelowii*, teilweise auch *Nardus stricta*. Der lange Schneeschutz ermöglicht weniger frostharten Arten, ohne Frosttrocknis-Schäden den langen Winter zu überdauern. Die Abfolge hat große Ähnlichkeit mit der in den Alpen. Als am längsten schneebedeckt sind auch hier die Schneetälchen hervorzuheben, in denen *Ranunculus acris*, *Polygonum viviparum* und *Potentilla crantzii* auftreten. Dieses Gebiet, in dem insbesondere ein oligotrophes Süßwasserökosystem untersucht wurde, ist noch weitgehend unberührt und war praktisch nie beweidet worden (VIK 1978).

Neben der Schneemächtigkeit spielt im Zono-Ökoton VIII/IX und dann vor allem im Zonobiom IX die Temperaturverteilung eine manchmal ausschlaggebende Rolle. Stärker bestrahlte Südhänge tragen Wald auch noch weiter im Norden, an Nordhängen dagegen stellt sich die Tundra ein.

Über die polare Baumgrenze haben wir in Band 3, S. 486ff. die wichtigsten ökologischen Grundlagen abgehandelt. Zu den grundlegenden, ökologischen Faktoren des Zonobioms IX in der Arktis Eurasiens wurde eine Übersicht gegeben über das Klima (S. 491ff.), über die Böden (S. 495ff.), über die Produzenten etc. (S. 500ff.) und auch über Forschungsarbeiten zu den Ökosystemen (S. 508ff.). Für die nordamerikanische Arktis werden hierzu im folgenden zusätzliche Angaben gemacht.

A. Arktisches Zonobiom

Allgemeines

Das Zonobiom IX der Arktis läßt sich in zwei Biomgruppen trennen:
1. Die Eurasiatische Biomgruppe, zu der der größte Teil der arktischen Landfläche gehört und der bereits in Band 3 (S. 491ff.) ausführlich behandelt wurde.
2. Die Nordamerikanische Biomgruppe, die in diesem Band behandelt werden soll.

Grönland nimmt eine Sonderstellung ein. Geographisch gehört es mehr zu Nordamerika, politisch zu Europa. Von Europa aus wurde es frühzeitig besiedelt und verwaltet. Auch die ökologische Erforschung erfolgte von Europa aus. Floristisch tendiert die Ostküste Grönlands zu Nord-Europa, die Westküste dagegen zu Nordamerika. Grönland bildet somit ein Zwischenglied zwischen der europäischen und der nordamerikanischen Arktis mit vielen Besonderheiten, z.B. extrem ariden Verhältnissen in tiefen Trogtälern. Es wird deshalb als selbständige Einheit innerhalb des Zonobioms IX angesehen.

Die nordamerikanische Arktis unterscheidet sich geomorphologisch deutlich von der eurasiatischen, die eine geschlossene Landmasse mit einzelnen vorgelagerten Inseln darstellt und leichter zugänglich ist durch die großen Ströme, die weit im Süden entspringen. Im Sommer herrscht Schiffsverkehr entlang der sibirischen Nordküste und auf den Flüssen. In Notfällen lassen sich Eisbrecher einsetzen. Eine Reihe meteorologischer Stationen gibt Auskunft über die jeweiligen Eisverhältnisse. Auch die vorgelagerten Inseln sind im Sommer leicht erreichbar. Die Tundra ist seit langem von verschiedenen finnisch-ugrischen Stämmen besiedelt, die vom Fischfang und domestizierten Rentierherden leben. Größere Siedlungen wurden zur Ausbeutung von Bodenschätzen in jüngerer Zeit gegründet. Das ermöglichte, wie wir in Band 3 zu zeigen versuchten, die planmäßige ökologische Erforschung großer Teile der Arktis.

Im Gegensatz dazu ist die nordamerikanische Arktis schwerer zugänglich. Die Landfläche ist durch zahllose Buchten zerteilt. Zwischen der Baffin Bay im Osten und der Beaufort-See im Westen findet sich ein Gewirr von einzelnen großen und vielen kleinen Inseln bis über den 80°N hinaus. Durch den kalten Labradorstrom im Osten bedingt, reicht die Arktis auf Labrador und um die Hudson Bay bis zum 55°N nach Süden, also bis zu einer Breite, die in Europa Nord-England oder der von Flensburg entspricht. Das ganze Gebiet ist praktisch unbesiedelt. Stützpunkte sind in neuerer Zeit nur zur Ausbeutung von Erdölvorkommen entstanden. Sie gaben die Möglichkeit zur ökologischen Erforschung des Gebiets. Das gilt insbesondere für die Arktis um Barrow in Alaska an der Nordküste (71°18'N, 156°40'W) sowie von Prudhoe Bay etwa 320 km östlicher davon. Die russische Literatur wurde infolge der Sprachbarriere nicht berücksichtigt, so daß die meisten Feststellungen deren Befunde bestätigen. Wir können uns deshalb kürzer fassen.

Zur Vegetationsgeschichte der periglazialen Steppen in Alaska liegen Hinweise von MURRAY (1978) vor. Während der Glazialzeiten muß man aufgrund der glazialen Meeresspiegel-Absenkung für die Bering-Landbrücke eine erhebliche Breite annehmen. Über diese große Landbrücke war ein Austausch der Fauna und z. T. der Flora zwischen NE-Asien einerseits und Alaska Yukon andererseits erfolgt. Die Breite dieser Landbrücke war wohl so groß, daß sie eine gewisse klimatische Zonierung von Nord nach Süd aufweisen mußte. Das Brooks-Gebirge muß den Zufluß der Kaltluft aus dem vereisten Gebiet im Norden des Gebirges ins nördliche Alaska verhindert, ein extrem arides Klima im Inneren Alaskas erzeugt und dementsprechend eine **periglaziale Steppenvegetation**[1] ermöglicht haben, was einerseits durch die Lößablagerungen mit viel *Artemisia*- und Gräser-Pollen mit Spuren von *Carex*- und *Salix*-Pollen und andererseits durch die zahlreichen Knochenfunde von typischen Steppentierarten belegt wird, wie z. B. der Saiga, die für die eurasiatischen Steppen bezeichnend ist. Sie muß sogar am Nordhang der Brooks Range vorgekommen sein. Durch diesen Steppenkorridor konnten die Großwildarten wie Mammut, Bison und Wildpferd aus Asien nach Nordamerika einwandern (MURRAY 1978).

1 Klima

Die Umweltbedingungen in der nordamerikanischen Arktis entsprechen ziemlich weitgehend denen in Eurasien, so daß wir sie hier nicht zu wiederholen brauchen und auf das in Band 3 (S. 491 ff.) Gesagte verweisen können. Für das Klima ist die Kürze der Vegetationszeit bezeichnend: für die Pflanzen ist das Mikroklima in Bodennähe besonders wichtig und für das Kleinmosaik oft ausschlaggebend.

Die Biosphäre ist in der Arktis nur eine sehr dünne Schicht. Zu ihr gehört die oberste Bodenschicht, die im Sommer auftaut und durchwurzelt ist und die bodennahe Luftschicht, soweit die Pflanzen in sie hineinragen.

In der Südlichen Arktischen Zone können es noch die oberen 50 cm des Bodens sein und der unterste Meter der bodennahen Luftschicht. In der Nördlichen Arktischen Zone taut der Boden weniger tief auf, und die Pflanzen liegen dem Boden meistens dicht an, nur die Blüten- und Fruchtstände ragen evtl. etwas höher hinauf. Die Biosphäre ist hauchdünn, nur wenige cm mächtig.

Für Barrow wird über das Klima folgendes angegeben. Es ist mit einem Jahresmittel von −12,5 °C sehr kalt. Nur 87 Tage im Juni–August haben ein Tagesmittel über 0 °C, aber frostfrei sind nur 34 Tage. Die Monatsmittel können in den einzelnen Jahren um 3–4° schwanken, was für den Pflanzenwuchs von Bedeutung ist. Obgleich der Jahresniederschlag wenig über 100 mm beträgt,

---

[1] Für diese periglazialen Steppen wurde auch der Name «Mammutsteppe» vorgeschlagen, um darauf hinzuweisen, daß diese Steppen heute in dieser Ausprägung nicht mehr existieren und nicht nur die großen Herbivoren, sondern wohl auch manche Pflanzenarten ausgestorben sind (MURRAY 1978, nach GUTHRIE).

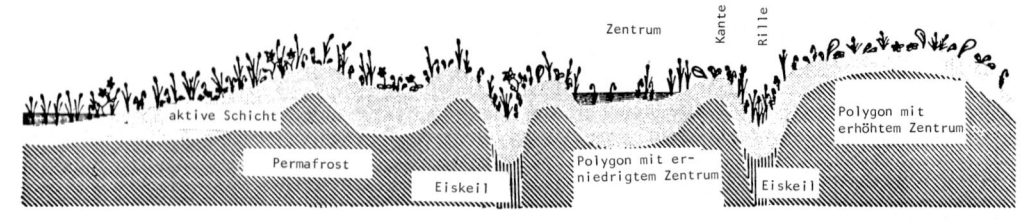

Abb. 9.5: Schematisches Profil der verschiedenen geomorphologischen Formen der Tundra und der Wuchsformen der Vegetation auf den Polygonbildungen mit erniedrigtem oder erhöhtem Zentrum, auf den Wulsten (Kanten) und in den Rinnen (aus TIESZEN 1978).

ist das Klima humid; häufige Bewölkung und Nebel im Sommer verringern die Gesamtstrahlung, die Mitte Juni bis auf 205 cal · cm^{-2} · d^{-1} ansteigt. Der hocharktische Klimatypus geht aus dem Klimadiagramm für Kotzebue, Barrow, Inuvik oder Dewar Lake, vgl. Abb. 8.5 (S. 430) hervor.

2 Böden

Für den Boden ist der **Permafrost** von größter Bedeutung. Er verhindert das Eindringen der Niederschläge und des Schmelzwassers in den Boden, bewirkt somit im ebenen Gelände eine starke Vernässung. Außerdem sind die Solifluktionserscheinungen von großer Bedeutung (vgl. Band 3, S. 497).

Für das Untersuchungsgebiet Barrow wird bezüglich der Bodenverhältnisse angegeben: Das Untersuchungsgebiet Barrow war im Pleistozän nicht vereist, doch sind die Böden nach einer Meerestransgression nur 5000–10.000 Jahre alt. Es handelt sich um eine sehr ebene Niederung mit Frostnetzböden und Polygonen von 5–12 m Durchmesser, deren zentrale Teile entweder erhöht oder vertieft sind und dann lange Zeit von Wasser im Sommer bedeckt werden (Abb. 9.5). Das Gebiet gehört zum Grenzgebiet des Subzonobiom der Nördlichen Tundra. Die oberflächlich an organischen Stoffen reichen Böden sind sauer (pH 4,0–5,5) und liegen über dem schluffig-tonigen mineralischem Grund. Sie sind in 5 cm wassergesättigt und tauen im Sommer nur 25–35 cm auf. Der Permafrostboden darunter reicht mehrere 100 m tief.

3 Produzenten

Zu den Produzenten gehören verschiedene niedrig wachsende Lebensformen und auf feuchteren Biotopen vor allem Moose und Flechten auf trockeneren Stellen. Ihr Verhalten wurde ebenfalls schon in Band 3 (S. 500 ff.) ausführlich behandelt.

Die Flora von Barrow ist mit 125 Arten an Gefäßpflanzen arm, die von Prudhoe Bay 320 km östlicher und kontinentaler (mit 172 Arten), aber mit Kalkböden reicher. Dort kommen *Dryas integrifolia, Silene acaulis, Oxytropis* spp., *Lloydia serotina, Anemone parviflora, Parnassia, Saussurea, Artemisia* u. a. vor. Die Vegetation wurde bei Barrow auf einer 110 ha umfassenden Karte dargestellt. Das Mikrorelief spielt für die Gliederung die Hauptrolle. Man unterscheidet 8 Phytozönosen (vgl. Tab. 9.1).

4 Konsumenten und
5 Destruenten

Auch die Konsumenten und Destruenten unterscheiden sich wohl nur wenig von denen in Nordeurasien. Das für die Produzenten Gesagte, gilt daher auch für die Konsumenten und Destruenten. Wir beschränken uns beshalb auf die Besprechung der speziellen ökologischen Untersuchungen, die vor allem in Nord-Alaska durchgeführt wurden.

Im Bereich des Untersuchungsgebiets in Nord-Canada im Truelove Lowland halten sich an Säugetieren den ganzen Sommer hindurch 20 Moschusochsen *(Ovibus moschatus)* auf der Ebene auf, außerdem im Mittel 2,2 Lemminge *(Distrostonyx groenlandicus)* pro ha; von Vögeln nisten *Plectrophenax nivalis* und *Calcarius lapponicus*. Als Räuber wurde der Fuchs *(Alopex lagopus)* und das Wiesel festgestellt.

Ein Sammelband mit 21 Beiträgen über die Bodenorganismen und den Stoffabbau in der Tundra unter Berücksichtigung verschiedener Teilgebiete sowohl der Arktis als auch der Antarktis erschien 1974. Viele Ergebnisse sind vorläufig und erlauben noch keine sicheren Rückschlüsse (HOLDING et al. 1974). Wir weisen nur auf den

Tab. 9.1: Bezeichnung, charakteristische Arten und wichtigste Mikroreliefangaben für die acht Vegetationstypen bei Barrow (IBP-Fläche)

	Bezeichnung	Charakteristische Arten	Mikroreliefangaben
I.	Trockene *Luzula confusa*-Heide	*Luzula confusa, Potentilla hyparctica, Alectoria nigricans, Pogonatum alpinum* und *Psilopilum cavifolium*	Polygone mit erhöhtem Zentrum
II.	Frische *Salix rotundifolia*-Heide	*Salix rotundifolia, Arctagrostis latifolia, Saxifraga punctata, Sphaerophorus globosus* und *Brachythecium salebrosum*	Polygone mit erniedrigtem Zentrum und abschüssigen Bachufern
III.	Frische *Carex aquatilis-Poa arctica*-Wiese	*Carex aquatilis, Poa arctica, Luzula arctica, Cetraria richardsonii* und *Pogonatum alpinum*	Unebene Polygonrücken und Polygonflächen mit trockenen vieleckigen Kleinflächen
IV.	Feuchte *Carex aquatilis-Oncophorus wahlenbergii*-Wiese	*Carex aquatilis, Oncophorus wahlenbergii, Dupontia fisheri, Peltigera aphthosa* und *Aulacomnium turgidum*	Feuchte, flache Stellen und drainierte Polygontröge
V.	Nasse *Dupontia fisheri-Eriophorum angustifolium*-Wiese	*Dupontia fisheri, Eriophorum angustifolium, Cerastium jenisejense, Peltigera canina* und *Campylium stellatum*	Nasse, flache Stellen und Polygontröge
VI.	Nasse *Carex aquatilis-Eriophorum russeolum*-Wiese	*Carex aquatilis, Eriophorum russeolum, Saxifraga foliolosa, Calliergon sarmentosum* und *Drepanocladus brevifolius*	Erniedrigte Polygonzentren und Teichränder
VII.	*Arctophila fulva*-Teichränder	*Arctophila fulva, Ranunculus pallasii, Ranunculus gmelini, Eriophorum russeolum* und *Calliergon giganteum*	Teich- und Bachränder
VIII.	*Cochlearia officinalis*-Pionierrasen	*Cochlearia officinalis, Phippsia algida, Ranunculus pygmaeus, Stellaria humifusa* und *Saxifraga rivularis*	Schneetälchen, Bachränder und Bachufer

Beitrag von ALEXANDER (S. 109–121, in HOLDING et al. 1974) hin, der angibt, daß auf Devon Island und bei Barrow die N-Versorgung der Vegetation vor allem durch die Luftstickstoff-bindenden Algen und Flechten erfolgt. Demgegenüber scheint die Zufuhr von gebundenem Stickstoff durch Niederschläge oder durch versprühtes Meerwasser unbedeutend zu sein.

Zur N-Bindung brauchen die Organismen Energie. Als Energiequelle dient die im Sommer ununterbrochene Strahlung. Die N-bindenden Organismen wachsen direkt an der Bodenoberfläche, so daß sie auch relativ stark erwärmt werden.

6 Ökosysteme

6.1 Ökologische Untersuchungen im Gebiet von Barrow, Alaska

An der Forschungsarbeit in den Jahren 1970–1974 nahmen 43 Mitarbeiter teil (TIESZEN 1978).

Genaue Angaben über die Phytomasse findet man in Tab. 9.2. Die oberirdische Phytomasse schwankt bei den einzelnen Phytozönosen zwischen 50 und 362, im Mittel liegt sie bei $121,5 \cdot g \cdot m^{-2}$. Die unterirdische Phytomasse beträgt 153 bis 1305, im Mittel $733,5 g \cdot m^{-2}$. Sehr groß ist der Anteil der unterirdischen toten Phytomasse intakter Pflanzenorgane («Underground dead intact plant organs») mit 291–6367 und im Mittel $2565 g \cdot m^{-2}$.

Die oberirdische Phytomasse macht nur etwa $1/6$ der unterirdischen aus.

Die Netto-Primärproduktion der einzelnen Phytozönosen beträgt im Mittel etwa $48,1 g \cdot m^{-2} \cdot a^{-1}$ (vgl. Tab. 9.3).

Berücksichtigt man den Flächenanteil der einzelnen Phytozönosen an der gesamten kartierten Fläche von 110 ha, so erhält man eine Produktion von rund $0,42 t \cdot ha^{-1} \cdot a^{-1}$.

Wird die Vegetation durch äußere Einwirkungen zerstört, so kann sie innerhalb von etwa 20 Jahren wieder regenerieren.

Für die Gliederung der Vegetation ist das Mikrorelief von größter Bedeutung, denn es be-

Tab. 9.2: Ausgewählte Phytomasse-, Produktions- und davon abgeleitete Werte (Umsatzraten; in $g \cdot m^{-2}$ bzw. $g \cdot m^{-2} \cdot a^{-1}$) für die einzelnen Vegetationstypen (vgl. Tab. 9.1) bei der Barrow IBP-Fläche / Alaska. Bei jedem Vegetationstyp ist die Zahl der untersuchten Parallelen in Klammer angegeben.

	Vegetationstyp								
	I(1)	II(5)	III(11)	IV(6)	V(6)	VI(8)	VII(2)	VIII(4)	Mittelwert
Oberirdische Phytomasse									
krautige Dicotyle	4,5	5,2	0,9	3,3	3,4	1,8	40,3	14,7	9,3
holzige Dicotyle	5,4	31,0	31,1	2,6	0,8	0	0	0	8,9
Monocotyle	9,4	4,1	31,1	41,4	49,1	44,8	78,8	32,9	36,1
Summe Gefäßpflanzen (TP)	19,3	40,3	63,1	47,3	53,3	4,8	118,6	47,6	54,3
Flechten	14,8	37,3	55,1	4,6	11,3	0,2	0	13,7	17,1
Moose	15,6	7,5	244,0	40,0	19,1	36,7	18,0	20,0	50,1
Summe Phytomasse	49,7	85,1	362,2	91,9	83,7	81,7	136,6	81,3	121,5
Oberirdische Produktion d. TP	18,1	25,3	39,3	45,1	51,1	43,9	115,0	47,0	48,1
Unterirdische Phytomasse									
Stammbasen	112,6	0	64,4	259,6	76,8	111,2	2,2	3,0	66,2
Lebende Rhizome	59,2	108,1	110,0	91,3	219,8	77,1	43,4	44,2	94,1
Lebende Wurzeln	399,0	363,3	626,2	644,6	1008,3	866,2	466,4	105,9	560,0
Phytomasse, gesamt	570,8	471,4	800,6	995,5	1304,8	1054,5	512,0	153,1	733,5
Verhältnis: Sproß/Wurzel (oberird./unterird. TP)	29,6	11,7	12,7	21,1	24,5	23,5	4,3	3,2	16,3
Oberirdische tote Biomasse (TP)									
Tote stehende Pflanzen (SP)	57,4	32,7	31,1	35,5	51,4	43,3	35,6	32,3	39,9
Streu (L) und lieg. tote Pflanzen (DP)	41,4	126,8	121,4	67,0	75,2	46,9	63,9	84,6	78,4
Unterirdische tote Phytomasse									
Intakte Pflanzenorgane	2804,9	1399,6	6367,4	3370,1	2105,6	2950,7	1227,5	291,3	2564,6
Umsatzraten pro Jahr									
Oberird. TP-Phytomasse	1,1	1,6	1,6	1,1	1,0	1,0	1,0	1,0	1,4
Oberird. lebende Phytomasse (+SP)	4,2	2,9	2,4	1,8	2,1	2,0	1,3	1,7	2,3
Oberird. Streu (L+DP)	2,3	5,0	3,1	1,5	1,5	1,1	0,6	1,8	2,1
Oberirdische Phytomasse, gesamt	6,5	7,9	5,5	3,3	3,5	3,1	1,9	3,5	4,4
Unterirdische Phytomasse, gesamt	31,5	18,6	20,4	22,1	25,5	24,0	4,5	3,3	19,3

stimmt die Feuchtigkeit des Bodens und dessen Durchlüftung (H$_2$S-Gehalt). Ein wichtiger Faktor ist auch der Phosphatgehalt des Bodens. Weitere Faktoren spielen ebenfalls eine Rolle: Wind und Schneebedeckung, Auftautiefe, Solifluktion und Substratstabilität sowie die Aktivität der Lemminge. Von der nicht gestörten Pflanzendecke entfallen 58% auf Moose, 27% auf Monocotyle (besonders *Carex aquatilis*, incl. *C. stans*), aber auch *Poa arctica*, *Dupontia fisheri* und *Eriophorum angustifolium*), 6% auf niederliegende Sträucher (*Salix rotundifolia*), 5% auf Kräuter (sehr häufig ist *Saxifraga cernua*) und nur 4% auf Flechten, die jedoch ein wichtiges Futter für Herbivoren bilden.

Die Produktion nimmt im allgemeinen mit der Feuchtigkeit des Standorts zu, ebenso der Abbau. Die Pflanzen vermögen den größten Teil des Stoffaufbaus in 60 Tagen abzuschließen und die Samenbildung in 75 Tagen. Die phänologischen Daten verschieben sich von Jahr zu Jahr je nach der Witterung sehr stark.

Tab. 9.3: Die jährliche Netto-Produktion an oberirdischer Gefäßpflanzen-Phytomasse der einzelnen Vegetationstypen, ihr prozentualer Beitrag zur gesamten oberirdischen Produktivität des Gebiets der Barrow IBP Untersuchungsregion für die 1972 Wachstumsperiode.

Vegetationstypen	Zahl an Aufnahmeflächen	Maximal gemessen	Mittelwert ($g \cdot m^{-2} \cdot a^{-2}$)	Prozentualer Flächenanteil	Prozentualer Beitrag zur Produktion
I	1	18,1	18,1	3,0	1,3
II	5	28,6	25,3	7,2	4,3
III	11	72,6	39,3	41,0	38,0
IV	6	74,5	45,1	20,9	22,2
V	6	74,9	51,1	6,9	8,3
VI	8	106,8	43,9	14,6	15,1
VII	2	118,5	115,0	2,3	6,3
VIII	4	61,8	47,0	4,1	4,5
Mittelwert	–	–	48,1	–	42,4

Mit Beginn der Vegetationszeit entwickelt sich die Blattfläche linear bis zum Maximum von BFI (LAI) von 1,1–1,4 Anfang August zunächst auf Kosten der unterirdischen Reserven. Bei den vorherrschenden Monocotylen sind die Blattflächen ziemlich vertikal orientiert, was bei dem niedrigen Sonnenstand von Vorteil sein dürfte. Von den N-bindenden Flechten ist *Peltigera* an feuchten Stellen auf der Versuchsfläche vertreten, ebenso *Stereocaulon* und bei Prudhoe Bay *Collema*. Bei der großen Feuchtigkeit der Böden spielen auch Algen eine Rolle. Es wurden 59 Arten bestimmt. *Nostoc* (z.B. in *Collema*) bindet ebenfalls N. Die gesamte N-Bindung wird bei Barrow auf 70 mg $N \cdot m^{-2} \cdot a^{-1}$ geschätzt. Das ist ein Vielfaches der N-Zufuhr durch Niederschläge. Mykorrhizapilze wurden an nicht zu nassen Standorten nachgewiesen. *Salix*-Arten sind in der Arktis auf sie angewiesen. Die Untersuchung der Photosynthese ergab, daß die Tundrapflanzen selbst bei tiefen Temperaturen noch relativ intensiv CO_2 assimilieren, so daß die Assimilatbildung etwa der bei Pflanzen der gemäßigten Zone entspricht, weil sie in der Arktis Tag und Nacht ohne Unterbrechung erfolgt. Ab 1. August macht sich bei den Tundra-Pflanzen eine Alterung der Blätter bemerkbar, und die Werte sinken ab. Sehr eingehend wurde die Photosynthese bei den Moosen gemessen. Ihre Netto-Primärproduktion erreicht 22 g (TG) $\cdot m^{-2} \cdot a^{-1}$ und damit 50–95% derjenigen von den Gefäßpflanzen an feuchten Standorten. Das ist möglich, weil die Moose einen niedrigen Lichtkompensationspunkt besitzen, bei niedrigen Temperaturen intensiv CO_2 assimilieren, frostresistent sind, somit während der Vegetationszeit nicht altern und im Versuchsgebiet nie unter Wassermangel leiden.

Sehr zahlreich sind die ökophysiologischen Beiträge über Versuche mit einzelnen Tundra-Arten oft unter Laborbedingungen. Es handelt sich dabei jedoch mehr um Vorversuche, die sich im Hinblick auf das gesamte Ökosystem noch nicht auswerten lassen. Besonders wichtig ist jedoch, daß sich bei den Blattanalysen ein akuter **N-Mangel,** gefolgt von einem P-Mangel ergab. Es hat ja bereits DADYKIN (1950, 1956) gezeigt, daß die Xeromorphie (besser Peinomorphie, d.h., eine Mangelkrankheit) bei arktischen Pflanzen auf N-Mangel beruht, weil die N-Aufnahme durch tiefe Temperaturen gehemmt wird, was GREB (1957) bestätigte. Stickstoffmangel wiederum ändert den Assimilathaushalt, hemmt die Ausbildung der Blattfläche und damit die Produktion. Auch für Barrow kommt TIESZEN zu dem Schluß (Seite 641):

«This also suggests that the main limitation to photosynthesis and productivity is the allocation pattern and the rate of foliage production rather than photosynthetic processes».

Die begrenzenden Faktoren für das Wachstum können aber auch wechseln, je nach Bedingungen. In der alpinen Stufe Nord-Skandinaviens in 600 m NN auf 68°25′N findet man *Salix herbacea* nur auf Flächen mit kurzer Aperzeit. Dabei ergab sich nach Untersuchungen von WIJK (1986), daß die maximale stehende Phytomasse und Sproßdichte im Bereich der kürzesten Aperzeit der von *S. herbacea* eingenommenen Flächen vorhanden war, während das maximale Wachstum der einzelnen Sprosse auf Flächen mit längerer Aperzeit festgestellt wurde. Doch sind in diesem Falle die Sproße weniger alt; über 10 Jahre alte fehlten ganz. Das deutet darauf hin, daß unter günstigeren Wachstumsbedingungen die Entwicklung durch zu geringe Konkurrenzkraft und durch größere Herbivorenschäden beschränkt wird. Für das Wachstum der Sprosse ist die Menge der im Jahr zuvor gebildeten Kohlenhydrate als Speicher ausschlaggebend.

6.2 Canadische Versuchsfläche Truelove Lowland

Diese liegt noch etwas weiter im Norden im Nordosten von Devon Island (75°40′N, 80°40′W) und umfaßt insgesamt eine Fläche von 42 km². Sie ist eine Ebene mit einer maximalen Höhe von 65 m NN. Nasse Wiesen mit Cyperaceen und Gräsern bedecken 57% der Ebene. Das angrenzende Meer ist bis auf die Monate August–Oktober mit Eis bedeckt; infolgedessen sind Nebel seltener und die Sommertemperaturen etwas höher. Permafrost ist überall, nur die oberen 25–30 cm des Bodens tauen auf und gefrieren wieder Ende August; die Vegetationszeit beträgt im Mittel 65 Tage. Die Julitemperatur an der Brandfläche kann 52 °C überschreiten.

Die wichtigste Pflanzenart ist *Carex stans*, dazu kommen *Polygonum viviparum*, *Salix arctica*, *Dryas integrifolia* und viele Moose. Alle vorkommenden Arten blühen schwach in der Hocharktis.

Es liegen bereits die Ergebnisse für die Primärproduktion der Vegetation vor (BLISS and WIELGOLASKI, eds., 1973).

Drei *Carex*-Phytozönosen wurden von M. MUC (1973) untersucht:

1. Die Frostbulten-Cariceten mit *Carex membranacea*, *Eriophorum triste* und *Draba alpina* sowie *Saxifraga oppositifolia* und *Dryas integrifolia* als Trockenheitszeiger,
2. die Hügelcariceten mit *Carex stans* zusammen mit *Poa arctica* und *Draba lactea*,
3. die von fließendem Wasser dauernd überfluteten fast reinen *Carex stans*-Bestände mit etwas *Pleuropogon sabinei* sowie *Ranunculus hyperboreus*.

Der Blattflächenindex (LAI) war bei 1 = 0,31, bei 2 = 0,63 und bei 3 = 0,38.

Für die Phytomasse wurden folgende maximale Werte ermittelt, vgl. Tabelle 9.4.

Die mittleren Werte der oberirdischen Primärproduktion (in Klammern die der unterirdischen) von Gefäßpflanzen waren (g(TG)·m^{-2}·a^{-1}). Bei

Tab. 9.4: Maximalwerte der Phytomasse von drei *Carex*-Phytozönosen nach MUC (1973), Angaben in g TG·m^{-2}

	1	2	3
Oberirdisch			
lebend	57,2	91,4	79,3
tot	107,7	179,3	126,1
insgesamt	164,9	270,7	205,4
Unterirdisch			
lebend	369,6	1073,3	609,6
tot	329,1	947,1	609,6
insgesamt	698,7	2020,4	1307,3

1 = 28,8 (59,6), bei 2 = 44,7 (190,9) und bei 3 = 45,7 (183,6).

Die unterirdische Produktion war somit etwa 2–4mal größer als die oberirdische.

Über die Ebene erheben sich stufenweise frühere Strandwälle, auf die 13,2% der Gesamtfläche entfallen; sie sind mehrere hundert Meter lang und 30–150 m breit. Ökologisch zeichnen sie sich dadurch aus, daß sie 1–2 Wochen früher schneefrei werden, gut dräniert und dem Wind ausgesetzt sind. Sie bilden am Hang aufwärts den Übergang zur polaren Wüste, denn die Trockenheit nimmt zu, und die Wachstumsbedingungen werden ungünstiger. Von den im Gebiet vorkommenden 93 Arten der Gefäßpflanzen halten nur 15 auf den Uferwällen aus. Am Hangfuß ist es feuchter, und die Deckung erreicht 50–100% mit *Carex misandra*, *Dryas integrifolia*, *Saxifraga oppositifolia*, *Salix arctica*, *Cassiope tetragona*; dazu kommen *Carex rupestris*, *Arenaria rubella*, *Silene acaulis*, *Cerastium alpinum*, *Melandrium affine*, *Oxyria digyna*, *Polygonum viviparum*, *Papaver radicatum*, *Draba* sp. und *Pedicularis lanata*. Am trockneren Hang wächst eine Polsterpflanzen-Lichenes-Phytozönose mit dominanten *Carex nardina* und *Dryas integrifolia*. Der Grat ist fast vegetationslos, und in der arktischen Wüste des Plateaus findet man nur vereinzelte Blütenpflanzen zwischen Felsen, sonst nur Moose. Die Primärproduktion ist hier mit 2,4 g·m^{-2}·a^{-1} minimal.

Mit der Phänologie an diesen Standorten beschäftigte sich J. SVOBODA (1973; in BLISS & WIELGOLASKI 1973). Die Pflanzen beginnen mit dem Wachstum bei einer Lufttemperatur von −2 °C und blühen bei 0 °C. *Saxifraga oppositifolia* öffnet die Blüten 3–5 Tage nach der Schneeschmelze, 7–20 Tage später folgen *Dryas*, *Salix*,

Tab. 9.5: Deckung in % und Primärproduktion in g TG $\cdot$ m^{-2} $\cdot$ a^{-1}

		1971				1972			
	Deckung	Sproß	Wurzel	Total	%	Sproß	Wurzel	Total	%
Grat									
Holzpfl.	9,7	3,2	0,5	3,7	57	8,4	1,4	9,8	65
Monocot.	5,8	0,6	0,1	0,7	11	1,3	0,3	0,3	11
Kräuter	4,2	1,8	0,3	21,	32	3,1	0,5	3,6	24
Summe	19,7	5,6	0,9	6,5	100	12,8	2,2	15,0	100
Hangfläche									
Holzpfl.	19,5	8,8	1,5	10,3	48	13,6	2,3	15,9	72
Monocot.	9,0	0,6	0,1	0,7	4	1,4	0,2	1,6	7
Kräuter	6,5	8,4	1,4	9,9	48	3,9	0,7	4,6	21
Summe	35,0	17,9	3,0	20,9	100	18,9	3,2	22,1	100
Übergangszone									
Holzpfl.	37,3	17,8	3,0	20,8	69	22,1	3,8	25,9	76
Monocot.	15,3	2,8	0,5	3,3	11	1,7	0,2	1,9	6
Kräuter	5,7	5,0	0,8	5,8	20	5,1	0,9	6,0	18
Summe	58,3	25,6	4,3	29,9	100	28,9	4,9	33,8	100

Cassiope, Pedicularis und *Silene*, als letzte blühen *Carex nardina* und *C. missandra*. Die Blätter von *Dryas* und *Saxifraga* werden zwei Jahre alt. Am Sproß von *Dryas* sitzen 5 Blätter, von denen jährlich 2–3 erneuert werden. Im Herbst färben sich die Blätter braun und werden in den ersten 10 Tagen nach der Schneeschmelze zuerst rot und dann wieder grün. *Saxifraga* hat an jedem Sproß im Winter 7–8 grüne Blätter und bildet im Sommer nochmals dieselbe Zahl aus, so daß es Mitte August 14–16 sind. Die Polster erzeugen wenig Streu, die toten Blätter bleiben lange an der Rosette, bis sie vom Winde weggeblasen werden. Im Winter sind die Pflanzen in tiefer Ruhe. Die Produktionsmessungen ergaben infolge der Heterogenität der Pflanzendecke und den Schwankungen von Jahr zu Jahr nur ungefähre Werte. Es ist auch schwer, die toten von den lebenden Pflanzenteilen zu trennen, insbesondere bei den Wurzeln.

Tabelle 9.5 gibt die Deckung und die Primärproduktion der einzelnen Komponenten am Hang der Uferwälle wieder.

Es handelt sich um die ersten Angaben aus einem nordamerikanischen so weit nördlich gelegenen hocharktischen Gebiet.

Etwa 12% der Ebene werden von Felsflächen aus Granit und Kalkgestein eingenommen, die sich kaum 20 m über die Umgebung erheben. Sie wurden von L.C. Bliss and J. Kerik genauer untersucht (in Tieszen 1978). Zwischen den Felsen bleibt mehr Schnee liegen, der sehr unregelmäßig abtaut (auf der Südseite der Felsen zuerst, auf der Nordseite zuletzt). Es ergibt sich ein Mosaik von verschiedenen Standorten mit verschiedener Aperzeit und Feuchtigkeit. 42% sind kahler Fels, 32% von Gefäßpflanzen gedeckt, 10% von Moosen, 10% von Flechten und 6% sind nackter Boden. Es dominieren Zwergsträucher: *Cassiope tetragona* mit *Salix arctica* und *Dryas integrifolia*; dazu *Saxifraga oppositifolia*, *Carex rupestris* sowie *C. misandra*. Die wärmsten, kleinen Flecken, die früh ausapern, nimmt auf feuchten Böden *Vaccinium uliginosum* ein. Auf spät ausapernden Schneeböden findet man *Alopecurus alpinus*, *Saxifraga cernua*, *S. nivalis*, *S. tenuis*, *Oxyria digyna*, *Luzula confusa* mit Moosen (*Pogonatum alpinum*, *Hypnum splendens*, *Tomenthypnum nitens*). Höher an trockenen Stellen wachsen *Hierochloë odorata*, *Poa glauca*, *Festuca ovina*, *Luzula confusa* und *Potentilla hyparctica*. In reinen Moosgesellschaften an trockenen Stellen dominiert *Rhacomitrium lanuginosum*, auf fast nacktem Boden an exponierten Stellen wachsen nur Flechten (*Thamnolia vermicularis*, *Dactylina arctica*, *Cetraria nivalis*, *Alectoria ochroleuca*) mit einzelnen *Carex rupestris* und *C. misandra*. Die *Cassiope*-Gesellschaft wird auf den Felsflächen mikroklimatisch begünstigt. Deshalb ist ihre stehende Masse relativ hoch. Die oberirdische Phytomasse der Gefäßpflanzen beträgt 520–629 g $\cdot$ m^{-2}, aber nur 14–25% davon sind grünes assimilierendes Gewebe, wobei von diesem 80–94% auf *Cassiope* entfallen. Dazu kommen 400–530 g·m^{-2} an Moosmasse und 95 g·m^{-2} an Flechten. Die gesamte Phytomasse wurde am 25.7.1972 zu 1135 oberirdisch + 1520 unterirdisch = 2655 g·m^{-2} berechnet. Die gesamte Primärproduktion wird auf 100–125 g·m^{-2}·a^{-1} an günstigen Standorten oder 50–70 g·m^{-2}·a^{-1} an trockeneren geschätzt. Das ist weniger als in der Zwergstrauch-Tundra, aber für dieses arktische Gebiet sehr viel. Da *Cassiope* kaum von Tieren gefressen wird, muß die produzierte Masse dem Boden zugeführt werden, wo sie von den Destruenten abgebaut wird. Von den 533 ha der Felsfläche werden nur 32% durch Phytozönosen mit Gefäßpflanzen bedeckt. Deshalb ist die Produktion für die gesamte Felsfläche bedeutend geringer. Die Phytomasse dürfte im Mittel nur 651 g·m^{-2} betragen und die Primärproduktion etwa 34 g·m^{-2}·a^{-1}.

Mit der Produktion von Moosbeständen beschäftigen sich PAKARINEN and VITT (1973). Es handelt sich vorwiegend um nasse, kalkhaltige und moorige Standorte mit den Moosarten *Drepanocladus revolvens*, *Meesia triquetra*, *Calliergon giganteum* und *Cinclidium arcticum* über einer 30 cm mächtigen Torfschicht, die in den Permafrostboden hineinreicht. Nur im hügeligen Gelände waren die Standorte trockener, und es dominierten *Distichum capillaceum*, *Mnium riparium*, *Encalypta rhabdocarpa* und *Bryum*-Arten. Die Ergebnisse sind in Tabelle 9.6 zusammengefaßt.

Tab. 9.6: Produktionswerte von Moosbeständen in g·m^{-2}·a^{-1} (aschenfrei), Aschengehalt in % und jährlicher Längenzuwachs von *Meesia*-Sprossen in mm (nach PARKARINEN & VITT 1973)

Standorte	Produktion	Aschengehalt	Längenzuwachs
Seggenhorst-Fläche	30	4,0	2–4
nasse Seggenfläche	69	7,1	8
Flußufer	293	21,4	28

Diese Zahlen zeigen, daß unter optimalen Bedingungen bei guter Wasser- und wohl auch N-Versorgung die Moose in der Hocharktis ebenso viel produzieren können, wie z. B. auf den Schottischen Mooren mit einer viel längeren Vegetationszeit.

Die Flechten besiedeln vor allem die kiesigen Böden der Uferwälle und die anstehenden Felsen auch innerhalb der Zwergstrauchvegetation. Die 7500 Jahre alten Uferwälle bestehen aus Granitgrus, die näher zum Meeresufer liegenden 3300 Jahre alten dagegen aus Kalkgestein. *Umbilicaria* und *Rhizocarpon* fehlen auf Kalk. Insgesamt wurden 260 Flechtenarten im Gebiet des Truelove Lowland gesammelt, aber nur 36 Arten spielen eine größere Rolle. Von diesen kommen nur *Thamnolia vermicularis* und *Cetraria nivalis* in allen drei Zonen der Uferwälle vor. Dabei kann man beobachten, daß die Größe ihrer Thalli vom Grat nach unten bis in die Übergangszone zunimmt, ein Zeichen, daß die Wachstumsbedingungen für die Flechten in dieser Richtung günstiger werden. Noch größere Thalli findet man auf den anstehenden Felsen zwischen den Zwergstrauchbeständen, die mikroklimatisch besonders begünstigt werden. Hier wurde die stehende Phytomasse der Flechten mit 138 g·m^{-2} gemessen, was dreimal mehr ist als auf den Uferwällen.

Die Masse der Flechten auf dem gesamten Truelove Lowland wurde mit 882 t berechnet. Die Primärproduktion kann nur geschätzt werden, indem man annimmt, daß sie bis zu 10% der Phytomasse entspricht, was für das ganze Truelove Lowland 18–88 t pro Jahr ergeben würde. In den einzelnen Beständen könnte sie 0,4–2,1 g·m^{-2}·a^{-1} betragen.

Sie ist in Asien für die Chukchen-Tundra und für die Tussock- oder Bulten-Tundra mit *Carex lugens* im westlichen Alaska, dort auch mit *Eriophorum vaginatum*, auf weiten Flächen bezeichnend. CHAPIN et al. (1979) haben sich mit diesem Ökosystem beschäftigt. Sie stellten fest, daß die 20 cm hohen Bulten von *Eriophorum* früher im Jahr schneefrei werden, eine 5–10% längere Vegetationszeit aufweisen und sich um 6–8 °C im Sommer stärker erwärmen als die Flächen zwischen den Bulten. Der Humushorizont der Bulten ist 2mal tiefer und nährstoffreicher. Der Kreislauf von N, P und Ca vollzieht sich 3–10mal rascher als unter dem Bult. Die lebende Blattmasse ist im Zentrum vom Bult pro Flächeneinheit 5mal größer als im Mittel für den ganzen Bult. Alles das zeigt, daß dieses Ökosystem der Tussock-Tundra thermisch und produktionsmäßig besonders günstige Verhältnisse im arktischen Klima aufweist, was die weite Verbreitung in diesem Gebiet verständlich macht.

Diese Studien wurden von CHAPIN et al. (1986) und SHAVER et al. (1986) weiter ausgedehnt. Bei *Eriophorum vaginatum* wurde der C-, der N- und der P-Kreislauf im Laufe der ganzen Vegetationsperiode verfolgt, sowie deren Abhängigkeit von den Beleuchtungs- und Temperaturverhältnissen

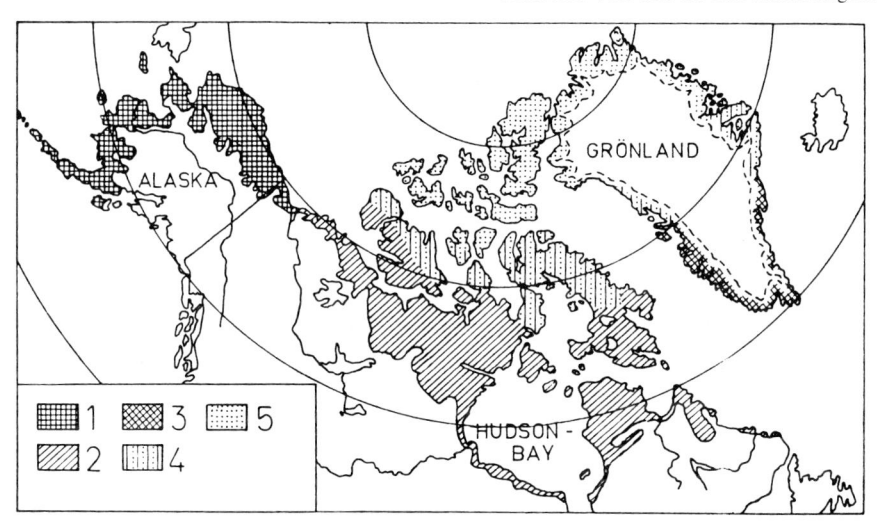

Abb. 9.6: Die arktische Vegetation und vegetationsfreie Gebiete der nordamerikanischen Arktis. 1–3: Südliche Arktis (Low Arctic) und waldfreie Gebiete des Zono-Ökotons VIII/IX; 1: Teilbereich in Alaska und im angrenzenden Yukon-Territory; 2: Teilbereich in Canada (ohne Yukon); 3: Teilbereich in Grönland; 4: Mittlere Arktis; 5: Hoch-Arktis (aus KNAPP 1965).

und bei Düngergaben. Die Netto-Produktion hing im wesentlichen von den Nährstoffreserven in der Pflanze beim Austreiben im späten Frühjahr und von der Nährstoffaufnahme nach Mitte Juli (Speicherbildung für das nächste Jahr) ab.

7 Gliederung der nordamerikanischen Arktis

Unterschieden wird zwischen der **Südlichen Arktis** (Low Arctic) mit einer noch weitgehend geschlossenen Pflanzendecke und der **Nördlichen Arktis** (High Arctic) mit offenen Pflanzenformationen sowie der **Arktischen Wüste** (Polar desert) mit nur ganz vereinzelten Vegetationsflecken. Auf der Karte (vgl. Abb. 9.6) wird außerdem bei der Südlichen Arktis ein östlicher canadischer und westlicher Bereich in Alaska unterschieden, doch ist es wohl richtiger, zwischen dem schmalen maritimen Bereich an der atlantischen Küste und an der pazifischen in Westalaska mit dem Yukon-Delta mit relativ hohen Niederschlägen und den niederschlagsarmen dazwischen zu unterscheiden.

8 Orobiome VIII und IX im Permafrostgebiet

8.1 Gebirgstundra

Die Höhenstufen der Gebirge im Bereich des Permafrostgebiets unterscheiden sich sehr stark von denen der Gebiete ohne Permafrost, also z. B. von den skandinavischen Gebirgen, auch jeweils nördlich des Polarkreises.

In den skandinavischen Gebirgen wird die alpine Stufe als **«Fields»** bezeichnet. Sie erinnert nach EUROLA (1974) an die alpine Stufe der Alpen. Die arktischen Gebiete der skandinavischen Gebirge nördlich des Polarkreises werden nach EUROLA (1974) als «Nördliches Kiölen» bezeichnet. Die Bezeichnung **«alpine Stufe»** sollte für die Höhenstufe der Gebirge vorbehalten bleiben, die oberhalb einer Baum- bzw. Waldgrenze liegen. Bei den Gebirgen im Permafrostgebiet hingegen wird die subalpine und alpine Stufe von der «oroarktischen» Gebirgstundra und der «Golez-Stufe», wie schon in Teilen des Zonobiom VIII (vgl. S. 455, Band 3) gebildet. Im Übergangsbereich an der polaren Baumgrenze überwiegen in ökologischer Hinsicht im Sommer, während der Vegetationsperiode, typisch «alpine» Einflüsse (Lichtbedingungen, Wachstumsperiode mit minimalen

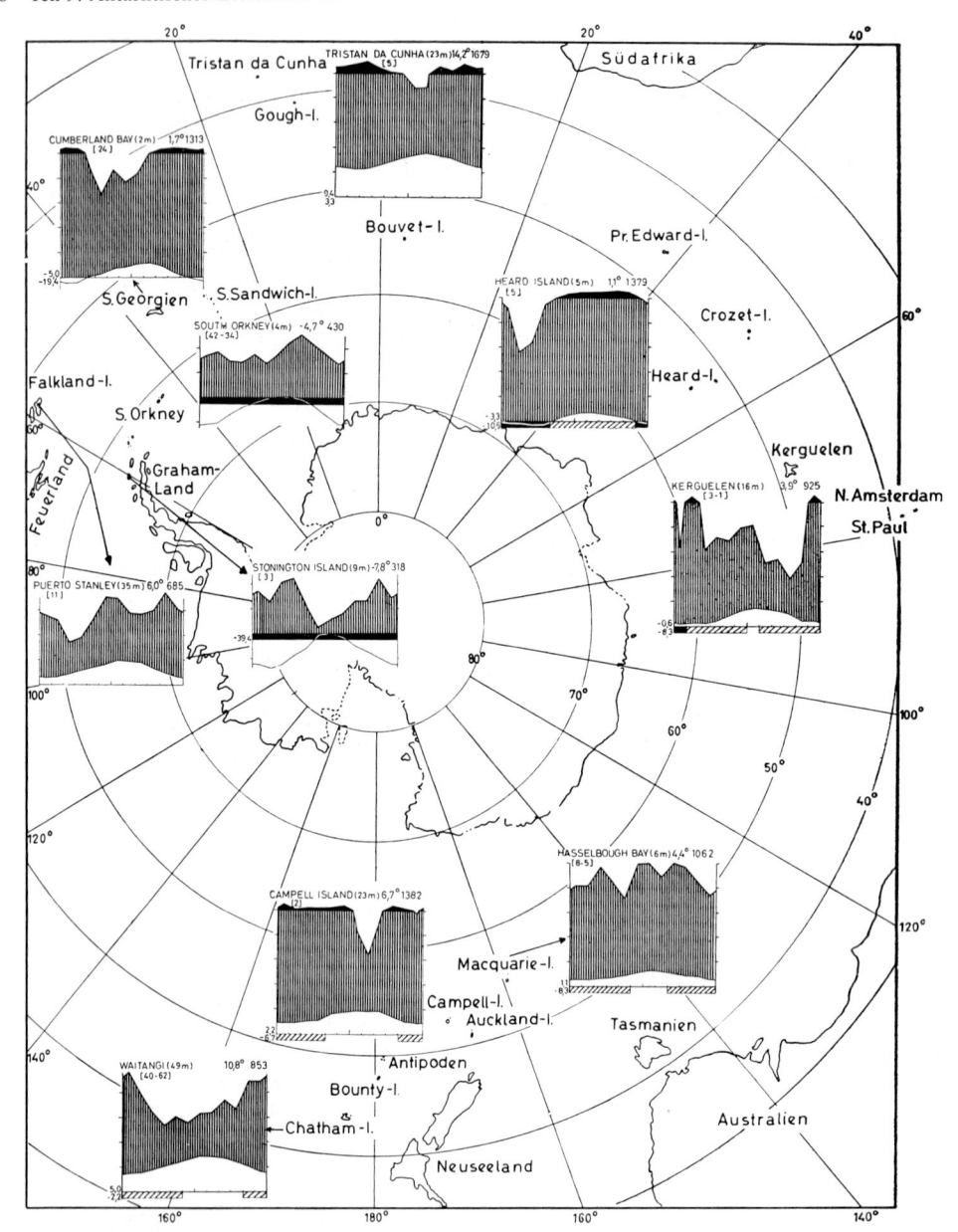

Abb. 9.7: Übersicht über das antarktische und subantarktische Gebiet mit Klimadiagrammen einzelner Stationen verschiedener subantarktischer Inseln.

und maximalen Temperaturen, Bodentemperatur, Bodenverhältnisse), die winterlichen Bedingungen sind hingegen typisch arktisch in ihrem Charakter.

In der oroarktischen Gebirgstundra sind die Gipfel («golzy», von russ. «goly» = kahl) kahler Fels. Die Winterstürme sind stark; der Schnee verweht auf dem meist schon gefrorenen Boden. Die Felshänge unterliegen im Winter einer starken Frostwirkung und Korrosion, der angereicherte Gebirgsschutt bewegt sich langsam abwärts, die Feinerde, Feinmaterial wird ausgewaschen. Es bilden sich schwer besiedelbare «Felsenmeere». Nur Flechten an Felsblöcken und kleine Moospolster zwischen den Felsen sind die spärlichen Besiedler. Dort, wo der Schnee sich fleckenweise

8.2 Orobiome in der nordamerikanischen Arktis

Gebirgstundren sind im nördlichen Canada weniger weit verbreitet als im nordsibirischen Raum. Dies liegt daran, daß dieses Gebiet ziemlich flach ist und als canadischer Archipel teilweise unter Meeresniveau liegt. In Alaska reichen Gebirgszüge weit nach Norden. Wir haben sie bereits bei der Besprechung des ZB VIII erwähnt (vgl. S. 495 ff.).

B. Antarktisches Zonobiom IX

1 Allgemeines

Die Verhältnisse um den Südpol sind, wie bereits erwähnt, mit denen um den Nordpol nicht vergleichbar, weil die Verbreitung von Land und Meer eine völlig andere ist, was die Abb. 9.7 verdeutlicht. Zwischen dem 50° S und dem Südlichen Polarkreis sind als Landmasse nur die südlichste Spitze von Südamerika mit Feuerland und die Falkland-Inseln (Malvinen) sowie Süd-Georgien und die nördlichste Spitze der Antarktischen Halbinsel Grahamsland vorhanden; die ganze übrige Fläche ist Meer mit wenigen einzelnen, eingestreuten kleinen Inselgruppen.

Südlich vom Polarkreis dagegen ist um den Südpol herum alles Festland.

Aufgrund der floristischen Verbreitung bestimmter Flechtengruppen unterteilen PICKARD & SEPPELT (1984) in phytogeographische Teilbereiche: Subantarktische Zone mit drei Regionen (Macquarie – Kerguelen und Süd-Georgien – Heard), Maritime Antarktische Zone und Kontinentale Antarktische Zone mit vier Regionen (Eisdecke des Inlands, Eisabhänge und Gletscher, Küstenbereich, driftendes Eis). In einem schematischen Profil geben sie die wichtigsten klimatischen und biogeographischen Kennzeichen für die einzelnen Zonen wieder (Abb. 9.8). Nur Moose, Algen und Flechten kommen auch im kontinentalen Bereich vor.

Auch ALEKSANDROVA (1977, 1980) hat aufgrund der klimatischen Verhältnisse das Antarktische Zonobiom IX ebenfalls in 3 Subzonobiome gegliedert (Abb. 9.9):

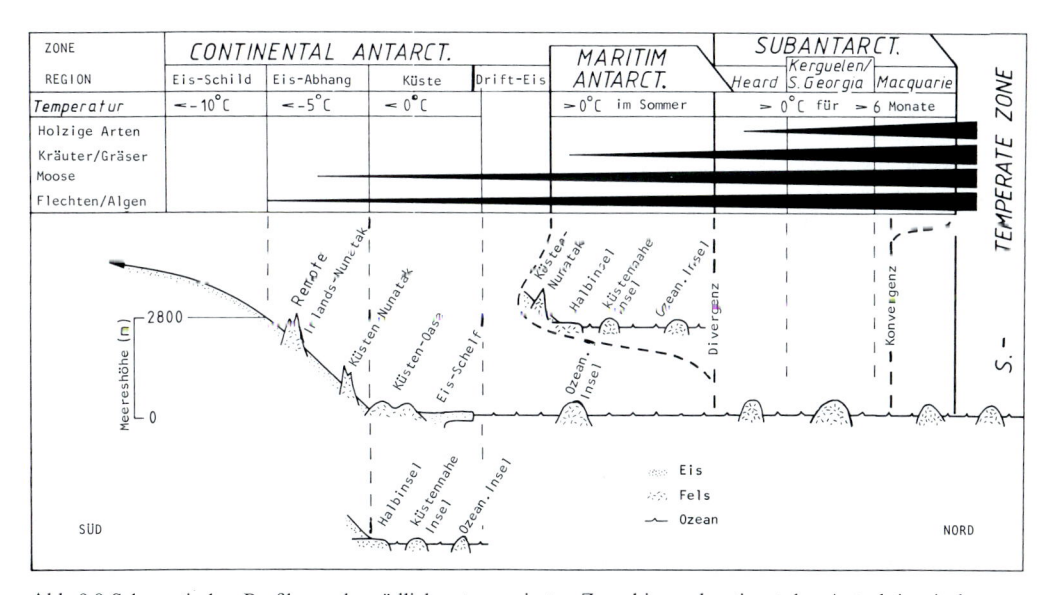

Abb. 9.8: Schematisches Profil von der südlichen temperierten Zone bis zur kontinentalen Antarktis mit den von PICKARD & SEPPELT (1984) unterschiedenen Teilregionen des ZB IX. In generalisierter Darstellung ist das Vorkommen der Pflanzengruppen durch die Balkendicke gekennzeichnet. Unter Holzpflanzen sind lediglich Zwerg- und Spaliersträucher vorhanden, wie *Acaena*. Größere Sträucher gibt es nicht. Im Bereich der Küstenzone sind zwei der vielen Varianten gezeigt.

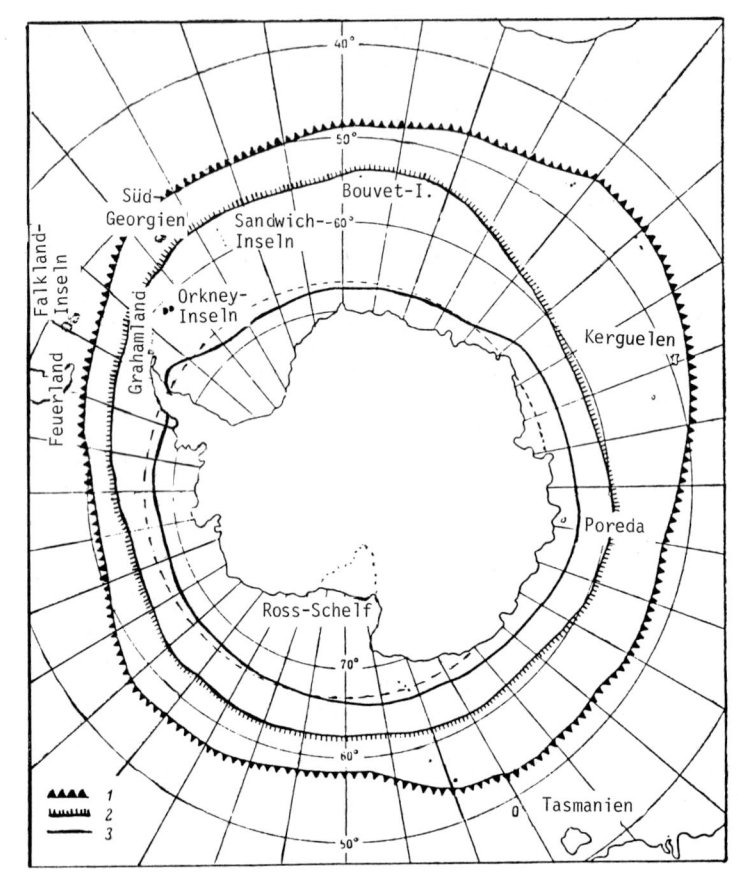

Abb. 9.9: Geobotanische Gebiete der Antarktis (aus ALEXANDROVA 1977).
1: Nordgrenze der subantarktischen Polsterpflanzen;
2: Nordgrenze der antarktischen polaren Wüsten;
3: Südgrenze der nördlichen Subprovinz der nördlichen antarktischen polaren Wüste = Nordgrenze der südlichen Subprovinz der antarktischen polaren Wüste (innerhalb dieses Gebietes trennt HOLDGATE die kontinentale südliche polare Wüste ab).

1. Das Subantarktische Subzonobiom, das fast einem Zono-Ökoton VIII/IX entspricht, aber baumlos ist. Die Vegetation ist als Folge des kühlen extrem ozeanischen Klimas hauptsächlich ein Tussock-Grasland mit großen Polsterpflanzen, wobei auch Farne und niedrige Sträucher eine sehr große Rolle spielen. Die Jahrestemperatur liegt stets über 0 °C, meist auch die Mittel der Wintermonate; die Sommermonate mit stürmischen nebelig-feuchtem Wetter sind sehr kühl. Permafrostböden fehlen.

2. Das Subzonobiom der Nördlichen Antarktischen Wüste (nach HOLDGATE 1970 auch als Maritime Antarktische Zone bezeichnet) mit einem Jahresmittel unter 0 °C und einer Temperatur des wärmsten Monats nicht über +2 °C. Als nördliche Grenze gegen das subantarktische Subzonobiom wird die antarktische Divergenz angenommen, die etwa der Grenze der das ganze Jahr hindurch auf dem Meere schwimmenden Eisschollen entspricht. Zu diesem Subzonobiom gehören die Inselgruppen South Sandwich Is., South Orkney Is., South Shetland Is. sowie die dem Festland vorgelagerten Inseln und vom Festland vor allem die Halbinsel Grahamsland, die unter der Einwirkung des Meeres steht.

In diesem Gebiet spielen die Blütenpflanzen für die Vegetation keine Rolle mehr. Nur zwei einheimische Blütenpflanzen kommen in der eigentlichen Antarktis vor: *Deschampsia antarctica* und die Caryophyllacee *Colobanthus quitensis* (= *C. crassifolius*). Adventiv heute auch *Poa pratensis*, *P. annua* und *Stellaria media*. Sonst handelt es sich um reine Gemeinschaften aus Niederen Pflanzen. Es wurden bisher festgestellt: Flechten 350 Arten, Moose 75 Arten und Pilze 10–20 Arten. Wahrscheinlich ist aber die Zahl der Flechtenarten noch deutlich größer (mündl. Mitt. KAPPEN).

3. Das Subzonobiom der Südlichen Antarktischen Wüste (nach HOLDGATE 1970 auch als Kontinentale Antarktische Zone bezeichnet), deren Nordgrenze mit der 0 °C-Isotherme des wärmsten Monats zusammenfällt und etwa der Null-

Abb. 9.10: Inlandgletscher aus 3000 m Höhe gesehen, in Nordvictorialand, Antarktis (phot. L. KAPPEN 1981).

linie der Strahlungsbilanz entspricht. 99% der Fläche von diesem Subzonobiom sind von Eis bedeckt, riesige Eisströme durchziehen breite Täler und auf den Bergen breiten sich flache Inlandeismassen aus (Abb. 9.10), nur in «Trockenen Tälern» gibt es eisfreie «Oasen», deren größte eine Fläche von einigen hundert km² erreicht, dazu kommen die aus dem Eise herausragenden Berggipfel, die «Nunatakker». In den Oasen kann sich der Boden bei der starken Strahlung im Sommer über Null Grad erwärmen, so daß flüssiges Wasser, sogar Seen, vorkommen. Pflanzenwuchs wäre durchaus möglich, wenn die Luft durch die vom Kontinentaleis herabfallenden Föhnwinde nicht so trocken wäre.

Die Luftfeuchtigkeit beträgt im Mittel 50–60%, kann aber auch unter 10% sinken. Die Verdunstung ist mit 500 mm bedeutend höher als der als Schnee fallende Niederschlag von 200–300 mm. Deshalb sind die Seen oft salzig, wobei außer NaCl auch andere Ionen wie Mg^{2+}, Carbonate, Sulfate angereichert sind. Nur stellenweise findet man eine kümmerliche Vegetation aus Niederen Pflanzen mit einigen Prozent Deckung, mehr im Inneren kaum noch 1% Deckung, nur fleckenweise vor.

2 Subzonobiom der subantarktischen Inseln

Das Klima auf den Subantarktischen Inseln südlich von 45–50°S ist extrem ozeanisch, was durch die pausenlos wehenden, starken bis stürmischen Westwinde unterstrichen wird: Die Niederschläge betragen über 1000 mm im Jahr, Nebel und Nieselregen bestimmen das Wetter und die Temperaturen sind sehr kühl und fast das ganze Jahr konstant: Auf Macquarie Island (etwa 88°S) ist z.B. der wärmste Monat +7°, der kälteste +4 °C und die Tagesschwankungen der Temperatur überschreiten wenige Grade nicht.

Das in den entsprechenden Breiten der Nordhemisphäre flächenmäßig größte Zonobiom VIII mit den borealen Wäldern findet man auf der Südhemisphäre nur auf Feuerland (Tierra del Fuego) mit laubabwerfenden *Nothofagus*-Arten, die den ozeanisch-borealen *Betula*-Wäldern entsprechen und den sehr ähnlichen Hochmooren (SCHWAAR 1976, 1979, 1980, 1981; vgl. S. 483).

Auf der Antarktis vorgelagerten Inseln, z.B. auf Argentine Island oder auf Signy Island gibt es außerordentlich große Moospolster, die FENTON (1980) untersucht hat. Ein 50 cm hohes Polster von *Polytrichum alpestre* hat er auf 365 Jahre, ein 88 cm hohes auf 582 Jahre Alter geschätzt, bei einem gemessenen Längenwachstum von 2 mm pro Jahr. Ein Polster von *Chorisodontum aciphyllum*, das 144 cm hoch (!) war, soll etwa 1510 Jahre alt sein, bei einem anderen Polster wurde mit ^{14}C-Datierung in 205 cm Tiefe ein Alter von 5000 Jahren bestimmt.

Die jährliche Akkumulationsrate liegt zwischen 90 und 130 $g \cdot m^{-2}$, bei einer Produktivität zwischen 160 und 350 $g \cdot m^{-2} \cdot a^{-1}$. Diese Polster sind teils klein (2 m²), manche aber auch sehr groß und umfsssen 2500 m². Es sind einfachste Torfproduktionssysteme. Dies kommt zustande durch fehlenden Tierfraß, die Wassersättigung ist nicht ganz voll, so gibt es keine anaerobe Schicht, und ab 20–30 cm beginnt der Permafrost.

Produktion, Akkumulation und Abbau sind in einem bestimmten Gleichgewicht, in diesem speziellen, besonders einfachen Fall haben wir ein steady-state-System mit kontanter Akkumulation organischer Masse vor uns, die der Inkorporationsrate in den Permafrost entspricht (FENTON 1980).

Auf die Bedeutung des Windes als ökologischen Faktor auf den Subantarktischen Inseln hat schon A. F. W. SCHIMPER als Teilnehmer der Deutschen Tiefsee-Expedition «Valdivia» 1898/99 aufmerksam gemacht. Er besuchte die Insel **Kerguelen** und bezeichnete sie als «Windwüste», auf der sich eine üppige Vegetation nur in windgeschützten Vertiefungen auf der Ostseite zu entwickeln vermag. Selbst die Flechten meiden an den Felsen, die vom Regen benetzte, aber dem Wind ausgesetzte Westseite und wachsen vor allem auf der Ostseite (Abb. 9.12). Wir zitieren wörtlich seine sehr eindrucksvolle Beschreibung (aus SCHIMPER-FABER, Bd. 2, 1935, S. 1242/1243):

«Von einer der terrassenartigen Höhen in der Umgebung der Gazellenbucht betrachtet, stellt sich das reich zerklüftete Gelände Kerguelens als eine Wüste dar, auf deren grauem, mit Felsblöcken bestreutem Boden die bis halbmeterhohen und um das Doppelte breite Polster der *Azorella selago* teils vereinzelte, teils dichter stehende grüne Punkte darstellen. Wie die arktische Tundra hat auch die antarktische ihre Oasen; bestimmte Abhänge zeigen sich bald mehr, bald weniger gleichmäßig grün gefärbt; grün sind auch die Vertiefungen des Bodens, soweit sie nicht von Schnee und Eis gefüllt sind, und die kleinen Inseln der Bucht leuchten wie Smaragde auf der meist düsteren Fläche des Meeres ...

Nicht physikalische Trockenheit des Bodens bedingt den wüstenartigen Charakter Kerguelens, denn derselbe ist, wenn auch meist steinig, schon an der Oberfläche oder doch in geringer Tiefe immer naß; ebensowenig kann die niedrige Temperatur des Bodens die einzige Rolle spielen, denn nur die Nordabhänge würden in diesem Falle am stärksten, die Südabhänge am schwächsten bewachsen sein. Der häufig stürmische Wind ist vielmehr als der dem Pflanzenwuchs feindliche

Abb. 9.11: Gruppe von *Pringlea antiscorbutica* (Brassicac.) auf den Kerguelen, fruchtend, mit abgestorbenen vorjährigen Fruchtständen (phot. WINTER, aus SCHENCK). Im Hintergrund Rasen mit *Cotula plumosa* und *Acaena adscendens*, die Polster von *Azorella selago* überwuchernd, rechts einzelne Horste von *Festuca erecta;* die Felsen sind von Flechten überzogen (aus WALTER 1968).

Abb. 9.12: Plateau auf den Kerguelen, südlich von Gazellehafen. Im Vordergrund Polster von *Azorella selago;* am Abhang links, auf dem SCHIMPER steht (ENE-Leeseite), eine dichte Decke mit *Acaena adscendens,* gemischt mit *Azorella* (phot. SACHSE, aus H. SCHENCK).

Faktor zu betrachten. Die **Kerguelen** stellen eine **Windwüste** dar, in welcher die maßgebende trocknende Wirkung des Windes durch die niedrige Temperatur des Bodens unterstützt wird.

Alle Eigentümlichkeiten der Vegetation stehen mit dieser Anschauung im Einklang. Der Windschutz allein erklärt das Auftreten einer üppigen Vegetation in den Vertiefungen des Bodens; denn an Feuchtigkeit ist überall kein Mangel, und durch höhere Wärme sind solche Standorte gewiß nicht ausgezeichnet. Auch die Betrachtung der Polster von *Azorella* beweist ihre Richtigkeit, denn sie sind auf der Westseite schwächer entwickelt als an den anderen Seiten, namentlich als an der Ostseite, und letztere trägt beinahe allein die Pflanzen *(Acaena adscendens, Agrostis antarctica, Lycopodium saururus),* welche beinahe jedes *Azorella-* Polster bewachsen. Ferner pflegen die auf den windigen Hochflächen häufig zerstreut liegenden Felsblöcke mit Bartflechtenrasen *(Neuropogon melacanthus* und *N. taylori)* in großen Mengen bedeckt zu sein, und zwar wiederum in sehr ungleicher Verteilung auf ihren verschiedenen Seiten. Es sind nicht die dem häufigsten Regen, aber auch den stürmischen und trockenen West- und Nordwest-Winden zugekehrten Seiten, welche hauptsächlich bewachsen sind; dieselben sind an sehr offenen Standorten sogar ganz kahl. Bevorzugt sind die Ostseiten, während die Nord- und Südseiten wiederum weniger bewachsen sind.

Es geht schon aus dem vorangegangenen hervor, daß *Acaena adscendens* die günstigsten Standorte beansprucht; sie ist in der Tat die Art, die die nach Osten und Norden geneigten Abhänge ganz vorwiegend bedeckt. Sobald die Bedingungen günstiger werden, rücken die *Azorella-*Polster dichter aneinander und bilden schließlich einen zusammenhängenden Überzug. Wird der Standort noch günstiger, so wird dieser *Azorella-*Überzug alsbald von einem *Acaena-*Überzug abgelöst. *Azorella* beherrscht die Wüste dort, wo *Acaena* nur kümmerlich oder gar nicht gedeiht; *Acaena* beherrscht die Wind-Oasen und hält von denselben die *Azorella* fern».

Die häufigste Pflanze ist die dichte Polster bildende *Azorella selago* (Abb. 9.12), dazu kommt *Pringlea antiscorbutica,* der Kerguelen-Kohl (Abb. 9.11) mit seinen großen Blättern, die von den Seeleuten früher als Frischgemüse gegen Skorbut gegessen wurden; diese Art ist auf windgeschützte Stellen beschränkt.

Acaena adscendens oder andere Arten dieser Gattung sind auf allen subantarktischen Inseln verbreitet, die einen ähnlichen Vegetationscharakter zeigen wie die Kerguelen. Oft ist ein Tussock-Grasland *(Festuca-, Poa-*Arten) ausgebildet. Auch Farne, wie *Lomaria alpina, Hymenophyllum peltatum, Polypodium australis, P. vulgare, Cystopteris fragilis,* kommen vor. Moose und Flechten sind sehr zahlreich; die häufigste antarktische Flechte ist *Neuropogon melaxanthus.*

Diese Vegetation zeigt sehr deutliche Beziehungen zu der alpinen Stufe der Südspitze von Chile, der Südinsel von Neuseeland und zu der Gebirgsvegetation von Tasmanien. Öko-physiologische Untersuchungen sind in dem unbesiedelten Gebiet nicht durchgeführt worden. Auf vielen subantarktischen Inseln wurden Schafe, Ziegen oder Schweine ausgesetzt, auch der Anbau von Gemüse für die Versorgung der Seefahrer ist versucht worden. Die Beweidung und die eingeschleppten Unkräuter haben oft zu der fast völligen Vernichtung der einheimischen Flora geführt.

Auf den **Campbell Inseln** (52°33'), direkt südlich von Neuseeland gelegen, hat MEURK (1977) die Adventivflora eingehend untersucht. Diese Insel wurde 1810 entdeckt und dann häufig von Schiffen angelaufen. Walfänger hielten sich längere Zeit auf, das Grasland brannte häufiger ab. 1865 wurden Versuche unternommen, Eichen, Ulmen und Eschen anzupflanzen sowie Kartoffeln und Gemüse anzubauen. Wiederholt wurde auch Vieh ausgesetzt. 1903 war die Hälfte der Insel, die 10.900 ha umfaßt und sich bis 569 m NN erhebt, von Schafen besetzt. Ihre Zahl schwankte zwischen 8000 und 10.000. Seit 1970 steht die Insel unter Naturschutz, alle Eingriffe des Menschen und der Haustiere sollen aufhören, und das weitere Schicksal der Adventivflora wird beobachtet. Sie umfaßt insgesamt 81 Arten, die mit Ausnahme von wenigen neuseeländischen und dem nordamerikanischen *Epilobium ciliatum* alles europäische Unkräuter oder Weidepflanzen sind. 31 Arten blühen nicht und werden bald verschwinden, 22 blühen zwar, breiten sich jedoch nicht aus, 19 Arten haben zwar lokal Fuß gefaßt, dürften zum Teil jedoch mit der Zeit von der einheimischen Vegetation wieder verdrängt werden; 10 Arten müssen als eingebürgert angesehen werden. Das sind: *Agrostis tenuis, Cerastium holosteoides, Festuca rubra commutata, Holcus lanatus, Poa annua, P. pratensis, P. trivialis, Sagina procumbens, Stellaria media* und *Trifolium repens*. Unter natürlichen Verhältnissen wachsen in windgeschützten Schluchten Bestände von bäumchenartigen *Dracophyllum* (Epacridaceae), sonst ein *Chionochloa antarctica*-Tussock-Grasland bis 300 m NN, darüber nasse, krautige Binsen-Flächen. Durch Brand und Beweidung ist das «Tall Tussock-Grassland» durch niedrige Grasdecken mit *Poa litorosa* und der Liliacee *Bulbinella rossii* teilweise ersetzt worden, ähnlich wie auf Neuseeland.

Schon etwas weiter von der Antarktis entfernt ist **Gough Island**, eine kleine Insel im südlichen Atlantik, die nur 13 km lang und 5–6 km breit ist und 370 km südöstlich von Tristan da Cunha auf 40°19' südl. Br. liegt. Sie ist 2400 km von Südafrika und 3000 km von Südamerika entfernt und eine der wenigen Inseln, die von Menschen fast völlig unberührt blieb und noch die ursprünglichen Verhältnisse aufweist. Das Klima ist nicht mehr subantarktisch, sondern schon eher gemäßigt mit einer mittleren Jahrestemperatur von 11,7 °C (mittlere monatliche Minima und Maxima zwischen 2 °C und 24 °C). Die ständigen Westwinde mit den Depressionen bringen über 3000 mm an Niederschlägen, die auf den Höhen über 450 m in den Wintermonaten als Schnee fallen. Die Luftfeuchtigkeit beträgt 81%, das Klima ist somit extrem ozeanisch.

Die vulkanische Insel dürfte im Tertiär entstanden sein. Seit 2300 Jahren fand keine Eruption statt. Die Pollenanalyse ergab, daß die Vegetation seit 5000 Jahren unverändert blieb. Die Insel wurde nur vorübergehend von Seefahrern bewohnt, die jedoch keine Haustiere aussetzten. Erst in letzter Zeit hat man auf der Insel eine meteorologische Station eingerichtet, wobei man auch Schafe und Geflügel einführte, doch beschränkt sich deren Einwirkung auf die nächste Umgebung der Station. Eingeschleppt wurde die Maus *(Mus musculus)*.

Die Flora besteht aus 32 einheimischen Blütenpflanzen und 12 eingeschleppten Unkräutern, von denen *Rumex obtusifolius, Sonchus oleraceus, Poa annua, Holcus lanatus* und *Agrostis stolonifera* in Ausbreitung begriffen sind. *Stellaria media* und *Plantago major* findet man häufig auf den Ruheplätzen der Pinguine an der Steilküste, die nitratreich sind.

Das Innere der Insel ist ein Plateau 600 m über dem Meere. Der höchste Gipfel erreicht 910 m. Die Vegetation besteht aus einem Tussock-Grasland mit *Poa flabellata* und *Spartina arundinacea*, das durch die Beweidung mit Schafen zerstört wird. Als zonale Vegetation kann man den *Phylica arborea* (Rhamnaceen-Busch mit niedrigen Baumfarnen z.B. *Blechnum palmiforme, Hystiopteris incisa*) bezeichnen. Große Flächen werden aber von nassen Heiden mit *Blechnum palmiforme, Empetrum nigrum* und Gräsern sowie Cyperaceen oder moorigen Stellen mit *Rhacomitrium lanuginosum* (30%) und *Empetrum rubrum* (25%) sowie *Agrostis carmichaelii* (20–40%) bedeckt. Sie gehen in eine Felsvegetation mit Moosen, Flechten und *Lycopodium saururus* über. Auch richtige Moore mit Torfablagerungen sind in den flachen Tälern entlang der Wasserläufe verbreitet; auf ihnen spielen *Sphagnum magellanicum* und *Dicranoloma*, aber auch Hepaticae eine Rolle.

SCHWAAR (1977) hat 12 Bestandsaufnahmen von Farn-Hochstaudenfluren mit *Blechnum palmiforme* in der oberen Schicht und einer Krautschicht aus vier anderen Farnen und *Acaena sarmentosa* und 15 Bestandsaufnahmen des Tussock-Graslandes mit *Spartina* veröffentlicht. Er untersuchte auch ein 1 m mächtiges Torfprofil der terraindeckenden Moore mit *Phylica arborea*-Gebüsch, das einen Humifizierungswechsel aufwies (wahrscheinlich durch Kotdüngung von Seevögeln), der nicht mit einem Vegetationswechsel in der Vergangenheit zusammenhängt.

Die Insel **Tristan da Cunha** hatte wohl eine ähnliche Vegetation; doch ist sie durch den Menschen und durch Haustiere stark zerstört. Das Tussock-Grasland wurde vernichtet, *Rumex acetosella* herrscht stellenweise, ähnlich wie auf Neuseeland, vor.

Insgesamt werden für dieses Subzonobiom 70 Arten von Blütenpflanzen angegeben, davon 13 Gramineen-Arten, 17 Farnarten (24% aller Höheren Pflanzen), davon 12 Polypodiaceen (ALEKSANDROVA 1977).

Die **Malvinen** oder **Falkland-Inseln** liegen schon bedeutend südlicher und sind kälter, sie gehören der Subantarktis an. Der *Phylica*-Busch fehlt, nur die strauchförmige *Hebe elliptica* und *Empetrum rubrum* kommen vor. Ursprünglich spielte wohl das Tussock-Grasland *(Poa flabellata)* auf nicht vernäßten Flächen die Hauptrolle. Es ist durch die Beweidung mit Schafen fast völlig vernichtet worden. Auch *Cortaderia pilosa* (Abb. 9.13) ist nicht weidefest. Dagegen breitet sich die *Empetrum*-Heide aus. Auf gänzlich überstockten Flächen verbleibt eine als Weideland wertlose *Blechnum-Pernettya*-Gesellschaft. Verbreitet sind auch die für die Subantarktis charakteristischen Polsterpflanzen, wie *Azorella*, *Donatia*, *Gaismardia*, *Astelia* u.a.

Die Niederschläge mit 600–700 mm im Jahr sind nicht hoch, aber sie verteilen sich auf 240–245 Tage und fallen als feiner Nieselregen, zu dem sich oft wochenlanger Nebel gesellt. Der Boden ist stets gut durchfeuchtet. Die Jahrestemperatur ist 6,6 °C, wobei das Monatsmittel des kältesten Monats 2,8 °C beträgt und das des wärmsten unter 10 °C liegt (absolute Extreme $-11,1$ °C und $+24,4$ °C), die Jahresamplitude ist also sehr klein, dazu kommen die ununterbrochenen heftigen Winde (im Mittel nur 20 windstille Tage im Jahr).

Ein Pollendiagramm von Port Howard (W-Falkland-Inseln) und fünf Diagramme von Süd-Georgien, die ersten aus diesem Gebiet, ergaben nach BARROW (1978), daß die Torfbildung vor etwa 10.000 Jahren begann. Viele Vertreter der heutigen Flora blühten bereits vor 9500 Jahren und haben wahrscheinlich in tiefen Lagen die letzte Vereisung (vor 20.000 bis 10.000 Jahren) überlebt. Es gibt keinerlei Anzeichen dafür, daß in den letzten 10.000 Jahren Baumarten auf den Falklandinseln wuchsen. Von Südamerika dürften etwa 3% der Pollen im Falkland-Profil und etwa 2,8% der Süd-Georgien-Profile durch Ferntransport herübergeweht sein.

Die Inselgruppe **Süd-Georgien** ist noch etwas kühler, im Winter liegt Schnee. *Poa flabellata* herrscht vor, an nassen Stellen findet man das *Festuca erecta*-Grasland, daneben *Phleum alpi-*

Abb. 9.13: *Cortaderia pilosa*-Grasland auf den Falkland-Inseln (Malvinen) (phot. SKOTTSBERG, aus WALTER 1968).

num und *Deschampsia antarctica*. *Acaena adscendens* ist ebenfalls verbreitet.

Produktionsstudien wurden auf der Insel South Georgia durchgeführt. Ein Reinbestand von *Acaena decumbens* mit *Tortula robusta* in einer flachen Senke ergab eine stehende Phytomasse von maximal oberirdisch 1857 g·m^{-2} und unterirdisch 7536 g·m^{-2}, d.h. ein Verhältnis von 1:4, weil *Acaena* starke Rhizome besitzt (WALTON 1973).

Auf derselben Insel wurde auch die stehende Phytomasse von einem *Festuca erecta-Acaena decumbens*-Grasland ermittelt (GREENE et al. 1973): Die gesamte organische Masse betrug 3930 g·m^{-2}. Davon entfielen auf die lebenden Teile der *Festuca* nur 8 % und auf die der *Acaena* 21 %. Der weitaus größte Teil waren die Streu und die toten stehenden Teile, und zwar 43 % der totalen Masse und 71 % der oberirdischen. Die toten Blätter im Tussock der *Festuca* zersetzen sich sehr langsam.

Beachtenswert ist der Versuch von CALLAGHAN (1973), die Primärproduktion von der bipolaren Art *Phleum alpinum* mit zwei Populationen aus South Georgia und einer von Disko (Westgrönland) unter gleichen Bedingungen auf Disko zu vergleichen. Neben einer weitgehenden Ähnlichkeit im Verhalten zeigte sich dabei ein deutlicher Unterschied im Wachstumsverlauf. Die subantarktischen Populationen wiesen ein langsames, linear verlaufendes Wachstum auf, während bei der Disko-Population sich ein viel rascherer Anstieg der Wachstumsintensität in der Mitte der Vegetationsperiode bemerkbar machte. Darin sieht der Verfasser eine genetisch bedingte Anpassung an den Klimarhythmus am natürlichen Standort, an die lange, ungünstige Vegetationszeit auf den subantarktischen Inseln im Gegensatz zu den kurzen, aber günstigen auf Westgrönland.

Diese Beobachtung dürfte der Schlüssel für das Verständnis des Auftretens des Tussock-Graslandes nur in den gemäßigten und kalten Gebieten der Südhemisphäre sein und das Fehlen dieser Lebensform auf der Nordhemisphäre erklären: Letztere zeichnet sich durch den scharfen Kontrast zwischen kaltem Winter und warmem Sommer aus, die Horstgräser entwickeln sich im Frühjahr rasch, nutzen den Sommer aus und vertrocknen im Herbst; die Schneedecke drückt die toten Sprosse zu Boden, und die Streu wird rasch abgebaut. Im ozeanischen Klima der Südhemisphäre ist dagegen die Jahrestemperaturkurve sehr ausgeglichen. Die Sprosse der Tussock-Gräser entwickeln sich langsam und vergilben im Herbst, überdauern den Winter in aufrechter Lage und bleiben in dieser das nächste Jahr hindurch erhalten. Zwischen ihnen wachsen die jungen, grünen Sprosse heran, so daß ein großer Grasbusch, ein Tussock, zustande kommt. Die Feststellung mancher Neuseeländer, daß ein Tussock-Grasland immergrün ist, stimmt somit nicht; es ist eher immer gelb, denn die gelbe Farbe der zahlreichen, toten Sprosse im Tussock überdecken das Grün der jungen, im Frühjahr heranwachsenden Sprosse. Das frische Grün der Grasflächen kennt man auf der Südhemisphäre nicht, es sei denn, es handle sich um ein sekundäres Grasland mit adventiven europäischen Grasarten, die ihren Entwicklungsrhythmus beibehalten.

3 Subzonobiom der kalten Nördlichen Antarktischen Wüste

Die Abgrenzung dieses Gebietes geht aus Abb. 9.9 hervor. Die Grenzen verlaufen weitgehend konzentrisch, parallel zu den Breitengraden.

In diesem Gebiet kommen nur die beiden bereits genannten, einheimischen Blütenpflanzen vor, die Caryophyllacee *Colobanthus quitensis (crassifolius)* und die Grasart *Deschampsia antarctica*. Neuerdings wurde auf der Südseite von Cierva Cove (64°10′S, 60°57′W) adventiv *Poa pratensis* beobachtet. Sonst kommen an schneefreien Stellen der Küste (steilen Felswänden, Geröllhalden) nur Moose, Flechten (instgesamt 350 Arten) und Landalgen vor (Abb. 9.14). Am meisten besiedelt ist das Graham-Land, und zwar an den Ufern der klimatisch begünstigten Fjorde. Es werden hier 1. die *Andreaea-Usnea*-, 2. die *Polytrichum-Dicranum*- und 3. die *Drepanocladus-Acrocladium-Brachythecium*-Gesellschaften unterschieden.

Öko-physiologische Untersuchungen wurden am Cape Hallett (72°17′S, 170°18′E) durchgeführt (RUDOLPH, 1963, 1966). **Cape Hallett** ist ein vulkanisches Gebirgsplateau, das steil zum Meer abfällt. Am Fuß des NW-Hanges hat sich ein mit Moränenschutt und Kies bedeckter Strandstreifen ausgebildet. Über diesem befindet sich eine große Pinguin-Kolonie (vgl. Abb. 9.15). Auf dem Strandstreifen sammelt sich im Sommer das vom Hang abfließende und durch den Kot gedüngte Schneeschmelzwasser, so daß sich eine reiche Algen- und Moosvegetation mit *Prasiola crispa* und *Bryum*

Abb. 9.14: Flechtenrasen auf der King George Insel/Süd Shetland-Inseln (phot. L. KAPPEN 1983).

argenteum ausbilden kann (Abb. 9.16). Auf den Schutthalden und an den Felsen am Hang wird die Phosphat- und Nitratdüngung geringer. Moose und Algen treten fast vollkommen zurück, und das Bild wird von Flechten beherrscht, wie den Krustenflechten *Caloplaca, Buellia, Rinodina* oder Arten mit kleinschuppigem Thallus, wie *Xanthoria, Candelariella* u. a. (insgesamt etwa 20 Arten).

Aber auch diese Flechten sind in ihrer Verbreitung an das Schmelzwasser gebunden. Man findet sie hauptsächlich in Abflußrinnen, in Vertiefungen oder sogar auf der Unterseite von locker liegenden Steinen, in Ritzen und Nischen, wo Schnee liegenbleibt und im Sommer taut. Bei einer antarktischen Flechte *(Parmelia coreyi)* hatte LANGE (1965) bei Versuchen im Laboratorium festge-

Abb. 9.15: Landschaft am Cape Hallett (Antarktis). Im Vordergrund flacher Sandstreifen mit Moosen (vgl. Nahaufnahme Abb. 9.16). Oberhalb der Pinguin-Kolonie felsiger Steilhang mit Schutthalden und einer schütteren Flechtenvegetation (phot. LANGE, aus WALTER 1968).

Abb. 9.16: Nahaufnahme von *Bryum argenteum* Überzügen beim Cape Hallett (vgl. Abb. 9.15), die das Geröll am Strand überziehen. An der feuchtesten Stelle (links vom Schneefleck) krustig-lappige Lager von *Prasiola crispa* (phot. LANGE, aus WALTER 1968).

stellt, daß das Optimum der Netto-Photosynthese bei 0 bis +5 °C liegt, was den Temperaturen des Schmelzwassers entspricht. Zwar können sich die Flechten nach Angaben von RUDOLPH an klaren Sommertagen bis auf 32 °C (Gesteinsoberflächentemperatur) erwärmen, sie dürften dann jedoch trocken sein.

Die Moose bilden selten Sporophyten. Dagegen sind verschiedene Formen der vegetativen Vermehrung bekannt.

Produktionsmessungen liegen von der Nördlichen Antarktischen Wüste auf **Signy Island** (60°43'S), die zu den South Orkney Islands gehört, vor. Auf ihr bedeckt *Deschampsia antarctica* größere Flächen (*Colobanthus quitensis* ist weniger verbreitet). Die maximale lebende, stehende, oberirdische Phytomasse des *Deschampsia*-Bestands im März wird mit 327 g·m^{-2} und die gesamte ober- und unterirdische Primärproduktion mit 390 g·m^{-2}·a^{-1} angegeben; von letzterer entfällt $^1/_3$ auf die Wurzeln (EDWARDS 1973).

Sehr erheblich ist die Produktion der Moose auf derselben Insel, auf der sie 60–70% der gesamten im Sommer schneefreien Fläche bedecken. Untersucht wurden reine Bestände der im folgenden (in Tab. 9.7) genannten Moose, wobei der Jahreszuwachs der Sprosse in cm und die Primärproduktion in g·m^{-2}·a^{-1} angegeben wird.

Tab. 9.7: Jährlicher Längenzuwachs (cm) und jährliche Produktion an Stämmchen (g·m^{-2}·a^{-1}) und stehende Biomasse (g·m^{-2}) bei Moosen der Signy-Insel im ozeanischen Antarktis-Bereich (aus COLLINS 1973)

	jährl. Längenzuwachs	Produktion	Biomasse
Brachythecium austro-salebrosum	2,6	456	–
Calliergon sarmentosum	–	275	–
Calliergidium austro-stramineum bzw.	3,2 1,0	896 223	– –
Drepanocladus uncinatus bzw.	1,6 1,1	710 630	2073 2156
Polytrichum alpestre bzw.	ca. 0,55 ca. 0,47	660 430	– –
Chorisodontium aciphyllum	–	440	46.000

4 Subzonobiom der kalten Südlichen Antarktischen Wüste

In diesem Gebiet kommen nur Kryptogamen vor. Auf den Nunatakkern ist oft nur eine für das Auge nicht sichtbare Vegetation vorhanden, doch wurden von der Byrd-Expedition auf dem Königin Maud-Gebirge in 4700 m NN (86°03′ S) noch eine Reihe von Flechten (*Alectoria, Buellia, Lecanora* u.a.) gesammelt. Noch reichlicher ist die Kryptogamen-Vegetation in den «Oasen» der tiefen Täler unter extrem kontinentalen Klimabedingungen. ALEKSANDROVA (1977) bespricht die russischen Arbeiten von E.S. KOROTKEWICH (1970, 1972) über die Kryptogamen-Gesellschaften der polaren Wüstenvegetation der Antarktis zwischen 0°E und 100°E. Wir bringen einige Beispiele dieser Oasenvegetation.

1. Moos-Flechten- oder Moosgesellschaften, nur selten vorkommend. In diesen herrschen die Flechte *Buellia frigida* und als Moos *Bryum algens* vor mit *Protoblastenia citrina*, *Umbilicaria* spp., *Usnea* spp. u.a. Seltener findet man *Alectoria minuscula* mit *Ceratodon purpureus* und anderen Begleitern. Eine besonders starke Deckung von 50% (lokal 80–90%) konnte auf einem Berggipfel festgestellt werden, bestehend aus *Usnea antarctica* und *Schistidium antarcticum*, mit anderen Arten von *Usnea*, *Alectoria*, *Buellia* und *Umbilicaria* sowie *Ceratodon purpureus*.
2. Flechtengesellschaften, die den größten Teil der eisfreien Flächen als graue Krüstchen bedecken von reiner *Buellia frigida* oder mit anderen Flechten zusammen. Weniger verbreitet sind schwarze Überzüge aus kleinen Rosetten der *Umbilicarla decussata* (Deckung 3–5%). In anderen Fällen deckt *Alectoria minuscula* mit *Biotorella antarctica* nur 1%.
3. Flechten-Algen- oder Flechten-Moose-Algen-Gesellschaften. Unter diesen ist die grüne Alge *Prasiola crispa* mit *Buellia frigida* besonders verbreitet, aber auch mit *Umbilicaria decussata* und *Usnea arctica* (Deckung 30%, bis 100%). Unter günstigeren Bedingungen kommen *Ceratodon purpureus*, *Bryum argenteum*, *B. algens*, *Grimmia* u.a. hinzu.
   In anderen Fällen kann auch *Nostoc* beteiligt sein.
4. Algen- oder Algen-Bakterien-Gesellschaften. Es herrscht *Nostoc commune* vor. Es sind von weitem schwarz erscheinende Überzüge, die aber doch nur 50% Deckung aufweisen.

Die weite Verbreitung der Flechten in der antarktischen Wüste ist verständlich, da der Nachweis erbracht wurde, daß sie im trockenen Zustand, wie z.B. *Lecanora melanophthalma* und *Xanthoria elegans*, direktes Eintauchen in flüssigen Stickstoff vertragen und nach einigen Tagen unter günstigen Bedingungen wieder normal photosynthetisch aktiv sind. Arktische Flechten, aber selbst solche aus gemäßigtem Klimageiten werden ebenfalls durch Temperaturen von −196 °C nicht geschädigt (KAPPEN und LANGE 1970).

Was den Temperaturbereich der Photosynthese angelangt, so konnte für die epiphytisch an Buchenstämmen in Mitteleuropa wachsende Flechte *Hypogymnia physodes* bereits gezeigt werden, daß sie am natürlichen Standort während eines Kälteeinbruchs im März 1968 bei Temperaturen von 0 °C bis +4 °C eine CO_2-Assimilation von 3,8 mg $CO_2 \cdot dm^{-2} \cdot h^{-1}$ aufwies, bei −6 °C immer noch eine solche von 0,44 mg $CO_2 \cdot dm^{-2} \cdot h^{-1}$ (SCHULZE und LANGE). Für die antarktische Flechte *Parmelia coreyi* hatte LANGE schon früher im Laboratorium nachgewiesen, daß bei ihr das Optimum der Netto-Photosynthese bei 0° bis +5 °C liegt, also bei Temperaturen, die für Flechten am Boden der «Oasen» in der Antarktis an klaren Tagen durchaus normal sind (Abb. 9.17). Zwar wurden in der Arktis sogar 32 °C an Gesteinsoberflächen bei starker Strahlung gemessen, jedoch dürften dann die Flechten rasch austrocknen und im latenten Lebenszustand verharren. Es konnte sogar bewiesen werden, daß selbst bei −12,5° bis −18 °C die CO_2-Bilanz bei den untersuchten Flechten noch positiv sein kann, wobei der Lichtkompensationspunkt

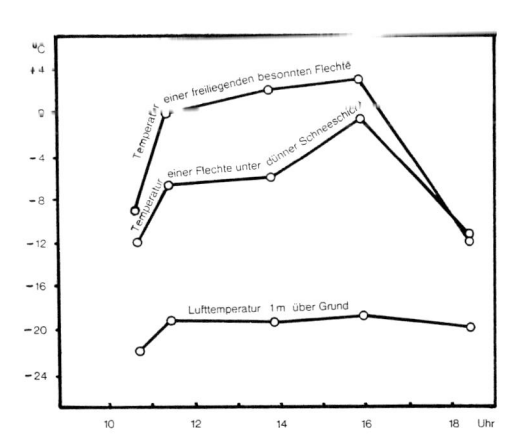

Abb. 9.17: Temperaturverhältnisse an einem Frühlingstag am Flechtenstandort in der Antarktis (aus LANGE 1972).

Abb. 9.18: Kryptoendolithische Flechten in angeschnittenem Sandstein. Sandkörnchen unter 1 mm Durchmesser. Eine gewisse Mikropodzolierung ist erkennbar, Pilze und Algen sind in bestimmter Schichtung im Sandsteingefüge angeordnet (phot. E. I. FRIEDMAN 1981). Abfolge von oben nach unten: – dünner rostbrauner Lack (Wüstenlack); – ausgebleichte, fast weiße Sandkörner; – pigmentierte Pilzhyphen (fast schwarz); – teils ausgebleichte, weiß-graue Schicht mit Pilzhyphen; – grüngefärbte Schicht mit *Trebouxia*-Zellen/Thalli; – innere rostrote Schicht, das «ungestörte» Gefüge des Sandsteins.

bei tiefen Temperaturen sehr niedrig ist, so daß auch unter einer leichten Schneedecke eine gewisse Netto-Photosynthese erfolgt (LANGE und KAPPEN 1972).

Die extremen Standorte werden wohl von den kryptoendolithischen Flechten (Abb. 9.18) an sonnenexponierten Nordhängen eingenommen (KAPPEN 1983, KAPPEN et al. 1981, KAPPEN und FRIEDMANN 1983a, b). Die Beleuchtung ist minimal, die Befeuchtung wird durch auf der Felsfläche tauenden Schnee ermöglicht (das fällt bei den flechtenfreien senkrechten Felsen weg), aber eine gewisse Produktion ist möglich.

Was die Versorgung der Pflanzen mit Nährstoffen betrifft, so können sie auf Signy Island (South Orkney Gruppe, 60°43'S), auf der an Blütenpflanzen nur noch *Deschampsia antarctica* und *Colobanthus* vorkommen, K und Ca aus den Gesteinen erhalten, Na und Mg aus dem Meer durch Niederschläge, P und N vor allem aus dem Kot der Vögel (ALLEN et al. 1967). Auf der subantarktischen Marion Island (Prinz Edward-Gruppe) konnte nachgewiesen werden, daß die Cyanophyceen *Tolypothrix*, *Calothrix* und *Stigonema*, die an feuchten Stellen mit *Agrostis magellanica* wachsen, die Fähigkeit besitzen, Luftstickstoff zu binden (CROOME 1973).

Von den 95 Kurzbeiträgen in SIEGFRIED et al. (eds. 1985) befassen sich 19 mit terrestrischen Ökosystemen vorwiegend auf den subantarktischen Inseln. Wie LAWS (1985) in seiner Zusammenfassung betont, behandeln die meisten Autoren nur einzelne Organismen oder Organismengruppen, die terrestrischen Beiträge insbesondere Boden-Organismen auf Signy-Island, Macquarie-Island und Marion-Island. Die interessanten Untersuchungen zeigen, wie neuerdings viele Forschergruppen an der Antarktis interessiert sind, sie bedeuten einen wesentlichen Beitrag zur Erforschung des riesigen antarktischen Gebietes, aber ermöglichen noch keine synthetische, ökologische Zusammenfassung. Die vielen Beiträge aus dem marinen Bereich können wir nicht besprechen, wenn auch vielfach von diesen Einwirkungen auf den terrestrischen Bereich, gerade in Bezug auf die Nahrungsketten, festzustellen sind.

Teil 10: Schlußbetrachtung

1 Landnutzung und Umweltprobleme

In den vorausgehenden Kapiteln mit der Besprechung der Zonobiome der Erde (in Band 2–4) wurde jeweils versucht, eine Beschreibung der Ökosysteme zu geben mit Angaben zum Großklima, zu den typischen Bodenverhältnissen der entsprechenden Zone usw., aber weitgehend unter Außerachtlassung der Zerstörungen und Veränderungen durch den Menschen. Es sollten die natürlichen ökologischen Verhältnisse dargelegt werden, was in Zukunft kaum mehr möglich sein wird.

Die potentielle natürliche Vegetation entwickelt sich in den einzelnen Zonobiomen zum zonalen Vegetationsmosaik (vgl. S. 130, Band 1, WALTER & BRECKLE 1983). Es ist sozusagen die «Natürliche Frisur» jeder Landschaft. Die ursprüngliche Vegetationsbedeckung in einem bestimmten Klimagebiet ist stets die optimale in ökologischer Hinsicht. Sie ist in Jahrzehntausenden auf hohe Produktivität, hohe Stabilität und mehr oder weniger hohe Anpassungsfähigkeit an wechselnde Außenfaktoren durch hohe Artdiversität selektiert.

In diesem Schlußabschnitt kann allerdings in keinster Weise erschöpfend auf die Wirkungen und Folgen auf die Vegetationseinheiten und Ökosysteme durch menschliche Nutzung, Übernutzung, Ausbeutung und Zerstörung eingegangen werden, die in beängstigend steigendem Maße aller Orten beobachtet werden kann. Vielmehr sollen nur rückblickende Hinweise und wenige Beispiele anthropogener Belastungen angedeutet werden.

Die Zerstörung der Umwelt schreitet rasant voran und eine Besserung ist nicht in Sicht. Als Ursachen müssen u.a. aufgeführt werden: 1) die verschwenderische Nutzung fossiler Energie und anderer Resourcen (Erze, Mineralien, Wasservorräte usw.). Dies erfolgt, obwohl Sonnen- und Windenergie wirtschaftlicher sind als die Energieerzeugung aus fossilen und nuklearen Brennstoffen, wenn man die sozialen Folgekosten miteinkalkuliert (vgl. HOHMEYER 1989); 2) die Überbevölkerung und die Verschuldung der Entwicklungsländer; 3) die Übertechnisierung und der unbegrenzte Fortschrittsglaube; 4) die Eingriffe von Großkonzernen zur Gewinnung kurzfristiger Profite ohne die Langzeitkosten der Folgen tragen zu müssen; 5) die steigende Mobilität der Städter, deren Zahl überproportional zum Bevölkerungszuwachs zunimmt. Damit hängt zusammen, daß der Verkehr mit seinen enormen Folgebelastungen immer hektischer wird. Im Jahre 2025 wird die Zahl der zugelassenen Automobile etwa das Vierfache der heutigen 500 Million betragen (KEYFITZ 1989), wenn die Zunahme so weitergeht wie derzeit. 6) der Massentourismus, an dem deutsche Reisebüros besonders stark beteiligt sind, und bei dem der Tourist als Fremdkörper und Störenfried im Gastland wirkt.

Eine anschauliche Übersicht der bedrohlichen Situation bezüglich des Klimas ist von SCHNEIDER (1989), der Veränderungen der Atmosphäre von GRAEDEL und CRUTZEN (1989), der Bedrohung des Wasserhaushalts von MAURITS LA RIVIERE (1989) und der Bedrohung des Artenreichtums von WILSON (1989) gegeben worden. Wie CLARK (1989) betont, ist die Menschheit dabei, die Erde global zu verändern und zwar unfreiwillig. Das individuelle Handeln ist nicht von globaler Verantwortung geprägt. Strategien für die Landwirtschaft (CROSSON und ROSENBERG 1989), für die Energienutzung (GIBBONS et al. 1989), für die Wirtschaftsentwicklung und die Industrieproduktion (Mac NEILL 1989, FROSCH und GALLOPOULOS 1989) sind teilweise schon länger bekannt, aber ökologiegerechte Verhaltensänderungen auf den verschiedenen sozialen Ebenen sind bisher sehr schwer durchsetzbar (RUCKELSHAUS 1989).

Die **exponentielle Bevölkerungszunahme** der Menschheit ist erst in den letzten Jahrzehnten sehr bedrohlich geworden. Der Mensch ist zwar schon vor 3–4 Millionen von Jahren in den Savannen aufgetreten, möglicherweise abgeleitet von baumlebenden Primaten und hat sich als Sammler und Jäger betätigt. Diese ursprüngliche Lebensweise hat sich aufgrund des zunehmenden Werkzeuggebrauchs immer stärker manifestiert, wobei sicher

Abb. 10.1: Lößsteppenhänge in Nord-Afghanistan mit *Carex pachystylis*, *Artemisia*, *Poa bulbosa* etc., seit Jahrzehnten oder Jahrhunderten durch Schafe und Ziegen beweidet. In den letzten Jahrzehnten sind die Flächen durch Ausweitung der Viehbestände der Nomaden erheblich überweidet, was zur Bildung ausgeprägter Viehtreppenmuster an den Lößhängen geführt hat (phot. S.-W. BRECKLE 1967).

bereits damals lokal größere Einflüsse auf die Umwelt anzunehmen sind. Ob auch damals schon in bestimmten Gebieten die Populationen so groß wurden, daß lokal Resourcengrenzen erreicht wurden, die dann z.B. auf Kosten anderer Arten (insbes. Tierarten, Beispiel Mammut, vgl. Band 3) ausgeweitet wurden, ist anzunehmen. Mit der Erfindung der Viehzucht (Nomadismus, vgl. Abb. 10.1), des Ackerbaus (Transhumanz) erfolgte eine stark zunehmende Beanspruchung der näheren Umgebung, des Wohnumfeldes des Menschen.

Wohl erst im Spät- und Postglazial, also erst in den letzten Jahrtausenden, haben sich dann an verschiedenen Stellen der Erde Hochkulturen entwickelt, die eine völlige Umgestaltung des Wohnumfeldes mit sich gebracht haben; die ersten Städte bildeten sich. Die Landnutzung durch den Menschen und Abholzung ist im Vorderen Orient und im Mittelmeerraum schon seit etwa 10.000 Jahren erfolgt (Tab. 1.2). Die Verkarstung großer Teile des Mittelmeergebiets ist eine der Folgen.

Landnutzung verändert stets die Böden. Die Bodenbildung ist, wie wir gesehen haben, ein langwieriger Prozeß. Landnutzung fördert in aller Regel die Erosion. Bodenerosion vernichtet auf Jahrhunderte oder Jahrtausende wertvolle Ressourcen. Dies ist allerdings in den einzelnen Zonobiomen sehr unterschiedlich. Die erst in den letzten Jahrzehnten erfolgte starke Intensivierung der Landwirtschaft durch weitgehende Mechanisierung und Chemisierung hat zu einer starken Ausweitung der Produktion geführt und die Versorgung einer exponentiell wachsenden Menschheit bis heute einigermaßen aufrecht erhalten können,

allerdings mit dem Preis steigender Gift- und Schadstoffakkumulation in Böden und Ökosystemen. Der Flächenverbrauch steigt ebenfalls exponentiell. Die Oberflächenversiegelung für Siedlungen, Dörfer, Städte, Großstädte mit Verkehrswegen und Industrie usw. hat die natürliche Vegetation verdrängt, den Landschaftswasserhaushalt und vieles andere völlig verändert. An vielen Stellen streten erhebliche Probleme auf, die heute alle unter dem Schlagwort «**Umweltproblem**» zusammengefaßt werden. Überall wird heute über Abhilfemaßnahmen geredet, getagt, diskutiert und geschrieben; man weiß sehr genau, was zu tun wäre. Vieles wäre nur ein Kurieren an den Symptomen, aber auch dieses wird nur halbherzig eingeleitet. Letztendlich sind die Umweltprobleme aber alle Ausdruck einer fast ungebremst exponentiell wachsenden Population Mensch. Hochrechnungen zeigen, daß das weitere Wachstum der Weltbevölkerung bis zum Jahre 2025 eine Zahl zwischen 7,6 und 9,4 Milliarden Menschen sein wird (KEYFITZ 1989): «Die mit dem exponentiellen Wachstum der Weltbevölkerung einhergehende Vergewaltigung der Umwelt ist geschichtlich noch zu jung, so daß ihr ganzes Ausmaß nur schwer ins Bewußtsein der Öffentlichkeit dringt».

Sobald der Flächenverbrauch durch den Menschen in einer bestimmten Region in ähnliche Größenordnungen gerät wie die von natürlicher Vegetation bestandenen Flächen, beginnen Probleme aufzutreten. Selbst in dem so sehr klimatisch begünstigten Gebiet des ZB VI in Mitteleuropa haben sich in den letzten Jahrhunderten durch den Raubbau an den Wäldern, entsprechend verschiedener mittelalterlicher Rodungsphasen, durch «Ermüdung» landwirtschaftlicher Flächen, oder durch Heidenutzung immer wieder große ökologische Probleme ergeben. Künstliche Düngung und die Einführung oder Entwicklung neuer Kulturpflanzen haben den Ackerbau gerettet, also aufgetretene Ressourcengrenzen überwunden und weitere Hungersnöte in Mitteleuropa verhindert, und damit auch den Auswanderungsdruck verringert. Die Einführung einer geregelten Forstwirtschaft hat die Waldflächen von unter 10 % im 18. Jahrhundert auf derzeit etwa 30 % hochgeführt. Aber Aufforstungen bedeuten noch lange keine Rückkehr zur Natur. Diese Waldflächen sind strenggenommen keine Wälder, sondern Forste, also «Holzäcker», in denen nur die Bäume stehen, die der Förster hochkommen läßt. Echte Wälder in diesem strengen Sinne gibt es in Mitteleuropa fast überhaupt nicht mehr. Erst in neuerer Zeit hat man wieder sog. Bannwälder eingerichtet, in denen die Entwicklung möglichst natürlich weiterlaufen soll. Ihre Flächen sind allerdings in aller Regel in unserer zerstückelten Landschaft viel zu klein, und der Wildbesatz ist einseitig und unnatürlich hoch, so daß die Verjüngung einer artenreichen Baumschicht nicht gewährleistet ist, zumal in aller Regel die Populationspyramide der Konsumenten (Carnivoren) gekappt ist.

Viel zu klein sind auch die an sich zahlreichen (über 2000 allein in der Bundesrepublik) Naturschutzgebiete, die in aller Regel nur historisch gewachsene Landnutzungsformen schützen. Eine solche Verwaltung der Natur mit «Roten Listen» ist auch nur ein hilfloses Kurieren an Symptomen, wie viele andere Maßnahmen. Die immer weiter steigende Ausbeutung der Resourcen, der ökologisch und ökonomisch völlig sinnlose Raubbau der Wälder in Amazonien und Borneo, aber auch in Zentralafrika und Südosttibet bewirkt Verwüstungen und Erosion in riesigem Ausmaß, ganz zu schweigen von den genetischen Verlusten, die wir noch erwähnen werden. 1957 war noch mehr als ein Drittel der Kontinentflächen mit Wäldern bedeckt, 20 Jahre später war dieser Anteil bereits auf unter ein Viertel gesunken. Während die Kulturflächen nahezu konstant blieben, vergrößerten sich die Wüsten und Steppen im genannten Zeitraum von 43 % auf etwa 50 %.

Die Luftverschmutzung mit Schwefeldioxid, nitrosen Gasen, Aerosolen, Oxidantien, organischen Verbindungen und hohem Säureeintrag tut das ihrige dazu und schädigt teilweise flächendeckend Vegetation und Böden, wobei vor allem die letzteren in ihrer Struktur zunehmend irreversibel geschädigt sind, wie die Vorgänge der beschleunigten Versauerung, der Krypto-Podsolierung und des Tonzerfalls zeigen.

Die Ausweitung menschlicher Lebensräume in allen Kontinenten hat zu einer anwachsenden Zerstörung natürlicher Lebensräume geführt. Durch diese «Kulturnahme» werden Jahr für Jahr, vor allem in den Tropen, Tausende von Arten tierischer und pflanzlicher Arten ausgelöscht. Nach WILSON (1989) ist «der zunehmende Verlust von Lebensvielfalt nicht nur ein moralischer Skandal und eine wissenschaftliche Tragödie, sondern auch ein wirtschaftliches Fiasko. Die langfristigen Auswirkungen eines solchen biologischen Zusammenbruchs sind gar nicht zu ermessen; nur daß sie schlimm sein werden, das steht fest». Möglicherweise ist die Dezimierung der Artenvielfalt, also des in langer Zeit evolutiv entwickelten genetischen Reservoirs, von allen gegenwärtigen Umwelteingriffen der schwerwiegendste, denn dieser Verlust ist niemals wieder rückgängig zu machen.

Ist es nicht grotesk, wenn die wegen des Importverbots für Elfenbein afrikanischer Elefanten in ihrer Existenz bedrohten Elfenbeinschnitzer künftig Mammutzähne aus der Sowjetunion verarbeiten dürfen, also statt einer zwar übernutzten, aber erneuerbaren Resource jetzt auch noch die fossilen Reste verbrauchen, die ja nicht mehr erneuerbar sind, somit Unikate darstellen.

Die Geringschätzung der Naturwissenschaften durch öffentliche Entscheidungsträger, die in aller Regel von Naturgesetzen und biologischen Zusammenhängen nahezu keine Ahnung haben, führt oft zu grotesken Situationen. Nur so ist es wohl erklärlich, daß z. B. bleihaltiges Benzin noch immer nicht verboten ist, daß Benzol wegen seiner Cancerogenität für Laborzwecke kaum noch erhältlich ist, literweise aber durch Motoren verbrannt werden darf, daß die steuerliche km-Pauschale ganz unökologisch das Auto fördert, daß 140.000 Tote pro Jahr in der Bundesrepublik, die auf das Konto des Tabakkonsums gehen (noch?) kaum jemanden auf die Barrikaden treibt, dagegen zur Vermeidung von «nur» 8000 Verkehrstoten und 1000 Drogentoten zusätzliche Milliardeninvestitionen aufgewandt werden, daß Jagd als besonders ehrbares «Handwerk» zählt, von einer entsprechenden Lobby geschickt idolisiert, daß übertriebener Tierschutz und vermenschlichtes Verhätscheln überzüchteter Haustierrassen nicht selten als Alibi für Massentierhaltung dient, daß für schwachsinnige Wahlpropaganda viel Geld ausgegeben wird, die eigentlichen Leistungen der Parteien beim Wahlkampf erst an zweiter Stelle stehen, daß Gemälde mit einigen Farbklecksen oder ein rostiges Stück Eisen als Kunstwerk deklariert viel mehr wert sind als eine Pflanzen- oder Tierart der Roten Liste, daß ein Kunstmuseum immer Mäzene findet, ein Museum für Natur und Umwelt zur Förderung ökologischen Verständnisses Jahrzehnte zur Verwirklichung braucht. Dabei stellt eine intakte Natur ein unbezahlbar wertvolles Kulturgut dar.

Der Mensch muß seinen Blick in die Zukunft richten, er muß die heute gefährdeten, aber lebens- und überlebenswichtigen Zusammenhänge seiner natürlichen Lebensgrundlagen erkennen, um Perspektiven und Alternativen für das Leben in der jeweiligen Region (angepaßter Landbau) und in der Welt zu eröffnen. Er muß die bisherigen Verluste erkennen, um in Zukunft seine Umwelt naturgemäßer zu gestalten und um den Wert von Tabuzonen ohne menschliche Eingriffe als Refugien für Pflanzen und Tiere schätzen zu lernen. Zwangsläufig wird dies eine stärkere Einbindung in die Natur, eine größere Unterordnung unter die Naturgesetze erfordern, sicher unter Verlust gewisser individueller Freiheiten. Nur so wird eine nachhaltige Landnutzung auf weitere Jahrhunderte hinaus haltbar sein.

2 Anthropogene Veränderungen und Umweltzerstörungen in den einzelnen Zonobiomen

In den verschiedenen Regionen der Erde wirkt sich die zunehmende Landnutzung sehr verschieden aus (vgl. hierzu auch HOLZNER et al. 1983). Es gibt Regionen, die sehr empfindlich und ökologisch derart benachteiligt sind, daß eine Landwirtschaft, wie sie aus den gemäßigten Zonen entwickelt wurde, dort nicht erfolgreich ist, sondern nur einen raubbauartigen Wanderfeldbau ermöglicht. Dazu rechnen einige Gebiete der äquatorialen immerfeuchten Tropen **(Zonobiom I)**.

Aufgrund der hohen Temperaturen sind die bodengenetischen Bedingungen wesentlich anders. Viele Tonmineralien zerfallen rasch, es verbleiben nur Kaolinit oder andere Zweischichtgitterminerale mit sehr geringer Kationenaustauschkapazität. Quarz ist merklich löslich, so daß sich längerfristig die Sesquioxide anreichern (Lateritisierung). Die Phosphatbindung ist sehr viel stärker. Die Auslaugung der armen Böden durch die tropischen Starkregen führt nach Brandrodung zu unfruchtbaren Flächen, auf denen nur noch Adlerfarn und *Gleichenia* wuchern. Angepaßte Nutzung muß daher in den verschiedenen Gebieten sehr verschieden aussehen. Westliche Technologie ist hier meist nicht übertragbar, im Gegenteil scheint hier dezentrale Kleintechnologie sehr viel aussichtsreicher zu sein, wie viele Indianerkulturen beweisen.

Der heutige Urwaldeinschlag steht ganz im Zeichen einer kurzfristigen und kurzsichtigen Holzgewinnung. Die nach der Rodung betriebene Landwirtschaft ist, wie erwähnt, mangels Humusbodens und Nährstoffen nach hinreichend gewonnenen Erfahrungen in verschiedensten tropischen Gebieten nach oft nur zwei bis drei Jahren, günstigenfalls nach 5–10 Jahren, zum Scheitern verurteilt. Der Regenwald ist nicht nur Holzvorrat, eigentlich enthält er ungeheure Schätze. Eine sinnvolle, nachhaltige Nutzung könnte der Ausrottung der Wälder Einhalt gebieten: eßbare Früchte, Kakao, pflanzliche Öle, natürlicher Gummi, zahlreiche weitere Rohstoffe für Pharmazie etc., allerdings nur durch extensive Nutzungsformen zu erhalten. Da ökologische Gründe die Vernichtung der Wälder bisher nicht verhindern können, sollte man sich auch auf die ökonomischen besinnen. Testflächen im peruanischen Teil des Amazonasgebiets haben bei einer Untersuchung ergeben, daß nach möglichst vollständiger Aufnahme aller Tier- und Pflanzenarten bei einer angepaßten Dauernutzung der wirtschaftliche Wert eines ha Urwald bei etwa 6820 US-$ liegt. Die reine Holzgewinnung bringt mit 3184 US-$ kaum die Hälfte. Eine Viehfarm erbringt nur 2960 US-$. Es gibt also eine Fülle von Nicht-Holz-Produkten im Urwald von erheblichem Wert. Die seit längerem im Urwald lebenden Menschen wissen dies, die Regierungspolitik dieser Länder hat dies noch nicht erkannt. Alibi-Nationalparks mit umfassendem Naturschutz sind wahrscheinlich weniger dauerhaft als eine angepaßte Landnutzung durch Ureinwohner bzw. Einheimische.

Als besonders schwerwiegend muß neben der ständigen Vergrößerung degradierter Flächen, also der Ausbreitung abgespülter Erosionsflächen, vor allem der Verlust an Artenvielfalt, an genetischen Reservoir, gesehen werden (BOERBOOM & WIERSUM 1983). Die Vernichtung tropischer Ökosysteme führt zu einer Vernichtung eines überproportional großen Anteils an Pflanzen- und Tierarten des Erdballs und entsprechend aufeinander abgestimmter Lebensgemeinschaften, aufgrund der enormen Artenvielfalt dieser Räume. Der Artenschwund durch Urwaldsterben geht dabei um ein Vielfaches schneller vor sich als etwa das Aussterben der Saurier.

Derzeit sind etwa 1,5 Millionen Pflanzen- und Tierarten beschrieben. Dies ist aber sicher, wie man heute annehmen muß, nur ein Bruchteil der Arten auf dem Erdball. Die Diversität bestimmter Räume im Vergleich läßt durch Extrapolation Schätzwerte zu, die z. T. bei 3–10 Millionen liegen. Die realen Artenzahlen selbst sind also sehr unsicher abzuschätzen. Ein Ansatz der Fraktal-Geometrie, der sehr plausibel erscheint aufgrund der Überlegung, daß die Größe der Organismen eine Rolle spielt, kommt durch Extrapolation sogar auf Artenzahlen von 30–50 Millionen Arten, wobei angenommen werden muß, daß dies vor allem Arthropoden-Arten sind (mündl. Mitteil. REICHHOLF/München). Dies wird auch dadurch gestützt, daß jedes Expeditionsmaterial aus tropischen Regionen stets eine Fülle neuer Arten enthält.

Dies unterstreicht die Notwendigkeit einer radikalen Ausweitung der Forschungsaktivitäten. Die in der Bundesrepublik neugegründete «Gesellschaft für Tropenökologie» braucht in dieser Hinsicht massive Unterstützung durch die öffentliche Hand. Man sollte versuchen, umfangreiche und langfristig angelegte ökologische und floristisch/faunistische Erfassungsprojekte so bald wie möglich zu initiieren. Der Bundesrepublik stünde es gut an, nicht nur in den wichtigsten tropischen Regionen stationäre Forschungseinrichtungen zu betreiben, sondern auch in den Lehrplänen von Schulen und insbesondere Hochschulen das Fach Tropenökologie zu forcieren.

Man kann davon ausgehen, daß gerade in äquatorial gleichmäßig humiden Gebieten die Vernichtung der Arten zahlenmäßig proportional zur Rodungsfläche erfolgt. Aber auch hier sind die regionalen Unterschiede zwischen Amazonas, Kongo und Südostasien aufgrund unterschiedlicher evolutiver Entwicklung der einzelnen Pflanzen- und Tiergruppen etc. sehr groß; eine Pauschalangabe ist unsinnig.

Schwierige Bedingungen für die Besiedlung finden sich in manchen wechselfeuchten Gebieten des **Zonobions II**. Die Regenzeiten sind nicht immer verläßlich, die Trockenzeit während der kühleren Jahreszeit kann sehr unterschiedlich lang sein. Die Lateritbildung spielt auch hier eine sehr hinderliche Rolle bei der Nutzung. Feuer, Überweidung und Degradierung haben in den letzten Jahren ständig zugenommen (WERGER 1983). Die Verbuschung vieler Farmen in diesen semiariden Gebieten ist ein großes Problem weiterer nachhaltiger Nutzung. Die tropischen Savannen und Grasländer sind ein flächenhaft großer Raum, in dem nomadisierende und seßhafte Stämme seit langem leben. Es ist in Afrika das Zonobiom der großen Herbivoren, deren Wanderzüge heute zu einem großen Teil durch Zäune, Staatsgrenzen und andere Hindernisse eingeschränkt oder unterbunden sind. Selbst die Elefanten sind heute wegen des Elfenbeins durch Großwildjäger gefährdet.

Im **Zonobiom III** überwiegt der Wassermangel. Künstliche Bewässerung und ausreichende Wasserzufuhr sind unabdingbar für Dauersiedlungen und landwirtschaftliche Kulturen. Diese sind aber nur punktuell möglich. Dieses Zonobiom ist daher, wie andere aride Räume, ursprüngliches Wohngebiet nomadisierender Bevölkerungsgruppen. Bei der Intensivierung der Nutzung und Übernutzung wird häufig die alte Grundregel «Keine Bewässerung ohne Entwässerung» außer acht gelassen, z. B. in den meisten Bewässerungsprojekten durch staatliche Entwicklungshilfe, so daß sich in wenigen Jahrzehnten gravierende Versalzungsprobleme einstellen, auch bei guter Wasserqualität. Die spärliche Phytomasse wird darüberhinaus durch Weidevieh vernichtet oder als Feuerholz säuberlich eingesammelt (BATANOUNY 1983). Baumaterialentnahme, Ablagerungen, Bergbau erfolgen ohne jegliche landschaftserhaltende Maßnahmen.

In einigermaßen vegetationsdichten Flächen, wie im **Zonobiom IV** puffern Wald und Boden witterungsbedingte Einflüsse stark ab. Nach Abholzung, wie z. B. im Altertum im Mediterrangebiet (ZB IV), hat flächenhafte Verkarstung um sich gegriffen. Die Bodenneubildung braucht unter den Bedingungen des ZB IV Jahrhunderte. Ursprünglich aussehende Vegetationsformen, wie die Macchie, sind in Jahrhunderten entstandene Kulturformen (PIGNATTI 1983).

Günstigere Bedingungen herrschen in dieser Hinsicht im **Zonobiom V und VI**. In den Fallaubwäldern und den benachbarten Gebieten, z. B. der Steppen und Prärien (ZB VII), ist die landwirtschaftliche Nutzung in wenigen Jahrzehnten großflächig ausgedehnt worden. Ein neues Gleichgewicht zwischen Wald-/Forstgebieten und der «Kultur»steppe wird durch den Menschen aufrechterhalten (WHITFORD 1983). An vielen Stellen dehnt sich heute anthropogene Heidefläche aus, die jetzt wieder verbuscht, nachdem die jahrhundertelange Plaggenwirtschaft und Schafweide zurückgegangen ist (GIMINGHAM & DE SMIDT 1983).

Aufgrund der Erschließung zusätzlicher Energiequellen (fossile Energien, wie Kohle, Öl und Erdgas) war es möglich, die gemäßigten und kühlen Gebiete auch großflächig zu besiedeln.

Eine kühle oder kalte Jahreszeit war kein Hinderungsgrund mehr. Diese Landschaftsräume sind die Kernräume der Industriestaaten geworden. Dies ist natürlich auch eine Folge anderer Faktoren, so ist die Industrieentwicklung, z. B. von der Verfügbarkeit verschiedener Bodenschätze, maßgeblich beeinflußt. In diesen Gebieten sind, wie etwa in Mitteleuropa oder in Japan, fast sämtliche Flächen mit Primärvegetation verschwunden und durch unterschiedlich intensiv genutzte Sekundärvegetation (land- oder forstwirtschaftliche Flächen) ersetzt (MIYAWAKI et al. 1977).

Im **Zonobiom VII** begrenzt Kälte und Dürre die Möglichkeiten der menschlichen Besiedlung, wobei allerdings eine erhebliche Abstufung entsprechend der verschiedenen Subzonobiome (VII, VIIa, VII[rIII]) gesehen werden muß. Die Steppen und Prärien wurden großflächig durch Feuer, Beweidung (Abb. 10.1), Heuwirtschaft, durch Pflug und Düngung (nicht ohne Risiko, vgl. S. 353) und Einführung neuer Arten erheblich verändert (LOOMAN 1983). In den Halbwüsten und Wüsten des ZB VII wurden in den letzten Jahrzehnten, wie auch im ZB III, immer größere Bewässerungsprojekte in Angriff genommen. Eines der erschreckenden Beispiele der Rückwirkungen solcher Projekte ist die Umweltkatastrophe am Aral-See (MICKLIN 1988).

Der rund 500 km östlich vom Kaspischen Meer gelegene Aral-See war einst das viertgrößte Binnenmeer der Welt. In den letzten 30 Jahren ist der Wasserspiegel um 13 m gesunken (vgl. Abb. 10.2). Dies hat in den flachen Uferbereichen verheerende Folgen. Da der Aral-See ein abflußloses Salzwasserbecken ist, nimmt die Salzkonzentration laufend zu. Der immer geringere Frischwasserzufluß kommt durch die zunehmende Nutzung des Wassers der beiden Zuflüsse Syr-darya und Amu-darya zustande. Deren Wasser verdunstet heute vor Erreichen des Aral-Sees auf bewässerten Flächen. Statt etwa 30 km³ an Wasser pro Jahr, die für das ursprüngliche hydrologische Gleichgewicht erforderlich wären, erreichen nur noch zwischen 1 und 5 km³ den See.

Die im Aral-See-Gebiet enthaltenen 10 Milliarden t an Salzen (NaCl, Sulfate, Ca-, Mg-Salze) sind auf dem freigefallenen Seegrund auskristallisiert und werden durch Staubstürme in die Umgebung, auch auf den landwirtschaftlichen Flächen, abgelagert. Man rechnet damit, daß derzeit über 40 Mill. t dieser Salze jährlich weggeblasen und auf einer Fläche von rund 200.000 km² niedergeschlagen werden.

Anfang 1980 waren 20 der 24 Fischarten des Aral-Sees ausgestorben, die biologische Produktivität des Sees sank gegen Null. Der umstrittene gigantische Sibaral-Kanal (zur Umleitung sibirischer Flüsse) wird dies nicht mehr ändern und, wenn er überhaupt gebaut werden sollte, neue Probleme mit sich bringen.

Im **Zonobiom VIII** beherrscht der lange Winter die Siedlungsmöglichkeiten. Permafrost und

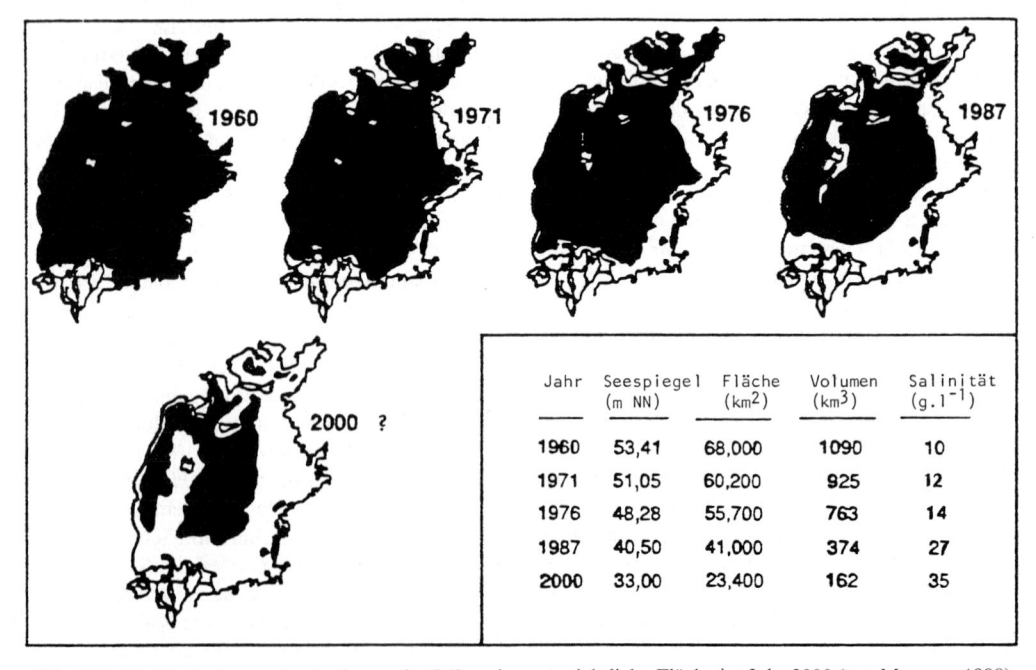

Jahr	Seespiegel (m NN)	Fläche (km²)	Volumen (km³)	Salinität (g.l⁻¹)
1960	53,41	68,000	1090	10
1971	51,05	60,200	925	12
1976	48,28	55,700	763	14
1987	40,50	41,000	374	27
2000	33,00	23,400	162	35

Abb. 10.2: Die Veränderung des Aralsees seit 1960 und voraussichtliche Fläche im Jahr 2000 (aus MICKLIN 1988).

Staunässe kommen teilweise hinzu sowie die natürlich ablaufende Versauerung der Böden bei der Anhäufung organischen Materials aufgrund unzureichender Destruentenaktivität in den Ökosystemen.

Bis etwa 1950 war die Taiga nur von Jägern und Fischern, die nebenbei ihren Energiebedarf durch Holz deckten, bewohnt. Allerdings wurden auch schon früher Feuer absichtlich gelegt, um die Jagd zu erleichtern oder um die Erzprospektion zu ermöglichen. In den letzten Jahrzehnten hat die Holznutzung stark zugenommen (HÄMET-AHTI 1983). Eine Übersicht über Einwirkungen des Menschen in verschiedenen Regionen des ZB VIII ist auch von TAMM (1975) zusammengestellt worden. Insgesamt ist aber sicherlich festzuhalten, daß das ZB VIII, im Vergleich mit allen anderen, noch das am wenigsten vom Menschen betroffene Zonobiom ist.

Im **Zonobiom IX** schließlich wirken Polarnacht, aber auch Polartag, Kälte und Permafrost extrem auf die Siedlungsmöglichkeiten durch den Menschen ein, so daß nur besonders angepaßte Stämme diese Räume besiedeln konnten, wobei andererseits wieder festgehalten werden muß, daß das ZB IX wesentlich offener und daher verkehrsgünstiger ist, als etwa ZB VIII. Seit 1965 hat in der Arktis die Öl- und Erzgewinnung begonnen und in den letzten Jahren sehr stark zugenommen. Man muß befürchten, daß die durch die industriellen Entwicklungen und ihre Wirkungen auf Vegetation und Fauna, auf Boden und insbesondere unter der Permafrost-Situation unter den ökologischen Bedingungen des ZB IX bedingten, auch kleineren Schäden zu größeren Gefahren auswachsen können (BLISS 1983).

3 Lokale, regionale und globale Umweltprobleme

Weltweit scheint es, daß die Beschäftigung mit Ökologie mehr und mehr zu einer Beschäftigung mit Ökotoxikologie wird. Die Qualität von Boden, Wasser und Luft verändert sich immer schneller. Bio-Indikatoren (ARNDT et al. 1987) können zur frühzeitigen Ermittlung von Veränderungen herangezogen werden. Den Abhilfemöglichkeiten sind aber offenbar enge Grenzen gezogen. Allein in der Stadt Bielefeld hat man 587 sog. Altlasten katalogisiert, alte Müllablagerungsstellen, Sünden der Vergangenheit, die ein erhebliches Giftpotential enthalten. Solange in der Technik, im kleinen und großen Betrieb, im Dorf und in der Stadt die Prinzipien geschlossener Stoffkreisläufe (wie in Ökosystemen) nicht verwirklicht sind, laufen Stoffflüsse aus dem Gleichgewicht. Dies ist sehr einfach zu verstehen, aber schwer zu beheben; ein perfektes recycling muß angestrebt werden. Prozesse und struktureller Aufbau natürlicher Ökosysteme müssen auch in der Zivilisationslandschaft, für Landwirtschaft und städtische Systeme Vorbild sein (BRECKLE 1984).

Auf viele der heute gravierend in Erscheinung tretenden Umweltprobleme ist schon sehr früh hingewiesen worden. Bereits im vorigen Jahrhundert hat man vielerorts Baumsterben im Zusammenhang mit lokalen Rauchschäden beobachtet, z. B. im Erzgebirge. Tannensterben ist aus dem Mittelalter mehrfach belegt. Mit der Industrialisierung begannen aber auch großflächigere Schäden aufzutreten. Man sprach vom «Sauren Regen» (SMITH 1872), wobei heutzutage wohl eindeutig geklärt ist, daß nicht nur rein klimatische Ursachen (CRAMER 1983, CRAMER & CRAMER-MIDDENDORF 1984), sondern Kombinationswirkungen verschiedener Schadfaktoren ausschlaggebend sind (VDI/RDL 1983, PAPKE et al. [eds.], 1986, SCHLAEPFER 1988 und außerordentlich viele andere Arbeiten). Wie groß der anthropogene Einfluß beim *Metrosideros*-Sterben in Hawaii ist, ist derzeit noch ungeklärt (MÜLLER-DOMBOIS 1984, 1986, 1988a, b). Es zeigt aber, daß die Vorgeschichte der Waldvegetation, die Populationsstruktur der Baumarten und langfristige Zyklen und Phasen eine Rolle spielen (FRANKLIN et al. 1987, SHUGART 1987, OGDEN 1988, WERNER 1988). Die schon seit längerem formulierte Mosaik-Zyklus-Theorie (AUBREVILLE 1928, ZUKRIGL et al. 1963, vgl. Band 1, S. 131 ff.) findet neuerdings zunehmend Beachtung, auch in Lehrbüchern (REMMERT 1989), wobei zur Diskussion gestellt wird, dieses Konzept auf alle terrestrischen und aquatischen Ökosysteme anzuwenden. Dabei wird wiederum bewußt gemacht, daß in natürlichen, funktionierenden Ökosystemen keineswegs harmonische, «paradiesische Zustände» vorliegen. Richtiger ist sicherlich, daß «Massensterben und Seuchenzüge» auch stets natürlich vorkommen und die Dynamik vieler Systeme bestimmen.

Auf den Treibhauseffekt durch den CO_2-Anstieg in der Atmosphäre ist erstmals wohl 1896 hingewiesen worden. Die erste Klimakonferenz befaßte sich 1979 damit, aber erst jetzt allmählich wird allgemein und für die Öffentlichkeit erkennbar, welche Problematik dahinter steckt und welche Folgen zu befürchten sind (Dtsch. Bundestag 1988, 1990). Allerdings sind weder die klimatischen Konsequenzen, etwa veränderter Temperatur- und Niederschlagsregime einzelner Zonen und des allgemeinen Meeresspiegelanstiegs, noch die biologischen Konsequenzen etwa veränderter Vegetationszonen usw. in ihrer Tragweite derzeit absehbar.

Die Freisetzung von CO_2 hat im wesentlichen zwei Hauptquellen, nämlich einerseits die exponentiell steigende Nutzung fossiler Brennstoffe und andererseits die exponentiell steigende Rodung von Wäldern. Für die fossilen Brennstoffe hat MARLAND (1989) eine Übersicht gegeben. Daraus wird erkennbar, daß die Hälfte des CO_2-Ausstoßes allein von nur 3 Ländern erfolgt: USA, USSR und China. Allerdings sieht der Pro-Kopf-Anteil des CO_2-Ausstoßes völlig anders aus. Er liegt mit fast 6 t C in der DDR am höchsten, danach folgen die USA. Die Gesamtmenge an CO_2, die derzeit jährlich durch Nutzung fossiler Brennstoffe und Industrie freigesetzt wird, liegt bei etwa 6 Mrd. t C.

Der zusätzliche Ausstoß an CO_2 durch die Rodungen von Wäldern ist schwer abzuschätzen. Es werden derzeit Werte angegeben, die in der Größenordnung zwischen 2 und 5 Mrd. t C liegen.

Pro Sekunde gehen derzeit etwa 1000 t Treibhausgase in die Luft, werden etwa 3000 m² Tropenwald gerodet und 1000 t Boden durch Erosion abgespült (v. WEIZSÄCKER, mündl. Mitt.).

Der in den letzten Jahrzehnten ständig gestiegene CO_2-Ausstoß in die Atmosphäre hat zu einem Anstieg des CO_2-Gehalts der Atmosphäre in den letzten 100 Jahren von etwa 280 ppm auf 355 ppm geführt (Hawaii-Kurve), trotz des CO_2-Pufferungsvermögens der Ozeane.

Eine längerfristige Festlegung von CO_2 in Biomasse ist in aufwachsenden, intakten Wäldern möglich. Bei Nutzung jeglicher Art wird ein mehr oder weniger großer Anteil des Kohlenstoffs wieder als CO_2 freigesetzt, vor allem, wenn die Biomasse verbrannt oder sonst in kurzer Zeit mineralisiert wird. In kühleren Regionen spielt die Speicherung organischen Materials als Streu, Humus, Torf usw. eine Rolle. Bislang wohl wenig beachtet und sehr schwer abschätzbar sind die Wirkungen einer globalen Temperaturerhöhung auf die Bodenatmungsraten. Die Mineralisierungsraten könnten sich global erhöhen und dadurch einen erheblichen zusätzlichen CO_2-Anreicherungseffekt ergeben (feed-back-Mechanismus). Umgekehrt ist bisher auch schwer abschätzbar, welchen Anteil die Ausfälle von CO_2 in Form von $CaCO_3$ in warmen, tropischen Meeresgebieten haben könnte.

Das Klimageschehen auf der Erde ist durch saisonale aber auch längerfristige Fluktuationen gekennzeichnet. Im Tageszeitenklima der Tropen spielen vor allem episodische Trockenperioden eine große Rolle; in den Randbereichen der Tropen haben saisonale Schwankungen der Klimaparameter bereits Auswirkungen. Frosteinbrüche aus gemäßigten Breiten (z. B. in Süd-Brasilien) können von verheerender ökonomischer Wirkung sein. Da solche Singularitäten ein Charakteristikum des Klimas sind, lassen sich Veränderungen im langfristigen Trend anhand von Mittelwert- oder Median-Betrachtungen bisher nicht absichern. Dies heißt sicher nicht, daß sie nicht doch vorhanden sein können. Man erkennt heute immer deutlicher, daß gerade die äquatorialen Regionen für das globale Klimageschehen von großer Wirkung sind (MYERS 1988) aufgrund der Bedeutung für den atmosphärischen Wasser- und Energiehaushalt.

Prognostizierte Klimaveränderungen in den höheren Breiten umfassen sehr viel stärkere Temperaturerhöhungen als in den tropischen Bereichen. Die Unsicherheiten sind sehr groß. Man muß davon ausgehen, daß es bei einem veränderten Weltklima unter den Nationen kaum oder gar keine Gewinner, aber viele Verlierer geben wird (WARRICK 1988).

Klimaveränderungen lassen sich nicht sofort erkennen und absichern. Die einzelnen Klimafaktoren fluktuieren erheblich. Längerfristige Veränderungen drücken sich letztlich vor allem in solchen Vorgängen aus, deren auslösende Faktoren über längere Zeiträume hinweg integriert werden. Der Lewis-Gletscher am Mt. Kenya am Äquator hat in den letzten 80 Jahren etwa zwei Drittel seiner Fläche verloren. Vom Eis-Haushalt der Gletscher in Hochgebirgen, z. B. den Alpen, ist bekannt, wie kurz- und längerfristige Veränderungen ablaufen und wie etwa die Ursachen bezüglich Temperatur- und Niederschlagsregime der einzelnen Jahrzehnte hierzu in Beziehung stehen. Daraus ist ein langfristiger Trend der Erwärmung für den Alpenraum erkennbar, aber noch (!) ohne alarmierendes Ausmaß (PATZELT 1989).

Es gibt Beispiele, wo in Halbwüsten-Gebieten die Gewitterhäufigkeit deutlich größer ist über Flächen, die längere Zeit nicht beweidet wurden, im Vergleich zu solchen Flächen, die seit Jahrzehnten überweidet sind (Negev-Wüste, mündl. Mitt. Y. WAISEL/Tel Aviv) und dadurch eine größere Albedo aufweisen (hellere Oberfläche, gut erkennbar auf Satellitenbildern). Ähnliches gilt für gerodete Waldflächen der Tropen. Die vergrößerte Strahlungsreflexion (Albedo) muß zu veränderten lokalen oder regionalen Zirkulationssystemen führen und dadurch zu veränderten Niederschlagsregimen.

Maßnahmen sind unaufschiebbar, aber Technologien allein erreichen nichts. Eine Verminderung der CO_2-Freisetzung ist vordringlich. Hierfür müßten **ab sofort** alle entsprechenden Emissionsursachen, vor allem die Verbrennung von Kohle, Erdöl und Erdgas, die Rodung der Wälder weltweit, insbesondere aber in den Tropen (GRANTHAM 1989), die Überdüngung der Kulturböden und der Ausstoß an Kohlenwasserstoffen drastisch ermindert werden, auch unter Einbuße an sog. Lebensqualität.

Dies erscheint nicht utopisch in Anbetracht folgender Möglichkeiten: Verbesserung des Wirkungsgrads bei der Umwandlung fossiler Brennstoffe zu Endenergie und bei deren Nutzung; Verteuerung der Energiepreise und damit Verminderung des Energiebedarfs (Wärmedämmung, bessere Treibstoffausnutzung); verstärkter Einsatz von Fernwärme und Nutzung aller Abwärmemöglichkeiten; Wärmekraft-Kopplung; dezentrale Energieversorgungen; verstärkte Nutzung regenerativer Energiequellen; Wasserstofftechnologie. Jede Technologie hat Risiken, und Mißbrauch ist immer möglich, aber nicht nur Technologie, jeder einzelne ist gefordert.

Da der einzelne keine globale Verantwortung kennt und spürt, sind Lösungsmöglichkeiten schwierig. Was kann der einzelne tun: Muß er sich wirklich durch eine psychologisch geschickte Werbung subtil zum Wegwerf-Sklaven und Konsummenschen manipulieren lassen? Muß er unbedingt immer auf Besitzstand beharren? Muß er **nur sein eigenes** Territorium sauber halten (auf Kosten des Nachbarn)? Solcher **Nimbyismus** (St. Florians-Prinzip: not in my back-yard!) ist besonders hinderlich für gemeinsame Lösungen (HABER 1988). Es gibt nur **eine** Erde, ein Raumschiff Erde mit begrenzten Dimensionen, aber mit einer faszinierenden Lebewelt. Der Mensch sollte nie vergessen, daß auch er nur ein Teil der lebenden Natur ist und ohne sie nicht lebensfähig ist.

Die anthropozentrische Arroganz führt nicht zum Ziel. Eine gewisse Bescheidenheit tut not; es wäre gut, sich gelegentlich klar zu machen, welch winzige Würmchen, welch unwichtige Proteinklümpchen im All die Menschen sind. Diese Einsicht wäre vor allem auch für Politiker und Juristen nützlich, die als öffentliche Entscheidungsträger Naturwissenschaften nicht selten gering schätzen, weil sie meist wenig davon verstehen. Nur ein verantwortlicher Umgang mit der Natur, mit der Umwelt, mit den Resourcen kann die Überlebenschancen der Menschen sichern.

Ein Rückblick auf die Menschheitsgeschichte läßt, auch bei optimistischer Extrapolation, keine all zu große Hoffnung auf die Zukunft zu. Es ist zu befürchten, daß die Vernunft des Menschen *(Homo sapiens)* kein anderes Mittel als die alltäglichen Kriege und den Völkermord kennt, um das Bevölkerungsgleichgewicht zu erhalten (ganz im Sinne populationsbiologischer Regeln?).

Abb. 10.3: Reisfeld-Terrassen mit intensivem Bewässerungsreisbau mit Zeburinder-Haltung in den Dörfern Nordindiens. Dies ist ein «Schlüsselbild». Es symbolisiert die steigende Methanabgabe in die Atmosphäre aufgrund steigender Nahrungsmittelbereitstellung für eine anwachsende Bevölkerung (phot. S.-W. BRECKLE 1968).

Solange die Bevölkerung der Erde weiterhin exponentiell zunimmt, ist das Problem der CO_2-Zunahme, der Zunahme der Emission des viel klimawirksameren Methans (CH_4; vgl. Abb. 10.3), z.B. in Reisfeldern und durch Rinderherden (und dies ist gekoppelt mit Nahrungsproduktion für eine steigende Bevölkerung) und damit der Treibhauseffekt und seine Folge-Probleme nicht in den Griff zu bekommen. Die einzige Lösung besteht in einer **steady-state-Populationszahl** des Menschen.

Es gibt verschiedene «Grenzen des Wachstums» für die Menschheit. Eine davon ist die pflanzliche Primärproduktion (LIETH 1974). Abschätzungen der jährlichen Produktion organischer Substanz sind seit LIEBIG (1862) vielfach unternommen worden. LIEBIGS Wert von etwa $130-140 \cdot 10^9$ t an organischer Substanzproduktion pro Jahr liegt nur etwa 10–20% unter den heute geschätzten Werten. Unter Berücksichtigung der nutzbaren Anteile organischer Substanz für Nahrungszwecke kommt LIETH auf eine Zahl von maximal 7,5 bis 15 Mrd. Menschen.

«In den letzten Dezennien ist es klar geworden, daß die planlose Vermehrung der Weltbevölkerung als moralisches Verbrechen angesehen werden muß; daß die rücksichtslose Erhöhung des Sozialprodukts der Industrienationen ein soziales Verbrechen gegenüber der gesamten Weltbevölkerung ist; daß die Propagierung einer unbegrenzten Steigerung des Sozialprodukts systemtheoretisch eine gefährliche politische Lüge sein muß, und daß schließlich die rücksichtslose Ausbeutung unserer natürlichen Resourcen, wie auch der fossilen, organischen Lagerstätten, ein Verbrechen an unseren Kindern darstellt» (nach LIETH 1974).

Es ist zu befürchten, daß die Zahl von derzeit 5–6 Mrd. Menschen auf der Erde jetzt schon über der Tragfähigkeit des Erdballs liegt, wenn man ein einigermaßen menschenwürdiges Leben zugrunde legt. Es ist zu fragen, was humaner ist: radikale Maßnahmen zur Eindämmung der Bevölkerungsvermehrung **jetzt** oder das gegenüber heute kaum vorstellbare Elendsleben und die Hungersnöte der **zukünftigen** Generationen. Es gibt keine religiösen, moralischen oder ethischen Gründe, die eine unbegrenzte Vermehrung der Menschheit bis zu ihrem Untergang rechtfertigen würden (WALTER 1989).

Nachwort

Heinrich WALTER hat dieses letzte Kapitel, die Schlußbetrachtung, im August 1989 gelesen und kommentiert, wenige Wochen vor seinem Tode am 15. Oktober 1989. Er hat damit die inhaltliche Fertigstellung dieses vierbändigen Werkes noch erleben dürfen.

Literaturverzeichnis

ABD-EL-RAHMAN, A.A., EZZAT, N.H., and HASSAN, A.H. 1973: Contribution to the water relations of olive under semiarid conditions. Flora **162**, 99–107.

ACHUFF, P.L., LA ROI, H.G. 1977: *Picea-Abies* forests in the highlands of northern Alberta. Vegetatio **33**, 127–146.

ACOCKS, J.P.H. 1988: Veld types of South Africa. Mem. Bot. Surv. S. Afr. **57**, 1–146.

ADAMOLI, J., NEUMANN, R., RATIER DE COLIMA, A.D., and MORELLO, J. 1972: El chaco aluvial salteno. Revista Invest. Agropec. (Buenos Aires), ser. 3 Clima y Suelo. **9/5**, 165–237.

ADAMSON, R.S. 1927: The plant communities of Table Mountains. J. Ecol. **15**, 278–309.

ADAMSON, R.S. 1938: The vegetation of South Africa. Monogr. Bit. Emp. Veget., London, 86–97.

AHTI, L., and KONEN, T. 1974: A scheme of vegetation zones for Japan and adjacent regions. Ann. Bot. Fennici (Helsinki) **11**, 59–88.

AKMAN, Y. and KETENOGLU, O. 1986: The climate and vegetation of Turkey. Proc. Roy. Bot. Soc. Edinburgh **89**B, 123–134.

AKSOY, H. und MAYER, H. 1975: Aufbau und waldbauliche Bedeutung nordwest-anatolischer Gebirgswälder (Versuchswald Büyükdüz-Karabük). Cbl. Ges. Forstwesen **92**, 65–105.

ALBERT, R. 1982: Halophyten. – In KINZEL, H.: Pflanzenökologie und Mineralstoffwechsel. Ulmer, Stuttgart, 33–204.

ALBERTSON, F.W. and WEAVER, J.E. 1945: Injury and death or recovery of trees in prairie climate. Ecol. Monogr. **15**, 393–433.

ALEKSANDROVA, V.D. 1971: On the principles of zonal subdivision of arctic vegetation. Bot. Zh. **56**, 3–21 (Russ.).

ALEKSANDROVA, V.D. 1980: The arctic and antarctic: their division into geobotanical areas. Cambridge Univ. Press, Cambridge.

ALLEN, S.E. GRIMSHAW, H.M. and HOLDGATE, M.W. 1967: Factors affecting the availability of plant nutrients on an Antarctic island. J. Ecol. **55**, 381–396.

ARAÑA, V. and CARRACEDO, J.C. 1978: Los Volcanes de las Islas Canarias, Canarian vulcanoes, I. Tenerife. Ed. Rueda, Madrid, 151 pp.

ARIANOUTSOU, F.M. and MARGARIS, N.S. 1982: Decomposers and the fire cycle in a Phryganic (East Mediterranean) Ecosystem. Microb. Ecol. **8**, 91–98.

ARMESTO, J.J. and MARTINEZ, J.A. 1978: Relations between vegetation structure and slope aspect in the mediterranean region of Chile. J. Ecol. **66**, 881–889.

ARNDT, U., NOBEL, W. und SCHWEIZER, B. 1987: Bioindikatoren – Möglichkeiten, Grenzen und neue Erkenntnisse. Ulmer, Stuttgart, 388 pp.

ASCHMANN, H. 1973: Distribution and peculiarity of mediterranean ecosystems. Ecol. Stud. **7**, 11–19.

AXELROD, D.I. 1973: History of mediterranean ecosystem in California. Ecol. Stud. **7**, 225–277.

AXELROD, D.I. 1977: Outline history of California vegetation. – In BARBOUR, M.G. and MAJOR, T. (eds.), 139–193.

AXELROD, D.I. and RAVEN, P.H. 1978: Late Cretaceous and Tertiary vegetation history of Africa. – In WERGER, M.J.A. (ed.): Biogeography and Ecology of Southern Africa **1**. Junk, Den Haag, 77–130.

BAIRD, A.M. 1977: Regeneration after fire in King's Park, Perth, Western Australia. J. Roy Soc. West. Austral. **60**, 1–22.

BAMBERG, S.A. and MAJOR, J. 1968: Ecology of the vegetation and soils associated with calcarious parent materials in three alpine regions of Montana. Ecol. Monogr. **38**, 127–167.

BARBERO, M., BONIN, G., LOISEL, R., MIGLIOTTI, F. and QUEZEL, P. 1987: Impact of forest fires on structure and architecture of mediterranean ecosystems. Ecol. Mediterr. **13**, 39–50.

BARBERO, M., BONIN, G., LOISEL, R. and QUEZEL, P. 1989: Sclerophyllous *Quercus* forests of the mediterranean area, ecological and ethological significance. Bielefelder Ökologische Beiträge 4, 1–23.

BARBOUR, M.G. and MAJOR, J. (eds.) 1977: Terrestrial vegetation of California. New York, London, Sydney, Toronto, 1002 pp.

BARNEY, R.J. 1971: Wildfires in Alaska – some historical and projected effects and aspects. Proceedings – Fire In the Northern Environment A Symposium College (Fairbanks), Alaska, April 13–14.

BARROW, C.J. 1978: Postglacial pollen diagram from South Georgia (subantarctic) and West Falkland Island (South Atlantic). J. Biogeogr. **5**, 251–274.

BARRY, R.G. 1967: Seasonal location of the arctic front over North America. Geogr. Bull. **9**, 79–95.

BARRY, R.G., ARUNDALE, W.H., ANDREWS, J.T., BRADLEY, R.S. and NICHOLS, H. 1977: Environmental change and cultural change in the eastern canadian arctic during the last 5000 years. Arct. Alp. Res. **9**, 193–210.

BARRY, R.G. and CHORLEY, R.J. 1982: Atmosphere, weather and climate. Methuen, London, New York.

BARTZ, F. 1935: Das Tierleben Tibets. Wiss. Veröff. Museums f. Länderkunde. (Leipzig) N.F. **3**, 117–176.

BATANOUNY, K.H. 1983: Human impact on desert vegetation. – In HOLZNER, W. et al. (eds.), 139–149.

BAUR, G.N. 1957: Nature and distribution of rainforests in New South Wales. Austral. J. Bot. **5**, 190–233.

BAZELY, D.R. and JEFFERIES, R.L. 1986: Changes in the composition and standing crop of salt marsh communities in response to the removal of a grazer. J. Ecol. **74**, 693–706.

BEADLE, N.C.W. 1962: Soil phosphate and the delimitation of plant communities in Eastern Australia. Ecology **43**, 281–288.

BEADLE, N.C.W. 1966: Soil phosphate and its role in molding segments of the Australian flora and vegetation, with special reference to xeromorphy and sclerophylly. Ecol. **47**, 992–1007.

BEADLE, N.C.W. 1981: The vegetation of Australia. – In WALTER, H. and BRECKLE, S.-W. (Hrsg.): Bd. IV der Vegetationsmonographien der einzelnen Großräume. G. Fischer, Stuttgart, 690 pp.

BEALS, E.W. 1965: The remnant cedar forests of Lebanon. J. Ecol. **53**, 679–694.

BELLEFLEUR, P. and AUCLAIR, A.N. 1972: Comparative ecology of Quebec boreal forest: a numerical approach to modelling. Can. J. Bot. **50**, 2357–2379.

BELLOT, F. 1978: El tapiz vegetal de la Península Ibérica. Blume, Madrid, 423 pp.

BENECKE, U. and DAVIS, M.R. (eds.) 1980: Mountain environment and subalpine tree growth. New Zealand Forest Service, Techn. Paper No. **70**.

BENECKE, U. and HAVRANEK, W.M. 1980a: Phenological growth characteristics of trees with increasing altitude, Craigieburn Range, New Zealand. N.Z.F.S. Techn. Paper No. **70**, 155–174.

BENECKE, U. and HAVRANEK, W.M. 1980b: Gas-exchange of trees at altitudes up to timberline Craigieburn Range, New Zealand. New Zealand Forest Service, Techn. Paper **70**, 195–211.

BENNINGHOFF, W.S. 1952: Interaction of vegetation and soil frost phenomena. Arctic **5**, 34–44.

BERGEN, J.Y. 1904a: Transpiration of sun leaves and shade leaves of *Olea europaea* and other broad-leaved evergreens. Bot. Gaz. **38**, 285.

BERGEN, J.Y. 1904b: Relative Transpiration of old and new leaves of *Myrtus* type. Bot. Gaz. **38**, 446.

BERGERON, Y. and BOUCHARD, A. 1983: Use of ecological groups in analysis and classification of plant communities in a section of western, Quebec. Vegetatio **56**, 45–63.

BERGERON, Y., BOUCHARD, A. and MASSICOTTE, G. 1985: Gradient analysis in assessing differences in community, pattern of three adjacent sectors within Abitibi, Quebec. Vegetatio **64**, 55–65.

BERGERON, Y. BOUCHARD, P. and GANGLOFF, P. 1982: Analyse et classification des sols pour une étude écologique integrée d'un secteur de l'Abitibi, Québec. Geogr. Physique et Quaternaire **36**, 291–305.

BEUG, H.-J. 1967: Probleme der Vegetationsgeschichte in Südeuropa. Ber. Dtsch. Bot. Ges. **80**, 682–689.

BEUG, H.-J. 1975: Man as a factor in the vegetation history of the Balkan Peninsula. Proc. Internat. Symp. on Balkan Flora and Vegetation (June 7.–14. 1973).

BEUG, H.-J. 1977: Vegetationsgeschichtliche Untersuchungen im Küstenbereich von Istrien (Jugoslawien). Flora **166**, 357–381.

BEYDEMAN, I.N., BESPALOVA, S.G. und RACHMANIN, A.T. 1962: Ökologisch-geobotanische Untersuchungen der Kura-Arax-Niederung in Transkaukasien. Bot. Inst. Akad. Wiss. USSR, Moskau, Leningrad, 464 pp.

BEYSCHLAG, W., LANGE, O.L. und TENHUNEN, J.D. 1986: Photosynthese und Wasserhaushalt der immergrünen mediterranen Hartlaubpflanze *Arbutus unedo* L. im Jahreslauf am Freilandstandort in Portugal. I. Tagesläufe von CO_2-Gaswechsel und Transpiration unter natürlichen Bedingungen. Flora **178**, 409–444.

BIEBL, R. 1968: Über Wärmehaushalt und Temperaturresistenz arktischer Pflanzen in Westgrönland. Flora **157**, 327–354.

BILGER, W., SCHREIBER, U. and LANGE, O.L. 1987: Chlorophyll fluorescence as an indicator of heat induced limitation of photosynthesis in *Arbutus unedo* L. – In TENHUNEN et al. (eds.): Plant Response to Stress; Nato Asi Series G, vol. **15**, 391–399.

BIRAND, H.A. 1938: Untersuchungen zur Wasserökologie der Steppenpflanzen bei Ankara. Jb. wiss. Bot. **87**, 93–172.

BIRAND, H.A. 1952: Untersuchungen über die Wurzelsysteme der Steppenpflanzen. Commun. Fac. Sci. Univ. Ankara **3**, 219–235.

BIRAND, H.A. 1960: Erste Ergebnisse der Vegetations-Untersuchungen in der zentralanatolischen Steppe. 1. Bot. Jb. **79**, 255–296.

BLACK, R.D. and BLISS, L.L. 1978: Recovery sequence of *Picea mariana-Vaccinium uliginosum* forests after burning near Inuvik, Northwest Territories, Canada. Can. J. Bot. **56**, 2020–2030.

BLAIR, J.M. and CROSSLEY, D.A. 1988: Litter decomposition, nitrogen dynamics and litter microarthropods in a southern Appalachian Hardwood forest 8 years following clearcutting. J. Appl. Ecol. **25**, 683–698.

BLANCHET, B. 1982: Les Cédrières du Québec. Études Écolog. **6**, 166 pp.

BLISS, L.C. 1983: Modern human impact in the Arctic. – In HOLZNER, W. et al. (eds.), 213–225.

BLISS, L.C. and WIELGOLASKI, F.E. (eds.) 1973: Primary production and production processes in the Tundra Biome. IBP, Tundra Biome, Stockholm, 256 pp.

BLONDEL, J. 1981: Structure and dynamics of bird communities in mediterranean habitats. – In DICASTRI, F., GOODALL, D.W. and SPECHT, R.L. (eds.): Mediterranean-type shrublands. Ecosystems of the world, Vol. **11**, 361–385.

BLOUIN, J.-L. et GRANDTNER, M. 1971: Étude écologique et cartographie de la végétation du Compte de Rivière-du-Loup Gouv. du Québec. Minist. Terr. et Forêts. Memoire No. **6** (carte).

BOELCKE, O. 1957: Communidades herbaceas del norte de Patagonia y sus relaciones con la ganaderia. Rev. Invest. Agric. **11** (1), 5–98.

BOELCKE, O., MOORE, D. and ROIG, F. (eds.) 1985: Transecta Botanica de la Patagonia Austral. Buenos Aires.

BOERBOOM, J.H.A. and WIERSUM, K.F. 1983: Human impact on tropical moist forest. – In HOLZNER et al. (eds.), p. 83–106.

BOND, P. and GOLDBLATT, P. 1984: Plants of the Cape Flora – A descriptive Catalogue. J. South African Bot., Suppl. Vol. **13**, 1–455.

BONFILS, C.G. 1966: Rasgos principales de los suelos pampeanos. (Mit Bodenkarte 1:4 Mill.) INTA, Buenos Aires.

BORMANN, F.H. and LIKENS, G.E. 1979: Pattern and process in a forested ecosystem. Springer, New York, 253 pp.

BOSCH, J.M. and HEWLETT, J.D. 1982: A review of catchment experiments to determine the effect of vegetation changes on water yield and evapotranspiration. J. Hydrology **55**, 3–23.

BOSCH, J.M., SCHULZE, R.E. and KRUGER, F.J. 1984: The effect of fire on water yield. – In BOOYSEN, P. DE V. and TAINTON, N.M. (eds.): Ecological effects of fire in South African Ecosystems. Springer, Berlin, 327–348.

BOSCH, J.M., VAN WILGEN, B.W. and BANDS, D.P. 1986: A model for comparing water yield from fynbos catchments burnt at different intervals. Water SA **12**, 191–196.

BOTTEMA, S. 1974: Late quarternary vegetation history of North-western Greece. Thesis, Groningen.

BOTTEMA, S. 1986: Late Quaternary and modern distribution of forest and some tree taxa in Turkey. Proc. Roy. Bot. Soc. Edinburgh **89**B, 103–111.

BRADLEY, S.W., ROWE, J.S. and TARNOCAI, C. 1982: An ecological land survey of the Lockhart river map area, Northwest Territories. Lands Directorate. Environmet Canada. Ottawa, Ecological land classif. Series, No. 16.

BRANDE, A. 1973: Untersuchungen zur postglazialen Vegetationsgeschichte im Gebiet der Neretva-Niederung (Dalmatien, Herzegowina). Flora **162**, 1–44.

BRAUN, E.L. 1950: Deciduous Forests of Eastern North America. Blakiston, Philadelphia, Toronto, 596 pp.

BRAUN-BLANQUET, J. 1936: La Chênaie d'Yeuse mediterranéenne (Quercion ilicis). Sigma, Comm. **45**, Mem. Soc. Sc. nat. Nîmes **5**.

BRAUN-BLANQUET, J. 1948: La végétation alpine des pyrénées orientales. Commun. Stat. Internat. Géobot médit. et alpine **98**, 8–306.

BRAUN-BLANQUET, J. und WALTER, H. 1931: Zur Ökologie der Mediterranpflanzen. Jb. Wiss. Bot. **74**, 697–748.

BRECKLE, S.-W. 1966: Ökologische Untersuchungen im Korkeichenwald Kataloniens. Diss., Hohenheim, 190 p.

BRECKLE, S.-W. 1967: Fossile Pflanzenreste am Latahband-Pass in Afghanistan (östlich Kabuls). Science, Kabul **5**, 3–5.

BRECKLE, S.-W. 1971a: Ökologie und Mikroklima in der alpinen Stufe des afghanischen Hindukusch. Ber. Deutsch. Bot. Ges. **84**, 721–730.

BRECKLE, S.-W. 1971b: Die Beeinflussung der Vegetation durch hügelbauende Ameisen (*Cataglyphis bicolor* Fabricius) auf der Dasht-i-Khoshi (Ost-Afghanistan). Ber. Deutsch. Bot. Ges. **84**, 1–18.

BRECKLE, S.-W. 1973: Mikroklimatische Messungen und ökologische Beobachtungen in der alpinen Stufe des afghanischen Hindukusch. Bot. Jb. Syst. **93**, 25–55.

BRECKLE, S.-W. 1974a: Notes on the alpine and nival flora of the Hindu Kush, East Afghanistan. Bot. Notiser (Lund) **127**, 278–284.

BRECKLE, S.-W. 1974b: Wasser- und Salzverhältnisse bei Halophyten der Salzsteppe in Utah/USA. Ber. Deutsch. Bot. Ges. **87**, 589–600.

BRECKLE, S.-W. 1975a: Ionengehalte halophiler Pflanzen Spaniens. Decheniana (Bonn) **127**, 221–228.

BRECKLE, S.W. 1975b: Ökologische Beobachtungen oberhalb der Waldgrenze des Safed Koh (Ost-Afghanistan). Vegetatio (Acta Geobot.) **30**, 89–97.

BRECKLE, S.-W. 1976: Zur Ökologie und zu den Mineralstoffverhältnissen absalzender und nichtabsalzender Xerohalophyten. Diss. Bot. **35**, 169 pp.

BRECKLE, S.-W. 1983: Temperate deserts and semideserts of Afghanistan and Iran. – In WEST, N. (ed.): Temperate deserts and semideserts. Ecosystems of the world, vol. **5**, Elsevier, Amsterdam, 271–319.

BRECKLE, S.-W. 1984: Strukturen und Prozesse in agrarischen Ökosystemen. – In WINDHORST, H.-W. (ed.): Landwirtschaft im Spannungsfeld von Ökonomie und Ökologie. Violette Reihe, Cloppenburg **4**, 26–57.

BRECKLE, S.-W. 1985: Die Siebenbürgische Halophytenflora – Ökologie und ihre pflanzengeographische Einordnung. Siebenbürgisches Archiv, 3. Folge, **20**, 53–105.

BRECKLE, S.-W. 1986: Studies on halophytes from Iran and Afghanistan. – II. Ecology of halophytes along salt-gradients. Proc. Roy. Bot. Soc. Edinburgh **89**B, 203–215.

BRECKLE, S.-W. 1988: Vegetation und Flora der nivalen Stufe im Hindukusch. – In GRÖTZBACH, E. (Hrsg.): Neue Beiträge zur Afghanistanforschung, Schriftenreihe der Bibliotheca Afghanica (Liestal) Band **6**, 133–148.

BRECKLE, S.-W. und FREY, W. 1974: Die Vegetationsstufen im Zentralen Hindukusch. Afghanistan J., (Graz), **1**, 75–80.

BRECKLE, S.-W. und KULL, U. 1971: Osmotische Verhältnisse und Zuckergehalte im Jahresgang bei Bäumen Ost-Afghanistans. I. *Quercus baloot* Griff. Flora B **160**, 43–59.

BRECKLE, S.-W., VIGO, J. MONTSERRAT, J.M. and CORTINA, J. 1987: The flora and vegetation of Catalonia from the seashores to the heights of the Pyrenees (NE-Spain). Excursion Guide No. 40, XIV Internat. Botan. Congress Berlin, 62 pp.

BREWER, R. 1980: A half century of changes in the herb

layer of a climax deciduous forest in Michigan. J. Ecol. **68**, 823–832.

BREWER, R. and PAWLUK, S. 1975: Investigations of some soils developed in hummocks of the canadian sub-arctic and southern-arctic regions. 1. Morphology and micromorphology. Can. J. Soil Sci. **55**, 301–319.

BREYTENBACH, G.J. 1987: Small mammal dynamics in relation to fire. – In: Disturbance and the dynamics of fynbos biome communities. S. Afr. Nat. Sci. Programmes Rep. No. **135**, 56–68.

BROWN, R.E. 1976: Rodent ecology in the Touran Protected Area, Iran. Unpubl. Report submitted to the Department of the Environment/Teheran, 18 pp.

BROWN, R.J.E. 1960: The distribution of permafrost and its relation to air temperature in Canada and the U.S.S.R. Arctic **13**, 163–177.

BROWN, R.J.E. 1970a: Permafrost in Canada. Univ. Toronto Press, Toronto.

BROWN, R.J.E. 1970b: Permafrost as an ecological factor in the Subarctic. Ecol. Subarctic Reg., Proc. Helsinki Symp., 129–139.

BRYSON, R.A. 1966: Air masses, streamlines, and the boreal forest. Geogr. Bull. **8**, 228–269.

BRYSON, R.A., IRVING, W.N. and LARSEN, J. 1965: Radiocarbon and soil evidence of former forest in the Southern Canadian Tundra. Science **147**, 46–48.

BURCHARD, O. 1929: Beiträge zur Ökologie und Biologie der Kanarenpflanzen. Bibl. Bot. **98**, 262 pp.

BURGER, D. 1972: Forstliche Standortsklassifizierung in Kanada. Mitt. Ver. Forstl. Standortskunde u. Forstpfl.zücht. Stuttgart **21**, 5–19.

BURGER, D. 1976: The concept of ecosystem region in forest site classification. XVI JUFRO World Congress Norway, Div. 1, 213–218

BURKART, A. 1957: Ojida sinoptica sobre la vegetation del delta del rio Paraná. Darwiniana **11**, 457–561.

CABRERA, A.L. 1945: Apuntas sobre la vegetación del Partido de Pellegrini. DAGI, Buenos Aires **3**, 1–86.

CABRERA, A.L. 1978: La vegetacion de Patagonia y sus relaciones con la vegetacion Altoandina y Punena. – In TROLL, C. und LAUER, W. (Hrsg.): Geoökologische Beziehungen zwischen der temperierten Zone der Südhalbkugel und den Tropengebirgen. Erdwissen. Forsch. **11**, 329–343.

CALDWELL, M.M. 1972: Biologically effective solar ultraviolet irradiation in the arctic. Arct. Alpine Res. **4**, 39–43.

CALDWELL, M.M. and CAMP, L.B. 1974: Belowground productivity of two cool desert communities. Oecologia **17**, 123–130.

CALDWELL, M.M., EISSENSTAT, D.M., RICHARDS, J.H. and ALLEN, M.F. 1985: Competition for phosphorus: Differential uptake from dual-isotope labeled soil interspaces between shrub and grass. Science **229**, 384–386.

CALDWELL, M.M., MEISTER, H.-P., TENHUNEN, J.D. and LANGE, O.L. 1986: Canopy structure, light microclimate and leaf gas exchange of *Quercus coccifera* L. in a Portuguese macchia: measurement in different canopy layers and simulations with a canopy model. Trees **1**, 25–41.

CALDWELL, M.M. and RICHARDS, J.H. 1986: Competing root systems: morphology and models of absorption. – In GIVNISH, T.J. (ed.): On the ecology of plant form and function. Cambridge University Press, Cambridge, 251–273.

CALDWELL, M.M., TERAMURA, A.H. and TEVINI, M. 1989: The changing solar ultraviolett climate and the ecological consequences for higher plants. Trends in Ecology and Evolution **4**, 363–366.

CALDWELL, M.M., WHITE, R.S., MOORE, R.T. and CAMP, L.B. 1977: Carbon balance, productivity, and water use of cold-winter desert shrub communities dominated by C_3 and C_4 species. Oecologia **29**, 275–300.

CALLAGHAN, L.T.V. 1973: Studies on the factors affecting the primary production of Bi-polar *Phleum alpinum*. – In BLISS, C. and WIELGOLASKI, F.E. (eds.), 153–167.

CAMPBELL, A.S. 1974: The influence of red beech (*Nothofagus fusca*) on clay mineral genesis. Trans. 10th Int. Congr. Soil Sci. **6**, 60–67.

CANADELL, J., RIBA, M. and ANDRES, P. 1988: Biomass equations for *Quercus ilex* L. in the Montseny Massif, Northeastern Spain. Forestry **61**, 137–147.

CANCELA DA FONSECA, J.P. and POINSOT-BALAGUER, N. 1983: Les régimes alimentaires des microarthropodes du sol en relation avec la décomposition de la matière organique. Bull. Soc. Zool. France **108**, 371–388.

CARLETON, T.J. and MAYCOCK, P.F. 1978: Dynamics of the boreal forest south of James Bay. Can. J. Bot. **56**, 1157–1173.

CARLETON, T.J. and MAYCOCK, P.F. 1981: Understorycanopy affinities in boreal forest vegetation. Can. J. Bot. **59**, 1709–1716.

CARNAHAN, J.A. 1976: Natural vegetation. Commentary supplementing the map-sheet. Atlas of Australian Resources; 2nd series, Canberra, 26 pp.

CARRASCAL, L.M. 1987: Relacion entre avifauna y estructura de la vegetacion en las repoblaciones de coniferas de Tenerife (Islas Canarias). Ardeola **34**: 193–224.

CASTROVIEJO, S. et al. 1986: Flora Iberica vol. I, Madrid, 575 pp.

CAYFORD, J.J., HILDAHL, V., NAIRN, L.D. and WHEATON, M.P.H. 1959: Injury to trees from winter drying and frost in Manitoba. Forestry Chronicle **35**, 283–290.

CEBALLOS, A., FERNANDES-CASA, J. and GARMENDIA, F.M. 1980: Plantas silvestres de la Peninsula Iberica. Blume, Madrid, 448 pp.

CESTI, G. 1986: Gli incendi boschivi in Italia nel periodo 1974–1985. Rev. Valdotaine d'hist. Natur. **40**, 95–105.

CESTI, G. 1988: Forest Fires in Italy. Suid-Afrik. Bosboutydskrif **145**, 47–58.

CHABOT, B.F. and MOONEY, H.A. 1985: Physiological ecology of North American plant communities. Chapman and Hall, New York, London, 351 pp.

CHAMBERLAIN, D.F. 1982: A Revision of Rhododendron. II. Subgenus *Hymenanthes*. Notes RBG Eding. **39**/2, 209–486.

CHANG, D.H.S. 1981: The vegetation zonation of the Tibetan plateau. Mountain Research Development **1**, 29–48.

CHAPIN III, F.S., SHAVER, G.R. and KEDROWSKI, R.A. 1986: Environmental controls over carbon, nitrogen and phosphorus fractions in *Eriophorum vaginatum* in Alaskan tussock tundra. J. Ecol. **74**, 167–195.

CHAPIN III, F.S., CLEVE, K. VAN and CHAPIN, M.C. 1979: Soil temperature and nutrient cycling in the tussock growth form of *Eriophorum vaginatum*. J. Ecol. **67**, 169–189.

CHAPMAN, V.J. and RONALDSON, J.W. 1958: The mangrove and salt marsh flats of the Auckland isthmus. N.Z. D.S.I.R. Bull. 125.

CHAVASSE, C.G.R. 1977: New Zealand Institute of Foresters (INC.). Forestry Handbook, 224 pp.

CHEN, C. 1987: Standörtliche, vegetationskundliche und waldbauliche Analyse chinesischer Gebirgsnadelwälder und Anwendung alpiner Gebirgswaldbau-Methoden im chinesischen fichtenreichen Gebirgsnadelwald. Diss. Univ. f. Bodenkultur, Wien **30**, 316 pp.

CHEN, WEI-LIE 1981: The main types of forest vegetation and their distribution in Xizang. – In LIU DONG-SHENG (ed.): Proc. Symp. Qinghai-Xizang (Tibet) Plateau. Beijing, 1957–1952.

CHIPPENDALE, G.M. and WOLF, L. 1981: The natural distribution of *Eucalyptus* in Australia. Austral. Nat. Parks and Wildlife Service, Spez. Public. **6**, 192 pp.

CHRIST, H. 1885: Vegetation und Flora der Canarischen Inseln. Bot. Jb. **6**, 458

CHRISTIANSEN-WENIGER, F. 1964: Gefährdung Anatoliens durch Trockenjahre und Dürrekatastrophen. Z. f. Ausländische Landwirtsch. 1964, 133–147.

CLARK, W.C. 1989: Verantwortliches Gestalten des Lebensraums Erde. Spektrum d. Wiss. 1989, **11**, 48–56.

CLAYDEN, S. and BOUCHARD, A. 1983: Structure and dynamics of conifer-lichen stands on rock outcrops south of lake Abitibi, Quebec. Can. J. Bot. **61**, 850–871.

CLEMENTS, F.F., WEAVER, J.E. and HANSON, H.C. 1929: Plant competition. Carnegie Instit. Wash., Publ. 398.

CLEVE, K. VAN and BARNEY, R. 1981: Evidence of temperature control of production and nutrient cycling in two interior Alaska black spruce ecosystems. Can. J. For. Res. **11**, 258–273.

CLEVE, K. VAN, CHAPIN III, F.S., FLANAGAN, P.W., VIERECK, L.A. and DYRNESS, C.T. 1986: Forest ecosystems in the Alaskan Taiga. Springer, Berlin.

CLEVE, K. VAN, DYRNESS, C.T., VIERECK, L.A., FOX, J., CHAPIN, F.S. and OECHEL, W. 1983: Taiga ecosystems in interior Alaska. BioScience **33**, 39–44.

CLEVE, K. VAN and OLIVER, L.K. 1982: Growth response of postfire quaking aspen (*Populus tremuloides* Michx.) to N, P, and K fertilization. Can. J. For. Res. **12**, 160–165.

CLEVE, K. VAN, OLIVER, L. and SCHLENTNER, R. 1983: Productivity and nutrient cycling in taiga forest ecosystems. Can. J. For. Res. **13**, 747–766.

CLEVE, K VAN and VIERECK, L.A. 1981: Forest succession in relation to nutrient cycling in the boreal forest of Alaska. – In WEST, D.C. et al. (eds.): Forest succession. Concepts and application. Springer, New York, Heidelberg, Berlin.

CLEVE, K. VAN and YARIE, J. 1986: Interaction of temperature, moisture, and soil chemistry in controlling nutrient cycling and ecosystem development in the taiga of Alaska. – In CLEVE et al. (eds.): Forest ecosystems in the Alaskan taiga. Springer, New York, Berlin, Heidelberg, Tokyo.

CLEVE, K. VAN and ZASADA, J.C. 1976: Response of 70-year-old white spruce to thinning and fertilization in interior Alaska. Can. J. For. Res. **6**, 145–152.

CLIMATOLOGICAL RECORDS OF NEPAL 1966, 1977, 1982, 1984: Dept. Of Irrigation, Hydrology and Meteorology. Ministry of Water Resources, Kathmandu.

COCKAYNE, L. 1936 (Neudruck 1958): The vegetation of New Zealand. – Hain, Meisenheim 456 pp..

CODY, M.T. 1973: Parallel evolution and bird nisches. Ecol. Stud. **7**, 307–338.

CODY, M.L., BREYTENBACH, G.J., FOX, B. NEWSOME, A.E., QUINN, R.D. and SIEGFRIED, W.R. 1983: Animal Communities: Diversity, density and dynamics. – In DAY, J.A. (ed.): Mineral nutrients in mediterranean ecosystems. S.A. Nat. Scient. Progr. Report No. **71**, 91–110.

COHMAP members 1988: Climatic changes of the last 18,000 years: observations and model simulations. Science **241**, 1043–1052.

COLLINS, N.J. 1973: Productivity of selected bryophyte communities in the maritime Antarctic. – In BLISS, L.C. and WIELGOLASKI, F.E. (eds.), 177–183.

COMIN, M.P., ESCARRE, A., GRACIA, C.A., LLEDO, M.J., RABELLA, R., SAVE, R. and TERRADAS, J. 1987: Water use by *Quercus ilex* L. in forests near Barcelona, Spain. – In TENHUNEN et al. (eds.): Plant Response to Stress. Nato Asi Series G, vol. **15**, 259–266.

CONNOR, H.E. 1961: A tall-tussock grassland community in New Zealand. N.Z.J. Sci a. Technol. Sect. A **43**, 825–835.

CONNOR, H.E. 1964: Tussock grassland communities in the Mackenzie Country, South Canterbury, New Zealand. N.Z.J. Bot **2**, 325–351.

CONNOR, H.E. 1965: Tussock grassland in the Middle Rakaia Valley, Canterbury, New Zealand. N.Z.J. Bot. **3**, 261–276.

COOPER, D.J. 1989: Geographical and ecological relationships of the arctic-alpine vascular flora and vegetation, Arrigetch Peaks region, Central Brooks Range, Alaska. J. Biogeogr. **16**, 279–295.

CORNS, I.G.W. 1974: Arctic plant communities east of the Mackenzie Delta. Can. J. Bot. **52**, 1731–1745.

CORNS, I.G.W. 1983: Forest community types of west-central Alberta in relation to selected environmental factors. Can. J. For. Res. **13**, 995–1010.

COSTIN, A.B. 1957: The high mountain vegetation of Australia. Austr. J. Bot. **5**, 173–189.

COSTIN, A.B. 1959 (Neudruck 1965): Vegetation of high mountains in Australia in relation to land use. – In: Biogeography and Ecology in Australia. Den Haag.

COUPLAND, R.T. and JOHNSON, R.E. 1965: Rooting characteristics of native grassland species in Saskatchewan. J. Ecol. **53**, 475–507.

COVARRUBIAS, R., RUBIA, I. and DI CASTRI, F. 1964: Observaciones écologico-cuantitativas sobre la fauna edáfica de zonas semiáridas del Norte de Chile (Provincias de Coquimbo y Aconcagua). Monogr. sobre Ecol. y Biogeogr. de Chile **2**, 1–109.

COWLING, R.M., ROUX, P.W. and PIETERSE, A.J.H. (eds.) 1986: The karoo biome: a preliminary synthesis. Part I – physical environment. S. Afr. Nat. Sci. Programmes, Rep. No. **124**, 113 pp.

CRAMER, H.H. 1984: Über die Disposition mitteleuropäischer Forsten für Waldschäden. Pflanzensch.-Nachr. Bayer **37**, 97–207.

CRAMER, H.H. und CRAMER-MIDDENDORF, M. 1984: Untersuchungen über Zusammenhänge zwischen Schadensperioden und Klimafaktoren in mitteleuropäischen Forsten seit 1851. Pflanzensch.-Nachr. Bayer **37**: 208–334.

CRAMPTON, C.B. 1977: A study of the dynamics of hummocky microrelief in the Canadian North. Can. J. Earth Sci. **14**, 639–649.

CROCKER, R.L. 1944: Soil and vegetation relationships in the lower south-east of South Australia. Transact. Roy. Soc. S.-Austral. **68**, 144–172.

CROOME, R.L. 1973: Nitrogen fixation in the algal mats on Marion Island. S. Afr. J. Antarct. Res. **3**, 64–67.

CROSSON, P.R. und ROSENBERG, N.J. 1989: Strategien für die Landwirtschaft. Spektrum d. Wiss. 1989 **(11)**, 108–115.

CULLEN, J. 1980: A Revision of Rhododendron. I. Subgenus *Rhododendron* sections *Rhododendron* and *Pogonanthum*. Notes RBG Eding. **39**/1, 1–207.

CUNNINGHAM, T.M. 1960: The natural regeneration of *Eucalyptus regnans*. Bull. No. 1, School of Forestry/Melbourne.

CURTIS, W.M. 1966: Forests and flowers of Mount Wellington. Tasmanian Museum, Hobart.

CWYNNAR, L. 1987: Fire and the forest history of the North Cascade Range. Ecology **68**, 791–802.

CWYNNAR, L.C. and RITCHIE, J.C. 1980: Arctic steppe-tundra: a Yukon perspective. Science **208**, 1375–1377.

DADYKIN, V.P. 1950: Über den Wasserhaushalt und die Ernährung von Pflanzen auf kalten Böden. Dokl. Akad. Nauk SSSR, N.S. **70**, 1073–1076 (Russ.).

DAFIS, SP. 1975: Vegetationsgliederung Griechenlands. Veröff. Geobot. Inst. Rübel (Zürich) **55**, 23–36.

DAFIS, SP. und JAHN, G. 1975: Zum heutigen Waldbild Griechenlands nach ökologisch-pflanzengeographischen Gesichtspunkten. Veröff. Geobot. Inst. Rübel (Zürich) **55**, 99–116.

DAFIS, SP. und LANDOLT, E. (Hrsg.) 1975/76: Zur Vegetation und Flora von Griechenland. Veröff. Geobot. Inst. Rübel (Zürich), Heft **55**, 237 pp. u. **56**, 242 pp.

DAMMANN, A.W.H. 1964: Some forest types of central Newfoundland and their relation to environmental factors. Forest Science-Monograph **8**, 1–62.

DAMMANN, A.W.H. 1988: Japanese raised bogs: their special position within the Holarctic with respect to vegetation, nutrient status and development. Veröff. Geobot. Inst., Stiftung Rübel, Zürich **98**, 330–353.

DANZIG, E.M. 1977: Ökologisch-geographische Übersicht der Homoptera, Coccoidea des südlichen Fernen Ostens. – In: Insektenfauna des Fernen Ostens, Nauka, 37–60 (Russ.)

DAVIS, M.B. 1981: Quaternary history and the stability of forest communities. – In WEST, D.C., SHUGART, H.H. and BOTKIN, D.B. (eds.): Forest succession. Concepts and application. Springer, New York, Heidelberg.

DAVIS, P.H. 1965 ff.: Flora of Turkey and the East Aegean Islands. University Press, Edinburgh, 9 Bde.

DAVY DE VIRVILLE, A. 1961: Contribution à l'étude de l'endémisme végétal dans l'Archipel des Canaries. Rev. Gen. Bot. **68**, 201–213.

DAWSON, J.W. 1962: The New Zealand lowland Podocarp forest. Is it subtropical? Tuatara **9**, 98–116.

DEBANO, L.F. and CONRAD, C.E. 1978: The effect of fire on nutrients in a chaparral ecosystem. Ecology **59**, 489–497.

DEBRECZY, Z. 1968: Der Flaumeichen-Hochwald (Orno-Quercetum Pannonicum) des Balaton-Oberlandes. Acta Bot. Sc. Hungaricae **14**, 261–280.

DELL, B., HAVEL, J.J. and MALAJCZUK, M. 1988: The Jarrah-Forest – A complex mediterranean Ecosystem. Geobotany Series, Kluwer, Dordrecht.

DEUTSCHER BUNDESTAG 1988: Zur Sache. Themen parlamentarischer Beratung 5/88: Schutz der Erdatmosphäre – Eine internationale Herausforderung. Zwischenbericht der Enquete-Kommission des 11. Deutschen Bundestages «Vorsorge zum Schutz der Erdatmosphäre», 583 pp.

DI CASTRI, F. 1968: Esquisse écologique du Chili. Biol. Amérique Australe (Paris) **4**, 7–52.

DI CASTRI, F. 1973a: Climatographical comparisons between Chile and the Western coast of North America. Ecol. Stud. **7**, 21–36.

DI CASTRI, F. 1973b: Soil animals in latitudinal and topographical gradients of mediterranean ecosystems. Ecol. Stud. **7**, 171–190.

DI CASTRI, F. and DI CASTRI, V. 1981: Soil fauna of mediterranean-climate regions – In: Ecosystems of the world. Vol. **11**, 445–478.

DIETERLE, A. 1973: Vegetationskundliche Untersuchungen im Gebiete von Band-i-Amir (Zentral-Afghanistan). Dissert. Univ. München, 83 pp.

DIX, R.L., and SWAN, J.M.A. 1971: The roles of disturbance and succession in upland forests at Candle Lake, Saskatchewan. Can. J. Bot. **49**, 647–676.

DJELLOULI, Y. and DAGET, P. 1987: Climate and flora in south-west Algeria steppes. Bull. Soc. Bot. Fr. Lett. Bot. **134** (4–5) 375–384

DOBREMEZ, J.-F. 1976: Le Népal. Ecologie et Biogéographie. Edit. CNRS, Paris, 356 pp.

DOBREMEZ, J.-F. 1984: Carte écologique du Népal. Dhangarhi – Api 1 : 250000. Cahiers népalais **10**, CNRS, Paris.

DOBREMEZ, J.-F. et JEST, C. 1971: Carte écologique du Népal. Région Annapuna-Dhaulagiri. Doc. Carte Vég. Alp. **9**, 147–190.

DOBREMEZ, J.-F., JEST, C., TOFFIN, G., VARTANIAN, H.-C. et VIGNY, F. 1974: Carte écologique du Népal. Région Kathmandu-Everest 1:250000. Cahiers népalais **4**, CRNS, Paris.

DOBREMEZ, J.-F., JEST, C., STEBLER, J. et VALEIX, P. 1974a: Carte écologique du Népal. Région Jiri-Thodung 1:50000. Cahiers népalais **2**, CNRS, Paris.

DOBREMEZ, J.-F., MAIRE, A. et YON, B. 1975b: Carte écologique du Népal. V. Région Ankhu Khola-Trisuli 1:50000. Doc. Cartograph. Ecologique **15**, 1–20.

DOBREMEZ, J.-F. et SHRESTHA, T.B. 1980: Carte écologique du Népal. Région Jumla-Saipal 1:250000. Cahiers népalais **9**, CRNS, Paris.

DOBREMEZ, J.-F., SHRESTHA, B.K. et VERNIAN, S. 1975a: Carte écologique du Népal. Région Terai central 1:250000. Cahiers népalais **5**, CRNS, Paris.

DOLEY, D. 1967: Water relations of *Eucalyptus marginata* SM. under natural conditions. J. Ecol. **55**, 597–614.

DOLICHANOV, A.G. 1973: Die Stellung des kolchischen halbliegenden Unterwuchses in den Gebirgswäldern des Kaukasus. Problems of biogeocenology, geobotany and plant geography. Acad. Sci. USSR/Leningrad, 64–75.

DOYON, D. 1975: Etude éco-dynamique de la végétation du Comte de Levis. Agic. Quebec, Serv. Defense d. Cult. Memoire No. **1**, 428 pp.

DROSSOS, E.G. 1977: Beitrag zur Kenntnis der Pflanzengesellschaft Atropetum belladonnae im griechischen Raum. Diss., Thessaloniki (Griechisch).

DUBREUIL, M.A. and MOORE, T.R. 1982: A laboratory study of postfire nutrient redistribution in subarctic spruce-lichen woodlands. Can. J. Bot. **60**, 2511–2517.

DUFFY, P.J.B. 1965: A forest land classification for the Mixedwood Section of Alberta. Can. Dep. For. Publ. **1128**, 23 pp.

DUNN, E. 1970: Seasonal patterns of carbon dioxide metabolism in evergreen sclerophylls in California and Chile. PhD Thesis, Univ. California, Los Angeles, 139 pp.

DYRNESS, C.T. and GRIGAL, D.F. 1979: Vegetation-soil relationships along a spruce forest transect in interior Alaska. Can. J. Bot. **57**, 2644–2656.

ECONOMIDOU, E. 1975: La végétation des îles des Skiathos et Skopelos (Sporades des Nord). Veröff. Geobot. Inst. Rübel (Zürich) **55**, 198–237.

EDMONDS, R.L. (ed.) 1982: Analysis of coniferous forest ecosystems in the western United States. US/BP Synthesis Ser. **14**, 419 pp.

EDWARDS, J.A. 1973: Vascular plant production in the maritime Antarctic. – In: BLISS, L.C. and WIELGOLASKI, F.E., 169–175.

EGLI, B. 1988: Water regime of doline soils in the mountains of Crete. Ber. Geobot. Inst ETH Zürich **54**, 147–163.

EGLI, B.R. 1989: Ecology of dolines in the mountains of Crete (Greece). Bielefelder Ökologische Beiträge (BÖB) **4**, 59–63.

EHLERINGER, J.R., SCHULZE, E.-D., ZIELGER, H., LANGE, O.L., FARQUHAR, G.D. and COWAR, I.R. 1985: Xylem-tapping mistletoes: water- or nutrient parasites? Science **227**, 1479–1481.

ELLENBERG, CH. 1988: Reisebericht über die 18. IPE durch Japan. Veröff. Geobot. Inst., Stiftung Rübel, Zürich **98**, 12–73.

ELLENBERG, H. 1962: Wald in der Pampa Argentiniens? Veröff. Geobot. Inst. ETH Stiftung Rübel, Zürich **37**, 39–52.

ELLENBERG, H. 1975: Vegetationsstufen in perhumiden bis perariden Bereichen der tropischen Anden. Phytocoenologia **2**, 368–387.

ELLENBERG, H., MAYER, R. und SCHAUERMANN, J. (Hrsg.) 1986: Ökosystemforschung – Ergebnisse des Sollingprojektes 1966–1986. Ulmer, Stuttgart, 507 pp.

ELLENBERG, H., RUTHSATZ, B., ELLENBERG, CH. und OSKARSSON, M. 1971: Zur Kartenübersicht der Kahlschäden an den Kulturwiesen Islands im Jahre 1969. Ber. Forsch.Stelle Nedri As Hveragerdi **7**, 22 pp.

EMBERGER, L. 1939: Apercu général sur la végétation du Maroc. Veröff. Geobot. Inst. Rübel, Zürich **14**, 40–157.

ENGELHARDT, W., HABER, W., FITTKAU, E.J. und HERTEL, J. 1980: Bericht über die ökologische Studienreise durch die Volksrepublik China vom 20.5.–17.6.1980. 42 pp.

ERIKSEN, W. 1970: Kolonisation und Tourismus in Ostpatagonien. Bonner Geogr. Abh., H. **43**.

ERIKSEN, W. 1972: Störungen des Ökosystems patagonischer Steppen- und Waldregionen unter dem Einfluß von Klima und Mensch. Biogeographia Vol. **1**, 57–73.

ERIKSEN, W. 1978: Ist das Pampaprolbem gelöst? Naturwiss. Rdsch. **31**, 142–148.

ERN, H. 1966: Die dreidimensionale Anordnung der Gebirgsvegetation auf der Iberischen Halbinsel. Bonner Geogr. Abh. **37**, 136 pp.

ESCARRE, A., FERRES, LL., LOPEZ, R., MARTIN, J. RODA, F. and TERRADES, J. 1987: Nutrient use strategy by evergreen oak (*Quercus ilex* ssp. *ilex*) in NE Spain. – In TENHUNEN et al.: Plant Response to Stress. Nato Asi Series G, vol. **15**, 429–435.

EUROLA, S. 1974: The plant ecology of Northern Kiölen, arctic, or alpine? Aquilo, Ser. Bot. **13**, 10–22.

FAGGI, A.M. 1983: Pflanzengesellschaften und Böden im Bereich einer südpatagonischen Estancia (Cabo Buen Tiempo) und deren Veränderung durch den Menschen. Diss. München.

FENAROLI, L. e GAMBI, G. 1976: Alberi-Dendroflora italica. (Mit Verbreitungskarten). Museo Prentino, Trento, 720 pp.

FENTON, J.H.C. 1980: The rate of peat accumulation in Antarctic moss banks. Journal of Ecology **68**, 211–228.

FERNANDEZ, O.A. and CALDWELL, M.M. 1975: Phenology and dynamics of root growth of three cool semidesert shrubs under field conditions. J. Ecol. **63**, 703–714.

FILATOVA, L.D. 1983: Verwendung der Einschlußmaße beim Vergleich der Staphyliniden-Komplexe verschiedener Biotope. – In: Theoretographische Methoden bei biogeographischen Untersuchungen. – Veröff. d. Fernöstl. Zweigstelle d. Akad. d. Wiss. d. UdSSR, 66–72 (Russ.)

FILATOVA, L.D. und MINEYEVA, N.YA. 1978: Einfluß des anthropogenen Faktors auf die Zusammensetzung und Anzahl der Staphyliniden-Käfer. – In: Untersuchung der sekundären Biogeozönosen des Mittleren Sichoto-Alins. Veröff. d. Fernöstl. Zweigstelle d. Akad. d. Wiss. d. UdSSR, 148–154 (Russ.)

FILION, L. 1982: Regime nival et végétation chionophile à Post de la Baleine, Nouveau-Québec. Naturaliste Can. **109**, 557–571.

FILION, L. 1984: A relationship between dunes, fire and climate recorded in the Holocene deposits of Quebec. Nature **309**, 543–546.

FILION, L. et PAYETTE, S. 1976: La dynamique de l'enneigement en région hemiarctique, Post de la Baleine, Nouveau-Québec. Cahiers de géographie de Québec **20**, 275–302.

FILION, L. et PAYETTE, S. 1978: Observations sur les characteristiques physiques du couvert de neige et sur la régime thermique du sol à Post de la Baleine, Nouveau Québec. Geogr. Phys. Quat. **32**, 71–79.

FIROUZ, E. and HARRINGTON, F.A. 1976: Iran: Concepts of biotic community reservation. IUCN-Public. N.S. No. **34**, 147–169.

FLOHN, H. 1968: Contribution to a meteorology of the Tibetan Highlands. Dept. Atmospheric Science. Colorado State University, Fort Collins, Colorado, Atmospheric Science Paper no. **130**, 123 pp.

FLOWERS, S. and EVANS, F.R. 1966: The flora and fauna of the Great Salt Lake region, Utah. – In BOYKO, H. (ed.): Salinity and aridity. Junk, Den Haag, 367–393.

FOLCH I GUILLEN, R. 1977: L'Albereda de Santas Creus. Publ. 35 de L'Arxiu Bibliogr. Santes Creus, 21 pp.

FOLCH I GUILLEN, R. 1981: La vegetació dels països catalans. Ketres, Barcelona, 513 pp.

FORSTER, D.R. 1988a: Disturbance history, community organization and vegetation dynamics of the old-growth Pisgah Forest, South-Western New Hampshire, USA. J. Ecol. **76**, 105–134.

FORSTER, D.R. 1988b: Species and stand response to catastrophic wind in Central New England, USA. J. Ecol. **76**, 135–151.

FORSTER, D.R. and GLASER, P.H. 1986: The raised bogs of South-Eastern Labrador, Canada. J. Ecol. **74**, 47–71.

FORSTER, R.R. and WILTON, C.L. 1973: The spiders of New Zealand, part 4. Otago Mus. Bull. **4**.

FOSTER, D.R. 1985: Vegetation development following fire in *Picea mariana* (Black spruce)-Pleurozium forests of south-eastern Labrador, Canada. J. of Ecol. **73**, 517–534.

FOX, B.J., QUIN, R.D. and BREYTENBACH, G.J. 1985: A comparison of small-mammal succession following fire in shrublands of Australia, California and South Africa. Proc. Ecol. Soc. Australia **14**, 179–198.

FRANKLIN, J.F., SHUGART, H.H. and HARMON, M.E. 1987: Tree death as an ecological process. BioScience **37**, 550–556.

FREITAG, H. 1971a: Die natürliche Vegetation des südostspanischen Trockengebietes. Bot. Jahrb. **91**, 147–308.

FREITAG, H. 1971b: Die natürliche Vegetation Afghanistans. – Beiträge zur Flora und Vegetation Afghanistans I. Vegetatio **22**, 285–344.

FREITAG, H. 1975: Zum Konkurrenzverhältnis von *Quercus ilex* und *Quercus pubescens* unter mediterran-humidem Klima. Bot. Jahrb. Syst. **96**, 53–76.

FREITAG, H. 1982: Meditrranean characters of the vegetation in the Hindukush Mts., and their relationship between sclerophyllous and laurophyllous forests. Ecologia Mediterranea **8**, 381–388.

FREITAG, H. 1986: Notes on the distribution, climate and flora of the sand deserts of Iran and Afghanistan. Proc. Roy. Bot. Soc. Edinburgh **89B**, 135–146.

FUENTES, E.R. 1981: Evolution of lizard niches in mediterranean habitats. – In: Ecosystems of the World. Vol. **11**, 417–444.

FÜRER-HAIMENDORF, CHR.V. 1964: The Sherpas of Nepal. Buddhist Highlanders. London.

FRENGUELLI, J. 1925 (Neudruck 1955): Loess y limos pampeanos. Ser. Tecn. y Didact., La Plata, No. **7**.

FRENGUELLI, J. 1941: Rasgos principales de fitogeographia argentina. Rev. Museo de la Plata (N.S.), Bot. **3**, 65–181.

FROSCH, R.A. und GALLOPOULOS, N.E. 1989: Strategien für die Industrieproduktion. Spektrum d. Wiss. 1989 **(11)**, 126–135.

FUENTES, E.R. ETCHEGARAY, J., ALJARO, M.E. and MONTENEGRO, G. 1981: Shrub defoliation by matorral insects. – In: Ecosystems of the World **11**, 345–359.

FURRER, E. 1931: Die Abruzzen. Freiburg i. Br., 125 pp.

FURRER, E. 1934: Aus den Abruzzen. Die Alpen. **10**, 361–370.

FURRER, E. 1961: Zur klimatischen und pflanzengeographischen Eigenart des Gran Sasso d' Italia. Ber. Geobot. Inst. Rübel, Zürich **32**, 69–83.

GALOUX, A. 1956: Le sapin de Douglas et phytogéographie. Station de Recherches de Groenendaal. Serie B, Nr. **20**, 131 pp.

GAMS, H. 1956: Die *Tragacantha*-Igelheiden der Gebirge um das Kaspische, Schwarze und Mittelländische Meer. Veröff. Geobot. Inst. Rübel, Zürich **31**, 217–243.

GAMS, H. 1975: Vergleichende Betrachtung europäischer Ophiolith-Floren. Veröff. Geobot. Inst. Rübel (Zürich) H. **55**, 117.

GARLEFF, K. 1975: Formungsregionen in Cuyo und Patagonien. Z. Geomorph. N.F., Suppl.-Bd. **23**, 137–145.

GARLEFF, K. 1977: Höhenstufen der argentinischen Anden in Cuyo, Patagonien und Feuerland. Gött. Geogr. Abhandl. **68**, 150 pp.

GARLEFF, K. 1978: Formenschatz, Vegetation und Klima der Periglazialstufe in den argentinischen

Anden südlich 30° südlicher Breite. – In TROLL, C. und LAUER, W. (eds.): Geoökologische Beziehungen zwischen der temperierten Zone der Südhalbkugel und den Tropengebirgen. Erdwiss. Forsch. **11,** 344–364.

GASSER, G.W. 1948: Agriculture in Alaska. Arctic **1,** 75–83.

GASSNER, G. und CHRISTIANSEN-WENIGER, F. 1942: Dendroklimatische Untersuchungen über die Jahresringentwicklung der Kiefer in Anatolien. Nova Acta Leopoldina, N.F. **12** (80), 114–129.

GASTO, J.M. 1969: Comparative autecological studies of *Eurotia lanata* and *Atriplex confertifolia*. Ph. D. Diss. USU Logan, 278 pp.

GAUDREAU, L. 1979: La végétation et les sols des collines Tanginan Abitibi-Quest, Québec. Etudes écologiques. laboratoire d'écologie forestière. Université Laval, Québéc.

GEHU, J.-M. et GRANDTNER, M.M. 1982: Les unités symphytosociologiques des sables côtieres des îles de la Madeleine, Québec. Naturaliste canad. **109,** 205–212.

GEIGER, F. 1970: Die Aridität in Südostspanien. Stuttgarter Geogr. Studien, Bd. **77,** 173 pp.

GEYTS, G.E. 1969: Neue Art der Regenwürmer aus der Familie der Moniligastridae der Gattung *Drawida* Michaelson. Zool. J. **48,** 674–676 (Russ.).

GIANONI, G., CARRARO, G. und KLÖTZLI, F. 1988: Thermophile, an laurophyllen Pflanzenarten reiche Waldgesellschaften im hyperinsubrischen Seenbereich des Tessins. Ber. Geobot. Inst ETH, Stiftung Rübel, Zürich **54,** 164–180.

GIBBONS, J.H., BLAIR, P.D. und GWIN, H.L. 1989: Strategien für die Energienutzung. Spektrum d. Wiss. 1989 **(11),** 116–124.

GIGON, A. 1978: Konvergenz auf verschiedenen Organisationsstufen, insbesondere bei Gebüsch-Ökosystemen der Hartlaubgebiete. Ber. Geobot. Inst. Rübel, Zürich **45,** 64–133.

GIGON, A. 1979: CO_2-gas exchange, water relations and convergence of mediterranean shrub-types from California and Chile. Oecol. Plant. **14,** 129–150.

GILBERT, J.M. 1959: Forest succession in the Florentine Valley, Tasmania. Proc. Roy. Soc. Tasmania **93,** 129–151.

GILIBERTO, J. and ESTAY, H. 1978: Seasonal water stress in some Chilean matorral shrubs. Bot. Gaz. **139,** 236–240.

GILYAROV, M.S., LUKIN, E.I. und PEREL, T.S. 1969: Erster oberirdischer Blutegel in der Fauna der UdSSR *Orobdella whimani* Oka (Hirudinea, Herpobdellidae) – Tertiärrelikt der Wälder des südlichen Küstengebiets. Ber. d. Akad. d. Wiss. USSR **188**/I, 235–237 (Russ.).

GILYAROV, M.S. und PEREL, T.S. 1969: Besonderheiten der Bodenfauna der Wälder des Küstengebiets. – In: Probleme der Bodenzoologie, Nauka, 51–52 (Russ.).

GILYAROV, M.S. und PEREL, T.S. 1973: Komplexe der Bodenwirbellosen des Fernen Ostens als Zeiger der Bodentypen. – In: Ökologie der Boden-Wirbellosen. Nauka, 40–59 (Russ.).

GIMINGHAM, C.H. and DE SMIDT, J.T. 1983: Heaths as natural and semi-natural vegetation. – In HOLZNER, W. et al. (eds.), 185–199.

GLAWION, R. 1985: Die natürliche Vegetation Islands als Ausdruck des ökologischen Raumpotentials. Bochum. Geogr. Arb. **45,** 208 pp.

GODLEY, E.J. 1960: The botany of southern Chile in relation to New Zealand and the subantarctic. Proc. Roy. Soc. B. **152,** 457–475.

GODLEY, E.J. 1965: Notes on the vegetation of the Auckland Islands. Proc. N.Z. Ecol. Soc. **12,** 57–63.

GOLDBLATT, P. 1978: An analysis of the flora of Southern Africa: its characteristics, relationships and origins. Ann. Mo. Bot. Gard. **65,** 369–436.

GONZÁLEZ HENRÍQUEZ, M.N., RODRIGO PÉREZ, J.D. y SUÁREZ RODRÍGUEZ, C. 1986: Flora y vegetación del archipélago canario. Las Palmas de Gran Canaria (Edirca). Gran Biblioteca Canaria Vol. **14,** 335 pp.

GRAEDEL, T.E. und CRUTZEN, P.J. 1989: Veränderungen der Atmosphären. Spektrum d. Wiss. 1989, **11,** 58–68.

GRANDTNER, M.M. 1966: La végétation forestière du Québec méridional. Presse Univ. Laval, Québec, 216 pp.

GRANDTNER, M.M. 1967: Les ressources végétales des îles-de-la-Madeleine. Fonds Rech. For., Univ. Laval, Bull. no. **10.**

GRANDTNER, M.M. 1976: Les prairies humides à *Carex* du parc national Forillon, Quebec, Canada. Colloqu. phytosoc. **5,** 43–46.

GRANDTNER, M.M. 1978: La végétation des prairies inondables. Colloques phytosociol. V (Lille 1976), 43–46.

GRANDTNER, M.M. 1978a: Trois groupements végétaux des sables côtiers. Docum. phytosociolog. N.S. **2,** 247–260.

GRANDTNER, M.M. 1981: Guide to the ecological excursion from Quebec city to Montmorency Forest. Laboratoire d'écologie forestière, Université Laval, Quebec.

GRANDTNER, M.M. 1984: Les marais salé d'Ogunquit, Maine, USA. Docum. phyosociol. N.S. **8,** 109–115.

GRANDTNER, M.M. et CERVAIS, C. 1985: Extrême précocité et conditions thermique du développement apical et floral chez *Claytonia caroliniana* var. *caroliniana*. Canad. J. Bot. **63,** 1516–1520.

GRANDTNER, M.M. and VAUCAMPS, F. 1982: Vegetation science and forestry in Canada. – In JAHN, G. (ed.): Handbook of vegetation science. Part 12. Dr. W. Junk Publishers, The Hague, Boston, London.

GRANTHAM, R. 1989: Approaches to correcting the global greenhouse drift by managing tropical ecosystems. Trop. Ecol. **30,** 157–174.

GRAY, J.T. 1983: Nutrient use by evergreen and deciduous shrubs in southern California I. Community nutrient cycling and nutrient-use efficiency. J. Ecol. **71,** 21–41.

GRAY, J.T. and SCHLESINGER, W.H. 1981: Nutrient cycling in Mediterranean type ecosystems. Ecol. Stud. **39,** 259–285.

GRAY, J.T. and SCHLESINGER, W.H. 1983: Nutrient use by evergreen and deciduous shrubs in southern California II. Experimental investigations of the relationship between growth, nitrogen uptake and nitrogen availability. J. Ecol. **71,** 43–56.

GREB, H. 1957: Einfluß tiefer Temperaturen auf die Wasser- und Stickstoffaufnahme der Pflanzen. Planta **38,** 523–563.

GREBENSHCHIKOV, O.S. 1960a: The vegetation of the Kotor bay seaboard (Crna Gora, Jugoslavia) and some comparative studies with the Caucasian seabord of the Black Sea. Bull. Mosk. Obsheh. ispyt. Prirody, Otd. Biol. **65,** 99–108 (Russ.).

GREBENSHCHIKOV, O.S. 1960b: Über die Hochgebirgsvegetation im Vardargebiet Makedoniens (Jugoslawien). Probl. Bot. **5,** 104–114 (Russ.).

GREBENSHCHIKOV, O.S. 1963: On distribution of common lilac and its low forest in South-Eastern Europe. Bull. Moskov. Obshch. Ispyt. Prirody., Otd. Biol. **68,** 63–72 (Russ.).

GREBENSHCHIKOV, O.S. 1966: Die Hochgebirgsvegetation Griechenlands im Vergleich zu der Vegetation der Kaukasischen Hochgebirge. Probl. Bot. **8,** 117–129 (Russ.).

GREBENSHCHIKOV, O.S. 1972: Ökologisch-geographische Gesetzmäßigkeiten in der Gliederung der Pflanzendecke der Balkanhalbinsel (mit Vegetationskarte 1:40 Mill.). Izvest. Akad. Nauk. SSR, Ser. Geogr. **4,** 19–35.

GREBENSHCHIKOV, O.S. 1973: Graphische Darstellung der phytoklimatischen Einheiten der einzelnen Gebiete des Balkans im hydrothermischen Koordinatennetz. Izvest. Akad. Nauk. SSR. Ser. Geogr. (Moskva) **1,** 102–105.

GREENE, D.F. 1983: Permafrost, fire, and the regeneration of white spruce at arctic treeline near Inuvik, Northwest Territories, Canada. University of Calgary, Dep. of Geogr., Faculty of graduate studies.

GREENE, D.M., WALTON, D.W.H. and CALLAGHAN, T.V. 1973: Standing crop in a *Festuca* grassland on South Georgia. – In BLISS, L.C. and WIELGOLASKI, F.E. 191–194.

GREENWOD, R.M. and ATKINSON, I.A.E. 1977: Evolution of divaricate plants in New Zealand in relation to Moa browsing. N.Z. Ecol. Soc. **24,** 21–33.

GREUTER, W. 1975: Die Insel Kreta – eine geobotanische Skizze. Veröff. Geobot. Inst. Rübel (Zürich) **55,** 141–197.

GRIER, C.C. and LOGAN, R.S. 1977: Old-growth *Pseudotsuga menziesii* communities of a western Oregon watershed: biomass distribution and production budgets. Ecol. Monogr. **47,** 373–400.

GRIERSON, A.J.C. and LONG, D.G. 1983ff.: Flora of Bhutan. R. Bot. G., Edinburgh.

GRIEVE, B.J. 1955: The physiology of sclerophyll plants. J. Roy. Soc. West-Australia **39,** 31–5.

GRIEVE, B.J. 1956: Transpiration of Western Australian (Swan Plain) sclerophylls. J. Roy. Soc. **40,** 14–30.

GRIEVE, B.J. 1961: Negative turgor pressures in sclerophyll plants. Austral. J. Sci. **23,** 376–377.

GRIGORJEV, JU.S. 1955: Vergleichende ökologische Untersuchungen der Xerophilisation der höheren Pflanzen. Akad. Wiss., Leningrad, 157 pp. (Russ.).

GRISEBACH, A. 1872: Die Vegetation der Erde nach ihrer klimatischen Anordnung. Verlag W. Engelmann, Bd. II, Leipzig 709 pp.

GRÖBER, P. 1952: Quartäre Vereisung Nordpatagoniens. Südamerika (Buenos Aires) **1:** 11–16.

GROLLE, R. 1965: Die Lebermoose Nepals. – In: HELLMICH, W. (Hrsg.): Khumbu Himal: Ergebn. d. Forschungsunternehmens Nepal Himalaya. 1. Springer, Berlin, 262–298.

GROVES, R.H. (ed.) 1981: Australian vegetation. Cambridge Univ. Press, Cambridge, 449 pp.

GROVES, R.H., BEARD, J.S. DEACON, H.J. et al. 1983: Introduction: The origins and characteristics of mediterranean ecosystems. – In DAY, J.A. (ed.): Mineral nutrients in mediterranean ecosystems. S. African Nat. Sci. Progr. Rep. No. **71,** 1–18.

GUTTENBERG, H.v. 1927: Studien über das Verhalten des immergrünen Laubblattes der Mediterranflora zu verschiedenen Jahreszeiten. Planta **4,** 726–779.

GUTTENBERG, H.v. und BUHR, H. 1935: Studien über die Assimilation und Atmung mediterraner Macchienpflanzen während der Regen- und Trockenzeit. Planta **24,** 163–265.

HABER, W. 1988: Über den Umweltzustand der Bundesrepublik Deutschland am Ende der 1980er Jahre. Korrespondenz Abwasser **35,** 1084–1089.

HÄMET-AHTI, L. 1983: Human impact on closed boreal forest (Taiga). – In HOLZNER, W. et al. (eds.), 201–211.

HÄMET-AHTI, L., AHTI, T. and KOPONEN, T. 1974: A scheme of vegetation zones for Japan and adjacent regions. Ann. Bot. Fenn. **11,** 59–88.

HAFELLNER, J. 1987: Studien über lichenicole Pilze und Flechten VI. Ein verändertes Gesamtkonzept für *Cercidospora.* Herzogia **7,** 352–365.

HAGER, J. 1985: Pflanzenökologische Untersuchungen in den subalpinen Dornpolsterfluren Kretas. Diss. Bot. **89,** 221 pp.

HAGER, J. 1986: Zur Verbreitung der Polsterpflanzen in der patagonischen Zwergstrauch-Halbwüste – ein Beitrag zum ökologischen Verständnis der Wuchsform. Bot. Jahrb. Syst. **106,** 511–540.

HAGER, J. 1987: Polsterförmige Zwergsträucher auf Kreta und in Patagonien. Natur und Museum **117** (4), 105–132.

HAGER, J. und BRECKLE, S.-W. 1985: Mikroklima der subalpinen Dornpolsterstufe Kretas. Verh. Ges. Ökol. **13,** 671–676.

HANES, T.L. 1971: Succession after fire in the chaparral of Southern California. Ecol. Monogr. **41,** 27–52.

HANES, T.L. 1981: California chaparral. – In: Ecosystems of the World **11,** 139–174.

HANSON, H.C. 1953: Vegetation types in northwestern Alaska and comparisons with communities in other arctic regions. Ecology **34,** 111–140.

HARA, H., CHATER, A.O. and WILLIAMS, L.H.J. 1982: An Enumeration of the Flowering Plants of Nepal.

Trustees of Brit. Mus. (Nat. Hist.), London, Vol. **3,** 226 pp.
HARA, H., STEARN, W.T. and WILLIAMS, L.H.J. 1978: An Enumeration of the Flowering Plants of Nepal. Trustees of Brit. Mus. (Nat. Hist.), London, Vol. **1,** 154 pp.
HARA, H. and WILLIAMS, L.H.J. 1979: An Enumeration of the Flowering Plants of Nepal. Trustees of Brit. Mus. (Nat. Hist.), London, Vol. **2,** 220 pp.
HARE, F.K. and RITCHIE, J.C. 1972: The boreal bioclimates. Geogr. Rev. **62,** 334–365.
HARE, F.K. 1950: Climate and zonal divisions of the boreal forest formation in eastern Canada. Geogr. Rev. **40,** 615–635.
HARE, F.K. 1954: The boreal conifer zone. Geographical Studies **1,** 4–18.
HARE, K. 1959: A photo-reconnaissance survey of Labrador-Ungava. Memoir **6,** Geographical branch, mines and technical surveys, Ottawa.
HARE, F.K. 1968: The Arctic. Quarterly J. Royal Met. Soc. **94,** 439–459.
HARE, F.K. and HAY, J.E. 1971: Climate of Canada and Alaska. – In BRYSON, R.S. and HARE, F.K. (eds.): World Surv. of Clim. Vol. **11.** The climates of North Amer. Elsevier, Amsterdam, 49–192.
HARE, F.K. and TAYLOR, R.G. 1956: The position of certain forest boundaries in southern Labrador-Ungava. Geogr. Bull. **8,** 51–73.
HARLEY, P.C., TENHUNEN, J.D. and LANGE, O.L. 1986: Use of an analytical model to study limitations on net photosynthesis in *Arbutus unedo* under field conditions. Oecologia **70,** 393–401.
HARRINGTON, F.A.J. 1977: A Guide to the mammals of Iran. Dept. of the Environment, Teheran, 89 pp.
HEDDLE, E.M. 1975: Dark Island heath (Ninety-Mile plain, South Australia VIII.) The effect of fertilizers on composition and growth 1950–1972. Austr. J. Bot. **23,** 151–164.
HEINSELMANN, M.L. 1981: Fire intensity and frequency as factors in the distribution and structure of northern ecosystems. – In: Fire regimes and ecosystem properties. Proc. of the Conf. 1978. U.S. Dept. Agric. For. Serv. Gen. Techn. Rep. WO-26.
HENNING, I. 1975: Die La Sal Mountains, Utah. Abhandl. d. Math. Naturwiss. Kl., Akad. Mainz Jg. 1975, Nr. 2, 88 pp. mit 16 Tafeln.
HENRIQUEZ, M.N.G., PEREZ, J.D.R. y RODRIGUEZ, C.S. 1986: Flora y vegetation del Archipelago Canario. Edirca, Las Palmas de Gran Canaria, 335 pp.
HERRERA, C.M. 1987: Vertebrate dispersed plants of the Iberian peninsula: a study of fruit characteristics. Ecol. Monogr. **57,** 305–331.
HERTEL, H. 1977: Gesteinsbewohnende Arten der Sammelgattung *Lecidea* (Lichenes) aus Zentral-, Ost- und Südasien. – In: HELLMICH, W. (ed.): Khumbu Himal: Ergebn. d. Forschungsunternehmens Nepal Himalaya. **6.** Univ. Verl. Wagner, Innsbruck, 145–378.
HESKE, F. 1932: Die Wälder in den Quellgebieten des Ganges und der Plan zu ihrer geregelten Bewirtschaftung. Tharandt. Forstl. H. **83,** 473–504, 535–631, 647–707.

HIBBERT, A.R. 1967: Forest treatment effects on water yield. – In SOPPER, W.E. and LULL, H.W. (eds.): Intern. Symposium for Hydrology. Pergamon, Oxford, 813 pp.
HINDE, H.P. 1954: The vertical distribution of salt marsh phanerogams in relation to tide levels. Ecol. Monogr. **24,** 209–225.
HÖLLERMANN, P. 1972: Zur naturräumlichen Höhenstufung der Pyrenäen. Erdwiss. Forschung (Hg. C. Troll) **4,** 36–60.
HÖLLERMANN, P. 1973: Some aspects of the geoecology of the Basin and Range Provinces, California. Arct. Alpine Research **5,** A85–A98.
HÖVERMANN, J. und SÜSSENBERGER, H. 1986: Zur Klimageschichte Hoch- und Ostasiens. Berliner Geogr. Studien **20,** 173–186.
HOFMANN, A. 1960: Il faggio in Sicilia. Flora et Vegetatio Italica. 224 pp.
HOFSTETTER, R.H. 1983: Wetlands in the United States. – In: GOODALL, D.W. (ed.): Ecosystems of the World, 4B: Mires: Swamp, Bog, Fen and Moor. Elsevier, Amsterdam, 201–244.
HOHMEYER, O. 1989: Soziale Kosten des Energieverbrauchs. Springer, Berlin, 203 pp.
HOLDGATE, M.W. (ed.): 1970: Antarctic Ecology. Acad. Press, London, 2 vols.
HOLDING, A.J., HEAL, O.W., MACLEAN, S.F. and FLANAGAN, P.W. (eds.) 1974: Soil organisms and decomposition in tundra. Univ. Alaska/Fairbanks. Tundra Biom Steering Committee, Stockholm.
HOLZNER, W., WERGER, M.J.A. and IKUSIMA, I. 1983: Man's impact on vegetation. Geobotany **5.** Junk, The Hague, 370 pp.
HOOKER, J.D. 1872–97: The Flora of British India. 7 Vols. London.
HOPKINS, D.M. 1959: Some characteristics of the climate in forest and tundra regions in Alaska. Arctic **12,** 215–220.
HORTON, J.S. and KRAEBEL, C.J. 1955: Development of vegetation after fire in the chamise chaparral of Southern California. Ecology **36,** 244–262.
HORVAT, I., GLAVAČ, V. und ELLENBERG, H. 1974: Vegetation Südosteuropas. Geobotanica selecta **IV,** 768 pp.
HOSIE, R.C. 1979: Native trees of Canada. Minister of supply and services Canada. Fitzhenry and Whiteside, Ontario.
HOU, HSIOHYO (ed.) 1979: Vegetation Map of China (1 : 4 Mio + 10 pp.). App. Academia Sinica, Inst. of Botany, Lab. of Plant Ecology and Geobotany. Map Publishers of the PR China, Beijing.
HOUEROU, H.N. LE 1964: Les ressources pastorales et fourragères en Libye. FAO-Bericht.
HOUEROU, H.N. LE 1973: Fire and vegetation in the Mediterranean Basin. Ann. Proceed. Tall timbers Fire confer. **13,** 237–272.
HOUEROU, H.N. LE 1981: Impact of Man and his animals on mediterranean vegetation. – In: Ecosystems of the World vol. **11,** 479–521.
HUANG, R. and MIEHE, G. 1988: An annotated list of plants from southern Tibet. Willdenowia **18,** 81–112.

HUBER, B. 1962: Im Orneto-Ostryon des mittleren Eisack- und oberen Etschtales. Mitt. Deutsch. Dendrol. Ges. **62**, 1–15.

HÜBL, E. 1987: Lorbeerwälder und Hartlaubwälder (Ostasien, Mediterraneis und Makaronesien). Manuskript 48 pp.

HÜBL, E. 1988: Die sommergrünen Wälder Japans und Westeurasiens, ein floristisch-klimatographischer. Vergleich. Veröff. Geobot. Inst. ETH, Stiftung Rübel, Zürich **98**, 225–298.

HUECK, K. 1966: Die Wälder Südamerikas, Ökologie, Zusammensetzung und wirtschaftliche Bedeutung. – In WALTER, H. (Hrsg.): Vegetationsmonographien der einzelnen Großräume, Band 2. Gustav Fischer, Stuttgart, 422 pp.

HUECK, K. und SEIBERT, P. 1981: Vegetationskarte von Südamerika. – In WALTER, H. (Hrsg.): Vegetationsmonographien der einzelnen Großräume, Band 2a. Gustav Fischer, Stuttgart, 90 pp.

HULBERT, L.C. 1988: Causes of fire effects in Tallgras Prairie. Ecology **69**, 46–58.

HURTUBIA, J. and CASTRI, F. DI 1973: Segregation of lizard niches in the mediterranean regions of Chile. Ecol. Stud. **7**, 349–360.

HUSTICH, I. 1949a: Phytogeographical regions of Labrador. Arctic **2**, 36–42.

HUSTICH, I. 1949b: On the forest geography of the Labrador peninsula. A preliminary synthesis. Acta Geographica **10**, 1–63.

HUSTICH, I. 1951: The lichen woodlands in Labrador and their importance as winter pastures for domesticated reindeer. Acta Geographica **12**, 1–48.

HUSTICH, I. 1968: La forêt d'épinette noire à mousses du Québec septentrional et du Labrador. Naturalist Canadien **95**, 413–421.

IKONNIKOV, S.S. 1964: Recent data on the flora of Pamir. – In SUKACHEV, V.N. (ed.): Studies on the flora and vegetation of high-mountain areas. IPST, Jerusalem, 237–242.

ILIJANIĆ, L. 1970: Expositionsbedingte ökologische Unterschiede in der Pflanzendecke der Sonn- und Schattenhänge am Lim-Kanal (Istrien). Vegetatio **21**, 1–27.

ILIJANIĆ, L. and TOPIČ, J. 1972: Seasonal variation of the osmotic pressure of plants from different communities on Učka Mountain in Istria (Croatia). Ekologija (Beograd) **7**, 153–166.

IVES, J.D., NICHOLS, H. and SHORT, S. 1976: Glacial history and paleoecology of northeastern Nouveau-Quebec and Northern Labrador. Arctic **29**, 48–52.

IWAKI, H., MONSI, M. and MIDORIKAWA, B. 1966: Dry matter production of some herb communities in Japan. XI Pacif. Sc. Congr., Tokyo, 1–15.

JACOBS, M.R. 1951: The growth and regeneration of *Eucalyptus*. J. Austral. Inst. Agric. Sci. **17**, 174–183.

JAKOBSON, G.L. and GRIMM, E.C. 1986: A numerical analysis of holocene forest and prairie vegetation in Central Minnesota. Ecology **67**, 958–966.

JASIENIUK, M.A. and JOHNSON, E.A. 1979: A vascular flora of the Caribou Range, Northwest Territories, Canada. Can. J. Bot. **60**, 2581–2593.

JEAN, R. 1982: Les érablières sucrières du compté del l'Islet. Étude phytoécologique. Université Laval, Québec, 185 pp.

JOHNSON, E.A. 1975: Buried seed populations in the subarctic forest east of Great Slave Lake, Northwest Territories. Can. J. Bot. **53**, 2933–2941.

JOHNSON, E.A. 1981: Vegetation organization and dynamics of lichen woodland communities in the Northwest Territories, Canada. Ecology **62** (1), 200–215.

JOHNSON, E.A. and ROWE, J.S. 1975: Fire in the subarctic wintering ground of the Beverly Caribou Herd. The American Midland Naturalist **94**, 1–14.

JORDAN, P.G. 1965: the influence of a fire in winter on the reproduction of four species of the Proteaceae. Tydskr. v. Natuurwetenskappe **5**, 27–31.

JÜRGENS, N. 1986: Untersuchungen zur Ökologie sukkulenter Pflanzen des südlichen Afrika. Mitt. Inst. Allg. Bot. Hamburg **21**, 139–365.

KÄMMER, F. 1974: Klima und Vegetation auf Teneriffa, besonders im Hinblick auf den Nebelniederschlag. Scripta Geobot. (Göttingen) **7**, 78 pp.

KÄMMER, F. 1982: Beiträge zu einer kritischen Interpretation der rezenten und fossilen Gefäßpflanzenflora und Wirbeltierfauna der Azoren, des Madeira-Archipels, der Kanarischen und Kapverdischen Inseln, mit einem Ausblick auf Probleme des Artenschwundes in Makaronesien. Kämmer-Eigenverlag, Freiburg, 179 pp.

KAPPEN, L. 1983: Anpassungen von Pflanzen an kalte Extremstandorte. Ber. Deutsch. Bot. Ges. **96**: 87–101.

KAPPEN, K. and FRIEDMAN, I. 1983a: Ecophysiology of lichens in the dry valleys of Southern Victoria Land, Antarctica. II. Lichens. – CO_2-gas exchange in cryptoendolithic lichens. Polar Biol. **1**, 227–232.

KAPPEN, L. und FRIEDMAN, I. 1983b: Kryptoendolithische Flechten als Beispiel einer Anpassung an extrem trocken-kalte Klimabedingungen. Verh. Ges. Ökol. **10**, 517–519.

KAPPEN, L. FRIEDMAN, I. and GARTY, Y. 1983a: Ecophysiology of lichens in the dry valleys of Southern Victoria Land, Antarctica. I. Microclimate of the kryptoendolithic lichen habitat. Flora **171**, 236–265.

KAPPEN, L. und LANGE, O.L. 1970: Kälteresistenz von Flechten aus verschiedenen Klimagebieten. Dtsch. Bot. Ges. N.F. **4**, 61–65.

KASAPLIGIL, B. 1956: A report on the vegetation profiles of the forest and grazing lands in Jordan. Econ. Planning Divis., Amman.

KEARNEY, T.H., BRIGGS, L.J., SHANTSZ, H.L., MCLAVE, J.W. and PIEMEISEL, R.L. 1914: Indicator significance of vegetation in Tooele Valley, Utah. J. Agric. Res. **1**, 365–417.

KERSHAW, K.A. 1977: Studies on lichen-dominated systems. XX. An examination of some aspects of the northern boreal lichen woodlands in Canada. Can. J. Bot. **55**, 393–410.

KEYFITZ, N. 1989: Probleme des Bevölkerungswachstums. Spektrum d. Wiss. 1989, **11**, 98–106.

KIM, S.-D., KIMURA, M. and YIM, Y.-J. 1986: Phytosociological studies on the beech-forest (*Fagus multi-*

nervis NAKAI) and *Pinus parviflora* S. et Z. forest of Ulreung island. Korea J. Bot. **29**, 53–65.

KIMMINS, J.P. and WEIN, R.W. 1986: Nature of taiga environment. Introduction. – In: VAN CLEVE et al. (eds.): Forest ecosystems in the Alaskan Taiga. Springer, New-York, Heidelberg, Berlin, Tokyo.

KIMURA, M. 1960: Primary production of the warm-temperate laurel forest in the southern part of Osumi Peninsula, Kyushu, Japan. Misc. Rep., Res. Inst. Nat. Resourc. **52/53**, 36–47.

KIRA, T. 1949: Forest Zones of Japan. Tokyo, 41 pp. (Japanisch).

KIRA, T. 1977: A climatological interpretation of Japanese vegetation zones. – In MIYAWAKI, A. and TÜXEN, R. (eds.): Vegetation Science and Environmental Protection. Tokyo, 21–30.

KIRA, T. 1978: Carbon cycling. – In KIRA, T., ONO, Y. and HOSOKAWA, T. (eds.): Biological production in a warm-temperate evergreen oak forest of Japan. JIBP Synthesis **18**, 272–276.

KIRA, T., ONO, Y. and HOSOKAWA, T. (eds.) 1978: Biological production in a warm-temperate evergreen oak forest of Japan. JIBP Synthesis, Tokyo, vol. 18.

KIRA, T. and SHIDEI, T. 1967: Primary production and turnover of organic matter in different forest ecosystems of the western pacific. Japan J. Ecol. **17**, 70–87.

KIRA, T. and YABUKI, K. 1978: Primary production rates in the Minamata forest. – In KIRA, T., ONO, Y. and HOSOKAWA, T. (eds.): Biological production in a warm-temperate evergreen oak forest of Japan. JIBP Synthesis **18**, 131–139.

KITAZAWA, Y. 1961: Zonal pattern of ecosystems in the southern part of Kyushu. Misc. Rep., Res. Inst. Nat. Resourc. **54/55**, 75–85 (Japanisch).

KLOFT, W.J. 1978: Ökologie der Tiere. Ulmer, Stuttgart, 304 pp.

KNAPP, R. 1965: Die Vegetation von Nord- und Mittelamerika und der Hawaii-Inseln. – In WALTER, H. (Hrsg.). Vegetationsmonographien der einzelnen Großräume, Band 1. Gustav Fischer, Stuttgart, 373 pp.

KNAPP, R. 1973: Die Vegetation von Afrika, unter Berücksichtigung von Umwelt, Entwicklung, Wirtschaft, Agrar- und Forstgeographie. – In WALTER, H. (Hrsg.): Vegetationsmonographien der einzelnen Großräume. Band 3. Gustav Fischer, Stuttgart, 626 pp.

KNOBLAUCH, E. 1896: Ökologische Anatomie der Holzpflanzen der südafrikanischen immergrünen Buschregion. Habil-Schrift Gießen.

KONIAK, S. 1986: Succession in pinyon-juniper woodlands following wildfire in the Great Basin. Great Basin Naturalist **45**, 556–566.

KONONENKO, V.S. 1979: Seltene und wenig bekannte Noctuidae (Lepidoptera) des südlichen Fernen Ostens. – In: Oberirdische Arthropoda des Fernen Ostens. Veröff. d. Fernöstl. Zweigstelle d. Akad. d. Wiss., 57–67 (Russ.).

KORNAS, J. 1970: *Thuja plicata-Tsuga heterophylla* forest at Lake McDonald, Glacier National Park, USA and its phytogeography. Fragm. Florist. et Geobot. **16**, 123–136.

KRANTZ, W.B., GLEASON, K.J. und CAINE, N. 1989: Frostmusterböden. Spektrum der Wissenschaft 1989, H.2, 62–68.

KRAUKLIS, A.A. 1975: Lokale geographische Struktur der Taiga im Angara-Gebiet. Ber. Geogr. Inst. Sibirien und Fernost (Irkutsk) **41**, 3–16 (Russ.).

KREEB, K. 1961: Zur Frage des negativen Turgors bei mediterranen Hartlaubpflanzen unter natürlichen Bedingungen. Planta **56**, 479–489.

KREEB, K. 1966: Transpirationsmessung an einigen australischen Immergrünen im Bereich des feuchten Eucalyptuswaldes und der Mulgabusch-Savanne. Oecol. Plant. **1**, 235–244.

KRIVOLUTZKAYA, G.O. 1973: Entomofauna der Kurilschen Inseln. Nauka, 315 pp. (Russ.).

KRIVONOGOVA, M.B. 1960: Cushion and thorny-cushion plants, their geographical distribution and basic features. – In SUKACHEV, V.N. (ed.): Studies in the Flora and Vegetation of High-Mountain Areas. Israel Progr. Scient. Transl. Jerusalem, 257–268.

KRUGER, F.J. 1977: A preliminary account of aerial plant biomass in fynbos communities of the Mediterranean-type climate zone of the Cape Province. Bothalia **12**, 301–307.

KRUGER, F.J. 1983: Plant community diversity and dynamics in relation to fire. Ecol. Stud. **43**, 446–472.

KRUGER, F.J., MITCHELL, D.T. and JARVIS, J.U.M. (eds.) 1983: Mediterranean-type Ecosystems. The Role of Nutrients. Ecol. Stud. **43**, 552 pp.

KUBIENA, W.L. 1970: Micromorphological features of soil geography. Rutgers Univ. Press, New Brunswick, N.J., 254 pp.

KUBITZKI, K. 1964: Zur Kenntnis der osmotischen Zustandsgrößen südchilenischer Holzgewächse. Flora **155**: 101–116.

KUCERA, C.L., DAHLMANN, R.C. and KOELLING, M.R. 1967: Total net productivity and turnover on an energy basis for tallgrass prairie. Ecology **48**, 536–541.

KUCERA, C.L. and KOELLING, M.R. 1964: The influence of fire on composition of central Missouri prairie. Amer. Midland Natur. **72**, 142–147.

KÜCHLER, A.W. 1964: Manual to accompany the map Potential Natural Vegetation of the conterminous United States. Amer. Geogr. Soc., Spec. publ. **36**, 116 pp.

KÜCHLER, A.W. 1967: Some geographic features of the Kansas Prairie. Transact. Kansas Acad Sci. **70**, 388–401.

KÜCHLER, A.W. 1972: The oscillations of the mixed prairie in Kansas. Erdkunde **26**, 120–129.

KÜCHLER, A.W. 1974: A new vegetation map of Kansas. Ecology **55**, 486–604.

KÜHN, F. 1929: Der Steppencharakter der argentinischen Pampa. Peterm. Mitt. **75**, 57–62.

KÜRSCHNER, H. 1986: The subalpine thorn-cushion formations of Western South-West Asia: ecology,

structure and zonation. Proc. Roy. Soc. Edinb. **89 B**, 169–179.
KUJALA, V. 1945: Waldvegetationsuntersuchungen in Kanada. Annales Acad. Sci. Fennicae, Ser. A **4** (7), 1–426.
KULL, U. 1982: Artbildung durch geographische Isolation bei Pflanzen – die Gattung *Aeonium* auf Teneriffa. Natur und Museum **112** (2), 33–40.
KULL, U. and BRECKLE, S.-W. 1973: Osmotische Verhältnisse und Zuckergehalte im Jahresgang bei Bäumen Ost-Afghanistans. II. *Cercis griffithii* and *Pistacia cabulica*. Flora B **161**, 586–603.
KUMMEROW, J. 1962: Quantitative Messungen des Nebelniederschlags im Walde von Fray Jorge an der nordchilenischen Küste. Die Naturwiss. **49**, 203–204.
KUMMEROW, J. 1973: Comparative anatomy of sclerophylls of mediterranean climate areas. Ecol. Stud. **7**, 157–167.
KUMMEROW, J. 1981: Structure of roots and root systems. – In: Ecosystems of the World. Vol. **11**, 269–288.
KUMMEROW, J., MATTE, J. und SCHLEGEL, F. 1961: Zum Problem der Nebelwälder an der zentral-chilenischen Küste. Ber. Deutsch. Bot. Ges. **74**, 135–145.
KUNKEL, G. (ed.) 1976: Biogeography and ecology in the Canary Islands. Monogr. Biolog., Vol. 30, The Hague, 511 pp.
KUNKEL, G. 1987: Die Kanarischen Inseln und ihre Pflanzenwelt. Gustav Fischer, Stuttgart, 202 pp.
KURCHEVA, G. F. 1977: Boden-Wirbellose des Sowjetischen Fernen Ostens. Nauka, 129 pp. (Russ.).
KURENTZOV, A. I. 1974: Zoogeographie des Fernen Ostens der UdSSR am Beispiel der Verbreitung der Rhopalocera. Nauka, Novosibirsk (Russ.).
KURENZOVA, G. E. 1962: Die Vegetation der Chanka-Niederung und der umgebenden Vorberge. Akad. Wiss., Moskau, Leningrad, Sibir. Abtlg., 139 pp.
KUSNEZOV, V. N. 1977: Biologie der *Aiolacaria mirabilis* Motsch. (Coleoptera, Coccinellidae) des Küstengebiets. – In: Fauna und Biologie der Insekten des Fernen Ostens. Veröff. d. Fernöstl. Zweigstelle d. Akad. d. Wiss., Band **44** (147), 108–117 (Russ.).
LAESSLE, A. M. 1958: The origin and successional relationship of sandhill vegetation and sand-pine scrub. Ecol. Monogr. **28**, 361–386.
LAFER, G. SH. 1977: Zur Erforschung der Carabidae (Coleoptera) der dunklen Taigazone des Sichoto-Alins im Küstengebiet. – in: Fauna und Biologie der Insekten des Fernen Ostens. – Veröff. d. Fernöstl. Zweigstelle d. Akad. d. Wiss. d. USSR **44**, 5–34 (Russ.).
LAMONT, B. B. 1983: Strategies for maximizing nutrient uptake in two mediterranean ecosystems of low nutrient status. Ecol. Stud. **43**, 246–273.
LAMOUREUX, G. et GRANDTNER, M. M. 1977: Contribution à l'étude écologique des dunes mobiles. I. Les éléments phytosociologique. Canad. J. Bot. **55**, 158–171.
LAMOUREUX, G. et GRANDTNER, M. M. 1978: Contribution à l'étude écologique des dunes mobiles. II. Les conditions édaphiques. Canad. J. Bot. **56**, 818–832.

LANCASTER, R. 1981: Plant hunting in Nepal. – Croomhelm, London, 194 pp.
LANG, G. 1970: Die Vegetation der Brindabella Range bei Canberra. – Abh. Math.Naturw. Kl., Akad. Wiss. Mainz, Jg. 1970 (1), 98 pp.
LANGE, O. L. 1965: Der CO_2-Gaswechsel von Flechten bei tiefen Temperaturen. Planta **64**, 1–19.
LANGE, O. L. 1972: Flechten – Pionierpflanzen in Kältewüsten. Umschau **72**, 650–654.
LANGE, O. L. AND KAPPEN, L. 1972: Photosynthesis of lichens from Antarctica. Antarct. Res. Ser. vol. 20, p. 83–95.
LANGE, O.-L. und LANGE, R. 1962: Die Hitzeresistenz einiger mediterraner Pflanzen in Abhängigkeit von der Höhenlage ihrer Standorte. Flora **152**, 707–710.
LANGE, O.-L. und LANGE, R. 1963: Untersuchungen über Blattemperaturen, Transpiration und Hitzeresistenz an Pflanzen mediterraner Standorte (Costa Brava, Spanien). Flora **153**, 387–425.
LANGE, O. L. und REDON, J. 1983: Epiphytische Flechten im Bereich einer chilenischen Nebeloase (Fray Jorge). 1. Vegetationskundliche Gliederung und Standortsbedingungen. Flora **174**, 213–243.
LANGE, O. L. und REDON, J. 1983: Epiphytische Flechten im Bereich einer chilenischen Nebeloase (Fray Jorge). 2. Ökophysiologische Charakterisierung von CO_2-Gaswechsel und Wasserhaushalt. Flora **174**, 245–284.
LAPRAZ, G. 1971: Carte phytosociologique du massif du Monteněgre. Acta Geobot. Barcinon. **6**, 1–20.
LARCHER, W. 1960: Transpiration and photosynthesis of detached leaves and shoots of *Quercus pubescens* and *Quercus ilex* during desiccation under standard conditions. Bull. Res. Counc., Israel **80**, 213–224.
LARCHER, W. 1961: Zur Assimilationsökologie der immergrünen *Olea europaea* und *Quercus ilex* und der sommergrünen *Quercus pubescens* im nördlichen Gardaseegebiet. Planta **56**, 607–617
LARCHER, W. 1961 b: Jahresgang des Assimilations- und Respirationsvermögens von *Olea europaea* L., ssp. *sativa* HOFF. et LINK., *Quercus ilex* L. und *Quercus pubescens* WILLD. aus dem nördlichen Gardaseegebiet. Planta **56**, 575–606.
LARCHER, W. 1963: Orientierende Untersuchungen über das Verhältnis von CO_2-Aufnahme zur Transpiration bei fortschreitender Bodentrocknung. Planta **60**, 339–343.
LARCHER, W. 1963 b: Winterfrostschäden in den Parks und Gärten von Arco und Riva am Gardasee. Veröff. Museum Ferdinand. Innsbruck **43**, 153–199
LARCHER, W. 1970: Kälteresistung und Überwinterungsvermögen mediterraner Holzpflanzen. Oecol. Plantar. **5**, 267–286.
LARCHER, W. 1981: Low temperature effects on mediterranean sclerophylls: an unconventional viewpoint. – In: MARGARIS, N. S. and MOONEY, H. A. (eds.): Components of productivity of mediterranean-climate regions – basic and applied aspects. Junk, The Hague, 259–266.
LARCHER, W. und MAIR, B. 1968: Das Kälteresistenzverhalten von *Quercus pubescens*, *Ostrya carpinifolia*

und *Fraxinus ornus* auf drei thermisch untersuchten Standorten. Oecol. Plantar. **3**, 255–270.

LA ROI, G.H. 1967: Ecological studies in the boreal spruce-fir forests of the North American Taiga. I. Analysis of the vascular flora. Ecol. Monographs **37**, 229–253.

LA ROI, G.H. and HNATIUK, R.J. 1980: The *Pinus contorta* forests of Banff and Jasper National Parks: a study in comparative synecology and syntaxonomy. Ecol. Monographs **50** (1), 1–29.

LA ROI, G.H., ROSS, M.S. and OSTAFICHUK, M. 1983: Structural dynamics of boreal forest ecosystems on 3 habitat types in the Hondo-Lesser Slave Lake area of North Central Alberta in 1982. Research Management Division. Alberta Environment. RMD-80/35A.

LA ROI, G.H. and STRINGER, M.H. 1976: Ecological studies in the boreal spruce-fir forests of the North American taiga. II. Analysis of the bryophyte flora. Can. J. Bot. **54**, 619–643.

LARSEN, J.A. 1971a: Vegetational relationships with air mass frequencies: Boreal Forest and Tundra. Arctiv **24**, 177–194.

LARSEN, J.A. 1971b: Vegetation of Fort Reliance, Northwest Territories. The Canadian Field-Naturalist **85**, 147–178.

LARSEN, J.A. 1972: Observations of well-developed podzols on tundra and of patterned ground within forested boreal regions. Arctic **25**, 153.

LARSEN, J.A. 1972a: Growth of spruce at Dubawnt Lake, Northwest Territories. Arctic **25** (1), 59.

LARSEN, J.A. 1972b: The vegetation of Northern Keewatin. Canadian Field-Naturalist **86**, 45–72.

LARSEN, J.A. 1973: Plant communities north of the forest border, Keewatin, Northwest Territories. Canadian Field-Naturalist **87**, 241–248.

LARSEN, J.A. 1974: Ecology of the northern continental forest border. – In IVES, J.D. and BARRY, R.G. (eds.): Arctic and Alpine Environments. Methuen, London.

LARSEN, J.A. 1980: The boreal ecosystem – In KOZLOWSKI, T.T. (ed.): Physiological Ecology, A series of monographs. Acad. Press, New York, London, 500 pp.

LAUTENSACH, H. 1950: Korea. Koehler, Stuttgart, 135 pp.

LAUTENSACH, H. 1964: Iberische Halbinsel. Keyser, München, 700 pp.

LAUTENSACH, H. 1988: Korea – A geography based on the author's travels and literature. ed. K. & E. DEGE. Springer, Berlin, Heidelberg, New York, 800 pp.

LAVAGNE, A. 1972: La végétation de l'île de Port-Cross (mit Vegetationskarte 1:5000). – In: Parc National de Port-Cross. Marseille.

LAVAGNE, A. et ZERAIA, L. 1976: Etude phytosociologique et cartographique du Vallon du Maraval (Maures Occidentale). Biol. et Ecol. Méditerr. **3**, 75–93.

LAVRENKO, E.M., ANDREYEV, W.M. und LEONTSEV, V.L. 1955: Profil der Produktivität der oberirdischen Teile der natürlichen Pflanzendecke der USSR von den Tundren zu den Wüsten. Bot. Zh. **40**, 415–419.

LAVRENTIADES, J. 1976: On the vegetation of Patras area. Veröff. Geobot. Inst. Rübel (Zürich), **56**, 59–71.

LAWRENCE, W.T. 1987: Gas exchange characteristics of representative species from the scrub vegetation of central Chile. – In: TENHUNEN, J.D. et al. (ed.): Plant Response to Stress – Functional Analysis in Mediterranean Ecosystems. Nato Asi Series G, vol **15**, 279–304.

LEIGH, J. BRIGGS, J. and HARTLEY, W. 1981: Rare or treatened Australian plants. Austral. Bat. Parks and Wildlife Service, Spec. Public. **7**, 178 pp.

LEJOLY, J., DUVIGNEAUD, P. et TANGHE, M. 1971: Aperçu sur la phyto-écologie oro-méditerranéenne et alpine de la région Peyresq (Alpes de Haute-Provence, France). Rech. Écolog. en Provence et dans les Alpes Marit. (Bruxelles), **1**, 317–380.

LEÓN, R.J.C. y AGUIAR, M.R. 1985: El deterioro por uso pasturil en los estepas herbáceas patagónicas. Phytocoenologia **13** (2): 181–196.

LETSCHERT, U. 1986: Zum Mineralstoffhaushalt einiger Chenopodiaceae bei hohen Bor- und Salzangeboten. Diss. Bot. 96, 255 pp.

LEVYNS, M.R. 1964: Migration and origin of the Cape Flora. Trans. Roy. Soc. S. Afr. **37** (2), 85–107.

LIACUS, L.G. 1973: Present studies and history of burning in Greece. Ann. Proceed. Tall Timbers Fire Confer. **13**, 65–95.

LI BO-SHENG 1981: A preliminary study on the subnival vegetation in Xizang. – In LIU DONG-SHENG (ed.): Proc. Symp. Qinghai-Xizang (Tibet) Plateau, Beijing. 1987–1990.

LI BO-SHENG 1986: Effects of snow accumulation to the vegetation in the region of Namjagbarwa. – In HOU HSIOHYO and NUMATA, M. (eds.). Proc. Intern. Symp. Mountain Vegetation, Beijing, 109 113.

LI TIANCHI 1988: A preliminary study on the climatic and environmental changes at the turn from Pleistocene to Holocene in East Asia. Geo Journal **17**, 649–657.

LIEBIG, J. v. 1862: Die Naturgesetze des Feldbaues. Vieweg, Braunschweig, 467 pp.

LIETH, H. 1974: Basis und Grenze für die Menschheitsentwicklung: Stoffproduktion der Pflanzen. Umschau **74**, 169–174.

LILLY, J.P. 1981: A History of Swampland Development in North Carolina. – In RICHARDSON, C.J. (ed.). Pocosin Wetlands. Stroudsburg, 20–39.

LINTEAU, A. 1955: Forest site classification of the north-eastern coniferous section, boreal forest region, Quebec. Can. Dep. North. Aff. Nat. Resour. For. Branch Bull. No. **118**.

LIU DONG-SHEN (ed.) 1981: Proceedings of Symposium on Qinghai-Xizang (Tibet) Plateau. Beijing (China).

Vol. 1: Geology, geological history and origin of Qinghai-Xizang Plateau, 1–974.

Vol. 2: Environment and Ecology of Qinghai-Xizang Plateau, 975–2138.

LÖSCH, R. 1988: Funktionelle Voraussetzungen der adaptiven Nischenbesetzung in der Evolution der makaronesischen Semperviven. Habil.-Schrift Univ. Kiel, 491 pp.

LONGLEY, R.W. 1967: Frequency of winter chinooks in Alberta. Atmosphere **5**, 4–16.

LONGSTAFF, T.G. 1923: Natural History. – In BRUCE, G. (ed.): Assault on Mt. Everest 1922. London, 321–335.

LOOMAN, J. 1969: The Fescue Grassland of Western Canada. Vegetatio **19**, 128–145.

LOOMAN, J. 1976: Productivity of permanent Bromegrass pastures in the parklands of the prairie provinces. Canad. J. Plant Sci. **56**, 829–835.

LOOMAN, J. 1979: The vegetation of Canadian Prairie Province. I. An overview. Phytoceonologia **5**, 347–361.

LOOMAN, J. 1981a: The vegetation of Canadian Prairie Province. II. The Grasslands and meadows. part 1: Phytocoenologia **8**, 153–190.

LOOMAN, J. 1981a: The vegetation of Canadian Prairie Province. II. The Grasslands and meadows. part 2: Mesic grasslands and meadows. Phytocoenologia **9**, 1–26.

LOOMAN, J. 1981b: The vegetation of Canadian Prairie Province. III. Aquatic and semiaquatic vegetation. part 1: Salt marshes and meadows. Phytocoenologia **9**, 473–497.

LOOMAN, J. 1982: The vegetation of Canadian Prairie Province. III. Aquatic and semiaquatic vegetation. part 2: Freshwater marshes and bogs. Phytocoenologia **10**, 401–423.

LOOMAN, J. 1986: The vegetation of Canadian Prairie Province. III. Aquatic and semiaquatic vegetation. part 3: Aquatic plant communities. Phytocoenologia **14**, 19–54.

LOOMAN, J. 1982: The vegetation of Canadian Prairie Province. IV. Freshwater marshes and bogs. Phytocoenologia **10**, 401–423.

LOOMAN, J. 1983: Grassland as natural or semi-natural vegetation. – In HOLZNER, W. et al. (eds.), p. 173–184.

LOOMAN, J. 1983b: The vegetation of Canadian Prairie Province. IV. The woody vegetation, part 1. Phytocoenologia **11**, 297–330.

LOOMAN, J. 1986: The vegetation of Canadian Prairie Province. VI. The woody vegetation. part 2. Wetland shrubbery. Phytocoenologia **14**, 439–466.

LOOMAN, J. 1987: The vegetation of Canadian Prairie Province. VI. The woody vegetation. part 3. Deciduous woods and forests. Phytocoenologia **15**, 51–84.

LOOMAN, J. 1987: The vegetation of Canadian Prairie Province. VI. The woody vegetation. part 4. Coniferous forests. Phytocoenologia **15**, 259–327.

LORENTZ, P.G. 1875: Reiseskizzen aus Argentinien. Buenos Aires.

LORENTZ, P.G. 1876: Ferienreise eines argentinischen Gymnasial-Schullehrers mit seinen Schülern. – NAPP's La Plata Monatsschrift, 4. Jahrg. (Buenos Aires).

LOSSAINT, P. 1973: Soil-vegetation relationship in mediterranean ecosystems of Southern France. Ecol. Stud. **7**, 199–210.

LOSSAINT, P. et RAPP, M. 1971: Répartition de la matière organique, productivité et cycles des éléments mineraux dans écosystèmes de climat méditerranéan. Proc. Brussels Sympos., UNESCO Paris, 597–617.

LOUIS, H. 1939: Das natürliche Pflanzenkleid Anatoliens. Stuttgart.

LOW, A.B. 1983: Phytomass and major nutrient pools in an 11-year post-fire coastal fynbos community. S. Afr. J. Bot. **2**, 98–104.

LOWRIE, A. 1987: Carnivorous plants of Australia. vol. 1 *(Drosera)*. Univ. West. Austral. Press, Nedlands, 200 pp.

LOWRIE, A. 1989: Carnivorous plants of Australia. vol. 2 *(Drosera)*. Univ. West. Austral. Press, Nedlands, 202 pp.

LUDWIG, D. 1984: Die Gefäßpflanzenflora der Kanareninsel Tenerife. Dipl. Arb. Univ. Bochum, 603 pp.

LÜPNITZ, D. 1975: Geobotanische Studien zur natürlichen Vegetation der Azoren unter Berücksichtigung der Chorologie innerhalb Makaronesiens. Beitr. Biol. Pflanzen **51**, 149–319.

MAC NAB, J.A. 1958: Biotic Aspection in the coast range mountains of northwestern Oregon. Ecol. Monographs **28**, 21–54.

MAC NEILL, J. 1989: Strategien für die Wirtschaftsentwicklung. Spektrum d. Wiss. 1989, (11), 136–147.

MADEL, G. 1968: Hummelbeobachtungen im Wakhan. Science, Kabul **5**, 21–28.

MÄGDEFRAU, K. 1944: Die Moosvegetation der Lorbeerwälder auf Teneriffa. Flora **137**, 125–138.

MÄGDEFRAU, K. 1975: Das Alter der Drachenbäume auf Tenerife. Flora **164**, 347–357.

MAHALL, B.E. and SCHLESINGER, W.H. 1982: Effects of irradiance on growth, photosynthesis, and water use efficiency of seedings of the chaparral shrub *Ceanothus megacarpus*. Oecologia **54**, 291–299.

MAIR, B. 1968: Das Kälteresistenzverhalten von *Quercus pubescens*, *Ostrya carpinifolia* und *Fraxinus ornus* auf drei thermisch untersuchten Standorten. Oecol. Plant. **3**, 255–270.

MALEVICH, I.I. 1956: Zur Erforschung der Lumbricidae und Moniligastridae des Fernen Ostens. Wiss. Schrift. d. MGPI (POTEMKIN) **61**, 439–448 (Russ.).

MAMAYEV, B.M. 1974: Zoogeographie der xylophilen Gemeinschaften der Wald-Biozönosen des südlichen Küstengebiets. Nauka, 5–30 (Russ.).

MANDAVILLE, J.P. 1986: Plant Life in the Rub' al-Khali (the Empty Quarter), south-central Arabia. Proc. Roy. Bot. Soc. Edinburgh **89B**, 147–157.

MARGRAF, J. 1981: Zur Ökologie temporärer Gewässer Sardiniens. Dipl. Arb. Univ. Hohenheim, 54 pp.

MARK, A.F. 1955: Grassland and shrubland on Maungatua, Otago. N.Z.J. Sci. a. Technol., Sect. A **37**, 349–366.

MARKGRAF, F. 1961: Die jahreszeitliche Entwicklung einer Steppenfläche bei Ankara. Ber. Geobot. Institut Rübel, Zürich, **32**, 236–244.

MARLAND, G. 1989: Fossil Fuel CO$_2$ Emissions. CDIAC Communications Oak Ridge **1–3** (1989).

MARLOTH, R. 1908: Das Kapland. Wiss. Ergebn. d. Deutschen Tiefsee-Exped., Bd. II (Teil 3). G. Fischer, Jena 436 pp. 28 Taf., 8 Karten.

MAURITS LA RIVIERE, J.W. 1989: Bedrohung des Wasserhaushalts. Spektrum d. Wiss., 1989, (11), 80–87.

MAYCOCK, P.F. and CURTIS, J.T. 1960: The phytosociology of boreal conifer-hardwood forests of the Great Lakes region. – Ecol. Monographs **30**, 1–35.

MAYER, H. 1977: Waldpflege in China «Unser Vaterland begrünen ...» (Mao Tse-tung). Holz-Kurier **47**, 1–8

MAYER, H. 1984: Wälder Europas. Gustav Fischer, Stuttgart, 691 pp.

MAYER, H. und AKSOY, H. 1986: Wälder der Türkei. Gustav Fischer, Stuttgart, 287 pp.

MCCOLL, J.G. 1969: Soil-plant relationship in a *Eucalyptus* forest on the south coast of New South Wales. Ecology **50**, 354–362.

MCCOMB, J.A. and MCCOMB, A.J. 1967: A preliminary account of the vegetation of Loch McNess, a swamp and fen formation in Western Australia. The Royal Soc. W. Austr. **50**, 105–112.

MCGLONE, M.S. and BATHGATE, J.L. 1983: Vegetation and climate history of the Longwood Range, South Island, New Zealand, 12000 B.P. to the present. N.Z.J. Bot. **21**, 293–315.

MCGLONE, M.S. and TOPPING, W.W. 1983: Late Quaternary vegetation, Tongariro region, central North Island, New Zealand. N.Z.J. Bot. **21**, 53–76.

MCLAUGHLIN, S.P. 1989: Natural floristic areas of the western United States. J. Biogeogr. **16**, 239–248.

MCMILLAN, C. 1956: Variation in flowering behavior within populations of *Andropogon scoparius*. Amer. J. Bot. **43**, 429–436.

MCMILLAN, C. 1957: Flowering behavior within two grasland communities under reciprocal transplantation. Amer. J. Bot. **44**, 144–153.

MCMILLAN, C. 1959: The role of ecotype variation in the distribution of the central grassland of North America. Ecol. Monogr. **29**, 285–308.

MCMILLAN, C. 1961: Texas grassland communities under transplanted conditions. Amer. J. Bot. **48**, 778–785.

MECKELEIN, W. 1973: Climatic-geomorphological zones and land utilization in the coastal deserts of the North Sahara. – In AMIRAN, D.H.K. and WILSON, A.W. (eds.): Coastal Deserts. Univ. Press. Tucson, Arizona, 159–165.

MEIGEN, F. 1894: Biologische Beobachtungen aus der Flora Santiagos in Chile, Trockenschutzeinrichtungen. Bot. Jb. **18**, 394–487.

MEISTER, H.P., CALDWELL, M.M., TENHUNEN, J.D. and LANGE, O.L. 1987: Ecological implications of sun/shade-leaf differentiation in sclerophyllous canopies: Assessment by canopy modelling. – In TENHUNEN et al. (eds.): Plant Response to Stress. Nato Asi Series G, vol. **15**, 401–411.

MEURER, M. 1982: Geoökologische Untersuchungen im nepalesischen Kali Gandaki-Tal. Gießener Beitr. z. Entwicklungsforschung **I/8**, 163–186.

MEURK, C.D. 1977: Alien plants in Campbell Island's changing vegetation. Mauri Ora **5**, 93–118.

MEURK, C.D. 1978: Alpine phytomass and primary productivity in central Otago, New Zealand. N.Z.J. Ecol. **1**, 27–50.

MEUSEL, H. 1965: Die Reliktvegetation der Kanarischen Inseln in ihren Beziehungen zur süd- und mitteleuropäischen Flora. Gesamm. Vorträge über Mod. Probleme der Abstammungslehre **1**, 117–136.

MEUSEL, H. 1978: Wuchsform und ökogeographisches Verhalten von *Bupleurum spinosum* GOUAN im Vergleich mit einigen nahe verwandten Arten. Bot. Jahrb. Syst. **99**, 222–248.

MEUSEL, H. and JÄGER, E.J. 1989: Ecogeographical differentiation of the submediterranean deciduous forest flora. Pl. Syst. Evol. **162**, 315–329.

MEUSEL, H. and SCHUBERT, R. 1971: Beiträge zur Pflanzengeographie des Westhimalayas, Teil 1–3. Flora **160**, 137–194, 373–432 und 573–606.

MIACZYNSKI, C.R.O. y TSCHAPEK, M. 1965: Los suelos de estepa de la region pampeana. Rev. Invest. Agrop. Ser. III, 2, No 3 (Buenos Aires).

MICHAELS P.J. and HAYDEN, B.P. 1987: Modeling the climate dynamics of tree deaths. BioScience **37**, 603–610.

MICKLIN, P.P. 1988: Desiccation of the Aral Sea: A Water Management Disaster in the Soviet Union. Science **241**, 1170–1176.

MIEHE, G. 1984: Waldnutzung im Himalaya. Beispiel Dhauladhar, Himachal Pradesh, Indien. Praxis Geographie **10**, 36–41.

MIEHE, G. 1984: Vegetationsgrenzen im extremen und multizonalen Hochgebirge (Zentraler Himalaya). Erdkunde **38**, 268–277.

MIEHE, G. 1985: Höhenstufen der Vegetation und ihre bergbäuerliche Erschließung im Dhaulagiri- und Annapurna-Himalaya, dargestellt anhand einer Vegetationskarte 1:100000. Vegetationskartierung als Vorerkundung für Entwicklungsprojekte. Mitt. Bundesforschungsanstalt f. Forst- und Holzwirtschaft, Hamburg **148**, 1–40.

MIEHE, G. 1986: The ecological law of ‹Relative Habitat Constancy and Changing Biotope› as applied to multizonal high mountain areas. – In HOU HSIOHYO and NUMATA, M. (eds.): Proc. Intern. Symp. Mountain Vegetation. Beijing, 56–59.

MIEHE, G. 1987: Neue Befunde zur Vegetationshöhenstufung am Mt. Everest. Verh. deutsch. Geographentag **45**, 208–214.

MIEHE, G. 1987: An annotated list of vascular plants collected in the valleys south of Mt. Everest. Bull. Brit. Mus. nat. Hist. (Bot.) **16**, 225–268.

MIEHE, G. 1988: Geoecological reconnaissance in the alpine belt of Southern Tibet. Geo Journal **17**, 635–648.

MIEHE, G. 1989: Vegetation patterns of Mt. Everest as influenced by monsoon and föhn. Vegetatio **79**, 21–32.

MIEHE, G. 1990a: Khumbu Himal (Mt. Everest-Südabdachung, Nepal). Vegetationskart 1:50000 und Kommentar. Mitt. Bundesforschungsanstalt f. Forstu. Holzwirtschaft. Hamburg, **180**, 1–137.

MIEHE, G. 1990b: Flora und Vegetation als Klimazeiger und -zeugen im Himalaya. A prodromus of the vegetation ecology in the Himalayas (mit einer kommentierten Flechtenliste von J. POELT). Bornträger, Stuttgart. Dissert. Bot. **158**, 501 pp. + Appendix.

MIKALEVA, E.V. und PETUKHOFA, K.L. 1983: Vergleichende Analyse der Diplopoden-Fauna der Wälder des Küstengebietes mit Hilfe der Maße für die Einbeziehung und der Ähnlichkeit. Veröff. d. Zweigstelle d. Akad. d. Wiss. d. USSR, 48–66 (Russ.).

MILEWSKI, A.V. 1981a: A comparison of vegetation height in relation to the effectiveness of rainfall in the mediterranean and adjacent arid parts of Australia and South Africa. J. Biogeogr. **8**, 107–116.

MILEWSKI, A.V. 1981b: A comparison of reptile communities in relation to soil fertility in the mediterranean and adjacent arid parts of Australia and Southern Africa. J. Biogeogr. **8**, 493–503.

MILEWSKI, A.V. 1982: The occurence of seeds and fruits taken by ants versus birds in mediterranean Australia and Southern Africa, in relation to the availability of soil potassium. J. Biogeogr. **9**, 505–516.

MITCHELL, D.T., COLEY, P.G.F., WEBB, S. and ALLSOPP, N. 1986: Litterfall and decomposition processes in the coastal fynbos vegetation, south western Cape, South Africa. J. Ecol. **74**, 977–993.

MITCHELL, D.E., STOCK, W.D. and JONGENS-ROBERTS, S.M. 1987: Nitrogen and phosphorus cycling in the fynbos biome. A Report of the Terrestr. Ecosyst. Sect., Pretoria, Occas. Rep. No. **18**, 26 pp.

MITCHELL, J.E., WEST, N.E. and MILLER, R.W. 1966: Soil physical properties in relation to plant community patterns in the shadscale zone of northwestern Utah. Ecol. **47**, 627–630.

MIYAWAKI, A. 1979: Vegetation und Vegetationskarten auf den Japanischen Inseln. Bull. Yokohama Phytosoc. (Festschrift R. TÜXEN) **16**, 49–70.

MIYAWAKI, A. 1980: Vegetation of Japan. 1. Yakushima. Shibundo, Tokyo, 376 pp. (Japan).

MIYAWAKI, A. 1981: Vegetation of Japan. 2. Kyushu. Shibundo, Tokyo, 484 pp. (Japan).

MIYAWAKI, A. 1982: Vegetation of Japan. 3. Shikoku. Shibundo, Tokyo, 539 pp. (Japan).

MIYAWAKI, A. 1983: Vegetation of Japan. 4. Chugoku. Shibundo, Tokyo, 540 pp. (Japan).

MIYAWAKI, A. 1984: Vegetation of Japan. 5. Kinki. Shibundo, Tokyo, 596 pp. (Japan).

MIYAWAKI, A. 1985: Vegetation of Japan. 6. Chubu. Shibundo, Tokyo, 604 pp. (Japan).

MIYAWAKI, A. 1984: A vegetational-ecological view of the Japanese Archipelago. Bull. Inst. Environm. Sci., Techn. Yokohama Nat. Univ. **11**, 85–101.

MIYAWAKI, A. 1988: A general survey of Japanese vegetation. Veröff. Geobot. Inst. ETH, Stiftung Rübel, Zürich **98**, 74–99.

MIYAWAKI, A. und NAKAMURA, Y. 1988: Überblick über die japanische Flora in der nemoralen und borealen Zone. Veröff. Geobot. Inst. ETH, Stiftung Rübel, Zürich **98**, 100–128.

MIYAWAKI, A., SUZUKI, K. and FUJIWARA, K. 1977: Human impact upon forest vegetation in Japan. Naturaliste canad. **104**, 97–107.

MOAR, N.P. 1971: Contributions to the quaternary history of the New Zealand Flora. New Zealand J. Bot. **9**, 80–145.

MOLL, E.J., CAMPELL, B.M., COWLING, R.M., BOSSI, L., JARMAN, M.L. and BOUCHER, C. 1984: A description of major vegetation categories in and adjacent to the Fynbos biome. S. Afr. Nat. Sci. Programmes Rep. **83**, 29 pp.

MOLODOVA, L.P. 1973: Fauna der Boden-Wirbellosen des südlichen Sachalins. – In Ökologie der Boden-Wirbellosen. Nauka, 60–74 (Russ.).

MONK, C.D. 1965: Southern mixed hardwood forest of Northcentral Florida. Ecol. Monographs, **35**, 335–354.

MOONEY, H.A. 1977: Southern Coastal Scrub. – In BARBOUR, M.G. and MAJOR, J. (eds.): Terrestrial Vegetation of California, 471–489.

MOONEY, H.A., DUNN, E.L., SHROPSHIRE, F. and SONG, L. 1970: Vegetation comparisons between the mediterranean climatic areas of California and Chile. Flora **159**, 480–496.

MOONEY, H.A., GULMON, S.L. and PARSON, D.J. 1974: Morphological changes within the chaparral vegetation type as related to elevation gradients. Madroño **22**, 281–285.

MOONEY, H.A. and HARRISON, A.T. 1972: The vegetational gradient on the lower slopes in Northwest Baja California. Madroño **21**, 439–445.

MOONEY, H.A. and HAYS, R.I. 1973: Carbohydrate storage cycles in two Californian mediterranean climate trees. Flora **162**, 295–304.

MOONEY, H.A. and PARSON, D.J. 1973: Structure and function of the California chaparral – an example from San Dimas. Ecol. Stud. **7**, 83–112.

MOONEY, H.A., et al. 1977: The producers – their resources and adaptive responses. – In MOONEY, H.A. (ed.): Convergent evolution in Chile and California mediterranean climate ecosystems. Stroudsburg/Pa. 85–143.

MOORE, R.T., BRECKLE, S.-W. and CALDWELL, M.M. 1972: Mineral ion composition and osmotic relations of *Atriplex confertifolia* and *Eurotia lanata*. Oecologia **11**, 67–78.

MOORE, T.R. 1980: The nutrient status of subarctic woodland soils. Arct. Alp. Res. **12**, 147–160.

MORRELLO, J. 1955: Estudios botanicos en las regiones arides de la Argentina. – I. und II. Revista Agron. Noroeste Argent. Tucuman **1**, 301–370, 385–524.

MORELLO, J. e ADAMOLI, J. 1973: Subregiones ecológicos de la Provincia del Chaco. Ecologia **1**, 29–41.

MORROW, P.A. 1977: The significance of phytophagous insects in the *Eucalyptus* forest of Australia. – In MATTSON, W.J. (ed.): The Role of Arthropods in

Forest Ecosystems, Springer, New York, Heidelberg, Berlin, 19–29.
Morrow, P. A. and Mooney, H. A. 1974: Drought adaptation in two Californian evergreen sclerophylls. Oecologia **15**, 205–222.
Moss, E. H. 1932: The vegetation of Alberta. IV. The popular association and related vegetation of central Alberta. J. Ecol. **20**, 380–415.
Moss, E. H. 1953: Forest communities in northwestern Alberta. Can. J. Bot. **31**, 212–252.
Moss, E. H. 1955: The vegetation of Alberta. Bot. Rev. **21**, 493–567.
Moss, E.H. and Pegg, G. 1963: Noteworthy plant species and cummunities in westcentral Alberta. Can. J. Bot. **41**, 1079–1105.
Muc, M. 1973: Primary production of plant communities of the Truelove Lowland, Devon Island, Canada (sedge meadows). – In Bliss, L.C. and Wielgolaski, F. E. (eds.), 3–14.
Müller, F. 1958: Acht Monate Gletscher- und Bodenforschung im Everestgebiet. Berge der Welt **12**, Zürich, 199–216.
Müller, P. und Schmitthüsen, J. 1970: Probleme der Genese südamerikanischer Biota. Dtsch. Geogr. Forsch. (Kiel), 109–122.
Mueller-Dombois, D. 1984: Zum Baumgruppensterben in pazifischen Inselwäldern. Phytocoen. **12**, 1–8.
Mueller-Dombois, D. 1986: Perspectives for an etiology of stand-level dieback. Ann. Rev. Ecol. Syst. **17**, 221–243.
Mueller-Dombois, D. 1988a: Stand-level dieback and ecosystem processes: a global perspective. Geo Journal **17**, 162–164.
Mueller-Dombois, D. 1988b: Towards a unifying theory for stand-level dieback. Geo Journal **17**, 249–251.
Müller-Hohenstein, K. 1969: Die Wälder der Toskana. Erlanger Geogr. Arb. H. **25**, 173 pp.
Muller, C. 1965: Inhibitory terpenes volatilized from *Salvia* shrubs. Bull. Torrey Bot. Club **92**, 38–45.
Muller, W., Lörber, P. and Haley, P. 1969: Volatile growth inhibitors produced by *Salvia leucophylla*: effect on oxygen uptake by mitochondrial suspensions. Bull. Torrey Bot. Club **96**, 89–95.
Murray, D.F. 1978: Vegetation, floristics and phytogeography of Northern Alaska. – In Tieszen, L.L. (ed.): Vegetation and production ecology of an Alaskan Arctic tundra. Ecol. Stud. **29**, 686 pp.
Nakaike, T. 1982ff.: An enumeration of the ferns of Nepal. Bull. Natn. Sci. Mus. Tokyo, Ser. B.
Naveh, Z. 1973: The ecology of fire in Israel. Ann. Proceed. Tall Timbers Fire Confer. **13**, 131–170.
Nes, P. and O'Connor, K. F. 1977: Macroelement pool and fluxes in tall-tussock. N.Z.J. Bot. **15**, 443–476.
Newsome, A. E. and Catling, P.C. 1983: Animal demography in relation to fire and shortage of food: Some indicative models. Ecol. Stud. **43**, 490–505.
Newsome, R. D. and Dix, R.L. 1968: The forests of the Cypress Hills, Alberta and Saskatchewan, Canada. Amer. Midl. Nat. **80**, 118–185.

Nichols, H. 1967: The postglacial history of vegetation and climate at Ennadai Lake, Keewatin and Lynn Lake, Manitoba. Eiszeitalter und Geg. **18**, 176–197.
Nichols, H. 1969: Chronology of peat growth in Canada. Paleogeogr. Paleocl. Paleoecol. **6**, 61–65.
Nichols, H. 1969: Pollen diagrams from subarctic central Canada. Science **155**, 1665–1668.
Nichols, H. 1976b: Historical aspects of the canadian forest-tundra ecotone. Arctic **29**, 38–47.
Niklewski, J. and Zeist, van W. 1970: A late quaternary pollen diagram from Northwestern Syria. Acta Bot. Neerl. **19**, 737–754.
Numata, M. 1966: Vegetation and conservation in Eastern Nepal. J. Coll. Arts Sci., Chiba Univ. Nat. Sci. **4**, 559–569.
Numata, M. (ed.) 1975: Ecological studies in Japanese grasslands with special reference to the IBP area. Productivity of terrestrial communities. JIBP Synthesis, Tokyo. Vol. **13**, 275 pp.
Numata, M. 1979: Temperate forest and grasslands in Japan. Methodological studies in environmental education, Chiba University, 31–46.
Numata, M. 1979: Ecology of Grasslands and Bamboolands in the World. VEB Gustav Fischer, Jena, 299 pp.
Numata, M. (ed.) 1983: Biota and Ecology of Eastern Nepal. – Miscell. papers Himalayan Commitee, Chiba Univ., Japan, 485 pp.
Numata, M., Miyawaki, A. and Itow, D. 1972: Natural and seminatural vegetation in Japan. Blumea **20**, 435–496.
Numata, M., Yoshioka, K. and Kato, M. (eds.) 1975: Studies in conservation of natural terrestrial ecosystems in Japan. part I: Vegetation and its conservation. JIBP Synthesis, Tokyo. Vol. **8**, 157 pp.
Numata, M., Yoshioka, K. and Kato, M. (eds.) 1975: Studies in conservation of natural terrestrial ecosystems in Japan. part II: Animal communities. JIBP Synthesis, Tokyo. Vol. **9**, 91 pp.
Oberdorfer, F. 1960: Pflanzensoziologische Studien in Chile. Flora et Vegetatio Mundi. Band **II**.
Oberdorfer, E. 1964: Der insubrische Vegetationskomplex, seine Struktur und Abgrenzung gegen die submediterrane Vegetation in Oberitalien und in der Südschweiz. Beitr. Naturk. Forsch. SW Deutschland, Karlsruhe **23**, 141–187.
Oberdorfer, E. 1965: Pflanzensoziologische Studien auf Teneriffa und Gomera. Beitr. Naturk. Forsch. SW Deutschland **24**, 47–104.
Oechel, W.C. and Lawrence, W. 1981: Carbon Allocation and Utilization. Ecol. Stud. **39**, 185–235.
Ogden, J. 1988: Forest dynamics and stand-level dieback in New Zealand's *Nothofagus* forests. Geo Journal **17**, 225–230.
Ohsawa, M. 1987: Life zone ecology of the Bhutan Himalaya. Chiba, 313 pp.
Oliver, E.G.H. 1972: *Erica*, a remarkable genus. J. Bot. Sci. South Africa **58**, 57–60.
Olson, D.F. j. 1983: Temperate broad-leaved ever-

green forests of Southeastern North America. – In OVINGTON, J.D.: Ecosystems of the World. Vol. **10**, 103–105.

OPPENHEIMER, H.R. and HALEVY, A.H. 1962: Anabiosis of *Ceterach officinarum* LA. et D. Bull. Res. Covunc., Israel, D, **11**, 127–147.

ORSHAN, G. 1988: Plant Pheno-Morphological Studies in Mediterranean Type Ecosystems. Geobotany Series, Kluwer, Dordrecht, 416 pp.

ORTIZ, R.E. y MARCOLIN, A.A. 1982: Estudio de la dinamica hidrotermica en suelos de la zona semiarida de Patagonica. INTA EERA, Bariloche.

OVINGTON, J.D. (ed.) 1983: Temperate Broad-leaved evergreen forests. – In: Ecosystems of the World. Vol. **10**, 241 pp.

OZENDA, P. (ed.) 1974: Bulletin de la Carte de la végétation de la Provence et des Alpes du sud. 1974/I, Marseille, 129 pp.

OZENDA, P. 1975a: Sur les étages des végétation dans les montagnes du bassin méditerranéen. Docum. Cartogr. Ecolog. **15**, 1–32.

OZENDA, P. 1975b: Sur la définition d'un étage de végétation supraméditerranéen en Grèce. Veröff. Geobot. Inst. Rübel ETH, Zürich **55**, 84–95.

OZENDA, P. 1988: Die Vegetation der Alpen im europäischen Gebirgsraum. Gustav Fischer, Stuttgart, 353 pp.

PAKARINEN, P. and VITT, D.H. 1973: Primary production of plant communities of the Truelove Lowland, Devon Island, Canada (moss communities). – In BLISS, L.C. and WIELGOLASKI, F.E. (eds.), p. 37–46.

PAPADAKIS, J. 1962: Avances recientes en el estudio hidrico de los climas. IDIA, Buenos Aires, No. **175**, 1–28.

PAPADAKIS, J. 1963: Soils of Argentine. Soil Science **95**, 36–366.

PAPKE, H.E. et al. (eds.) 1986: Waldschäden – Ursachenforschung in der Bundesrepublik Deutschland und den Vereinigten Staaten von Amerika. KFA, Jülich, BMFT, Bonn und USEPA, USA, 137 pp.

PARODI, L.R. 1930: Essayo fitogeografico sobre el Partido de Pergamino. Rev. Facult. Agron. y Veter. **7**, 65–271.

PARODI, L.R. 1934: La vegetación de Reconquista. Rev. Geogr. Americana No. **6**, 389–407.

PARODI, L.R. 1942: Por que no existen bosques naturales en la llanura bonariense si los arboles crecen en ella cuando se los cultiva? Agronómia **30**, 387–390.

PARSON, J.J. 1962: The cork oak forests and the evolution of the cork industry in southern Spain and Portugal. Economic Geogr. **3**, 195.

PARSONS, R.F. 1969: Physiological and ecological tolerances of *Eucalyptus incrassata* and *E. sociales* to edaphic factors. Ecology **50**, 386–390.

PARUELO, J.M., AGUIAR, M.R. and GOLLUSCIO, R.A. 1988: Soil water availability in the Patagonian arid steppe: Gravel content effect. Arid. Soil. Res. Rehabil. **2** (1), 67–74.

PASKOFF, R.P. 1973: Geomorphological processes and characteristic land forms in the mediterranean regions of the world. Ecol. Stud. **7**, 53–60.

PATZELT, G. 1989: Gletscherbericht 1987/88 und die 1980er Vorstoßperiode der Alpengletscher. ÖAV-Mitteil. **44**, 9–15.

PAVLIDIS, G. 1976: Untersuchungen über die Vegetationsverhältnisse der Küste der Sithonia-Halbinsel. Veröff. Geobot. Inst. Rübel ETH, Zürich, H. **56**, 5–20.

PAVLIK, B.M. 1989: Phytogeography of sand dunes in in the Great Basin and Mohave deserts. J. Biogeogr. **16**, 227–238.

PAYETTE, S. 1976: Les limites écologique de la zone hemi-arctique entre la mèr d'Hudson et la Baie d'Ungava, Nouveau-Québec. Cahiers de géographie de Québec **20**, 347–364.

PAYETTE, S. 1980: Fire history at the treeline in Northern Quebec: A paleoclimatic tool. Proc. of the Fir. Hist. Workshop. Tucson, Arizona. Gen. Techn. Report RM-81. Rocky Mountain Forest and Range Experiment Station. For. Serv. U.S. Dept. of Agric.

PAYETTE, S. 1983: The forest tundra and present treelines of the northern Quebec-Labrador Peninsula. – In MORISSET, P. and PAYETTE, S. (eds.): Tree-line ecology. Centre d'études nordiques, Université Laval, Quebec.

PAYETTE, S. et FILION, L. 1975: Ecologie de la limite septentrionale des forests maritimes, Baie d'Hudson, Nouveau Québec. Naturaliste canad. **102**, 783–802.

PAYETTE, S. and GAGNON, R. 1979: Tree-line dynamics in Ungava peninsula, northern Quebec. Holarctic Ecology **2**, 239–248.

PAYETTE, S., OUZILLEAU, J. et FILION, L. 1975: Zonation des conditions d'enneigement en toundra forestière, Baie d'Hudson, Nouveau-Québec. Can. J. Bot. **53**, 1021–1030.

PEDROTTI, F. 1963: Contributo alla conoscenza dell'idratazione e della pressione osmotice nelle specie di tre assozioni forestali delle Marche. I. Giorn. Bot. Ital. **70**, 398–424.

PEDROTTI, F. 1965: Contributo alla conoscenza dell'idratazione e della pressione osmotice nelle specie di tre assozioni forestali delle Marche. II. Giorn. Bot. Ital. **72**, 93–113.

PEET, R.K. 1978: Latitudinal variation in southern Rocky Mountain forests. J. of Biogeography **5**, 275–289.

PETERS, I. 1968: Opalphytolithe – Ihre Brauchbarkeit und Verwendungsmöglichkeiten als pflanzliche Mikrofossilien. Palaeontographica B **123**, 243–256.

PÉWÉ, T.L., HOPKINS, D.M. and GIDDINGS, J.L. 1965: The quaternary geology and archeology of Alaska. – In WRIGHT, H.E. and FREY, D.G. (eds.): The quaternary of the United States. Princeton Univ. Press, N.J., 355–374.

PFADENHAUER, J. 1980: Die Vegetation der Küstendünen von Rio Grande do Sul, Südbrasilien. Phytocoenologia **8** (3/4), 321–364.

PHILLIPS, J.F.V. 1928: The principal forest types in Knysna region. S. Afr. J. Sci. **25**, 188.

PHILLIPS, J. F. V. 1931: Forest succession and ecology in the Knysna Region. Bot. Survey of S. Africa Nr. **14**, 327 pp.

PHITOS, D. 1967: Florula Sporadum. Phyton (Austria) **12**, 102–149.

PICKARD, J. and SEPPELT, R. D. 1984: Phytogeography of Antarctica. J. Biogeogr. **11**, 83–102.

PIGNATTI, S. 1983: Human impact in the vegetation of the Mediterranean basin. – In HOLZNER, W. et al. (eds.), p. 151–161.

PISANO, E. 1983: The Magellanic Tundra Complex. Ecosyst. of the World **4B**. 295–329.

PODHARSKY, J. 1939: Höchststeigende Blütenpflanzen. Jb. Ver. Schutz Alpenpfl. u. -tiere **11**, 72–85.

POELT, J. 1965: Die Gattung *Ochrolechia*. Lichenes, Pertusariaceae (Lichenes 2). – In HELLMICH, W. (Hrsg.). Khumbu Himal. Ergebn. d. Forschungsunternehmens Nepal Himalaya 1, Berlin, 251–261.

POELT, J. 1977: Flechten des Himalaya. – In HELLMICH, W. (Hrsg.): Khumbu Himal: Ergebn. d. Forschungsunternehmens Nepal Himalaya 6, Innsbruck, 447–458.

POINSOT-BALAGUER, N. 1982: Contribution à l'étude des relations trophiques microarthropodes – matière organique interactions collemboles (litière de pin). Ecol. Medit. **8**, 3–10.

POINSOT-BALAGUER, N. et SADAKA, N. 1986: Distribution saisonnière et verticale d'une population d'*Onychiurus zschokkei* Handschon (collembola) dans une litière d'une forêt de chêne vert (*Quercus ilex* Linné) de la région méditerranéenne française. Ecol. Medit. **13**, 9–13.

POLUNIN, O. and SMYTHIES, B. E. 1973: Flowers of South-West Europe – a field guide. Oxford Univ. Press, Oxford, 480 pp.

POLUNIN, O. and STAINTON, A. 1984: Flowers of the Himalaya. Oxford University Press, Delhi, Bombay, Calcutta, Madras, 580 pp.

PRESCOTT, C. E., CORBIN, J. P. and PARKINSON, D. 1989a: Input, accumulation, and residence times of carbon, nitrogen, and phosphorus in four Rocky Mountain coniferous forests. Can. J. For. Res. **19**, 489–498.

PRESCOTT, C. E., CORBIN, J. P. and PARKINSON, D. 1989b: Biomass, productivity, and nutrient-use efficiency of aboveground vegetation in four Rocky Mountain coniferous forests. Can. J. For. Res. **19**, 309–317.

PRUITT, W. O. jr. 1978: Boreal ecology. Edward Arnold, London.

PRYOR, L. D. 1959 (Neudruck 1965): Species distribution and association in *Eucalyptus*. Biography and Ecology in Australia. Monogr. Biol. **8**.

PRYOR, L. D. 1981: Australian endangered species: *Eucalyptus*. Austral. Nat. Parks and Wildlife Service, Spec. Public. **5**, 139 pp.

PUCHKOV, P. V. 1981: Bestimmungsbuch der Larven von Raubwanzen des Sovjetischen Fernen Ostens und Beschreibung der Prae-imagens-Phasen von *Epidaus tuberosus* Yang (Heteroptera, Reduviidae). – In: Neue Erkenntnisse über die Insekten des Fernen Ostens. Veröff. d. Fernöstl. Zweigstelle d. Akad. d. Wiss. d. USSR, 24–31 (Russ.).

PURCHASE, J. E. and LA ROI, G. H. 1983: *Pinus banksiana* forests of the Vermilion area, northern Alberta. Can. J. Bot. **61**, 804–824.

QUARTERMAN, E. and KEEVER, C. 1962: Southern Mixed Hardwood Forest: Climax in the Southeastern Coastal Plain, USA. Ecol. Monogr. **32**, 167–185.

QUÉZEL, P. 1967: A propos des xérophytes épineux en coussinet de pour-tour méditerranéen. Ann. Fac. Sci. Marseille **39**, 173–181.

QUÉZEL, P. 1983: Flore et végétation actuelles de l'Afrique du Nord, leur signification en fonction de l'origine, de l'évolution et des migrations des flores et structures de végétation passées. Bothalia **14**, 411–416.

QUÉZEL, P. 1986: The forest vegetation of Turkey. Proc. Roy. Soc. Edinburgh **89B**, 113–122.

QUÉZEL, P. 1988: Esquisse phytogéographique de la végétation climacique potentielle des grandes îles méditerranéennes. Bull. Ecol. **19**, 121–127.

QUÉZEL, P. et BARBERO, M. 1985: Carte de la végétation potentielle de la région méditerranéenne. Feuille No. 1: Méditerranée orientale. Edit. CNRS, Paris, 65 p.

QUÉZEL, P. et BARBERO, M. 1986: A propos des forêts de *Quercus ilex* dans les Cevennes. Bull. Soc. linn. Provence **38**, 101–117.

QUÉZEL, P. and BARBERO, M. 1989: Altitudinal zoning of forest structures in California and around the mediterranean: a comparative study. Bielefelder Ökologische Beiträge (BÖB) **4**, 25–43.

QUÉZEL, P., BARBERO, M. et BENABID, A. 1987: Contribution à l'étude des groupements forestiers et préforestiers du Haut Atlas Oriental (Maroc). Ecol. Mediterr. **13**, 107–117.

QUINTANILLA, V. 1974: Les formations végétales du Chili temperé. Docum. de Cartogr. Ecol. (Grenoble) **16**, 33–80.

RADFORTH, N. W. and BRAWNER, C. O. (eds.) 1960: Muskeg and the northern environment in Canada. University Toronto Press, Toronto, 399 pp.

RAGONESE, A. 1941: La vegetacion de la Provincia de Santa Fé. Darwiniana **5**, 369–416.

RAGONESE, A. y COVAS, G. 1947: La flora halofila del sur de la Provincia Santa Fé. Darwiniana **7**, 401–496.

RAMBAL, S. and LETERME, J. 1987: Changes in aboveground structure and resistances to water uptake in *Quercus coccifera* along a rainfall gradient. – In TENHUNEN, et al.: Plant Response to Stress. Nato Asi Series G. Vol. **15**, 191–200.

RAPP, M. and LOSAINT, P. 1981: Some aspects of mineral cycling in the garrigue of Southern France. Ecosystems of the World **11**, 289–301.

RASTIN, N. 1980: Vegetations- und waldkundliche Untersuchungen in Hochwaldresten der Kaspischen Ebene. Dissertation Göttingen, 149 pp.

RAUH, W. 1939: Über polsterförmigen Wuchs. Ein Beitrag zur Kenntnis der Wuchsformen der Höheren Pflanzen. Nova Acta Leop. Ser. **2/7**, 267–508.

RAUH, W. 1952: Vegetationsstudien im Hohen Atlas und dessen Vorland. Sitz. Ber. Heidelb. Akad. Wiss. Jg. 1952 **1**, 118 pp.

RAUH, W. 1978: Die Wuchs- und Lebensformen der tropischen Hochgebirgsregionen und der Subantarktis. Ein Vergleich. – In TROLL, C. und LAUER, W. (Hrsg.): Geoökologische Beziehungen zwischen der temperierten Zone der Südhalbkugel und den Tropengebirgen. Erdwiss. Forsch. **11**, 62–92.

RAUP, H. M.: The botany of the southwestern Mackenzie. Sargentia **6**, 1–275.

RAUS, T. 1977: Klimazonale Vegetationsgliederung und aktuelle Gehölzgesellschaften des ostthessalischen Berglandes (Griechenland). Diss. Münster/Westf.

RAUS, T. 1979a: Die Vegetation Ostthessaliens (Griechenland). I. Vegetationszonen und Höhenstufen. Bot. Jb. **100**, 564–601.

RAUS, T. 1979b: Die Vegetation Ostthessaliens (Griechenland). II. Quercetea ilicis und Cisto-Micromerietea. Bot. Jb. **101**, 17–82.

RAUS, T. 1980: Die Vegetation Ostthessaliens (Griechenland). III. Querco-Fagetea und azonale Gehölzgesellschaften. Bot. Jb. **101**, 313–361.

RAUS, T. 1981: Human interference with zonal vegetation in the Thessalian coastal section of the Aegaean. – In FREY, W. und UERPMANN, H.-P. (Hrsg.): Beiträge zur Umweltgeschichte des Vorderen Orients. TAVO-Beihefte **A 8**, 41–50.

RAWAT, G.S. and PANGTEY, Y.P.S. 1987: Floristic structure of snowline vegetation in Central Himalaya, India. Arctic and Alpine Res. **19**, 195–201.

RAWAT, Y.S. and SINGH, J.S. 1988: Structure and function of oak forests in central Himalaya. I. Dry matter dynamics. Ann. Bot. (Lond.) **62** (4), 397–411.

READ, D.J. 1978: The biology of mycorrhiza in the heathland ecosystem with special reference to the nitrogen nutrition of the Ericaceae. – In LONTIK, M.W. and MILES, J.A.R. (eds.): Microbial ecology. Springer, Berlin, 324–328.

READ, D.J. (conv.) 1983: Plant nutrition and assimilation. – In DAY, J.A. (ed.): Mineral nutrients in mediterranean ecosystems. S. Afr. Nat Sci. Progr. Report No. **71**, 33–53.

READ, D.J. and MITCHELL, D.T. 1983: Decomposition and mineralization processes in mediterranean-type ecosystems and in heathlands of similar structure. Ecol. Stud. **43**, 208–232.

RECHINGER, K.H. 1963ff.: Flora Iranica. Flora des iranischen Hochlandes und der umrahmenden Gebirge. Akad. Druck- u. Verlagsanst., Graz.

REED, R.J. 1960: Principal frontal zones of the Northern Hemisphere in winter and summer. Bulletin of the American Meteorological Society **41**, 591–598.

REED, R.J. and KUNKEL, B.A. 1960: The arctic circulation in summer. J. of Meteorology **17**, 489–506.

REICHE, K. 1907: Grundzüge der Pflanzenverbreitung in Chile. Die Vegetation der Erde VIII. Verlag Wilh. Engelmann, Leipzig, 374 pp.

REISIGL, H. und KELLER, R. 1987: Alpenpflanzen im Lebensraum. Gustav Fischer, Stuttgart, 149 pp.

REISSIGL, H. und PITSCHMANN, H. 1958: Obere Grenzen von Flora und Vegetation in der Nivalstufe der Zentralen Ötztaler Alpen (Tirol). Vegetatio **8**, 93–128.

REMMERT, H. 1988: Naturschutz. Springer, Berlin, 202 pp.

REMMERT, H. 1989: Ökologie. Springer, Berlin, 370 pp.

RICHARD, P. 1975: Histoire postglaciaire de la végétation dans la partie centrale du parc des Laurentides, Quebec. Naturaliste can. **102**, 669–681.

RICHARDSON, C.J. (ed.) 1981: Pocosin Wetlands – An integrated analysis of coastal plain freshwater bogs in North Carolina. Hutchinson Ross Publ. House, Stroudsburg, 364 pp.

RIEDEL, W. 1973: Bodengeographie des Kastilischen und Portugiesischen Hauptscheidegebirges. Mitt. Geogr. Ges. Hamburg **62**, 162 pp.

RIGGAN, P.J., GOODE, S., JACKS, P.M. and LOCKWOOD, R.N. 1988: Interaction of fire and community development in chaparral of southern California. Ecol. Monographs **58** (3), 155–176.

RINGUELET, E.J. 1935: Datos ecologicos sobre las aguas de los rios Samborombón y Salado de Nuevos Aires. Notes Museo de la Plata **1**, 159–175.

RITCHIE, J.C. 1956a: The native plants of Churchill, Manitoba, Canada. Can. J. Bot. **34**, 269–320.

RITCHIE, J.C. 1956b: The vegetation of northern Manitoba. I. Studies in the southern spruce forest zone. Can. J. Bot. **34**, 523–561.

RITCHIE, J.C. 1957: The vegetation of northern Manitoba. II. A prisere on the Hudson Bay Lowlands. Ecology **38**, 429–435.

RITCHIE, J.C. 1958: A vegetation map from the southern spruce forest zone of Manitoba. Geographical Bulletin **12**, 39–46.

RITCHIE, J.C. 1960a: The vegetation of Northern Manitoba. IV. The Caribou Lake region. Can. J. Bot. **38**, 185–199.

RITCHIE, J.C. 1960b: The vegetation of Northern Manitoba. VI. The lower Hayes River region. Can. J. Bot. **38**, 769–788.

RITCHIE, J.C. 1962: A geobotanical survey of northern Manitoba. Arctic Institute of N. Amer. Technical Paper No. **9**.

RITCHIE, J.C. 1976a: The late-quaternary vegetational history of the Western Interior of Canada. Can. J. Bot. **54**, 1793–1818.

RITCHIE, J.C. 1976b: The Campbell Dolomite Upland near Inuvik, N.W.T. A unique scientific resource. Musk-ox **18**, 71–75.

RITCHIE, J.C. 1977: The modern and late-quaternary vegetation of the Campbell-Dolomite uplands near Inuvik, N.W.T. Canada. Ecol. Monographs **47**, 401–423.

RITCHIE, J.C. 1982: The modern and late-quaternary vegetation of the Doll Creek Area, North Yukon, Canada. New Phytol. **90**, 563–603.

RITCHIE, J.C. 1984: A Holocene pollen record of boreal forest history from the Travaillant Lake area, Lower Mackenzie River Basin. Can. J. Bot. **62**, 1385–1392.

RITCHIE, J.C. and CWYNAR, L.C. 1982: The late quaternary vegetation of the north Yukon. Paleoecology of Beringia. Academic Press, New York, 113–126.

RITCHIE, J.C. and HARE, F.K. 1971: Late-quaternary vegetation and climate near the arctic tree line of Northwestern North America. Quaternary Research 1, 331–342.

RITCHIE, J.C. and MACDONALD, G.M. 1986: The pattern of post-glacial spread of white spruce. J. Biogeography 13, 527–540.

RIVAS,-MARTINEZ, S., ARNAIZ, C., BARRENO, E. y CRESPO, A. 1987 (1977): Apuntes sobre las provincias corologicas de la peninsula iberica e islas canarias. Opusc. Bot. Pharm. Complutensis 1, 5–57.

RIVAS-MARTINEZ, S., DIAZ, T.E., PRIETO, J.A.F., LOIDI, J. y PENAS, A. 1984: Los Picos de Europa – La vegetation de la alta montaña cantabrica. Leonesas, Leon, 299 pp.

ROBBINS, R.G. 1962: The podocarp broadleaf forest of New Zealand. Trans. Roy. Soc. N.Z. Bot. 1, 33–75.

ROMO, J.T. and HAFERKAMP, M.R. 1989: Water relations of *Artemisia tridentata* ssp. *wyomingensis* and *Sarcobatus vermiculatus* in the steppe of southeastern Oregon. Am. Midl. Nat. 121, 155–164.

ROUX, E.R. 1961: History of the introduction of Australian Acacias on the Cape Flats. S. Afr. J. Sci. 57, 99–102.

ROWE, J.S. 1956: Uses of undergrowth plant species in forestry. Ecology 37, 461–473.

ROWE, J.S. 1961: Critique of some vegetational concepts as applied to the forests of northwestern Alberta. Can. J. Bot. 39, 1007–1015.

ROWE, J.S. 1969: Plant community as a landscape feature. Essays in plant geography and ecology. Nova Scotia Museum, Halifax, N.S.

ROWE, J.S. 1970: Spruce and fire in Northwest Canada and Alaska. Annual Tall Timbers Fire Ecology Conference. August 20–21. University of Saskatchewan.

ROWE, J.S. 1971: Why classify forest land? The Forestry Chronicle 47, 1–5.

ROWE, J.S. 1972: Forest regions of Canada. Dep. of the Environment, Canadian Forestry Service. Publ. No. 1300.

ROWE, J.S. 1977: Revised working paper on methodology/phylosophy of ecological land classification. Proc. 2nd Meeting Can. Comm. Ecol. Land Classification.

ROWE, J.S. and SCOTTER, G.W. 1973: Fire in the boreal forest. Quat. Res. (N.Y.) 3, 444–464.

ROWE, J.S. and SHEARD, J.W. 1981: Ecological land classification: a survey approach. Environmental Management 5, 451–464.

ROWE, L.K. 1975: Rainfall interception by mountain beech. N.Z. J. For. Sci. 5, 45–61.

RUCKELSHAUS, W.D. 1989: Politik für eine lebensfähige Welt. Spektrum d. Wiss. 1989 (11), 152–162.

RUDOLPH, E.D. 1963: Vegetation of Hallett Station area, Victoria Land, Antarctica. Ecology 44, 585–586.

RUDOLPH, E.D. 1966: Lichens ecology and microclimate studies at Cape Hallett, Antarctica. Biometeorology 2, 900–910.

RUNDEL, P.W. 1981: The matorral zone of Central Chile. – In: Ecosystems of the World 11, 175–201.

RUTHSATZ, B. 1983: Der Einfluß des Menschen auf die Vegetation semiarider bis arider tropischer Hochgebirge am Beispiel der Hochanden. Ber. Dtsch. Bot. Ges. 96, 535–576.

SADAKA, N. et POINSOT-BALAGUER, N. 1987: Relations trophique entre le collembole *Onchyiurus zschokkii* Handschin et des feuilles de chêne vert *Quercus ilex* L., à divers stades de décomposition. Rev. Ecol. Biol. Sol 24, 329–340.

SAGE, R.D. 1973: Ecological convergence of the lizard faunas of the chaparral communities in Chile and California. Ecol. Stud. 7, 339–348.

SAIZ, F. 1973: Biogeography of soil beetles in mediteranean regions. Ecol. Stud. 7, 285–294.

SAKAI, A. 1970: Freezing resistance in willows from different climates. Ecology 51, 485–491.

SAKAI, A. 1971: Freezing resistance of relicts from the arkto-tertiary flora. New Phytol. 70, 1199–1205.

SAKAI, A. 1973: Characteristics of winter hardiness in extremely hardy twigs of woody plants. Plant Cell Physiol. 14, 1–9.

SAKAI, A. and OKADA, S. 1971: Freezing resistance of Conifers. Silvae Genetica 20, 53–100.

SAKAI, A., PATON, D.M. and WARDLE, P. 1981: Freezing resistance of trees of the south temperature zone, especially subalpine species of Australasia. Ecology 62, 563–570.

SAKAI, A. and WARDLE, P. 1978: Freezing resistance of New Zealand trees and shrubs. N.Z.J. Ecol. 1, 51–61.

SAKAI, A. and WEISER, C.J. 1973: Freezing resistance of trees in North America with reference to tree regions. Ecology 54, 118–126.

SAMPSON, A.W. 1944: Effect of chaparral burning on soil erosion and on soil-moisture relations. Ecology 25, 169–191.

SANDERSON, M. 1948: Drought in the canadian northwest. Geographical Review 38, 289–299.

SATOO, T. 1983: Temperate broad-leaved evergreen forests of Japan. – In OVINGTON, J.D. (ed.): Ecosystems of the world. Vol. 10, 169–189.

SCHAEFER, R. 1973: Microbial activity under seasonal conditions of drought in mediterranean climates. Ecol. Stud. 7, 191–198.

SCHENCK, H. 1907: Beiträge zur Kenntnis der Vegetation der Canarischen Inseln. Wiss. Ergebn. Deutsch. Tiefsee-Exped. «Valdivia» 2, I, 225.

SCHIECHTL, H.M. 1967: Die Wälder der anatolischen Schwarzföhre (*Pinus nigra* Arn. var. *pallasiana* Asch. u. Graeb.). Mitt. Ostalpin-dinar. Pflsoz. Arbeitsgem. H. 7, 109–118.

SCHIECHTL, H.M. und STERN, R. 1963: Studien über Entwaldung im kilikischen Ala Dag. Ber. Nat.-Med. Ver. Innsbruck 53 (Festschrift H. Gams), 173–192.

SCHLAEPFER, R. 1988: Waldsterben: eine Analyse der Kenntnisse aus der Forschung. Ber. Eidgen. Anst. Forst. Versuchswesen, Birmensdorf 306, 47 pp.

SCHMID, E. 1954: Beiträge zur Flora und Vegetation der Kanarischen Inseln. Ber. Geobot. Inst. Rübel f. 1953, 28–53.

SCHMIEDER, D. 1927: The pampa a natural or culturally induced grassland? Univ. Calif. Publ. Geography **2**, 255–270.

SCHMIEDER, D. 1929: Das Pampaproblem. Peterm. Geogr. Mitt. **75**, 246–247.

SCHMIDT-VOGT, D. 1990: High Altitude Forests in the Jugal Himal (Eastern Central Nepal): Forest Types and Human Impact. Steiner, Stuttgart. Geoecol. Research 6.

SCHMITHÜSEN, J. 1956: Die räumliche Ordnung der chilenischen Vegetation. Bonner Geogr. Abh. H. **17**, 1–86.

SCHMITHÜSEN, J. 1960: Die Nadelhölzer in den Waldgesellschaften der südlichen Anden. Vegetatio **9**, 313–327.

SCHMITHÜSEN, J. 1964: Problem of vegetation history in Chile and New Zealand. 20. Internat. Geogr. Congress, Sect. Biogeogr. (24-7-1964), 189–206.

SCHNEIDER, P. 1971a: Lebensweise und soziales Verhalten der Wüstenassel *Hemilepistus aphganicus* Borutzky 1958. Z. Tierpsych. **29**, 121–133.

SCHNEIDER, P. 1971b: Vorkommen und Bau von Erdhügelnestern bei der afghanischen Wüstenameise *Cataglyphis bicolor* Fabricius. Zool. Anzeiger **187**, 202–213.

SCHNEIDER, S.H. 1989: Veränderungen des Klimas. Spektrum d. Wiss. 1989, **11**, 70–79.

SCHÖNENBERGER, W. 1984: Above-ground biomass of Mountain Beech (*Nothofagus solandri* var. *cliffortioides* (Hook. f.) Poole) in different stand types near timberline in New Zealand. Forestry **57**, 59–73.

SCHROEDER, F.-G. 1974: Die Waldvegetation in den Süd-Appalachen (USA). Vorträge der Tagungen der AG Forstl. Vegetationskunde 4. Folge, 52–77.

SCHROEDER, F.-G. 1982: Exkursion ins südöstliche Nordamerika vom 17.7.–14.8. 1980. Syst.-Geobot. Inst. Univ. Göttingen, Exkursionsbericht, 88 pp.

SCHULZE, E.D. und LANGE, O.L. 1968: CO_2-Gaswechsel der Flechte *Hypogymnia physodes* bei tiefen Temperaturen im Freiland. Flora B **158**, 180–184.

SCHWAAR, J. 1976: Die Hochmoore Feuerlands und ihre Pflanzengesellschaften. Telma **6**, 51–59.

SCHWAAR, J. 1977: Humifizierungswechsel in terrainbedeckenden Mooren von Gough Island/Südatlantik. Telma **7**, 77–90.

SCHWAAR, J. 1979: Die Vegetation der feuerländischen Hochmoore. Amazoniana **6** (4), 601–609.

SCHWAAR, J. 1980: Bipolare Pflanzensippen in den Mooren Feuerlands. Telma **10**, 25–31.

SCHWAAR, J. 1981: Amphi-arktische Pflanzengesellschaften in Feuerland. Phytocoenologia **9**, 547–572.

SCHWAAR, J. 1986: Gewässervegetation von Nordost-Uruguay. Ber. Dtsch. Bot. Ges. **99**, 383–388.

SCHWARZ, W. 1969: Der Einfluß der Photoperiode auf die Frosthärte und Hitzeresistenz von Zirben und Alpenrosen. Ber. Deutsch. Bot. Ges. **82**, 109–110.

SCHWARZ, W. 1970: Der Einfluß der Photoperiode auf das Austreiben, die Frosthärte und die Hitzeresistenz von Zirben und Alpenrosen. Flora **159**, 258–285.

SCHWEINFURTH, U. 1957: Die horizontale und vertikale Verbreitung der Vegetation im Himalaya. Bonner Geogr. Abh. **20**, 375 pp.

SCHWEINFURTH, U. 1962: Studien zur Pflanzengeographie von Tasmanien. Bonner Geogr. Abh. **31**, 61 pp.

SCHWEINFURTH, U. 1966: Neuseeland. Bonner Geogr. Abh. **36**.

SCHWEINFURTH, U. 1966a: Über eine besondere Form der Hangabtragung im neuseeländischen Fjordland. Z. Geomorph. N.F. **10**, 144–189.

SCHWEINFURTH, U. 1978: Beobachtungen an exponierten Standorten der südwestaustralischen Küste. Bot. Jahrb. Syst. **99**, 168–187.

SEASTEDT, T.R. 1988: Mass nitrogen and phosphorus dynamics in foliage and root detritus of Tallgras Prairie. Ecology **69**, 9–65.

SEPPELT, R.D. and BROADY, P.A. 1988: Antarctic terrestrial ecosystems: The Vestfold Hills in context. Hydrobiologia **165**, 177–184.

SHAVER, G.R., CHAPIN III, F.S. and GARTNER, B.L. 1986: Factors limiting seasonal growth and peak biomass accumulation in *Eriophorum vaginatum* in Alaskan tussock tundra. J. Ecol. **74**, 257–278.

SHIMIZU, T. 1988: An outline of the flora of Japan. Veröff. Geobot. Inst., Stiftung Rübel, Zürich **98**, 129–140.

SHMIDA, A. 1977: A quantitative analysis of the tragacanthic vegetation of Mt. Hermon and its relations to environmental factors. Ph.D. Thesis, Hebrew Univ., Jerusalem.

SHMIDA, A. 1981: Mediterranean vegetation in California and Israel: similarities and differences. Isr. J. Bot. **30**, 105–123.

SHMIDA, A. and ELLNER, S. 1983: Seed dispersal on pastoral grazers in open mediterranean chaparral, Israel. Isr. J. Bot. **32**, 147–159.

SHMIDA, A. and WHITTAKER, R.H. 1981: Pattern and biological microsite effects in two shrub communities, southern California. Ecology, **62** (1), 234–251.

SHRESTHA, T.B. 1982: Ecology and vegetation of northwest Nepal. Royal Nepal Academy, Kathmandu, 121 pp.

SHREVE, F. 1915: The vegetation of the desert montain range as conditioned by climatic factors. Carnegie Inst. of Washington, Publ. Nr. 217.

SHUGART, H.H. 1987: Dynamic ecosystem consequences of tree birth and death patterns. BioScience **37**, 396–602.

SIEGFRIED, W.R. and CROWE, T.M. 1983: Distribution and species diversity of birds and plants in fynbos vegetation of mediterranean-climate zone, South Africa. Ecol. Stud. **43**, 403–416.

SIEGFRIED, W.R., CONDY, P.R. and LAWS, R.M. (eds.) 1985: Antarctic Nutrient Cycles and Food Webs. Springer, Berlin, 700 pp.

SIMS, P.L., SINGH, J.S. and LAUENROTH, W.K. 1978: The structure and function of ten western North

American grasslands. I–IV. J. Ecol. **66**, 251–285, 247–572, 573–597, 983–1009.
SIRAGUSA, A. 1964a: Geomorfologia de la Provincia de Buenos Aires. GAEA, Buenos Aires **12**, 93–122.
SIRAGUSA, A. 1964b: Contribuiòn al conocimiento de las toscas de Republica Argentina. GAEA, Buenos Aires **12**, 123–148.
SKOTTSBERG, C. 1916: Die Vegetationsverhältnisse längs der Kordillera de los Andes S. von 41 S. Br. Kungl. Svenska Vet. Akad. Handlingar. **56** (5), Stockholm.
SKRE, O., and OECHEL, W.C. 1981: Moss functioning in different taiga ecosystems in interior Alaska. Oecologia **48**, 50–59.
SLATYER, R.D. 1976: Water deficites in timberline trees in the Snowy Mountains of South-Eastern Australia. Oecologia **24**, 357–366.
SMITH, R.A. 1872: Air and rain: the beginning of a chemical climatology. Longmans, Green, London.
SMITH, V.R. and FRENCH, D.D. 1988: Patterns of variation in the climates, soils and vegetation of some subantarctic and antarctic islands. S. Afr. J. Bot. **54** (1), 35–46 (1988).
SOLLINS, P., GRIER, C.C., McCORISON, F.M., CROMACK J., K., FOGEL, R. and FREDRIKSEN, R.L. 1980: The internal element cycles of an old growth Douglas-fir ecosystem in western Oregon. Ecol. Monographs **50**, 262–285.
SOO, R. 1926: Die Entstehung der ungarischen Puszta. Ungar. Jb. **6**, 258–276.
SOO, R. 1959: Streitfragen über die Entstehung der Vegetation des Alföld und ihre heutige Beurteilung. Föld. Ertesitö, Budapest **8**, 1–26.
SORIANO, A. 1956: Los distritos floristicos de la Provincia Patagonica. Rev. Inv. Agric. **10**, 323–347.
SORIANO, A. (et al.) 1983: Deserts and Semi-Deserts of Patagonia. – In WEST, N.E. (ed.): Ecosystems of the World. Vol. **5**: Temperate deserts and semi-Deserts. Elsevier, Amsterdam, 423–460.
SORIANO, A. and SALA, O. 1983: Ecological strategies in a Patagonian arid steppe. Vegetatio **56**, 9–15.
SPEARS, F.W. 1949: Ninety years change in a hardwood forest in Wisconsin. Ecology **30**, 350–358.
SPECHT, R.L. 1969: A comparison of the sclerophyllous vegetation characteristic of mediterranean type climates in France, California and southern Australia: I and II. Austr. J. Bot. **17**, 277–308.
SPECHT, R.L. 1973: Structure and functional response of ecosystems in the mediterranean climate of Australia. Ecol. Stud. **7**, 113–120.
SPECHT, R.L. 1980: Responses of selected ecosystems: heathlands and related shrublands. – In GILL, A.M. et al. (eds.): Fire and the Australian Biota, Canberra, 395–415.
SPECHT, R.L. 1981a: Primary production in mediterranean-climate ecosystems regenerating after fire. – In: Ecosystems of the World. Vol. **11**, 257–267.
SPECHT, R.L. 1981b: Mallee ecosystems in Southern Australia. – In: Ecosystems of the World. Vol. **11**, 203–231.
SPECHT, R.L. (ed.) 1988: Mediterramean type ecosystems. A data source book. Tasks for Vegetation Science **19**, 256 pp.
SPECHT, R.L. and BROUWER, Y.M. 1975: Seasonal shoot growth of *Eucalyptus* spp. in the Brisbane area of Queensland (with notes on shoot growth and litter fall in other areas of Australia). Austr. J. Bot. **23**, 459–474.
SPECHT, R.L., CONNOR, D.J. and CLIFFORD, H.T. 1977: The heath-savannah problem: The effect of fertilizer on sand-heath vegetation of North Strad broke Island, Queensland. Austr. J. Ecol. **2**, 179–286.
SPECHT, R.L. and JONES, R. 1971: A comparison of the water use by heath vegetation at Frankston, Victoria, and Dark Island Heath, South Australia. Austr. J. Bot. **19**, 311–326.
SPECHT, R.L. and PERRY, R.A. 1948: Plant ecology of the Mount Lofty Range. Transact. Roy. Soc. S. Austral. **72**, 91–132.
SPECHT, R.L., RAYSON, P. and JACKMAN, M.E. 1958: Dark Island Heath (Ninety mile plain, South Australia). VI. Pyric succession: changes in composition, coverage, dry weight and mineral nutrient status. Austr. J. Bot. **6**, 59–88.
SPECK, N.H. et al. 1982: Sistemas Fisiographicos de la Zona Ingeniero Jacobacci-Maquinchao. Collecc. Cient. del INTA **19**, Buenos Aires.
SPOONER, B. (ed.) 1977: Case study on desertification – Iran, Touran. Department of the Environment/Teheran, 97 pp.
SPRUGEL, D.G. 1976: Dynamic structure of wave-regenerated *Abies balsamea* forests in the northeastern United States. J. Ecol. **64**, 889–911.
SPURR, S.H. and BARNES, B.V. 1980: Forest ecology. J. Wiley & Sons, New York, Toronto.
STAINTON, J.D.A. 1972: Forests of Nepal. Hafner Publ. Comp. New York, 181 pp.
STAINTON, A. 1988: Flowers of the Himalaya. A supplement. Oxford Univ. Press, Delhi, 86 pp + Photos.
STANEK, W. 1973: Classification of Muskeg. – In RADFORTH, N.W. and BRAWNER, C.O. (eds.): Muskeg and the Northern Environment in Canada. Univ. of Toronto Press, Toronto.
STANKOV, S.S. 1926: Das Südufer der Krim. (Russ.).
STARK, N. 1968: Seed ecology of *Sequoiadendron giganteum*. Madroño **19**, 267–277.
STARK, N. 1968a: The environmental tolerance of the seedling stage of *Sequoiadendron giganteum*. The Amer. Midl. Naturalist **80**, 84–95.
STEARN, W.T. 1960: *Allium* and *Milula* in the Central and Eastern Himalaya. Bull. Brit. Mus. nat. Hist. (Bot.) **2**, 159–161.
STEARNS, F.S. 1949: Ninety years of change in a northern hardwood forest in Wisconsin. Ecology **30**, 350–358.
STEINER, M. 1934: Zur Ökologie der Salzmarschen der nordöstlichen Vereinigten Staaten von Nordamerika. Jb. wiss. Bot. **81**, 94–202.
STEWART, D.W.R. 1958: Forestry as a form of land use in the South West of W. Australia. J. Austral. Inst. Agric. Sci. (1958), 101–111.

STOCK, W.D. and LEWIS, O.A.M. 1986: Soil nitrogen and the role of fire as a mineralizing agent in a South African coastal fynbos ecosystem. J. Ecol. **74**: 317–328.

STOCK, W.D., SOMMERVILLE, J.E.M. and LEWIS, O.A.M. 9187: Seasonal allocation of dry mass and nitrogen in a fynbos endemic Restionaceae species *Thamnochortus punctatus* Pill. Oecologia **72**, 315–320.

STODDART, L.A. 1935: Osmotic pressure and water content of prairie plants. Plant Physiology **10**, 661–680.

STRANG, R.M. 1973: Succession in unburned subarctic woodlands. Can. J. For. Res. **3**, 140–143.

STRETEN, N.A. 1969: Aspects of winter temperatures in interior Alaska. Arctic **22**, 403–412.

STRETEN, N.A. 1974: Some features of the summer climate of interior Alaska. Arctic **27**, 273–286.

STRID, A. 1980: Wild flowers of Mount Olympus. Goulandris Museum, Athen, 362 pp.

STRID, A. 1989: Guide to post-meeting excursion to Mount Olympus. 6th Meeting OPTIMA, Delphi, 10.–16. Sept. 1989, 47 pp.

STRONG, W.L. and LA ROY, G.H. 1983a: Rooting depths and successional development of selected boreal forest communities. Can. J. For. Res. **13**, 577–588.

STRONG, W.L. and LA ROY, G.H. 1983b: Root-system morphology of common boreal forest trees in Alberta, Canada. Can. J. For. Res. **13**, 1164–1173.

STRONG, W.L. and LEGGAT, K.R. 1981: Ecoregions of Alberta. Alberta energy and natural resources. Technical Report No.: T/4.

SUNDING, P. 1972: The vegetation of Gran Canaria. Universitätsverlag, Oslo, 186 pp. und 35 Tafeln.

SUZUKI, T. 1953: The forest climaxes of East Asia. Japan. J. Ecol. **15**, 142–147.

SUZUKI, T. 1967: The highest vegetation units of Japan and their areas (with vegetation map). Contr. Biol. Inst., Ooita Univ., No. **68** (Japan.).

SUZUKI, T. 1972: Vegetation map of Japan. Soc. Forest Environm.

SVOBODA, J. 1973: Primary production of plant communities of the Truelove Lowland, Devon Island, Canada (beach ridges). – In: BLISS, L.C. and WIELGOLASKI, F.E. (eds.), 15–26.

SWAN, O.W. 1981: The aeolian region of the Himalaya and the Tibetan plateau. – In LIU DONG-SHENG (ed.): Proc. Symp. Quinghai-Xizang (Tibet) Plateau. Beijing, 1971–1976.

TAGAWA, H. 1978: Seed fall and seedling regeneration. – In KIRA, T., ONO, Y. and HOSOKAWA, T. (eds.): Biological production in a warm-temperate evergreen oak forest of Japan. JIBP Synthesis **18**, 32–46.

TAGAWA, H. 1979: An investigation of initial regeneration in an evergreen bradleaved forest. II. Seedfall, seedling production, survival and age distribution of seedlings. Bull. Yokohama Phytosoc. Soc. Japan **16**, 379–391.

TAKADI, Y. 1978: Studies on the production of forests. J. Japan. For. Soc. **50**, 60–65.

TAMM, C.O. (ed.) 1975: Man and the boreal forest. Ecol. Bulletin **21**, 153 pp.

TAUSCH, R.J. and WEST, N.E. 1988: Differential establishment of pinyon and juniper following fire. Am. Midl. Nat. **119** (1), 174–184.

TAYLOR, H.C. 1979: Observations on the flora and phytogeography of Rooiberg, a dry fynbos mountain in the southern Cape Province. Phytoceonologia **6**, 524–531.

TAYLOR, H.C. 1984: A vegetation survey of the Cape of Good Hope Nature Reserve. II. Descriptive account. Bothalia **15**, 259–291.

TAYLOR, H.C. 1985: An analysis of the flowering plants and ferns of the Cape of Good Hope Nature Reserve. S.-Afr. J. Bot. **52**, 1–13.

TAYLOR, H.C. and VAN DER MEULEN, F. 1981: Structural and floristic classifications of Cape Mountain Fynbos on Rooiberg, southern Cape. Bothalia **13**, 557–567.

TENHUNEN, J.D., BEYSCHLAG, W. LANGE, O.L. and HARLEY, P.C. 1987: Changes during summer drought in leaf CO_2 uptake rates of macchia shrubs growing in Portugal: Limitations due to photosynthetic capacity, carboxylation efficiency, and stomatal conductance. – In TENHUNEN et al.: Plant Response to Stress. Nato Asi Series G. Vol. **15**, 305–327.

TENHUNEN, J.D., CATARINO, F.M., LANGE, O.L. and OECHEL, W.C. (eds.) 1987: Plant Response to Stress – Functional analysis in mediterranean ecosystems. Nato Asi Series, G. Vol. 15, 668 pp.

TENHUNEN, J.D., LANGE, O.L., BRAUN, M., MEYER, A., LÖSCH, R. and PEREIRA, J.S. 1980: Midday stomatal closure in *Arbutus unedo* leaves in a natural macchia and under simulated habitat conditions in an environmental chamber. Oecologia **47**, 365–367.

TENHUNEN, J.D., LANGE, O.L., GEBEL, J., BEYSCHLAG, W. and WEBER, J.A. 1984: Changes in photosynthetic capacity, carboxylation efficiency, and CO_2 compensation point associated with midday stomatal closure and midday depression of net CO_2 exchange of leaves of *Quercus suber*. Planta **162**, 193–203.

TENHUNEN, J.D., LANGE, O.L., HARLEY, P.C., BEYSCHLAG, W. and MEYER, A. 1985: Limitations due to water stress on leaf net photosynthesis of *Quercus coccifera* in the Portuguese evergreen scrub. Oecologia **67**, 23–30.

TERASMAE, J. 1973: Notes on late Wisconsin and early Holocene history of vegetation in Canada. Arct. Alp. Res. **5**, 201–222.

TERRADAS, J. (ed.) 1984: Introducció a l'ecologia del faig al Montseny. Diputac. Barcelona, Serv. Parc. Naturals, 83 pp.

TERUGI, M.E. 1957: The nature and origin of Argentine loess. J. Sedim. Petrol. **27**, 322–332.

THROWER, N.J.W. and BRADBURY, D.E. 1973: The physiography of the mediterranean lands with special emphasis on California and Chile. Ecol. Stud. **7**, 37–52.

TIESZEN, L.L. (ed.) 1978: Vegetation and production ecology of an Alaskan Arctic Tundra. Ecol. Stud. **29**, 686 pp.

TINLEY, K.L. 1985: Coastal Dunes of South Africa. S. Afr. Nat. Sci. Programme, Report No. 109, 300 pp.

TISCHLER, W. 1984: Einführung in die Ökologie. Gustav Fischer, Stuttgart 437 pp.

TRABAUD, L. 1973: Experimental study on the effects of prescribed burning on *Quercus coccifera* L. garigue. Ann. Proceed. Tall Timbers Fire Confer. **13**, 97–129.

TROLL, C. 1939: Das Pflanzenkleid des Nanga Parbat. Wiss. Veröff. Deutsch. Mus. Länderkunde. N.F. **7**, Leipzig, 149–193.

TROLL, C. 1948a: Der asymmetrische Aufbau der Vegetationszonen und Vegetationsstufen auf der Nord- und Südhalbkugel. Ber. Geobot. Forschungsinst., Stiftung Rübel, Zürich **19**, 46–83.

TROLL, C. 1948b: Der asymetrische Vegetations- und Landschaftsbau der Nord- und Südhalbkugel. Göttinger Geogr. Abh. **1**, 11–27.

TROLL, C. 1959: Die tropischen Gebirge. Ihre dreidimensionale klimatische und pflanzengeographische Zonierung. Bonner Geogr. Abh. **25**, 93 pp.

TROLL, C. 1967: Die klimatische und vegetationsgeographische Gliederung des Himalaya-Systems. Ergebn. Forsch.-Unternehmen Nepal Himalaya **1**, Springer, Heidelberg, 353–388.

TROLL, C. 1968: Das Pampaproblem in landschaftsökologischer Sicht. Erdkunde **22**, 152–155.

TROLL, C. 1973: Rasenabschälung (Turf Exfoliation) als periglaziales Phänomen der subpolaren Zonen und der Hochgebirge. Zeitschr. Geomorphologie N.F. Suppl. **17**, 1–32.

UERPMANN, H.-P. und FREY, W. 1981: Die Umgebung von Gar-e-Kamarband (Belt-Cave) und Gar-e Ali Tappe (Beh. Schar, Mazandaran, N-Iran) heute und im Spätpleistozän. Beih. Tüb. Atlas Vorderer Orient, Reihe A, Nr. **8**, 134–190.

ULLMANN, I., LANGE, O.L., ZIEGLER, H., EHLERINGER, J., SCHULZE, E.-D. and COWAN, I.R. 1985: Diurnal courses of leaf conductance and transpiration of mistletoes and their hosts in Central Australia. Oecologia **67**, 577–587.

VALDÉS, B., TALAVERA, S. y FERNANDEZ GALIANO, F (eds.): 1987: Flora Vascular de Andalucia occidental 3 vol., Ketres, Barcelona.

VALK, A.G. VAN DER 1985: Vegetation dynamics of Prairie glacial marshes. – In WHITE, J. (ed.): The population structure of vegetation. Junk, Dordrecht, 293–311.

VANKAT, J.L. 1979: The natural vegetation of North America. John Wiley, New York, 261 pp.

VDI/RDL 1983: Säurehaltige Niederschläge – Entstehung und Wirkungen auf terrestrische Ökosysteme. VDI-Kommission Reinhaltung der Luft, Düsseldorf, 277 pp.

VEBLEN, T.T., ASHTON, D.H. and SCHLEGEL, F.M. 1979a: Tree regeneration strategies in a lowland *Nothofagus*-dominated forest in south-central Chile. J. Biogeogr. **6**, 329–340.

VEBLEN, T.T., A.T. and F.M. SCHLEGEL 1979b: Understorey patterns in mixed evergreen-deciduous *Nothofagus* forests in Chile. J. Ecol. **67**, 809–823.

VEBLEN, T.T., SCHLEGEL, F.M. and ESCOBAR, R.B. 1980: Structure and dynamics of old-growth *Nothofagus* forests in the Valdivian Andes/Chile. J. Ecol. **68**, 1–31.

VERVOORST, F.B. 1967: Las communidades vegetales de la depresion del Salado (Prov. Buenos Aires). INTA, Ser. Fitogeográfica No. 7, Buenos Aires, 262 pp.

VIERECK, L.A. 1970: Forest succession and soil development adjacent to the Chena River in interior Alaska. Arct. Alp. Res. **2**, 1–26.

VIERECK, L.A. 1973: Wildfire in the taiga of Alaska. Quatern. Res. **3**, 465–495.

VIERECK, L.A. 1979: Characteristic treeline plant communities in Alaska. Holartic ecology **2**, 228–238.

VIERECK, L.A. and DYRNESS, C.T. 1980: A preliminary classification system for vegetation of Alaska. USDA. Forest Service, Pacific Northwest Forest and Range Experimental Station. Gen. Techn. Report PNW 106.

VIERECK, L.A., DYRNESS, C.T., CLEVE, K. VAN and FOOTE, M.J. 1983: Vegetation, soils, and forest productivity in selected forest types in interior Alaska. Can. J. For. Res. **13**, 703–720.

VIERECK, L.A. and LITTLE, E.L. 1972: Alaska trees and shrubs. USDA. Forest Service. Agriculture handbook No. 410.

VIGO, J. I.B. 1976: L'alta muntanya catalana flora i vegetació. Edit. Montblanc-Martin, Barcelona-Granollers, 421 pp.

VIGO, J. I.B. 1983: Flora de la Vall de Ribes. El poblament vegetal de la Vall de Ribes. I. Generalitats, Catàleg florístic. Acta Botan. Barcinon. **35**, 1–793.

VITALI-DICASTRI, V. 1973: Biogeography of pseudoscorpions in the Mediterranean regions of the world. Ecol. Stud. **7**, 295–305.

VOGGENREITER, V. 1974: Geobotanische Untersuchungen an der natürlichen Vegetation der Kanareninsel Tenerife. Diss. Bot. **26**, 1–718.

VOWINCKEL, T., OECHEL, W.C. and BOLL, W.G. 1975: The effect of climate on the photosynthesis of *Picea mariana* at the subarctic tree line. 1. Field measurement. Can. J. Bot. **53**, 604–620.

WACE, N.M. 1961: The vegetation of Gough Island. Ecol. Monographs **31**, 337–367.

WAISEL, Y. 1986: Interactions among plants, man and climate: historical evidence from Israel. Proc. Royal Soc. Edinburgh **89B**, 255–264.

WALKER, D. 1986: Late Pleistocene – early Holocene vegetational and climatic changes in Yunnan Province, southwest China. J. Biogeogr. **13**, Nr. 5, 477–486.

WALTER, H. 1935: Ist die Prärie von Natur aus baumlos? Geogr. Z. **41**, 16–26.

WALTER, H. 1939: Grasland, Savanne und Busch der ariden Teile Afrikas in ihrer ökologischen Bedingtheit. Jahrb. wiss. Bot. **87**, 750–860.

WALTER, H. 1943: Die Krim. Klima, Vegetation mit Vegetationskarte. C.V. Engelhard, Berlin. 104 pp.

WALTER, H. 1956a: Die heutige ökologische Problemstellung und der Wettbewerb zwischen der mediterranen Hartlaubvegetation und den Sommergrünen Laubwäldern. Ber. Dtsch. Bot. Ges. **69**, 263–273.

WALTER, H. 1956b: Vegetationsgliederung Anatoliens. Flora **143**, 295–326.

WALTER, H. 1960a: Einführung in die Phytologie, Band III. Grundlagen der Pflanzenverbreitung, 1. Teil: Standortslehre. Ulmer, Stuttgart, 566 pp.

WALTER, H. 1960b: Höhenstufen und alpine Vegetation in Australien, auf Tasmanien und auf Neuseeland. Ber. Geobot. Inst. ETH, Stiftung Rübel, Zürich **31**, 67–71.

WALTER, H. 1961: Über die Bedeutung des Großwildes für die Ausbildung der Pflanzendecke. Stuttg. Beitr. Naturk. **69**, 1–6.

WALTER, H. 1966: Das Pampaproblem und seine Lösung. Ber. Deutsch. Bot. Ges. **79**, 377–384.

WALTER, H. 1967: Das Pampaproblem in vergleichend ökologischer Betrachtung und seine Lösung. Erdkunde **21**, 181–203.

WALTER, H. 1967a: The pampa problem and its solution. Public. ITC-UNESCO Centre Integr. Surveys, Delft, 3–18.

WALTER, H. 1967b: Das Feuer als natürlicher klimatischer Faktor. Söyrinki-Festschr. Aquila, Ser. Bot., Oulu (Finnland).

WALTER, H. 1968: Die Vegetation der Erde in ökophysiologischer Betrachtung. Band 2: Die gemäßigten und arktischen Zonen. Gustav Fischer, Stuttgart, 1001 pp.

WALTER, H. 1969: War die Pampa von Natur aus baumfrei? Umschau **16**, 508–510.

WALTER, H. 1971/72: Ökologische Verhältnisse und Vegetationstypen in der Intermontanen Region des westlichen Nordamerikas. Verh. Zool.-Bot. Ges., Wien **110/111**, 111–123.

WALTER, H. 1973: Die Vegetation der Erde in ökophysiologischer Betrachtung. Bd. I. Die tropischen und subtropischen Zonen. Gustav Fischer, Stuttgart, 743 pp.

WALTER, H. 1973a: Ökologische Betrachtungen der Vegetationsverhältnisse im Ebro-Becken (Nordost-Spanien). Acta Bot. Acad. Sci. Hungaricae **19**, 393–402.

WALTER, H. 1974: Die Vegetation Osteuropas, Nord- und Zentralasiens. Veget.-Monographien der einz. Großräume, Bd. VII, Gustav Fischer, Stuttgart, 453 pp.

WALTER, H. 1975a: Sur les étages de végétation dans les montagnes du basin méditerranéen. Docum. Cartogr. Écolog., Grenoble XVI, 1–32.

WALTER, H. 1975b: Betrachtungen zu Höhenstufenlagen im Mediterrangebiet (insbesondere in Griechenland) in Verbindung mit dem Wettbewerbsfaktor. Veröff. Geobot. Inst. ETH, Stiftung Rübel, Zürich, Heft **55**, 72–83.

WALTER, H. 1984: Vegetation und Klimazonen. Ulmer, Stuttgart, 382 pp.

WALTER, H. und LIETH, H. 1960–67: Klimadiagramm-Weltatlas, Gustav Fischer, Jena.

WALTER, H. und STRAKA, H. 1970: Arealkunde – Floristisch-historische Geobotanik. Einf. in die Phytologie. Band III/2. Ulmer, Stuttgart, 478 pp.

WALTER, H. und VAN STADEN, J. 1965: Über die Jahreskurven des osmotischen Wertes bei einigen Hartlaubarten des Kaplandes. J. S. Afr. Bot. **31**, 225–236.

WALTON, D.W.H. 1973: Changes in standing crop and dry matter production in an *Acaena* community on South Georgia. – In BLISS, L.C. and WIELGOLASKI, F.E. (eds.), 185–190.

WANG, CHI WO 1961: The forests of China. Cabot. Found. Publ. No. 5.

WANG, JING-TING 1981: On the fundamental characteristics of the steppe vegetation im Xizang-Plateau. – In LIU DONG-SHENG (ed.): Proc. Symp. Qinghau-Xizang (Tibet) Plateau. Beijing, 1929–1936.

WANG, J.-T. 1988: The steppes and deserts of the Xizang Plateau (Tibet). Vegetatio **75** 135–142.

WARDLE, J. 1970: Ecology of *Nothofagus solandri*. N.Z. J. Bot. **8**, 608–646.

WARDLE, P. 1977: Plant communities of Westland National Park (New Zealand) and neighbouring lowland and coastal areas. N.Z. J. Bot. **15**, 323–398.

WARDLE, J. 1980: Tree species and growth forms at timberline in different parts of the world. – In BENECKE, U. and DAVIS, M.R. (eds.): Mountain environment and subalpine tree growth. New Zeeland Forest Service, Techn. Paper **70**.

WARDLE, P., BULFIN, M.J.A. and DUGDALE, J. 1983: Temperate broad-leaved evergreen forests of New Zealand. – In OVINGTON, J.D. (ed.): Ecosystems of the world. Vol. **10**, 33–71.

WARRICK, R.A. 1988: Carbon Dioxide, Climatic Change and Agriculture. The Geograph. Journal **154**, 221–233.

WASHBURN, A.L. 1979: Geocryology. Edward Arnold, London.

WEAVER, J.E. 1919: The ecological relation of roots. Carnegie Inst. of Wash., Publ. **286**.

WEAVER, J.E. 1920: Root development in grassland formation. Carnegie Inst. of Wash., Publ. **292**.

WEAVER, J.E. 1954: North American prairie. Lincoln, 348 pp.

WEAVER, J.E., CLEMENTS, F.E. and CLEMENTS, J.E. 1938: Plant ecology. McGraw-Hill Book Co. New York, London, 601 pp.

WEAVER, J.E. and FITZPATRICK, T.J. 1932: Ecology and importance of the dominants of tall-grass prairie. Bot. Gaz. **93**, 113–150.

WEAVER, J.E. and FITZPATRICK, T.J. 1934: The prairie. Ecol. Monogr. **4**, 109–295.

WEAVER, J.E. and HIMMEL, W.J. 1931: The environment of the prairie. Cons. Surv. Div., Univ. Nebraska Bull. **5**, 1–50.

WEAVER, J.E. and THIEL, A.F. 1917: Ecological studies in the tension zone between prairie and woodland. Bot. Surv. Nebraska N.S. **1**, 1–60.

WEBB, L.J. 1959: A physiognomic classification of Australian rain forest. J. Ecol. **47**, 551–570.

WEBB, L.J. 1969: Edaphic differentiation of some forest types in Eastern Australia. II. Soil chemical factors. J. Ecol. **57**, 817–830.

WEINERT, E. 1989: The vegetation zones of Iraq. Bielefelder Ökologische Beiträge (BÖB) **4**, 45–57.

WEINMANN, R. 1965: Anatomisch-ökologische Untersuchungen an sommer- und immergrünen Pflanzen des Mittelmeergebietes. Staatsexamensarbeit, LH Hohenheim.

WELSH, S.L. and MOORE, G. 1973: Utah plants. Tracheophyta. Brigham Young Univ. Press, Provo, 474 pp.

WENDELBERGER, G. 1950: Zur Soziologie der kontinentalen Halophytenvegetation Mitteleuropas unter besonderer Berücksichtigung der Salzpflanzengesellschaften am Neusiedler See. Denkschr. Akad. Wiss., Wien **108**, Bd. 5, 180 pp.

WENT, F.W. 1955: Ecology of desert plants. Sci. Amer. **192**, 68–75.

WERGER, M.J.A. 1983: Tropical grasslands, savannas, woodlands: natural and manmade. – In HOLZNER, W. et al. (eds.), 107–137.

WERNER, W. 1988: Canopy dieback in the upper montane rain forests of Sri Lanka. Geo Journal **17**, 245–248

WEST, N.E. (ed.) 1983: Temperate Deserts and Semi-Deserts. Ecosystems of the World. Vol. **5**. Elsevier, Amsterdam, 522 pp.

WHITE, D.L., HAINES, B.L. and BORING, L.R. 1988: Litter decomposition in southern Appalachian black locust and pine-hardwood stands: litter quality and nitrogen dynamics. Can. J. For. Res. **18**, 54–63.

WHITFORD, P.B. 1983: Man and the equilibrium between deciduous forest and grasslands. – In HOLZNER, W. et al. (eds.), 163–172.

WHITTACKER, R.H. 1956: Vegetation of the great Smoky Mountains. Ecol. Monographs **26**, 1–80.

WHITTACKER, R.H. 1963: Net Production of heath balds and forest heaths in the Great Smoky Mountains. Ecology **44**, 176–182.

WHITTACKER, R.H. 1966: Forest dimensions and production in the Great Smoky Mountains. Ecology **47**, 103–121.

WHITTACKER, R.H. 1967: Gradient analysis of vegetation. Biol. Rev. **49**, 207–264.

WHITTACKER, R.H. 1979: Appalachian balds and other North American heathlands. Ecosystems of the World, vol. **9A**. 427–490.

WHITTACKER, R.H., LIKENS, G.E., BORMAN, F.H., EATON, J.S. and SICCAMA, T.G. 1979: The Hubbard Brook ecosystem study: Forest nutrient cycling and element behavior. Ecology **60**, 203–220.

WHITTACKER, R.H. and WOODWELL, G.M. 1969: Structure, production and diversity of the oak-pine forest at Brookhaven, New York. J. Ecol. **57**, 157–176.

WIJK, S. 1986: 1. Performance of *Salix herbacea* in an alpine snow-bed gradient; 2. Influence of climate and age on annual shoot increment in *Salix herbacea*. J. Ecol. **74**, 675–692.

WILDE, J.J.F.E. DE 1961: *Cedrus atlantica* Manetti in Marokko. Medel. Bot. Tuin, Belmonte Arbor, Wageningen **5**, 93–103.

WILGEN, B.W. VAN 1981: Some effects of fire frequency on fynbos plant community composition and structure at Jonkershoek, Stellenbosch. S. Afr. Forestry J. **118**, 42–55.

WILGEN, B.W. VAN 1982: Some effects of post-fire age on the above-ground plant biomass of fynbos (macchia) vegetation in South Africa. J. Ecol. **70**, 217–225.

WILGEN, B.W. VAN and MAITRE, D.C. LE 1981: Preliminary estimates of nutrient levels in fynbos vegetation and the role of fire in nutrient cycling. S. Afr. Forestry J. **119**, 24–28.

WILGEN, B.W. VAN and RICHARDSON, D.M. 1985: The effects of alien shrub invasions on vegetation structure and fire behaviour in South African fynbos shrublands: a simulation study. J. Appl. Ecology **22**, 955–966.

WILLIAMS, P.A. 1977: Growth, biomass, and net productivity of tall-tussock *(Chionochloa)* grasslands, Canterbury, New Zealand. N.Z. J. Bot. **15**, 399–442.

WILSON, C.V. 1971: The climate of Quebec. Environment Canada. Atmospheric Environment. Climatological Studies, 81 pp.

WILSON, E.O. 1989: Bedrohung des Artenreichtums. Spektrum d. Wiss.1989, **11**, 88–95.

WODZICKI, K.A. 1950: Introduced mammals of New Zealand. Dept. Sci. Ind. Res. Bull. No. **98**.

WOLDSTEDT, B. 1965: Das Eiszeitalter. Bd. III. F. Enke, Stuttgart.

WOOD, J.G. 1937: The vegetation of South Australia. Govt. Printer, Adelaide.

WU, CHENG-YIH (ed.) 1981 ff.: Flora Xizanica. Beijing.

WÜRMLI, M. 1976: Zur pflanzlichen und tierischen Besiedlung der rezenten Laven und Aschen des Ätna, unter besonderer Berücksichtigung struktureller Aspekte. Sitz.-Ber. Österr. Akad. Wiss., Math.-natwiss. Kl. I, **185**, 135–228.

WYK, D.B. VAN 1981: The influence of prescribed burning as a management tool on the nutrient budgets of mountain fynbos catchments in the South Western Cape, Rep. of South Africa. Internat. Sympos., San Diego, June 1981, 7 pp.

YIM, Y.-J. 1977: Distribution of forest vegetation and climate in the Korean Peninsula. III. Distribution of tree species along the thermal gradient. – IV. Zonal distribution of forest vegetation in relation to thermal climate. Japan. J. Ecol. **27**, 177–189; 269–278.

YIM, Y.-J. and BAIK, S.-D. 1985: The vegetation of Mt. Seolag. – A study of flora and vegetation. Chung-Ang Univ. Press, Seoul, 200 pp. (Korean.).

YIM, Y.-J. and KIM, S.D. 1983: Climate-Diagram Map of Korea. Korean J. Ecol. **6**, 261–272.

YIM, Y.-J. and KIRA, T. 1975: Distribution of forest vegetation and climate in the Korean Peninsula. I: Distribution of some indices of thermal climate. Japan. J. Ecol. **25**, 77–88.

YIM, Y.-J. and KIRA, T. 1976: Distribution of forest vegetation and climate in the Korean Peninsula. II: Distribution of climatic humidity/aridity. Japan. J. Ecol. **26**, 157–164.

YIM, Y.-J., MOON-KYO, R. and JAE-KUUK, S. 1983: The thermal climate and phenology in Korea. Korea J. Bot. **26**, 101–117.

YODA, K. 1967: A preliminary survey of the forest vegetation of Eastern Nepal. II. Plant Biomass in the sample plots chosen from different vegetation zones. J. Coll. Arts. Sci., Chiba Univ., vol. **5**, 277–302.

YODA, K. 1968: A preliminary survey of the forest vegetation of Eastern Nepal. III. Plant Biomass in the sample plots chosen from different vegetation zones. J. Coll. Arts. Sci., Chiba Univ., vol. **5**, 99–140.

YOSHIDA, S. and SAKAI, A. 1973: Phospholipid changes associated with cold hardiness of cortical cells from poplar stem. Plant Cell Physiol. **14**, 353–359.

YOSIDA, M. 1967: Jahresverlauf der Zersetzung der Laubstreu im immergrünen Laubwald Japans. Japan. J. Ecol. **17**, 8–12.

YOUNG, J.A. and EVANS, R.A. 1985: Demography of *Bromus tectorum* in *Artemisia* communities. – In WHITE, J. (ed.): The Population Structure of Vegetation. Junk, Dordrecht, 489–501.

ZAMMIT, C. 1988: Dynamics of resprouting in the lignotuberous shrub *Banksia oblongifolia*. Aust. J. Ecol. **13** (3), 311–320.

ZAMMIT, C.A. and ZEDLER, P.H. 1988: The influence of dominant shrubs, fire, and time since fire on soil seedbanks in mixed chaparral. Vegetatio **75**, 175–187.

ZEIST, VAN W., WOLDRING, H. and STAPERT, D. 1975: Later quaternary vegetation and climate of Southwestern Turkey. Palaeohistoria **17**, 53–143.

ZELLER, W. 1958: Etude phytosociologique du chêne-liège en Catalogne. Pirineos, Revista del Instituto de Estudios Pyrenaicos, Zaragoza **14**, 7–193.

ZINDEREN BAKKER, E.M. VON 1970: Observations on the distribution of Ericaceae in Africa. Colloqu. Geogr. **12**, 89–97 (Festschr. C. TROLL).

ZINKE, P.J. 1973: Analogies between the soil and vegetation types of Italy, Greece and California. Ecol. Stud. **7**, 61–80.

ZOHARY, M. 1966, 1972, 1978, 1984: Flora Palaestina. (4 Bde. und 4 Tafelbände). Acad. Sci., Jerusalem, 364, 489, 481 und 463 pp.

ZOHARY, M. 1973: Geobotanical foundations of the middle East. 2 vol. Geobotanica Selecta Bd. III, Gustav Fischer, Stuttgart, 738 pp.

ZOHARY, M. 1982: Vegetation of Israel and adjacent areas. Beih. Tübinger Atlas Vorderer Orient, A, Nr. **7**, 171 pp.

ZOHARY, M. and ORSHAN, G. 1966: An outline of the geobotany of crete. Isr. J. Bot. **14** (supplem.).

ZOLTAI, S.C. and PETTAPIECE, W.W. 1974: Tree distribution on perennially frozen earth hummocks. Arct. Alp. Res. **6**, 403–411.

ZOLTAI, S.C. and POLLETT, F.C. 1983: Wetlands in Canada: their classification, distribution, and use. – In GOODALL, D.O. (ed.): Ecosyst. of the World. vol. **4B:** Mires: Swamp, Bog, Fen and Moor, 245–268.

ZOLTAI, S.C. and TARNOCAI, C. 1971: Properties of a wooded palsa in Northern Manitoba. Arct. Alp. Res. **3**, 115–129.

ZOLYOMI, B. 1957: Der Tatarenahorn-Eichen-Lößwald der zonalen Waldsteppe (Acereto tatarici-Quercetum). Acta bot. Acad. scient. hung. **3**, 401–424.

Sachregister

A

Aa-Lava 83
Aasblume 85
Abbaurate 29
Abflußlose Seen 390, 396
Abhärtung 89, 317f.
Abholzung 512
Abies 190
– *amabilis* 236
Abies balsamea 443f., 447, 451ff., 455, 459
– Samenproduktion 447
– Schneedruckschäden 447
– Verbreitung 444
Abies cilicica 66
– *concolor* 359, 379
– *fraseri* 302
– *lasiocarpa* 359, 379, 461
– *pinsapo* 41
– *spectabilis* 191, 201, 206f., 228
Abies-Wald 286
Abietinella 210
Abietum
– Neufundland 451
Abitibi Lake 439
Abrotanella forsterioides-Hartpolster 253
Abruzzen 61
Absalzende Halophyten 307
Abundanz 27
Acacia 170, 173f., 190, 213
– *alata* 174
– *armata* 174
– *cavén* 140, 141, 146, 392
– *cavén-Prosopis nigra*-Gehölz 392
– *decipiens* 174
– *gummifera* 68
– *marginata* 174
– *raddiana* 41
Acacia-Bestände
– Mittelchile 140
Acaciacide 152
Acadian Forest Region 447
Acaena adscendens 502ff.
– *decumbens* 506
Acanthocladie 70
Acanthopanax 201
Acanthophyllie 70
Acarina 340
Acer rubrum 299f., 302
– *saccharum* 296ff., 302, 313
Ackerbau 512

Acrocarpus 194
Actinostrobus 170
Adenostoma 126, 129
– *fasciculatum* 22, 123, 125
Adesmia campestris 414, 417ff.
Adnata 265
Adventiv-Flora 504
Ägäis 43
Äolische Höhenstufe 212
Aeonium 78f.
– Einnischung 78
Aesculo-Aceretum 303
Aesculo-Fagetum 303
Aesculus octandra 302
Ätna 82f.
– Vulkanologische Karte 82
Aextoxicum 145
– *punctatum* 247
Afghanistan 108ff., 113, 117, 486
– Fauna 118f.
– Höhenstufen 112f.
– Klimadiagramme 108
– Niederschlag 108
– Vegetation 110f.
Agassiz-See 435
Agathis australis 266
Agathis-Moorwälder 268
Aggradation Phase 309, 310, 311
Agonis flexuosa 170, 175
Agropyron desertorum 378
– *spicatum* 354, 369, 378
Agropyron-Koeleria-Agrostis-Stipa-Grasland 362
Agropyron-Poa Spartina-Grasland 362
Agropyron-Stipa-Bouteloua-Gesellschaft 361
Aix galericulata 342
Aktive Schicht 441, 490
Ala Dag 66
Alasan 103
Alaska 425, 439, 460ff., 468, 480, 493, 496
– Baumgrenze 432, 473ff.
– Klimadiagramme 430f.
– Ökosysteme 492ff.
– Permafrost 440f.
– Produzenten 442ff., 459ff., 490f.
– Weißfichtenwälder 461
Alaska Range 432, 461
Alaska-Yukon-Landbrücke 489
Alauda arvensis 343
Albedo 435, 519
Alberta 354, 458, 480
Alces alces 471

Sachregister

Aleuten 428
Alfölds 97
Algeciras 238
Algengesellschaften
– Antarktis 509
Algerien 67
Alhagi camelorum 101
Alibi-Nationalparks 514
Alkalisteppe 97
Alkalität
– Boden 434
Allenrolfea occidentalis 381, 384
Allmende 226
Allmend-Wälder 227
Almwirtschaft 227
Alnus 199, 472
– *glutinosa* 243
– *incana* 448
– *jorullensis* 401
– *rugosa* 443
Alpen 92
Alpine Matten 286
Alpine Steinschuttfluren 81
Alpine Steppe
– Himalaya 193
Alpine Stufe 271
– Anden (Chile) 143f.
– Arktis 497
– Hindukusch 113
– Himalaya 208ff.
Alpine Tundra 460
Alpine Wald-Tundra 443
Altersform
– *Araucaria* 261
Alter
– Weißfichte 463
Altlasten 517
Altwässer 399
Amazonas 514
Ameisen 27
Amerika (s. a. Nordamerika)
– boreales Zonobiom 425ff.
– Zonobiom VIII 425ff.
Amphibien 363, 416
Amphibiome 304
Amur 275
Amyema 173
Amygdalus reuteri 242
Anaga 78
Anarthrophyllum strigulipetalum 414, 419
Anatolien 64, 66, 97ff., 240
Anden 138, 144, 401ff., 405, 420ff.
Andropogon gerardi 357
– *scoparius* 352
Androsace 192, 219ff., 224
Angelica ursina 330, 332, 335ff.
Angepaßter Landbau 514
Annapurna 212
Annelides 339
Annuelle 133, 383

Anser coerulescens 482
– *fabalis* 342
Antarktis 499ff.
– Algengesellschaften 509
– Bakteriengesellschaften 509
– Cape Hallett 507f.
– Flechtengesellschaften 509
– Geobotanische Gebiete 500
– Isothermen 499
– Moose 508f.
– Oasen 501, 509f.
– Polare Wüste 500
– Profil 499
– Strahlungsbilanz 499
– Trockene Täler 501
antarktische Divergenz 500
Antechinus stuartii 27
– *swainsonii* 27
Anthelia 192, 209, 211
Anthriscus sylvestris 333, 336ff.
Anthropogene Belastungen 511
Anthropogene Heiden 515
anthropozentrische Arroganz 519
Aokeliduishan 325
Apeninnen 61
Aperzeit 488, 493, 495
Aphyllie 177
Apodemus peninsulae 343
Apollonia barbujana 80
Appalachen 254, 293, 295, 297, 299
Arachnida 340
Aralsee
– Hydrologisches Gleichgewicht 516
– Salinität 516
– Umweltkatastrophe 516
– Wasserfläche 516
Ararat 106
Araucaria 244, 261
– *angustifolia* 259, 260, 262
– *araucana* 144, 244, 246
Araukarienwälder 259
Arax 104, 107
Arbutus menziesii 124, 130
– *unedo* 50, 55f.
Arctophila fulva
– Teich 491
Arctostaphylos 124
– *glauca* 29, 129f.
– *pungens* 125
Arenaria 211f., 221ff.
Argania 34
– *sideroxylon* 24
– *spinosa* 41, 68
Argentinien 260, 388, 394f., 400f., 405ff., 420ff.
– Höhenstufenprofil 421
– Pampa 385ff.
– Patagonien 405ff.
– Vegetation 394
– Wasserbilanz 400
– Zono-Ökotone 399

Aridität 345, 401
Aride Abfolge 60
Aride Pampa 396
Aristotelia maqui 139
Arizona 367
Arktis
– Barrow 489
– Destruenten 490
– Gliederung 497
– Klima 489 f.
– Konsumenten 490
– Nordamerika 488 f.
– Ökosysteme 492 ff.
– Produzenten 490
– Zonobiom IX 488 ff.
arktisch-alpine Baumgrenze 446
arktisch-antarktisches kaltes Klima 485 ff.
Arktische Elemente 459
arktische Front 433
Arktische Wüste 497
arktisches Zonobiom 488 ff.
Arktotertiär 1
Armenien 106 f.
Aroga websgeri 372
Artemia salina 365
Artemisia 101, 105, 190, 215 ff.
– *herba-alba* 68
– *tridentata* 368, 370 ff., 378, 382
Artemisia-Halbwüste 104, 118
– Steppe 66
Artenzahl 171
– Höhenabnahme im Gebirge 116
Artenreichtum 155
Artenrückgang 40
Artenschutz 40
Artenschwund 514
Artenvielfalt 513
Artenzahl 16, 18, 132, 515
Arthropoda 340
Artiodactyla 344
Arundinaria 191, 200 f., 207
Aspektfolge 352
Aspen Oak 443
Aspicilia 209
Assimilathaushalt 130
Assimilationsvermögen 89
Astbruch 201, 205
Astragalus 190, 220 f.
Atacama 9
Athabasca-See 459
Atherosperma moschata 250, 251
Athrotaxis 252
Atlas 67 f.
Atmosphäre
– CO_2-Gehalt 518
Atmung 290
Atmungsverlust 238, 473
Atriplex confertifolia 371, 373 ff., 377, 381
– *corrugata* 371, 377
– *falcata* 376

– *hymenelytra* 377
Auen 329, 334 f.
Auenwälder 241, 304, 329, 362, 399, 448
Aufforstungen 269, 395
Ausbeutung 520
Ausnutzbares Wasser 351
Australien 6, 12, 27, 161, 167 ff., 170, 173, 178, 249, 263
– Böden 167 f.
– Eucalypten 168 ff.
– Jarrah-Wald 171 ff.
– Karri-Wald 178 ff.
– Klima 167
– Ökologische Untersuchungen 173 ff.
– Orobiome 179
– Pedobiome 179
– Produzenten 168 ff.
– Südaustralien 172, 180
– Südwestaustralien 178
– Zonobiom IV 177, 179
– Zono-Ökotone 178
Australis 31
Australische Alpen 249
Australische Heide 18
Austrocactus bertinii 414
Austrocedrus chilensis 246
Auswintern 486
Autoverkehr 511
Aves 342
Azolla filiculoides 398
Azorella selago 503 f.
Azoren 76, 82

B

Baccharis rosmarinifolia 139
Bachauen 305
Bad lands 85, 102
Baja California 127
Bakteriengesellschaften
– Antarktis 509
Balds 301, 304
Balkan-Halbinsel 59, 64, 95 f.
Bambus 248
Banksia 170
– *menziesii* 176
Bannwälder 513
Bariloche 245, 403 f., 409
Barocal 37
Barosma crenulata 153
Barrancos 75
Barrow 489 ff.
– Böden 490
– Klima 489
– Ökosysteme 491 ff.
– Produzenten 490
Bartflechten 199, 503
Bartmoose 199
Batha 37, 133
Baumarten 286

Baumasche 450
Baumfarn 250
Baumfluren 112, 358, 400
Baumgrenze 79, 113, 249, 252f., 273, 379, 432, 441ff., 460ff., 468, 478f., 488
- arktisch-alpine 446
- polare 446, 482
Baumleichen 478f.
Baumstumpen 478f.
Baumwurzeln
- Konkurrenz 482
Bedeckungsgrad 463
Beilschmiedia 194
- *miersii* 140
Benguela-Strom 11, 147
Benzol 513
Berberis heterophylla 414, 419
Berchemia edgeworthii 194
- Areal 188f.
Berg-Fynbos 159ff., 163
Bergenia 191, 194, 210
Bergnebel 205
Beringmeer 428
Berzelia 151
Bescheidenheit 519
Besiedelung 363
Bestäuber 119
Bestandesabfall 29
Bestandesentwicklung
- *Picea glauca* 478
Bestandeshöhe 338
Bestandesmosaik 455
Betula 190, 204
- *alba* 60
- *alleghaniensis* 313
- *glandulosa* 443, 448ff., 455, 462, 478, 482
Betula papyrifera 352
- Verbreitung 446
Betula utilis 190, 204, 206, 213
Bevölkerungsgleichgewicht 519
Bevölkerungsvermehrung 520
Bevölkerungszunahme 511
Bewässerung 516
- Oasen 229
- Projekte 515
- Reisbau 519
Beweidung 39, 119, 356, 416, 516
Beweidungsdichte 119
Bewölkung 408
Bhabar 181, 213
Bhairhawa 184
Bhutan 182
- Höhenprofil 194
Biber 360, 471
- Burgen 471
Biebersteinia 191
Big Trout Lake 466
Bio-Indikatoren 517
Biologischer Zusammenbruch 513
Biologische Salzanreicherung 106

Biomasse 45, 50, 63, 143, 160f., 311, 313, 357, 473, 518
- Blatt 64
Biomgruppe
- capensisch 31
- mediterran-vorderasiatisch 32ff.
- nearktisch 31
- neotropisch 31
- Neufundland 480
- Nordamerika 293
- Ostasien 315
- paläarktisch 31
Biota orientalis 443
Biotopwechsel 187, 196, 212f., 215
bipolare Moosarten 483
Birkenwälder 206, 469
Bisonherden 350, 354
Bittersalzseen 94
Bitterwasser 383
Blackbrush (*Coleogyne*) 370f.
- Halbwüste 370, 382
Blasenhaare 376
Blatt
- Biomasse 64
- Diffusionswiderstand 374
- Leitfähigkeit 57
- Temperatur 52, 57
Blattflächen 337
Blattflächengewicht 58
Blattflächenindex 286, 473, 494
Blattflechten 199
Blattformen 80
Blattfraß 28, 169
Blattjahrgänge 46
Blattkopierende Eigenschaften 173
Blattmasse 175
Blattstreu 174f.
Blechnum palmiforme 505
Blitzschlag 129, 350, 389, 433, 465
Blizzard 298
Blockschutthalden 460
Blutegel 198
Boden
- Australien 167
- Erosion 21, 369, 512
- Fauna 271, 299
- fossil 12
- Mediterrangebiet 12ff.
- Meiofauna 287
- Neubildung 551
- Nördliche Taiga 468
- Pampa 389ff.
- Patagonien 409ff.
- Prärie 349f.
- Salzgehalt 376f.
- Saugspannung 375, 410
- Temperatur 297, 375, 463, 465, 476
- Vernässung 457
- Zonobiom IV 12ff.
- Zonobiom V 231
- Zonobiom VII 349f.

Sachregister 555

– Zonobiom VIII 435
– Zonobiom IX 489
Bodenatmung 287, 518
Bodenbildung 270
Bodencatena 439
Bodenfeuer 433
Bodenflächenfeuer 481
Bodenisolation 465
Bodentypen
– USA 346
bog 439
Boldowald 244
Bonneville-Terassen 365
Borax 381, 384
boreal (Zono-Ökoton VI/VIII, Nordamerika) 310
Boreale Nadelwälder 255
Boreale Wälder
– Unterwuchs 448 ff.
Borealer Waldgürtel 426 f.
Boreales Zonobiom
– Amerika 425 ff.
Borealklima 429 ff.
Borkonzentration 381
Borya nitida 176
Bouteloua gracilis 353
Bouvet-Insel 499
Box-Woodlands 180
Brachypodium ramosum 38 f.
Brachythecium austro-salebrosum 508
Brand 19 f., 22, 39, 126, 129, 151, 179
Brandflächen 21, 357 f., 434 f., 439, 447, 470
Brandrodung 226, 514
Brandstellen 23
Brandzeiger 229
Brasilien 259 f.
Braunerde 346 f.
Braya 211
break of the monsoon 184
Breitlaubwald 288
Brindabella Range 249
Bromus tectorum 369 f.
Brooks Range 432, 459 ff., 489
Bruchwaldflächen 448
Brunia nodiflora 153
Bruttoproduktion 290
Bryocarpum 188
Bryoria 210
Bryum algens 509
– *argenteum* 508
Buchengestrüpp 63
Buchenwald 64
Buchenwaldstufe 61
Buchen-Zuckerahorn-Laubwälder 255
Buchen-Zuckerahorn-Mischwälder 295 f.
Buchloë dactyloides 353
Buellia frigida 509
Buenos Aires 389, 393
Bulten 482
Bulten-Gesellschaften 483
Bulten-Tundra 496

Burzil-Tal 204
Butaster indicus 342
Buxus 243
– *hyrcanus* 243
– *sempervirens* 68

C

C3-Pflanze 374
C4-Arten 351
C4-Photosynthese 374
Caldera 74
Caliche-Schicht 370
California-Strom 122
Californien 6, 12, 16, 120 ff., 128 f., 133 f., 148, 161, 173, 367
– Böden 121
– Chaparral 122 ff.
– Destruenten 128
– Gliederung 132
– Hartlaubgebiet 121
– Klima 120 f.
– Klimadiagrammkarte 121
– Konsumenten 128
– Ökologische Untersuchungen 129 ff.
– Orobiom IV 133 ff.
– Pedobiome 135 f.
– Produzenten 121 ff.
– Zono-Ökotone 136 ff.
Calliergidium austro-stramineum 508
Calliergon sarmentosum 508
Calligonum-Aristida-Halbwüste 111
Caltha 195
Campbell-Inseln 504
Campo de Gibraltar 238
Canada 309
– Arktis 497 ff.
– Böden 435 ff.
– Destruenten 472
– Flechtenwälder 474 ff.
– Gliederung 480
– Inlandeis 428
– Insekten 472
– Klima 429 ff.
– Konsumenten 471 f.
– Nagetiere 472
– Nördliche Taiga 465 ff.
– Oberflächensedimente 436
– Ökologische Untersuchungen 473 ff.
– Orobiome 480 ff.
– Pedobiome 481
– Permafrost 440 ff.
– Polare Baumgrenze 482
– Produzenten 442 ff.
– Raubtiere 471
– Unvereiste Gebiete 436 ff.
– Vögel 472
– Zonobiom VIII 426 ff.
– Zono-Ökoton VIII/IX 482

Cañadas 74, 81
Canadische Platte 435, 466
Canadische Prärie 355
Canadischer Eiskeller 430
Canadischer Schild 438
Canberra 249
Cancerogenität 513
Cape Flats 152
Cape Hallett 506f.
Capensis 147
Capensische Biomgruppe 31
Caprolagus brachyurus 343
Carabidae 341
Caragana 192f., 202, 212ff., 222
– *gerardiana* 215ff.
Carex 221
– *aquatilis* 491
– *griffithii* 115
– *lugens* 496
– *moorcroftii* 223
– *pennsylvanica* 302
– *stans* 494
– *trichosperma* 451
Carex-Phytozönosen 494f.
Caribou 471
Cariceten-Flachmoore 439
Carici-Fagetum 303
Carnivora 343
Carson Desert 365
Cascade Mountains 235ff.
Cassiope 191
Cassiope-Gesellschaft 495
Castanea dentata 296
Castanopsis 191ff., 282
– *cuspidata* 288
Castor canadensis 471
Casuarina 170
– *freiseriana* 176
Cataglyphis bicolor 119
Catchment 162
Catena 14, 69, 453ff., 459, 470
Cautleya 199
Ceanothus 123
– *greggii* 125
– *megacarpus* 131f.
Cedrus atlantica 41, 68
– *deodara* 190ff.
– *libanotica* 66
Central-Bezirk
– Patagonien 411
Cephalotus 179
Ceratoides lanata 373ff., 377, 382
Ceratonia siliqua 55
Ceratostigma 219
Cervus nippon 344
Cetraria 210, 449
Cha Lungpa 214
Chaco-Trockenwald 394
Chalkidike 62
Chamaecyparis thyoides 257

Chamaephyten 133
Chamaerops humilis 68
Chame 184
Chamise 123ff.
Changbaishan-Gebirge 322ff.
Chaparral 1, 18, 36, 97, 120ff., 125, 128f., 131ff., 136
Charadrius placidus 342
Chemisierung 512
Chengbai-Gebirge 321f.
Chenopodiaceen 377
Chernozem 97
Chigmit Mountains 432
Chile 6, 12, 28, 138, 140ff., 173, 243, 246
– Anden 144
– Espinal 141
– Höhenstufen 244
– Klima 138
– Matorral 141
– Ökologische Untersuchungen 142ff.
– Orobiome IV 143ff.
– Produzenten 138ff.
– Vegetation 138ff., 243
– Waldregionen 245ff.
– Zono-Ökotone 146
Chilenische Küste
– Südchile 484
Chilopoda 340
China 274f., 277, 283ff., 292, 319ff., 324
– Changbaishangebirge 322f.
– Chengbaigebirge 321f.
– Flora 320f.
– Hingangebirge 324
– Höhenstufen 285, 322ff.
– Tsilingebirge 283
– Vegetation 283
– Yünnan 284ff.
– Zonobiom V(s) 283ff.
– Zonobiom VI 320ff.
chinook 432
Chinocharis 194
Chionochloa antarctica 504
– *macra* 273
– *rigida* 273
chionophile Heiden 488
chionophobe Heiden 488
Chiroptera 343
Chitinisierung 26
Choresh 36
Chorisodontium aciphyllum 501, 508
Choristoneura fumiferana 447, 458
Chronologie 379
Chrysanthemoides monilifera 164
Chrysosplenium 191
Chrysothamnus viscidiflorus 368
Chūbu 277
Chukchen-Tundra 496
Chuquiraga aurea 415
Churchill River 456
Chusquea culeou 249
– *tenuiflora* 248

Ciconia nigra 342
Cinlin (Qinlin)-Gebirge 283
Circumpolarer Waldgürtel 426
Circus melanoleucus 342
Cistus albidus 47
Cistus-Cytisus-Gebüsch 77
Cladina stellaris 468
Cladonia 449
Clay belts 435
Claytonia caroliniana 297
Cliffortia hirta 153
– *ruscifolia* 153
CO_2
– Anstieg 517
– Assimilation 133
– Freisetzung 518 f.
– Kompensationspunkt 49
– Zunahme 520
Coastal Plains 256
Coastal Sage 37, 132
Coastal-Sagebrush 127
Coastal Sage succulent shrub 136
Coastal Shrub 120, 127
Cocciferetum 44
Coccochloris elabens 365
Cochlearia officinalis
– Pionierrasen 491
Coelogyne 199
Coihue-Wald 244
Coleogyne 372, 382
– Gesellschaft 371
Coleoptera 341
Collembolen 43, 299, 341
Colletia spinosissima 398, 419
Colliguaja intergerrima 139
– *odorifera* 139, 142 f.
Colline Stufe
– Hindukusch 113
Colobanthus quitensis 499, 506, 509
Colorado 355, 359, 367
– Plateau 364, 366, 370
Columba rupestris 342
Coniferen 134, 162
– Fluren 378
Cornus florida 299 f.
Cortaderia pilosa 505
Cortiella 188, 193
Cortinellus 282
Corymbosa 265
Corynephorus articulatum 38
Coyote 372
Cremanthodium 211
Creosotbusch 382
Cryptocarpa rubra 140
Cryptomeria-Forst 289
Cryptomeria japonica 282
Cuon alpinus 343
Cupressus corneyana
– Areal 188
Cupressus gigantea

– Areal 189, 195
Cupressus sempervirens 55
Cupressus torulosa 191 f., 212 ff., 216 f.
– Areal 189
Curlew-Valley 368, 373 ff., 377
Cyananthus 193, 210
Cyanopica cyana 343
Cyathea 197
Cycas 194 f., 197
– *pectinata* 197
Cyclobalanopsis 282
Cynara cardunculus 390, 396
Cyperaceen-Moore 484
Cyperaceenrasen 208, 211, 220 ff., 224
Cypern 67

D

Dacrydium 268, 272
– *fonkii* 484
Dadeldhura 184
Dagestan 103
Dalbergia 191, 197
Darjeeling 183
Dasht-e-Nawor 486
Dauerfrostboden 485
Dauergesellschaften 478
Dauersiedlungen 219
Dauersiedlungsobergrenze 187
Daviesia divaricata 176
Daxinganling 324
Death Valley 277, 381, 383 f.
Deckenmoore 291
Deckungsgrad 495
Deflationspflaster 215, 219 ff.
Degradation 38, 99, 369
Degradationsstadien 39
Degradierung 417, 515
Deheza 24
De la Payunia 411 ff.
Delphinium brunonianum 115
Demawend 241
Demirkazik 66
Dendrobaena octaedra 339
Dendrobium 197
Dendrocalamus 226
Denitrifikation 472
Dennstaedtia 302
Dennstaedtio-Piceetum 303
Deschampsia antarctica 499, 506, 508, 510
Desert Grassland 355
Desertifikation 417
Destruenten
– Arktis 490
– Canada 472
– Humusbildung 28
– Prärie 398
– Streuzersetzung 28
– Zonobiom IV 28 ff., 43

558 Sachregister

- Zonobiom VII 398
- Zonobiom VIII 472
- Zono-Ökoton VI/VIII 312
- Zonobiom IX 490
Devon Island 492f.
Dhaulagiri 212
Diapensia 195
Diasporen 377
Dichasium 268
Dicksonia antarctica 250, 251
Dicranum 210
Diffusionswiderstand 50
Dillenia 194
Dimensionsquotient 89
Dionaea muscipula 258
Diplopoda 341
Dipteren 342
Dipterocarpaceenwald 191f., 194f., 213
Dipterocarpus 195
Disko 506
Distichlis 396
- *spicata* 306, 381, 391
Divaricate Sträucher 268
Diversität 51
Dobrudscha 96, 97
Dolinen 85
Dolores
- Klimadiagramm 388
- Pampa 388
Dominanzwechsel 288
Donauebene 96
Dornbusch 112
- Gehölze 394
Dornkugelpolster 68
Dornpolster 69, 112, 409, 418
- Arten 417
- Fluren 414
- Gürtel 70
- Halbwüste 408
Dornwald 190, 194, 197, 213
Draba 224
Dracaena drago (Drachenbaum) 78
Dracophyllum 504
Dreiecks-Zono-Ökoton VI/IV/VII 94
Drepanocladus uncinatus 508
Drift-Eis 499
Drosera 171, 179
Dros 183
Drumlin 435
Drynaria 192, 199
- *mollis* 200
Dschebel Chambi 43
Duabanga 194
Dünen 429, 433, 439, 458, 475
Düngung 516
Dürre 49, 56, 353, 394
- Streß 50
Dunaliella salina 365
Dunkelatmung 58
Duns 181, 213

Dupontia fisheri-Wiese 491
dwarf shrub lichen forests 468
Dwyka-Konglomerat 150
Dynamik
- Natürliche Ökosysteme 517

E

East James Bay 443
Ebrobecken 94
Eichen-Hickory-Wälder 255, 295, 298
Eichen-Mischwälder 255
Eichen-Tulpenbaum-Mischwälder 295
Eichenwald 200f.
Eichhörnchen 472
Eidechsen 26f.
Einfluß des Menschen 6, 39f.
- Himalaya 226ff.
- Nepal 226ff.
Einnischung 78f.
- *Aeonium* 78
- Sempervieven 78
Einstrahlung 461
Einwirkung des Menschen 14
Eisbruch 298
Eisen-Podzolböden 451
Eishaushalt
- Gletscher 518
Eiskeil 490
Eiskern 487
Eiskristalle 486
Eislast 439
Eisnadeln 486
Eispyramiden 224
Eisrand 428
Eisschild 499
Eiszeit 33, 243, 293, 366, 425, 428, 440
Eiszeitliche Seen 436
Elburz-Gebirge 242
Elch 363, 471
Elegia stipularis 158
Elfenbein 513
El Medano 78
Eluvialer Bleichhorizont 435
Elythropappus rhinocerotis 153, 164
Empetrum rubrum 483, 505
Encinal 126
Encinal-Stufe 137
Endemismus 16, 138
Endemiten 34, 121, 147, 320
Endmoränen 366
Endogene Dynamik 437f.
Endsee 516
Energiefluß 312
Energiegehalt 329
Energiepreise 519
Energie-Umsatz 118
Ennadai Lake 433
Enthärtung 89

Entophysalis rivularis 365
Entre Rios 391f., 389
Entsalzung 128
Entwaldung 438
Entwicklung
– Altersform 261
– *Araucaria* 261
Entwicklungshilfe 515
Entwicklungsländer 511
Entzündbarkeit 465
Epilobium angustifolium 475f.
– *latifolium* 115
Epiphyten 195
Epiphyten-Laubmoose 205
Equus kiang 219
Erdgletscher 200
Erethizon dorsatum 471
Erica 154
– *bauera* 158
– *plukenetii* 149
– *scoparia* 38
Erica-Heiden 77
Ericaceen 149, 152
Ericoide Blätter 155, 159, 177
Ericoider Fynbos 154
Erinacea pungens 70
Eriogonum fasciculatum 125
Eriophorum angustifolium 491
– *russeolum* 491
– *vaginatum* 496
Eriophyton 211, 223
Eriwan 107
Erlenwald 452
Ermania 191, 212, 224f.
Ermaniopsis 192
Erosion 14, 513f., 518
– Patagonien 410
Erosionsflächen 514
Ersatzgesellschaften 226
Erstbesiedler 448
Erwärmung 518
Erythrina crus-galli 392
Erythrina-Wald 197
Erythronium 311
Erzprospektion 517
Escallonia arguta 139
Escobonal 81
Esker 435
Espe 448
Espenhain 255, 379
Espinal 141
Estancia 395, 416
Estepa mixta 412
Etagenbildung 261
Euarctos americanus 471
Eucalyptus 4, 19, 168,f., 171 173ff., 178, 226, 264
– *calophylla* 172, 176
– *camaldulensis* 265
– *coccifera* 252f.
– *diversicolor* 171, 175, 178ff.

– *ficifolia* 170
– *gomphocephala* 171
– *grandis* 265
– *jacksonii* 179
– *marginata* 169, 171f., 178, 180
– *niphophila* 249
– *obliqua* 250f.
– *redunca* 172
– *regnans* 249ff.
Eucryphia 248
Eudesmia 265
Euhalophyten 118
Euphorbia characias 38
– *royleana* 198
Eurotia s. *Ceratoides*
eustatischer Meeresspiegelanstieg 439
Euxinisches Waldgebiet 239
Evaporation 388, 400, 407, 429
Everglades 258
Evolution 26
Exbucklandea 194
Exponentielle Bevölkerungszunahme 511
Exposition 461
Expositionsunterschiede 200, 460
Extrem arides Zonobiom VII (rIII) 345, 382ff.

F

Fagetum hyrcanum 242
Fagus-Abies-Stufe 61
Fagus americana 297
– *crenata* 316
– *grandifolia* 296, 302, 313
– *japonica* 316
– *moesiaca* 64
– *multinervis* 318
– *orientalis* 64, 99f.
– *silvatica* 60f., 61, 63f.
Falco amurensis 342
Falkland-Inseln 499, 505
Falllaubwald 195
Farmer 364, 370
Fauna 43, 118, 129, 162, 299
– Ferner Osten 339ff.
– Kapland 162
– Östliches Nordamerika 299
– Pampa 397
– Patagonien 415f.
– Prärie 363
– Zonobiom IV 23ff.
– Zonobiom VIII 471f.
Fayal-brezal 81
Federgras 100
Feinstreu 290
Feldwaldwechselwirtschaft 229
Felis euptilura 344
Felsenmeer 498
Felsspalten 224

Felsspaltenfluren 193
fen 439, 469
Ferner Osten 326
Fernwärme 519
Festuca erecta 503, 506
– *eskia* 64
– *gigantea* 414
– *novae-zelandicae* 423
– *scabrella* 361
Festucetum eskiae 65
Feuchtegradient 470
Feuchtigkeitspolster 70
Feuchtigkeitsspeicher 415
Feuer 11, 27, 389, 515 ff.
– Australien 168
– Brandrodung 515
– Californien 126
– Fynbos 160 ff.
– Kapland 160 ff.
– Mediterrangebiet 18 ff.
– Ökologische Bedeutung 18 ff.
– Zonobiom VIII 434, 438, 450, 453 ff., 463, 465, 479
– Yellowstone Park 481
Feuereinwirkung 447
Feuergrenze 476
Feuerland 498 f.
– Hochmoore 483
Feuerresistenz 448
Fichtenjungwuchs 475 f.
Ficus 190
Filipendula camtschatica 331, 334 ff., 337 f.
final attack of the monsoon 184
Fîntînitza
– Steppenreservat 96
Fitzroya cupressoides 144
– *patagonica* 246
Fitzroya-Wald 244
Fjelds 497
Flächenverbrauch 512
Flaumeichen-Serie 92
Flechten 496
– Trockenmasse 471
Flechtengesellschaften
– Antarktis 509
Flechtenmatten 442, 447, 449, 469, 475 ff.
– Nährstoffverteilung 450
– Temperatur 450
– Wärmeleitfähigkeit 449
Flechtenrasen 211, 507
Flechtenschicht
– Boreale Wälder 448 f.
Flechtenspalten 476
Flechtenteppich 467
Flechtenwälder 459, 467, 469 ff., 474 ff., 478
Fleckentundra 487
Fledermäuse 415
Flora 4, 138
– australische 4, 168
– Capensis 147 f.
– China 320 ff.

– Chile 138
– Himalaya 187 ff.
– Karoo 149
– Neuseeland 268
– Patagonien 411
Florengebiete 17
Florenregion
– indomalayische 188
– osttibetische 188
– pamirische 188
– sinojaponische 187
– zentralasiatische 188
Florenwandel 1
Florida 258, 429
Flußauen 291, 360
Flußlehm 465
Flußterrasse 226, 334, 335, 461 ff., 465 ff.
Föhn 184, 221
– Himalaya 222
Föhnmauer 185 f.
Föhnwind 407, 432
Föhnwirkung 406
Forest Regions
– Canada 443
Forste 513
Forstregionen 309
Forstpolitik 226
Forstwirtschaft 513
– Himalaya 226
Fortschrittsglaube 511
Fossile Böden 12 f.
Fossile Brennstoffe 518
fossile Energien 515
Fouquieria 382
Fraktal-Geometrie 515
Frankreich 173
Fray Jorge 144 f.
Freisetzung von CO_2 518 f.
Front Range 358
Frost 277, 315
– Tundra 485 ff.
Frostaufbrüche 211
Frostböden 487
Frostbodenfluren 193, 213, 224
Frostbuckel 486
Frostbulten 493
Frosthärte 52 f., 89
Frosthub 225
Frostmusterböden 115, 487
Frostnetzböden 487, 490
Frostperioden 262
Frostresistenz 52 ff., 89, 317 f.
Frostschaden 53, 249
Frostschutt 212, 220, 223, 225
Frostschuttbewegung 223
Frostschutthänge 218
Frostschuttstufe 203, 223 ff.
Frostsprengung 220
Frosttrocknis 317 f., 318, 432, 459, 485, 488
Frosttrocknisresistenz 207

Frosttrocknisschutz 209
Frostwechsel 212, 220, 225, 441
Frostwechseltage 487
Fruchtbarer Halbmond 102
Frühlingsaspekt 207
Frühlingsephemeren 297
Funaria hygrometrica 450
Futterlaubbäume 226
Fynbos-Biome 158
Fynbos 18f., 26, 36, 150ff., 159ff., 164
– ericoider 154
– proteoider 156
– restionider 154, 156

G

Galaci-Quercetum 303
Galax aphylla 302
Galeriesträucher 218, 222
Galeriewald 89, 197, 360, 392, 420
Gar 184
Garhwal 182
– Höhenprofil 191
Gariga 37
Garrigue 35ff., 44
– *Quercus coccifera* 44, 49
Gaspe-Halbinsel 455
Gastropoda 339
Gazellen 119
Gebirgsarten
– Rocky Mountains 480
Gebirgshalbwüste 79, 81
Gebirgsklimate 95
Gebirgstundra 497
Gebirgswälder 99
Gefährdete Pflanzenarten 155
Gefährdungskategorie 155
Gefrorene Bodenschicht 441
Gehölz 400
Gehölz-Pampa 394
Gelideflation 221
Gemischte Prärie 347
Genetisches Reservoir 513f
genetische Verluste 513
Genista aetnensis 83
Geodermatophilus 212
Geologie 74
Geophyten 133
Geschützte Landschaftsteile 367
Getreidebau 102
Gewässer 398
Gewitter 126, 387, 433
– Häufigkeit 518
Giara di Gesturi 83f.
Giftpotential 517
Gilgai-Phänomen 167
Gilgit 183
Girlandenbildung 214
Glazialzeiten 275, 284, 364, 424

Gletscher 271
– Eishaushalt 518
Gletscherlehm 487
Gletscherrückzug 438
Gletscherschurf 439
Gletscherseen 457
– Ausbrüche 225
Gletscherstauseen 222
Gletscherwind 424
Gley-Podzole 453
Gliederung
– Arktis 497
– Californien 132
– Himalaya 181
– Pampa 398
– Zonobiom IV 31
– Zonobiom V 292
– Zonobiom VII 357
– Zonobiom VIIa 411, 419
– Zonobiom VIII 480
Glimmerschieferfließungen 199
globale Temperaturerhöhung 518
Globale Verantwortung 519
Globalstrahlung 408, 419
Golez-Stufe 497
Golfo de San Jorge 411
Golfstrom 425
golzy 497
Gough Island 504
Grabbeine 26
Graham-Land 499ff.
Gramineenfluren 199
Granada 69
Gran Canaria 75
Gran Canyon 372
Gran Sasso 62
Grand Colorado Canyon 371
Grasbäume 18, 171
Grasblüte 357
Grasland 273, 292, 355, 391, 424
Graspampa 392, 394, 396f., 399, 405
Grass Bald 301
Grassteppe 100, 416
Grauerde 346
Great Basin 365f., 379
Great Dividing Range 263
Great Plains 255, 347, 358
Great Smoky Mountains 300, 304
Grenzen des Wachstums 520
Grevillea 170f., 226
Griles 343
Grizzly Bär 471
Grobstreu 290
Grönland 488, 497
Große Seen 295, 308f.
Großer Salzsee 364f., 368, 384
Großtierwelt 25
Großwild
– Yellowstone 481
Grundmoräne 436

Grundwasser 390, 459, 470
Grundwasserstand 394
Guanaco 415
Gueldenstaedtia 193
Gürteltier 397
Gypsobiom 82
Gypsophyten 94

H

Hakea 171
- *pectinata* 152
- *prostrata* 176
- *suaveolens* 177
Halbsträucher 132
Halbwüste 79, 85, 102, 111f., 345, 369ff., 373, 378, 402ff., 420, 516
Halfagras-Steppe 41 ff.
Halmhöhe 352
Halobiom 82, 116, 306
Halo-Catenen 118
Halogeton glomeratus 370, 376
Halophobe 118
Halophyten 104f., 118, 178, 306, 360, 363, 365, 381, 398
Halophytenflora 94
Halophytenfluren 368
Halophytenvegetation 128
Haloserie 373
Haloxylon-Halbwüste 118
Hammock 258
Hangexposition 460
Hangwind 187
Haplopappus pinifolius 125
Hartauen 304
Hartholz-Mischwald 311
Hartlaub 46, 49f., 91, 131, 139ff., 142ff., 146, 150, 176, 245
Hartlaubcharakter 89
Hartlaubgebiet 9
Hartlaubige Eichen 199
Hartlaubstufe 67
Hartlaubvegetation 4, 33, 40
Hartlaubwald 15, 22, 86, 112
Hartpolsterfluren 404
Hase 471
Hasel 179
Hauptkordillere 244
Haustiere 24f., 119
Hawaii 148
Heath Bald 301
Heidegebüsch 153
Heiden 291
Heidenutzung 513
Helambu 199, 206
Helichrysum cordatum 176
Helobiom 82
Hemikryptophyten 115, 133
Hemilepistus afghanicus 119

Heracleum lanatum 336
Herat 110
Herausfrieren 486
Herbertus 205
Herbivore 27, 515
Herbstaspekt 352
Heterodermia 200
Heteromeles arbutifolia 124, 130ff.
Heteropogon 190
Heteropteren 341
Heuertrag 357
Heuwirtschaft 516
Hieracio-Festucetum paniculatae 65
Highlandprärie 352
Himalaya 115f., 181ff., 213, 282, 284
- Alpine Stufe 208ff.
- Annapaurna 212
- Dhaulagiri 212
- Einfluß des Menschen 226ff.
- Flora 187ff.
- Florenwerke 181, 183
- Föhn 220
- Klima 183
- Nivale Stufe 212
- Südabdachung 196
- Vegetationsgliederung 196
- Vorketten 181, 183, 213
- Witterung 183
Hindukusch 112ff., 487
- Höhenstufen 113
- Vegetationsprofil 112
Hingan-Gebirge 324
Hippophaë 190, 211, 218, 222, 229
Hirudo rustica 343
Hirundapus caudatus 342
Hitzeresistenz 90
Hitzeschäden 51 f.
Hitzestreß 55
Hitzewirkung 22
Hochalmen
- Himalaya 229
Hochanden 9
Hochblüte 352
Hochgebirgshalbwüste 212f., 215, 217f., 229
Hochlagenwälder 480
Hochmoorbildung 455
Hochmoore 317, 437ff., 466, 481
- Feuerland 483
Hochsteppe 106
Höchste Gefäßpflanzen 212, 225
Höchststauden 326, 332, 335ff.
Höchststaudenfluren 326, 329, 330, 335
Höhengradienten 288
Höhenprofil 144
- Bhutan 194
- Chakure Lekh 191
- Gharwal 191
- Humla-Jumla 192
- Indus-Quertal 190
- Kongbo 195

Sachregister 563

- Langtang 193
- Nanga Parbat 190
- Nordwest-Himalaya 190
- Ost-Nepal 194
- Pir Panjal 190
- Südost-Himalaya 195
- Tibet-Himalaya 193
- Tsangpo 195
- West-Nepal 191
- Xixabangma 193
- Zentral-Nepal 192

Höhenstufen 60, 68, 91, 116, 258, 301, 303, 322, 324, 358f., 461
- Afghanistan 113
- Anden 144
- Anatolien 239
- Californien 136
- Chile 144
- China 285, 322ff.
- Himalaya 190ff., 203, 213, 217f.
- Hindukusch 113
- Jordangraben 74
- Neuseeland 272f.
- Tasmanien 252
- Teneriffa 77
- Tibet-Himalaya 219f.

Höhenstufenfolge 58, 60, 72, 239, 277
- aride Abfolge 60, 65
- humide Abfolge 60
- Olymp 72

Höhenverbreitung 321, 323, 325
Höhlenbewohner 415
Hokkaido 316, 330, 334
Holarktis 16
Holzäcker 513
Holzeinschlag 229
Holzknollen 19
Holzkohle 299, 438
Holznutzung 517
Holzzuwachs 180
Homoptera 341
Homo sapiens 519
Honshu 282, 316, 330, 334
Hopsage *(Grayia)* 370
Hottentots Holland Mountains 162
Huapi 404
Hubbard Brook 309, 311f., 315
Hudson Bay 430ff., 435, 439, 457, 467ff., 482
- Lowlands 443
Hügelheide 152
Huftiere 119, 363
Humboldtstrom 144
Humide Abfolge 60
Humla-Jumla 182
- Höhenprofil 192
Hummeln 119
Humusbildung 28
Hungersnöte 513
Hydrangea 207
Hydratur 47

Hydrobiom 82
Hydrologisches Gleichgewicht
- Aralsee 516
Hydrophyten 104
Hylocomium-Tannenwald 452
Hymenopteren 341
Hypnaceen 448ff.
- Moorwälder 462
Hypogymnia physodes 509
Hypsonale Vegetation 425, 461
Hypsozonal 276
Hyrkanischer Wald 241

I

Iberische Halbinsel 42, 60, 64
Ida-Berge 71
Igelpolster 66, 69
- Höhenstufe 66
Igelsträucher 70
Ilex aquifolium 238
- *canariensis* 80
- *paraguariensis* 259
- *platyphylla* 80
Ilgaz Daglari 239
Illuvialer Anreicherungshorizont 435
Immergrüne 131
Immergrüner Laubwald 283
Immergrüner Regenwald 195
Imperata 197
Incarvillea 193, 221
Indianer 120, 346
Indian Summer 294
Indomalayische Florenregion 188
Indomalayischer Regenwald 197
Indus-Quertal 182, 190
Industrialisierung 517
Industrie 518
Industriestaaten 516
Inlandeis 428, 501
Inlandeisdecke 438
Inlandgletscher 501
Inneranatolisches Hochland 239
Innenwelden 227
Innerer Himalaya 212f.
Insectivora 343
Insekten 169, 341, 363
- Epidemien 447
- Fraß 27f.
Interior Plains 439
Intermontane Region 364
Interzeption 44, 270
Intramontane Koniferenwälder 217
Inuvik 431, 466
Ionen-Haushalt 161
Ionenkonzentration 377
Iran 108f., 117
- Fauna 118f.
- Klimadiagramme 108, 117

564 Sachregister

– Niederschlag 108
Irano-Turan 117
Iraq 85
Irony Mountains 478 f.
Isopoda 340
Isostatische Hebung 439
Isotherme (0 °C)
– Antarktis 499
Isotopenmarkierung 377
Israel 5, 122, 133
Italien 42
Iva oraria 306

J

Jagd 513, 517
Jahrringchronologie 379
Jahrringmessung 299
Jaila-Gebirge 92 f.
Jalalabad 112
James-Bay 457
Jammu 181
Japan 275, 277 ff., 281 f., 287, 290, 315
– Böden 281
– Klima 277
– Vegetation 281
Jarrah-Wald 169 ff., 176 ff., 180
Jarrillal-Übergangszone 402
Jericho 23
Jerusalem 73
Jomosom 215
Jonkershoek 148, 151, 159, 161
Jordangraben 73 f.
Joshua tree 371
Jubaea chilensis 140
Juncus gerardi 306, 307
Jungwuchs 377
Juniperus 190, 202, 213, 215, 217
– *excelsa* 242
– *osteosperma* 368
– *phoenicea* 68
– *recurva* 205 ff., 229
– *squamata* 210
– *thurifera* 41, 68
Juniperus-Krummholz 218 f.
Juniperus-*Rhododendron*-Busch 286
Jurm 112
Jynx torquilla 343

K

Käfer 341
Kälte 517
Kälteeinbrüche 294
Kälteindex 278 ff.
Kälteresistenz 90, 317
Kältestreß 55
Kagenackia angustifolia 139

Kagenackia oblonga 139
Kahlschlag 263, 299, 309 ff., 313 f.
Kali Gandaki 182, 212 f.
Kalifornien s. Californien
Kalkausscheidungen 101
Kalt temperiertes Zonobiom
– Amerika 425 ff.
Kaltluft 433
Kalkschutthalden 191
Kaltzeiten 188
Kamchatka 316, 330 f., 333 ff., 336 f., 340
Kameldorn 101
Kammeis 221 ff., 486
Kampfzone 88
Kanada s. Canada
Kanarische Inseln 74, 76, 82, 87
– Flora 76
– Höhenstufung 77
– Vegetation 76
Kantō 277
Kap Agulhas 11
Kapgebiet 155
Kaphalbinsel 148
Kapland 146, 148, 150, 154, 156, 161 f.
– Boden 147
– Flora 16, 147 ff., 152, 155, 164
– Klima 146
– Ökosystemforschung 155
– Orobiome 163
– Pedobiome 163
– Produzenten 147
– Vegetation 147, 150
– Zono-Ökotone 164
Kapregion 148
Kapstadt 154, 274
Kapverden 76
Karabasch 103
Karoo 153, 155
Karooflora 149
Karoo-Formation 150
Karri 171, 180
Karri-Wald 175, 178 ff.
Kaschmir 204
Kaspischer Tieflandswald 3
Kaspisches Meer 103, 241
Kastanienwälder 240
Katalonien 22, 64, 69
Kathmandu 183
– Niederschläge 183
Kationen 238
Kationenaustauschkapazität 514
Kaukasien 102 f.
Kaukasus 239 f.
Kawirflächen 117
Keewatin 457
Keimung 383
– *Araucaria* 261
Keltepe 239
Kerguelen 499 ff., 503 f.
Kerguelen-Kohl 503

Khumjung – Niederschläge 185
Kiefernwälder 295, 305
Kiefernwaldstufe 81
Kiefernwaldzone 79
King George Island 507
Kingia 171
Kinki 277
Kira 277f.
Kissenpolster 253
Kleine Karoo 166
Kleinia-Euphorbia-Sukkulentenbestände 77
Kleinsäuger 25
Klima 3, 6, 120, 231
– arido-humid 7
– Arktis 489f.
– Australien 11, 167
– Barrow 489
– Californien 120
– Chile 138
– China 319
– Himalaya 183ff.
– Japan 315
– Kapland 146
– Korea 318
– Mediterrangebiet 3, 32ff.
– Neuseeland 266
– Nordamerika 294, 367, 429ff.
– Osage 355
– Ostasien 271ff.
– Pampa 386
– Pantex 355
– Patagonien 406ff.
– Pawnee 355
– Prärie 349, 355
– Singularitäten 518
– Südafrika 11, 146
– Yukon 425
– Zonobiom IV 6ff.
– Zonobiom VI 296
– Zonobiom VII 349, 386
– Zonobiom VIIa 367, 406ff.
– Zonobiom VIII 429ff.
– Zonobiom IX 489ff.
Klimadiagramm 7
– Adelaide 10
– Akita 276
– Aleppo 7
– Alexandra 267
– Algier 7
– Amhata 182
– Anchorage 430
– Ankara 97
– Antofagasta 9
– Armidale 233
– Aschchabad 108
– Athen 7
– Auckland 267
– Avignon 7
– Baglung 213
– Baker Lake 431
– Barberton 234
– Bariloche 407
– Barrow 430
– Barter Island 430
– Beaufort West 234
– Bela Vista 234
– Bethel 430
– Bhairhawa 213
– Big Trout Lake 431
– Birmingham 256
– Blumenau 232
– Bologna 7
– Bombala 233
– Brainsdale 233
– Brisbane 233
– Buenos Aires 232, 386
– Bundarra 233
– Burang 182
– Caldera 9
– Cambridge Bay 431
– Cameron Falls 431
– Campbell Island 498
– Canberra 233
– Cape Columbine 234
– Cape St Blaize 234
– Cape St Lucia 234
– Carcross 431
– Cedres 58
– Chaman 117
– Chicago 294
– Christchurch 267
– Churchill 431
– Columbus 294
– Coppermine 431
– Coquimbo 9
– Cumberland Bay 498
– Dallas 349
– Danger Point 234
– Darjeeling 182
– Death Valley 384
– Dehra Dun 182
– Dewar Lake 431
– Dolores 388
– Dros 182, 183
– Durban 234
– East London 234
– Edmonton 431
– Elburn, Wellington 267
– Evangelistas 9
– Fairbanks 430
– Famagusta 7
– Farah 117
– Fauresmith 234
– Fort Chimo 431
– Fort Vermillion 431
– Fort Yukon 430
– Fresno 8
– Frobisher Bay 431
– Furnace Creek 384
– Gar 182

- Garies 234
- Gensan 319
- George 166
- Geraldton 10
- Ghorapani 213
- Gilgit 182
- Gold Beach 8
- Grafton 233
- Grand Falls 451
- Green River 121
- Hasselbough Bay 498
- Hateruma 316
- Heard Island 498
- Herat 108
- Ifrane 58
- Inuvik 431
- Invercargill 267
- Ipswich 233
- Isfahan 117
- Izaqa 75
- Jammu 182
- Jangamo 234
- Jansenville 234
- Jomosom 213
- Jonkershoek 10
- Jordan 349
- Kabul 108
- Kapstadt 10
- Karachi 117
- Kargil 182
- Karridale 10
- Kerguelen 498
- Kisil-Arvat 117
- Knoxville 294
- Kodiak 430
- Koti 276
- Kotzebue 430
- Kyoto 276
- Lahore 182
- La Laguna 75
- Las Vegas 121
- Leh 182
- Lete 213
- Lhajung 203
- Lhasa 182
- Limpopo 234
- Lincoln 349
- Lopez Juarez 389
- Lumle 182, 213
- Maquinacho 406f.
- Marpha 213
- Maseru 234
- Medicine Hat 431
- Melborne 10
- Messina 7
- Miena 252
- Milford Sound 267
- Milsche Steppe 103
- Minamata Forest 289
- Montagu 166
- Montevideo 232
- Moppo 319
- Mostar 87
- Mt. Shasta 121
- Mudgee 233
- Muktinath 213
- Mustang 182, 213
- Nagarze 182
- Nagasaki 276
- Namche Bazar 203
- Nevada City 8
- Newport 8
- Norman Wells 431
- North Platte 349
- Nukuss 117
- Nyalam 182
- Oklahoma City 386
- Oudtshoorn 166
- Palma D.M. 7
- Pasadena 8
- Pashighat 182
- Passo Funde 262
- Pergamino 389
- Perth 10
- Pescocostanzo 58
- Peshawar 108
- Port Elizabeth 234
- Port St Johns 234
- Porterillos 9
- Portland 8
- Porto Alegre 232
- Post Olga 276
- Prince Rupert 431
- Pueblo 349
- Puerto Aisen 9
- Puerto Stanley 498
- Punta Arenas 9
- Punta Lavapie 9
- Quebec 451
- Queenstown 234
- Quetta 108
- Rabat 7
- Rapidcity 349
- Rawalpindi 182
- Red Bluff 8
- Reno 121, 368
- Ridi Bazar 213
- Rio de Janeiro 232
- Rio Grande 407
- Rongbuk Basislager 203
- Sabzewar 117
- Salt Lake City 121, 368
- San Antonio 349
- San Diego 8
- San Francisco 8
- Sanishchare 182
- Santa Barbara 121
- Santiago 9
- Sapporo 316
- Sarbhang 182

Sachregister 567

- Saskatoon 349
- S.C. Bariloche 406
- Seistan 117
- Sept-Iles 431
- Sermathang 182, 186
- Shanghai 319
- Shantipur 182
- Shimizu 316
- Simla 182
- Skardu 182
- South Orkney 498
- S. Paulo 232
- Spes Bonza 234
- Springville 8
- Squirrel Inn 121
- Srinagar 182
- Sta Cruz de Tenerife 75
- Stockton 8
- Stonington Island 498
- Sutherland 234
- Sydney 233
- Tafelberg 10
- Tallahassee 256
- Teheran 108
- Tel Aviv 7
- Temuco 9
- Tengboche 203
- Termez 117
- The Springs 252
- Thessaloniki 7
- Tingri 182
- Tokyo 276, 316
- Tripolis 7
- Tristan da Cunha 498
- Tschabar 117
- Tsingtau 276
- Turkestan 108
- Usak 87
- Utah 121
- Vancouver 431
- Valdivia 9
- Valence 87
- Valparaiso 9
- Vazd 117
- Vladivostok 276, 319
- Wabush Lake 431
- Waitangi 498
- Winnemucca 368
- Wollongong 233
- Xigaze 182
- Yakishima 276
- Yakutat 430
- Yellowknife 431
- Yokohama 276
- Yosemite N. Park 8
- Zeehahn 252
Klimadiagramme
- Afrika 234
- Antarktis 498
- Australien 233
- Californien 8
- Chile 9
- Himalaya 182
- Hobart 10
- Kapland 10
- Neuseeland 267
- Ostasien 276
- Prärie 349
- Südamerika 232
- Südwest- und Südaustralien 10
- Südosteuropa 59 f.
- Tasmanien 252
- Teneriffa 75
- Tibet 182
- Zentral-Himalaya 213
Klimaoptimum 188
Klimatogramm
- Dolores (Pampa) 389
Klimatypen
- Südosteuropa 59
Klimaveränderungen 518
Klimax 2
- Theorie 298
- Urwälder 315
Knysna 164 ff., 274
Kobresia 190 f.
Kobresia-Rasen 209, 220 ff., 487
Königin-Maud-Gebirge 509
Koh-e-Baba 496
Kohlenstoff
- Bilanz 143
- Haushalt 55
- Kreislauf 290
Kohlenwasserstoffe 519
Kolchis 3, 103, 240
Kolchische Vegetation 239
Kolke 482
Kombinationswirkungen 517
Kondensationsniveau 186 f., 200, 208
Kongbo – Höhenprofil 195
Koniferenwälder 212 f., 217
Konkurrenz
- Baumwurzeln 482
Konkurrenzdruck 441
Konkurrenzkraft 492
Konsumenten 23, 312, 339
- Arktis 491
- Boreale Zone 471
- Esel 23
- Ferner Osten 339 ff.
- Haustiere 23
- Kamele 23
- Kapland 162
- Maulesel 23
- Neuseeland 269
- Nordamerika 299, 471 f.
- Pampa 397
- Patagonien 415 f.
- Pferde 23
- Prärie 363

- Rinder 23
- Schafe 23
- Taiga Canadas 471 f.
- Ziegen 23
- Zonobiom IV 23 ff.
- Zonobiom V 291
- Zonobiom VI 299, 339 ff.
- Zonobiom VII 354, 363, 397
- Zonobiom VIIa 372, 415
- Zonobiom VIII 471 f.
- Zonobiom IX 491
Konsummenschen 519
Kontinentaleis 425, 501
Kontinentales Zonobiom 345
Kontinentalität 430
Konvergenz 15, 69, 156, 176, 268
Korea 275, 277, 279 f., 282, 318
- Klima 318
- Vegetation 318
- Vegetationskarte 280
Korkeichenwald 36
Korridor
- NW-Amerika 425
Kräuterflora 296
Kraft-Wärme-Kopplung 519
Krascheninnikovia 190
Krautschicht 434
Kreosotbusch 371
Kreta 16, 71, 84 f.
Krim 92 f.
- Geologisches Profil 93
Kronenfeuer 433, 481
Kronenschluß 179
Krummholz 193, 253, 359, 404, 447
Krummholzfluren 114
Krummholzstufe 112
Krummholzwald 207, 210, 218 f.
Krummholzzone 478
Krusten 464
Kryoturbation 441, 485 f.
Kryptoendolithische Flechten 510
Krypto-Podzolierung 513
Küsten-Fynbos 159, 161
Küstenkordillere 244
Küsten-Oase 499
Kugelpolster 70
Kulturformen 515
Kulturgut
- Natur 514
Kulturland 14, 32
Kulturlandschaft 34
Kulturnahme 513
Kultursteppe 515
Kura 107
Kura-Arax-Niederung 241
Kura-Niederung 103
Kurilen 341
Kuro-Schio-Meeresstrom 432
Kurzgras-Prärie 347 f., 255 f., 358
Kuskokwim 463
Kyushu 277, 282, 287

L

Labrador 428, 467
- Moore 481
- Plateau 435
Labradorstrom 425
Labrador-Ungava 468
- Flechtenwälder 469
- Nördliche Taiga 468 ff.
Lachen 184
Lägerfluren 229
Längstal 141
Lärchenwälder 325
Lago Argentino 403
Lago Nahuel Huapi 245, 410, 414 f., 416
Lagomorpha 343
Laguna de Guayatayoc 421
Lagunen 390
Lahore 182
Lake Abitibi 439
Lake Agassiz 458
Lake Bonneville 364 f.
Lake Huron 428
Lake Lahonton 365
Lake Ojibway 439
Lalmi 112, 353
Lama 397
Lambertia 170
Land-Meer-Verteilung 485, 499
Landnahme 226
Landnutzung 107, 511 f.
Landschaftsentwicklung 438
Landschaftsmosaik 474
Langgras-Prärie 255, 347 f., 356 ff.
Langtang – Höhenprofil 193
Langtang 182, 197 f., 200, 206
Larix 193 ff., 208
Larix dahurica 326
Larix laricina 443, 447
- Feuerresistenz 448
- Verbreitung 445
Larix leptolepis 282
Larrea 401
- Halbwüste 405
- Strauchwüste 394, 402
- Wüste 422
Larrea divaricata 371
- *tridentata* 382
Larus crassirostris 342
La Sal Gebirge 380
La Serena 144
Laska
- Klima 432
Lateritbildung 515
Laubfall 64
Laubholzarten 309, 463
- Zonobiom VIII 448
Laubmischwald 324
Laub-Nadelholz-Mischwälder 455
Laubstreu 226, 299

Laubwald 299, 316, 347
Laubwaldstadium 465
Laubwaldzone 425
Launea spinosa 68
Laurelia 248
Laurentide Parc 437f.
Lauriphyllie 4
Laurus 86
– *azorica* 80
– *nobilis* 65
Lavahang 83
Lavandula stoechas 38
Lawinengassen 204
Lebende Fossilien 29, 317
Lebensformen 117, 133, 141, 371
– Spektrum 115
Lebensqualität 519
Lebensstrategie 418
Lebensvielfalt
– Verlust 513
Lebermoos-Epiphyten 205
Lebermoospolster 199, 209
Lecidea 212
Leea 194
Lefka-Ori 71
Leh 184
Lenga 248
Lepidoptera 341
Leptotaenia multifida 354
Lepus americanus 471
Lete 213
Leucadendron argenteum 150, 154
Leucospermum conocarpum 158
– *parile* 159f.
Lewis-Gletscher
– Mt. Kenya 518
Lhotse 203
Libanon 67
Libocedrus chilensis 144, 244f.
lichen woodlands 433, 441
Lichtgenuß 248
Lichtholzarten 314, 448
Lichtkompensationspunkt 52, 58
Lignotuber 18f., 168, 180, 264
Lioluemus 26
Liriodendro-Aceretum 303
Liriodendron tulipifera 296, 302
Lithobiom 82, 381
Lithobiomorpha 340
Lithocarpus 191
Lithraea caustica 27f., 139f., 142f.
Litoral 306
Lobaria 210
Lobbyismus 513
Löß 424, 436, 439, 464ff.
– Ablagerungen 391
– Böden 97, 425
– Steppe 512
Lokal-Endemiten 43, 73, 76
Lolut 66

Loma 144
Lophozia 209, 211
Lorbeerwald 3, 75, 77, 79f.
– Höhenstufe 80
Lowlandprärie 352
Luftfeuchtigkeit 115, 327
Lufttemperatur 114, 297, 419
Luftverschmutzung 513
Lumbriciden 339
Lumle 197, 213
Lupinus leucophyllus 354
– *oratus* 354
Luv-Leelagen 186
Luzula confusa-Heide 491
Lycopodium-Erlenwald 452
Lysiana 173

M

Macchie 24, 35f., 38, 72, 122, 133
– *Quercus-ilex*-Macchie 29
Machilus 281
Machilus thunbergii 288
Mackenzie 468
– Delta 425
Mackenzie-Gebirge 459
Macquarie-Inseln 499
Macranthera 265
Macrozamia fraseri 172, 176
Maddenia 194
Madeira 76
Madrotertiär 1
Mähwiesen 316
Mäzene 513
Magellanische Wälder 245, 292
Magnolia grandiflora 254, 256
Mahabarat Lekh 181
Makronesien 74, 76
Makromosaik 360, 397, 455
Malacosoma distria 363
Malaysia 290
Malakophyll 17, 47f., 368
Mallee 36, 167ff., 180, 264
Malvinen 505
Mammalia 343
Mammutsteppe 489
Mangrove 258
Manitoba 361f.
Manzanita 124
Marder
– Canada 472
Marokko 41
Marpha 215
Marsupella 191
Massensterben 517
Massentierhaltung 513
Massentourismus 511
Mate-Tee 259
Matorral 36, 135, 141, 143

Mattenstufe 193, 203, 208ff., 213
Maulwurf 343
Meconopsis 194
Mediterrane Florenelemente 113
Mediterrane Ökosysteme 6, 31, 44
Mediterrane Vegetation 1, 15, 33
– Entstehung 1ff.
– Vegetationsgeschichte 1ff., 33ff.
Mediterraneis 6
Meeresspiegelanstieg 518
Meerestransgression 490
Meesia-Sproßwachstum 496
Meliosma 192
Mendoza 402
Menschheitsgeschichte 519
Mesembryanthemaceae 165
Mesomediterran 93
Mesostigmata 299
Methan 520
Methanabgabe 519
Metrosideros lucida 271
– *robusta* 268
Metrosideros-Sterben 517
Michelia 191
Microgynoecium 188
Microtus 472
– *fortis* 343
Mikro-Arthopodenfauna 299
Mikroklima 408, 419, 476
– *Picea* 442
Mikropodzolierung 510
Mikrorelief
– Arktis 491
Milben 340
Milula 188, 192
Mimetes hartogii 154
Minamata 286
– Forest 289f.
Mineralisierung 472
Mineralkreislauf 44
Mineralsalze 478
Mineralstoffgehalt 159f.
Mineralstoffhaushalt 131
Mineralstoffverhältnisse 376
Miozänflora 2
Mischgrasprärie 348, 355
Mischwald 295, 309, 311, 347, 480
Misteln 173
Mitikes 72
Mittagsdepressionen 50
Mittelchile 137, 140f., 246
– Böden 138
– Klima 138
– Orobiom IV 143
– Produzenten 138
– Vegetation 138
Mittelmeergebiet 6, 12, 58
Mittelmeerküste 33
Mittlere Arktis 497
Mixed Prairie 348

Moa 268, 424
– Jäger 270
Mobilität 511
Mogera robustus 343
Mohave-Wüste 371, 382f.
Mollusca 339f.
Mongolei 274
– Hochdruckwetterlage 319
Monopodium 260
Monsun 186
– Schwankungen 184
Monsuneinfluß 112
Monsunklima 325, 334
Monsunregen 109
Montado 24
Montane Stufe
– Hindukusch 113
Monte 402
Monte Bajo 36
Monte-Espinal 402
Monte-Wüste 401
Monterey Pine 135
Montseny-Gebiet 49, 62ff.
– Gebirge 62ff.
Moor 253, 437ff., 469
– Labrador 481
Moorbildung 435
Moorbrände 482
Moorgehölze 257
Moorseen 482
Moosbestände 496
Moose 463
Moosgesellschaften
– Antarktis 509
Moospioniere 434
Moospolster 210, 502
Moosschicht 462ff.
– Boreale Wälder 448f.
Moränen 225, 435, 438, 453ff., 458
Moränenschutt 506
Mosaikstruktur 298f., 315
– Pflanzendecke 439
Mosaik-Zyklus-Theorie 517
Motuo 184
Mt. Cook 267, 271
Mt. Egmont 267, 272f.
Mt. Everest 182, 185, 203, 209, 225
– Vegetationsprofil 203
Mt. Field National Park 252
Mt. Kenya 518
Mt. Kirishima 288
Mt. Kosciuszko 249
Mt. Lofty-Gebirge 172
Mugan-Steppe 103ff.
Mugu 184
Muldentäler 220
Mulinum spinosum 404, 408f., 415, 417ff.
Multizonales Gebirge 181
Muotianling 325
Murlatia heisterias 153

Mus musculus 27
Muscicapidae 343
Muskeg 439, 448, 459, 469
Murkegel 199
Mustang 187
Mycorrhiza-Pilze 473
Myospalax psilurus 343
Myriapoda 340
Myrica faya 80
Myricaria 211, 222

N

Nachitschewan 107
Nachtfröste 407
NaCl-Anteil 175
Nadeljahrgänge 447
Nadelwälder 112, 469, 480
Nadelwaldstufe 301 ff., 378
Nährstoffarmut 263
Nährstoffe 161, 173
– Mosaikverteilung 450
Nährstoffgehalte 159 ff.
Nährstoffhaushalt 452
Nährstoffkreisläufe 315
Nährstoffverteilung
– Flechtenmatten 450
Nagarze 184
Nagetiere 162, 363, 415
– Dichte 118
– Canada 472
Nahrungskette 83, 312
Nahrungsproduktion 520
Nahuel Huapi 245, 403 f.
Namibia 11
Nandu 397
Nanga Parbat 182, 204
– Höhenprofil 190
Napa falsa 390
Naßreisanbau 226
Nassauvia glomerulosa 414
Natal 148
National Forest
– SW USA 367
National Monument
– SW USA 367
National Park
– SW USA 367
Natrium 377
Natürliche Waldgrenze 227
Natur als Kulturgut 514
Naturschutz 40
Naturschutzgebiete 513
Natur und Umwelt 514
Naturwissenschaften 513, 519
Navarino-Insel 483
Nearktische Biomgruppe 31
Nebel 144 f., 147, 430
– Kondensation 145

– Niederschlag 75
Nebeloase 145
Nebelwald 200 ff., 206 f., 213
Nebelwaldstufe 193, 198 ff., 207, 213, 227 ff.
Nebraska 350 ff.
Negev 5
Nemoral 310
Nemorhaedus caudatus 344
Neophyt 164
Neotropische Biomgruppe 31
Nepal 116, 282
– Alpine Stufe 208 ff.
– Einfluß des Menschen 226 ff.
– Flora 187 ff.
– Florenwerke 181, 183
– Karten 181 ff.
– Klima 183
– Nivale Stufe 212
Nerium oleander 55
Netto-Assimilation 89
Nettophotosynthese 473
Nettophotosyntheserate 56 f.
Netto-Primärproduktion 356
Nettoproduktion 473 ff.
– Barrow 494
Neufundland 450 ff.
– Waldtypen 453
Neuseeländische Alpen 267, 272
Neuseeland 148, 249, 265 f., 268 ff., 272 f., 292, 423
– Böden 267
– Fauna 269
– Flora 268
– Klima 266
– Konsumenten 269
– Ökosystemforschung 270
– Orobiome 271
– Produzenten 268
– Subzonobiom VII 422
– Vegetation 268
– Zonobiom V 266
Nevada 367, 370, 376
New Mexico 359, 367
Nichthalophyten 118
Nida-Ebene 71
Niedermoor 305, 470, 483
Niederschläge 7, 108, 366
– Kansas 348
Niederschlagsgradient 406
Niederschlagskarte
– Afghanistan 108
– Iran 108
Niederwald 168
Nimbyismus 519
Ninox sutulata 342
Ninety-Mile-Desert 177
Nippflut 305
Ñire 248
Nischenbesetzung 78
– adaptive 78
– Semperviven 78

Nischenblätter 200
Nivalstufe 115
– Himalaya 212
– Hindukusch 113
– Nepal 212
Nördliche Antarktische Wüste 500, 506 ff.
Nördliche Arktis 497
Nördliche Taiga 441, 480
– Canada 465 ff.
– West-Canada 470
Nördliches Kiölen 497
Nomaden 512
Nordafrika 40
– Vegetationsverhältnisse 40
Nordamerika 425 ff.
– Appalachen 300 ff.
– Böden 254, 296, 349, 367
– Destruenten 259, 299
– Halobiome 306
– Klima 254, 294, 300, 349
– Konsumenten 363, 471 f.
– Luftzirkulation 433
– Ökologische Untersuchungen 300
– Pedobiome 304 ff.
– Produzenten 256, 294, 351
– Zonobiom V 254 ff.
– Zonobiom VI 293 ff.
– Zonobiom VII 345 ff.
– Zonobiom VIIa 364 ff.
– Zonobiom VII(rIII) 382
– Zonobiom VIII 425 ff.
– Zono-Ökoton VI/VII 307
– Zono-Ökoton VI/VIII 308
– Zono-Ökoton VIII/IX 482
Nordanatolien 238
Nordargentinien 420
Nord-Chile 138
Nordpol 485, 499
Nordspanien 62
Nordvictorialand 501
Nordwestanatolien 239
Nordwest-Himalaya
– Höhenprofil 190
Norfolk-Inseln 259
Northeastern Transition
– Canada 468
Northwestern Transition
– Canada 468, 470
Nostoc commune 509
Nothofagus 141 f., 144, 248, 269
– Flora 406
– Wald 270 f., 292, 422 f.
Nothofagus antarctica 246, 248, 483
– *betuloides* 246, 405
– *cunninghamii* 250 ff.
– *dombeyi* 146, 246, 403
– *fusca* 266, 272
– *gunnii* 252
– *menziesii* 272
– *obliqua* 146, 245 f.

– *procera* 146, 246
– *pumilio* 244 f., 248, 403 f.
– *truncata* 273
Nunatak 499 f.
Nuristan 113
Nutzholz 310
Nuytsia 170
Nyalam 183 f., 218
– Niederschläge 183
Nyctereutes procyonides 343
Nyssa 256, 257

O

Oak Woodland 120, 126
Oasen
– Antarktis 501, 509
Oberboden 375
Oberflächensedimente
– Canada 436
Oberflächenversiegelung 512
Occidental-Bezirk
– Patagonien 411
Oceanodoma monorhis 342
Ochotona 220
Ochrolechia 211
Ökologische Jahreszeiten 312
Ökologische Reihen
– Neufundland 452
Ökologische Serien 469
Ökologische Untersuchungen
– Australien 173
– Barrow, Alaska 492 ff.
– Californien 129
– Chile 142
– Kapland 150
– Neuseeland 270
– Nordamerika 300, 354, 372, 473, 491
– Ostasien 287
– Patagonien 417
Ökologisches Verständnis 514
Ökophasen 84
Ökosysteme
– Arktis 492 ff.
– Wiesen (Ferner Osten) 328
Ökosystemforschung
– Kapland 150
– Neuseeland 270
– Pampa 398
– *Picea*-Wälder 473
– Zonobiom IV 31, 44 ff.
– Zonobiom V 287, 291
– Zonobiom VII 300
– Zonobiom VIII 473 ff.
– Zonobiom IX 491 ff.
Ökotoxikologie 517
Ökotyp 376
Ölgewinnung 517
Offene Nadelwälder 433

Offene Vegetationsdecke 465
Offenwald 190, 195, 214
Ojibway Lake 439
Oklahoma 355
Olangchung Gola 184
Olea 190f.
– *europaea* 37, 41, 50, 55
– *oleaster* 41
Oleo-Ceratonion 34
Oleo-Lentiscetosum 38
oligotrophe Hochmoore 446
Olymp 71f.
– Höhenstufenfolge 72
Olympic National Parc 235f.
Omba 394
Ombrophyten 104f.
Oncophorus wahlenbergii-Wiese 491
Ontario 309
Opportunisten 417f.
Oreal 113
Oregon 235
Oreosolen 221
Oribatei 299
Oriolus chinensis 343
Orkney-Inseln 500
Orobiom 59, 91, 107, 378
– Appalachen 300ff.
– Australien 177
– Californien 133
– Chile 143
– Jordangraben 73
– Kapland 163
– Mittelmeergebiet 58ff.
– negatives 73
– Neuseeland 271
– Nordamerikanische Arktis 497
– Ost-Asien 321ff.
– Ost-Himalaya 285
– Pampa 398
– Zonobiom VIII 480f.
Orobiom IV 133f.
Orobiom IV/V 69
Orobiom V 283, 321
Orobiom V/VI 322
Orobiom VI 300, 321, 323
– Höhenstufen 301
– Klima 300
– Vegetation 301
Orobiom VII 358
Orobiom VIIa 379
Orobiom VIII 480
Orobiom IX 497
Orthopteren 341
Ortstein 435, 437f.
Oryzopsis hymenoides 373
Oshima Vulkangebiet 288
Osmotischer Druck (Wert) 47f., 61, 88, 109, 115, 157f., 175f., 307, 376
Osmotisches Potential 46
Os (Oser) 435, 439, 457

Ost-Afghanistan 109, 114
– Vegetation 111
Ostafrika 231, 274
Ost-Alpen 116
Ost-Anatolien 102
Ost-Asien 231, 274f., 330
– Vegetationszonen 281
– Zonobiom V 275
– Zonobiom VI 293
Ost-Canada 451ff.
Ost-Europa 347
Ost-Himalaya 285f.
– Orobiom 285
Ost-Iran 118f.
Ostküsten 253
Ost-Mediterraneis 114
Ost-Nepal 182
– Höhenprofil 194
Ost-Patagonien 406
Ostseite Südamerikas 231
Osttibetische Florenregion 188
Osuwi 288
Otago 423
Oxalat 376f.
Oxyria digyna 115
Oxytropis chiliophylla 223
– *microphylla* 219, 221

P

Paarhufer 344, 354
Pahoehoe-Lava 83
Paläarktische Biomgruppe 31
Paläosole 13
Palästina 73
Palmeal 79
Palmietformation 164
Palsen 487
Palsenmoor 466
Pamirische Florenregion 188
Pampa 292, 385ff., 390, 392, 395ff., 399f., 420
– aride 396
– Böden 389, 391f.
– Fauna 397
– Geomorphologie 389, 393
– Hydrographie 389
– Klima 386
– Konsumenten 397
– Löß 391
– Orobiome 398
– Pedobiome 398
– Problem 384, 387
– Produzenten 394
– semiaride 395
– Vegetation 386, 394
– Zono-Ökotone 399
Pampa alta 389f., 393, 396
Pampa arheica 390, 393
Pampa deprimada 389, 393, 396

Pampa undulada 389, 393
Pampero 387
Panamint Range 384
Pannonien 94, 96
Panthera pardus 344
- *tigris* 344
Panzerföhre 72
Paradoxornithidae 343
Parana 399
- Delta 399
Paridae 343
Parklandschaft 24, 292, 361
Parmelia 200
- *coreyi* 507f.
Partikularisation 368
Pashigat 181, 183
Paspalum prionitis 392
- *quadrifarium* 397
- *quadrifolium* 390
Passatwinde 87
Passerina vulgaris 154
Passo Funde
- Boden 263
- Klima 262
Patagonien
- Böden 410
- Central-Bezirk 412f.
- Erosion 410
- Fauna 415
- fueguino 412
- Geologie 409
- Geomorphologie 409
- Golfo de San Jorge 412
- Grasland 394
- Halbwüste 403f., 406, 411
- Konsumenten 415
- Occidental-Bezirk 412
- Ökophysiologische Untersuchungen 417
- Orobiome 420
- Payunia-Bezirk 411ff.
- Pedobiome 420
- phytogeographische Bezirke 411
- Produzenten 411
- Steppe 244, 403
- subandino 412
- Vegetation 411
- Wälder 245
- Wildtiere 415
- Zono-Ökotone 420
Patagonische Steppenzone 403
Pauli-Peduso-See 83
Payunia-Distrikt 411ff.
Pazifische Arten
- Rocky Mountains 480
Pedobiome 82f., 89, 163, 317, 451
- Australien 177
- Californien 135
- Chile 145
- Kapland 163
- Mediterrangebiet 82

- Nordamerika 304ff., 358, 381
- Pampa 398
- Patagonien 420
- Prärie 358
- Zonobiom V 291
- Zonobiom VII 304ff.
- Zonobiom VIII 481f.
Peganum 101
Pegaeophyton 192, 211
Peinomorphie 493
Peinomorphosen 177
Pelargonium saniculifolium 153
Periglaziale Steppe 94, 489
Periglaziale Streifen 428
Periglazialgebiet 425
Periodisten 417
Permafrost 440f., 457, 462ff., 466, 469, 490f., 497, 502, 516f.
- Canada 440
- Orobiome 497
- Verbreitung 440
- Zonobiom VIII 440
Pernettya pumila 483
Persea indica 80
Petasites amplus 333ff.
Peumus boldus 140, 244
Pfahlwurzel 414, 417, 441
Pfeifhasen 218
Pflanzdichte 45
Pflanzenartenzahl
- Höhenabnahme im Gebirge 116
Pflanzliche Primärproduktion 520
Pflug 516
Phänologie 494
Phalacrocorax filamenthosus 342
Phillyrea latifolia 55
Phleum alpinum 115, 506
Phoenix canariensis 79
- *dactylifera* 68
- *theophrasti* 16
Phosphatumsätze 238
Phosphor (Gehalt) 357, 378
Photosynthese 55f., 335f., 374
Photosynthesekapazität 49
Photosyntheserate 22
Phreatophyten 104, 381
- Zone 384
Phrygana 37, 71, 122
Phylica arborea 505
Phyllodien 173, 177
Phytolacca dioeca 394f.
Phytomasse 44, 237, 286, 290, 311, 314, 355, 373, 473, 492ff.
Phytophage 169, 312
Picconia excelsa 80
Picea 190, 194f., 213, 217
- *engelmannii* 359, 379f.
Picea-Flechtenwälder 482
Picea glauca 442ff., 455, 459ff., 462ff., 468, 475ff.
- Areal 428

– Verbreitung 444
Picea mariana 442ff., 451, 455, 459f., 461ff., 465, 468
– Alaska 464
– Bodentemperatur 474
– Hypnaceen-Wald 469
– Nadeljahrgänge 447
– vegetative Vermehrung 447
– Verbreitung 444
– Verjüngung 447
– Wurzelsystem 447
– Zapfen 447
Picea pungens 359
– *rubens* 302
– *sitchensis* 235, 236
Piceetum hylocomietosum 463
Piceo-Abietetum 303
Pico de Veletta 69f.
Picrorhiza 210
Picus canus 343
Pigmentlosigkeit 26
Pilcaniyeu Viejo 408f.
Pilgerodendron uviferum 144, 246
Pliozän 293
Pilzbefall 323
Pinguin-Kolonien 506
Pinoides Blatt 155
Pinus 190, 194, 213, 215
Pinus aristata 379
Pinus banksiana 443, 447, 451, 456, 473
– Verbreitung 445
– Verbreitungsgrenze 441
Pinus canariensis-Wälder 77
– *contorta* 359, 447, 480f.
– *edulis* 378
– *halepensis* 41, 43
– *heldreichii* 72
– *inflexis* 359
– *koraiensis* 323ff.
– *monophylla* 378
– *pinaster* 180
– *pinea* 22, 55
– *ponderosa* 359, 380
– *pumila* 316
– *roxburghii* 197
– *radiata* 25, 135, 152, 180
– *strobus* 429
– *taeda* 257
– *wallichiana* 213, 217
Pinus-Juniperus-Zone 384
Pinyon 378
Pinyon-Juniper-Stufe 137
Pioniere 463
Pionierhölzer 463
Pir Panjal 181f.
– Höhenprofil 190
Pistacia 190f.
– *lentiscus* 41, 47
– *mutica* 242
– *terebinthus* 47
– *vera* 242

Plaggenwirtschaft 515
Plagiochila 199
Planare Stufe
– Hindukusch 113
Pleistozän 1, 3, 122, 239, 364, 425
Pleurozium-Tannenwald 452
Plocama pendula 77
Poa arctica 491
– *bulbosa* 100
– *ligularis* 418
– *pratensis* 506
– *sandbergii* 354
Pocosin 257
Pocosin-Moorgehölz 295
Podiceps griseigena 342
Podocarpus 268
– *falcatus* 166
– *nubigenus* 144
– *salignus* 144
Podocarpus-Wälder 259
Podzolboden 346, 438, 435, 479
Podzolierung 437f.
Pogonomyrmex 374
Poikilohydre 51
Polare Baumgrenze 446, 482
Polare Wüste 485ff.
– Arktis 497
– Antarktis 500
Polarkreis 499
Polarnacht 485, 517
Polartag 485
Politische Lüge 520
Pollenanalyse 284, 428
Pollendiagramme 33
Pollenniederschlag 472
Polster 409, 469, 495, 501
Polsterarten 415
Polsterfluren 224f.
Polsterformen 413
Polsterpflanzen 252, 413ff.
Polster-Wuchsform 409, 413
Polygon 490
Polygonmusterböden 487
Polygontröge 491
Polygonum weyrichii 336, 338
Polylepis-Sträucher 421
Polystichum vestitum 266
Polytrichum alpestre 501, 508
Populus angustifolia 359
Populus balsamifera 443, 448, 462ff.
– Verbreitung 446
Populus deltoides 304
Populus tremuloides 352, 357, 359f., 379, 434, 443ff., 448, 455, 462
– Verbreitung 445
Poreda 500
Postglazial 6, 237, 284
Postglaziale Wärmezeit 188, 219
Postglazialzeit 294, 365, 428
Potentielle Evaporation 7, 388

Potentielle natürliche Vegetation 511
Potentielles Waldland 350
Potentilla fruticosa 224
Potentilla tridentata 476
Potholes 352, 361
Potreros 416
Präpuna 394
Prärie 345ff., 348, 350, 353ff., 361, 371, 387, 429, 458
– Besiedlung 363
– Böden 347, 349, 351
– Brände 350
– Dürre 353f.
– Fauna 363
– Klima 349, 360
– Pflanzen 351
Prasiola crispa 508
Primärproduktion 44, 290, 311, 356, 373, 495
Primärsukzessionen 463
Primärwald 288
Primula 191
Pringlea antiscorbutica 502
Procapra picticaudata 219
Produktion 91, 289, 373, 492ff.
– Moose 474
Produktionsanalyse 355
Produktivität 24, 63f., 312, 336
Produzenten
– Arktis 491f.
– Australien 168ff., 263
– Brasilien 259
– Californien 121ff.
– Canada 442
– Chile 138ff.
– China 283ff., 320ff.
– Japan 281f.
– Kapland 147ff.
– Korea 318
– Mittelmeergebiet 15, 32ff.
– Neuseeland 268f.
– Nordamerika 256ff., 294ff., 351, 368ff., 442ff.
– Ostasien 281, 318, 320ff.
– Pampa 394ff.
– Patagonien 411ff.
– Zonobiom V 235ff.
– Zonobiom VIII 442
Profilschnitt – Zentraler Himalaya 213
Prosopis caldenia 394, 400f., 420
– *flexuosa* 420
Prosopis-Savanne 387
Prostigmata 299
Protea 160
– *arborea* 157
– *grandiflora* 150f.
Proteaceae 149
Proteoider Fynbos 159
Provo-Terrassen 365
Prunus pennsylvanica 313
Psammobiom 82, 116, 163
Psammophyten 116f.
Pseudohalophyten 118

Pseudomacchie 72, 91
Pseudomycelien 101
Pseudoscorpionida 25
Pseudotsuga menziesii 128, 238, 359, 379
Pseudovis nayaur 218
Pterocarya 316
Pterygota 341
Puna-Kältewüste 394
Punica 191
pure lichen woodlands 468
Pygmi-Forest 137
Pyrenäen 65, 69
Pyrophyten 18, 447, 481

Q

Qinling-Gebirge 322
Quebec 308
Queensland 263
Quellerfluren 258
Quellrasen 218, 222
Quercetum coccineae 303
Quercetum ilicis 13, 38f., 44
Querco-Buxetum 242f.
Querco-Carpinetum 242
Quercus 190
– *alba* 50
– *ballota* 41
– *baloot* 109
– *coccifera* 36, 38, 46f., 55f., 58, 89
Quercus coccifera-Garrigue 44f., 49
Quercus dumosa 124f.
– *gambelii* 380
– *hypoleucoides* 50
Quercus ilex 15, 34ff., 38, 41, 46ff., 55ff., 60, 65, 67f., 87ff., 93
– Macchie 29, 30, 45
– Stufe 67
– Verbreitungsgebiet 34
Quercus macranthera 106, 242
– *macrocarpa* 298, 429, 458
– *prinus* 299f.
– *pubescens* 87ff.
– *pyrenaica* 60, 88
– *robur* 60, 89
– *rotundifolia* 41
– *rubra* 302
– *semecarpifolia* 198, 200f.
– *suber* 22, 35f., 41, 46, 49, 51ff., 57, 89
– *virginiana* 256
Quercus-Cinnamomum-Wald 286
Quercus-Machilus-Wald 286
Quillaia saponaria 139, 140, 142

R

Radialflachkugelpolster 221
Radialhohlkugelpolster 413

Radialvollkugelpolster 413
Räuber-Beute-Beziehungen 472
Ramonda 51
Rana pipiens 363
Rangifer 471
Ranker 479
Raoulia lutescens 423
Raphidophora 197
Rasenabschälung 485
Rasenpolster 212f., 224, 226
Rattus fuscipes 27
– *luteolus* 27
Raubbau
– Wälder 512
Raubtiere 363, 415
– Canada 471
Rauli-Stufe 146
Raupenfraß 290
– Kalamität 312
Recycling 517
red belts 432
Redwood 135ff., 235
Refugialgebiete 293
Refugien 3, 33, 428f.
Regeneration 434
Regenfeldbau 112, 226, 353
Regenschatten 219
Regenwald 195, 252f.
Regradationsstadien 39
Reifestadium 434
Reisfelder 520
– Terrassen 519
Rekonstruktion der Vegetation 32f.
Rekretohalophyten 118
Relative Feuchte 114
Relative Höhenlagen 68
Relief 366
Reliktarten 3ff., 16, 135, 140, 146, 166, 241, 362
Relikt-Nadelhölzer 243
Reliktrasen 221
Reliktstandorte 85
Reliktwälder 87
Renanthera 265
Renosterbos (Renosterbusch) 37, 153, 164
Reorganization Phase 309ff.
Reproduktion 377
Reptilien 363, 398
Ressourcengrenzen 512f.
Ressourcennutzung 511
Restioider Fynbos 154, 159
Restionaceen 149, 152
Retama 81
Reynoutria sachalinense 331, 335ff., 338
Rhamnus alaternus 55
– *glandulosa* 80
Rhizocarpon 211
Rhodiola 211
Rhododendron 188ff., 201ff., 209
– *arboreum* 205, 229
– *barbatum* 228

– Ost-Himalaya 286
– *ponticum* 238
Rhododendron pumilum
– Areal 188
Rhus angustifolia 154
Richardson-Mts. 459f.
Rinderherden 520
Ringeln der Rinde 226
Rio de la Plata 391
Rio Salado 389, 393
Roble-Rauli-Wald 244
Roble-Wald 146
Rocky Mountains 358f., 364, 366, 379
– montane Stufe 480f.
– subalpine Stufe 480f.
Rodentia 343
Rodung 514, 518
– Phasen 513
Rodungsinseln 227
Rohböden 13
Rohhumus 208ff., 221, 472
Rohrsümpfe 164
Rollblatt 156
Rongbuk-Gletscher 185, 203, 224
Rongbuktal 185
Rooiberge 158, 156
Ross-Schelf 500
Rote Liste 513
Rothirsch 270
Rub al Khali 116
Rubus idaeus 313
Rumex nepalensis 227
Rutensprosse 156
Rutschungen 199

S

Sabinares 81
Säbelwuchs 204
Sämlinge 434
Säuger 27, 343
Safed Koh 114
Sagebrush 128, 132, 368
– Halbwüste 370
– Steppe 369
– Vegetation 127
Saharo-arabisch 73
Sakhalin 326, 330f., 333ff., 336ff., 340
Salicornia europaea 306f.
– *mucronata* 306
– *rubra* 381
– *utahensis* 381
Salinität – Aralsee 516
Salix
– Dickichte 211
– *herbacea* 493
– *humboldtiana* 399, 420
– *rotundifolia* 491
– *sieboldiana* 317

Salsola dendroides 104
– *kali* 370
Salt Lake City 367
Salvajen 76
Salvia 127
– *leucophylla* 131
– *mellifera* 132 f.
Salz 128, 376, 464
– Anreicherung 391
– Ausblühungen 389
– Gradient 118
Salzboden 97, 364, 381
Salzfläche 118, 384
Salzmarschen 136, 258, 305 ff., 317, 482
Salzpfanne 178, 383 ff., 391
Salzstaub 516
Salzverhältnisse 376
Salzwasserbecken 516
Salzwiesen 214 ff.
Salzzone 383
Sambucus adnata 227
Samen 27
– *Picea glauca* 477
– Keimung 463
– Verbreitung 43
– Vorrat 21
Samenbäume 462, 478
San Dimos 129
San Francisco 127, 133
San Gabriel Mts. 123, 128
Sand 415, 439
Sandbarren 362
Sandbiotope 459
Sanddünen 116, 136, 411, 435
Sandfelder 222 f.
Sandgebiete 117
Sandheiden 178
Sandmeere 116
Sandwich-Inseln 500
Santiago 140
Saperba calcarata 383
Sapporo 278
Sarcobatus vermiculatus 381
Sardinien 83, 84
Sarracenia purpurea 482
Saskatchewan 360
Saskatoon 361
Satureja gilliesii 142 f.
– *virgata* 139
Saugspannung 57, 418
Saurauia 197
Saurer Regen 517
Saussurea 191 f., 212 f., 220 f., 224
Saxegothaea 144, 243 f., 248
– *conspicua* 144
Scapania 199
Schadstoffakkumulation 512
Schädlinge 262
Schaf-Äquivalente 23
Schafe 119

– Herden 99
Schattenblätter 58
Schattenholzarten 314
Schattenverträglichkeit 314
Schibljak 72, 91
Schima-Castanopsis-Wald 197
Schimmelkarbonate 101
Schindelholz-Einschlag 228
Schirwan 103
Schlagflächen 314
Schlenken 482 f.
Schlucht 362
Schmelzwasser 489
– Landschaft 439
– Rinnen 468
Schneedecke 204, 435, 488
– Tibet 184
Schneedruckformen 202
Schneegans 482
Schneegrenze 113
Schneehöhe 297
Schneemächtigkeit 488
Schneeschmelze 495
Schneetälchen 73, 191, 195, 202 ff., 209, 491
Schutthaldenfluren 223
Schutthalden 223 f.
Schwarzer Bär 471
Schwarzerde 346 f.
Schwarzes Meer 238 f.
Schwingmoore 399
Scirpus californicus 398
– *giganteus* 392, 398
Sciurus 472
Seealpen 92 f.
Seeboden 84
Seenplatte 435
Seesedimente 436, 439
Sekundär-Sukzession 434
Sekundärwälder 227 ff., 289, 311, 455, 458, 480
Semiaride Pampa 395
Semiaride Präriezone 425
Semiarid-temperiertes Zonobiom (ZB VII) 345
Semperviven 78
Senecio cannabifolius 331, 336 f.
– *filaginoides* 417 f.
Seolag San-Berggebiet 318
Sequojadendron
– Stufe 134
Sequojadendron gigantea 123
Sequoja sempervirens 123, 235, 237
– Wälder 135
Sermathang 186
Serrania de Aparzo 421
Seuchenzüge 517
Sewan-See 106 f.
Shepherdia 472
Shifting mosaic structure 314
Shiia 282
Shiitaki 282
Shikoku 277

Shorea robusta – Areal 188
Sibaral-Kanal 516
Sichote-Alin 275
Sideroxylon 163
Sierra Nevada 60, 71, 134, 138, 366
Sieversia ciliata 354
Signy Island 508
Sikaram 114
Sikhoto Alin 326
Silberbaumwald 154
Singularitäten
– Klima 518
sinojaponische Florenregion 187
Siwaliks 181, 213
Sizilien 64
Skimmia
– Areal 187
Sklerophylle 2, 15ff., 24, 47f., 53, 121, 156
Sklerophyllgebiete 170
Sklerophyllie 4, 50
Slave Lake 459, 470
Sloanea 197
Snake River-Columbia River-Plateau 366
Snowy Mountains 249
Sodabrackboden 363, 392
Sodaverbrackung 390f.
Solfataren 317
Solifluktion 214, 221f., 485ff.
Solonez 363, 391, 396
Solonzierung 391
Sommer-Annuelle 382f.
Sommeraspekt 65
Sommerdürre 45
Sommertrockenheit 32, 95
Sommertrockenzeit 429
Sonchus 78
Sonnenblätter 58
Sonnenenergie 511
Sonnhänge 197ff.
Sonora 148
– Kakteenwüste 127
– Wüste 371, 382f.
Sophora 219
Sorbus 207, 448
– *americana* 443
– *decora* 443
Sorex 472
– *mirabilis* 343
Sorghastrum nutans 357
Soroseris 211
Spätglazial 284
– Tiere 243
Spaltenschluß 50
Spanien 42, 86
Spartina glabra 306
– *patens* 306
– *pectinata* 352
Spartium junceum 83
Spartocytisus-Gebirgshalbwüste 77
Sphagnum 482

– *magellanicum* 483
– *medium* 483
– Moore 439, 484
– Moosschicht 434
Spinnen 340
Sporastatia 209
Sporobolus 351
Springflut 305
Springschwänze 341
Sproßdeformation 220, 225
Srinagar 184
Stabilität 465
Stachelschwein 471
Staintonia 188
Stammart 79
Stammausschläge 448
Stammdurchmesser 50
Stammsukkulenten 144
Staphyliniden 26
Staub 424
– Stürme 353, 516
Staunässe 448, 517
Steady State Phase 310f., 314f.
steady-state-Population 520
Steineichenwald
– kantabrischer 87
Steinpflaster 221
Steinstreifen 487
Steinwälle 487
Stellaria 212
Steppe 94, 96, 100, 102, 112, 345, 347
– *Artemisia* 66
– Schirwan 103
Steppengürtel
– Periglazialer 94
Steppenreservat
– Fintînitza 96
Steppenwald 96, 190
Stereocaulon 211
– *paschale* 468
Stickstoffbilanz 472f.
Stickstoffbindung
– Barrow 492
Stickstoffgehalt 300
Stickstoffmangel 493
Stipa 193
– *brachychaeta* 390, 396
– *humilis* 418
– *purpurea* 219, 221
– *speciosa* 418
– *tenacissima* 41, 68
– *trichotoma* 390, 396f.
Stipa-Andropogon-Sandprärie 362
Stirlingia latifolia 176
St. Lorenzstrom 308, 435
Stockausschlag 23, 229, 289
Stoffkreisläufe 312, 517
Stoffluß 45
Stoffproduktion 88, 334
Stomatäre Leitfähigkeit 57

Strahlung
- Zonobiom VIII 435
Strahlungsbilanz 408, 466
- Antarktis 501
Strangmoor 466
Strauchflechten 211
Strauchsteppe 402
Streu 29, 45, 161, 299f., 357, 433, 493ff.
- Abbau 299
- Akkumulation 29
- Bildung 29
- Zersetzung 28
Streufall 46, 270
Streumasse 159, 355
Streuwiesen 227
Subalpine Höhenstufe
- Hindukusch 113
Subandino-Bezirk (Patagonien) 411
Subantarktis 292, 501 f.
Subantarktische Inseln 498 ff., 501 f.
Subantarktische Tundra 245
subantarktische Westwinde 483
Subantarktisches sZB 501 f.
subarktische Wälder 469
Submediterrangebiet 87
Substratbewegungen 220
Subtropengrenze 213
Subzonobiom V [V(s), V(w)]
- Böden 254, 267
- Destruenten 259, 287
- Klima 254
- Konsumenten 286
- Nord-Amerika 255
- Ökologische Untersuchungen 287
- Pedobiome 256
- Produzenten 256, 268
- Vegetationsgebiete 255
Subzonobiom VII 345 ff.
- Böden 409
- Klima 406
- Makroklima 406
- Mikroklima 408
- Muttergestein 409
- Neuseeland 422
- Pedobiome 381
- Südamerika 385
Subzonobiom VIIa 364, 405, 420
- Böden 367
- Destruenten 372
- Geomorphologie 364
- Gliederung 378
- Klima 367
- Klimageschichte 364
- Konsumenten 372
- Ökophysiologische Untersuchungen 372
- Produzenten 368
Subzonobiom VII (rII) 382
Subzonobiom VIII
- Nördliche Taiga 480
- Südliche Taiga 480

Sudan 73
Süd-Afrika 6, 12, 148, 155, 169 ff., 173, 249
Südalpen 69
Südamerika 245
- Subzonobiom VII 385
- Zonobiom VIII 483
Süd-Australien 167, 172, 180
Süd-Brasilien 262, 292
- Böden 262
Süd-Californien 123
Süd-Chile 9, 245, 292
Süd-China 275
Süd-Europa 42
Süd-Frankreich 37, 39, 44, 92
Süd-Georgien 499 f., 505
Südkaspische Küstenebene 242
Süd-Korea 318
Süd-Kyushu 28 f.
Südliche Antarktische Wüste 500, 509 ff.
Südliche Arktis 497
Südost-Afrika 274
Südost-Australien 27
Südost-Europa 94
- Klimatypen 59
Südost-Himalaya
- Höhenprofil 195
Südostpassat 253
Südost-Queensland 259
Südost-Spanien 85
Südpol 485, 499
Süd-Sachalin 275
Süd-Shetland-Inseln
Südwest-Asien 238
Südwest-Australien 167, 173, 179
Südwest-China 284
Süßwasserflachseen 83 f.
Sukkulente 17, 77, 307
Sukkulenten-Busch 79, 127
Sukkulenten-Halbwüste 77
Sukzession 21, 129, 151, 162, 225, 313 f., 470
- Abfolge 434
- Reihen 458
- Stadien 473
Sumpfzypressen 257
Supramediterrane Höhenstufe 93
Swartberg 162
Syamboche 187
Symplocos 192
Szikpußta 97

T

Tabakkonsum 513
Tabuzonen 514
Tafelberg 151 ff., 166, 274
- Sandstein 157
Tafeltuch 147
Tagesgang 56
Tages-Klimadiagramm 186

Tageszeitenklima 518
Taiga 347, 425ff., 432, 457, 517
– Ökosystemforschung 473
Tal des Todes 383
Talsperre 162
Talwindhangbewölkung 187, 214
Talysch 241
– Lenkoran 103
Tamarix 106, 190
– *articulata* 242
Tananatal 432, 463
Tannensterben 517
Tasmanien 249f., 252f., 292
Taurus 66f.
Taxodium 256f.
Taxus 190
Technologien 519
Teide 74, 78
Tel Aviv 73
Tellerpolster 220f.
Temperatur 327, 408
Temperierte Wälder 248
Temperierter Regenwald 250f.
Temperiertes, nemorales Zonobiom 293
Teneriffa 75ff., 82
– *Aeonium*-Einnischung 79
– Höhenstufen 77
– Teide 78
– Vegetationskarte 77
Tengboche 202
Terai 213
Terminalia 194
Terra rossa 13
Tertiär 1, 3, 12, 122
– Flora 4
– Relikte 25, 135, 256
– Wald 35
Tethys 40
Tetraclinis articulata 41, 68
Tetrameles 194
Tetronium magellanicum 483
Texas 148, 355
Thamnochortus punctatus 158f.
Thermomediterran 93
Therophyten 24, 39
Thessalien 38
Thuja occidentalis 447f.
– *orientalis* 242, 443
Thylacospermum 191ff., 213, 224f.
– *caespitosum* 224
Thymus vulgaris 47
Tibet 116, 210, 218
Tibet-Himalaya 213, 218
– Höhenprofil 193
– Höhenstufung 219
Tibet-Schneehuhn 219
Tidestroemia oblongifolia 384f.
Tiefwurzler 354
Tierra del Fuego 483
Tiflis 103

Tiger 344
Tillandsia 144
– Nebelwüste 144
Tingri 183f.
– Niederschläge 183
Tōhoku 277
Tomillares 37
Ton
– Ablagerungen 439
– Zerfall 513f.
Tongsa 184
Torf 465
Torfhügel 487
Torud 117
Toteislöcher 361, 436
Toter Boden 355
Totes Meer 73f.
Totholz 290
Touran Biosphere Reserve 118f.
Tourismus 40
Tragacanth-Stufe 69
Tragfähigkeit des Erdballs 520
Transition Phase 309, 314
Transkaukasien 102
Transpiration 49, 105, 374, 433
– Koeffizient 374
Transplantationsversuche 351
Trebouxia-Zellen 510
Treibhauseffekt 517, 520
Treibhausgase 518
Trevea trinervis 28f., 143
Trichocereus-Puva-Sukkulenten-Gemeinschaft 140
Trichohydrophyten 104
Triftweiden 226
Triglochin maritimum 214ff.
Trinkwasserspeicher 162
Trishuli Khola 207
Tristan da Cunha 505
Trithrinax campestris 391
Trockenbusch 86
Trockene Täler 501
Trockene Talstufe 187, 198ff., 212ff.
Trockenperioden 465
Trockensteppe 369
Trockengrenze 195, 214ff., 217
– *Rhododendron* 210
Trockenwald 190
Troodos-Gebirge 67
Tropenökologie 515
Tropenwald 518
Truelove Lowland 490, 494ff.
Trymalium spathulatum 175, 179
Tsangpo 182
– Höhenprofil 195
Tschernosem 347
Tscherskia triton 343
Tsilingebirge 283
Tsuga canadensis 298, 429
– *dumosa* 200f.
– *heterophylla* 236f.

– *mertensiana* 236
Tsuga-Quercus semecarpif.-Wald 268
Tuart 171
Tuberaria guttatum 38
Tümpel 396
Türkei 99 ff.
– Klimazonen 99
Tulipa 190
Tulpenbaum-Wälder 295
Tundra 255, 460, 482, 485 ff.
– Böden 490 ff.
– Destruenten 490
– Frostfaktor 485 ff.
– Geomorphologie 490
– Gliederung 497
– Konsumenten 490
– Ökosysteme 491 ff.
– Produzenten 490
Tunesien 43, 67
turf exfoliation 485
Turgor
– Negativer 50
Tussock-Gräser 396, 401
Tussock-Grasland 272 f., 422 ff., 500, 506
Tussock-Tundra 496

U

U-Täler 438
Ubiquisten 163
Überbevölkerung 511
Überbeweidung 39
Überdüngung 519
Überflutungen 463 f.
Übergangs-Phase 311
Überlebenschancen der Menschheit 519
Übernutzung 515
Übertechnisierung 51
Übertemperatur 52
Überweidung 39, 417, 515
Ufermoränen 224
Uferwälle (Arktis) 495
Uferzone 398
Uinta-Mountains 379
Ulisung-Insel 318
Umlegebirken 204
Umtriebszeit 465
Umweltkatastrophe
– Aralsee 516
Umweltprobleme 511 f.
– global 517
– lokal 517
– regional 517
Umweltzerstörungen
– Zonobiom I 514
– Zonobiom II 515
– Zonobiom III 515
– Zonobiom IV 515
– Zonobiom V 515
– Zonobiom VI 515
– Zonobiom VII 516
– Zonobiom VIII 516
– Zonobiom IX 517
Unterboden 375
Unvereiste Gebiete
– Canada 436 ff.
Ursus horribilis 471
– *thibetatus* 344
Uruguay 292
Urwald 174, 289, 309 f., 314 f., 514
– Einschlag 514
Urwaldsterben 514
USA
– Bodentypen 346
Ushuaia 483
Usnea 199, 202
Ussuri 275, 326 f.
– Naturschutzgebiet 327
Ussuriysk 334
Utah 364 f., 367, 371, 374 ff., 377, 379

V

Vaccinium 192, 200 f.
Vaccinium dunalianum
– Areal 188
Vaccinium retusum 201
Valdivianischer Regenwald 243 ff., 248
Vegetation
– Afghanistan 110
– Arktis 491 f.
– Australien 17
– Chile 9, 138 ff., 243, 483
– China 283 f., 320 ff.
– insubrische 92
– Mediterrangebiet 15
– Ostafghanistan 111
– Ostasien 281 ff., 315 ff., 326 ff.
Vegetationsabfolge 406
Vegetationsentwicklung 465
Vegetationsgebiete
– Chile 9
Vegetationsgrenzen 373
Vegetationskarte
– Korea 280
– Teneriffa 77
Vegetationsmuster 461
Vegetationsperiode 474
Vegetationsprofil
– Alaska 462
– Anatolien 239
– Anden 421
– Canada 451 ff.
– Chaparral 125
– China 322 ff.
– Death Valley 384
– Hindukusch 112
– Höchststauden 335 ff.

- Kapland 153
- Mallee 169
- Mittelchile 141, 144, 244
- Mt. Everest 203
- Neufundland 453f.
- Nothofagus-Wald 247
- Osteuropa 347
- Pampa 390, 392
- Patagonien 404, 406
- Prärie 347
- Salzmarschen Nordamerika 305
- Süd-Appalachen 301
- Süd-Californien 123
- Tasmanien 250ff.
- Teneriffa 77
Vegetationsveränderung 416
Vegetationszeit 429, 466
Vella spinosa 70
Ventana-Gebirgssystem 390
Veratmung 143
Verbrackung 392
Verbrennungswärme 328
Verbuschung 369, 515
Verdunstung 464
Verebnungen 305
Vergletscherung 403
Verjüngung
- *Picea mariana* 447
Verkarstung 512
Verlandung 399
Verlust an Artenvielfalt 514
Verlust von Lebensvielfalt 513
Vermoorung 437ff., 466
Vernichtung tropischer Regenwälder 514
Versalzung 106, 515
Verschuldung 511
Vespertilio superans 343
Viburnum tinus 47, 55
Vieh 512
Viehfarm 514
Viehhaltung 369
Viehtreppenmuster 512
Viehzucht 512
Vikariierende Arten 114
Viktoria 249
Villarica 247
Viola cheiranthifolia
- Steinschuttfluren 77
Viscacha 397
Visnea mocanera 80
Vögel 25f., 363, 397, 416
Völkermord 519
Vorgebirge
- Rocky Mountains 480
Vorholzarten 314, 358, 434, 447
Vorkordillere 244
Vulkanismus 409
Vulkankegel 317

W

Wacholder-Baumfluren 112
Wacholderfluren 77
Wachstum 143
Wachstumsmuster
- Wurzeln 477
Wachstumsperiode 312, 357
Wärmeanspruch 278
Wärmefaktor 51
Wärmegewitter 433
Wärmeindex 278ff.
Wärmeisolation 449
Wärme-Kraft-Kopplung 519
Wärmesumme 462
Wahlpropaganda 513
Wakatipu-See 272
Wakhan 113f., 487
Wald 400
Waldbedeckung 246
Waldbrände 19, 179, 250f., 298f., 433f., 450, 456, 458, 462, 464, 472ff., 480
- Entstehung 433
- Gefahr 22
Waldbrandflächen 207
Waldfähigkeit 229
Waldgesellschaften
- Prärie 362
Waldgrenze 136, 196, 199, 205, 214, 218, 236, 249, 271f., 275, 316, 405, 438, 497
Waldheimia 224f.
Waldhochmoor 439, 457
Waldhumusreste 391
Waldinsel 460
Waldmoore 447f., 459
Waldsteppe 97, 292, 347, 357, 397, 488
Waldstufe 271
Waldsturzstreifen 269
Waldtundra 255, 347, 427, 460, 482, 487f.
Waldvernichtung 293
Waldweide 227
Waldzeugen 227
Wandashan-Gebirge 323
Wanderfeldbau 514
Wanderschuttdecken 212
Wandoo 172
Wanzen 341
Warmtemperierte Wälder 279
Wasatch Mnts. 366
Washington 235
Wasserausnutzung 50
Wasserbecken 363
Wasserbilanz 48, 157, 336, 400, 407
Wasserdampfsättigungsdefizit 419
Wassergehalt 157f., 175f., 307, 327
Wasserhaushalt 45, 133, 312, 335, 441, 452
- Boden 441
Wassermangel 176f.
Wasserpotential 126, 130f., 329, 375, 418
- Fichtensämlinge 477

– *Picea* 442
Wasserspeicherung 313
Wasserstau 367
Wasserstreß 56
Wasserverbrauch 105
Wasserversorgung 49, 55, 89, 169, 442
Wasservorrat 336
Weichauen 304
Weichhölzer 314
Weidedruck 417
Weideland 370, 394
Weidenutzung 424
Weidepflanzen 25
Weidetiere 24
Weideunkräuter 269
Weidewirtschaft 416
Weidezeiger 227
Weinbau 25
Weißfichtenwälder 457, 461
– Alaska 463 ff.
Weizenfelder 370
Weltbevölkerung 512, 520
Werbung 519
Wermut 368
– Halbwüste 368
West-Canada 458
– Nördliche Taiga 470 ff.
West-Europa 238
West-Himalaya 113 f.
West-Nepal – Höhenprofil 191
West-Pakistan 108 f.
Westwind 422
Wettbewerb 88, 401
Wetter-Tages-Diagramm 186
White Mountains 308
Widdringtonia 151, 160
Wiederbesiedlung im Postglazial 428
Wiederbewaldung 309, 438, 482
Wiesen 328 f.
Wiesensteppe 324
Wildheu 226
Wind 414
Windabschwächung 70 f.
Windbruchgefahr 298
Windenergie 511
Windgradient 414
Windschäden 299
Windschutz 503
Windwüste 503
Windwurf 298, 314
Winnipeg-See 435, 458
Winter-Annuelle 382 f.
Winteraspekt 65
Winterregen 121, 176, 178
– Klima 10
Wirbellose 339
– Afghanistan 119
– Appalachen 299
– Fernost 339 ff.
– Mediterrangebiet 25 ff., 43

– Prärie 363
Wirbeltiere 342
– Canada 471 f., 490 f.
– Fernost 342 ff.
– Iran 118
– Japan 286
– Kapland 162
– Mediterrangebiet 25 ff.
– Neuseeland 270, 424
– Pampa 397 f.
– Patagonien 415 f.
– Wermuthalbwüste 372
Wirtspflanzen 173
Wisconsin-Eiszeit 436
Wollkerzen-Pflanzen 81
Wombat Moor 252
Woodland (Pampa) 400
Wuchsleistung 461
– Schwarzfichte *(Picea mariana)* 464
– Weißfichte *(Picea glauca)* 463
Wüsten 345, 516
Wüstenlack 510
Wüstensteppe 369
Wüstenzone 77
Wurzel
– Deformationen 220
– Dichte 378
– Knöllchen 472
– Konkurrenz 448, 450, 463, 474, 478
– Schößlinge 102, 463
– Streu 290
– Systeme 354, 482
– Wachstum 375
– Wettbewerb 350
Wurzelspitzenaktivität 375
Wurzelsukkulente 85
Wurzeltiefe 352
Wyethia amplexicaule 354
Wyoming 359
– Becken 366

X

Xanthorrhoea 18, 171
– *preisii* 176
Xero-Acantheten 70
Xerohalophyten 377, 381
Xeromorphie 493
Xeromorphosen 177
Xerophyten 368
– Zone 384
Xiaxinganling 324
Xixabangma 182
– Höhenprofil 193
Xylemwasser-Potential 56 f.

Y

Yellowstone Park
- Feuer 481
Yucca brevifolia 371, 382
- Wüste 382
Yünnan 283f.
Yukon 460ff., 463, 497
- Distrikt 459

Z

Zeburinder-Haltung 519
Zentralafghanistan 109
Zentralasiatische Florenregion 188
Zentralasiatische Gebirge 116
Zentral-Canada 456f.
Zentral-Chile 247
Zentral-Nepal
- Höhenprofil 192
Zentraler Himalaya
- Profilschnitt 213
Zentral-Patagonien 410
Zersetzungsrate 160
Zhangguangcailing-Gebirge 323
Ziarat-Vegetation 110
Ziegen 99, 119
Ziegenbeweidung 229
Zikaden 341
Ziziphus lotus 68
Zonale Böden 435
Zonobiom
- arido-humid 1
- mediterran 1
Zonobiom I
- Umweltzerstörungen 514
Zonobiom II
- Umweltzerstörungen 515
Zonobiom III
- Umweltzerstörungen 515
Zonobiom IV 1, 3f., 31, 120, 167, 177
- Australien 177
- Böden 121, 138
- Destruenten 128
- Gliederung 31, 132
- Klima 1, 120, 138
- Konsumenten 128
- ökologische Untersuchungen 128
- Pedobiom 179
- Produzenten 121
- Umweltzerstörungen 515
- Vegetationsgeschichte 1
Zonobiom V 137, 231, 275
- Böden 231, 254
- Destruenten 291
- Gliederung 291
- Klima 231, 254
- Konsumenten 291
- Ökosystemforschung 291
- Orobiome 291
- Pedobiome 256, 291
- Produzenten 235, 256
- Subzonobiom V(s) 231
- Subzonobiom V(w) 231
- Umweltzerstörungen 515
- Zono-Ökotone 292
Zonobiom VI 293, 315, 318ff., 326
- Böden 294
- Destruenten 299
- Floristische Verhältnisse 320
- Höhenstufen 301
- Klima 294, 300, 315, 319
- Konsumenten 299
- nemoral 293
- Ostasien 293
- Pedobiome 305
- Produzenten 294
- temperiert 293
- Umweltzerstörungen 515
- Vegetation 315, 318
Zonobiom VII 345
- arid 345
- Böden 349
- Destruenten 354
- extrem arid 345
- Gliederung 345, 357
- Klima 349
- Konsumenten 354
- kontinental 345
- Ökologische Untersuchungen 354
- Ökosystemforschung 354
- Pedobiome 358
- Produzenten 351
- semiarid-temperiert 345
- Umweltzerstörungen 516
Zonobiom VIII 425ff.
- Boden 435
- Destruenten 472
- Fauna 471f.
  Gliederung 443, 480
  Konsumenten 471f.
- Laubholzarten 448
- Nördliche Taiga 463
- Ökosystemforschung 473
- Orobiome 480f.
- Pedobiome 481f.
- Produzenten 442
- Strahlung 435
- Südamerika 483
- Temperatur 429f.
- Umweltzerstörungen 516
Zonobiom IX 485ff.
- Antarktis 498ff.
- Arktis 488ff.
- Umweltzerstörungen 517
Zono-Ökoton
- Australien 178
- Dreiecks- 94
- Kapland 164

- Nordamerika 308 ff.
- Prärie 307
- Renosterbos 164
Zono-Ökoton I/V 231
Zono-Ökoton II/V 258
Zono-Ökoton III/IV 136, 146, 180
Zono-Ökoton IV/III 85, 127, 164
Zono-Ökoton IV/V 86, 127, 137, 146, 164 f., 235
Zono-Ökoton IV/VI 72, 87, 137
Zono-Ökoton IV/VII 94, 137
Zono-Ökoton V/VI 292
Zono-Ökoton V/VIII 292
Zono-Ökoton V/IX 292
Zono-Ökoton VI/VII 292, 307 f.
Zono-Ökoton VI/VIII 308 f., 452, 455, 458
Zono-Ökoton VII/III 371, 382
Zono-Ökoton VII/VIII 427, 443, 458
- Grenzverlauf 458
- Konsumenten 363
- Präriefauna 363
- Waldfauna 363
Zono-Ökoton VIIa/III 420
Zono-Ökoton VIII/IX 427, 487, 497
- Nordamerika 482
Zoomasse 119
Zugvögel
- Canada 471
Zukünftige Generationen 520
Zwergstrauch 193
- Flechtenwälder 468
- Halbwüste 394, 405 f., 414, 417
- Heiden 403
- Rhododendren 208 ff.
- Strauchstufe 208
- Wacholder 209
Zwiebelpflanzen 21
Zygophyllum-Halbwüste 118
Zygophyllum-Launea-Halbwüste 77

BUCHTIPS

Ökologie der Erde
In vier Bänden
(UTB für Wissenschaft – Große Reihe)
Herausgegeben von Prof. Dr. Dr.
H. Walter und Prof. Dr. S.-W. Breckle

Band 1 · Ökologische Grundlagen in globaler Sicht
2. Aufl. 1990. Etwa 250 S., 132 Abb., 24 Tab., geb. DM 48,–

Band 2 · Spezielle Ökologie der Tropischen und Subtropischen Zonen
2. Aufl. 1990. XX, 461 S., 330 Abb., 116 Tab., geb. DM 48,–

Band 3 · Spezielle Ökologie der Gemäßigten und Arktischen Zonen Euro-Nordasiens
1986. X, 587 S., 401 Abb., 125 Tab., geb. DM 48,–

Walter
Bekenntnisse eines Ökologen
Erlebtes in acht Jahrzehnten und auf Forschungsreisen in allen Erdteilen mit Schlußfolgerungen
6. Aufl. 1989. XXIV, 365 S., 12 Abb. auf Taf., 2 Textabb., 7 Kartenskizzen, kt. DM 19,–

Walter
Die ökologischen Systeme der Kontinente (Biogeosphäre)
1976. VIII, 131 S., 63 Abb., 20 Tab., kt. DM 39,–

Walter
Die Vegetation Osteuropas, Nord- und Zentralasiens
1974. XII, 452 S., 363 Abb., Ln. DM 168,–

Geobotanica selecta
Herausgegeben von Prof. Dr. R. Tüxen, Todenmann

Band 1 · Braun-Blanquet
Die inneralpine Trockenvegetation
Von der Provence bis zur Steiermark
1961. VIII, 273 S., 78 Abb., 59 Tab., Ln. DM 168,–

Band 2 · Quézel
La Végétation du Sahara
Du Tchad à la Mauritanie
1965. XII, 333 S., 72 Abb. im Text, 18 Abb. auf 4 Farbtafeln, 15 Karten, 93 Tab., Ln. DM 190,–

Band 3 · Zohary
Geobotanical Foundations of the Middle East
In 2 Volumes
1973. XXIV, 739 pp., 279 fig., 8 col. plates, 7 col. maps, hard cover DM 420,–

Band 5 · Ernst
Schwermetallvegetation der Erde
1974. X, 194 S., 45 Abb., 100 Tab., Ln. DM 162,–

Preisänderungen vorbehalten

GUSTAV FISCHER VERLAG — SEMPER BONIS ARTIBUS — Stuttgart New York

BUCHTIPS

Bick
Ökologie
Grundlagen, terrestrische und aquatische Ökosysteme, angewandte Aspekte
1989. X, 327 S., 104 Abb., 16 farb. Taf., 23 Tab., kt. DM 48,–

Bick/Hansmeyer/Olschowy/Schmoock
Angewandte Ökologie – Mensch und Umwelt
Band 1 · Einführung – Räumliche Strukturen – Wasser – Lärm – Luft – Abfall
1984. XIV, 531 S., kt. DM 69,–

Band 2 · Landbau – Energie – Naturschutz und Landschaftspflege – Umwelt und Gesellschaft
1984. XII, 552 S., kt. DM 69,–
Komplettpreis bei geschlossener Abnahme beider Bände DM 118,–

Klötzli
Ökosysteme
Aufbau, Funktionen, Störungen
2. Aufl. 1989. XII, 464 S., 166 Abb., 87 Tab., kt. DM 44,80 (UTB 1479)

Cox/Moore
Einführung in die Biogeographie
1987. VIII, 311 S., 99 Abb., 5 Tab., kt. DM 29,80 (UTB 1408)

Sedlag/Weinert
Biogeographie, Artbildung, Evolution
Die biologischen Fachgebiete in lexikalischer Darstellung
1987. 333 S., 120 Abb., 11 Tab., kt. DM 27,80 (UTB 1430)

Klausnitzer
Ökologie der Großstadtfauna
1987. 225 S., 105 Abb., 8 Taf., 78 Tab., geb. DM 52,–

Tischler
Ökologie der Lebensräume
Meer, Binnengewässer, Naturlandschaften, Kulturlandschaft
1990. XII, 356 S., 91 Abb., 2 Tab., kt. DM 34,80 (UTB 1535)

Tischler
Einführung in die Ökologie
3. Aufl. 1984. X, 437 S., 100 Abb., kt. DM 49,–

Tischler
Biologie der Kulturlandschaft
1980. X, 253 S., 70 Abb., kt. DM 36,–

Reisigl/Keller
Alpenpflanzen im Lebensraum
Alpine Rasen, Schutt- und Felsvegetation
1987. 149 S., 189 Farbfot., 86 Zeichn., 58 wissenschaftl. Grafiken, geb. DM 34,–

Reisigl/Keller
Lebensraum Bergwald
Alpenpflanzen in Bergwald, Baumgrenze und Zwergstrauchheide
1989. 144 S., 182 Farbfot., 86 Zeichn., 34 wissenschaftl. Grafiken, geb. DM 34,–

Kreeb
Methoden zur Pflanzenökologie und Bioindikation
1990. 327 S., 119 Abb., 15 Tab., geb. DM 48,–

Preisänderungen vorbehalten

GUSTAV FISCHER VERLAG
SEMPER BONIS ARTIBUS
Stuttgart New York

Bestellkarte

Ich bestelle über die Buchhandlung

....

Walter/Breckle, **Ökologie der Erde**

20297	.... Expl.	**Bd. 1,** Ökolog. Grundlagen i. globaler Sicht, 2. A. DM 48,—
20473	.... Expl.	**Bd. 2,** Spez. Ökologie d. Tropischen u. Subtropischen Zonen, 2. A. DM 48,—
20310	.... Expl.	**Bd. 3,** Spez. Ökologie d. Gemäßigten u. Arktischen Zonen Euro-Nordasiens, DM 48,—
20371	.... Expl.	**Bd. 4,** Spez. Ökologie d. Gemäßigten u. Arktischen Zonen außerhalb Euro-Nordasiens, ca. DM 48,—

.... Expl. ....

.... Expl. ....

.... Expl. ....

.... Expl. ....

.... Expl. ....

.... Expl. ....

.... Expl. ....

Absender auf der Rückseite nicht vergessen! Preisänderungen vorbehalten.

Zur Information über Neuerscheinungen und Neuauflagen des GUSTAV FISCHER VERLAGS auf Ihrem Fachgebiet schicken wir Ihnen auf Wunsch laufend kostenlos Informationen zu. Interessengebiete bitte ankreuzen und Karte ausgefüllt zurückschicken.

Medizin
- ☐ Anatomie, Embryologie
- ☐ Pathologie
- ☐ Physiologie
- ☐ Med. Mikrobiologie, Hygiene
- ☐ Pharmakologie, Toxikologie
- ☐ Pharmazie
- ☐ Labormedizin
- ☐ Innere Medizin, Allgemeinmedizin
- ☐ Anästhesie, Intensivmedizin
- ☐ Chirurgie, Orhopädie, Urologie, Röntgenologie, Sonographie, NMR, diagnostische Nuklearmedizin
- ☐ Gynäkologie, Geburtshilfe, Perinatologie
- ☐ Pädiatrie, Perinatologie
- ☐ Ophthalmologie
- ☐ Oto-Rhino-Laryngologie
- ☐ Dermatologie, Venerologie
- ☐ Zahnheilkunde
- ☐ Neurologie
- ☐ Psychiatrie, Psychotherapie
- ☐ Psychologie
- ☐ Musiktherapie
- ☐ Medizinalfachberufe, Physikal. Medizin, Krankenpflege, Krankengymnastik, Massagen, MTA
- ☐ Rechtsmedizin, Arbeits- und Sozialmedizin, Begutachtung
- ☐ Gesch. der Medizin und Naturwissenschaften

Biologie
- ☐ Veterinarmedizin
- ☐ Umwelthygiene
- ☐ Botanik (incl. Ökologie, Allg. Biologie, Biogeographie)
- ☐ Zoologie (incl. Ökologie, Allg. Biologie, Mikrobiologie, Biogeographie)
- ☐ Anthropologie, Ethnologie, Evolution, Paläontologie

☐ **Statistik, Biometrie, Datenverarbeitung**

☐ **Wirtschafts- und Sozialwissenschaften**

Absender
(Studenten bitte Heimatanschrift angeben)

....

....

....

.... Expl. ....

.... Expl. ....

Datum ....

Unterschrift ....

Walter/Breckle, Ökologie der Erde, UTB-Gr.Reihe
X. 90. 7,7. nn. Printed in Germany

Bitte
ausreichend
frankieren

Werbeantwort/Postkarte

Uni-Taschenbücher GmbH

Postfach 80 11 24

D-7000 Stuttgart 80

Absender
(Studenten bitte Heimatanschrift angeben)

....

....

....

.... Expl. ....

.... Expl. ....

Datum ....

Unterschrift ....

Walter/Breckle, Ökologie der Erde, UTB-Gr.Reihe
X. 90. 7,7. nn. Printed in Germany

Bitte
ausreichend
frankieren

Werbeantwort/Postkarte

Gustav Fischer Verlag

Postfach 72 01 43

D-7000 Stuttgart 70

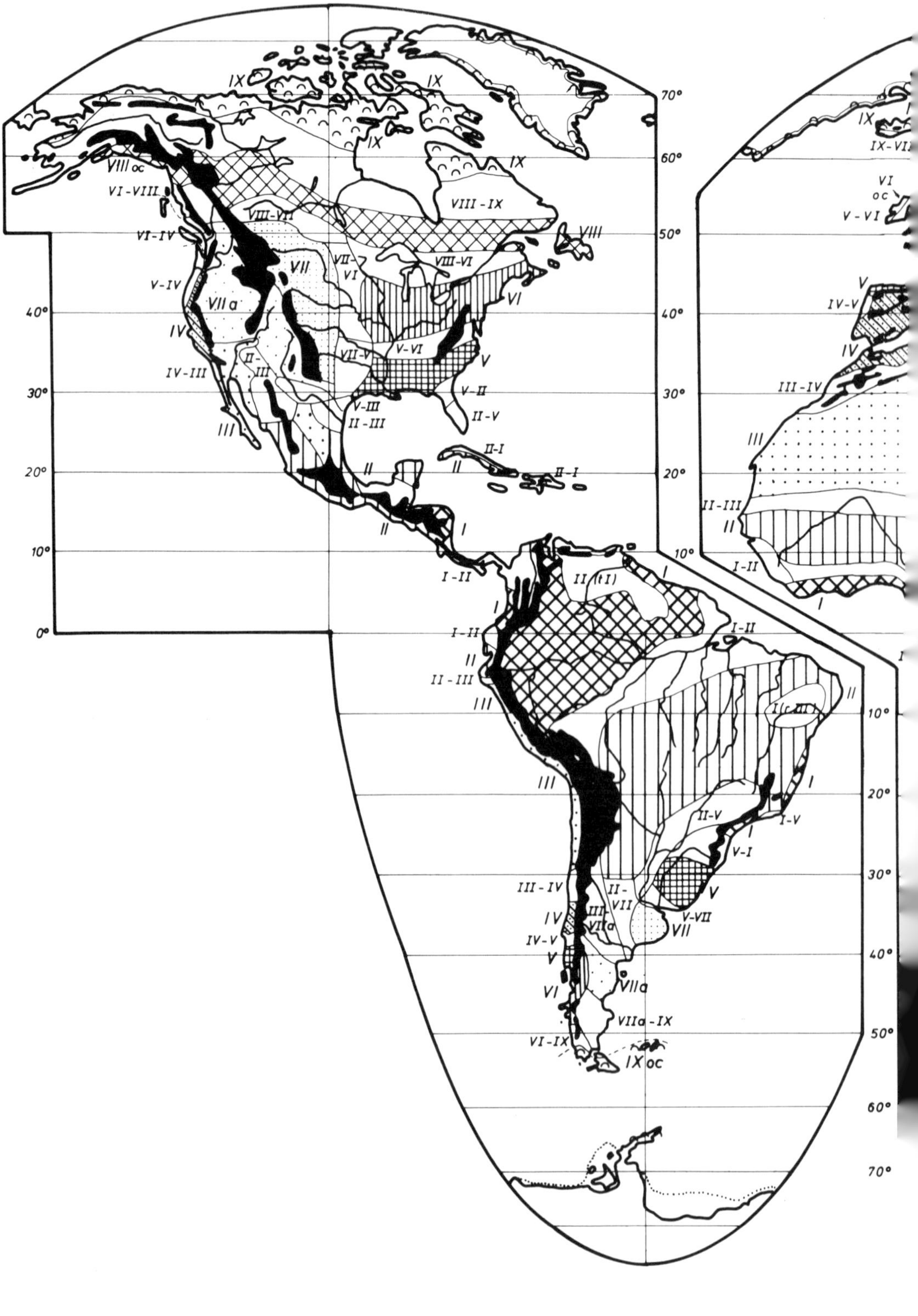

IX
IX
IX
IX
VIII oc
VI-VIII
VIII-VII
VI-IV
VIII-IX
VIII
VII
VII-V
VI
VIII-VI
V-IV
VII a
VI
IV
V-VI
II-III
VII-V
V
IV-III
V-II
V-III
II-III
II-V
III
II-I
II
II
II-I
I
II
I-II
II (t I)
I
I-II
I-II
II
II-III
III
II
I (c III)
III
I
II-V
I-V
I
V-I
III-IV
II-VII
V
IV
III
VII a
V-VII
VII
IV-V
V
VII a
VI
VII a-IX
VI-IX
IX oc
IX-VII
VI oc
V-VI
V
IV-V
IV
III-IV
III
II-III
II
I-II
I
70°
60°
50°
40°
30°
20°
10°
0°
10°
20°
30°
40°
50°
60°
70°